聚集诱导发光丛书

唐本忠　总主编

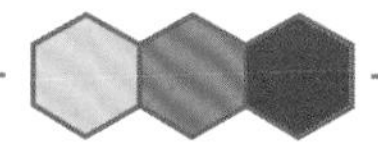

力刺激响应聚集诱导发光材料

池振国　赵　娟　著

科 学 出 版 社

北　京

内 容 简 介

本书为“聚集诱导发光丛书”之一。对外界力刺激产生发光颜色或发光强度的响应是聚集诱导发光（AIE）材料的重要特性。力刺激响应 AIE 材料是一类新型的力刺激响应智能材料，在应力传感、商标防伪和发光器件等领域具有重要应用。本书全面且系统地介绍了力刺激响应 AIE 材料的发展简史、机理、主要力刺激响应 AIE 分子体系、主要合成方法及应用举例。力刺激响应 AIE 材料的发展日新月异，本书是作者从事力刺激响应 AIE 材料领域多年原创性研究成果的系统归纳和整理，对力刺激响应 AIE 材料这类新型智能材料的发展具有重要的推动意义与学术参考价值。

本书可供高等院校及科研单位从事刺激响应智能材料研究与开发的相关科研与从业人员使用，也可作为高等院校材料、物理、化学及相关专业高年级本科生、研究生的专业参考书。

图书在版编目（CIP）数据

力刺激响应聚集诱导发光材料 / 池振国，赵娟著. —北京：科学出版社，2024.6

（聚集诱导发光丛书 / 唐本忠总主编）

国家出版基金项目

ISBN 978-7-03-078646-3

Ⅰ. ①力… Ⅱ. ①池… ②赵… Ⅲ. ①发光材料—研究 Ⅳ. ①TB34

中国国家版本馆 CIP 数据核字（2024）第 110588 号

丛书策划：翁靖一

责任编辑：翁靖一 孙 曼 / 责任校对：杜子昂

责任印制：徐晓晨 / 封面设计：东方人华

科学出版社出版

北京东黄城根北街 16 号

邮政编码：100717

http://www.sciencep.com

北京中科印刷有限公司印刷

科学出版社发行 各地新华书店经销

*

2024 年 6 月第 一 版 开本：B5（720 × 1000）

2024 年 6 月第一次印刷 印张：27 3/4

字数：552 000

定价：268.00 元

聚集诱导发光丛书

编 委 会

总　序

光是万物之源，对光的利用促进了人类社会文明的进步，对光的系统科学研究“点亮”了高度发达的现代科技。而对发光材料的研究更是现代科技的一块基石，它不仅带来了绚丽多彩的夜色，更为科技发展开辟了新的方向。

对发光现象的科学研究有将近两百年的历史，在这一过程中建立了诸多基于分子的光物理理论，同时也开发了一系列高效的发光材料，并将其应用于实际生活当中。最常见的应用有：光电子器件的显示材料，如手机、电脑和电视等显示设备，极大地改变了人们的生活方式；同时发光材料在检测方面也有重要的应用，如基于荧光信号的新型冠状病毒的检测试剂盒、爆炸物的检测、大气中污染物的检测和水体中重金属离子的检测等；在生物医用方向，发光材料也发挥着重要的作用，如细胞和组织的成像，生理过程的荧光示踪等。习近平总书记在 2020 年科学家座谈会上提出“四个面向”要求，而高性能发光材料的研究在我国面向世界科技前沿和面向人民生命健康方面具有重大的意义，为我国“十四五”规划和 2035 年远景目标的实现提供源源不断的科技创新源动力。

聚集诱导发光是由我国科学家提出的原创基础科学概念，它不仅解决了发光材料领域存在近一百年的聚集导致荧光猝灭的科学难题，同时也由此建立了一个崭新的科学研究领域——聚集体科学。经过二十年的发展，聚集诱导发光从一个基本的科学概念成为了一个重要的学科分支。从基础理论到材料体系再到功能化应用，形成了一个完整的发光材料研究平台。在基础研究方面，聚集诱导发光荣获 2017 年度国家自然科学奖一等奖，成为中国基础研究原创成果的一张名片，并在世界舞台上大放异彩。目前，全世界有八十多个国家的两千多个团队在从事聚集诱导发光方向的研究，聚集诱导发光也在 2013 年和 2015 年被评为化学和材料科学领域的研究前沿。在应用领域，聚集诱导发光材料在指纹显影、细胞成像和病毒检测等方向已实现产业化。在此背景下，撰写一套聚集诱导发光研究方向的丛书，不仅可以对其发展进行一次系统地梳理和总结，促使形成一门更加完善的学科，推动聚集诱导发光的进一步发展，同时可以保持我国在这一领域的国际领先优势，为此，我受科学出版社的邀请，组织了活跃在聚集诱导发光研究一线的十几位优秀科研工作者主持撰写了这套“聚集诱导发光丛书”。丛书内容包括：聚集诱导发光物语、聚集诱导发光机理、聚集诱导发光实验操作技术、力刺激响应聚集诱导发光材料、有机室温磷光材料、聚集诱导发光聚合物、聚集诱导发光之簇发光、手性聚集诱导发光材料、聚集诱导发光之生物学应用、聚集诱导发光之光电器件、聚集诱导荧光分子的自组装、聚集诱导发光之可视化应用、聚集诱导发光之分析化学和聚集诱导发光之环境科学。从机理到体系再到应用，对聚集诱导发光研究进行了全方位的总结和展望。

历经近三年的时间，这套“聚集诱导发光丛书”即将问世。在此我衷心感谢丛书副总主编彭孝军院士、田禾院士、于吉红院士、秦安军教授、王东教授、张浩可研究员和各位丛书编委的积极参与，丛书的顺利出版离不开大家共同的努力和付出。尤其要感谢科学出版社的各级领导和编辑，特别是翁靖一编辑，在丛书策划、备稿和出版阶段给予极大的帮助，积极协调各项事宜，保证了丛书的顺利出版。

材料是当今科技发展和进步的源动力，聚集诱导发光材料作为我国原创性的研究成果，势必为我国科技的发展提供强有力的动力和保障。最后，期待更多有志青年在本丛书的影响下，加入聚集诱导发光研究的队伍当中，推动我国材料科学的进步和发展，实现科技自立自强。

唐本忠
中国科学院院士
发展中国家科学院院士
亚太材料科学院院士
国家自然科学奖一等奖获得者
香港中文大学（深圳）理工学院院长
Aggregate 主编

前　言

在光、电、磁、热、力、化学物质等外界刺激作用下，发光颜色、发光强度等性能能够发生明显改变的一类智能响应材料，在传感、信息存储加密、发光器件等领域具有重要的应用前景。在这些外界刺激因素中，力是最容易实现的，因为力就在我们身边。但是，这类力刺激响应有机发光材料（或称为力刺激发光响应有机材料）报道得非常少，主要原因是：①大多数有机发光分子存在聚集猝灭发光（ACQ）效应，它们在聚集态下发光比较弱或者干脆不发光，因此在固体状态下难以观察到力刺激发光（又称力致发光）响应现象；②偶见报道的一些力刺激发光响应化合物，分子结构上差异性非常大，没有可遵循的分子设计规律。由于力刺激响应有机发光材料非常稀少，这类智能响应材料的应用研究进展缓慢。2001 年唐本忠教授课题组首次报道了硅杂环戊二烯衍生物的反 ACQ 现象，并首次提出了聚集诱导发光（AIE）的概念，受到研究工作者的广泛关注。四苯乙烯、三苯乙烯、二苯乙烯基蒽、氰基乙烯等许多 AIE 核心基团被报道出来，引入这些核心基团很容易合成得到 AIE 分子，也就是说 AIE 分子是可以设计的；而且 AIE 分子在聚集态下发光效率非常高，很容易观察。因此，AIE 分子可能能解决上述力刺激响应有机发光材料稀少的问题。2010 年前后，本书作者课题组发现大多数 AIE 化合物具有力刺激发光响应性能，在阐明 AIE 分子力刺激发光响应机理的基础上指出力刺激发光响应是 AIE 材料的共性。该共性的发现，不仅从实质上解决了力刺激响应有机发光材料稀少的问题，而且，近十几年来大量力刺激响应 AIE 材料被报道出来，力刺激响应 AIE 材料已经成为 AIE 研究领域的一个重要研究方向。

本书在介绍力刺激响应 AIE 材料的发展历史及力刺激发光响应机理的基础上，分门别类地介绍了各种力刺激响应 AIE 材料分子结构及性能。本书是力刺激响应 AIE 材料的一系列原创性成果的系统归纳和整理，我们也希望这一作品的出版能对 AIE 材料在力刺激发光响应领域的发展起到一定的推动作用。

本书的完成离不开各高等院校及研究机构科研工作者在 AIE 领域的杰出工作和支持，在此表达诚挚的谢意。在本书的撰写过程中，得到了深圳大学王东、浙江大学张浩可、五邑大学杨湛和邓皇俊等几位老师的大力协助，在此表示感谢。

同时，作者衷心感谢丛书总主编唐本忠院士、常务副总主编秦安军教授及科学出版社丛书策划编辑翁靖一等对本书出版的大力支持。

力刺激响应聚集诱导发光材料的发展日新月异，本书无法全面介绍其进展，另外，由于时间仓促及作者水平有限，书中难免有不妥之处，期望读者包涵和指正。

池振国

2024 年 3 月

目　录

第1章 绪论

1.1 引言

刺激响应有机发光材料（stimuli-responsive organic luminescent material）是指在外界刺激作用下，有机发光材料的发光颜色、发光强度等物理性质发生明显改变的一类智能材料。外界刺激包括光、电、磁、热、力、化学物质等，其中力刺激是最容易获得的，因为力无处不在。本书主要介绍力刺激响应有机发光材料。

力刺激响应有机发光材料包括两类：一类是力刺激发光变色响应（mechanoluminochromism，MLC）材料，就是在外力作用下发光颜色发生明显改变的材料[1, 2]；另一类是力刺激发光（mechanoluminescence，ML）材料。目前已经发现有些荧光、磷光、热激活延迟荧光及长余辉有机发光材料都具有力刺激发光变色响应性能。“力刺激发光变色响应”的概念与 1958 年 Schönberg 等[3]提出的材料压色性概念不同，压色性指材料受压力作用后颜色发生改变，实质上是材料的吸收光谱发生改变，并不涉及发射光谱的改变。众所周知，对用于检测等用途的材料，其发射光谱比吸收光谱受干扰更小、灵敏度更高。因此，力刺激发光变色响应材料在应力传感、信息存储、加密防伪和发光器件等领域具有广泛的应用前景，并将发挥重要作用[4-13]。通过力刺激改变分子发光颜色有两种途径：一是通过化学结构的改变；二是通过聚集态结构的改变。前者是材料分子在外力作用下发生了化学反应，即发生旧键的断裂和新键的形成，本质上是受力前后形成的不同分子所发出的不同颜色的光；而后者则是在外力作用下，材料分子之间的堆积方式、分子构象或分子间相互作用等发生改变，从而影响到分子轨道电子跃迁的能级，导致发光颜色在受力前后产生差异。尽管通过化学结构的改变来调节发光颜色是研究工作者最容易想到的方法，但是在其固体状态下，利用外力刺激来实现分子水平的化学反应是很难预估的，往往由于固态反应转化率低而使化学反应很难进行。而且在固体状态下，化学反应往往是不可逆的，故此类化合物的发光性质难以实现动态可逆的刺激响应，因此在分子开关领域中的应用受限。到目前为止，通过分子的化学结构改变来成功实现力刺激发光变色响应的例子非常少[14]。在这些少数成功的例子中，通常是将力刺激发光变色发色团引入到高分子的主链或交联网络中，在外力的牵引下，高分子链上的发色团发生开环反应，以此来达到力刺激发光变色的效果。例如，螺吡喃（spiropyran）在外力作用下变成了部花青（merocyanine）结构，其共轭结构明显改变而使荧光发射波长红移（图 1-1）。显然，这种力刺激发光变色响应不仅实现方式难度较大，而且应用范围也非常受限。

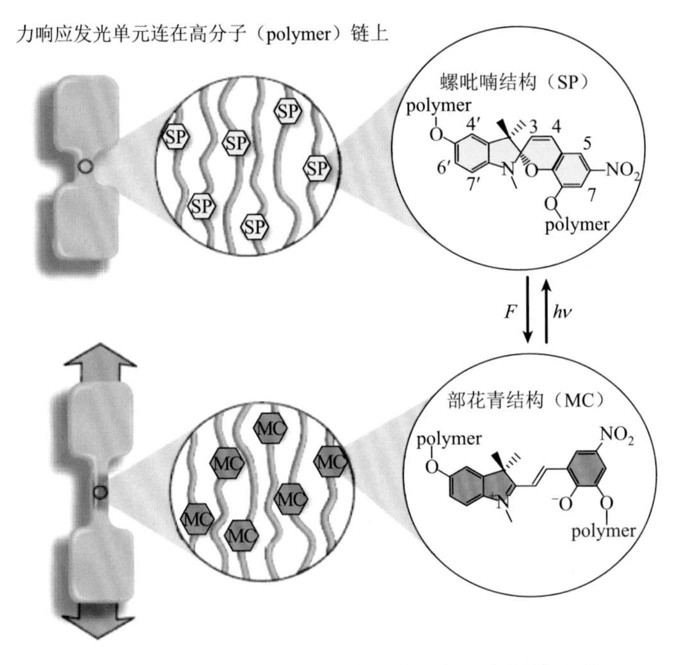

图 1-1 哑铃形样条由分子量 8 万的线型聚丙烯酸甲酯制成，在拉伸应力下，无色螺吡喃结构转变成红色的部花青结构，暴露在可见光下可以恢复到原来的螺吡喃结构[14]

与在溶液中不同，有机分子在固体状态下的发光性质与其分子排列、构象变化，以及分子间的相互作用密切相关。因此，任何导致分子堆积方式和构象改变的刺激都将影响到最高占据分子轨道（HOMO）和最低未占分子轨道（LUMO）的能级，即能隙（ΔE），从而导致发射光波长的变化。而且这种分子堆积方式和构象的改变往往可以通过热退火或溶剂熏蒸等其他刺激方式予以恢复，从而实现发射光谱的可逆转变。因此，通过物理聚集状态的改变来实现力刺激发光变色响应比化学方法容易得多。到目前为止，已经报道的基于物理聚集状态改变的力刺激发光变色响应材料有染料掺杂聚合物、金属离子配合物和有机小分子化合物等[1]。

例如，2002 年，Löwe 和 Weder[15]将苯乙烯腈类衍生物 **1** 和 **2** 分别掺到线型低密度聚乙烯（LLDPE）中制成染料掺杂聚合物薄膜，然后对薄膜进行拉伸实验，发现薄膜的荧光发射波长发生明显蓝移（图 1-2）。2008 年，Ito 等[16]报道了金配合物 **3** 在机械研磨作用下，其固体状态的荧光由蓝色变为黄色，当把研磨过的样品暴露于二氯甲烷蒸气中或者加入其他有机溶剂时，样品又可以恢复蓝色荧光，表现出灵敏的动态发光响应特性（图 1-3）。2007 年，Araki 等[17]合成了芘基衍生物 **4**，该分子在甲醇和氯仿中重结晶得到了发射蓝色荧光的白色粉末（B-聚集态），当用刮铲对白色粉末施加一定压力时，变为发绿色荧光的黄色粉末（G-聚集态），而通过退火处理又可以使样品复原为发蓝色荧光的白色粉末（图 1-4）。

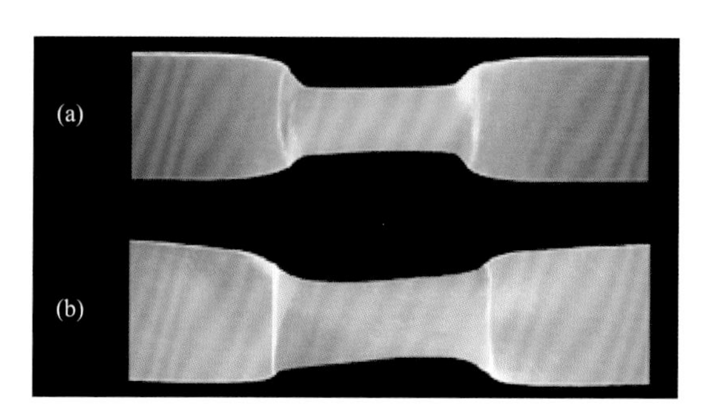

图 1-2 染料化合物 1（a）和 2（b）掺混到线型低密度聚乙烯薄膜中的拉伸后荧光图片[15]

(a)
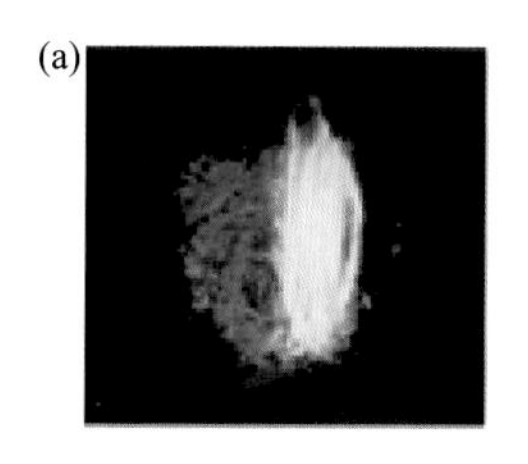
(b)
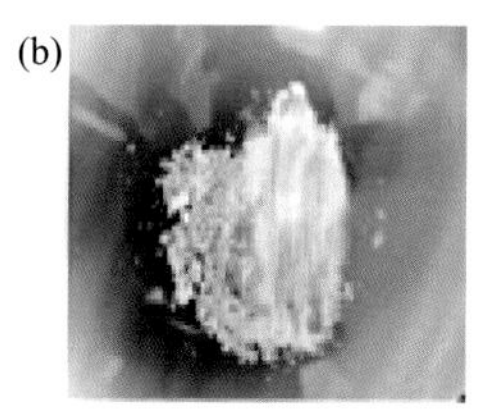
(c)
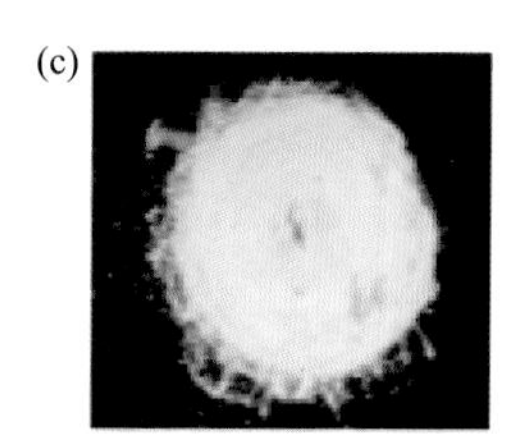

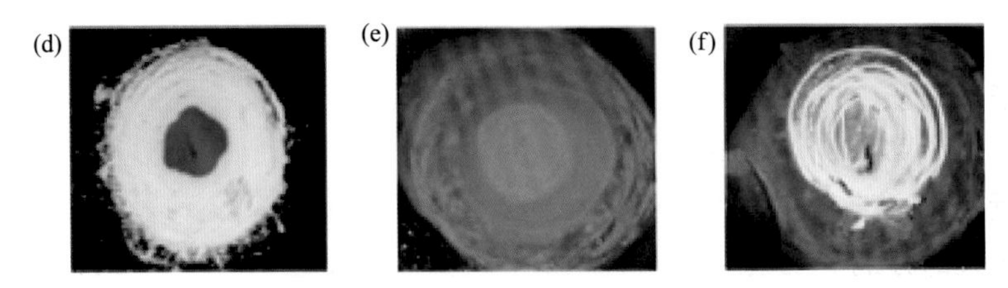

图 1-3　化合物 3 在不同条件下的照片：（ a ）右边用研杵研磨的荧光照片；（ b ）右边用研杵研磨的可见光照片；（ c ）完全研磨的荧光照片；（ d ）完全研磨的样品中间滴一滴二氯甲烷溶剂的荧光照片；（ e ）经二氯甲烷处理后样品的荧光照片；（ f ）重复用刮铲在中间研磨的荧光照片[16]

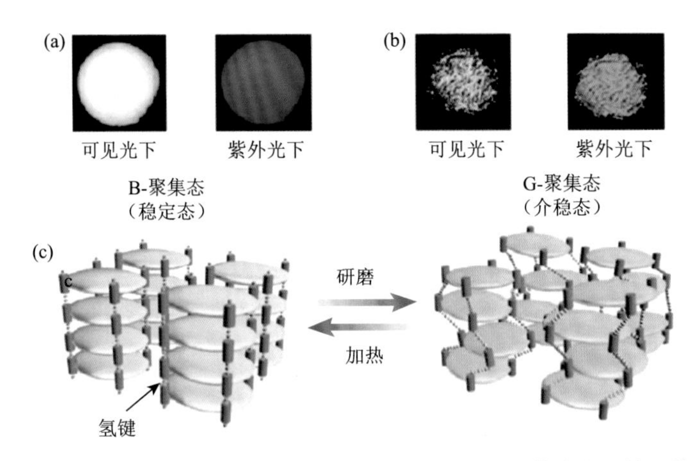

图 1-4　化合物 4 的 B-聚集态（ a ）和 G-聚集态（ b ）在可见光和紫外光下的照片，以及它们的组装结构转变示意图（ c ）[17]

然而，从总体上看，各类已报道的力刺激发光变色响应化合物之间基本上没有多少关联性，属于孤立事件，尚没有可以遵循的规律用于力刺激发光变色响应化合物的设计。因此，到 2010 年前后，这类化合物仍然比较少，已报道的还不到 100 个，大大限制了这类材料的应用研究进展。另外，一般发光材料在稀溶液中具有高的发光效率，但是在高浓度或固体状态下存在聚集猝灭发光（aggregation-caused quenching，ACQ）效应而使其发光效率大大降低甚至不发光[18, 19]。因此，一般的发光材料由于 ACQ 效应很难在固体状态观察到力刺激发光变色响应现象，这也是导致发现的力刺激发光变色响应材料在数量上比较少的一个重要原因。

2001 年，Tang 等[20]首先报道了一类反 ACQ 材料，即聚集诱导发光（aggregation-induced emission，AIE）材料，这类材料聚集程度越大，发光效率越高，因此在发光器件和化学传感器等方面具有巨大的潜在应用[21-36]。AIE 材料可以解决上述两个问题，可以设想，如果 AIE 材料具有力刺激发光变色响应性能，那么将非常容易被观察到。另外，AIE 分子是可以设计的，如硅杂环戊二烯、四苯乙烯、三苯乙烯、二苯乙烯基蒽、氰基二乙烯基苯等均可以作为 AIE 核心基团用于构建 AIE 分子。因此，已报道的 AIE 分子在种类和数量上是非常庞大的。从已报道的结果看，绝大多数的 AIE 化合物对外界刺激具有一定的响应，如有机溶剂蒸气、热等。近年来，池振国课题组发现 AIE 化合物的结构与压致发光变色性质具有关联性，即大部分的 AIE 化合物具有明显的压致发光变色性质，使得 AIE 材料成为力刺激发光变色响应材料的一个非常重要的来源。本书重点介绍力刺激响应 AIE 材料，即力刺激发光变色 AIE 材料和力刺激发光 AIE 材料的最新研究进展。

1.2 力刺激响应 AIE 材料的发展简史

含有 AIE 基团的刺激响应有机发光材料在外部刺激下表现出可调的发光特性，主要来自机械力和其他刺激，如有机溶剂蒸气和热等[34, 37-39]。

Tang 等报道了几种在晶态和非晶态之间具有发光开关特性的 AIE 化合物，如染料 **7**[40]、**8**[41]和 **9**[42]。例如，沉积在石英板上的染料 **7** 的薄膜发出绿光（508 nm）。然而，在 100℃下热退火 5 h 后，从它的光致发光或荧光发射（photoluminescence，PL）光谱观察到一个 474 nm 处的蓝移发射，同时发光强度较原本的 508 nm 处的大幅度提高（图 1-5）。这种现象称为结晶增强发光（crystallization-enhanced emission，CEE）效应或形态依赖发光。CEE 发色团一般由于分子内空间位阻效应而呈螺旋桨状，阻止了分子间强烈的相互作用，这种强相互作用可以削弱或抑制固态下的发光，如 π-π 堆积或 H/J-聚集。在非晶态时，这种分子结构提供了一种更为松散的堆积模式，使得外围芳香环的显著旋转和振动运动成为可能，从而导致发光减弱。相反，在结晶状态下，分子之间相互靠近，存在弱相互作用，如 C—H···π 和 C—H···O 等，因此芳香环的内旋转及振动等被抑制，分子构象趋于稳定。结果，处于激发态的激子可以通过辐射跃迁的方式释放光子，从而提高了发光的强度和效率。在这些发光体的晶体中观察到的蓝光发射源于分子中芳香环的构象扭转（平面性较差），以适应晶格能的束缚。处于非晶态的分子没有这种晶格能束缚，构象更加平面化，因此表现出发光的红移[43]。Tang 等[42]进一步报道了 CEE 化合物 **9**，它在非晶态时发光非常弱，而在晶态时发光非常强。这种有趣的发光现象可以通过溶剂熏蒸非晶态样品和冷却晶态样品的热熔体实现发光的开关（开关比超过 40）。2008 年，在研究 AIE 机理的过程中，Tang 和 Zou 等[44]发现，在静水压力作用下，化合物 **7** 非晶薄膜的发光强度会增大。随着压力的增加，其发光强度迅速提升 9%（104 atm，$1\ \text{atm} = 1.01325\times10^5\text{Pa}$），但随着压力的进一步增加，其发光强度逐渐下降，这是首次报道的有关 AIE 分子的力刺激发光响应现象。

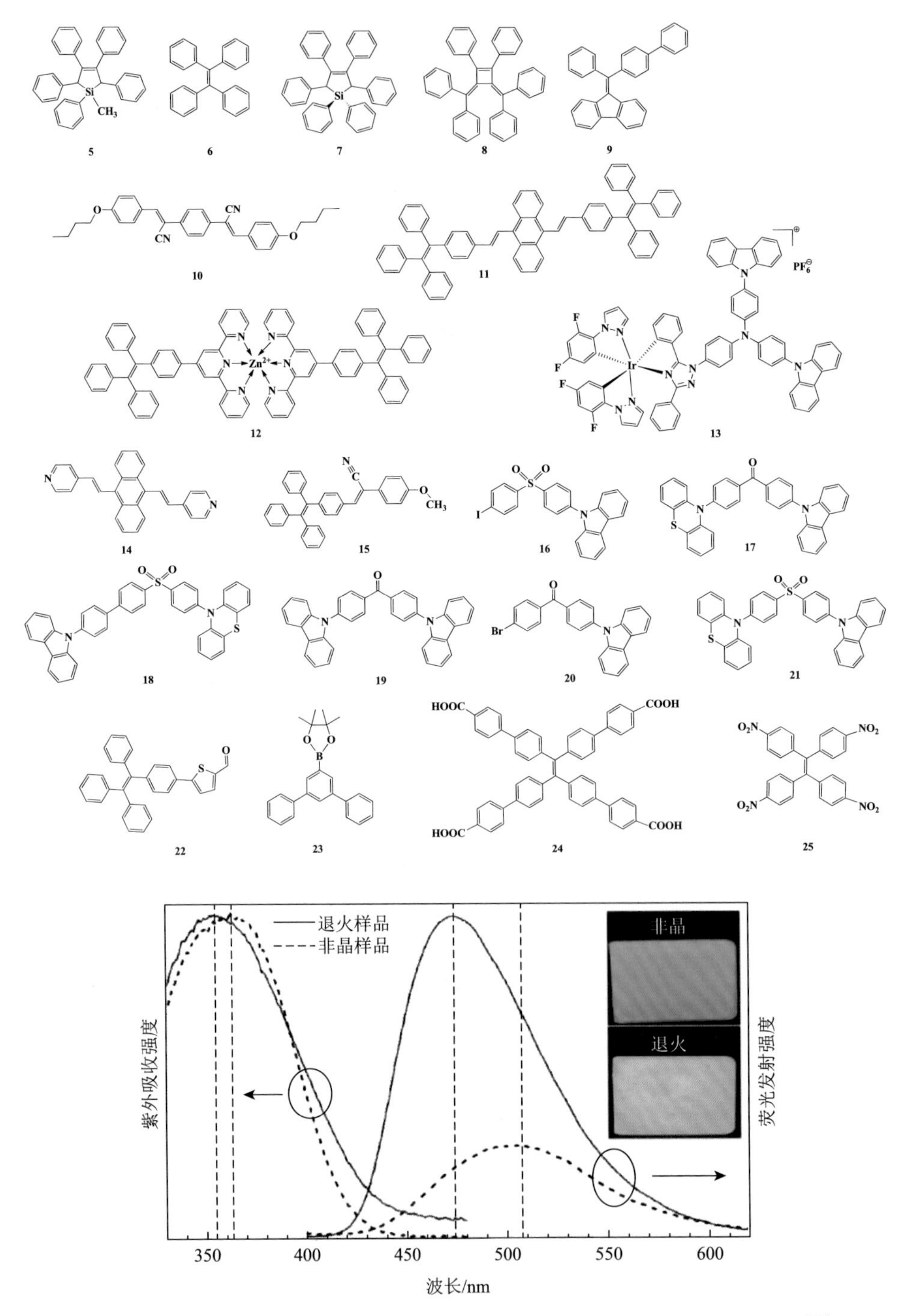

图 1-5　化合物 7 在非晶和退火状态下的紫外-可见吸收光谱和荧光发射光谱[41]

插图是光致发光照片

2010 年，Park 等[45]报道了一种聚集增强发光（aggregation enhanced emission，AEE）化合物氰基二苯乙烯衍生物（**10**），该化合物具有多刺激双色发光开关特性，其中包括力致荧光变色（mechanofluorochromic，MFC）开关现象。然而，当时还没有很好地认识到 AIE 分子和力刺激发光性质存在关系。几乎在同一时期，Chi 和 Xu 研究团队于 2011 年报道了一种具有 AIE 性质的新型力致荧光变色（当时也称为压致荧光变色，piezofluorochromism，PFC）分子（TPE-An，**11**），并指出压致荧光变色应该是大多数 AIE 分子的共同特性。因为它们同时具有压致荧光变色和 AIE 性质，所以他们将这些发光体命名为"压致变色聚集诱导发光（PAIE）化合物"[46]。之后，许多力刺激响应 AIE 体系陆续被报道出来。

2011 年，Chi 和 Xu 研究团队还报道了一种力致变色锌配合物（**12**），从而将压致发光变色现象拓展到了金属配合物[47]。2012 年，Su 等[48]首次报道了一种具有 AIE 磷光特性的铱(III)配合物（**13**）的力致发光变色性（当时使用的名称是 mechanoluminochromism，简称 MLC）。2012 年，Xu 和 Tian 研究团队[49]研究了不同压力下力刺激发光响应分子 BP2VA（**14**），提出了压力诱导增强分子间相互作用的机理。Xu 和 Chi 研究团队[50]于 2013 年报道了一种具有多刺激单光子和双光子荧光开关特性的 AIE 发光体（**15**）。在此期间，对力刺激发光机理的认识进一步深入[51-56]。Zhang 等[57]于 2014 年报道了具有结晶增强发光的红光和近红外荧光分子，其具有三通道固态荧光开关特性，将力刺激响应 AIE 拓展到近红外区域。2015 年，Xu 和 Chi 研究团队报道了一些具有荧光/磷光（**16**）或荧光/热激活延迟荧光（**17**、**18**）双发射的力刺激发光响应的 AIE 分子[58-60]。通过力刺激下双发射相对强度的变化，**16** 获得了从橙色到紫色的发光变化，并沿直线穿越白光区域。这种现象非常类似于调色板，但是调色板至少需要两种颜料才可以调出不同的颜色，而这种材料只由单一组分就可以实现不同发光颜色的调节。

最近 Xu 和 Chi 研究团队还报道了两种独特的力刺激响应 AIE 材料：长余辉（long afterglow）有机发光材料或称为超长有机室温磷光（ultralong organic room temperature phosphorescence，UOP，或者 persistent organic room temperature phosphorescence，pRTP）材料和力刺激发光（ML）材料。pRTP 材料在晶态下长寿命的激子发射磷光，可以用肉眼观察到长余辉现象。经机械力作用后，其不仅稳态发射光谱发生变化，而且长余辉现象也消失了，能够形成双通道力刺激发光响应（**19**、**20**）[61, 62]。此外，在力刺激作用下，ML 材料不用外部激发光源而能够直接发光（**21**～**23**）[63-65]。

从 2015 年开始，许多新的并且非常有趣的力刺激响应 AIE 材料相继被报道出来[61-75]。例如，最近有研究团队报道了三维结构的力刺激响应 AIE 材料，包括金属有机骨架材料和氢键有机骨架材料（**24**、**25**）。表 1-1 总结了有关力刺激响应 AIE 材料发展的一些重要事件。

表 1-1 力刺激响应 AIE 材料发展过程中的一些重要事件

年份	贡献者	事件	参考文献
2005	唐本忠课题组	六苯基噻咯的蒸气变色	[41]
2007	唐本忠课题组	亚甲基芴衍生物的形态变色	[42]
2008	唐本忠课题组	六苯基噻咯的发光随压力增大而增强	[44]
2010	Soo Young Park 课题组	氰代二苯基乙烯的多重响应变色	[45]
2011	池振国和许家瑞课题组	PAIE 概念和分子平面化机理的提出	[46]
2011	池振国和许家瑞课题组	锌配合物的多重刺激响应	[47]
2012	池振国和许家瑞课题组	《有机力刺激发光变色材料最新进展》(综述)	[2]
2012	苏忠民课题组	铱配合物的压力变色	[48]
2012	田文晶课题组	压力导致的分子间 π-π 堆积增强机理	[49]
2013	池振国和许家瑞课题组	多种响应的单光子和多光子成像	[50]
2013	杨文君课题组	AIE 分子力致发光变色的同系物效应	[51]
2014	胡金莲课题组	四苯乙烯取代的聚氨酯记忆变色	[55]
2014	邹勃课题组	典型 AIE 分子的高压下发光变色机理	[56]
2014	池振国和许家瑞课题组	《力致发光变色材料：现象、材料和应用》(图书)	[76]
2015	池振国和许家瑞课题组	发白光 AIE 分子的力致发光变色	[59]
2015	周宏才课题组	金属有机骨架的力刺激发光变色	[66]
2015	贾欣茹课题组	单晶的力刺激发光变色	[54]
2015	董永强课题组	长寿命磷光材料的力刺激发光变色	[61]
2015	池振国和许家瑞课题组	热激活延迟荧光材料的力刺激发光	[63]
2017	李振课题组	磷光-荧光双发射 AIE 分子的力刺激发光响应	[65]
2019	李振课题组	力致发光材料用于心跳监测	[77]
2021	何清波课题组	实现信息驱动弹性动力学编程的仿生刺激响应	[73]
2023	黄维课题组	实现可光致切换的摩擦发光	[75]

参考文献

[1] Hirai Y. On sense and deform: molecular luminescence for mechanoscience. ACS Applied Optical Materials, 2024, 2: 1025-1045.

[2] Chi Z, Zhang X, Xu B, et al. Recent advances in organic mechanofluorochromic materials. Chemical Society Reviews, 2012, 41: 3878-3896.

[3] Schönberg A, Elkaschef M, Nosseir M, et al. Experiments with 4-thiopyrones and with 2, 2′, 6, 6′-tetraphenyl-4, 4′-dipyrylene. The piezochromism of diflavylene. Journal of the American Chemical Society, 1958, 80: 6312-6315.

[4] Pucci A, Di Cuia F, Signori F, et al. Bis(benzoxazolyl)stilbene excimers as temperature and deformation sensors for biodegradable poly(1, 4-butylene succinate) films. Journal of Materials Chemistry, 2007, 17: 783-790.

[5] Dong Y, Lam J W Y, Qin A, et al. Aggregation-induced emissions of tetraphenylethene derivatives and their utilities as chemical vapor sensors and in organic light-emitting diodes. Applied Physics Letters, 2007, 91: 011111.

[6] Ning Z，Chen Z，Zhang Q，et al. Aggregation-induced emission（AIE）-active starburst triarylamine fluorophores as potential non-doped red emitters for organic light-emitting diodes and Cl_2 gas chemodosimeter. Advanced Functional Materials，2007，17：3799-3807.

[7] Crenshaw B R，Burnworth M，Khariwala D，et al. Deformation-induced color changes in mechanochromic polyethylene blends. Macromolecules，2007，40：2400-2408.

[8] Kinami M，Crenshaw B R，Weder C. Polyesters with built-in threshold temperature and deformation sensors. Chemistry of Materials，2006，18：946-955.

[9] Toal S J，Jones K A，Magde D，et al. Luminescent silole nanoparticles as chemoselective sensors for Cr(Ⅵ). Journal of the American Chemical Society，2005，127：11661-11665.

[10] Hirata S，Watanabe T. Reversible thermoresponsive recording of fluorescent images（TRF）. Advanced Materials，2006，18：2725-2729.

[11] Lim S J，An B K，Jung S D，et al. Photoswitchable organic nanoparticles and a polymer film employing multifunctional molecules with enhanced fluorescence emission and bistable photochromism. Angewandte Chemie International Edition，2004，43：6346-6350.

[12] Irie M，Fukaminato T，Sasaki T，et al. A digital fluorescent molecular photoswitch. Nature，2002，420：759-760.

[13] Kishimura A，Yamashita T，Yamaguchi K，et al. Rewritable phosphorescent paper by the control of competing kinetic and thermodynamic self-assembling events. Nature Materials，2005，4：546-549.

[14] Dong L，Li L，Chen H，et al. Mechanochemistry：fundamental principles and applications. Advance Science，2024：2403949.

[15] Löwe C，Weder C. Oligo(*p*-phenylene vinylene) excimers as molecular probes：deformation-induced color changes in photoluminescent polymer blends. Advanced Materials，2002，14：1625-1629.

[16] Ito H，Saito T，Oshima N，et al. Reversible mechanochromic luminescence of $[(C_6F_5Au)_2(\mu\text{-}1, 4\text{-diisocyanobenzene})]$. Journal of the American Chemical Society，2008，130：10044-10045.

[17] Sagara Y，Mutai T，Yoshikawa I，et al. Material design for piezochromic luminescence：hydrogen-bond-directed assemblies of a pyrene derivative. Journal of the American Chemical Society，2007，129：1520-1521.

[18] Birks J B. Photophysics of Aromatic Molecules. London：Wiley-Interscience，1970.

[19] Turro N J，Ramamurthy V，Scaiano J C. Molecular Photochemistry of Organic Molecules. Sausalito：University Science Books，2010.

[20] Luo J，Xie Z，Lam J W Y，et al. Aggregation-induced emission of 1-methyl-1, 2, 3, 4, 5-pentaphenylsilole. Chemical Communications，2001（18）：1740-1741.

[21] Hong Y，Lam J W Y，Tang B Z. Aggregation-induced emission：phenomenon，mechanism and applications. Chemical Communications，2009，40：4332-4353.

[22] Hong Y，Lam J W Y，Tang B Z. Aggregation-induced emission. Chemical Society Reviews，2011，40：5361-5388.

[23] Li X，Chi Z，Xu B，et al. Synthesis and characterization of triphenylethylene derivatives with aggregation-induced emission characteristics. Journal of Fluorescence，2011，21：1969-1977.

[24] Zhang X，Yang Z，Chi Z，et al. A multi-sensing fluorescent compound derived from cyanoacrylic acid. Journal of Materials Chemistry，2010，20：292-298.

[25] An B K，Lee D S，Lee J S，et al. Strongly fluorescent organogel system comprising fibrillar self-assembly of a trifluoromethyl-based cyanostilbene derivative. Journal of the American Chemical Society，2004，126：10232-10233.

[26] Li H，Chi Z，Xu B，et al. New aggregation-induced emission enhancement materials combined triarylamine and dicarbazolyl triphenylethylene moieties. Journal of Materials Chemistry，2010，20：6103-6110.

[27] Zhang X，Chi Z，Li H，et al. Synthesis and properties of novel aggregation-induced emission compounds with combined tetraphenylethylene and dicarbazolyl triphenylethylene moieties. Journal of Materials Chemistry，2011，21：1788-1796.

[28] Yang Z，Chi Z，Xu B，et al. High-T_g carbazole derivatives as a new class of aggregation-induced emission enhancement materials. Journal of Materials Chemistry，2010，20：7352-7359.

[29] Xu B，Chi Z，Yang Z，et al. Facile synthesis of a new class of aggregation-induced emission materials derived from triphenylethylene. Journal of Materials Chemistry，2010，20：4135-4141.

[30] Li H，Chi Z，Zhang X，et al. New thermally stable aggregation-induced emission enhancement compounds for non-doped red organic light-emitting diodes. Chemical Communications，2011，47：11273-11275.

[31] Li X，Zhang X，Chi Z，et al. Simple fluorescent probe derived from tetraphenylethylene and benzoquinone for instantaneous biothiol detection. Analytical Methods，2012，4：3338-3343.

[32] Zhang X，Chi Z，Xu B，et al. Synthesis of blue light emitting bis(triphenylethylene) derivatives：a case of aggregation-induced emission enhancement. Dyes and Pigments，2011，89：56-62.

[33] Xu B，Chi Z，Li X，et al. Synthesis and properties of diphenylcarbazole triphenylethylene derivatives with aggregation-induced emission，blue light emission and high thermal stability. Journal of Fluorescence，2011，21：433-441.

[34] Yang Z，Chi Z，Yu T，et al. Triphenylethylene carbazole derivatives as a new class of AIE materials with strong blue light emission and high glass transition temperature. Journal of Materials Chemistry，2009，19：5541-5546.

[35] 钱立军，佟斌，支俊格，等. 含磷酰杂菲苯甲酸对苯二酯的聚集诱导发光增强性能及其在检测过渡金属离子中的应用. 化学学报，2008，66：1134-1138.

[36] 薛云娜，柴生勇，别国军，等. 聚集诱导发光新材料 9, 10-双[2-(1-甲基-1*H*-吡咯-2-基)乙烯基]蒽的合成及性能. 化学学报，2008，66：1577-1582.

[37] Liu J，Lam J W Y，Tang B Z. Aggregation-induced emission of silole molecules and polymers：fundamental and applications. Journal of Inorganic and Organometallic Polymers and Materials，2009，19：249-285.

[38] Qian L，Tong B，Shen J，et al. Crystallization-induced emission enhancement in a phosphorus-containing heterocyclic luminogen. The Journal of Physical Chemistry B，2009，113：9098-9103.

[39] Chung J W，An B K，Hirato F，et al. Selected-area *in situ* generation of highly fluorescent organic nanowires embedded in a polymer film：the solvent-vapor-induced self-assembly process. Journal of Materials Chemistry，2010，20：7715-7720.

[40] Dong Y，Lam J W Y，Qin A，et al. Aggregation-induced and crystallization-enhanced emissions of 1, 2-diphenyl-3, 4-bis(diphenylmethylene)-1-cyclobutene. Chemical Communications，2007（31）：3255-3257.

[41] Dong Y，Lam J W Y，Li Z，et al. Vapochromism of hexaphenylsilole. Journal of Inorganic and Organometallic Polymers and Materials，2005，15：287-291.

[42] Dong Y，Lam J W Y，Qin A，et al. Switching the light emission of (4-biphenylyl)phenyldibenzofulvene by morphological modulation：crystallization-induced emission enhancement. Chemical Communications，2007（1）：40-42.

[43] Dong Y，Lam J W Y，Tang B Z. Mechanochromic luminescence of aggregation-induced emission luminogens. The Journal of Physical Chemistry Letters，2015，6：3429-3436.

[44] Fan X，Sun J，Wang F，et al. Photoluminescence and electroluminescence of hexaphenylsilole are enhanced by pressurization in the solid state. Chemical Communications，2008，26：2989-2991.

[45] Yoon S J，Chung J W，Gierschner J，et al. Multistimuli two-color luminescence switching via different slip-stacking of highly fluorescent molecular sheets. Journal of the American Chemical Society，2010，132：13675-13683.

[46] Zhang X，Chi Z，Li H，et al. Piezofluorochromism of an aggregation-induced emission compound derived from tetraphenylethylene. Chemistry：An Asian Journal，2011，6：808-811.

[47] Xu B，Chi Z，Zhang X，et al. A new ligand and its complex with multi-stimuli-responsive and aggregation-induced emission effects. Chemical Communications，2011，47：11080-11082.

[48] Shan G G，Li H B，Qin J S，et al. Piezochromic luminescent（PCL）behavior and aggregation-induced emission（AIE）property of a new cationic iridium(III) complex. Dalton Transactions，2012，41：9590-9593.

[49] Dong Y，Xu B，Zhang J，et al. Piezochromic luminescence based on the molecular aggregation of 9, 10-bis((*E*)-2-(pyrid-2-yl)vinyl)anthracene. Angewandte Chemie International Edition，2012，51：10782-10785.

[50] Xu B，Xie M，He J，et al. An aggregation-induced emission luminophore with multi-stimuli single- and two-photon fluorescence switching and large two-photon absorption cross section. Chemical Communications，2013，49：273-275.

[51] Wang Y，Liu W，Bu L，et al. Reversible piezochromic luminescence of 9, 10-bis[(*N*-alkylcarbazol-3-yl)vinyl] anthracenes and the dependence on *N*-alkyl chain length. Journal of Materials Chemistry C，2013，1：856-862.

[52] Bu L，Sun M，Zhang D，et al. Solid-state fluorescence properties and reversible piezochromic luminescence of aggregation-induced emission-active 9, 10-bis[(9, 9-dialkylfluorene-2-yl)vinyl]anthracenes. Journal of Materials Chemistry C，2013，1：2028-2035.

[53] Zheng M，Zhang D T，Sun M X，et al. Cruciform 9, 10-distyryl-2, 6-bis(*p*-dialkylamino-styryl)anthracene homologues exhibiting alkyl length-tunable piezochromic luminescence and heat-recovery temperature of ground states. Journal of Materials Chemistry C，2014，2：1913-1920.

[54] Ma Z，Wang Z，Meng X，et al. A mechanochromic single crystal：turning two color changes into a tricolored switch. Angewandte Chemie International Edition，2016，55：519-522.

[55] Wu Y，Hu J，Huang H，et al. Memory chromic polyurethane with tetraphenylethylene. Journal of Polymer Science，Part B：Polymer Physics，2014，52：104-110.

[56] Yuan H，Wang K，Yang K，et al. Luminescence properties of compressed tetraphenylethene：the role of intermolecular interactions. The Journal of Physical Chemistry Letters，2014，5：2968-2973.

[57] Cheng X，Zhang Z，Zhang H，et al. CEE-active red/near-infrared fluorophores with triple-channel solid-state "on/off" fluorescence switching. Journal of Materials Chemistry C，2014，2：7385-7391.

[58] Mao Z，Yang Z，Mu Y，et al. Linearly tunable emission colors obtained from a fluorescent-phosphorescent dual-emission compound by mechanical stimuli. Angewandte Chemie International Edition，2015，54：6270-6273.

[59] Xie Z，Chen C，Xu S，et al. White-light emission strategy of a single organic compound with aggregation-induced emission and delayed fluorescence properties. Angewandte Chemie International Edition，2015，54：7181-7184.

[60] Xu B，Mu Y，Mao Z，et al. Achieving remarkable mechanochromism and white-light emission with thermally activated delayed fluorescence through the molecular heredity principle. Chemical Science，2016，7：2201-2206.

[61] Li C，Tang X，Zhang L，et al. Reversible luminescence switching of an organic solid：controllable on-off persistent room temperature phosphorescence and stimulated multiple fluorescence conversion. Advanced Optical Materials，

2015，3：1184-1190.

[62] Yang Z，Mao Z，Zhang X，et al. Intermolecular electronic coupling of organic units for efficient persistent room-temperature phosphorescence. Angewandte Chemie International Edition，2016，55：2181-2185.

[63] Xu S，Liu T，Mu Y，et al. An organic molecule with asymmetric structure exhibiting aggregation-induced emission，delayed fluorescence，and mechanoluminescence. Angewandte Chemie International Edition，2015，54：874-878.

[64] Xu B，He J，Mu Y，et al. Very bright mechanoluminescence and remarkable mechanochromism using a tetraphenylethene derivative with aggregation-induced emission. Chemical Science，2015，6：3236-3241.

[65] Yang J，Ren Z，Xie Z，et al. AIEgen with fluorescence-phosphorescence dual mechanoluminescence at room temperature. Angewandte Chemie International Edition，2017，56：880-884.

[66] Zhang Q，Su J，Feng D，et al. Piezofluorochromic metal-organic framework：a microscissor lift. Journal of the American Chemical Society，2015，137：10064-10067.

[67] 孙静波，张恭贺，贾小宇，等. 压力和酸响应的四苯乙烯修饰喹喔啉类荧光染料的合成与性质研究. 化学学报，2016，74：165-171.

[68] Yu T，Ou D，Yang Z，et al. The HOF structures of nitrotetraphenylethene derivatives provide new insights into the nature of AIE and a way to design mechanoluminescent materials. Chemical Science，2017，8：1163-1168.

[69] Sagara Y，Karman M，Verde-Sesto E，et al. Rotaxanes as mechanochromic fluorescent force transducers in polymers. Journal of the American Chemical Society，2018，140：1584-1587.

[70] McFadden M E，Robb M J，Force-dependent multicolor mechanochromism from a single mechanophore. Journal of the American Chemical Society，2019，141：11388-11392.

[71] Yang W，Yang Y，Qiu Y，et al. AIE-active multicolor tunable luminogens：simultaneous mechanochromism and acidochromism with high contrast beyond 100 nm. Materials Chemistry Frontiers，2020，4：2047-2053.

[72] Zhang X，Ma Z，Li X，et al. Multiresponsive tetra-arylethene-based fluorescent switch with multicolored changes：single-crystal photochromism，mechanochromism，and acidichromism. ACS Applied Materials & Interfaces，2021，13：40986-40994.

[73] Li C，Peng Z K，He Q，Stimuli-responsive metamaterials with information-driven elastodynamics programming. Matter，2022，5：988-1003.

[74] Hu F，Yang W，Li L，et al. Multifunctional emitters with TADF，AIE，polymorphism and high-contrast multicolor mechanochromism：efficient organic light-emitting diodes. Chemical Engineering Journal，2023，464：142678.

[75] Xie Z，Zhang X，Xiao Y，et al. Realizing photoswitchable mechanoluminescence in organic crystals based on photochromism. Advanced Materials，2023，35：2212273.

[76] Xu J，Chi Z. Mechanochromic Fluorescentmaterials：Phenomena，Materials and Applications. Cambridge：Royal Society of Chemistry，2014.

[77] Wang C，Yu Y，Yuan Y，et al. Heartbeat-sensing mechanoluminescent device based on a quantitative relationship between pressure and emissive intensity. Matter，2020，2：181-193.

力刺激发光材料

2.1 引言

力刺激发光（mechanoluminescence，ML）又称力致发光，是指材料受到机械力作用而产生的闪光，也称为摩擦发光（triboluminescence，TL），其中前缀“tribo”来自希腊词语“tribein”，意思是摩擦。力刺激发光还称为碎裂发光（fractoluminescence）或压致发光（piezoluminescence）。如今，ML 材料可以受到不同机械力刺激而发光，包括拍打、碾压、扭曲、劈裂、压缩，以及超声波振动或红外激光拍频等。

尽管近年来人们对 ML 现象给予了极大的关注，但目前对于 ML 的认识尚缺乏普遍通用的机理解释。自从 1605 年 Francis Bacon 通过刮硬糖晶体发现 ML 现象[1]，在 19 世纪之前，人们已经在无机晶体、矿物质和有机晶体中发现了 ML 行为。但是，由于缺少合适的表征方法和仪器设备，具体的 ML 机理鲜为人知。20 世纪及之后，ML 领域得到了巨大发展，并且 ML 在光电子学和生物成像领域也展现出很大的应用潜力。同时，也有很多研究工作致力于明确晶体结构和 ML 特性之间的关系[2, 3]。基于此，一些无机化合物和有机金属化合物的 ML 行为也陆续被报道出来，如锰掺杂硫化锌、铕和镝共掺杂铝酸锶、二苯甲酰甲基铕三乙基铵、二（三苯基氧膦）溴化锰和二（甲基三苯基膦）二溴二氯镁酸盐[4-6]。但是，具有 ML 性质的纯有机材料却少有报道，主要原因是有机发光材料通常在固体状态下由 π-π 堆积作用导致聚集猝灭发光（ACQ）效应[7-11]，使得 ML 性能表现不佳。因此，难以得到具有优异 ML 性能的有机发光材料。并且长期以来，人们一直认为 ML 特性是无机化合物和有机金属化合物特有的一种发光性能[12-14]。2001 年，唐本忠院士等发现了一种聚集诱导发光（AIE）现象[7]，AIE 材料在聚集态下发光很强，但是在稀溶液状态下几乎不发光或发光很弱。AIE 特性可以很好地解决发光材料在固体状态下的 ACQ 问题，有利于开发更多有机 ML 材料。自从 2015 年开始，池振国等[15]将 ML 和 AIE 两种特性组合在一个分子上开发出同时具有 ML 和 AIE 性能的力刺激发光-聚集诱导发光（ML-AIE）有机材料，并对其 ML

机理进行了深入研究，为后来大量开发 ML-AIE 材料打下良好的基础。通过在 ML 有机发光材料中引入 AIE 特性，研究者设计开发了很多具有高发光亮度的有机 ML 材料，有助于进一步理解分子结构和 ML 机理的相互关系。ML-AIE 概念的提出极大地加速了 ML 材料的发展，为有机发光材料开创了一个新研究时代。为了更好地了解有机 ML 材料，接下来，主要参考本书作者团队有关有机 ML 材料的综述论文[16]，按照时间先后顺序，介绍有机 ML 材料和 ML-AIE 材料方面取得的主要研究进展。同时，也将仔细讨论化学结构、晶体结构与 ML 性能之间的关系。最后，对于 ML 材料的发展给出总结和展望。

2.2 有机力刺激发光材料

对于下述的研究报道，部分工作并没有明确指出所报道的化合物具有 AIE 特性，可能是因为这些化合物不是典型的 AIE 化合物，或是 AIE 特性不是一个主要的考虑因素。

1973 年，Zink 和 Kaska[17]报道了具有 ML 特性的芳香化合物六苯基碳二磷烷 $[(Ph_3P)_2C]$ 晶体，其具有相似的 ML 和光致发光（PL）光谱。他们认为 ML 特征来自分子激发态。从单晶结构分析得知，$(Ph_3P)_2C$ 晶体是单斜和极性的空间群 *C*2。在 1978 年，他们继续观察到放置一段时间的 $(Ph_3P)_2C$ 失去了 ML 性能，发现其已经转变为无压电效应的正交晶系及 $P2_12_12_1$ 非极性空间群。后来，Zink、Kasha 和 Klimt 等在香豆素、邻苯二甲酸酐、间苯二酚、间氨基苯酚、对茴香胺、菲、9-蒽乙醇、芘化合物中也观察到了 ML 现象，它们具有与荧光光谱相同的 ML 光谱[18-20]。通过进一步分析这类 ML 材料的晶体空间群发现，极性和非极性空间群对 ML 性能起到决定性作用[21, 22]。1988 年，Sweeting 和 Rheingold[23]报道了基于 9-蒽甲醇的化合物，并用晶体对称性解释其 ML 机理。实验结果表明，ML 特性与非中心对称相关，而非 ML 特性与中心对称相关。另外，咔唑衍生物包括 *N*-乙基-3-乙烯基咔唑（**1**）[24]、*N*-异丙基-3-乙烯基咔唑（**2**）[24, 25]、3, 9-二乙基咔唑（**3**）[25]和 3, 6-二溴咔唑（**4**）[26]都被报道具有 ML 特性。在大多数情况下，ML 性能伴随着晶体压电效应。

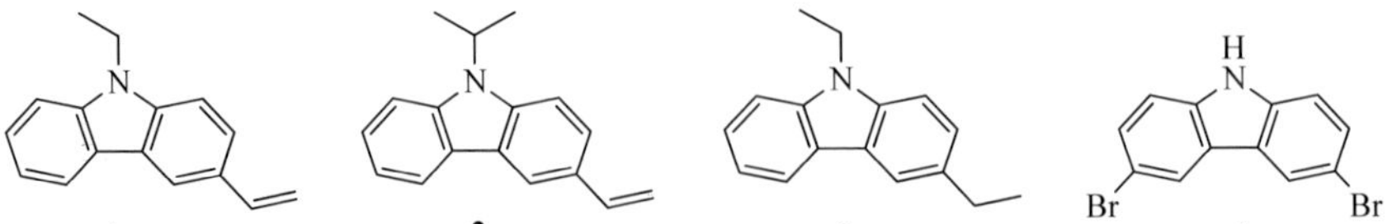

N N N H N Br Br

1 **2** **3** **4**

2012 年，Nakayama 等[27]通过引入非中心对称和极性结构，合成了非对称的 *N*-苯基酰亚胺衍生物 **5**～**12**。结果发现，这些非对称化合物在固态和液态下都是无色的，但是，从其固态在积分球下的光致发光（PL）光谱观察到蓝色荧光。在固态下，化合物 **5**～**12** 的 PL 光谱波峰分别位于 448 nm、444 nm、505 nm、485 nm、495 nm、488 nm、456 nm 和 457 nm。当在室温下研磨化合物 **5** 时，肉眼可以看到蓝色发光，表现出 ML 行为。即使在日光下，也可以观察到这种明亮的 ML，表明 ML 激发态的非辐射激活过程得到了抑制。从光谱分析可知，ML 和 PL 来自相同的激发态，ML 的衰减过程与 PL 一致。

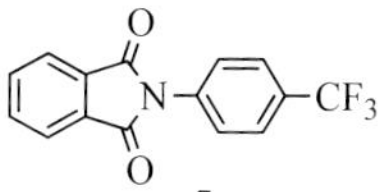

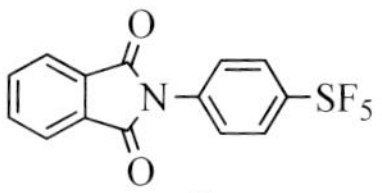

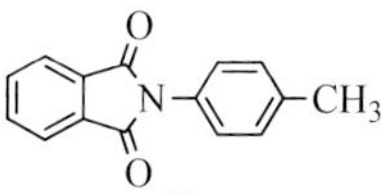

由于引入具有强吸电子能力的取代基，如三氟甲基和五氟磺酰基，**5**（δ = 5.71D）和 **6**（δ = 7.53D）能够产生较大的偶极矩（dipole moment，δ），从而得到很好的 ML 性能。对于具有较小偶极矩的甲基衍生物 **7**（δ = 2.06D），ML 性能较差，这是由于晶体结构中的半滑动鱼骨形排列。另外，ML 与晶体的排列密切相关，目前大部分具有 ML 性能化合物的单晶均为非中心对称。因此，非中心对称分子排列的化合物 **6** 和 **12** 具有 ML 性能，而中心对称晶体结构的化合物 **9** 和 **10** 不具有 ML 性能。同时，X 射线衍射（XRD）分析结果表明，在研磨材料的过程中，ML 会略微受到影响。由单晶 XRD 结果可知，具有薄片晶体结构和扩展 π 共轭的化合物 **8**、**11** 和 **12** 也表现出很强的 ML。通过对 ML 性能与分子结构关系的研究表明，实现 ML 的关键就是要有非中心对称分子排列，这种晶体结构可以很容易地从 *N*-苯基酰亚胺衍生物中得到。三氟甲基和五氟磺酰基可以使分子具有更大的偶极矩。

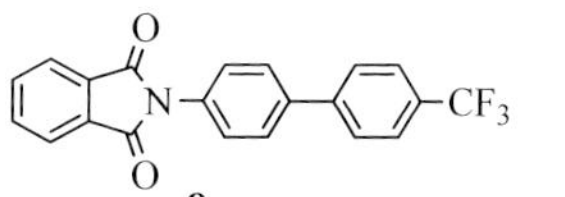

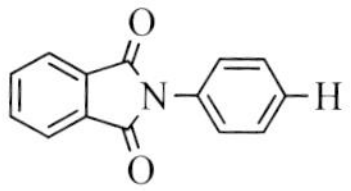

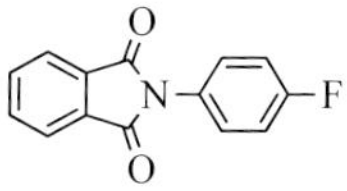

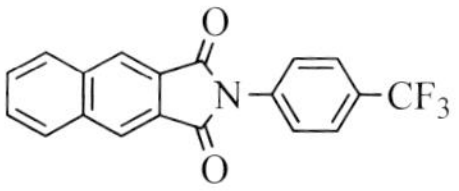

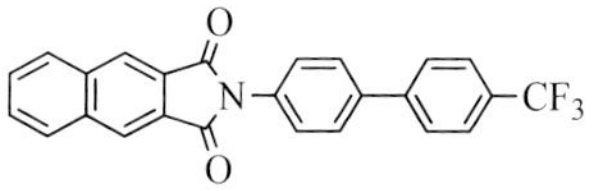

2015 年，Nishida 等[28]通过在电子受体酰亚胺部分引入扩展的 π 共轭结构，研究了三氟甲基苯基取代的邻苯二甲酰亚胺衍生物 **13**～**18**。这些衍生物具有 ML 特性，且观测到了属于荧光发光的 ML。通过研究这些邻苯二甲酰亚胺衍生物的单晶发现，它们具有非中心对称的单晶排列。同时，从联噻吩和萘基衍生物的单晶结构发现了相同的非中心对称层结构。另外，不同的电子给体对调节分子内电荷转移（intramolecular charge transfer，ICT）具有重要意义，从而能够实现颜色可调的 ML，发光范围覆盖整个可见光区域。正如所预想的，**13**～**18** 的 ML 波峰分别位于 454 nm（青蓝光）、576 nm（橙光）、587 nm（橙红光）、440 nm（蓝光）、471 nm（青蓝光）和 491 nm（浅蓝光），覆盖了可见光区域。特别是刚性萘取代的酰亚胺衍生物 **18**，即使在日光下依然可以观察到强烈的 ML。

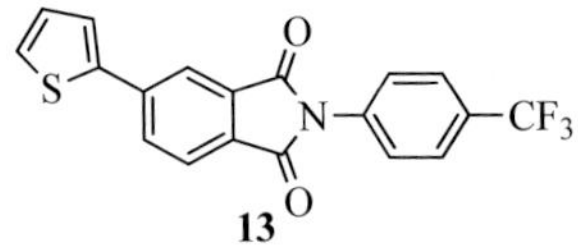

13 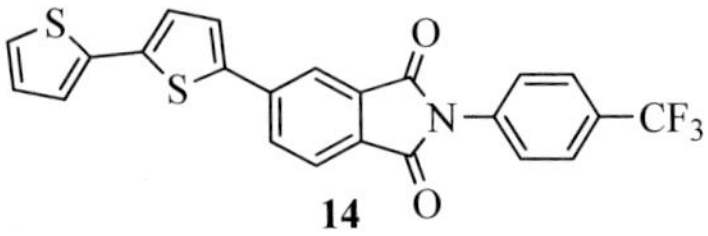 14

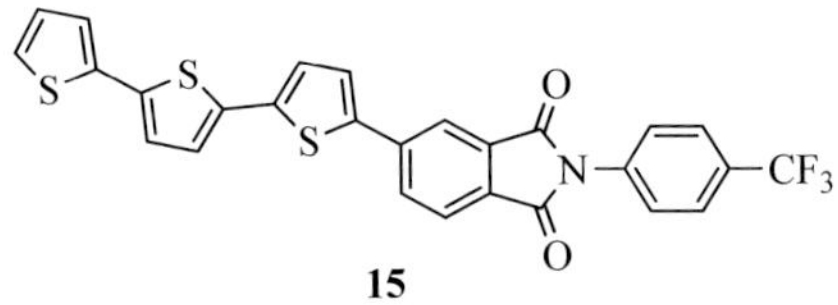

15 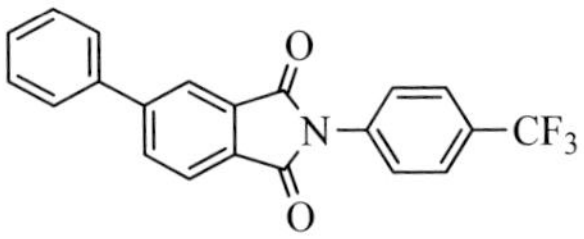 16

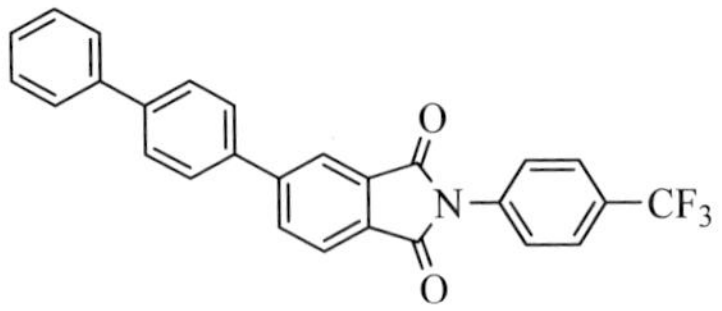

17 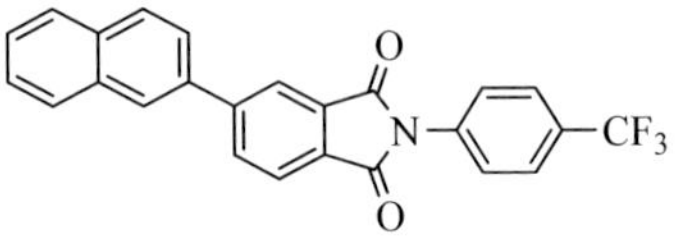 18

2018 年，Yang 等[29]报道咔唑（**19**）具有很强的室温磷光（room-temperature phosphorescence，RTP）和很弱的 ML，而 *N*-苯基咔唑（**20**）则具有弱的 RTP 但具有很强的 ML。不过，**20** 的衍生物 **21** 和 **22** 不具有 RTP 或 ML 性能。该研究指出，在芳基硼酸中引入二元醇进行环酯化作用，是一种简单有效的 RTP 和 ML 材料筛选方法。对于化合物 **21**，通过引入乙二醇、1, 2-丙二醇、1, 3-丙二醇和 2, 2-二甲基-1, 3-丙二醇进行环酯化，可以将其变为具有超长磷光寿命和明亮蓝光 ML 的发光材料（**23**～**26**）。通过单晶结构分析和量子化学计算得知，硼酯对分子堆积模式和分子间相互作用起到重要作用。但是，由于复杂的热失活和氧猝灭过程对 RTP 的影响，从分子堆积和分子间相互作用及量子计算结果直接评价有机晶体的 RTP 可能有一定的局限性。相比之下，具有压电空间群和强分子间相互作用的有机晶体通常可以提高 ML 性能。由于芳基硼酸是一大类简单易得的有机中间体，环硼酯可能成为筛选具有发展前景的 RTP 和 ML 材料的宝库。

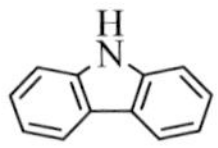

19 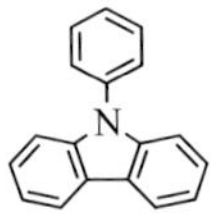 20 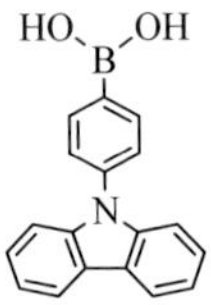 21 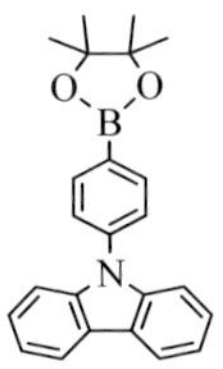 22 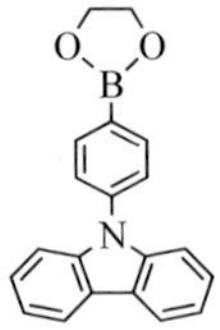 23 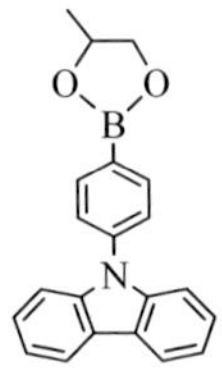 24 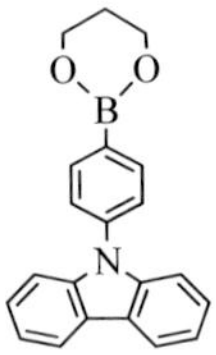 25 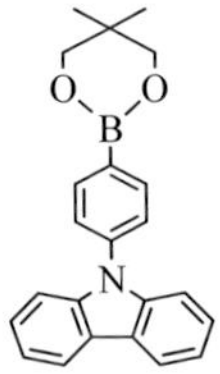 26

2018 年，Li 等[30]报道了具有重原子效应的四个溴代芴基衍生物 **27**～**30**。其中化合物 **28** 不仅可以在紫外光下，还可以在机械力作用下产生荧光-磷光双发射，并且在光照下最高磷光效率为 4.56%。在研磨过程中，**28** 产生三种不同的 ML 光谱。当延长机械力作用时间时，**28** 的 ML 从青色变为蓝色，这是由晶体结构逐渐

Yang 等[38]报道了一个简单的、机械触敏响应的分子 *N*-苯基咔唑（**20**）。**20** 具有很强的分子间相互作用（C—H···N 和 C—H···π），表现出蓝色发光的 ML 性能。同时，**20** 还具有 RTP 性能，但无力致磷光性能，表明激发模式对发光过程起到相当重要的作用。**20** 具有中心对称的非极性压电空间群（*Fdd*2），同时还具有强的 3D 超分子氢键网络，导致研磨时产生明亮的 ML 特性。基于以上研究，Yang 等提出一种产生多色 ML 的方法[39]，即通过简单的熔融共混技术，将其他发光颜色的荧光染料掺杂在这种稳定的有机蓝光主体材料 **20** 中，从而产生不同的 ML 颜色（图 2-3）。这一简单策略为开发明亮多色的有机 ML 材料开辟了一条可行途径，无需复杂的分子设计和烦琐的化学合成。

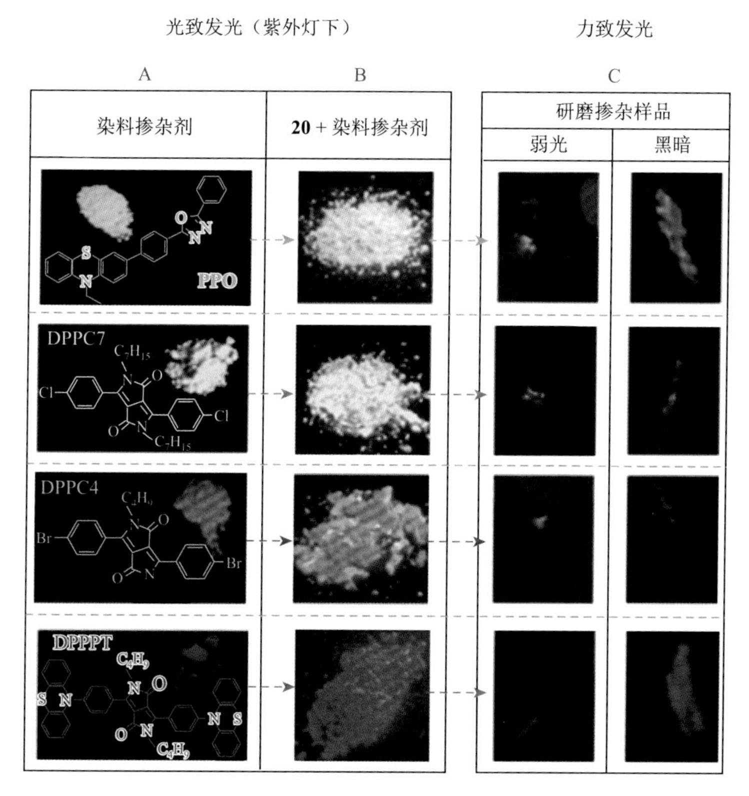

图 2-3 不同颜色掺杂固体的发光图片

客体（A 列）以 4 wt%～5 wt%（质量分数，后同）比例掺杂在主体 **20**（B 列）中；在没有外界激发下，经机械研磨的固体在弱光和黑暗中的发光（C 列）

几乎在同一时间，Chi 等[40]在咔唑 ML 单元上引入“软”烷基链，提出一种新策略用于开发原位太阳能可再生有机 ML 化合物 **55** 和 **56**（图 2-4）。他们发现研磨后的断裂晶体短时间（≤60 s）暴露在阳光下发生原位再结晶，首次实现多晶薄膜的 ML。另外，可以通过掺杂有机发光染料对 ML 颜色和寿命进行简单调控。他们利用化合物**55**首次制备了可通过太阳光原位更新的大面积夹层型有机ML器件（图 2-5），并且产生 ML 的最低压力阈值约为 5 kPa，说明该材料有望应用于制备可重复使用的彩色压电显示器、可视手写动态监视器和灵敏光学传感器。这种引入“软”烷基链策略为加快有机 ML 材料开发及其应用提供了一种有效方法。

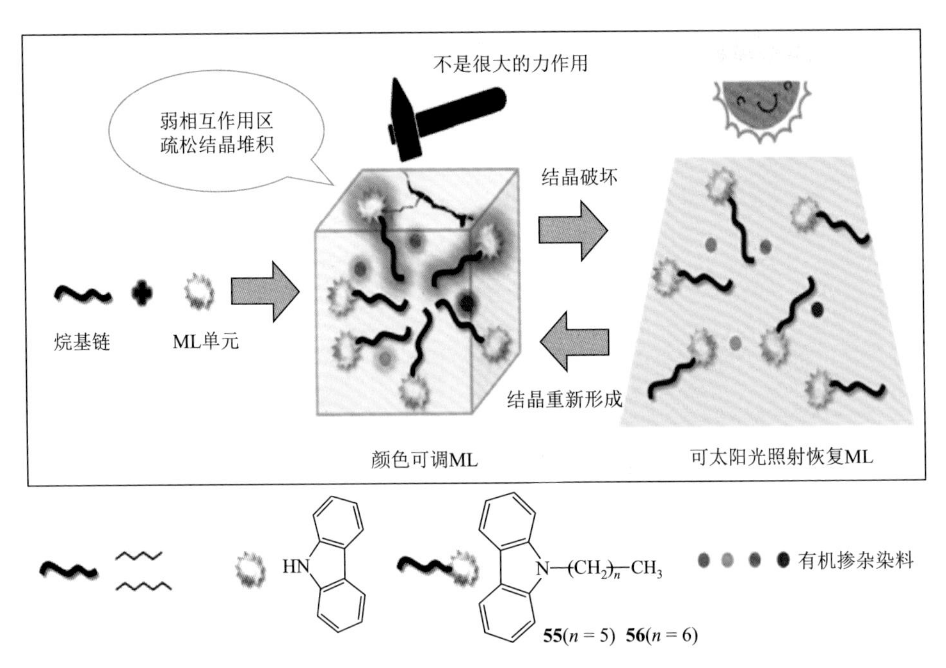

图 2-4　烷基链引入策略：一个 ML 单元引入一个烷基链后，在晶体中形成弱相互作用区域（烷基链区域）和松散堆积，使这些晶体具有良好的材料相容性，可以通过掺杂不同的有机染料得到彩色 ML，当这些晶体短时间内暴露在阳光下，断裂的晶体发生原位再结晶，表现出新型的太阳能再生 ML

2019 年，Tang 等[41]将 1, 8-萘酐（NA）溶解在有机固态主体材料如五氯吡啶（PCP）、邻苯二甲酸酐（PA）和邻二氰基苯（DCB）中，报道了具有超长 RTP（寿命长达 600 ms，荧光量子产率达 20%）的有机主客体掺杂体系（图 2-6）。同时，当主体具有 ML 特性时，在机械力刺激作用下也可以实现客体的 ML。飞秒瞬态吸收光谱分析研究表明，只要存在微量的 1, 8-萘酐，就可以显著加速主体的 ISC 过程。因此，研究认为该 ML 机理是基于主体分子和客体分子在光激发电子跃迁过程中协同作用，从而形成团簇激子并发射 RTP。基于对这种主客体组合的深入理解，团簇激发模式有助于拓展纯有机超长 RTP 材料的种类。

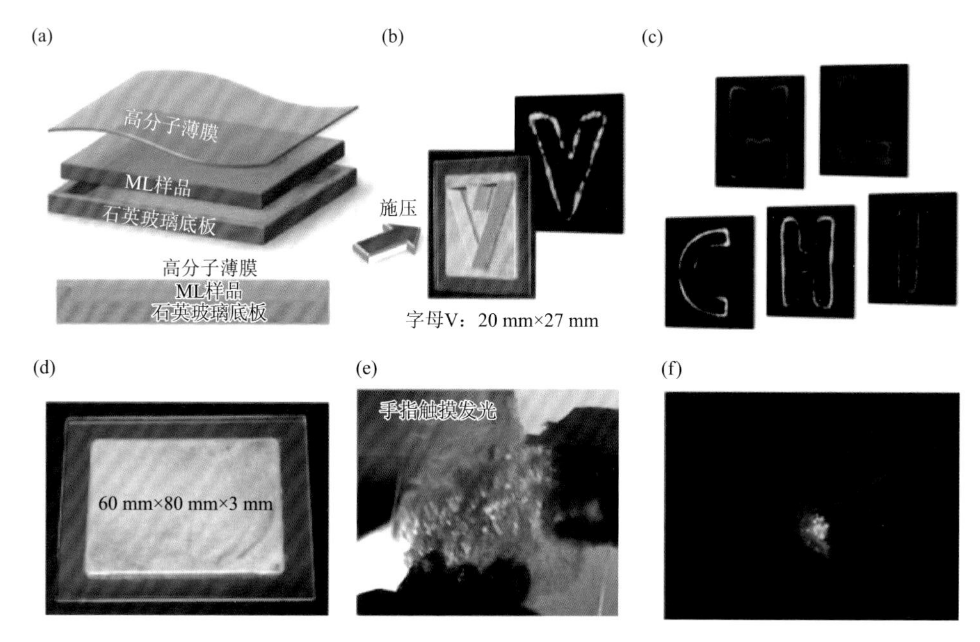

图 2-5　（a）三明治型 ML 器件的立体分解图（上）和截面图（下）；（b）ML 器件获得压电显示（字母 V）的示意图；（c）55 以 1%掺杂在不同染料中获得的彩色压电显示；（d）55 的大面积多晶薄膜；（e）绿色染料掺杂 1% 55 制备的 ML 器件用作手指触摸光学传感器；（f）绿色染料掺杂 1% 55 制备的 ML 器件用作气流传感器，开启 ML 的阈值压力约为 5 kPa

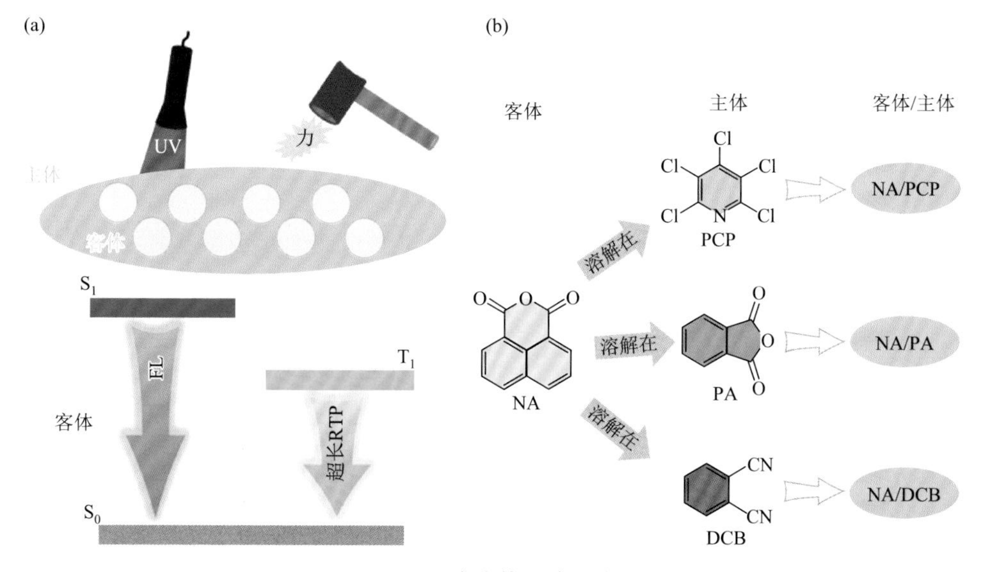

图 2-6　主客体系统设计

（a）主客体系统示意图，固态溶液中溶质是客体，溶剂是主体，显示了紫外/力致激发下的超长 RTP；（b）化合物的分子结构

2.3 力刺激发光 AIE 材料

2.2 节中提到的有机 ML 材料虽然没有 AIE 特性，但是具有优异的 ML 和独特用途。受上述实验结果的启发，结合压电假设和单晶分子排列，人们提出一种 ML-AIE 的新型分子设计策略，将 AIE 概念引入到 ML 中，解决 ACQ 问题。以下将讨论这些 ML-AIE 材料的研究进展情况。

二苯砜（diphenyl sulfone，DPS）一直作为电子受体被用来设计开发热激活延迟荧光（thermally-activated delayed fluorescence，TADF）材料，其中砜基团的氧原子具有很强的电负性，给予砜基团拉电子能力。另外，DPS 的砜基团表现为四面体构型，这种扭曲的构象结构限制了化合物分子的共轭程度[42]。

2015 年，Chi 课题组[15]报道了一个非常有趣、非对称结构的 DPS 衍生物 **57**，它具有 ML-AIE 特性。Chi 课题组率先提出采用非对称分子结构策略设计高效率 TADF 材料，化合物 **57** 和 **58** 也是最先被报道的 AIE-TADF 分子。非对称分子 **57** 和对称分子 **58** 在四氢呋喃溶液中发光很弱，而当水/四氢呋喃混合溶液中水的比例逐渐增大时，两个化合物发生聚集使得 PL 强度显著增强，表明化合物具有 AIE 特性。另外，这些化合物不同于采用常规 AIE 基团如噻咯（silole）、四苯乙烯（TPE）、9, 10-二苯乙烯基蒽（DSA）等的典型 AIE 分子，这进一步拓展了 AIE 材料的范围。从 **57** 和 **58** 的单晶结构分析可知，分子间存在多种相互作用，如 C—H⋯π 和 S ═ O⋯H—C。然而，没有观察到典型的分子间 π-π 相互作用，这是由吩噻嗪基团的非平面结构造成的。与之前报道的 ML 材料相比[12-15, 28]，非对称分子 **57** 在固态下具有很强的 ML 特性和高达 93.3%的荧光量子产率，这是因为不存在任何具有 π-π 分子间相互作用的紧密有序排列，也就是说，不存在 ACQ 效应。当刮 **57** 的非掺杂粉末时，在日光下就能够观察到很强的绿光。该研究认为，具有 AIE 性能和非中心对称排列的分子可能实现 ML 性能，并在显示、照明、传感等方面具有潜在应用。

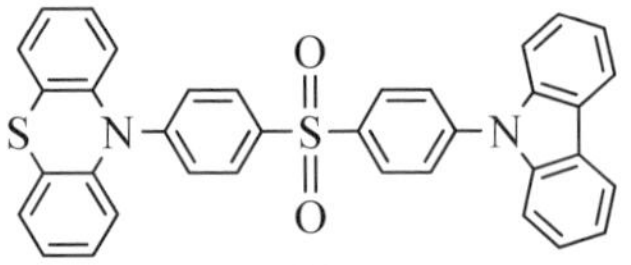

S N O S O N S N O S O N S

57 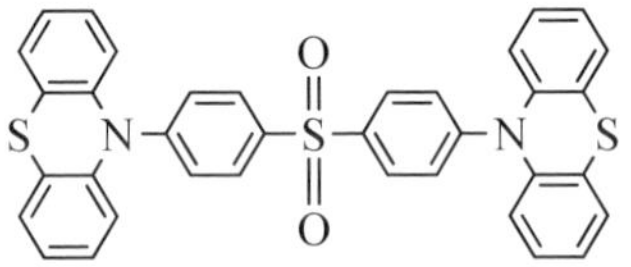 **58**

2019 年，Yang 等[43]采用 DPS 和 9, 9-二甲基-9, 10-二氢吖啶分别作为电子给体（donor，D）和电子受体（acceptor，A），设计合成了两个蓝色发光材料 **59** 和 **60**，它们均表现出典型的 AIE、TADF 和 RTP，以及不同的 ML 特性。通过引入甲基产生分子结构的微小变化来调控分子的空间位阻和分子间相互作用。单晶结构分析表明，大的偶极矩、紧密排列模式、多重分子间相互作用使得 **59** 具有优异的 ML 特性。另外，**59** 是第一种被报道的同时具有 TADF、RTP、AIE 和 ML 四种性能的有机分子。

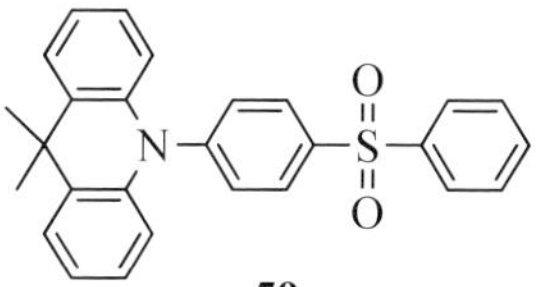

59 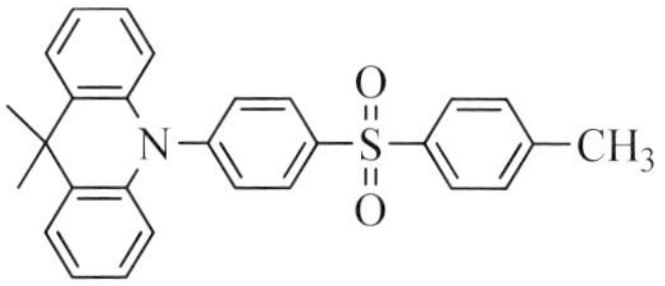 **60**

二苯甲酮，具有有很强拉电子能力的羰基并有一个中心扭曲角，被认为是一个典型的有机磷光分子。在稀溶液和非晶薄膜状态下，二苯甲酮不发光。但是，在室温下，二苯甲酮通过形成晶体可以产生磷光，因此产生一种有趣的“结晶诱导磷光”现象[44]。二苯甲酮作为电子受体，还被用于构建 TADF 分子[42]。

2017 年，Tang 课题组[45]报道了一种非对称的 D-A-D′分子 **61**，其同时表现出 AIE、TADF 和 ML 性能。AIE 性能使得该分子在固态下具有很强的 PL，发射峰位于 532 nm。一系列光物理实验结果发现 **61** 具有 ML-AIE 特性。由 XRD 结果可知，**61** 具有 $Pca2_1$ 空间群的正交晶系和非中心对称排列。通过刮 **61** 结晶粉末，肉眼可以观察到明亮的蓝绿色发光，**61** 显现出明显的 ML 性能。该研究认为这种特殊的 ML 特性可能是由强偶极矩和分子的非中心对称排列产生的压电效应引起的。

2018 年，Chi 等[46]报道了一种新的 ML-AIE 材料 **62**，通过简单调整 C—H⋯π 相互作用，实现明显不同的 ML 颜色。从 **62** 的两种不同晶态（蓝色和绿色晶体），观察到蓝色和绿色两种 ML 颜色。为了探索同一分子实现不同 ML 颜色的具体机理，他们进行了单晶结构分析和飞秒瞬态发光光谱研究。单晶数据表明，蓝色晶体和绿色晶体的分子分别是 $P2_1/n$ 和 Cc 空间群。产生颜色可调 ML 特性的主要原因是晶体结构中存在不同的 C—H⋯π 相互作用。对于存在较多 C—H⋯π 相互作用的 **62** 晶体（蓝色晶体），其 473 nm 的蓝色 ML 起源于局域激发态，这是由于 C—H⋯π 相互作用使得激发态扭曲过程受到限制。相比之下，对于存在较少 C—H⋯π 相互作用的 **62** 晶体（绿色晶体），其 504 nm 的绿色 ML 起源于 TICT 激发态，这是由于二苯胺基团相对可以自由转动。因此，这项通过调节晶态下弱相互作用的研究工作为调控 ML 颜色提供了一种有效可行的策略。随后，Li 等[47]报道了一种 AIE 分子 **63**。在持续的机械力刺激作用下，**63** 能够实现从蓝色到白色再到黄色的动态 ML。这种独特的 ML 效应是机械力刺激下分子构型变化产生的。

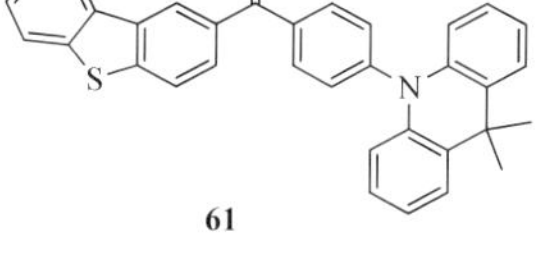

61 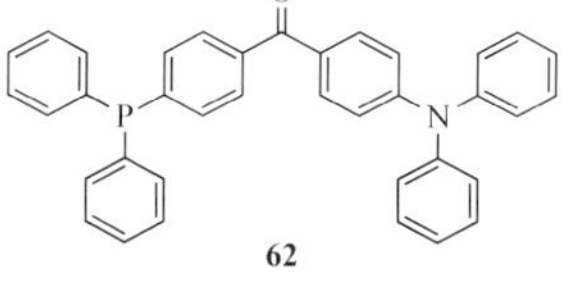 **62** 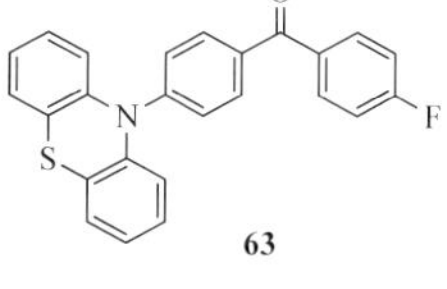 **63**

在 AIE-TADF 化合物 **57** 的 ML 特性启发下，Chi 等[48]采用 TPE 这种典型 AIE 基团，合成了一个具有 ML-AIE 特性的分子 **64**，其具有优异的力致发光变色性能。为研究其 AIE 特性，进行了不同比例的水/四氢呋喃混合溶剂的光致发光测试。**64** 可以完全溶解在四氢呋喃溶剂中，但溶液不发光。当混合溶剂中水的比例增大到体积分数为 90%时，观察到很强的绿光，发射波峰位于 499 nm。在 **64** 的正己烷和二氯甲烷混合溶剂中，通过溶剂蒸发可以获得块状晶体 C_g，晶体 C_g 发射波峰位于 498 nm 的绿光，其固态 PLQY 为 52%。研磨 **64** 的 C_g 晶体后，在黑暗无紫外激发的情况下，可观察到明亮的绿光［图 2-7（a）］，其发射波峰位于 517 nm。当压碎晶体时，在室温下肉眼也可观察到这种 ML，这是晶体的固态压电效应和 AIE 增强产生的结果。另外，通过对由两块玻璃板和四个字母“AITL”组成的三明治结构器件施加压力的实验［图 2-7（b）］，进一步证实了 C_g 的 ML 能力。同时，通过调整晶体中分子组装结构发现，**64** 的两种晶型（C_g 和 C_b）产生相互矛盾的 ML 特征。一方面，蓝色发光的 C_b 晶体没有 ML 特性；另一方面，绿色发光的 C_g 晶体中观察到明显的 ML 特征，这是不同分子排列模式产生的结果。对于棱柱状的 C_b 晶体而言，在二氯甲烷蒸气中熏蒸使得原本无 ML 特性的 C_b 可以实现 ML 特性［图 2-7（a）］。XRD 实验结果表明，C_g 和 C_b 晶型产生不同 ML 特性的原因是分子排列模式不同。进一步系统研究表明，C_g 和 C_b 晶型的 ML 特性主要与其非中心对称的、满足压电效应要求的极化空间群 $P2_1$ 有关[27, 49]。另外，C_g 和 C_b 晶型具有不同的分子构型和排列模式，导致它们具有不同的偶极矩和 HOMO-LUMO 能级差（ΔE_g）。晶体结构中具有较大净偶极矩的非中心对称分子排列，是晶体受到破坏时产生压电效应的主要原因。另外，分子趋向于螺旋桨状构型，产生像 C—H…π、C—H…S 和 C—H…O 氢键等多种分子间相互作用，

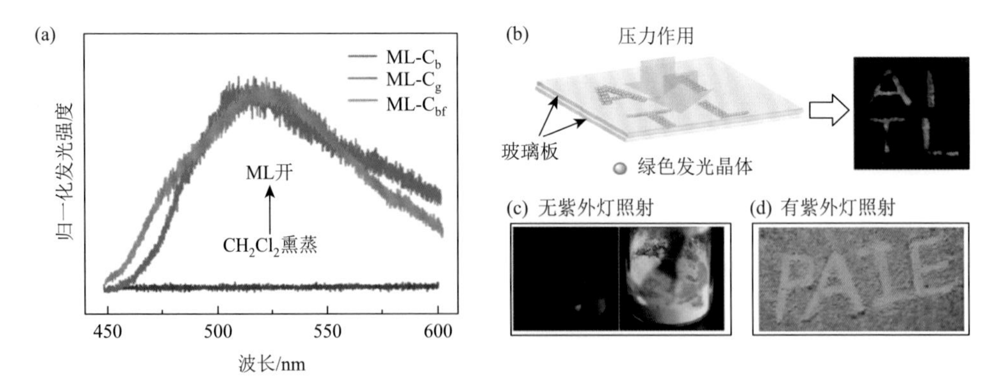

图 2-7 （a）64 的 ML 光谱；（b）由 64 在室温黑暗环境下受到压力刺激产生的 ML 来显示大写字母“AITL”；（c）64 在黑暗（左）和日光（右）下的 ML 图片；（d）用大写字母“PAIE”展示 64 的可写力致发光变色荧光

从而形成刚性分子构型。非辐射弛豫造成的能量损失减少，使得这个分子具有很高的 PLQY。在力的刺激下，无论有或无紫外光照射，C_g 晶型都表现出力刺激发光响应特性［图 2-7（c）和（d）］。考虑到分子激发明显的压电性质和独特的 AIE 特性，以上基于 **64** 的系统研究成果为开发多功能 ML 材料提供了一种简单可行的方法。

为了进一步研究上述力刺激发光响应机理，同时受到上述 ML-AIE 材料 **64** 的启发，2016 年 Chi 等[50]继续设计合成了纯有机 AIE 特性的发光材料 **65**～**69** 进行对比研究。为了确保具有 AIE 特性的 ML，他们提出新见解，将用于分子激发的压电概念与 AIE 现象结合起来，以实现强的发光。三苯胺单元的扭曲构象能够避免 π-π 堆积，使得固态下发光增强，因此常被用来合成 AIE 材料。结果表明，显著的 ML-AIE 对含有甲酰基取代基的 TPE 基团有很高的依赖性，而甲酰基是典型的吸电子基团。同时，甲酰单元能够促进形成大的分子内偶极矩，有利于产生强的分子间氢键，从而形成紧密排列的晶体。由光物理性能研究可知，所制备 **65** 的固态样品发射很强的蓝绿光，发射波峰位于 487 nm。当用药勺给予晶体剪切力作用时，肉眼可以观察到 **65** 发出很强的荧光，发射波峰位于 487 nm。ML 和 PL 具有相同的发射波峰，说明二者来源于同一种激发态发光。同时，采用 **65** 的晶体制备了一个由两块玻璃板和四个字母“AITL”组成的三明治结构器件，实验结果进一步证实了 ML 性能，这表明 **65** 在显示和光记录等方面具有潜在的应用前景。

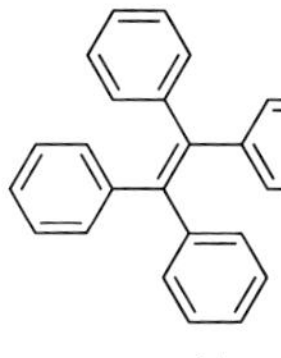

64 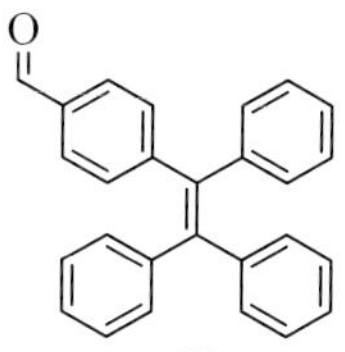　**65** 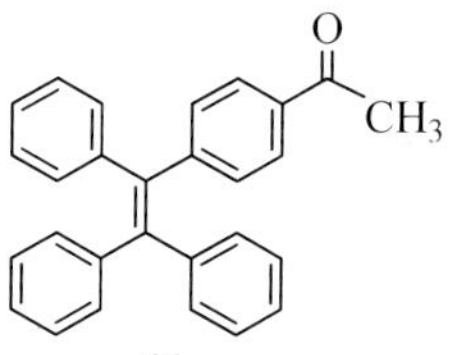　**66**（CH_3）

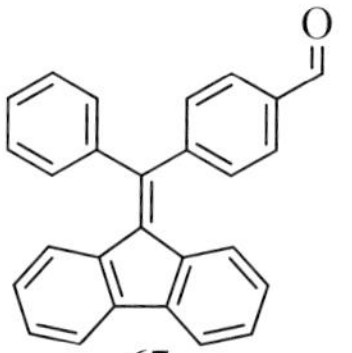

67 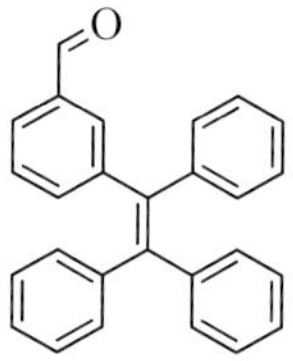　**68** 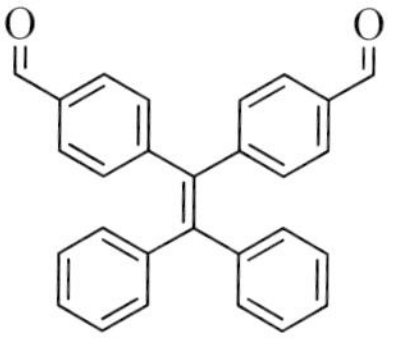　**69**

对于含有不同官能团和结构的 **65**、**66** 和 **67** 进行了 ML 性能研究。含有醛基的 TPE 基团对 ML 性能起到关键作用。在紫外光激发下，**66** 和 **67** 晶体发射波峰分别位于 458 nm 和 507 nm 处。当将 **65** 的醛基换成 **66** 的乙酰基，将 **65** 的 TPE 变成 **67** 的芴时，ML 现象消失。XRD 结果表明，这三个化合物的单晶具有与初始制备样品几乎一样的分子排列模式。**65** 单晶是具有非中心对称极性空间群 $P2_1$ 的单斜晶系，并且存在两种不同类型的 C—H···O 氢键分子间相互作用。然而，从 **66** 和 **67** 单晶结构可以看出，两个化合物的分子彼此平行或反平行，并在 C—H···O 氢键的作用下形成二聚体，而高度规则的分子堆叠容易形成非极性空间群的中心对称结构。因此，TPE 和醛基的协同作用对非中心对称晶体结构的形成具有重要影响，导致产生净偶极矩以实现压电效应。他们提出，**65** 的 ML 来自晶体断裂面产生的电场。为了进一步证明这个理论，他们设计合成了另外两个由 TPE 和醛基组成的发光材料 **68** 和 **69**。研究表明，当进行研磨或剪切时，**68** 和 **69** 都表现出 ML 属性，其 ML 发射波峰分别位于 472 nm 和 492 nm。**68** 和 **69** 单晶分别具有极性空间群 $P2_1$ 和 $Pna2_1$ 的非中心对称分子排列。TPE 和醛基对 **65**、**68** 和 **69** 的 ML 行为起到非常重要的作用，它们产生不同的分子排列模式，导致非中心对称晶体结构。对比发现，**68** 的 ML 强度略微低于 **69**。对于固态 **65**、**68** 和 **69** 发光体，表现出 TPE 基团到苯甲醛基团的 ICT。虽然典型 AIE 基团 TPE 的存在能够避免产生 π-π 堆积，但是这三个发光体的发光特性也可能彼此不同。因此，进一步研究了 AIE 性能对 ML 行为的作用。对于具有 AIE 性能的 **65** 发光体，固态下具有很强的 PL 强度，发射波峰位于 487 nm，PLQY 为 28%。非辐射弛豫可以被有效限制，使得 **65** 产生显著的 AIE 效应。固态 **69** 和 **68** 发光体也表现出同样的实验结果：**69** 的 PL 发射波峰位于 486 nm，PLQY 为 21%；**68** 的 PL 发射波峰位于 464 nm，PLQY 为 10%。因此，当 **68** 晶体在室温下受到剪切作用时，发射出相对较弱的 ML，这与它的 AIE 性能较差有关。

2016 年，Li 等[51]报道了一个具有 ML-AIE 性能的化合物 **70**，它是 TPE 的衍生物。他们对 ML 机理及其与分子结构的关系进行了大量研究。研究发现 **70** 具有两种晶型，包括 C_p 和 C_c，分别对应 $P2_1/c$（非中心对称）和 $C2$（中心对称）空间群。有趣的是，C_p 晶体具有优异的 ML 性能，而 C_c 晶体则没有 ML 性能。通过对 **70** 的单晶结构分析可知，它具有特殊的分子堆积模式，可以通过有效地抑制分子间运动而促进 ML 行为的产生。在室温紫外光照射下，C_c 晶体发射深蓝光，波峰位于 420 nm，PLQY 为 67.4%；同时，C_p 晶体的发光相对红移，为波峰位于 429 nm 的蓝光，PLQY 为 69.9%。由于 **70** 分子中存在螺旋桨形状，无法形成 π-π 堆积或 H-聚集/J-聚集，另外，相邻分子间两个芳香平面的距离为 4.2 Å，从而产生不同分子构象和不同发光行为。对于制备的 C_p 晶体，PL 发射波峰位于 429 nm，而非晶态样品的 PL 发射波峰位于 489 nm。当在黑暗或日光条件下研磨 C_p 晶体时，可以清晰地观察到波峰位于 460 nm 的蓝色荧光。同时发现，不仅 C_p 晶体表现出 ML 特性，而且刚刚制备得到的样品也表现出 ML 特性，C_c 晶体则不存在 ML。为了明确 ML 的具体机理，基于单晶结构分析结果和晶型中 ML 与结构的关系，开展了相关研究。通过温度对 ML 性能影响的实验可知，降低温度可以提高 ML 的强度，这是由于在较低温度下能够有效地抑制非辐射失活过程。粉末 XRD 结果表明，C_p 和 C_c 晶体具有不同的衍射图形。与 C_c 晶体相比，C_p 晶体没有抗压能力，在研磨作用下能够马上变成非晶相。具有整齐排列（平行）晶相的 C_c 晶体没有 ML 性能，而刚性（垂直有序）的 C_p 晶体具有 ML 性能。当研磨 **70** 时，它会发生从晶态到非晶态的相转变，伴随着从深蓝光到蓝绿光的颜色变化，表现出力刺激发光变色响应行为。另外，TPE 基团带来的 AIE 性能使 **70** 在固态下具有很强的发光，有利于实现发光强的纯有机 ML 材料。C_p 晶体的 HOMO-LUMO 能级差（ΔE_g）为 4.23 eV，小于 C_c 晶体的 ΔE_g（4.29 eV），说明 C_p 晶体中分子的电子更容易受到较低激发能的影响。

为了揭示具有 AIE 特性的 ML 材料内在的 ML 机理，2017 年 Li 等[52]利用烃类化合物 **71** 作为一种理想材料，对其光物理性能进行了研究。以 AIE 核心基团 TPE 组成分子骨架，并用炔烃基团在尾端修饰，保证了 **71** 的 AIE 特性。一系列实验结果表明，杂原子对 ML 现象的产生不起决定作用。另外，**71** 晶体是单斜晶系，具有中心对称晶体结构和 *C*2 空间群。由此可以推断，晶体系统中强静电相互作用是产生 ML 现象的主要原因，而不是压电效应。在水/四氢呋喃混合溶剂中，当水的比例达到 95%时，观察到 **71** 在 504 nm 处出现强的荧光发射，说明其具有 AIE 特性。制备的 **71** 晶体发射蓝绿光，波峰位于 451 nm；而受到机械力作用后，发射波峰红移到 458 nm，PLQY 为 40.3%，表明 **71** 具有力刺激发光变色响应性能。经过溶剂熏蒸后，在 454 nm 处出现一个发光峰，说明 **71** 的发光颜色对相转变过程不敏感。当将含 **71** 的溶液滴在一个薄层色谱板上并完全蒸发 THF 溶剂时，发现 PL 光谱与 ML 光谱完全吻合。考虑到破裂或压碎的样品是非晶态的，上述实验结果表明，ML 的产生与晶体表面有关，而与晶体激发态无关。对 **71** 的进一步实验分析表明，sp 杂化C≡C键的富电子是产生ML特征的原因，破坏晶体导致强分子间静电作用和激发态产生。上述解释与之前关于 ML 内在机理的解释有很大不同，或在一定程度上是相反的。

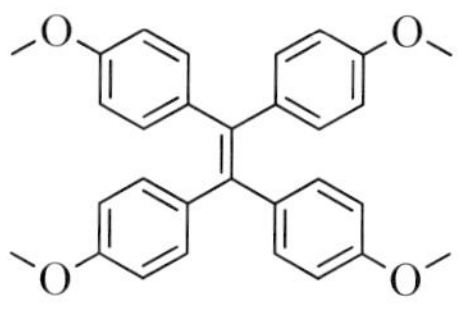

70 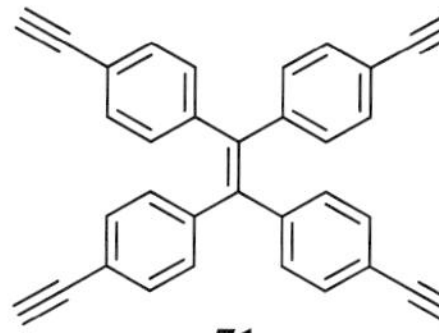　　**71**

2018 年，Li 课题组[53]利用大平面共轭嵌段菲并咪唑和间位上的明星分子 TPE，构建了一个具有 ML 特性的分子 **72**。相反，**72** 的异构体 **73** 具有不同的连接模式，菲并咪唑和 TPE 是对位相接。尽管 **73** 具有很好的 AIE 特性和非中心对称晶体结构而利于 ML 产生，但 **73** 并没有 ML 性能。单晶结构分析和理论计算的系统研究表明，垂直排列、较大分子偶极矩和紧密堆积是 **72** 具有优异 ML 性能的原因，即使 **72** 是中心对称晶体。这项研究说明，ML 性能除了与分子构象和堆积模式有关，还与分子间连接模式有密切关系。由于不同 ML 材料的 ML 机理可能不一样，研究具有中心对称结构的 AIE 化合物能够增强对 ML 结构和光学相关性的深刻理解，特别是探究分子堆积中的分子间相互作用对阐明 ML 机理具有重要意义。

2019 年，Li 等[54]设计合成了氟取代 TPE 的三个相似异构体，它们具有完全不同的 ML 性能。**74** 和 **75** 异构体具有 ML 性能，而 **76** 却没有。通过对异构体的晶体分析、光物理性能和理论计算研究表明，强分子间相互作用、较大分子偶极矩和固态下高荧光量子产率是机械力刺激下产生 ML 的关键因素。

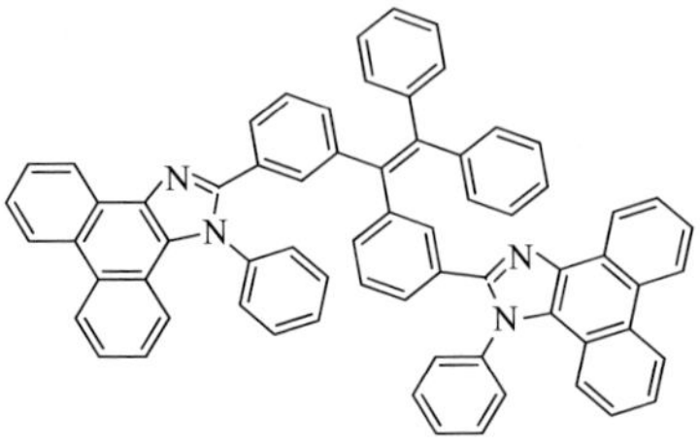

72

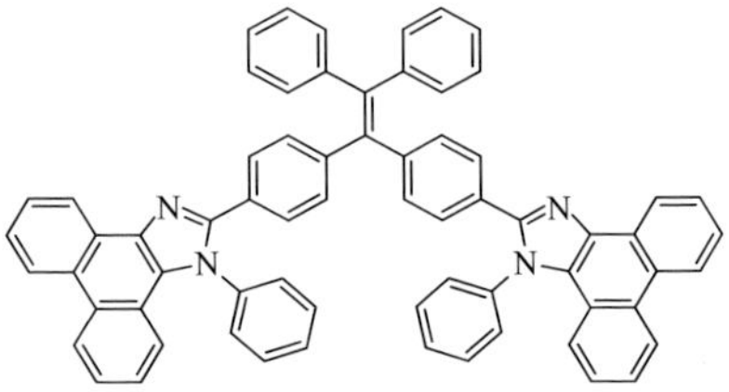

73

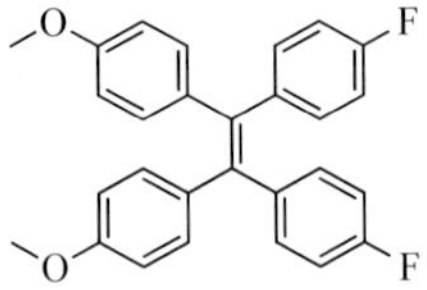

74 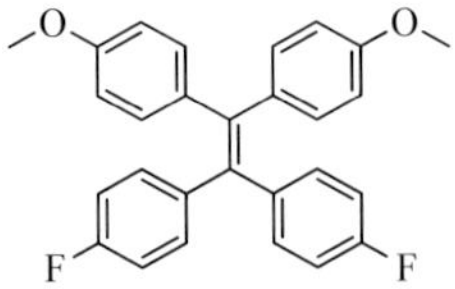 75 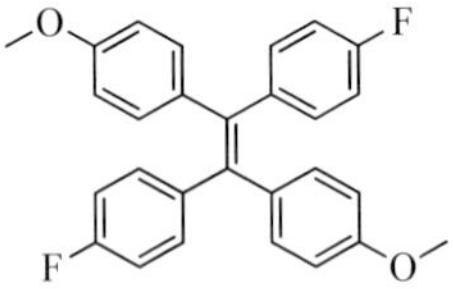 76

2019 年，为了深入了解力刺激发光变色（MLC）和力刺激发光（ML）的机理，Tang 等[55]研究了 *p*-NH_2 和 *m*-NH_2 取代的两个 TPE 衍生物 **77** 和 **78** 的 MLC 和 ML 性能。这两个化合物都具有 TPE 骨架带来的 AIE 性能。但是，由于共轭程度不同，它们在聚集态下表现出不同的荧光。**77** 分子同时具有 MLC 和 ML 性能，而 **78** 只具有 ML 性能。单晶结构分析和相关实验结果表明，MLC 和 ML 性能与分子间相互作用和分子构象密切相关。在这两个异构体的晶体中，存在丰富的分子间相互作用，产生了 ML 性能。然而，**78** 中过强的分子间相互作用和平面构象阻碍了不同分子堆积模式之间的可逆转变，从而失去了 MLC 能力。

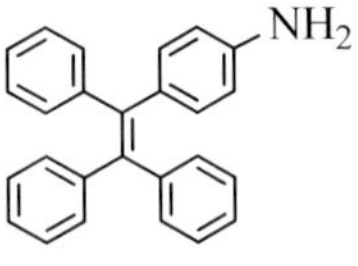

77 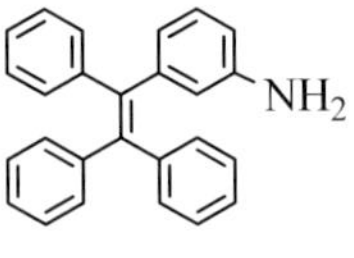 78

2019 年，Li 等[56]合成了四种 TPE 衍生物 **79**～**82**，并探究了分子间相互作用和分子堆积模式对其 MLC 和 ML 性能的影响。他们发现羧基修饰的 **79** 和 **80** 具有 MLC 性能而无 ML 性能，然而羧酸酯功能化的 **81** 具有自可逆的 MLC 和 ML 性能。单晶结构研究表明，除了分子间相互作用，分子堆积也对 MLC 和 ML 性能的产生具有重要作用。对于羧酸酯修饰的 **81**，其分子间相互作用弱于 **79** 和 **80**。但是，**81** 中所形成的完全 3D 氢键网络和适当堆积密度能够有效地阻止非辐射弛豫，从而产生 ML。尽管 **79** 和 **80** 具有较强的分子间相互作用，但是 **79** 中孔结构使得分子堆积密度较低，而 **80** 中氢键网络强度较弱。这些缺陷堆积造成激子以非辐射跃迁

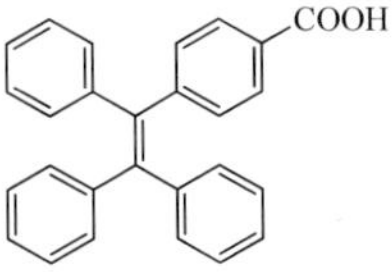

79 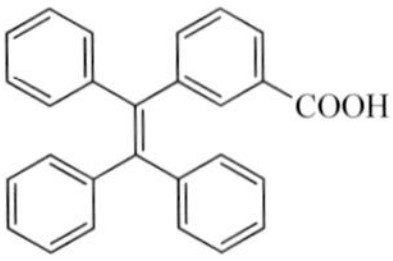 80 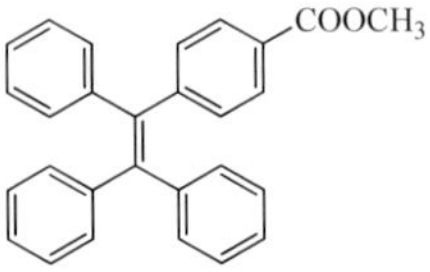 81 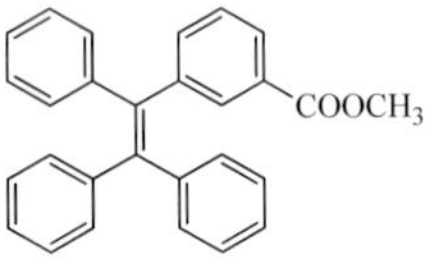 82

的方式失活，使得这两个分子丧失 ML 性能。这项工作为探究 MLC 和 ML 机理提供了一个新的视角和有力的证据，也有助于设计出适合实际应用的高明亮ML材料。

三苯乙烯（TrPE）是 Chi 课题组在 2009 年报道的一个 AIE 核心基团[57]。2019 年，Li 等[58]思考是否可以利用超分子自组装效应使材料获得 ML 性能，通过结合具有 AIE 活性的 TrPE 基团和具有自组装活性的噻吩基团，设计了发光材料 **83**。从不同混合溶剂中培养得到 **83** 的两种晶型（晶体 P1 和晶体 P2），它们具有完全不同的分子堆积模式，这归因于噻吩部分的不同组装行为。因此，$P1$ 空间群的晶体 P1 表现出高度有序的空间堆积模式和 ML 性能，而 $P2_12_12_1$ 空间群的晶体 P2 没有 ML 性能，这是由于其存在反平行堆积模式。通过一个低温的简单热处理，**83** 可以选择性地从非晶态转变为晶态（图 2-8）。这可能是第一个无需熔融固体的纯有机可重复 ML 材料，为 ML 材料的合理分子设计和深入理解内部机理提供了一种新的方法。

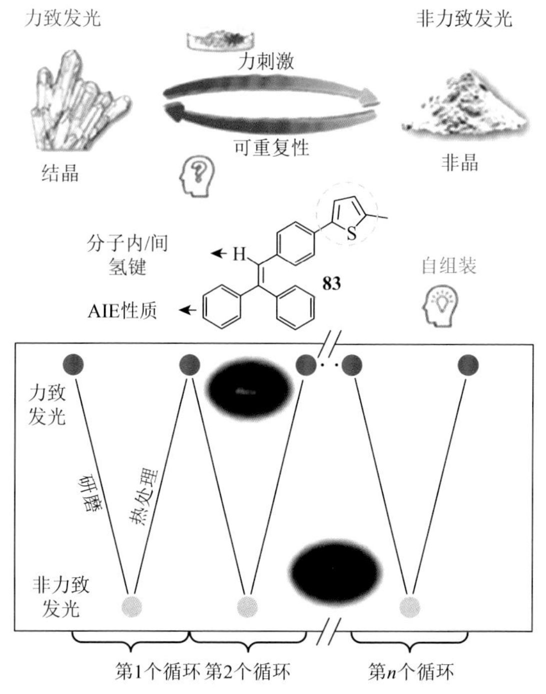

图 2-8　ML 材料 83 的化学结构及其可重复 ML 示意图

在力的作用下会发生晶体的坍塌，这是一个动态过程。因此，压力和发光强度的定量关系难以精准建立，这在很大程度上限制了力刺激发光响应材料在各种刺激响应领域的应用。要建立力与发光强度之间的定量关系，最基本的要求应是：在力刺激后，分子的有序排列不被完全破坏，并且在不连续的力刺激下均能表现出良好的力刺激发光响应行为。因此，可引入具有自组装效应的官能团，帮助分子在受到外力刺激后形成稳定且有序的新平衡。

Li 课题组[59]报道了一种具有自组装能力的力刺激发光响应材料，成功建立了压力和发光强度之间的定量关系。同时，由该材料制备的可穿戴设备在通信、信息存储及医疗监护方面展现出潜在的应用前景，并且能对人的心跳做出快速响应。对于日常生活中普遍存在的机械力刺激，该材料提供了一种全新的检测方法。他们合成了具有不同取代基（噻吩基、苯基）或者不同连接位点的三个分子 **84**～**86**。其中，化合物 **84** 和 **85** 是以三苯乙烯作为骨架单元，以保证分子的 AIE 特征，使其在固态时具有较高的荧光量子产率。同时，裸露在双键上的氢原子能够有效提供晶体坍塌时所需要的晶体缺陷。在力刺激下，为实现自组装特性来调节分子在晶态下的堆积形式，噻吩单元以不同的连接方式引入到三苯乙烯上。**84** 和 **85** 在日光下也能展现出明亮的力刺激发光行为，这为建立压力和发光强度的定量关系奠定了基础。他们设计了一种三明治结构的柔性器件。乙烯-乙酸乙烯酯共聚物（EVA）具有突出的缓冲和抗爆性能，被选为器件的固定骨架。**84** 的晶体作为力刺激发光响应材料填充在两层 EVA 膜之间。聚对苯二甲酸乙二酯（PET）作为热塑性聚酯，对整个装置进行固定和封装。利用光辐射和力刺激信号之间的定量转换，建立了一个通过单个阈值来区分力刺激发光响应信号的数据模型。类似于二进制密码，当信号强度低于阈值时，可记为“0”，反之则为“1”。通过相关的程序读写之后，字母“A～Z”均可以根据需求定制相应的信号序列，从而实现了对通信的加密。同样地，随着信号的增加，由力刺激发光响应材料测定的数值能够翻译成单词、短语甚至句子，并且能够像磁带一样被传送或者存储。此外，制备了一种简单的可穿戴设备，用于测定外力作用对人体某些部位的损伤程度，如肘部、肩部、脊柱和膝盖。根据不同需求，多个不同的阈值可以被自由设定，从而实现对伤害人体的外界冲击力进行实时监测和预警。除了外界的冲击力以外，人体自身所产生的微弱压力也与健康状况息息相关，如心跳、肌肉运动及呼吸等。心脏是人体最重要的器官之一，对心脏的健康状况进行实时监测意义重大。该器件可以对微弱的心跳信号进行同步检测，并且可以通过信号的互相转换达到预警的目的（图 2-9）。力刺激发光响应材料将难以捕捉的力刺激信号转化为光信号，具备方便性、警示性和可视化的特点，在通信、信息存储及医疗监护方面提供了全新的可能性。同时，力刺激发光响应信号可以在不同的系统和设备中进行进一步的分析与存储。

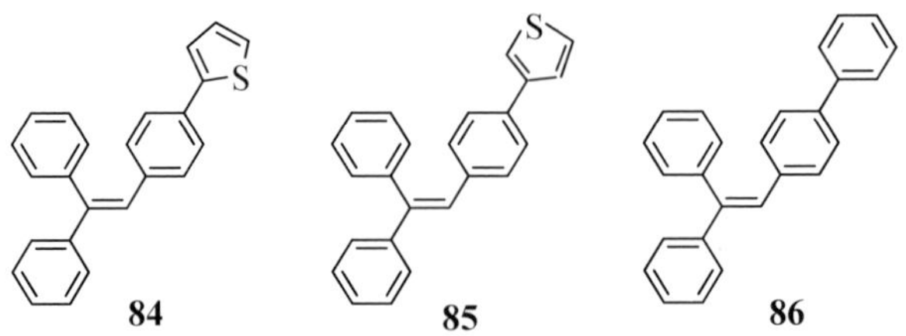

S S

84 **85** **86**

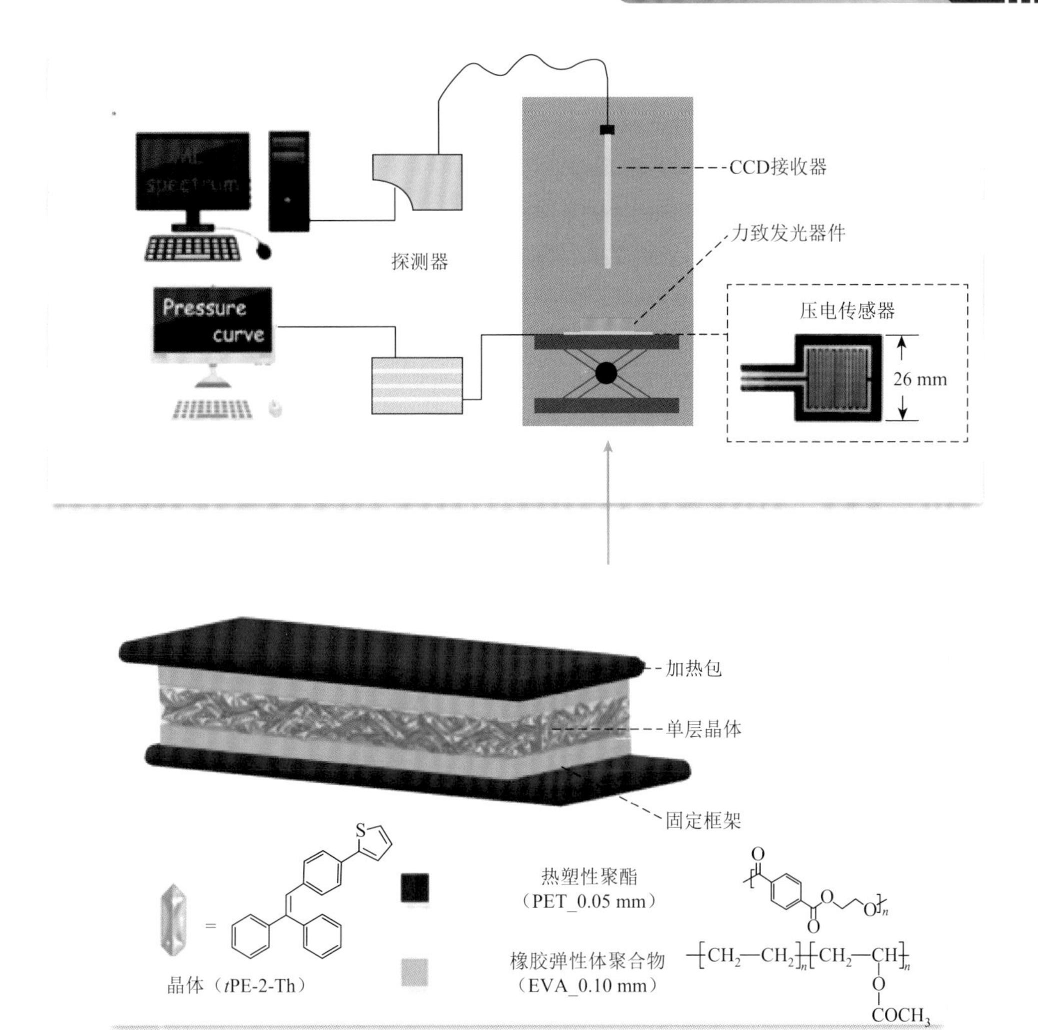

图 2-9　器件结构

2021 年，Chi 等[60]制备了首例具有 ML 性质的氢键有机骨架（HOF）化合物 8PCOM（**87**），该化合物能够形成 HOF 孔结构。HOF 结构中如果存在客体溶剂分子二氯甲烷（DCM），四个羰基会转到一个方向，分子的偶极矩最大，该 HOF 则具有 ML 性能；当客体溶剂是丙酮（ACT）、甲苯（TOL）、二甲基亚砜（DMSO）、*N*, *N*-二甲基甲酰胺（DMF）、甲醇（MeOH）等时，羰基会旋转到分子偶极矩较小的方向，这些 HOF 结构则不具有 ML 性能（图 2-10）。该研究结果表明这个 HOF 化合物对 DCM 具有特异性响应。

87

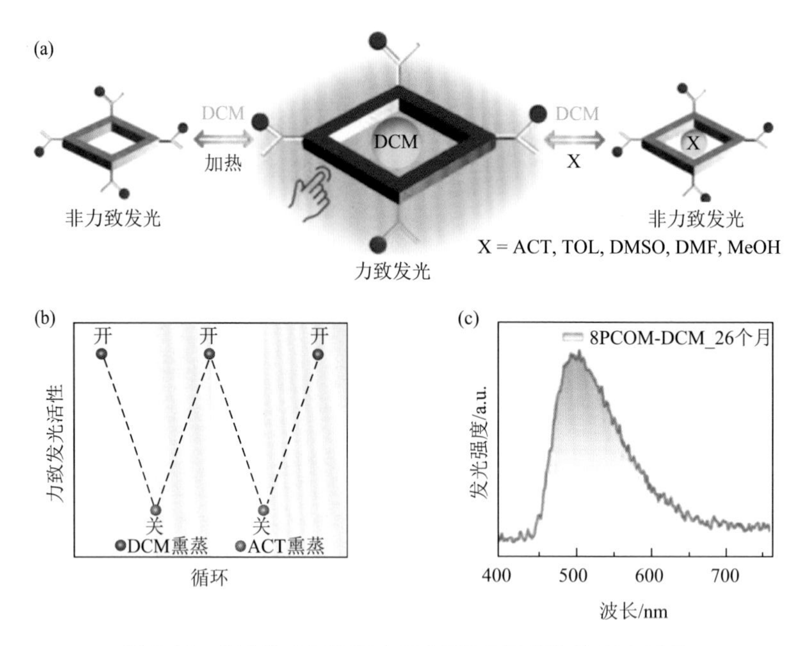

图 2-10　化合物 8PCOM（87）HOF 聚集体的 ML 属性

（a）客体溶剂分子诱导的呼吸行为控制 ML 性能示意图；（b）8PCOM-DCM 和 8PCOM-ACT 分别响应于 DCM 和 ACT 蒸气的开关 ML 切换图；（c）在室温下放置 26 个月后 8PCOM-DCM 的 ML 光谱

除了含有典型 AIE 基团的材料外，还有许多化学结构中不含 AIE 基团的 ML-AIE 材料被报道。2016 年，Li 等[61]制备了一种基于硼酸盐的衍生物 **88**，在机械力刺激下具有荧光和磷光双发射现象。为了探究这种 ML 特性的复杂机理，他们对 **88** 的聚集态结构和分子间/分子内相互作用进行了研究。同时，还通过理论计算进一步确认 ISC 跃迁的存在。这是由于单线态和三线态之间的 ISC 跃迁对激发态能量的利用起到重要作用，而快速的 ISC 过程通常被认为有利于磷光的产生。实验证明，在 ML 过程中存在一些像单线态和三线态的本征能量。因此，使用玻璃棒或刮勺研磨这个 AIE 材料时，能够观察到荧光-磷光双重 ML。这个 AIE 分子在溶液状态下的 PLQY 为 5.4%，荧光寿命为 5.2 ns，而在固态下，其 PLQY 提高到 28.9%，荧光寿命为 12 ns。在 350 nm 和 450 nm 处出现两个发光峰，分别来自低温荧光（S_1 到 S_0）和磷光（T_1 到 S_0）发射，证实了荧光-磷光双发射。在低温下测试 **88** 溶液和固态的寿命，分别为 5.5 s 和 2.2 s，进一步证明出现在 450 nm 处的发光是磷光。基于对化合物 **70** ML 机理[51]的理解，**88** 的 ML 性能与有效的分子间和分子内相互作用有关。这些相互作用可以部分降低由于机械力作用下分子滑动减少而产生的非辐射弛豫途径及其导致的能量损失[15]。由单晶结构分析可知，分子排列和 ML 性能的关系表明 **88** 晶体中存在非中心对称 $Cmc2_1$ 空间群，且

没有任何 π-π 堆积，这使其具有 AIE 特性。在其晶体结构中，发现存在如 C—H⋯π 和 C—H⋯O 有效的分子间和分子内相互作用，因此能够显著降低在机械力刺激过程中由非辐射弛豫可能造成的能量损失，最终产生 ML。从 **88** 不同状态下的粉末 XRD 分析结果可知，强分子间和分子内相互作用是产生 ML 行为的主要原因。换句话讲，有效的分子间相互作用能够促进 ISC 跃迁过程并弱化非辐射跃迁，类似于力致磷光的刺激。实验结果和理论计算表明，分子间和分子内的电子跃迁导致了这种独特双发射现象的产生，并对包括力致磷光的 ISC 跃迁也具有很大的贡献。

Yang 等[62]在 2018 年报道了一种具有 ML 特性的，基于三联吡啶的硼酸盐衍生物 **89**，其具有压电空间群 *Pc*。从单晶结构分析可知，晶体结构中存在多种分子间和分子内相互作用，被认为是分子结构刚性和 ML 特性的主要原因。由于共轭度低，化合物 **89** 为近紫外发光。在溶液状态下，**89** 的发射波峰位于 358 nm 处，PLQY 为 15%；在固态下，其发射波峰位于 368 nm 处，PLQY 为 13%。当研磨 **89** 晶体粉末时，能够观察到近紫外 ML，表明共轭度低的分子也可以获得 ML 性能，这也是近紫外 ML 的首例报道。

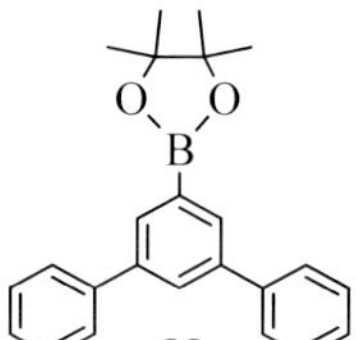

O B O N N N

88 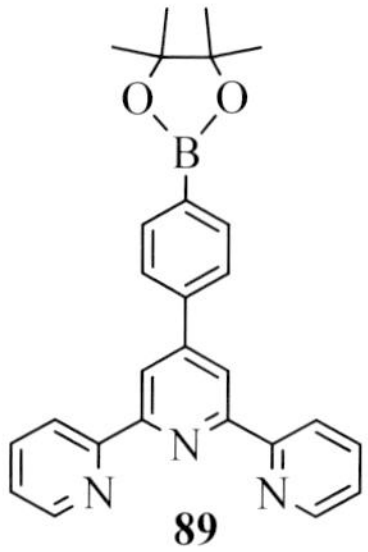 **89**

2017 年，Thilagar 等[63, 64]报道了一系列含有不同杂原子的 ML-AIE 硼化物 **90**～**97**。具体就是，含 N 和 S 的吩噻嗪衍生物 **90** 和 **91**，以及三苯基硼烷衍生物 **92**～**97**。化合物 **90** 和 **91** 具有 AIE、ML 和力刺激响应变色的多种性能。**90** 是一个对温度响应的材料，不需要任何机械压力就可以表现出不同的发光颜色变化。**91** 具有可逆 ML 特性，在常温黑暗和日光下出现 530 nm 的黄绿色 ML，与其 PL 波峰（513 nm）相比，发生了红移。ML 特性归因于晶体结构中极性非中心对称（*R*3*c* 空间群）属性的分子排列，这与之前报道一致。在机械力刺激下，在三苯基硼烷分子 **92**～**97** 中观察到明显的颜色变化。XRD 分析结果表明，分子中存在多种强分子间氢键（N—H⋯N 和 N—H⋯π）和微小的构象变化，它们对压电过程具有重要意义。比较特别的是，**96** 具有两种不同晶型（蓝色和绿色晶体），前者表现为单斜 $P2_1/c$ 空间群，后者为三斜 *P*1 空间群，以及非对称或非中心对称结构。晶体结构中存在非共价强分子间 N—H⋯N 和 N—H⋯π 相互作用，使得 **92**、**93**、**96** 和 **97** 产生 ML。例如，**90** 的 PL 发射波峰位于 445 nm，ML 发射波峰位于 465 nm；**96** 的 PL 发射波峰位于 485 nm，ML 发射波峰位于 493 nm。但是，对于其他衍生物而言，则没有展现 ML 性能。

2017 年，Ghosh 等[65]报道了一种含硼的吩噻嗪衍生物 **98**，其具有 ML-AIE 性能。所制备的 **98** 样品，PL 发射波峰位于 491 nm。当这个分子受到机械力刺激作用时，在室内环境光下能够观察到明亮的绿色 ML，波峰红移到 520 nm。该研究指出，ML 性能来自 $P3_1$ 空间群的非中心对称晶型，以及很强的 AIE 特性。

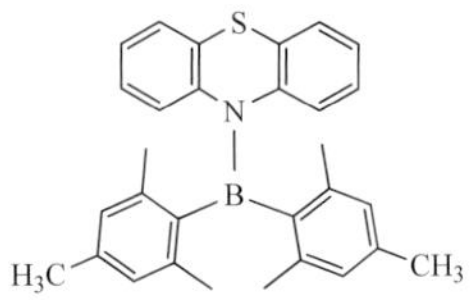

90 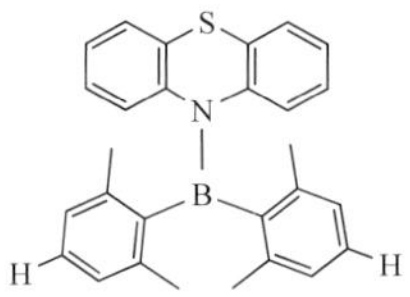 **91** 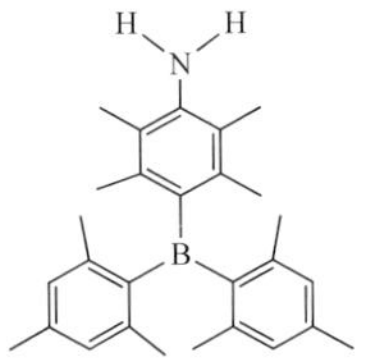 **92** 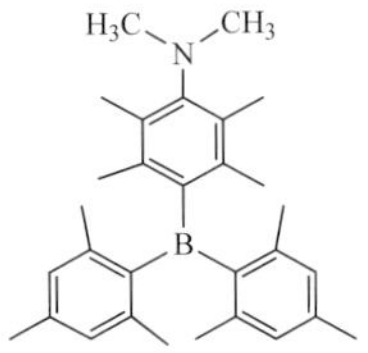 **93**

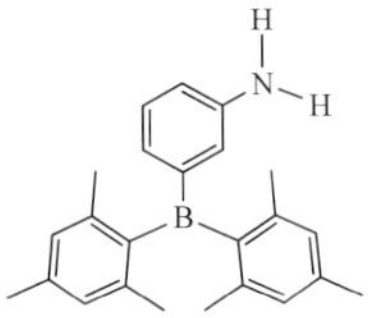

94 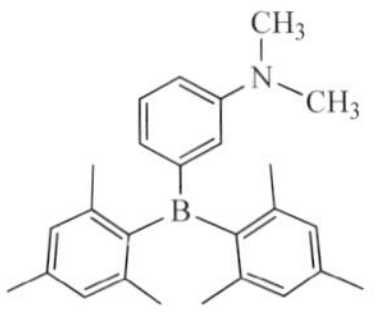 **95** 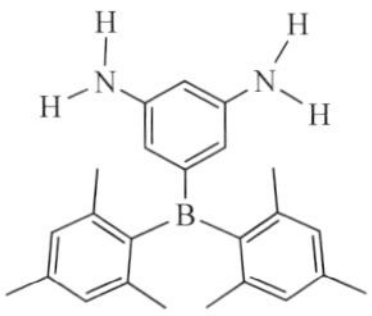 **96** 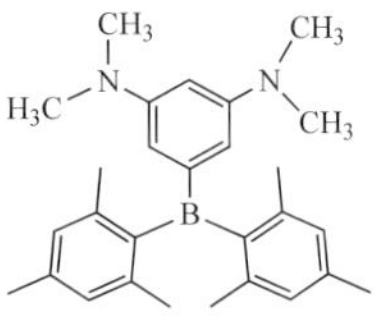 **97**

2017 年，Li 等[66]报道了两种稳定的纯有机发光体 **99** 和 **100**，并且在室温下它们的 ML 和 PL 都表现出荧光-磷光双发射。利用晶体结构和理论计算研究了 RTP 和 ML 特性，这些特性与分子堆积密切相关。特别是，分子间电荷转移的分子二聚体的排列和断裂对 ISC 跃迁和激发三线态的 PL 和 ML 两个发光过程具有很大的影响。前面已经介绍，化合物 **88** 的力致荧光和力致磷光[61]，为证明 ML 过程中存在激发三线态提供了可靠证据。尽管如此，**88** 在室温下无 PL，但是在 77 K 低温下具有长寿命磷光发光。为了揭示这个问题，对 **99** 和 **100** 发光体 PL 过程中的 RTP 进行了研究。从紫外吸收光谱可知，**99** 在 256 nm 和 312 nm 处有两个波峰，而 **100** 的两个波峰分别略微蓝移到 254 nm 和 310 nm。从 PL 光谱可知，**99** 和 **100** 在室温下发射深蓝色光。在 77 K 低温下，**99** 和 **100** 发射明亮的绿色光，发光波峰分别位于 484 nm 和 511 nm，对应为激发三线态产生的磷光。对于 **100**，在室温下检测到两个明显的发射波峰（426 nm 和 497 nm），归因于典型的 RTP，且寿命为 4.59 ms。当刮 **100** 的固态样品时，观察到 430 nm 处有一个强发光波峰，以及 490 nm 处有一个弱发光峰，展示了 ML 特性。对于研磨后的 **100**，在 PL 光谱中只观察到一个与 ML 相关的主波峰位于 426 nm，磷光寿命缩短为 1.59 ms，PLQY 从 8.1%降低为 3.6%。因此，相转变产生的 PL 明显变化行为表明分子排列对发光性能具有重要影响。进一步，通过将化合物均匀分散在聚甲基丙烯酸甲酯（PMMA）的实验证实了分子排列对 RTP 和 ML 性能的影响。值得一提的是，对 **99** 也进行了相同条件的研究，尽管其 ML 较弱。**99** 和 **100** 单晶结构分析结果对揭示可能的发光机理是非常有帮助的。**99** 和 **100** 的单晶结构分别对应为非中心对称结构的 *Cn* 和 $Pna2_1$ 空间群。单晶结构中存在如 C—H⋯π 和 C—H⋯N 等的多种分子间相互作用，通过减少分子在机械力刺激下的滑移，可以降低由非辐射弛豫可能导致的能量损失，从而产生 ML 行为[15, 17]。TD-DFT 计算进一步证实了存在很强的分子间相互作用，共振强度增大使得 HOMO 和 LUMO 重叠增加，π 共轭扩展，有利于提高 PL 和 ML 效率。分子二聚体促进分子间电荷转移，有利于从单线态到三线态的 ISC 过程，从而在紫外光照射下产生磷光。实验也表明，产生不同 PL 和 ML 行为的原因是发光过程中具有分子间电荷转移的分子二聚体的破裂。效率增加的 RTP 及其在发光过程中对分子排列的影响作用，与 S_1 和 T_n 之间较小能级差（ΔE，S_1-T_n）及 S_1 和 T_n 之间 ISC 渠道增多密切相关。与前述没有 RTP 的 **88** 不同，**99** 和 **100** 具有 RTP 和 ML 性能，且 ISC 中三线态稳定，从而在机械刺激作用下能够产生稳定的 PL 和 ML 过程。同时，ML 行为与 ML 过程中单分子在破裂效应下的激发能有关。总之，为了得到强 ML 的 RTP 发光体，有一些重要因素需要考虑，包括在聚集态具有非辐射跃迁的扭曲构象，以及分子结构中存在杂原子（N、O、S）以促进 ISC 过程来实现 RTP。

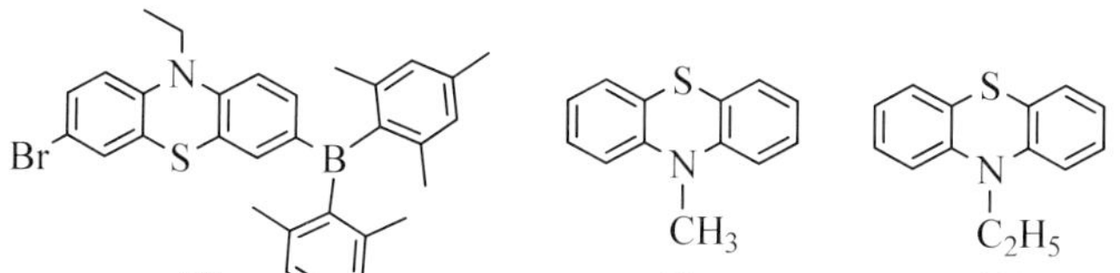

Br N S B CH_3 C_2H_5

98 **99** **100**

在过去的几年，长寿命有机室温磷光（pRTP），也被称为长余辉或超长有机室温磷光，吸引了越来越多的关注。2018 年，Chi 课题组[67]报道了一个力致 pRTP 分子 **101**，其 ML 性能受分子间相互作用的影响非常大。在光照和机械作用下都能够产生 pRTP。该研究工作展示了一个同时具有 pRTP 和 ML 的有机化合物，填补了有机 ML 范畴。至此，人们已经实现了力致荧光、力致磷光、TADF 和 pRTP 的发射。**101** 具有由三线态激子产生的 pRTP，在室温下晶态的发光寿命为 0.15 s。实验表明，这种 pRTP 来源于晶态中堆积的 n-单元和 π-单元的分子间电子耦合，它们具有不同的(n, π^*)和(π, π^*)三线态构象。因此，这种力致 pRTP 也是一种起源于分子间电荷跃迁发光的新型 ML，其对分子间相互作用具有很强的依赖性，使得 **101** 产生两个不同晶体，其中一个具有 pRTP 性能，另一个则无 pRTP 性能。另外，当温度降低时，两个晶体都表现出力致磷光发光强度增强的现象：一个晶体的 ML 强度增大，另一个晶体则是实现从无到有地开启 ML 性能。作为兼具 ML 和 pRTP 性能的这种力致长寿命室温磷光，可应用于不同的传感系统，优点是可以通过肉眼实时观察。

2018 年，Xu 等[68]通过在 *N*-(4-三氟甲基苯基)邻苯二甲酰亚胺上引入卤素氟和溴取代得到两个化合物 **102** 和 **103**。这两个化合物均具有 AIE 性质，其晶态粉末均具有荧光-磷光双发射特性。化合物 **103** 的晶体粉末在外力作用下能发射出很强的蓝光，而当外力消失后仍能观察到黄色的超长室温磷光，表现出力致长余辉发光的特性。化合物 **103** 的 PL 和 ML 持续发射波峰分别位于 555 nm 和 455 nm，来自同一激发态激子的辐射衰减和 ISC 过程。该研究结果不仅改变了纯有机材料的长余辉发光只能由光或电触发的现状，更使有机力刺激响应的研究向前迈出了重要的一步，为有机长余辉材料及有机力刺激响应材料的应用创造了更广阔的空间。

与此同时，在紫外灯照射下，材料的发光颜色能从蓝色转变为白色；撤去紫外灯后，材料的发光颜色则从白色转变为黄色。换言之，通过简单地开关紫外灯，材料的发光颜色能在蓝色、白色和黄色之间可逆转换，这在安全防伪、信息存储等领域均具有重要的潜在应用。单晶结构分析和量子化学理论计算的数据表明，化合物 **103** 力致长余辉发光的产生机理与分子中溴原子较强的自旋轨道耦合作用、非中心对称晶体结构中 H-聚集体的形成及分子内运动受限等因素有关。虽然 **102** 的 ISC 速率小导致其 RTP 较弱及无长余辉 ML，但是 **102** 晶态粉末也表现出 ML，发射波峰位于 462 nm，与其 PL 光谱一致。该研究提出了该类材料的初步分子设计策略，为后续研究提供了理论基础。

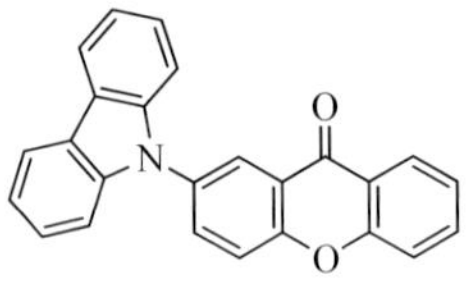

101 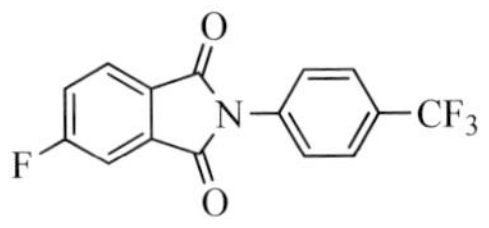　**102** 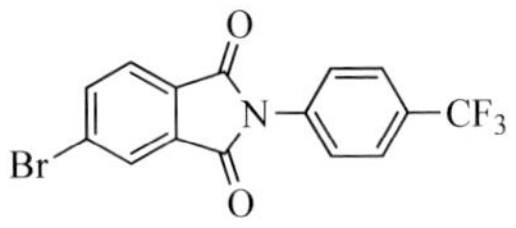　**103**

2020 年，Liu 等[69]报道了两个具有 AIE 和 TADF 性能的化合物 **104** 和 **105**。无需任何处理，化合物 **104** 就可表现出很强的 ML 性能，而两个溴基取代的化合物 **105** 却无 ML 特性。通过对单晶结构数据和理论计算结果进行仔细研究后认为，化合物 **104** 的晶体结构紧凑，分子间相互作用强，使其具有优异的 ML 性能。

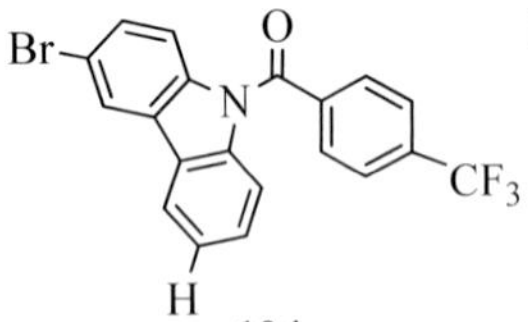

104 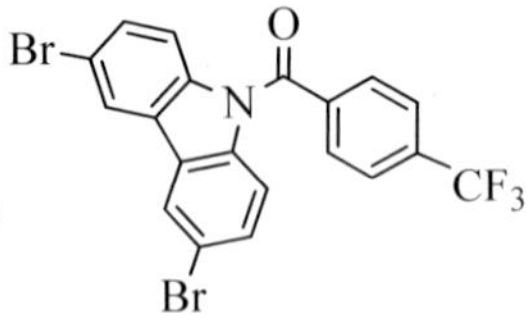　**105**

2019 年，Law 等[70]报道了两个具有 ML 特性的铕配合物 **106** 和 **107**。这两个化合物在溶液状态下不发光，而在固态下发出很强的荧光。虽然这两个化合物的晶体结构是中心对称空间群，但是仍然具有明显的 ML 性能。他们指出，通过在对位引入氯原子，化合物 **106** 具有更高的量子产率。并且化合物 **106** 更刚性的分子堆积减少了激发态能量的非辐射耗散，从而展现出比化合物 **107** 更强的 ML。另外，化合物 **106** 和 **107** 是首次报道的具有 ML 性能的 AIE 配合物。

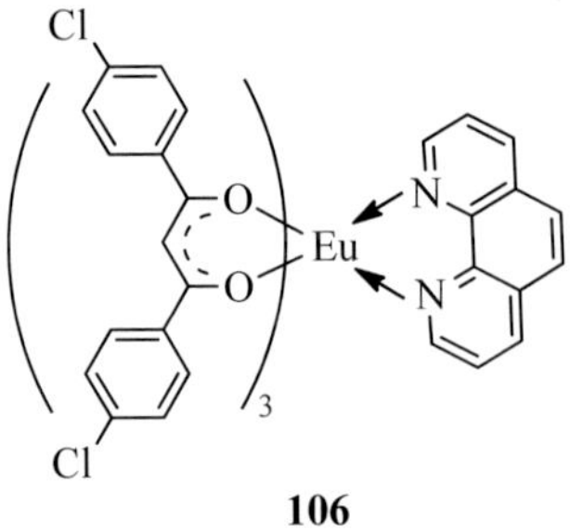

106 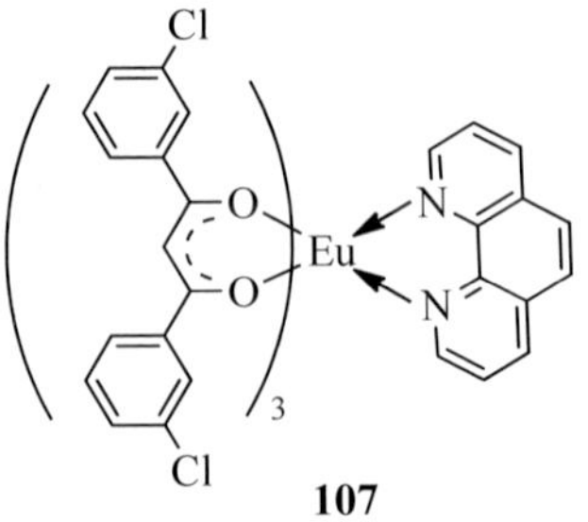　**107**

2.4 总结和展望

总之，本章介绍了各种具有 ML 或 ML-AIE 性质的有机发光材料。有机材料由于受到简单机械力作用而表现出优异的 ML 性能，在光存储、机械传感器、光电器件等领域得到了广泛关注，并具有潜在的应用前景。近年来，在分子结构设计、ML 机理研究和基于有机 ML 分子的新型应用等方面取得了很大进展，特别是得益于 ML 分子结构中引入 AIE 特性带来的巨大进步。由于有效地抑制了固态下 π-π 堆积产生的非辐射衰减和分子内运动，结合 AIE 概念可以大大提高 ML 强度。这些发光强的 ML 分子为 ML 机理研究提供了很好的基础，因为通常 ML 和 PL 来自相同的激发态，尽管它们的激发源不同。人们发现了许多具有有趣 ML 特性，如 TADF、长寿命室温磷光、荧光-磷光双发射、力学作用引起的动态颜色变化等的有机 ML 材料。通过对晶体结构和激发态的仔细分析，对有机材料复杂的、真正的 ML 机理提出了许多新的见解，并揭示了影响 PL 的几个因素，包括 ISC、分子构象、二聚体、分子间电子耦合、分子间氢键、客体分子等。为了实际应用，还开发出了无需熔融固体的多色 ML 和可重复 ML 的掺杂体系，以及太阳能可再生 ML，表明 ML 材料在不同领域具有巨大的潜在应用。

尽管近年来有机 ML 材料取得了很大进展，但由于作用机理尚不明确，人们对有机 ML 材料的研究仍有很大的需求，AIE 与 ML 两种特性的结合为开发高性能有机 ML 材料开辟了新的途径。基于对多种不同材料的研究，证实了有效有机 ML 分子设计的几个关键因素，如大的偶极矩、不对称（或非中心对称）的晶体排列、合适的分子间相互作用，从而产生强的压电效应。但是，仍然需要更多有效的设计策略以实现 ML，特别是要深刻理解分子结构与 ML 性能之间的关系。在大多数情况下，ML 光谱与 PL 光谱相似，表明在上述两个发光过程中激发态的弛豫方式几乎是一致的。因此，通过引入 AIE 效应提高 ML 强度，以及开发多种发光类型的 ML，为揭示 ML 与 PL 的相互关系和 ML 机理提供了有力支持。由于缺乏准确的机理和系统的实验数据，分子在机械力作用下的激发过程，即从基态到激发态的转变过程，至今仍不清楚。虽然有机 ML 材料传感器已经被数度报道，并显示出令人兴奋的结果，但 ML 与机械力刺激的关系尚未被仔细研究，更不用说它们的定量关系了。

有机 ML 这一有趣的研究领域仍然需要更多关注和研究，同时挑战和机遇并存。首先，应设计和研究更多具有高亮度 ML 的功能材料。为了进一步发展 AIE 特性 ML 材料，需要考虑一些重要的因素。需要全面理解分子内和分子间相互作用的机理，仔细研究分子堆积模式的对称性（如非中心对称性）及晶体压电效应对 ML 的影响，这有助于理解还不清楚的 ML 激发过程。然后，要加大对 ML 起始过程的研究，如晶体断裂、电子释放和激发分子等这些导致 ML 的关键部分。

否则，这些 ML 现象将仅成为一种与 PL 类似但激发源不同的新发光现象而已。最后，一些如传感器设备的实际应用，必须构建真正的传感。此外，还需要挖掘更多的潜在应用，以进一步促进 ML 材料的发展，如由晶体超声和激光激发产生的 ML，有利于在生物成像和光治疗中应用。

参考文献

[1] Zink J I. Triboluminescence. Accounts of Chemical Research，1978，11：289-295.

[2] Xie Y，Li Z. Triboluminescence：recalling interest and new aspects. Chem，2018，4：943-971.

[3] Di B H，Chen Y L. Recent progress in organic mechanoluminescent materials. Chinese Chemical Letters，2018，29：245-251.

[4] Biju S，Gopakumar N，Bünzli J C，et al. Brilliant photoluminescence and triboluminescence from ternary complexes of Dy(III) and Tb(III) with 3-phenyl-4-propanoyl-5-isoxazolonate and a bidentate phosphine oxide coligand. Inorganic Chemistry，2013，52：8750-8758.

[5] Balsamy S，Natarajan P，Vedalakshmi R，et al. Triboluminescence and vapor-induced phase transitions in the solids of methyltriphenylphosphonium tetrahalomanganate(Ⅱ) complexes. Inorganic Chemistry，2014，53：6054-6059.

[6] Jha P，Chandra B. Survey of the literature on mechanoluminescence from 1605 to 2013. Luminescence，2014，29：977-993.

[7] Luo J，Xie Z，Lam J，et al. Aggregation-induced emission of 1-methyl-1, 2, 3, 4, 5-pentaphenylsilole. Chemical Communications，2001，18：1740-1741.

[8] Sweeting L M，Rheingold A L，Gingerich J M，et al. Crystal structure and triboluminescence. 2. 9-Anthracenecarboxylic acid and its esters. Chemistry of Materials，1997，9：1103-1115.

[9] Jakubiak R，Collison C J，Wan W C，et al. Aggregation quenching of luminescence in electroluminescent conjugated polymers. Journal of Physical Chemistry A，1999，103：2394-2398.

[10] Wu K C，Ku P J，Lin C S，et al. The photophysical properties of dipyrenylbenzenes and their application as exceedingly efficient blue emitters for electroluminescent devices. Advanced Functional Materials，2008，18：67-75.

[11] Galer P，Koršec R C，Vidmar M，et al. Crystal structures and emission properties of the BF_2 complex 1-phenyl-3-(3, 5-dimethoxyphenyl)-propane-1, 3-dione：multiple chromisms，aggregation- or crystallization-induced emission，and the self-assembly effect. Journal of the American Chemical Society，2014，136：7383-7394.

[12] Olawale D O，Dickens T，Sullivan W G，et al. Progress in triboluminescence-based smart optical sensor system. Journal of Luminescence，2011，131：1407-1418.

[13] Fontenot R S，Hollerman W A，Bhat K N，et al. Synthesis and characterization of highly triboluminescent doped europium tetrakis compounds. Journal of Luminescence，2012，132：1812-1818.

[14] Jeong S M，Song S，Joo K I，et al. Bright，wind-driven white mechanoluminescence from zinc sulphide microparticles embedded in a polydimethylsiloxane elastomer. Energy & Environmental Science，2014，7：3338-3346.

[15] Xu S，Liu T，Mu Y，et al. An organic molecule with asymmetric structure exhibiting aggregation-induced emission，delayed fluorescence，and mechanoluminescence. Angewandte Chemie International Edition，2015，127：888-892.

[16] Ubba E，Yu T，Yang Z，et al. Organic mechanoluminescence with aggregation-induced emission. Chemistry：An Asian Journal，2018，13：3106-3121.

[17] Zink J I，Kaska W C. Triboluminescence of hexaphenylcarbodiphosphorane. Emission from a molecular excited

state populated by mechanical stress. Journal of the American Chemical Society，1973，95：7510-7512.

[18] Hardy G E，Zink J I，Kaska W，et al. Structure and triboluminescence of polymorphs of hexaphenylcarbodiphosphorane. Journal of the American Chemical Society，1978，100：8001-8002.

[19] Hardy G E，Kaska W C，Chandra B，et al. Triboluminescence-structure relationships in polymorphs of hexaphenylcarbodiphosphorane and anthranilic acid，molecular crystals，and salts. Journal of the American Chemical Society，1981，103：1074-1079.

[20] Zink J I，Klimt W. Triboluminescence of coumarin. Fluorescence and dynamic spectral features excited by mechanical stress. Journal of the American Chemical Society，1974，96：4690-4692.

[21] Zink J I. Tribophosphorescence from nonphotophosphorescent crystals. Journal of the American Chemical Society，1974，96：6775-6777.

[22] Hardy G E，Baldwin J C，Zink J I，et al. Triboluminescence spectroscopy of aromatic compounds. Journal of the American Chemical Society，1977，99：3552-3558.

[23] Sweeting L M，Rheingold A L. Crystal structure and triboluminescence. 1. 9-Anthryl carbinols. Journal of Chemical Physics，1988，92：5648-5655.

[24] Nowak R，Krajewska A，Samoć M. Efficient triboluminescence in *N*-isopropylcarbazole. Chemical Physics Letters，1983，94：270-271.

[25] Kitamura N，Saravari O，Kim H B，et al. Triboluminescence in *N*-alkyl and *N*-alkyl-3-substituted carbazole crystals. Chemical Physics Letters，1986，125：360-363.

[26] Wu W，Narisawa T，Hayashi S. Triboluminescence of 3, 6-dibromocarbazole. Japanese Journal of Applied Physics，2001，40：1294.

[27] Nakayama H，Nishida J，Takada N，et al. Crystal structures and triboluminescence based on trifluoromethyl and pentafluorosulfanyl substituted asymmetric *N*-phenyl imide compounds. Chemistry of Materials，2012，24：671-676.

[28] Nishida J，Ohura H，Kita Y，et al. Phthalimide compounds containing a trifluoromethylphenyl group and electron-donating aryl groups：color-tuning and enhancement of triboluminescence. Journal of the American Chemical Society，2015，81：433-441.

[29] Zhang K，Sun Q，Tang L，et al. Cyclic boron esterification：screening organic room temperature phosphorescent and mechanoluminescent materials. Journal of Materials Chemistry C，2018，6：8733-8737.

[30] Wang J，Wang C，Gong Y，et al. Bromine-substituted fluorene：molecular structure，Br-Br interactions，room-temperature phosphorescence，and tricolor triboluminescence. Angewandte Chemie International Edition，2018，57：16821-16826.

[31] Gong Y，Zhang P，Gu Y，et al. The influence of molecular packing on the emissive behavior of pyrene derivatives：mechanoluminescence and mechanochromism. Advanced Optical Materials，2018，6：1800198.

[32] Wakchaure V，Ranjeesh K，Goudappagouda D T，et al. Mechano-responsive room temperature luminescence variations of boron conjugated pyrene in air. Chemical Communications，2018，54：6028-6031.

[33] Fang M，Yang J，Liao Q，et al. Triphenylamine derivatives：different molecular packing and the corresponding mechanoluminescent or mechanochromism property. Journal of Materials Chemistry C，2017，5：9879-9885.

[34] Yu Y，Wang C，Wei Y，et al. Halogen-containing TPA-based luminogens：different molecular packing and different mechanoluminescence. Advanced Optical Materials，2019，7：1900505.

[35] Tu J，Fan Y，Wang J，et al. Halogen-substituted triphenylamine derivatives with intense mechanoluminescence properties. Journal of Materials Chemistry C，2019，7：12256-12262.

[36] Dang Q，Hu L，Wang J，et al. Multiple luminescence responses towards mechanical stimulus and photo-induction：the key role of the stuck packing mode and tunable intermolecular interactions. Chemistry：A European Journal，2019，25：7031-7037.

[37] Liu X，Jia Y，Jiang H，et al. Two polymorphs of triphenylamine-substituted benzo[*d*]imidazole：mechanoluminescence with different colors and mechanofluorochromism with emission shifts in opposite direction. Acta Chimica Sinica，2019，77：1194-1202.

[38] Zhang K，Sun Q，Zhang Z，et al. Touch-sensitive mechanoluminescence crystals comprising a simple purely organic molecule emit bright blue fluorescence regardless of crystallization methods. Chemical Communications，2018，54：5225-5228.

[39] Sun Q，Zhang K，Zhang Z，et al. A simple and versatile strategy for realizing bright multicolor mechanoluminescence. Chemical Communications，2018，54：8206-8209.

[40] Li W，Huang Q，Mao Z，et al. Alkyl chain introduction：*in situ* solar-renewable colorful organic mechanoluminescence materials. Angewandte Chemie International Edition，2018，57：12727-12732.

[41] Zhang X，Du L，Zhao W，et al. Ultralong UV/mechano-excited room temperature phosphorescence from purely organic cluster excitons. Nature Communications，2019，10：5161.

[42] Yang Z，Mao Z，Xie Z，et al. Recent advances in organic thermally activated delayed fluorescence materials. Chemical Society Reviews，2017，46：915-1016.

[43] Zhan L，Chen Z，Gong S，et al. A simple organic molecule realizing simultaneous TADF，RTP，AIE，and mechanoluminescence：understanding the mechanism behind the multifunctional emitter. Angewandte Chemie International Edition，2019，58：17651-17655.

[44] Yuan W，Shen X，Zhao H，et al. Crystallization-induced phosphorescence of pure organic luminogens at room temperature. The Journal of Physical Chemistry C，2010，114：6090-6099.

[45] Guo J，Li X L，Nie H，et al. Achieving high-performance nondoped OLEDs with extremely small efficiency roll-off by combining aggregation-induced emission and thermally activated delayed fluorescence. Advanced Functional Materials，2017，27：1606458.

[46] Xie Z，Yu T，Chen J，et al. Weak interactions but potent effect：tunable mechanoluminescence by adjusting intermolecular C—H···π interactions. Chemical Science，2018，9：5787-5794.

[47] Yang J，Qin J，Geng P，et al. Molecular conformation-dependent mechanoluminescence：same mechanical stimulus but different emissive color over time. Angewandte Chemie International Edition，2018，57：14174-14178.

[48] Xu B，He J，Mu Y，et al. Very bright mechanoluminescence and remarkable mechanochromism using a tetraphenylethene derivative with aggregation-induced emission. Chemical Science，2015，6：3236-3241.

[49] McCarty L，Whitesides G. Electrostatic charging due to separation of ions at interfaces：contact electrification of ionic electrets. Angewandte Chemie International Edition，2008，47：2188-2207.

[50] Xu B，Li W，He J，et al. Achieving very bright mechanoluminescence from purely organic luminophores with aggregation-induced emission by crystal design. Chemical Science，2016，7：5307-5312.

[51] Wang C，Xu B，Li M，et al. A stable tetraphenylethene derivative：aggregation-induced emission，different crystalline polymorphs，and totally different mechanoluminescence properties. Materials Horizons，2016，3：220-225.

[52] Xie Y，Tu J，Zhang T，et al. Mechanoluminescence from pure hydrocarbon AIEgen. Chemical Communications，2017，53：11330-11333.

[53] Liu F，Tu J，Wang X，et al. Opposite mechanoluminescence behavior of two isomers with different linkage

positions. Chemical Communications，2018，54：5598-5601.
[54] Tu J，Liu F，Wang J，et al. Fluorine-substituted tetraphenylethene isomers with different triboluminescence properties. ChemPhotoChem，2019，3：133-137.
[55] Jiang Y，Wang J，Huang G，et al. Insight from the old：mechanochromism and mechanoluminescence of two amine-containing tetraphenylethylene isomers. Journal of Materials Chemistry C，2019，7：11790-11796.
[56] Huang G，Jiang Y，Wang J，et al. The influence of intermolecular interactions and molecular packings on mechanochromism and mechanoluminescence：a tetraphenylethylene derivative case. Journal of Materials Chemistry C，2019，7：12709-12716.
[57] Yang Z，Chi Z，Yu T，et al. Triphenylethylene carbazole derivatives as a new class of AIE materials with strong blue light emission and high glass transition temperature. Journal of Materials Chemistry，2009，19：5541-5546.
[58] Wang C，Yu Y，Chai Z，et al. Recyclable mechanoluminescent luminogen：different polymorphs，different self-assembly effects of the thiophene moiety and recovered molecular packing via simple thermal-treatment. Materials Chemistry Frontiers，2019，3：32-38.
[59] Wang C，Yu Y，Yuan Y，et al. Heartbeat-sensing mechanoluminescent device based on a quantitative relationship between pressure and emissive intensity. Matter，2020，2：291-293.
[60] Huang Q，Li W，Yang Z，et al. Achieving bright mechanoluminescence in a hydrogen-bonded organic framework by polar molecular rotor incorporation. CCS Chemistry，2022，4：1643-1653.
[61] Yang J，Ren Z，Xie Z，et al. AIEgen with fluorescence-phosphorescence dual mechanoluminescence at room temperature. Angewandte Chemie International Edition，2017，56：880-884.
[62] Sun Q，Tang L，Zhang Z，et al. Bright NUV mechanofluorescence from a terpyridine-based pure organic crystal. Chemical Communications，2018，54：94-97.
[63] Neena K K，Sudhakar P，Dipak K，et al. Diarylboryl-phenothiazine based multifunctional molecular siblings. Chemical Communications，2017，53：3641-3644.
[64] Sudhakar P，Neena K K，Thilagar P. H-bond assisted mechanoluminescence of borylated aryl amines：tunable emission and polymorphism. Journal of Materials Chemistry C，2017，5：6537-6546.
[65] Arivazhagan C，Maity A，Bakthavachalam K，et al. Phenothiazinyl boranes：a new class of AIE luminogens with mega Stokes shift，mechanochromism，and mechanoluminescence. Chemistry：A European Journal，2017，23：7046-7051.
[66] Yang J，Gao X，Xie Z，et al. Elucidating the excited state of mechanoluminescence in organic luminogens with room-temperature phosphorescence. Angewandte Chemie International Edition，2017，56：15299-15303.
[67] Mu Y，Yang Z，Chen J，et al. Mechano-induced persistent room-temperature phosphorescence from purely organic molecules. Chemical Science，2018，9：3782-3787.
[68] Li J A，Zhou J，Mao Z，et al. Transient and persistent room-temperature mechanoluminescence from a white-light-emitting AIEgen with tricolor emission switching triggered by light. Angewandte Chemie International Edition，2018，57：6449-6453.
[69] Liu C，Chen J，Xu C，et al. AIEgens with bright mechanoluminescence and thermally activated delayed fluorescence derived from (9*H*-carbazol-9-yl)(phenyl)methanone. Dyes and Pigments，2020，174：108093.
[70] Wong H Y，Chan W T K，Law G L. Triboluminescence of centrosymmetric lanthanide β-diketonate complexes with aggregation-induced emission. Molecules，2019，24：662.

第3章

氰基乙烯类 AIE 分子的力刺激发光变色响应

3.1 研究背景

在外力作用下荧光发生变化的力刺激发光变色响应材料也被称为力致荧光变色（MFC）材料，由于其在机械传感器、安全防伪和光存储等方面的潜在应用[1-4]，近年来受到了广泛关注。然而，MFC 材料的数量非常少，直到发现力致荧光变色是聚集诱导发光（AIE）材料的一个共性特征。2002 年，Löwe 和 Weder 制备了两种共混物[5]，其中线型低密度聚乙烯（LLDPE）作为基体，两种氰基取代的低聚聚苯乙炔[oligo(*p*-phenylene vinylene)，cyano-OPV]衍生物染料 **1** 和 **2** 作为掺杂剂。在固体拉伸形变条件下，观察到 LLDPE/染料共混物发光特性的变化。研究认为，染料分子在基质中堆积形成染料分子聚集体，并产生激基缔合物（excimer）发射；同时，由于拉伸形变，聚集分子在分子水平上分离和分散而产生单体发射（图 3-1）。之后，在 2006 年和 2016 年，也发现了类似的力致荧光变色现象，将染料 **3** 作为掺杂剂，分别加入聚对苯二甲酸乙二酯和聚酰胺 12 的基质

(a)

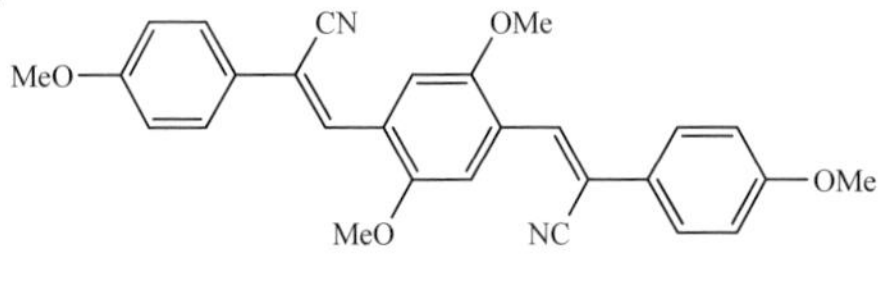

MeO CN OMe OMe MeO NC

1

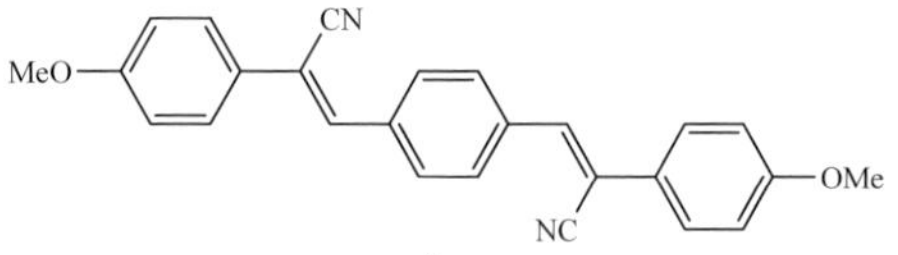

MeO CN OMe NC

2

$H_{37}C_{18}O$ CN OMe $OC_{18}H_{37}$ MeO NC

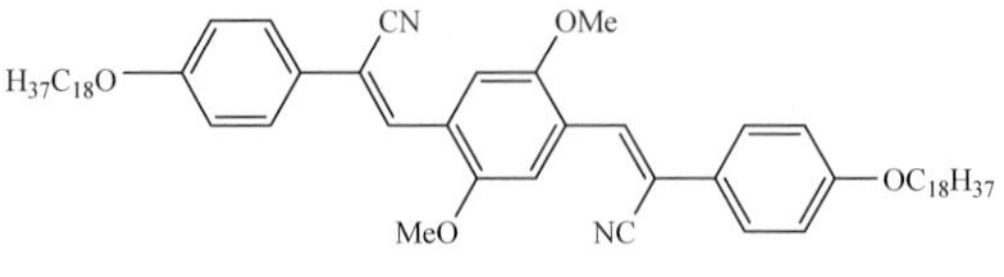

3

(b)

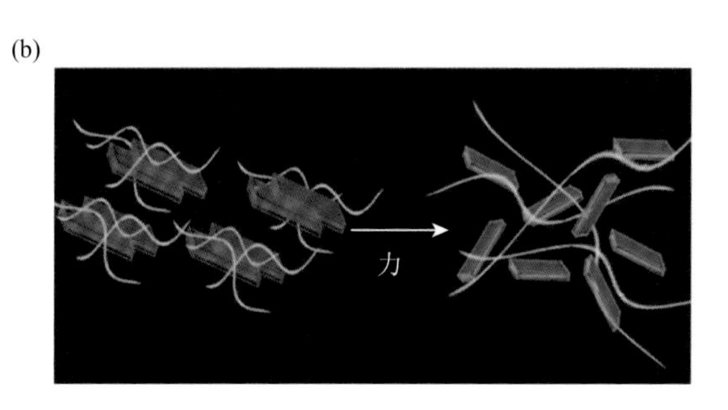

图 3-1 （a）化合物 **1**～**3** 的分子结构；（b）氰基乙烯衍生物掺杂聚合物在拉伸作用下的力致荧光变色机理

中[6, 7]。虽然 Weder 课题组未将染料 **1**～**3** 称为 AIE 分子，显然，这些氰基乙烯（cyanoethylene）衍生物是 AIE 分子，但是他们利用这种性质制造材料形变传感器，促进了有机力致荧光变色材料的研究进展。因此，学术界普遍认为 Weder 等的上述工作是有机力致荧光变色的开创性工作。

为了证实 AIE 机理，即分子内运动受限，Tang 等在 2008 年对硅杂环戊二烯衍生物噻咯（silole）非晶态薄膜施加静压[8]，发现当压力增加到 104 atm 时，PL 发射强度有 9%的增强。然后通过对薄膜进一步加压，PL 发射强度开始慢慢降低。这是第一个对 AIE 分子施加力的研究报道。2010 年，Park 等报道了一种 AIE 活性氰基二苯乙烯衍生物的力致荧光变色性质[9]。然而，在当时，AIE 分子与力致荧光变色性质之间的分子结构关系并没有得到很好的认识。几乎在同一时期（2011 年），Chi 和 Xu 课题组合成并报道了许多具有 AIE 性质的新型力致荧光变色化合物[10]，并指出力致荧光变色特性应该是大多数 AIE 材料的共同性质。自此，大量具有力致荧光变色和 AIE 特性的发光材料就像雨后春笋一样涌现出来。

继噻咯衍生物之后，氰基乙烯衍生物也被发现具有 AIE 性质，螺旋桨状的氰基乙烯结构使这些 AIE 分子具有很高的固态发光效率。因此，氰基乙烯是一类重要的 AIE 材料[11]。由于力致荧光变色是 AIE 分子的共同性质，近年来人们合成并研究了许多基于氰基乙烯衍生物的力致荧光变色分子。

本章将主要探讨具有 AIE 活性的氰基乙烯衍生物的力致荧光变色行为，揭示其分子结构与力致荧光变色性能之间的关系，并指出该领域未来可能的研究方向。

3.2 机理研究

3.2.1 基于分子片的剪切-滑移

Park 等基于氰基二苯乙烯衍生物 **4** 得出结论[9]：**4** 在固体状态下，通过外界刺激，由多个具有堆积和剪切-滑移（shear-sliding）能力的 C—H···N 和 C—H···O 氢键辅助形成了荧光发光增强的分子片。通过调控压力、温度和溶剂蒸气，分子片的荧光可以在两种不同颜色之间进行切换。根据结构、光学、光物理和计算等方面的研究，确定存在两种不同的相，即亚稳态的绿色发光 G 相和热力学稳定的蓝色发光 B 相。在 G 相中，局部偶极子的反平行耦合使结构具有适度激子耦合的动力学稳定性，但形成有效的介稳分子堆积。经过退火，具有较低激活势垒的分子片滑移，从而形成了具有头-尾局部偶极子排列的 B 相（图 3-2）。

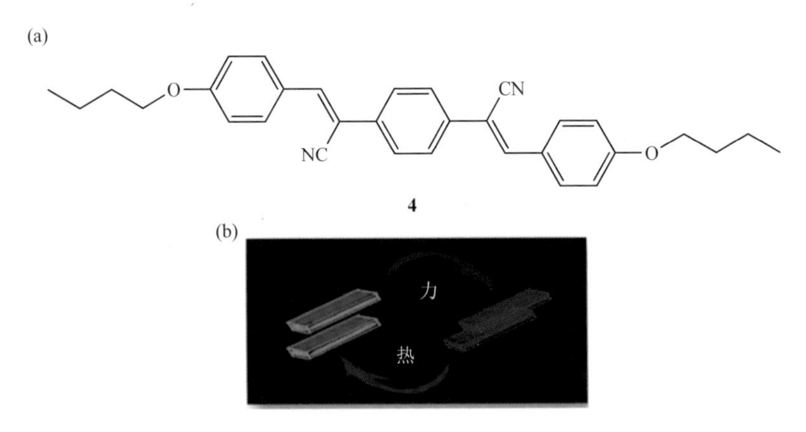

图 3-2　（a）化合物 4 的分子结构；（b）两种不同滑移堆积分子片示意图

3.2.2　基于平面分子内电荷转移

平面分子内电荷转移（planar intramolecular charge transfer，PICT）机理是针对含有给体和受体轴扭曲十字形结构的分子提出的。Zhang 等设计合成了五种具有相同骨架的交叉共轭化合物 DCS-TPA（**5**）、*o*DMCS-TPA（**6**）、*m*DMCS-TPA（**7**）、*p*DMCS-TPA（**8**）和 DTCS-TPA（**9**）[12]。通过用苯基、甲氧基和噻吩基改变受体轴上的外围取代基，研究电子效应和空间效应对性能的影响。甲氧基苯基的甲氧基分别连接苯环的邻位、间位和对位，导致了不同的空间位阻和给电子能力。这五种交叉共轭化合物表现出不同的力致荧光变色性能。通常情况下，分子堆积方式在外力作用下的变化是大多数力致荧光变色现象的原因。然而，粉末 X 射线衍射（PXRD）研究结果表明，这些化合物的原始粉末样品的结晶度较低，而研磨和熏蒸固体则处于完全的非晶态，表明显著的力致荧光变色现象应该不是来自晶态和非晶态之间的相变。根据理论计算和光谱及结构分析可知，这种力刺激响应性质的变化与不同的分子结构及固有的电荷转移性质有关。研磨前后固体颗粒的发射光谱曲线与四氢呋喃/水混合溶剂中不同水含量（f_w，质量分数）形成的聚集体的发射光谱曲线相关。以 DTCS-TPA 为例，制备的 DTCS-TPA 样品在 560 nm 处有黄色发射峰，半峰全宽（FWHM）为 71 nm，与 f_w 为 70%时的聚集体发射峰（559 nm，FWHM = 86 nm）非常接近。对于研磨的 DTCS-TPA，它是红色发光（611 nm，FWHM = 120 nm），这与 f_w 为 80%的混合物（615 nm，FWHM = 118 nm）几乎相同。在其他粉末和四氢呋喃/水混合溶剂得到的聚集体中，也观察到类似的关系。这些结果表明，在四氢呋喃/水混合溶剂中，制备的固体和研磨固体的发射物质可能与相关聚集体的发射物质聚集态结构相同。具体来讲，原始粉末的发射归因于扭曲构型的分子，研磨样品的发光红移源于平面构象，使得发生从给体到受体的分子内电荷转移（ICT）过程（图 3-3）。因此，这种具有给体轴和受体轴的扭曲十字形结构的力致荧光变色机理主要是源于构象变化和随后发生的平面分子内电荷转移。

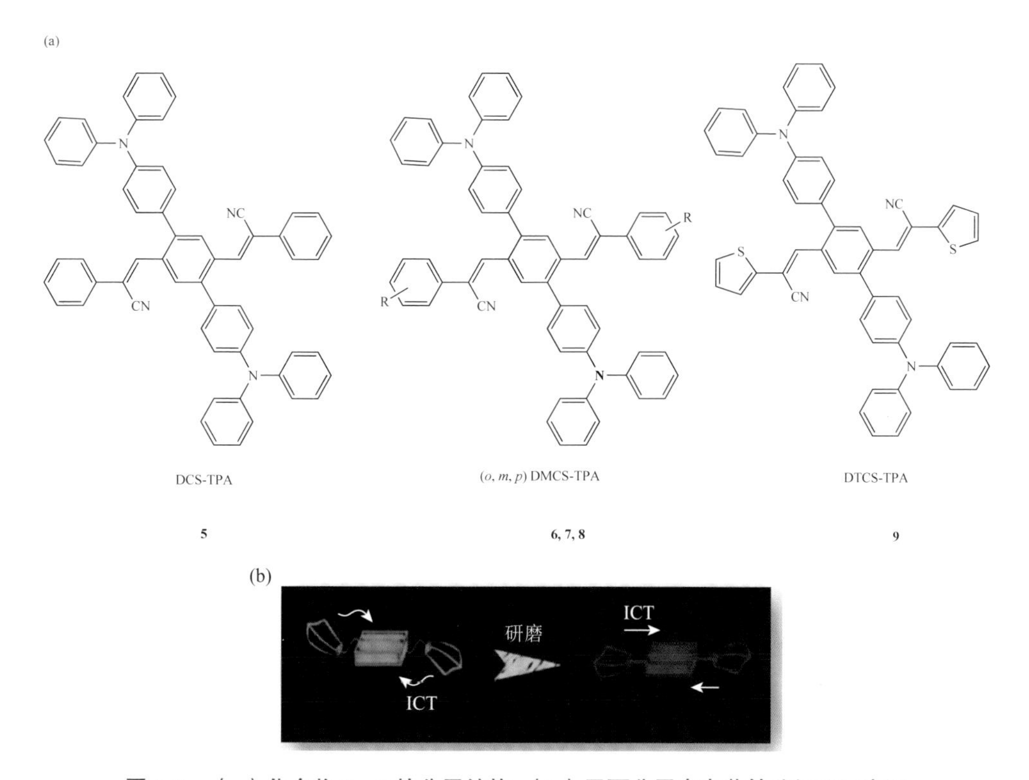

图 3-3　（a）化合物 5～9 的分子结构；（b）平面分子内电荷转移机理示意图

3.2.3　基于局域激发态到电荷转移态的转变

Zhang 等研究了一种由扭曲氰基二苯乙烯和三苯胺组成的给体-受体（D-A）型荧光材料（**10**）[13]，其力致荧光变色特性归因于从局域激发（LE）态到电荷转移（CT）态的转变。在固态下，该荧光材料可以发出绿色（507 nm）、黄色（535 nm）、橙色（608 nm）和红色（618 nm）四种不同颜色的光。因此，其在研磨时荧光会产生 111 nm 的位移。这种明显的发光颜色变化，主要与两种不同的激发态变化有关：①荧光由绿色转变为黄色是由于部分粉末分子由 LE 态发光转变为 CT 态发光；②转变后的发光红移是由于 CT 态发光起主导作用。发光波长的巨大变化归因于从 LE 态到 CT 态的转变，这一过程伴随着分子内构象和分子间堆积模式的变化（图 3-4）。这个机理提供了一种潜在的力致荧光变色分子设计策略，通过使用在研磨后发生激发态转变的 ICT 染料分子来获得高对比度的力致荧光变色材料。

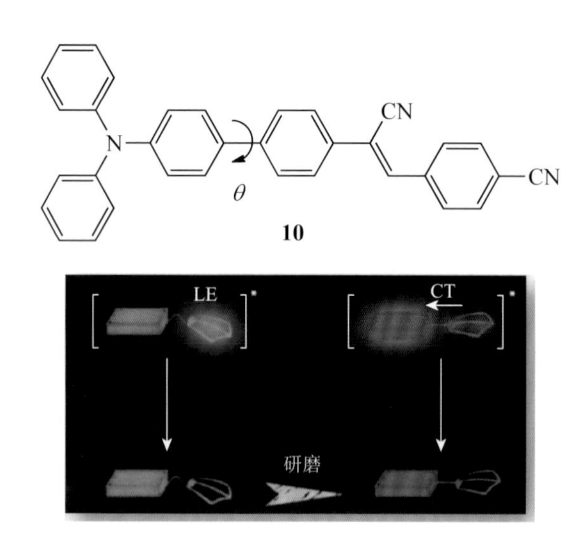

图 3-4 基于分子发光从 LE 态到 CT 态转变的力致荧光变色机理示意图

3.2.4 基于分子构象平面化

Ma 等[14]报道了一个可弯曲的 π 共轭分子 **11**，该分子从其溶液中浓缩可得到两种热力学稳定的晶相（B 相和 G 相）。通过改变温度和压力，使晶体由 B 相转变为 G 相。当 B 相晶体被加热到 175℃或应力达到其临界压力（0.75 GPa）时，形成了混合相或无序状态。在这一阶段，分子的初始扭转构象被轻微调整为平面构象，导致发射光谱逐渐红移（图 3-5）。在相变点以上，初始的 B 相分子间相互作用被打破，**11** 分子重新组合成一个处于热力学平衡状态的新相，使得发光颜色突然改变。基于分子构象平面化的晶体相变为力致荧光变色机理提供了新的见解（图 3-6）。

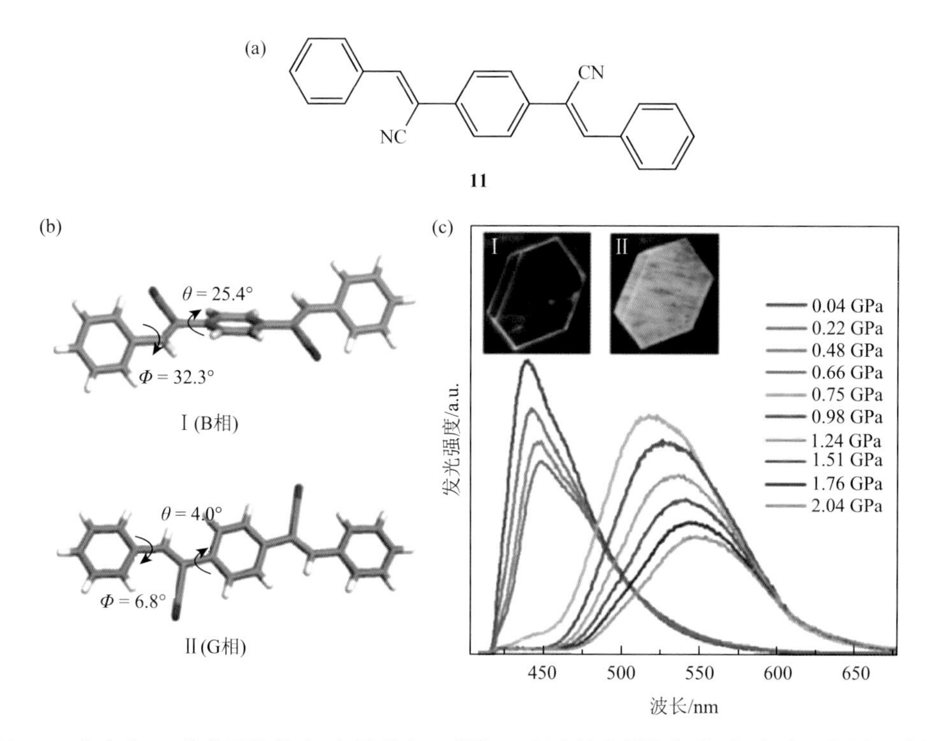

图 3-5 化合物 11 的分子结构（a）及其在 B 相和 G 相中的分子构象（b）；（c）B 相随压力增大过程中 PL 光谱的变化，插图为在金刚石压砧中常压和 0.75 GPa 压力下样品的发光照片（激发波长 λ_{ex} = 405 nm）

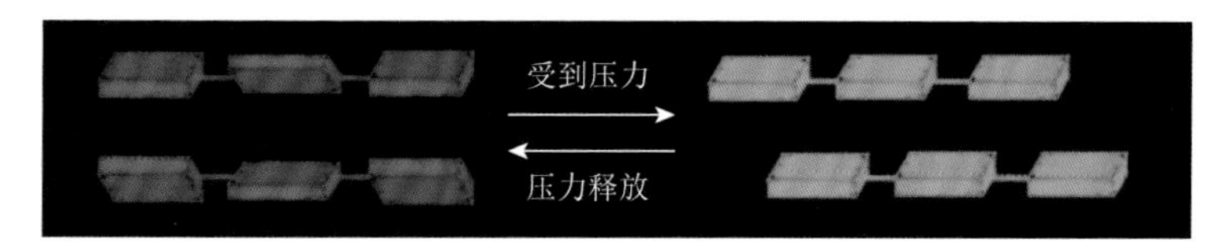

图 3-6 基于分子构象平面化的力致荧光变色机理示意图（可逆构象变化）

3.3 氰基乙烯衍生物

3.3.1 氰基取代 OPV 衍生物

Park 等[9]报道了荧光分子 **4** 的力致荧光变色机理，这在前面已阐述。他们还将 **4** 和聚甲基丙烯酸甲酯（PMMA）组成共混薄膜，成功制备了一种可重复书写的荧光光学记录介质薄膜材料。该薄膜材料表现出快速和可逆的多重刺激荧光转换响应（图 3-7）。这种多重刺激响应体系的独特之处在于其响应机理源于片状分子堆积的滑移，这为制备可重复书写的荧光光学记录介质材料提供了新思路。

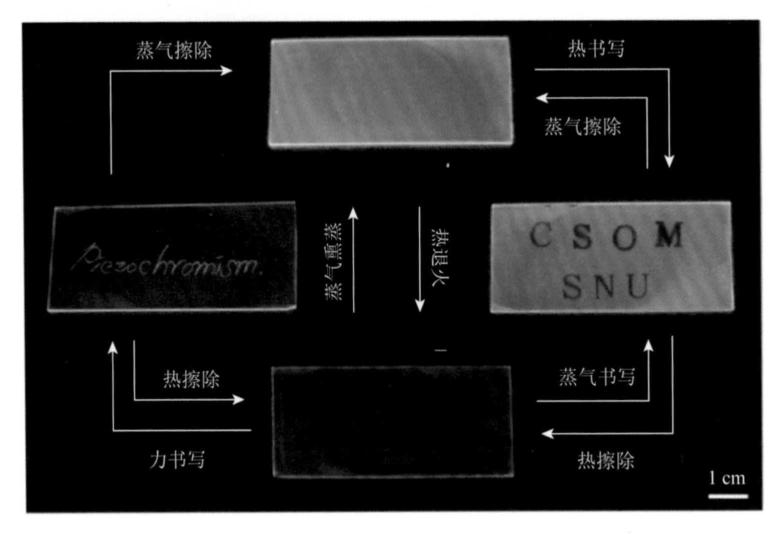

图 3-7　化合物 4 和 PMMA 组成的薄膜实现荧光可擦写的照片

Yoon 和 Park[15]设计并合成了荧光分子 **11** 和 **12**。这两种发光体具有比较简单的分子结构，有望具有更高的结晶性，从而有利于单晶的制备。这两种发光分子都具有非常高的固态荧光量子产率，这归因于它们的 AIE 特性。荧光分子 **11** 和 **12** 均可以得到相Ⅰ和相Ⅱ两种聚集态结构，当从相Ⅰ转变为相Ⅱ时，其发光颜色发生明显的红移。单晶结构分析表明，在相Ⅰ晶体结构中，晶体呈现出特定的分子堆积结构，激发态二聚体耦合较弱，这是由局域化偶极子的头尾耦合及多重 C—H⋯π 和 C—H⋯N 相互作用引起的。而在相Ⅱ中，由于大量的 π-π 堆积，晶体中存在强的激发态二聚体耦合作用，包括局部化偶极子的反平行耦合。这种分子堆积结构的差异导致它们发光颜色的不同。在热和机械力刺激作用下，通过相Ⅰ和相Ⅱ之间的转变，材料发光颜色能够进行可逆转换。

Zhang 等[16]报道了一种棒状分子 **13**，它表现出优异的力致荧光变色性能。化合物 **13** 的重结晶粉末具有蓝绿色发光，峰值为 485 nm，荧光量子产率（PLQY）为 52.7%，而研磨样品为黄绿色发光，峰值为 508 nm，PLQY 为 38.7%。通过扫描电子显微镜（SEM）观察化合物 **13** 在不同聚集状态下的形貌，发现乙醇蒸气熏蒸或加热处理可以恢复外部刺激对样品表面形貌的破坏。PXRD 测试表明，原始材料具有明确的微晶状结构，而研磨后的材料则显示出非晶的特征，因此被认为力致荧光变色的根源是材料从有序到无序的分子堆积状态的转变。时间分辨荧光寿命分析表明，未研磨样品的荧光衰减指数为单指数，研磨后的荧光衰减指数变为双指数，进一步证明了研磨引起样品有序度的下降。当研磨粉末经过溶剂（乙醇、二氯甲烷、四氢呋喃或丙酮）熏蒸或在 100℃下加热 2 min 处理，发光颜色及 PL 光谱（荧光发射波长 $\lambda_{em} = 485$ nm）均可以恢复。因此，荧光分子 **13** 在研磨-

熏蒸和研磨-加热过程中表现出良好的发光颜色的可逆转变。PXRD 结果表明通过溶剂熏蒸和加热处理后，研磨样品从非晶转变为结晶。

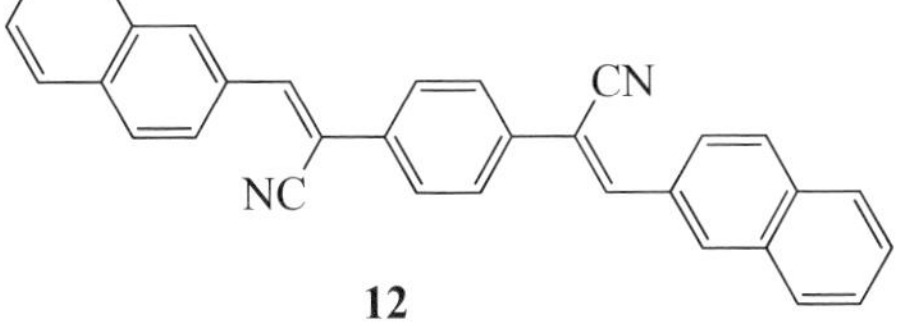

12

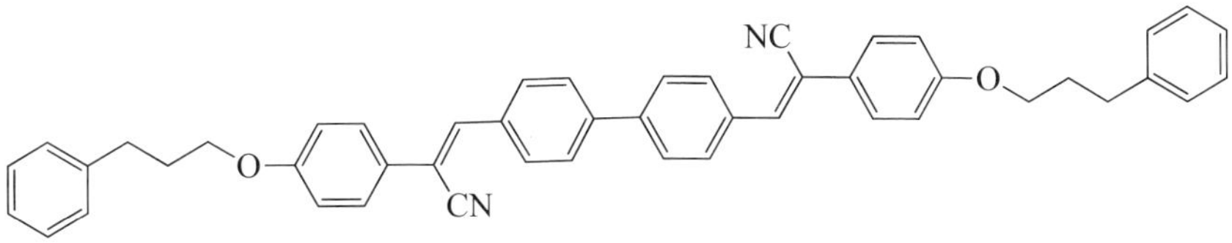

13

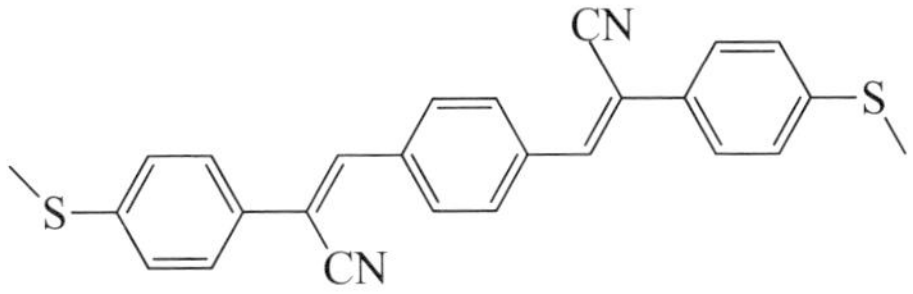

14 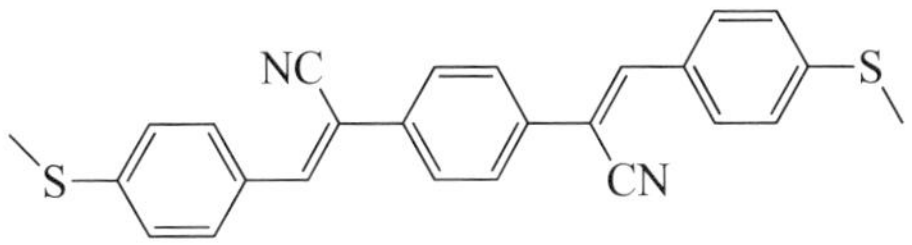　　**15**

Huo 等[17]报道了两种力致荧光变色化合物 **14** 和 **15**，其中硫甲基被引入到两个氰基取代 OPV 的外围。其分子设计策略是考虑到乙烯基的 1 位与 2 位两种不同氰基取代方式，可能会引起 π 桥长度的显著变化，氰基取代位置的改变可能会明显影响 OPV 衍生物的荧光性质。研究结果表明，荧光化合物 **14** 中氰基距离中心芳香环更远，不具有 AIE 活性，而 **15** 则具有 AIE 活性。与化合物 **15** 相比，化合物 **14** 在压力作用下展现出更为明显的发光光谱偏移现象（约 53 nm），说明化合物 **14** 具有更灵敏的力致荧光变色性能。

Wei 等[18]报道了一种新的氰基取代二芳基乙烯衍生物 **16**，其具有可逆的近红外力致荧光变色特性（研磨后发光峰值从 660 nm 移动到 684 nm），如图 3-8 所示。研究发现，当晶体结构被破坏时，化合物 **16** 的芳基上 C—H 面外弯曲振动发生了变化，荧光寿命明显增加，这被认为是产生力致荧光变色的重要原因。从小角和广角 X 射线衍射（SWAXS）结果可以看出，研磨前晶体结构中尖锐的衍射峰在研磨后明显变弱甚至消失，表明研磨后的样品处于非晶状态。而通过溶剂熏蒸，研磨后的样品可以恢复晶体结构，说明其产生可逆的力致荧光变色性能的原因是材料有序和无序分子聚集态结构之间的转变引起的。

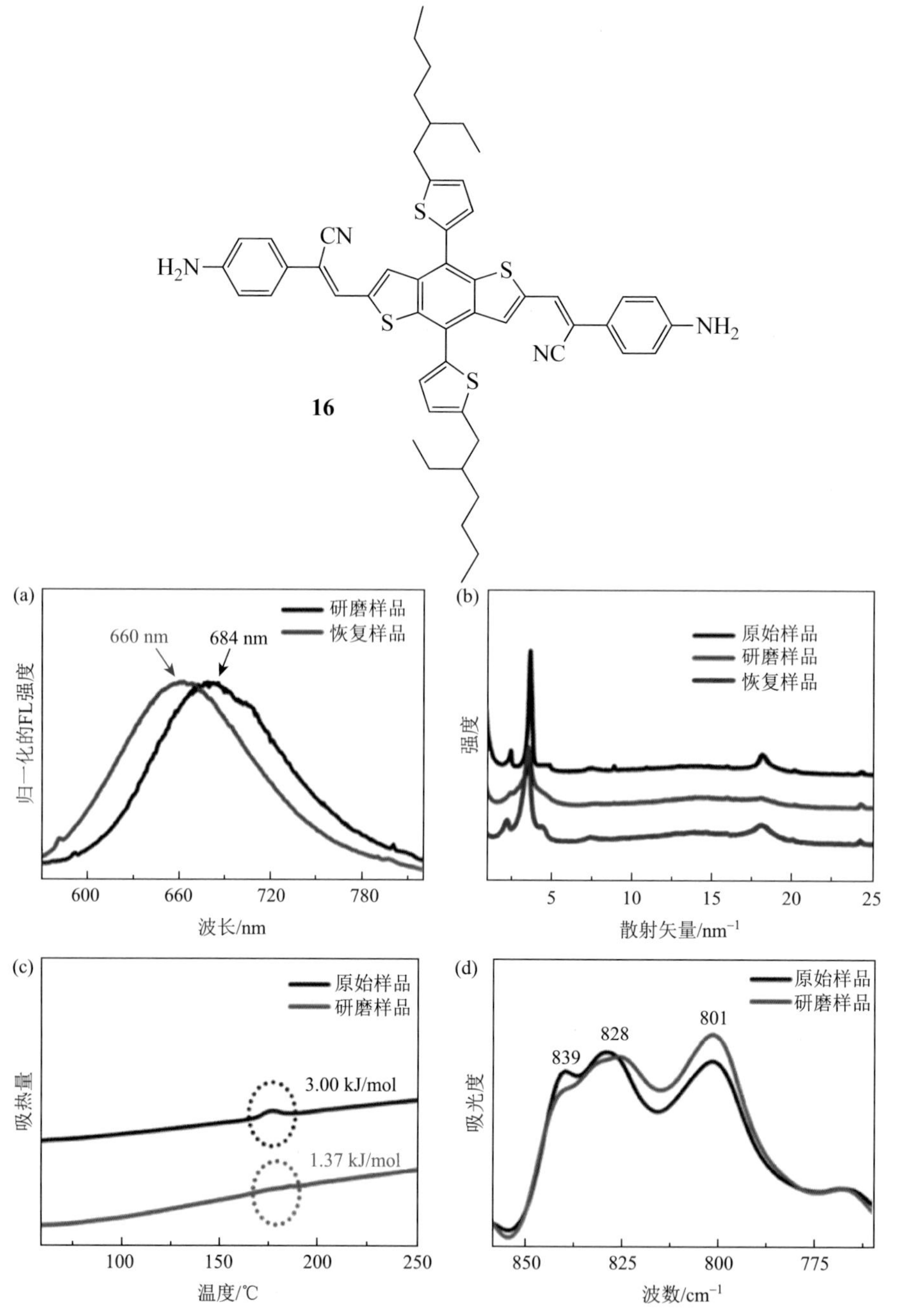

图 3-8 （a）化合物 16 研磨样品和恢复样品的归一化固体荧光光谱；（b）化合物 16 原始样品、研磨样品和恢复样品的 SWAXS 谱图；（c）化合物 16 原始样品和研磨样品的升温 DSC 曲线；（d）化合物 16 原始样品和研磨样品的傅里叶变换红外光谱图，按照 C—H 2924 cm^{-1} 伸缩振动谱带进行归一化处理

Park 课题组[19]报道了一类基于 D-A-D 三组分结构的新型力致荧光变色材料（**17**），其还具有对酸刺激敏感响应的特性。通过将酸响应性哈尔满碱衍生物合理引入到独特的 D-A-D 结构中，可以获得具有双重刺激响应特性，即酸致和力刺激发光变色响应行为（图 3-9）。当化合物 **17** 的原始粉末被机械力和/或酸刺激时，其荧光迅速出现到可辨别的强度（分别为Φ_{17B} = 9%和Φ_{17C} = 5%）。为了测试更多的实际应用情况，在光产酸剂（PAG）的作用下，利用光作为刺激源替代酸，成功实现了一种有趣的光记录介质材料，可以通过机械力和光正交激活其荧光。此外，结合实验和计算研究表明，化合物 **17** 的双重刺激响应特性与分子聚集体中结构控制的光诱导电子转移（PET）过程有关，该过程会被机械力和酸抑制。在机械力作用下，特征堆叠结构被破坏，造成超快 PET 被抑制，从而促使荧光点亮。相比之下，酸可以共价结合到化合物 **17** 特定堆叠结构中的哈尔满结构基团上，从而有效地阻止 PET 过程。

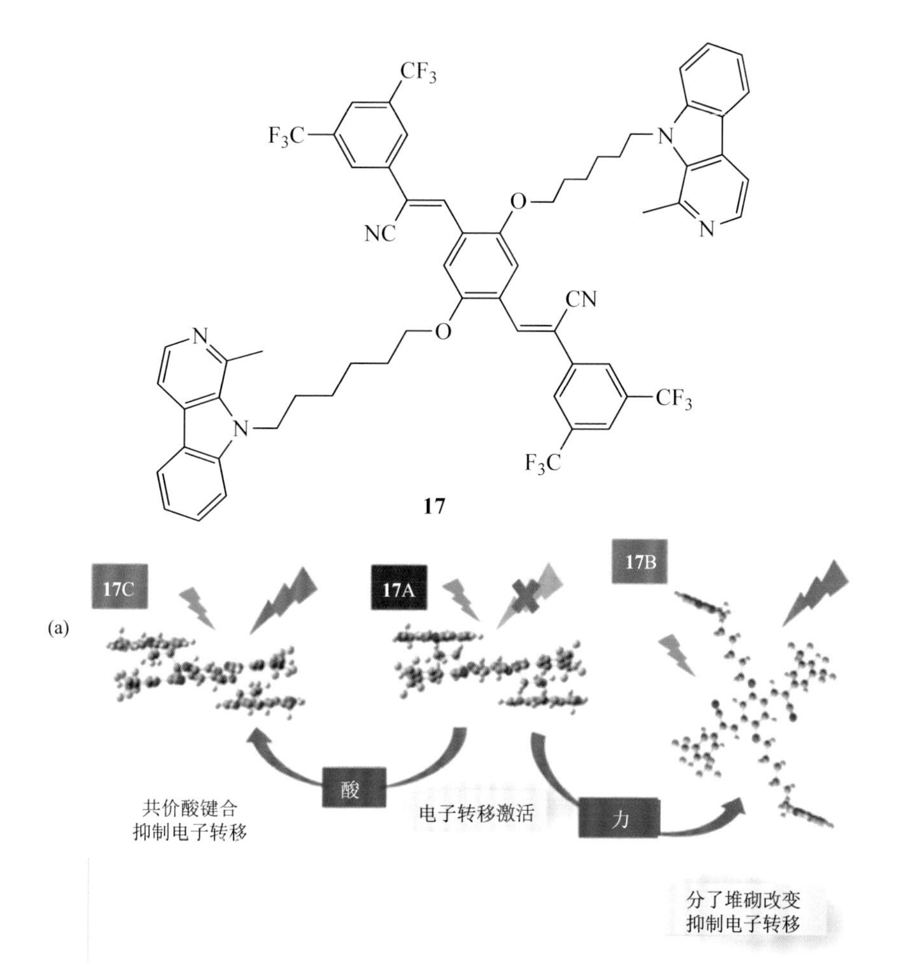

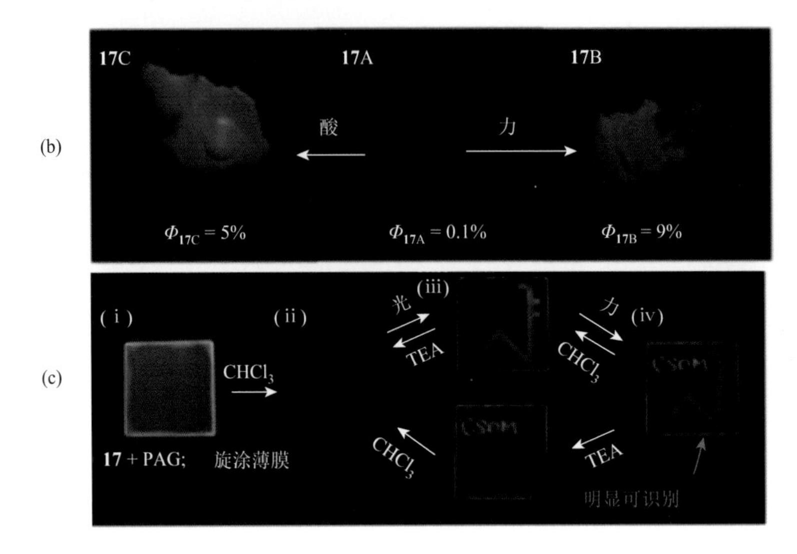

图 3-9 （a）化合物 17 的双重刺激响应示意图；（b）365 nm 紫外光激发下的荧光照片：原始粉末（17A）、研磨样品（17B）、盐酸水溶液处理样品（17C）；（c）机械力和光正交激活 17 的荧光照片，TEA 表示三乙胺

Yang 等[20]报道了一种新型发光液晶分子 **18**，通过偏振光学显微镜（POM）和差示扫描量热法（DSC）分析显示出优异的液晶相变，而具有类似结构的分子 **4** 则没有显示出液晶特征[9]。这表明通过将末端十二烷氧基片段直接连接到二氰基二甲苯核上有利于介晶结构的形成。化合物 **18** 的发光取决于其自组装结构，通过机械剪切和热退火处理，发光颜色可以在绿色、黄色和橙色之间转换。三种聚集态的分子排列及其 PL 光谱的示意图如图 3-10 所示。聚集态 A 中分子形成有序的扭转分层结构，化合物 **18** 的分子内共轭被破坏，具有峰值为 510 nm 的绿色荧光发射。机械剪切作用后，则形成具有整齐堆叠和分层结构的聚集态 B，发射峰红移 50 nm。与具有松散薄分层结构的聚集态 B 相比，聚集态 C 显示出相对有序的结构，其荧光发射进一步红移 10 nm。在剪切力作用下进行书写后，掺杂分子 **18**（20 wt%）的 PMMA 薄膜的发光颜色与聚集态 C（572 nm）几乎相同。因此，发光颜色的变化可能主要与相邻层之间分子排列的变化有关，这与化合物 **4** 明显不同。

$C_{12}H_{25}O$ CN NC $OC_{12}H_{25}$

18

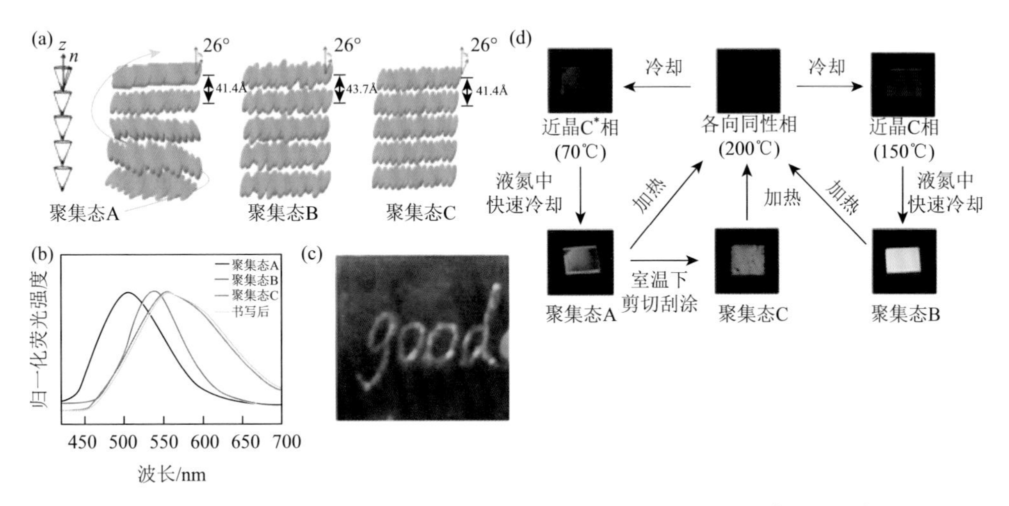

图 3-10　（a）化合物 18 的聚集态 A、聚集态 B 和聚集态 C 分子排列示意图，*n* 表示折射率；（b）三种聚集态及用笔书写后的归一化荧光光谱；（c）化合物 18 与 PMMA 组成的薄膜书写后的照片（365 nm 紫外光激发）；（d）化合物 18 夹在两个石英片之间在不同条件下处理的发光图像（365 nm 紫外光激发）

为了设计同时对机械力和电刺激有响应的有机发色团，Zhang 等[21]报道了一种共轭发光体分子 **19**，其采用三苯胺（TPA）为电子给体构筑 D-A 十字形共轭分子构型的策略，同时 TPA 给体悬挂在二氰基二苯乙烯基苯（DCS）结构的中心苯基两侧。这种设计方法具有以下优点：首先，借助十字形分子结构，可以将具有不同功能的结构单元成功整合到每个分支中，例如，一个十字臂提供电活性物质（TPA），而另一个臂充当发光源（DCS）；然后，由于中心部分空间相对拥挤，周围的取代基被迫与环平面扭曲一定角度，从而可以有效地抑制紧密堆积，提高固体荧光量子产率；最后，具有推拉电子特性的力刺激发光变色响应分子会表现出强烈的偶极-偶极相互作用，预计其将产生很大的荧光红移。为了进行对比，他们还合成并表征了不含 TPA 给体的线型化合物 **20**。一方面，化合物 **19** 表现出力致荧光变色特性，因为研磨后发射峰显著红移 87 nm（从 512 nm 到 599 nm）（图 3-11），荧光量子产率从 48.59%降低到 34.53%；另一方面，化合物 **20** 的发射峰仅移动了 55 nm（从 500 nm 到 555 nm），同时荧光量子产率从 42.35%下降到 22.48%。对于化合物 **20**，原始粉末和研磨样品均具有相对更长的荧光寿命，这表明化合物 **20** 分子之间存在强 **π-π** 相互作用和激基缔合物的形成。吸收光谱和 X 射线光电子能谱（XPS）结果证明，化合物 **19** 的力刺激响应性能增强与共轭增加及分子内电荷转移增强有关。因此，扭曲的分子构象，尤其是大扭转角的 TPA 给体，有利于构象变化的发生，在压力下通过旋转可以形成平行的共平面。因此，共轭的扩展及随后的平面分子内电荷转移（PICT）效应，同时增强了材料的力刺激发光特性。

此外，通过电化学方法很容易在 ITO 电极表面沉积化合物 **19** 的电致变色（EC）膜。该 EC 膜在 769 nm 处具有 65%的高光学对比度，并显示出与电压相关的多种颜色，如 0 V 时的浅绿色、1 V 时的红色、1.1 V 时的灰色和 1.45 V 时的蓝色。这些结果表明通过将电活性部分结合到发光团中构筑 D-A 十字形共轭结构，将是一种很有前景的分子设计策略，可以制备高效的机械-电双重发光变色响应材料。

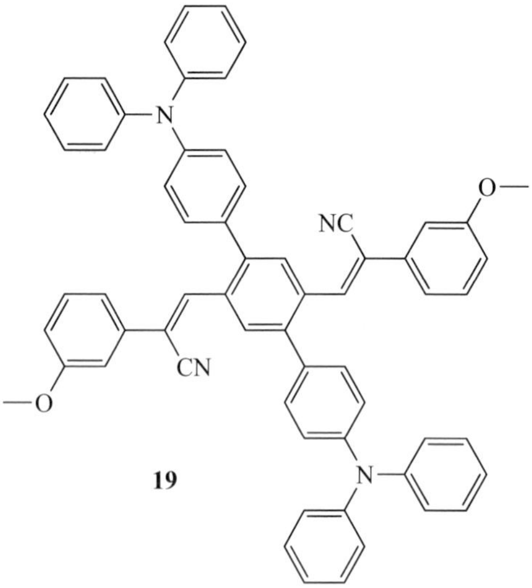

19 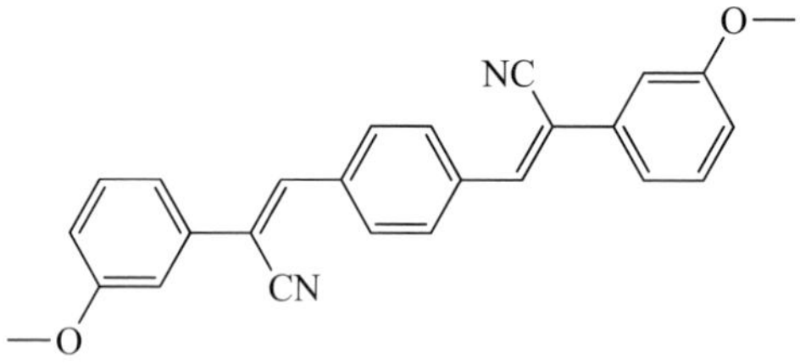　　**20**

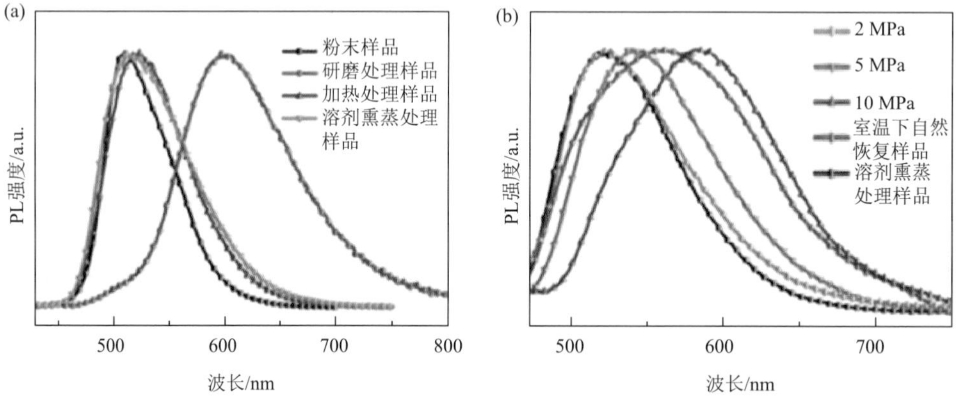

图 3-11　化合物 19 在不同处理条件下的 PL 光谱

Wei 等[22]报道了三种以苯并噻二唑为核心的氰基取代的二苯基乙烯衍生物 **21**、**22** 和 **23**，分别以甲氧基、氢和三氟甲基为端基。引入的端基赋予它们不同的 D-A 效应，并带来独特而多样的力刺激发光变色响应特性。研磨后，化合物 **21** 的发射峰红移 22 nm（从 556 nm 移至 578 nm），化合物 **22** 则红移 12 nm（从

544 nm 移至 556 nm)。相反，化合物 **23** 的发射峰却蓝移了 15 nm（从 566 nm 移至 551 nm)。此外，这些化合物的研磨样品可以很容易地通过退火处理恢复到原始状态。PXRD、DSC 和时间分辨荧光光谱研究表明，亚稳态的非晶态和晶态之间的相变转换是产生力刺激发光变色响应性质的原因。因此，这种 D-A 效应分子设计策略提供了一种有效的方法来微调力刺激发光变色响应材料的荧光行为。

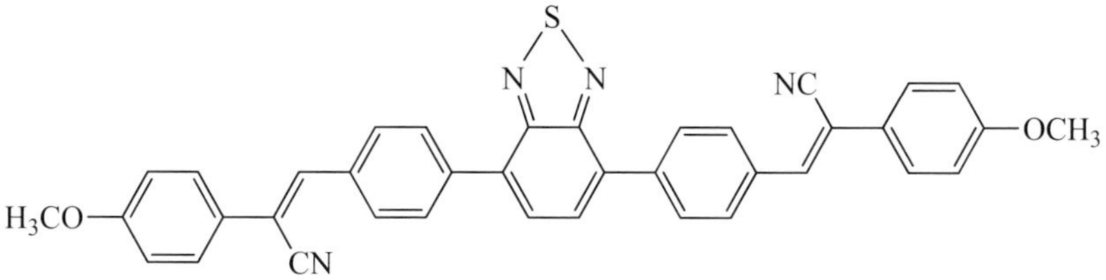

21

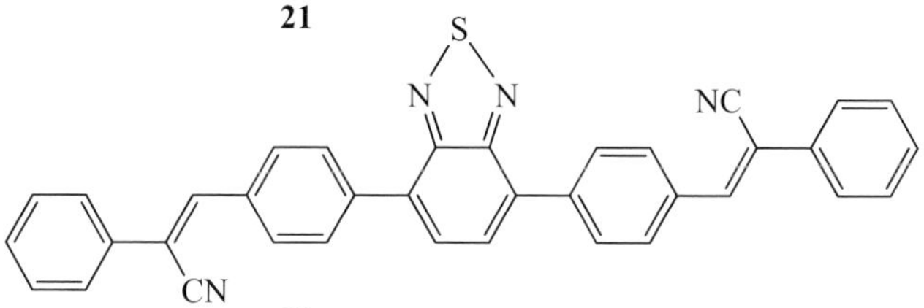

22

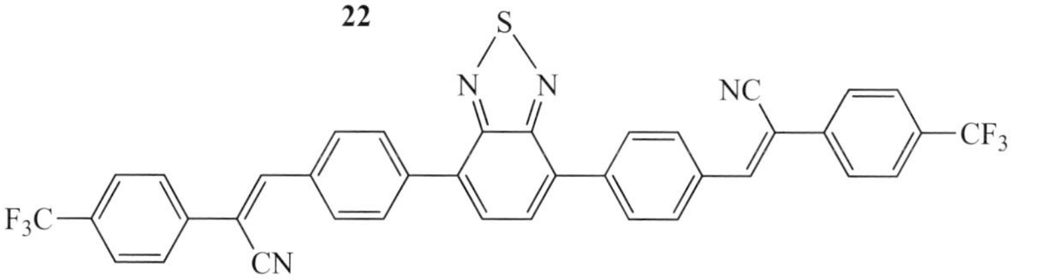

23

Park 等[23]提出了一种超分子福斯特（Förster）共振能量转移（FRET）控制策略，利用双组分混合系统实现红绿蓝（RGB）发光颜色的转换，由具有自组装能力的 B-G 发光开关分子（分子 **4**）和可以在不同刺激作用下工作并具有开关性质的红色发光分了（分子 **24**）组成。这种策略的关键思想是通过超分子结构调控分子 **4** 和 **24** 之间的 FRET，以抑制串扰，并实现高对比度的 RGB 发光颜色切换。对于分子 **4** 和 **24** 的均匀混合物，当在分子 **4** 中形成半径大于福斯特半径的自组装结构，而分子 **24** 仍处于关闭状态时，分子 **4** 可独立实现可切换的 B/G 状态。相反，当分子 **4** 自组装结构被分解并且红色发光分子 **24** 同时处于开启状态时，从分子 **4** 到分子 **24** 将发生高效的 FRET，因此分子 **4** 的发光（蓝色或绿色）被完全猝灭，而分子 **24** 的发光（红色）得到增强，产生清晰明亮的 R 状态［图 3-12（a)］。由于分子 **4** 是一种具有自组装能力的从 B 到 G 发光的开关分子，分子 **24** 则是一种在不同开关刺激下工作的红色发光开关分子［图 3-12（b）］，因此这种将两类具有不同自组装能力和刺激响应性质的分子相混合的新策略，可以用于开发可逆和无串扰的三基色（RGB）荧光开关新型材料体系。可逆的和独立的 RGB 荧光开关（λ_{em} = 594 nm、527 nm 和 458 nm，对应的Φ_{PL} = 17%、26%和 23%）可以通过不同的外部刺激来实现，如热、溶剂熏蒸和机械力等作用。

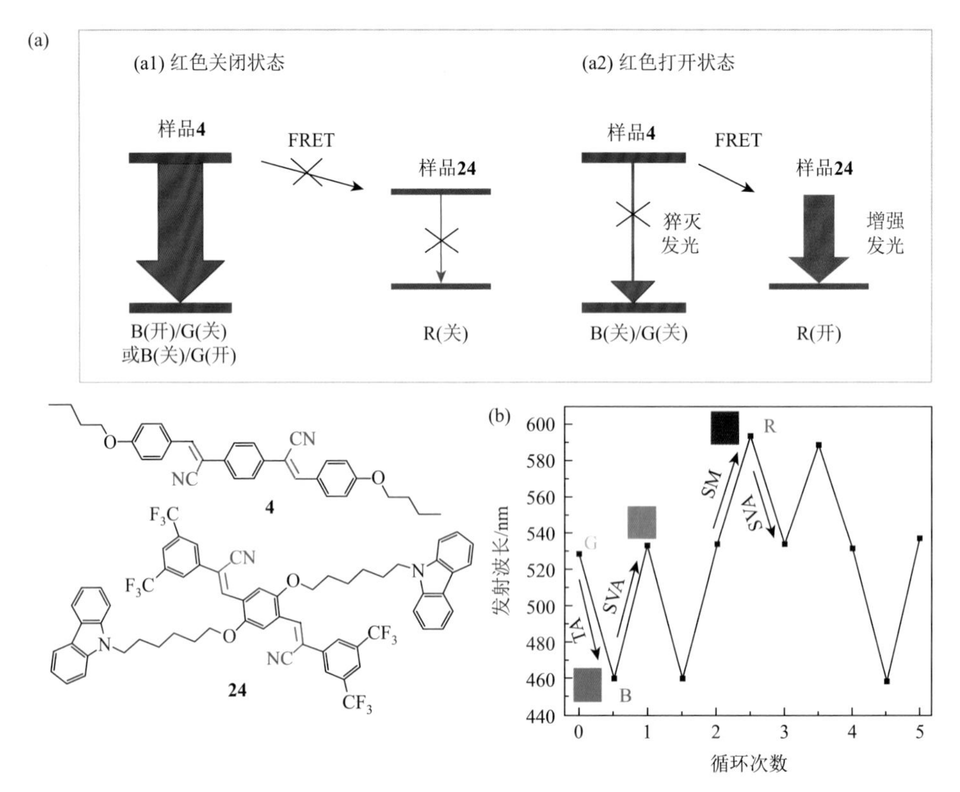

图 3-12 （a）RGB 荧光开关策略：（a1）B 或 G 发射状态和（a2）R 发射状态；（b）4/24 双组分体系在有机蒸气、加热、研磨等处理条件下可逆的多刺激三基色荧光开关，TA 表示旋涂，SVA 表示溶剂蒸气退火，SM 表示热退火

Lu 等[24]报道了一个 AIE 活性分子 **25**，其具有高度扭曲的分子构象。单晶结构分析结果表明，分子 **25** 的晶体中具有直径为 8 Å 的孔穴，并形成有序排列的长程通道。扭曲的晶体结构赋予分子 **25** 足够的收缩空间和在外界压力作用下的大形变。当外界压力从 1 atm 增加到 9.21 GPa 时，分子 **25** 的晶体显示出可逆和可重复的颜色变化，从绿色到红色，发射峰红移达到 155 nm（图 3-13）。其发射峰值随着加压-减压循环中施加的压力值呈线性变化，而其原位拉曼光谱证实了在加压-减压过程中材料没有发生相变。

25

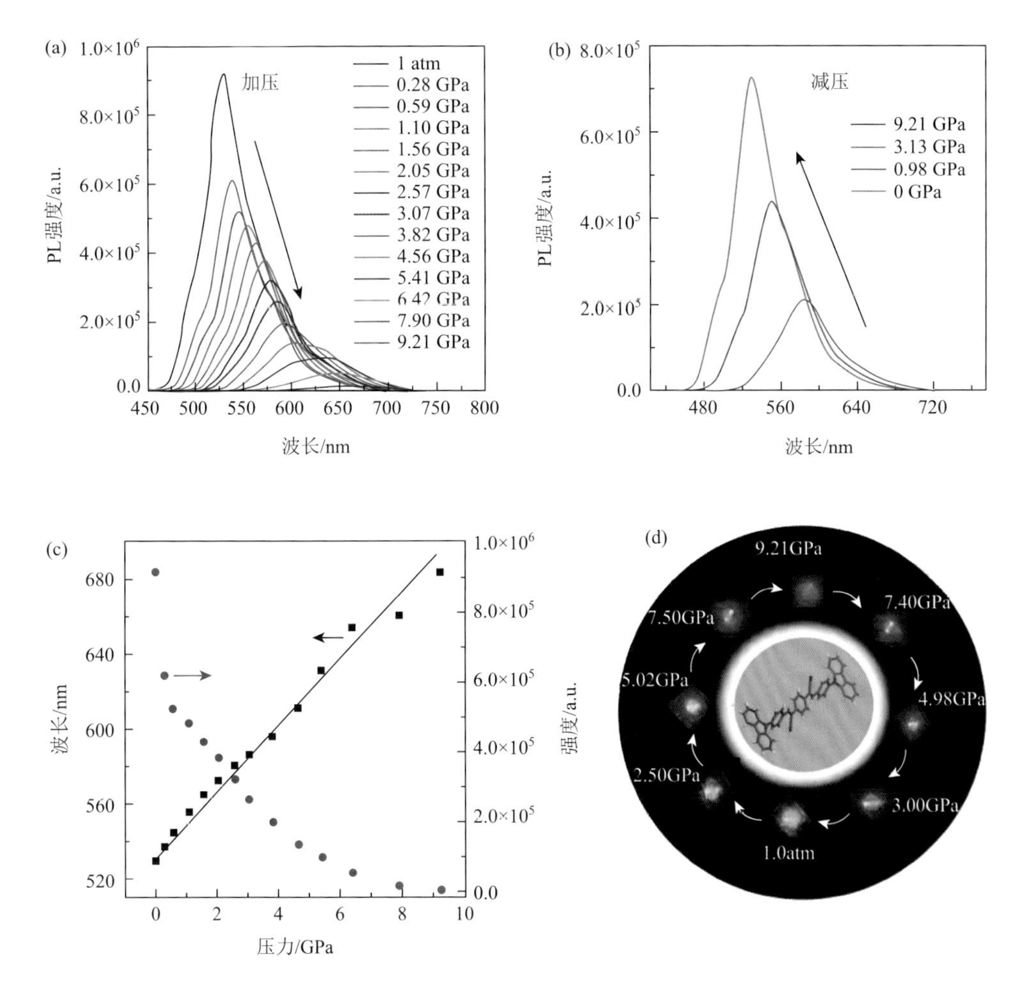

图 3-13 化合物 25 晶体在加压过程（a）和减压过程（b）中的 PL 光谱；（c）化合物 25 晶体在压力从 1 atm 增加到 9.21 GPa 相对发光波长和强度的变化图；（d）化合物 25 晶体在金刚石压砧中经过加压和减压一个循环的发光照片（激发波长 λ_{ex} = 355 nm）

然而，Ma 等[25]通过同步拉曼散射和荧光光谱，从 AIE 化合物 **26** 晶体中得到了相反的结果。化合物 **26** 的晶体分子结构在静压下发生变化，PL 光谱红移 142 nm。由于 **26** 分子具有平面结构，当压力高于 1.03 GPa 时，晶体可以很容易发生相转变，而降低压力到约 0.05 GPa 时，晶体又可以恢复到原始相。同步拉曼散射与相变过程的结合对研究单晶的同步结构变化具有重要意义。

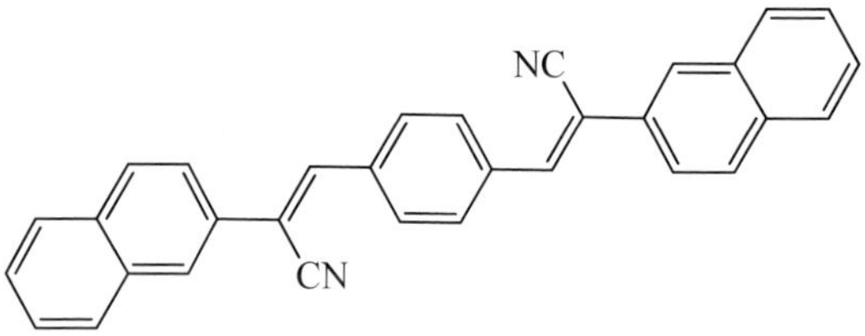

NC

CN

26

对于氰基 OPV，其形成激基缔合物[26]的强烈倾向使这个核心对力刺激发光变色响应材料的设计极具吸引力[5, 27-31]。Weder 等[32]报道了具有两个甲苯氧基己基氧基取代基的氰基 OPV 衍生物 **27** 的力刺激发光变色响应行为。化合物 **27** 具有 5 种不同的发光聚集态，其中一些可以通过力或热刺激进行彼此转化（图 3-14）。单晶 X 射线衍射分析表明，固态下分子排列与氰基 OPV 侧链末端的甲苯基团密切相关。这项工作提供了一种比较有效的方法，通过引入相互竞争的分子间作用形成激基缔合物，实现具有多色发射的热和力刺激响应性质的发光材料。

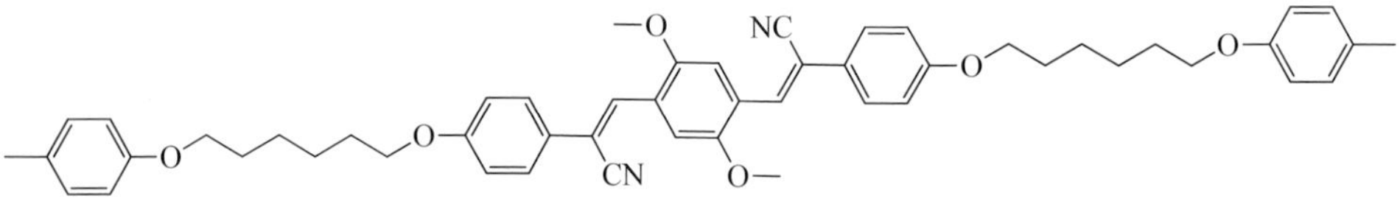

—O NC O O O CN O—

27

—O NC O O O CN O—

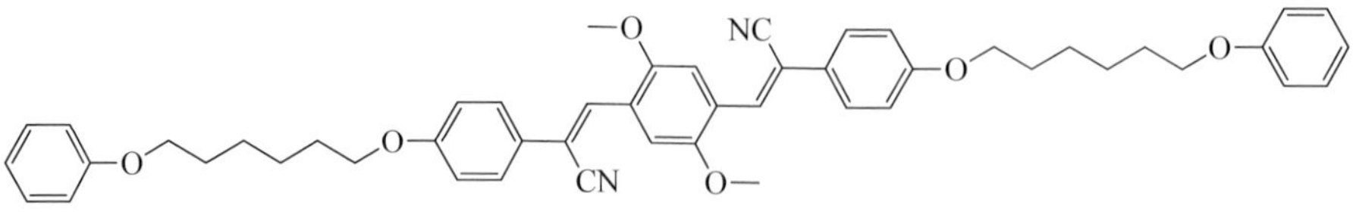

28

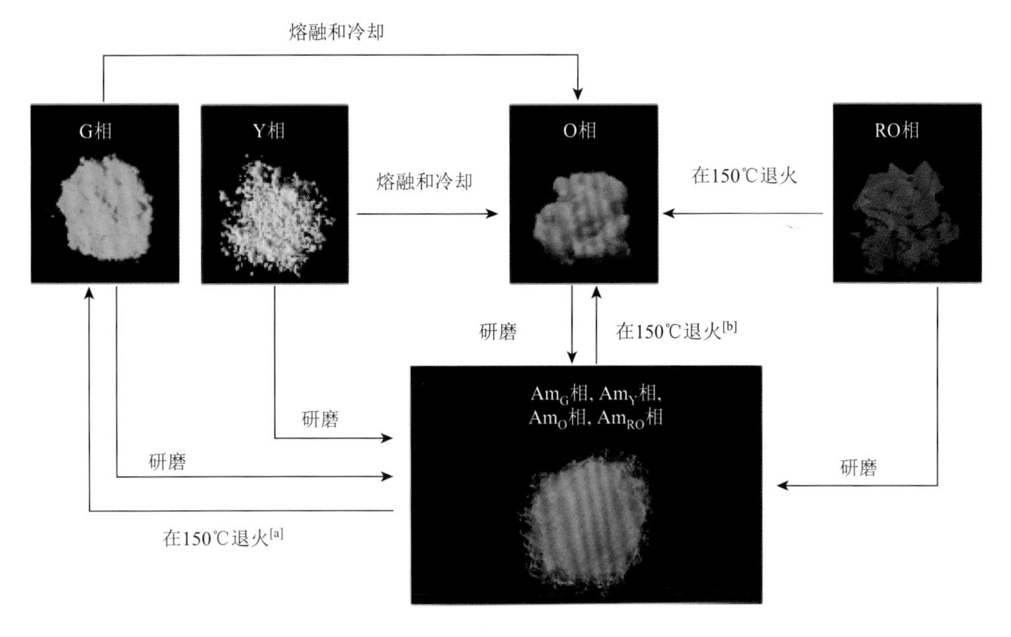

图 3-14 五个分子聚集态（G、Y、O、RO、Am）下的发光颜色照片

［a］只适用于 Am_G 相，［b］只适用于 AM_O 相和 AM_{RO} 相，箭头表示可能的相互转变条件，紫外光波长为 365 nm

Weder 等[33]合成了一个氰基 OPV 衍生物 **28**，预计它的力刺激发光变色响应行为将类似于化合物 **27**。然而他们发现，当外围的甲基被氢取代时，分子的自组装结构和对外部刺激的发光响应行为均发生了显著变化。他们发现温度对化合物的力刺激响应有巨大影响。在室温下，这一氰基 OPV 衍生物的力刺激响应发生很大红移，而在 100℃下，其力刺激响应则发生蓝移。室温下的力刺激发光变色响应行为是由于力诱导样品聚集态结构从晶态转变到非晶态，并促使分子间激基缔合物的形成。另一方面，晶体-晶体相转变则是高温下力刺激响应发生蓝移的原因。这种与温度相关的力刺激发光变色响应行为是被首次观察到，但可能是一种实现复杂力刺激传感材料和器件普遍而有效的方式。

Jeong 等[34]报道了一个同时含有刚性生色团和柔性支链的发光分子 **29**。通过热和力刺激可以构筑出三种不同的柱状自组装结构，从而比较精确地调控材料的发射能量。通过精确控制分子 **29** 三种不同的柱状结构（ColR、ColH 和 ColS），其固态发光可以可逆地从绿色转换为蓝色和黄色。在室温下用杵轻轻研磨 **29** 时，370 nm 光照射下的绿色发射立即变为强烈的黄色发射。利用二氯甲烷熏蒸被压碎后的 **29** 黄色粉末，可以完全恢复到其初始状态的绿色。一维 WAXD 测试表明，研磨后分子 **29** 的分子间相互作用比初始状态更弱，作用在 **29** 上的剪切力可实现分子堆积结构从 ColR 到 ColS 的转变。当样品被二氯甲烷熏蒸处理后，其发光颜色和 XRD 峰完全恢复到初始状态，表明从 ColS 恢复到 ColR 是源于材料的部分熔化和随后的重结晶过程。

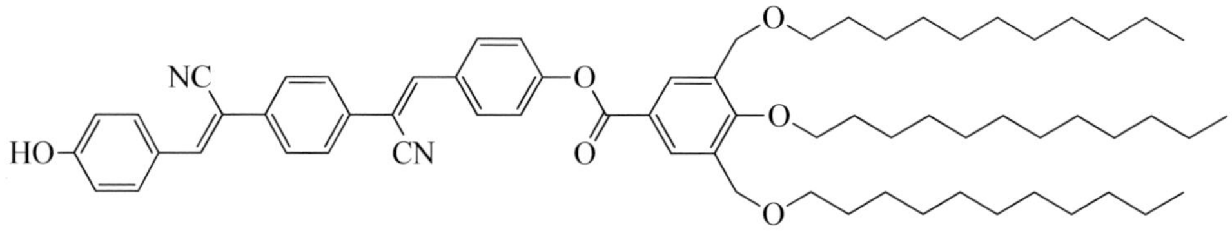

29

与其他外部刺激（如光、pH 和温度）相比，对基于多组分混合材料的分子间相互作用和力刺激发光变色响应特性的理解很有限，并且例子相当少。Yan 等[35]选择 4-双(1-氰基-2-苯基乙烯基)苯（**11**，A）作为核心分子，与两个小有机分子四氟苯酚（B）和 2, 3, 5, 6-四氟-4-羟基苯甲酸（C）进行自组装，研究其固态分子排列与力刺激发光变色响应的关系。分子 **11** 的共晶通过多个氢键和 π-π 堆积相互作用形成。由于两种共晶组分（B 和 C）的分子结构略有不同，这两种组装结构（A-B 和 A-C）在超分子相互作用中有明显的差异。因此，分子 **11** 在 A-B 晶体中比在 A-C 晶体中结构更加平面化，得到的共晶体展现出可调的发光特性（如波长、颜色、PL 寿命和荧光量子产率）和力刺激发光变色响应性能。在各向同性压力下，A-B 和 A-C 共晶体分别表现出 112 nm 和 202 nm 的大范围红移，释放压力后 PL 光谱位移部分可逆。原位红外光谱测试表明，C—H···O 和 C—H···N 氢键的变形和分子间相互作用的增强导致了 PL 光谱出现显著红移和强度减弱。因此，通过引入合适的共晶分子，由于分子间相互作用、堆积方式和分子构象的变化，双组分材料的 AIE 和力刺激发光变色响应都可以被高度调控。此外，A-B 和 A-C 共晶体可以用于制备 NH_3 蒸气的荧光传感器。

Zang 等[36]合成了三个具有扭曲分子构象的 D-A 结构的十字形发光分子（**30**、**31** 和 **32**）。D-A 型交叉共轭化合物展现出分子内电荷转移、取代基依赖的 AIE 特性及力刺激发光变色响应特性。其 AIE 活性随 **30**＜**31**＜**32** 顺序增加，这与咔唑和取代氰基苯乙烯基之间空间位阻引起的分子空间构象扭曲程度和三种化合物的 ICT 程度相一致。固体发光研究表明，通过研磨和二氯甲烷熏蒸处理，**30** 的荧光从亮蓝绿色（485 nm）可逆变化成浅黄绿色（524 nm）；**31** 的荧光从亮蓝绿色（479 nm）可逆变化成黄绿色（534 nm）；**32** 的荧光从亮黄色（526 nm）可逆变化成橙红色（606 nm），光谱红移分别达到 39 nm、55 nm 和 80 nm。这三种化合物的力刺激发光变色响应活性随着 **30**＜**31**＜**32** 的顺序增加，这被认为是外力刺激下分子构象平面化和伴随的平面分子内电荷转移（PICT）共同作用的结果。

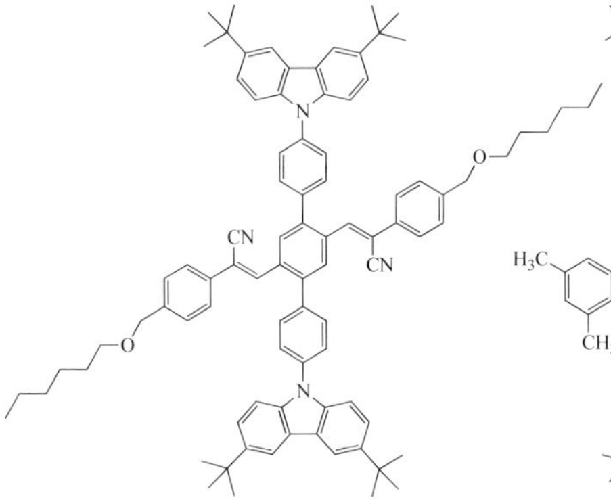

30 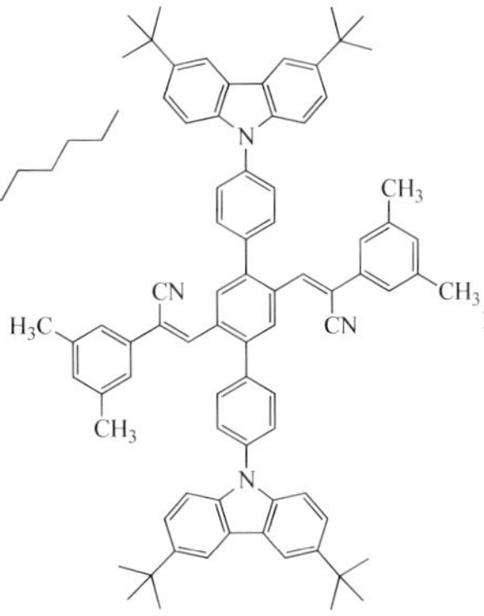　31 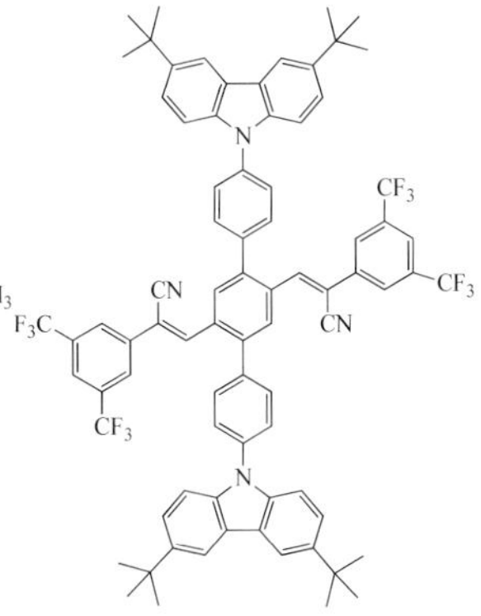　32

Liu 等[37]合成了两个扭曲的 π 共轭十字形结构分子 **33** 和 **34**，其特征是刚性 X 型分子结构，两个共轭给体和受体在中心芳香核位置相交。光谱分析和理论计算研究表明，这两个交叉共轭化合物在激发态下从给体（咔唑）到受体（二氰基二苯乙烯基苯）轴向表现出独特的分子内电荷转移（ICT）过程。特别地，分子 **33** 和 **34** 表现出有效的 AIE 发射和高对比度的力刺激发光变色响应特性。通过简单的研磨，在紫外光照射下发射强黄绿色光（540 nm）的 **33** 粉末和黄色光（560 nm）的 **34** 粉末可以分别转变为发射黄色光（582 nm）和红色光（609 nm）的粉末，分别产生 42 nm 和 49 nm 的光谱红移。在二氯甲烷熏蒸处理和研磨的循环作用下，这种力刺激发光变色响应性能是可逆的。XRD 分析表明，力刺激发光变色响应行为起源于晶态和非晶态之间的转变。与分子 **33** 相比，分子 **34** 表现出更明显的 AIE 和对比度更高的力刺激发光变色响应性能。分析认为这是由 3, 5-双（三氟甲基）苯基在间位上的两个三氟甲基引起的大空间位阻，使得分子 **34** 表现出更加扭曲的空间构象。

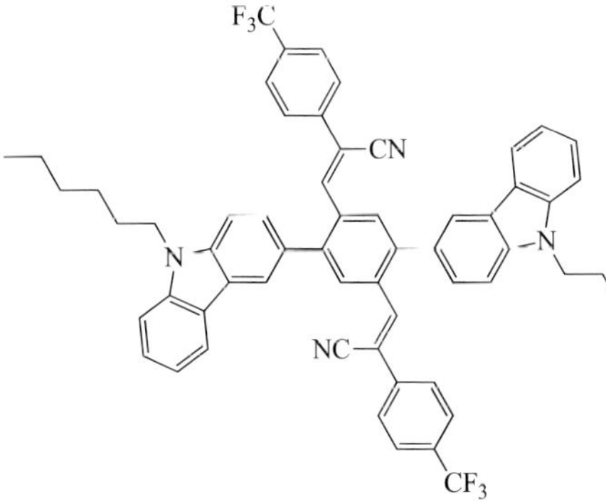

33 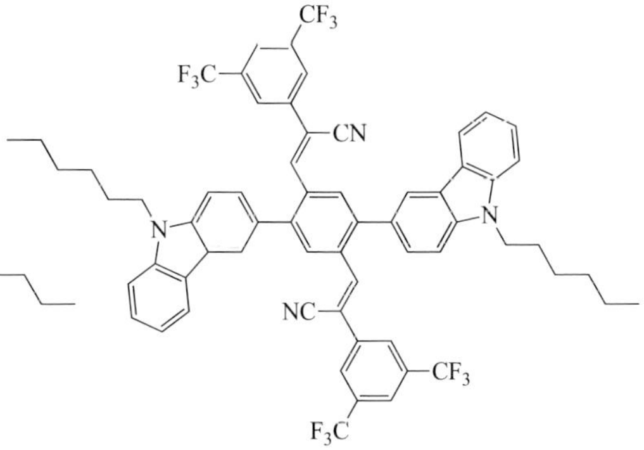　34

Tang 等[38]提出了一个新的设计策略并合成了基于芘基的分子 **35**～**37**，其中分子 **35** 和 **36** 具有 AIE 特性。具有一个大的平面型芘基核心的分子 **35** 在引入扭曲的氰基乙烯取代后，展现出明显的力刺激发光变色响应特性；然而，由于通过一个平面型基团延长共轭结构，分子 **36** 不具有力刺激发光变色响应特性。分子 **35** 的最大发射峰在轻轻研磨下发生从 508 nm 到 502 nm 的蓝移。但如果是很重的研磨，则呈现大的红移到 512 nm。然而，分子 **36** 在研磨前后发射峰没有移动。分子 **37** 由于 PET 效应在 THF 溶液中或者固态下发光都很弱甚至不发光。分子 **35** 和 **37** 的单晶衍射和 PXRD 证明，两者在晶体中均具有扭曲的分子构象，而在外力作用后均变得平面化，因此分子 **35** 具有明显的力刺激发光变色响应性能。需要指出的是，分子 **37** 由于固态下没有发光，故无法产生力刺激发光变色响应性能。

CN OMe NC CN N

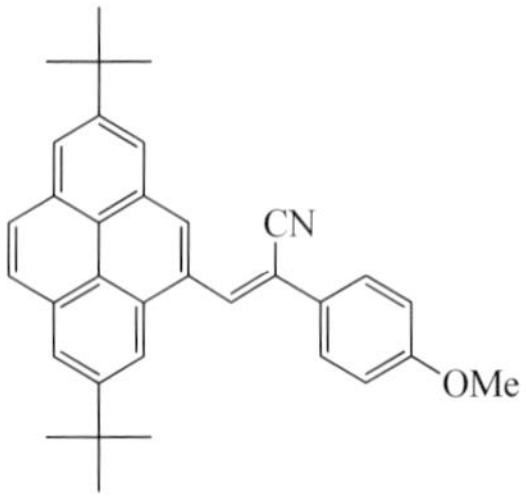

35 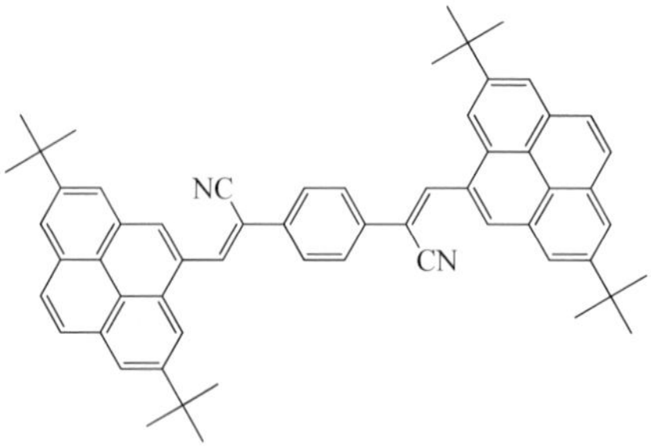 **36** 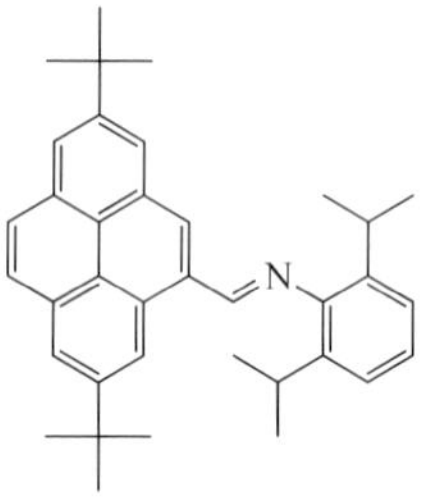 **37**

Nakano 等[39]研究了双（氰基苯乙烯基）苯荧光分子的力刺激响应行为和光化学响应。CSB-5（**38**）在氯仿溶液中具有绿色荧光（λ_{em} = 507 nm），表现出与之前报道的染料分子（**27**）[32]相似的行为。同时，分子 **38** 的晶体样品发射橙色荧光（λ_{em} = 620 nm），这归因于激基缔合物的发光[40]。虽然肉眼难以分辨出发光颜色的变化，但是 **38** 表现出力刺激发光变色响应行为，源于研磨时粉末由晶态转变为非晶态。与晶态相比，研磨样品具有更宽的发射峰，且向长波长方向移动（λ_{em} = 640 nm）。在研磨样品中滴入几滴四氢呋喃后，光谱逐渐恢复到初始状态。当研磨样品在 100℃热退火处理 1 min 后，光谱同样可以恢复到初始状态。紫外光照射下，在玻璃基底上制备 **38** 非晶薄膜的发光颜色会出现从橙色到绿色的明显变化。这种响应可能是非晶状态下发生光化学反应的结果，并且涉及[2 + 2]光环化加成反应，这导致激基缔合物发射位点的减少，使得发射从源于激基缔合物转变为单分子。尽管分子二聚反应位点之间的距离足够短，但该反应在结晶状态下仍然无法观察到，这可能是因为 **38** 分子大而刚性的结构无法满足分子二聚反应需要的较大结构变化。利用晶态和非晶态之间光化学反应性的差异，在 365 nm 紫外光照射下可以在非晶薄膜上实现图案化发光。

—O　CN　O$+CH_2+_5$O　O$+CH_2+_5$O　CN　O—

38

Liu 等[41]报道了两个 D-A 型十字形结构的扭曲构象分子 **39** 和 **40**。由于有给电子能力的四苯乙烯和拉电子能力的二氰乙烯基苯的存在，这两个十字形结构分子都显示出独特的分子内电荷转移（ICT）发射现象。**39** 和 **40** 表现出明显的聚集诱导增强发光（AIEE）特性和良好的固态荧光发光，固态荧光量子产率分别为 63.3%和 78.3%。这两个发光分子还具有依赖于取代基的可逆力刺激发光变色响应行为。在外力刺激下，**40** 粉末的发光颜色从最初的亮黄绿色（517 nm）变为最终的橙色（583 nm），这 66 nm 的光谱红移是由于外力作用下样品晶体被破坏，分子构象平面化和随后的平面分子内电荷转移（PICT）效应引起的。具有鲜明对比的是，**39** 没有表现出力刺激发光变色响应行为。**40** 有四个间三氟甲基，具有更扭曲的空间构象，同时它比只有两个对甲氧基的 **39** 具有更强的 ICT 特征，这可能造成 **39** 分子间作用力更强从而晶体中形成紧密堆积，外力作用下其分子构象变化小进而 PICT 效应相对较弱。

OMe　NC　CN　OMe

39

F_3C　CF_3　NC　CN　F_3C　CF_3

40

Liu 等[42]设计并合成了两个 D-A 型十字形结构发光分子 **41** 和 **42**，它们表现出独特的分子内电荷转移和固态荧光行为。这两个化合物均表现出 AIEE 行为和固态下高的荧光量子产率（分别达到 69.3%和 44.2%）。此外，**41** 和 **42** 均具有显著的力刺激发光变色响应性能。原始的 **41** 和 **42** 样品的发射峰分别位于 574 nm 和 593 nm，研磨后分别红移至 626 nm 和 639 nm，研磨处理引起的光谱红移分别为 52 nm 和 46 nm。优良的力刺激发光变色响应材料通常需要在颜色和发射强度方面均表现出良好的可逆变化，研磨引起的荧光变化可以用溶剂熏蒸加以恢复，并通过研磨再次产生。PXRD 分析表明，**41** 和 **42** 的力刺激发光变色响应行为源自外部刺激作用下晶态和非晶态之间的转变。同时，分子构象平面化引起的分子共轭程度的扩展和随之而来的 PICT 过程是导致荧光光谱红移的原因。

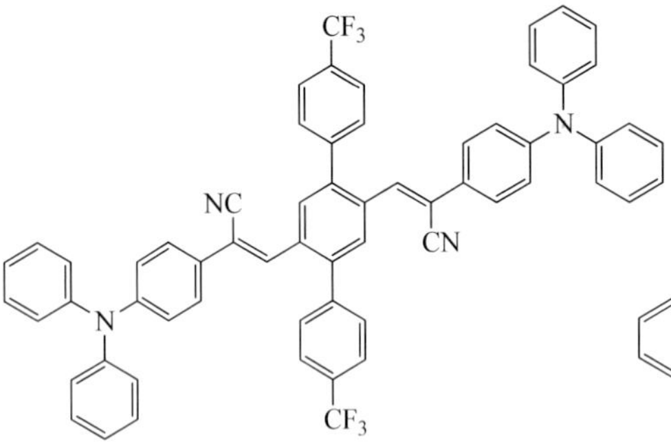

41 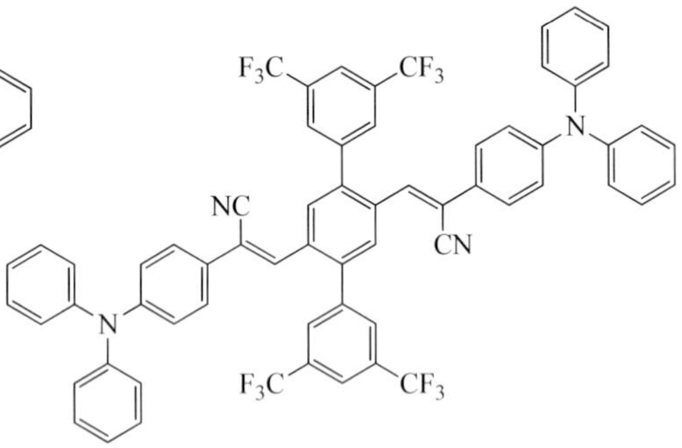 **42**

Liu 等[43]合成了两个扭曲的 D-A 型十字形结构发光体 **43** 和 **44**，它们具有刚性交叉的共轭结构，其中两个共轭给体和受体部分在苯环中心核处交叉。由于电子给体二甲基吖啶基团和电子受体氰基二苯乙烯基团的存在，这两个十字形结构分子都表现出独特的分子内电荷转移发光性质。此外，**43** 和 **44** 都具有高度扭曲的分子构象，这赋予它们明显的 AIE 特性和高对比度的力刺激发光变色响应行为。在外力刺激下，**43** 和 **44** 粉末样品的发射从最初的亮橙色区域（586 nm 和 599 nm）分别红移到红色区域（655 nm）和近红外区域（678 nm）。PXRD 和光谱数据表明，在外力刺激下，原始的晶体样品被破坏，表现出的显著力刺激发光变色响应现象源于晶体破坏过程中分子构象平面化和随之而来的 PICT 过程。此外，**44** 相对于 **43** 具有更显著的力刺激发光变色响应行为，这是因为 **44** 分子构象具有更大的扭曲程度和更强的 ICT 过程。Liu 等[44]设计并合成了类似化合物 **45** 和 **46**。在外力刺激下，**45** 和 **46** 固体粉末的发射颜色从原始的亮黄绿色（535 nm 和 537 nm）分别变为橙色（604 nm）和红色（628 nm），从而实现 69 nm 和 91 nm 的大光谱红移。PXRD 和光谱数据表明，在外力破坏原始晶体样品过程中，显著的力刺激发光变色响应现象来源于分子构象的平面化和随后的 PICT 效应。与 **45** 相比，**46** 表现出更显著的力刺激发光变色响应行为，同样是因为 **46** 比 **45** 具有更大扭曲程度的分子构象和更强的 ICT 效应。

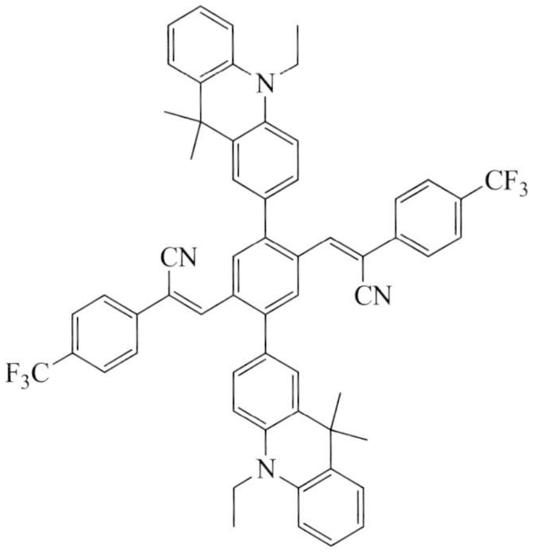

43 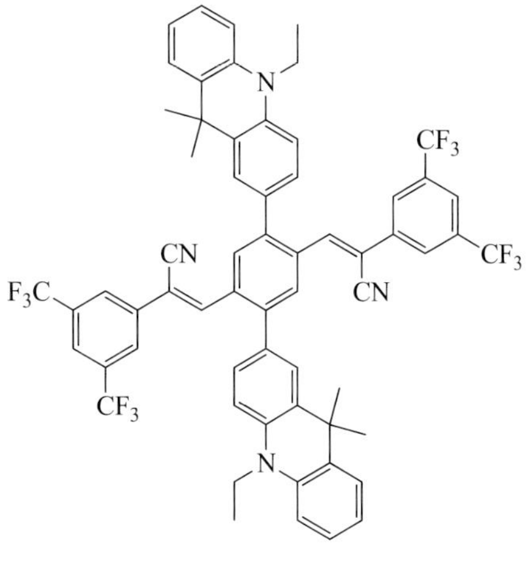　　44

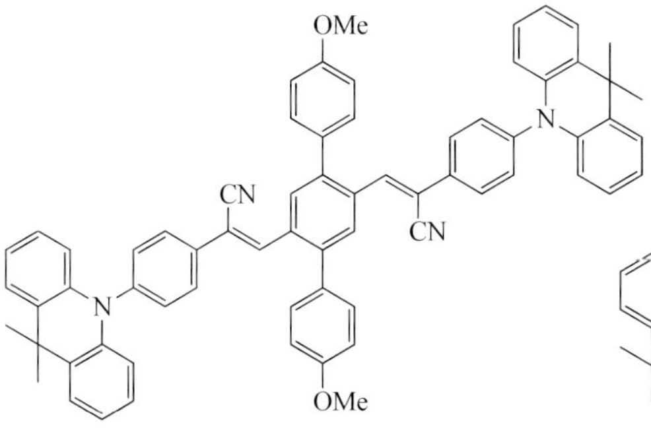

45 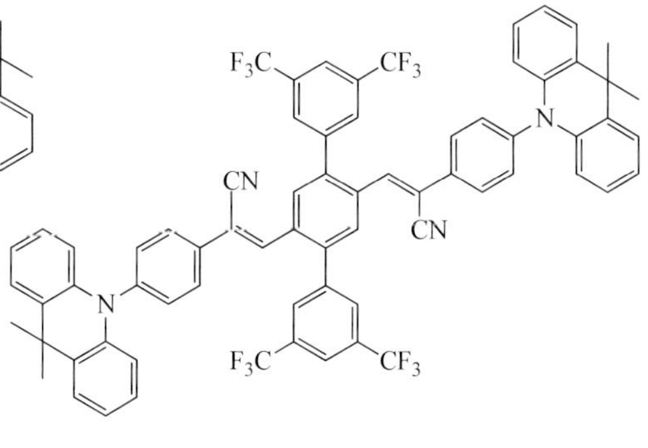　　46

Liu 等[45]继续设计并合成了带有电子给体咔唑基团和电子受体二氰基乙烯基苯片段的 D-A 型十字形结构发光分子 **47**，其发射波长受到溶剂极性的强烈影响，具有显著的 ICT 跃迁过程。**47** 同样具有 AIE 特性，其 AIE 放大因子 α_{AIE}($\alpha_{AIE}=\Phi_{F,aggr}/\Phi_{F,soln}$，其中 $\Phi_{F,aggr}$ 表示聚集态荧光量子产率，$\Phi_{F,soln}$ 表示溶液荧光量子产率)高达 405，固态荧光量子产率达到 81%。**47** 表现出显著的力刺激发光变色响应性能。研磨原始样品时，**47** 发射从蓝色区域（$\lambda_{em}=566$ nm）红移 32 nm 到橙色区域（$\lambda_{em}=598$ nm）。研磨诱导的荧光发射变化可用溶剂熏蒸加以恢复，并通过研磨再次发生，表明其变化具有良好的可逆性。PXRD 分析揭示出 **47** 的力刺激发光变色响应机理归因于原始状态和研磨状态之间的晶态与非晶态相变。而研磨后光致发光光谱的红移源自分子构象平面化及随后的 PICT 过程引起的分子共轭程度的扩展。

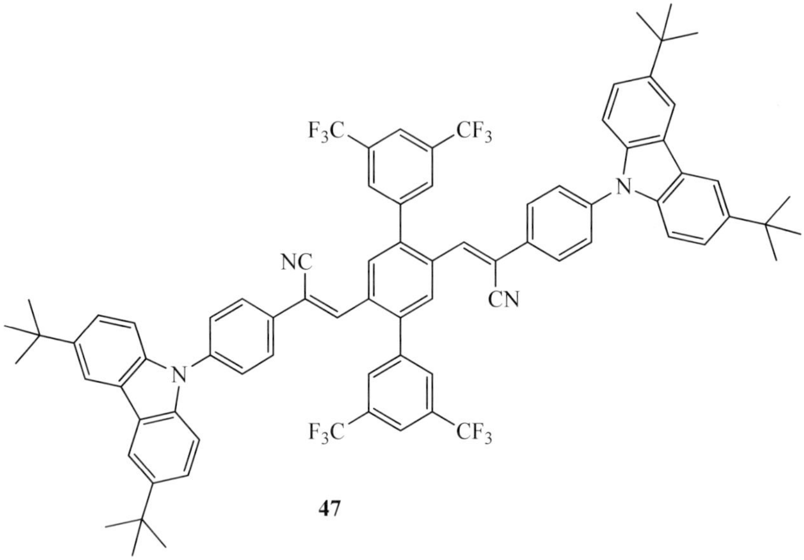

47

3.3.2 二苯基丙烯腈衍生物

Zhang 等[46]设计并合成了两种异构体 **48** 和 **49**，包括扭曲的三苯基胺和氰基二苯乙烯。**48** 具有荧光量子产率为 44.9%的天蓝色荧光发射［图 3-15（a）］，**49** 则具有荧光量子产率为 7.7%的绿色发射［图 3-15（b）］。单晶 X 射线衍射结果表明，不同的荧光量子产率是由 **48**（平面）和 **49**（扭曲）的分子构象和堆积模式的差异造成的。研磨晶体 **48** 后，天蓝色晶体变成绿色发射固体，在 60℃下加热 2 min 后恢复到原始状态，表现出可逆的力刺激发光变色响应和热致发光变色转换行为。PXRD 结果表明，晶态到非晶态的相变是力刺激发光变色响应和热致发光变色转换行为产生的原因。除了光物理性质，在它们的单晶中还观察到不同的分子堆积情况。含有一个离散分子的 **48** 的晶体结构是带有 $P2_1/c$ 空间点群的单斜晶系，在 *bc* 平面上形成了具有边-面相互作用的二维结构非手性“风车”型图案。氰基二苯乙烯良好的共面性，并且在晶体中不存在面对面的 π-π 相互作用，可以获得高荧光量子产率。在“风车”形的堆叠图案中，图 3-15（c）展示了两个相邻分子之间 C—H…N 相互作用的存在，距离大于 2.75 Å 的范德瓦耳斯半径，同时还观察到距离为 2.507 Å、角度为 151.7°的强 C—H…O 相互作用。另一方面，**49** 单晶属于 $P\bar{1}$ 三斜晶系空间群，其晶胞包含两个 **49** 分子，晶体中存在一个滑移角为 58.7°的面对面滑移 π-π 堆积结构。值得注意的是，**49** 的 C—H…N 距离为 2.54 Å，完全在范德瓦耳斯半径之和范围内［图 3-15（d）］。此外，还可以观察到两种类型的芳香族 C—H…π 相互作用［Ⅰ和Ⅱ，图 3-15（d）］，这使得扭曲的三苯胺相邻分子可以相互靠近。然而，这种芳香性的 C—H…π 和 C—H…N 相互作用在 **48** 的晶体中是不存在的。这些不同的多重二级键相互作用赋予晶体中 **49** 分子具有更强的分子刚性和稳定性，这可从 **48**（熔点 m.p. 131.2℃）比 **49**（m.p. 139.7℃）具有更低的熔点得以证实。此外，与平行堆叠相比，带有“风车”图案（边对面）的 **48** 单晶相当不稳定。简而言之，不存在各种二次键合相互作用，力刺激可以很容易地破坏 **48** 的晶体，导致发光体 **48** 而不是 **49** 具有力刺激发光变色响应特性。最近，Zhang 等[47]继续报道了分子 **49** 的类似化合物 **50**，其分子结构包含扭曲的三苯基胺和氰基二苯乙烯基团。通过在金刚石压砧中对 **50** 晶体施加静水压力，其发光颜色从浅绿色（530 nm）转变为红色（665 nm），具有 135 nm 的光谱红移。粉末 X 射线衍射和高压拉曼光谱研究表明，原始样品和研磨样品均具有相同的晶体结构，而压缩样品的分子间相互作用则发生了明显的变化。对比实验和理论分析进一步证实，这些化合物独特的力刺激发光变色响应行为与其晶体中相邻分子之间存在的各种分子间相互作用密切相关。

48　　**49**

50

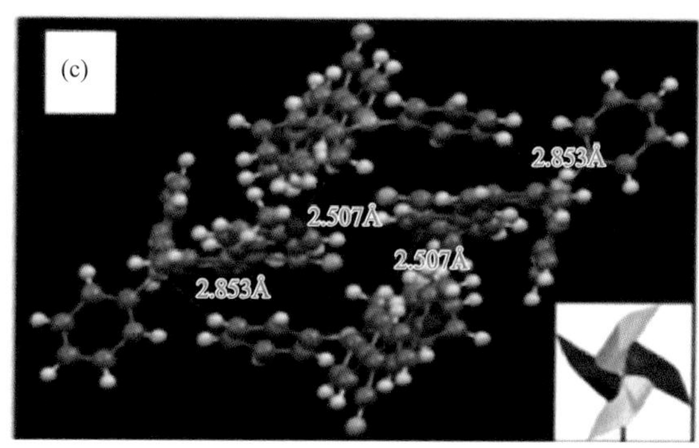

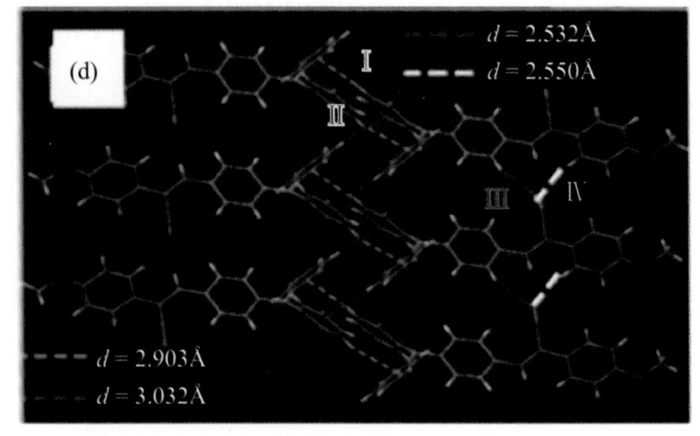

图 3-15　化合物 48（a）和 49（b）在紫外灯照射下的晶体发光图片（λ_{ex} = 365 nm）；化合物 48（c）和 49（d）的分子堆积结构及次级键相互作用

Wang 等[48]合成了具有 D-A 型电子结构的化合物 **51**。这个发光分子对于各种环境刺激，如机械力、有机蒸气、热、酸和碱，均展现出明显的荧光转换现象（图 3-16）。通过研磨和加热处理，其荧光颜色在橙红色和黄色之间转变。PXRD 测量证实，原始样品具有良好有序的微晶状结构，在研磨后转变成非晶相，说明力刺激发光变色响应是由固态中的分子堆积变化造成的。当用三氟乙酸（TFA）蒸气熏蒸样品时，升华或加热处理的样品荧光发射颜色从最初的橙色转变为蓝色，而该过程可通过三乙胺（NEt_3）蒸气熏蒸处理恢复。发光分子 **51** 的氯仿溶液在室温下几乎没有荧光，但在冷冻条件（77 K）下具有强的黄绿色发光。加入 TFA 后，由于质子化效应，溶液变为弱的绿色发光。

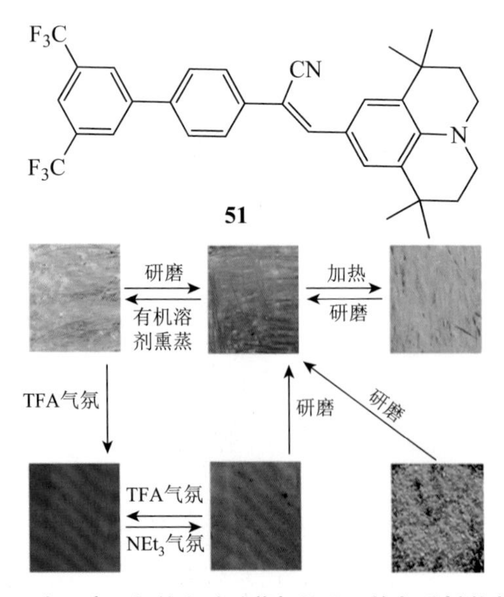

图 3-16　化合物 51 在研磨、加热和酸碱蒸气处理下的多重刺激发光变色响应行为

Zhang 等[49]报道了一系列氰基二苯乙烯衍生物，在乙醇中重结晶得到一种浅蓝色的发色粉末 **52**，具有微弱的发光（λ_{em} = 498 nm，Φ_{PL}＜0.1%）。短暂研磨后，研磨粉末发射绿色荧光，λ_{em} 为 512 nm，Φ_{PL} 为 24.1%，表明 **52** 样品具有力刺激发光变色响应性能。发光体 **53** 也具有外力诱导的荧光发射变化，其绿色发光（531 nm）在样品研磨后变成黄绿色（542 nm）。发光体 **52** 晶体的激发态具有单指数衰减特征（寿命 τ = 20.8 ns），而研磨样品呈现双指数衰减特征，寿命也缩短至 4.0 ns。根据晶态的长寿命和低 Φ_F，他们认为激子的形成是由强偶极-偶极相互作用或/和有效的分子间 π 堆积引起的。由于外力刺激作用破坏了分子间的 π-π 相互作用，与晶态相比，发光分子 **52** 的非晶态具有更长波长的发光峰和更高的 Φ_{PL} 值。一般，λ_{em} 的红移与激基缔合物的形成有关，而研磨后荧光寿命的缩短与激基缔合物的特性没有直接关系。Zhang 等[50]通过光物理、单晶结构分析，认为晶相和非晶相之间的相变解释了化合物 **52** 在力作用下荧光强度的变化。对于原始 H 型（头尾）堆叠的晶体粉末（图 3-17），荧光被激基缔合物耦合作用所猝灭。在外界力刺激下，有序结构被破坏，分子间相互作用减弱，导致荧光强度明显增强。这种利用具有多种可变相互作用的“H-聚集体分子”设计高对比度刺激响应材料应该是一个比较可行的途径。

N　OCH$_3$　CN

52

N　CN　N

53

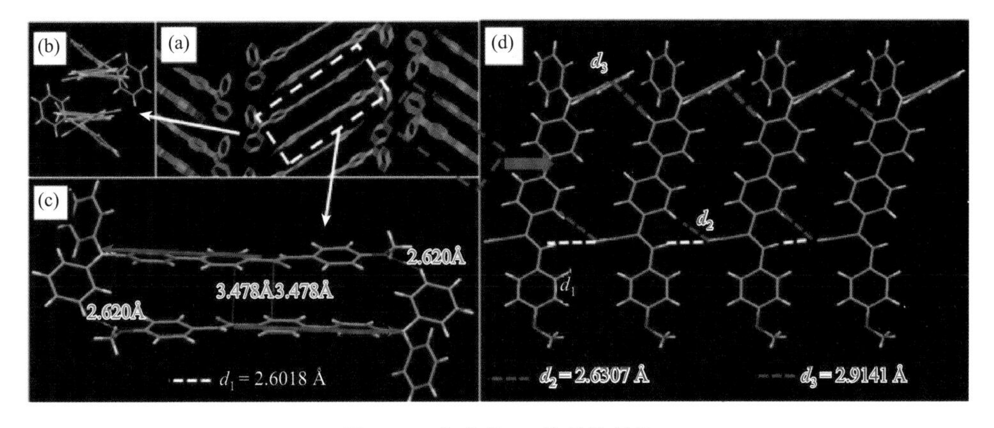

图 3-17　化合物 52 的晶体结构

（a）反平行偶极排列的侧视图；（b）沿着分子短轴的反平行排列视图；（c）沿着分子长轴的反平行排列视图和 C—H···O 氢键相互作用图示；（d）俯视图及 C—H···π 和 C—H···N 氢键相互作用图示

Zhang 等[51]研究了一种高荧光量子产率（Φ_{PL} = 82.6%）的 D-A 结构氰基 OPV 衍生物 **54**。该化合物展现出对外力研磨和静水压力的不同光物理响应特性。研磨后，原来的绿色发光变成了黄绿色发光，光谱红移了 26 nm。相反，在静水高压下，发光颜色转变为深红色，产生了 146 nm 的光谱红移。更重要的是，发射峰在 10 GPa 的压力范围内与静水压力呈线性关系。原位拉曼光谱证实，在较高的静水压力下，由于堆积紧密，分子间的相互作用明显增强，从而产生光谱红移和荧光强度降低。这些结果不仅有助于理解 D-A 结构分子中激发态与高荧光量子产率之间的关系，而且也为研究人员探索比率型压力传感器材料提供了参考。

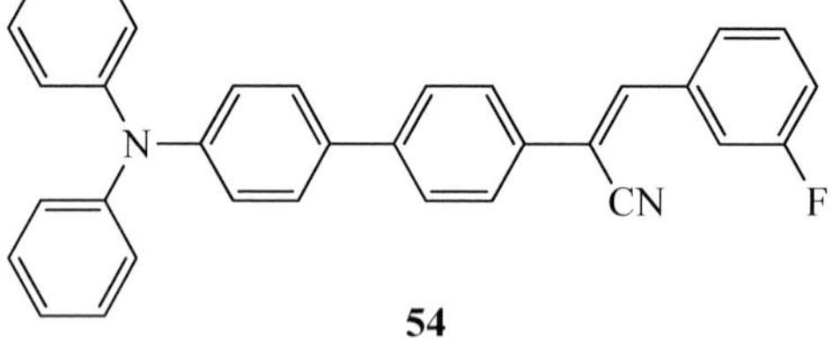

N CN F

54

Ma 等[52]报道了三个烷基吩噻嗪基苯基丙烯腈衍生物 **55**、**56** 和 **57**，其分子结构中分别引入氟、氯和溴作为卤素端基。这三个化合物都表现出明显的扭曲分子内电荷转移（TICT）和 AIE 特征。卤素效应使化合物具有不同的电子 D-A 行为和不同的力刺激发光变色响应性能。氟取代化合物 **55** 表现出可逆的力刺激发光变色响应特性，而氯取代化合物 **56** 和溴取代化合物 **57** 几乎没有力刺激发光变色响应特性。研究结果表明，研磨后的力致荧光红移是由晶态向非晶态的相变引起的。

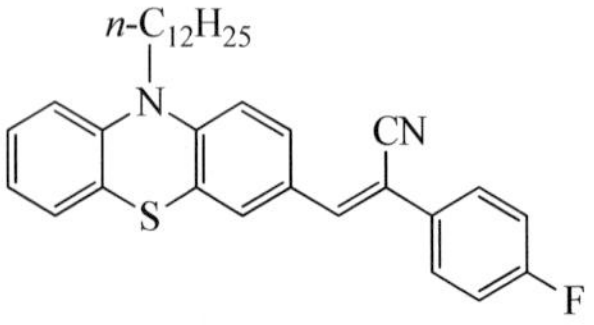

n-$C_{12}H_{25}$ N S CN F　　n-$C_{12}H_{25}$ N S CN Cl　　n-$C_{12}H_{25}$ N S CN Br

55 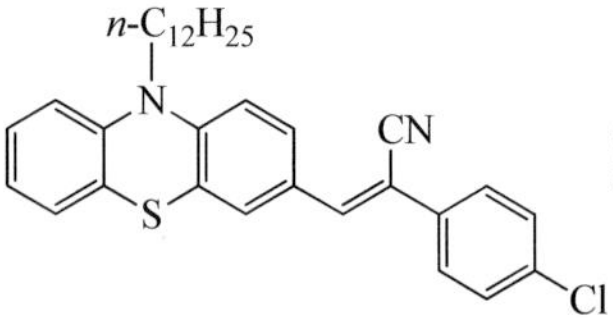　　**56** 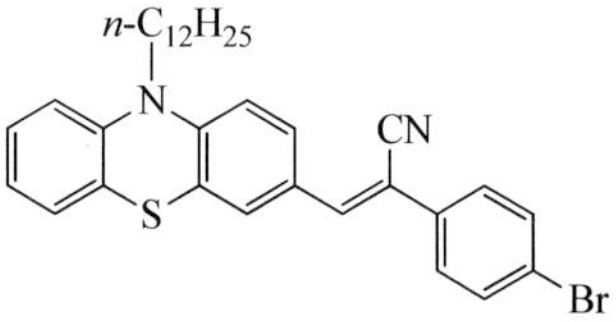　　**57**

Ma 等[53]继续开展相关研究，报道了四个类似化合物 **55**、**58**、**59** 和 **60**，它们的烷基链长度各不相同。这些化合物均具有明显的 AIE 活性，力刺激发光变色响应性质与烷基链长度有关。丙基链取代的化合物 **58** 和十二烷基链取代的化合物 **55** 比己基链取代的化合物 **59** 和癸基链取代的化合物 **60** 具有更明显并且可逆的力刺激发光变色响应行为。根据小角和广角 X 射线衍射测试结果，**58** 和 **55** 的力刺激发光变色响应行为源于晶态和非晶态之间的相变。差示扫描量热法（DSC）分析结果表明，研磨后 **59** 的晶型变化不大，这应该是该化合物样品力刺激发光变色响应不明显的原因。

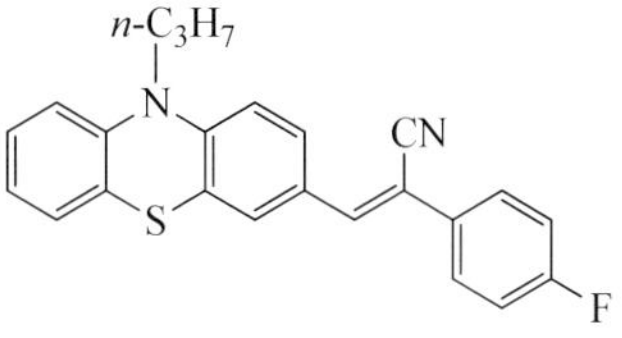

58 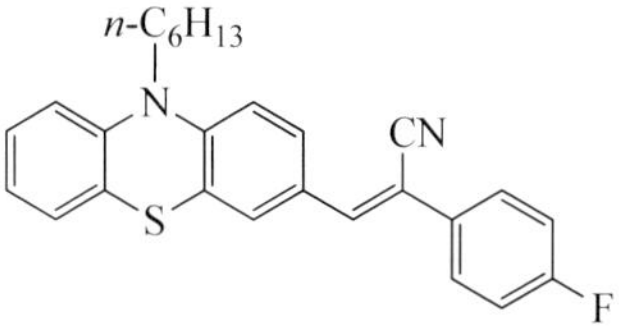　　**59** 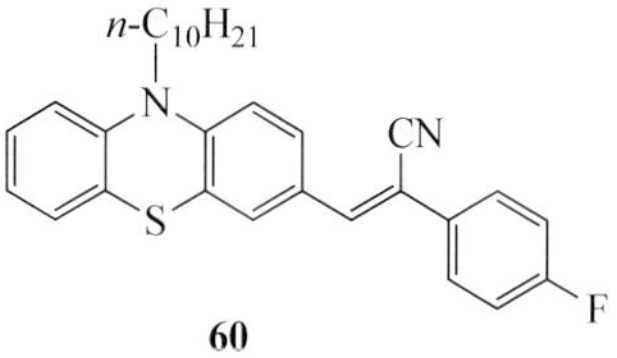　　**60**

Ma 等[54]报道了三个烷基吩噻嗪四苯乙基丙烯腈衍生物 **61**、**62** 和 **63**，其中的烷基具有不同长度，分别为—C_3H_7、—C_6H_{13} 和—$C_{12}H_{25}$。这三个衍生物都表现出明显的 TICT 和 AIE 性质，但却表现出不同的力刺激发光变色响应性质。化合物 **61** 表现出明显的力刺激发光变色响应特征，而化合物 **62** 和 **63** 中几乎没有观察到力刺激发光变色响应现象。根据 X 射线衍射、时间分辨发射-衰减行为和 DSC 结果可知，化合物 **61** 的力刺激发光变色响应机理是由于晶态向非晶态的相变，并显著提高了荧光平均寿命。而化合物 **62** 和 **63** 的原始样品处于非晶态，研磨后的聚集态和平均荧光寿命没有发生变化，这可能是由化合物中长烷基的空间位阻效应引起的。

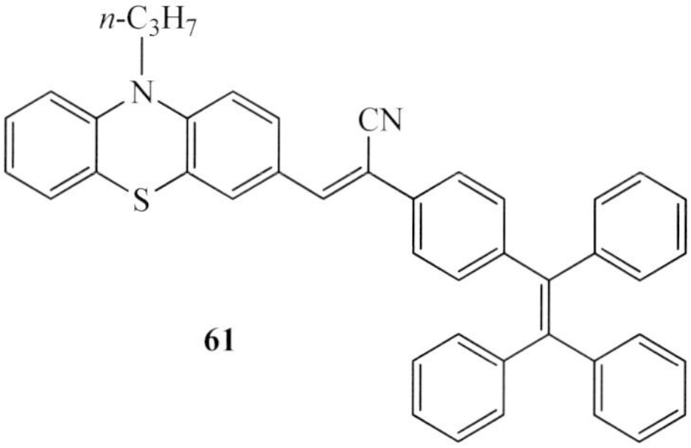

61 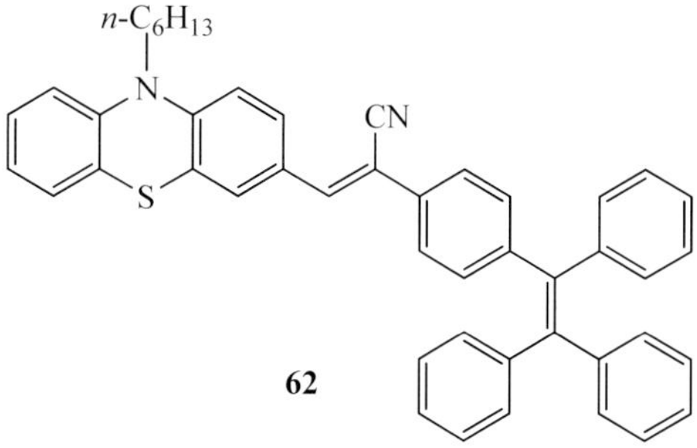　　**62**

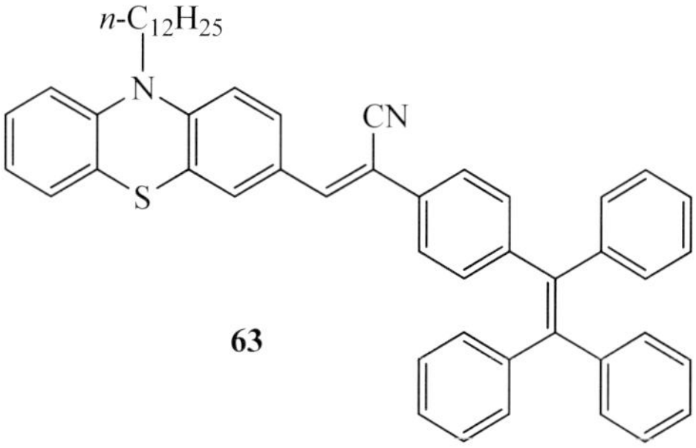

63

Yang 等[55]报道了三个由氰基二苯乙烯功能化的四苯基咪唑衍生物 **64**～**66**。通过将典型 AIE 荧光基团和螺旋桨形状的四苯基咪唑单元结合到同一分子中，实现了两者不同功能的集成。由于分子内强烈的电荷转移，化合物表现出明显的溶致发光变色效应。与化合物 **65** 和 **66** 相比，研磨后化合物 **64** 的发射峰红移了 31 nm

（从 519 nm 到 550 nm）。根据 PXRD 和晶体结构分析结果，光谱红移是晶体结构被破坏，使分子构象平面化或共轭程度增加引起的。

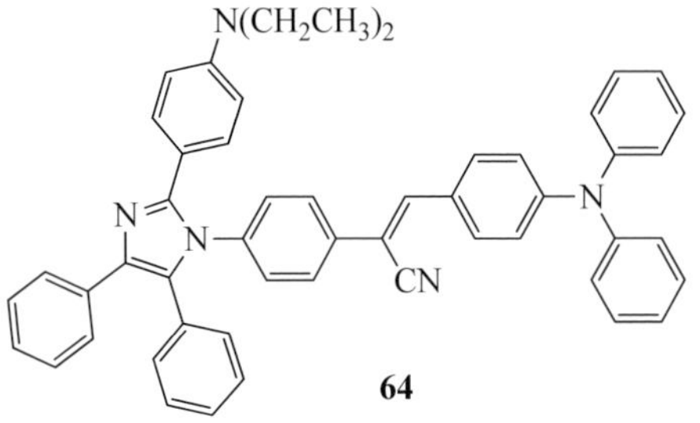

$N(CH_2CH_3)_2$ HO CN N N N

64 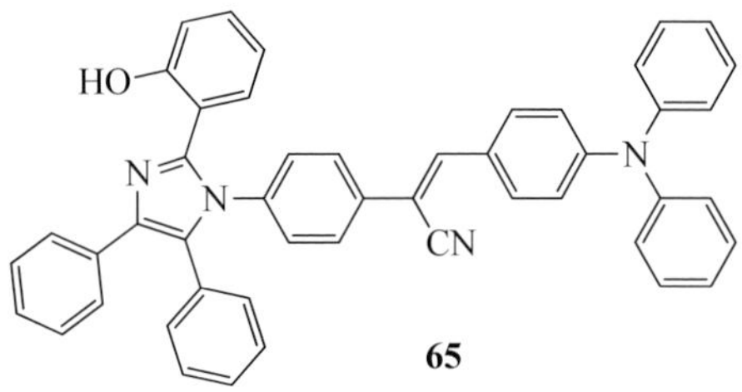 **65**

$N(CH_2CH_3)_2$ HO CN N N N

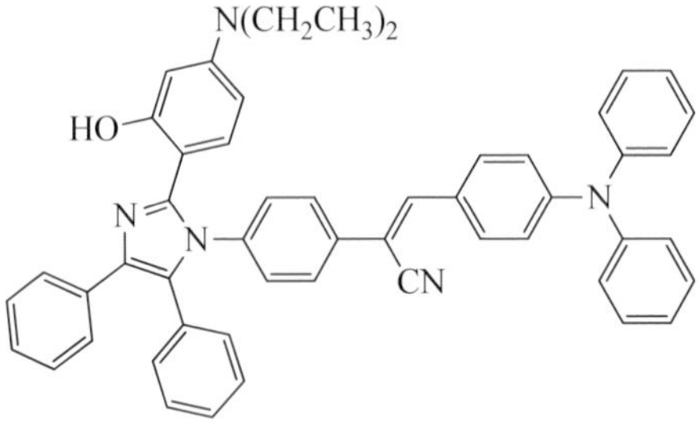

66

Zhang 等[56]报道了一种 D-π-A 结构的三苯胺功能化苯并咪唑衍生物 **67**，它呈现出多刺激响应荧光行为。首先，当溶剂由非极性正己烷改为极性二甲基亚砜时，**67** 的发光颜色由绿色变为橙色，表现出明显的溶致发光变色效应。然后，**67** 原始样品的黄色发射在研磨后转变为橙色发射，而用甲醇蒸气熏蒸研磨的粉末可以恢复原来的黄色发射，这表明力刺激发光变色响应行为是可逆的。XRD 和 DSC 数据证明了力刺激发光变色响应可逆性的原因是固态中不同的分子堆积方式导致了晶态和非晶态之间的可逆转变。最后，在 TFA 处理下，化合物 **67** 在溶液和薄膜中的荧光都会被大大猝灭，表现出明显的酸诱导荧光猝灭效应。

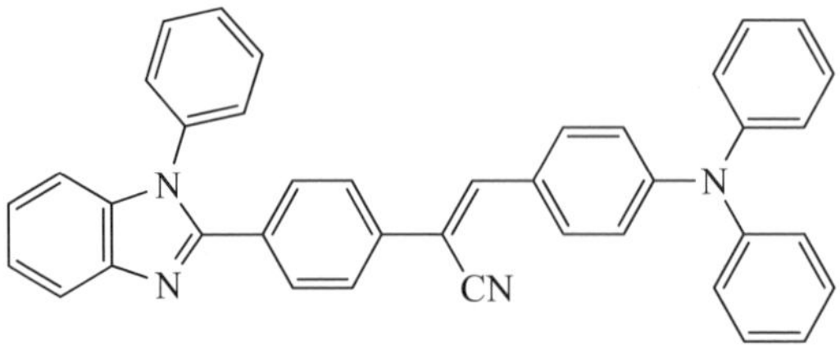

N N CN N

67

2016 年，Wang 等[57]报道了 5 个含有咔唑基团的扭曲结构 D-π-A 氰基二苯乙烯衍生物。这些化合物具有典型的 ICT、AIE 和结晶诱导发光增强（CIEE）特性。其中氢取代（**68**）、甲基取代（**71**）和氯取代（**72**）的衍生物具有显著的可逆力刺激发光变色响应特征，发光位移可达 119 nm，而甲氧基取代（**69**）和硝基取代（**70**）的衍生物则没有力刺激发光变色响应特征，具有较强的结晶性。根据 X 射线衍射晶体结构分析，AIE、CIEE 和力刺激发光变色响应行为与定子-转子结构、扭曲分子构象和晶体堆积方式有关。更重要的是，通过简单地改变电子受体和给体基团，分子发光可从蓝色变为橙色，因此氰基二苯乙烯衍生物的取代效应可为设计具有 AIE 和力刺激发光变色响应性能的全色光电材料提供一条有效的途径。

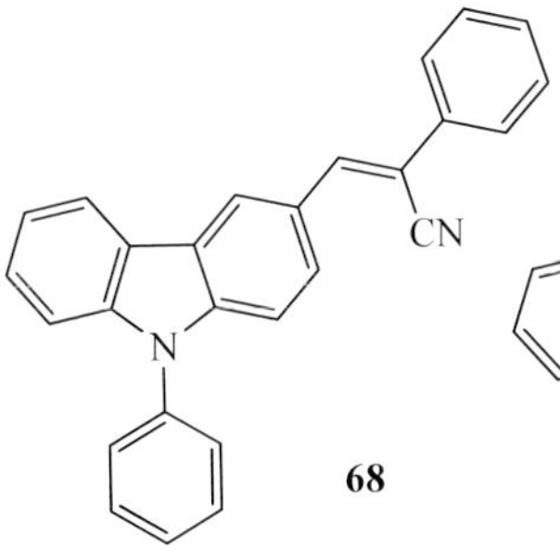

CN **68**　OCH_3 CN **69**　NO_2 CN **70**

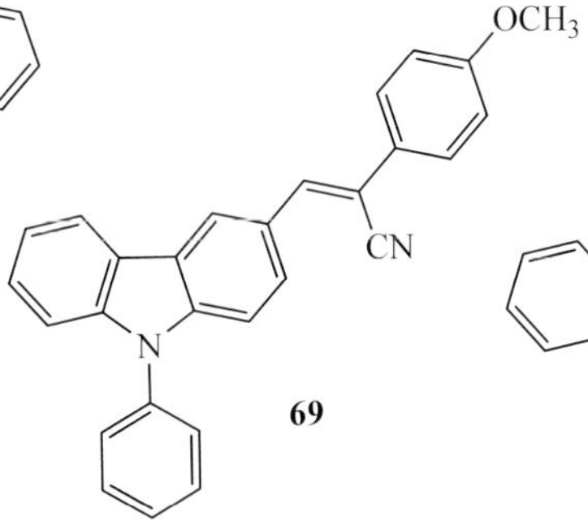

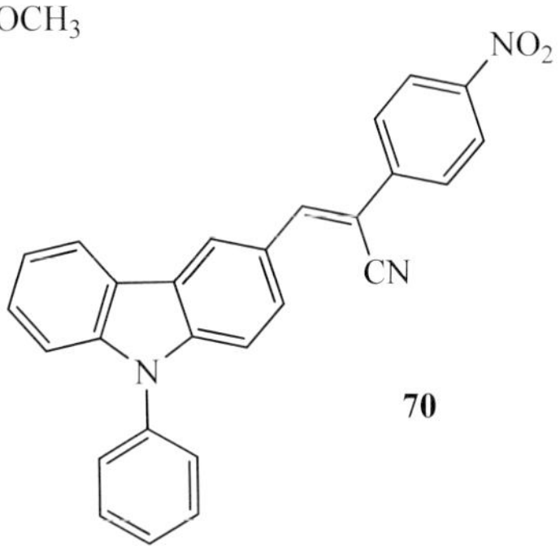

CH_3 CN **71**　Cl CN **72**

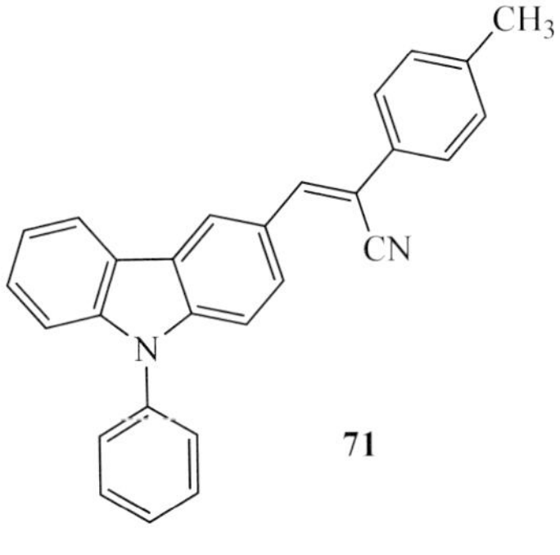

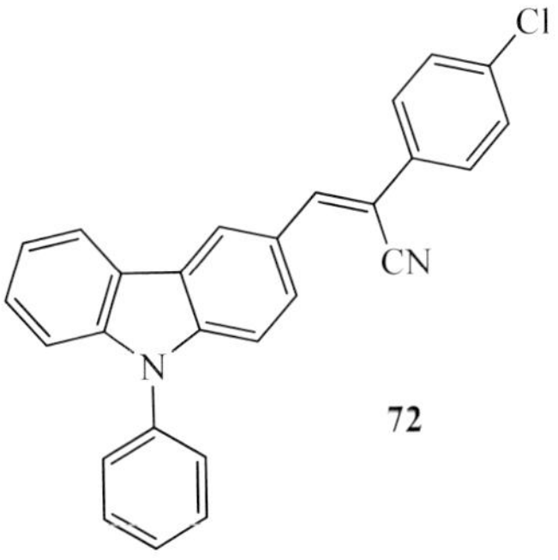

Xue 等[58]报道了化合物 **73**，其分子结构中结合了含苯并噁唑的荧光基团和氰基单元，以实现对酸蒸气和机械力的双重响应。加入 TFA 后，化合物 **73** 的稀溶液对酸刺激有明显响应，光谱从 472 nm 红移到 535 nm。此外，该衍生物可以在凝胶相中自组装成纳米纤维，其荧光对 TFA 蒸气同样具有很高的敏感度。当暴露在酸性蒸气中时，干凝胶薄膜的荧光颜色逐渐由黄色变为橙红色，并且对 TFA 的检测限低至 70 ppb（$1\ \text{ppb} = 10^{-9}$）。在机械力和溶剂退火的刺激下，固体的发光颜

色可以可逆调节。紫外-可见吸收光谱和傅里叶变换红外光谱研究表明，在机械力作用下，分子间的氢键和原始的 π-π 相互作用被破坏，导致荧光颜色发生变化。

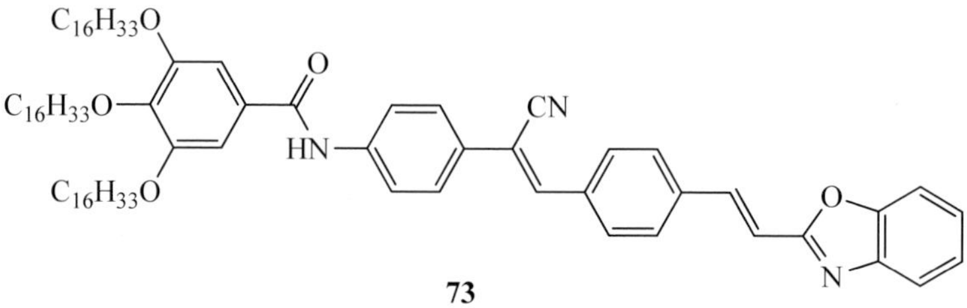

73

Kondo 等[59]成功地在酸性配合物 **74** 和 **75** 中实现了力刺激发光变色响应行为。该配合物具有液晶性和力刺激发光变色响应特性。配合物的荧光光谱和弥散光谱发生了变化，当加热到熔点以上时，这些变化恢复到原始状态，表明酸性配合物在保持力刺激发光变色响应的同时改变了其发光性质。研磨后的发射峰从 545 nm 变为 575 nm。

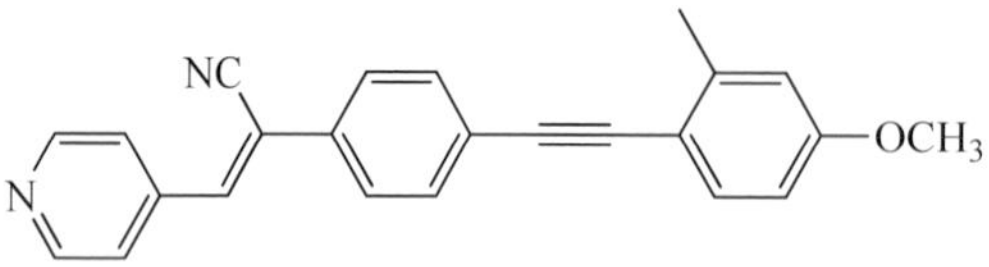

74 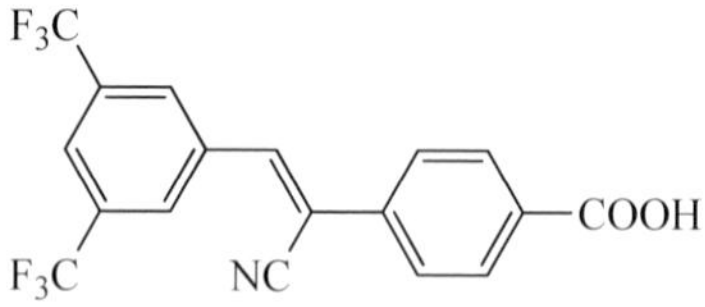 **75**

Kondo 等[60]将液晶发光化合物掺杂到具有发光侧基的液晶聚甲基丙烯酸甲酯中，会在机械研磨和热退火时引起发光波长的重复变化。由于 **76** 薄膜的发射光谱和 **77** 粉末的吸收光谱相互重叠，因此有望实现有效的福斯特能量传递。通过旋涂含有 **76** 和 **77** 的混合溶液可以制备复合薄膜。在原始状态下，含 50 wt% **77** 的 **76/77** 复合聚合物薄膜的 PL 光谱与原始的 **76** 相比发生了红移。该薄膜几乎透明均匀。当掺杂薄膜在 165℃（低于 **77** 的熔点）退火时，观察到由于形成了激基复合物，PL 光谱发生蓝移。此外，退火后复合薄膜的表面形貌略变粗糙。研磨后，薄膜的最大发射波长位于 558 nm，然后第二次退火后恢复到 545 nm。另外，这种复合薄膜还能够固定写入的 2D 图像（图 3-18）。结果表明，该复合薄膜的液晶特性对偏振力刺激发光变色响应的方向选择性起着重要作用。PL 的力诱导变化和热恢复可以重复进行。但是随着退火次数的增加，蓝移逐渐增加，而在第 7 次研磨后没有明显变化，这是由于反复退火和磨削过程中损失了部分 **77**。相反，在含有 1 wt% **77** 的复合薄膜情况下，退火后光谱发生了位移，但没有表现出力刺激发光变色响应的变化。

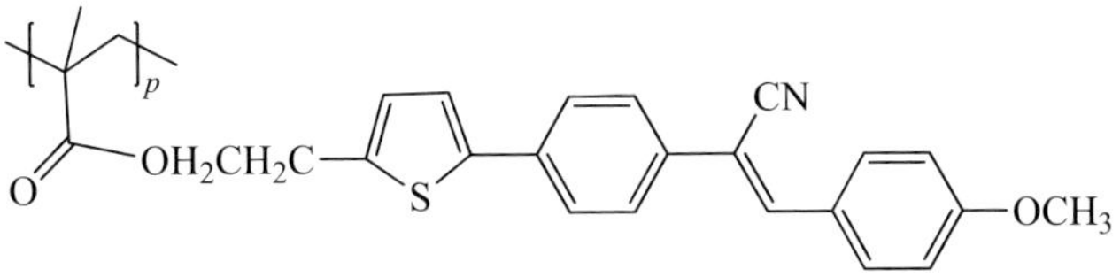

76

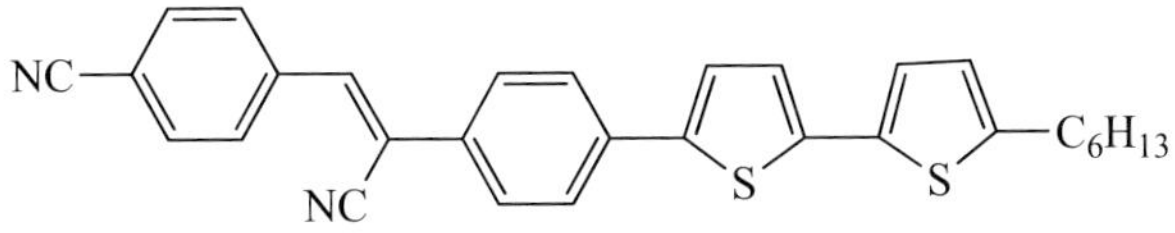

77

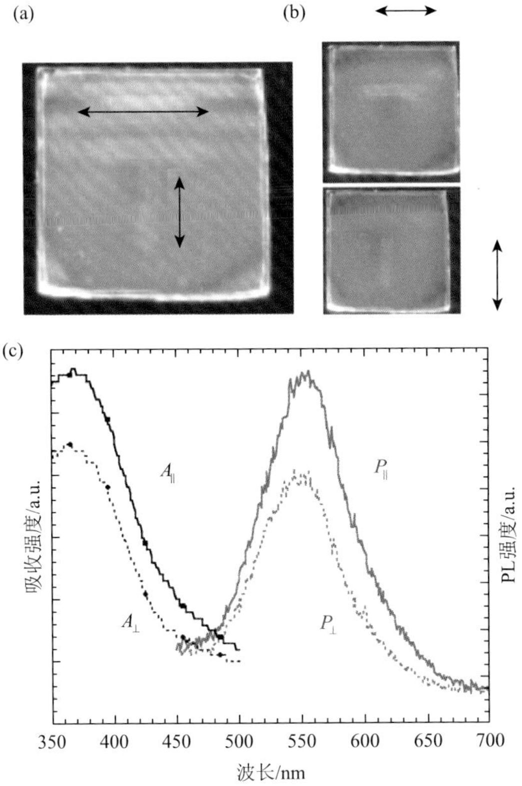

(a) (b)

(c)

图 3-18　（a）定向研磨之后复合薄膜的图案化光发射的照片；（b）使用线性偏振器获得的照片；（c）研磨薄膜的偏振 PL 光谱（灰色）和吸收光谱（黑色），*A* 表示吸收强度，*P* 表示发光强度

Xue 等[61]用琥珀酰基和戊二酰基与 *n*-十二烷基-L-苯丙氨酰胺结合，合成了两个氰基苯乙烯基蒽衍生物 **78** 和 **79**。结果发现，这两个化合物表现出优良的 AIE 性能，尽管它们的分子结构仅仅只有一个亚甲基的差异，但凝胶化和力刺激发光变色响应行为是不同的。这两个化合物在某些溶剂中能形成凝胶，如邻二

氯苯、正辛烷、均三甲苯、氯苯、乙酰苯等，并具有凝胶诱导的发光增强。凝胶的圆二色光谱表明，两种凝胶相中发色基团堆叠成手性聚集体。此外，**79** 比 **78** 具有更好的凝胶形成能力，在相同浓度的邻二氯苯中，**78** 的凝胶-溶胶相变温度（T_{gel}）比 **79** 的要高。紫外-可见吸收光谱和傅里叶变换红外光谱表明，**79** 凝胶中芳香酰胺基团之间的氢键与 π-π 相互作用强于 **78** 凝胶。在施加机械力后，固体 **79** 没有改变其发光颜色。有趣的是，**78** 表现出显著的力刺激发光变色响应性能。**78** 具有蓝绿色荧光，研磨后发光变成黄色。因此，一个亚甲基的差异对凝胶化能力和力刺激发光变色响应均有显著影响。

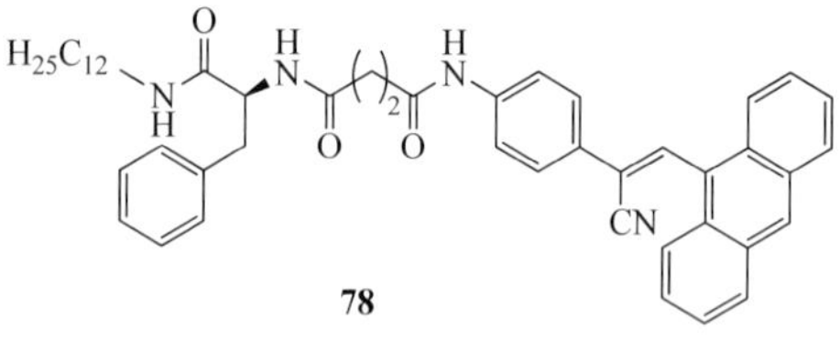

78 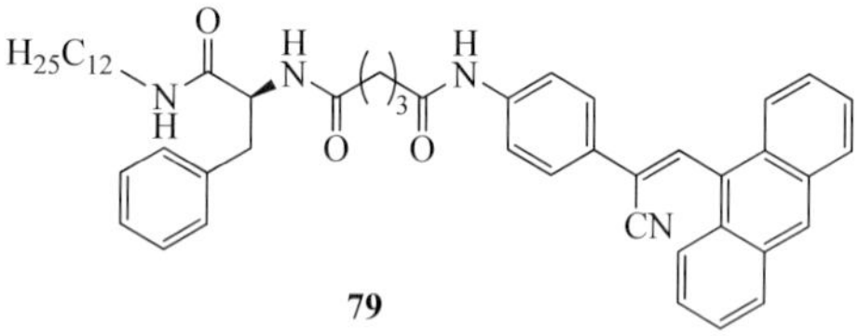 **79**

Zhou 等[62]设计并合成了两个具有 AIE 行为的探针 **80** 和 **81**。**80** 可直接识别水中的 Cu^{2+}，具有高选择性和特异性，**81** 则可以在乙腈中通过肉眼分辨出 Cu^{2+}。此外，具有 AIE 性质的 **80** 和 **81** 可应用于生物成像。同时，**80** 具有明显的力刺激发光变色响应特性（研磨后发光从红色变为深黄色），其力刺激发光变色响应机理可归因于结晶-非晶相变。然而，**81** 则没有力刺激发光变色响应性质。与 XRD 数据对比发现，**81** 研磨前后几乎没有强而尖锐的衍射峰，一直是非晶状态，这就是 **81** 不具有力刺激发光变色响应性质的原因。也就是说，力刺激发光变色响应化合物需要相对稳定的结晶状态。

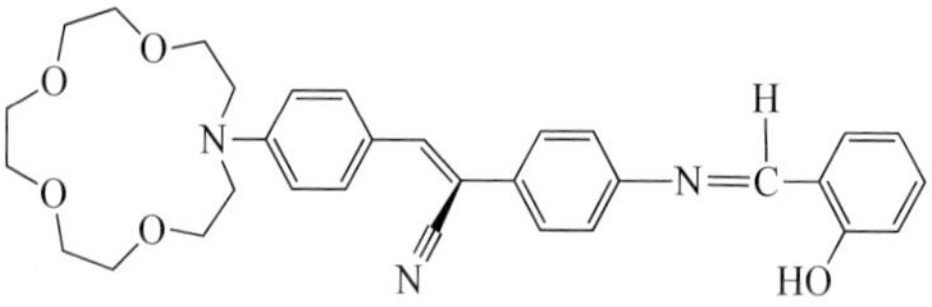

80 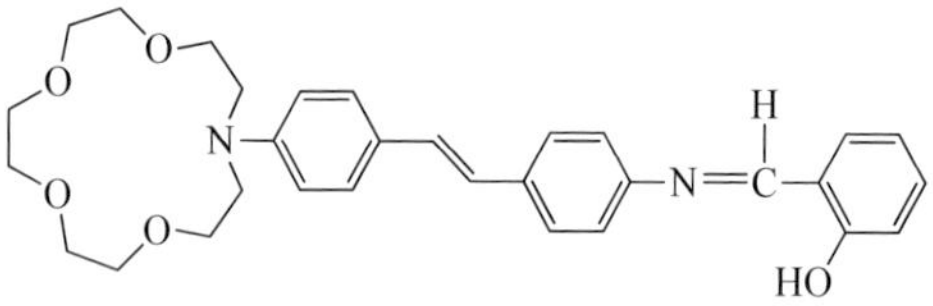 **81**

Panda 等[63]报道了一种合成简单的 D-A 型有机固态发光材料 **82**，它在力刺激下显示出独特的荧光转换性质。化合物 **82** 的橙色和黄色发光晶体对外力刺激具有不寻常的“来回”荧光响应。橙色或黄色发光晶体的轻柔压碎（温和压力）会导致向蓝绿色发光（λ_{em} = 498～501 nm）的蓝移，具有较大的波长偏移（$\Delta\lambda_{em}$ = –71～–96 nm），而进一步研磨会导致红移到绿色发光粉末（λ_{em} = 540～550 nm，$\Delta\lambda_{em}$ = 40～58 nm）。单晶 X 射线衍射研究表明，分子是通过弱相互作用堆积起来的，如 C—H···π、C—H···N 和 C—H···F 等作用，这有助于晶体中的分子间电荷转移。在结构、光谱和形态学研究的帮助下，确定了分子间和分子内电荷转移之间的相互作用，是造成这种多变的力刺激发光变色响应性质的原因。在所有这些实验观察的基础上，他们提出了一种具有独特力刺激发光变色响应性质的橙色晶体和黄色晶体的机理模型（图 3-19）。晶体的黄色或橙色发光由促进分子间电荷转移相互作用的长程有序支配。温和的压力刺激通过弱分子间相互作用的重新分配来改变分子取向。这导致形成空间拥挤的亚稳态，其中非辐射衰减受到限制，因此表现出蓝移的青色发光。研磨压力的进一步增加（研磨绿色发光膜）导致分子的随机化和长程有序的减少，从而产生显著的单分子 ICT 绿色发光。此外，该研究还表明该材料可以用作有害氯气的固态传感器。

82

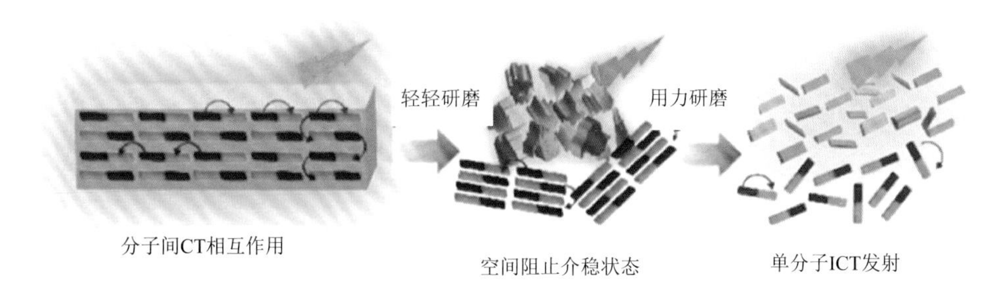

图 3-19　研磨过程中不同阶段 D-A 分子的超分子重排的可能机理

图中颜色代表每个阶段的发光颜色

Ghosh 等[64]报道了具有 A-D-A 或 D-A 结构的三芳基硼烷-吩噻嗪-氰基二苯乙烯衍生物。A-D-A 型化合物 **83** 和 D-A 型化合物 **84** 是使用三甲苯基硼和氰基二苯乙烯作为受体，吩噻嗪作为给体合成的。化合物 **83** 具有两种结晶形式（**83**YC 和 **83**RC），分别具有黄色和红色发光，以及一种黄色发光的非晶状态（**83**YA）。**83** 晶体的单晶 X 射线衍射分析清楚地显示了这两种构象异构体的存在。化合物 **85**、**83**YA、**83**YC 和 **83**RC 均具有显著的力刺激发光变色响应行为。例如，化合物 **85** 的荧光颜色在研磨时从绿色（517 nm）变为黄色（552 nm）。**85** 的力刺激发光变色响应特性也从粉末 X 射线衍射（PXRD）研究中得到了证实。PXRD 峰的消失应该归因于化合物 **85** 的非晶转化。用二氯甲烷蒸气熏蒸可以使样品部分恢复为结晶状态。研磨后，**83**YC 和 **83**YA 的荧光从黄色变为红色，这是由分子扭曲构象平面化所导致的。对于 **83**RC 样品，研磨和熏蒸过程中，其荧光光谱几乎不发生变化。**83**RC 样品荧光光谱不变化的原因是，与 **83**YC 晶体中分子构象不同，在 **83**RC 晶体中观察到的是近乎平面的分子构象。通过 PXRD 分析了解荧光基团的力刺激发光变色响应行为可以发现，化合物 **83**YC 和 **83**RC 在 PXRD 中显示出不同的结晶峰，而 **83**YA 则显示出平坦的包状 PXRD 谱线，证明了其非晶性质。研磨后，**83**YA 的 PXRD 谱图变化不大，经溶剂熏蒸处理也没有太大变化，谱图与 **83**RC 相似。在 **83**YC 中，研磨和熏蒸导致其 PXRD 谱图发生较大变化，这可能是由于分子构象的平面化和结晶度的变化（晶体到晶体的相变）。研磨后，**83**RC 的 PXRD 谱图发生相当大的变化，并且在溶剂熏蒸时衍射峰可以部分恢复。尽管三甲苯基硼基团在 **83** 的多晶型物中提供了很大的空间位阻效应，但研磨的主要作用是导致了分子构象的平面化。他们还利用 DSC 分析了多晶型物 **83**YA、**83**YC 和 **83**RC 的稳定性。这三个化合物的相变（熔化）焓分别为–39.44 J/g、–71.86 J/g 和–66.23 J/g。从 DSC 分析可以看出，**83** 的两种结晶形式（**83**YC 和 **83**RC）都比非晶形式（**83**YA）更稳定。通过荧光光谱和 PXRD 分析证明，化合物 **84** 没有表现出任何力刺激发光变色响应性质；从 SXRD 中分析观察，这可能是由于该化合物具有高度平面性的分子构象。化合物 **84** 被用作对照，以验证三甲苯基硼基团的缺失是否会导致晶体形式的任何结构变化。

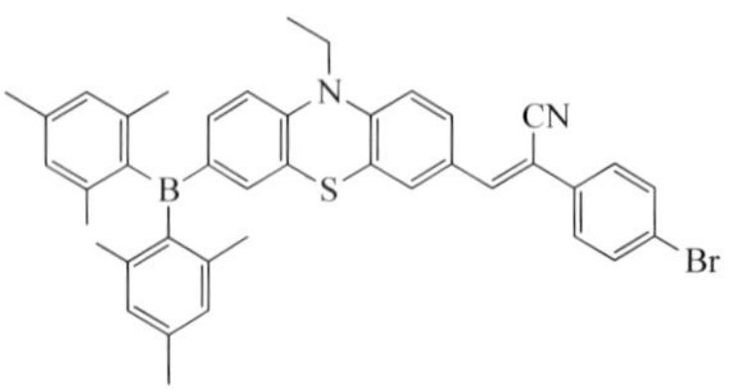

83 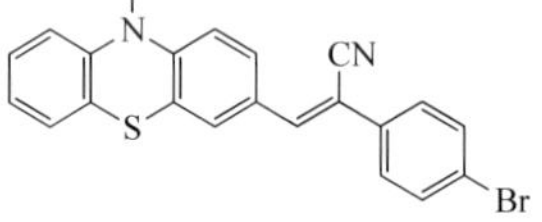 **84** 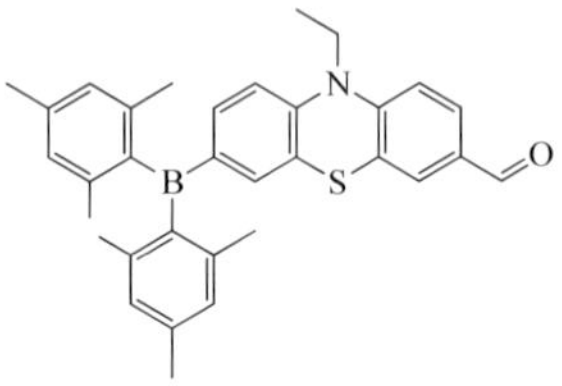 **85**

Yang 等[65]合成了一种含有两个活性氨基的 L 形氰基二苯乙烯衍生物 **86**。该化合物的颜色和荧光发光可以通过力刺激来转换。原始状态的 **86** 是黄色结晶粉末，具有明亮的荧光（λ_{em} = 529 nm），研磨后转变为具有弱橙黄色荧光（λ_{em} = 549 nm）的橙色粉末，在研磨前后发生 20 nm 的光谱红移。当将二氯甲烷滴入研钵时，磨碎粉末立即恢复初始颜色和荧光发光。粉末 X 射线衍射、DSC 和扫描电子显微镜揭示了原始化合物和研磨后化合物之间的晶态-非晶态转变，能够比较合理地解释力刺激发光变色响应特性。此外，**86** 可用于识别 EtOH/H_2O 混合溶液中的三硝基苯酚，检测限为 300 ppb，以及可用作酸/碱的荧光传感器，还可以基于其优良的固体荧光特性应用于白色发光二极管。

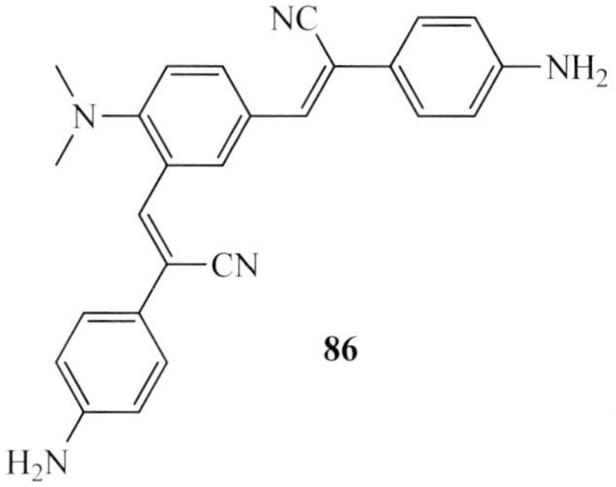

86

Lu 等[66]合成了 D-π-A 型含三苯胺的苯并咪唑、苯并噁唑和苯并噻唑衍生物。研究发现，三苯胺中带有甲基和/或在乙烯基中带有氰基的共轭化合物表现出可逆的力刺激发光变色响应特性：**87** 的发光波峰从 538 nm 移到 535 nm（蓝移），**88** 的发光波峰从 555 nm 移到 542 nm（蓝移），**89** 的发光波峰从 505 nm 移到 516 nm（红移），**90** 的发光波峰从 496 nm 移到 529 nm（红移），**91** 的发光波峰从 527 nm 移到 591 nm（红移），**92** 的发光波峰从 574 nm 移到 611 nm（红移），**93** 的发光波峰从 577 nm 移到 591 nm（红移），**94** 的发光波峰从 586 nm 移到 609 nm（红移）。同时发现，晶体中的有序堆积在研磨时会不同程度破坏，导致它们的固态发光发生变化，这种变化可以通过二氯甲烷蒸气进行熏蒸从而恢复。单晶 X 射线衍射数据表明，氰基形成的氢键和甲基形成的 C—H···π 等分子间相互作用会使分子构象刚性提高，从而导致强的固态发光和力刺激发光变色响应活性。因此，引入氢键等自组装单元有助于力刺激发光变色响应染料的设计。

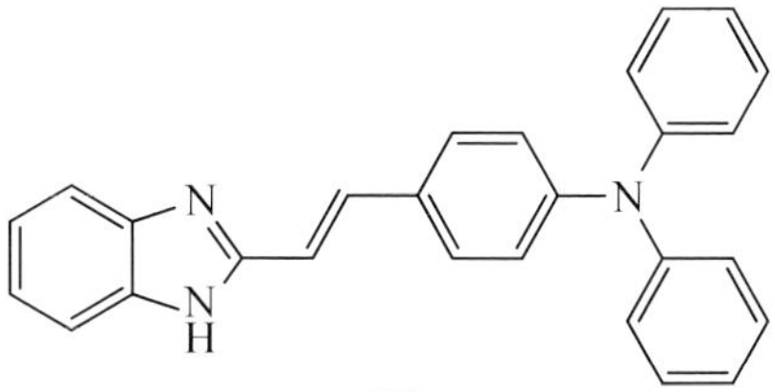

87 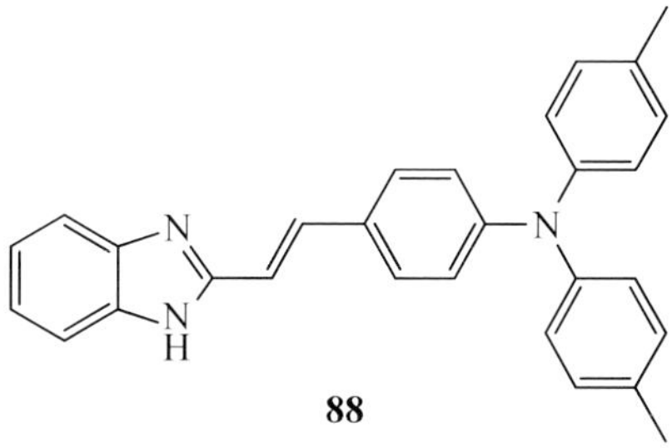　**88**

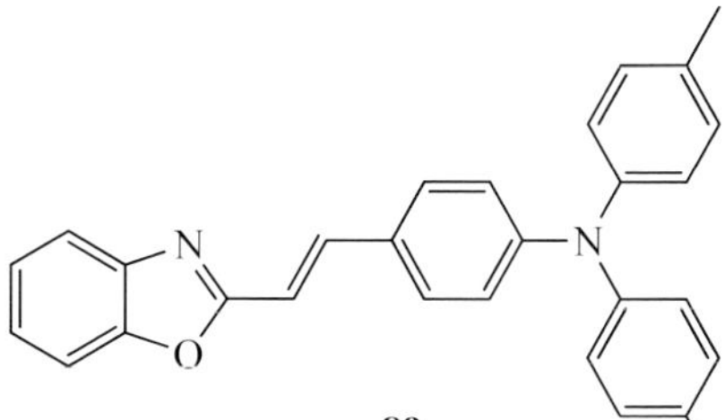

89 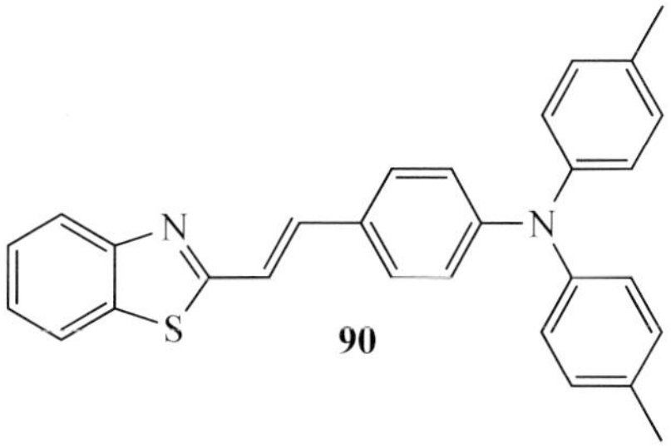　**90**

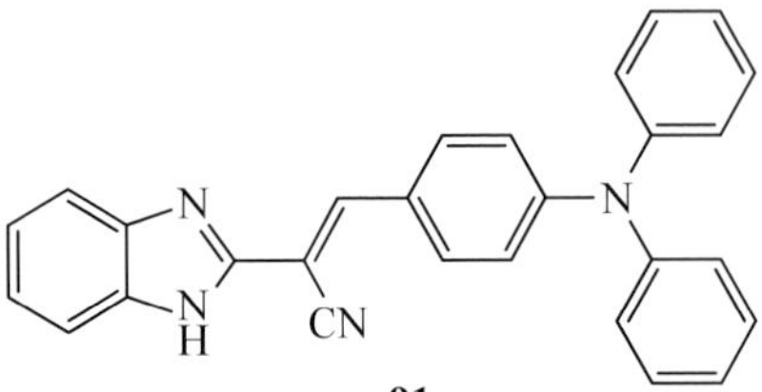

91

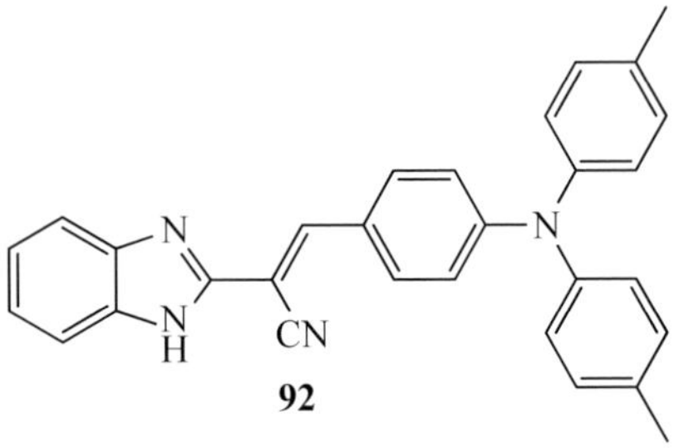

92

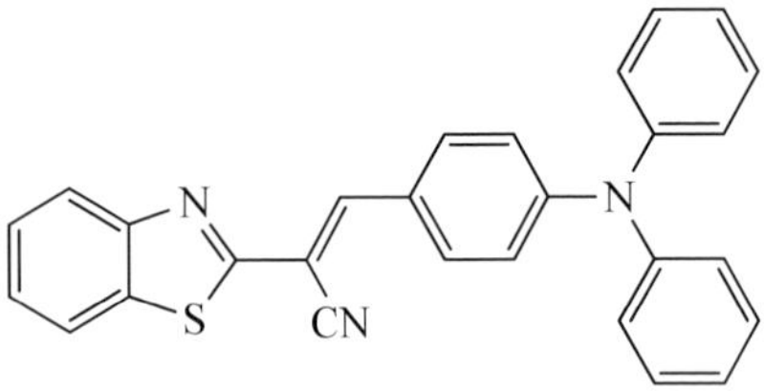

93

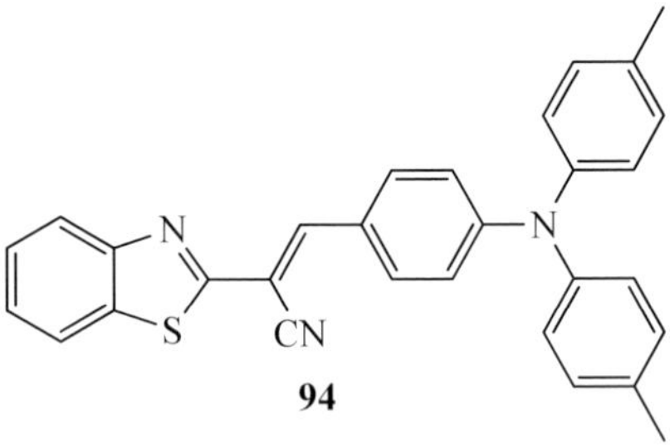

94

Wang 和 Wei[67]设计合成了一种以氰基和吡啶为受体，三苯胺为给体的 D-π-A 结构刺激响应荧光材料 **95**。该化合物表现出明显的溶致发光变色效应，其激发态被证实是一个杂化局域-电荷转移（HLCT）态，即同时具有局域激发（LE）态和电荷转移（CT）态特征。LE 态确保了其相对较高的荧光效率，而 CT 态又可提供多刺激响应的荧光行为，因为它很容易被周围环境影响。**95** 可以作为一种快速有效的 PL 探针来定量检测有机溶剂中低含量的水分，这归因于混合溶剂极性增加引起的 ICT 效应。因为吡啶单元可以与质子结合形成阳离子，所以 **95** 也可以在溶液中用作检测 TFA 及固体状态下检测 HCl 蒸气的质子传感器。在加压-减压循环过程中，**95** 表现出显著且可逆的力刺激发光变色响应性质，荧光在 552 nm 和 642 nm（90 nm 红移）之间转换。这项工作不仅研究了 **95** 的刺激响应荧光行为，而且提供了一种具有显著多刺激响应的 D-π-A 结构荧光材料，有望在检测和传感方面得到应用。

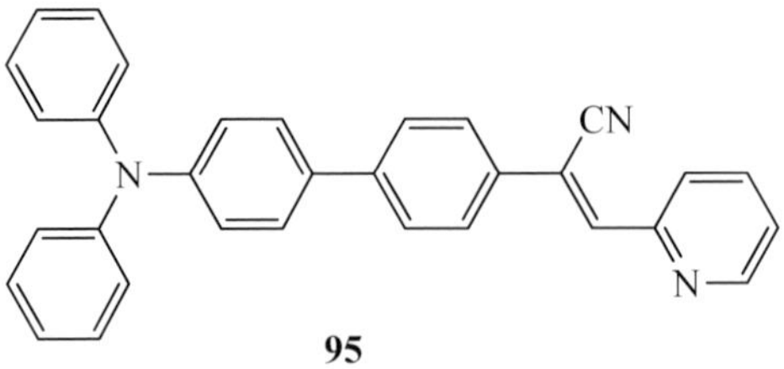

95

同年，Yan 等[68]也报道了化合物 **95**，该荧光分子具有杂化局域-电荷转移（HLCT）激发态，可作为双通道（吸收和发光）可见传感器用于酸性气体的检测。基于局域激发（LE）态和高灵敏电荷转移（CT）态，聚集态下 **95** 表现出较高的 PL 发光效率（PLQY＞76%），在气态氯化氢中显示出超过 98%的 PL 猝灭和明显的色差。研磨 **95** 的晶体，其发光波长由 527 nm 转变为 555 nm。通过静电纺丝将具有 HLCT 活性的 **95** 分子引入弹性体主体，制备了具有柔性和可拉伸性能的纳米纤维薄膜。与非多孔刚性薄膜相比，该纳米复合材料具有较大的比表面积和较高的孔隙率，使其灵敏度明显提高和响应时间明显缩短。

Zhang 等[69]报道了一种通过静电纺丝工艺制造的纳米纤维薄膜，其中掺杂了力刺激发光变色响应染料 OMe-TPA（**96**），如图 3-20 所示。该静电纺丝薄膜不仅表现出高分子材料的力学特性，还可以实现精确的梯度压力识别。经计算，晶态染料的力刺激响应灵敏度和色差分别为 15.7 nm/GPa 和 149 nm。含有 0.1 wt%染料的静电纺丝薄膜的灵敏度降低到 3.6 nm/GPa。此外，通过原位高压实验已经清楚地区分了分子构象和分子间相互作用对力刺激发光变色响应特性的影响。分子间相互作用在力刺激发光变色响应色差和灵敏度中起着更重要的作用。通过静电纺丝工艺制备的自支撑薄膜表现出比率型的力刺激发光变色响应特性，这有助于深入了解力刺激发光变色响应材料的工作机理和实际应用。

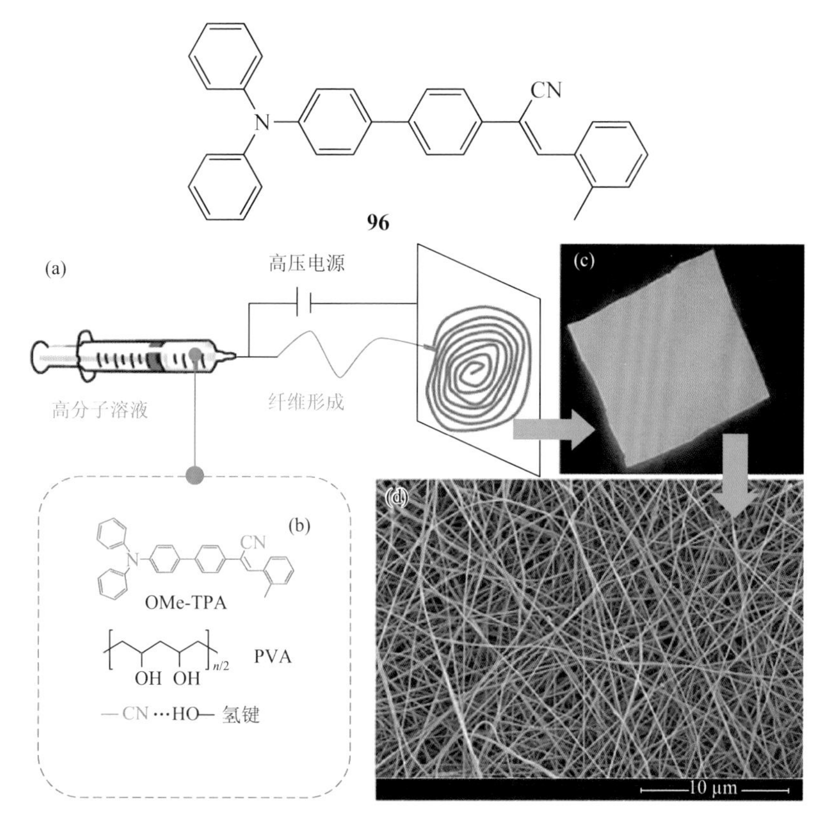

图 3-20　化合物 96 及 PVA 组成力刺激发光变色响应薄膜示意图，其中（c）为含 2%染料的薄膜照片，（d）为薄膜的 SEM 照片

Han 等[70]报道了一个基于菲并咪唑衍生物 **97**，通过堆积模式调控其系间穿越（ISC）过程从而设计“开关”型力刺激发光变色响应材料的策略。在不同溶剂体系中可以得到分子 **97** 的两个具有不同发光特性的同质异构体：几乎不发光的 D 样品和强发光的 B 样品。有趣的是，D 样品在研磨后会呈现荧光“开启”状态。研磨后，其发光从原始非常低的荧光量子产率 0.08%增加 78 倍达到 6.26%，发光颜色也从非常暗弱的绿色（$\lambda_{em} = 544$ nm）转变为亮黄色（$\lambda_{em} = 556$ nm）。该变化是一个可逆过程，并且可以通过滴入乙醇恢复到原始状态。相反，B 样品固态发光性质差异明显，其原始状态为亮黄绿色荧光（$\lambda_{em} = 537$ nm），并具有 17.95%的荧光量子产率。研磨后其荧光发射红移到 557 nm，但强度几乎不变，并且比研磨后的 D 样品要明亮得多。他们认为，C-2-咪唑环上溴代噻吩有利于形成二聚体，而 *N*-1-咪唑基团是二聚体相互作用的关键。二聚体与硫杂原子及重原子溴之间的 π-π 堆积作用，有利于 ISC 从 S_1 到 T_n 再通过非辐射跃迁返回基态。研磨使特殊堆积被破坏，在一定程度上抑制了 ISC 过程，从而增强从 S_1 到 S_0 的发光。

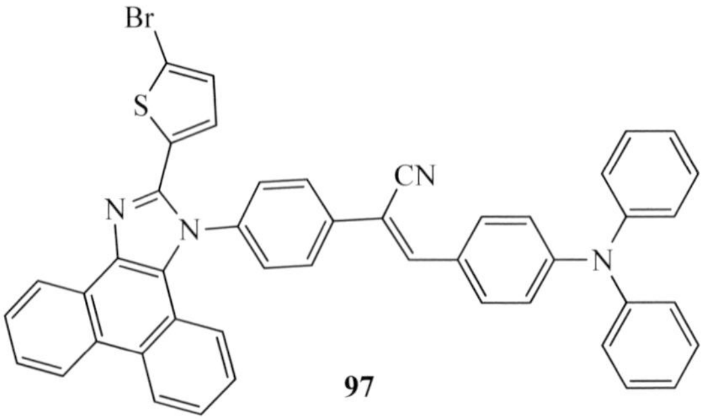

97

Hu 等[71]设计并合成了三种含二甲基萘胺和氰基苯乙烯的有机智能材料 **98**～**100**。这些荧光分子表现出溶致发光变色特性，随着溶剂极性的增加，荧光发射红移。另外，还表现出 AIEE 特性，其固体状态下的发射波长在外界机械力刺激下发生红移。合成的 **98**、**99** 和 **100** 晶体在 425 nm 光照下呈现荧光，发射峰分别位于 578 nm、548 nm 和 611 nm。用研钵研磨数分钟后，原始晶体转变为非晶态，其发射峰分别红移至 583 nm、580 nm 和 623 nm。在研磨后的固体表面加入二氯甲烷蒸发干后，其发射波长基本可以恢复。PXRD 和 DSC 实验表明，这些分子的力刺激发光变色响应特性归因于晶态和非晶态之间的相变。当暴露于三氟乙酸气氛中时，这些分子的荧光发射呈现蓝移，表明材料具有酸致发光变色特性，可进一步应用于安全油墨领域。因此，这些分子的荧光表现出对机械力和酸刺激的双重响应特性。

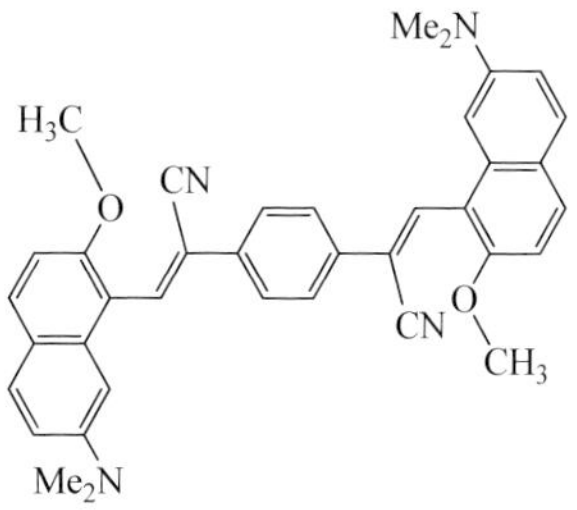

98 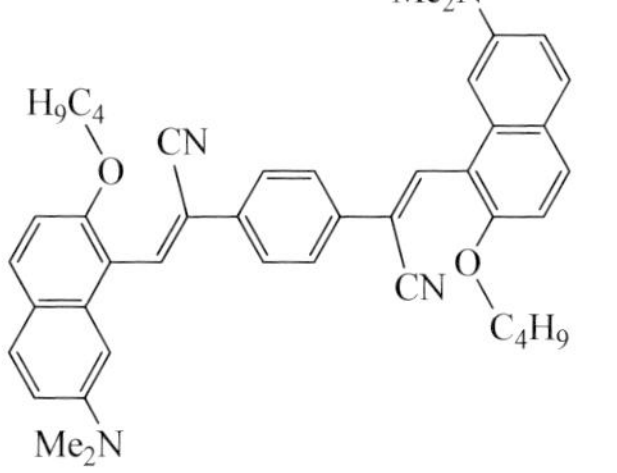 **99** 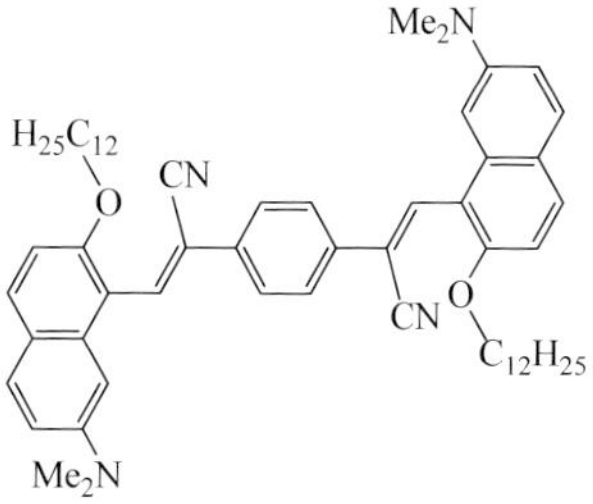 **100**

Anthony 等[72]报道了一系列聚集诱导增强发光（AIEE）化合物 **101**～**106**，这些基于三苯胺-苯乙腈的 D-A 型化合物具有烷氧基链长度依赖的固态荧光量子产率和刺激诱导的荧光开关性质。研究结果表明，分子的构象和堆积差异导致材料荧光的发光波峰可以在 480～530 nm 之间调节。固态结构研究揭示了发光基团分子构象的灵活性是导致荧光可调节的原因。此外，晶格中较弱的超分子相互作用使荧光基团在固态中刚性增强，并且荧光强度随着烷氧基链长度的增加而增强。弱超分子相互作用和短烷氧基链产生稳定的非荧光熔体，需要轻微的划痕和加热来诱导并转化为晶体材料。非晶态熔体转变为晶体相，导致荧光的开启。利用熔体和晶体的高对比度荧光开关，可用来探索可重写的荧光平台。

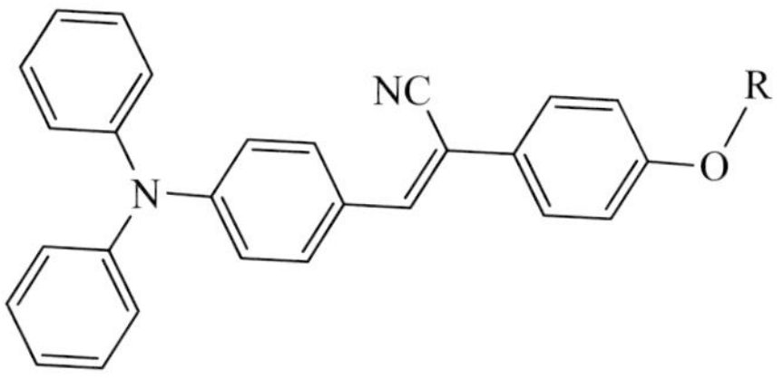

$R = CH_3$ (**101**)
$= C_2H_5$ (**102**)
$= C_3H_7$ (**103**)
$= C_4H_9$ (**104**)
$= C_5H_{11}$ (**105**)
$= C_6H_{13}$ (**106**)

Anthony 等[73]研究了卤素（F、Cl 和 Br）取代三苯胺和苯乙腈构成的 D-A 型 AIEE 化合物 **107**～**113**，这些化合物的固体发光与卤素原子种类和取代位置具有依赖关系。晶体结构分析表明，卤素相互作用（氢键和 π 相互作用）使荧光基团刚性增加，材料荧光增强。相比于间位取代化合物，对位取代化合物与邻近分子间具有更强的相互作用，材料荧光量子产率提高。从 H 到 Br（Φ_{PL} = 11.81%～33.05%），荧光量子产率随原子尺寸的增大而提高。所有化合物在固态下均表现出刺激诱导的可逆荧光开关性质。制备基于聚甲基丙烯酸甲酯和荧光分子的荧光聚合物复合材料，证明了材料具有依赖于酸/碱接触的荧光开关性质。该研究表明，重原子可用于提高智能荧光材料的荧光量子产率。

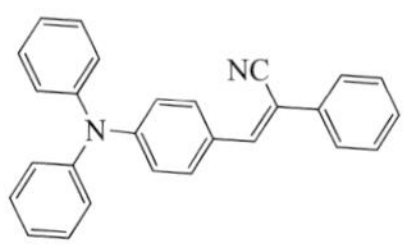

107 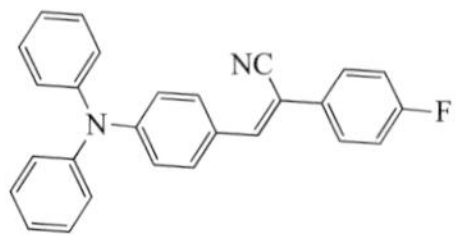 108 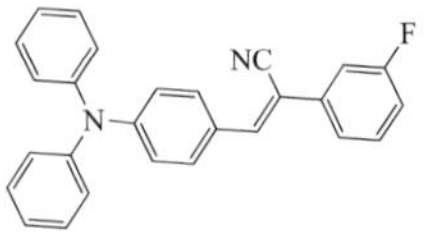 109 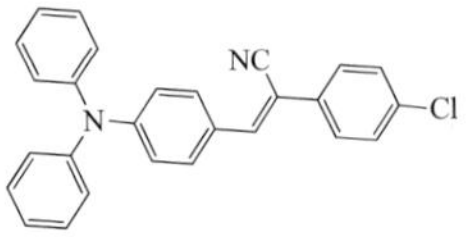 110

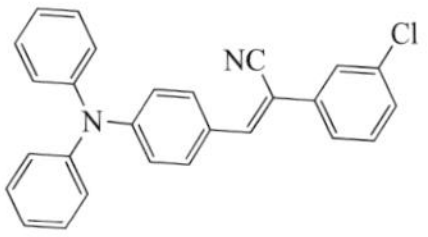

111 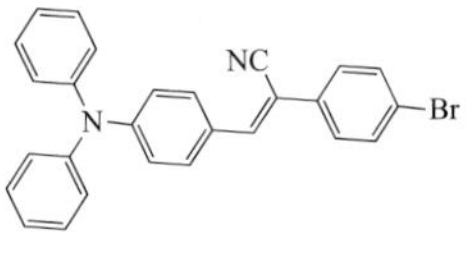 112 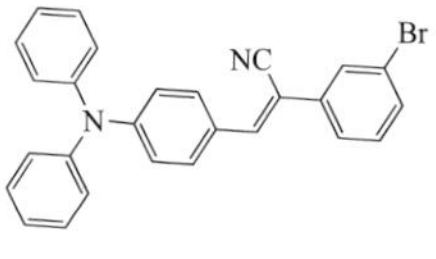 113

Anthony 等[74]也报道了基于咔唑基团的卤素取代位置异构体的 D-A 型衍生物 **114**～**120**，并研究了卤素种类和取代位置对固态荧光和力刺激发光变色响应性质的影响。所有化合物均表现出良好的固态荧光（Φ_{PL} = 15.67%～31.32%）。位置异构体的结晶产生蓝色和绿色荧光的多晶型物，可实现固态荧光的调节。固态结构分析显示，受体单元的微小构象变化可以导致同质异构现象和可调节的荧光。卤素取代引起更大的构象扭曲和多晶型物之间很大的荧光位移。观察到的超分子相互作用（氢键、C—H⋯π 和 π-π）使荧光分子刚性增加，从而增强固态荧光并导致 AIEE 效应。通过研磨和加热（或熔化和加热），可以实现对所有化合物进行刺激诱导的可逆/自可逆荧光转换。研磨后的固体也表现出具有较长时间的自可逆荧光开关性质。通过熔化和升温/刻画同样可以实现可逆荧光开关。粉末 X 射线衍射数据支持自可逆和结晶诱导荧光开关。因此，该研究表明，卤素取代没有显著影响固态荧光，但是影响了分子的构象，导致固体状态下的荧光可调。

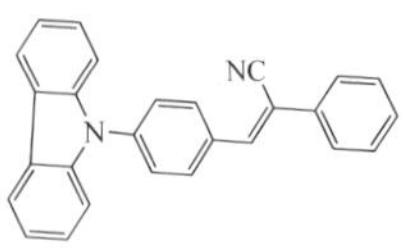

114 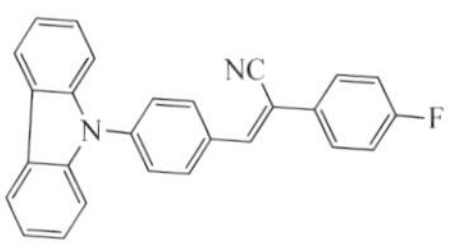 115 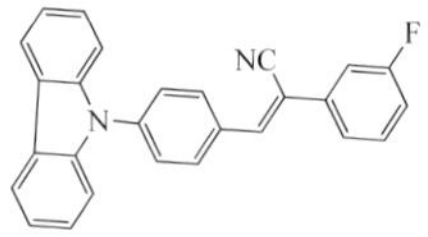 116 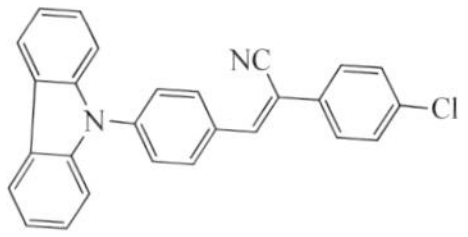 117

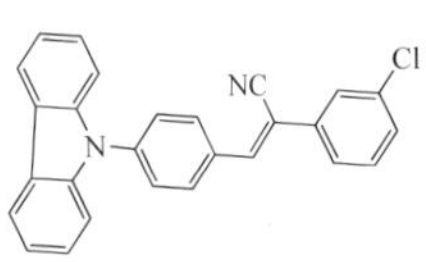

118 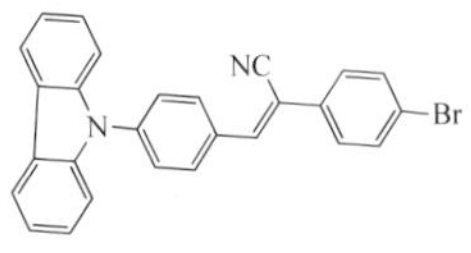 119 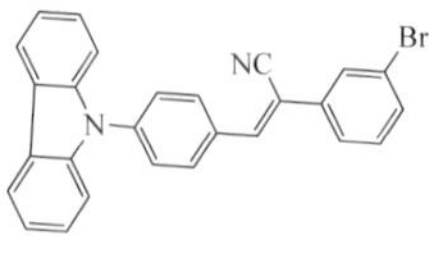 120

Kawatsuki 等[75]报道了一种末端为吡啶的荧光染料 **121**，当与酸（RA 或 BA）结合时具有力刺激发光变色响应性质。在不同酸存在下进行机械研磨，染料的 PL

颜色在蓝移和红移之间转换。在具有相似发光主链的染料/酸配合物中实现了蓝移/红移的力刺激发光变色响应行为，这表明聚集态结构在力刺激发光变色响应行为中起着重要作用，而非发光主体的分子构象。此外，还合成了与染料/酸配合物具有相似分子骨架的化合物，以阐明颜色变化的机理。该化合物在机械研磨时，PL光谱和漫反射光谱均出现蓝移和红移，其力刺激响应性与染料/酸配合物相似。这些研究结果表明，根据发光的颜色和性质可以进行更灵活的分子设计，通过结合发光材料和添加剂来诱导力刺激发光变色响应，从而创造出一种具有力刺激发光变色响应性质的配合物。

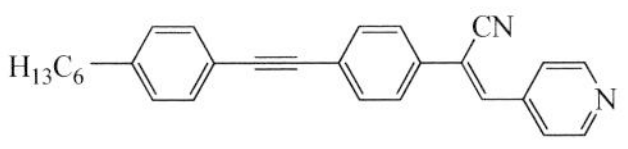

121 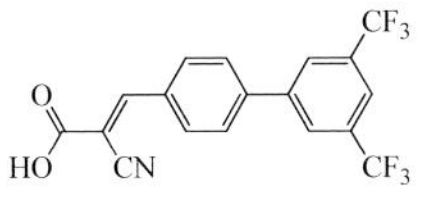　RA 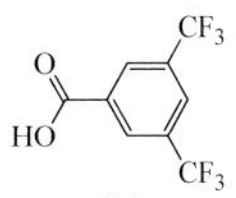　BA

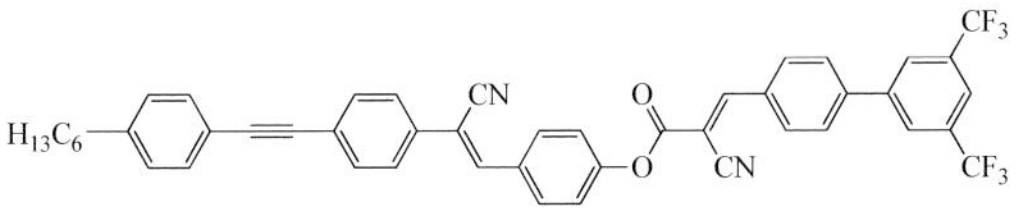

121-RA 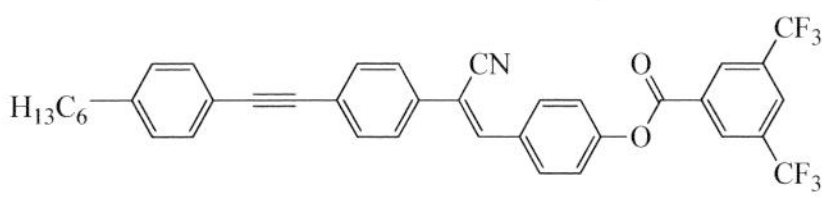　**121**-BA

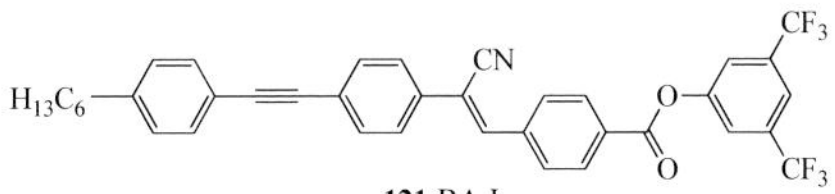

121-BA-I

Zhang 等[76]报道了两个力刺激发光变色响应分子 **122** 和 **123**，分子结构的细微差异可以调控材料的荧光性质。当用 532 nm 激光激发晶体时，ICT 激发态的力刺激发光变色响应行为完全不同。在压力作用下，化合物 **122** 晶体的发射峰逐渐红移，发光强度变弱，这与分子间相互作用增强有关。而对于化合物 **123**，在压力从 0.55 GPa 增加到 5.72 GPa 时，发射峰保持在 590 nm，且由于外部压力激发了 ICT 发射，发光强度逐渐增强。

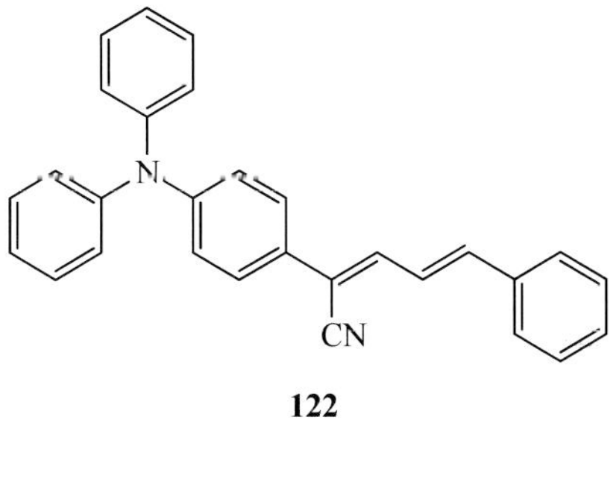

122 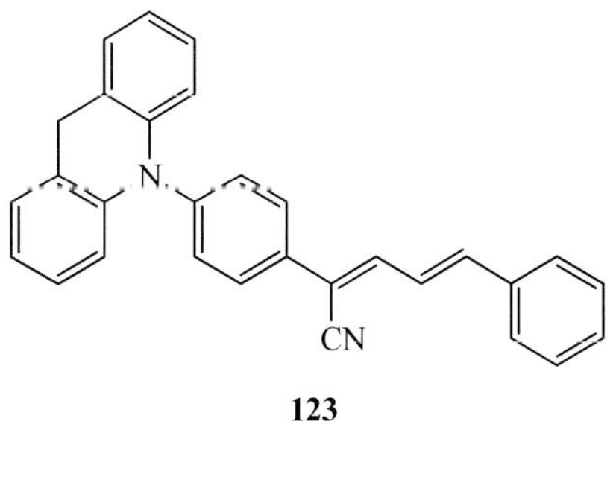　**123**

Wong 等[77]报道了一种在 PMMA 基体中具有高荧光量子产率的 HLCT 型染料 **124**。该染料分子在结晶状态下，通过 π-π 堆积和次级键相互作用可以组装成 H-聚集体结构，并产生强烈发光。在施加外力时，超分子自组装体脱离了热-动力学最小值，导致材料明显的压力诱导发射增强和高灵敏度的力刺激发光变色响应特性。这种超分子系统可以恢复到其热力学最小值，并在接触热处理后恢复其光物理性质。时间分辨 PL 光谱、紫外-可见吸收光谱和 FTIR 分析并结合量子计算结果表明，H-聚集体和分子平面化的消失是产生压力诱导发射增强行为的原因。该研究提供了有力的证据，证明具有弱超分子相互作用的 H-聚集自组装体非常适合设计具有高灵敏度和压力诱导发射增强行为的力刺激发光变色响应荧光材料。

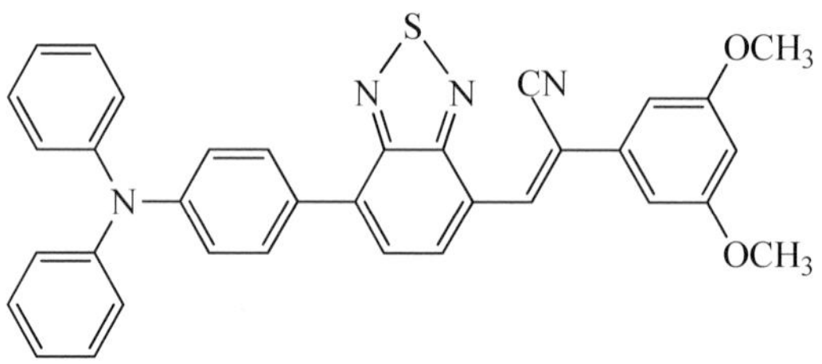

S N N CN OCH_3 N OCH_3

124

Xue 等[78]设计并合成了哑铃形 D-π-A-π-D 分子 **125**，该分子具有两个吸电子氰基和两个供电子吩噻嗪基团。原始橙色的 **125** 固体发射橙色荧光，最大值为 567 nm。原始固体经研磨后变成红色固体，其红色荧光最大峰值在 635 nm 处，红移了 68 nm。荧光可以通过溶剂蒸气熏蒸得以恢复。X 射线衍射谱图表明，力刺激发光变色响应过程伴随着晶态和非晶态之间的可逆相变。研究结果还表明，π 堆积从 H-聚集转化为 J-聚集是引起力刺激发光变色响应性质的原因之一。

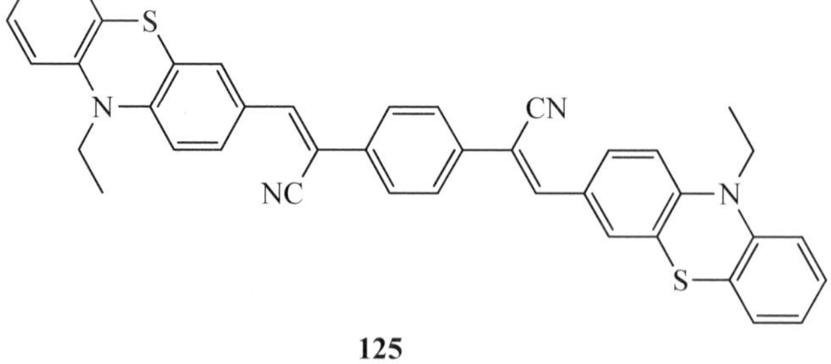

S N NC CN N S

125

Liu 等[79]报道了两个构象扭曲的 π 共轭十字形荧光分子 **126** 和 **127**，其中包含两个共轭的给体和受体基团通过中心核苯基团连接。理论计算和光谱分析证实了这两个化合物在富电子的三苯胺和缺电子的氰基苯乙烯单元之间表现出独特的ICT 效应。**126** 和 **127** 具有 AIE 效应，固态荧光量子产率分别为 32.1%和 31.2%。**126** 和 **127** 还具有明显的力刺激发光变色响应行为：原始固体样品分别发射明亮的绿色（491 nm）和黄绿色（529 nm）荧光，研磨后荧光颜色分别变为黄色（542 nm）和橙色（576 nm），分别红移了 51 nm 和 47 nm。这两个分子的荧光颜色和波长变化是可逆的，在研磨-加热（或研磨-熏蒸）的荧光变色过程中展现出重复性。力刺激发光变色响应性质被认为是通过晶体和非晶体之间的转变，共轭延展和研磨后的 PICT 效应引起了发光大的红移。

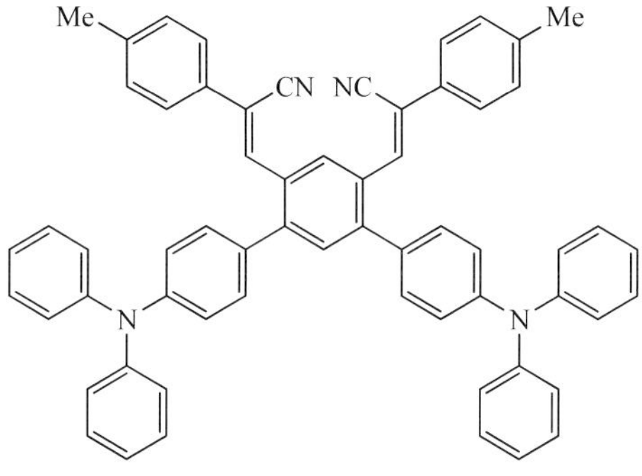

126

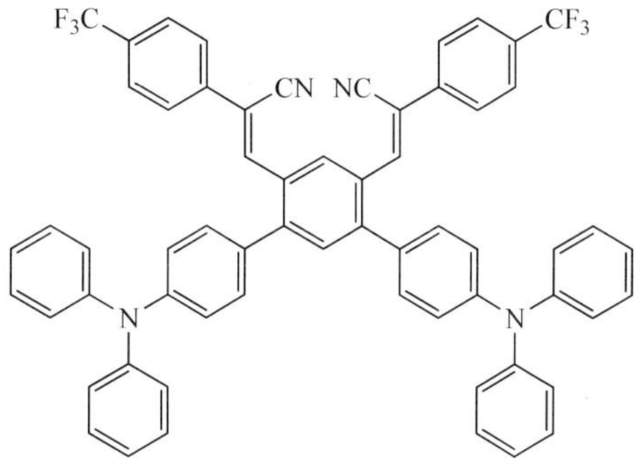

127

Xue 等[80]合成了两个分别含有丁基和辛基的氰基二苯乙烯衍生物 **128** 和 **129**，并研究了烷基链对分子堆积、发光增强和力刺激发光变色响应性质的影响。这两个化合物在单分子状态下显示出微弱的荧光，而在晶体状态下荧光增强。**128** 的荧光量子产率（19%）低于 **129** 的（76%）。单晶结构和时间分辨荧光光谱显示，在没有 π-π 堆积的 **129** 晶体中共面性和一维堆叠抑制了非辐射跃迁，提高了光致发光性能。它们对机械力表现出不同的响应。**128** 的荧光在剪切或研磨后被猝灭，而 **129** 的荧光在机械力刺激下几乎没有变化。**129** 由于熔点低，在 60℃以上加热时荧光消失，即使样品冷却至室温 10 h 后，也没有观察到过冷黏稠液体的荧光，这意味着结晶过程非常缓慢。这种非发光过冷黏性液体在机械力的剪切作用下，可以迅速转变为强发光固体。

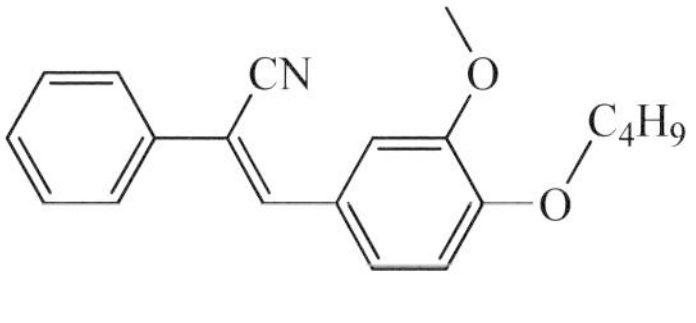

128

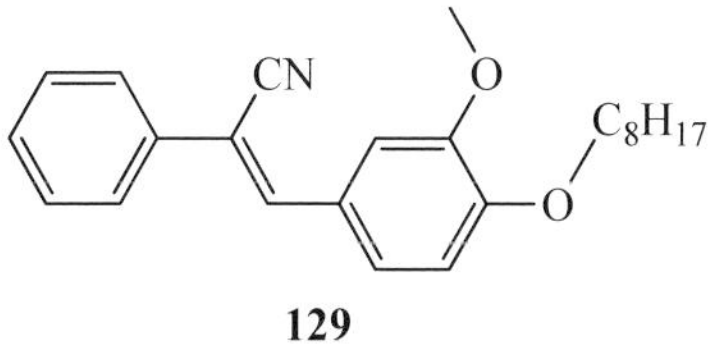

129

Xue 等[81]报道了一种不对称的 D-π-A-π-D 吩噻嗪衍生物 **130**，其中氰基和亚胺为吸电子基团。在机械力刺激下，**130** 的荧光颜色由绿色变为红色，荧光光谱位移大于 100 nm，而吸收光谱位移为 88 nm。相比之下，氨基单取代的类似物发生 34 nm 的小荧光光谱位移。研究结果表明，通过弱吸电子亚胺引入另一个吩噻嗪基团，不仅在晶体中产生蓝移的吸收和发射带，而且在机械力的作用下，还会产生较大的光谱红移。平面化和 π 堆积从 H-聚集体向 J-聚集体的转化促进了研磨后固体的长波长发射。在甲酸蒸气熏蒸下，**130** 的红色研磨固体转变为蓝色固体，且与原始固体相比，这种转变与 200 nm 以上的吸收光谱偏移有关。蓝色固体在用 NH_3 蒸气熏蒸后转变成红色，再通过 THF 蒸气熏蒸后转变成黄色。

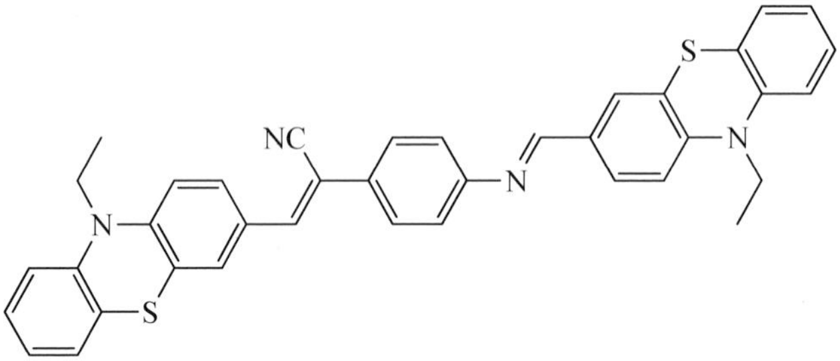

NC N N S N S

130

Chen 等[82]设计并合成了多功能 D-A 型三苯胺衍生物 **131**。其晶体除了具有明显的 AIEE 特性和溶致发光变色性能外，还在各向异性的研磨和各向同性的压缩下表现出明显差异的发光响应。研磨后，其橙色发光转变为黄色荧光（从 592 nm 移到 575 nm，蓝移 17 nm），而橙色发光在 30 GPa 压力下转变为红色荧光（从 592 nm 移到 601 nm，红移 9 nm）。值得注意的是，晶体的最大发射波长和荧光强度均与压力呈现良好的线性关系。通过 PXRD 和 DSC 等实验，探讨了其独特的力刺激发光变色响应机理。在各向异性的研磨中，荧光光谱的蓝移主要是源于有序分子层间的位错和分子间弱相互作用的消失。对于各向同性的压缩，一方面，压力使扭曲的三苯胺构象平面化，增加了分子的共轭程度，导致荧光光谱红移；另一方面，压力减小了分子层间的距离，增强了分子间的 π-π 堆积相互作用，导致 PL 强度降低。不仅如此，**131** 固体的最大荧光强度和波长均与压力呈现良好的线性关系，可作为机械力荧光传感器。此外，还发现 **131** 对黏度有敏感响应，因此建立了煎炸油中总极性物质的高效定量测定方法。这说明 **131** 是一种在压力传感器或黏度探针方面具有很大应用潜力的材料。

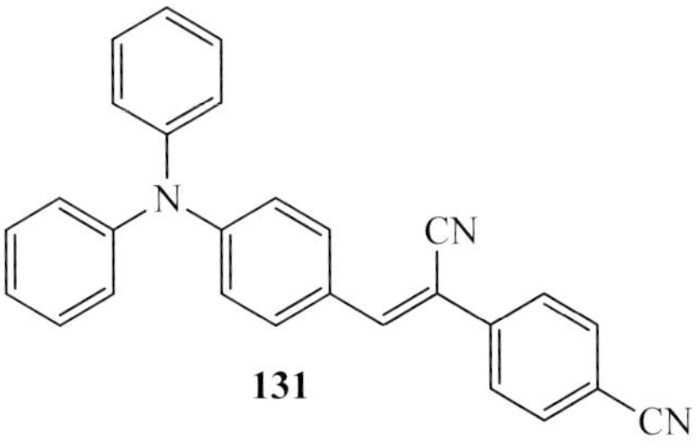

131

Xue 等[83]报道了三种吩噻嗪衍生物 **132**～**134** 的激发态分子内质子转移（ESIPT）发光，并研究了烷基链长度对其力刺激发光变色响应行为的影响。结果表明，它们的荧光光谱在极性溶剂中表现出较大的红移，这是 ICT 效应固有特性。此外，烷基链较短的化合物在原始固体中具有较长的发射波长。这三个化合物均表现出可逆的力刺激发光变色响应性质，且荧光发光带转移至低能量区。XRD 分析表明，力刺激发光变色响应过程伴随着晶态和非晶态之间的相变。荧光光谱位移值与烷基链长度有关。含乙基的化合物 **132** 的光谱位移最小（20 nm），而含辛基的化合物 **134** 的光谱位移最大（31 nm）。溶剂熏蒸和热退火处理均可促进荧光恢复。短烷基链化合物 **132** 需要高温才能使其恢复原始荧光。研磨后 **134** 固体具有红色荧光，在较低温度下迅速转变为原始样品的橙色荧光。他们认为，D-π-A 结构和非平面吩噻嗪可能赋予 ESIPT 发光分子力刺激发光变色响应性质，烷基链长度调控了这些分子的固体发光和对机械力的响应行为。

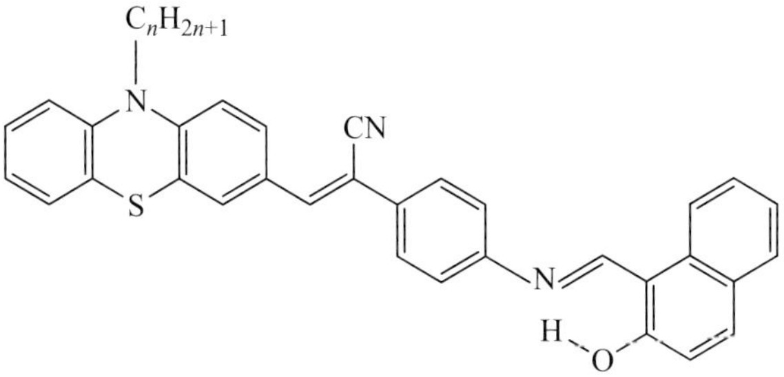

n = 2 (**132**)
n = 4 (**133**)
n = 8 (**134**)

3.3.3　三苯基丙烯腈衍生物

Tang 等[84]报道了一个具有 D-A 结构的化合物 **135**。除了具有高固态荧光量子产率及典型 ICT 和 AIE 特征外，该化合物还表现出明显的力刺激发光变色响应性质。**135** 的原始绿色固体粉末具有强烈的绿色荧光，峰值位于 504 nm，而研磨样品则发射强烈黄色荧光，峰值位于 545 nm，通过氯仿蒸气熏蒸处理可以恢复到绿色固体（510 nm）。PXRD 结果表明，有序晶态和无序非晶态之间的相变是产生可逆力刺激发光变色响应行为的原因。PXRD 谱图中存在强而尖锐的衍射峰，这表明原始固体和溶剂熏蒸后固体都呈现出有序的微晶结构，但弱而宽的包状衍射则说明研磨后固体采用无序的非晶堆积。在机械力刺激下，**135** 分子高度扭曲的构象平面化，有效共轭长度增加，产生发光红移。

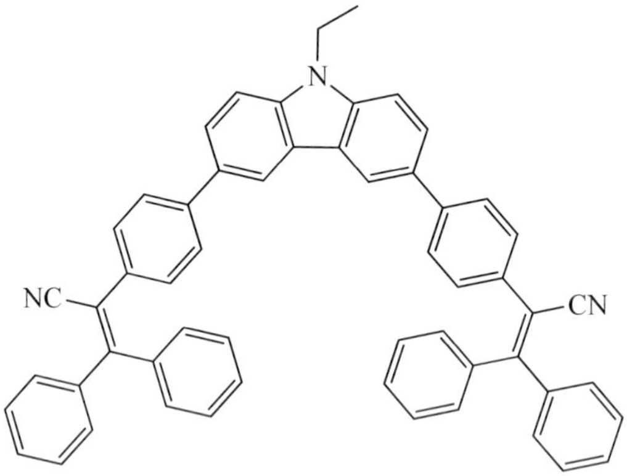

NC CN

135

Tang 等[85]合理设计并合成了一组含三苯基丙烯腈的发光体 **136**、**137** 和 **138**。由于分子内旋转，溶液中的发光体几乎不发光，只有在晶态才发光，具有强的蓝色荧光和高达 99%的荧光量子产率。当研磨晶体时，发光颜色从蓝色转变为黄色，发生 78 nm 的显著红移；同时，通过加热或溶剂熏蒸处理，可以实现发光的可逆转换。单晶结构分析表明，所有的分子在固态下都采用高度扭曲的构象，因此避免了不发光物种如激基缔合物或激基复合物的形成，使发光体具有很高的荧光量子产率。在结晶状态下，发光分子采用更扭曲的构象以适应晶格，导致有效共轭长度缩短，从而产生波长更短的发光。当施加外界刺激时，晶格坍塌，通过分子弛豫产生更平面化的构象，从而产生波长更长的发光。在晶体中，除了范德瓦耳斯力外，还有许多分子间作用，包括 C—H⋯N 和 C—H⋯π，甚至是局域的 π-π 相互作用。由于这些多重相互作用，分子构象被锁定和刚性化，因此通过非辐射弛豫的能量损失大大减少。然而，当发光体在机械力作用下非晶化时，其中一些相互作用消失。因此，尽管晶体的共轭程度较低，但仍具有较强的发光强度。晶态和非晶态中的构象变化和分子间相互作用变化是导致这些发光材料显著的光谱变化和发光效率变化（高达 24%）的原因。

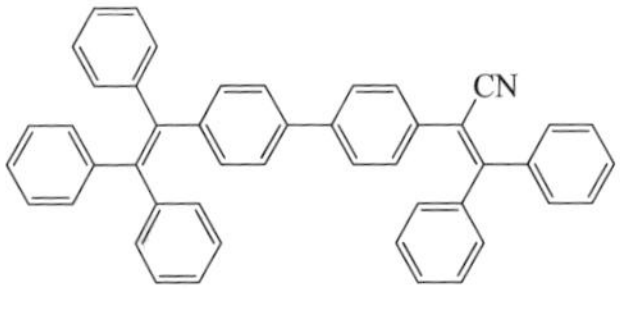

CN H CN N CN

136 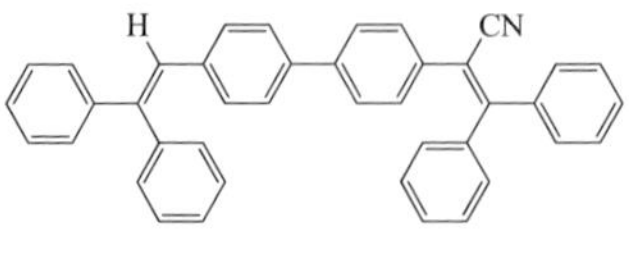 **137** 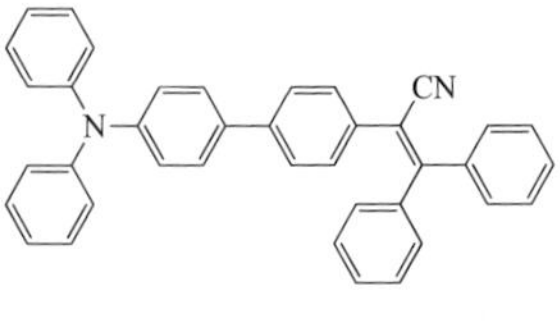 **138**

Liu 等[86]报道了一种构象扭曲的有机共轭分子 **139**，含有 9, 9′-联二蒽（BA）基团。通过分子聚集模式的变化，可以调节 **139** 固体的发射行为，两种分子内发射系统可以交替转换。最重要的是，通过对 **139** 分子的模块化，成功地提供了一种非常有效的策略来建立精确的结构-性能关系。**139** 具有三种不同类型的晶体：晶体Ⅰ（蓝色发光，$\Phi_{PL}=18\%$）、晶体Ⅱ（“暗”态，$\Phi_{PL}<1\%$）和晶体Ⅲ（绿色发光，$\Phi_{PL}=15\%$）。晶体由晶体Ⅰ（或晶体Ⅱ）中弱而稀疏的 π-π 堆积层和晶体Ⅲ（或晶体 **139**）中强 N···H 相互作用层组成。**139** 分子的三个晶态具有不同的发光特性，与其不同的分子堆积组装体有关，这为 **139** 分子的荧光起源提供了一个新的视角。**139** 的原始粉末（晶体Ⅰ）发射蓝色光，而晶体Ⅱ中的 **139** 分子在室温下呈现“暗”发射，在 77 K 时可以发射蓝色光。结果表明，在晶体Ⅱ中存在一些分子内的低能旋转运动，可以耗散激发态能量。晶体Ⅰ和晶体Ⅱ都具有力刺激发光变色响应活性，而晶体Ⅲ和晶体 **139** 没有力刺激发光变色响应行为。所有样品研磨后都发出相同的绿黄色荧光。通过反复研磨和乙酸乙酯溶剂处理，晶体Ⅰ的发光可以在蓝色和绿黄色之间可逆变换。PXRD 结果表明，研磨后固体中大部分衍射峰消失，晶格发生了部分改变。此外，研磨后 **139** 的荧光寿命（2.67 ns）比原始样品（1.26 ns）长，表明研磨后固体采用了更紧密的堆积形式，导致构象自由度降低或激发态改变。然而，**140** 不具有力刺激发光变色响应性质，这对应于其研磨前后不变的 PXRD 特性。**140** 在研磨后的松散聚集有两个原因：①与原始态 **140** 的 Φ_{PL} 值（91%）相比，研磨后 **140** 的 Φ_{PL} 值（42%）大大减小，这意味着 **140** 分子在研磨后固体中的部分激发能被具有低能旋转运动的苯环所耗散；②与原始态的寿命（3.92 ns）相比，研磨后的寿命（3.19 ns）缩短了。结果表明，**140** 分子的自组装有利于紧密堆积。通过对 **140** 分子层厚度的比较，发现分子间的接触由松散接触变为紧密接触，其顺序为：晶体Ⅱ层（1.89 nm）＞晶体Ⅰ层（1.58 nm）＞晶体Ⅲ层（1.30 nm）＞**140** 晶体层（1.08 nm）。9, 9′-联二蒽化合物的力刺激发光变色响应性能不是很明显，研磨 9, 9′-联二蒽化合物后，在 425 nm 附近出现新的发射肩峰，与 77 K 时原始粉末的光谱相似，表明原始 9, 9′-联二蒽化合物样品分子松散聚集。事实上，9, 9′-联二蒽基团似乎是一个空间位阻基团，可能阻止发色团靠近和相互作用。因此，9, 9′-联二蒽基团的空间位阻可以影响 **139** 分子的自组装。

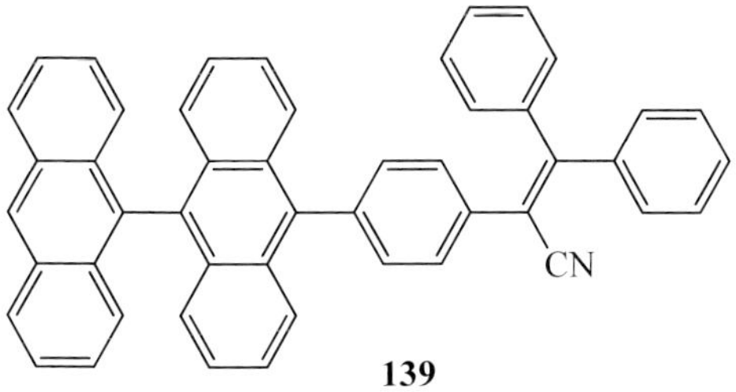

CN

139

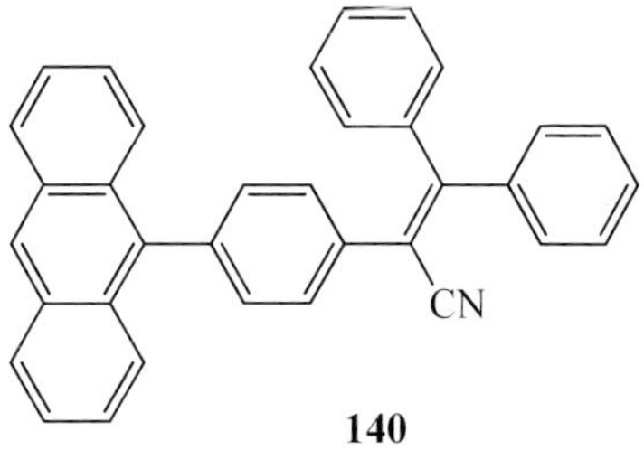

CN

140

Yuan 等[87]设计并合成了一系列 D-π-A 结构分子 **141**、**142** 和 **143**，它们是由螺旋桨状的三苯基丙烯腈和二芳胺结合而成。这些发光化合物表现出显著的力刺激发光变色响应性质，以及典型的 AIE 和 ICT 特性，其荧光量子产率高达 100%，这在 ICT 发光体中很少报道。所制备的 **141** 具有绿色发光（500 nm），稍微研磨后，红移 51 nm 至黄色发光（551 nm）；然而当研磨样品在 80℃下进一步退火 10 min 或用二氯甲烷蒸气熏蒸 3 min 时，发光变化是可逆的，这种绿色和黄色发光之间的力刺激发光变色响应转换可以重复转换多次而不出现衰减。同时，**142** 和 **143** 表现出相似的力刺激发光变色响应现象，研磨后 **142** 和 **143** 的发射红移分别为 46 nm（从 503 nm 移到 549 nm）和 38 nm（从 496 nm 移到 534 nm）。通过研究化合物的单晶结构，深入探讨了其力刺激发光变色响应机理。所有的结晶结构中化合物分子都采用高度扭曲的构象，这些构象可以通过简单的外力刺激平面化，然后通过热退火或溶剂熏蒸得以恢复，从而产生可逆的发光变化。该研究工作认为扭曲的堆叠结构产生更短的有效共轭长度和蓝移的发光，而平面化的构象导致更长的共轭长度和红移的发光。

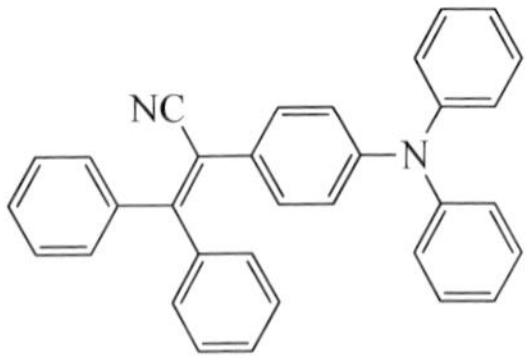

141 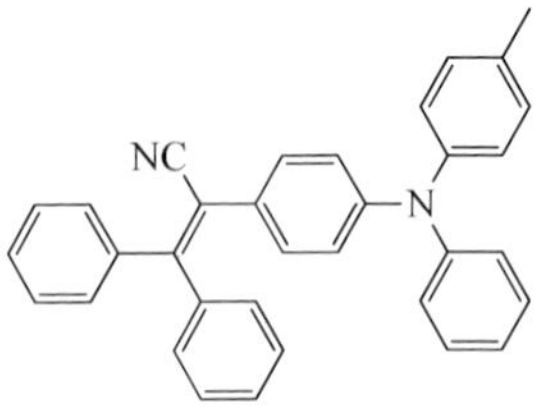 **142** 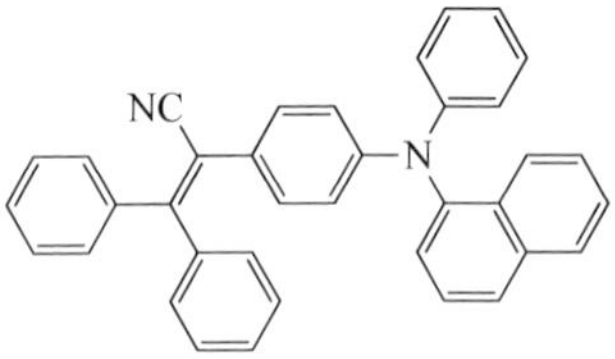 **143**

Yuan 等[88]报道了两种 AIE 活性发光分子 **144** 和 **145**，它们由双芳胺和两个三苯基丙烯腈单元组成。这两种发光分子都具有很高的固态 PL 发光，**144** 和 **145** 的荧光量子产率分别为 47.7%和 46.3%。它们具有明显的力刺激发光变色响应性质。研磨后，**144** 和 **145** 的发射峰分别红移了 41 nm（从 559 nm 移到 600 nm）和 25 nm（从 580 nm 移到 605 nm）。然而，即使溶剂熏蒸过夜处理后，固体发光也仅部分恢复，这表明它们的非晶发光体具有良好的形态稳定性。PXRD 测试结果表明，力刺激发光变色响应现象归因于有序晶体和无序非晶态之间的相转变。此外，**144** 和 **145** 固体的荧光量子产率在研磨后显著降低，分别为 25.1%和 20.0%。这可能是固体的分子间相互作用被破坏及激基缔合物的产生从而造成荧光量子产率的降低。当采用这两种发光分子作为发光层来制作非掺杂 OLED 时，可获得中等器件性能和低色温（1843 K）的橙色发光。

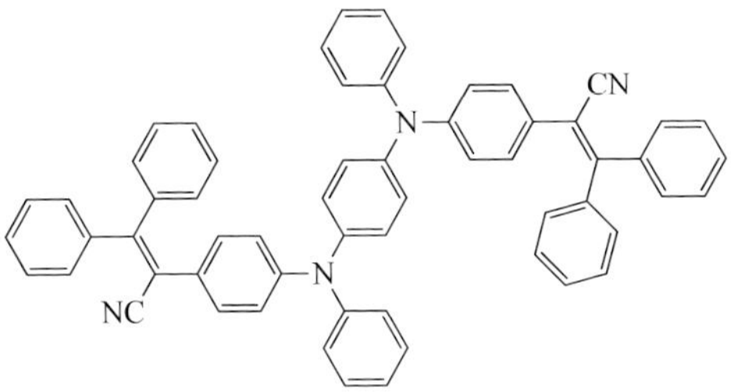

144

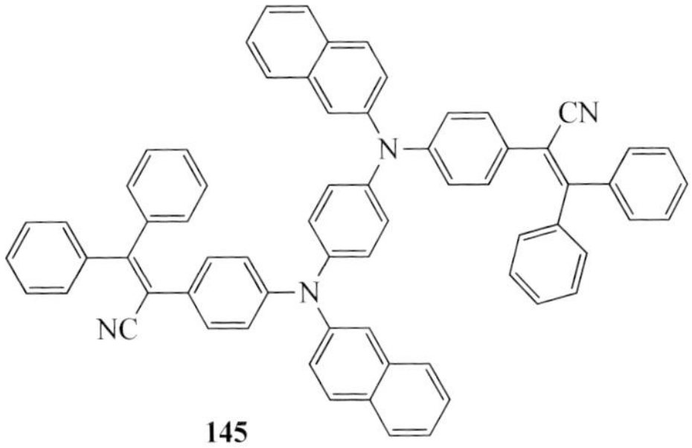

145

Yuan 等[89]设计并合成了一种新型的D-A共轭物**146**，它也是由芳胺和两个三苯基丙烯腈单元组成，但具有更加拥挤的空间和显著扭曲的构象。溶剂蒸发后，由于构象不同，甲基纤维素（MC）、棉花和薄层色谱（TLC）板基材上吸附的**146**分子的发射峰值分别为538 nm、558 nm和579 nm。然而，与PMMA混合的薄膜中，**146**表现出比晶体（520 nm）更短波长的发射（512 nm），这表明**146**在PMMA基材中采用了更加扭曲的构象。同时，**146**也是一种很有前途的高对比度力刺激发光变色响应材料，因为它具有空间拥挤、显著扭曲的构象及高结晶发光效率。**146**原始粉末具有强的绿色发射（524 nm），轻轻研磨后变成黄绿色发射（533 nm）。继续研磨后，黄绿色发光物分别转换为黄色（543 nm）和黄色（554 nm）发光。因此，通过简单的机械研磨可以很容易地在**146**中产生多种固态发光颜色。这种在温和条件下的固体发光体的多色力刺激发光变色响应很少被报道。通过采用**146**作为发射体构建了一种非掺杂OLED，它的最大电流效率和外量子效率分别为10.7 cd/A和3.3%。此外，由于具有AIE和ICT特性，**146**分子还表现出聚集增强的双光子吸收特性。

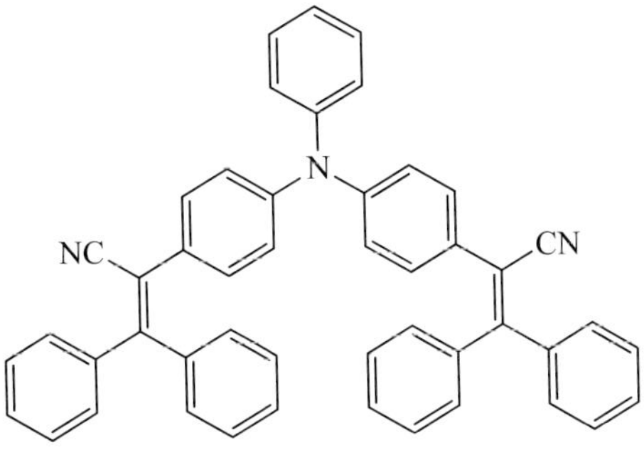

146

Zhang 等[90]设计并合成了两种具有AIE活性的三芳基丙烯腈化合物**147**和**148**。经研磨后，它们的发光颜色和荧光量子产率略有变化：**147**从橙黄色

（λ_{em} = 549 nm）和 12.0%分别变成橘红色（λ_{em} = 557 nm）和 2.0%，**148** 从翠绿色（λ_{em} = 506 nm）和 44.6%分别变成橘黄色（λ_{em} = 545 nm）和 16.8%，而 **147** 的颜色变化可以在自然光下辨别。此外，研磨样品在暴露于溶剂蒸气或在 100℃下加热 2 min 后，其发光颜色可以恢复到原来的颜色。对形貌结构的 SEM 研究表明，**147** 和 **148** 表面形貌的研磨损伤在乙醇蒸气或热处理后得到恢复。PXRD 测试结果显示了未研磨发光体的明确微晶状结构和研磨发光体的非晶特征。因此，力刺激发光变色响应行为的来源是分子堆积模式从高度有序到无序的改变。DSC 测量推断未研磨和经溶剂处理或热处理的样品是热力学稳定的，而具有冷晶峰的研磨样品是热力学亚稳态的。该研究指出力刺激发光变色响应可逆性可能与热力学亚稳态的存在密切相关。

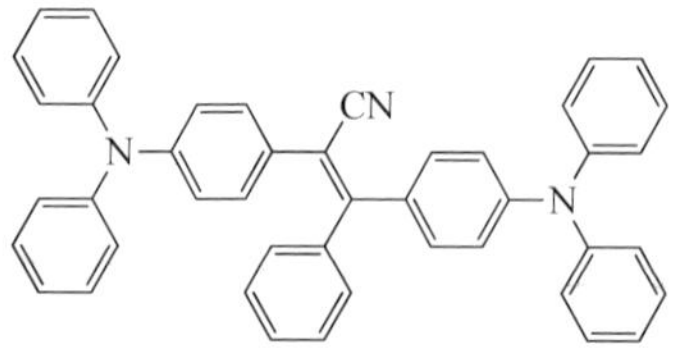

147 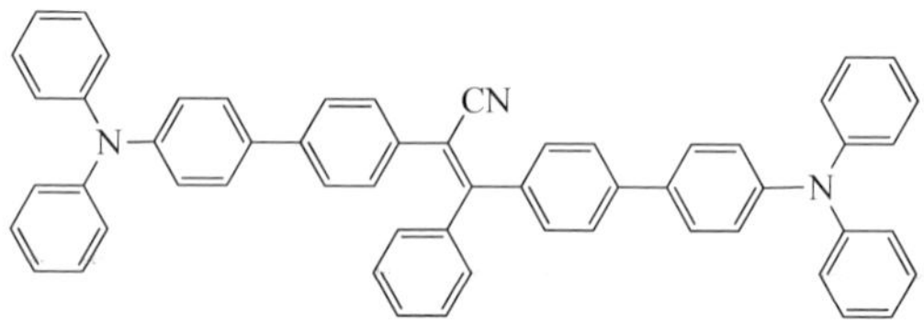　　　　**148**

Lu 等[91]合成了 D-π-A 型吩噻嗪修饰的三苯基丙烯腈衍生物 **149**、**150** 和 **151**。对于 **149** 和 **150**，吩噻嗪的 3-位被官能化；而对于 **151**，吩噻嗪的 10-位被修饰为具有更多扭曲的构象。这三种化合物均具有 AIE 活性，而 **149** 和 **150** 的发光比 **151** 更强。**149**、**150** 和 **151** 晶体的荧光量子产率分别达到 52.9%、45.5%和 11.3%。单晶结构表明，由于存在多种分子间相互作用，包括 π-π 相互作用及 C—H…π 和 C—H…N 间的氢键，分子构象被固定住，减少了非辐射通道的能量损失，因此发光得以增强。**149**、**150** 和 **151** 的晶体在紫外激发下分别发出强烈黄色（λ_{em} = 536 nm）、黄橙色（λ_{em} = 572 nm）和黄绿色（λ_{em} = 514 nm）的光，而在研磨后分别转变为红色（λ_{em} = 608 nm）、橙红色（λ_{em} = 598 nm）和橙色（λ_{em} = 568 nm）的光。当研磨后的粉末被加热或用二氯甲烷熏蒸时，其力刺激发光变色响应是可逆的。正如 PXRD 测试结果所证实的那样，晶态和非晶态之间的转变较好地解释了力刺激发光变色响应现象。值得注意的是，相对于 **149** 和 **150**，**151** 的研磨粉末在相同温度下恢复至原始发光状态，**151** 晶体研磨粉末恢复到原始发光状态所需的时间要短得多。而且只有 **151** 可以恢复室温下的原始发光状态，**149** 和 **150** 则不可以。**151** 不同于 **149** 和 **150** 的这种力刺激发光变色响应行为，被认为是由其更扭曲的构象导致，更扭曲的构象可以在较低温度下出现放热峰，并且更容易将非晶态分子重排成晶体。该研究结果表明，通过调整吩噻嗪的取代位置，可以调节分子构象和力刺激发光变色响应可逆性。

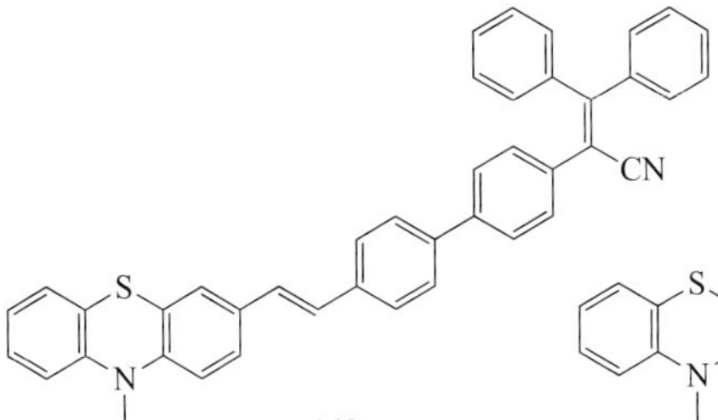

149 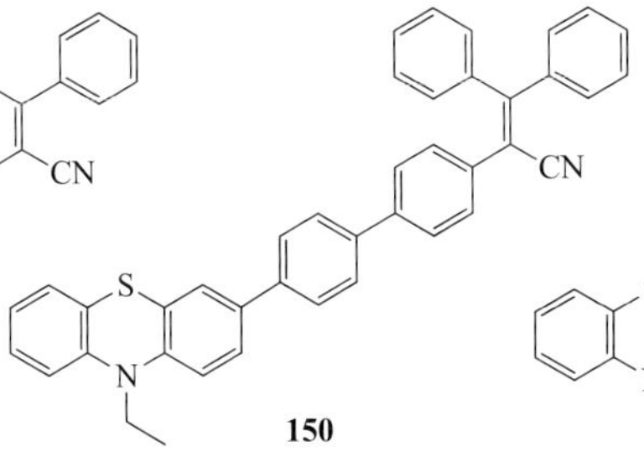 150 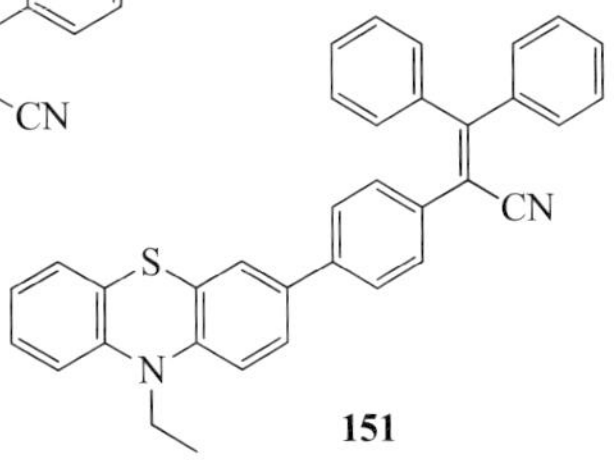 151

Zhang 等[92]制备了一种具有显著扭曲构象的新型三苯基丙烯腈衍生物 **152**。聚集态下 **152** 的荧光取决于三种晶型，即 Bcrys、Scrys 和 Ycrys，分别具有明亮的蓝色、天蓝色和黄色发光；同时，非晶粉末具有强的绿色发光。不同的晶体结构导致不同的力刺激发光变色响应性质。研磨后，晶体 Bcrys 的发射峰波长从 473 nm 变为 492 nm，而 Scrys 在高压下的发射峰波长从 459 nm 变为 494 nm。此外，当非晶薄膜通过有机蒸气熏蒸或加热处理时，可以从绿色发射恢复到天蓝色发射，表明其具有蒸气和热致发光变色行为。有趣的是，通过溶剂蒸气或加热刺激，可以触发 Scrys 晶型和 Ycys 晶型之间的晶体到晶体转变。

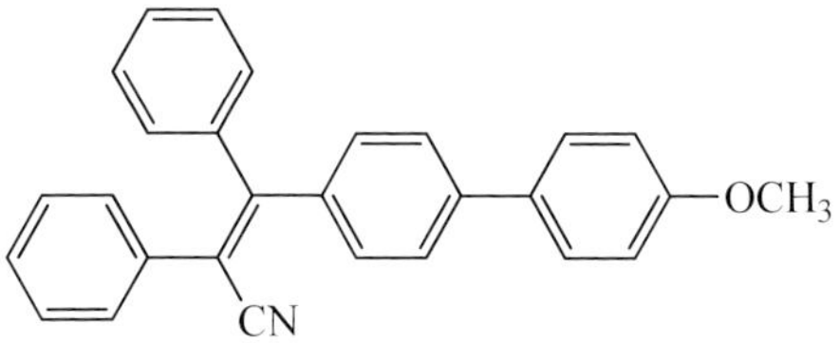

152

Jia 等[93]构建了一种高对比度力刺激发光变色响应混合物 **138**/Rh-2，它由三苯基丙烯腈衍生物 **138**（给体）和罗丹明 B 衍生物 Rh-2（受体）两种成分组成。该混合物在环境温度的外力刺激下表现出可逆和独立的三色转换。该研究总结了 **138**/Rh-2 三色转换的机理：原 **138**/Rh-2 共混物经研磨后由蓝绿色发光变为黄色发光，这是由于 **138** 从有序堆积的分子模式到非晶状态的相变。在这里，Rh-2 保持在“关闭状态”，几乎没有荧光。随着进一步的外力扰动，Rh-2 的一种具有平面化两性离子结构的异构体开始发光。在这种情况下，发生从激发的黄色荧光团到红色受体的分子间 FRET 过程，猝灭了黄色发射但增强了红色发射。**138**/Rh-2 的三色转换由三个条件控制：①两组分应通过相分离保持各自独立的发射性质；②力刺激可以开启受体 Rh-2 的荧光；③机械变形可以减小 D-A 距离，并且通过 FRET 抑制不同发射的串扰。

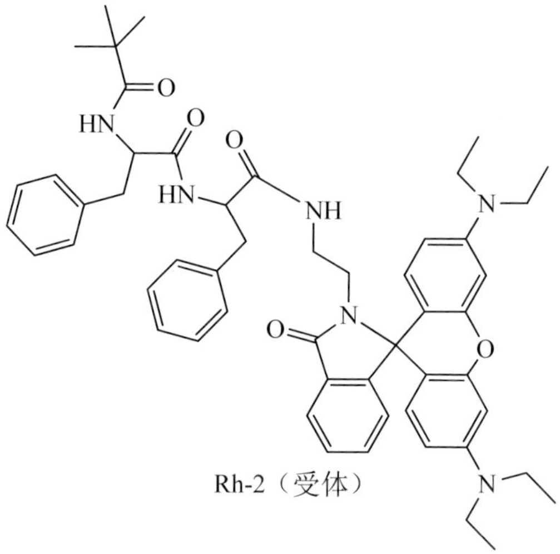

Rh-2（受体）

Xu 等[94]报道了两种基于咔唑的三苯基丙烯腈衍生物 **153** 和 **154**，它们表现出典型的 ICT 和 AIE 特性，具有高固态发光效率，其中，**153** 还表现出力刺激发光变色响应行为。**153** 的原始晶体经研磨后荧光由黄绿色变为橙黄色，通过加热或用二氯甲烷对研磨粉末进行熏蒸可恢复到原始发光状态。力刺激发光变色响应可逆性的原因被认为是由于晶态和非晶态之间的可逆转变。与 **153** 不同，**154** 没有力刺激发光变色响应特性，考虑到 **154** 具有更平面的共轭骨架，更紧密的分子间堆积和固态下更强的 π-π 相互作用，因此在研磨时形态没有变化。

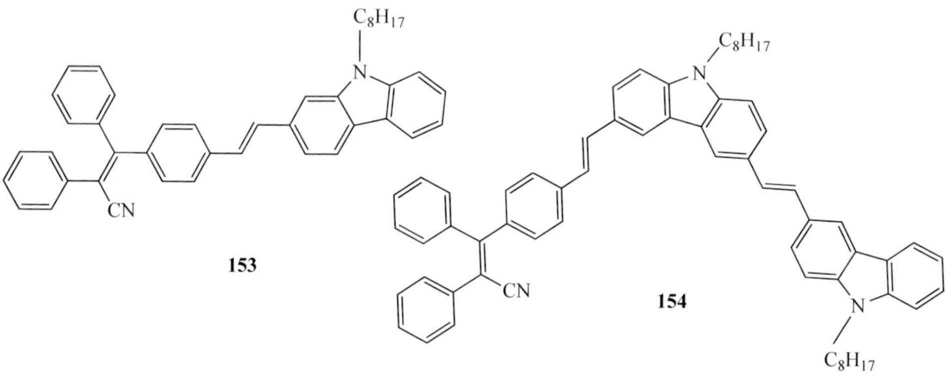

153 **154**

Song 等[95]制备了两种构象高度扭曲的三苯基丙烯腈衍生物 **155** 和 **156**。当充分研磨时，这两种化合物显示出力刺激发光变色响应行为，发生从天蓝色到浅绿色的红移。将研磨过的粉末在 100℃下加热 1 min 或用溶剂蒸气熏蒸可以恢复原始状态。基于 XRD 结果认为，晶态和非晶态之间的相变是导致 **155** 和 **156** 力刺激发光变色响应特性的原因。

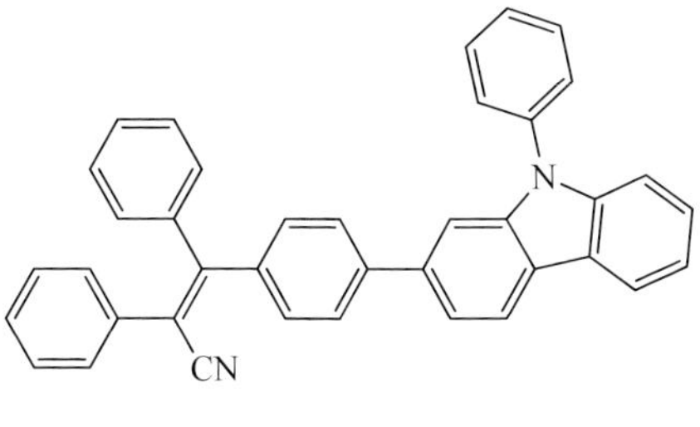

155 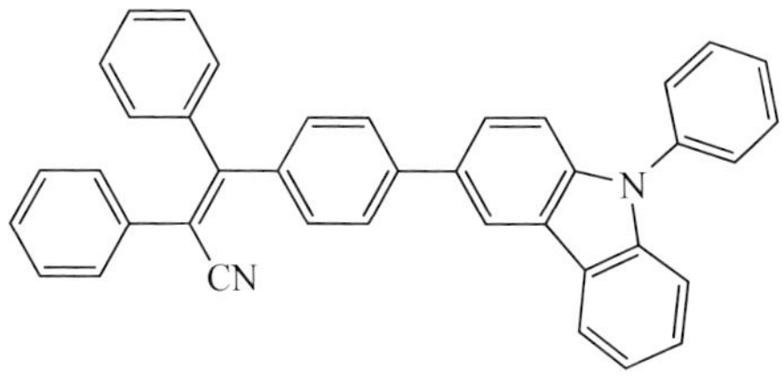　　156

Wei 等[96]报道了一种热稳定且具有 AIE 活性的化合物 **157**。研磨时观察到在 540 nm 和 580 nm 处的荧光发射峰变化，归因于改变聚集态结构而发生的从晶体到非晶的转变。原始和研磨后样品的荧光量子产率分别为 74.3%和 8.4%，荧光寿命分别为 3.4 ns 和 5.1 ns。研磨前后样品荧光量子产率的差异表明 **157** 具有较高的对比度，更重要的是掺杂和非掺杂 OLED 器件表现出不同的发光颜色，且掺杂器件的发光效率高，最大发光亮度、最大电流效率、最大功率效率和最大外量子效率（EQE）分别为 15070 cd/m^2、11.0 cd/A、7.5 lm/W 和 3.1%。

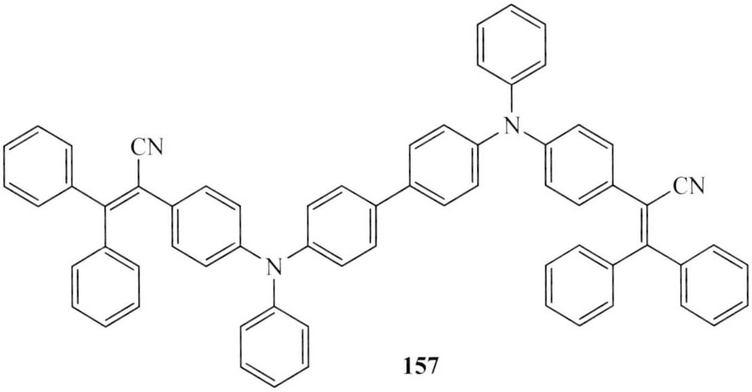

157

Pei 等[97]研究了三苯基丙烯腈修饰的 *N*-苯基咔唑的几种异构体，发现取代位置对光物理性质有明显影响，包括吸收、发光和力刺激发光变色响应性质。这些异构体的固态荧光量子产率大致为 **158**＜**159**＜**160**≈**161** 的顺序，这可能与它们的分子构象刚性程度有关。所有发光体都表现出 AIEE 特性，荧光量子产率高达 56.80%。除 **158** 外，其他三种化合物均表现出明显的可逆力刺激发光变色响应现象。原始的 **158**、**159**、**160** 和 **161** 固体发强的蓝光，发射峰/肩峰分别位于 500 nm、455 nm/480 nm、460 nm/475 nm 和 489 nm，而它们研磨后的非晶固体则具有黄绿色或黄色发光，最大峰值分别为 500 nm、463 nm/480 nm、495 nm 和 526 nm。值得注意的是，尽管发射峰和肩峰的位置相似，但 **159** 固体的发光颜色从蓝色变为绿色，这是由红色区域的比例增加所造成的。用二氯甲烷溶剂熏蒸后，研磨后固体的发光可以完全恢复到原始状态，从而表明力刺激发光变色响应的可逆性。XRD 测试结果表明，从晶态到非晶态（反之亦然）的形态变化与这些发光体的力刺激发光变色响应性质密切相关。然而，与其他发光体的发光红移相比，晶态和非晶态 **158** 的 PL 光谱几乎没有变化，这可能是由于空间位阻效应，三苯基丙烯腈和咔唑之间的扭转角更大，存在分子内空间电荷转移作用的缘故。

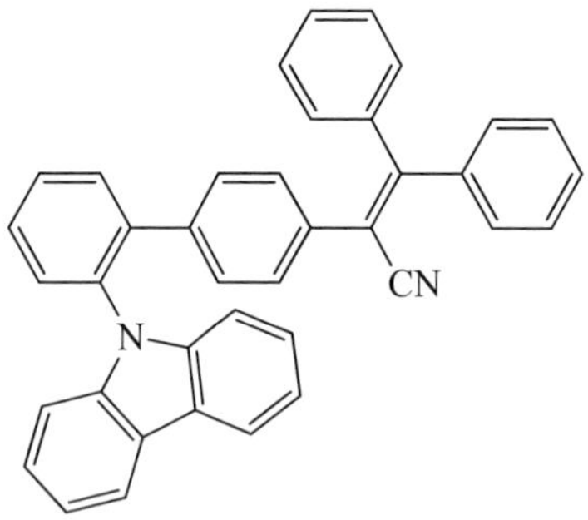

CN

158

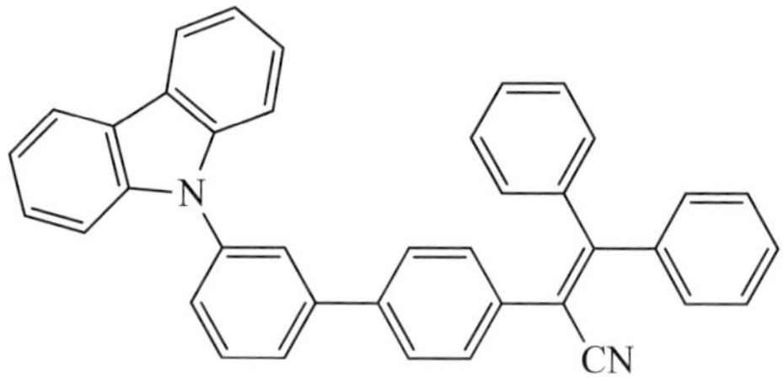

CN

159

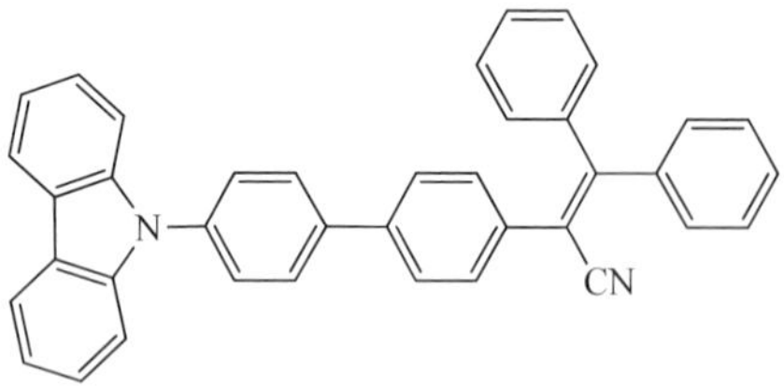

CN

160

CN

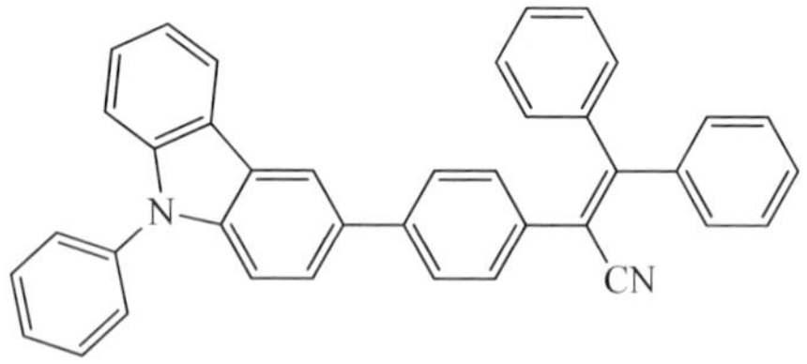

161

Zhan 等[98]合成了以三苯胺作为电子给体基团的三苯基丙烯腈衍生物 **162**。其发射波长受溶剂极性强烈影响，分子内电荷转移效应明显。研究发现，**162** 在四氢呋喃中几乎不发光，加入大量水后发光明显增强，说明了 AIE 的发光特性。**162** 的原始晶体发射绿光（$\lambda_{em} = 526$ nm），研磨使其发光颜色变为橙色（$\lambda_{em} = 558$ nm），可在二氯甲烷蒸气熏蒸下恢复。其力刺激发光变色响应现象被认为是由于晶态和非晶态之间的转变而产生，这从不同固体状态下的 PXRD 谱图和 DSC 曲线得到证实。

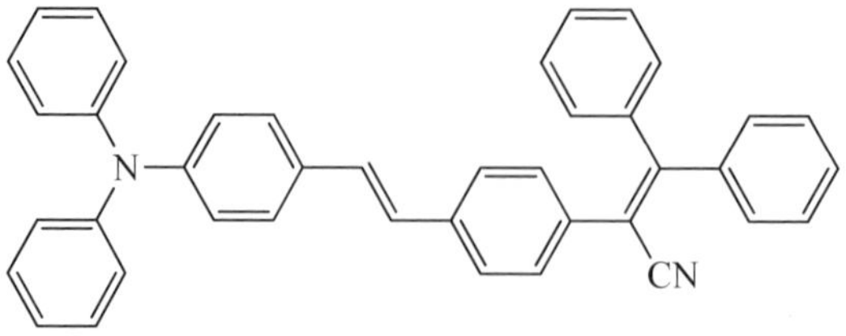

CN

162

3.3.4 亚甲基丙二腈衍生物

Zhu 等[99]报道了喹啉丙二腈衍生物 **163**，其具有固态增强的红色发光。它是通过采用一种基团取代方法来修饰具有严重聚集猝灭发光（ACQ）效应的二氰基吡喃烯衍生物（如 **164**）中典型的 π 电子受体实现的。将 *N*-乙基基团引入喹啉丙二腈的受体后，**163** 在自组装过程中会形成头对尾的 J-聚集的扭曲构象，因此可通过扭转的构象和固态分子的紧密堆积来有效抑制非辐射失活。此外，在 C—H⋯π 和 C—H⋯N 超分子相互作用的基础上，**163** 被赋予固态增强发射和其他一些优点，包括长波长强红光发射、自组装为一维微/纳米线、高效的光波导和可逆的力刺激发光变色响应性质。**163** 的原始粉末发强的橙色光，发射峰值为 605 nm，而受压或磨碎的样品发生了 40 nm 的红移，发出波峰位于 645 nm 的明亮红光，发光波长的变化是由更强的 π-π 相互作用带来的分子紧密堆积引起的。同时，通过研磨/熏蒸或受压/加热处理，这种刺激响应的发光颜色变化可以在橙色和红色之间可逆转换。X 射线晶体结构研究表明，**163** 和 **164** 的固态增强发射机理归因于研磨后样品从晶态到非晶态的部分转变。

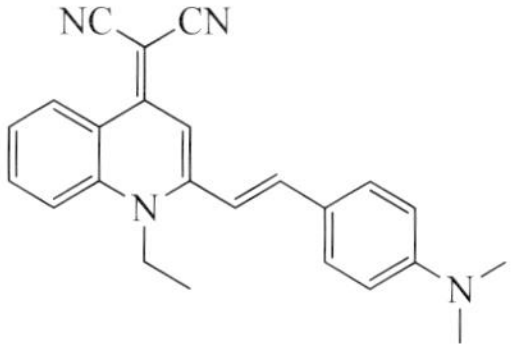

NC CN N NC CN O N N

163 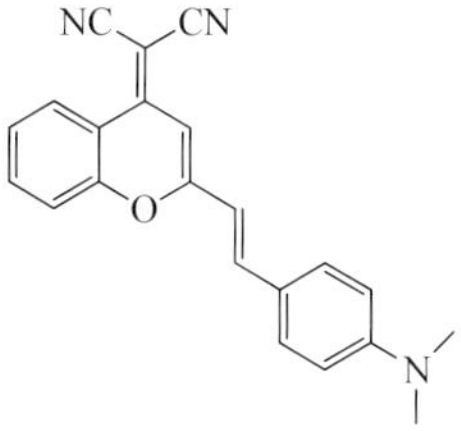 **164**

Zhou 等[100]报道了四个发光体 **165**～**168**，它们是通过简单地修饰三苯胺而获得的。除 **168** 外，其他三个化合物均具有明显的 AIE 特性，对有机溶剂可逆的荧光开关响应以及形貌从晶态到非晶态改变导致的力刺激发光变色响应行为。通过研磨化合物 **166**，样品的发光由明亮的黄色（581 nm）转变为明亮的橙色（602 nm），而进一步在二氯甲烷气氛中熏蒸 5 min 或在 80℃下退火 10 min，研磨样品可以恢复到原始样品的发光颜色。因此，发光颜色可以成功地在黄色和橙色之间反复多次转变。化合物 **165**、**166** 和 **167** 的单晶可以通过乙醇重结晶获得。这三个化合物高度扭曲的分子构象有利于分子在良溶剂中进行分子内旋转运动，因而消耗激发态能量，造成它们不发光。晶体结构证实分子以反平行的方式堆积，具有较弱的相互作用和氢键，从而使分子构型刚性化并增强了发射。紧密扭曲的苯环还避免了这些晶体分子中激基复合物或激基缔合物的形成，从而也增强了发射。简单的机械力刺激可以实现构象平面化，而通过热退火或溶剂熏蒸可以恢复扭曲的构象。

与产生较短的有效共轭长度和发蓝光的高度扭曲的堆积结构相反，平面构象带来更长的有效共轭长度和波长更长的发光。与 **166** 相比，**167** 晶体中分子构象更加扭曲，可压缩空间更多，这是因为分子的苯环全部被弱相互作用力或氢键限制。因此，**167** 因研磨引起的波长红移（约 50 nm）远大于 **166**（约 20 nm）。

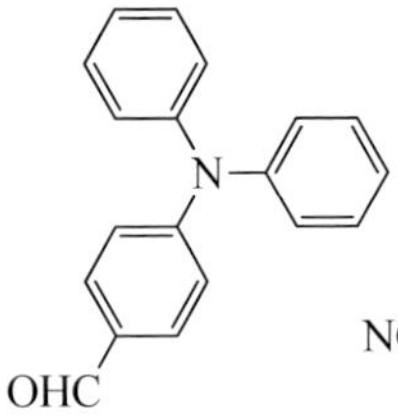

OHC NC NC OHC NC NC

165 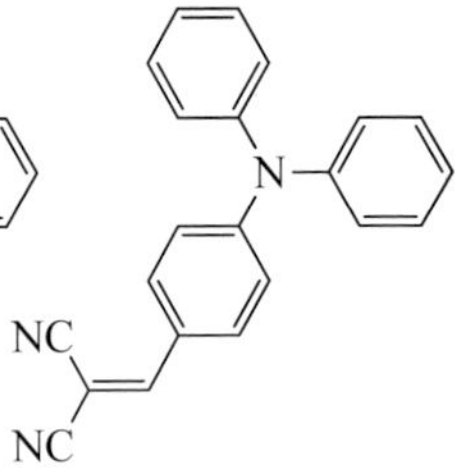 **166** 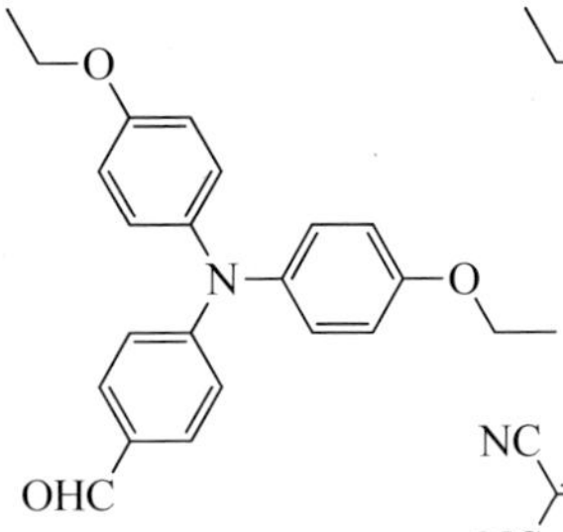 **167** 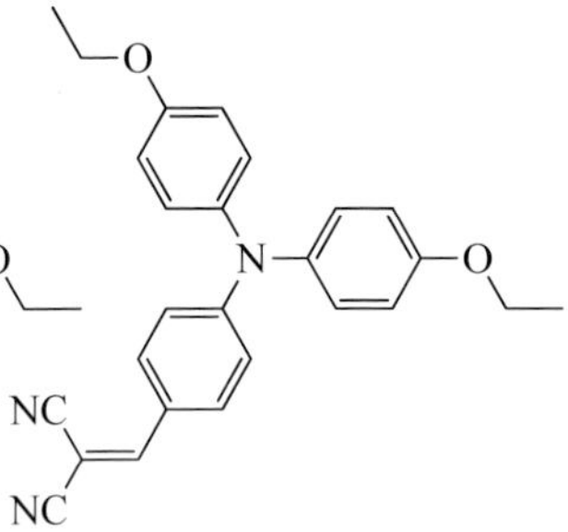 **168**

Anthony 等[101]报道了一种基于三苯胺的 AIEE 材料 2-[4-(二苯氨基)-2-甲氧基亚苄基]丙二腈 **169**。通过可调控的相变和同质多晶性、缺陷、拓扑化学和纳米加工诱导的荧光调节，它呈现出可逆的力刺激发光变色响应现象。分别在 CH_3CN 和 CH_3OH 中培养得到了 **169** 的两种晶体，橙色发光的 **169**-a（588 nm）和黄色发光的 **169**-b（538 nm）。单晶结构分析证实了其同质多晶性，并且 **169**-a 表现出明显分离独立的分子堆积，具有扭曲的分子构象；而 **169**-b 显示了大范围的反平行分子堆积，具有强烈的分子间相互作用。当 **169**-a 晶体被轻轻弄碎时，其发光会从 588 nm 蓝移到 571 nm，在强烈研磨后进一步转变为 562 nm，最后通过热退火/溶剂气氛熏蒸处理转变为 545 nm。PXRD 研究表明，通过退火/溶剂熏蒸，**169**-a 的研磨粉末会转变为 **169**-b。但是，在强烈研磨 **169**-b 之后，它的发射会红移到 562 nm，通过退火/溶剂气氛熏蒸处理可以恢复到 545 nm。根据 PXRD 和 DSC 结果认为，晶态和非晶态之间的可逆转变是发光变化可逆性的来源。此外，在 120℃ 退火 **169**-b 晶体可以得到 **169**-a，伴有从 538 nm 到 572 nm 的发射峰红移。对 **169** 进行纳米加工，可以获得明显形貌变化和从 562 nm 至 536 nm 的可调发光颜色。因此，作为一种简单的有机 AIEE 荧光分子，**169** 可通过相变实现有趣的外部刺激响应性荧光转换，以及通过同质多晶性、拓扑化学转化和纳米加工等实现宽泛的荧光调节。

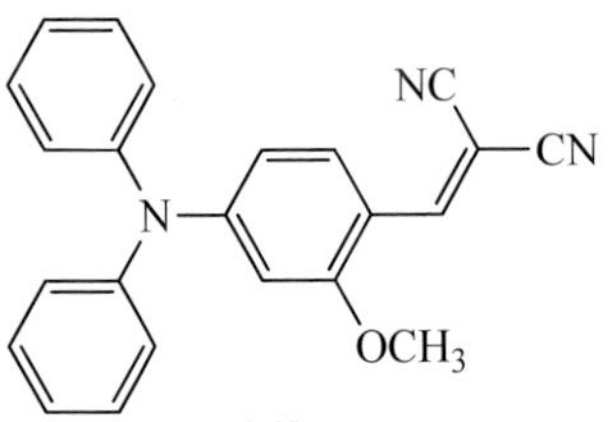

NC CN OCH_3

169

Roncali 等[102]报道了一个 D-A 型分子 **170**，其包含二氰基乙烯基受体基团和被短聚氧化乙烯链 *N*-取代的二苯胺给体嵌段，而该受体基团和给体嵌段通过

噻吩基 π 共轭连接。同时，他们合成了包含己基链的母体化合物 **171** 作为对照化合物。与先前报道的具有 AIE 和/或力刺激发光变色响应功能的化合物相比，**170** 还具有结构简单的优点，是具有非线性光学行为材料的第一个实例。当 **170** 从溶液中成膜时，会形成亚稳态的深红色非晶态膜，并迅速转变为几乎无色的稳定晶体形式。在书写、摩擦或涂抹等机械力刺激下，晶态转变成初始的深红色非晶态，并很快恢复到晶态。在环境条件下储存 20～30 min 后，化合物 **171** 的薄膜仍保持稳定，而化合物 **170** 的薄膜则颜色消失。对 **170** 薄膜在不同阶段力刺激发光变色响应过程的 PXRD 进行分析研究，以获取更多信息。在 **170** 晶体中发现了头对尾堆积和面对面堆积的交替分布。通过在疏水性二氰基乙烯基受体端基的相对侧引入亲水性短聚氧化乙烯链，可使分子表现出两亲性。因此，所得的分子自组装体经受两个反作用力，包括有利于头尾相接的分子堆积的偶极相互作用和促进共面排列的亲水/疏水性相互作用。由于这种矛盾的情况，产生了亚稳态，并带来力刺激发光变色响应的特性。

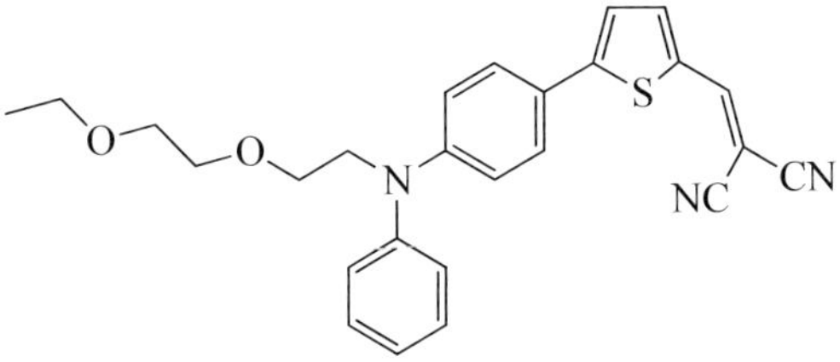

O O N S NC CN

170

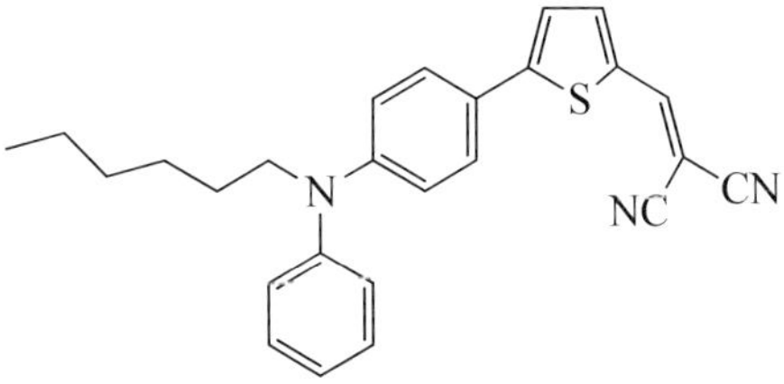

N S NC CN

171

Zhang 等[103]以三苯胺为给体、二氰基乙烯基苯为受体、蒽为 π 桥，构建了一种 D-A 结构的力刺激发光变色响应化合物 **172**。由于氢-氢排斥作用，化合物的构象高度扭曲，因此阻止了在结晶状态下的 π-π 堆积，其单晶具有亮绿色的发光。用研杵在研钵中研磨 **172** 的晶体后，其发光颜色从绿色（λ_{em} = 532 nm）红移了 83 nm，转变为橙红色（λ_{em} = 615 nm），这表明其具有高对比度的力刺激发光变色响应性质，而荧光量子产率（Φ_{PL}）从 35%降低到 11%。同时，当将磨碎的粉末在 150℃退火 1 min 或用二氯甲烷蒸气熏蒸 30 s 时，上述发光颜色变化可以可逆恢复。PXRD 结果显示，从有序分子堆积结构到非晶状态的部分转变是造成研磨诱导的力刺激发光变色响应行为的原因。另一方面，化合物 **173** 单晶的蓝绿色发射（λ_{em} = 481 nm，Φ_{PL} = 35%）在研磨时仅红移了约 13 nm。因此，**172** 显示出比 **173** 更明显的力刺激发光变色响应现象，表明二氰基乙烯基团能更有效地促进由研磨引起的显著发光变化。

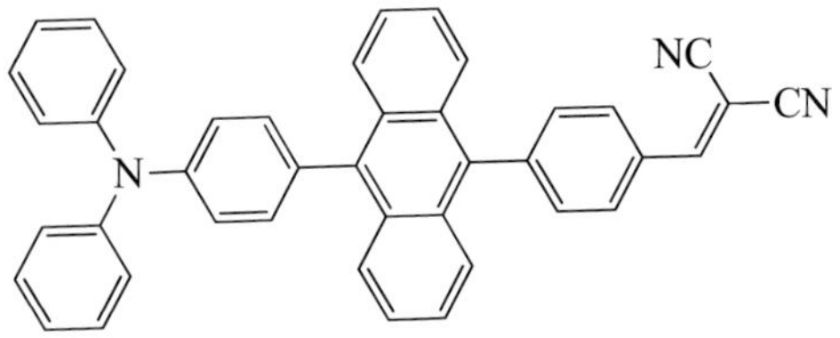

172 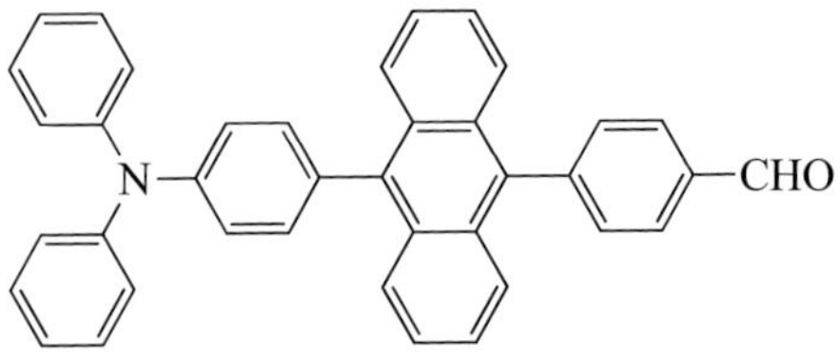 **173**

Wang 等[104]报道了一系列的二氰基亚甲基吖啶酮衍生物 **174**～**177**，它们具有 CIE 特性，即在结晶状态下有强发射而在非晶状态下没有荧光，这是由在晶格中分子骨架的扭转振动受限所致。通过改变烷基链的长度，可以轻松地调节 **174**～**177** 晶体中的分子堆积，并且发光颜色从绿色转变为红色，从而赋予 **174**～**176** 晶体以分子堆积依赖的发光性质。通过将二氰基亚甲基吖啶酮受体与两个二苯氨基给体结合而合成了分子 **177**，它具有 ICT 特性，并在结晶状态下发出强的近红外光（λ_{em} = 707 nm，Φ_{PL} = 16%）。研磨后，高亮度的 **177** 原始固体变得几乎不发光，在加热或熏蒸处理后样品恢复到高亮度发光。因此，发光开/关可以通过机械力、热和有机蒸气刺激处理来反复转换，并且可逆发光变化的根源是晶态和非晶态之间聚集状态的可逆转变。这项工作提供了具有各种发射颜色（从 560 nm 到 700 nm）的刺激响应的发光开/关转换体系。

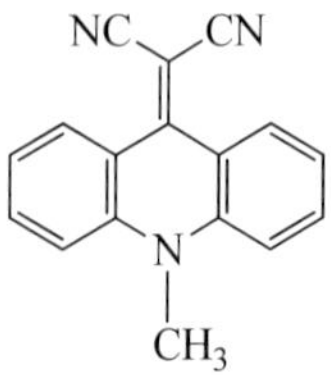

174 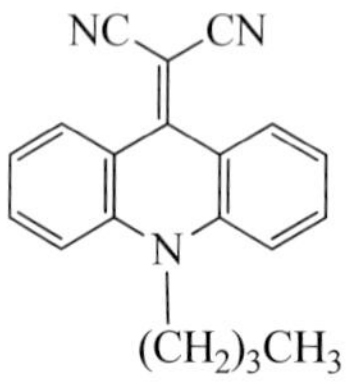 **175** 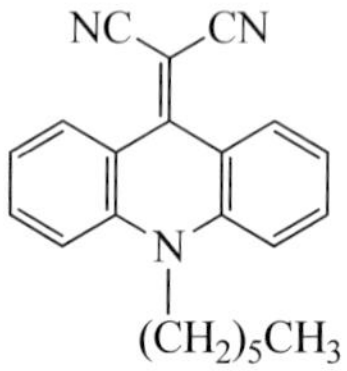 **176** 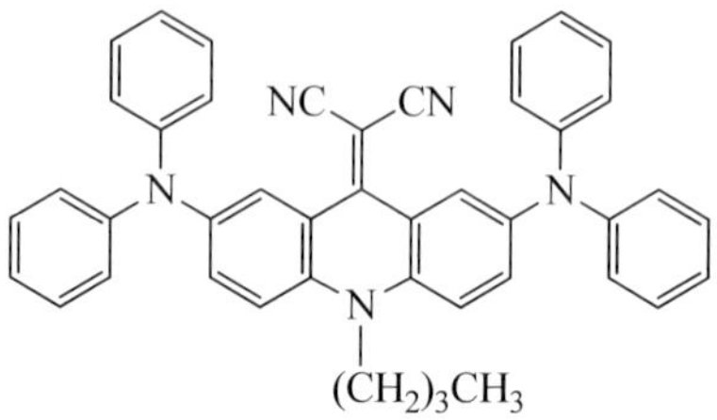 **177**

Botta 等[105]报道了一种 D-A 型染料 1, 1-二氰基-2, 2-双（4-二甲基氨基苯基）乙烯（**178**），其表现出多晶态性依赖的 AIE 特征。该化合物可产生四种均具有 AIE 活性的不同结晶形式，并且结晶形式 A 和 B 发橙黄色光，而结晶形式 C 和 D 发绿色荧光。根据 X 射线衍射分析，晶体中荧光增强是因为弱的分子间相互作用引起的分子内部转动受限。然而，不同的发射颜色源自四种结晶形式的分子各自不同的构象。值得注意的是，晶体 A 的发光颜色在加热和研磨时是可调节的，晶体 B 则仅通过研磨是可调节的，而晶体 C 显示出发光变色行为。由于溶剂移除，晶体 D 可以很容易地自发或通过温和的热处理转变为晶体 B，而晶体 D 到晶体 B 的转变是与相变有关的，仅仅产生发光颜色变化。与涉及非晶化过程的常见刺激响应化合物不同，在这项工作中，外部刺激引起的表面缺陷被认为是力刺激发光变色响应机理的主要原因。

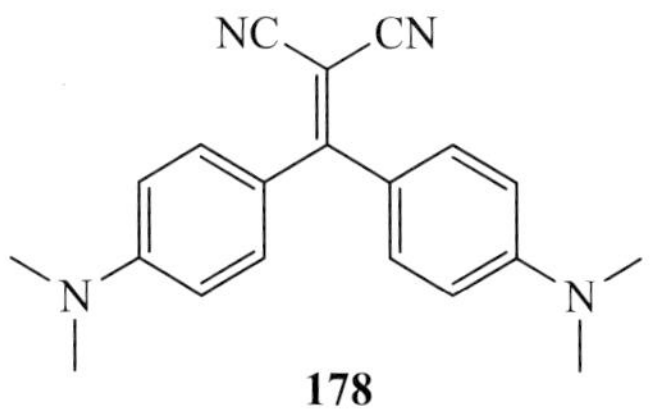

Wu 等[106]研究了三种具有 AIE 特性的 D-π-A 型 1, 4-二氢吡啶衍生物 **179**～**181**，以 4-双（二甲氨基）苯乙烯作为电子给体基团，选用不同端基作为电子受体，分别为双氰亚甲基、氰乙酸乙烯酯和 2-亚甲基-1*H*-茚-1, 3(2*H*)-二酮。由于吸电子末端取代基的不同，目标化合物在固态时显示出不同的刺激响应荧光性质。通过外力刺激，具有双氰亚甲基和氰乙酸乙烯酯基团的原始样品没有显示出发光变化，而在含有 2-亚甲基-1*H*-茚-1, 3(2*H*)-二酮单元的化合物中观察到可逆的力刺激发光变色响应及溶剂诱导的晶态和非晶态之间转换引起的发光变化。不同的力刺激发光变色响应行为源于固态中分子堆积模式的差异。此外，由于质子化的位点不同，这些化合物具有不同的酸/碱诱导的固态荧光转换特性。所有衍生物均表现出可逆的酸致发光变色，这归因于质子化。当暴露于 TFA 蒸气时，**179** 和 **180** 表现出从橙色到绿色的发光变化，而 **181** 固体的荧光会被直接猝灭。与 **179** 和 **180** 相比，**181** 的不同行为可能与羰基和 N—CH_3 的质子化有关。

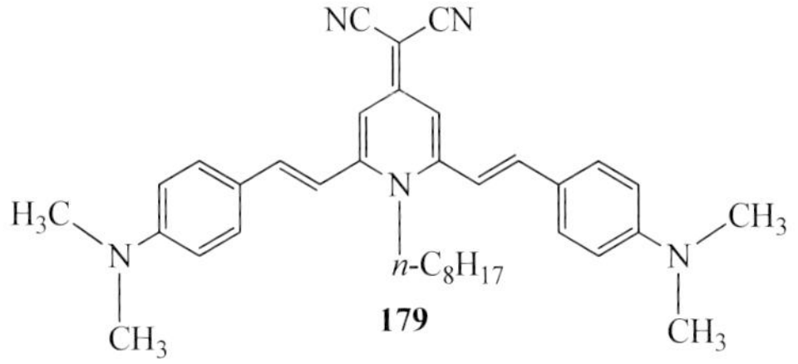

178

179

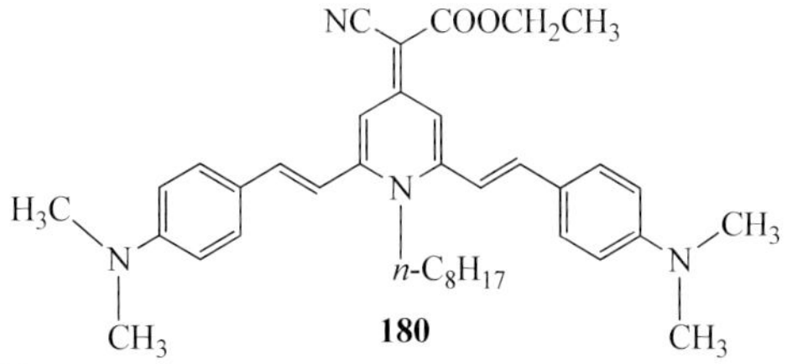

180

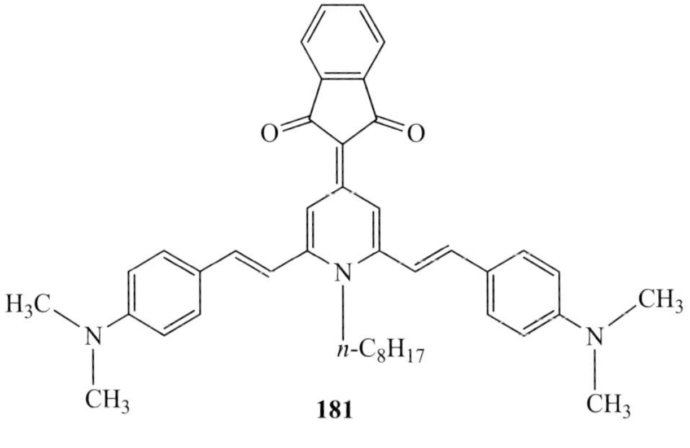

181

为了研究 *N*-烷基链对聚集态荧光性质的影响，Wu 等[107]合成了一系列 D-π-A 型茚-1, 3-二酮亚甲基-1, 4-二氢吡啶（IDM-DHP）衍生物（**182**～**186**），它们在二氢吡啶（DHP）环上具有不同的烷基链长度。随着 *N*-烷基链长度的增加，合成的

IDM-DHP 固体发光逐渐蓝移，表明烷基链长度在发光颜色方面有重要影响。同时，这些化合物的力刺激发光变色响应性质对烷基链长度也非常敏感，随着烷基链长度的延长，力刺激发光变色响应的光谱位移变大。这些化合物的力刺激发光变色响应行为是可逆的，可以通过对研磨样品进行退火或溶剂熏蒸而回到初始发光状态。XRD 结果证实，力刺激发光变色响应性质源自晶态和非晶态之间的转变；而单晶 X 射线衍射分析证明，相变与分子中弱的 C—H···π 氢键和随之而来的不紧密的固体分子堆积有关。另外，力刺激发光变色响应特性对烷基链长度的依赖性应归因于烷基链长度增加带来的超分子相互作用的变化，也就是说，链长的增加往往会削弱 C—H···π 氢键并使其在聚集态堆积松散，导致更显著的力刺激发光变色响应现象。

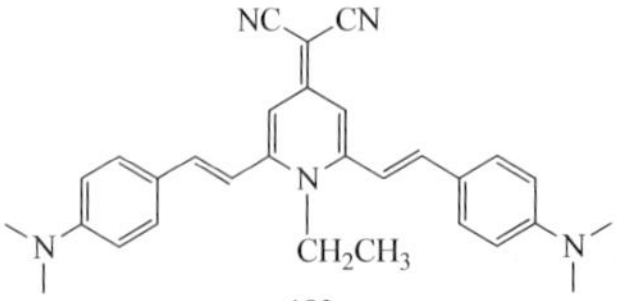

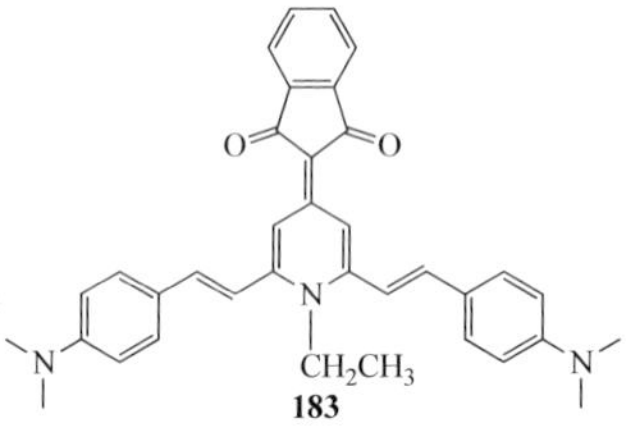

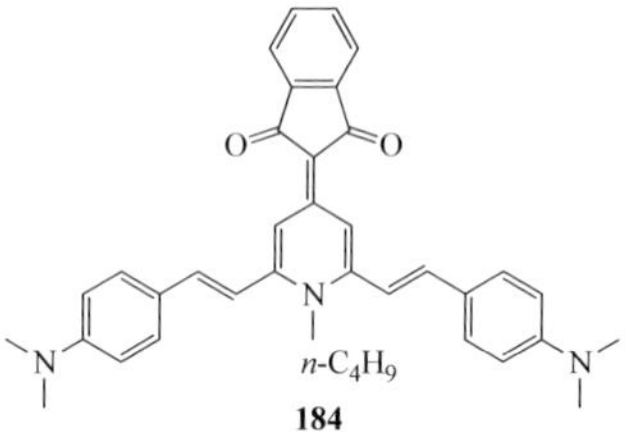

Cheng 等[108]合成并比较了由不同吸电子端基组成的一系列 *N*-烷基化 1, 4-二氢吡啶（DHP）衍生物（**187**～**191**），并解释了它们的多晶型和力刺激发光变色响应性能。大多数 **187**-C_n、**188**-C_n 和 **189**-C_n 化合物可以实现多晶型，发射不同的荧光，并显示出明显的力刺激发光变色响应特性。但是，**190**-C_n 和 **191**-C_n 化合物仅具有一种晶体，并且没有力刺激发光变色响应行为。因此，DHP 衍生物的吸电子端基对力刺激发光变色响应和多晶型性质具有显著影响。吸电子端基产生的不同空间和电子效应，在分子之间形成合适的分子间相互作用及在晶体中形成适当的分子堆积模式方面起着至关重要的作用，有助于特定的多晶型和力刺激发光变色响应特性。此外，随着烷基链长度的增加，晶体多晶型物的数量减少，表明 **187**-C_n 和 **188**-C_n 的晶体多晶型物的数量对烷基链长度敏感。单晶结构分析表明，DHP 衍生物多晶型物的不同发光主要归因于分子间相互作用和分子堆积模式的差异，而分子间相互作用距离的细微差异影响了特定多晶型物的形成。晶体多晶型物可以

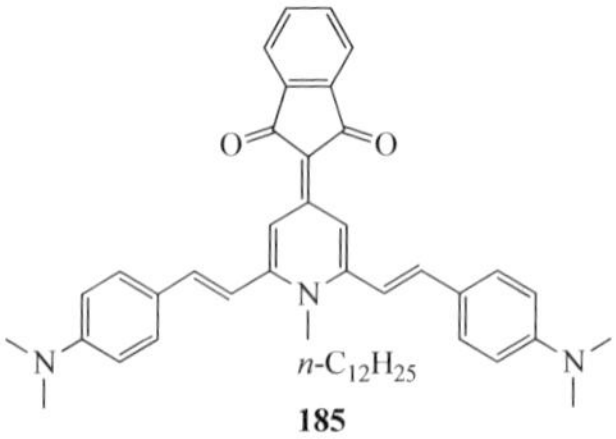

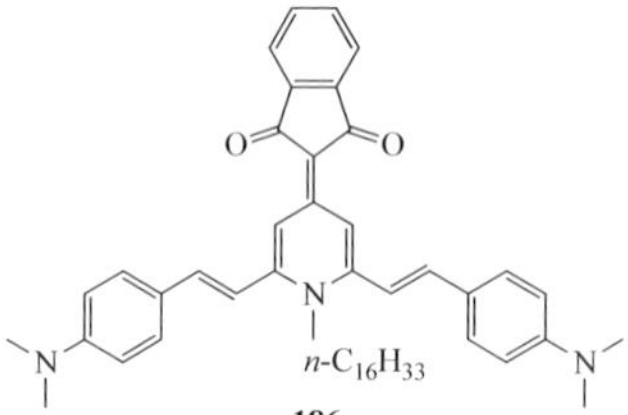

通过使用特定溶剂、研磨或熏蒸的简单重结晶过程相互转化。对于这些 DHP 衍生物，在晶体结构中存在强烈的分子间相互作用和/或 π-π 堆积相互作用，这阻止了晶体在研磨刺激下向非晶态的转变。根据 XRD 和 DSC 结果，力刺激发光变色响应性能与不同晶态之间的相变有关。因此，对于仅显示一种晶体的 **188**-C_8、**190**-C_n 和 **191**-C_n，由于没有发生从一种晶态到另一种晶态的转变，未观察到它们的力刺激发光变色响应性质。这项工作提供了一种开发具有力刺激发光变色响应和多晶型特性的有机荧光材料的新方法。

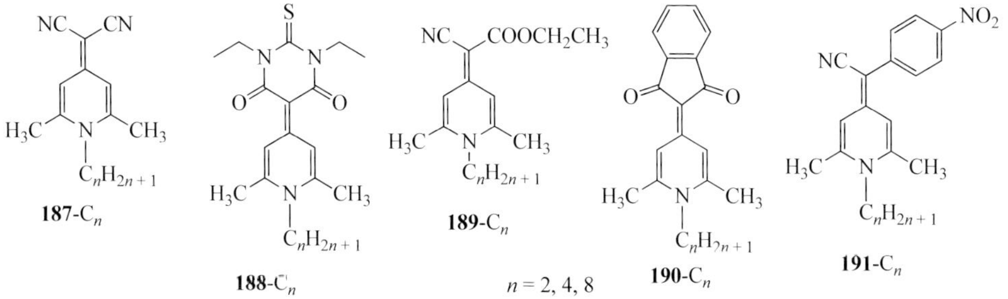

187-C_n　**188**-C_n　**189**-C_n　**190**-C_n　**191**-C_n

$n = 2, 4, 8$

Wu 等[109]报道了一系列具有不同烷基链的二氰基亚甲基-4*H*-吡喃衍生物 **192**、**193** 和 **194**，它们被 3-位，4-位和 5-位吲哚取代，并研究了这些化合物的力刺激发光变色响应性能。与烷基链相比，吲哚单元的异构化对力刺激发光变色响应性能产生更明显的调节作用。**192** 衍生物的力刺激发光变色响应行为可通过增加烷基链长度和使烷基链异构化来实现。相反，**193** 衍生物的力刺激发光变色响应行为具有对烷基链长度相反的依赖性，该相反的作用与分子构象的变形程度紧密相关，也就是说，更加扭曲的分子构象倾向于产生更明显的力刺激发光变色响应现象。对于 **194** 衍生物，引入烷基链后，力刺激发光变色响应现象完全消失。XRD 分析表明，当对其中一些化合物施加外力刺激时，弱分子间相互作用和松散的分子堆积模式很容易受到破坏，导致由晶态到非晶态的转变，这解释了所观察到的力刺激发光变色响应性能的差异。

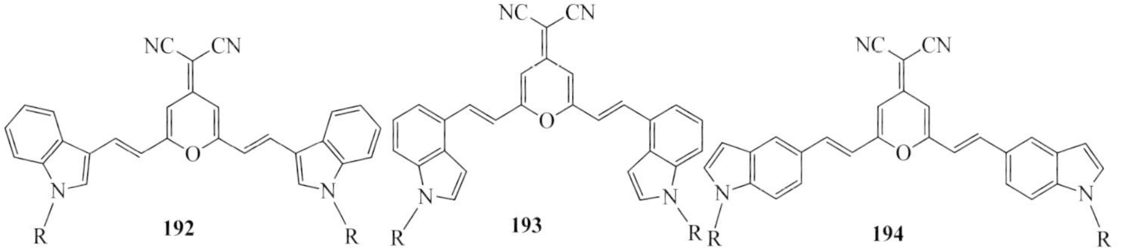

192　**193**　**194**

R = H, *n*-C_4H_9, *i*-C_4H_9, *n*-$C_{12}H_{25}$

Wu 等[110]通过采用两个不同的端基，研究了几种 1-位和 2-位萘乙烯基取代的 4*H*-吡喃衍生物。这两对位置异构体均具有 AIE 活性，并表现出对外部刺激不同的固态荧光响应特性。在 1-位萘乙烯基取代的衍生物 **195** 和 2-位萘乙烯基取代的衍生物 **198** 中实现了具有可逆性的优异力刺激发光变色响应性能，而在外部压力下，**196** 和 **197** 的固态发光保持不变。结果表明，力刺激发光变色响应性能是萘乙烯基的连接位置和吸电子端基的组合作用。XRD 结果证明，在外部刺激下，晶态和非晶态之间的相变是 **195** 和 **198** 具有力刺激发光变色响应特性的原因。与 **196** 和 **197** 在晶格中具有紧密的分子间堆积不同，**198** 晶体中的分子采用松散的分子堆积模式，具有较弱的分子间相互作用，其晶体结构可以容易地在外部刺激下被破坏，从而表现出力刺激发光变色响应特性。而且，与衍生物 **195** 和 **196** 相比，由于羰基的质子化/去质子化效应，衍生物 **197** 和 **198** 在酸/碱刺激下显示出可逆的酸致发光变色性质，这仅与吸电子端基有关。因此，**198** 对压力、酸蒸气和溶剂均具有荧光响应，展示出固态多重刺激响应荧光行为。

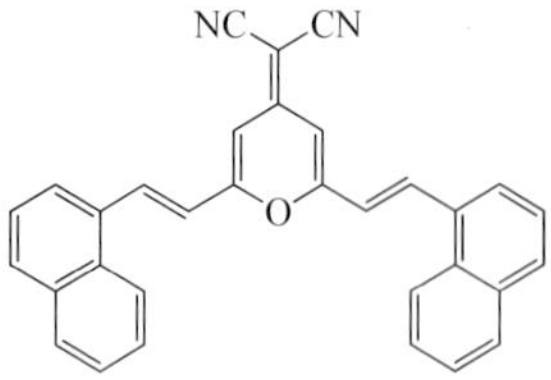

NC CN O
195

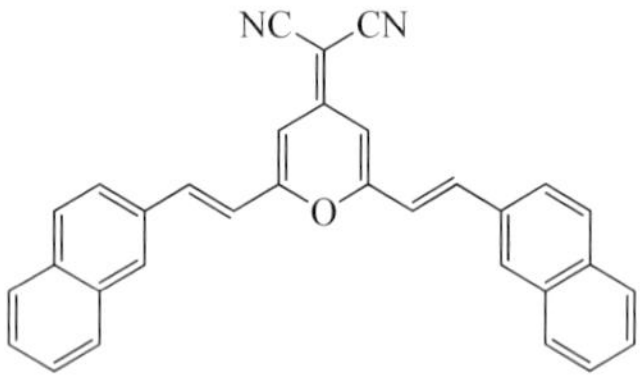

NC CN O
196

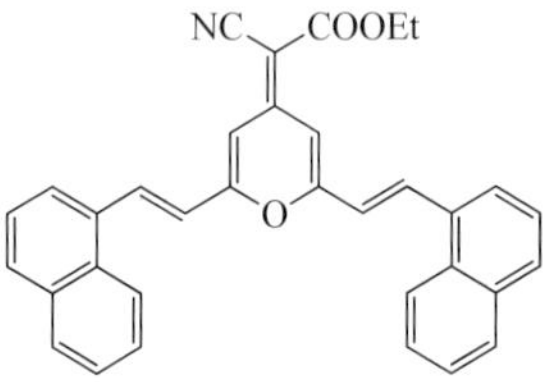

NC COOEt O
197

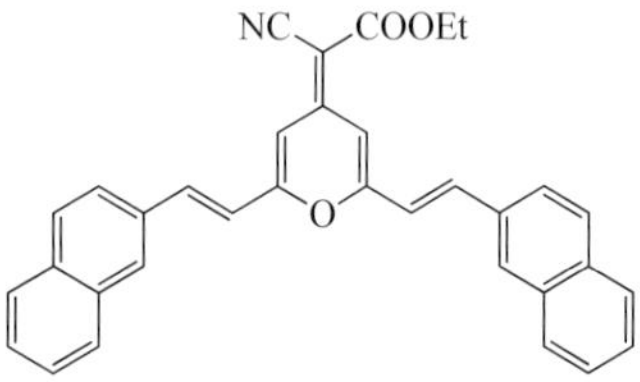

NC COOEt O
198

Zhao 等[111]基于对双（2, 2-二氰乙烯基）苯骨架，开发了一系列有机固体荧光分子 **199**，并系统地研究了其光学性质和单晶堆积结构。通过用非芳香族或芳香族基团修饰核心骨架，形成了两种有机固体发光体，它们发射蓝色到红色区域的荧光。更重要的是，通过引入大体积的芳香族基团可产生扭曲的分子构象，有助于抑制 π-π 堆积相互作用，并使荧光分子具有显著的 AIE 特性和较高的固态荧光量子产率。此外，某些 AIE 荧光分子（f、g 和 h）表现出多晶型依赖性发射和可逆的力刺激发光变色响应特性。

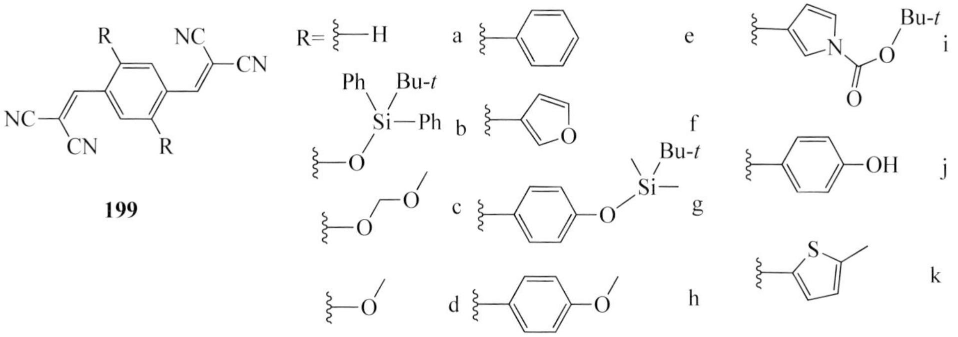

199

Zhang 等[112]报道了两种具有简单结构的 3-芳基-2-氰基丙烯酰胺衍生物 **200** 和 **201**。由于晶体状态的分子内转动受限，**201** 具有 AIE 活性。原始的 **200** 和 **201** 晶体在用刮刀研磨后，黄绿色的发光都变为橙红色，并且 **200** 的发射峰从 524 nm 红移到 556 nm，**201** 则从 520 nm 红移到 560 nm，表明这两种化合物都具有力刺激发光变色响应特性。基于 PXRD 结果可知，产生力刺激发光变色响应行为的原因是有序晶态和无序非晶态之间的相变。同时，将研磨的样品在 80℃下加热 5 min 或用二氯甲烷、乙醇、乙酸乙酯等溶剂熏蒸后，所有样品都可以恢复至原始发光状态。通常，荧光分子的光谱红移与共轭长度的延伸或激基缔合物的形成有关。如果是前者，则吸收光谱应有类似的变化；如果是后者，则原始样品的吸收光谱应与研磨样品的吸收光谱相同。对于 **201**，其研磨样品的吸收光谱显著红移，这表明力刺激发光变色响应行为源自分子共轭的增加，而不是激基缔合物的形成。至于 **200**，在研磨前后吸收光谱几乎不变，这表明力刺激发光变色响应行为是由于激基缔合物的形成。原始 **200** 的荧光衰减可以通过单指数衰减进行拟合，寿命为 6.84 ns。然而，研磨后的 **200** 表现出双指数衰减，在非晶样品中存在两个不同的发射状态，并且观察到更长的寿命（12.65 ns），这证实了激基缔合物的形成。因此，在分子水平上，**201** 中共轭长度的延长和 **200** 中激基缔合物的形成是它们产生发光变化的原因。

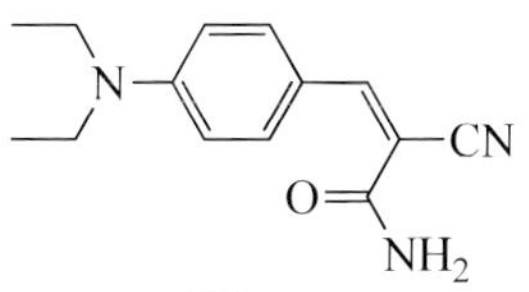

200 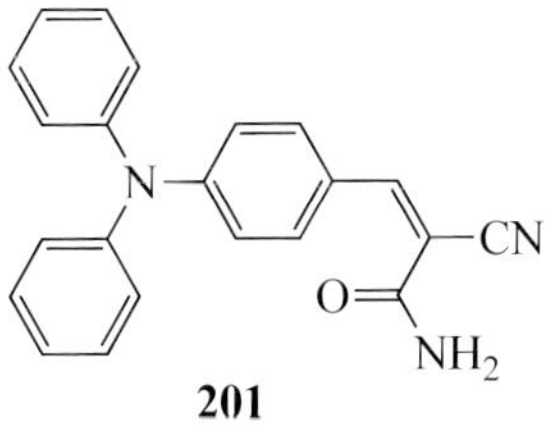 **201**

Zhang 等[113]报道了一个 3-芳基-2-氰基丙烯酰胺衍生物 **202**，其对压力和酸刺激具有显著的荧光变化响应。在外部机械力的刺激下，**202** 的荧光发射红移了

20 nm，并且通过加热或溶剂气氛处理能实现发光的可逆变化。根据 PXRD 和荧光寿命实验结果，从晶态到非晶态的转变是产生力刺激发光变色响应的原因。另外，当受到质子刺激时，其发射颜色从蓝色变到黄色，发生 33 nm 的红移，而用 *N*, *N*-二甲基甲酰胺气氛熏蒸其颜色也可恢复。光物理和计算研究证实了 **202** 的质子化过程，研究结果表明红移现象是由化合物的前线分子轨道发生转变而引起的，该转变是由酸蒸气熏蒸引起的。

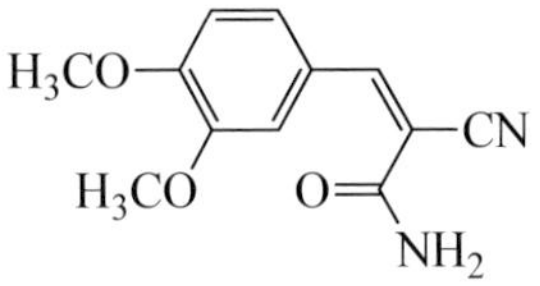

202

三苯胺（TPA）是一种螺旋桨状的光电分子，被用于构建对刺激敏感的智能荧光有机材料，其微小的结构变化对固态分子构象和堆积方式以及力刺激发光变色响应都有影响。2017 年，Anthony 等[114]报道了 TPA 苯环中的取代基—OCH_3 位置和受体（丙二腈、氰基乙酰胺、氰基乙酸、氰基乙酸乙酯和丙二酸二乙酯）对化合物的固态发光、力刺激发光变色响应及分子堆积的影响作用。TPA 衍生物（**205** 和 **214** 除外）在固态下表现出 AIE。所有荧光固体显示出刺激诱导的可逆荧光变化。固态结构和发光性能的比较表明，甲氧基的位置和给体 TPA 与烯烃受体之间二面角的大小在力刺激发光变色响应性质中起重要作用。没有甲氧基取代基的 TPA 衍生物显示出强荧光：$\Phi_{PL} = 85\%$（**204**）和 $\Phi_{PL} = 55\%$（**213**），这可能是由于固态荧光团具有更好的堆积和刚性。较大的二面角导致弱/无荧光。具有大二面角的 **205**（26.49°）和 **214**（27.14°）在固态下没有任何荧光。烯烃受体邻位的甲氧基增大了给体和受体之间的二面角。TPA 结构中烷基的增加导致自发可逆的高对比度关-开荧光转换。**207** 晶格中细微的分子间氢键变化显示，强烈研磨后其荧光恢复较差，而 **208** 显示出典型的关-开荧光转换。PXRD 研究表明，荧光转换是由于材料从晶态变成非晶态的可逆相转化，反之亦然。这些研究为设计基于 TPA 的有机分子提供了结构上的认识，有利于开发新型智能有机材料。

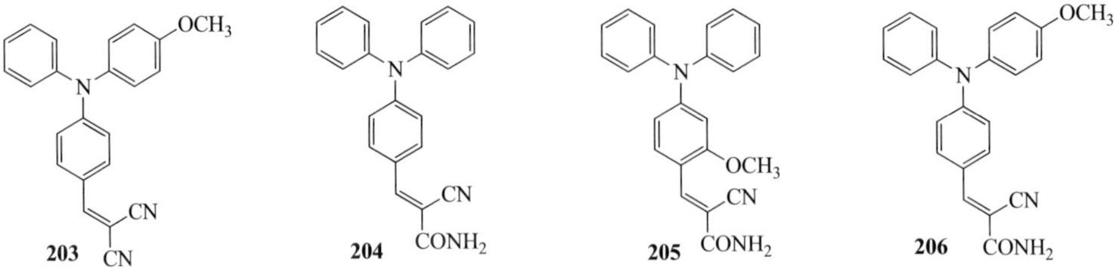

203 **204** **205** **206**

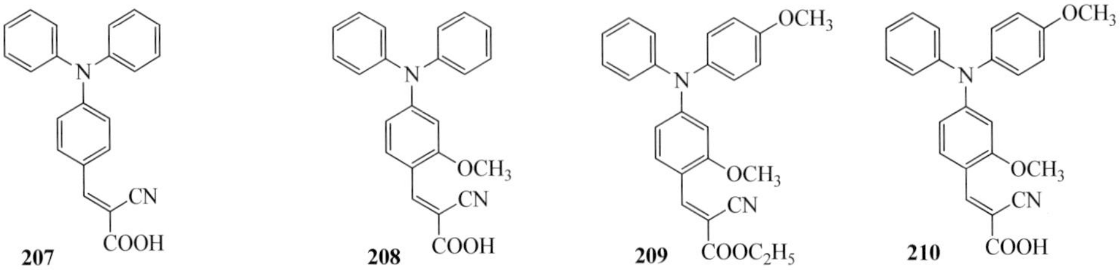

207 **208** **209** **210**

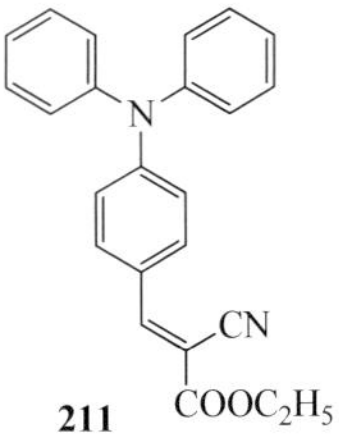

211 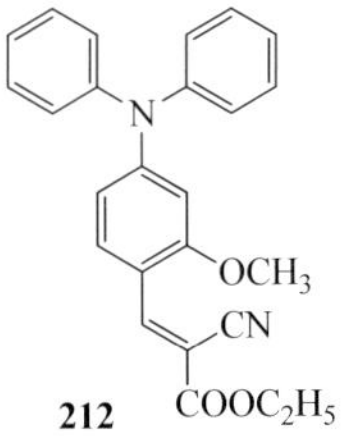 212 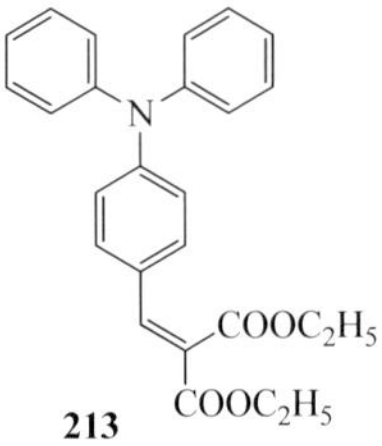 213 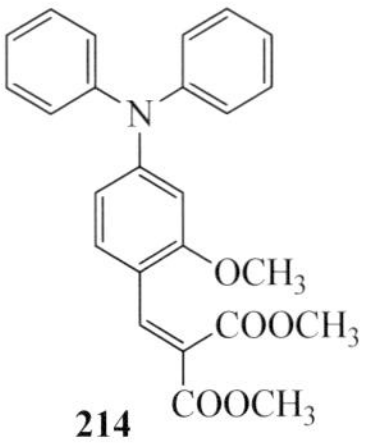 214

为了研究柔性烷基链对 AIE 三苯胺荧光分子的分子构象、堆积和分子间相互作用的调控，以及调控荧光的最大发射波长和力致/热致发光变色现象，Anthony 等[115]将具有不同烷基长度（从乙氧基到庚氧基）的烷氧基引入 2-[4-(二苯基氨基)亚苄基]丙二腈中，得到分子 **215**～**220**。它们表现出由弱到强的固态荧光（绝对量子产率为 4%～26%，荧光最大峰值为 540～588 nm）。在机械力研磨后，**215** 没有明显的荧光变化，但是，**216** 和 **217** 显示出关-开的荧光转换。**216** 还由于多晶态性而具有可调的荧光，但是烷基链的进一步增加并未产生多晶态性。**218**～**220** 表现出对烷基链取向有依赖性的自发可逆的热致发光变色。**218** 和 **220** 的荧光强度随温度升高而降低，而 **219** 的荧光强度随温度升高而增强。固态结构分析揭示了烷基链长度对分子构象和堆积的影响。粉末 X 射线衍射研究表明，材料在晶态与非晶态之间的可逆相变是外部刺激下荧光转换的原因。这些研究证实了，烷基链长度的简单变化会导致多晶态性、力刺激发光变色响应和温度依赖的自发可逆荧光转换等现象的产生。

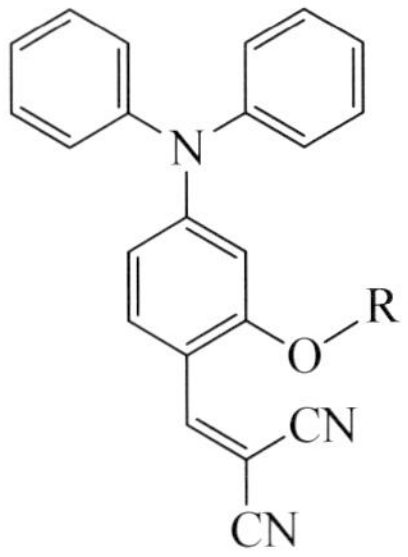

R = 乙基(**215**)
正丙基(**216**)
正丁基(**217**)
正戊基 (**218**)
正己基 (**219**)
正庚基 (**220**)

Dong 等[116]将给体和受体单元引入扭曲的共轭核中，合成了一种荧光体 **221**。**221** 可以形成三种晶体，在 365 nm 的紫外光照射下分别显示：绿色光（**221**Gc，λ_{em} = 506 nm，Φ_{PL} = 19.8%）、黄绿色光（**221**Yc，λ_{em} = 537 nm，Φ_{PL} = 17.8%）和橙色光（**221**Oc，λ_{em} = 585 nm，Φ_{PL} = 30.0%）。**221** 非晶粉末（**221**Am）的荧光量子产率 Φ_{PL} 则为 13.9%，其发射波长（λ_{em} = 585 nm）与 **221**Oc 重叠，这种现象比较少报道。分子扭曲的构象导致堆积松散，这有利于通过形态调整实现发光转换。当受到热、溶剂气氛或机械力刺激时，**221** 的发光可以在绿色、黄绿色和橙色之

间转换。该研究指出，通过结合具有扭曲构象的D-A单元，可以获得更多表现出形态依赖性发光和力刺激发光变色响应的荧光材料。

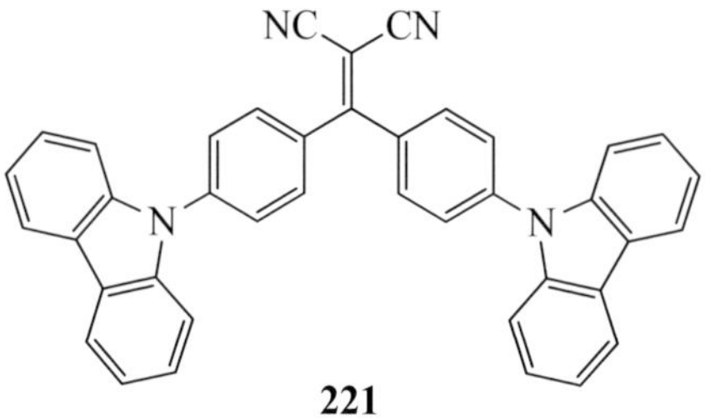

NC CN

N N

221

Guo等[117]报道了两个A-π-D-π-A分子，它们以咔唑为给体、二氰基乙烯基为受体，但是N上的取代基不同，其中*N*-己基取代的是**222**，*N*-异辛基取代的是**223**。它们都具有显著的溶致发光变色和力刺激发光变色响应双重特性。固有的ICT特性赋予这两个发光体显著的溶致发光变色效应，溶剂从非极性的正己烷到极性的二甲基亚砜，溶液的发光颜色从蓝色转变为橙红色。同时，**222**和**223**的原始粉末不发光或者发光很弱，研磨后分别发出亮橙色（610 nm）和黄色（596 nm）的荧光，荧光量子产率分别提高了9.7倍和85倍。研究表明，这种机械力响应的荧光开启可能归因于机械力对非/弱发射J-聚集体中π-π堆积相互作用的破坏。研磨后**223**的Φ_{PL}值显著增加，这可能是*N*-异辛基链的较大位阻导致分子的无序堆积所致。这项工作为开发具有溶致发光变色和机械力诱导的开启发光行为的双功能发光体提供了一个很好的策略。

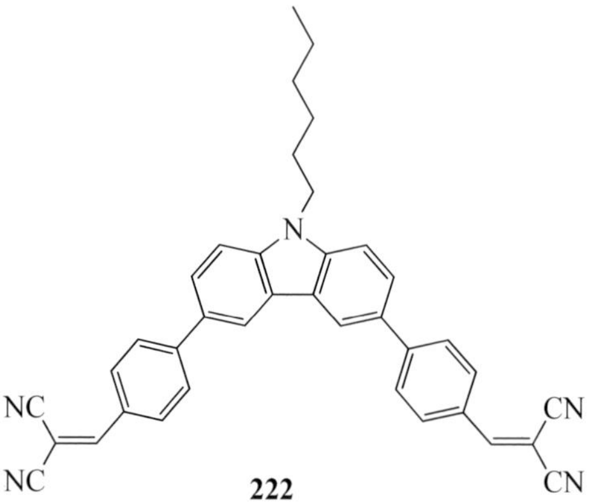

N N

NC CN NC CN

NC CN NC CN

222 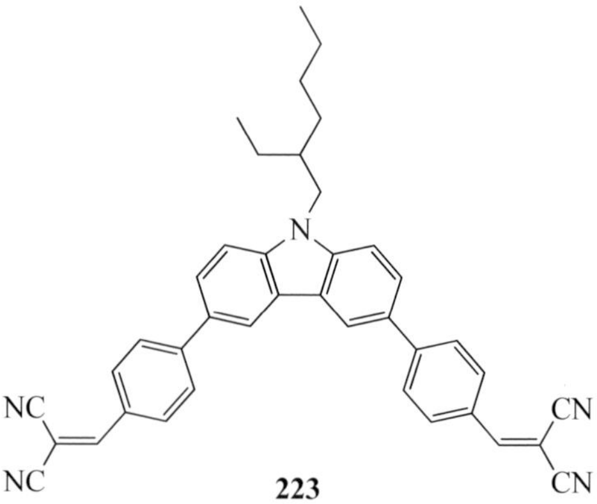 **223**

Tang等[118]报道了一个具有丙二腈基的四苯基吡嗪衍生物**224**。通过在丙酮和甲苯中重结晶得到了**224**的两种粉末，它们的发光分别为绿色（511 nm，粉末A）和橙黄色（545 nm，粉末B）。在机械力研磨时，粉末B的发光移至较短的波长，并且颜色从橙黄色变为发光在 522 nm 处的绿色。但是，将磨碎的粉末在 180℃下退火后，其原始发光颜色得以恢复。橙黄色和绿色发光粉末经研磨和退火处理可以相互多次转变。此外，在相同温度下对原始的绿色发光粉末进行直接退火，其可以部分地转变为橙黄色的粉末，有些类似于退火的研磨粉末 B。在 AIE 体系中，这种具有蓝移效应的力刺激发光变色响应行为比较独特，因为大多数报道的具有力刺激发光变色响应性质的 AIE 分子对外部刺激显示开/关和发射红移的发光响应。为了研究不常见的力刺激发光变色响应效应，通过 PXRD 和 DSC 对粉末 A 和粉末 B 进行分析。粉末 A 和粉末 B 的 PXRD 谱图有尖锐的衍射峰，但具有不同的模式，表明它们都是结晶的，但分子堆积不同。**224** 分子可能在粉末 A 中以头对头的方式堆积，而在粉末 B 中更倾向于头尾相连的方式堆积。这种堆积方式类似于 H-聚集体和 J-聚集体。通过积分球测量的粉末 A 和粉末 B 的荧光量子产率分别为 12.0%和 53.7%。因此，粉末 B 以更高的效率发红光。这种现象与 H-聚集体和 J-聚集体之间的发射行为密切相关，从而进一步支持了从 PXRD 分析得出的结论。粉末 B 被研磨后形成非晶态固体，因为其 PXRD 曲线几乎没有衍射峰。在外部刺激下，有序的 J-聚集体被破坏，因此粉末 B 的发光蓝移。退火后的粉末与原始粉末的 PXRD 谱图相似性很高，这表明通过对研磨后粉末 B 进行退火可以恢复原来的橙黄色发光。该衍生物还可以用作灵敏的比率荧光探针，用于检测硫化氢，具有很高的特异性和低至 0.5×10^{-6} mol/L 的检出限。

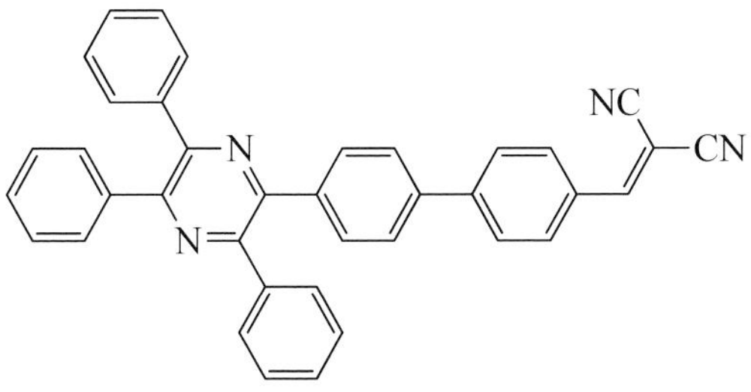

NC CN N N

224

Dong 等[119]报道了两个不含金属的有机近红外发光体，其超强偶极矩分别为 16.1 D（**225**）和 22.7 D（**226**）。**225** 和 **226** 分别是 AIE 和 ACQ 分子。研磨后，**225** 和 **226** 的研磨粉末显示出显著的点亮型近红外发光，分别具有 40 倍和 26 倍的明显的关-开对比度。值得注意的是，**225** 的研磨粉末在 720 nm 处有一个发射峰（$\Phi_{PL} = 3.2\%$），与其相比，分子偶极矩较大的 **226** 则显示出显著的力刺激发光变色响应现象，并且其最大发射峰红移到 822 nm（$\Phi_{PL} = 1.3\%$）。这项研究为开发无金属有机力刺激发光变色响应材料提供了指导。该材料发射位于近红外区域，这在生物成像和加密防伪应用方面具有一定的发展潜力。

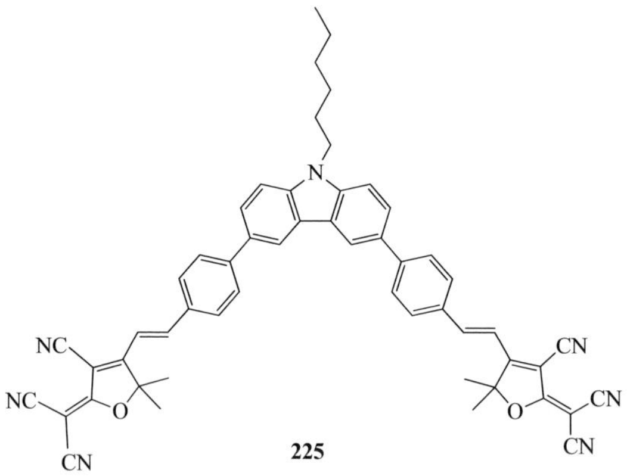

225

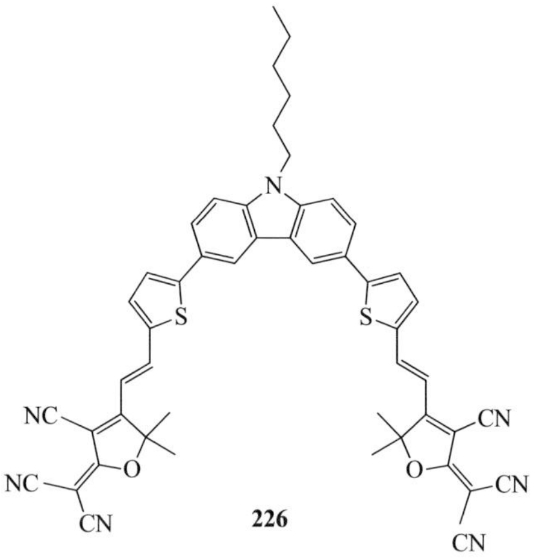

226

Yang 等[120]设计并合成一个含有二氰基乙烯基的吲哚[3, 2-*b*]咔唑衍生物（**227**），其具有强的 AIEE 特性。化合物 **227** 具有可逆的力刺激发光变色响应性质。**227** 在 553 nm 处有强黄色发光，荧光量子产率为 18%。用刮刀研磨 5 min 后，荧光发射转变为橙红色光，荧光量子产率变为 11%。荧光发射峰显示出从 553 nm 到 592 nm 的明显红移。当用二氯甲烷蒸气熏蒸 2 min 后，化合物 **227** 的荧光几乎恢复到原始状态。黄色和橘红色荧光之间的相互转换可以重复多次。他们通过单晶结构、SEM 和 PXRD 等手段研究了力刺激发光变色响应机理。研究结果表明，力刺激发光变色响应性质归因于弱分子间氢键相互作用被破坏，导致分子堆积松散和在外部刺激下产生从晶态到非晶态的相变。

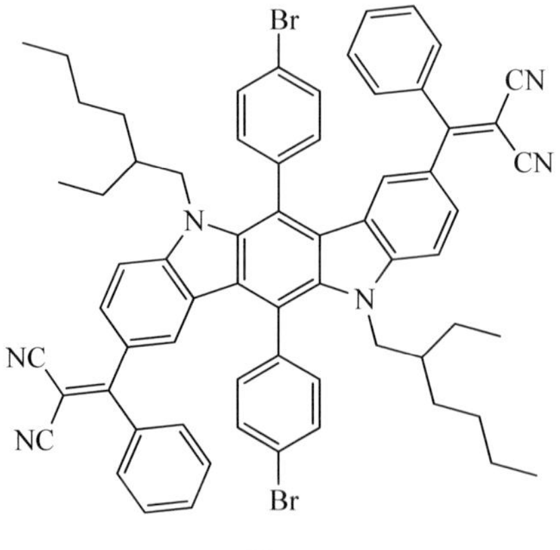

227

为了深入了解 D/A 是如何取代及其取代方式如何影响溶液和固体的光学性质，Yang 等[121]设计了四个具有不同端基［—$N(CH_3)_2$、—H、—Br 和—CN］的新型咔唑衍生物 **228**～**231**。它们的单晶 X 射线衍射分析证实，扭曲的构象、分子间相互作用和松散的分子堆积是分子的端基造成的。它们表现出依赖于取代基的聚集诱导发光行为和力刺激发光变色响应特性。**228** 的分子在聚集时易形成强烈的分子间 π-π 相互作用，从而导致了荧光猝灭，而 **229**～**231** 显示出极好的 AIEE，这是由形成 J-聚集体所引起的。**228**～**231** 的力刺激响应行为不同，它们的发光在绿黄色与红色之间，并且分别伴随着 63 nm、30 nm、56 nm 和 49 nm 的大幅度红移，这是由它们不同的扭曲构象和分子排列引起的。**228**、**230** 和 **231** 表现出明显的力刺激发光变色响应特性，而 **229** 显示出不可逆的力刺激响应行为。PXRD 和单晶 X 射线衍射分析表明，扭曲构象的平面化增大了 π 共轭程度，固态荧光可调的原因是晶体结构的破坏。

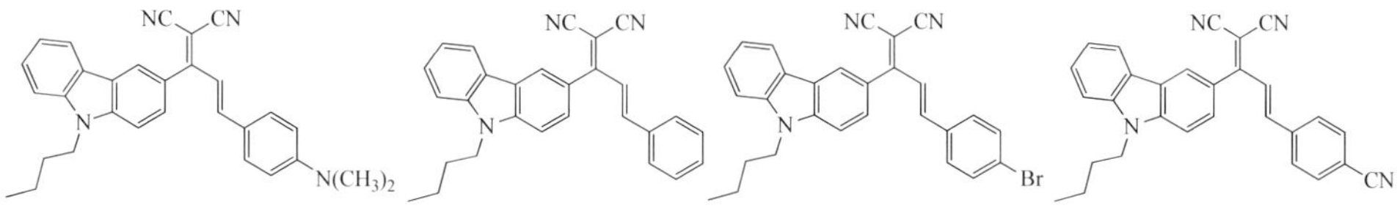

228　**229**　**230**　**231**

Yang 等[122]合成了三个 AIE 活性接枝发光体 **232**、**233** 和 **234**，它们包含三苯胺和咔唑单元，易形成 ICT 状态。对固态的力刺激作用研究表明，接枝数可以有效地影响固态荧光性能。通过机械力刺激，仅化合物 **232** 显示出荧光发射从可见光（λ_{em} = 598 nm）到近红外区（λ_{em} = 643 nm）的显著红移。此外，**232** 表现出明显的 CIEE 效应。**232** 的晶体样品发出强橙色光，具有 49.8%的固态荧光量子产率，而非晶态粉末的红色发光效率降低到 7.6%。晶态和非晶态之间的相变可以通过机械研磨和有机溶剂刺激可逆地转变。然而，化合物 **233** 和 **234** 对机械刺激不敏感，这被认为是较大的位阻效应导致它们难以形成晶体结构。

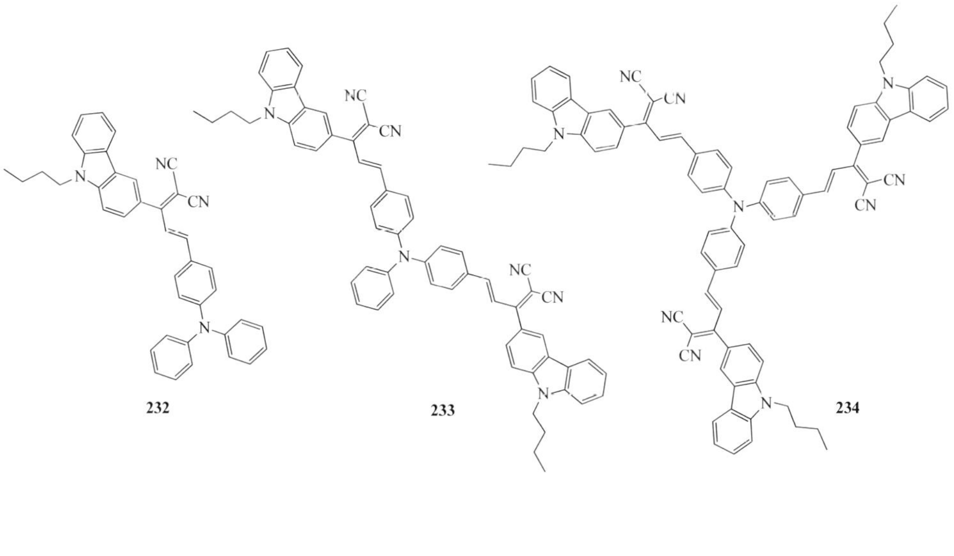

232　**233**　**234**

Yang 等[123]合成了一个具有多氰基和 4-氟苯单元的咔唑衍生物 **235**。由于高度扭曲的构象，该化合物显示出 AIE 性质。它表现出多种固态荧光发射：黄色（**235Y**，λ_{em} = 523 nm）、橙色（**235O**，λ_{em} = 560 nm）和两个共晶的多晶型物。通过单晶结构分析，观察到 **235** 具有不同的构象和多种分子堆积模式，这导致了不同的固态荧光发射、多晶态性、力刺激发光变色响应行为和独特的不可逆热刺激荧光。研磨后，黄色固体 **235Y** 的荧光发射发生明显的红移（从 523 nm 移到 551 nm），这归因于晶体结构的破坏，而橙色固体 **235O** 的荧光由于稳定且有序的分子堆积模式而没有明显变化。此外，黄色固体 **235Y** 还显示出热刺激荧光变化，转变为 **235O**，并发生了晶体相变。相反，在研磨前后，**235O** 的荧光峰没有明显变化（从 560 nm 移到 562 nm）。PXRD 分析表明，**235Y** 荧光发射的红移可归因于分子构象平面化或研磨引起的分子堆积滑移。包状的发光峰归因于多种发光种类的影响，这可能是由不充分的研磨导致部分相变造成的。对于 **235O**，在研磨前后，衍射峰没有明显变化，这表明分子构象和分子堆积没有改变。**235Y** 和 **235O** 的单晶结构表明，多种强的分子间相互作用造成了更平面的构象和更稳定的分子堆积，它们协同诱导了 **235O** 的结构，使其难以被破坏。研磨后，分子堆积被破坏，**235Y** 的扭曲分子构象趋于平面化，从而有效延长了 π 共轭长度，这可能是研磨后 **235Y** 发射带红移的原因。

Fery-Forgues 等[124]报道了一个具有 AIEE 特性的 2-苯基苯并噁唑（PBO）衍生物 **236**。它的原始微晶发出黄绿色光（502 nm），研磨后变成金黄色（554 nm），加热或溶剂熏蒸后观察到相反的过程。这种现象伴随着荧光量子产率和寿命的可逆变化，这些变化归因于在晶相和研磨粉末中形成的不同类型的发光体，也就是微晶和非晶的混合物（图 3-21）。

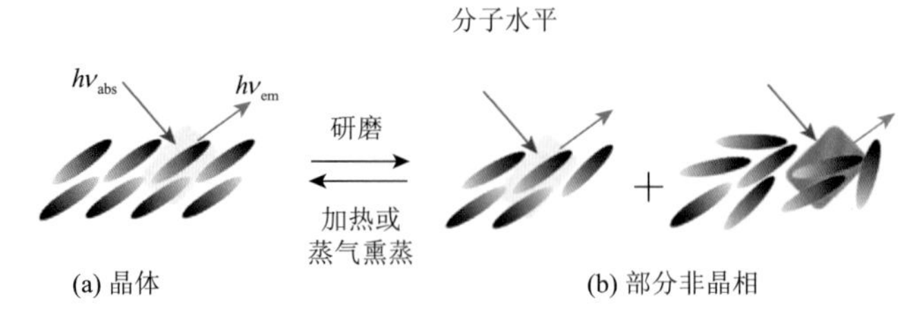

图 3-21 晶体（a）和部分非晶相（b）的荧光发射示意图

Wu 等[125]合成了四个具有 AIE 活性的化合物，并发现引入卤素原子可以增强力刺激发光变色响应性质。这些化合物具有扭曲的分子构象并采用疏松的 J-聚集体堆积，使其晶体结构容易被研磨破坏。研磨后，原始**237**、**238**、**239**和**240**样品的荧光光谱分别红移了21 nm、60 nm、61 nm和52 nm，表现出力刺激发光变色响应性质。这种特性被证明是源自晶态到非晶态的转变，并且发射波长的红移归因于分子构象的平面化导致的分子共轭性增强。X射线衍射分析表明，与**237**相比，卤素取代的化合物具有更加扭曲的构象和更疏松的堆积排列，这解释了它们具有更高的力刺激发光变色响应对比度。这项研究工作表明，将卤素原子引入特定荧光分子为开发高对比度的力刺激发光变色响应材料提供一条简单可行的途径。

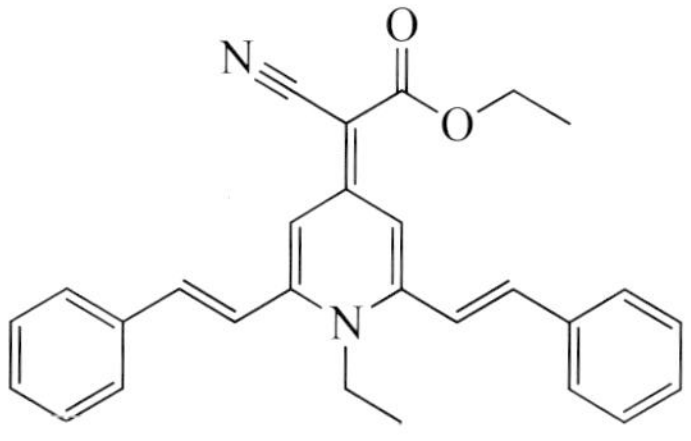

237 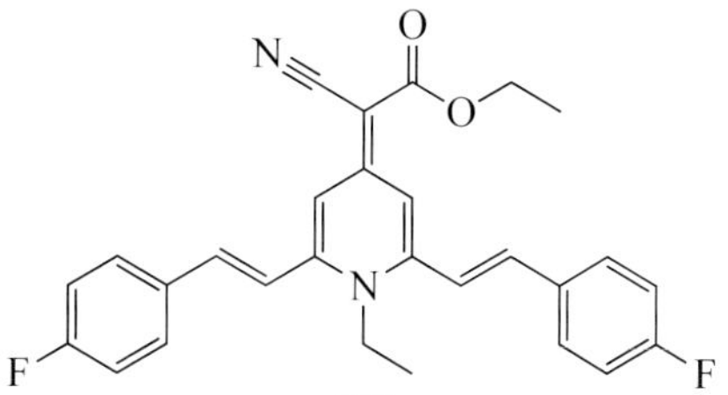 **238**

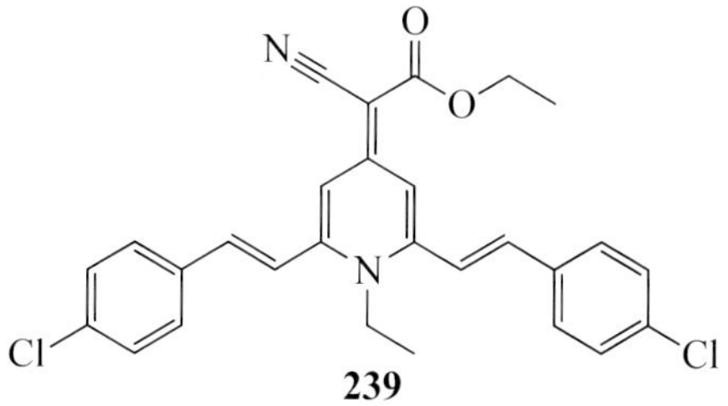

239 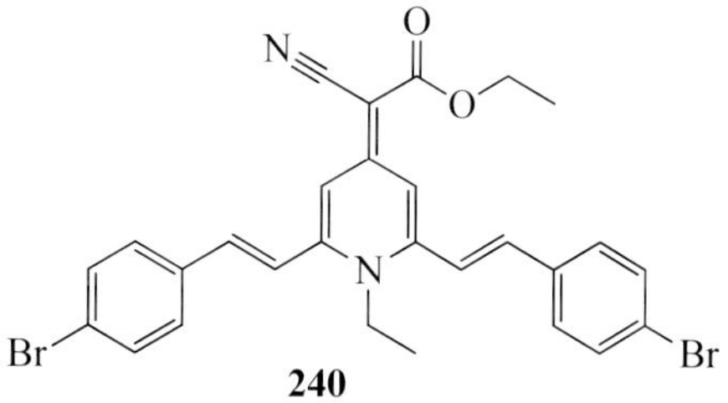 **240**

具有弱的延伸且柔软的超分子相互作用的分子材料是引发刺激敏感光学响应多功能的候选材料。Sudhakar 和 Radhakrishnan[126]合成了一个二氨基二氰基喹啉二甲烷分子 **241**。它在聚集态和固态下均表现出增强的荧光发射。除了具有强偶极的氨基和氰基荧光团外，分子中的吡啶基团还带来氢键相互作用，这种相互作用可以使固体材料具有更完善的晶体结构，并可以通过机械研磨和溶剂熏蒸引起可逆的晶态到非晶态转化，导致发光 λ_{em} 在 445 nm 和 482 nm之间的力致发光变色与溶致发光变色转化。质子化和去质子化可以使化合物的荧光发射依次猝灭和恢复，且去质子化会形成非晶态。掺杂有 **241** 的聚合物薄膜在经历化学和物理循环刺激时发射强的蓝色荧光，并且出现荧光完全猝灭、弱绿色荧光和恢复到原始状态的连续变化。无论是纯态还是掺杂态，材料都能够实现简便和可逆的光学响应，这可能在传感和加密-解密等方面具有潜在的应用价值。

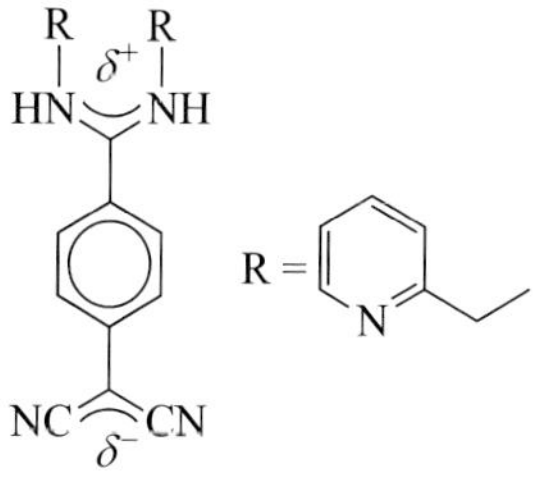

241

Sudhakar 和 Radhakrishnan[127]报道了基于二氨基二氰基喹啉二甲烷骨架并在结构中引入羰基官能团的小分子磷光材料 **242**。他们发现 **242** 表现出延迟的荧光和磷光响应。详细的结构和光物理研究表明，晶态至非晶态转变带来大幅度的荧光变化，可能是增加的激发态几何弛豫导致 S_1 态的非辐射显著衰减，以及有序晶格结构的破坏会减少三线态跃迁的影响和 T_1 态的非辐射衰减。特殊的分子设计和组装引起的非共价分子间相互作用，以及它们细微和可能的协同作用，使得固体材料能够通过外部刺激（如机械应力和溶剂熏蒸）在晶态和非晶态之间实现简单且可逆的转化。原始固体的发射波长 λ_{em} 为 496 nm。在 6.2 MPa 压力下，**242** 固体颗粒的发射峰变宽并红移至 548 nm，肩峰保持在 496 nm；当加压至 12.4 MPa 时，它在 560 nm 处有单发射峰，表明材料已完全转变为较小能隙的状态。最重要的是，相对于结晶状态，固体非晶态的荧光强度降低，但是磷光响应增强。

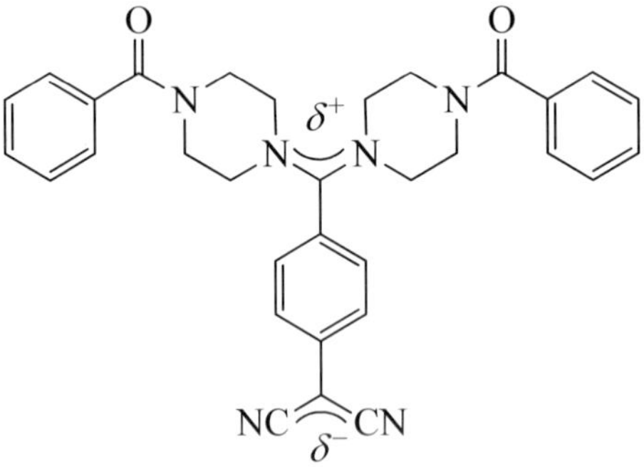

O O N N N N δ^+ NC CN δ^-

242

Wu 等[128]设计并合成包含二氰基乙烯、苯和苯酚单元的 D-π-A 型 4*H*-吡喃衍生物 **243**，其表现出聚集诱导的发射性质。该不对称化合物具有三种聚集态，即发黄色光的 **243**-y（λ_{em} = 550 nm）、发橙色光的 **243**-o（λ_{em} = 623 nm）和发红色光的 **243**-r（λ_{em} = 674 nm）。**243**-y 和 **243**-r 具有非常相似的扭曲构象，不同的固态发光不仅取决于分子构象，而且还取决于包含 J-聚集和 H-聚集并存的锯齿状的微小排列差异，而 **243**-o 的固态发光主要取决于完全的平面构象。多晶型物被研磨时表现出不同的刺激响应性荧光颜色变化。**243**-y 和 **243**-r 分别显示出红移（从 550 nm 移至 617 nm，$\Delta\lambda_{em}$ = 67 nm）和蓝移（从 674 nm 移至 621 nm，$\Delta\lambda_{em}$ = −53 nm）的力刺激发光变色响应特性，并都可以转变为橙色发光固体，这归因于堆积结构中 π-π 相互作用的破坏及随之带来的分子构象平面化和堆积方式的变化。然而，尽管在研磨时发生了晶体到非晶体的转变，但是晶体 **243**-o 并没有力刺激发光变色响应性质，这是由于平面构象的分子错位排列，研磨处理不会使 π-π 堆积相互作用增强的缘故。

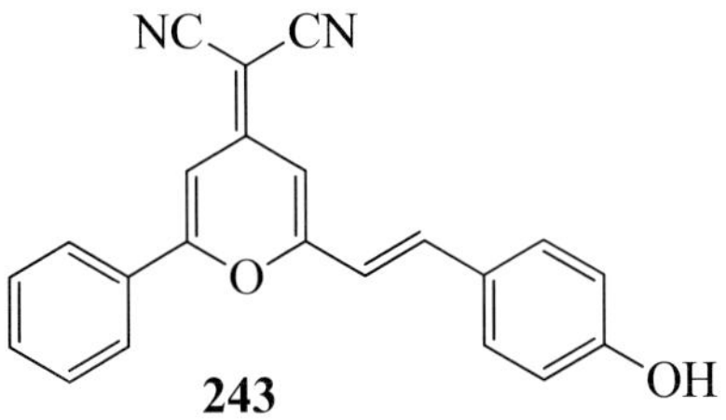

NC CN O OH 243

Yang 等[129]设计并合成了一种多刺激响应性 D-π-A 分子 **244**，其以咔唑作为 D、二氰基作为 A 和咪唑作为官能基团。光物理性质研究表明 **244** 具有 AIEE 性质。大的扭曲构象和松散的排列使得 **244** 具有力刺激发光变色响应行为，表现出从 537 nm 到 584 nm 的高色差，并被成功应用于无墨水可重写纸中。另外，研磨后，它的荧光量子产率从 16.2%降低到 3.2%。同时，由于咪唑基团具有优异的质子结合性能，因此 **244** 对水介质中的苦味酸（PA）具有高选择性，检测限为 3.55 μmol/L。另一方面，酸对苦味酸的检测几乎没有影响，因此非常有希望实现在酸性条件下利用 **244** 检测水中的苦味酸。

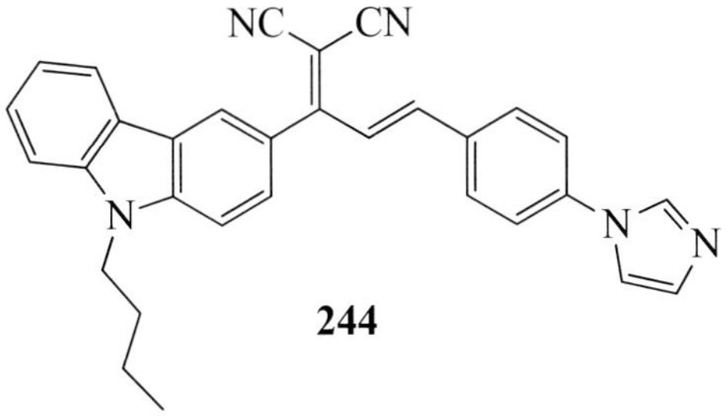

NC CN N N N 244

3.3.5　其他氰基乙烯衍生物

Dong 等[130]报道了化合物 **245**，它在不同溶剂中可以形成三种形式的晶体 A、B 和 C。晶体 A、B 和 C 的发光颜色分别是蓝色、蓝绿色和黄绿色。溶剂、分子间作用力、分子构象和分子堆积模式等综合效应赋予 **245** 多种颜色发光（从蓝色到黄色，光谱偏移 60 nm）和不同荧光量子产率的多晶态性。这三种晶体均表现出力刺激发光变色响应行为，并且研磨后，晶体 A 和 B 的发光颜色分别发生了 46 nm 和 22 nm 的红移，而晶体 C 的发光颜色仅发生了 14 nm 的红移。通过研磨与氯仿蒸气熏蒸的循环处理，晶体 A 的发光变化是可逆的。此外，晶体 A 的荧光也可以在热刺激下转换。单晶 XRD 分析表明，多晶型物的分子构象和分子间堆积模式的变化，是造成多色荧光调控和转换的原因。这些结果对于设计更多具有可调固态发射的相关化合物有一定帮助。

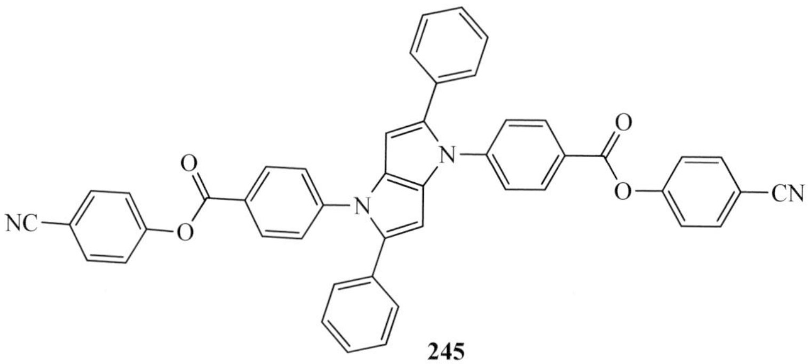

245

Yuan 等[131]报道了一组具有典型 ICT 特性的 D-A 结构发光体 **246**、**247** 和 **248**。由于存在扭曲的、AIE 活性的 2, 3-二氰基-5, 6-二苯基吡嗪基团，这些发光体在固态下高效发光。然而，具有不同供电子能力和不同共轭作用的芳胺被引入分子结构后，它们的固体发光范围可从绿色变到红色。研磨后，晶体 **246** 的发光从绿色变为黄色，晶体 **247** 的发光从黄色变为红色，表现出明显的力刺激发光变色响应现象。相反，**248** 的晶态和非晶态均显示红色光发射，荧光量子产率高达 43%。

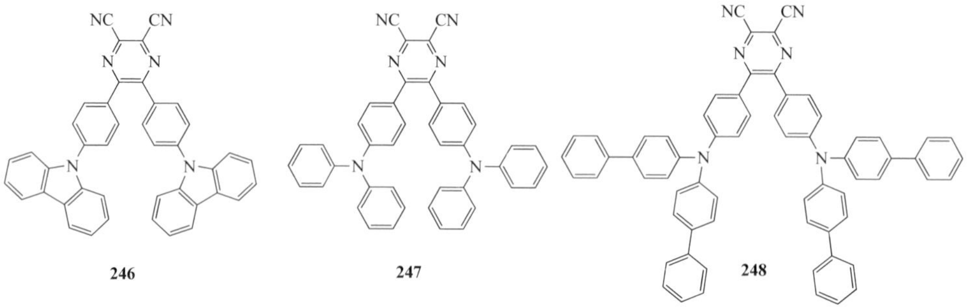

246 247 248

为了研究给体和受体取代基的作用，Tang 等[132]合成了含有多个 AIE 结构单元的化合物 **249**～**251**。化合物 **249** 的薄膜发射绿色光（λ_{em} = 494 nm），具有 100%高的 Φ_{PL}，并显示出 AIE 特性，其 AIE 放大因子 α_{AIE} 为 154。同时，**249** 通过研磨-溶剂熏蒸处理呈现可逆的力刺激发光变色响应性质，发光颜色从蓝色（λ_{em} = 472 nm）变为绿色（λ_{em} = 505 nm）并进行互变。但是，此发光变化对研磨-热退火处理不敏感。化合物 **250** 在分子结构中结合了两个中心氰基受体基团，具有 AIE 活性，α_{AIE} 为 13。**250** 的薄膜是橙色发光（λ_{em} = 575 nm），具有 100%的 Φ_{PL}。此外，化合物 **250** 还可以通过研磨-溶剂熏蒸或研磨-热退火循环处理显示可逆的力刺激发光变色响应行为，可以在黄色（λ_{em} = 541 nm）和橙色（λ_{em} = 563 nm）之间转换发光。基于 PXRD 分析，有序微晶态和非晶态之间的形态变化是产生力刺激发光变色响应行为的原因。因此，化合物 **249** 的力刺激发光变色响应行为可逆性比 **250** 差些，表明氰基的引入有利于赋予力刺激发光变色响应活性材料更大的可逆性。此外，由于具有吸电子氰基，**250** 显示出 ICT 性质。当溶剂极性从己烷变为四氢呋喃时，**250** 的发光颜色从绿色变为橙红色，而溶剂极性对 **249** 的发光影响则小得多。引入的氰基还使化合物 **250** 具有自组装能力，并且可以在四氢呋喃/水混合溶液中得到亮绿色发光的规则微米丝带状结构。相比之下，化合物 **249** 在四氢呋喃/水混合溶液中获得的聚集体小得多且规则性差。通过在 **250** 的分子结构中进一步引入四个外围的二乙基胺给体基团，合成了具有增强推拉特性的化合物 **251**。发光分子 **251** 表现出近红外发射（$\lambda_{em} = 713$ nm）、明显的 ICT 特性和溶致发光变色，发光从红色光变为近红外光。该研究工作表明，可以通过使用给体和受体基团修饰分子结构来有效调节四苯乙烯（TPE）衍生物的电子结构和材料性能。

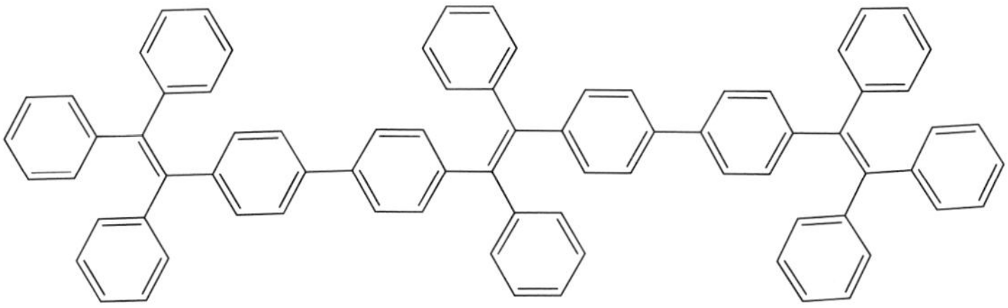

249

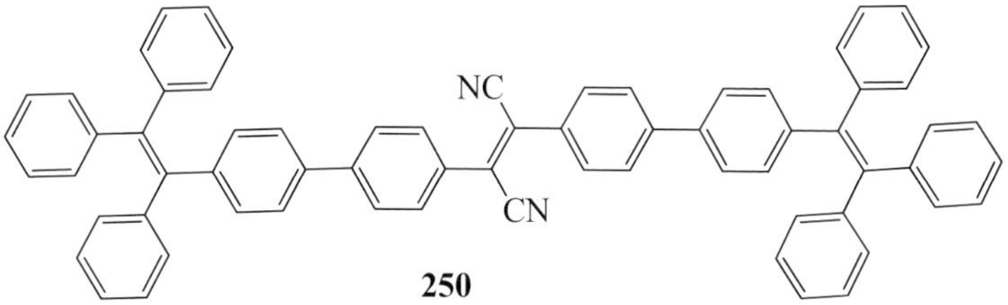

NC
CN

250

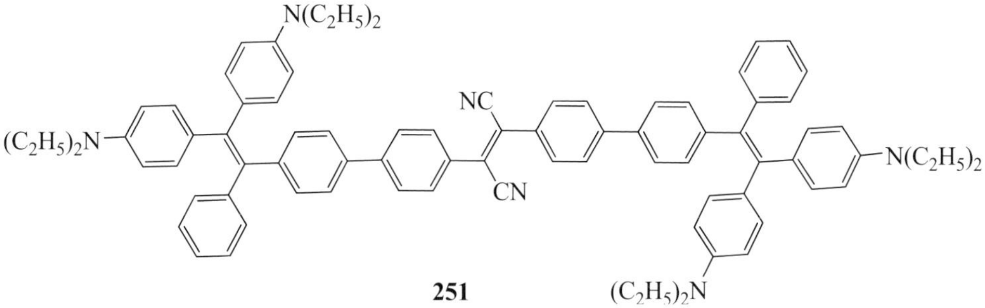

$N(C_2H_5)_2$
$(C_2H_5)_2N$
NC
CN
$N(C_2H_5)_2$
$(C_2H_5)_2N$

251

Chi 和 Xu 等[133]报道了三种化合物，其中两个四苯乙烯单元分别通过乙烯（**252**）、丙烯腈（**253**）和丁-2-烯腈（**254**）桥连。这些化合物具有 AIEE 活性、独特的力刺激发光变色响应性能和在研磨-熏蒸刺激下良好的可逆性。研磨后，**252**、**253** 和 **254** 的原始 PL 发射光谱分别红移 19 nm（从 457 nm 移到 476 nm）、24 nm

（从 491 nm 移到 515 nm）和 50 nm（从 517 nm 移到 567 nm）。这表明将氰基引入分子结构有利于增强化合物的力刺激发光变色响应活性。根据量子力学计算结果可知，由于氰基的空间位阻，分子构象的变形程度提高了。这表明力刺激发光变色响应的特性可能与化合物的构象变形程度有关，而且更高的构象变形程度使分子在外部刺激下具有更明显的力刺激发光变色响应特性。因此，这项工作提供了一种通过将氰基结合到分子结构中以有效提高化合物的力刺激发光变色响应性能的简便方法。PXRD 结果证实，研磨后，原始样品从有序晶态转变为无序非晶态，这是力刺激发光变色响应特性和光谱红移的原因所在。

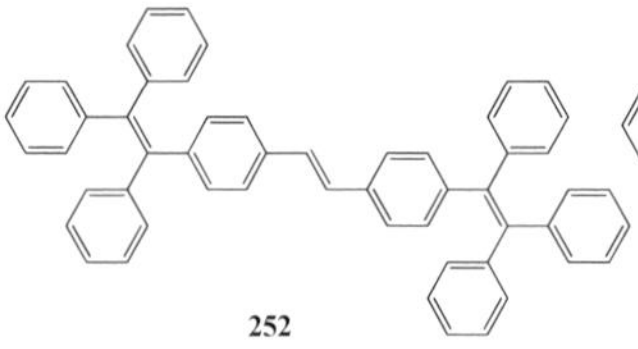

CN
NC
252 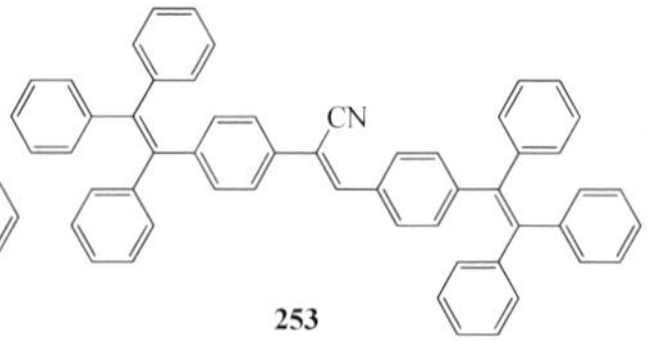 **253** 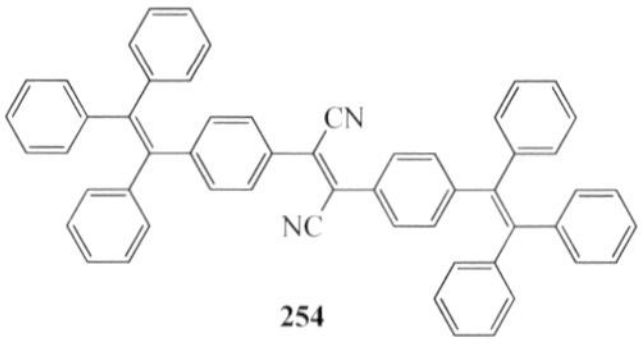 **254**

Zou 等[134]研究了高压下 4-(*N*, *N*-二甲氨基)苯甲腈 **255** 晶体的双重荧光性质。发现在外部压力刺激下，**255** 的 LE 发射带猝灭且 ICT 发射带增强。在拉曼光谱和小角散射 X 射线衍射实验的基础上结合量子计算表明，这种现象的机理可以归因于分子内几何构象的变化，特别是二甲氨基（—NMe_2）和苯基之间二面角的减小。与 ACQ 效应相反，分子构象的平面化和高压下—NMe_2 基团的轻微旋转都可以增强 ICT 过程。这种构象平面性和给体基团的旋转可以调节激发态的力刺激响应机理，对开发新型固态力刺激发光变色响应材料有重要启发。

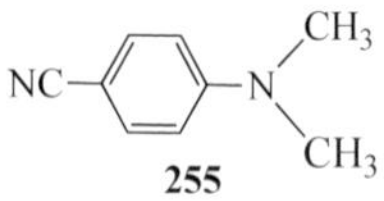

NC N CH_3 CH_3
255

Li 等[135]报道了 **256** 的三种晶体多晶型物，它们都表现出室温磷光（RTP）和 AIE 的不同特性。由于它们的分子堆积不同，室温磷光寿命从 266 ms 变为 41 ms，然后变为 32 ms，同时晶体的荧光量子产率也从 22.6%变为17.8%然后变为6.9%。晶体结构的分析与理论计算表明，即使对于相同的化合物，其发射性质也与分子堆积密切相关，包括分子构型和堆积模式。此外，**256** 在不同粉末状态（原始的、研磨的和熏蒸后的粉末）下显示出非常不同的发光特性。特别地，仅通过简单的机械力刺激，其发射峰就可以从 430 nm 变为 497 nm。同时，研磨也会减弱其室温磷光性能，室温磷光寿命从原始粉末的 43 ms 缩短到研磨态的 11 ms。

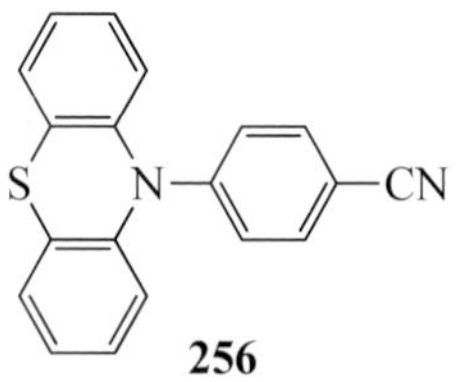

S N CN
256

Yang 等[136]研究了压力刺激下氰基菲并咪唑衍生物 **257** 的晶体结构和光物理性质。**257** 晶体中三苯胺基团的特殊三角锥构型表现出电荷转移（CT）为主的激发态性质，这导致晶体中出现蓝移的发射峰。理论计算证明，三角锥构型是亚稳态的，其能量高于三叶片螺旋桨构型。进一步的力刺激发光变色响应实验发现，该晶体具有独特的重新杂化诱导的发射增强现象，这与 AIEE 机理本质上不同。由于氮原子在外部压力升高时发生了重新杂化，因此可以将其归因于激发态性质的变化，即激发态从电荷转移主导态到杂化的局域激发态和电荷转移态。通过压力刺激，该工作提供了人们对晶体中分子结构与激发态性质之间关系的更深入认识，并进一步丰富了 AIEE 机理。**257** 晶体的初始发射峰位于 430 nm 附近，然后随着外部压力的增加而逐渐红移至 560 nm，直至达到 13.2 GPa 的强外部压力时伴有一组逐渐变宽的单峰。与晶体相比，在类似 0～13.3 GPa 的外部压力范围内，非晶样品从初始的 460 nm 到最终接近 650 nm，表现出更大的红移，这可以归因于 C—H…π 和 C—H…N 相互作用减小。因此，**257** 分子将在不断增加的外部压力下被进一步挤压。该研究还指出，在报道的力刺激发光变色响应材料中，**257** 固体具有丰富多样的发射激发态，因此具有优异的颜色变化范围宽的力刺激发光变色响应性能和良好的重复性。

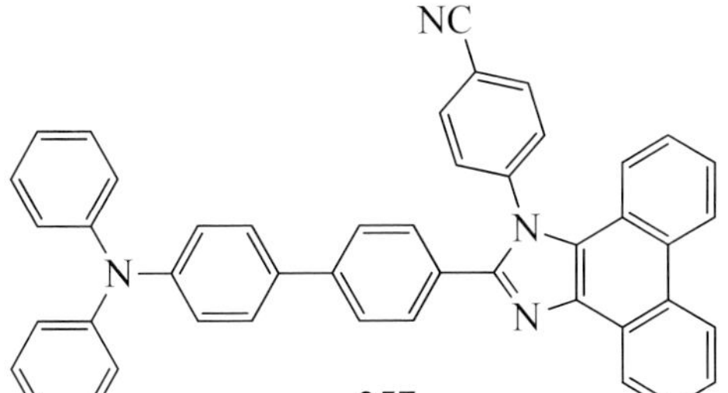

NC

N

N

N

257

Yasuda 等[137]报道了刺激响应性荧光团分子体系 **258**，通过研磨、加热和暴露于化学试剂蒸气中，其固态发光颜色能够在绿色和橙色之间转换。**258** 原始粉末在紫外光照射下呈现出亮绿色光致发光，最大 λ_{em} 为 512 nm。根据 CIE 1931 颜色标准，此 PL 颜色对应于色坐标(0.28，0.56)。当用研钵和研杵对粉末进行机械研磨时，λ_{em} 位置红移至 613 nm，显示出橙色荧光，其色坐标为(0.57，0.43)。在高温（通常高于 150℃）下加热或浸入少量氯仿或四氢呋喃后，研磨样品的橙色发光颜色恢复为原始绿色。因此，通过重复的研磨/退火过程，绿色和橙色荧光可以在两个状态之间可逆转换。原始样品和研磨样品的固态荧光量子产率（Φ_{PL}）分别为 86%和 61%。因此，具有不同发射颜色的 **258** 的两种状态都是高效发光的，通过肉眼轻易可见。此外，对原始粉末进行机械研磨可将发光寿命从 7.7 ns 延长到 24.5 ns，相应地，辐射衰减速率常数（k_r）从 $1.1\times10^8\ s^{-1}$ 降低到 $2.5\times10^7\ s^{-1}$，而非辐射衰减速率常数几乎不变（从 $1.8\times10^7\ s^{-1}$ 到 $1.6\times10^7\ s^{-1}$）。结合 X 射线衍射分析和量子化学计算研究表明，可调控的绿色/橙色发光源于在晶体和非晶相中形成的交替的激发态构象的荧光基团。利用这种刺激响应荧光行为，不同固相中的同一荧光基团可以产生两种颜色的 OLED。

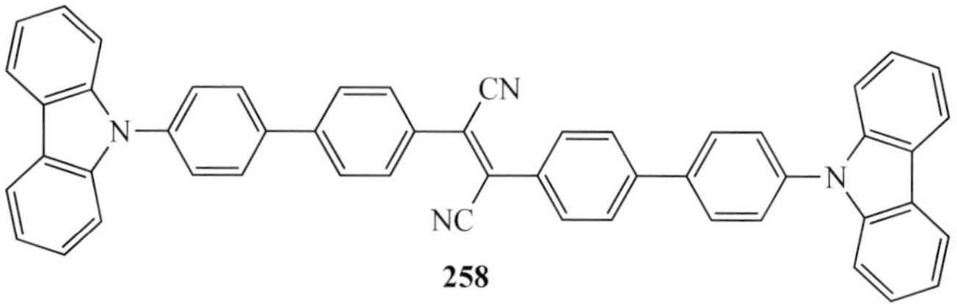

258

Kumar 等[138]设计并合成了具有 ICT 和 AIEE 活性的 D-A-D 分子 **259**，其以富马腈作为受体，六苯基苯（HPB）作为给体部分，通过可旋转的苯环连接。该化合物在固态时具有高发光效率，并且在研磨和加热时表现出刺激响应的可逆力刺激发光变色响应行为。在用刮刀/杵施压/研磨后，样品的发光颜色变为黄色，发射峰从 550 nm 蓝移至 530 nm。原始化合物 **259** 样品的 PXRD 谱图显示出锐利且强的衍射峰，这表明样品是微晶结构。研磨后，在 PXRD 谱图中观察到宽的衍射峰，这表明有序状态被破坏，即形成非晶的研磨态化合物。化合物 **259** 的多孔聚集体表现出对伯胺的比率响应和对芳香族胺发光关闭响应。涂有化合物 **259** 的荧光纸条可用于水介质中三乙胺和苯胺的灵敏检测。通过使用便携式纸质试纸测定法，三乙胺和苯胺的检测水平分别达到约 1.01 ng/cm^2 和 9.3 pg/cm^2，这为快速鉴别溶液和蒸气中脂肪族胺和芳香族胺提供了一种简单方法。

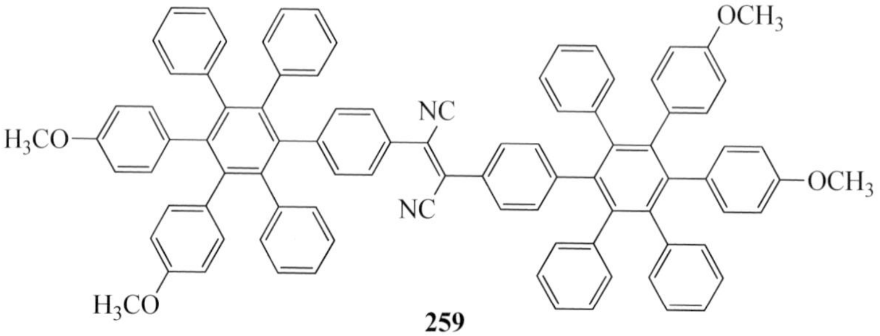

259

点亮力刺激发光变色响应荧光材料发光的一种简便方法是改变其分子堆积模式。平面共轭发光分子的 π-π 相互作用太强而不能被外力破坏其分子堆积模式，因此，即使其晶格被破坏，H-聚集体也会广泛存在［图 3-22（a）］。对于 AIE 和 AIEE 分子，很难抑制稳态发射，因此，外力只能使得发光红移而降低发射效率［图 3-22（b）］。Han 等[139]提出了另外一种分子设计策略，即双平面分子，以实现点亮型的力刺激发光变色响应性质。如图 3-22（c）所示，它由电子给体（D）平面和受体（A）平面组成，预期满足两个基本要求：第一，D 和 A 部分在结晶时会通过单键旋转形成共平面，通过共轭平面的重叠来抑制 D-A 耦合以抑制发光；第二，机械力将引起局部晶体缺陷，其中涉及分子自由体积的扩大以允许分子构象扭曲，从而激活 ICT 发光。他们报道了一个具有 D 平面和 A 平面的新力刺激发光变色响应材料 **260** 及其缺陷诱导发光（DIE）现象，并且 **260** 表现出 AIEE 和 ICT 机理。它在晶相中发光微弱，但在施加机械力时显示出显著的发射增强，并具有大的光谱红移（67 nm）。光谱法和荧光显微镜法均表明，这种点亮型的力刺激发光变色响应性质是由双平面分子设计产生的，这有利于激基复合物的形成和结晶状态下的 D-A 偶联，从而猝灭发光，并在晶格被破坏时发光。因此，产生局部晶体缺陷的机械力将恢复发光，因为缺陷区域中涉及分子自由体积的扩大以允许扭曲的分子构象。这种由缺陷引起的发光材料对压力具有超高的灵敏度。**260** 传感膜的检测限（DL）低至 1.1 N（0.62 MPa）。这种独特的点亮型力刺激发光变色响应和高灵敏度使该材料非常适合解决常规力刺激发光变色响应材料所面临的挑战。

NC　CN　N　NH_2　OH

260

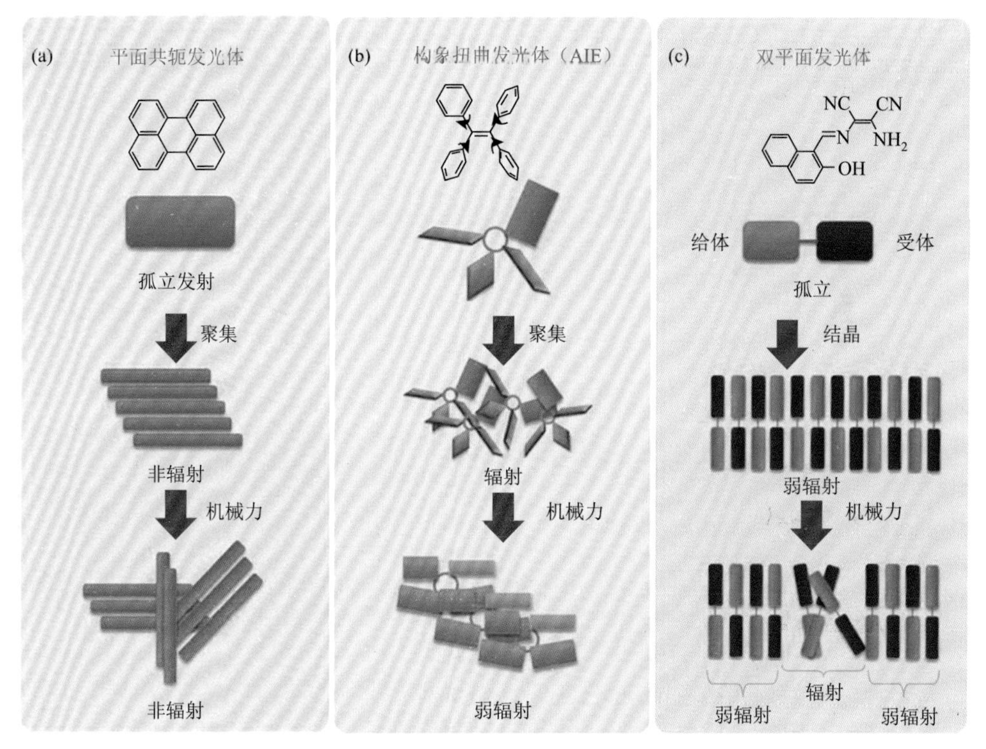

图 3-22　三种分子设计及其力刺激发光变色响应的可能机理

Wang 等[140]研究了两种吩噁嗪衍生物 **261** 和 **262** 的发光特性。这两种化合物都具有 CIE 性质。通过蒸发溶于适当溶剂中的 **261** 和 **262** 溶液，化合物 **261** 获得两个单晶结构（**261**A 和 **261**B），最大发射波长分别为 540 nm 和 560 nm，而化合

物 **262** 则可获得三个单晶结构（**262**A、**262**B 和 **262**C），最大发射波长分别为 516 nm、547 nm 和 556 nm。通过分析单晶结构数据，发现吩噁嗪之间的 π-π 堆积是主要的分子间作用，并可以解释晶体 **261**A 和 **261**B 的发射，而氢键是晶体 **262**A、**262**B 和 **262**C 形成的关键因素。此外，该研究还观察到苯并噁嗪与苯之间的二面角对于一个分子中电子给体与电子受体之间的电荷转移是必不可少的。二面角越大，呈现的光谱蓝移越大。晶体 **261**A 可以通过在 140℃的载玻片上加热样品 10 min 的退火处理转化为 **261**B。此外，通过用 CH_2Cl_2 或 $CHCl_3$ 熏蒸样品 15 min，可以将 **261**B 转变回 **261**A。因此，**261**A 和 **261**B 可以在加热和熏蒸的循环中相互转换。与 **261**A 和 **261**B 的完美晶体的发光相比，循环中 **261**A 和 **261**B 的发光略有蓝移。研磨 **261**A，获得了在 545 nm 处发光的 **261** 粉末。用 CH_2Cl_2 或 $CHCl_3$ 熏蒸 **261** 粉末后，其发光同样会转变回 **261**A。该研究还试图利用压力将 **261**A 完全转换为 **261**B，但没有成功。对 **261**B 施加机械力，其发光颜色保持不变。XRD 分析表明，**261** 粉末是 **261**A 和 **261**B 的混合。该研究工作没有报道化合物 **262** 在压力下的相关实验数据。

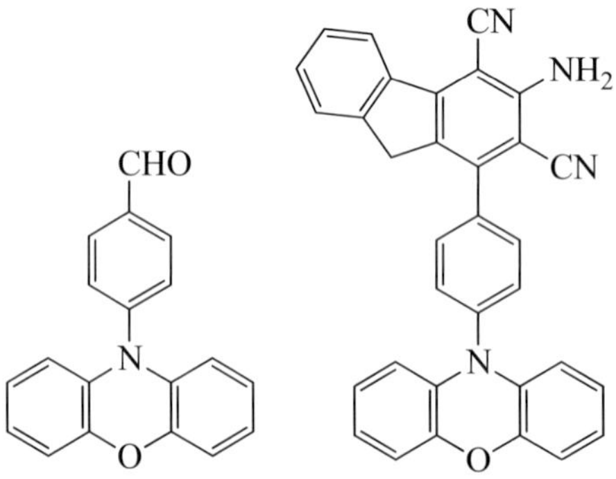

CHO
N
O
261

CN
NH_2
CN
N
O
262

Xia 等[141]报道了一系列氰基苯取代咪唑衍生物 **263**～**269**，其吩噻嗪 N 上的取代基各不相同。详细的结构-性能关系研究结果表明，研磨样品的冷结晶温度和原始样品的发射波长都与堆积密度、构象畸变和分子间的相互作用有关，但研磨样品的发射波长对吩噻嗪 N 上取代基的依赖性很小。对于具有烷基链的苯并咪唑，更长和更多的支链会产生较松散的堆积，这使原始样品显示出发光红移并降低其力刺激发光变色响应活性。对于具有苯基取代的苯并咪唑，原始样品和研磨样品的发射波长均发生了明显的红移。此外，构象变形程度越大，冷结晶温度越高。

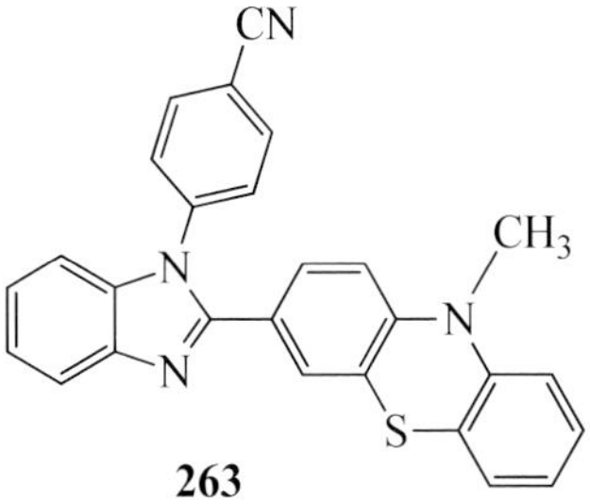

263 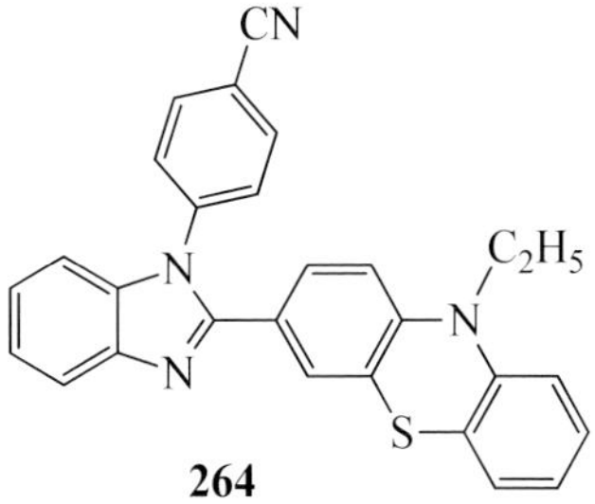　264

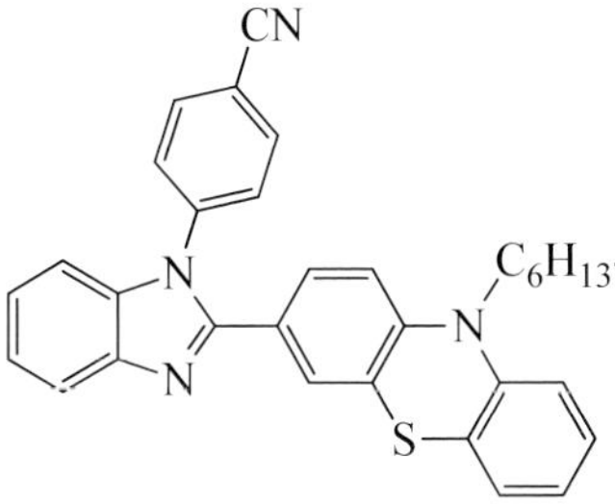

265 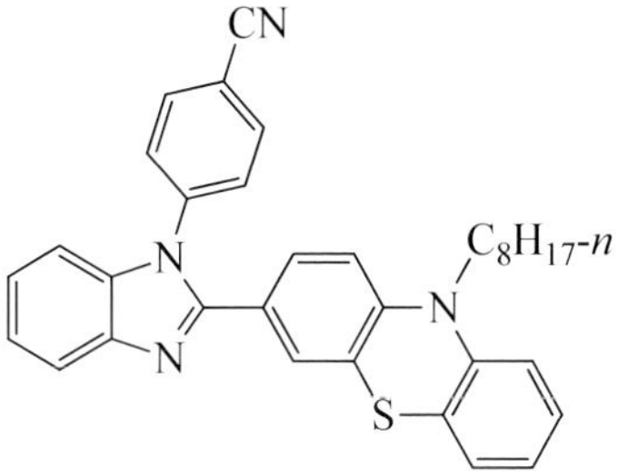　266

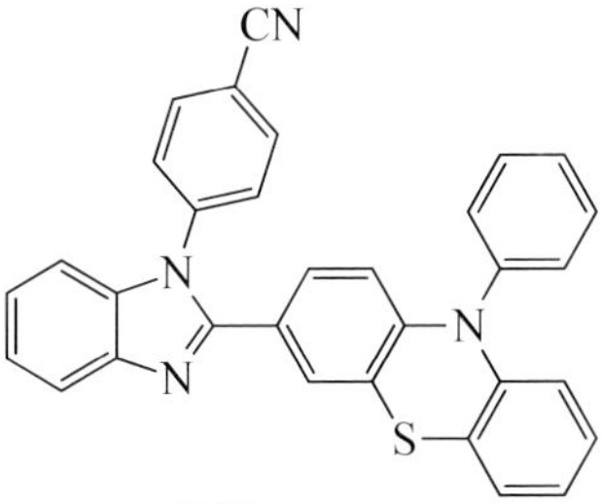

267 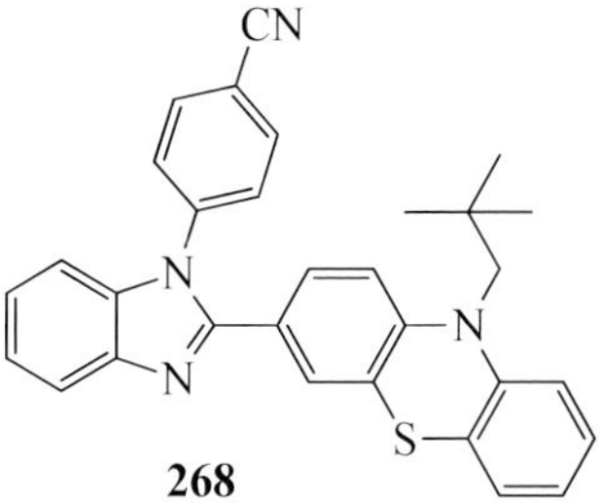　268

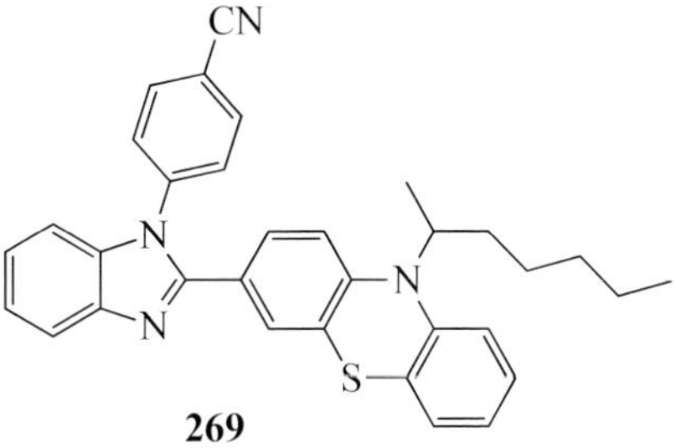

269

Ma 等[142]报道了两个具有扭曲 D-A-D 结构的分子 **270** 和 **271**。比较它们的溶致发光变色行为可知，含氰基吡啶化合物（**271**）比含氰基苯化合物（**270**）缺电子受体表现出更强的 ICT 效应。光物理性能和晶体结构分析表明，**271** 表现出具有 C—H···π 相互作用的独特二聚体结构，而 **270** 没有。因此，**271** 具有三个发射峰的绿色发射，并且在 538 nm 处的发射峰归属于二聚体，而 **270** 仅呈现蓝色发射带。研磨后，**271** 对压力的响应性比 **270** 高，并且展现出与尺寸相关的发光特性。**270** 在静压力下显示连续的红移和变宽的发光。另外，通过高压实验还发现，**271** 结晶状态的主要发射峰位于 477 nm 处，随着压力的增加，分子间相互作用增大，二聚体在 538 nm 处的发射大幅度增强。高压拉曼光谱和理论计算都与该结果一致。这项工作不仅为进一步揭示分子结构与刺激响应特性之间的关系开辟了一条新途径，而且对 D-A-D 型结构的分子设计具有一定的指导意义。

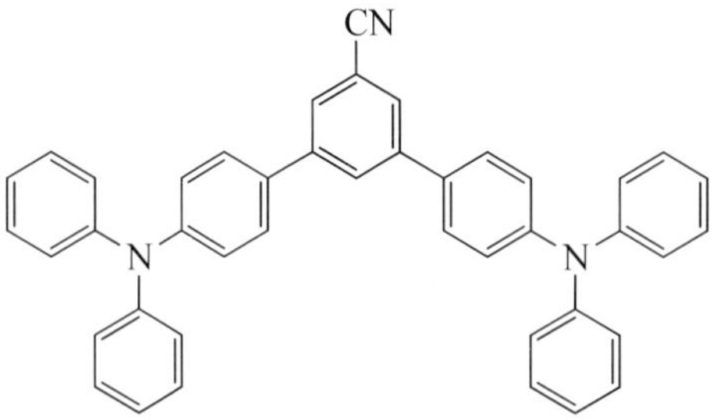

CN N N **270**

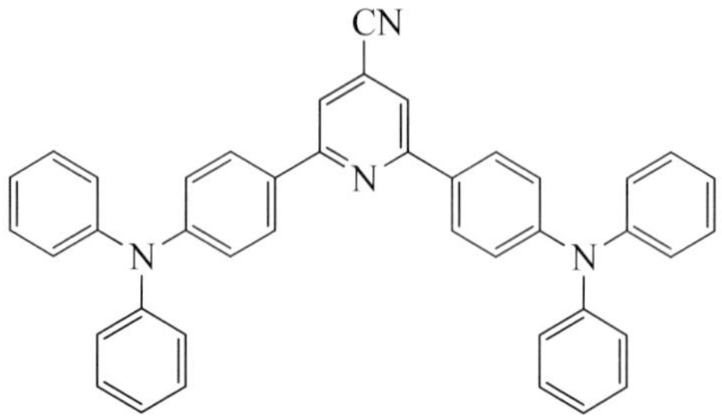

CN N N N **271**

Han 等[143]报道了包含 D-A 对和单键旋转的点亮型力刺激发光变色响应化合物 **272**，其具有 ICT 和 AIEE 性质。在力作用下 **272** 具有显著的发射增强现象，并且在研磨时具有大的光谱蓝移，通过热处理后能够转换到初始状态。将 **272** 固体粉末置于滤纸上，在 616 nm 处显示出微弱的红色发射峰[图 3-23（a）]。研磨后，光谱的发射强度显著增强，并发生了蓝移（从 616 nm 移到 588 nm）。研磨后，Φ_{PL} 值是研磨前的 3.5 倍（从 0.58%到 2.05%）。如图 3-23（b）中插图所示，研磨样品发光的变化与原始样品明显不同，肉眼很容易观察到。通过 100℃热处理，研磨样品能恢复其初始的“暗”状态。根据 DSC、PXRD 和紫外-可见吸收光谱数据，研究者推测，由于静电相互作用，相邻分子的 D 和 A 单元在结晶时会以 H 型耦合，这是因为前者富含电子而后者缺乏电子。这种反平行堆积可以获得大共轭重叠［图 3-23（c）］。因此，二聚体/激基复合物和分子间电荷转移将有利于猝灭荧光发射。机械力导致晶体缺陷和相邻分子之间的滑移，使得 D-A 耦合破坏，由此诱导了强烈的发光。另一方面，热处理将修复缺陷和滑移形变，以恢复高度有序的堆积模式，从而再次抑制发射。断开-接通切换的开关功能实验表明其具有可擦写性，这在可擦写光学数据存储（ODS）器件中有一定的应用前景。

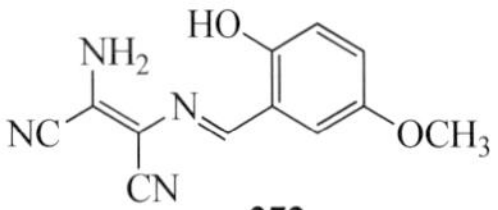

NH_2 HO NC N OCH_3 CN **272**

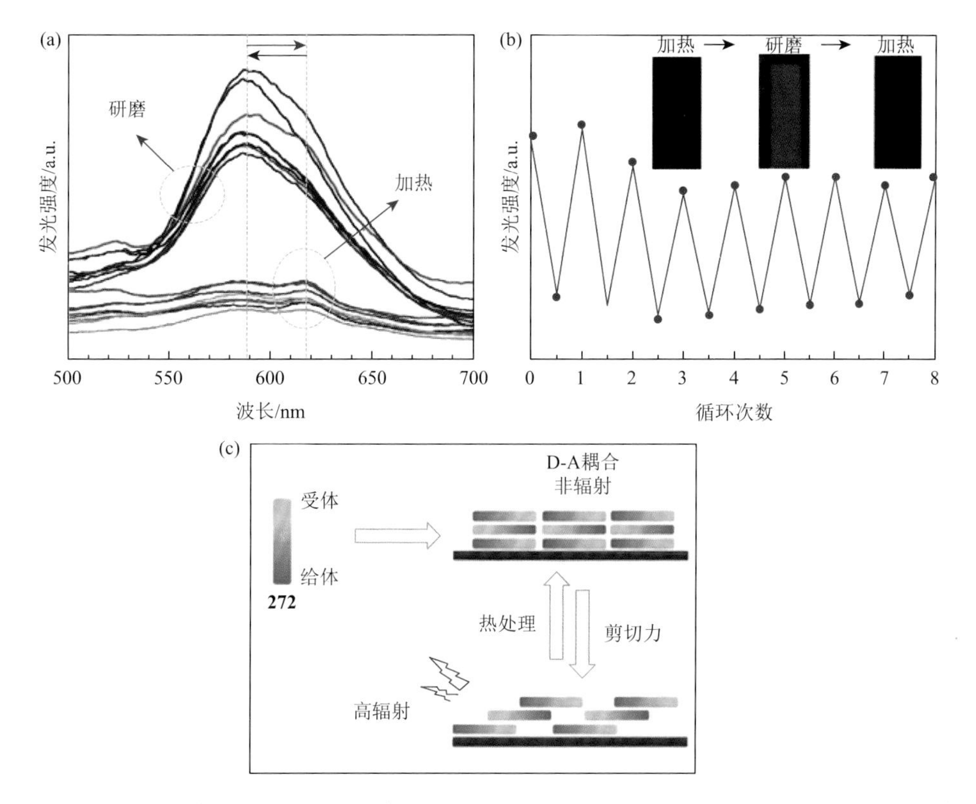

图 3-23 （a）化合物 272 样品在研磨和加热过程中的发射光谱；（b）化合物 272 样品在研磨和加热循环过程中发光强度重复开关，激发波长为 410 nm，插图为化合物 272 样品在研磨和加热处理后在紫外灯照射下的发光照片；（c）力刺激响应增强机理示意图

Wang 等[144]合成了由苯并噻二唑核心和相应的末端炔烃组成的一系列蝴蝶形 D-A-D 和 D-A-A 型化合物。尽管增强了共轭作用，线型化合物表现出更高的摩尔吸光系数和更高的溶液量子产率，但对于蝴蝶形化合物却观察到了更大的溶致荧光变色效应。通过将水滴入四氢呋喃溶液中，所有蝴蝶形化合物均观察到三种现象（ACQ、CIE 和 AEE）。这种变化主要取决于取代基和水的体积分数。尽管线型化合物的原始粉末样品具有较高的量子产率，发射明亮的光，但是蝴蝶形的化合物形成晶体并且在结晶状态下发射从 473 nm 到 622 nm 的多色光。该研究还观察到 **277** 具有多晶态性依赖的发光。一些化合物表现出力刺激发光变色响应特性。通过研磨 **273** 的原始粉末，其发射光谱保持不变，两种状态（原始状态和研磨粉末）均发出 484 nm 的光。相比之下，线型化合物 **280** 具有力刺激发光变色响应性能。研磨 **280** 的原始粉末，其最大发射波长从 478 nm 转变为 504 nm。通过用二氯甲烷熏蒸研磨样品，其最大发射波长又转变为 534 nm。再次用二氯甲烷将研磨样品熏蒸，其发射光谱保持不变，没有恢复。换句话讲，**280** 的力刺激发光变色响应效应是不可逆的。甲氧基取代化合物 **274**、**278**、**281** 和 **284** 的样品，研磨前后的发射光谱略有变化。但是，二甲氨基取代化合物 **275** 的样品，通过研磨和熏蒸处理，其发射光谱可在 607 nm 和 581 nm 之间发生可逆转变。对于化合物 **282** 样品也观察到类似的现象，但是最大发射波长的变化比较小，约 10 nm。对于蝴蝶形 **279** 和线型 **285**，通过研磨和熏蒸，两者均显示出最大发射波长相差 15 nm。研磨 **276** 使其从 550 nm 轻微红移到 556 nm，而研磨 **283** 使其从 630 nm 轻微蓝移到 626 nm。**277** 表现出最大波长范围、最可逆的变化。通过研磨 **277** 的原始粉末，其最大发射波长从 563 nm 变为 621 nm。用二氯甲烷将研磨粉末熏蒸 2 min 后，其发射波长回到 569 nm，并且在紫外灯下颜色从红色变为黄色。

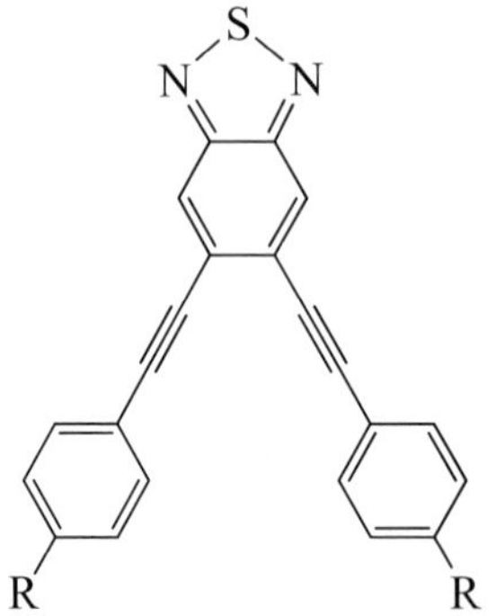

蝴蝶形 D-A-D

R = H, 2Ph-56 (**273**)
R = MeO, 2PMP-56 (**274**)
R = Me_2N, 2DMAP-56 (**275**)
R = Ph_2N, 2TPA-56 (**276**)
R = *N*-吩噁嗪基, 2POZ-56 (**277**)

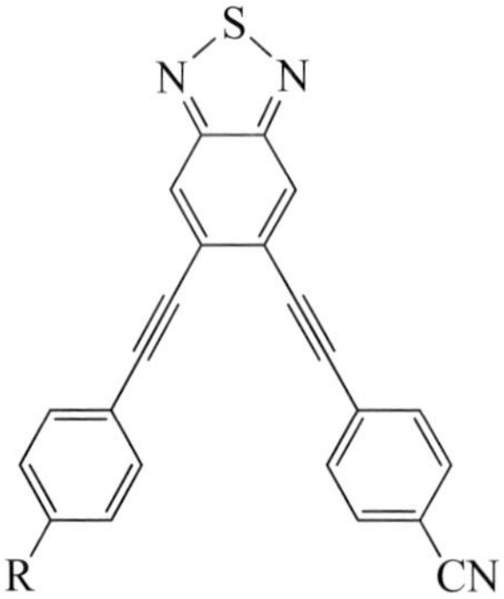

蝴蝶形 D-A-A

R = MeO, PMP-5-BN-6 (**278**)
R = Me_2N, DMAP-5-BN-6 (**279**)

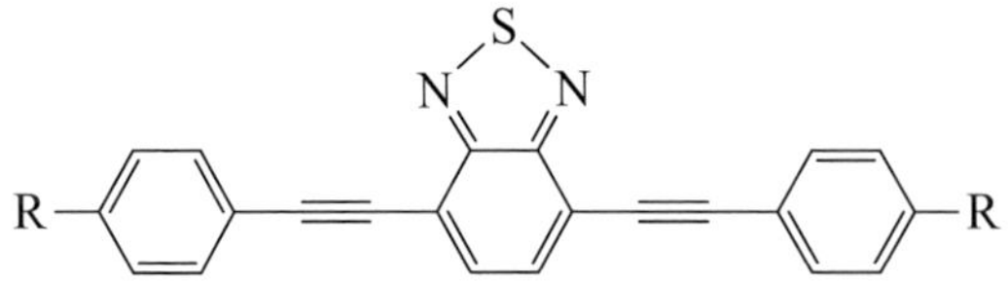

线型 D-A-D

R = H, 2Ph-47 (**280**)
R = MeO, 2PMP-47 (**281**)
R = Me_2N, 2DMAP-47 (**282**)
R = Ph_2N, 2TPA-47 (**283**)

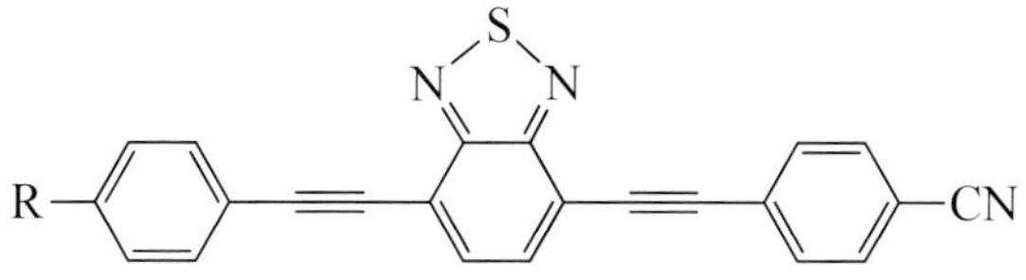

线型 D-A-A

R = MeO, PMP-4-BN-7 (**284**)
R = Me_2N, DMAP-4-BN-7 (**285**)

Sutherland 等[145]设计了芘衍生物 **286**～**291**。研究结果表明，稠环的改变与端基的增加可以调控化合物的溶液和固态对机械力、溶剂和酸的响应性。关于衍生物的力刺激发光变色响应性能，剪切固体可以调控聚集状态，从而将黄色荧光的 J-聚集的原始材料改变为橙色荧光的单个单体。针对紧密的结构类似物的每个晶态的 X 射线衍射分析表明，端基的细微差别会产生压力诱导行为。该研究还发现，**288** 端基的二甲基氨基团可以调控其固态聚集体从 J 型变为单体。当暴露于溶剂蒸气或通过热处理时，这种变化是可逆的。取代方式也极大地影响了溶致荧光变色效应。与结合了喹喔啉的 **286** 和 **287** 相比，含双氰基吡嗪化合物赋予 **289** 和 **290** 更大的 D-A 特性，这反过来又使它们对溶剂极性更敏感。芘衍生物中不同类型的氮原子也使分子在暴露于酸蒸气中表现出不同的行为。含有喹喔啉的 **286**、**287** 和 **288** 对酸有反应，而氰基与碱性位点相邻时，反应性会降低。

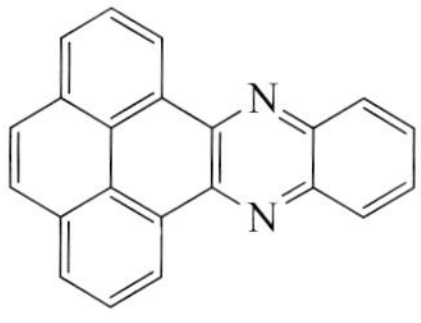

286 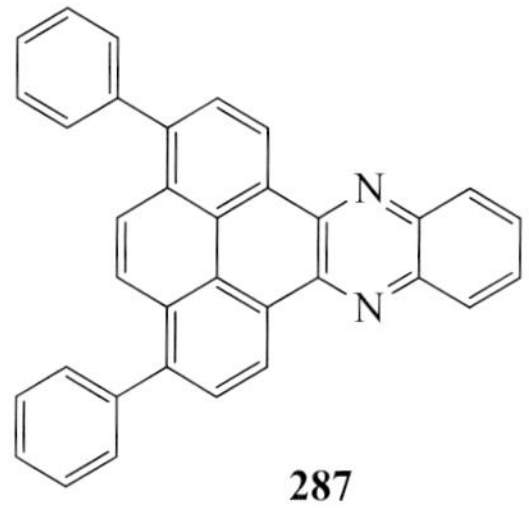　**287** 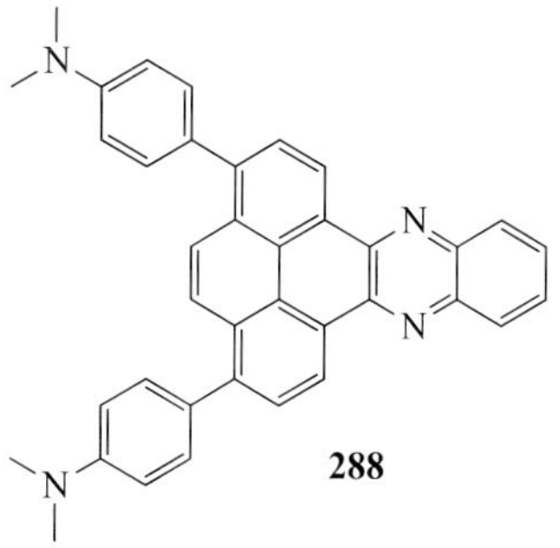　**288**

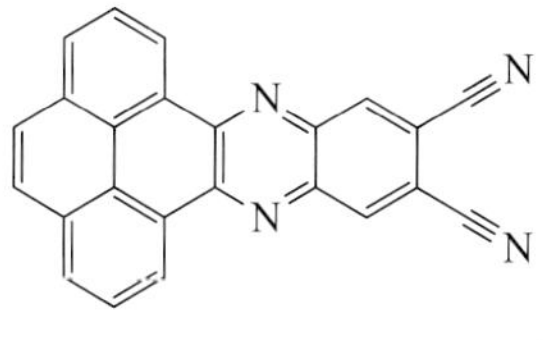

289 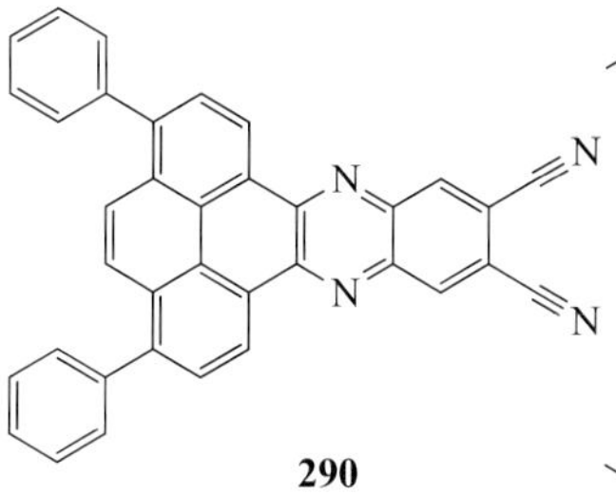　**290** 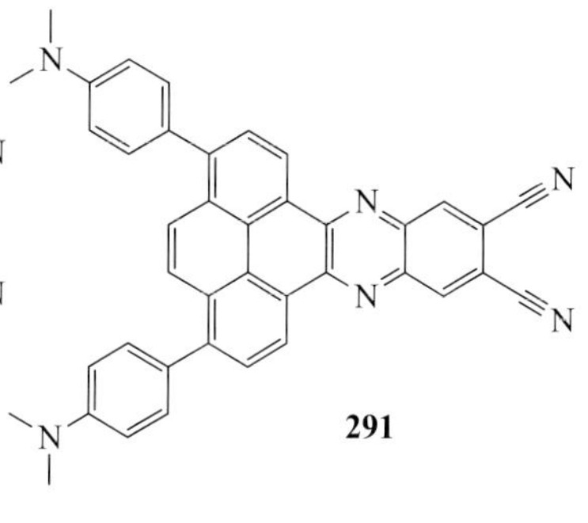　**291**

Fu 等[146]报道了高度灵敏且易于恢复的力刺激发光变色响应分子 **292**。在 0.5 MPa 的极低机械压力和 120℃的加热条件下，化合物 **292** 发光颜色可以在绿色和橙色之间转换（图 3-24）。结合 X 射线衍射分析和理论计算的机理研究认为，由机械压力引起的π堆积滑移角度的微小变化会形成J-聚集体，这不仅导致明显的力刺激发光变色响应转换，而且J-聚集激子的高辐射使发光效率明显提高。

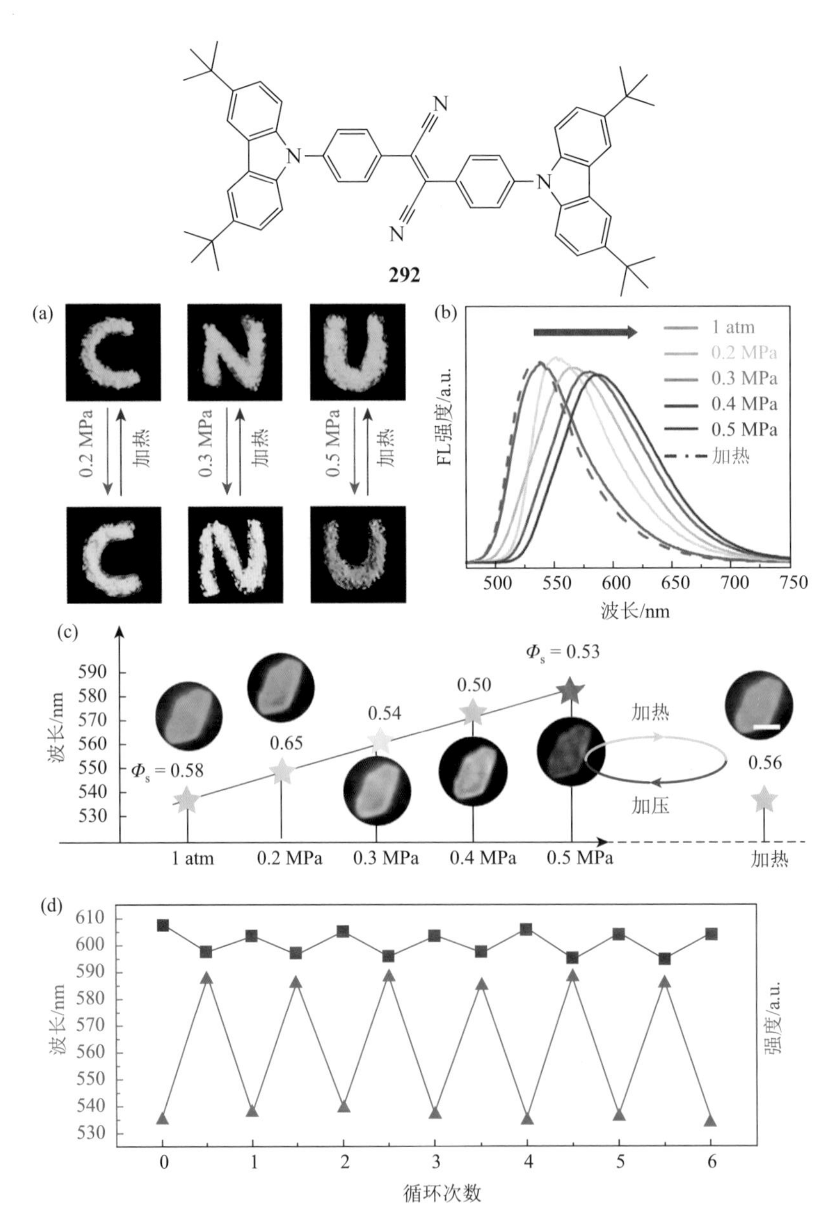

图 3-24 （a）化合物 **292** 的绿光粉末样品在不同压力和加热过程中的发光照片（紫外光波长 365 nm）;（b）化合物 **292** 的绿光粉末样品经过不同压力（从 1 atm 到 0.5 MPa）作用后及加热后的 PL 光谱；（c）化合物 **292** 微晶样品在加压及加热过程的线性工作曲线及荧光照片，Φ_s 表示固体发光效率；（d）样品在压力（0.5 MPa）和加热的循环作用下的发光波长和强度变化

Suo 等[147]报道了两种氨基马来腈衍生物 **293** 和 **294**。这两种化合物都具有 AIE 性质和 ICT 特性。但它们的力刺激发光变色响应行为不同：**293** 固体粉末具有很强的绿色荧光，但在研磨后荧光会被猝灭而发光颜色不变。**294** 的粉末具有强的绿色发光（535 nm），研磨后变成橙红色（544 nm），荧光量子产率降低了 30%。通过在有机溶剂中进行简单的浸入处理，可以将 **293** 和 **294** 的发光都恢复到初始状态，这表明样品具有较高的抗疲劳性。PXRD 谱图表明，这个过程中结晶度下降而不是完全非晶化，这不同于先前报道的大多数力刺激发光变色响应材料普遍接受的相变机理。

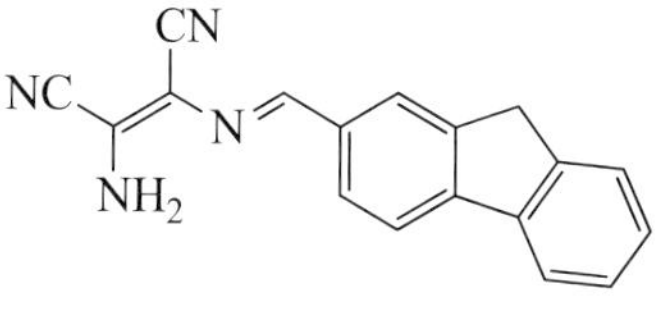

CN NC N NH_2 **293**　　CN NC N NH_2 N **294**

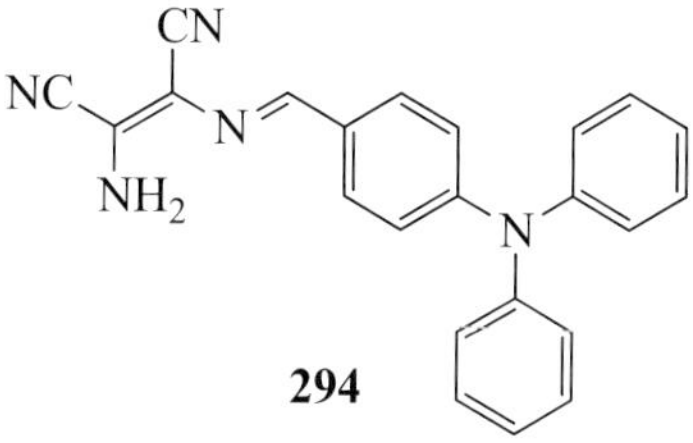

Ahipa 等[148]报道了四种共轭氰基吡啶酮衍生物 **295**～**298** 固体样品的力刺激发光变色响应研究。所有样品在原始状态和研磨粉末之间均表现出双色转换能力，使用溶剂熏蒸法可以将研磨样品恢复到初始粉末状态。对于化合物 **295** 和 **298**，力刺激会导致它们的发射强度降低，而样品 **296** 和 **297** 则显示出发光增强现象。此外，PXRD 分析结果显示初始样品和研磨样品的衍射谱图明显不同，特别是 **295** 和 **297** 样品显示出晶态到部分非晶态的相变过程，而 **296** 显示出晶态到非晶态的相变，**298** 则显示出晶态至晶态的相变。

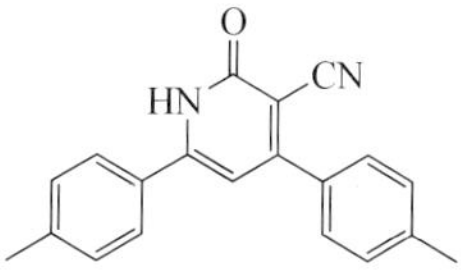

O HN CN **295**　　O HN CN O_2N NO_2 **296**　　O HN CN S **297**　　O HN CN S S **298**

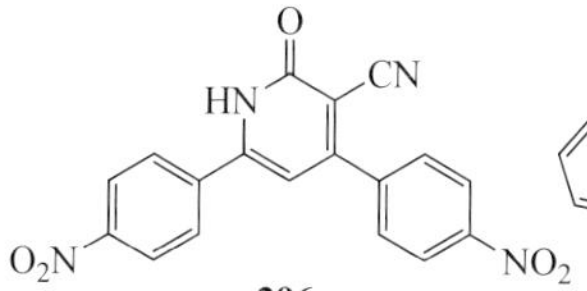

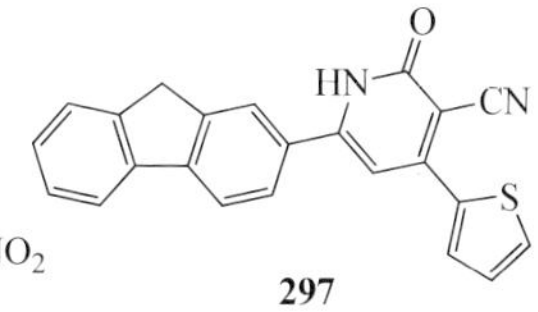

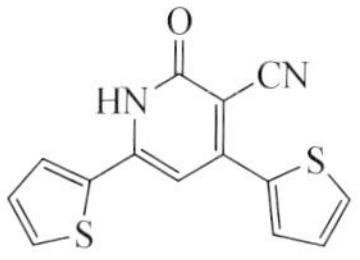

3.4 总结和展望

本章主要讨论了具有聚集诱导发光（AIE）性质的氰基乙烯这一类分子的力刺激发光变色响应材料的最新研究进展，详细阐述了力刺激发光变色响应材料的结构-性能关系和机理。这些氰基乙烯衍生物主要包括氰基二乙烯基苯、二苯基丙烯腈、三苯基丙烯腈和亚甲基丙二腈的衍生物等，其中氰基的数目和取代位置各不相同，研究者对这些分子结构进行了许多修饰。研究发现，很小的变化也会使它们的力刺激发光变色响应性质产生很大差异，如乙烯异构体上氰基的取代位置、烷基链的长度和不同的卤素端基等。这是由于这些小的修饰对它们晶体中分子间相互作用的形成和分子构象变化起着重要作用，其中包括特殊的堆积（H-聚集和J-聚集，π-π 堆积）和各种氢键作用等。在这些氰基乙烯衍生物中，同一分子的不同晶体也是一个值得关注的现象。此外，这些氰基乙烯分子可以实现力刺激发光变色响应和其他功能（如液晶性、酸致发光变色和电响应特性）相结合。基于超分子福斯特共振能量转移策略，研究者们还设计了增强荧光转换的双组分系统。但是，有关它们的力刺激发光变色响应的光物理过程及力刺激发光变色响应材料（包括这些氰基乙烯衍生物）的实际应用是未来需要进行更深入研究的方向。基于氰基乙烯衍生物的 AIE 力刺激发光变色响应材料的研究一直在迅速发展中，在本书组稿过程中，又有许多关于此类化合物的研究被报道出来[149-193]，这些文献内容不再在文中介绍，感兴趣的读者可以参考。

参考文献

[1] Sagara Y，Kato T. Mechanically induced luminescence changes in molecular assemblies. Nature Chemistry，2009，1：605-610.

[2] Sagara Y，Yamane S，Mitani M，et al. Mechanoresponsive luminescent molecular assemblies：an emerging class of materials. Advanced Materials，2016，28：1073-1095.

[3] Chi Z，Zhang X，Xu B，et al. Recent advances in organic mechanofluorochromic materials. Chemical Society Reviews，2012，41：3878-3896.

[4] Zhang J，He B，Hu Y，et al. Stimuli-responsive AIEgens. Advanced Materials，2021，33：2008071.

[5] Löwe C，Weder C Oligo(*p*-phenylene vinylene)excimers as molecular probes：deformation-induced color changes in photoluminescent polymer blends. Advanced Materials，2002，14：1625-1629.

[6] Kunzelman J，Crenshaw B R，Kinami M，et al. Self-assembly and dispersion of chromogenic molecules：a versatile and general approach for self-assessing polymers. Macromolecular Rapid Communications，2006，27：1981-1987.

[7] Lavrenova A，Holtz A，Simon Y C，et al. Deformation-induced color changes in melt-processed polyamide 12 blends. Macromolecular Materials and Engineering，2016，301：549-554.

[8] Fan X，Sun J，Wang F，et al. Photoluminescence and electroluminescence of hexaphenylsilole are enhanced by pressurization in the solid state. Chemical Communications，2008，26：2989-2991.

[9] Yoon S J，Chung J W，Gierschner J，et al. Multistimuli two-color luminescence switching via different slip-stacking of highly fluorescent molecular sheets. Journal of the American Chemical Society，2010，132：13675-13683.

[10] Zhang X，Chi Z，Li H，et al. Piezofluorochromism of an aggregation-induced emission compound derived from tetraphenylethylene. Chemistry：An Asian Journal，2011，6：808-811.

[11] An B K，Kwon S K，Jung S D，et al. Enhanced emission and its switching in fluorescent organic nanoparticles. Journal of the American Chemical Society，2002，124：14410-14415.

[12] Sun J，Dai Y，Mi O，et al. Unique torsional cruciform π-architectures composed of donor and acceptor axes exhibiting mechanochromic and electrochromic properties. Journal of Materials Chemistry C，2015，3：3356-3363.

[13] Zhang Y，Wang K，Zhuang G，et al. Multicolored-fluorescence switching of ICT-type organic solids with clear color difference：mechanically controlled excited state. Chemistry：A European Journal，2015，21：2474-2479.

[14] Xu Y，Wang K，Zhang Y，et al. Fluorescence mutation and structural evolution of a π-conjugated molecular crystal during phase transition. Journal of Materials Chemistry C，2016，4：1257-1262.

[15] Yoon S J，Park S. Polymorphic and mechanochromic luminescence modulation in the highly emissive dicyanodistyrylbenzene crystal：secondary bonding interaction in molecular stacking assembly. Journal of Materials Chemistry，2011，21：8338-8346.

[16] Mao W，Chen K，Ouyang M，et al. Synthesis and characterization of new cyanostilbene-based compound exhibiting reversible mechanochromism. Acta Chimica Sinica，2013，71：613-618.

[17] Hou X，Ling J，Arulsamy N，et al. Thiomethyl derivatives of two oligo(*p*-phenylene vinylenes)as new aggregation-induced piezofluorochromic emitters. Materials Sciences and Applications，2013，4：331-336.

[18] Zhang X，Ma Z，Liu M，et al. A new organic far-red mechanofluorochromic compound derived from cyano-substituted diarylethene. Tetrahedron，2013，69：10552-10557.

[19] Kwon M S，Gierschner J，Seo J，et al. Rationally designed molecular D-A-D triad for piezochromic and acidochromic fluorescence on-off switching. Journal of Materials Chemistry C，2014，2：2552-2557.

[20] Lu H，Zhang S，Ding A，et al. A luminescent liquid crystal with multistimuli tunable emission colors based on different molecular packing structures. New Journal of Chemistry，2014，38：3429-3433.

[21] Sun J，Lv X，Wang P，et al. A donor-acceptor cruciform π-system：high contrast mechanochromic properties and multicolour electrochromic behaviour. Journal of Materials Chemistry C，2014，2：5365-5371.

[22] Zhang X，Ma Z，Yang Y，et al. Fine-tuning the mechanofluorochromic properties of benzothiadiazole-cored cyano-substituted diphenylethene derivatives through D-A effect. Journal of Materials Chemistry C，2014，2：8932-8938.

[23] Kim H J，Whang D R，Gierschner J，et al. High-contrast red-green-blue tricolor fluorescence switching in bicomponent molecular film. Angewandte Chemie International Edition，2015，54：4330-4333.

[24] Feng C，Wang K，Xu Y，et al. Unique piezochromic fluorescence behavior of organic crystal of carbazole-substituted CNDSB. Chemical Communications，2016，52：3836-3839.

[25] Liu L，Wang K，Deng J，et al. Restorable piezochromism phenomenon in an AIE molecular crystal：combined synchronous Raman scattering. Faraday Discussions，2017，196：415-426.

[26] Birks J B. Excimers. Reports on Progress in Physics，1975，38：903.

[27] Lott J，Weder C. Luminescent mechanochromic sensors based on poly(vinylidene fluoride)and excimer-forming *p*-phenylene vinylene dyes. Macromolecular Chemistry and Physics，2010，211：28-34.

[28] Crenshaw B R，Burnworth M，Khariwala D，et al. Deformation-induced color changes in mechanochromic polyethylene blends. Macromolecules，2007，40：2400-2408.

[29] Kinami M，Crenshaw B R，Weder C. Polyesters with built-in threshold temperature and deformation sensors. Chemistry of Materials，2006，18：946-955.

[30] Crenshaw B R，Weder C. Self-assessing photoluminescent polyurethanes. Macromolecules，2006，39：9581-9589.

[31] Crenshaw B R，Weder C. Deformation-induced color changes in melt-processed photoluminescent polymer blends. Chemistry of Materials，2003，15：4717-4724.

[32] Sagara Y，Lavrenova A，Crochet A，et al. A thermo- and mechanoresponsive cyano-substituted oligo(*p*-phenylene vinylene)derivative with five emissive states. Chemistry：A European Journal，2016，22：4374-4378.

[33] Sagara Y，Kubo K，Nakamura T，et al. Temperature-dependent mechanochromic behavior of mechanoresponsive luminescent compounds. Chemistry of Materials，2017，29：1273-1278.

[34] Kim D Y，Koo J，Lim S I，et al. Solid-state light emission controlled by tuning the hierarchical superstructure of self-assembled luminogens. Advanced Functional Materials，2018，28：1707075.

[35] Lu B，Zhang Y，Yang X，et al. Piezochromic luminescence of AIE-active molecular co-crystals：tunable multiple hydrogen bonding and molecular packing. Journal of Materials Chemistry C，2018，6：9660-9666.

[36] Wang Y，Xu D，Gao H，et al. Twisted donor-acceptor cruciform luminophores possessing substituent-dependent properties of aggregation-induced emission and mechanofluorochromism. The Journal of Physical Chemistry C，2018，122：2297-2306.

[37] Xu D，Hao J，Gao H，et al. Twisted donor-acceptor cruciform fluorophores exhibiting strong solid emission，efficient aggregation-induced emission and high contrast mechanofluorochromism. Dyes and Pigments，2018，150：293-300.

[38] Feng X，Zhang J，Hu Z，et al. Pyrene-based aggregation-induced emission luminogens（AIEgen）：structure correlated with particle size distribution and mechanochromism. Journal of Materials Chemistry C，2019，7：6932-6940.

[39] Kaneko R，Sagara Y，Katao S，et al. Mechano-and photoresponsive behavior of a bis(cyanostyryl)benzene fluorophore. Chemistry：A European Journal，2019，25：6162-6169.

[40] Wang Y，Yang J，Tian Y，et al. Persistent organic room temperature phosphorescence：what is the role of molecular dimers？. Chemical Science，2020，11：833-838.

[41] Wang Y，Cheng D，Zhou H，et al. Mechanochromic luminescence of AIEE-active tetraphenylethene-containing cruciform luminophores. Dyes and Pigments，2019，171：107739.

[42] Wang Y，Cheng D，Zhou H，et al. Reversible solid-state mechanochromic luminescence originated fromaggregation-induced enhanced emission-active donor-acceptor cruciform luminophores containing triphenylamine. Dyes and Pigments，2019，171：107689.

[43] Cheng D，Xu D，Wang Y，et al. High contrast mechanochromic luminescence of aggregation-induced emission（AIE）-based 9, 9-dimethyl-9, 10-dihydroacridine-containing cruciform luminophores. Dyes and Pigments，2020，173：107934.

[44] Cheng D，Xu D，Wang Y，et al. 9, 9-Dimethyl-9, 10-dihydroacridine-based donor-acceptor cruciform luminophores：evident aggregation-induced emission and remarkable mechanofluorochromism. Dyes and Pigments，2020，173：107937.

[45] Xu D，Cheng D，Wang Y，et al. The evident aggregation-induced emission and the reversible mechano-responsive behavior of carbazole-containing cruciform luminophoreyes. Dyes and Pigments，2020，172：107786.

[46] Zhang Y，Zhuang G，Ouyang M，et al. Mechanochromic and thermochromic fluorescent properties of cyanostilbene derivatives. Dyes and Pigments，2013，98：486-492.

[47] Ouyang M，Zhan L，Lv X，et al. Clear piezochromic behaviors of AIE-active organic powders under hydrostatic pressure. RSC Advances，2016，6：1188-1193.

[48] Dou C，Han L，Zhao S，et al. Multi-stimuli-responsive fluorescence switching of a donor-acceptor π-conjugated compound. The Journal of Physical Chemistry Letters，2011，2：666-670.

[49] Zhang Y，Sun J，Bian G，et al. Cyanostilben-based derivatives：mechanical stimuli-responsive luminophors with aggregation-induced emission enhancement. Photochemical & Photobiological Sciences，2012，11：1414-1421.

[50] Zhang Y，Sun J，Lv X，et al. Heating and mechanical force-induced “turn on” fluorescence of cyanostilbene derivative with H-type stacking. CrystEngComm，2013，15：8998-9002.

[51] Zhang Y，Qile M，Sun J，et al. Ratiometric pressure sensors based on cyano-substituted oligo(*p*-phenylene vinylene)derivatives in the hybridized local and charge-transfer excited state. Journal of Materials Chemistry C，2016，4：9954-9960.

[52] Ma C，Zhang X，Yang Y，et al. Halogen effect on mechanofluorochromic properties of alkyl phenothiazinyl phenylacrylonitrile derivatives. Dyes and Pigments，2016，129：141-148.

[53] Ma C，Zhang X，Yang L，et al. Alkyl length dependent mechanofluorochromism of AIE-based phenothiazinyl fluorophenyl acrylonitrile derivatives. Dyes and Pigments，2017，136：85-91.

[54] Ma C，Zhang X，Yang Y，et al. Effect of alkyl length dependent crystallinity for the mechanofluorochromic feature of alkyl phenothiazinyl tetraphenylethenyl acrylonitrile derivatives. Journal of Materials Chemistry C，2016，4：4786-4791.

[55] Zhang Y，Li H，Zhang G，et al. Aggregation-induced emission enhancement and mechanofluorochromic properties of α-cyanostilbene functionalized tetraphenyl imidazole derivatives. Journal of Materials Chemistry C，2016，4：2971-2978.

[56] Zhan Y，Wei Q，Zhao J，et al. Reversible mechanofluorochromism and acidochromism using a cyanostyrylbenzimidazole derivative with aggregation-induced emission. RSC Advances，2017，7：48777-48784.

[57] Zhao H，Wang Y，Harrington S，et al. Remarkable substitution influence on the mechanochromism of cyanostilbene derivatives. RSC Advances，2016，6：66477-66483.

[58] Xue P，Yao B，Shen Y，et al. Self-assembly of a fluorescent galunamide derivative and sensing of acid vapor and mechanical force stimuli. Journal of Materials Chemistry C，2017，5：11496-11503.

[59] Kondo M，Hashimoto M，Miura S，et al. Mechanochromic luminescent behavior in hydrogen bonded liquid-crystalline complex. Molecular Crystals and Liquid Crystals，2017，644：78-87.

[60] Kondo M，Nakanishi T，Matsushita T，et al. Directional mechanochromic luminescent behavior in liquid crystalline composite polymeric films. Macromolecular Chemistry and Physics，2017，218：1600321.

[61] Xue P，Ding J，Shen Y，et al. Effect of connecting links on self-assembly and mechanofluorochromism of cyanostyrylanthracene derivatives with aggregation-induced emission. Dyes and Pigments，2017，145：12-20.

[62] Zhang X，Huang X，Gan X，et al. Two multi-functional aggregation-induced emission probes：reversible mechanochromism and bio-imaging. Sensors and Actuators B：Chemical，2017，243：421-428.

[63] Adak A，Panda T，Raveendran A，et al. Distinct mechanoresponsive luminescence，thermochromism，vapochromism，and chlorine gas sensing by a solid-state organic emitter. ACS Omega，2018，3：5291-5300.

[64] Arivazhagan C，Malakar P，Jagan R，et al. Dimesitylboryl-functionalised cyanostilbene derivatives of phenothiazine：distinctive polymorphism-dependent emission and mechanofluorochromism. CrystEngComm，2018，20：3162-3166.

[65] Fang W，Zhao W，Pei P，et al. A Λ-shaped cyanostilbene derivative：multi-stimuli responsive fluorescence sensors，rewritable information storage and colour converter for w-LEDs. Journal of Materials Chemistry C，2018，6：9269-9276.

[66] Peng J，Zhao J，Zheng L，et al. H-bonding and C—H···π assisted mechanofluorochromism of triphenylamine-containing vinylheterocycles bearing cyano and methyl groups. New Journal of Chemistry，2018，42：18269-18277.

[67] Wang B，Wei C. Stimuli-responsive fluorescence switching of cyanostilbene derivatives：ultrasensitive water，

acidochromism and mechanochromism. RSC Advances，2018，8：22806-22812.

[68] Zhang Y，Li S，Pan G，et al. Stretchable nanofibrous membranes for colorimetric/fluorometric HCl sensing：highly sensitive charge-transfer excited state. Sensors and Actuators B：Chemical，2018，254：785-794.

[69] Yang H，Sun Z，Lv C，et al. Ratiometric piezochromism of electrospun polymer films：intermolecular interactions for enhanced sensitivity and color difference. ChemPlusChem，2018，83：132-139.

[70] Zhang Y，Feng Y，Tian X，et al. Enhanced emission under mechanical stimuli based on phenanthroimidazole derivative by controlling ISC process. Advanced Optical Materials，2018，6：1800903.

[71] Chen S，Zhang W，Jia Q，et al. Dimethylamino naphthalene-based cyanostyrene derivatives with stimuli responsive luminescent properties. Dyes and Pigments，2019，171：107700.

[72] Gayathri P，Hariharan P，Moon D，et al. Crystallization/aggregation enhanced emissive smart fluorophores for rewritable fluorescent platform：alkoxy chain length controlled solid state fluorescence. Journal of Luminescence，2019，211：355-362.

[73] Gayathri P，Karthikeyan S，Moon D，et al. Halogen atom and position dependent strong enhancement of solid-state fluorescence and stimuli responsive reversible fluorescence switching. ChemistrySelect，2019，4：3884-3890.

[74] Gayathri P，Karthikeyan S，Pannipara M，et al. Aggregation-enhanced emissive mechanofluorochromic carbazole-halogen positional isomers：tunable fluorescence via conformational polymorphism and crystallization-induced fluorescence switching. CrystEngComm，2019，21：6604-6612.

[75] Kondo M，Yamoto T，Miura S，et al. Controlling the emergence and shift direction of mechanochromic luminescence color of a pyridine-terminated compound. Chemistry：An Asian Journal，2019，14：471-479.

[76] Man T，Xu N，Yu Z，et al. Modulation of piezochromic fluorescence behavior by subtle structural change. Dyes and Pigments，2019，166：301-306.

[77] Sun Z，Zang Q，Luo Q，et al. Emission enhancement and high sensitivity of a π-conjugated dye towards pressure：the synergistic effect of supramolecular interactions and H-aggregation. Chemical Communications，2019，55：4735-4738.

[78] Wang S，Li L，Li K，et al. Mechanochromism of a dumbbell D-π-A-π-D phenothiazine derivative. New Journal of Chemistry，2019，43：12957-12962.

[79] Wang Y，Liu J，Yuan W，et al. Unique twisted donor-acceptor cruciform π-architectures exhibiting aggregation-induced emission and stimuli-response behaviors. Dyes and Pigments，2019，167：135-142.

[80] Xue P，Zhang C，Wang K，et al. Alkyl chain-dependent cyano-stilbene derivative's molecular stacking，emission enhancement and fluorescent response to the mechanical force and thermal stimulus. Dyes and Pigments，2019，163：516-524.

[81] Xue P，Zhang T，Han Y. Multicolour- and high-colour-contrast switching in response to force and acid vapour by introducing an asymmetric D-π-A-π-D structure. Journal of Materials Chemistry C，2019，7：9537-9544.

[82] Cui S，Wang B，Yan X，et al. A novel emitter：sensing mechanical stimuli and monitoring total polar materials in frying oil. Dyes and Pigments，2020，174：108020.

[83] Zhang T，Han Y，Wang K，et al. Alkyl chain-dependent ESIPT luminescent switches of phenothazine derivatives in response to force. Dyes and Pigments，2020，172：107835.

[84] Lu Y，Tan Y，Gong Y，et al. High efficiency D-A structured luminogen with aggregation-induced emission and mechanochromic characteristics. Chinese Science Bulletin，2013，58：2719-2722.

[85] Yuan W，Tan Y，Gong Y，et al. Synergy between twisted conformation and effective intermolecular interactions：

strategy for efficient mechanochromic luminogens with high contrast. Advanced Materials，2013，25：2837-2843.

[86] Zhang P，Dou W，Ju Z，et al. Modularity analysis of tunable solid-state emission based on a twisted conjugated molecule containing 9, 9′-bianthracene group. Advanced Materials，2013，25：6112-6116.

[87] Gong Y，Tan Y，Liu J，et al. Twisted D-π-A solid emitters：efficient emission and high contrast mechanochromism. Chemical Communications，2013，49：4009-4011.

[88] Gong Y，Liu J，Zhang Y，et al. AIE-active，highly thermally and morphologically stable，mechanochromic and efficient solid emitters for low color temperature OLEDs. Journal of Materials Chemistry C，2014，2：7552-7560.

[89] Gong Y，Zhang Y，Yuan W，et al. D-A solid emitter with crowded and remarkably twisted conformations exhibiting multifunctionality and multicolor mechanochromism. The Journal of Physical Chemistry C，2014，118：10998-11005.

[90] 毛文纲，陈康，欧阳密，等. 具有聚集诱导发光效应及高对比度可逆力致变色三芳基丙烯腈化合物的设计、合成及性能. 有机化学，2014，34：161-169.

[91] Zhang G，Sun J，Xue P，et al. Phenothiazine modified triphenylacrylonitrile derivates：AIE and mechanochromism tuned by molecular conformation. Journal of Materials Chemistry C，2015，3：2925-2932.

[92] Zhang Y，Song Q，Wang K，et al. Polymorphic crystals and their luminescence switching of triphenylacrylonitrile derivatives upon solvent vapour，mechanical，and thermal stimuli. Journal of Materials Chemistry C，2015，3：3049-3054.

[93] Ma Z，Ji Y，Wang Z，et al. Mechanically controlled FRET to achieve an independent three color switch. Journal of Materials Chemistry C，2016，4：10914-10918.

[94] Zhan Y，Gong P，Yang P，et al. Aggregation-induced emission and reversible mechanochromic luminescence of carbazole-based triphenylacrylonitrile derivatives. RSC Advances，2016，6：32697-32704.

[95] Li S，Sun J，Qile M，et al. Highly twisted isomers of triphenylacrylonitrile derivatives with high emission efficiency and mechanochromic behavior. ChemPhysChem，2017，18：1481-1485.

[96] Hu J，Jiang B，Gong Y，et al. A novel triphenylacrylonitrile based AIEgen for high contrast mechanchromism and bicolor electroluminescence. RSC Advances，2018，8：710-716.

[97] Pei S，Chen X，Zhou Z，et al. Triphenylacrylonitrile decorated *N*-phenylcarbazole：isomeric effect on photophysical properties. Dyes and Pigments，2018，154：113-120.

[98] Wang X，Wang Y，Zhan Y，et al. Piezofluorochromism of triphenylamine-based triphenylacrylonitrile derivative with intramolecular charge transfer and aggregation-induced emission characteristics. Tetrahedron Letters，2018，59：2057-2061.

[99] Shi C，Guo Z，Yan Y，et al. Self-assembly solid-state enhanced red emission of quinolinemalononitrile：optical waveguides and stimuli response. ACS Applied Materials & Interfaces，2013，5：192-198.

[100] Cao Y，Xi W，Wang L，et al. Reversible piezofluorochromic nature and mechanism of aggregation-induced emission-active compounds based on simple modification. RSC Advances，2014，4：24649-24652.

[101] Hariharan P S，Moon D，Anthony S P. Reversible fluorescence switching and topochemical conversion in an organic AEE material：polymorphism，defection and nanofabrication mediated fluorescence tuning. Journal of Materials Chemistry C，2015，3：8381-8388.

[102] Jiang Y，Gindre D，Allain M，et al. A mechanofluorochromic push-pull small molecule with aggregation-controlled linear and nonlinear optical properties. Advanced Materials，2015，27：4285-4289.

[103] Wei J，Liang B，Cheng X，et al. High-contrast and reversible mechanochromic luminescence of a D-π-A compound

with a twisted molecular conformation. RSC Advances，2015，5：71903-71910.

[104] Chen W，Wang S，Yang G，et al. Dicyanomethylenated acridone based crystals：torsional vibration confinement induced emission with supramolecular structure dependent and stimuli responsive characteristics. The Journal of Physical Chemistry C，2016，120：587-597.

[105] Botta C，Benedini S，Carlucci L，et al. Polymorphism-dependent aggregation induced emission of a push-pull dye and its multi-stimuli responsive behaviour. Journal of Materials Chemistry C，2016，4：2979-2989.

[106] Lei Y，Yang D，Hua H，et al. Piezochromism，acidochromism，solvent-induced emission changes and cell imaging of D-π-A 1, 4-dihydropyridine derivatives with aggregation-induced emission properties. Dyes and Pigments，2016，133：261-272.

[107] Liu Y，Lei Y，Liu M，et al. The effect of *N*-alkyl chain length on the photophysical properties of indene-1, 3-dionemethylene-1, 4-dihydropyridine derivatives. Journal of Physical Chemistry C，2016，4：5970-5980.

[108] Lei Y，Zhou Y，Qian L，et al. Polymorphism and mechanochromism of *N*-alkylated 1, 4-dihydropyridine derivatives containing different electron-withdrawing end groups. Journal of Physical Chemistry C，2017，5：5183-5192.

[109] Qian L，Zhou Y，Liu M，et al. Mechanofluorochromic properties of fluorescent molecules based on a dicyanomethylene-4*H*-pyran and indole isomer containing different alkyl chains via an alkene module. RSC Advances，2017，7：42180-42191.

[110] Zhou Y，Liu Y，Guo Y，et al. Mechanochromic and acidochromic response of 4*H*-pyran derivatives with aggregation-induced emission properties. Dyes and Pigments，2017，141：428-440.

[111] Zhang J，Kang H，Li N，et al. Organic solid fluorophores regulated by subtle structure modification：color-tunable and aggregation-induced emission. Chemical Science，2017，8：577-582.

[112] Song Q，Chen K，Sun J，et al. Mechanical force induced reversible fluorescence switching of two 3-aryl-2-cyano acrylamide derivatives. Tetrahedron Letters，2014，55：3200-3205.

[113] Bian G，Huang H，Zhan L，et al. Reversible piezochromism and protonation stimuli-response of(*Z*)-2-cyano-3-(3, 4-dimethoxyphenyl)acrylamide. Acta Physico-Chimica Sinica，2016，32：589-594.

[114] Hariharan P S，Prasad V K，Nandi S，et al. Molecular engineering of triphenylamine based aggregation enhanced emissive fluorophore：structure-dependent mechanochromism and self-reversible fluorescence switching. Crystal Growth Design，2017，17：146-155.

[115] Hariharan P S，Gayathri P，Moon D，et al. Tunable and switchable solid state fluorescence：alkyl chain length-dependent molecular conformation and self-reversible thermochromism. ChemistrySelect，2017，2：7799-7807.

[116] Tian H，Tang X，Dong Y Q. Construction of luminogen exhibiting multicolored emission switching through combination of twisted conjugation core and donor-acceptor units. Molecules，2017，22：2222.

[117] Wen P，Gao Z，Zhang R，et al. A-π-D-π-A carbazole derivatives with remarkable solvatochromism and mechanoresponsive luminescence turn-on. Journal of Materials Chemistry C，2017，5：6136-6143.

[118] Chen M，Chen R，Shi Y，et al. Malonitrile-functionalized tetraphenylpyrazine：aggregation-induced emission，ratiometric detection of hydrogen sulfide，and mechanochromism. Advanced Functional Materials，2018，28：1704689.

[119] Li J，Xie J，Zhang R，et al. Metal-free organic luminophores with ultrastrong dipole moment exhibiting force-induced near-infrared emission（>800 nm）turn-on. Chemical Communications，2018，54：11455-11458.

[120] Zhang Y，Ma Y，Kong L，et al. A novel indolo[3, 2-*b*]carbazole derivative with D-π-A structure exhibiting

aggregation-enhanced emission and mechanofluorochromic properties. Dyes and Pigments，2018，159：314-321.

[121] Zhu H，Chen P，Kong L，et al. Twisted donor-π-acceptor carbazole luminophores with substituent-dependent properties of aggregated behavior（aggregation-caused quenching to aggregation-enhanced emission）and mechanoresponsive luminescence. Journal of Physical Chemistry C，2018，122：19793-19800.

[122] Zhu H，Huang J，Kong L，et al. Branched triphenylamine luminophores：aggregation-induced fluorescence emission，and tunable near-infrared solid-state fluorescence characteristics via external mechanical stimuli. Dyes and Pigments，2018，151：140-148.

[123] Zhu H，Weng S，Zhang H，et al. A novel carbazole derivative containing fluorobenzene unit：aggregation-induced fluorescence emission，polymorphism，mechanochromism and non-reversible thermo-stimulus fluorescence. CrystEngComm，2018，20：2772-2779.

[124] Carayon C，Ghodbane A，Leygue N，et al. Mechanofluorochromic properties of an AIEE-active 2-phenylbenzoxazole derivative：more than meets the eye？. ChemPhotoChem，2019，3：545-553.

[125] Chen Y，Zhou Y，Wang Z，et al. Enhanced mechanofluorochromic properties of 1, 4-dihydropyridine-based fluorescent molecules caused by the introduction of halogen atoms. CrystEngComm，2019，21：4258-4266.

[126] Sudhakar P，Radhakrishnan T P. A strongly fluorescent molecular material responsive to physical/chemical stimuli and their coupled impact. Chemistry：An Asian Journal，2019，14：4754-4759.

[127] Sudhakar P，Radhakrishnan T P. Stimuli responsive and reversible crystalline-amorphous transformation in a molecular solid：fluorescence switching and enhanced phosphorescence in the amorphous state. Journal of Materials Chemistry C，2019，7：7083-7089.

[128] Wang Z，Wang M，Peng J，et al. Polymorphism and multicolor mechanofluorochromism of a D-π-A asymmetric 4*H*-pyran ferivative with aggregation-induced emission property. Journal of Physical Chemistry C，2019，123：27742-27751.

[129] Zhang S，Zhu H，Huang J，et al. Conformation of D-π-A molecular with functional imidazole group：achieving high color contrast mechanochromic behavior and selectively detection of picric acid in aqueous medium. ChemistrySelect，2019，4：7380-7387.

[130] Ji Y，Peng Z，Tong B，et al. Polymorphism-dependent aggregation-induced emission of pyrrolopyrrole-based derivative and its multi-stimuli response behaviors. Dyes and Pigments，2017，139：664-671.

[131] Wang Y Z，He Z H，Chen G，et al. D-A structured high efficiency solid luminogens with tunable emissions：molecular design and photophysical properties. Chinese Chemical Letters，2017，28：2133-2138.

[132] Shen X Y，Wang Y J，Zhao E G，et al. Effects of substitution with donor-acceptor groups on the properties of tetraphenylethene trimer：aggregation-induced emission，solvatochromism，and mechanochromism. Journal of Physical Chemistry C，2013，117：7334-7347.

[133] Lu Q，Li X，Li J，et al. Influence of cyano groups on the properties of piezofluorochromic aggregation-induced emission enhancement compounds derived from tetraphenylvinyl-capped ethane. Journal of Materials Chemistry C，2015，3：1225-1234.

[134] Dai Y，Zhang S，Liu H，et al. Pressure tuning dual fluorescence of 4-(*N*, *N*-dimethylamino)benzonitrile. Journal of Physical Chemistry C，2017，121：4909-4916.

[135] Yang J，Ren Z，Chen B，et al. Three polymorphs of one luminogen：how the molecular packing affects the RTP and AIE properties？. Journal of Materials Chemistry C，2017，5：9242-9246.

[136] Zhang S，Dai Y，Luo S，et al. Rehybridization of nitrogen atom induced photoluminescence enhancement under

pressure stimulation. Advanced Functional Materials，2017，27：1602276.

[137] Isayama K，Aizawa N，Kim J Y，et al. Modulating photo- and electroluminescence in a stimuli-responsive π-conjugated donor-acceptor molecular system. Angewandte Chemie International Edition，2018，57：11982-11986.

[138] Pramanik S，Deol H，bhalla V，et al. AIEE active donor-acceptor-donor-based hexaphenylbenzene probe for recognition of aliphatic and aromatic amines. ACS Applied Materials & Interfaces，2018，10：12112-12123.

[139] Shi P，Duan Y，Wei W，et al. A turn-on type mechanochromic fluorescent material based on defect-induced emission：implication for pressure sensing and mechanical printing. Journal of Materials Chemistry C，2018，6：2476-2482.

[140] Chen Y，Peng Z，Tao Y，et al. Polymorphism-dependent emissions of two phenoxazine derivatives. Dyes and Pigments，2019，161：44-50.

[141] Jiang H，Liu X，Jia R，et al. Side chain effects on the solid-state emission behaviours and mechano-fluorochromic activities of 10*H*-phenothiazinylbenzo[*d*]imidazoles. RSC Advances，2019，9：30381-30388.

[142] Li A，Chu N，Liu J，et al. Pressure-induced remarkable luminescence switch of a dimer form of donor-acceptor-donor triphenylamine（TPA）derivative. Materials Chemistry Frontiers，2019，3：2768-2774.

[143] Shi P，Zhao R，Zhang M，et al. An information carrier based on turn-on type mechanochromic luminescent material：application for rewritable binary data storage. Materials Letters，2019，243：38-41.

[144] Wang Z，Peng Z，Huang K，et al. Butterfly-shaped π-extended benzothiadiazoles as promising emitting materials for white OLEDs. Journal of Materials Chemistry C，2019，7：6706-6713.

[145] Hogan D T，Gelfand B S，Spasyuk D，et al. Subtle substitution controls the rainbow chromatic behaviour of multi-stimuli responsive core-expanded pyrenes. Materials Chemistry Frontiers，2020，4：268-276.

[146] Man Z，Lv Z，Xu Z，et al. Highly sensitive and easily recoverable excitonic piezochromic fluorescent materials for haptic sensors and anti-counterfeiting applications. Advanced Functional Materials，2020，30：2000105.

[147] Shi P，Deng D，He C，et al. Mechanochromic luminescent materials with aggregation-induced emission：mechanism study and application for pressure measuring and mechanical printing. Dyes and Pigments，2020，173：107884.

[148] Swathi M G，Devadiga D，Ahipa T N. Mechanochromic studies of new cyanopyridone based fluorescent conjugated molecules. Journal of Luminescence，2020，217：116818.

[149] Khan N A，Waheed S，Junaid H M，et al. Ultra-sensitive fluorescent and colorimetric probes for femtomolar detection of picric acid：mechanochromic，latent fingerprinting，and pH responsive character with AIE properties. Journal of Photochemistry and Photobiology A：Chemistry，2023，435：114318.

[150] Feng X，Zhou N，Zhou J，et al. Aggregation-induced emission and reversible high-contrast mechanofluorochromic behavior of dicyanoethylenes modified by xanthene and carbazole. Dyes and Pigments，2023，209：110901.

[151] Zhou Y，Fan H，Mu Y，et al. AIEE compounds based on 9, 10-dithienylanthracene-substituted triphenylamine：design，synthesis，and applications in cell imaging. New Journal of Chemistry，2022，46：9534-9542.

[152] Zhang Y，Chen F，Zheng J，et al. Aggregate emission behaviors and reversible mechanofluorochromic properties of α-cyanostilbene functionalized indolo 3, 2-*b* carbazole derivatives. CrystEngComm，2022，24：7405-7411.

[153] Zhang G，Zhang S，Chen F，et al. Novel AIE-active tetraphenylethylene derivatives as multitask smart materials for turn-on mechanofluorochromism，quantitative sensing of pressure and picric acid detection. Dyes and Pigments，2022，203：110327.

[154] Xue J，Tang F，Wang C，et al. Tuning electronic structures of carbazole-cyanostyrene molecules to achieve

dual-state emission for trace water analysis, picric acid sensing, and reversible mechanofluorochromism. ChemPhotoChem, 2022, 6: e202200184.

[155] Xiang X, Zhan Y, Yang W, et al. Aggregation-induced emission and distinct mechanochromic luminescence based on symmetrical D-A-D type and unsymmetrical D-A type carbazole functionalized dicyanovinyl derivatives. Journal of Luminescence, 2022, 252: 119287.

[156] Xiang X, Zhan Y, Jin F. Highly twisted luminogen based on asymmetric D-A-D′ type dicyanovinyl derivative decorated dibenzofuran and carbazole with aggregation-induced emission enhancement and obvious mechanochromic behavior. Journal of Luminescence, 2022, 252: 119304.

[157] Wang X, Chen L, Li R, et al. Development of rofecoxib-based fluorophores from ACQ to AIE by positional regioisomerization. ChemPlusChem, 2022, 87: e202100522.

[158] Wang M, Wang Y, Hu R, et al. AIEgens with cyano-modification in different sites: potential 'meta-site effect' in mechanochromism behavior. Dyes and Pigments, 2022, 198: 109939.

[159] Wang L, Zhang R, Huang Z, et al. A multi-stimuli-responsive tetraphenylethene derivative with high fluorescent emission in solid state. Dyes and Pigments, 2022, 197: 109909.

[160] Wang D, Chen Y, Zhu J, et al. Construction of mechanofluorochromic and aggregation-induced emission materials based on 4-substituted isoquinoline derivatives. Chemistry: An Asian Journal, 2022, 17: e202200054.

[161] Wan Z, Zan Y, Wang B, et al. Fluorinated phenothiazine derivatives: photophysical properties, mechanochromism and thermochromism. Journal of Luminescence, 2022, 242: 118555.

[162] Thanikachalam V, Jayabharathi J, Karunakaran U, et al. Angular shaped AIE generator based luminophores for mechanochromism: an explosive sensor. Materials Today Communications, 2022, 32: 104050.

[163] Sun Y, Lei Z, Ma H. Twisted aggregation-induced emission luminogens (AIEgens) contribute, to mechanochromism materials: a review. Journal of Materials Chemistry C, 2022, 10: 14834-14867.

[164] Sun H, Sun R, Sun J, et al. Donor-acceptor structured phenylmethylene pyridineacetonitrile derivative with aggregation-induced emission characteristics: photophysical, mechanofluorochromic and electroluminescent properties. Journal of Molecular Structure, 2022, 1262: 132957.

[165] Shivaji B S, Boddula R, Singh S P. [1]Benzothieno[3, 2-*b*][1]benzothiophene-based dyes: effect of the ancillary moiety on mechanochromism and aggregation-induced emission. Physical Chemistry Chemical Physics, 2022, 24: 15110-15120.

[166] Ramya N K, Femina C, Suresh S, et al. Dicyanodistyrylbenzene based positional isomers: a comparative study of AIEE and stimuli responsive multicolour fluorescence switching. New Journal of Chemistry, 2022, 46: 1339-1346.

[167] Luo W, Tang Y, Zhang X, et al. Multifunctional fluorescent materials with reversible mechanochromism and distinct photochromism. Advanced Optical Materials, 2023, 11: 2202259.

[168] Liu Q, Yue S, Yan Z, et al. Cyano and isocyano-substituted tetraphenylethylene with AIE behavior and mechanoresponsive behavior. Chinese Journal of Structural Chemistry, 2022, 41: 41387-41394.

[169] Khan F, Mahmoudi M, Volyniuk D, et al. Stimuli-responsive phenothiazine-*S*, *S*-dioxide-based nondoped OLEDs with color-changeable electroluminescence. Journal of Physical Chemistry C, 2022, 126: 15573-15586.

[170] Hanif S, Junaid H M, Munir F, et al. AIEE active new fluorescent and colorimetric probes for solution and vapor phase detection of nitrobenzene: a reversible mechanochromism and application of logic gate. Microchemical Journal, 2022, 175: 107227.

[171] Geng X，Li D，Tang K，et al. π-Bridge dependent efficient aggregation-induced emission characteristic and significant mechanofluorochromic behavior. Journal of Luminescence，2022，248：118925.

[172] Feng X，Zhou N，Zhou J，et al. D-A type dicyanoethylenes modified by carbazole：obvious aggregation-induced emission enhancement and high-contrast mechanofluorochromism. Journal of Luminescence，2022，252：119323.

[173] Chen Z，Qin H，Yin Y，et al. Full-color emissive D-D-A carbazole luminophores：red to near-infrared mechanofluorochromism，aggregation-induced near-infrared emission，and photodynamic therapy application. Chemistry：A European Journal，2023，29：e202203797.

[174] Chen L，Li R，Wang X，et al. New rofecoxib-based mechanochromic luminescent materials and investigations on their aggregation-induced emission，acidochromism，and LD-specific bioimaging. Journal of Physical Chemistry B，2022，126：1768-1778.

[175] Al Sharif O F，Nhari L M，El-Shishtawy R M，et al. AIE and reversible mechanofluorochromism characteristics of new imidazole-based donor-π-acceptor dyes. RSC Advances，2022，12：19270-19283.

[176] Zhang J，Wang R，Jiang D，et al. Effects of substituents on the optical properties of AIEE-active 9, 10-dithiopheneanthrylene derivatives and their applications in cell imaging. Journal of Photochemistry and Photobiology A：Chemistry，2021，412：113221.

[177] Yang S Y，Zhang Y L，Kong F C，et al. π-Stacked donor-acceptor molecule to realize hybridized local and charge-transfer excited state emission with multi-stimulus response. Chemical Engineering Journal，2021，418：129366.

[178] Ya Y，Hao H，Zhao C，et al. Tetraphenylethene or triphenylethylene-based luminophors：tunable aggregation-induced emission（AIE），solid-state fluorescence and mechanofluorochromic characteristics. Dyes and Pigments，2021，184：108828.

[179] Thanikachalam V，Karunakaran U，Jayabharathi J，et al. Multifunctional pyrenoimidazole substituted tetraphenylethylene derivatives：mechanochromism and aggregation-induced emission. Journal of Photochemistry and Photobiology A：Chemistry，2021，420：113489.

[180] Qian C，Ma Z，Liu J，et al. A tri-state fluorescent switch with “gated” solid-state photochromism induced by an external force. Chemistry：An Asian Journal，2021，16：3713-3718.

[181] Luo T，Lin Z，Li Z，et al. Malononitrile based ternary AIE-ML materials：experimental proof for emission switch from non-TADF to TADF. Organic Electronics，2021，88：106003.

[182] Guo S，Zhang G，Chen F，et al. Multi-stimuli responsive properties and structure-property studies of tetraphenylethylene functionalized arylimidazole derivatives. New Journal of Chemistry，2021，45：21327-21333.

[183] Chen Y，Dai C，Xu X，et al. Effect of connecting units on aggregation-induced emission and mechanofluorochromic properties of isoquinoline derivatives with malononitrile as the terminal group. Journal of Physical Chemistry C，2021，125：24180-24188.

[184] Chatterjee A，Chatterjee J，Sappati S，et al. Emergence of aggregation induced emission（AIE），room-temperature phosphorescence（RTP），and multistimuli response from a single organic luminogen by directed structural modification. Journal of Physical Chemistry B，2021，125：12832-12846.

[185] Zheng K，Ni F，Chen Z，et al. Polymorph-dependent thermally activated delayed fluorescence emitters：understanding TADF from a perspective of aggregation state. Angewandte Chemie International Edition，2020，59：9972-9976.

[186] Yang X，Wang Q，Hu P，et al. Achieving remarkable and reversible mechanochromism from a bright ionic AIEgen with high specificity for mitochondrial imaging and secondary aggregation emission enhancement for long-term

tracking of tumors. Materials Chemistry Frontiers，2020，4：941-949.

[187] Xie Y，Wang Z，Liu X，et al. Synthesis and photophysical and mechanochromic properties of novel 2, 3, 4, 6-tetraaryl-4*H*-pyran derivatives. CrystEngComm，2020，22：6529-6535.

[188] Xiao F，Wang M，Lei Y，et al. An unexpected 4, 5-diphenyl-2, 7-naphthyridine derivative with aggregation-induced emission and mechanofluorochromic properties obtained from a 3, 5-diphenyl-4*H*-pyran derivative. Chemistry：An Asian Journal，2020，15：3437-3443.

[189] Wang R，Diao L，Zhang J，et al. Aggregation-induced emission compounds based on 9, 10-dithienylanthracene and their applications in cell imaging. Dyes and Pigments，2020，175：108112.

[190] Wang B，Wu Z，Fang B，et al. Blue-shifted mechanochromism of a dimethoxynaphthalene-based crystal with aggregation-induced emission. Dyes and Pigments，2020，182：108112.

[191] Ouyang M，Zhuo C，Cao F，et al. Organogelator based on long alkyl chain attached excimer precursor：two channels of TICT，highly efficient and switchable luminescence. Dyes and Pigments，2020，180：108433.

[192] Jia J，Wen J. Multi-stimuli responsive responsive fluorescence switching of D-A tetraphenylethylene functionalized cyanopyridine isomers. Tetrahedron Letters，2020，61：151577.

[193] Han P，Lin C，Ma D，et al. A tetraphenylbenzene-based AIE luminogen with donor-acceptor structure：unique mechanochromic emission and high exciton utilization. Asian Journal of Organic Chemistry，2020，9：1286-1290.

二苯乙烯基蒽类 AIE 分子的力刺激发光变色响应

4.1 引言

力刺激发光变色响应材料是一类在外力作用（如压力、研磨、压碎或摩擦）下产生发光变色或发光强度变化的智能荧光分子，由于其在机械传感、安全防伪和光存储等方面具有广阔的应用前景而引起了广泛关注[1-4]。但是，基于物理分子排列模式变化的力刺激发光变色响应材料是非常稀少的，主要有两个值得注意的原因[5]：一是缺乏清晰明确的分子合成和设计策略；二是许多发光分子在聚集状态下由于聚集猝灭效应而导致发光被完全或部分猝灭。2011 年，Chi 等[6]报道力刺激发光变色响应是大多数 AIE 发光分子共同、独特的一个特性，这一重要发现有望从根本上解决力刺激发光变色响应材料稀少问题。因为 AIE 分子是越聚集发光越强，而且 AIE 分子是可以设计的。自从 2001 年 Tang 等[7]报道了 AIE 分子以来，许多 AIE 基团如三苯乙烯、四苯乙烯、硅杂环戊二烯、氰基二苯乙烯和二苯乙烯基蒽等被用于开发 AIE 分子[8-13]。

2009 年，Tian 等[13]首次报道了二苯乙烯基蒽（distyrylanthracene，DSA）AIE 基团，迄今已开发出许多基于 DSA 的 AIE 分子。2011 年，Chi 和 Xu 等[5, 14-16]证实了许多 DSA 衍生物具有力刺激发光变色响应性质，继而许多 DSA 衍生物的力刺激发光变色响应性质被研究。本章主要介绍 DSA 衍生物的研究进展及分子结构与力刺激发光变色响应特性的关系。

4.2 DSA 衍生物的典型力刺激发光变色响应机理

Chi 和 Xu 等[5]提出了基于分子构象平面化的机理解释 DSA 衍生物 **1** 的力刺激发光变色响应现象（图 4-1）。在许多报道的 AIE 化合物中发现了一个共同的结构特征，即多苯环外围通过可旋转的 C—C 单键连接烯烃核形成 AIE 基团。苯环之间的这种空间效应使得 AIE 基团或分子具有扭曲构象，从而导致扭曲应力的存在。由于扭曲的构象和弱的 C—H···π 相互作用，分子排列相对松散，形成大量缺陷（孔洞），导致晶格能较低。孔洞是晶体结构中最脆弱的部分。在低晶格能和孔洞这两种结构特征的共同作用下，外加压力很容易破坏晶体。释放扭曲应力后，分子构象平面化，分子共轭程度增加，导致荧光光谱红移。根据这一假设，他们合成了一系列 AIE 发光材料，并且通常都能观察到力刺激发光变色响应现象。AIE 分子这一共同、独特性质的发现对研究和发展更大范围的力刺激发光变色响应分子起到至关重要的作用。

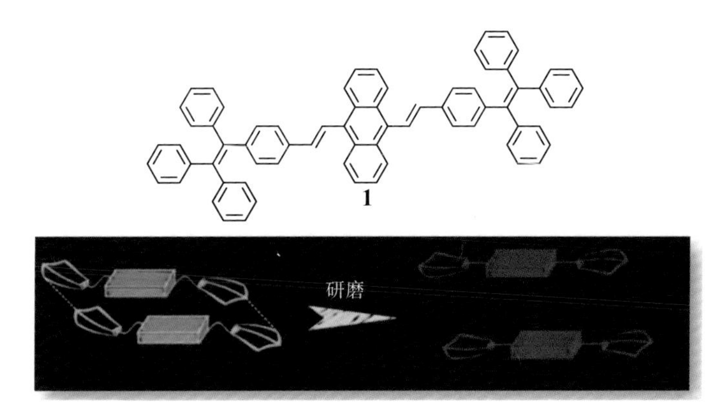

图 4-1　化合物 1 的分子构象平面化力刺激发光变色响应机理示意图

Tian 等[17]根据二吡啶乙烯基蒽（**2**）的分子聚集态变化，提出了 AIE 分子力致变色发光的另一种机理。当研磨或外压等外界刺激作用于化合物 **2** 粉末时，表现出优异的发光性能，发光颜色由绿色变为红色，同时获得了三种不同发光颜色的晶体晶型，其荧光量子产率（Φ_{PL}）分别为 28%、37%和 48%。通过施加压力，化合物 **2** 粉末可以在三种晶体的分子聚集态之间转变，图 4-2 展示了其力刺激发光变色响应的机理。在此过程中，化合物 **2** 粉末的分子聚集态在外压作用下由 J-聚集转变为 H-聚集，并进一步转变为以更紧密面对面排列的聚集二聚体。同时，考虑到分子间 π-π 相互作用逐渐增强，粉末的光致发光由绿色（无 π-π 相互作用）转变为橙色（弱 π-π 相互作用），最后转变为红色（强 π-π 相互作用）。因此，该研究工作提供了另一种有效的途径，即通过控制分子聚集态分子排列方式来探究有机化合物的力刺激发光变色响应效应，而这种分子排列方式可以在外部刺激下发生改变。

N
N
2

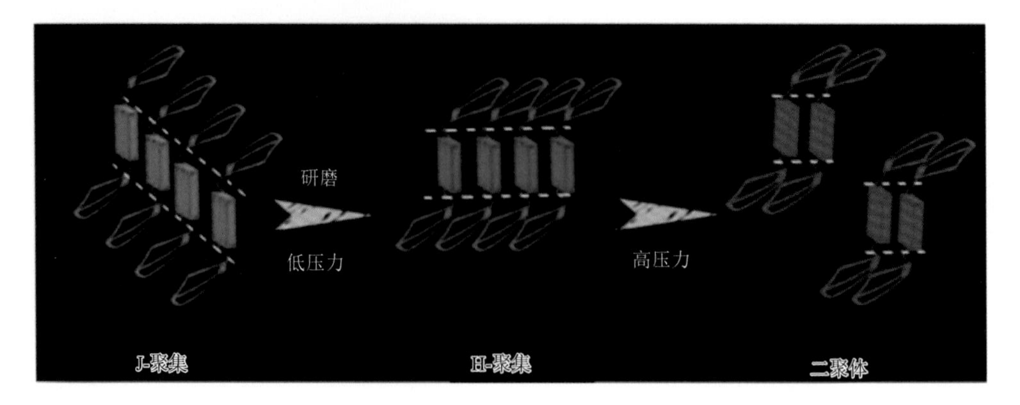

图 4-2　化合物 2 的分子排列方式变化的力刺激发光变色响应机理示意图

4.3 DSA 衍生物的力刺激发光变色响应

2011 年，Chi 和 Xu 等[14]通过压制、研磨、退火或熏蒸对发光分子 **3** 的光谱性质和形态结构进行了一系列研究［图 4-3（a）］。基于 PXRD 和 DSC 分析可知，**3** 的力刺激发光变色响应性质是相变产生的结果。晶体结构分析表明，这个发光分子是以头对头的方式排列［图 4-3（b）］，其中分子的骨架在很大程度上偏离了平面。结果该分子具有高度扭曲的构象，并伴随存在由吩噻嗪基团产生的空间位阻，从而不能形成典型的共面 π-π 堆积。分子通过弱的 C—H···S、S···π 和 C—H···π 相互作用聚集成团簇。前者有助于使团簇联合在一起形成层状结构，这个层状结构是通过弱的稀疏 π-π 相互作用和吩噻嗪基团中苯环的部分 π 重叠连接。因此，在外力刺激下，层-层和簇-簇的界面很容易通过滑移变形而被破坏，从而促进力刺激发光变色响应的产生。

S N S N

3

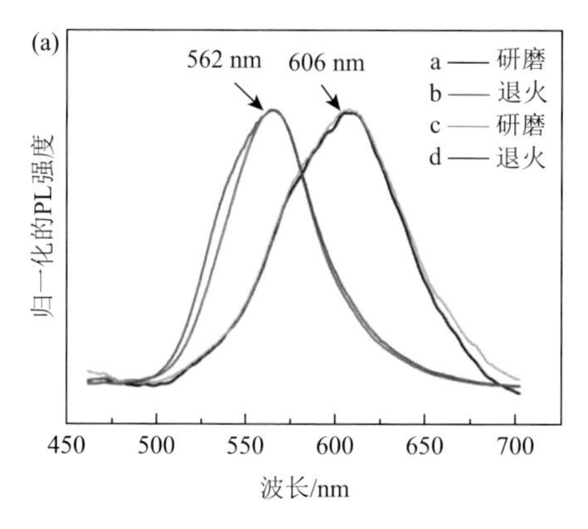

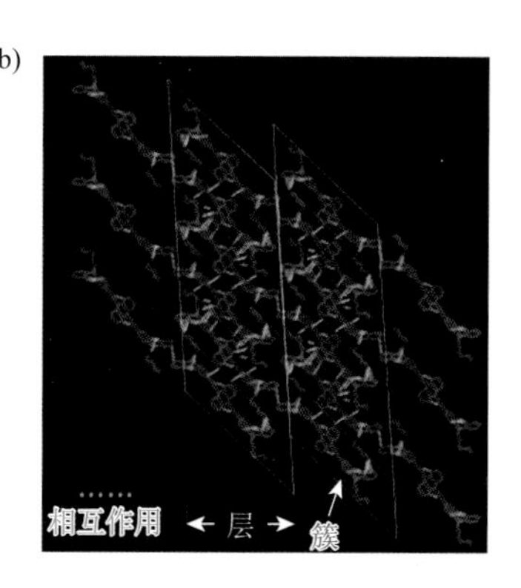

图4-3　(a)化合物3在不同条件下的归一化发光光谱：a. 研磨，b. 研磨样品在100℃退火1 min，c. 退火后样品再研磨，d. 再研磨样品再在100℃退火1 min；(b)化合物3单晶中的分子排列方式：通过分子间相互作用，分子形成簇，然后由簇形成层

Chi 和 Xu 等[18]合成了 DSA 衍生物，包括含有单咔唑基团的 **5**、含有三咔唑基团的 **6** 和不含咔唑基团的 **4**。AIE 化合物 **4**、**5** 和 **6** 具有明显差异的力刺激发光变色响应性质，这与咔唑基团有关，表明咔唑基团的种类对研磨下产生的发光变化起着重要作用。对于含有单咔唑基团的固态发光体 **5**，发光颜色由强绿色（523 nm）变为强黄色（547 nm）；对于含有三咔唑基团的固态发光体 **6**，发光颜色由黄绿色（548 nm）变为橙色（580 nm），因此 **5** 和 **6** 发光体都具有力刺激发光变色响应性质。然而，由于不含咔唑基团，**4** 中没有观察到力刺激发光变色响应现象。当 **5** 和 **6** 的研磨样品通过退火或熏蒸处理时，它们几乎可以恢复初始的发光颜色，表明力刺激发光变色响应特性具有良好的可逆性（图 4-4）。该研究结果还表明，具有强结晶性的 AIE 分子中不存在研磨诱导的力刺激发光变色响应特性。

4　**5**

6

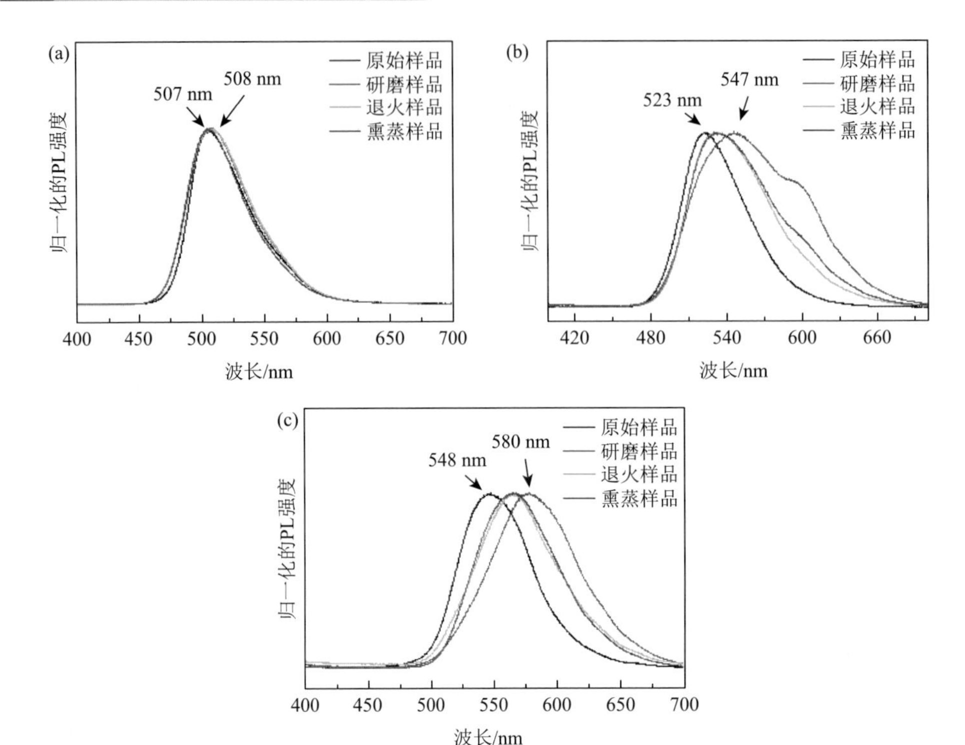

图 4-4　不同处理条件下化合物 4（a）、5（b）和 6（c）的归一化发光光谱

退火样品：研磨样品经过 200℃退火 5 min；熏蒸样品：研磨样品用 CH_2Cl_2 蒸气熏蒸 5 min

如前所述，发光体 **4** 的强结晶性使其晶体非常稳定，因此很难产生从晶态到非晶态的相转变，从而无法产生力刺激发光变色响应。这意味着发光体的初始状态对产生力刺激发光变色响应有着重要的影响。进一步推测，对于初始状态为非晶态的发光体，由于没有晶态到非晶态的相转变，应该也较难观察到力刺激发光变色响应现象。Chi 和 Xu 团队[15]对所设计和合成的发光体 **7**～**10** 开展了一系列实验，结果证实了这一推论。由于这些分子结构中含有 AIE 核心基团三苯乙烯和 DSA，所有这些化合物都具有 AIE 特性。DSA 衍生物 **7** 和 **9** 样品经研磨后显示出明显的力刺激发光变色响应现象，**7** 的发射峰从 534 nm 红移到 572 nm，**9** 的发射峰从 566 nm 红移到 580 nm，而衍生物 **8** 和 **10** 均不具有力刺激发光变色响应特性。PXRD 结果证实，**7** 和 **9** 的初始相具有一定的结晶性，**8** 和 **10** 的初始相为非晶态。由于力刺激发光变色响应行为依赖于从晶态到非晶态的转变，因此化合物 **8** 和 **10** 不具有力刺激发光变色响应特性。也就是说，具有强结晶性或非结晶性的 AIE 分子不适合用作力刺激发光变色响应材料。因此，力刺激发光变色响应分子的设计策略及结构优化是非常重要的，并非所有含 AIE 基团的发光材料都具有力刺激发光变色响应性质。

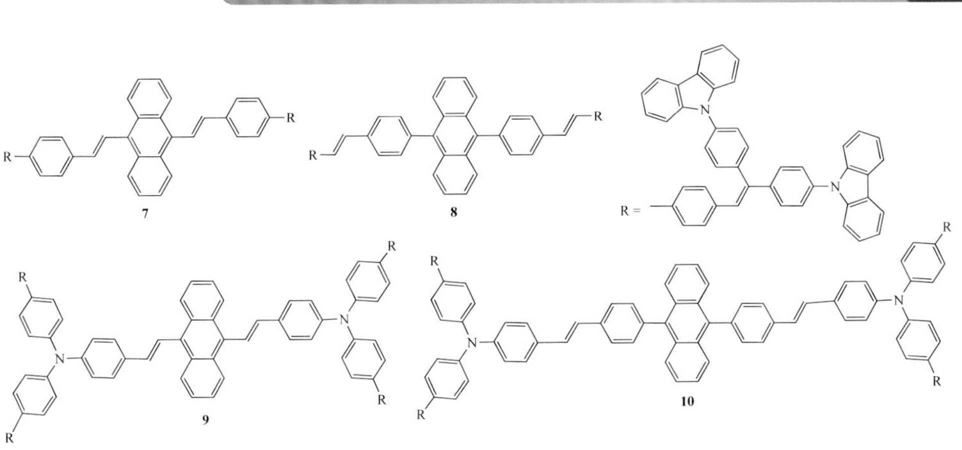

一般，在共轭有机分子外围引入烷基链可以提高其溶解度。近年来的一些研究表明，烷基链的长度对共轭有机小分子的聚集态行为及光电性能具有重要影响。利用烷基链长度对力刺激发光变色响应性能的影响，可以认为是力刺激发光变色响应材料可控制备的一个重要策略。

Chi 和 Xu 等[19]及 Yang 等[20]报道了一系列多功能的 DSA 衍生物（**11**，DSAn，$n = 1$～12、14、16、18），这些衍生物具有显著的 AIE 性质。在研磨条件下，长链烷氧基分子 DSA-OCn（$n \geqslant 10$，$\Delta\lambda_{em} = 46$～53 nm）比短链烷氧基分子 DSA-OCn（$n \leqslant 9$，$\Delta\lambda_{em} < 20$ nm）具有更明显的光谱变化（图 4-5）。为了探讨化合物的分子结构与力刺激发光变色响应性质之间的关系，进行了单晶结构的研究。单晶 X 射线衍射分析研究表明，这些分子属于三斜空间群 $P\overline{1}$ 结晶，晶体中分子是非平面构象。一方面，DSA10、DSA11 和 DSA12 晶体具有对称的构象结构，其初始状态下较短的发光波长（498～500 nm）与分子较大的二面角（>60°）有关。另一方面，DSA7 和 DSA8 晶体具有对称和不对称的构象结构，而 DSA9 晶体仅具有不对称的构象结构，从而使得在具有较小二面角（<50°）的 DSA7、DSA8 和 DSA9 中产生更长的发光波长（515～531 nm）。晶体结构分析证实，上述晶体分子构象结构的差异源于超分子相互作用。其中，C—H⋯π 相互作用最为重要。分子的骨架在很大程度上偏离了平面，由于分子中庞大的芳香环所带来的高度扭曲构象和空间位阻，不可能形成典型的共面 π-π 堆积。在 DSA7、DSA8 和 DSA9 晶体中，分别发现了四种、五种和四种超分子相互作用；而在 DSA10、DSA11 和 DSA12 晶体中，分别只存在一种、两种和两种超分子相互作用。因此，前三种晶体表现出更强的超分子相互作用，不仅使晶格中分子更加平面化和稳定，而且使分子间堆积更加紧密。此外，DSA7、DSA8 和 DSA9 晶体的密度（d）比 DSA10、DSA11 和 DSA12 晶体高，这表明 DSA10、DSA11 和 DSA12 晶体中分子堆积相对疏松，扭曲构象较多，超分子相互作用较弱，导致晶格能较低。鉴于这两种结构特征，施加外力可以通过分子构象的平面化或滑移形变破坏晶体。扭转应力的释放和分

子构象的平面化倾向于增大分子共轭，从而使得 PL 光谱发生红移。根据漫反射吸收光谱和红外光谱实验结果可知，当研磨具有长链烷氧基的 DSA*n* 晶体后，苯环的平面外氢弯曲模式消失，说明研磨后样品的主链构象没有扭曲，导致产生两种不同的力刺激发光变色响应行为。这一结果可能解释了 DSA*n*（$n>10$）较其他几种衍生物具有更为显著力刺激发光变色响应的原因。因此，为了使含有烷氧基结构的 DSA 衍生物具有很好的力刺激发光变色响应特性，需要长链的外围脂肪族基团来平衡分子间 π-π 和脂肪族基团的相互作用。所有 DSA*n* 化合物都具有热致发光变色性质。例如，在 365 nm 紫外光照射下，DSA11 发射绿色光（514 nm），并在加热到其转变温度（T_i）时迅速变为暗黄色（566 nm），从而产生 52 nm 的发光波峰变化；同时，这种发光颜色的变化也是可逆的。

$H_{2n+1}C_nO$ OC_nH_{2n+1}

11

DSA*n*（$n = 1$～12, 14, 16, 18）

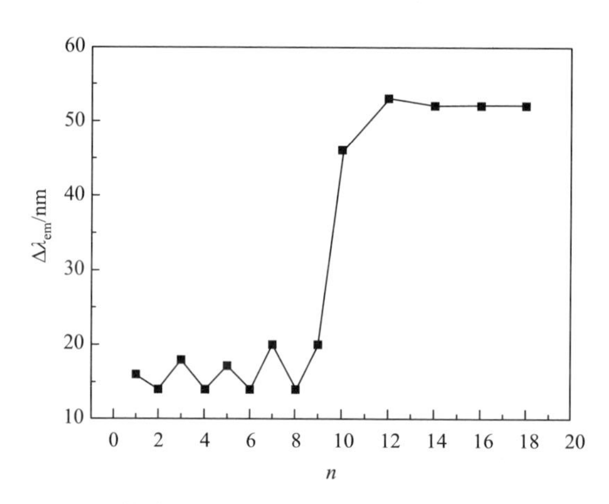

图 4-5 化合物 11 系列经过研磨后发光波长的变化

Yang 等[21]设计合成了一系列与烷基链长度有关的力刺激发光变色响应 DSA 衍生物 **12**（FLA-C*n*），分别含有丙基、戊基和十二烷基侧链。FLA-C*n* 具有 AIE 特性：在溶液下发光很弱（$\Phi_{PL} = 3.8\%$～4.9%），而在体积比为 1∶9 的四氢呋喃/水混合溶液中的发光显著增强（$\Phi_{PL} = 21\%$～29%）。压力作用后，FLA-C12、FLA-C5 和 FLA-C3 固体的发光颜色分别由绿色变黄色、黄绿色变黄色和黄色变橙色。而当压力作用后的样品在熔融温度之前进行退火或暴露于溶剂（二氯甲烷）蒸气处理时，发光颜色的变化可以恢复。若对退火或熏蒸的样品再次进行施压时，可以观察到与第一次施压产生的相同发光颜色变化，表明它们的力刺激发光变色响应特性是高度可逆的。施压后，固体 FLA-C12、FLA-C5 和 FLA-C3 的光谱分别红移了 40 nm、26 nm 和 18 nm（图 4-6），表明具有较长烷基链的 FLA-C*n* 的颜色变化更为显著。固体 FLA-C*n* 的力刺激发光变色响应性质对链长有很大的依赖性，类似于化合物 **11** 系列，因此可以通过调整烷基链长度来调控 FLA-C*n* 的力刺激发光变色响应行为。此外，随着室温下放置时间的延长，FLA-C12 黄色发光的研磨样品可以自发地逐渐恢复为初始绿色发光。然而，对于研磨的 FLA-C3（橙色）和 FLA-C5（黄色）样品，其发光颜色在室温下超过 24 h 也没有发生变化。因此，可以认为通过调整烷基链长度，能够有效控制 DSA 发光体力刺激发光变色响应特性的稳定或自恢复。

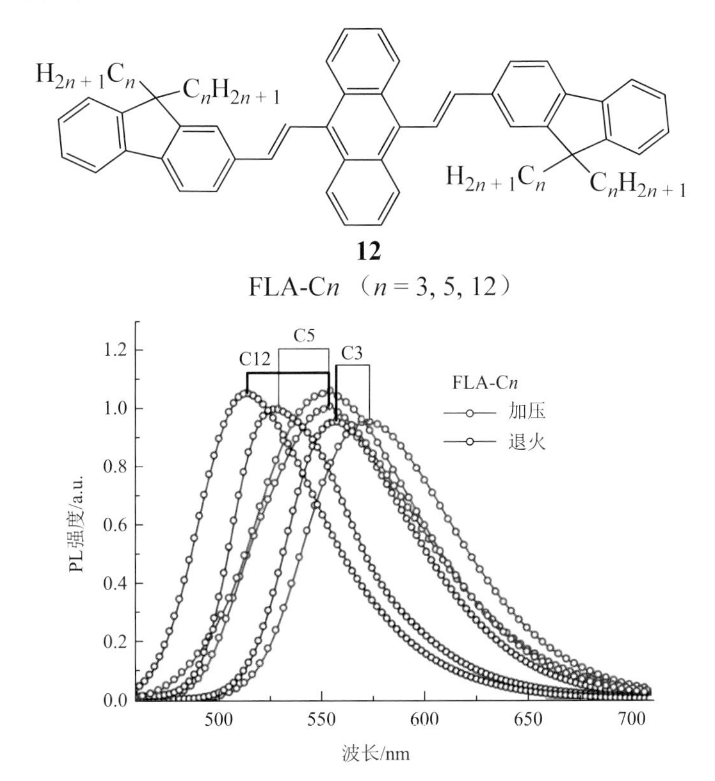

图 4-6　FLA-C*n* 混合 KBr 样品在压力和退火作用下的发光光谱

Yang 等[22]通过改变 *N*-烷基链（甲基、丙基、戊基和十二烷基）的长度，报道了一系列咔唑二乙烯基蒽衍生物 **13**（A2C*n*）的力刺激发光变色响应机理。A2C*n* 在 THF 中的荧光量子效率为 4.8%～6.7%，而在 THF/水混合溶液中的 PL 强度适当增加，所以其 AIE 效应较弱。在外部压力刺激下，所有 A2C*n* 样品都展示出相同的从绿色变黄色的荧光变化，并且通过热退火（120℃）或溶剂熏蒸（室温下暴

露于 CH_2Cl_2 蒸气）处理发光颜色可以变回原来的绿色。通过反复施压和退火/溶剂熏蒸，发光颜色可以在绿色和黄色之间可逆转换。所有 A2C*n* 样品均表现出显著的压致光谱位移（$\Delta\lambda = \lambda_{pressed} - \lambda_{annealed}$，$\lambda_{pressed}$ 为施压样品的发光波峰，$\lambda_{annealed}$ 为退火样品的发光波峰），为 36～45 nm（表 4-1）。与 A2C*n* 相比，随着烷基链长度的增加，原始样品的发光波峰（$\lambda_{pristine}$）略微蓝移（从 548nm 移到 530 nm），这与上述 FLA-C*n* 中观察到的现象一致。尽管如此，对于施压和退火处理后的 A2C*n* 样品，其发光波峰对烷基链长度并不明显敏感，从而使 A2C*n* 的 $\Delta\lambda$ 随着烷基链长度增长而只是略有增加。因此，A2C*n* 表现出对烷基链长度有弱依赖性的力刺激发光变色响应特性，这不同于上述 DSA*n* 和 FLA-C*n* 体系中 $\Delta\lambda$ 对烷基链长度有很强的依赖性和显著的变化。

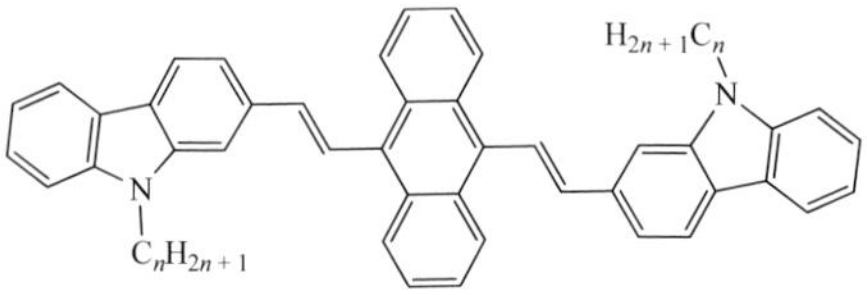

13 A2C*n*（*n* = 1, 3, 5, 12）

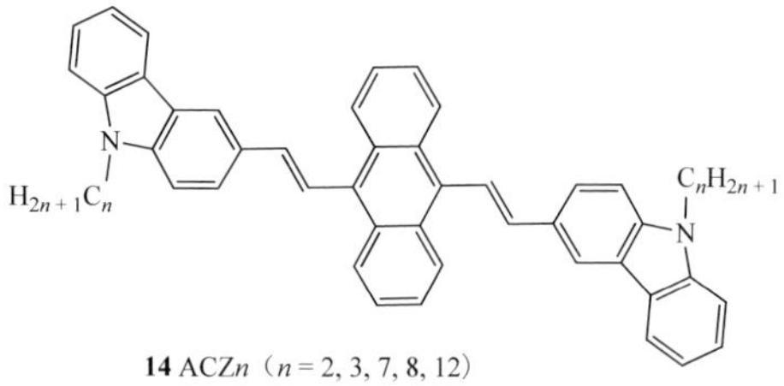

14 ACZ*n*（*n* = 2, 3, 7, 8, 12）

表 4-1　A2C*n* 和 ACZ*n* 系列化合物在外界刺激作用下的发光光谱波长峰值（单位：nm）

化合物	$\lambda_{pristine}$	$\lambda_{pressed}$	$\lambda_{annealed}$	$\lambda_{repressed}$	λ_{fumed}	$\Delta\lambda$
A2C1	548	572	536	572	541	36
A2C3	543	579	537	577	540	42
A2C5	535	578	533	575	533	45
A2C12	530	571	527	572	530	44
ACZ2	511	600	512	598	513	88
ACZ3	514	594	518	591	515	76
ACZ7	534	583	535	582	532	48
ACZ8	536	576	530	573	532	46
ACZ12	543	569	541	572	541	28

注：$\Delta\lambda = \lambda_{pressed} - \lambda_{annealed}$。下角标中，pristine：原始样品；pressed：受压样品；annealed：退火样品；repressed：退火后重新压的样品；fumed：溶剂熏蒸样品。

作为 A2C*n* 的连接异构体，Yang 等[23]也合成了 ACZ*n* 系列化合物 **14**。该系列化合物在各种外界刺激下表现出不同寻常的与链长相关的固态荧光特性。ACZ*n* 化合物具有 AIE 活性，在溶液中的 Φ_{PL} 为 0.7%～0.9%，而在水性纳米聚集体中的 Φ_{PL} 则高达 19%～31%。与 A2C*n* 不同，较短的 *N*-烷基链有利于获得更优异的力刺激发光变色响应特性（表 4-1）。他们认为当进行研磨时，长烷基链不仅阻碍了分子在晶体和水悬浮液中的紧密堆积，而且阻碍了充分非晶化，从而使得荧光性质对链长有着不同寻常的依赖性，导致产生力刺激发光变色响应行为。

在简单的机械力作用下，希望能够获得荧光颜色对比度高和光谱位移大的结果。Yang 等[24]研究了二甲基咔唑乙烯基蒽化合物 **15** 的力刺激发光变色响应特性，该化合物具有很强的 AIE 和结晶增强发光（CEE）效应。初始固态 **15** 具有 Φ_{PL} 为 47%的绿色发光（512 nm），而在简单机械力作用下变为红色发光（602 nm），从而产生 90 nm 的发光光谱红移，说明其具有高对比度的力刺激发光变色响应性能。在室温下用二氯甲烷熏蒸受压的样品，可以将红色发光变回原来的绿色发光。通过反复施压和熏蒸处理，发光颜色可以在绿色和红色之间转换，所以这种显著颜色变化具有很高的可逆性。同时注意到，利用荧光积分球测得红色发光受压固体样品的荧光量子效率为 31%，相对于原始样品，固体荧光量子效率是降低的。广角 XRD 和 DSC 研究结果表明，受压样品中存在一些晶体缺陷和一些非晶态聚集体成分，这是力刺激发光变色响应的原因所在。

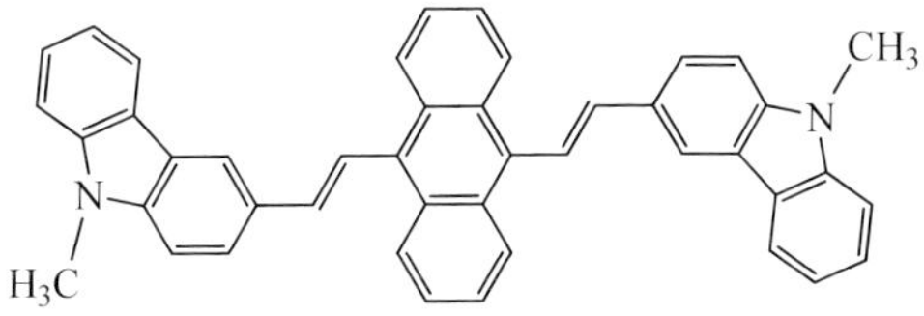

CH_3　N　H_3C

15

Siva 等[25]合成了具有不同烷氧基链长度 DSA 的对称线型共轭分子，即在苯环的 3-位、4-位和 5-位连接辛氧基的 **16** 和连接十二烷氧基的 **17**。当溶解在相同溶剂时，**16**（Φ_{PL} = 71%）的 PL 光谱与 **17**（Φ_{PL} = 56%）的 PL 光谱相比发生轻微红移，这可能是烷氧基链相邻基团之间空间位阻导致的结果。除 AIE 性质外，**16** 和 **17** 都表现出了力刺激发光变色响应和热致发光变色的特征。烷氧取代基的长度对这两种化合物在溶液和水分散液中的荧光性质和力刺激发光变色响应行为有重要影响。加压后，**16** 和 **17** 的光谱分别发生 1 nm 和 30 nm 的位移，而这种依赖于烷基链长度的力刺激发光变色响应行为的起源尚不清楚。当加压的样品经过热退火处理后，**16** 的荧光发光由绿色变为浅棕色，**17** 的荧光发光由黄色变为亮棕色，表现出更为明显的颜色变化。

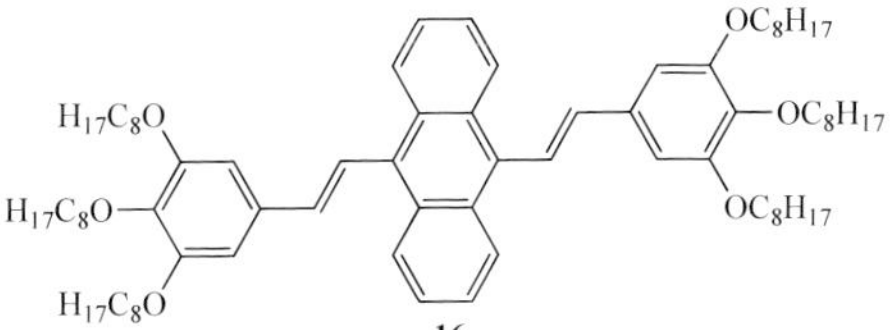

OC_8H_{17}　$H_{17}C_8O$　OC_8H_{17}　$H_{17}C_8O$　OC_8H_{17}　$H_{17}C_8O$

16

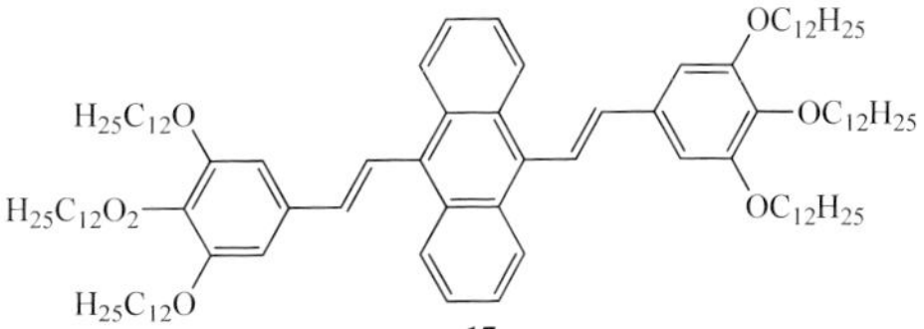

$OC_{12}H_{25}$　$H_{25}C_{12}O$　$OC_{12}H_{25}$　$H_{25}C_{12}O_2$　$OC_{12}H_{25}$　$H_{25}C_{12}O$

17

可见，上述 AIE 分子的力刺激发光变色响应特性与烷基链长度有密切关系。因此，环上烷氧基链的连接位置可能也对 AIE 分子的主链构象和分子间堆积结构有很大影响，从而改变 AIE 分子的发光性能。Yang 等[26]还设计合成了一系列具有不同连接位置（邻位、间位和对位）和烷氧基链长度（丙氧基、庚氧基和十六烷氧基）的 DSA 衍生物 **18**（OC*n*），记作 *o*OC*n*、*m*OC*n* 和 *p*OC*n*，其中 *p*OC7 也被 Chi 和 Xu 课题组报道过并记作 DSA7。从水比例高的 THF/水混合溶液中观察到 Φ_{PL} 增强，可以证明 **18** 的 AIE 特性：*o*OC*n* 在 THF 溶液中的 Φ_{PL} 为 3.2%～3.9%，而在体积比 1∶9 的 THF/水混合溶液中 Φ_{PL} 增加到 21.4%～25.1%；在相同条件下，*m*OC*n* 的 Φ_{PL} 则从 10.8%～11.4%增加到 41.8%～46.1%，*p*OC*n* 的 Φ_{PL} 从 72%～81%改变到 47.2%～66.6%。表 4-2 总结了 *o*OC*n*、*m*OC*n* 和 *p*OC*n* 在经过加压、退火、再加压和溶剂熏蒸一个循环过程的荧光光谱数据。在外界刺激下，所有固态 OC*n* 都呈现出伴随光谱位移的荧光颜色变化，这种变化同时取决于烷氧基的位置和长度。对于 *p*OC*n* 系列，烷氧基链越长，化合物的 $\Delta\lambda$ 越大；然而，对于 *o*OC*n* 和 *m*OC*n* 异构体，烷氧基链越短，其力刺激发光变色响应行为越显著。根据对 *p*OC3、*m*OC3 和 *o*OC3 的单晶 X 射线衍射分析可知，在两个 OC3 分子之间形成了两种类型的 C—H…π 氢键。一种是苯部分中的氢作为氢键供体沿着一个分子的长轴，而相邻分子中蒽部分的相应苯环作为氢键受体（相互作用类型Ⅰ）；另一种是一个分子的 OCH 部分作为氢键供体，而相邻分子的苯环作为氢键受体（相互作用类型Ⅱ）。相互作用类型Ⅰ和Ⅱ分别出现在 *p*OC3 和 *o*OC3 中，而类型Ⅰ和Ⅱ均存在于 *m*OC3 中。由于 *o*OC3 和 *m*OC3 容易产生力刺激发光变色响应和较大的 $\Delta\lambda$，因此认为 OCH…π 相互作用较弱而容易被破坏，这可能是烷氧基链固有的柔韧性所致。他们发现，*p*OC3、*m*OC3 和 *o*OC3 分子沿着分子长轴分别以 36.81°、34.71°和 66.11°的角度和 3.37 Å、3.51 Å 和 3.51 Å 的垂直距离向相邻分子滑动，这表明 *p*OC3 和 *m*OC3 分子采用 J-聚集模式，而 *o*OC3 分子采用 H-聚集模式。另一方面，*p*OC3、*m*OC3 和 *o*OC3 具有相似的晶体密度（分别为 1.219 mg/m^3、1.218 mg/m^3 和 1.213 mg/m^3），但具有不同大小的二面角（苯环和蒽环），其顺序为 *o*OC3（87.0°）＞*m*OC3（83.6°）＞*p*OC3（77.6°）。扭曲程度越大，分子共轭程度越低，使得荧光发光的蓝移越大。因此得出结论，通过调节 OC*n* 衍生物苯环上烷氧基链的连接位置可以明显改变分子构象和堆积结构，并且在外界刺激下，由于共轭主链扭曲度高及分子间相互作用弱，晶体会产生较强的内应力、容易破坏的结构和大的构象变化。

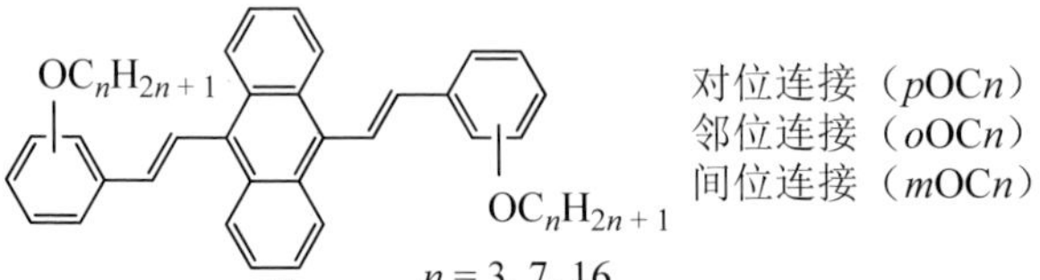

OC_nH_{2n+1}　OC_nH_{2n+1}

18　$n = 3, 7, 16$

对位连接（*p*OC*n*）
邻位连接（*o*OC*n*）
间位连接（*m*OC*n*）

表 4-2　OC*n* 系列化合物在外界刺激作用下的发光光谱波长峰值　（单位：nm）

化合物	$\lambda_{pressed}$	$\lambda_{annealed}$	$\lambda_{repressed}$	λ_{fumed}	$\Delta\lambda$
*o*OC3	550	495	546	495	55
*o*OC7	529	503	529	503	26
*o*OC16	530	497	527	495	33
*m*OC3	538	493	535	492	45
*m*OC7	514	499	511	498	15
*m*OC16	523	484	523	484	39
*p*OC3	525	511	522	511	14
*p*OC7	525	508	525	509	17
*p*OC16	549	499	549	501	50

注：$\Delta\lambda = \lambda_{pressed} - \lambda_{annealed}$。下角标中，pressed：受压样品；annealed：退火样品；repressed：退火后重新压的样品；fumed：溶剂熏蒸样品。

Yang 等[27]报道了基于不同碳数的烷基链（$n = 2$、3、5、6、7、9、12、18）的二吩噻嗪乙烯基蒽衍生物 **19**（PT-C*n*），以进一步研究烷基链长度对含烷基的 DSA 衍生物的固态荧光和力刺激发光变色响应性能的影响。结果表明，加压的 PT-C*n* 经过退火处理后其发光光谱发生蓝移，而退火处理的含有较长烷基链的 PT-C*n* 表现出更为显著的力刺激发光变色响应行为（表 4-3）。基于 PXRD 和 DSC 结果可知，晶态和非晶态之间的转变是在各种外界刺激下产生力刺激发光变色响应和恢复发光的主要原因。这项工作再次证明，在外界刺激下通过简单地改变分子的化学结构和聚集形态可以调节某些有机荧光材料的固态光学性质。2014 年，Wei 等还报道了基于丙基、己基和十二烷基侧链的三个二吩噻嗪乙烯基蒽衍生物及其力刺激发光变色响应特性[28]。

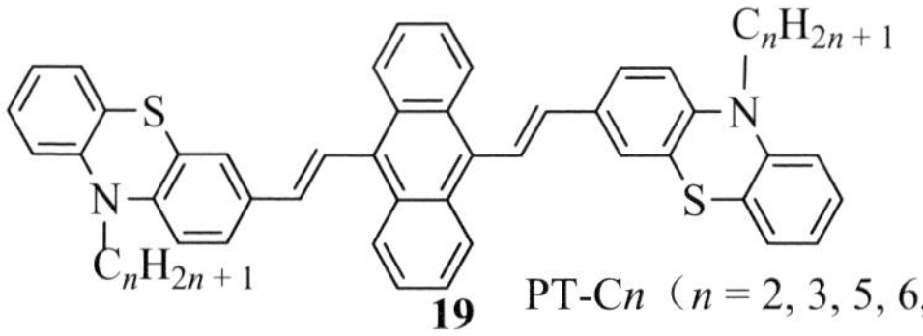

C_nH_{2n+1}　S　N　C_nH_{2n+1}

19　PT-C*n*（$n = 2, 3, 5, 6, 7, 9, 12, 18$）

表 4-3　PT-C*n* 系列化合物在外界刺激作用下的发光光谱波长峰值　（单位：nm）

化合物	$\lambda_{pressed}$	$\lambda_{annealed}$	$\lambda_{repressed}$	λ_{fumed}	$\Delta\lambda$
PT-C2	620	577	621	572	43
PT-C3	608	568	614	553	40
PT-C5	607	563	608	560	44
PT-C6	605	554	605	541	51
PT-C7	600	546	604	537	54
PT-C9	599	547	600	546	52
PT-C12	595	537	601	534	58
PT-C18	588	517	593	514	71

注：$\Delta\lambda = \lambda_{pressed} - \lambda_{annealed}$。下角标中，pressed：受压样品；annealed：退火样品；repressed：退火后重新压的样品；fumed：溶剂熏蒸样品。

Yang 等[29]报道了含有不同烷基链长度的二吲哚乙烯基蒽同系物 **20**（IAC*n*）。这些同系物表现出与烷基链长度呈强烈负相关的光谱位移（27～65 nm），也就是说，含有较短 *N*-烷基链的化合物在研磨或施压下表现出更大的光谱位移（图 4-7）。PXRD 结果表明，经机械研磨后，初始的有序结构被破坏，形成晶体缺陷，并出现一些非晶态成分，这就是产生力刺激发光变色响应的机理。同时发现，经过退火或溶剂熏蒸处理，研磨后的样品能够迅速恢复到初始状态，这可能是由研磨样品中存在残余晶种导致的。考虑到加热研磨样品时不会出现冷结晶现象，非晶化应该对 IAC*n* 的力刺激发光变色响应行为没有起到重要作用。含有较短 *N*-烷基链的 IAC*n* 表现出更显著的力刺激发光变色响应行为，这一现象与 ACZ*n* 相同。结果表明，不同类型的 π 共轭主链和芳香取代基可能通过改变中心环的电子密度和外围脂肪族的长度，在 π-π 和脂肪族链的相互作用之间实现不同的平衡，这使得在分子水平上设计力刺激发光变色响应材料和认识力刺激发光变色响应现象更加困难，但也代表了一种开展侧链工程的新方法。

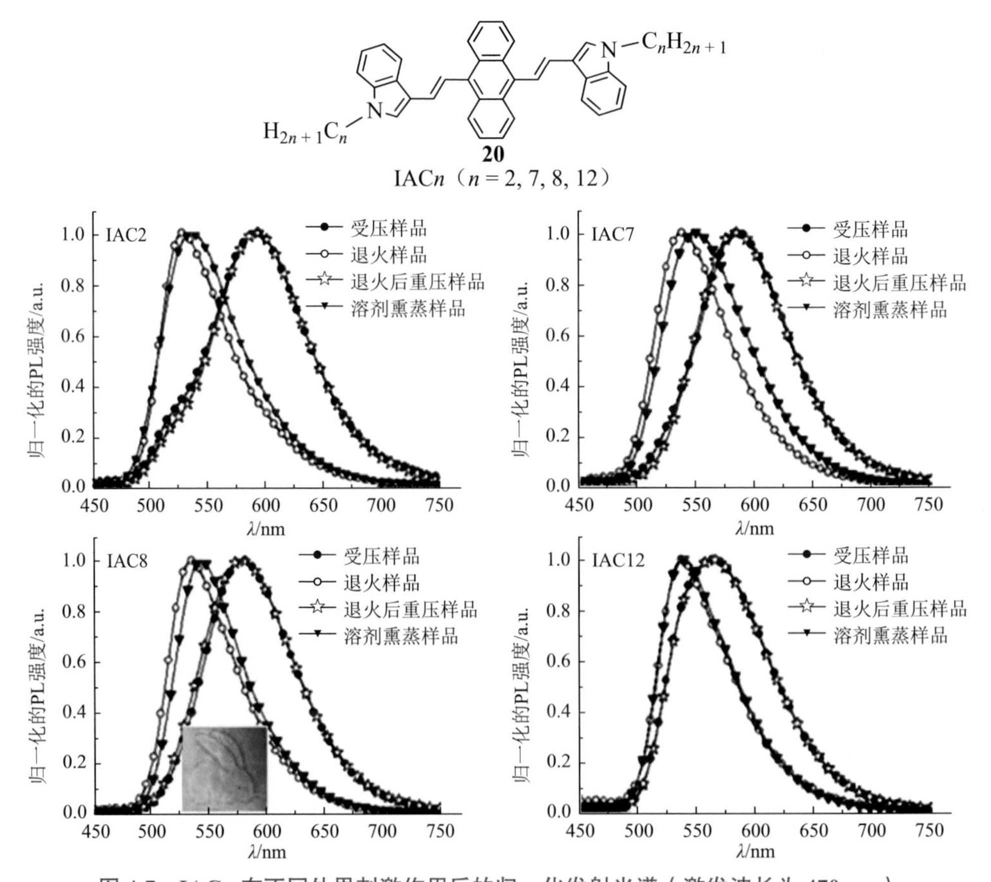

图 4-7　IAC*n* 在不同外界刺激作用后的归一化发射光谱（激发波长为 470 nm）

Chen 等[30]设计并合成了丁氧基取代的 DSA 衍生物 **21**（DSA4）的异构体，包括正丁基、异丁基和叔丁基的邻位或对位异构体。所有这些 DSA4 衍生物都具有 AIE 特性，但对压力的响应不同，导致光谱位移为 3～53 nm（表 4-4），这表明力刺激发光变色响应行为与烷基链有关。与对位取代相比，邻位取代的丁氧基取代的 DSA 具有更好的力刺激发光变色响应特性。从 PXRD 和 DSC 结果可以看出，晶体的分子堆积结构发生了一定程度的非晶态变化。单晶 X 射线衍射分析表明，它们的构象保持了蒽核与周围芳香环之间的扭转角，这与增大分子的二面角可以减小 PL 发光波峰的推断一致。这是因为含有较大二面角的分子中形成了更扭曲的模式，阻碍了内部分子共轭，导致光谱蓝移。此外，所有晶体都表现出不同的堆积结构。一方面，DSA-*pn*4 采用沿分子长轴 J-聚集的堆积模式，因此很难形成 π-π 相互作用。两个紧密相邻分子之间的垂直距离相对较短（3.476 Å），紧密的分子间堆积可能是其力刺激发光变色响应性能较差的原因（$\Delta\lambda = 8$ nm）。另一方面，DSA-*pt*4 和 DSA-*oi*4 晶体可能采用 H-聚集的堆积模式，两个相邻分子之间的垂直距离分别为 3.637 Å 和 3.546 Å。由于 DSA-*pt*4 和 DSA-*oi*4 以松散的分子聚集堆积，它们的晶体对外界压力非常敏感，从而产生了明显的力刺激发光变色响应行为。

RO　OR　OR　RO

DSA-*pn*4: R = *n*-丁基
DSA-*pi*4: R = *i*-丁基
DSA-*pt*4: R = *t*-丁基

DSA-*on*4: R = *n*-丁基
DSA-*oi*4: R = *i*-丁基

21

表 4-4　系列 21 化合物在外界刺激作用下的发光光谱波长峰值　（单位：nm）

化合物	$\lambda_{pressed}$	λ_{fumed}	$\lambda_{repressed}$	$\Delta\lambda$
DSA-*pn*4	520	512	521	8
DSA-*pi*4	522	519	524	3
DSA-*pt*4	524	500	523	24
DSA-*on*4	528	497	527	31
DSA-*oi*4	557	504	556	53

注：$\Delta\lambda = \lambda_{pressed} - \lambda_{fumed}$。下角标中，pressed：受压样品；fumed：溶剂熏蒸样品；repressed：退火后重新压的样品。

Chen 等[31]合成了四个具有 AIE 特性的二萘乙烯基蒽衍生物 **22**（BNAs）。这些化合物在加压后，其发光颜色产生从黄色到橙色的红移，并通过退火处理可以恢复为原来的黄色，表明力刺激发光变色响应性质的可逆性。值得注意的是，烷氧基链的长度对力刺激发光变色响应性能有着至关重要的作用。BNA 表现出最大的力刺激发光变色响应光谱位移（26 nm），而随着烷氧基链长度的增加，其光谱位移逐渐减小（BNA-4、BNA-8 和 BNA-12 的光谱位移分别为 20 nm、18 nm 和 11 nm）。因此，通过改变烷氧基链的长度，可以改变由烷氧基链引起的空间位阻效应，从而提供一种调节力刺激发光变色响应性能的方法。同时，空间效应还可以抑制 BNAs 的平面化和分子间 π-π 重叠，所以在机械刺激下，BNA 比 BNA-12 的微晶更容易从晶态转变为非晶态。因此，力刺激发光变色响应行为与晶态到非晶态的转变有关，这也可以从 PXRD 实验结果进一步得到证明。

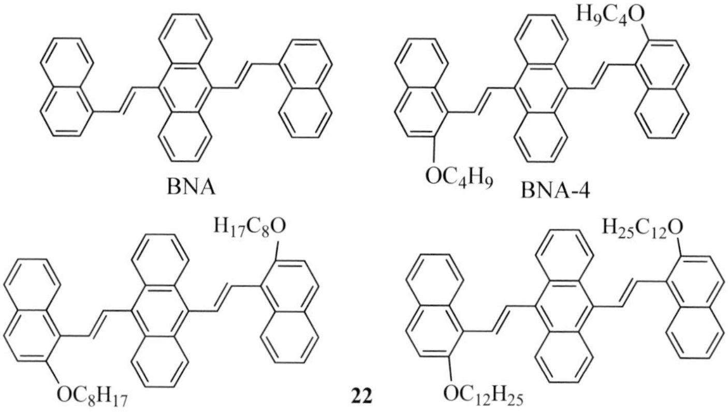

H_9C_4O OC_4H_9

BNA　　BNA-4

$H_{17}C_8O$ OC_8H_{17}　　$H_{25}C_{12}O$ $OC_{12}H_{25}$

22

BNA-8　　BNA-12

Lu 等[32]设计了一系列具有不同 *N*-烷基链长度的二吩噻嗪乙烯基联二蒽衍生物 **23**（PVBA*n*，*n* = 2、8、12 和 16），并系统地研究了链长与固态荧光性质之间的关系。这些化合物在溶液和固态下都有很强的荧光发光，并且发光波峰对溶剂极性有很高的依赖性，表明存在分子内电荷转移（ICT）跃迁。同时，荧光量子产率 Φ_{PL} 也与溶剂极性密切相关，溶剂极性越高，Φ_{PL} 越低。当溶剂极性由正己烷变为 DMF 时，PVBA2、PVBA8、PVBA12 和 PVBA16 的 Φ_{PL} 值分别由 36%下降到 1%、40%下降到 2%、59%下降到 3%和 54%下降到 2%。尽管 PVBA*n* 表现出相似的力刺激发光变色响应行为，但研磨引起 PVBA*n* 的发光光谱波长位移与烷基链长度有关（图 4-8）。与 PVBA2 相比，烷基链长的 PVBA8、PVBA12 和 PVBA16 在研磨前后显示出更高对比度的荧光变化。此外，由于 PVBA16 的冷结晶温度较低，其研磨后的荧光在室温下可以恢复到初始荧光的颜色，而其他化合物则需要高温处理才能恢复初始荧光。根据 PXRD 和 DSC 分析可知，晶态和非晶态之间的转变是在各种外界刺激下产生力刺激发光变色响应行为的原因。

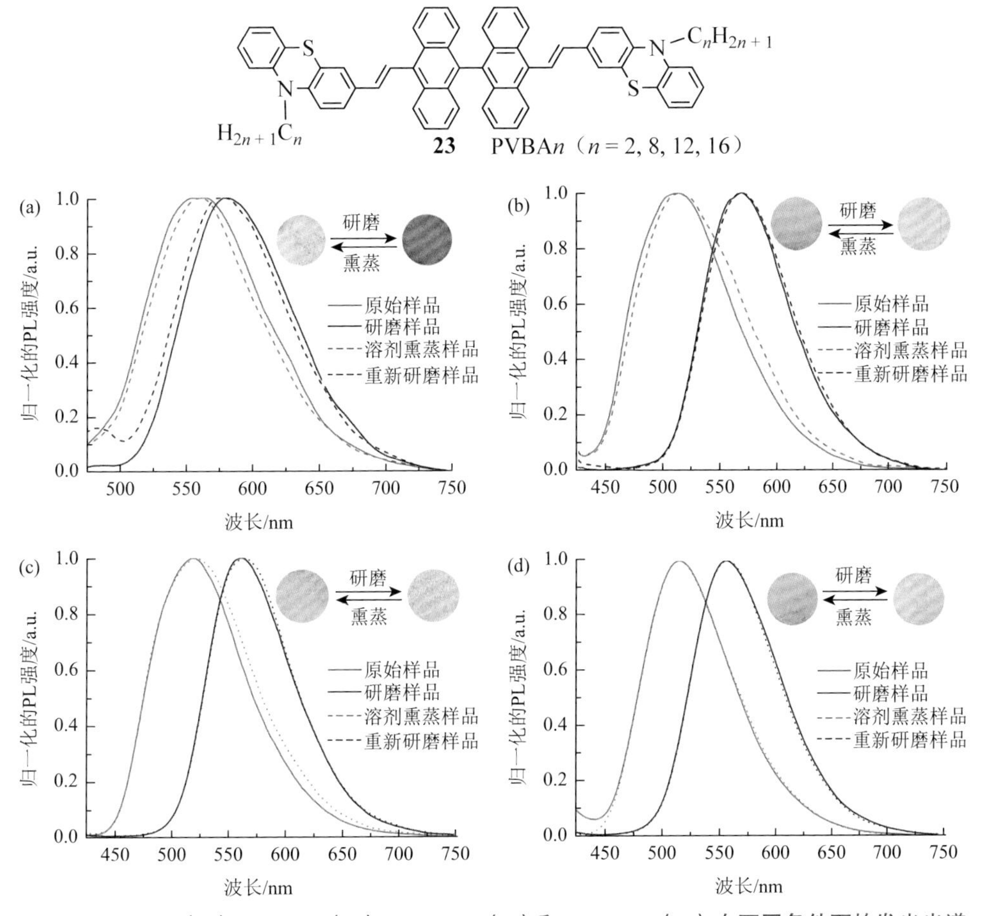

图 4-8　PVBA2（a）、PVBA8（b）、PVBA12（c）和 PVBA16（d）在不同条件下的发光光谱

Ouyang 等[33]合成了两个具有 AIEE 特性的化合物 BQVA（**24**）和 BNVA（**25**）。随着溶剂极性的增加，**24** 溶液的发光颜色由绿色（527 nm）红移到橙色（565 nm），表明含杂原子的 **24** 具有溶剂化发光变色现象。值得注意的是，**24** 显示出发光变色可逆的特性，包括力致和热致发光变色。所制备的 **24** 粉末发射绿色荧光（λ_{em} = 525 nm），并在研磨后转变为橙色荧光（λ_{em} = 573 nm），而研磨后的样品经高温退火处理则可恢复初始绿色荧光。基于这种发光变色可逆的特性，他们设计了一种简单方便的可擦写板。与 **24** 不同，不含杂原子的 **25** 没有明显的变色特性（图 4-9）。根据 PXRD、DSC、晶体结构和理论计算结果可知，**24** 的发光变色特性与其分子结构中引入的杂原子密切相关。首先，由于 **24** 中存在杂原子，形成了 A-π-A 结构并产生溶剂化发光变色现象。其次，由于氮原子的存在，形成了分子间的 C—H···N 键，更加稳定了 **24** 堆积结构的分子层。这些分子层会在外部刺激（如压力或温度）下滑动，导致产生可逆的发光变色特性。这项工作为设计和开发

更多的发光变色特性材料提供了一种新策略。另外，**24** 在不同溶剂中也表现出优异的自组装效果。在 THF/水混合溶液形成的均匀纳米球中掺杂二氧化硅纳米颗粒，并用硅烷偶联剂 3-氨丙基三乙氧基硅烷处理后，能够得到氨基功能化纳米颗粒（**24@AFNPs**），而且 **24@AFNPs** 可以在聚丙烯酰胺凝胶电泳中对蛋白质标记物进行染色。

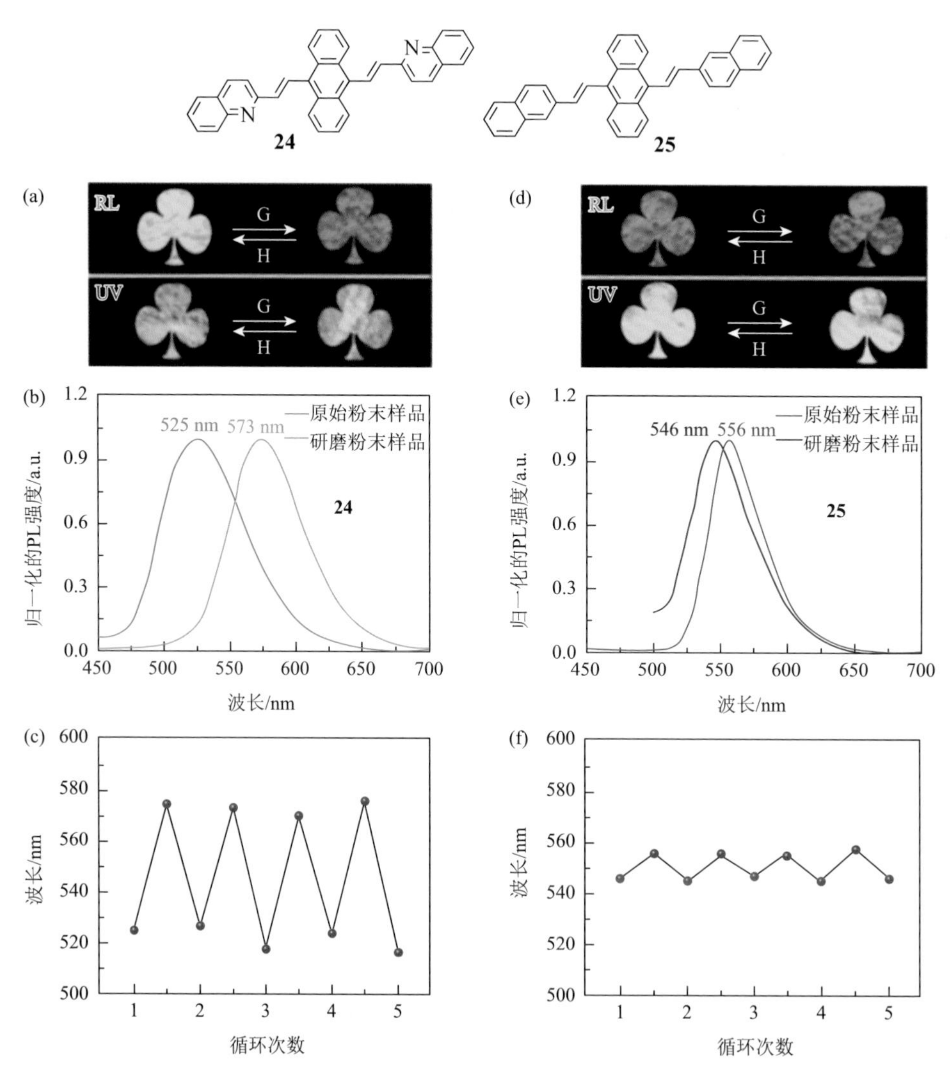

图 4-9 （a）化合物 24 原始和研磨粉末在室内自然光（RL）和紫外光（UV）下的照片，G 表示研磨，H 表示加热；（b）化合物 24 原始和研磨粉末在 365 nm 激发下的荧光光谱；（c）化合物 24 在研磨和加热循环中的光谱变化；（d）化合物 25 原始和研磨粉末在室内自然光和紫外光下的照片；（e）化合物 25 原始和研磨粉末在 365 nm 激发下的荧光光谱；（f）化合物 25 在研磨和加热循环中的光谱变化，上述加热温度为 130℃

Yang 等[34]通过改变苯基咔唑的连接位置合成了三个二苯基咔唑乙烯基蒽异构体 **25**、**26** 和 **27**，这些化合物具有 CEE 特性并且固体荧光量子产率分别为 21%、26%和 34.3%。对化合物的荧光和电致发光性能进行研究，结果表明苯基咔唑的连接位置对发光材料的荧光发光性能有重要影响。**25** 晶体的荧光量子产率最高，而 **25** 非晶的荧光量子产率最低。压制后 **25**、**26** 和 **27** 样品的发光波峰分别位于 600 nm、593 nm 和 565 nm，经压制后样品退火处理，其发光波峰分别变成位于 562 nm、552 nm 和 528 nm，这与初始固体的发光波峰相近。若再一次压制，发光颜色显示出与第一次压制相同的颜色变化。因此，**25**、**26** 和 **27** 三种发光材料在外界刺激下表现出可逆的力刺激发光变色响应特性。PXRD 实验证实，力刺激发光变色响应性能与研磨诱导的聚集态结构变化有关。研磨样品的衍射图表现出明显的非晶态特征，因为存在宽且无特征的反射及一系列重叠峰。采用这些化合物作为非掺杂发光层，通过蒸镀方法制备了 OLED 器件。结果表明，**25** 器件的启亮电压为 7.8 V，最大亮度和最大发光效率分别为 550 cd/m^2 和 0.10 cd/A。与之形成鲜明对比的是，**27** 器件获得了最好的 EL 性能，其相关性能参数分别为 3.2 V、13770 cd/m^2 和 3.1 cd/A。这种明显的同分异构效应表明，巧妙地控制外周基团是调节 CEE 发光材料光电性质的一种可行、有效方法。

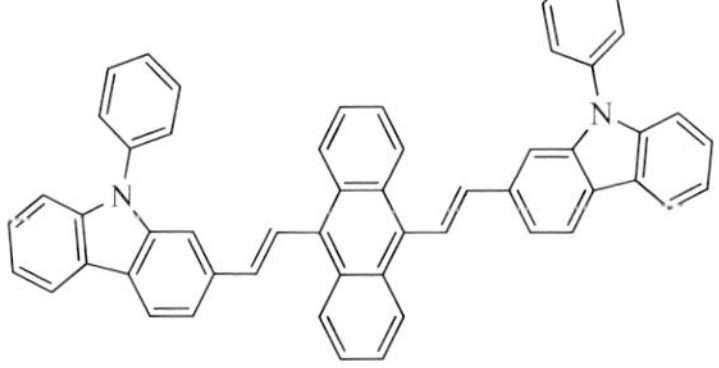

26 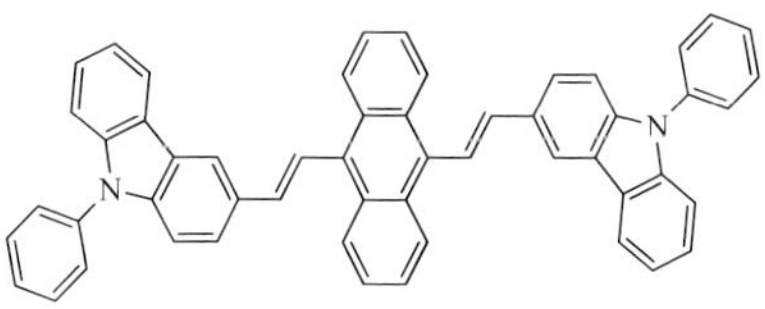　**27**

为了研究分子对称性和异构化对发光性能的影响，Yang 等[35]报道了三种芳基乙烯蒽异构体，其中 *N*-苯基咔唑分别连接在 2-位、3-位或咔唑苯位置，得到了化合物 **28**、**29** 和 **30**，并且这三种化合物在 THF 溶液中具有很强的荧光发射，其 Φ_{PL} 分别为 78%、41%和 85%。他们研究了化合物的光学和电致发光特性，并与类似的二芳基乙烯基蒽进行了比较。与两个 *N*-苯基咔唑封端的类似物相反，这三种以单个 *N*-苯基咔唑封端的异构体既不具有 AIE 特性，也不具有力刺激发光变色响应特性，虽然它们具有扭曲的 π 骨架和研磨诱导非晶化的特征。为了研究在聚集体形态变化的影响下荧光颜色仍然保持稳定的原因，采用真空沉积制备了非晶态的 **28**、**29** 和 **30** 薄膜。从图 4-10 可以看出，**28**、**29** 和 **30** 分别发射波峰位于 495 nm、500 nm、490 nm 的绿光，这与结晶状态下观察到的结果相似。因此，即使在研磨后发生非晶化，荧光发射也相对稳定，从而不能发生力刺激发光变色响应效应。**28**、**29** 和 **30** 的荧光寿命结果分析表明，研磨前后每种发光材料的荧光寿命几乎没有变化。因此，材料的荧光特性和力刺激发光变色响应与取代方式密切相关，研磨诱导的相变不能保证一定能够观察到发光颜色的变化。

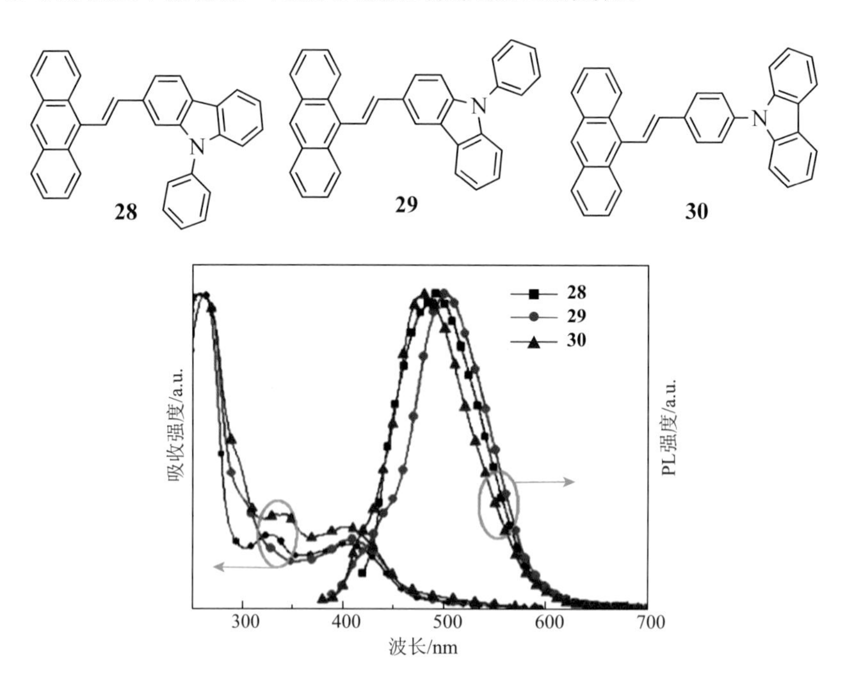

图 4-10　化合物 28、29 和 30 真空蒸镀薄膜的归一化吸收和发光光谱

2017 年，Chen 等[36]在前面工作的基础上，报道了一系列具有不同几何结构的基于芳基乙烯蒽发光材料（不对称 **30** 和 **31**，对称 **32**）。AIE 特性的 **31** 和 **32** 具有较高的固态荧光量子产率，但在外力作用下表现出相反的光谱位移。当用刮勺研磨 **32** 的粉末时，发光颜色从黄色（548 nm）变为橙色（591 nm），而这种力刺激发光变色响应是可逆的，只需用二氯甲烷对研磨样品熏蒸几分钟即可。同样地，**30** 也可以通过研磨-熏蒸处理使其发光波峰在 483 nm 和 498 nm 之间可逆切换。不同于大多数报道的 AIE 小分子中普遍观察到发光光谱红移的力刺激发光变色响应行为，研磨 **31** 后发生了从 546 nm 到 530 nm 的蓝移。对于传统 AIE 有机小分子，发生光谱红移的原因是，晶体中由于滑移变形和分子共轭增强作用，研磨诱导分子间相互作用被破坏。对于 **31**，根据单晶结构分析，推测光谱蓝移与研磨引起的激基缔合物发光效率降低有关。另外，初始 **31**、**30** 和 **32** 的荧光量子产率分别为 63%、25%和 37%，而研磨后对应的荧光量子产率分别为 53%、21%和 26%。对于非对称分子 **31** 和 **30**，研磨后两者的荧光寿命（τ）均缩短。而对于对称分子 **32**，研磨后其τ值稍有延长，说明研磨后的 **32** 分子之间存在有效的激子（excitonic）和激基缔合物耦合。根据 PXRD 和 DSC 结果可知，这些分子的力刺激发光变色响应机理可能与高有序晶态和非晶态之间的转变有关。

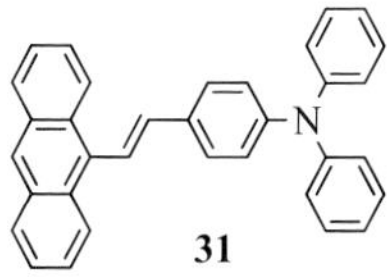

31 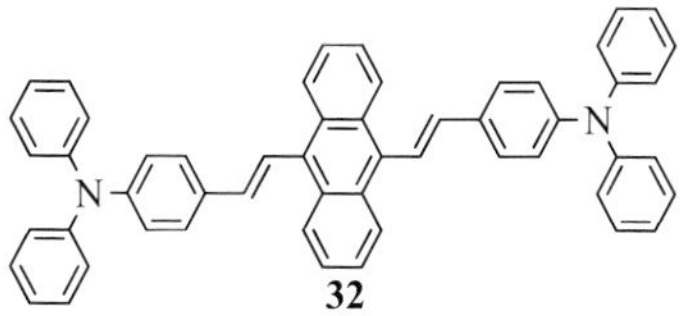　　32

Xu 和 Tian 团队[37]报道了以 **33** 为代表的具有优异性质的氟取代二芳基乙烯基蒽衍生物。这些分子呈现出强烈的发射和特别的自组装行为。由于聚集状态下分子堆积比较规整，非辐射跃迁被抑制，这些分子的晶体都具有很高的固态荧光量子产率。进一步研究表明，氟的引入会诱导产生更多的超分子相互作用，如 C—H···F 作用，并形成不同堆积模式。这种多模式堆积有助于研究机械力作用下分子聚集态结构的变化，掌握力刺激发光变色响应的内在机理。此外，丰富的 C—H···F 作用有助于形成 π-π 堆积，进而增强分子间相互作用，有效抑制振动弛豫，使得聚集态下材料的发光增强。这种分子间相互作用也导致了分子在形成晶体时，与在非晶态及溶液状态相比会产生较大的蓝移。Xu 和 Tian 团队[38]还对一个新的二吡啶乙烯基蒽衍生物 **34**（BP4VA）进行了一系列研究，该衍生物是 **35**（BP3VA）的异构体并具有多刺激响应荧光特性。**34** 具有两种高荧光量子产率的多晶型，以通过高压-光致发光实验来解释不同晶型的压致发光变色特性。用杵和研钵研磨 **34** 的粉末，发现荧光颜色从绿色（523 nm）变为黄色（555 nm），而当研磨样品在 170℃下加热约 20 min 后能够恢复原来绿色发光，这种绿色和黄色发光的相互切换能够重复循环。初始粉末的 PXRD 谱图表现出与从 BP4VA-C1 晶体模拟的 PXRD 谱图一致的尖锐和强烈的反射波峰，分子排列为沿分子长轴的 J-聚集，相应的中心蒽平面之间不存在 π-π 相互作用［图 4-11（a）和（b）］。研磨样品的 PXRD 谱图与未研磨样品的 PXRD 谱图相同，但是波峰的强度变弱，波峰变宽，说明研磨诱导聚集态结构发生变化。这说明 **34** 的晶体结构很容易受到外界刺激的影响。为了进一步理解 **34** 的力刺激发光变色响应行为，对 **34** 在外加压力作用下的发光行为进行了研究。如图 4-11（c）所示，随着施加压力从 0 GPa 增加到 5.45 GPa，**34** 粉末的发光颜色从绿色（523 nm）逐渐变为红色（650 nm），并出现多个荧光峰。同时，晶体样品也表现出明显的荧光发光变化，说明在高压下晶体的堆积结构发生了变化。因此，外部压力对 **34** 粉末和晶体样品的发光颜色有重要影响，来自高压下分子聚集态结构的变化。此外，还通过控制质子化和去质子化研究了荧光变化，研究结果表明，在不同的酸/碱氛围下产生从绿色光到红色光的颜色转变的酸碱刺激发光响应。

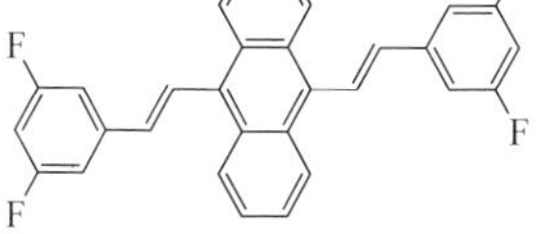

33 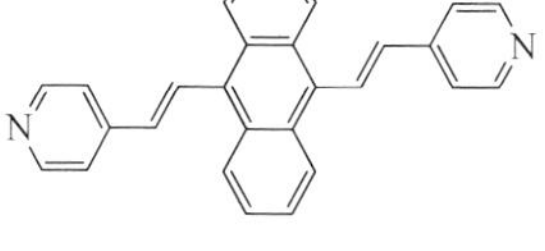　　34 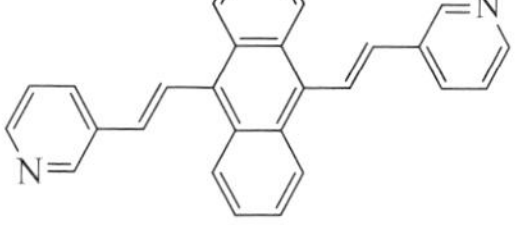　　35

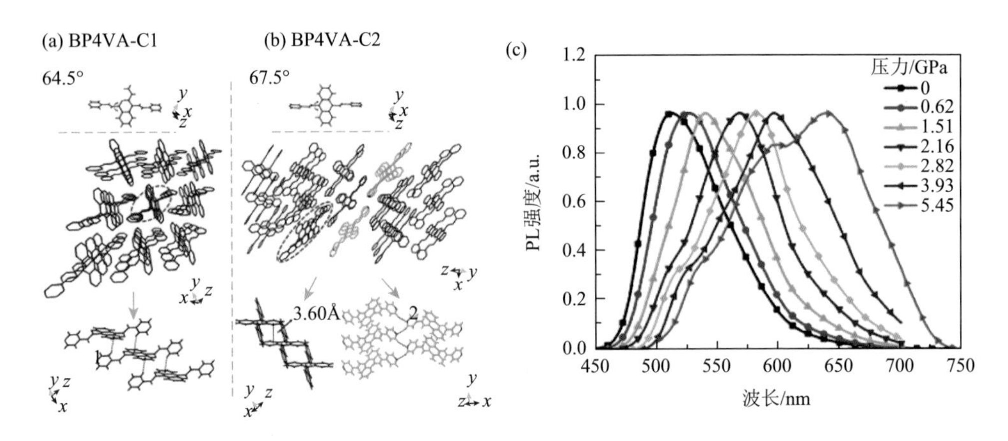

图 4-11 化合物 34 两种单晶 BP4VA-C1（a）和 BP4VA-C2（b）的聚集状态；（c）化合物 34 粉末在不同压力下的归一化发射光谱

Tian 等[39]还研究了两种超分子共晶（C1 和 C2）的自组装行为、分子堆积结构和光物理性质，这两种共晶是由具有 AIEE 特性的 **34** 作为发光主体分子和 1, 3, 5-三氟-2, 4, 6-三碘苯作为客体分子组成。**34** 晶体的荧光量子产率为 50.3%，而在 THF 溶液中的荧光量子产率仅为 36.5%。对于分块堆积排列的块状晶体 C1，主客体分子之间存在着强烈的 π-π 相互作用，并产生微弱的绿色光（荧光量子产率为 2%）。但对于针状晶体 C2，分子间没有明显的强相互作用，其荧光量子产率高达 34%，为亮黄色发光。此外，C1 表现出一种独特的力刺激发光变色响应行为，即自发恢复研磨诱导的荧光变化。研磨后，发光波峰从最初的 510 nm 红移到 546 nm，而 24 h 后又可以回到 515 nm。值得注意的是，研磨的 C1 表现出比 C1 晶体更强的发光，而这种初始晶体和研磨晶体之间显著差异的发光强度可以通过肉眼很容易区分。因此，控制共晶的超分子相互作用不仅可以控制其堆积模式，而且可以调节其光学性质。鉴于有机分子晶体具有多样性和多功能性的优点，将 AIE 与超分子自组装技术相结合，有望开发出高效的超分子发光体系和新功能的有机发光材料，这是一种灵活可控的新型设计策略。

Zhao 团队[40]也开展了类似的研究，成功开发了两种由 BP4VA（**34**）或 BP3VA（**35**）和 1, 2, 4, 5-四氟-3, 6-二碘苯通过卤素键和 π-π 堆积相互作用形成的力刺激发光变色响应自组装体。这两种分子的骨架稍有不同，并形成线型和网络两种不同组装结构。这两种自组装体都表现出明显的力刺激发光变色响应特性，因为它们能根据不同的外部压力做出发光颜色变化的响应，而这种颜色变化通过热退火处理是可逆的，这表明它们在实际器件中具有潜在的应用前景。超分子组装具有灵敏度高、易操作等独特的优点，有助于通过非共价键合策略来设计和制备触摸记忆功能系统。

2014 年，Yang 等合成了一系列以蒽为中心的十字形化合物：四给体 **36**[41]、双给体 **37**[42]、双给体和双受体 **38**[43]。所有发光材料都具有 AIEE 特性，以及光热稳定性能。**36** 在 THF 溶液中表现出微弱的荧光，Φ_{PL} 为 2.9%，当加入高比例（90%）的水时，Φ_{PL} 可达 17.6%。**36** 显示出大且增强的双光子吸收截面（σ），对过渡金属离子如 Zn^{2+} 和 Cu^{2+} 具有选择性的荧光传感响应，以及明显的力刺激发光变色响应现象。受压后，固态 **36** 的发射波峰由最初的 606 nm 红移到 615 nm，经溶剂熏蒸或热退火处理后可回到 582 nm。经过反复的压制/熏蒸或压制/退火循环，荧光颜色显示出与第一个循环中观察到的相同变化。**37** 在体积比为 1∶9 的 THF/水中的荧光量子产率（Φ_{PL} = 18.1%）是在 THF 溶液中（Φ_{PL} = 1.53%）的 12 倍。固态 **37** 和 **38** 在压制和退火时均具有力刺激发光变色响应行为，发光颜色可分别在橙红色（602 nm）和红色（632 nm）、红色（617 nm）和深红色（654 nm）之间可逆切换。此外，**38** 还表现出强烈的溶剂化发光变色效应，以及与溶剂相关的双光子吸收截面，在二氯甲烷、四氢呋喃和甲苯溶液中的最大双光子吸收截面分别为 670 GM、1840 GM 和 2030 GM。通过 PXRD 和 DSC 实验表明，这一系列以蒽为中心的十字形化合物在外界刺激下产生的力刺激发光变色响应行为是晶态和非晶态之间相变引起的。

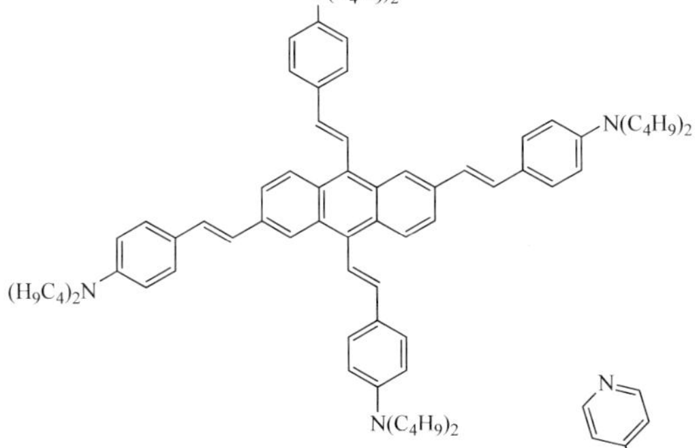

$N(C_4H_9)_2$　$N(C_4H_9)_2$　$(H_9C_4)_2N$　$N(C_4H_9)_2$

36

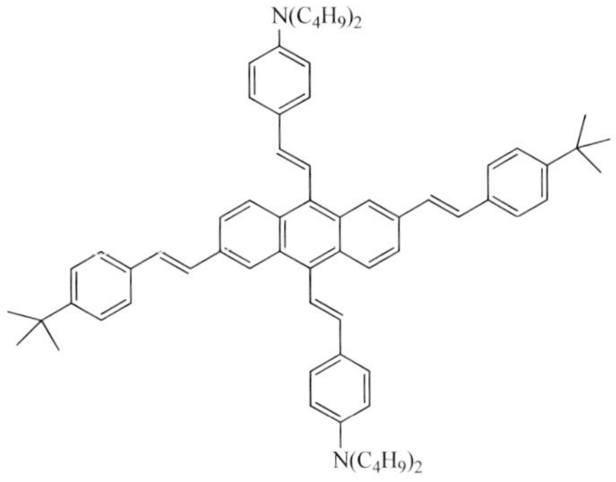

$N(C_4H_9)_2$　$N(C_4H_9)_2$

37

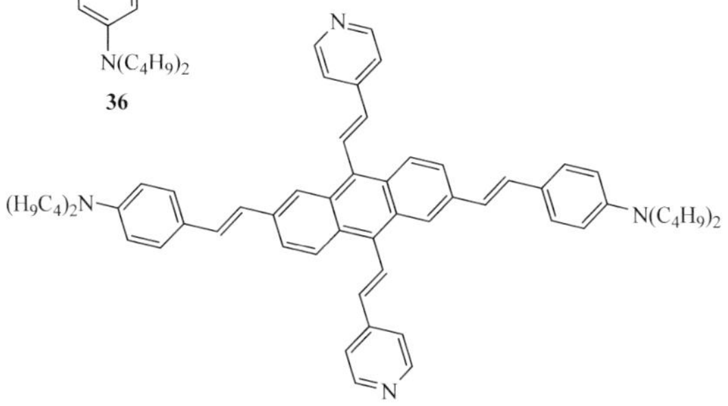

N　$(H_9C_4)_2N$　$N(C_4H_9)_2$　N

38

Yang 等[44]还合成了一系列由不同长度的 *N*-烷基链组成的乙烯基蒽十字形化合物 **39**（FC*n*），并研究了它们的聚集增强荧光和力刺激响应行为。FC*n* 在水分散体系中表现出比在 THF 溶液中更高的 Φ_{PL}。例如，FC4 的 Φ_{PL} 从 THF 溶液中的 12%增加到 THF/水混合溶液（体积比 1∶9）中的 25%。FC*n* 具有力刺激发光变色响应特性，由通过研磨和加压引起 23～54 nm 的光谱位移可证实，而具有较长烷基的 FCn 表现出更大的光谱位移（表 4-5）。由 PXRD 和 DSC 实验结果可知，可逆的力刺激发光变色响应行为与晶态和非晶态之间的相转变有关。同时发现，增加 N-烷基链长度可以有效降低研磨状态的冷结晶温度，使得力刺激发光变色响应具有可调的热恢复温度，这是 FC10 和 FC12 固体在室温下能够自发地从研磨状态恢复到初始状态的原因。

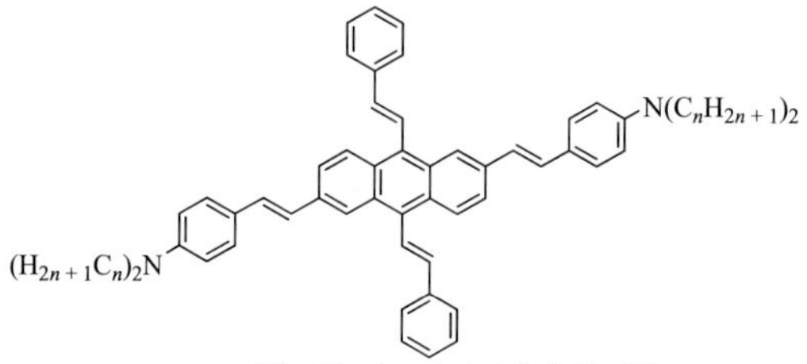

$N(C_nH_{2n+1})_2$

$(H_{2n+1}C_n)_2N$

39 FCn（n = 1, 4, 5, 7, 8, 10, 12）

表 4-5 系列 39（FCn）化合物在外界刺激作用下的发光光谱波长峰值（单位：nm）

化合物	$\lambda_{pristine}$	$\lambda_{pressed}$	$\lambda_{annealed}$	$\lambda_{repressed}$	λ_{fumed}	$\Delta\lambda$
FC1	591	616	593	615	593	23
FC4	597	613	588	613	588	25
FC7	563	595	565	593	563	30
FC8	541	598	544	597	547	54
FC10	538	597	552	597	554	45
FC12	551	596	547	597	555	49

注：$\Delta\lambda = \lambda_{pressed} - \lambda_{annealed}$。下角标中，pristine：原始样品；pressed：受压样品；annealed：退火样品；repressed：退火后重新压的样品；fumed：溶剂熏蒸样品。

2017 年，Chi 课题组[45]成功合成了聚合物 **40**，其中主链二苯乙烯基蒽（DSA）和侧链四苯乙烯单元被用作两个单体。该聚合物具有 AIEE 特性，其固体粉末的 Φ_{PL} 高达 90%，而在 THF 溶液中仅为 12%。**40** 具有力致发光变色特性，通过研磨可以观察到发光波峰从 541 nm 变为 602 nm。研究表明，外界刺激破坏了聚合物的晶体结构，使聚合物链段的分子构象更加平面化及分子共轭程度增加，从而产生发光红移。由于被破坏的晶体很难完全恢复，因此不能通过热退火或溶剂熏蒸使得研磨后的聚合物完全恢复初始的荧光颜色。

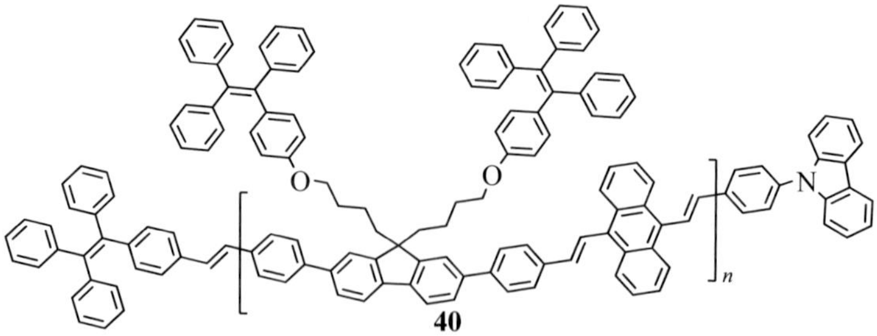

40

Yang 和 Shang[46]合成了一个共轭有机分子 **41**，其具有很强的 AIE 效应和力刺激发光变色响应效应。研磨后，发光波峰值从 564 nm 变为 624 nm，产生 60 nm 的光谱位移。随着水含量的增加，AIE 效应增强。其结果是聚集态转变为纳米聚集态，限制了分子内的旋转。XRD 和 DSC 分析表明，研磨和退火可以实现 **41** 在晶态和非晶态之间的相转变，这是产生力刺激发光变色响应的原因。

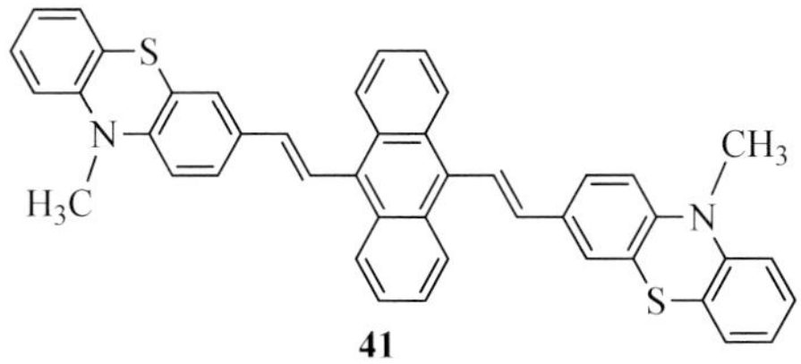

41

Yang 等[47]研究了 **42** 的热稳定性、光学性质、刺激响应行为及溶液加工型 EL 器件中的应用。**42** 表现出 AIE 特性、可逆的力刺激发光变色响应特性、良好的热稳定性和很强的晶体绿光发射。研磨实验表明，含支链 2-乙基己基的 **42** 和 **43** 均为力刺激发光变色响应材料，并产生研磨诱导光谱红移。研磨的 **42** 和 **43** 固体仍然具有很高的荧光量子产率，分别高达 69.8%和 63.7%。**43** 的研磨诱导光谱位移（47 nm）与其直链烷基类似物（46 nm）相同[23]。然而，**42** 的研磨诱导光谱位移大于 **43**（60 nm），这导致 **42** 和 **43** 在研磨状态下具有相似的荧光发光。当研磨样品被退火处理然后冷却到室温或暴露于溶剂蒸气（室温下二氯甲烷熏蒸）时，其发光颜色又变为原始颜色。此外，**42** 的溶液可以旋涂成高质量的薄膜，溶液加工型的非掺杂 EL 器件发射出 596 nm 的橙色红光，最大发光效率和功率效率分别为 9.4 cd/A 和 3.9 lm/W，外量子效率为 3.9%。这些优异的电学性能表明磷酸酯可为改善薄膜质量和提高电致发光性能提供一种有效途径。

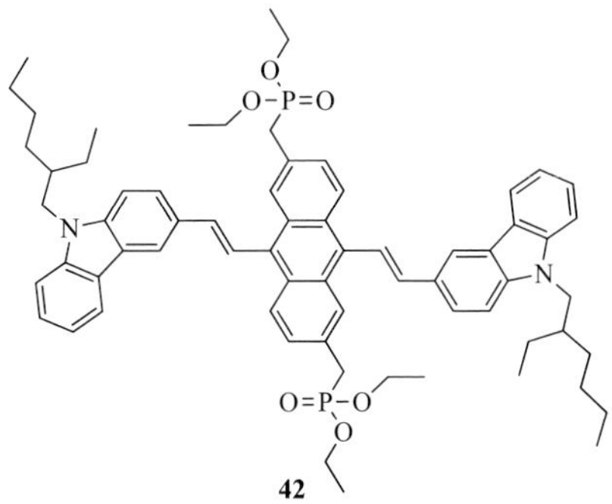

42

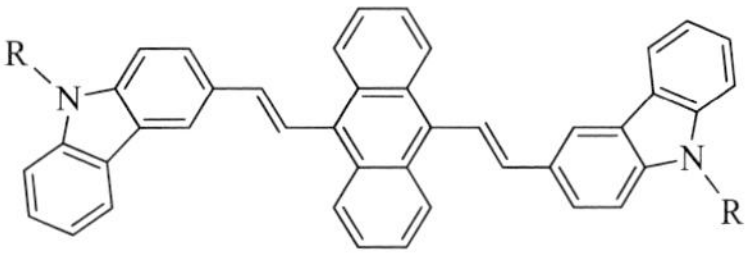

R = C_8H_{17}（**43**）
R = CH_3（**15**）

Sao 等[48]合成了两种基于 DSA 的发光材料，它们具有 AIE 和刺激响应特性。基于单一有机分子，实现了具有 AIE 特性的可逆七色或五色发光的力刺激发光变色响应（**44** 为七色，**45** 为五色）。例如，当化合物 **44** 进行再沉淀或再结晶时，获得两种不同的晶型：通过向 CH_2Cl_2 中缓慢添加正己烷进行再沉淀，获得黄色粉末（**44**-1，λ_{em} = 569 nm）；从 CH_2Cl_2/正己烷中进行再结晶，获得橙色晶体（**44**-2，λ_{em} = 592 nm）。当用杵研磨 **44**-1 和 **44**-2 时，其转化为非晶态的红色粉末（**44**-3，λ_{em} = 643 nm）。研磨（**44**-1～**44**-3）产生的 74 nm 荧光红移是一个非常明显的力致发光变色效应。在 160℃下加热 60 s 后，红色粉末（**44**-3）变成橙色非晶形式（**44**-5，λ_{em} = 600 nm）。当在 25℃下，将 **44**-3 放入含有少量 CH_2Cl_2 的密封烧杯中 30 s 时，由于从非晶相到晶相（**44**-4，λ_{em} = 615nm）的形态转变，发光颜色从红色变为橙色。同样地，用研钵和杵研磨后，**44**-4 和 **44**-5 也可以转变为红色粉末（**44**-3）。此外，**44**-3 和 **44**-4 之间的颜色转变过程可以重复几次而不产生任何衰减。这些发光强度没有明显降低的可逆发光光谱使其成为一种有发展前景的压力或溶剂检测材料。将 **44**-1 和 **44**-2 置于薄玻璃板上，在 160℃下用加热台加热 60 s，可以观察到两种类似的橙色粉末状态（**44**-6，λ_{em} = 602 nm；**44**-7，λ_{em} = 606 nm）。尽管 **44**-6 具有与 **44**-7 相似的发光光谱，但它们的 XRD 谱图不同。此外，**44**-1 和 **44**-2 的 DSC 分析表明，**44**-6 和 **44**-7 之间存在非晶态差异。同样地，当化合物 **45** 进行再沉淀或再结晶时，也获得两种不同的晶型：向 CH_2Cl_2 中缓慢添加正己烷进行再沉淀，获得绿色粉末（**45**-1，λ_{em} = 537 nm）；从 CH_2Cl_2/正己烷中进行再结晶，获得黄绿色晶体（**45**-2，λ_{em} = 574 nm）。当 **45**-1、**45**-2、**45**-4 和 **45**-5 用研钵和杵研磨时，都转化为非晶态的橙色粉末（**45**-3，λ_{em} = 604 nm）。研磨（**45**-1～**45**-3）产生的 67 nm 发光红移是一种非常显著的压电变色效应。通过发光颜色变化、荧光光谱、WAXD 谱图和 DSC 热谱图进一步证实发生了相变。晶体中松散的分子堆积和不稳定的孔洞可能是发光颜色发生剧烈变化的原因。此外，pH 响应的这个 AIE 体系在三氟乙酸（TFA）或 NH_3 蒸气作用下表现出可逆的荧光开/关响应。

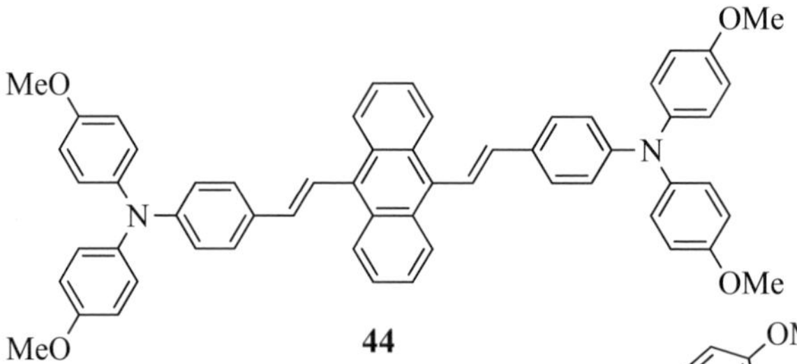

OMe
MeO
N
N
OMe
MeO
44

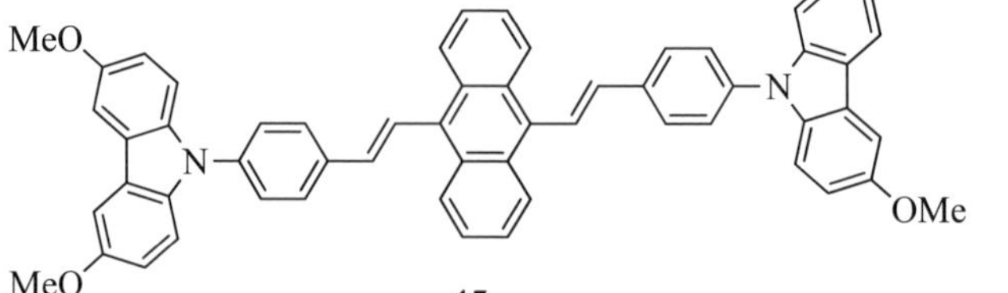

OMe
MeO
N
N
OMe
MeO
45

Li等[49]设计了两种蒽基衍生物，分别在蒽上具有一个或两个酰腙支链，得到对称结构的**46**和不对称结构的**47**。这两种化合物经过研磨和再结晶处理，表现出发射光可逆的力刺激发光变色响应行为。氯苯重结晶得到的**46**初始粉末发射529 nm波峰的黄光（$\Phi_{PL} = 2.48\%$），而用杵研磨后，观察到明显的光谱红移，得到发光波峰位于573 nm（$\Phi_{PL} = 1.24\%$）的橙色样品。通过氯苯重结晶后，橙光能够回到原来波峰529 nm的黄光，表明其力刺激发光变色响应是可逆的。与化合物**46**相比，**47**的原始粉末表现出发光波峰位于484 nm（$\Phi_{PL} = 11.27\%$）的绿色荧光，而当使用杵研磨时，观察到黄绿色荧光，其发光波峰变成位于518 nm（$\Phi_{PL} = 1.53\%$）。可见，**46**在研磨后产生的荧光发光红移大于**47**，而原始**46**固体的荧光发光强度小于**47**。XRD、FTIR和SEM结果表明，力刺激发光变色响应的机理是外界刺激下有序晶态和非晶态之间的转变。

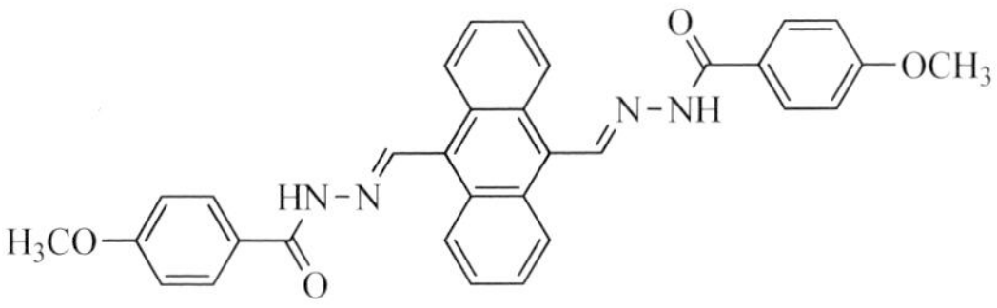

46 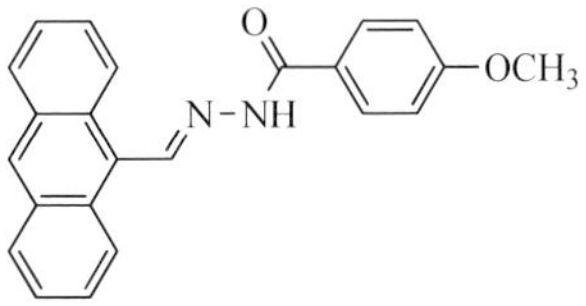 **47**

Sun等[50]设计并合成了三个非共轭亚甲基-蒽席夫碱分子（**48**～**50**）。PL光谱表明，**48**和**50**均具有明显的压致发光变色特性，并分别观察到26 nm和37 nm的光谱位移（$\lambda_{original} - \lambda_{ground}$）。但是，**49**只发生了2 nm的光谱位移。实验结果表明，烷氧基链长度与其刺激响应行为之间没有特定的关系。PXRD结果表明，研磨后发生了晶态到非晶态的转变。

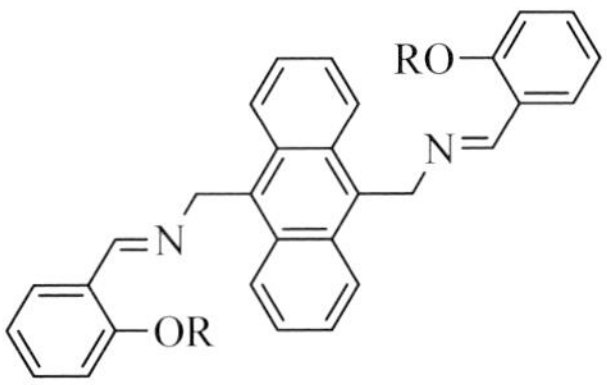

$R = C_nH_{2n+1}$, $n = 4$（**48**），8（**49**），12（**50**）

Yan等[51]初步探索了2, 2, 6, 6-四甲基哌啶丁胺的引入对DSA发光材料的力致荧光变色性能与光稳定性能的影响，设计合成了六个DSA衍生物，其中DSA-C*n*P（**51**，*n* = 2、6、12）为含有受阻哌啶结构单元的新化合物。将2, 2, 6, 6-四甲基哌啶丁胺引入以DSA为母体的变色材料，设计合成了一种兼具力刺激发光变色响应性能和抗光氧老化性能的新型AIE材料，DSA-C*n*P（*n* = 2、6、12）。初步研究表明，2, 2, 6, 6-四甲基哌啶丁胺的引入可以有效调节DSA化合物的力刺激发光变色响应性能和光稳定性能。荧光测试结果表明，这三个新化合物均具有AIE性能和力刺激发光变色响应 AIE 性能。DSA-C*n*P（*n* = 2、6、12）系列化合物对压力刺激的敏感性表现为：DSA-C2P 性能最好，受压后光致发光光谱红移 39 nm，其次是 DSA-C6P 和 DSA-C12P，分别红移 17 nm 和 12 nm。而对照化合物 DSA-C2、DSA-C6、DSA-C12（**52**）受压后分别红移 5 nm、7 nm、44 nm。X 射线衍射分析表明，化合物 DSA-C*n*P 在研磨前后发生了由晶态向非晶态的转变，导致化合物的堆积模式发生变化，这是受压后荧光发射光谱发生红移的原因。研究发现这两个系列化合物的力刺激发光变色响应性能随烷基链长度的变化呈现相反的趋势，即碳链越短，DSA-C*n*P 的压致发光变色性能越好；碳链越长，DSA-C*n* 的力刺激发光变色响应性能越好。这些结果表明，2, 2, 6, 6-四甲基哌啶丁胺的引入对二苯乙烯基蒽类化合物的力刺激发光变色响应性能产生了很大影响，该大位阻基团可以有效调节 DSA 化合物的堆积模式，并且距离 DSA 母体越近，化合物的分子堆积越疏松，力刺激发光变色响应效果越明显。2, 2, 6, 6-四甲基哌啶丁胺有望应用于其他 PAIE 化合物中，对其力刺激发光变色响应性能进行调节。氙灯老化实验表明，DSA-C*n*P 和 DSA-C*n* 受到光照后都发生了光老化降解。与 DSA-C*n* 相比，2, 2, 6, 6-四甲基哌啶丁胺的引入使 DSA-C*n*P 抗光氧老化性能有一定的改善。

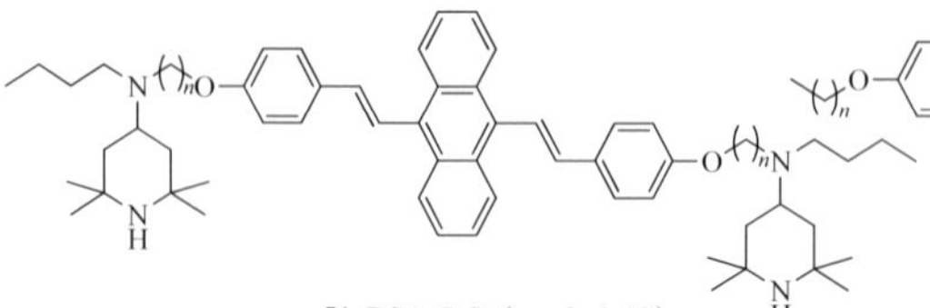

51, DSA-C*n*P（*n* = 2, 6, 12） 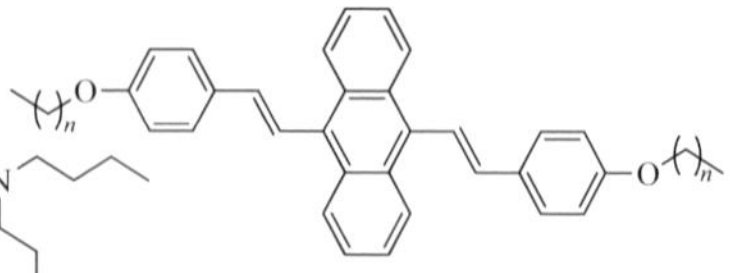　　**52**, DSA-C*n*（*n* = 2, 6, 12）

含吡啶的发光材料由于在载流子传输和阳离子配合物中的作用而备受关注。2018 年，Yang 等[52]制备了一种蝴蝶形的分子 **53**。多个可旋转的芳基使 **53** 具有强烈的 AIE 效应，而严重扭曲的蝴蝶形主链则使得分子具有弱的 π-π 相互作用和压致发光变色特性。研磨能够明显改变荧光颜色（由原始的绿光变为黄光），并通过二氯甲烷溶剂熏蒸和低于熔点温度的热处理可以恢复初始发光颜色。将研磨状态和退火状态下的发光波峰差异表示为研磨诱导光谱位移（$\Delta\lambda$），则 $\Delta\lambda$ 值为 28 nm。量子化学计算表明，吡啶单元质子化可以缩小 **53** 的带隙，X 射线衍射分析表明 **53** 分子以 Z 结构排列，其中吡啶单元与孤对 N 电子形成更扭曲的构象，而分子内和分子间的 C—H···N 和 C—H···π 相互作用使得孤对 N 电子稳定。结果表明，晶态和非晶态的 **53** 固体都能感测到挥发性酸，并显示出明显的发光红移，而非晶态的敏感度更高。此外，酸致发光变色的 **53** 固体还可以感测挥发性胺，这种选择性 pH 感应的变色过程是可逆的，适用于荧光图案化应用。

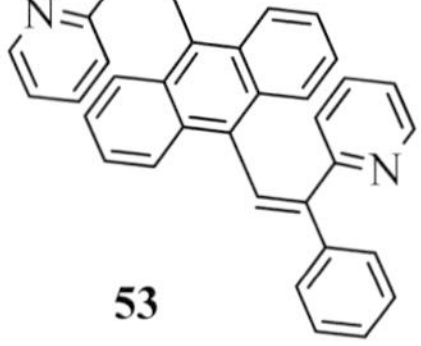

53

2019 年，Li 等[53]设计合成了一种对称结构的蒽基酰腙衍生物 **54**。**54** 能在 THF 和氯苯中形成稳定的有机凝胶，并且凝胶化后荧光发射增强。从氯苯制备的 **54** 凝胶表现出明显的力刺激发光变色响应特性，研磨后可以观察到肉眼可见的荧光颜色变化，其最大发光波长由 542 nm 变为 569 nm。经过研磨、退火或氯苯熏蒸处理，其荧光发射可以在绿黄色和橙黄色之间可逆转变。与 **55** 相比，**54** 的力刺激发光变色响应性能有所增强，研磨前后具有较大的发光波长变化和更为明显的发光颜色变化。通过 SEM、XRD、DSC 和 FTIR 等分析认为，**54** 的力刺激发光变色响应机理是晶态与非晶态之间的相转变和增强的 π 堆积程度。该研究的化合物 **54** 进一步丰富了有机凝胶材料和力刺激发光变色响应材料。

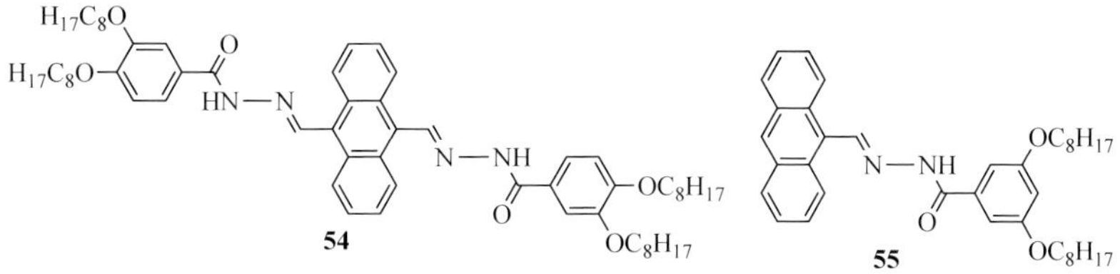

$H_{17}C_8O$ $H_{17}C_8O$ O HN—N N—NH OC_8H_{17} O OC_8H_{17}

54

N—NH OC_8H_{17} O OC_8H_{17}

55

2019 年，Cui 等[54]研究了 DSA 衍生物 **56** 和 **57** 的力刺激发光变色响应行为，这些衍生物具有不同的取代基，比较了它们在金刚石压砧（DAC）静水压力和研磨产生的各向异性力作用下的单晶结构。研磨后，由于有序晶体结构变为非晶态，三个单晶的荧光光谱发生了明显蓝移，但几乎看不到颜色的变化。通过 DAC 进行的高压荧光实验表明，三种 DSA 晶体均出现较大的红移。与研磨时的蓝移相比，这些晶体在不同程度上呈现出明显而渐变的红移，这是由晶体中不同的分子结构和自组装行为所致，进一步证实了材料在不同力的作用下会呈现出不同的光物理变化，研磨产生的各向异性剪切力或 DAC 产生的各向同性静水压力。从高压吸收光谱可知，在 DSA 中引入—CH_3 或—CN 后，出现了一种新的电荷转移态，并且都出现了明显的红移。当压力逐渐恢复到外界环境压力时，荧光光谱和吸收光谱也都完全恢复，表明在一定的压力范围内这种构型变化是可逆的，拉曼光谱进一步证实了这一点。通过对晶体结构的详细分析，发现 **57** 晶体中产生了 C—H···N 相互作用，使分子堆积更加强烈，实现了相对较少扭曲的分子结构。这项工作对可实际应用的力刺激发光变色响应材料的分子结构与光物理性质之间的关系提出了深入的见解，在压力传感器的潜在应用方面具有重要意义。

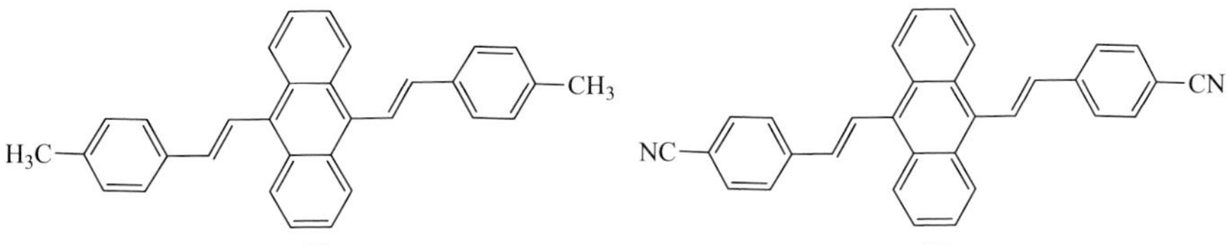

CH_3 H_3C

56

CN NC

57

2019 年，Cui 等[55]报道了 9,10-二苯乙炔基蒽[9,10-bis(phenylethynyl)anthracene，**58**］的两种多晶型（OC 和 RC），并采用 X 射线衍射、吸收光谱、荧光光谱和拉曼光谱等多种光谱技术对其进行表征。单晶结构分析表明，RC 比 OC 具有更丰富的分子间相互作用（C—H···π 和 C—H···H—C），使得 RC 与 OC 具有不同的光谱行为。在机械研磨条件下，两种多晶型的荧光光谱变化相似，表现为发光强度增强和短波峰处肩峰的轻微蓝移，尽管 RC 比 OC 对研磨更为敏感。在 DAC 的压制过程中，OC 和 RC 随压力的增加均表现出显著的光谱红移，而 RC 的红移比 OC 小。这些光谱现象表明，在研磨过程中，RC 中较丰富的分子间相互作用很容易被破坏。这项工作为深入研究力刺激发光变色响应机理和结构-性质关系提供了理论依据，并再次证明了分子间相互作用对光物理性质的调节起着关键作用。

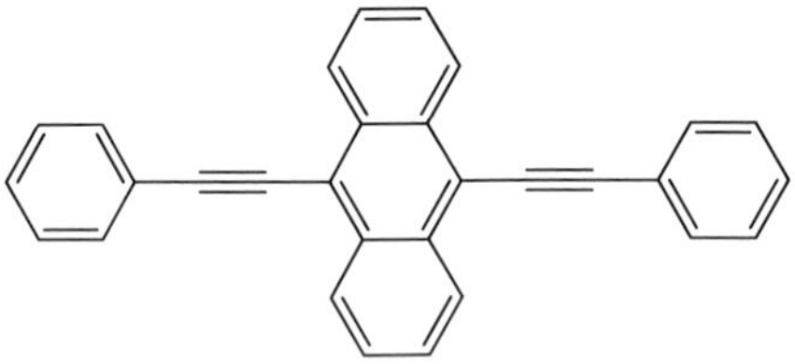

58

2019 年，Tian 等[56]报道了在外部刺激下基于化合物吡啶取代 DSA 衍生物 **59** 的两种晶型（G 相和 O 相）的力刺激发光变色响应特性、聚集态结构转变和质子化-去质子化效应。光物理特性研究和晶体结构分析表明，具有 J-聚集的 G 相为绿色发光，而具有 H-聚集的 O 相为橙色发光。在机械研磨压力下，由于晶态向非晶态的转变，两种晶型中都能观察到发光红移。加热处理后，研磨的 G 相可以部分恢复到初始的发光，而研磨的 O 相几乎转变为 G 相初始的发光。由粉末 XRD 结果可知，通过研磨和加热可以实现 O 相到 G 相的结构转变。高压实验和理论计算表明，在相同的静水压力下，O 相具有比 G 相更为明显的红移，O 相的分子几何结构趋向于更为平面化的构象。由于两种晶相内部分子间相互作用的不同，O 相对静水压力的敏感性高于 G 相。另外，这两种多晶型的质子化-去质子化反应表明，酸刺激可以引起发光红移，而由于分子间相互作用的改变，红移的发光通过碱刺激可以部分地恢复到初始状态。

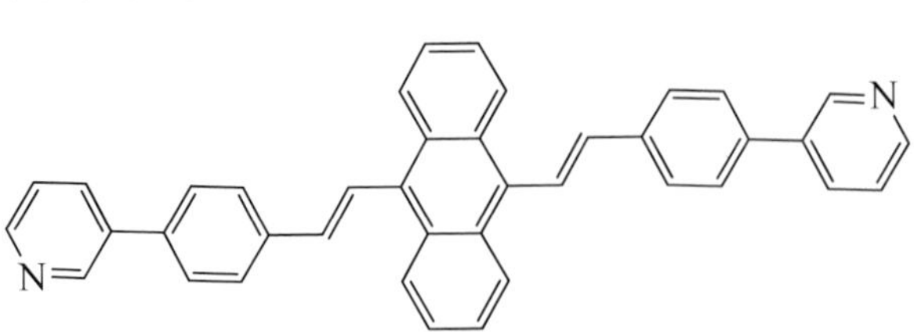

N N

59

2020 年，Chakravarty 等[57]研究了通过改变芳香环中甲氧基位置和选择不同杂环系列化合物 **60**～**63** 对力刺激发光变色响应性能的影响。将 1, 3, 5-三甲氧基苯和 *N*-烷基吩噻嗪适当地嵌入到蒽 π 共轭结构中，得到蓝移的 AIE 化合物，以及在压力/温度刺激下具有三色可逆光致发光的开/关材料。这一特性几乎适用于所有具有不同 *N*-烷基链长度的类似物。结构与性能关系的研究表明，1, 3, 5-三甲氧基苯和 *N*-烷基吩噻嗪的结合对力刺激发光变色响应行为的产生非常重要。虽然单甲氧基苯和二甲氧基苯连接的类似物都具有一定的 AIEE 特性，但没有观察到力刺激发光变色响应特性。X 射线衍射和分子堆积分析表明，扭曲的分子结构和许多的分子间非共价相互作用有利于 AIE 和力刺激发光变色响应性能。外界刺激引起构象柔性和排列（晶格）紧密性的变化，导致了分子和超分子组装的 PL 性质发生变化。在 PXRD 研究中还发现了不同晶面在压制前后的可逆转变。DSC 实验中的放热峰表明研磨和退火样品均存在一种亚稳态。

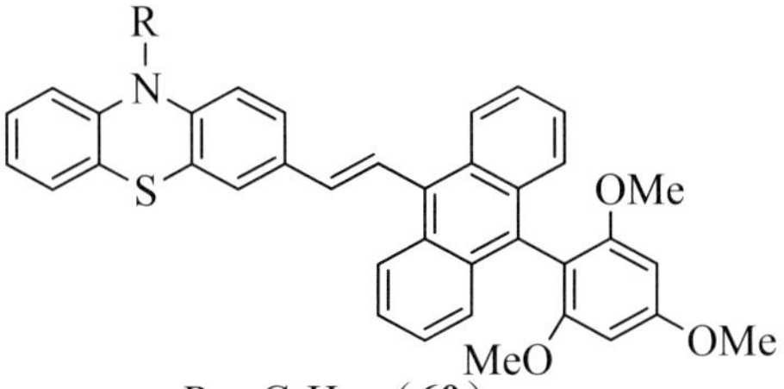

R = C_5H_{11}（**60**）
= C_6H_{13}（**61**）
= C_7H_{15}（**62**）
= $C_{10}H_{21}$（**63**）

2019 年，Zhan[58]合成了三个新的萘功能化乙烯基蒽衍生物 **64**、喹啉功能化衍生物 **65** 和喹喔啉功能化衍生物 **66**，这些衍生物具有优异的固态发光性能。光学性质和量子化学计算表明，**64** 中不存在 D-π-A 结构，**65** 和 **66** 中存在典型的 D-π-A 结构。尽管这三种分子之间的差异很小，但它们的刺激响应行为却差别很大。非杂原子辅助的 **64** 没有明显的变色特性。相反，杂原子辅助的 **65** 和 **66** 表现出对外界刺激具有明显的响应，如机械力（力刺激发光变色响应）和质子（酸致发光变色）。在机械力作用下，**65** 和 **66** 都表现出发光变色响应特性，其发光分别红移了 16 nm 和 28 nm，这种明显的发光波长变化来自晶态和非晶态的相转变。其中，**66** 表现出较大的光谱位移，这可能是有效的 ICT 转换和扭曲的空间构象所致。另一方面，这两个分子表现出不同的酸致发光变色响应。氮原子的存在使得目标分子与 TFA 形成一种稳定的配合物。**66** 的溶液和薄膜对 TFA 的响应速度快、灵敏度高。这项工作表明，含氮杂环发色团能有效地诱导共轭分子的变色过程。

64 65 66

4.4. 总结和展望

力刺激发光变色响应材料在各个领域具有广泛的应用前景，因而一直在迅速发展。本章介绍了近年来基于二苯乙烯基蒽（DSA）衍生物 AIE 分子的力刺激发光变色响应材料的研究进展，介绍了力刺激发光变色响应材料的结构-性能关系和力刺激发光变色响应机理。尽管 DSA 本身没有力刺激发光变色响应特性，但在其苯基进行取代或修饰后的衍生物表现出优异的力刺激发光变色响应特性。在 *N*-烷基咔唑基取代的 DSA 衍生物中，实现了高对比度的发光颜色变化，光谱位移达 90 nm。然而，它们的力刺激发光变色响应性能可能会受到各种结构修饰的影响，包括苯基的取代基团，新取代基团及其在苯基上的位置，以及这些基团中附带的烷基链。通常情况下，较大和较紧密的基团使得化合物具有更加扭曲的构象，从而导致更显著的力刺激发光变色响应特性和更大的光谱位移。较长的烷基链也可以增强它们的力刺激发光变色响应特性，除了一些咔唑基（或吲哚基）取代的化合物。当在这些二吡啶乙烯基蒽化合物中引入含杂原子的苯基（如吡啶基）而不是正常的苯基时，其力刺激发光变色响应特性也会增强。额外的 C—H···N 键能够稳定分子层并帮助形成一些特别的堆积结构，从而对力刺激发光变色响应性能起着至关重要的作用。当这些堆积结构受到外部机械刺激而被破坏时，也就导致了更加强烈的力刺激发光变色响应行为。此外，结晶能力也影响着这些 DSA 衍生物的力刺激发光变色响应特性。虽然目前力刺激发光变色响应材料的发展已经取得了巨大进步，但仍处于起步阶段，而且力刺激发光变色响应机理尚不清楚，其实际应用还需进一步探索。

参考文献

[1] Sagara Y, Kato T. Mechanically induced luminescence changes in molecular assemblies. Nature Chemistry, 2009, 1: 605-610.

[2] Sagara Y, Yamane S, Mitani M, et al. Mechanoresponsive luminescent molecular assemblies: an emerging class of materials. Advanced Materials, 2016, 28: 1073-1095.

[3] Kunzelman J, Kinami M, Crenshaw B R, et al. Oligo(*p*-phenylene vinylene)s as a “new” class of piezochromic fluorophores . Advanced Materials, 2008, 20: 119-122.

[4] Dong Y Q, Lam J W Y, Tang B Z. Mechanochromic luminescence of aggregation-induced emission luminogens.

The Journal of Physical Chemistry Letters，2015，6：3429-3436.

[5] Zhang X Q，Chi Z G，Li H Y，et al. Piezofluorochromism of an aggregation-induced emission compound derived from tetraphenylethylene. Chemistry：An Asian Journal，2011，6：808-811.

[6] Chi Z，Zhang X，Xu B，et al. Recent advances in organic mechanofluorochromic materials. Chemical Society Reviews，2012，41：3878-3896.

[7] Luo J，Xie Z，Lam J W Y，et al. Aggregation-induced emission of 1-methyl-1, 2, 3, 4, 5-pentaphenylsilole. Chemical Communications，2001，18：1740-1741.

[8] An B K，Lee D S，Lee J S，et al. Strongly fluorescent organogel system comprising fibrillar self-assembly of a trifluoromethyl-based cyanostilbene derivative. Journal of the American Chemical Society，2004，126：10232-10233.

[9] Chen J，Xu B，Ouyang X，et al. Aggregation-induced emission of *cis*, *cis*-1, 2, 3, 4-tetraphenylbutadiene from restricted intramolecular rotation. The Journal of Physical Chemistry A，2004，108：7522-7526.

[10] Wang F，Han M Y，Mya K Y，et al. Aggregation-driven growth of size-tunable organic nanoparticles using electronically altered conjugated polymers. Journal of the American Chemical Society，2005，127：10350-10355.

[11] Xu B，Chi Z，Li H，et al. Synthesis and properties of aggregation-induced emission compounds containing triphenylethene and tetraphenylethene moieties. The Journal of Physical Chemistry C，2011，115：17574-17581.

[12] Xu B J，Chi Z G，Li X F，et al. Synthesis and properties of diphenylcarbazole triphenylethylene derivatives with aggregation-induced emission，blue light emission and high thermal stability. Journal of Fluorescence，2011，21：433-441.

[13] He J，Xu B，Chen F，et al. Aggregation-induced emission in the crystals of 9, 10-distyrylanthracene derivatives：the essential role of restricted intramolecular torsion. The Journal of Physical Chemistry C，2009，113：9892-9899.

[14] Zhang X Q，Chi Z G，Zhang J Y，et al. Piezofluorochromic properties and mechanism of an aggregation-induced emission enhancement compound containing *N*-hexyl-phenothiazine and anthracene moieties. The Journal of Physical Chemistry B，2011，115：7606-7611.

[15] Li H Y，Zhang X Q，Chi Z G，et al. New thermally stable piezofluorochromic aggregation-induced emission compounds. Organic Letters，2011，13：556-559.

[16] Li H Y，Chi Z G，Xu B J，et al. Aggregation-induced emission enhancement compounds containing triphenylamine-anthrylenevinylene and tetraphenylethene moieties. Journal of Materials Chemistry，2011，21：3760-3767.

[17] Dong Y J，Xu B，Zhang J B，et al. Piezochromic luminescence based on the molecular aggregation of 9, 10-bis((*E*)-2-(pyrid-2-yl)vinyl)anthracene. Angewandte Chemie International Edition，2012，51：10782-10785.

[18] Zhang X Q，Chi Z G，Zhou X，et al. Influence of carbazolyl groups on properties of piezofluorochromic aggregation-enhanced emission compounds containing distyrylanthracene. The Journal of Physical Chemistry C，2012，116：23629-23638.

[19] Zhang X Q，Chi Z G，Xu B J，et al. Multifunctional organic fluorescent materials derived from 9, 10-distyrylanthracene with alkoxyl endgroups of various lengths. Chemical Communications，2012，48：10895-10897.

[20] Liu W，Wang Y L，Bu L Y，et al. Chain length-dependent piezofluorochromic behavior of 9, 10-bis(*p*-alkoxystyryl)anthracenes. Journal of Luminescence，2013，143：50-55.

[21] Bu L Y，Sun M X，Zhang D T，et al. Solid-state fluorescence properties and reversible piezochromic luminescence

of aggregation-induced emission-active 9, 10-bis[(9, 9-dialkylfluorene-2-yl)vinyl]anthracenes. Journal of Materials Chemistry C，2013，1：2028-2035.

[22] Bu L Y，Li Y P，Wang J F，et al. Synthesis and piezochromic luminescence of aggregation-enhanced emission 9, 10-bis(*N*-alkylcarbazol-2-yl-vinyl-2)anthracenes. Dyes and Pigments，2013，99：833-838.

[23] Wang Y L，Liu W，Bu L Y，et al. Reversible piezochromic luminescence of 9, 10-bis[(*N*-alkylcarbazol-3-yl) vinyl]anthracenes and the dependence on *N*-alkyl chain length. Journal of Materials Chemistry C，2013，1：856-862.

[24] Liu W，Ying S，Sun Q K，et al. 9, 10-Bis(*N*-methylcarbazol-3-yl-vinyl-2)anthracene：high contrast piezofluoro-chromism and remarkably doping-improved electroluminescence performance. Dyes and Pigments，2016，125：8-14.

[25] Duraimurugan K，Sivamani J，Sathiyaraj M，et al. Piezoflurochromism and aggregation induced emission properties of 9, 10-bis(trisalkoxystyryl)anthracene derivatives. Journal of Fluorescence，2016，26：1211-1218.

[26] Liu W，Wang Y L，Sun M X，et al. Alkoxy-position effects on piezofluorochromism and aggregation-induced emission of 9, 10-bis(alkoxystyryl)anthracenes. Chemical Communications，2013，49：6042-6044.

[27] Zheng M，Sun M X，Li Y P，et al. Piezofluorochromic properties of AIE-active 9, 10-bis(*N*-alkylpheno-thiazin-3-yl-vinyl-2)anthracenes with different length of alkyl chains. Dyes and Pigments，2014，102：29-34.

[28] Zhang X Q，Ma Z Y，Yang Y，et al. Influence of alkyl length on properties of piezofluorochromic aggregation induced emission compounds derived from 9, 10-bis[(*N*-alkylphenothiazin-3-yl)vinyl]anthracene. Tetrahedron，2014，70：924-929.

[29] Sun Q K，Liu W，Ying S A，et al. 9, 10-Bis(*N*-alkylindole-3-yl-vinyl-2)anthracenes as a new series of alkyl length-dependent piezofluorochromic aggregation-induced emission homologues. RSC Advances，2015，5：73046-73050.

[30] Xiong Y，Yan X L，Ma Y W，et al. Regulating the piezofluorochromism of 9, 10-bis(butoxystyryl)anthracenes by isomerization of butyl groups. Chemical Communications，2015，51：3403-3406.

[31] Teng X Y，Wu X C，Cao Y Q，et al. Piezochromic luminescence and aggregation induced emission of 9, 10-bis[2-(2-alkoxynaphthalen-1-yl)vinyl]anthracene derivatives. Chinese Chemical Letters，2017，28：1485-1491.

[32] Xue P C，Yao B Q，Liu X H，et al. Reversible mechanochromic luminescence of phenothiazine-based 10, 10′-bianthracene derivatives with different lengths of alkyl chains. Journal of Materials Chemistry C，2015，3：1018-1025.

[33] Niu C X，You Y，Zhao L，et al. Solvatochromism，reversible chromism and self-assembly effects of heteroatom-assisted aggregation-induced enhanced emission（AIEE）compounds. Chemistry：A European Journal，2015，21：13983-13990.

[34] Xue S F，Liu W，Qiu X，et al. Remarkable isomeric effects on optical and optoelectronic properties of *N*-phenylcarbazole-capped 9, 10-divinylanthracenes. The Journal of Physical Chemistry C，2014，118：18668-18675.

[35] Hu Q L，Wang J F，Yin L，et al. Tuning light-emitting properties of *N*-phenylcarbazole-capped anthrylvinyl derivatives by symmetric and isomeric effects. Journal of Luminescence，2017，183：410-417.

[36] Zhang X，Wang Y X，Zhao J，et al. Structural insights into 9-styrylanthracene-based luminophores：geometry

control versus mechanofluorochromism and sensing properties. Chemistry：An Asian Journal，2017，12：830-834.
[37] Dong Y，Xu B，Zhang J，et al. Supramolecular interactions induced fluorescent organic nanowires with high quantum yield based on 9, 10-distyrylanthracene. CrystEngComm，2012，14：6593-6598.
[38] Dong Y J，Zhang J B，Tan X，et al. Multi-stimuli responsive fluorescence switching：the reversible piezochromism and protonation effect of a divinylanthracene derivative. Journal of Materials Chemistry C，2013，1：7554-7559.
[39] Liu Y J，Ma S Q，Xu B，et al. Construction and function of a highly efficient supramolecular luminescent system. Faraday Discussions，2017，196：219-229.
[40] Bai L，Bose P，Gao Q，et al. Halogen-assisted piezochromic supramolecular assemblies for versatile haptic memory. Journal of the American Chemical Society，2017，139：436-441.
[41] Liu W，Wang J F，Gao Y Y，et al. 2, 6, 9, 10-Tetra(*p*-dibutylaminostyryl)anthracene as a multifunctional fluorescent cruciform dye. Journal of Materials Chemistry C，2014，2：9028-9034.
[42] Sun M X，Zhang D T，Li Y P，et al. Aggregation-enhanced emission and piezochromic luminescence of 9, 10-bis(*p*-dibutylaminostyryl)-2, 6-bis(*p*-*t*-butylstyryl)anthracene. Journal of Luminescence，2014，148：55-59.
[43] Zhang D T，Gao Y Y，Dong J，et al. Two-photon absorption and piezofluorochromism of aggregation-enhanced emission 2, 6-bis(*p*-dibutylaminostyryl)-9, 10-bis(4-pyridylvinyl-2)anthracene. Dyes and Pigments，2015，113：307-311.
[44] Zheng M，Zhang D T，Sun M X，et al. Cruciform 9, 10-distyryl-2, 6-bis(*p*-dialkylamino-styryl)anthracene homologues exhibiting alkyl length-tunable piezochromic luminescence and heat-recovery temperature of ground states. Journal of Materials Chemistry C，2014，2：1913-1920.
[45] Chen J R，Zhao J，Xu B J，et al. An AEE-active polymer containing tetraphenylethene and 9, 10-distyrylanthracene moieties with remarkable mechanochromism. Chinese Journal of Polymer Science，2017，35：282-292.
[46] 尚文超，杨文君. 9, 10-二(*N*-甲基吩噻嗪-3-乙烯基)蒽的光学性质的研究. 青岛科技大学学报（自然科学版），2017，38：27-31.
[47] Sun Q，Qiu X，Lu Y，et al. AIE-active 9, 10-bis(alkylarylvinyl)anthracences with pendent diethoxylphosphorylmethyl groups as solution-processable efficient EL luminophores. Journal of Materials Chemistry C，2017，5：9157-9164.
[48] Jia X R，Yu H J，Chen J，et al. Stimuli-responsive properties of aggregation-induced-emission compounds containing a 9, 10-distyrylanthracene moiety. Chemistry：A European Journal，2018，24：19053-19059.
[49] Li Z，Bai B，Wei J，et al. Mechanofluorochromic behavior of anthracene-based acylhydrazone derivatives. Tetrahedron，2018，74：3770-3775.
[50] Liu S，Liu L，Liang C，et al. Non-conjugated anthracene derivatives and their mechanofluorochromic properties. Research on Chemical Intermediates，2018，44：3923-3931.
[51] 苏钰涵，滕欣余，王博威，等. 光稳定型 9, 10-二苯乙烯基蒽类变色材料的合成及性能. 化工进展，2018，37：212-222.
[52] Sun Q，Wang H，Xu X，et al. 9, 10-Bis((*Z*)-2-phenyl-2-(pyridin-2-yl)vinyl)anthracene：aggregation-induced emission，mechanochromic luminescence，and reversible volatile acids-amines switching. Dyes and Pigments，2018，149：407-414.
[53] Chen Y，Bai B，Chai Q，et al. A mechano-responsive fluorescent xerogel based on an anthracene-substituted acylhydrazone derivative. New Journal of Chemistry，2019，43：5214-5218.
[54] Li A，Liu Y，Han L，et al. Pressure-induced remarkable luminescence-changing behaviours of

9, 10-distyrylanthracene and its derivatives with distinct substituents. Dyes and Pigments，2019，161：182-187.

[55] Li A，Wang J，Xu S，et al. Distinct stimuli-responsive behavior for two polymorphs of 9, 10-bis(phenylethynyl)anthracene under pressure based on intermolecular interactions. Dyes and Pigments，2019，170：107603.

[56] Shao B，Jin R，Li A，et al. Luminescent switching and structural transition through multiple external stimuli based on organic molecular polymorphs. Journal of Materials Chemistry C，2019，7：3263-3268.

[57] Prusti B，Aggarwal H，Chakravarty M. Reversible tricolor mechanochromic luminescence in anthranyl π-conjugates by varying the number of methoxy substituents：a structure-property relationship study. ChemPhotoChem，2020，4：347-356.

[58] Zhan Y. Fluorescence response of anthracene modified D-π-A heterocyclic chromophores containing nitrogen atom to mechanical force and acid vapor. Dyes and Pigments，2020，173：108002.

四苯乙烯衍生物AIE分子的力刺激发光变色响应

5.1 引言

四苯乙烯（TPE，**1**）具有结构简单、合成方便、易于化学改性、高热稳定性和高荧光量子产率等优点，而且聚集诱导发光（AIE）性能极好，被誉为现阶段AIE材料中的“明星”分子，已经被广泛研究[1-7]。基于TPE单元的AIE材料的发展也涵盖了AIE材料绝大多数的应用领域，如有机发光二极管、生物探针、化学传感、刺激响应发光等领域。本章主要介绍基于四苯乙烯衍生物的力刺激发光响应AIE材料的最新研究进展，旨在为相关研究领域的读者提供一个对这类新型功能材料的清晰认识，并为设计具有不同特性的力刺激发光响应AIE材料提供指导。

1

5.2 力刺激发光变色响应四苯乙烯衍生物分子

5.2.1 含一个四苯乙烯单元

2011年，Dong等从化合物**2**和**3**中观察到了自恢复的力刺激发光变色响应现象[8]。在研磨过程中，深蓝色发光化合物**3**晶体转变为非晶态并发射绿光。一旦研磨停止，研磨后的粉末在室温下30 s内迅速恢复到结晶状态。这一过程发生得太快，以至于无法通过光致发光（PL）光谱、差示扫描量热法（DSC）或粉末X射线衍射（PXRD）进行监测。对于化合物**2**，其研磨固体在30℃下10 min内都不会发生变化，但在较长时间后，其自发转变为具有深蓝色发光的结晶状态。该研究认为较长的烷基链使得化合物**3**表现为更松散排列，从而使得室温下从研磨的非晶态快速转变为晶态。这个结果也表明，可以通过改变苯环上的取代基来调节化合物的自恢复行为。

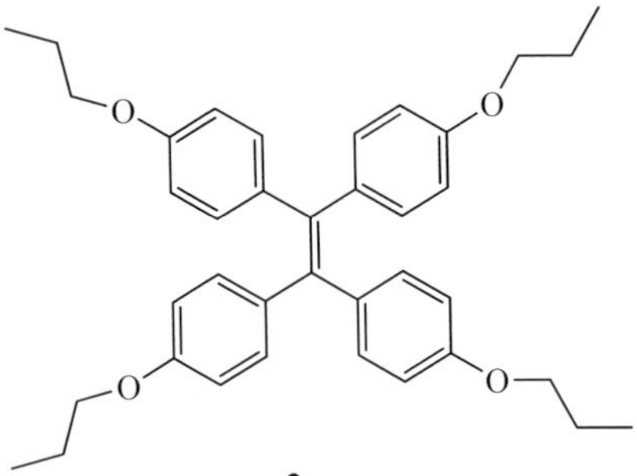

2

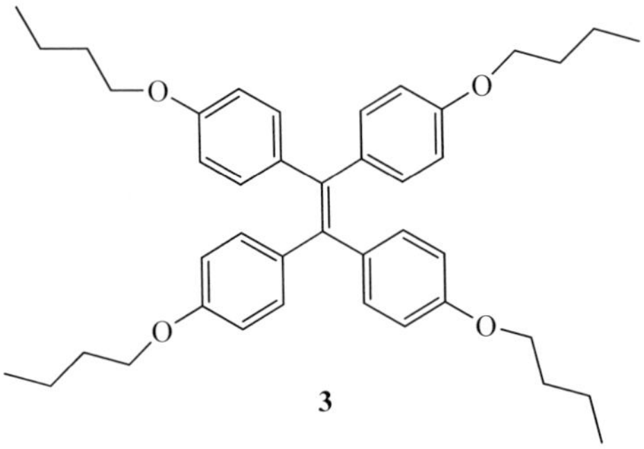

3

2013 年，Dong 等[9]还研究了另一个相似的 TPE 衍生物 **4**。化合物 **4** 晶态样品发出深蓝色的光，研磨后会发出绿色的光。当用 254 nm 紫外光激发时，研磨的粉末样品发出蓝光。当激发波长从 399 nm 变为 300 nm 时，研磨样品的 PL 峰由 490 nm 蓝移到 446 nm。因此，该研磨样品的发光表现出对激发波长的依赖性，并且可以通过在 300 nm 到 399 nm 之间调节激发光而使其发光颜色在蓝色和绿色之间切换。化合物 **4** 的力刺激发光变色响应和激发波长依赖行为的原因是什么？为了探讨力刺激发光变色响应的机理，对研磨和热退火后的化合物样品进行了 PXRD 和 DSC 测试。对于原始样品和退火样品，衍射图显示出许多尖锐而强的衍射峰，表明样品具有很好的结晶度。然而，在研磨样品的衍射图上，观察到一些与其晶体相匹配的衍射峰，但衍射峰明显变宽，意味着不完全非晶化。在研磨样品的 DSC 升温曲线中，59℃的放热峰表示非晶态到晶态的结晶过程。因此，研磨时晶体的非晶化是产生力刺激发光变色响应的主要原因，并且在加热时蓝色和绿色发光的变化是可逆的。虽然化合物 **4** 的原始晶体、非晶固体和热退火固体的发光与激发波长无关，但它们的发光行为不同。研究发现，研磨样品并非完全非晶态，而是非晶态和晶态的混合态（即半晶态），这两种状态共同形成了研磨固体的发光行为。从激发光谱可以看出，用 344 nm 以下的光激发纯晶体和完全非晶固体时，晶体和非晶固体都对 PL 光谱有贡献。然而，当激发波长大于 344 nm 时，原始晶体对光致发光强度的贡献很小，当激发波长大于 390 nm 时，原始晶体的光致发光消失。另一方面，随着激发波长从 270 nm 增加到 400 nm，完全非晶态固体的光致发光（490 nm）增强。因此，当激发波长增加时，晶体畴的贡献减少，非晶态畴的贡献增加，导致化合物 **4** 的研磨固体表现出与激发波长依赖的 PL 光谱。此外，用刮刀在石英池内壁剪切化合物 **4** 晶体，得到完全非晶态固体。这种剪切粉末的 PL 光谱与激发波长无关，与完全非晶态 **4** 的荧光光谱一致。因此，该研究认为研磨样品的激发波长依赖性发光很可能是源于不完全非晶化。

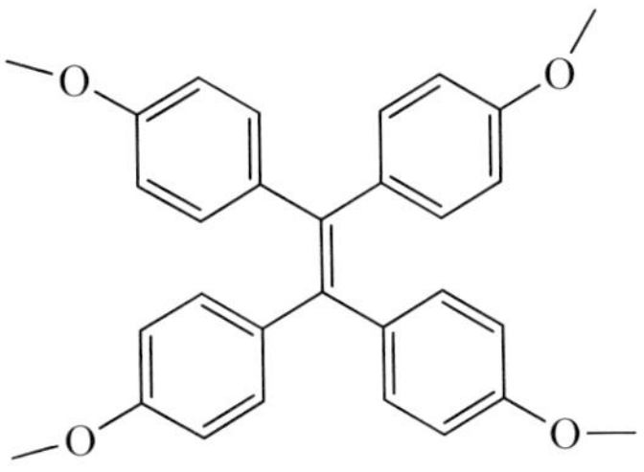

2013 年，Zhang 等[10]进行了类似结构化合物的研究，发现化合物 **4** 能够培养出两种不同发光颜色的单晶，其发光波长由单分子构象决定。此外，还探究了晶体、四氢呋喃溶液、四氢呋喃/水二元溶液、低温固化四氢呋喃溶液和非晶态五种环境下构象对分子发射的影响。有趣的是，化合物 **4** 和 **5** 都具有力致荧光变色（MFC）特性。化合物 **4** 的两种晶体 a 和 b 研磨后，荧光颜色均发生明显红移。晶体 a 的强荧光由蓝色（λ_{em} = 420 nm）变为青色（λ_{em} = 480 nm），晶体 b 的发射峰从 440 nm 红移到 487 nm。化合物 **5** 研磨后，荧光的最大发射也从 460 nm 红移到 480 nm。经过热处理，化合物 **5** 的原始荧光几乎可以恢复。积分球测量表明，这些样品的荧光量子产率（PLQY）都比较高，但研磨后的 PLQY 比原始晶态高，**4**-a：54%，**4**-b：60%，研磨 **4**：67%；**5**：74%，研磨 **5**：78%。PXRD 测试表明，力刺激发光变色响应是由晶态到非晶态的相变引起的。该研究认为，通过在 **4** 和 **5** 中 TPE 上仅引入一些甲氧基，产生了更多柔性的 C—H…O 和 C—H…π分子间相互作用。这种“弱相互作用”使晶体相更容易滑动和变形，并在外力刺激下促进晶态-非晶态转变。此外，弱相互作用被认为能够稳定具有更多平面构象的亚稳态。化合物 **4** 具有较好的颜色对比度，可用于钞票防伪，显示了该材料在防伪油墨中的实际应用。

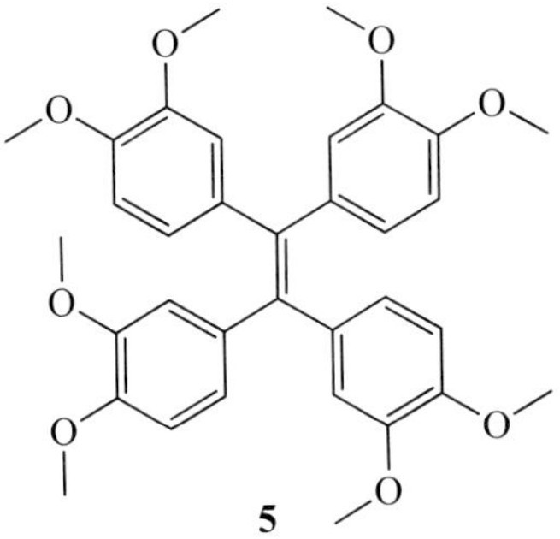

4

5

如前所述，分子间相互作用对外界力刺激发光变色响应产生构象平面化具有重要影响。2015 年，Xu 等[11]通过金刚石压砧（DAC）在静水压力下使用荧光光谱和拉曼光谱研究了 TPE（**1**）和化合物 **4** 的力刺激发光变色响应行为。在静水压力下，由于苯环与平面乙烯核的二面角改变，**4** 的几何结构发生了畸变。结果表明，分子间的 π-π 堆积相互作用增强，导致荧光猝灭。此外，增加压力可以增强 **4** 分子间的 C—H…O 相互作用，从而导致发光红移。静水压力下的拉曼峰和理论计算证实了扭转角畸变和 C—H…O 产生的分子间相互作用增强。这项研究为分子间相互作用产生力刺激发光变色响应提供了实验证据。压力相关的 PL 光谱表明，增加压力可以逐渐降低 **4** 和 TPE 的荧光发光强度。这是由于在高压下，**4** 和 TPE 分子的二面角和分子间距离减小，使得分子间的 π-π 堆积相互作用更为紧密。同时，由于弱 C—H…O 相互作用逐渐增强，化合物 **4** 的荧光发光随着压力的增加而产生红移。相比之下，由于压力不够高，TPE 的光谱红移很难被检测到。同时，化合物 **4** 的分子间 π-π 堆积相互作用在释放外压后仍部分存在。

2014 年，Zou 等[12]利用实验证实了高压下分子构象会发生平面化从而产生力刺激发光变色响应行为的作用机理。但是，一些结晶度高的简单 AIE 分子未能观察到力刺激发光变色响应现象，如 TPE（**1**）和苯基取代 TPE，因为它们的晶体结构可以很快恢复[13, 14]。然而，使用金刚石压砧技术对 TPE 进行高压研究及相关的在线实时光谱测量表明，TPE 也会因高压下构象平面化表现出力刺激发光变色响应行为[12]。在加压过程中，TPE 的固态蓝光发射（448 nm）在 10 GPa 下红移到 488 nm。一方面，压力可以促进分子间的相互作用，这可能导致激发转移增强和非辐射衰减通道的增加，从而降低光致发光效率。另一方面，当压力超过 1.44 GPa 时，C—H···π 和 C—H···C 相互作用形成并进一步加强，使得芳香环部分的内部运动更加受限，从而通过抑制分子内运动减少激发态能量损失，提高光致发光效率。继续提高压力，在 1.5～5.3 GPa 的压力范围内发光显著增强。随着压力的进一步增加，C—H···π 和 C—H···C 网络发生变形，晶体结构变为非晶态。因此，分子内旋转受限（RIR）过程不稳定，并增强了相关单元之间的近距离作用（如形成激基缔合物分子），从而产生荧光猝灭。在较高的压力范围（＞5.3 GPa）下发光强度明显降低。此外，高达 10 GPa 下的可逆 PL 光谱和红外光谱表明分子间的相互作用对结构恢复非常重要。高压下 PL 光谱和红外光谱之间的密切相关性发生变化，表明 C—H···π 和 C—H···C 网络的变形产生了明显的构象平面化，导致高于 4 GPa 时 PL 光谱的红移。该研究证明了弱分子间相互作用对调控 AIE 荧光材料发光性能起到了至关重要的作用。不同受力程度的荧光响应表明，机械研磨后，芳香环的 C—H···π 和 C—H···C 相互作用能够稳定分子堆积方式，但在极端压力下会发生变化。因此，TPE 结构修饰后弱的分子间相互作用能够使其力刺激发光变色响应性能得到增强。

2017 年，Dong 等[15]构建了一个低对称性的 TPE 衍生物 **6**，该衍生物可以在三种形态之间呈现可逆的，且在发射颜色和强度上具有高对比度的发光转换。高度扭曲构象和有效分子间相互作用的协同作用使化合物 **6** 具有 AIE 特性和高对比度的力刺激发光变色响应特性。研磨后，化合物 **6** 原始粉末由原来的蓝光发射变为绿光发射，最大发射波长红移了 76 nm。他们认为，在机械力刺激下，晶体中的多种范德瓦耳斯力（C—H···π和 C—H···O 弱相互作用）被破坏，这是产生力刺激发光变色响应的原因。

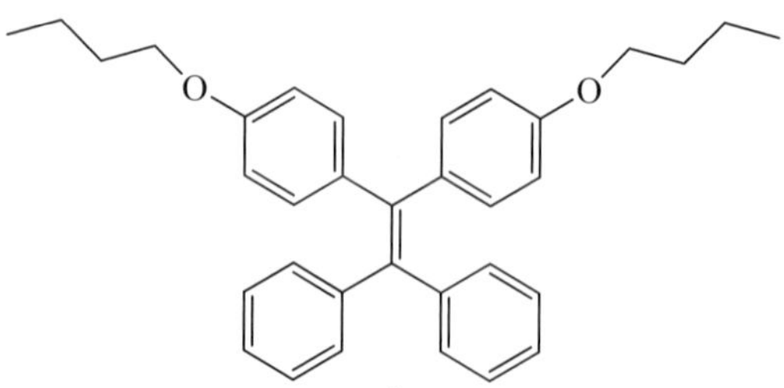

6

2013 年，Tang 等[16]报道了四乙炔基取代的四苯乙烯化合物 **7** 具有 AIE 特性和力刺激发光变色响应特性。用玻璃棒轻轻研磨 **7** 的原始固体粉末，观察到粉末从最初的天蓝色荧光（477 nm）到绿色发光（505 nm）的变化，发生 28 nm 的光谱红移。通过用丙酮蒸气熏蒸研磨样品 2 min，发生再结晶，发光颜色恢复为初始状态。他们认为化合物 **7** 产生力刺激发光变色响应的原因是热力学稳定的晶态和亚稳的非晶态之间发生的聚集态结构变化。

7

2013 年，Xu 和 Tian 等[17]研究了氨基取代 TPE 衍生物 **8** 的力刺激发光变色响应和多晶型依赖性发射行为。通过在 TPE 核上引入四个二甲氨基，产生了合适的弱分子间相互作用，如 C—H···π 和 C—H···N。研磨后，弱相互作用很容易被破坏，样品从晶态转变为非晶态，从而改变了分子排列方式和分子构象，最终表现为力刺激发光变色响应行为。此外，该化合物还得到两种具有不同发光性质的晶体（**8**-blue：λ_{em} = 460 nm，Φ_{PL} = 98%，τ = 3.51 ns；**8**-green：λ_{em} = 497 nm，Φ_{PL} = 67%，τ = 3.69 ns），这对研究分子排列方式对发光性能的影响提供了一个机会。通过比较两种单晶发现，两种晶体在四个苯环和乙烯核之间表现出不同的二面角，**8**-blue 比 **8**-green 显示出更大的平均二面角，这证实了 **8**-green 比 **8**-blue 具有更好的共面性和强的共轭性，这也是晶体 **8**-green 的荧光和吸收光谱都比晶体 **8**-blue 更红移的主要原因。上述研究结果表明，研磨后发射光谱的红移是由于分子内共面性的提高而不是分子间 π-π 堆积的增强。从两种晶体中不同的分子间弱相互作用可知，**8**-blue 中较弱的 C—H···π 相互作用容易被破坏，而 **8**-green 晶体中表现出较强的分子间相互作用，经研磨后能保持较好的稳定性。因此，对于 **8**-green 的研磨样品，通过非辐射弛豫通道的能量损失可忽略不计；另一方面，研磨后 **8**-green 的辐射跃迁速率得到增加，这表明增强分子内共面性对扩展分子共轭起着重要作用。换言之，研磨后 **8**-green 的 Φ_{PL} 略有增加的原因可能是共面性的增加而引起的共轭增强。

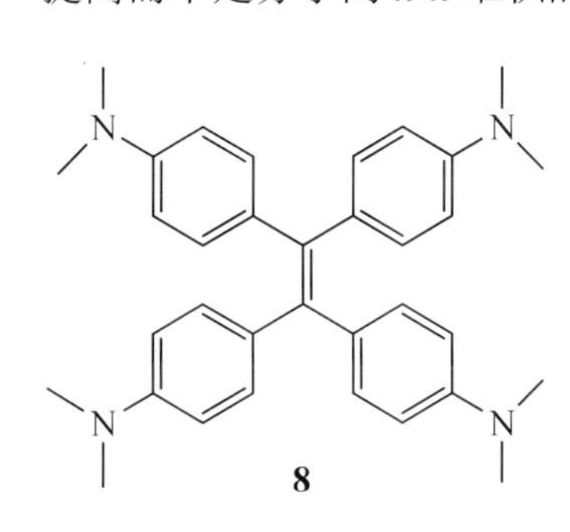

8

2017 年，Gao 等[18]研究了 TPE 衍生物 **9** 和 **10** 的力刺激发光变色响应和热致发光变色性能。**9** 的蓝紫色荧光（415 nm）在研磨后红移到天蓝色（448 nm）。对于 **10**，蓝紫色荧光发射（419 nm）在机械力刺激下红移到天蓝色发光（433 nm）。XRD 测试和理论计算表明，在 TPE 的一个或两个苯环上引入四氟丁二氧基环可以控制弱分子间相互作用的平衡。该研究指出“宏观”和“微观聚集体”之间的相互转换是这两个化合物观察到力刺激发光变色响应特性的原因。

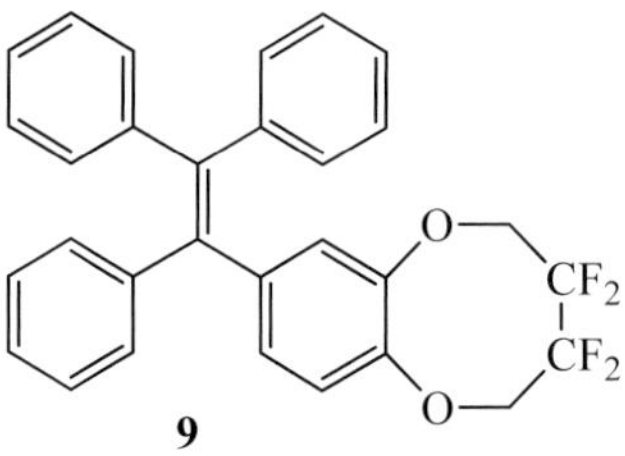

O CF2 CF2 O
9

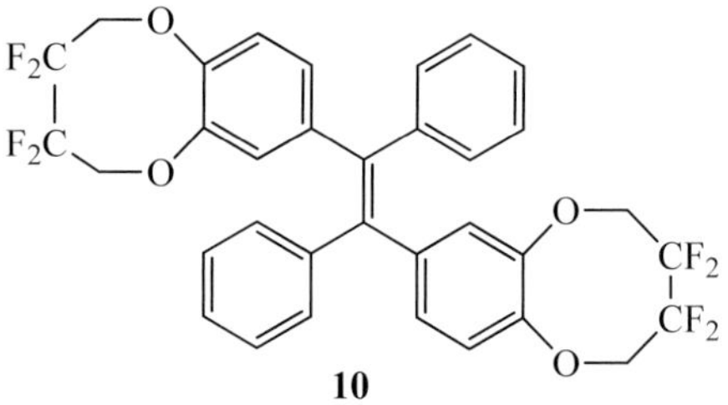

F2C O F2C O O CF2 CF2 O
10

2019 年，Li 等[19]合成了四个 TPE 衍生物 **11**～**14**，以探索分子间相互作用和分子排列方式对其力刺激发光变色响应和力刺激发光性能的影响。结果表明，羧基修饰的 **11** 和 **12** 具有力刺激发光变色响应活性，不具有力刺激发光活性，而羧基酯修饰的化合物 **13** 具有自可逆的力刺激发光变色响应活性和力刺激发光活性。**11**～**13** 的单晶结构研究表明，**11** 单晶的多孔结构及 **12** 单晶中有缺陷的氢键网络通过耗散激发态能量来抑制其力刺激发光活性；而具有完整三维氢键网络和中等填充密度的 **13** 单晶可以有效地避免晶体破碎过程中的非辐射能量损失，表现出可逆的力刺激发光变色响应和力刺激发光特性。这一工作为理解力刺激发光变色响应和力刺激发光机理提供了新的视角和有力证据，有助于更好地设计出具有实用价值的明亮力刺激发光材料。

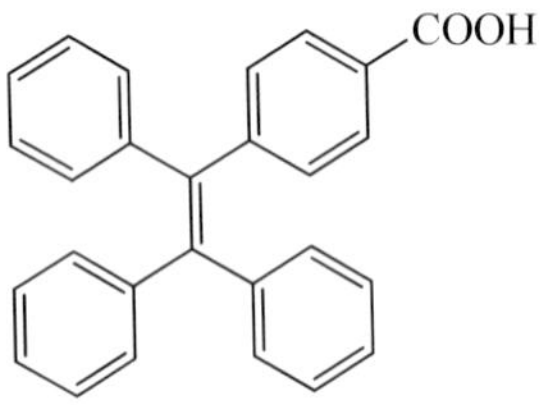

COOH
11

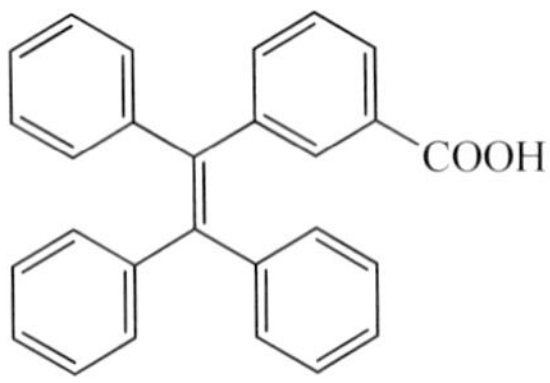

COOH
12

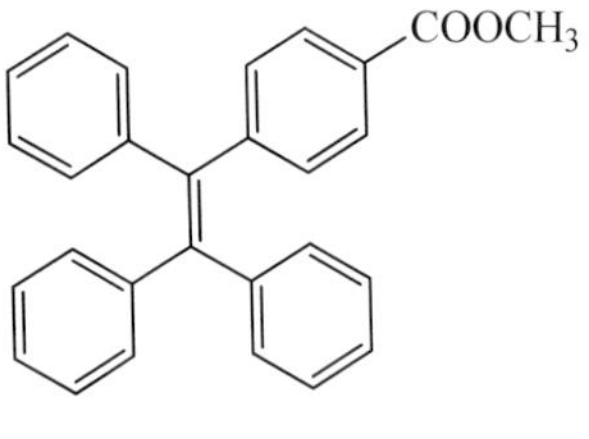

$COOCH_3$
13

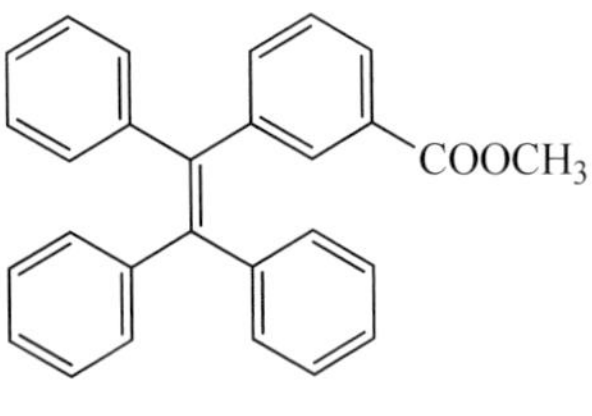

$COOCH_3$
14

2019 年，Tang 等[20]合成了一种多重刺激发光变色响应的 TPE 衍生物荧光分子 **15**，其含有 TPE 骨架及两个甲氧基和一个羧基的外围结构。它表现出典型的 AIE 行为，也表现出对 pH 变化和胺蒸气的荧光响应，以及多色的力刺激发光变色响应特性。通过溶剂熏蒸、加热或研磨，发光颜色可在蓝色（462 nm，$\Phi_{PL} = 7.4\%$）、亮青色（482 nm，$\Phi_{PL} = 82.3\%$）和绿色（496 nm，$\Phi_{PL} = 10.5\%$）之间可逆切换。通过不同溶剂培养单晶，得到了该分子四种不同发光性质的结晶状态，晶体的发光性质与晶体中分子间的相互作用及堆积方式密切相关。研究发现，弱荧光发射晶体具有典型的多孔结构，而强荧光发射晶体中并不存在这种多孔结构。通过对分子四种晶体结构的分析，得出多刺激发光响应和多聚集态结构形成的作用机理，认为发光性质与晶体中分子的不同分子间相互作用和堆积方式密切相关。多孔氢键有机骨架（HOF）结构的形成导致分子发射微弱荧光，当孔被破坏时，苯甲酸取代基的分子内旋转受阻，导致荧光强度增强。该工作提出了一种简单新颖的分子设计，以实现高对比度的多色力刺激发光响应材料。这为未来开发更多的多刺激发光响应材料提供了重要见解。

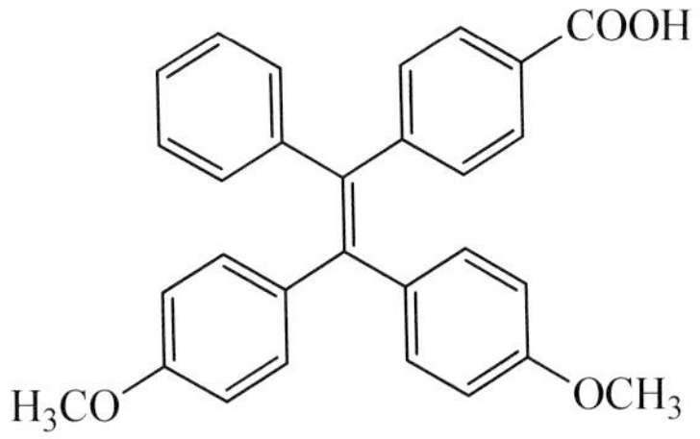

15

为了证明通过末端大分子基团传递机械应力而延伸部分平面化的共轭分子结构是产生力刺激发光变色响应的来源，Dhamodharan 课题组于 2017 年[21]利用乙炔基三烷基硅烷与 TPE 基团相结合制备了两个荧光分子：三异丙基硅烷取代分子 **16** 和三甲基硅烷取代分子 **17**。在固态中，这两个荧光分子的绝对量子产率均在 60%到 74%之间。另外，这两个化合物在日光和紫外光下均表现出肉眼可见的高对比度的力致荧光变色（MFC），并在热处理和溶剂熏蒸条件下可逆。**16** 具有相当不寻常的晶体结构，晶体中没有观察到明显的分子间相互作用，如氢键、C—H…π 相互作用和 π-π 相互作用，分子之间仅由简单的范德瓦耳斯力保持在一起。MFC 的机理可能源于磨/剪切作用导致 TPE 单元的部分平面化，这可以从固态光学和 ^{13}C CP-MAS NMR 实验中得到证实。

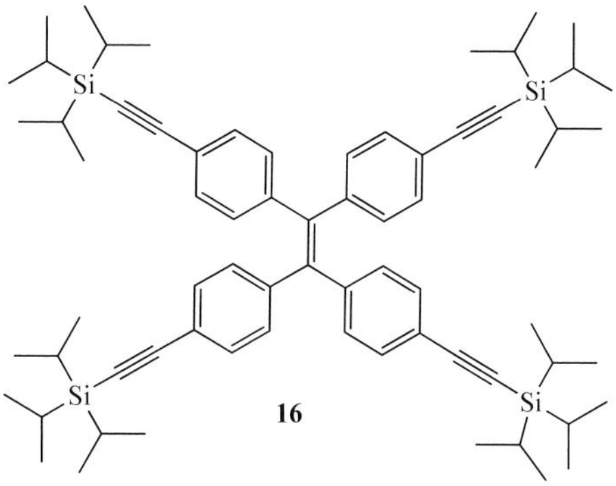

16 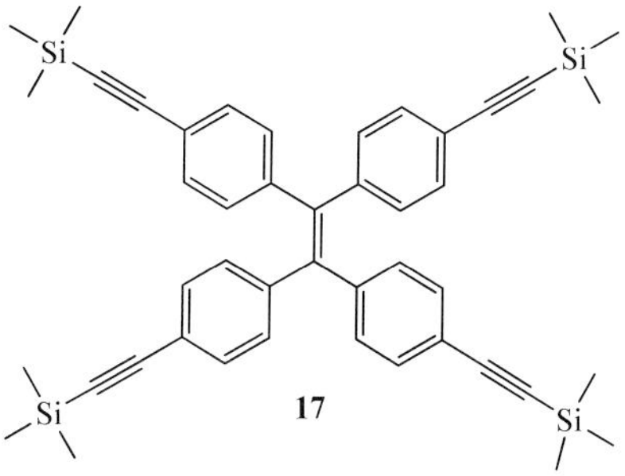　　17

为了研究分子内旋转对硝基取代 TPE 衍生物 **18**～**20** 的 AIE 性能影响，2017 年，Chi 和 Xu 课题组[22]报道了一种基于氢键有机骨架（HOF）结构的新型力刺激响应发光增强材料，包括三硝基四苯乙烯 **19** 和四硝基四苯乙烯 **20**。单晶 XRD 分析表明，**19** 超分子结构包含大小为 7.655 Å×7.655 Å 的孔，而 **20** 结构包含大小为 5.855 Å× 5.855 Å（α 孔）和 7.218 Å×7.218 Å（β 孔）的两种孔（图 5-1）。PXRD

和 DSC 研究表明，由于 α 孔含有四个可自由旋转的硝基苯基团，导致 **20** 发生荧光猝灭。当 HOF 中的 α 孔因研磨而破裂时，可开启该荧光。因此，可以通过破坏或改造类似于 α 孔的结构或整个 HOF 超分子结构来控制（打开/关闭）发光。温度依赖性发光研究表明，硝基取代苯基单元在 α 孔空间内的分子内旋转是导致 **20** 发生发射猝灭的原因。该研究确定了 HOF 是一种独特的结构环境，分子内旋转是 AIE 的一个关键特征，因此，提出了一种新的具有力刺激响应发光增强特性的功能材料的设计策略。

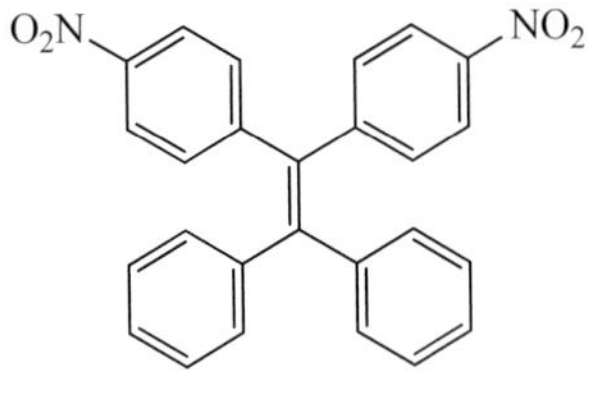

18

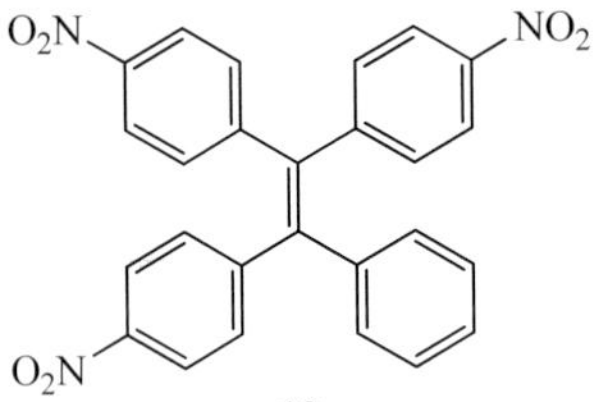

19

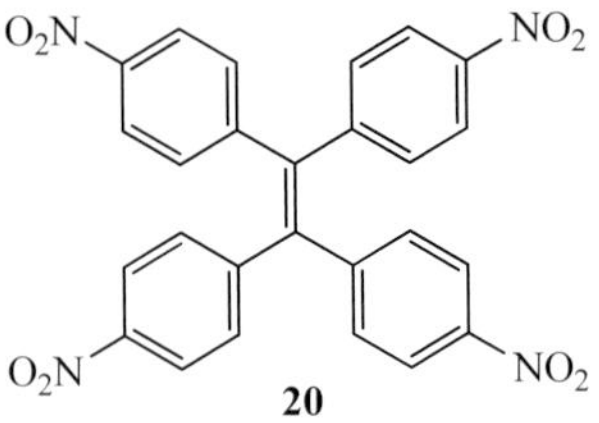

20

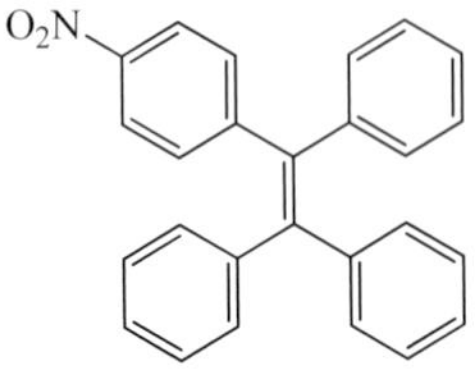

21

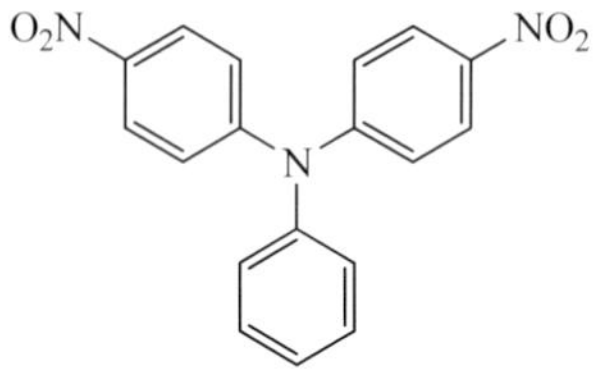

22

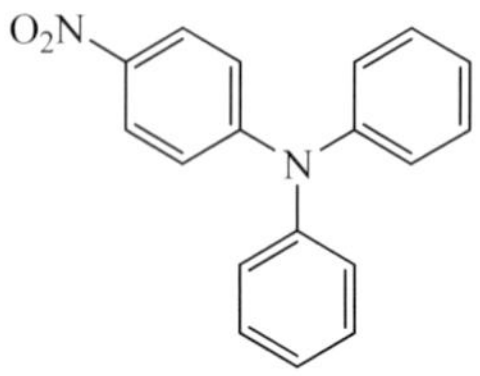

23

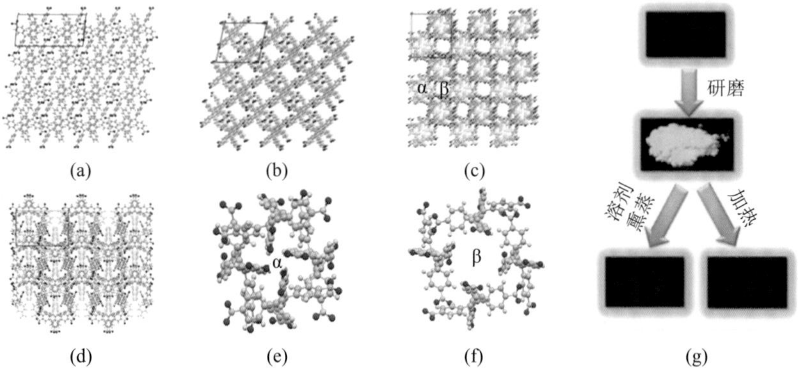

图 5-1 （a）化合物 18 的单晶结构；（b）化合物 19 的单晶结构（从 *b* 轴俯视）；（c）化合物 20 的单晶结构（从 *c* 轴俯视，α 孔里的硝基苯基团标成黄色）；（d）化合物 20 的单晶结构（从 *b* 轴俯视，α 孔里的硝基苯基团标成黄色）；（e）α 孔结构；（f）β 孔结构；（g）化合物 20 样品的力刺激响应增强和猝灭过程

2018 年，Tang 等[23]也报道了上述 TPE 硝基取代衍生物 **20**。研究发现，该化合物是一种独特而有效的机械力刺激响应发光材料，可用于显示金属应力/应变分布和

疲劳裂纹扩展路径的动态可视化检测。将金属试件表面机械应变的不可见信息转化为荧光信号，可用肉眼直接观察。与传统的应力/应变荧光成像方法相比，利用 **20** 荧光成像方法具有实时、全场、现场可视化等优点。值得注意的是，**20** 是纯有机材料在金属试件研究中的首次成功应用，为纯有机磁流变材料的实际应用开辟了道路，也为实现高速铁路的枢轴和车轮等复杂实际物体的应力/应变可视化提供一种可能性。通过对一系列分子（**18**～**23**）结构和性能的分析和比较，2018 年，Tang 等[24]得出结论，在扭曲的 TPE 中加入硝基，促进了系间穿越（ISC）过程。理论计算表明，扭转角和硝基苯基团数目是影响 ISC 过程的关键因素。机械力刺激可以调节分子的构象，使其具有在不同聚集态下的发光开关。该类化合物表现出高对比度和灵敏的机械力响应发光开关性能，并具有可逆性和快速响应特性。

2019 年，Li 等[25]研究了四苯乙烯的对位取代氨基衍生物 **24** 及其邻位取代异构体 **25** 的力刺激发光变色响应和力刺激发光特性，并对这两种性质的机理给出了重要的见解。这两个化合物都具有来自 TPE 骨架的 AIE 特性，但两者在聚集态下的发光差异很大。**24** 在聚集态下发出明亮的荧光，而 **25** 在聚集态下发光很弱，这是它们的共轭程度不同导致的。**24** 的单晶表现出力刺激发光特性，但其初始粉末却没有力刺激发光特性。而 **25** 的单晶和粉末都表现出明显的力刺激发光特性，这说明高量子产率的荧光强度并不是产生有效力刺激发光的先决条件。单晶结构和相关实验结果表明，力刺激发光和力刺激发光变色响应特性与分子间相互作用和分子构象密切相关。它们的单晶中存在着丰富的分子间相互作用，使两种异构体都具有力刺激发光性质，而过强的分子间相互作用和平面构象抑制了分子组装方式之间的可逆转变，使 **25** 失去了力刺激发光变色响应特性。

NH_2　　NH_2

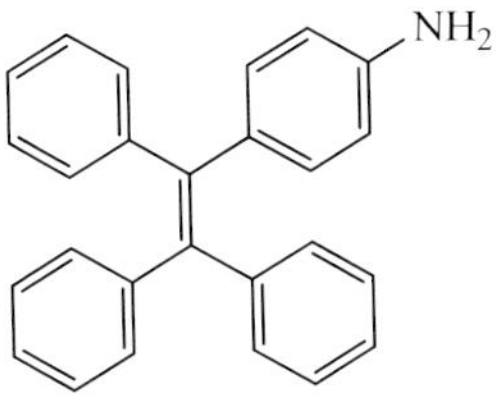

24 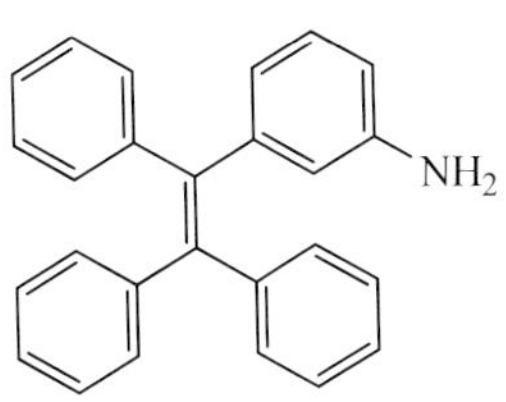　　**25**

2019 年，Qian 等[26]报道了 4 种卤化 TPE 衍生物 **26**～**29**。它们在研磨时表现出明显的力刺激发光变色响应行为。初始的 **28** 晶体发出强烈的蓝色荧光，但研磨后荧光变为绿光，并产生 35 nm 的位移。在没有溶剂熏蒸或热退火等外界刺激的情况下，研磨后 **28** 的绿光发射在 2 min 内几乎可以完全恢复到初始状态。对 **28** 的原始晶体、研磨样品和自修复晶体的 PXRD 谱图进行比较，结果表明：经过强烈的研磨，晶体的有序分子堆积几乎被完全破坏，但其结构有序性在很大程度上可以自我恢复。**27** 的晶体也具有与 **28** 类似的力刺激发光变色响应和自恢复行为，但其荧光恢复所需时间比 **28** 长 8 min。这很容易理解，晶体中非共价卤素-卤素键在研磨时的断裂会导致物理状态的细微变化从而带来荧光变化。在没有任何外部刺激的情况下，荧光的自恢复归因于在环境条件下由于热振动而产生的非共价卤素键。由于卤素键强度与卤素原子的极化率成正比，即 F＜Cl＜Br，Br···Br 键合的驱动力大于 Cl···Cl 和 F···F，因此在研磨的 **28** 样品中，非共价卤素键可以更快、更有效地重新形成，这就解释了 **28** 中观察到的更快的荧光自恢复。**29** 样品也发现了类似的力刺激发光变色响应现象，并且退火也可以使其荧光恢复。

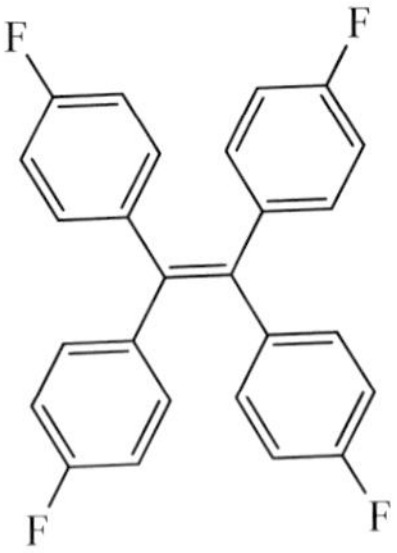

26 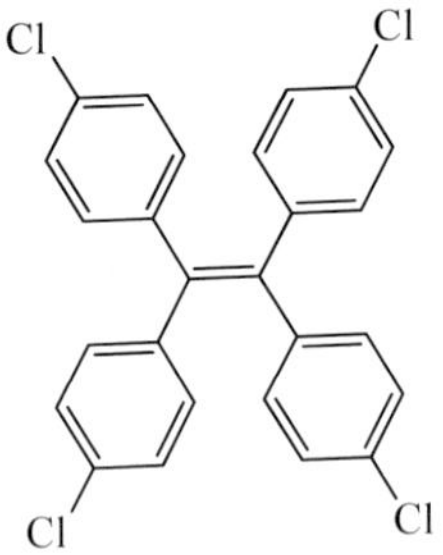 **27** 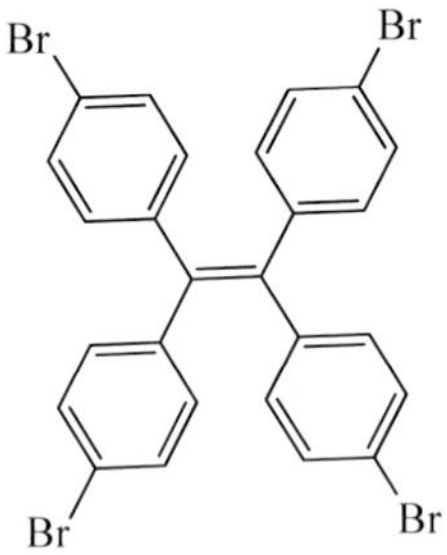 **28** 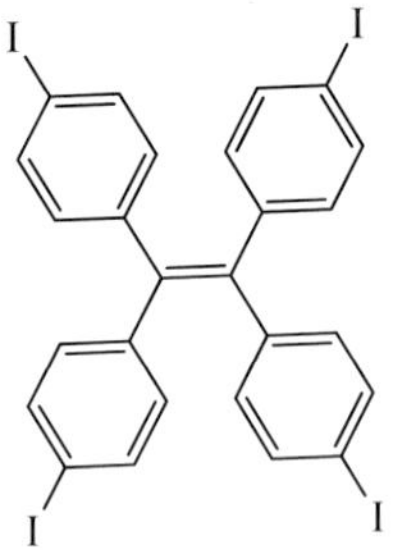 **29**

2019 年，Jiang 等[27]报道了 17 种含氟 TPE 化合物（**26**，**30**～**45**），它们直接在 TPE 核上连接氟取代基，且氟原子的数目和取代位置不同。这些化合物表现出与大多数 TPE 衍生物相似的聚集诱导发光特性。随着取代方式的改变，这些化合物在四氢呋喃/水中形成的聚集体和固态下的聚集体表现出不同的发射波长和荧光量子产率。其中，两种化合物（**26** 和 **31**）表现出可逆的力刺激发光变色响应和热致发光变色特性（后者仅在硅胶上显示），而母体 TPE 在相同条件下不显示力刺激发光变色响应特性。

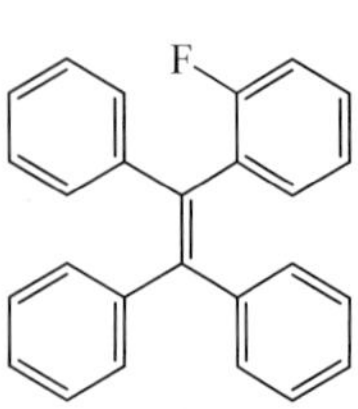

30 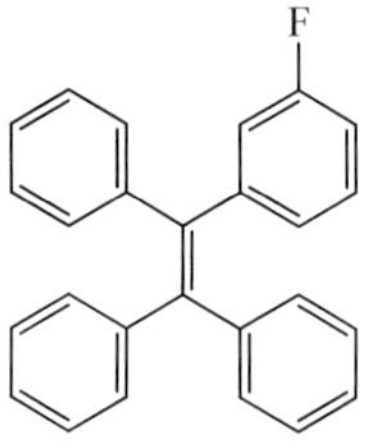 **31** 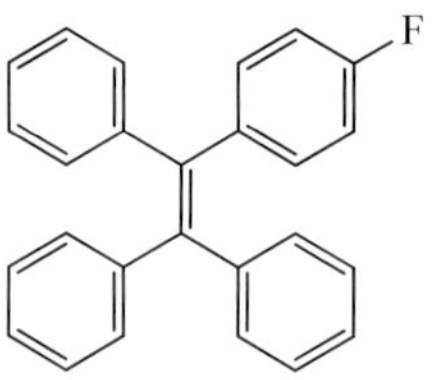 **32** 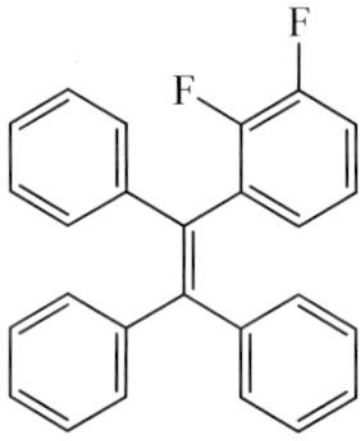 **33**

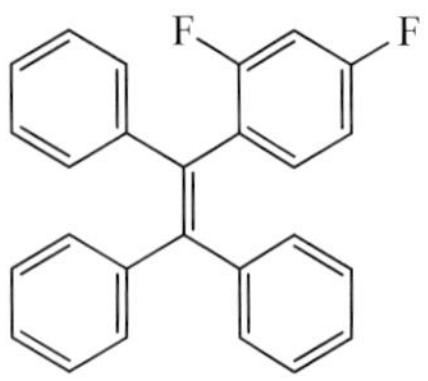

34 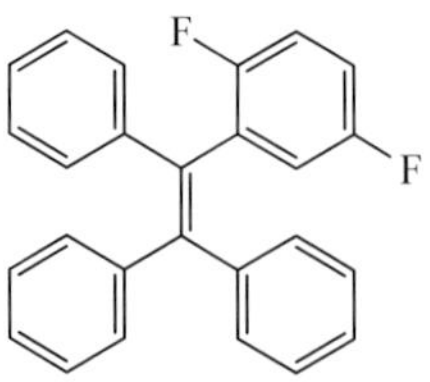 **35** 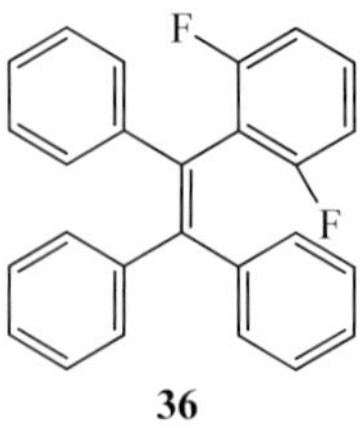 **36** 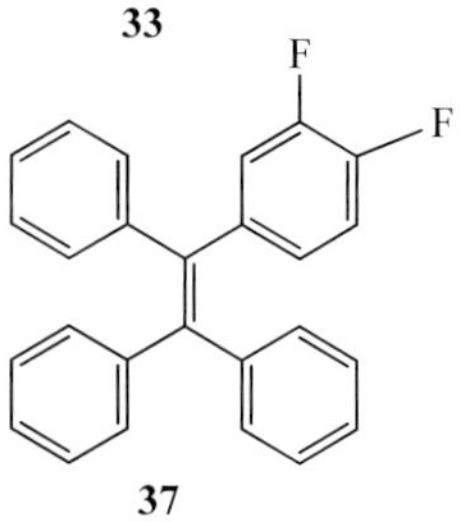 **37**

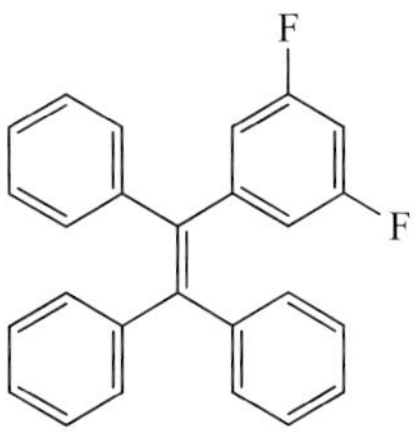

38 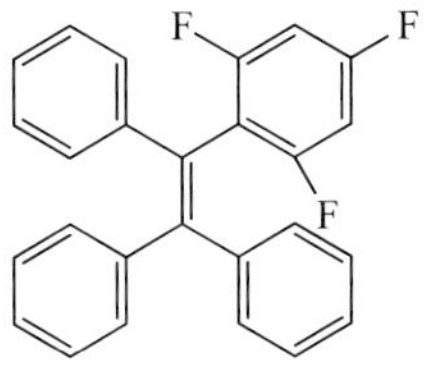　**39** 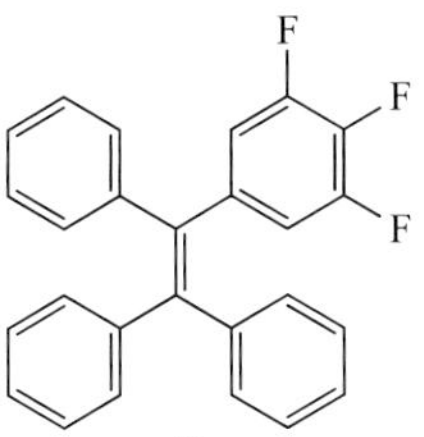　**40** 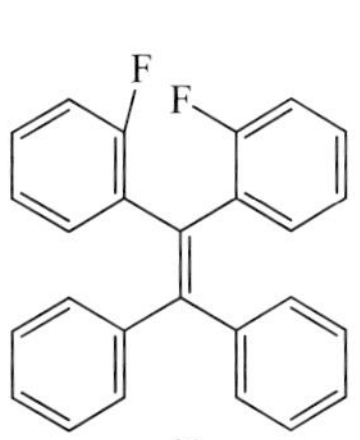　**41**

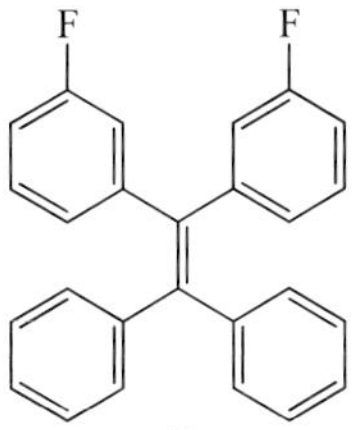

42 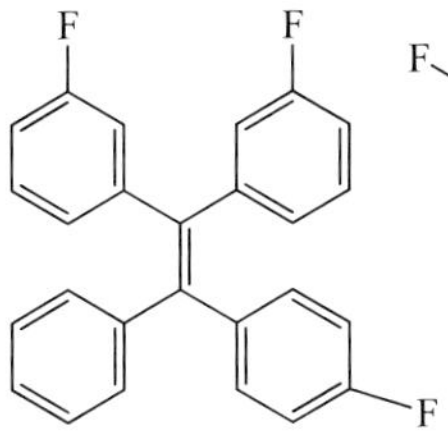　**43** 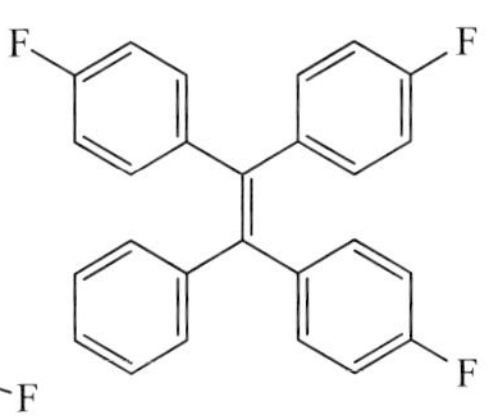　**44** 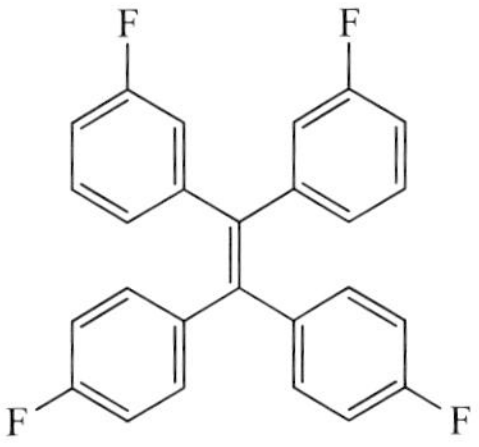　**45**

2014 年，Chi 和 Xu 课题组报道了两种基于 TPE 和鞣酸的新型 AIE 活性化合物 **46** 和 **47**[28]。化合物 **46** 在施压后，发射峰几乎没有变化，因此没有力刺激发光变色响应性能；化合物 **47** 在研磨后，从晶体到非晶的相变使其发射峰发生 20 nm（从 452 nm 移到 472 nm）的红移。此外，这两种化合物都具有 AIE、凝胶化和液晶性质。这两种化合物都具有亚晶性质，在较宽的温度范围内表现出亚晶相，热诱导的亚晶相从亚稳态到稳定相的转变伴随着发光颜色的变化。进一步研究发现，亚晶相转变可归因于液晶相的转变。此外，这些化合物在有机溶剂中具有不同的凝胶化行为。通过交替的冷却和加热过程，凝胶溶液发生转变，导致化合物发光强度的可逆变化。

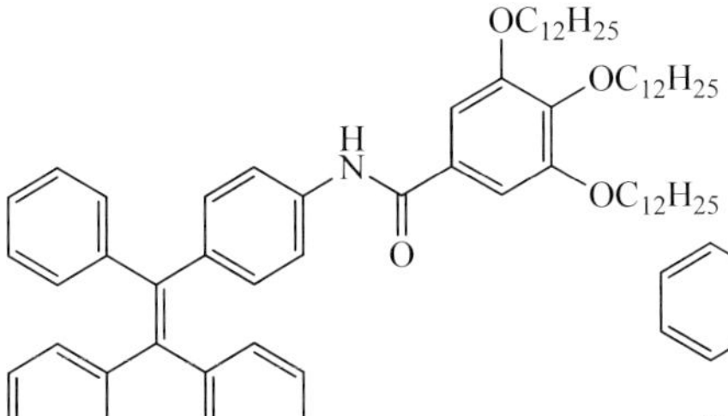

46 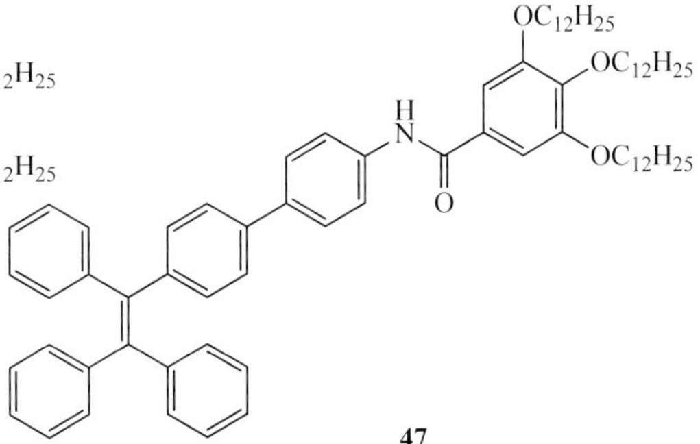　**47**

2019 年，Tang 等[29]设计了一种集聚集诱导发光、多态力刺激发光变色响应和自恢复光致变色于一体的含胆固醇片段的 TPE 衍生物 **48**。该分子对研磨、加热和溶剂熏蒸敏感，并表现出相应的发光颜色变化。加热后的 **48** 粉末或 **48** 单晶表现出可逆的光致变色特性。在较短时间的紫外光照射后，**48** 的表现颜色由白色变成亮红色，并在 1 min 内恢复为原始白色状态。光致变色是由于在紫外光照射下形成了光环化中间体，而可恢复的力刺激发光变色响应则归因于分子头-尾堆积排列产生的弱分子相互作用。这种可逆的多态、高对比度和快速响应的力刺激发光变色响应和光致变色特性为高级防伪提供了一种双重增强的多模式保障。

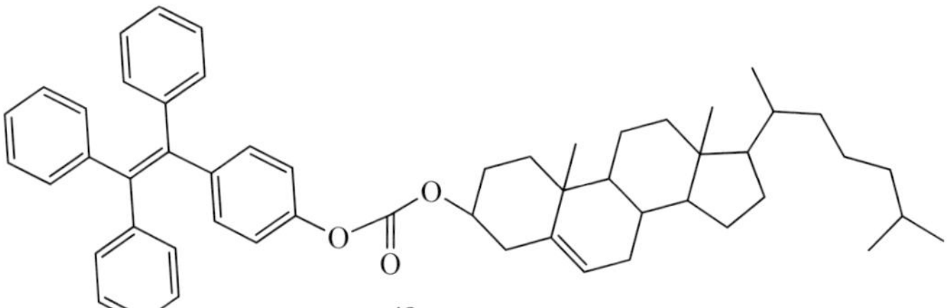

O O O

48

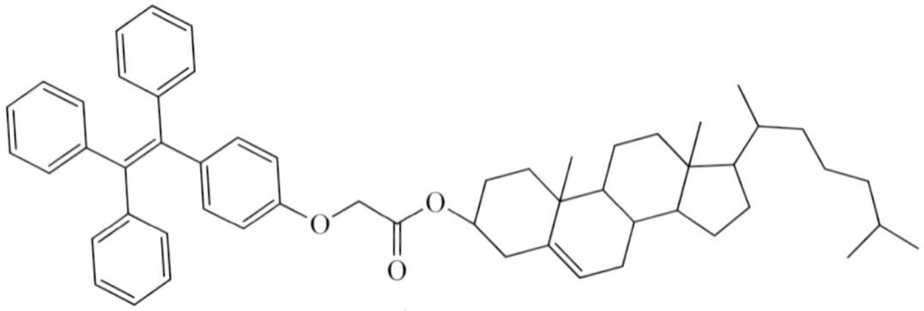

O O O

49

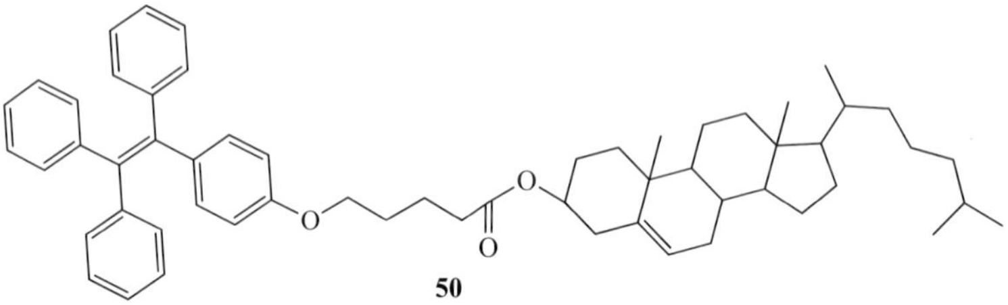

O O O

50

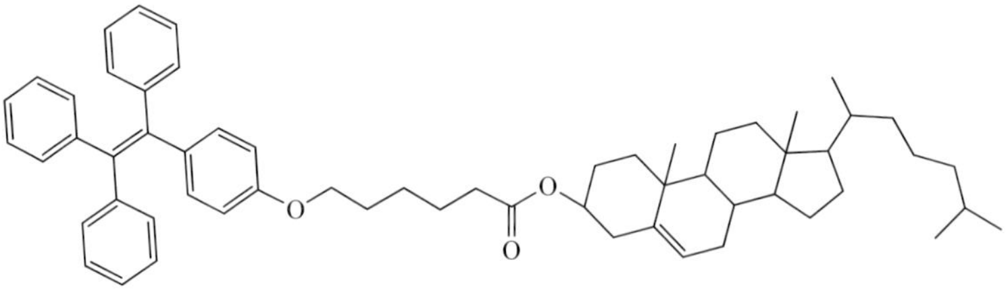

O O O

51

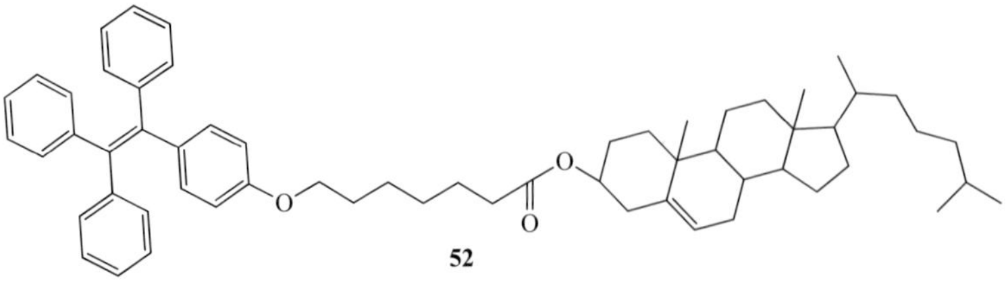

O O O

52

2019 年，Li 等[30]通过烷基链将 TPE 连接到胆固醇上，合成了一系列 AIE 荧光凝胶（**49**～**52**）。这些分子在丙酮和 *N*, *N*-二甲基甲酰胺（DMF）中形成 AIE 荧光凝胶（除了 **52** 在 DMF 中没有形成凝胶）。通过热处理后的凝胶-溶胶相变，它们的荧光可以可逆地在“开”和“关”状态之间切换。处于凝聚态的分子在外界刺激下，如熔化、研磨和溶剂熏蒸等，能够改变它们的荧光颜色。相变是这些热、机械力和蒸气发光变色响应特性的根源。由于晶体结构的部分破坏，研磨晶体粉末样品也会导致荧光发生从蓝色到青色的红移。此外，用极性溶剂（如二氯甲烷）熏蒸结晶粉末样品，发现荧光从蓝色变为青色，而用非极性溶剂（如正己烷）熏蒸原始粉末会导致荧光轻微蓝移。凝聚态中分子堆积的变化是产生荧光颜色变化的原因之一，二氯甲烷可以破坏晶体结构，而正己烷甚至可以改善晶体的有序性。

2018 年，Tang 等[31]报道了两种带有吡啶基和乙炔桥的 TPE 衍生物，包括(*Z*)-异构体 **53** 和(*E*)-异构体 **54**。它们都具有 AIE 活性，并对外界刺激有多种发光响应。由于基态分子大偶极矩，这两种异构体表现出负的溶剂化发光变色特性。(*E*)-异构体 **54** 的研磨粉末在室温下可以从绿色恢复到蓝色，而(*Z*)-异构体 **53** 则不能。这种差异可以用水引发分子构象变化的机理来解释，这种变化依赖于吡啶基与空气中水分子之间的氢键形成。除了通过循环研磨-熏蒸处理产生可逆的发光颜色变化外，这两种异构体还对酸碱处理表现出可逆的发光响应，发光颜色在绿色（碱性）和黄色（酸性）之间切换，这是由于分子中引入了吡啶基单元。

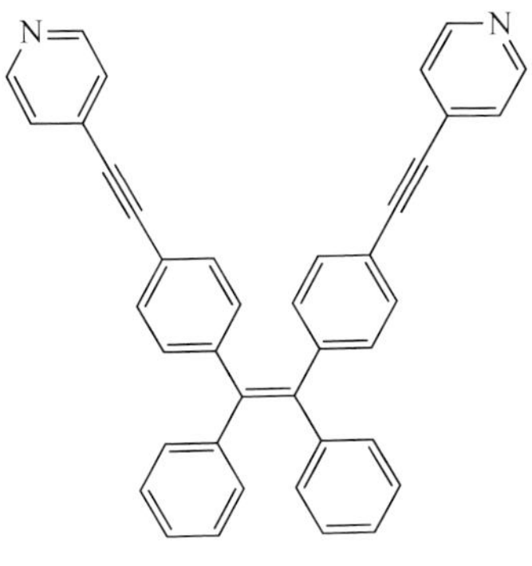

N　N　N　N

53 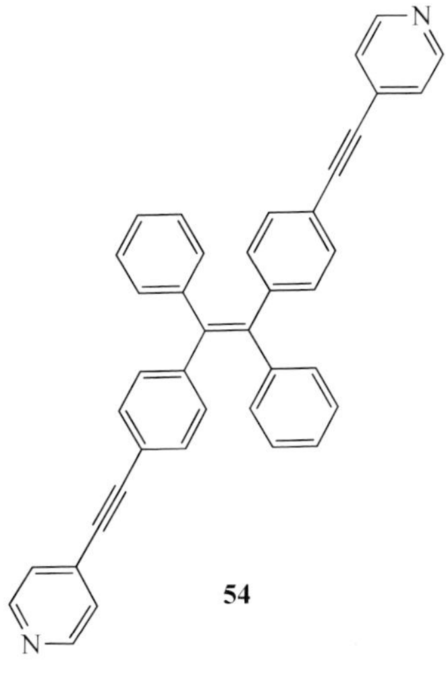　**54**

2018 年，Yin 等[32]分别合成了乙烯基吡啶（**55**）和乙烯基硝基苯（**56**）修饰的两种 TPE 衍生物。研究了它们的光学行为，结果表明它们都具有 AIE 活性。固态下的光学性质研究表明，它们都具有可逆的力刺激发光变色响应特性。研磨后，其荧光光谱发生 13～40 nm 的红移，经溶剂熏蒸后可恢复原状。

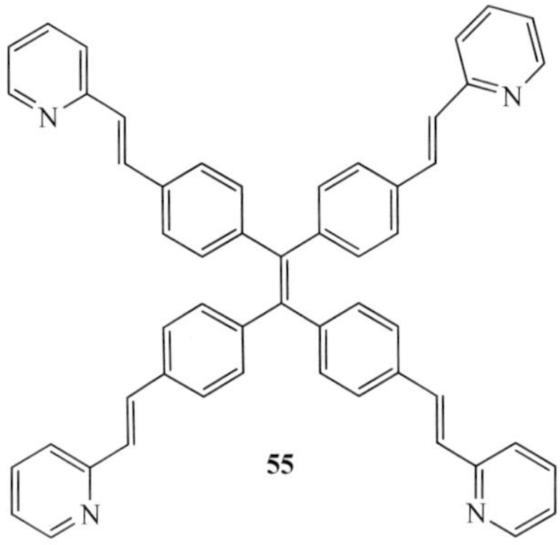

55 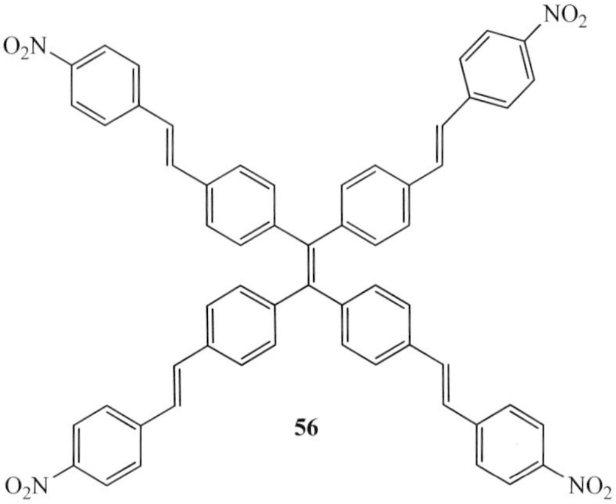　　**56**

2018 年，Bu 等[33]设计并合成了一种 AIE 发光材料 **55**，将乙烯基吡啶基团引入四苯乙烯结构中，在各向异性研磨、各向同性压缩和酸碱刺激下表现出显著的可逆荧光变化。在高达 11.25 GPa 的外加压力下，晶体样品发生从绿光到红光的 120 nm 的红移。**55** 的晶体结构采用高度扭曲的分子构象和有序的排列方式，提供了分子内/分子间相互作用和收缩空间，使得分子排列结构在外压下能够发生形变。

2019 年，Yin 等[34]报道了五种 TPE 衍生物，包括丹酚（蓝色，**57**）、萘酰亚胺（橙色，**58**）、4-硝基-1, 2, 3-苯并噁二唑（红色，**59**）、硼二吡咯烷（深红色，**60**）和半氰胺（近红外，**61**），其光谱覆盖从可见光到近红外光的荧光区域。值得一提的是，**57** 和 **59** 表现出明显的机械力刺激发光响应现象，这是由形态转变所致。制备的 **57** 结晶粉末在 470 nm 处有较强的蓝光发射。用研杵机械研磨 **57** 的结晶粉末，在 492 nm 处观察到明显的发光红移。研磨后，随着发光颜色从蓝色到亮绿色的变化，绝对荧光量子产率也从 57%提高到 78%。此外，当对研磨样品进行二氯甲烷熏蒸或在 150℃下加热 3 min，可以恢复原始的蓝色发光，表明 **57** 具有可逆的力刺激发光变色响应特性。对初始样品、研磨样品和熏蒸/退火处理样品的粉末 X 射线衍射（PXRD）谱研究表明，机械研磨使 **57** 的堆积由晶相转变为非晶相。相比 **57** 的发光红移，**59** 表现出不同的机械力刺激发光响应行为。制备的 **59** 样品在 660 nm 处显示出强烈的红色发光，但是机械研磨后，其红色发光强度明显降低，荧光量子产率从 1.7%降到 0.6%。溶剂熏蒸或热退火可以完全恢复红光发射。通过 PXRD 也证实了机械力研磨导致样品从晶态到非晶态转变。此外，这些 TPE 衍生物在活体细胞中显示出良好的生物成像性能。

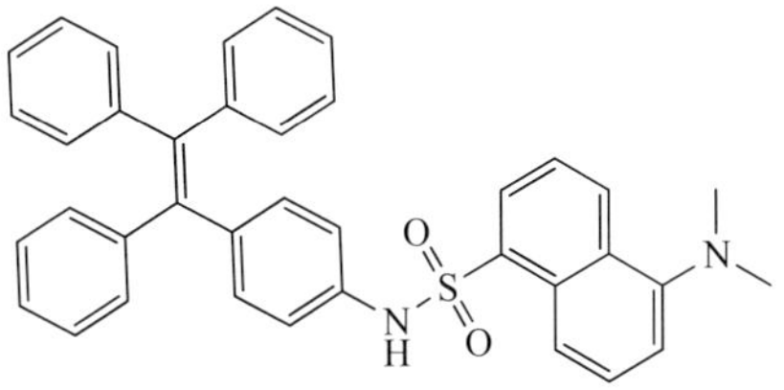

57

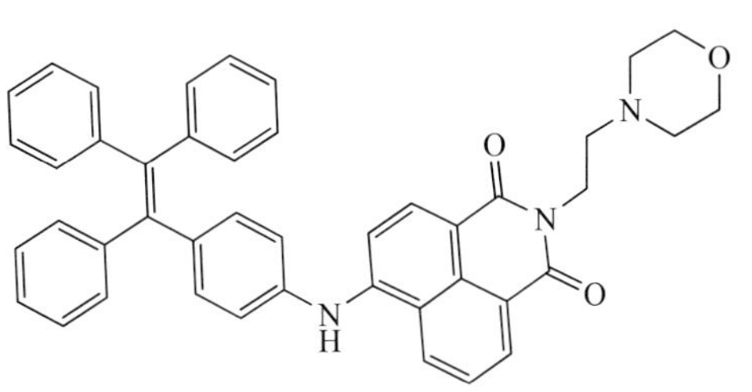

58

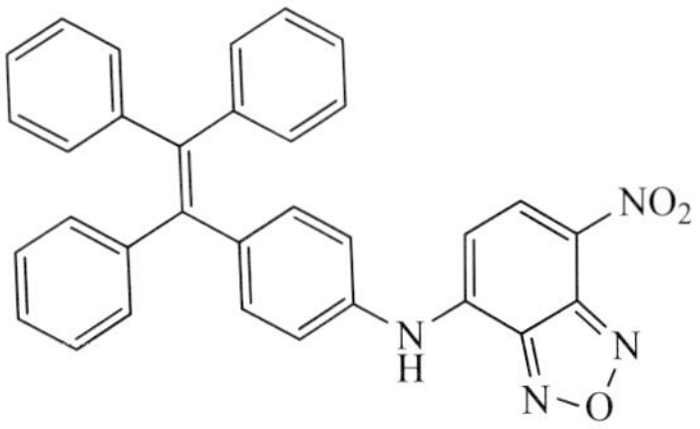

59

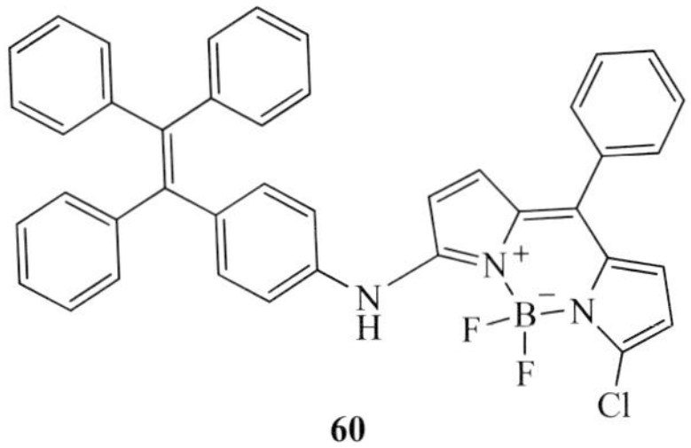

60

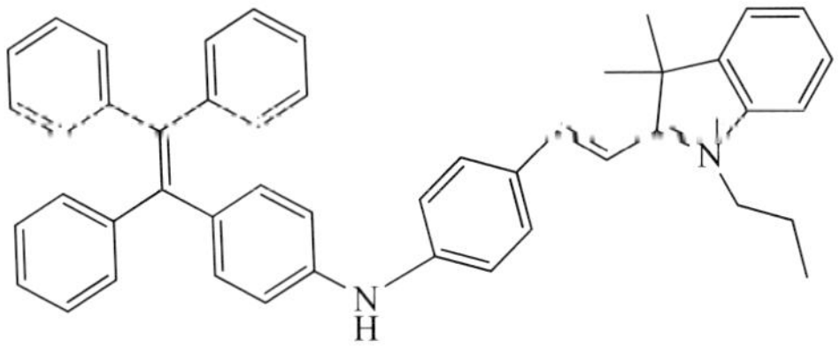

61

2019 年，Yin 等[35]设计并合成了一种磺酰基萘酰亚胺单元取代的 TPE 衍生物 **62**，但 TPE 与萘酰亚胺单元之间的连接是非共轭的。光物理性能研究表明，**62** 具有 AIE 特性。此外，机械力研磨能够导致晶态和非晶态之间聚集方式的改变，使其在固态下表现出一种意想不到的、高度可逆的力刺激发光变色响应特性。研磨后，**62** 固态的发光红移约 45 nm，荧光颜色由黄绿色转变为橙色。另一方面，在有十六烷基三甲基溴化铵存在的情况下，**62** 的二甲基亚砜/磷酸盐缓冲盐水混合溶液能够有效区分谷胱甘肽（GSH）与半胱氨酸和高半胱氨酸。此外，利用 PEG-PEI 纳米凝胶为载体交联 **62** 得到水溶性 PEG-PEI/**62** 纳米探针，大大提高了材料的生物相容性，并成功应用于活体细胞 GSH 的可视化。

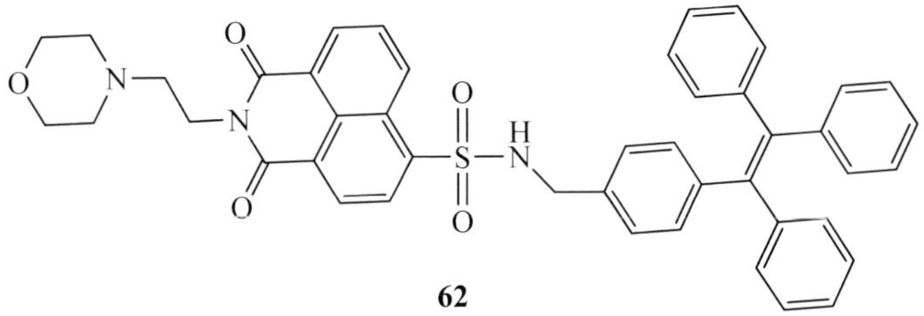

62

2019 年，Yin 等[36]报道了三种 TPE 基硫化物、亚砜和砜衍生物 **63**、**64** 和 **65**，

它们均具有 AIE 特性。**63** 表现出明显的力刺激发光变色响应现象，并且由于弱的分子间相互作用，**63** 晶相的 Φ_{PL}（22%）比非晶态的 Φ_{PL}（28%）低。而 **64** 无法得到晶态粉末，只能以非晶状态存在，因此无法观察到力刺激发光变色响应现象。**65** 具有两个发射颜色不同的晶相，其中一个白色晶体在研磨时表现出力刺激发光变色响应行为。该研究结果表明，硫化物的氧化状态对 TPE 衍生物的 AIE 和力刺激发光变色响应性能有重要作用。

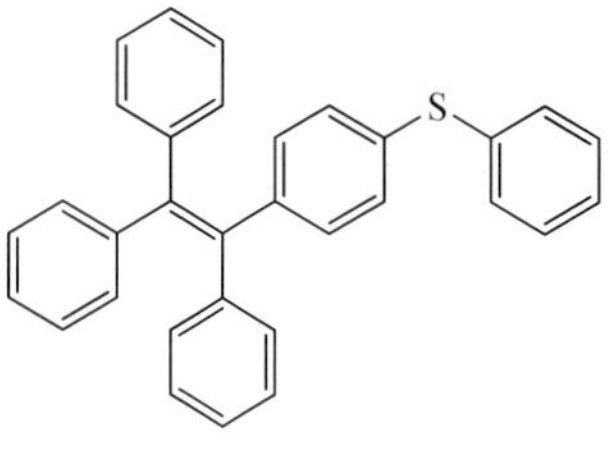

63 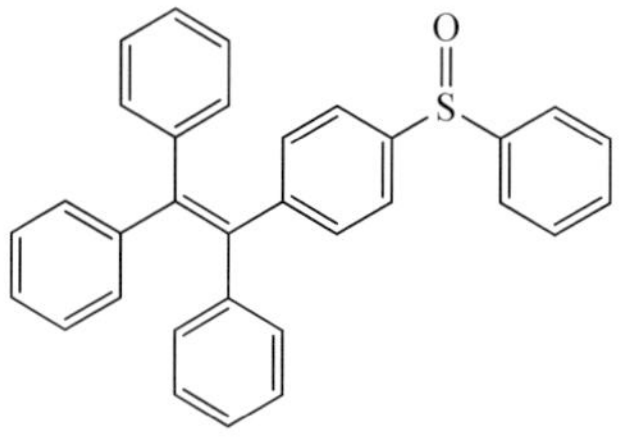 64 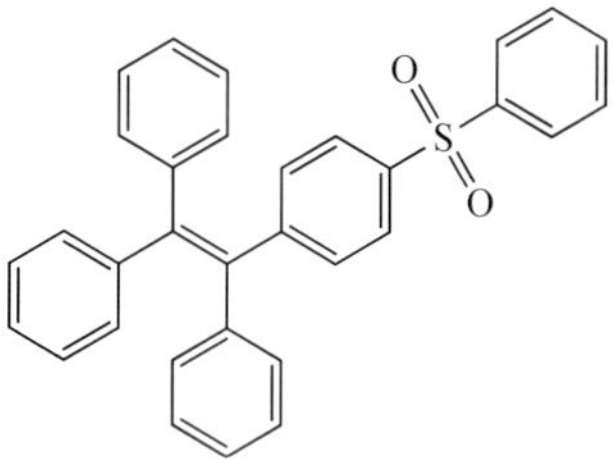 65

2019 年，Jia 课题组[37]设计并合成了一种 TPE 功能的水杨醛基 AIE 特性化合物 **66**。该化合物具有可逆的力刺激发光变色响应特性，研磨后发光颜色由黄绿色（519 nm）变为橙黄色（548 nm）。为了深入研究 **66** 的力刺激发光变色响应机理，对原始样品、研磨样品和熏蒸样品进行了粉末 X 射线衍射和场发射扫描电子显微镜（FESEM）分析。结果表明，晶态向非晶态的转变是导致力刺激发光变色响应的主要原因。此外，由于抑制了光诱导电子转移（PET）和激发态分子内质子转移（ESIPT），**66** 对 Zn^{2+}的选择性和灵敏度高于其他常见共存金属离子，检测限为 8.05×10^{-8} mol/L。此外，**66** 能以 1∶1 的化学计量比灵敏地检测 CO_3^{2-}，并在识别过程中表现出明显的荧光变化（从蓝色到亮橙色），伴随 95 nm 的发射光谱红移。**66** 对 CO_3^{2-} 的检测限为 7.12×10^{-8} mol/L。

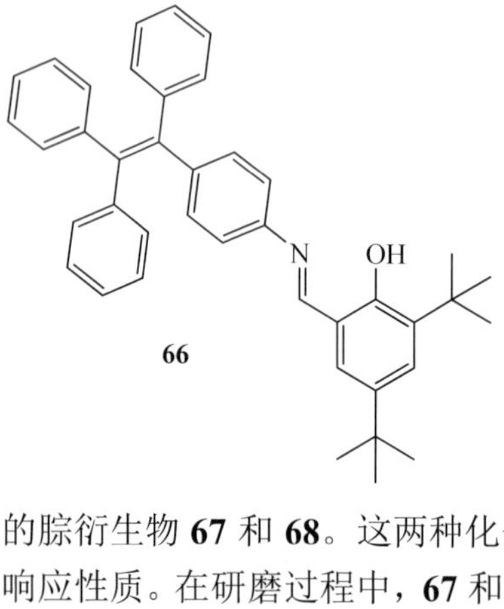

66

2020 年，Jia 课题组[38]报道了两种基于 TPE 的腙衍生物 **67** 和 **68**。这两种化合物均表现出 AIE 特性和可逆的力刺激发光变色响应性质。在研磨过程中，**67** 和 **68** 的发射光谱分别红移了 70 nm 和 55 nm，相应地，它们的荧光颜色分别由亮蓝色变为青绿色和黄绿色。研磨引起的荧光颜色变化可通过二氯甲烷熏蒸或加热得以恢复，并通过再研磨再产生荧光变化。此外，PXRD、DSC 和 FESEM 结果表明，力刺激发光变色响应的机理是在外界刺激下有序晶态和非晶态之间的转变。**67** 分子中吡啶的质子化-去质子化对前线分子轨道和酸碱刺激下独特的发光性质具有重要的影响作用。

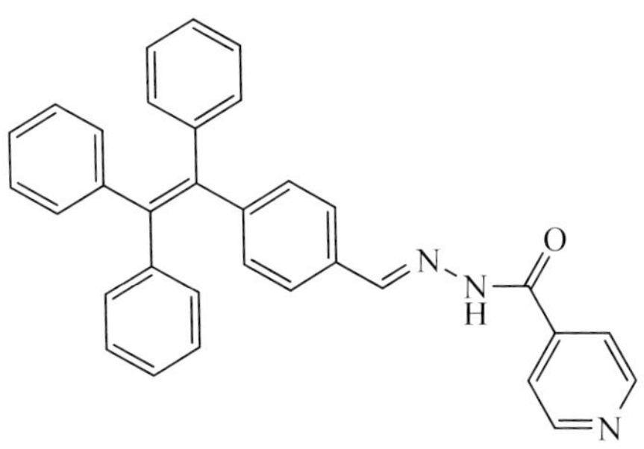

67

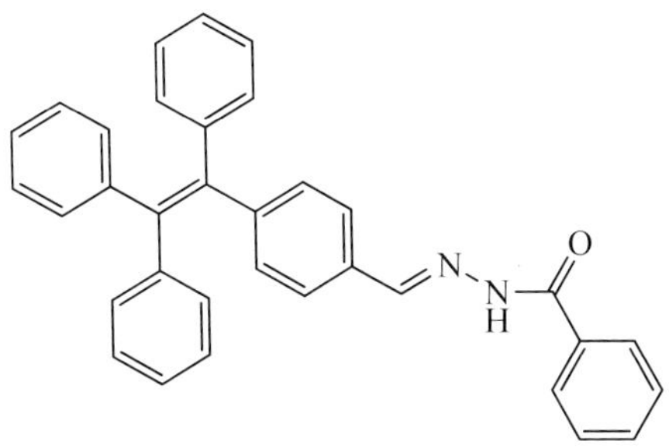

68

2019 年，Yin 等[39]报道了一种具有近红外发光性质的含 TPE 和苯并硒二唑的 D-π-A-π-D 型荧光染料 **69**。该染料表现出明显的聚集诱导发光行为。研磨后，其发光波峰值从 740 nm 变为 800 nm。这种染料也可以应用于活细胞成像，并具有示踪溶酶体和斑马鱼成像的应用潜力。

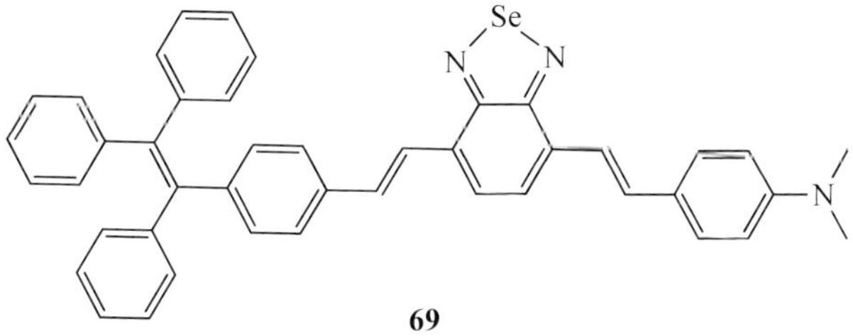

69

2019 年，Pu 等[40]报道了六种 1, 8-萘酰亚胺基 TPE 衍生物 **70**～**75**。化合物 **70**～**72** 具有 AIEE 特征，表现为荧光从稀溶液的弱橙色变为聚集体的强绿色。化合物 **73**～**75** 具有聚集荧光变化特征，表现为荧光从稀溶液的橙色变为聚集体的黄色。这些聚集诱导的绿光或聚集诱导的黄光发光体也表现出不同的力刺激发光变色响应现象。其中，**70**～**72** 表现出蓝色或蓝绿色和绿色发光之间变化的力刺激发光变色响应现象；**73**～**75** 表现出荧光颜色从黄绿色或黄色到黄色或橙色的力刺激发光变色响应现象。**71** 和 **75** 有望用作可重写记录介质。根据粉末 XRD 和单晶 XRD 分析结果可知，其力刺激发光变色响应机理可能是由晶态和非晶态之间的形态转变及分子堆积的改变引起的。同时，单晶 XRD 分析结果表明，扭曲分子构象和缺乏强的分子间相互作用使其表现为松散分子堆积，而分子堆积的改变则产生了力刺激发光变色响应现象。

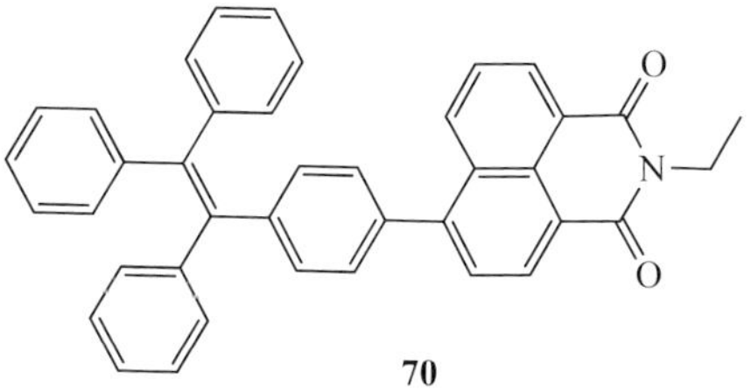

70

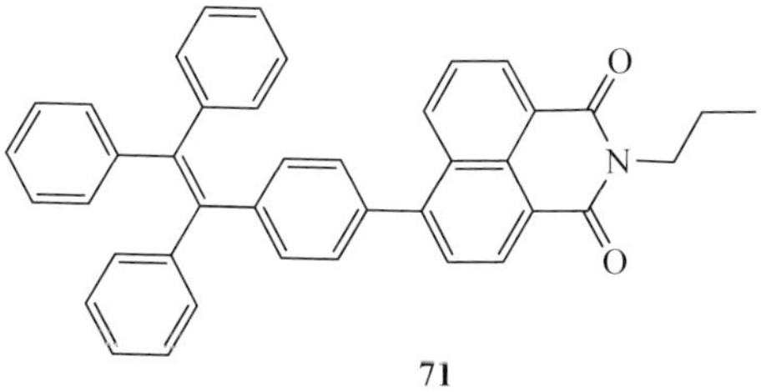

71

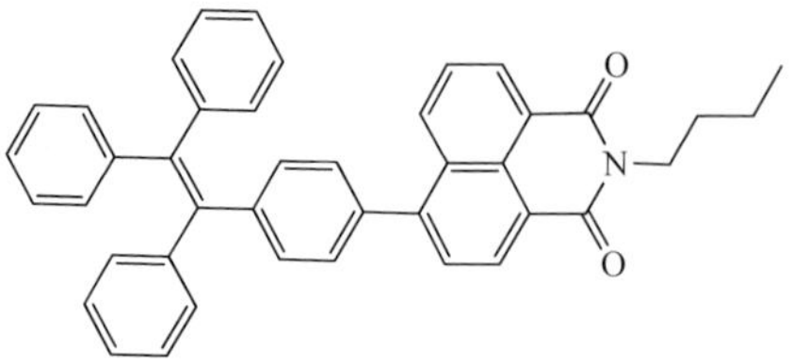

72 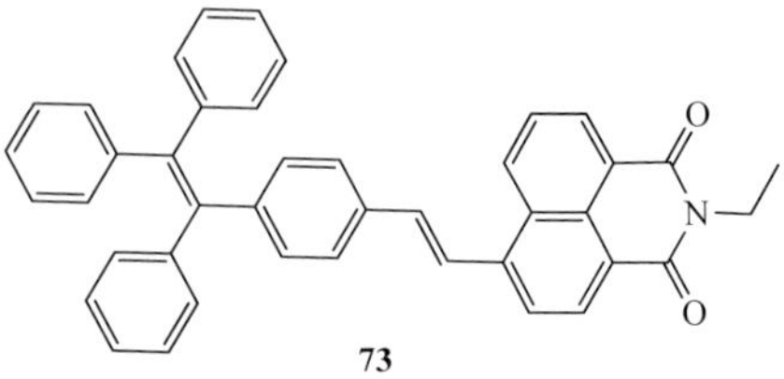　73

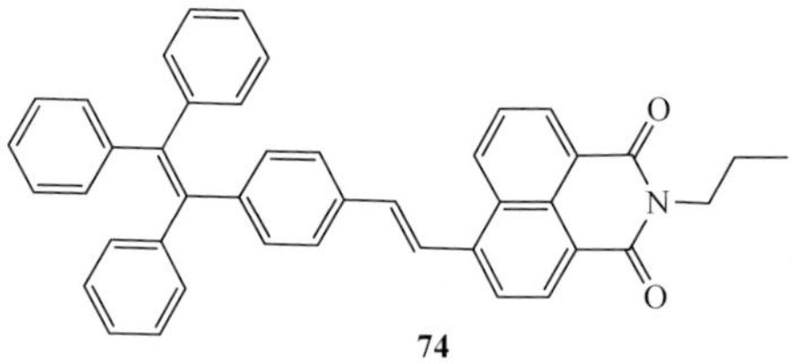

74 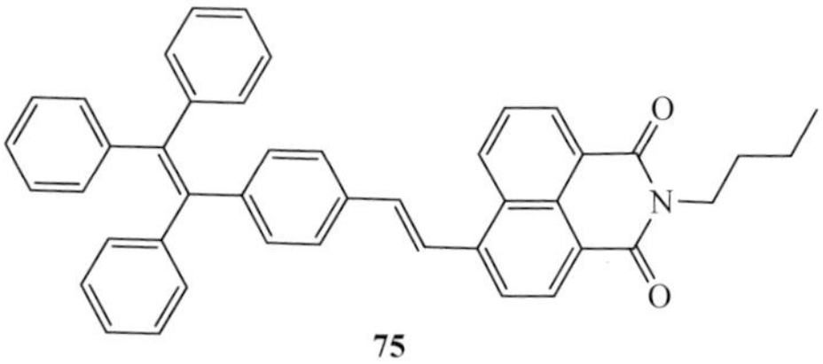　75

2014 年，Tang 等[41]报道了用电子受体 1, 3-吲哚醌取代的具有 AIE 活性的 TPE 衍生物 **76**。化合物 **76** 具有明显的溶剂化发光变色特性，主要表现为通过改变溶剂极性从甲苯（非极性）到乙腈（极性）而产生从 543 nm 到 597 nm 的发光红移。化合物 **76** 的固体样品表现出力刺激发光变色响应行为，其中初始粉末样品的绿色发光（515 nm）在研磨后转变为橙色发光（570 nm），并且通过热退火或溶剂熏蒸处理，可以实现可逆的力刺激发光变色响应。固体样品的发光颜色可以在橙色（研磨）和黄色（热退火/溶剂熏蒸）之间进行多个周期的切换。同样，晶态到非晶态之间的相互转变是发生力刺激发光变色响应的原因。此外，**76** 在碱性水溶液中会发生水解反应，故其橙红色发光可被 OH^-或其他能产生足够量 OH^-的物种所猝灭。因此，**76** 在区分检测碱性氨基酸、精氨酸和赖氨酸方面具有潜在的应用前景。

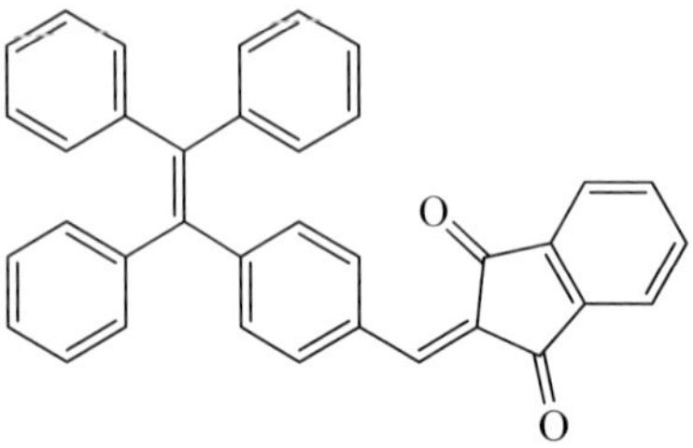

76

2014 年，Zhang 等[42]合成了一种二苯基膦取代的 TPE 衍生物 **77**，其具有 AIE 和力刺激发光变色响应特性。研磨后，原始发射峰值由 468 nm 变为 499 nm，并可通过溶剂熏蒸处理恢复到初始状态，呈现良好的可逆过程。在中性溶液中，大气中的 CO_2 能被 **77** 和 Ag^+混合物作为碳酸盐离子原位固定为 CO_3^{2-} 阴离子，从而生成一种稀有的具有沸石状方钠石拓扑结构的三维金属有机骨架（MOF）Ag-**77**。而且 Ag-**77** 表现出和 **77** 固体一样的蓝光发射（454 nm）。因此，Ag-**77** 为开发具有 AIE 特性的新型多孔荧光传感器提供了一种可行方案。但是，与 **77** 不同，Ag-**77** 没有明显的力刺激发光变色响应行为，这可能是因为 MOF 的骨架结构在机械刺激下不发生晶相到非晶相的转变。

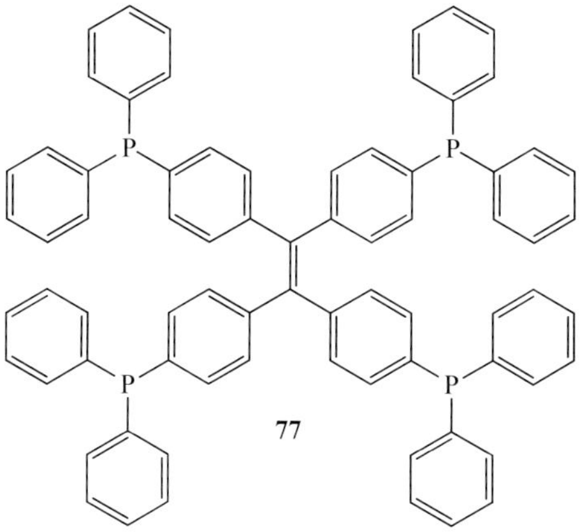

77

2015 年，Yuan 等[43]报道了具有 AIE 活性的化合物 **78**，其在固态下具有很高的 Φ_{PL}（可达 100%）及力刺激发光变色响应特性。初始制备的 **78** 固体显示绿色发光（501 nm），而研磨后样品为黄绿色发光（530 nm），通过加热或溶剂熏蒸研磨粉末，发光颜色可恢复成绿色发光，表现出良好的可逆性。从 PXRD 结果来看，初始固体存在许多尖锐的衍射峰，为晶态；而研磨粉末则表现为一个强度相对较弱的宽谱，为非晶态。用二氯甲烷蒸气对研磨粉末进行气相处理，得到的样品具有与初始样品相似的衍射特征，说明样品恢复了有序的晶体结构。这些结果表明，**78** 中观察到力刺激发光变色响应的主要原因是晶相和非晶相之间的形态变化。为了深入了解 AIE 和力刺激发光变色响应的作用机理，对化合物 **78** 的单晶结构进行了分析。发现 **78** 在结晶状态下具有高度扭曲的构象。在外界机械力刺激下，扭曲的构象很容易平面化，从而延长共轭长度并使其发光红移。通过溶剂熏蒸，平面化的构象可以恢复到初始扭曲的构象，从而恢复为初始的发光。

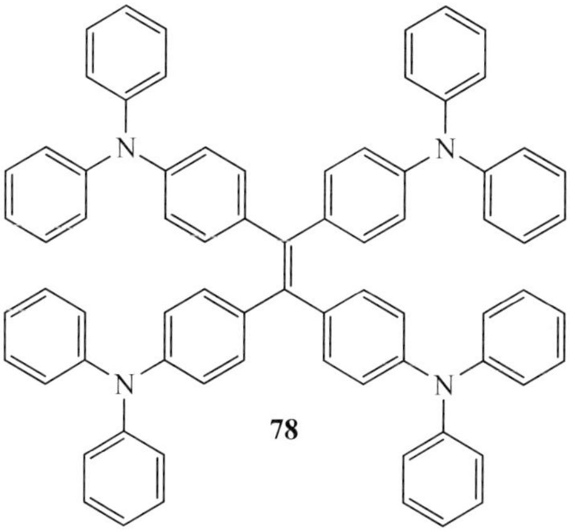

78

2015 年，Xu 和 Tian 课题组[44]系统地研究了吖啶酮基四苯乙烯（**79**）晶体在研磨和静水压作用下的力刺激发光变色响应。基于实验和理论计算研究，假设分子内几何构象的变化，特别是四苯乙烯基与吖啶酮基之间扭转角的变化，导致了分子从暗相（dark-phase）到亮相（bright-phase）的力刺激发光变色响应行为。由于四苯乙烯基与吖啶酮基之间几乎正交的构象，电子分布被完全分离，分子内电荷转移（ICT）过程被抑制，从而使得分子晶体暗相表现为局域激发（LE）态的发光。在机械力刺激下，诱导力微扰改变了扭曲的分子构象，导致给体和受体之间的前线分子轨道重叠，形成 ICT 态。**79** 是一个非常罕见的高对比度且可逆荧光调节的化合物，是在机械力刺激下通过改变激发态特性而产生的，这是力刺激发光变色响应的一种新机理。基于机械力作用转换激发态的这种设计概念，可以开发出一系列具有高对比度的力刺激发光变色响应材料，这为深入研究扭曲 D-A 分子的固态荧光特性提供了重要的依据。

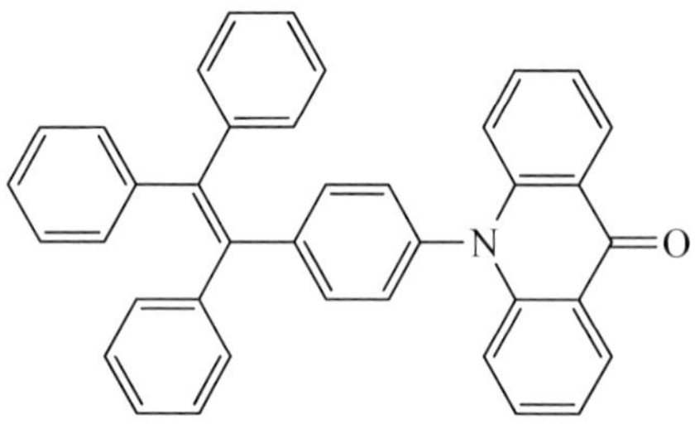

79

2012 年，Chi 和 Xu 等[13]对由 TPE 和咔唑衍生的两种蝴蝶形 AIE 材料 **80** 和 **81** 的力刺激发光变色响应进行研究，进一步证实了结晶度对力刺激发光变色响应特性的重要性。通过旋转蒸发可从发光材料 **80** 的不同溶剂体系的溶液中获得两种不同的聚集体。一种是从二氯甲烷/正己烷混合溶剂（1∶3，*v*/*v*）中获得的具有强蓝色发光（451 nm）的白色晶体；另一种是从二氯甲烷溶液中获得的具有强蓝绿色发光（479 nm）的浅绿色非晶粉末。研究结果表明，**80** 具有较好的多聚集态形成能力。然而，在相同的浓度条件下，**81** 只形成蓝色发光晶体。利用红外制样压机（1500 psi，1 psi = 6.89476×10^3 Pa）短暂压制 1 min，或用研钵研磨，或在液氮中淬冷熔体，都可以使 **80** 的晶体样品转化为非晶态。压制和研磨后的样品在 479 nm 处显示相同的发射峰，而淬冷后得到的样品的 PL 波长红移更明显，为 493 nm。这表明 **80** 具有力刺激发光变色响应特性。然而，**81** 由于优异的结晶能力而没有该特性。当 **81** 从二氯甲烷或二氯甲烷/正己烷（1∶3，*v*/*v*）溶液中得到时，它总是形成晶态而不是非晶态。换言之，如果 AIE 化合物极容易结晶形成稳定的晶体，则不会发生从晶态到非晶态的形态变化，因此不表现力刺激发光变色响应行为。**80** 的单晶结构分析表明，分子是通过弱 π-π 和 C—H···π 相互作用的协同作用形成层状聚集态结构。层与层之间通过具有弱 π-π 相互作用（部分 π-重叠）的蝴蝶形分子的触角部分连接，导致层间界面相对松散，并在填充溶剂分子的地方形成许多缺陷（空洞）。考虑到 **80** 的这些结构特点，外加压力很容易通过分子构象平面化或滑移变形破坏其晶体结构，从而导致力刺激发光变色响应的产生。当用二氯甲烷熏蒸研磨的 **80** 样品时，光致发光峰强度在 30～120 s 内迅速降低，此后随着熏蒸时间的延长，发光强度逐渐增大。这是由熏蒸过程中同时发生的两种相反的作用引起的。

一方面，由于溶剂化作用，良溶剂的渗透会削弱分子间的相互作用，使分子内旋转和振动运动增加，激发态分子的非辐射跃迁增加，导致发光强度降低。另一方面，分子经历了溶剂诱导的结晶过程。随着时间的推移，结晶度增加，分子内振动和旋转逐渐受到限制，导致激发态分子的非辐射跃迁减弱，发光强度增加。因此，这两种相反的效应导致了 PL 发射峰值强度随时间形成 V 形曲线，这取决于哪个效应在整个 PL 行为中起主导作用[45]。这一发现表明，研磨后的非晶样品能够通过溶剂蒸气处理实现从非晶态到晶态的可逆转变，并且亚稳态非晶态可以通过溶剂诱导结晶立即转变为更稳定的晶相。

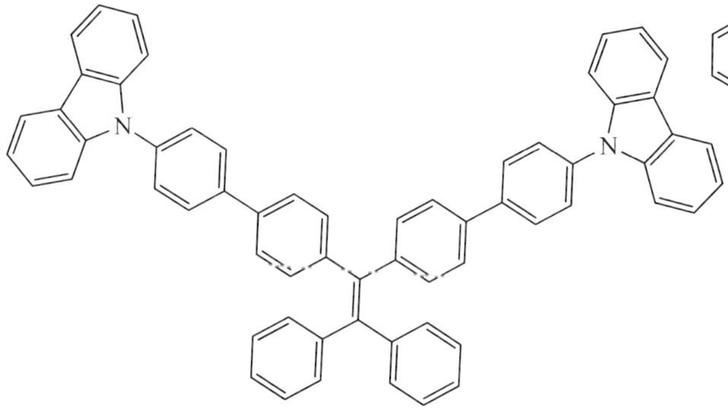

N N

80 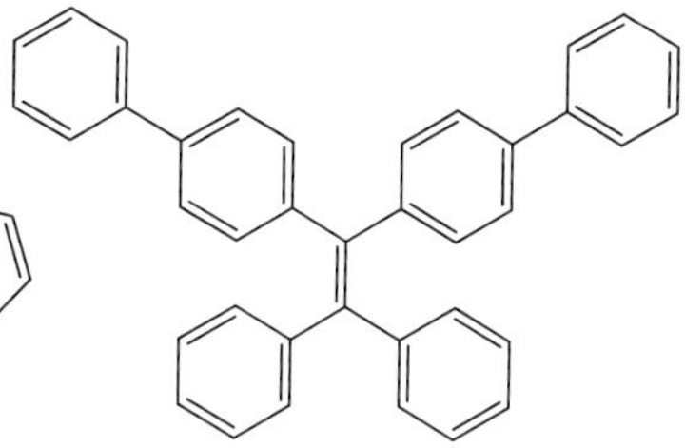 **81**

2013 年，Dong 等[46]报道了两种具有 AIE 和结晶诱导发光增强特性的四苯乙烯衍生物 **82** 和 **83**。研究表明，在加热、有机溶剂熏蒸和机械力刺激下可以实现可逆的形态结构调控。这两种化合物都能在蓝光和绿光之间实现发光颜色的变换，**82** 是从 444 nm 变到 504 nm，**83** 是从 455 nm 变到 495 nm。PXRD 结果表明，**82** 和 **83** 在研磨下产生的力刺激发光变色响应均来自晶态的非晶化。**82** 和 **83** 的研磨固体都可以通过熏蒸处理实现结晶，故重复的研磨和熏蒸处理过程有助于实现两种发光材料的可逆发光变化。

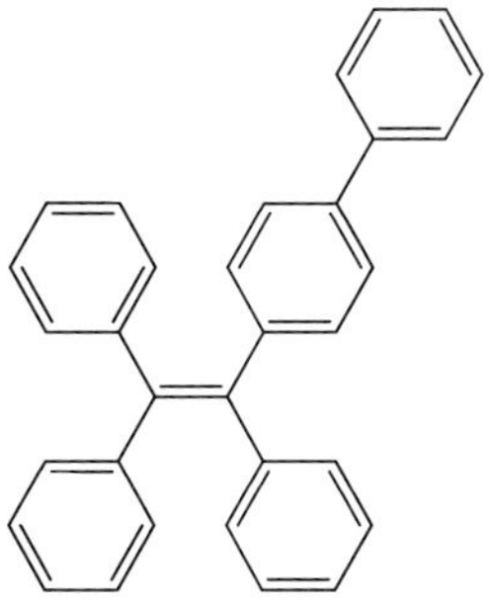

82 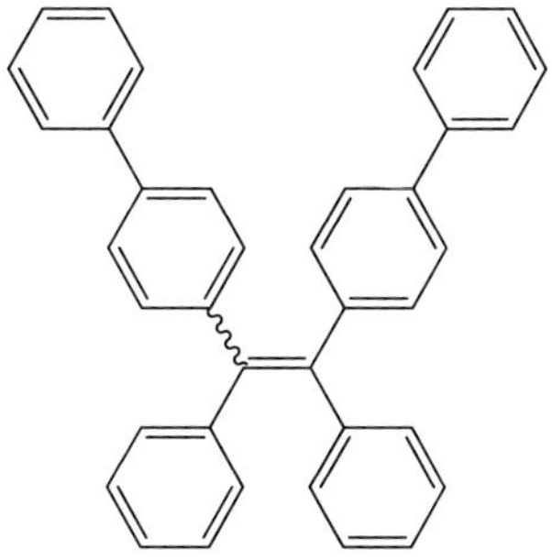 **83**

2018 年，Pu 等[47]合成了三种具有不同取代基的 TPE 衍生物 **81**、**84** 和 **85**。这些化合物均表现出典型的 AIE 行为。此外，它们的固体样品具有从蓝色到青色的不同荧光发光。此外，这些发光化合物还表现出可逆的力致发光变色响应特性，并具有良好的可重复性。更有趣的是，含有三氟甲基吸电子取代基的化合物 **84** 是一种自恢复的力刺激发光变色响应材料。PXRD 实验结果表明，这些化合物的力刺激发光变色响应现象来源于晶态到非晶态的相转变。

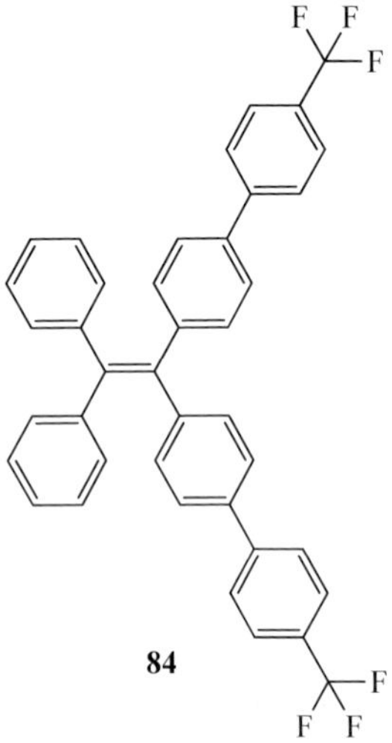

F F F OCH_3

84 F F F **85** OCH_3

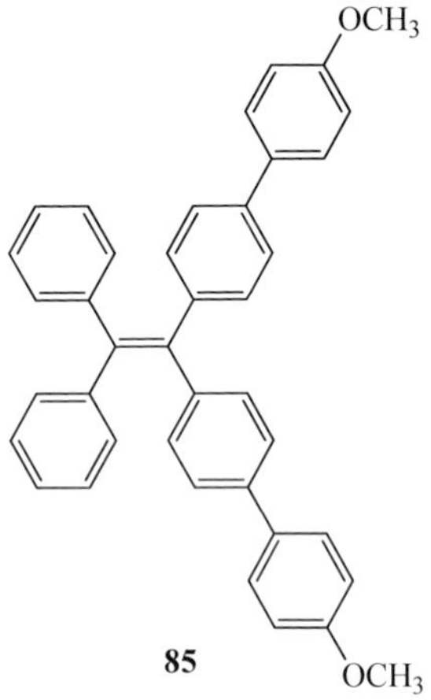

2017 年，Wang 等[48]得到了巯基取代化合物 **86** 并得到其无色晶体，该晶体在 365 nm 紫外光激发下呈现强烈的蓝光发射，Φ_{PL} 为 47%。用二氯甲烷蒸气熏蒸层状蓝色晶体，晶体的发光逐渐变为淡绿色，发射峰从 467 nm（蓝色）变为 516 nm（绿色），Φ_{PL} 降低为 23%。通过研磨 **86** 的蓝光结晶样品，获得了淡绿色粉末，并伴随着绿色发光（508 nm），类似于二氯甲烷熏蒸处理 **86** 的蓝光晶体。这种刺激响应的蓝色到绿色的发光转换，通过热处理可以实现可逆变化。相关样品的 PXRD 分析和 DSC 测试表明，晶态和非晶态之间的可逆相变是产生可逆刺激发光响应转换的原因。因为 **86** 晶体中的分子高度扭曲，周围四个联苯部分的扭转角很大，形成松散的分子排列，并在外界物理扰动下很容易被破坏，这是刺激响应性发光转换的前提条件。

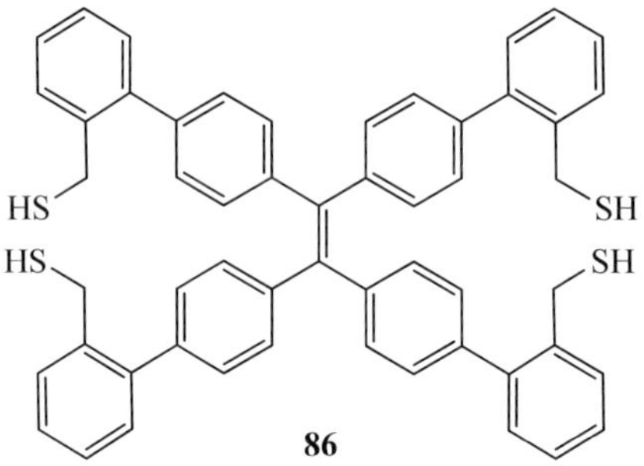

HS SH HS SH

86

2017 年，Wang 等[49]报道了化合物 **87** 的分子堆积方式与光物理性质之间的关系。**87** 的晶体呈蓝色发光（459 nm），非晶态呈绿色发光（496 nm），而通过熏蒸、研磨和加热处理，其发光颜色可以进行可逆转换。

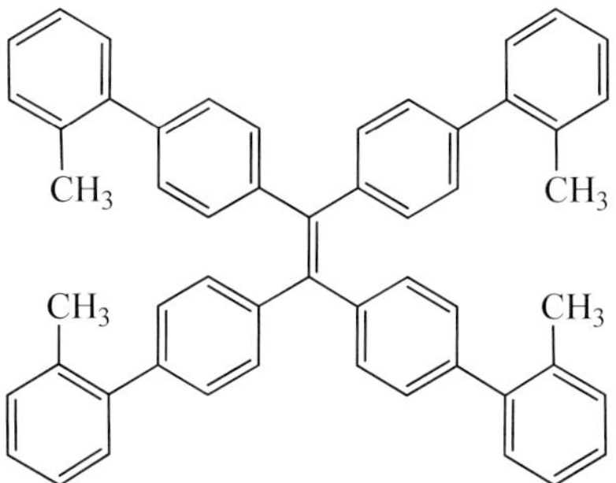

CH_3 CH_3 CH_3 CH_3

87

2018 年，Tang 等[50]报道了一种由二（三甲苯基）硼、芴和 TPE 基团组成的蓝色发光 TPE 衍生物 **88**。该化合物具有较高的热稳定性，玻璃化转变温度（T_g）为 121℃，5%热分解温度（T_d）为 354℃，并且具有优异的 AIE 性能，固态薄膜的 Φ_{PL} 为 64%。由于二（三甲苯基）硼的存在，**88** 可与氟离子相互作用，导致吸收光谱蓝移，发射光谱也向短波长移动。**88** 的固体也表现出明显的力致发光变色性质。初始的 **88** 粉末为蓝光发射（454 nm），而研磨后的粉末为天蓝光发射（481 nm），表现出明显的力刺激发光变色响应特性。当研磨粉末经四氢呋喃熏蒸 15 min 后，荧光变回成初始蓝光。同样地，在 120℃的温度下加热 15 min 也可以使荧光恢复成蓝光。通过重复这些步骤，可以实现蓝色和天蓝色之间可逆的荧光转换。**88** 的力刺激发光变色响应归因于晶态和非晶态之间聚集体形态的变化。**88** 也可作为非掺杂 OLED 发光材料，其 OLED 器件的电流效率为 4.04 cd/A。

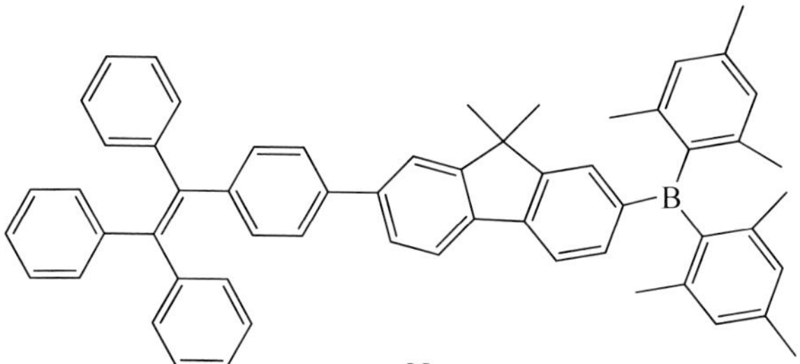

B

88

2019 年，Jia 和 Zhao[51]通过改变外围 TPE 单元的取代位置，设计并合成了三种 TPE 修饰的苯甲醛异构体 **89**～**91**，以研究不同异构体结构对化合物光物理性能和力刺激发光变色响应性质的影响。取代位置的改变能够改变分子的堆积方式，因此其固态荧光性质表现出明显的异构效应。这三种异构体都具有 AIE 和力刺激发光变色响应特性。这三种化合物的力刺激发光变色响应活性顺序为 **90**（45 nm）＞**91**（39 nm）＞**89**（8 nm）。所制备的 **89**、**90** 和 **91** 原始粉末的发射波峰分别位于 498 nm、470 nm 和 483 nm，而研磨后非晶态固体呈现绿黄色或黄色发射，伴随最大发射波长分别为 506 nm、515 nm 和 522 nm。单晶 XRD、PXRD、DSC 和理论计算的结果表明，力刺激发光变色响应性能主要是由分子构象扭曲的晶相转变为更为平面的非晶相产生的。

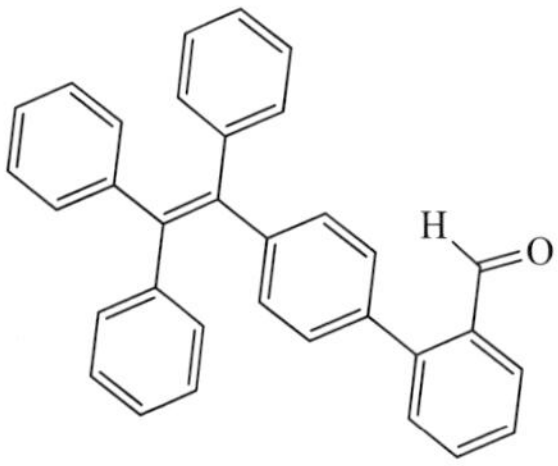

89 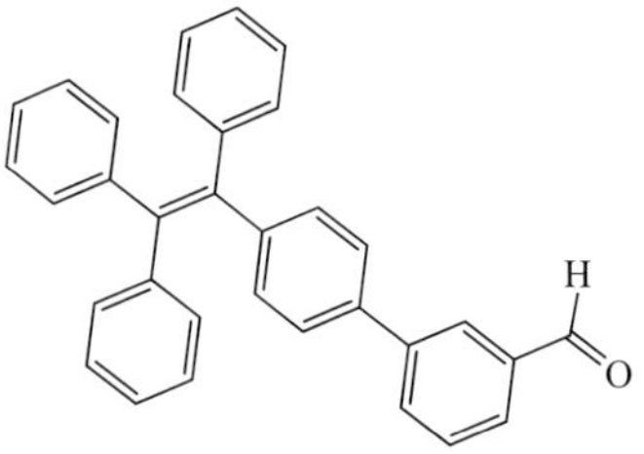 **90** 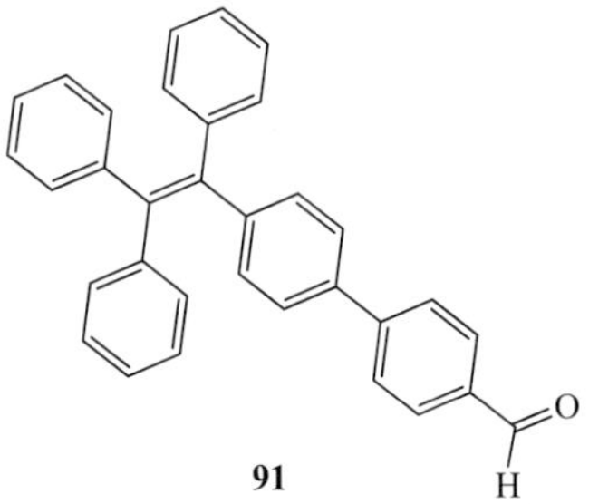 **91**

2019 年，Misra 等[52]设计并合成了分别含 1 个、4 个吩噻嗪官能团的 TPE 衍生物 **92** 和 **93**。**92** 和 **93** 在固体状态下发光很强，这对分子产生力刺激发光变色响应性能至关重要。吩噻嗪强的给电子能力会影响 TPE 的电子组态，从而影响 TPE 的发光性质。并且吩噻嗪基团的取代数量会影响 TPE 分子的扭曲程度，进而影响 TPE 的力刺激发光变色响应性能。**92** 和 **93** 在研磨时都表现出显著的力刺激发光变色响应行为和较大的光谱位移。PXRD 的结果表明，材料发光颜色的变化与晶态到非晶态的聚集态形态变化有关。

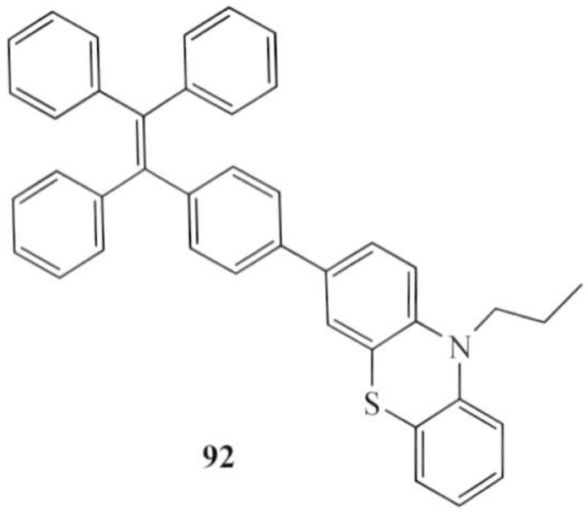

92 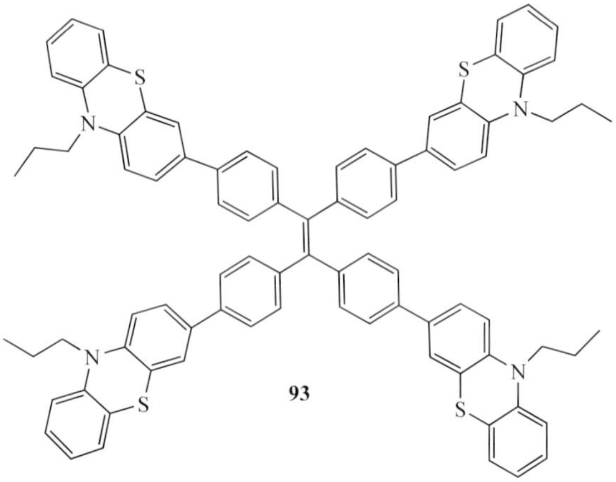 **93**

2019 年，Zhang 等[53]报道了一系列纯 *E* 和 *Z* 芳烃取代的 TPE 衍生物(**94**～**106**)。*E*/*Z* 异构体表现出许多不同的荧光性质，如 AIE 和力刺激发光变色响应。在相同条件下，*Z* 异构化比 *E* 异构化具有更优异的 AIE 性能。此外，吡啶取代基上 N 原子位置也对异构体的 AIE 性能有着显著影响。与 *E* 异构体相比，*Z* 异构体在固态下具有更高的荧光量子产率和更长的荧光寿命。固体粉末经研磨处理后，材料的荧光量子产率和荧光寿命都有所增加，而非辐射跃迁速率则较原始粉末有所降低。同时，*E*/*Z* 异构体也表现出不同的力致发光变色行为，通过反复研磨-DCM 熏蒸处理，它们表现出可逆和可循环的蓝色-绿色发光颜色转换，并且可以保持几个循环周期。例如，*E* 异构体 **96**，初始态下的发光在 449 nm 处，而研磨后发光波峰红移到 489 nm，并且通过 DCM 蒸气熏蒸可恢复原状。同时，对于 *Z* 异构体 **101**，研磨后其荧光从 440 nm 红移到 496 nm。在相同条件下，发现研磨后 **101**（$\Delta\lambda = 56$ nm）的红移程度要大于 **96**（$\Delta\lambda = 40$ nm）。上述结果表明，*Z* 异构体比 *E* 异构体具有更大的发光红移。单晶结构数据分析表明，所有 *E*/*Z* 异构体都具有较强的氢键和 C—H…N 相互作用，其中 *Z* 异构体的分子间相互作用比 *E* 异构体更加丰富。研究发现，C—H…N 相互作用对荧光性质，包括 AIE 行为和力刺激发光变色响应性能都起着重要作用。上述结果能够帮助我们更好地理解 TPE 衍生物 *E*/*Z* 异构体结构与光物理性质之间的关系，这对设计和合成具有多种应用价值的功能性 TPE 衍生物具有一定的指导意义。

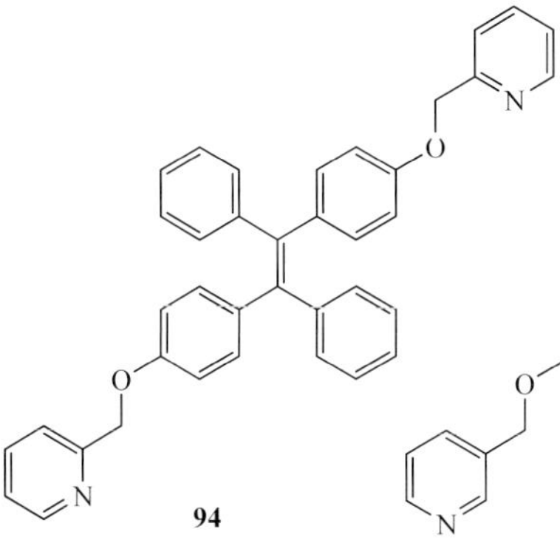

94 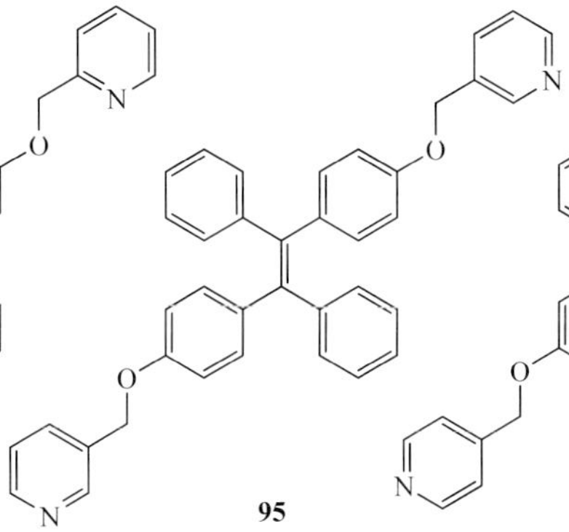　**95** 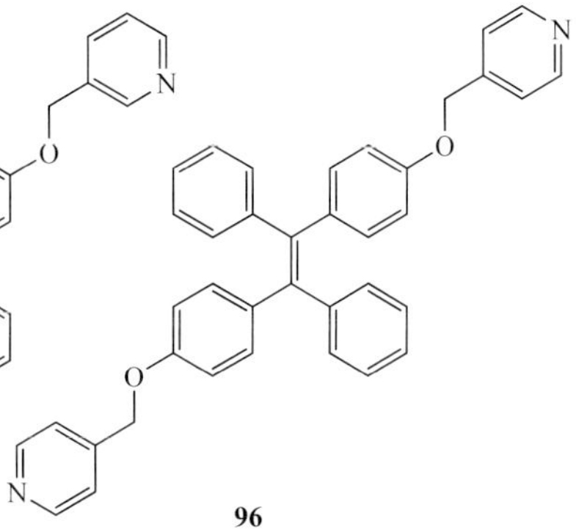　**96**

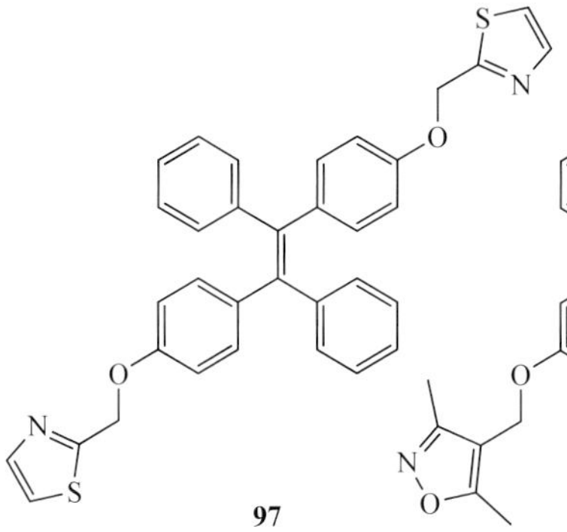

97 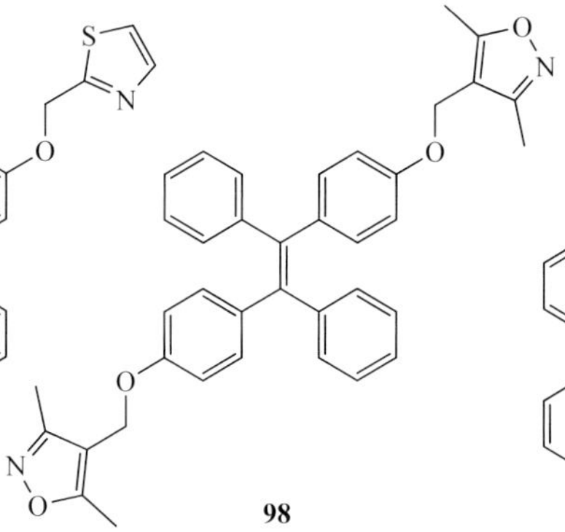　**98** 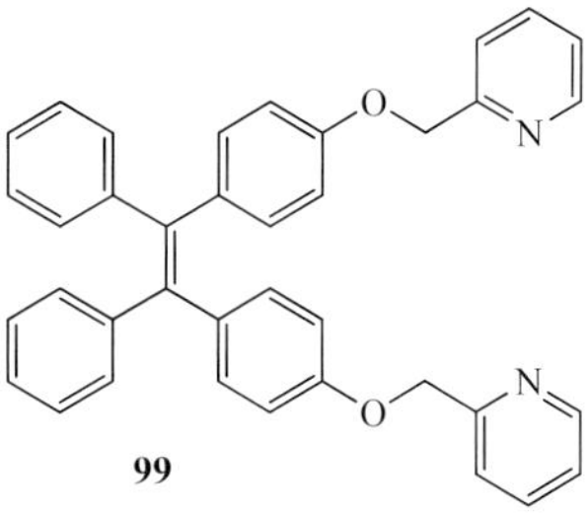　**99**

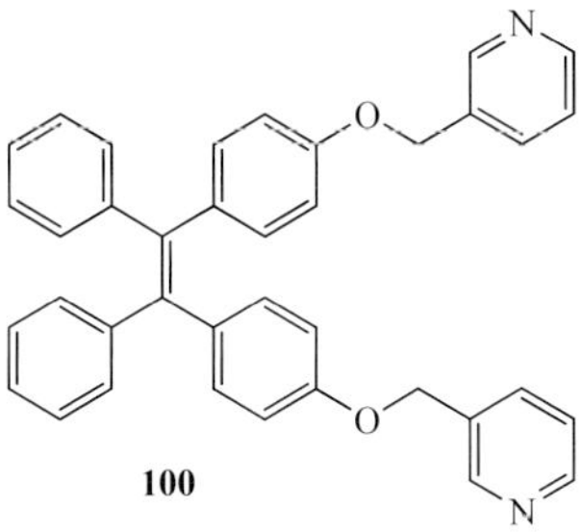

100 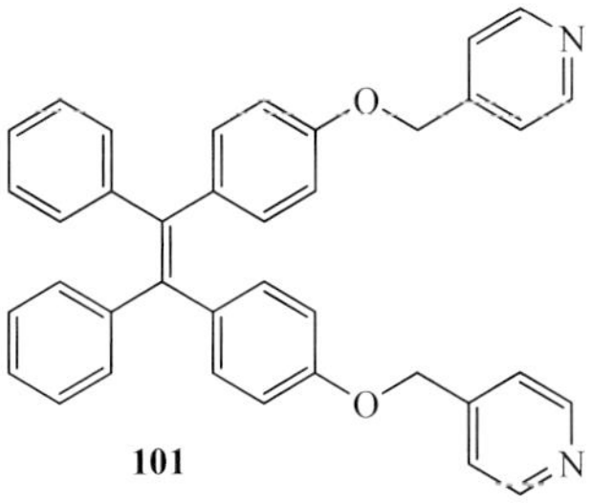　**101** 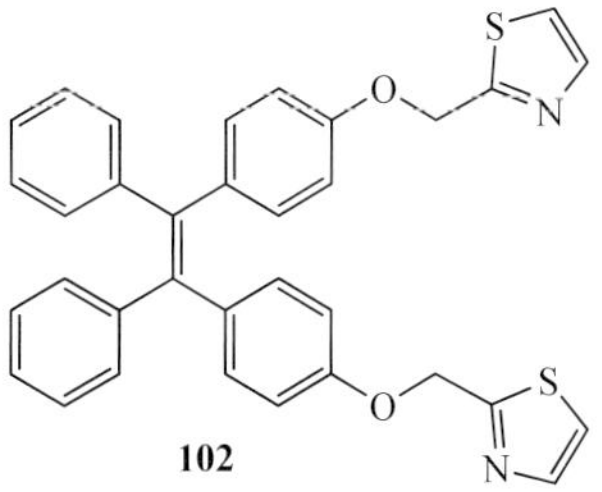　**102**

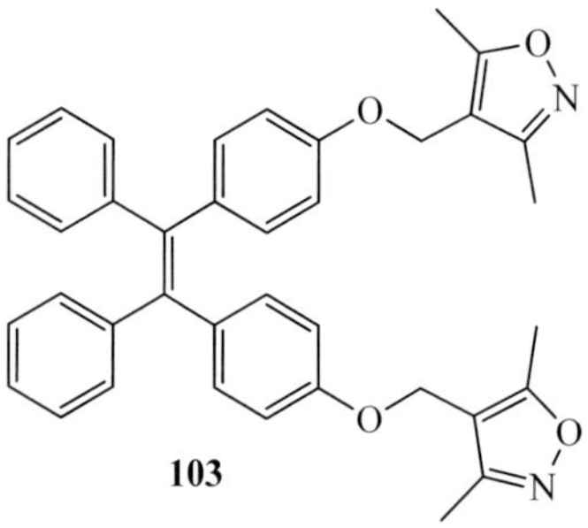

103

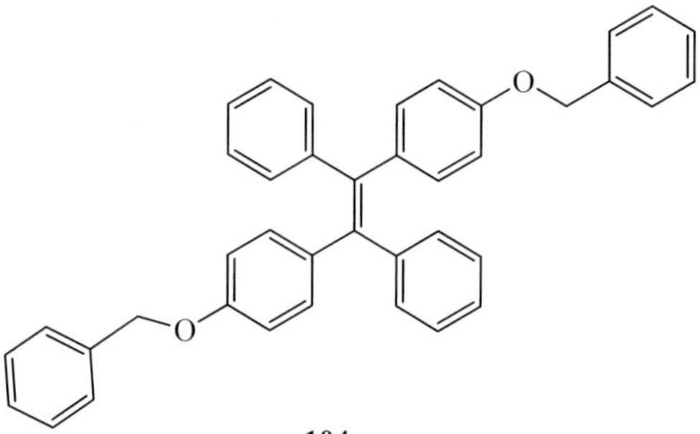

104

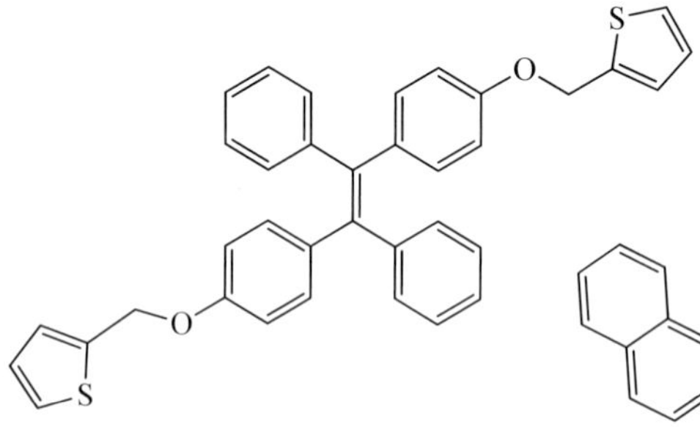

105

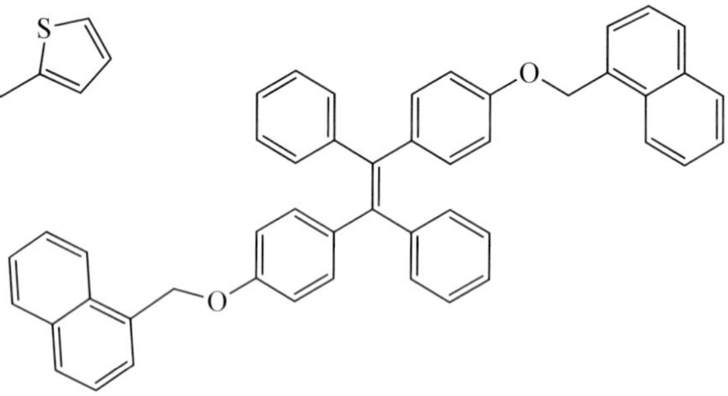

106

2019 年，Lv 等[54]通过改变醛基的取代位置，设计并合成了三种以 TPE 为骨架的 AIE 分子，分别命名为**107**、**108** 和 **109**。它们均表现出显著的力刺激发光变色响应性能，在研磨过程中表现出明显的颜色变化：**107** 从浅蓝光发射变成绿光发射，**108** 和 **109** 从浅绿光发射变成黄光发射。研究表明，醛基取代位置不同会影响异构体分子内电荷转移（ICT）的程度，从而可以有效地调节其光物理性质和力刺激发光变色响应特性。

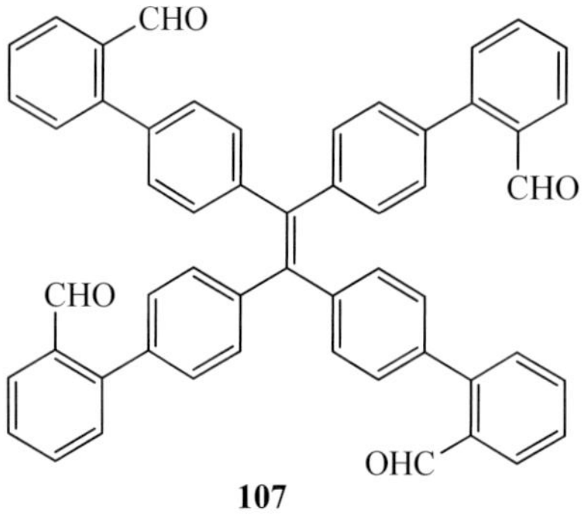

CHO CHO CHO OHC

107

CHO CHO OHC CHO

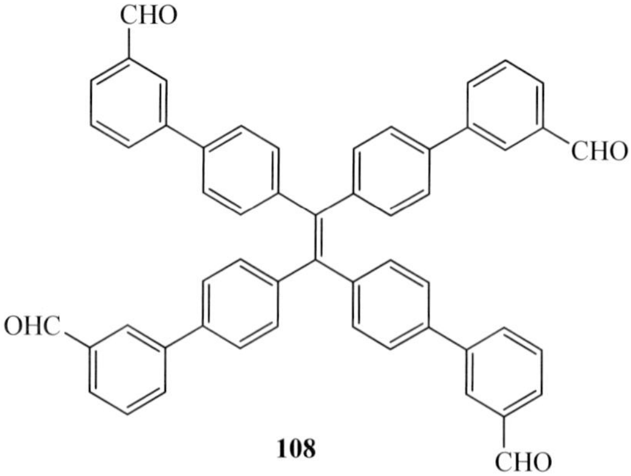

108

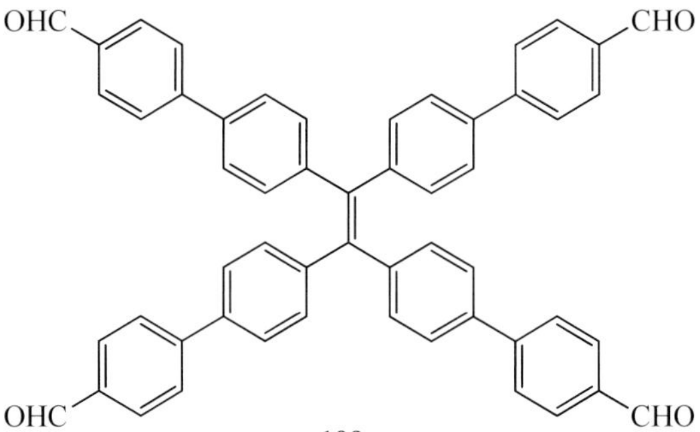

OHC CHO OHC CHO

109

随着压力的增加，绝大多数有机力刺激发光变色响应材料都表现为发光红移和发光猝灭。然而，在 2020 年，Yang 等[55]通过将蒽基取代在 TPE 的间位，合成了新型 AIE 分子（**110**），该材料具有高压发光蓝移和发光增强的异常现象。通过单晶结构分析发现，**110** 的晶体结构存在蒽单元的二聚体，因此分子在大气环境下表现为蒽二聚体的发光。理论和实验研究表明，当压力在 1.23～4.28 GPa 范围内时，随着压力增加，分子的堆积更加紧密，二聚体之间的距离也越来越小，使得二聚体的发光发生明显红移。能级差不匹配使得 TPE 到蒽二聚体的能量转移（ET）被抑制，此时晶体的发光来源于 TPE，因此发光会发生明显蓝移。并且在高压条件下分子内运动进一步受到抑制，TPE 单元的发光得到增强，这也是高压下发光增强的原因。此外，作者通过分析对比化合物 **111** 的单晶结构发现，该化合物无法形成蒽二聚体，并且表现为压致发光红移和发光猝灭，进一步证明了蒽二聚体的存在是化合物 **110** 具有异常压致发光变色响应性能的主要原因。该研究报道了一种利用抑制能量转移和 AIE 特性相结合的新设计策略来构建一类新型的压致发光蓝移和增强的有机发光材料。这项研究也为进一步理解基础光物理中高激发态发光过程提供了一个理想的模型。

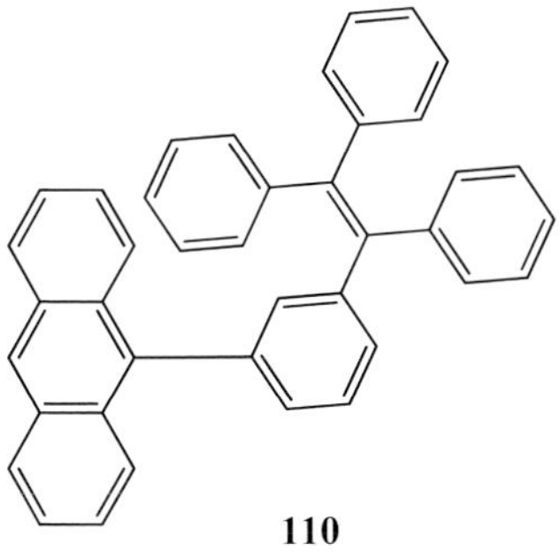

110 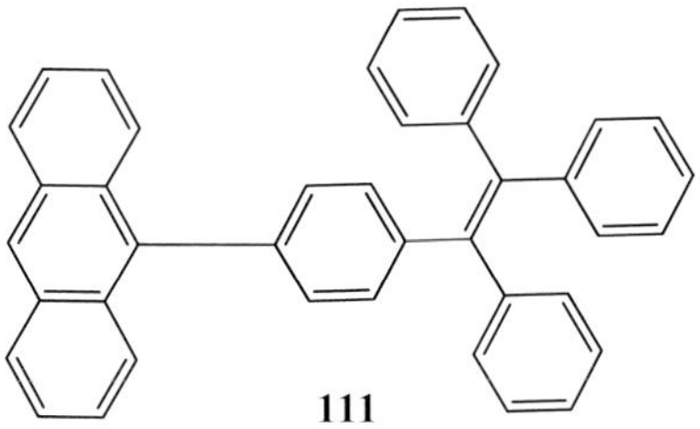　　**111**

2019 年，Pu 等[56]报道了一个基于 TPE 和菲咯啉单元的 AIE 分子 **112**。该化合物不仅具有 AIE 特性和力刺激发光变色响应的现象，而且还对 Zn^{2+}和 Hg^{2+}有特异性响应。研究发现，**112** 在四氢呋喃溶液中可选择性地检测 Zn^{2+}，检测限为 1.24×10^{-6} mol/L。同时，在水含量为 90%的四氢呋喃/水混合溶液中，**112** 也能选

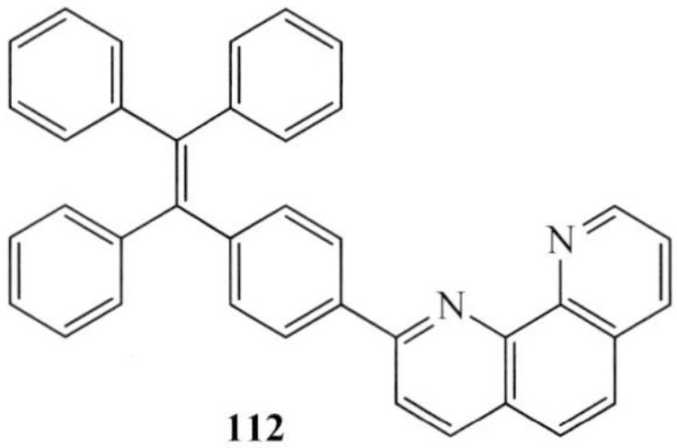

112

择性地检测 Hg^{2+}，检测限为 2.55×10^{-9} mol/L。并且，**112** 还表现出可逆的力刺激发光变色响应现象，研磨之后，其发光颜色由原来的蓝色（481 nm）变到绿色（512 nm）。粉末 XRD 结果表明，晶态和非晶态之间的形态转换是产生力刺激发光变色响应现象的主要原因。

研究发现，结晶速度对 AIE 材料的力刺激发光变色响应性能，特别是对机械刺激后的恢复过程有着重要影响。2012 年，Sun 等[57]报道了 *E* 和 *Z* 立体异构体 **113** 和 **114**。所合成的 *E* 异构体 **113** 是蓝光发射（447 nm）的灰白色固体，而研磨后其变成蓝绿光发射（477 nm）的淡黄色粉末，表现出 30 nm 的光谱位移的力刺激发光变色响应。在 120℃下热退火 1 min 后，研磨后的样品可还原为蓝光发射的灰白色固体。所合成的 *Z* 异构体 **114** 为蓝绿光发射（460 nm）的淡黄色固体，其研磨样品表现为蓝绿光发射（470 nm），具有相对较小的光谱位移（10 nm）。**113** 和 **114** 表现出不同的力刺激发光变色响应性能，这主要归因于 *Z* 异构体的结晶能力低于 *E* 异构体，可从它们的 PXRD 结果得以证明。也就是说，对于大部分是非晶态的固体，即使在机械研磨下，其聚集态结构和荧光光谱可能不会发生明显变化。除研磨外，加压也能导致 8 nm 的压致发光变色。因此，与压缩（或加压）相比，剪切（或研磨）作用更能有效地改变聚集态结构和发光光谱。有趣的是，*E* 异构体呈现出一种新的计时变色（chronochromic）现象，其发光光谱随时间而变化。计时变色表明，处于亚稳态的样品可在室温下缓慢地转变回热力学稳定的结晶状态。

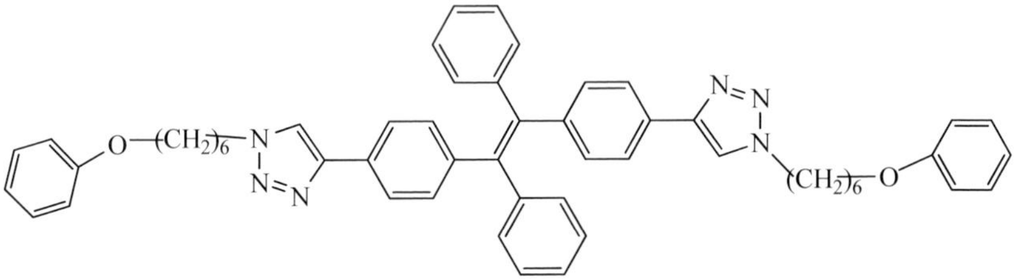

113

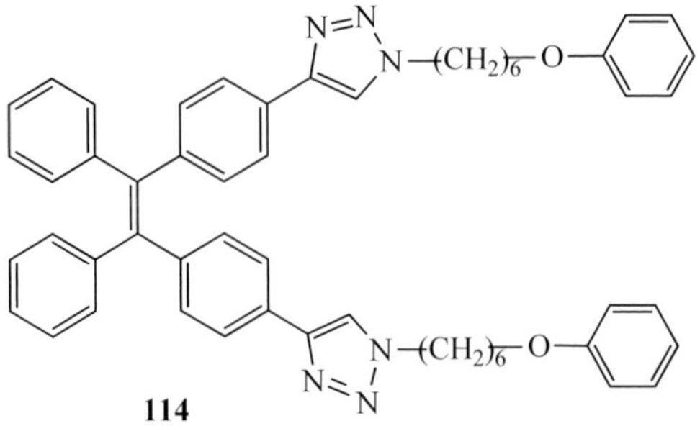

114

2015 年，Ma 等[58]报道了一种可以进行三种颜色切换的力刺激发光变色响应的化合物 **115**，其主要包含 TPE 单元和罗丹明 B（RhB）单元。研究发现，硼氮配位的存在能够抑制分子构象的变化，有助于化合物 **115** 结晶。而化合物 **116** 并没有引入硼原子，其单晶很难培养，目前只能得到非晶粉末，因此它只显示出双色转换。**115** 单晶为蓝光发射（441 nm），经温和研磨后先是转变为蓝绿光发射（468 nm），然后进一步研磨后转变为橙红光发射（576 nm）。通过在 150℃下加热橙红色样品 10 min，可恢复为蓝绿光发射（465 nm）。然而，无论是热处理还是溶剂处理，都无法从蓝绿色荧光样品中恢复到原来的深蓝光发射。实验表明，**115** 的力刺激发光变色响应的原因也是由于形态的改变，轻度研磨过程使得分子构象趋于平面化并诱导发光红移；继续研磨或粉碎，将提供更多的能量，使得螺内酰胺（spirolactam）的螺环 C 原子和酰胺 N 原子之间的共价键被破坏，导致 RhB 部分的开环反应；随后，分子构象从扭曲的螺内酰胺转变为平面化的两性离子结构，产生橙红色荧光。该工作利用一个简单的小原子来限制分子的构象和促进结晶并得到了多色开关力刺激发光变色响应材料，为机械化学的发展提供了广阔的前景。

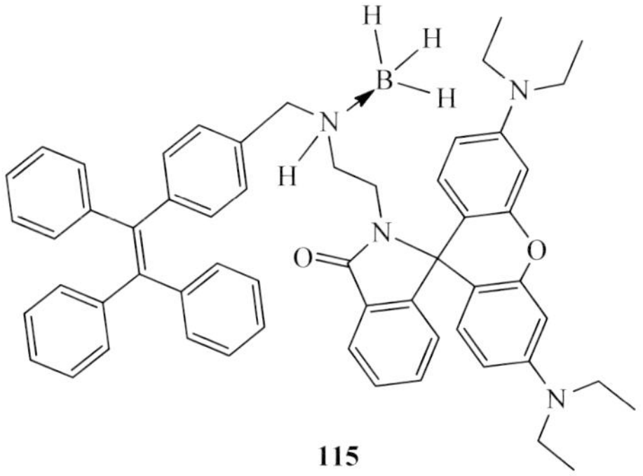

115 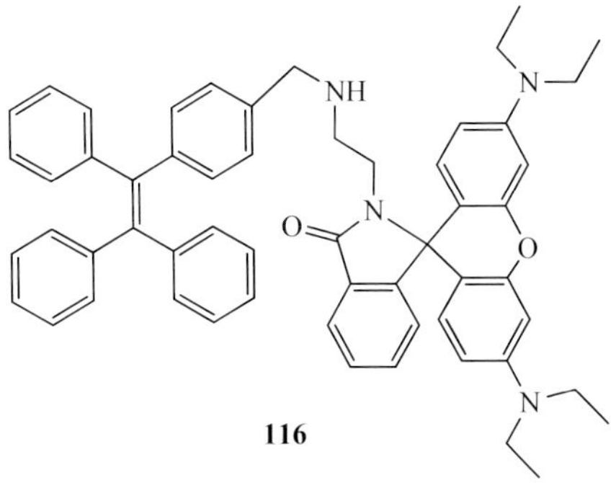　　**116**

2018 年，Pu 等[59]报道了一种带有罗丹明单元的 TPE 衍生物（**117**），其表现出明显的聚集诱导增强发光（AIEE）特性。此外，该发光材料表现出可逆的力刺激发光变色响应行为，能实现从橙色到红色的颜色变化。PXRD 测试结果证实，发光材料 **117** 的力刺激发光变色响应现象是由晶态和非晶态之间的形态转变引起的。

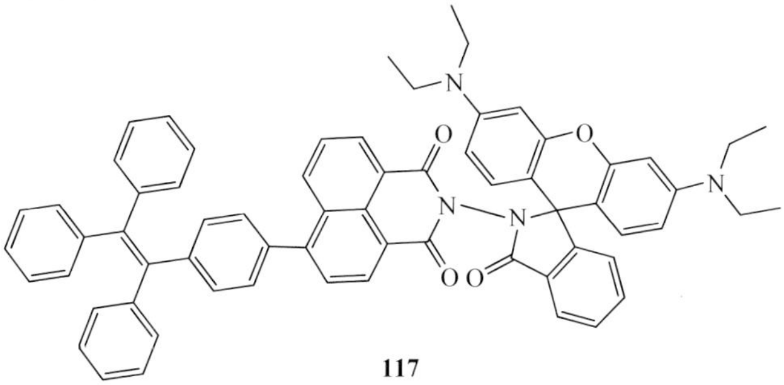

117

2019 年，Ma 等[60]通过席夫碱反应将 TPE 和罗丹明单元结合在一起，合成了具有 AIEE 性质的发光分子 **118**。他们得到了 **118** 的单晶，分析发现该单晶具有丰富的分子间相互作用，能够有效抑制激发态分子的非辐射跃迁，从而保障分子在晶态下的高发光效率。**118** 的发光对剪切和静水压力有明显的响应，并具有有趣的连续多色酸性变色特性。在剪切力作用下，晶体粉末的发光颜色从蓝色（440 nm）到绿色（475 nm）再到红色（580 nm）变化，这分别归因于罗丹明内酰胺的 LE 发射、HLCT 发射和环形发光。在静水压力作用下，由于高压诱导电荷分离和压力诱导发光猝灭，单晶的荧光呈现从蓝色到绿色再到深色的颜色变化。更有趣的是，通过 TFA 熏蒸，**118** 实现了一个高对比度的发光颜色转换，能够从蓝色到黄色再到红色。他们发现，亚胺和罗丹明内酰胺的质子化反应在变色过程中起关键作用。

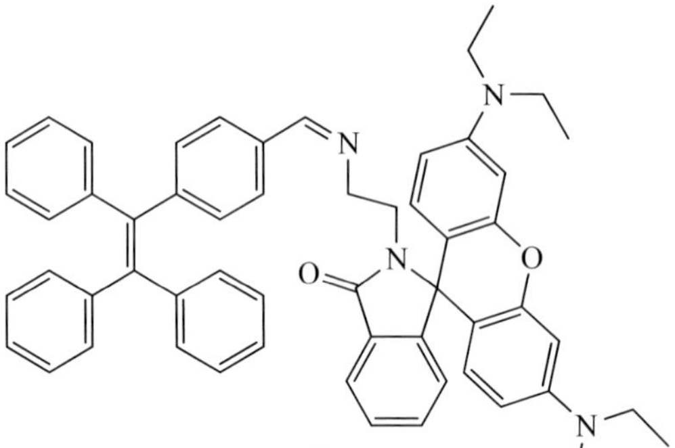

118

2014 年，Chi 和 Xu 课题组[61]开发了一种基于机械和质子-去质子控制的具有显著四色切换的 AIE 活性材料 **119**。他们得到了三种单晶（C1：去质子化，C2：与苯并噻唑质子化，C3：C2 晶体中带溶剂），显示出不同的发光特性，表明 **119** 的酸刺激反应过程经历了两步转化，即苯并噻唑的质子化和平面化，以及 **119**-HCl 中溶剂释放。所有的单晶均属于单斜体系，由弱 C—H…π作用堆积成层。例如，在 C1 中分子采取反向耦合，在每一层中相邻分子间具有尾对尾的 O—H…π和 C—H…O 氢键相互作用。由于这种强相互作用，分子构象受到限制，非辐射通道被阻断，导致 C1 的 Φ_{PL} 高。当苯并噻唑与氯离子反离子质子化后，所得 C2 呈现不同的堆积模式，其中分子间相互作用主要由层内 O—H…Cl^-(Ⅱ)和 N—H…Cl^-(III)相互作用组成。每个单元是由四个质子化的 **119** 分子组成，四个氯离子被注入心形通道。此外，在 C1 和 C2 晶体中，沿质子化分子的长轴形成 H-聚集。C1 和 C2 中苯并噻唑平面之间存在弱的π-π相互作用，两个苯并噻唑平面之间的质心距离分别为 3.639(2)Å 和 3.771(1)Å。与 C1 晶体相比，C2 晶体中相邻分子间苯并噻唑平面的π-π重叠明显增加，因此激子耦合增强，发光红移。对于 C3，溶剂分子和氯离子一起被填充到心形通道中。此外，C3 并不存在分子间的π-π堆积和 H-

聚集，C3 分子主要是通过 N—H⋯Cl^-(Ⅰ)、O—H⋯Cl^-(Ⅱ)和 C—H⋯Cl^-(Ⅲ)相互作用而结合在一起，这些相互作用可能是由于晶体结构中引入溶剂分子产生的。然而，与 C2 中的分子相比，C3 中相邻苯基环间分子的二面角明显减小。分子结构的平面化可以大大提高电子共轭，以产生更有效的 ICT 过程，从而使 **119**-HCl 单晶的发光由绿色转变为黄色。由于 C3 中 **119**-HCl 显色团被溶剂分子包围，溶剂弛豫过程的出现可能导致显著的荧光红移。事实上，由于随着分子构型的恢复，溶剂分子逐渐从通道中逸出，C3 的发光在室温下两周后可以自发地恢复为 C2 的发光。通过 PXRD 和 DSC 分析并结合理论计算结果，将原始 **119** 粉末经研磨后表现出的力刺激发光变色响应归因于微晶的非晶化，以及其随后产生的分子共轭扩展。**119** 的多色转换特性表明这种新型的 AIE 材料是一种很好的可应用于化学传感器、光学显示器和可擦写光学介质等领域的候选材料。

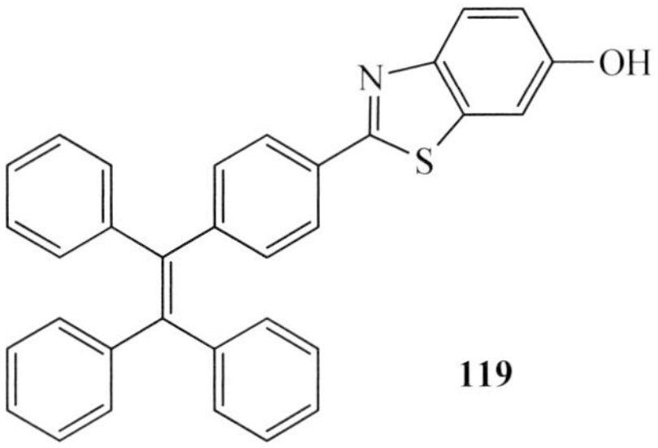

119

2015 年，Misra 等[62]报道了受体苯并噻唑（BT）取代的 TPE 化合物（BT-TPEs）**120**～**122**，研究 BT 和 TPE 之间的连接方式对光物理、AIE 和 MFC 性能的影响。研究结果表明，这些特性与 BT 和 TPE 单元之间的连接方式（对位、邻位和间位）密切相关。研磨邻位取代的 **120**，观察到了最小的光谱位移，为 9 nm（从 478 nm 变为 487 nm）；而研磨间位取代的 **121** 后，观察到最大的光谱位移，为 51 nm（从 432 nm 变为 483 nm）。对位取代的化合物 **122** 的光谱位移为 26 nm（从 458 nm 变为 484 nm）。与 **121** 相比，单晶结构表明 **120** 具有高度扭曲的构象和紧密的分子排列，导致 MFC 展现出不同的荧光变化。此外，上述发光变化可通过溶剂熏蒸实现可逆的变化。MFC 还可以承受反复的研磨-熏蒸循环，从而排除了这些过程中存在化学变化。PXRD 结果也表明，这些化合物的 MFC 与形态变化有关。

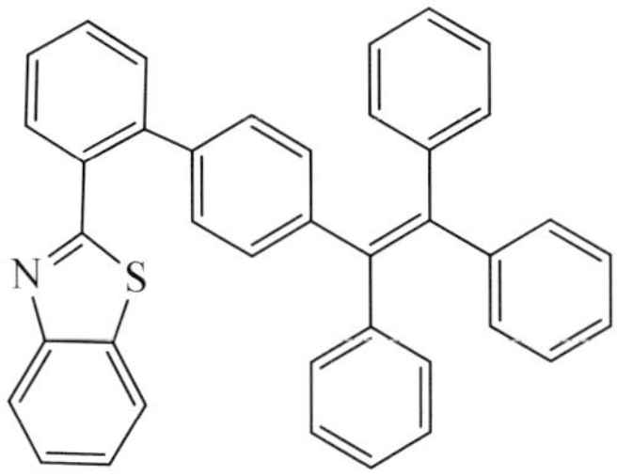

120 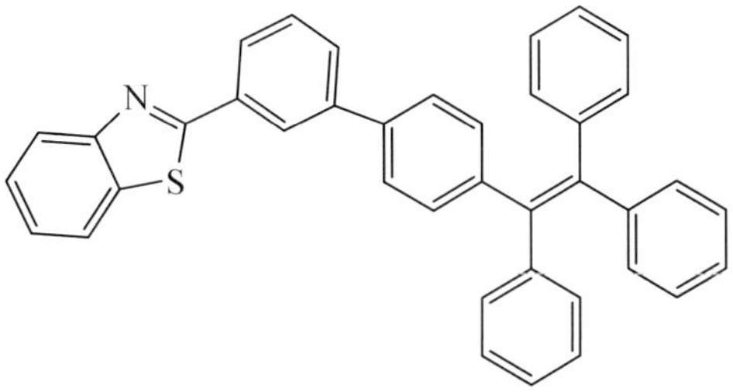　　**121**

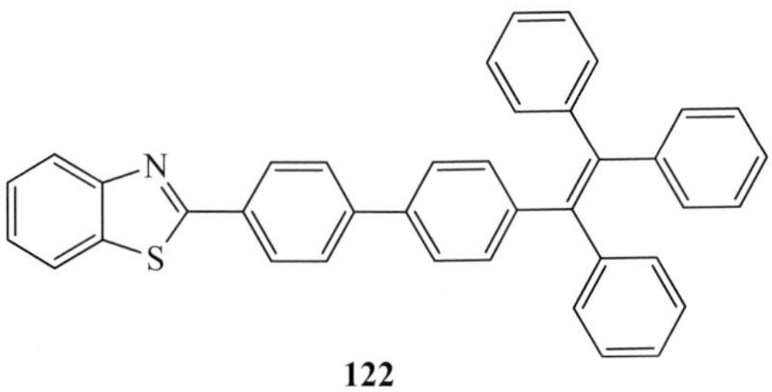

122

2018 年，Misra 等[63]设计并合成了以 BT 和苯并噻二唑（BTD）为受体，TPE 为供体的多色 D-A-A′异构体。通过改变BTD-TPE 相对于BT 的位置，即邻位（**123**）、间位（**124**）和对位（**125**），来改变受体强度。这些异构体中，利用位置变化可以影响受体强度和分子堆积。同分异构体在不同极性溶剂中表现出明显的溶剂化发光变色行为，发光从蓝色变到橙色，具有大的光谱红移。异构体的非平面结构导致聚集态的发光强度增强。所有化合物都表现出绿色到黄色之间的可逆力致发光变色特性，顺序为 **125**＞**124**＞**123**，且已被用于无墨水可擦写纸的开发。PXRD 研究表明，力致发光变色和亚稳态的形成是由晶态到非晶态的形态转变造成的。单晶 X 射线分析表明，**123** 具有高度的扭曲结构和紧密的三维骨架，降低了给体部分在研磨时实现平面化的灵活性，这也解释了它对机械力刺激响应较低的原因。此外，该异构体在溶液和固体中对三氟乙酸有响应，表现出发光波长和发光强度的变化，因此可作为潜在的传感器用于三氟乙酸的检测。

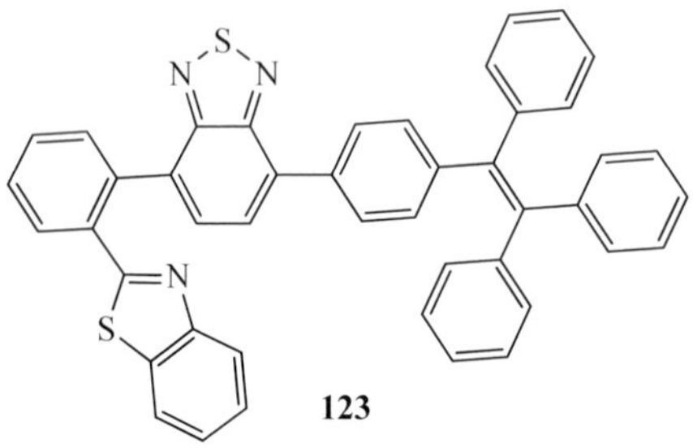

123 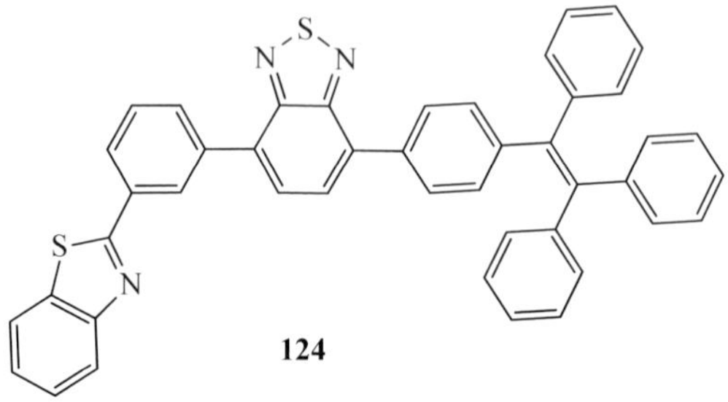 124

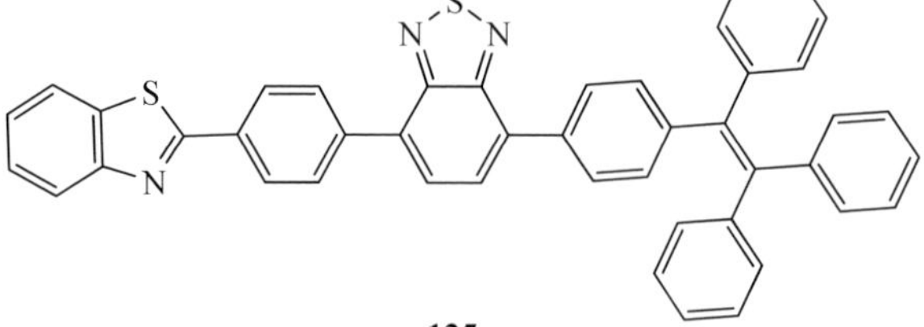

125

2020 年，Ni 等[64]设计并合成了一种新的四苯乙烯基 BT 化合物（**126**），其具有多种刺激发光响应特性和 AIE 行为。**126** 表现出水刺激发光响应特性。当向 **126**

的 THF 溶液中注入大量水（≥70%）时，随着停留时间的增加，混合物的发光蓝移并且发光强度逐渐增加，发光颜色由弱海蓝色变为亮蓝色。此外，**126** 表现出可逆的酸性发光变色行为。当 **126** 暴露于三氟乙酸（TFA）时，最初的蓝色发光立即转变为黄绿色发光，而当其暴露于三乙胺（TEA）时，能变回初始的蓝色发光。有趣的是，**126** 还表现出可逆的力致发光变色行为。当用杵研磨时，**126** 的蓝色发光（440 nm）转变为黄绿色发光（460 nm），当研磨后的粉末被 DCM 蒸气熏蒸时，其发光转变成原始的蓝色发光。

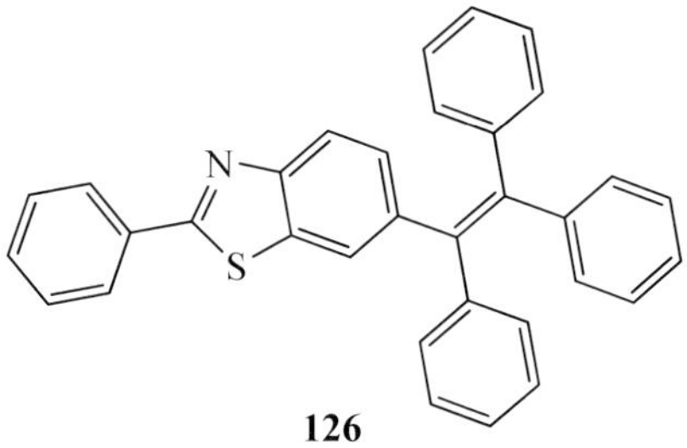

N S

126

2015 年，Shan 等[65]报道了三种经 TPE 单元修饰的吡啶基材料（**127**、**128** 和 **129**），都具有 AIE 特性。这三种化合物的晶体具有明显的力刺激发光变色响应特性，发光颜色和强度的对比度都很高。所有的发光材料都能经受多次研磨-加热的循环处理，同时发光颜色可在蓝色和绿色之间进行可逆转换。当被研磨时，**127** 粉末的发光波峰值由 429 nm 变为 460 nm。同样，**128** 和 **129** 在研磨后都表现出发光红移的现象，分别从 446 nm 变到 464 nm 和 430 nm 变到 455 nm。与原始样品和退火样品相比，研磨样品的发光强度更大，可以直接观察到，对比度相对较高。PXRD 和 DSC 结果表明，力致荧光变色的形成机理是在外界刺激下晶态和非晶态之间的相互转化。利用这些化合物作为发光层制备了非掺杂 OLED 器件，获得的最大电流效率和功率效率分别为 2.3 cd/A 和 2.0 lm/W。

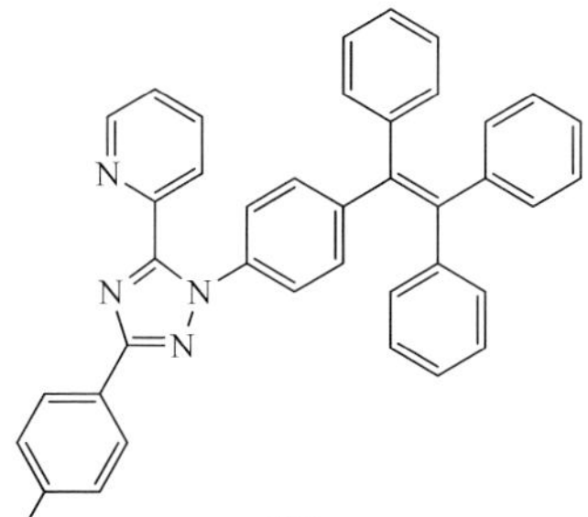

N N N N F **127**　　N N N N **128**　　N N N **129**

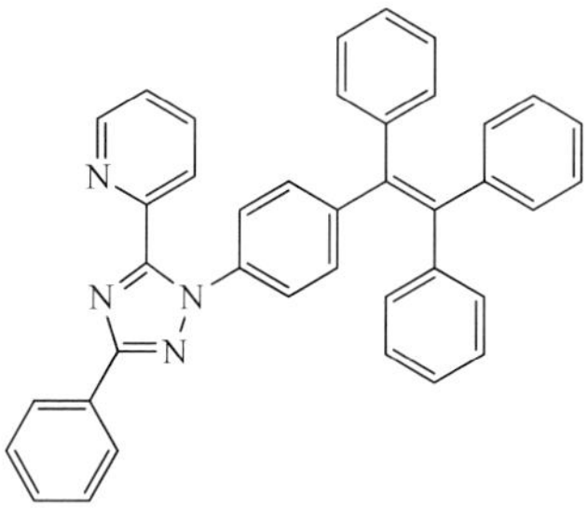

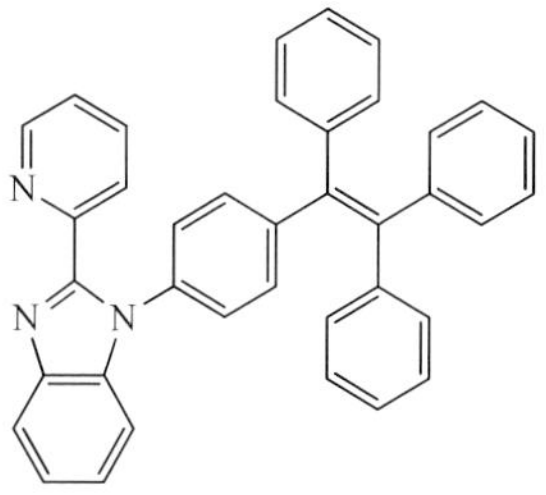

2017 年，Lu 等[66]开发了两种含有菲并咪唑（PI）和四苯乙烯（TPE）的力刺激发光变色响应材料（**130** 和 **131**）。在 0.0～10.1 GPa 压力范围的测量过程中，它们显示出可观测到的荧光信号，并且施加压力与最大发射峰值波长之间具有一维

的线性关系，以及良好的可逆性。在 **131** 的分子结构中，由于 TPE 和 PI 单元之间引入一个苯环而增加了长轴比，因此与 **130**（69 nm 和 6.12 nm/GPa）相比，表现出更高对比度的力致发光变色（102 nm）和更好的灵敏度（11.19 nm/GPa）。原位紫外-可见吸收光谱表明，TPE 单元中的苯环趋于平面化。原位拉曼光谱证实，加压-减压过程中分子间相互作用增强，没有发生相变。高强度同步辐射原位角色散 XRD（ADXRD）谱图表明，**131** 在 10.1 GPa 高压下保持原有的分子结构。以上结果表明，在高压条件下存在着超放大效应，影响了分子对外界压力的反应能力，同时调节高压测试中的分子结构，可以调节力刺激发光变色响应的对比度和可逆性。实验结果不仅加深了对力刺激发光变色响应机理的认识，而且有助于开发一种简单可行的策略用以评价发光材料的高压响应性能。

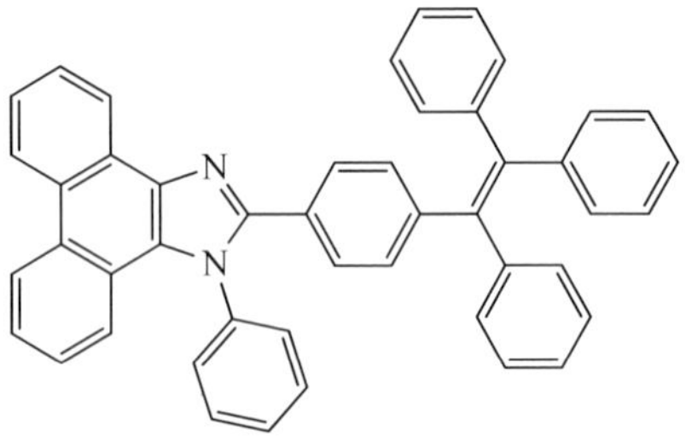

130 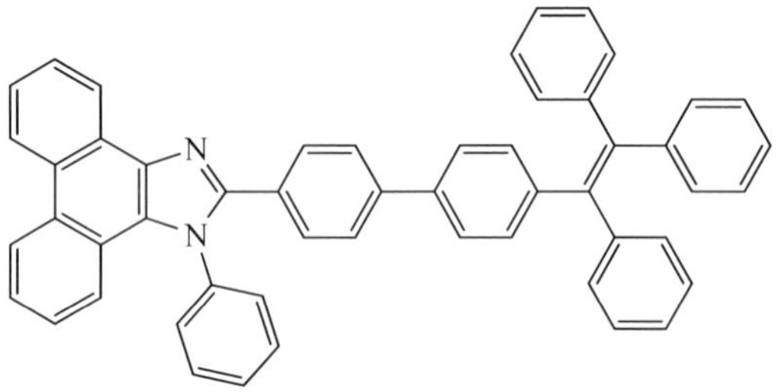　　**131**

Misra 等[67]开展了具有 AIE 特性的菲并咪唑衍生物力刺激发光变色响应性能的研究，设计了不同取代位置的异构体 **132** 和 **133**，研究了三苯胺（TPA）和 TPE 单元的位置对化合物 AIE 和力刺激发光变色响应性能的影响。**132** 的单晶 X 射线分析表明，TPA 和 TPE 单元的多个苯环呈现螺旋桨方向，证实 **132** 和 **133** 具有很明显的 AIE 特性。初始的 **132** 发光波峰位于 439 nm，当研磨后，在 461 nm 处有一个低强度的天蓝色发光波峰，最后发光红移到 492 nm，发出明亮的绿色荧光。当研磨样品在 230℃下加热退火 5 min 后，能够恢复成初始的蓝色荧光，但发光波长蓝移到 433 nm。这说明 MFC 性能具有良好的可逆性，它们的发光颜色能够在蓝色和绿色之间进行可逆转变。他们将 461 nm 处的波峰归因于原始样品经温和研磨后产生的中间物种，而加大研磨强度导致产生 492 nm 发光波峰。上述结果表明 **132** 对机械力刺激具有高度敏感的性质，他们猜测 **132** 的高灵敏度可能是由于 TPE 单元直接连接到咪唑环的 N 原子上。**133** 的原始样品同样在 449 nm 处发出明亮的蓝色荧光，在研磨时发光红移，研磨后在 500 nm 处发出亮绿色荧光，并在 200℃退火 5 min 后能够恢复到原来的状态。PXRD 研究表明，晶态向非晶态的转变是发光颜色变化的直接原因。此外，采用 **132** 和 **133** 作为发光层制备的非掺杂 OLED 器件，分别获得了 2.8%和 4.0%的外量子效率。

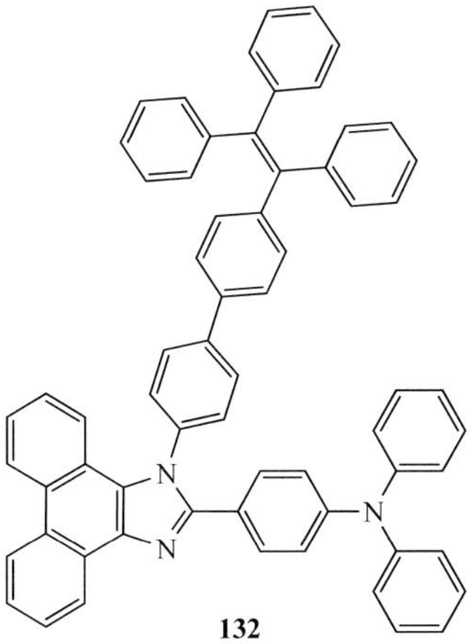

132

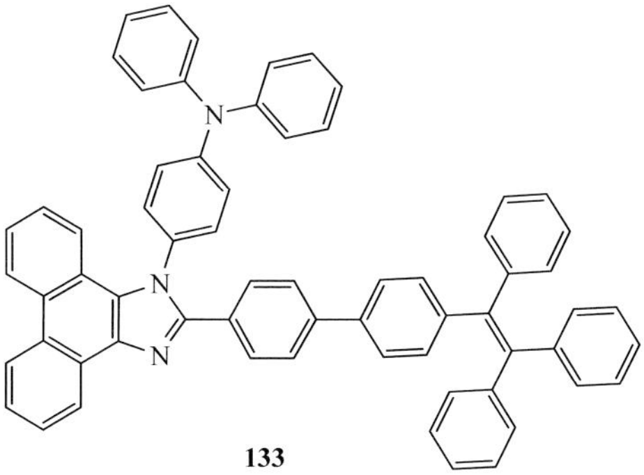

133

Tong 等[68]设计并合成了两个具有 AIE 和力刺激发光变色响应特性的双极性蓝光分子 **134** 和 **135**。它们都具有良好的热稳定性（**134** 和 **135** 的 T_d 分别为 505℃和 510℃）、很显著的 AIE 性能和可逆的力刺激发光变色响应特性。在固态下，**134** 和 **135** 的量子产率分别高达 61.9%和 73.4%。这两个化合物的固体都为白色粉末，紫外光激发下为蓝光发射。研磨后，固体变黄并发射蓝绿色荧光（**134** 的发光波峰值从 438 nm 变到 450 nm，**135** 的发光波峰值从 450 nm 变到 480 nm），研磨后的粉末经溶剂熏蒸后，发光颜色能够回到原始的状态。用肉眼可以观察到发光颜色的变化，表明它们是典型的力致发光变色材料。他们认为力致发光变色的机理是由于研磨改变了分子排列。基于 **135** 制备的非掺杂蓝光 OLED 的外量子效率（EQE）、电流效率（CE）和功率效率（PE）分别为 2.48%、6.46 cd/A 和 4.72 lm/W。以 **135** 制备的掺杂 OLED 对应的 EQE、CE 和 PE 分别为 3.55%、6.67 cd/A 和 5.52 lm/W。在同时具有 AIE 和力致发光变色的蓝色材料方面，这些发光材料的 OLED 器件性能是最好的。

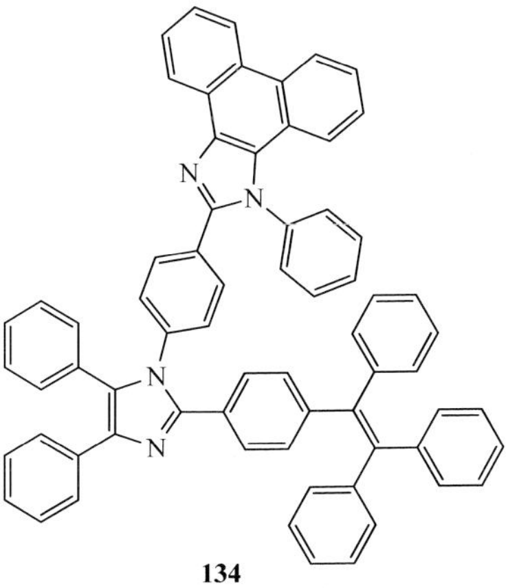

134

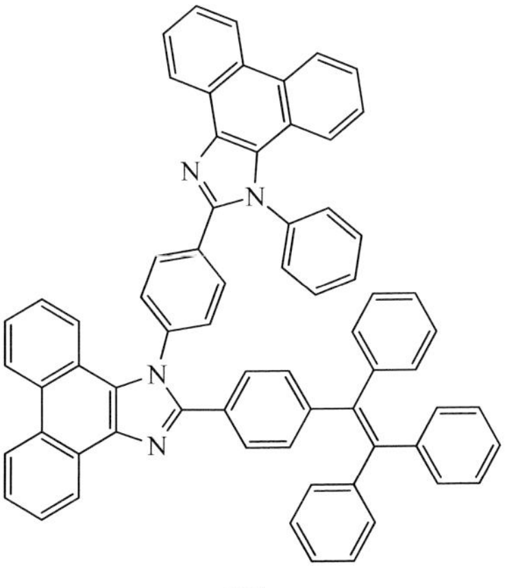

135

Ni 等[69]报道了四种 *N*-取代 TPE 基苯并咪唑衍生物 **136**～**139**，这些苯并咪唑是由 4-四苯乙烯醛与 *N*-取代邻硝基苯胺经环化反应合成的。这四种化合物具有典型的 AIE 性质，以及较高的固态绝对荧光量子产率（38.1%～65.7%）。这些化合物在外压和 DCM 蒸气作用下表现出可逆的力致发光变色行为，发光颜色在蓝色、黄绿色之间变化。单晶结构分析表明，它们的分子堆积比较松散，层间存在界面间隙，在外力作用下晶体堆积结构很可能被破坏。PXRD 结果证实了扭曲晶态向平面非晶态的转变与化合物的力致发光变色行为有关。此外，以化合物 **137** 和 **138** 作为发光层，制备了蓝光 OLED 器件，并取得不错的效果。

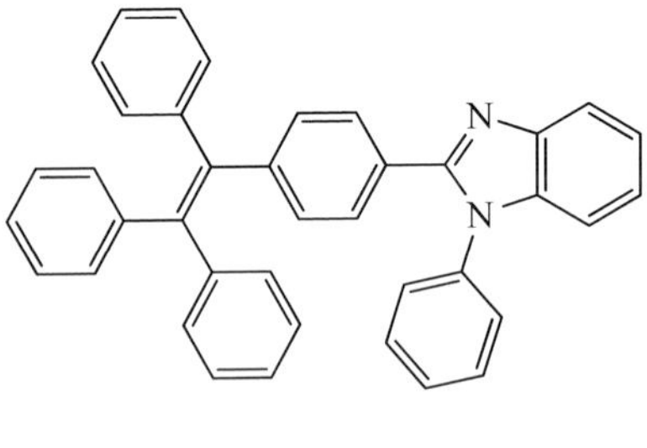

N N

136

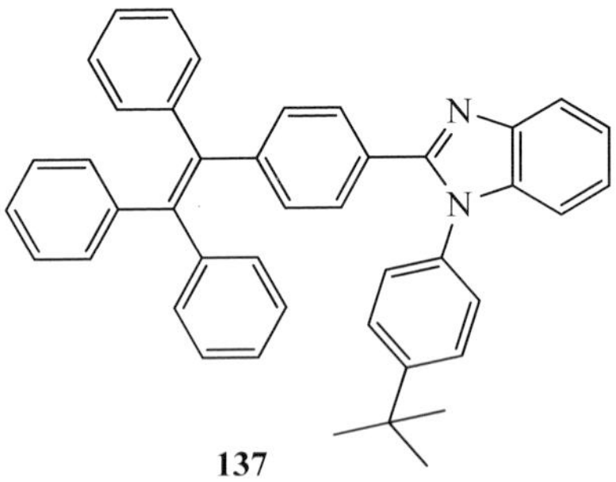

N N

137

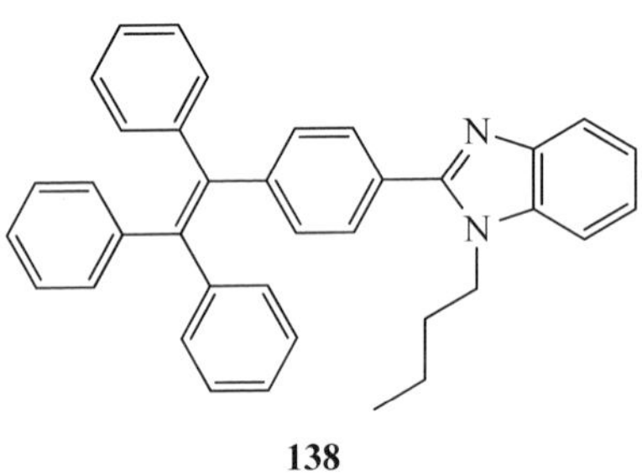

N N

138

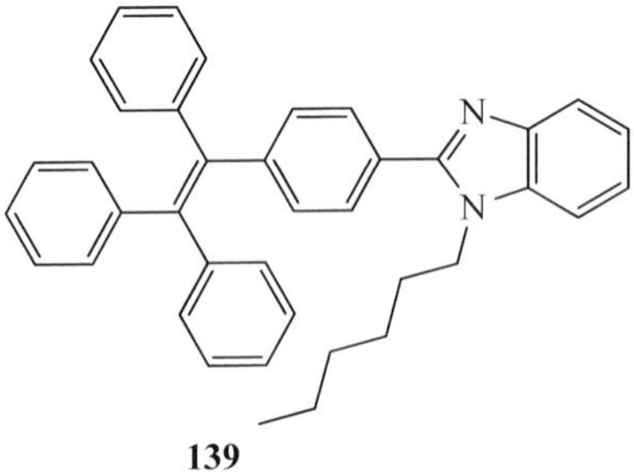

N N

139

Yang 等[70]设计并合成了具有不同非共轭取代基的 AIE 活性 TPE 功能化吡唑啉衍生物（Br、F、*N*, *N*-二甲氨基和氰基分别对应 **140**、**141**、**142** 和 **143**）。化合物固体的荧光光谱对机械力刺激十分敏感。在机械力刺激下，所有化合物的固体荧光峰均发生红移，**140**、**141** 和 **142** 的荧光量子产率增加，而 **143** 的荧光量子产率略有下降。通过结构-性能关系的分析，系统地研究了机械诱导发光增强（MIEE）机理。结果表明，具有 MIEE 性质的吡唑啉环在晶体中形成了弱 π-π 堆积的 H-聚集体，研磨后，构象平面化和 H-聚集被破坏的协同作用导致荧光峰红移，荧光强度增强。相反，**143** 形成松散的 J-聚集体，分子间相互作用较弱，研磨引起的构象平面化和分子间相互作用的增加导致发光波峰红移，强度略有降低。这项工作清楚地解释了分子结构和排列方式对材料力刺激发光变色响应性能的影响。

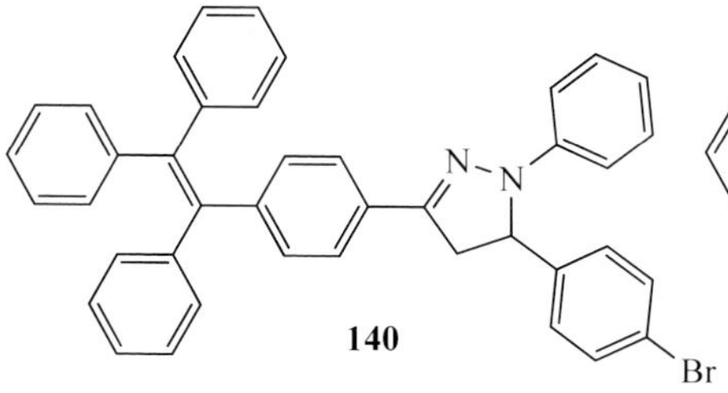

140 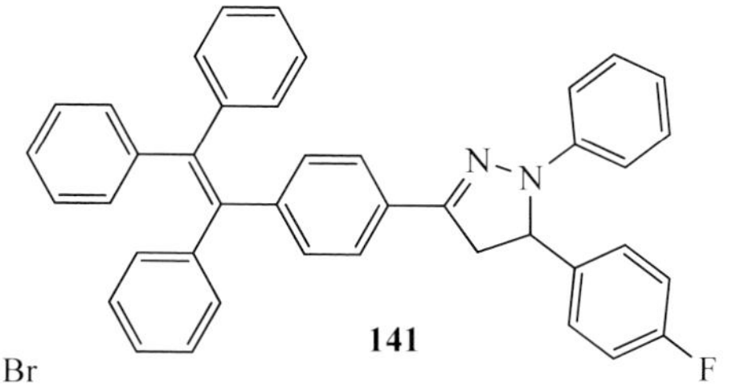　**141**

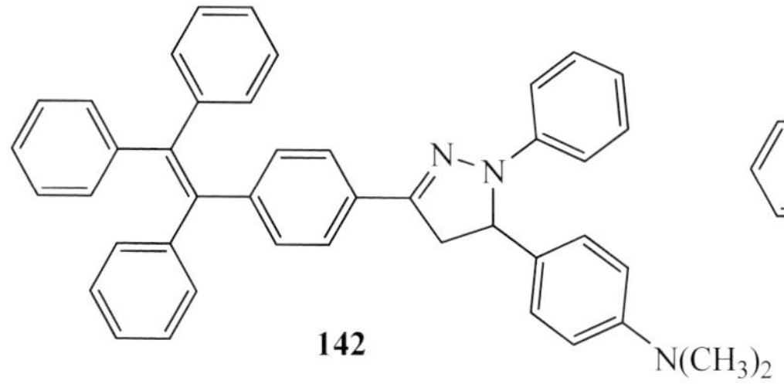

142 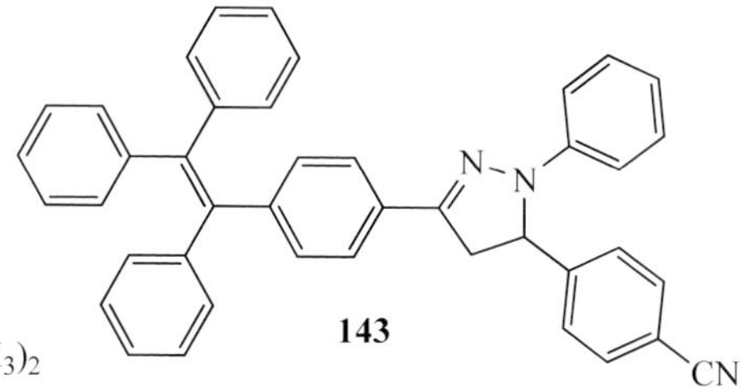　**143**

Tang 等在 2012 年报道了一种固态发光可调的苯并噻唑功能化 TPE 的 AIE 材料 **144**[71]。在轻轻研磨后，**144** 晶态样品的黄色发光（565 nm）红移变成红色发光（650 nm）。用丙酮蒸气熏蒸该红色粉末 10 min，可恢复为原有的黄色荧光。由于这些外界刺激是非破坏性的，因此样品能够经受多次黄色、红色发光颜色的反复切换。此外，研磨样品在 150℃下加热 10 min，其发光颜色则从红色变为橙色。PXRD 测试表明，原始样品是晶态的，研磨后转化为非晶态，然后通过热处理和溶剂熏蒸使其恢复为结晶状态。因此，在 **144** 中观察到的力致发光变色是由晶态到非晶态之间的形态变化产生的。此外，还发现热处理不能完全恢复最初的黄色晶体，这表明溶剂熏蒸比热处理更有利于结晶。

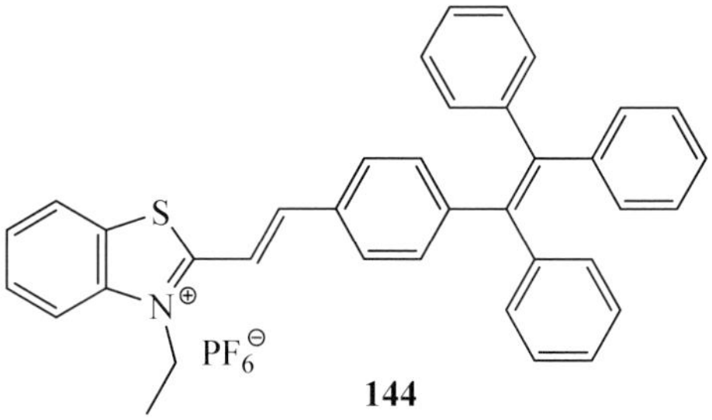

144

由 Tang 等在 2013 年合成了一种具有多功能的 TPE 基吡啶盐发光材料 **145**[72]。化合物 **145** 具有 AIE 性质，因为它在溶液中呈弱发光，但在弱溶剂（反溶剂）或固态中聚集为纳米颗粒悬浮液时发光强度很高。与一般晶化不同的是，**145** 的晶态聚集体比非晶态聚集体表现出更强和更短波长的发光。通过研磨-熏蒸和研磨-加热处理，**145** 的固态发光可以在绿色和黄色之间可逆切换，这是由于晶态和非晶态之间的可逆转换。**145** 晶体为棒状，具有较大的斯托克斯（Stokes）位移和有序的分子排列，使其具有良好的光波导应用前景，光损耗系数低达 0.032 dB/mm。

晶态 **145** 发射绿光（515 nm），Φ_{PL} 为 31.8%，经温和研磨后形成的非晶态粉末表现为黄色发光（600 nm），Φ_{PL} 为 20.4%。用丙酮蒸气熏蒸 10 min 或在 150℃加热 10 min，粉末的发光变成绿色，说明这种转变是可逆的，绿色和黄色的发光颜色转换可以多次重复。从 PXRD 谱图上可以看出，化合物 **145** 的原始粉末具有许多尖锐的衍射峰，表明其是有序排列的。相比之下，对于研磨样品，几乎所有衍射峰消失，表明低结晶度和非晶态特征。当在加热或溶剂熏蒸处理后，尖锐的衍射峰再次出现，表明非晶粉末重新转变成结晶粉末。进一步研究表明，由于螺旋桨形 TPE 单元的存在，仅存在微弱的分子间相互作用，在外界作用下很容易破碎，并且通过加热和溶剂熏蒸处理还可得以恢复，因此化合物 **145** 具有良好且可逆的力刺激发光变色响应性能。

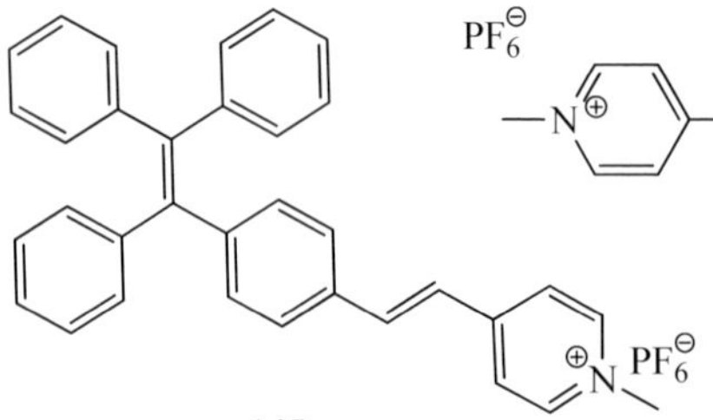

$PF_6^{\ominus}$ $PF_6^{\ominus}$ $PF_6^{\ominus}$

145 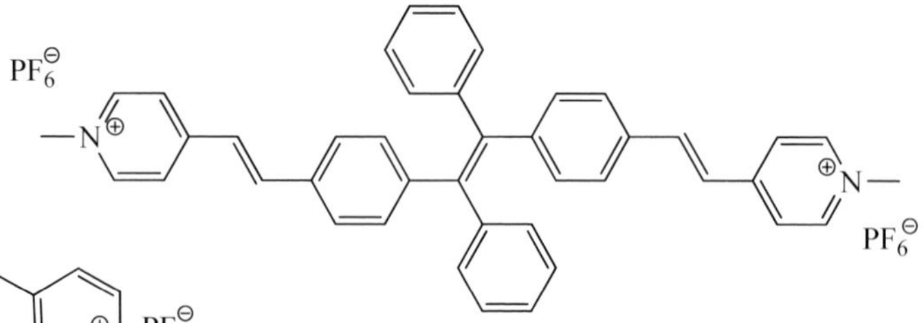 **146**

2015 年，Tang 等[73]在 **145** 的基础上再引入一个吡啶盐基团，形成 A-D-A 的分子构型，制备了新型 MFC 分子 **146**。与化合物 **145** 不同的是，化合物 **146** 表现为不可逆的 MFC 性能。即使通过提高退火温度或延长溶剂熏蒸时间，化合物 **146** 的 MFC 仍表现为不可逆。所合成的化合物 **146** 是具有强烈黄绿色发光（560 nm）的浅黄色固体，在用杵研磨或用刮刀剪切后，其发光移动到 605 nm，显示出 45 nm 的红移。此外，研磨后 **146** 的荧光强度减弱，Φ_{PL} 从 43%下降到 18%。PXRD 谱图表明，原始固体为结晶态，研磨后样品为非晶态。然而，通过简单的溶剂蒸气熏蒸和热退火处理，**146** 在黄色晶体粉末和红色非晶粉末之间出现了不可逆的转变。只有在合适的溶剂中溶解固体再结晶才能恢复最初的发光。研究表明，**146** 多个带电基团之间存在很强的静态相互作用，使得分子的堆积变得十分紧密，因此表现出很差的 MFC 可逆性。

2013 年，Zhang 等[74]报道了一种含有 TPE 和螺噁唑啉单元的新型分子开关化合物 **147**。该分子不仅保留了闭环形式（CF）聚集诱导的蓝光发射，而且在质子化开环形式（POF，**148**）下显示出红色发光，该红光来源于 ICT。有趣的是，POF 在溶液中表现出一种新的聚集和关环的协同过程。在水的刺激下，POF 能够实现从红色持续到青色的多重发光调节。此外，化合物 **147** 还可以通过各种外部刺激（包括机械研磨和酸碱处理），在固态下实现多重发光性能。他们认为，噁唑啉基

团的引入使分子 **148** 具有相对柔软的分子间相互作用，如 C—H⋯N、C—H⋯π和 C—H⋯O 等，从而使得其 MFC 性能增强。同时他们也认为，这种多重刺激发光响应材料在成像和传感领域有广泛的应用前景。

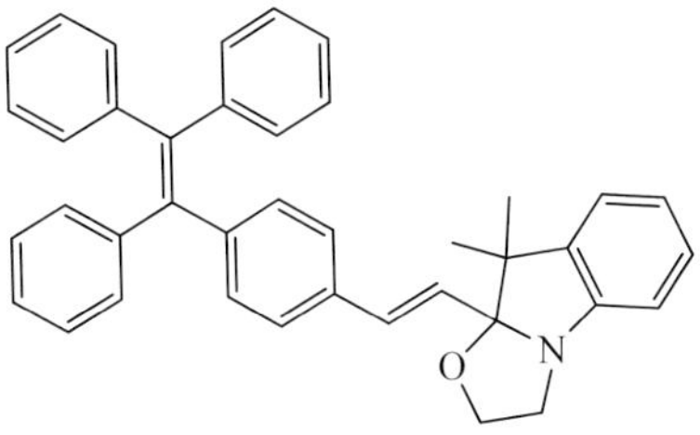

147 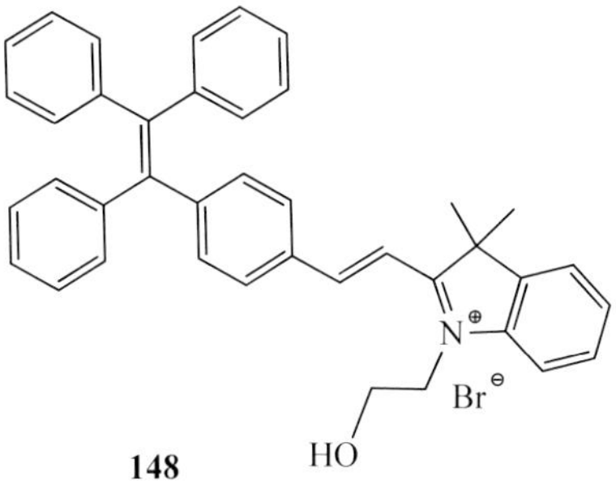　　**148**

2015 年，Zhang 等[75]在传统 TPE 基础上提出了一种新的单臂延伸策略，并成功地开发出一系列具有可调全彩（从 450 nm 到 740 nm）的 MFC 材料。这些材料具有高效的固态发光（Φ_{PL}＞10%）和高的 MFC 对比度，其中发光波峰变动为 50～100 nm。同时还发现，MFC 材料的发光对激发波长有依赖性，可以用来更全面地评估机械力发光响应性能。例如，在 365 nm 紫外光激发下，TPE-VB 的结晶样品、研磨样品和恢复样品可在 453 nm 到 468 nm 之间进行荧光转换。然而，460 nm 激发光只能激发研磨样品，使其产生 509 nm 的发光，表明 TPE-VB 能被用作从关到开的荧光开关。MFC 材料通过改变激发光产生丰富的发光特性，在双通道防伪中具有潜在的应用前景。

组 I

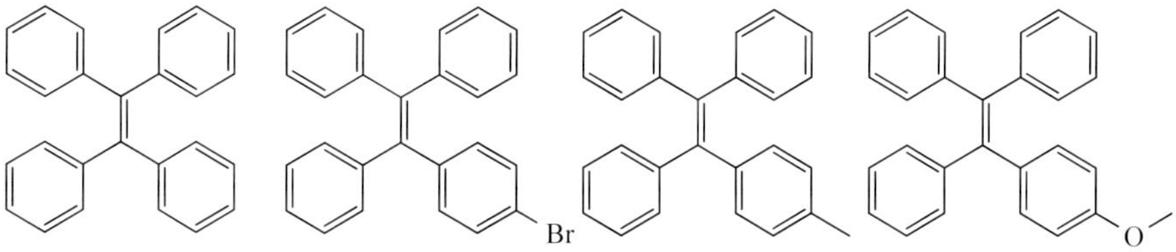

TPE　　TPE-Br　　TPE-CH_3　　TPE-OCH_3

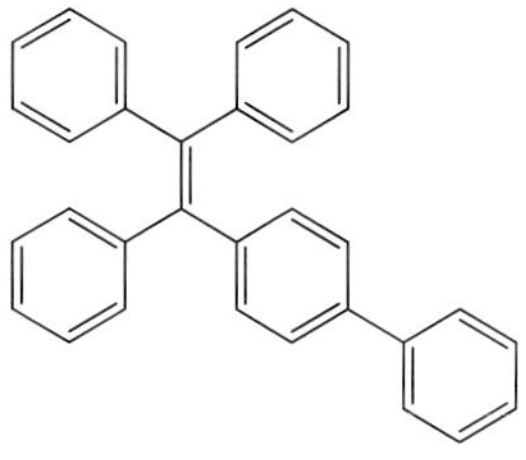

TPE-Phen　　短轴　　长轴

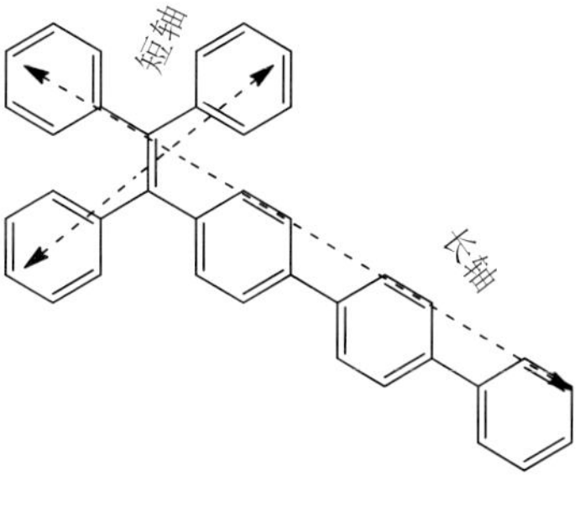

组 II

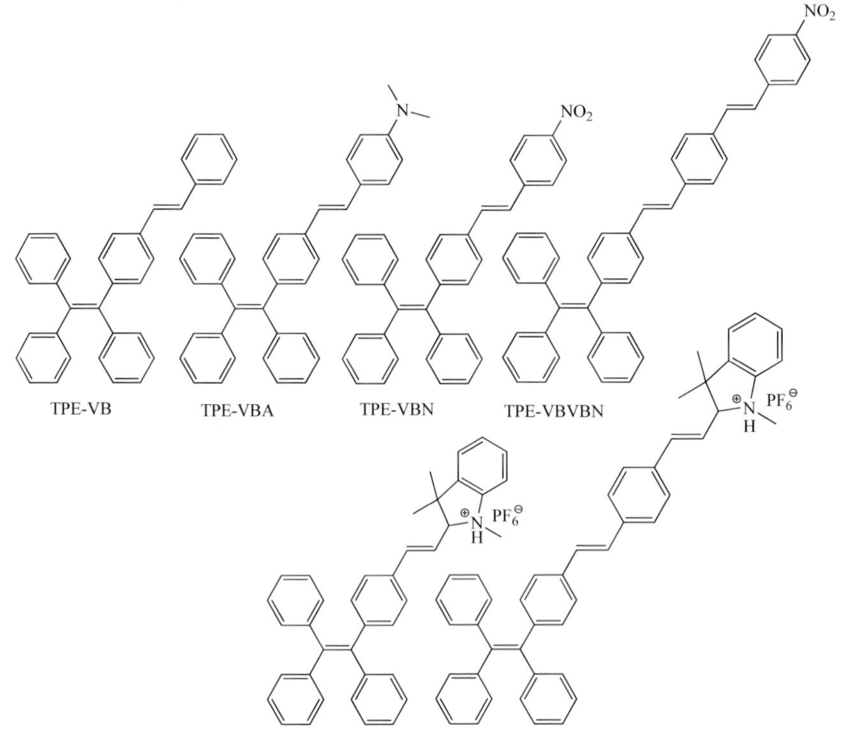

TPE-VB TPE-VBA TPE-VBN TPE-VBVBN

TPE-VI TPE-VBVI

2018 年，Duan 等[76]报道了通过吡啶取代的四苯乙烯基团与相应的苄基溴化衍生物反应合成的四种溴代吡啶化合物 **149**～**152**。当研磨 **149**～**152** 粉末样品时，不仅荧光光谱发生红移，而且荧光量子产率也得到提高，特别是 **149** 样品的荧光量子产率提高了约 8 倍。

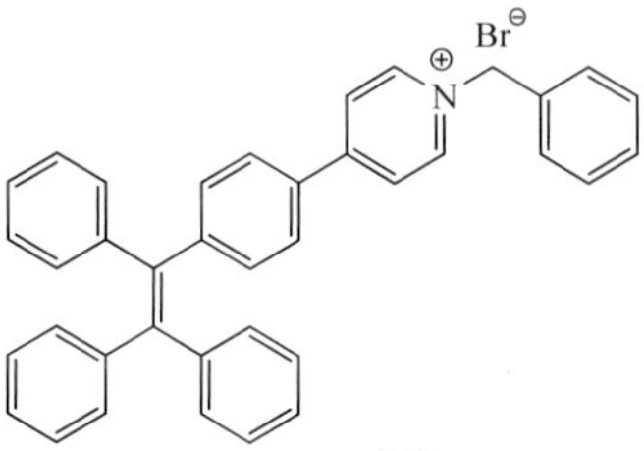

149 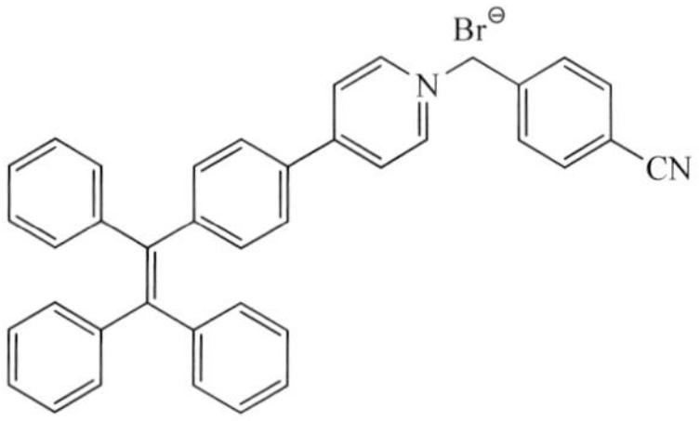 **150**

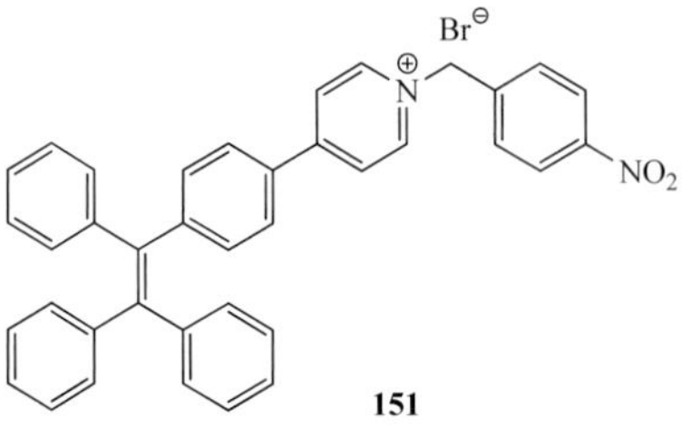

151 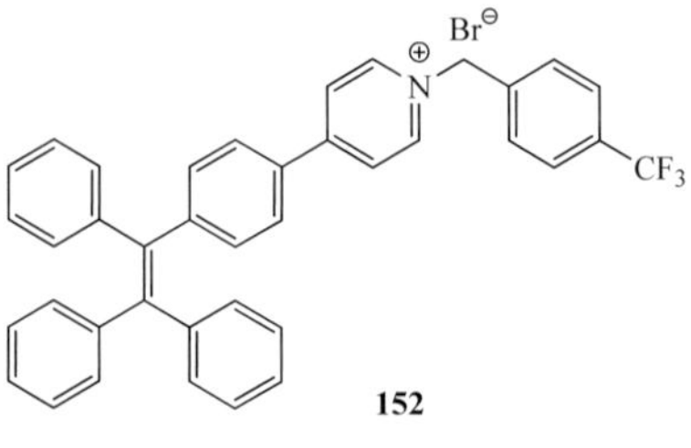 **152**

2018 年，Bhosale 等[77]报道了以钠盐形式合成含四个磺酸基的水溶性 TPE 衍生物（**153**）。**153** 在纯水中发光很弱，但加入大量 THF 溶剂（>60%）时，分子发生聚集，发光明显增强，说明该化合物具有 AIE 性质。此外，聚集体的发光性能和形貌与溶液的 pH 有很大关系，能够通过控制 H_2O/THF 溶液的 pH，从而控制化合物的自组装形式。当溶液 pH 为 1 时，得到了宽度约为 200 nm、长度可达 10 μm 的均匀纳米棒。同时，**153** 在研磨和熏蒸过程中表现出很好的力刺激发光变色响应性能。**153** 原始粉末的发光强度和颜色与其在 H_2O/THF 混合溶液中自组装后的发光强度和颜色相似，均在 485 nm 处有一个宽的发射峰。然而，当进行研磨时，所得材料的发光强度显著降低，发光峰出现 3 nm 的蓝移，这归因于微晶尺寸的减小。用丙酮熏蒸研磨后的样品，能够使其颜色和强度几乎恢复到最初的发光状态。

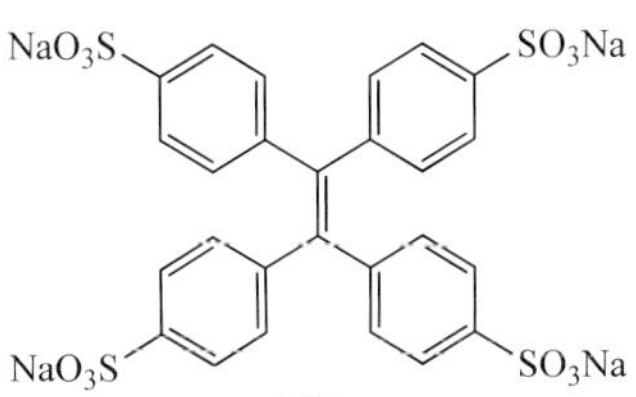

NaO$_3$S SO$_3$Na NaO$_3$S SO$_3$Na

153

2018 年，Tang 等[78]设计并合成了一种新型阳离子 AIE 发光体 **154**。该化合物具有明显的 AIE 特性，其固态下为黄绿色发光，Φ_{PL} 为 43%。研究发现，吡啶盐部分不仅为 **154** 提供正电荷，而且还具有电子受体基团的功能，对该 AIE-gen 的水溶性和发射行为起决定性作用。同时，离子型 AIE 发光体 **154** 表现出一般的溶剂化发光变色特性和明显的力刺激发光变色响应特性。通过研磨和熏蒸处理，**154** 的发光可以在晶态的黄绿色和非晶态的橙红色之间切换。此外，**154** 由于 AIE 特性、阳离子改性及其带来的水溶性，可作为检测 DNA 和研究 DNA 与外界物种相互作用的荧光探针。此外，它具有良好的膜透性和细胞活力，是一种新型的线粒体靶向荧光探针。

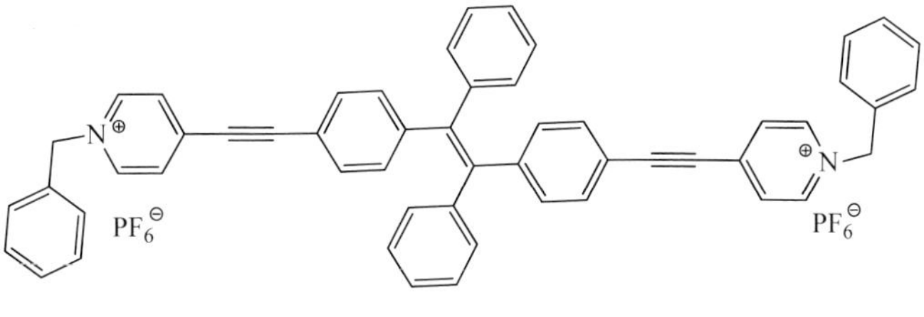

N⊕ PF$_6^⊖$ ⊕N PF$_6^⊖$

154

2019 年，Liu 等[79]研究了光酸螺吡喃（**155**）和 TPE 修饰的光酸螺吡喃（**156**）在研磨和静水压力下微晶粉末和单晶的力刺激发光变色响应性质。这两个化合物在各向异性的研磨下，均显示出光开关力刺激发光变色响应的特性。在各向同性高静水压力下，**155** 的发光强度是先升高后下降，而 **156** 的发光强度则持续下降。单晶结构分析表明，**155** 和 **156** 分子均是反平行方式排列，在施加压力前，初始晶体中除了存在分子间 π-π 相互作用之外，还存在各种分子间和分子内相互作用（C—H⋯π、C—H⋯O 和 O—H⋯O）。这两种分子之间显著的差别在于 **155** 分子中吲哚环与

苯酚环的二面角比 **156** 分子大得多。原位吸收光谱、拉曼光谱和理论计算也都证明，晶体受到压力作用后，分子间距离将会缩短（图 5-2）。**156** 因 π 平面更平坦，更容易形成分子间 π-π 相互作用，因此其发光强度随着压力增大一直下降。而 **155** 则需要压力达到一个很高值时才会形成分子间 π-π 相互作用，在此之前，分子间相互作用的增强导致了发光增强，故该分子的发光强度随着压力的增大先增加后减少。

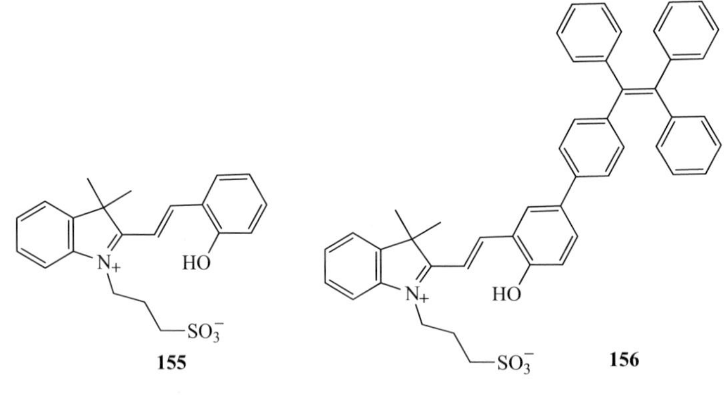

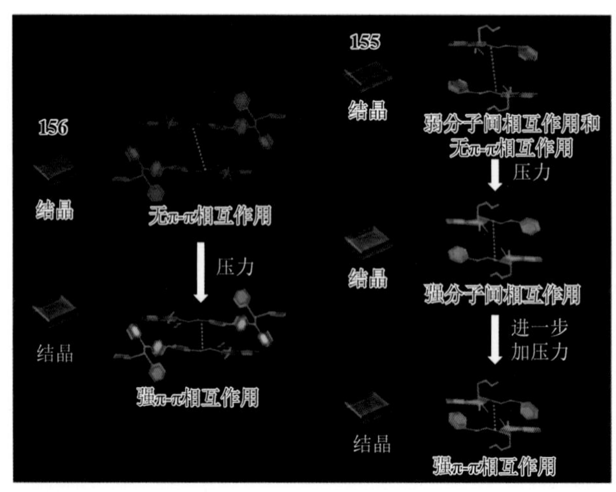

图 5-2 静压过程中化合物 155 和 156 的相邻分子的相对位置和相互作用示意图

2019 年，Yang 等[80]合成了五种含不同烷基链的喹啉衍生物（**157**～**161**），以研究烷基链对其光物理性质的影响。研究发现，烷基链对化合物的荧光性能影响极大，烷基链长度越长，化合物的发光越蓝移，并且研磨引起的光谱偏移越显著。研磨样品的荧光发射可以很容易地被溶剂熏蒸恢复到初始状态，表明了可逆的力致荧光变色（MFC）行为。PXRD、SEM 和 DSC 分析表明，微晶和非晶态之间的转变是外部刺激下可逆 MFC 行为的主要原因。这项工作再次证明，端基的微妙操纵可以赋予发光分子独特的、可控制的固态光学性质。

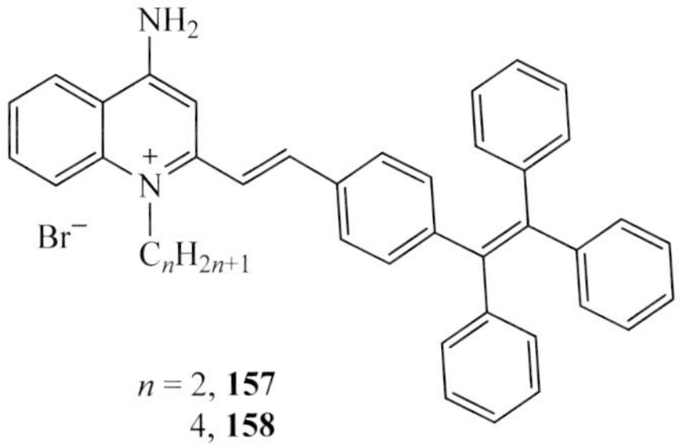

NH_2

Br^- C_nH_{2n+1}

n = 2, **157**
4, **158**
6, **159**
8, **160**
12, **161**

2020 年，Cao 等[81]设计并合成了四阳离子双环芳烃化合物 **162** 和 **163**。由于双环结构能对 TPE 基团转动起到很好的限制作用，这两个化合物在不同溶剂中都表现出良好的荧光发射。此外，**162** 和 **163** 在外连接物（**162** 是对苯，**163** 是 9, 10-蒽）上的微小差异，使得这两个化合物表现出不一样的 MFC 性质。其中，**166** 固体在研磨、蒸发或固态静水压力下表现出力致发光变色，**163** 溶液在光照下发生不同发光颜色的光化学反应。为了进一步了解力致发光变色的机理，采用金刚石压砧单元，以硅油作为压力传输介质，进行了高压发光实验。在加压过程中，**162** 的最大发射波长从 473 nm 逐渐红移到 545 nm。在高压条件下，双环结构中的苯环完全平面化，导致发射波长红移 72 nm。随着发光红移，**162** 的发光强度逐渐降低，这可能是由于平面化可以增强分子间的相互作用（如 π-π 堆积）。当外界压力恢复到环境压力时，荧光发光可以恢复到原来的发光状态。这些结果进一步证实了构象平面化和分子间相互作用增强是导致 **162** 荧光光谱红移和发光强度降低的原因。**162** 的荧光可恢复性表明，其固态分子堆积方式在高压下不会发生变化。根据实验，他们推测 TPE 中苯环的平面化是导致 **162** 分子力致发光红移的根本原因。在对 **163** 样品的高压发光实验中，他们获得了更多的相关证据。**163** 粉末样品的发射波峰几乎不随压力的增加而变化，而荧光强度逐渐降低。他们发现 **163** 的两个蒽环位于双环结构的两侧，它们的体积过大，能够限制 TPE 苯环的旋转，TPE 的苯环在高压下不能实现构象平面化，但高压会增加分子间的相互作用，因此高压下 **163** 的荧光颜色不变但强度会猝灭。

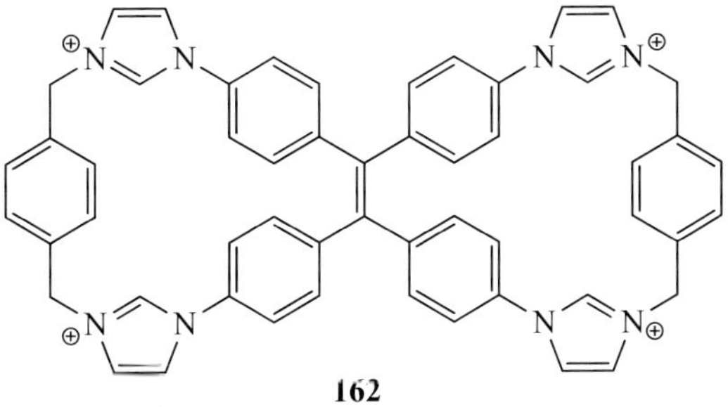

162

163

2018 年，Huang 等[82]设计合成了一系列独特的 *o*-碳硼烷-四苯乙烯（TPE）二元体，分别命名为 **164** 和 **165**。这两个二元体在溶液中均呈现局域激发（LE）态发光和 TICT 诱导发光。非对称分子 **164** 的晶体表现出多样的发射行为，包括聚集诱导发光（AIE）、结晶诱导发光（CIE）、热致发光变色、蒸气发光变色和力刺激发光响应特性，而对称分子 **165** 晶体仅具有 AIE 和 CIE 特性。根据实验数据和理论计算可知，**164** 对外部刺激产生的可逆双重发射归因于 TICT 发射。研究结果表明，独特的三维 *o*-碳硼烷簇结构在精确控制分子堆积模式和构象方面发挥了重要作用，实现了 TICT 发射。这为开发新型固态刺激发光响应材料开辟了一种独特的策略。

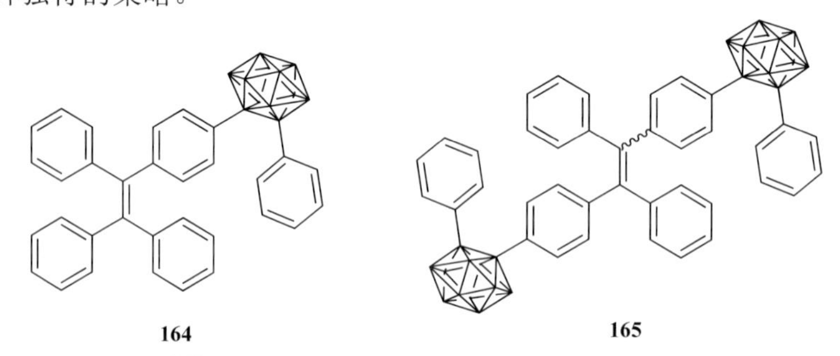

164　　**165**

2018 年，Miao 等[83]以碳硼烷和 TPE 为骨架构建了一种新型的高效 AIE 发光体 **166**。化合物 **166** 在晶态下具有接近 100%的光致量子产率，并且具有可逆的力致发光变色性质。化合物 **166** 在结晶状态下为 480 nm 的青色发光，而其固体粉末呈现轻微的发光红移，波峰位于 483 nm。研磨时，**166** 表现为 499 nm 的绿色发光，研磨样品加热后发光波峰位于 484 nm。这些结果表明，化合物 **166** 具有可逆的力致发光变色性质，而母体 TPE 并没有力致发光变色特性，这进一步证明了碳烷酰亚胺基部分对 **166** 光物理性质有着重要影响。研究发现，碳硼烷簇合物的空间位阻效应使其在研磨前后表现出不同的形貌，导致不同的分子间相互作用，从而导致不同的发光性能。

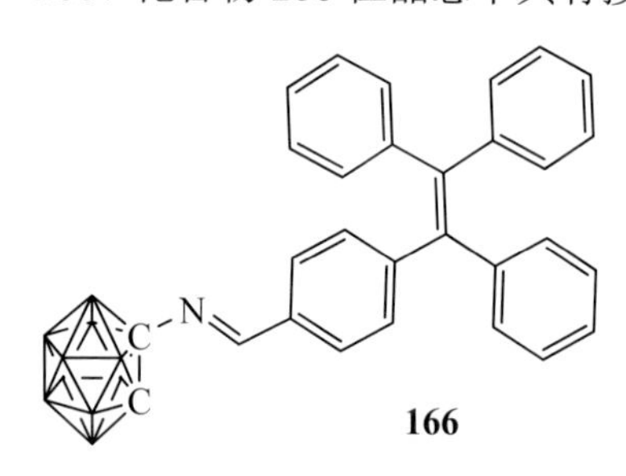

166

2020 年，Cong 等[84]通过将 TPE 单元和柱状芳烃大环有机结合得到了新型刺激响应型发光分子 **167**。这种合成简单的八字形分子表现出蒸气吸收和主-客体功能，以及有趣的可切换荧光性质。特别的是，暴露在适当的溶剂或蒸气中可以诱导 **167** 分子有序堆积，同时观察到显著的荧光蓝移。通过机械力简单地研磨 **167** 单晶，得到的研磨粉体（形成不太有序的分子堆积体）表现出 57 nm 的荧光红移和延长的发光寿命。在机械力和蒸气熏气交替作用下，荧光变色是可逆的。此外，结晶学和理论研究表明分子排列方式与 **167** 的荧光变色性能之间存在联系。

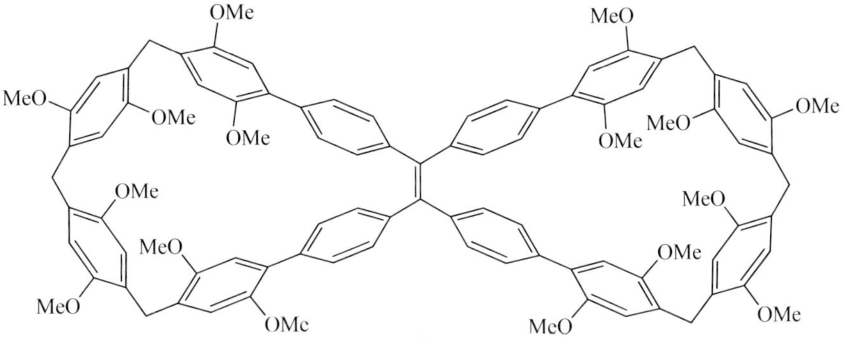

167

5.2.2　含多个四苯乙烯单元

2014 年，Tang 等[85]报道了一系列由 TPE 和螺二芴/9, 9-二苯基芴单元组成的发光材料（**168**～**171**）。这些化合物具有典型的 AIE 特性，固体薄膜的 Φ_{PL} 高达 99%，并且具有力致荧光变色（MFC）特性。例如，研磨后，化合物 **168** 的原始粉末的蓝色发光（445 nm）变为绿色发光（503 nm），通过用二氯甲烷蒸气熏蒸研磨粉末可恢复回蓝色发光。PXRD 结果表明，晶态通过研磨转变为非晶态，从而导致蓝绿色发光的变化。外部机械力刺激使结晶状态下的扭曲构象平面化，并破坏了规则的排列方式。随后，非晶态分子的构象变得更加平面，这导致了 PL 光谱的红移。此外，基于化合物 **171** 制备了非掺杂的 OLED，获得 7.2 cd/A 的电流效率。

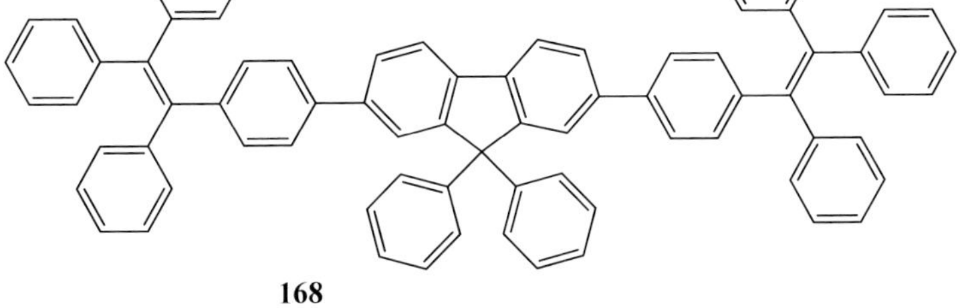

168

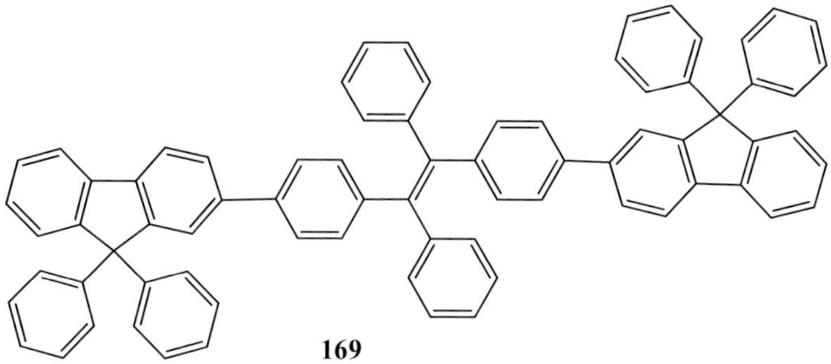

169

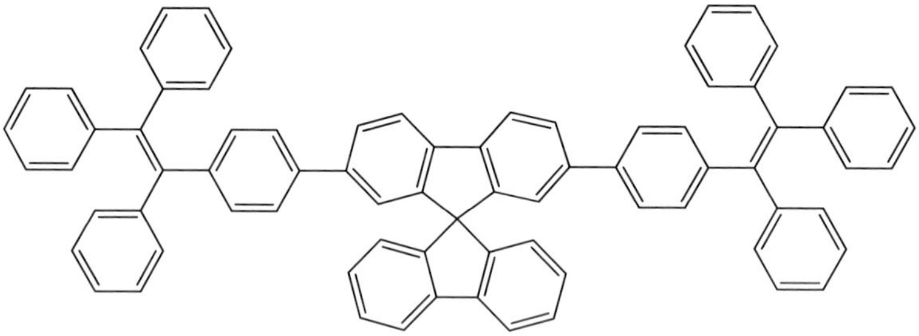

170

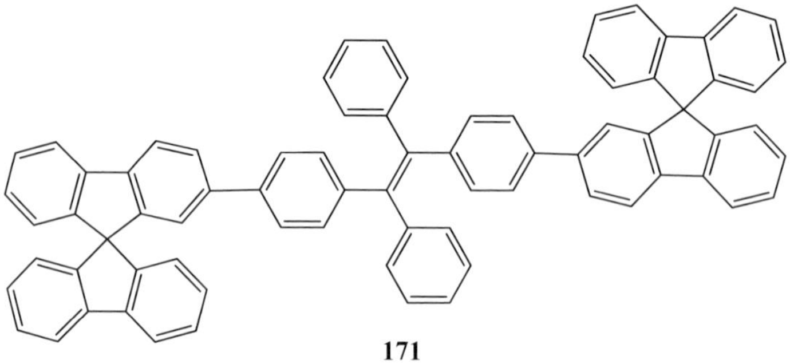

171

2014 年，Wang 等[86]在通过扭曲的 TPE 基化合物（**172**～**177**）合成类石墨烯分子的过程中，发现其中一些中间体（**172**、**175** 和 **176**）表现出 MFC 性能。**172** 为不透明晶体材料，具有较强的蓝光发射（λ_{em} = 461 nm）；研磨后，**172** 样品变成浅绿色粉末，发射蓝绿光（λ_{em} = 511 nm）。与化合物 **172** 类似，化合物 **175** 和 **176** 在分子组装的不同构象下也能发出两种不同的光。在紫外光激发下，化合物 **175** 和 **176** 均表现出强烈的蓝光发射，它们的 PL 光谱峰分别位于 458 nm 和 460 nm。经过研磨处理后，化合物 **175** 和 **176** 的粉末在紫外光照射下分别发出绿光和黄绿光，峰值位于 498 nm 和 504 nm。众所周知，研磨可能破坏晶体，使分子构象变得更加平面化并导致其 PL 光谱的红移。PXRD 和 DSC 研究表明，研磨过程中晶态与非晶态之间的转变是化合物具有 MFC 性质的主要原因。

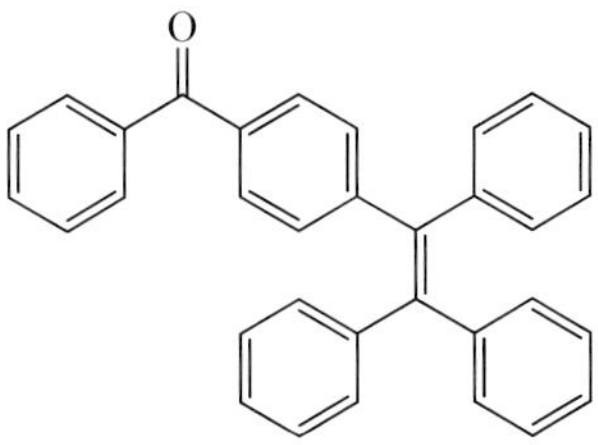

172 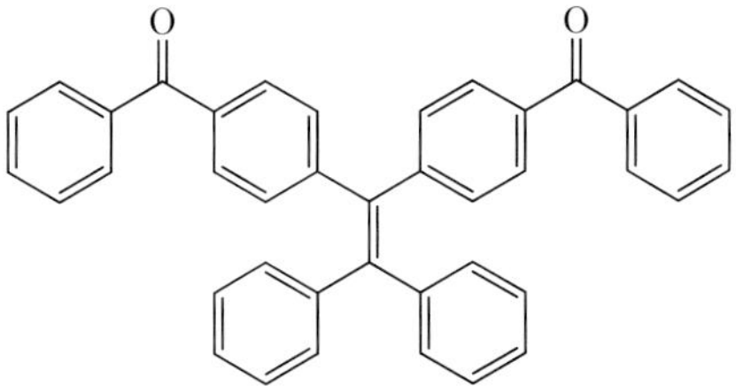 **173**

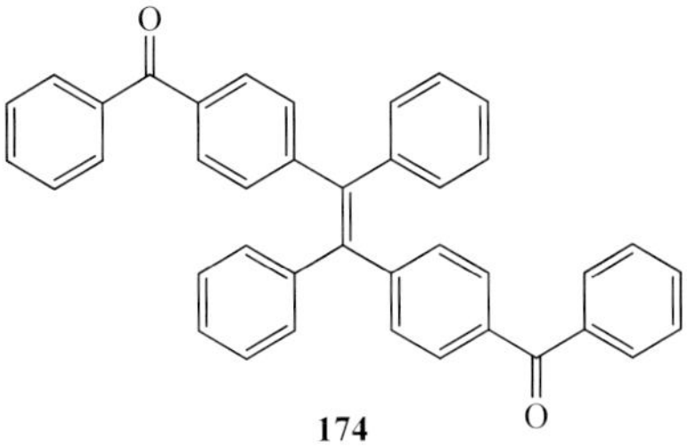

174 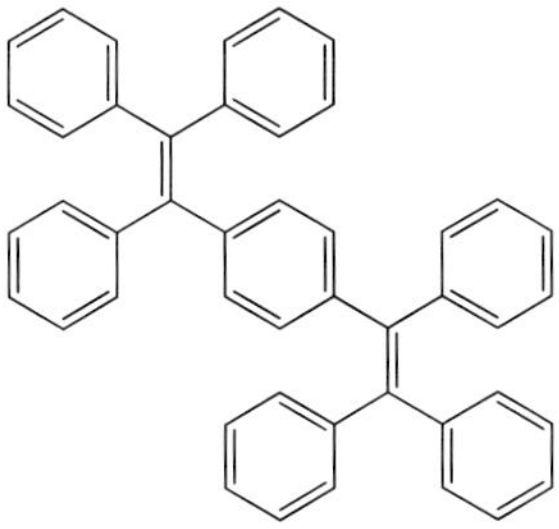 **175**

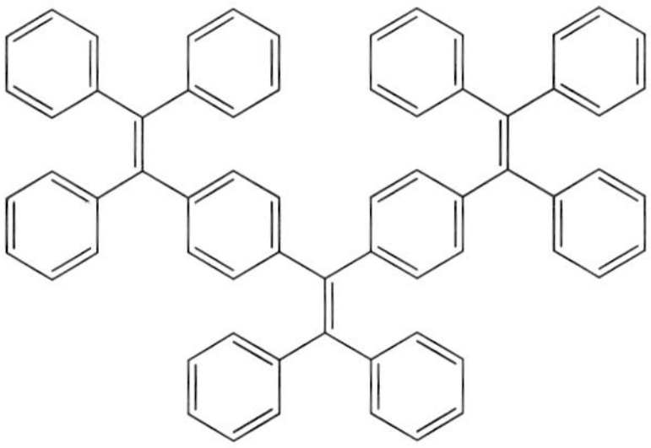

176 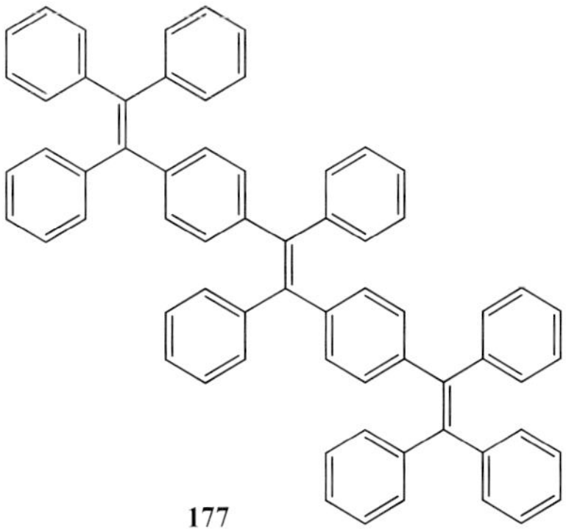 **177**

2016 年，Lu 等合成并研究了三种经 TPE 修饰的 D-π-A 型喹喔啉类化合物[87]，即 **178**、**179** 和 **180**，均表现出 AIE 特性。研究发现，由于质子化喹喔啉的形成，**180** 在溶液和固体中的颜色（在月光灯下）和发光颜色（在紫外光激发下）可以通过加入三氟乙酸（TFA）而发生变化。例如，**180** 的灰色固体暴露于气态 TFA 后变成红色，并伴有荧光猝灭。在盐酸、硝酸和乙酸等其他酸的作用下，也可以观察到荧光猝灭现象。因此，**180** 可作为肉眼检测酸性蒸气的敏感材料。对于 **178** 和 **179**，由于与喹喔啉 5, 8-位相连的 TPE 单元的空间效应，质子化受阻，从而导致酸响应性能降低。化合物 **178** 和 **179** 在研磨前后发光颜色发生明显变化，具有明显的 MFC 性能。制备的 **178** 晶体在紫外光照射下呈蓝光发射（466 nm），研磨后的非晶粉末呈蓝绿光发射（500 nm），而 **179** 的发射峰在研磨后从 491 nm 红移到 507 nm。并且通过研磨和加热/溶剂熏蒸处理，这两个化合物都可以实现可逆的 MFC 行为。PXRD 谱图表明 MFC 是由晶态到非晶态的形态转变产生的。

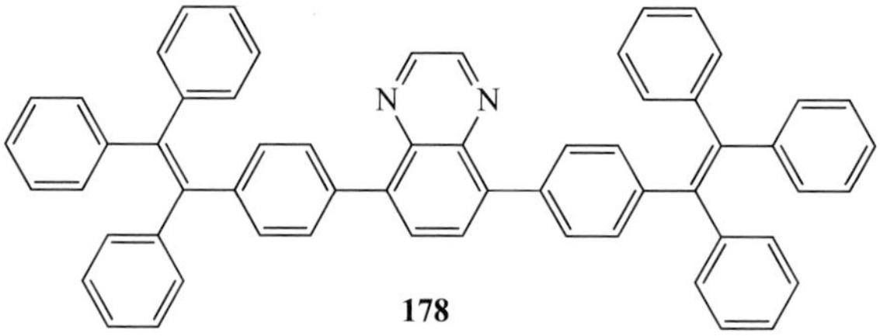

178

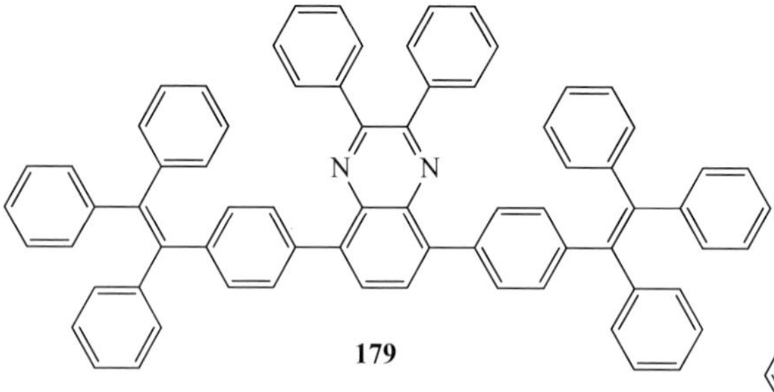

179

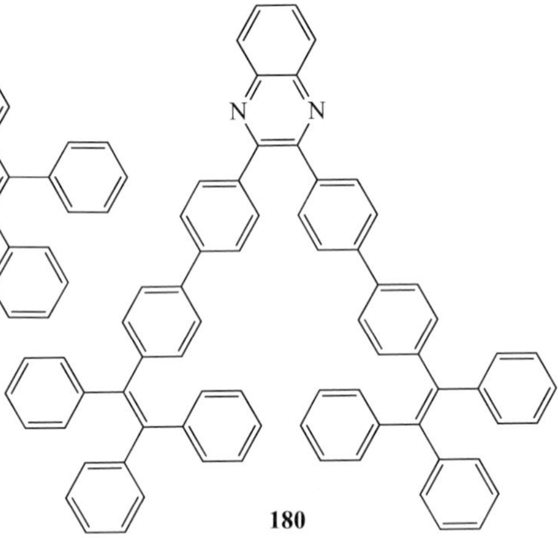

180

将螺旋桨型六苯基苯（hexaphenylbenzene，HPB）作为端基连接到传统的发光体上，可以实现 AIE 性能[88]。为了避免固体中分子间的相互作用，2015 年，Wang 等[89]将六个 TPE 单元附着在 HPB 或苯核上设计并合成了两个刚性雪花状共轭发光体 **181** 和 **182**，它们均表现出明显的 AIE 特征。与 **181** 相比，**182** 表现更延伸的构象，并且由于插入了苯基桥，这种非常拥挤结构的空间排斥作用也得以缓解。这种结构调制导致了不同的光物理性质。例如，与 **182** 相比，具有更密集结构的 **181** 显示出相对较弱的 AIE 效应、低的 Φ_{PL} 及独特的 MFC 性质。原始 **181** 晶体为天蓝色荧光（467 nm），用杵研磨后变成蓝绿色荧光（497 nm），而用二氯甲烷和乙醇的混合物处理研磨后的样品可以恢复原来的发光颜色。通过交替研磨和溶剂处理，这种可逆荧光变化可以多次重复。PXRD 和 DSC 分析表明，**181** 的 MFC 机理是研磨过程中较扭曲、松散的晶态转变为更致密、更平坦的非晶态；通过加热或溶剂处理，亚稳非晶固体可以转变为晶态。然而，**182** 并没有 MFC 性能，这可能是因为 **182** 延伸的结构能够保护分子的构象，分子构象在研磨过程中无法平面化，这也可以从它的原始样品和研磨样品的 PXRD 谱图得以证明。

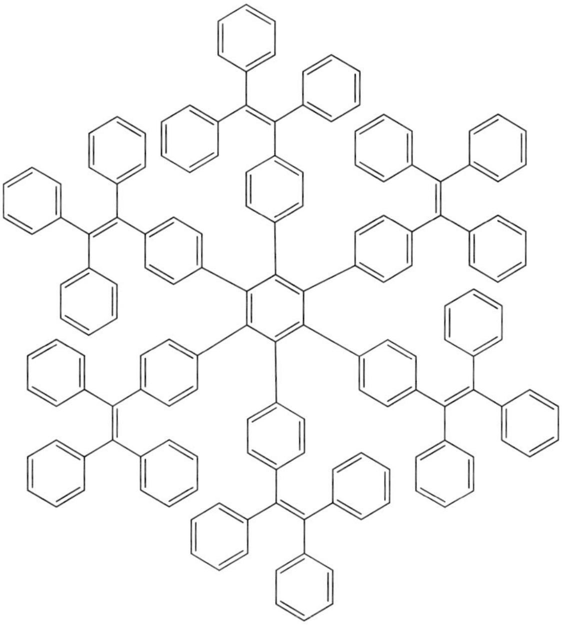

181

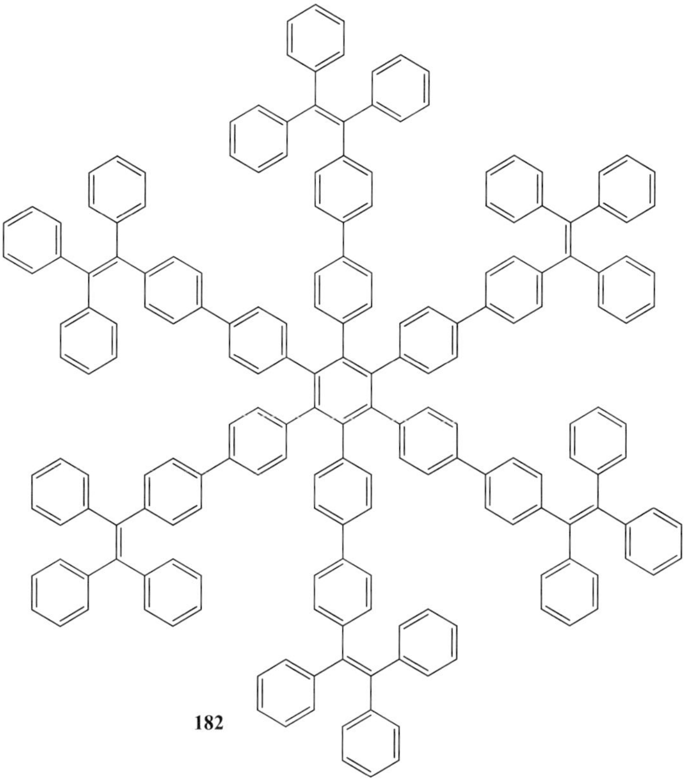

182

2015 年，Bhosale 等[90]通过简单的环己六酮与六个具有 AIE 活性的 TPE 发光体的缩合反应，成功合成了一种刚性星形的蓝光 AIE 材料（**183**）。化合物 **183** 的晶态聚集体在 469 nm 处有较强的蓝光发射峰，经研磨后其非晶态聚集体的发光红移到 500 nm，并且这种发光变化在经过丙酮或 $CHCl_3$/MeOH 混合溶液处理或加热处理后是可逆的。SEM 和 PXRD 结果证实，**183** 能够在蓝色与绿色之间进行发光颜色转换的原因是热力学稳定的晶态和亚稳非晶态之间的形态转变。

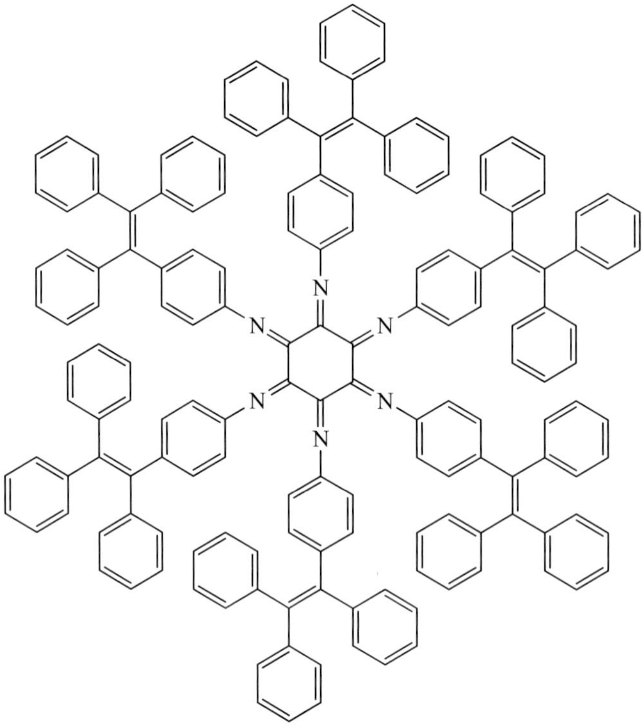

N N N N N N

183

2013 年，Zhu 等[14]合成并研究了苝二酰亚胺 TPE 衍生物 **184** 的光学性质和 MFC 行为。有趣的是，**184** 并没有观察到 AIE 现象。化合物 **184** 在非极性溶剂中具有很强的发光，而在普通极性溶剂中发光完全猝灭，这很可能是由于给体 TPE 单元到受体苝二酰亚胺核的 ICT 作用。此外，化合物的固态荧光显示出对形貌的依赖性。所合成的 **184** 为深红色非晶态粉末，其 λ_{em} 为 744 nm，经热处理后转变成亮红色晶体，λ_{em} 为 665 nm。晶体在外力作用下可以非晶化，产生机械力响应行为，而热退火/再结晶和研磨能够实现亚稳非晶态和晶态的可逆转变。

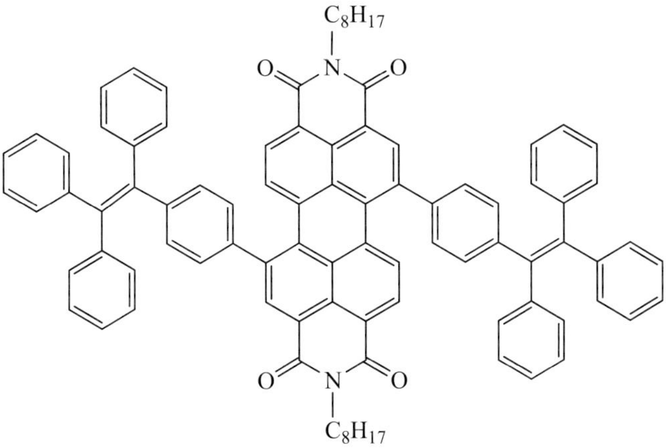

C_8H_{17}

C_8H_{17}

184

2017 年，Misra 等[91]合成了两种 T 形 D-A-D 型发光体，给体均为 TPE 基团，受体分别为乙酰丙酮喹啉（**185**）和菲喹噁啉（**186**）。这两种发光体均表现出溶剂依赖的 ICT 跃迁，具有较强的 AIE 性质，以及可逆和高对比度的 MFC 特性。原始发光体 **185** 为天蓝光发射，发射峰位于 484 nm 处，在用杵或抹刀研磨后变成绿色发光（508 nm）。另一方面，发光体 **186** 原始粉末为绿色发光（518 nm），经过研磨后变成黄色发光（545 nm）。**185** 和 **186** 研磨后发光光谱位移分别为 24 nm 和 27 nm。他们研究了原始和研磨固体样品的吸收光谱，结果表明，与原始固体相比，研磨样品的吸收光谱发生了红移。这表明研磨产生的发光红移与共轭或平面度的增加有关。PXRD 研究表明，MFC 的性能与由晶态到非晶态的形态变化有关。当用二氯甲烷对 **185** 和 **186** 研磨后的样品进行熏蒸处理时，它们能够恢复原始的发光形态，发射峰分别出现在 489 nm 和 524 nm 处。

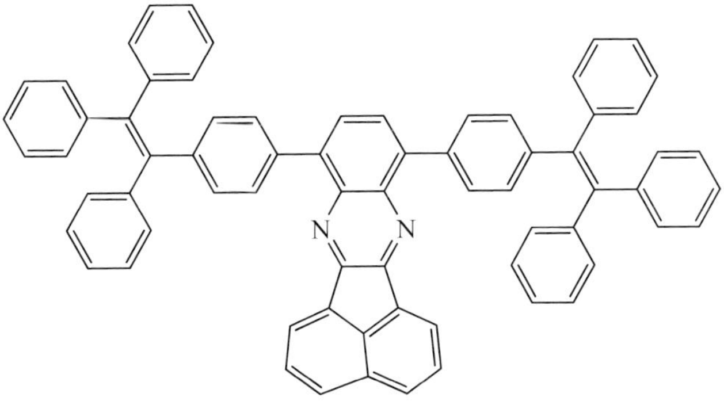

185

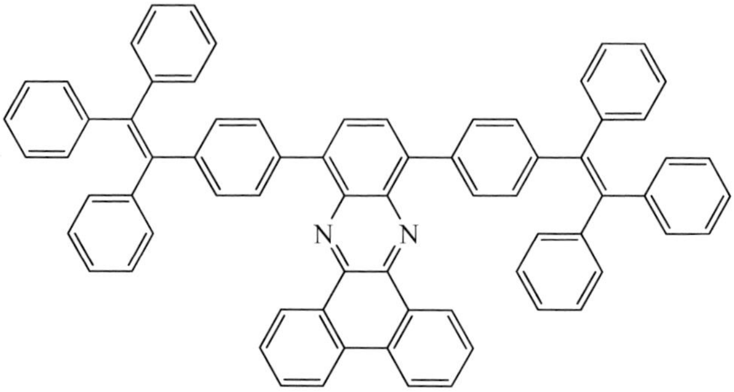

186

2017 年，Liu 等[92]用两个 TPE 基团修饰吸电子双氰基吡嗪，设计合成了两种发光开关材料 **187** 和 **188**。这种结构一方面使得化合物具有显著的分子内电荷转移特性，另一方面也产生了多晶态，易于实现高对比度颜色和发光。通过对相关发光性质的深入研究，发现分子构象更为平面的 **188** 分子具有更加紧密的分子间堆积，并且表现出与 **187** 不同的固态发光行为。当用杵研磨 **187** 晶体时，其荧光从绿色切换到黄色，黄光为非晶态的发光。PXRD 研究表明，研磨之后 **187** 粉末的结晶度明显降低，存在无序的分子堆积。与 **187** 相比，**188** 晶体具有更高的晶格能和更好的结构稳定性，机械研磨无法破坏其晶胞结构。但是，**188** 得到了三种不同的晶型，分别为黄色、橙色和红色的发光。通过溶剂熏蒸和热退火可以实现多晶型之间的转换。因此，**188** 可作为挥发性有机化合物（VOCs）检测的传感器。

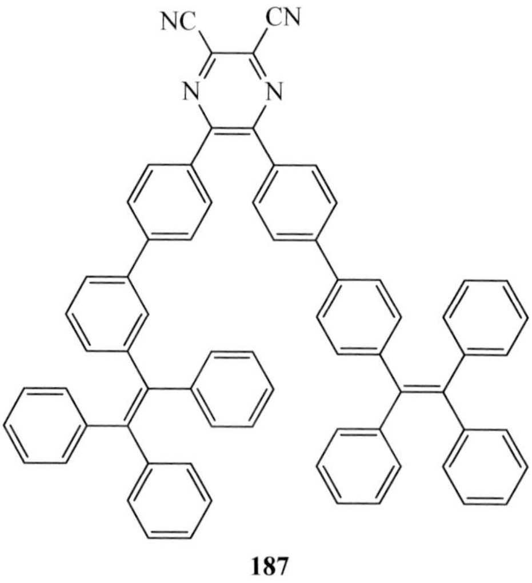

NC CN N N

187

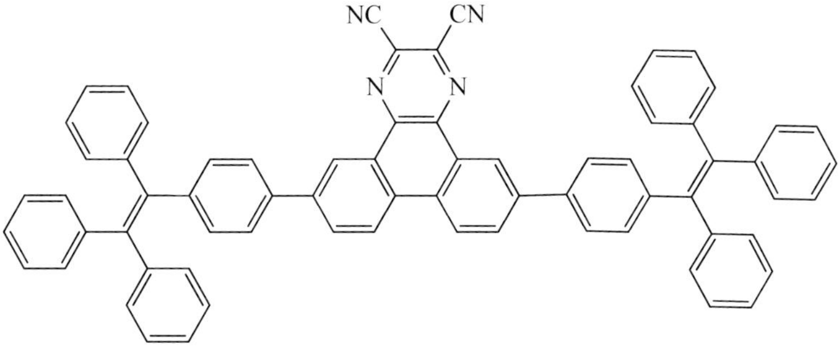

NC CN N N

188

2017 年，Li 等[93]通过改变 AIE 单元的种类和取代位点，合成了六种蓝色 AIE 发光材料 **189**～**194**。它们的发光颜色可以从深蓝色（444 nm）覆盖到天蓝色（484 nm）。此外，含有 TPE 基团的 **189** 和 **190** 表现出力致发光变色效应。其中，**189** 具有更好的力致发光变色性能，发射峰变化 33 nm。当 **189** 固体被研磨时，粉末的发光变成蓝绿色，PL 发光红移到 499 nm 处，而经过溶剂熏蒸处理后表现为天蓝色发光（466 nm）。当用这六种发光材料制备 OLED 器件时，器件均表现出蓝色发光和良好的电致发光性能，其中 **191** 对应的器件获得最大 EQE（3.46%），CIE 色坐标为(0.15, 0.09)。

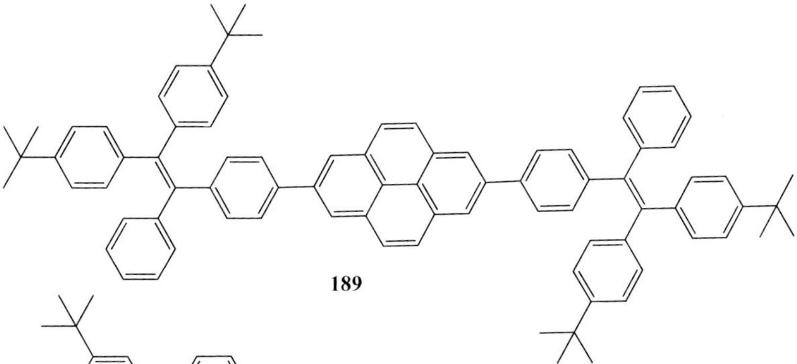

189

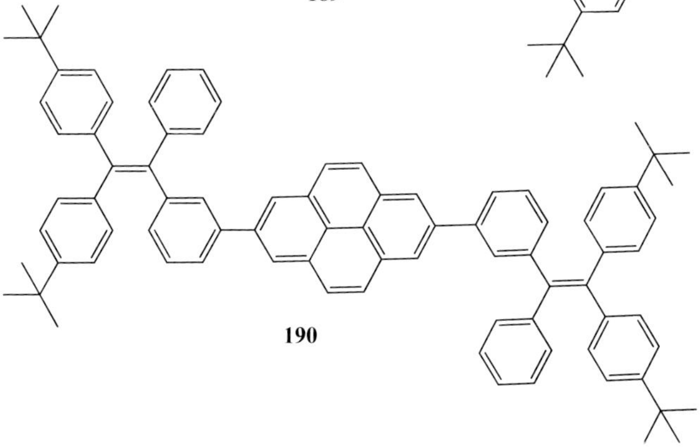

190

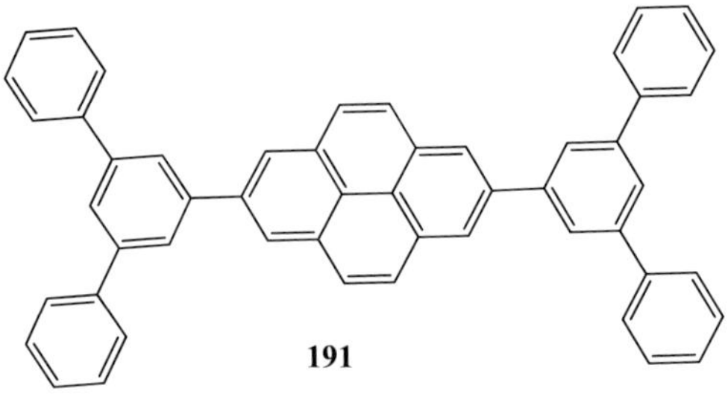

191

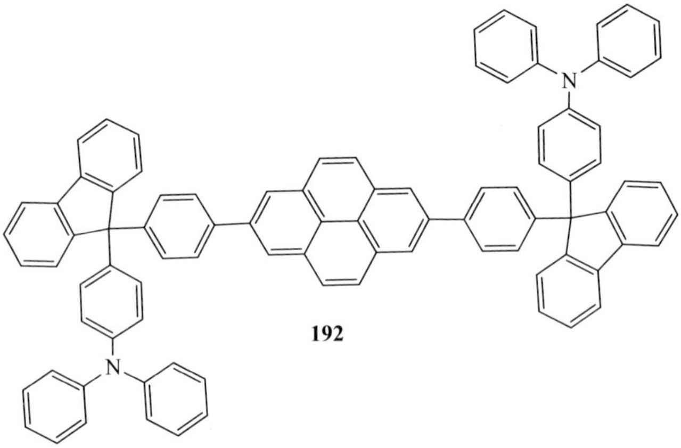

192

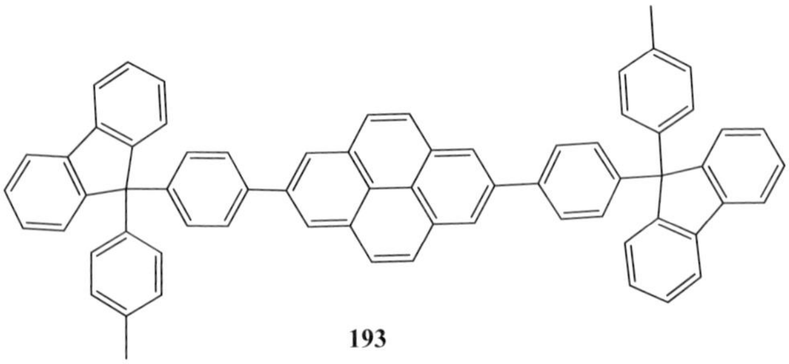

193

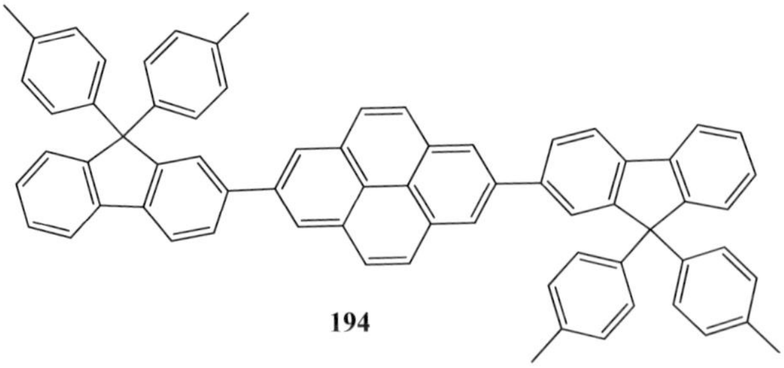

194

2017年，Bhosale等[94]报道了两亲性且具有AIE活性的TPE衍生物**195**和**196**。这两个化合物均表现出力致发光变色特性，在研磨、熏蒸和加热过程中均可观察到发光的变化。研磨后，**195** 的发光颜色几乎没有变化，这说明在该过程中晶体结构并没有发生变化，但样品的发光强度增加。从 **195** 初始粉末的 SEM 图观察到，它是由粒径非常细的纳米球组成，并在477 nm处发出微弱的光。研磨会使材料中一些颗粒发生熔融，增加了颗粒的粒径分布，因此发光强度得到增强。此外，熏蒸处理能够进一步增加微晶尺寸，并进一步提高发光强度，发光蓝移到470 nm。加热熏蒸材料能够得到一种非晶态材料，非辐射跃迁途径的增加，使得发光强度显著降低。**196**的初始粉末结晶度较高，在407 nm和498 nm处出现两个发射峰。研磨该材料后，发光光谱在450 nm左右出现一个单峰。对研磨的**196**样品进行熏蒸处理后，光谱恢复为425 nm和485 nm处两个发射峰，即第一个波段红移，第二个波段蓝移。熏蒸粉末经加热处理后，发光强度降低，发光光谱的双峰恢复为448 nm处的单峰。这表明晶体结构中**195**和**196**分子堆积对热和机械力有很强的敏感性，其中加热可形成非晶态从而增加非辐射跃迁路径，使得发光强度降低。

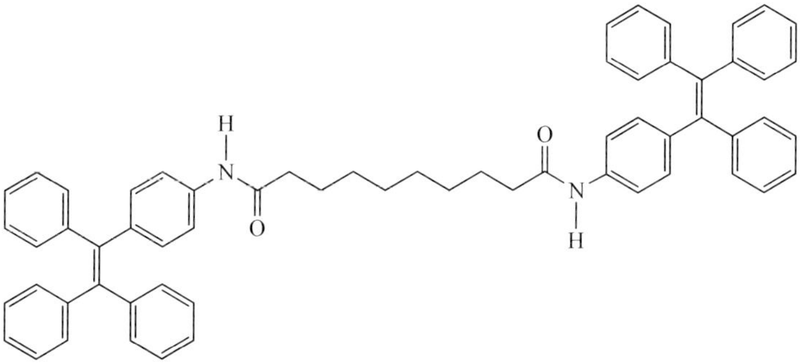

195

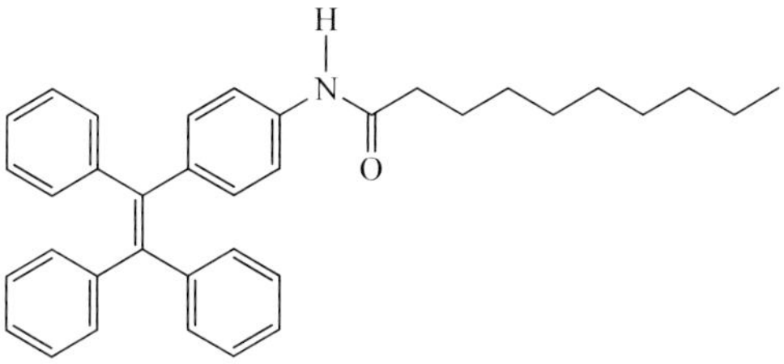

196

同年，Bhosale等在分子**195**的基础上合成了一系列具有不同烷基链长度的哑铃状分子**197**～**199**[95]，这些分子表现出典型的AIE行为。通过对THF/水混合溶液中自组装纳米结构形貌的研究，揭示了奇偶烷基链长度对聚集体形貌的影响。例如，当水含量为80%时，具有奇数个烷基链的TPE衍生物（**197**和**199**）自组装成纳米球结构，而具有8个烷基链的**198**则形成微带，具有10个烷基链的**195**聚集成花朵状结构。通过研磨、熏蒸和加热工艺研究了**197**、**198**和**199**的力致发光变色性能。在这些化合物中，由于聚集而形成的TPE部分的堆积限制了非辐射弛豫路径，并且这种堆积在固态中持续存在，因此化合物在固态都具有强的发光。粉末形态的发光颜色和强度与在THF/水混合溶液中自组装后观察到的发光颜色和强度相似，表明悬浮在溶液中的聚集体和固体的结构相似。然而，研磨后所得材料的发光强度显著降低，这可能是由于微晶尺寸的减小。即使用丙酮熏蒸后，无论是颜色还是强度，研磨材料都没有恢复到最初的发光状态。然而，当加热时，虽然发光状态没有发生显著改变，但是 **197** 和 **199** 的发光颜色从亮蓝色变为浅绿色。

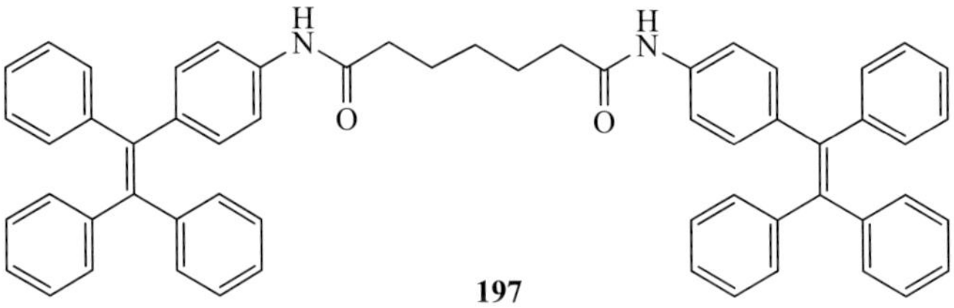

197

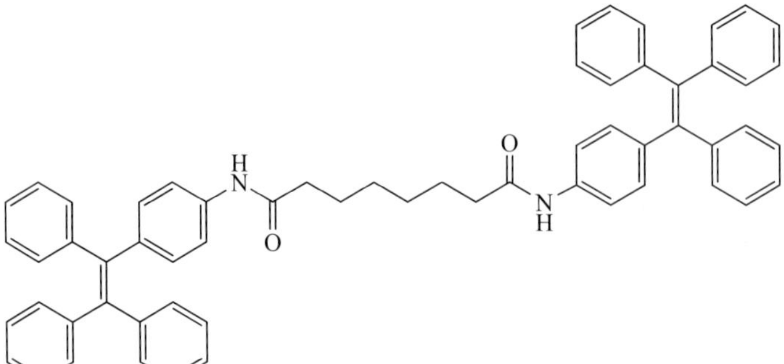

198

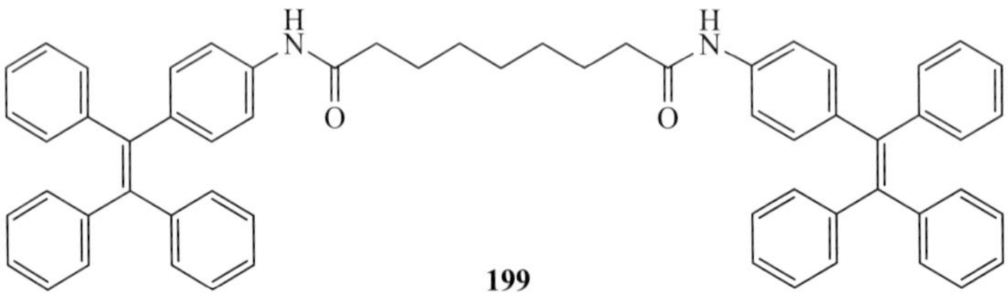

199

2017 年，Tang 等[96]设计合成了 TPE 取代的三唑衍生物 **200**。该衍生物在聚集态下发光，最大波长为 487 nm，并在薄膜态下表现出较高的量子产率。它具有优异的热稳定性和化学稳定性，可以在 OLED 中同时用作发光层和电子传输层。此外，用研钵和杵轻轻研磨 **200** 的米色晶体，很容易使其发光颜色从蓝色（465 nm）变为绿色（498 nm）。在室温下用氯仿蒸气熏蒸 10 min 后，样品恢复蓝色发光，表明这种力刺激发光变色响应是可逆的。**200** 粉末的 X 射线衍射谱图显示出几个尖峰，表明其具有良好的结晶度。相比之下，几乎所有这些峰在研磨后都消失了，表明研磨后的粉末为非晶态。非晶态样品经溶剂蒸气熏蒸后，由于部分再结晶，又出现了尖锐的衍射峰。因此，发光颜色的变化是由晶态到非晶态的转变产生的。

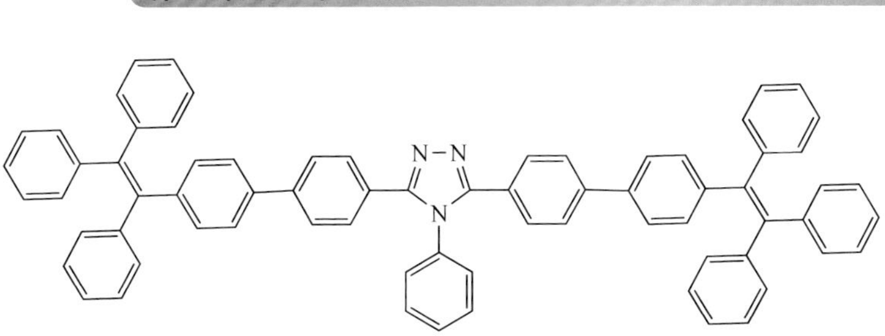

N–N

N

200

2018 年，Acharya 等[97]报道了一种类似 ter-TPE 的发光材料（**201**）。该发光材料在朗缪尔槽的气-水界面形成超分子球形聚集体，由于 AIE 效应，**201** 的单层和多层 Langmuir-Blodgett 薄膜的发光得到很大增强。此外，**201** 还表现出高对比度的可逆力致发光变色行为，其中温度作为机械刺激来改变分子堆积从而实现发光转换（在 498 nm 到 472 nm 之间）。丙酮熏蒸的光致发光开关也表明 **201** 可作为安全油墨用于光学记录、压力变形和柔性衬底上的挥发性有机化合物传感器。同时，采用 **201** 发光材料制备的 OLED 器件具有较低的启亮电压和良好的电致发光性能。

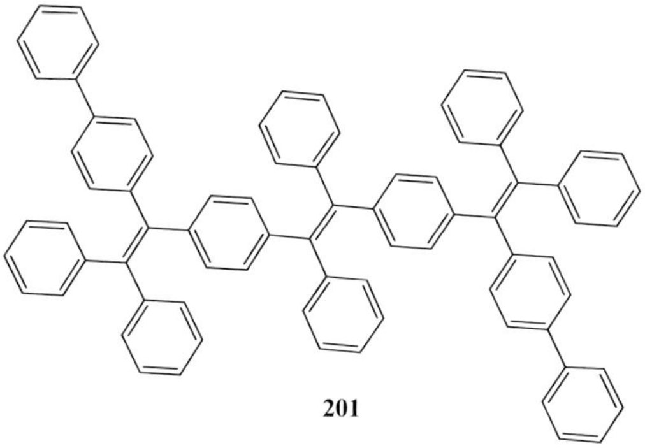

201

2018 年，Chen 等[98]设计并合成了一系列 D-π-A 型有机功能材料（**202**～**205**）。结果表明，它们都表现出聚集诱导发光增强现象。随着溶剂极性的增加，光致发光光谱出现明显红移，其中 **203**、**204** 和 **205** 分别出现了 70 nm、78 nm 和 27 nm 的光谱偏移。而溶剂化发光变色特性主要来源于 ICT 发光。值得注意的是，随着共轭度的增加，所有化合物都呈现出倒 U 型的力致荧光变色（MFC）行为，并伴随 PL 光谱红移。其中，**204** 由于具有更强的 ICT 效应，显示出更优异的 MFC 特性（$\Delta\lambda = 25$ nm）。PXRD 谱图证明，研磨时发生两种不同晶型之间的转变。因此，该研究提供了一种通过共轭调节策略来调节 MFC 性能的方法。

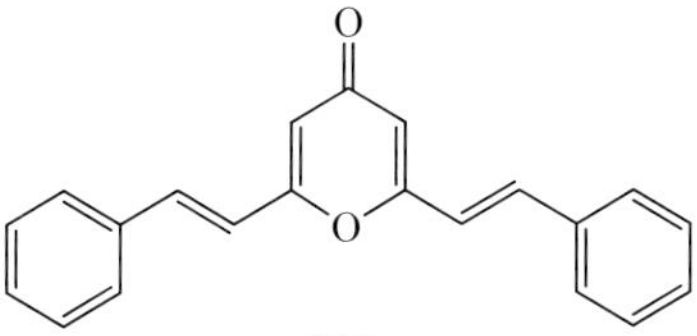

O

O

202

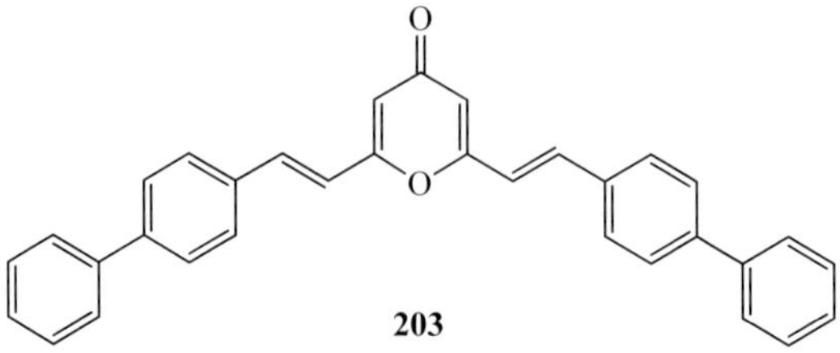

203

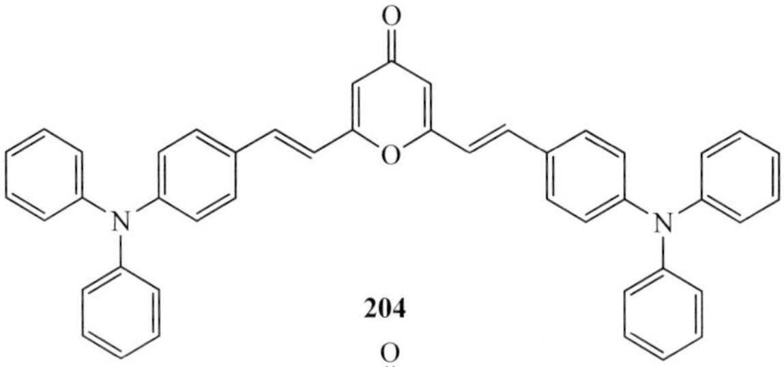

204

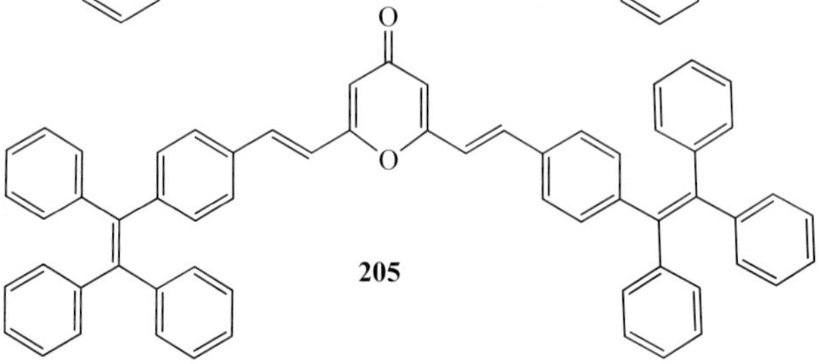

205

2018 年，Tang 等[99]提出通过烷基链修饰能够大大提高 TPE 衍生物（**206**～**209**）的发光效率，并且发光颜色不发生改变。与 TPE（25%）相比，**207** 和 **208** 的发光效率得到了显著提高，量子产率分别达到 68%和 65%。在四氢呋喃/水体系中，对骨架中的烷基链长度进行微调，成功地实现了 **206**、**207** 和 **208** 的自组装纳米棒、纳米片和纳米纤维。此外，**206**、**207** 和 **208** 对机械力、黏度、温度和光照等环境刺激表现出显著的发光响应，可以用于动态监测和控制聚合物共混物的相分离形态。

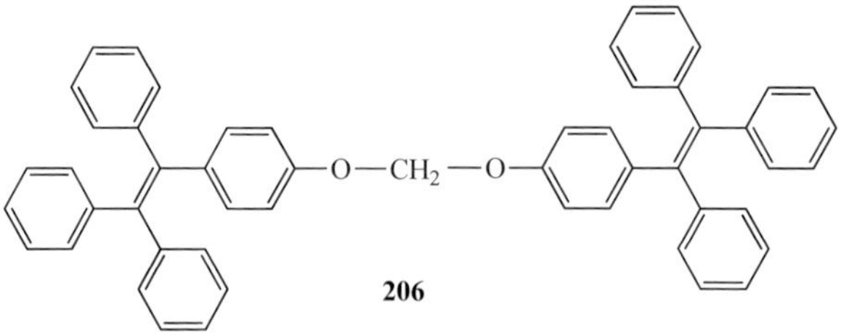

O—CH_2—O

206

O—$(CH_2)_4$—O

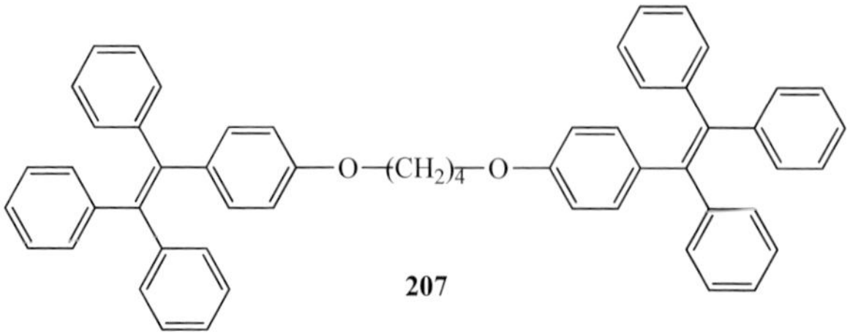

207

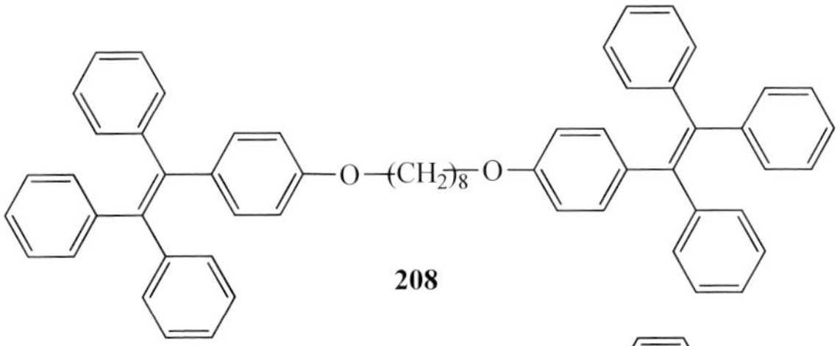

O—$(CH_2)_8$—O

208

O—$(CH_2)_{12}$—O

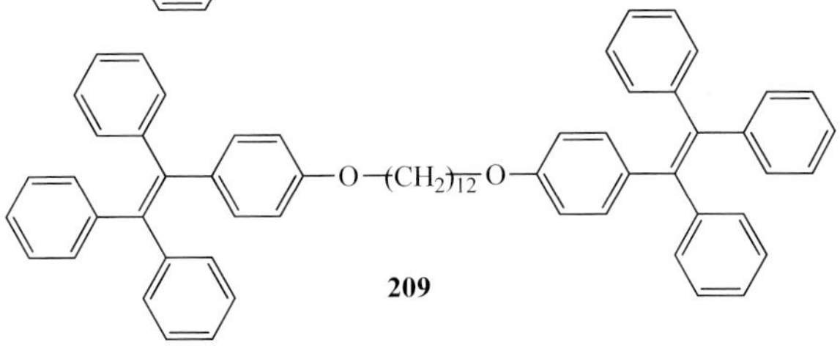

209

2018 年，Li 等[100]报道了两种新型的具有 AIE 活性的 Hg^{2+}比例荧光探针（**210** 和 **211**）。该探针同时含有 TPE 和硫代金属基团，结合了 AIE-gen 固态强发射和 Hg^{2+}促进脱保护反应的高选择性的优点。一旦被 Hg^{2+}触发，通过肉眼几乎可以立即观察到从天蓝色到黄绿色的发光颜色变化。并且这两个探针对 IIg^{2+}具有很高的选择性和灵敏性，所制备的试纸条可以检测 Hg^{2+}的存在，检测限为 10 μmol/L。另外，研究发现化合物 **210** 和中间产物 **212** 具有可逆的力致发光变色行为。制备的 **210** 固体粉末在 466 nm 处发射出天蓝光，用杵研磨后，发光颜色变为黄绿色，发射峰红移到 498 nm 处。与 **210** 类似，经研磨后，**212** 的发光颜色由深蓝色变为绿色，发射峰从 445 nm 红移到 480 nm。用良溶剂进行熏蒸处理，可以使样品的发光颜色和强度恢复到原来的状态。制备样品的 PXRD 谱图显示出强烈的衍射峰，表明其具有良好的结晶性。研磨后，这些衍射峰消失，表明研磨粉末具有非晶态结构。这些结果清楚地揭示了 **210** 和 **212** 的 MFC 行为是由晶态向非晶态转变的结果。他们还研究了 **211** 和 **213** 的固态发光特性，但这两种间位取代的化合物对机械刺激没有反应。主要是因为这两个间位取代的化合物无法得到结晶性比较好的粉末，目前所得到的粉末的结晶度很低，研磨前后并没有发生晶态到非晶态的形态变化。

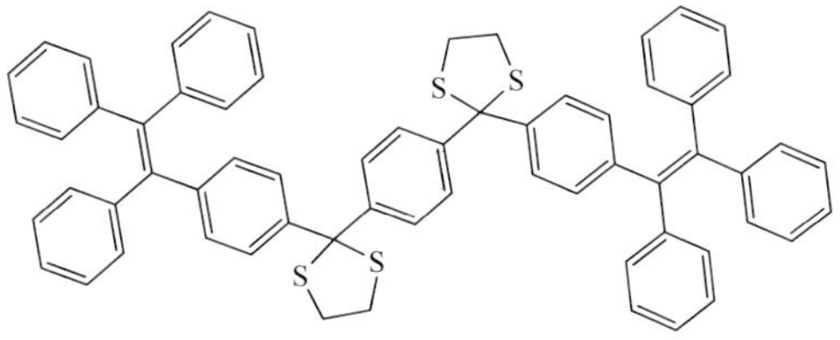

S S　S S　S S

210 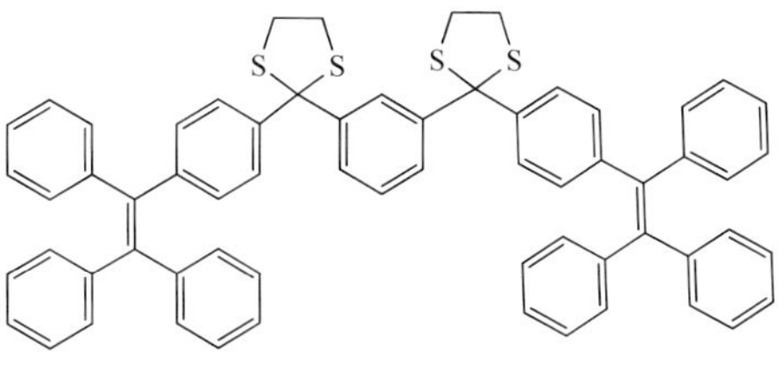　　**211**

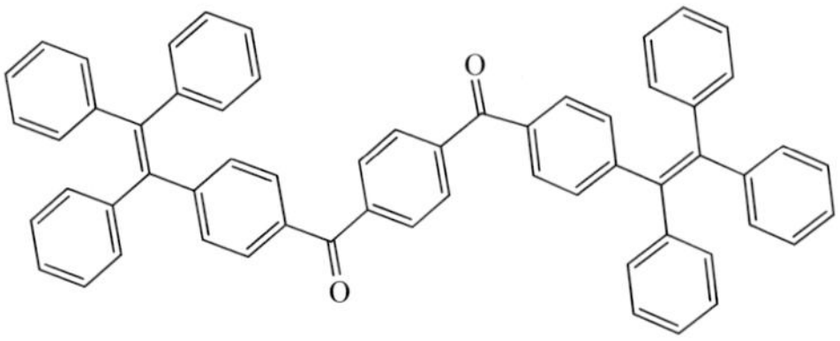

212 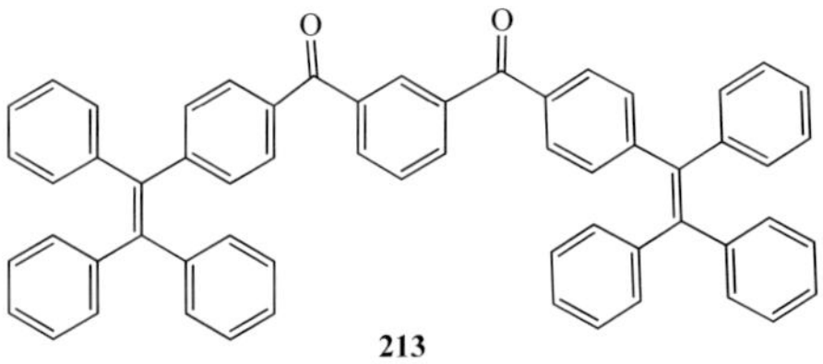　　213

2018 年，Yu 等[101]制备了一系列由未取代（**214**）、单氟（**215**）和二氟（**216**）取代的苯并噻二唑与两个四苯乙烯键合的化合物。在 THF/H_2O 混合溶液中，当水含量大于 60%时，所有化合物发生聚集，发光强度都大幅度提升，表现为 AIE 特性。此外，当水含量达到 90%时，这三个化合物的最大发射峰均发生蓝移。他们认为附加到中心苯并噻二唑单元的氟原子的作用使这些 D-A-D 分子的平面性更好，导致在聚集状态下吸收和发射峰更显著的蓝移。有趣的是，在 90%水含量条件下，二氟代苯并噻二唑化合物 **216** 的发射峰强度比在 THF 溶液中高 2.5 倍，AIE 性能远高于其他两个化合物。令人惊讶的是，只有化合物 **216** 观察到具有梯形堆积结构的单晶及液晶相，具有这一独特特性的分子可以作为液晶器件、有机发光二极管和有机场效应晶体管的关键组分。这三个化合物在极性不同的溶剂中均表现出显著的溶剂化发光变色性质。另外，这三个化合物都具有力刺激发光变色响应性能。**214** 初始、研磨和退火处理样品的发射峰分别位于 515 nm、545 nm 和 513 nm；**215** 初始、研磨和退火处理样品的发射峰分别位于 512 nm、519 nm 和 530 nm；**216** 初始、研磨和退火处理样品的发射峰分别位于 498 nm、509 nm 和 484 nm。值得注意的是，研磨的 **215** 和 **216** 在退火后无法回到原始的状态，这是因为退火之后这两个化合物形成了另外一种新的晶型。粉末 XRD 结果和化合物的力致发光变色性能表明，通过研磨、熏蒸或退火等工艺，化合物的固态结构可以从一种形态转变为另一种形态，如从一种晶型到非晶态再到另一种晶型。

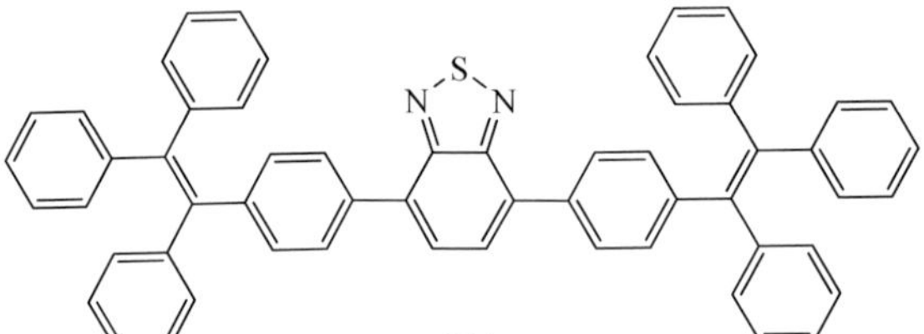

214

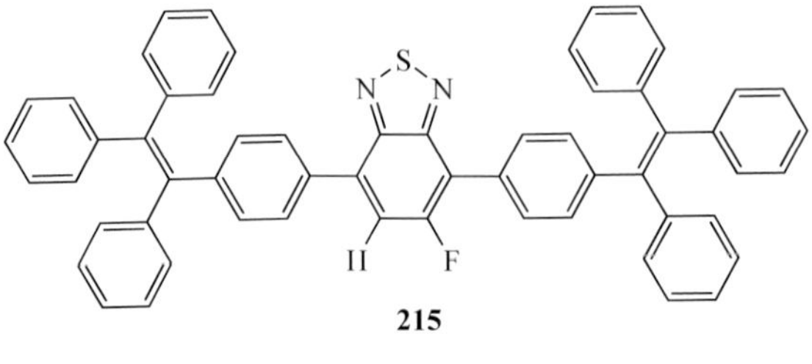

215

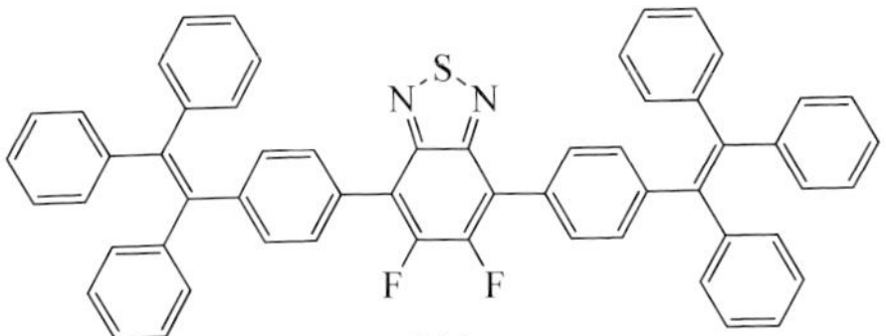

216

2019 年，Tang 等[102]报道了两个 π 共轭大环荧光材料 **217** 和 **218**，它们表现出明显的 AIE 现象和显著的力刺激发光变色响应特性，研磨时发光产生红移，溶剂退火后发光则蓝移。考虑到发光颜色对 **217** 和 **218** 在 THF/H_2O 混合溶液中自组装微结构的依赖性，以无环前驱体 **219** 为对照，研究了这两个大环发光化合物的力致发光变色性能。当 **218** 被研磨后，样品发射峰值从 458 nm 移动到 490 nm。当研磨样品在 THF 蒸气下熏蒸 30 min 后，发射峰回到 468 nm。同样地，**217** 原始样品在研磨后也呈现出从 500 nm 到 510 nm 的轻微发光红移，并且在 THF 蒸气熏蒸后发射峰可以恢复到 488 nm。相比之下，无环前驱体 **219** 在研磨和熏蒸后都没有表现出明显的发光变色。为了进一步阐明大环荧光化合物力刺激发光变色响应过程的根本原因，对样品进行了 PXRD 测试，研究它们在固体状态下分子排列的变化。对于 **218**，制备样品的 PXRD 谱图显示出明显的衍射峰，这表明样品具有高度有序的晶体结构。研磨后，衰减的衍射信号表明研磨样品的排列有序性降低，堆积疏松，导致发光红移至 490 nm 处。研磨样品经 THF 熏蒸后，衍射曲线恢复到与原始样品几乎相同的状态，发光再次移动到 468 nm。另一方面，**217** 样品的衍射曲线在小角度区域有一个较宽的峰和一些微弱的峰，这表明非晶结构与少量小晶畴混合。研磨后的小角区域的衍射峰消失，表明 **217** 在固相中具有较松散的堆积结构。**217** 这种有序排列的降低导致发光从 500 nm 到 510 nm 的轻微红移。用 THF 蒸气熏蒸后，PXRD 谱图中出现一系列尖锐的衍射峰，表明形成了高度有序的晶体结构，并产生明显的发光蓝移，发射峰位于 480 nm 处。因此，**217** 和 **218** 的晶态和非晶态之间的转变是这两种大环发光化合物产生力刺激发光变色响应的驱动力，这也与随时间变化的 PL 光谱一致。此外，无环前驱体 **219** 缺乏合适的结晶能力，导致机械力刺激下没有产生发光变化。此外，在大环骨架中含有 S 原子使 **218** 能够选择性地检测水介质中金属离子汞（Ⅱ）。

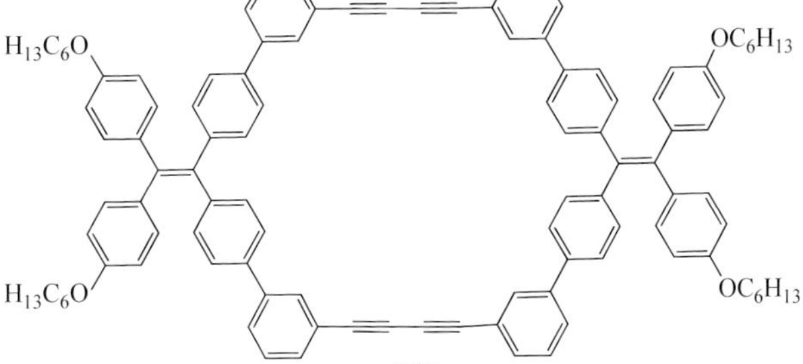

217

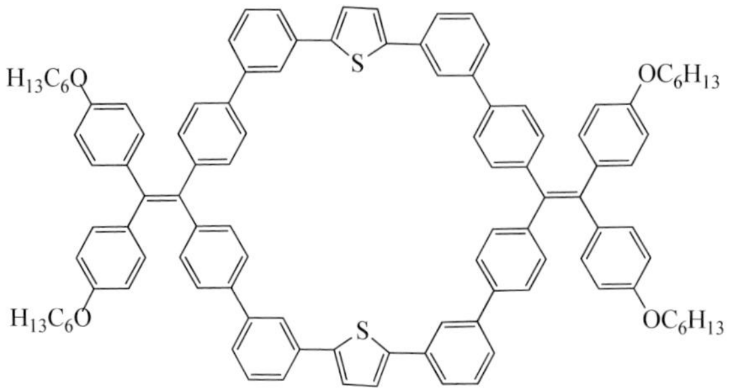

218

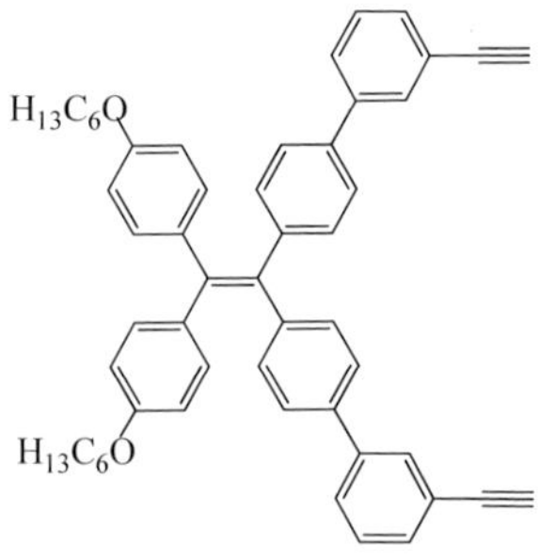

219

2019 年，Pu 等[103]合成了三个 TPE 官能化的咔唑类荧光分子 **220**～**222**。这些化合物具有很高的热稳定性，在固态下表现出不同的荧光性质，发光量子产率分别为 99.04%（**220**）、98.90%（**221**）和 39.83%（**222**）。它们都表现出显著的 AIE 效应。这些化合物的不同发光颜色都可以通过研磨转变成相同的绿色，并且力致发光变色行为具有很好的重复性。PXRD 结果表明，晶态到非晶态的可逆转变是它们产生可逆力致发光变色的机理。

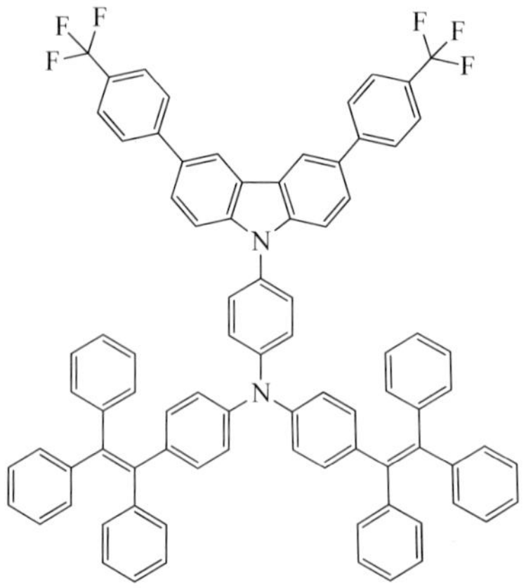

220

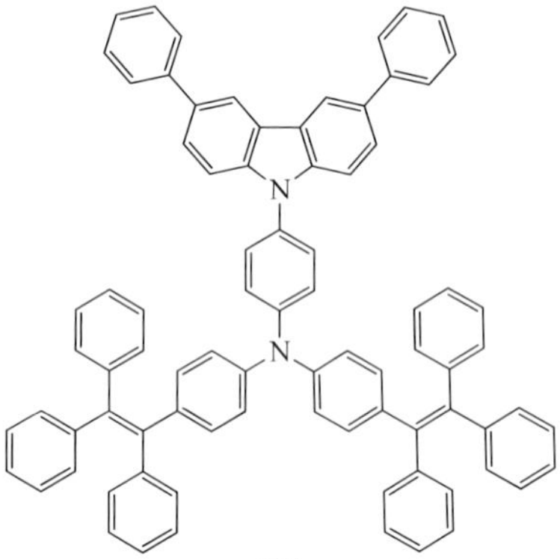

221

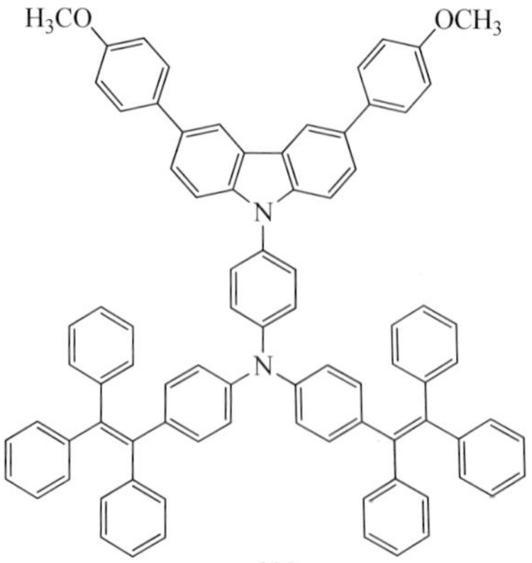

222

2019 年，Yang 等[104]报道了两种 TPE 衍生物 **223** 和 **224**。AIE 化合物 **223** 在 487 nm 处出现天蓝色荧光峰。用研钵和杵轻轻研磨 1 min 后，其发射绿色荧光，最大发光波长红移到 505 nm。另外，研磨后的 **223** 可以通过在二氯甲烷蒸气熏蒸 2 min 后恢复到原来的发光，表明其力致发光变色现象的可逆性。对于 **224**，研磨样品 10 min 左右，光谱变化可忽略不计，表明其具有良好的光谱稳定性。为了进一步了解 **223** 和 **224** 对外界刺激的不同反应，他们研究了研磨前后的 PXRD 谱图。**223** 原始样品的 PXRD 谱图显示出明显的衍射峰，表明其微晶结构。相比之下，**223** 研磨样品的 PXRD 谱图显示出弱而宽的衍射峰，这意味着研磨导致了形态转变。然而，对于 **224**，它的 PXRD 信号几乎不受外界刺激的影响，这表明引入自组装策略可以将该分子堆积锁定到刚性状态，这与 DFT 计算和温度依赖的 NMR 实验结果相一致。另外，利用 **224** 作为发光层制备了高性能的电致发光器件，最大亮度超过 1000 cd/m^2，最大电流效率高达 2.3 cd/A。

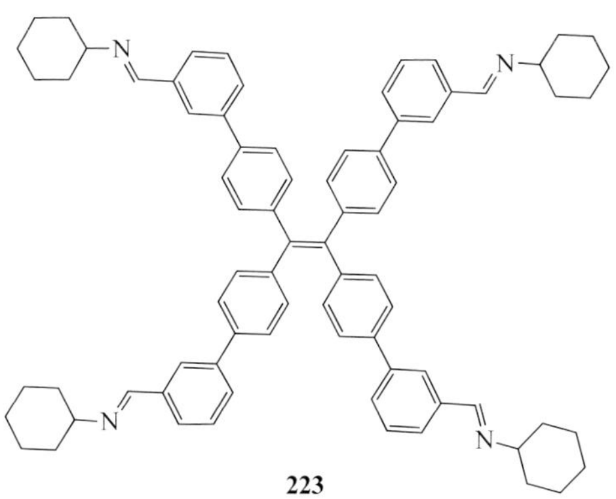

N N N N
223

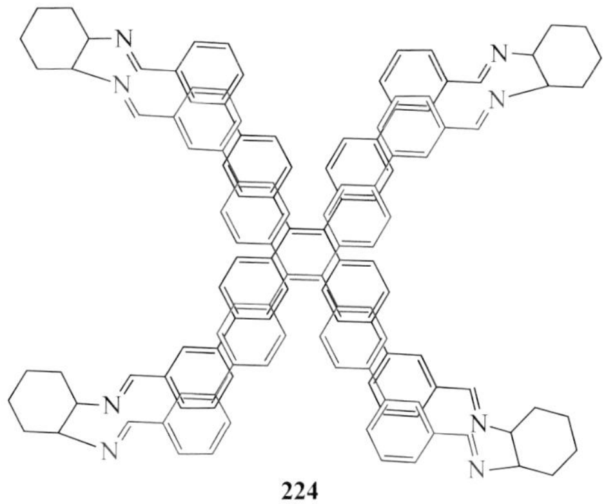

N N N N N N N N
224

2019 年，Zhu 等[105]合成并表征了一系列具有 TPE 单元的喹诺酮类化合物（**225**～**230**）。化合物 **225**～**227** 在溶液中显示出微弱的蓝色荧光，在固态时显示出明亮的蓝色发光，说明这些化合物都具有明显的 AIE 性质。含有给电子取代基的化合物 **228** 和 **229** 表现出 TICT 特性和较弱的 AIE 性质。化合物 **230** 是一种 D-A-D 型分子，在溶液中具有 TICT 特性和较弱的 AIE 性质，在固态下具有较强的黄色发光。同时，化合物 **225**～**229** 均表现出类似的压致发光变色效应。通过简单的研磨，它们的发光从深蓝色变为蓝绿色。但化合物 **230** 经研磨由黄色变为绿色，与其他化合物有明显区别。质子化效应的研究表明，这些材料由于其分子性质固有的碱性，可以用作酸碱蒸气传感器。综上所述，这些化合物可以作为 pH 传感器、生物成像探针和有机发光材料的潜在候选者。

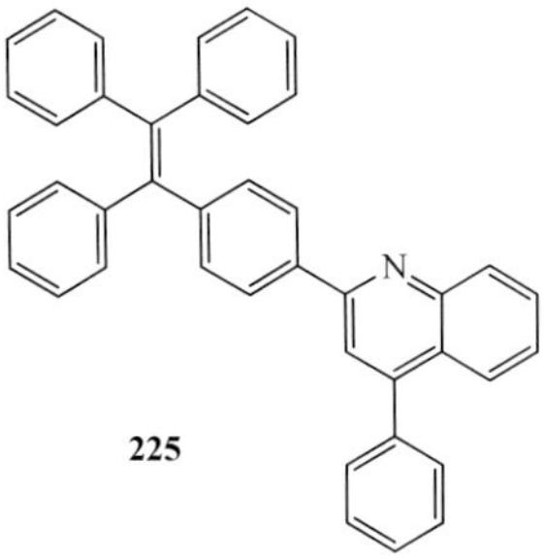

225 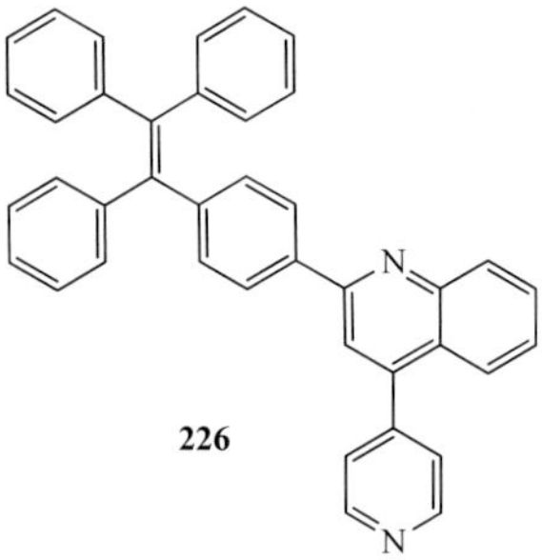 226 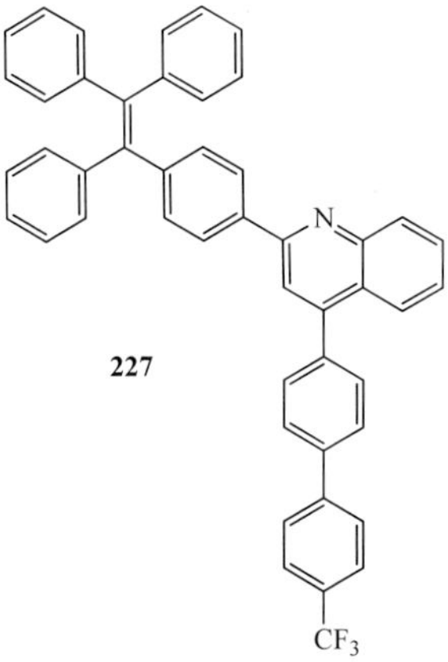 227

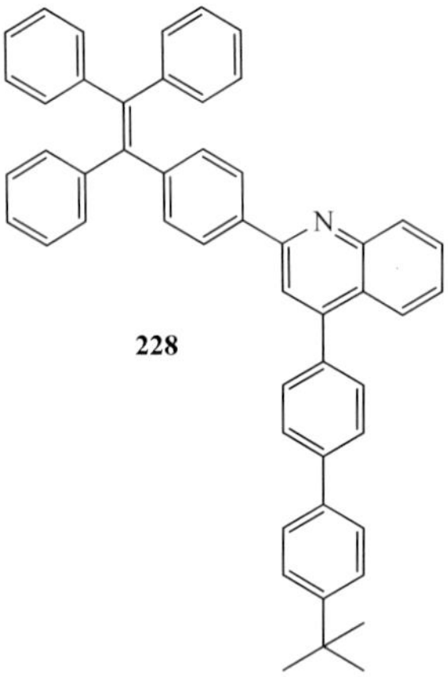

CF_3

228 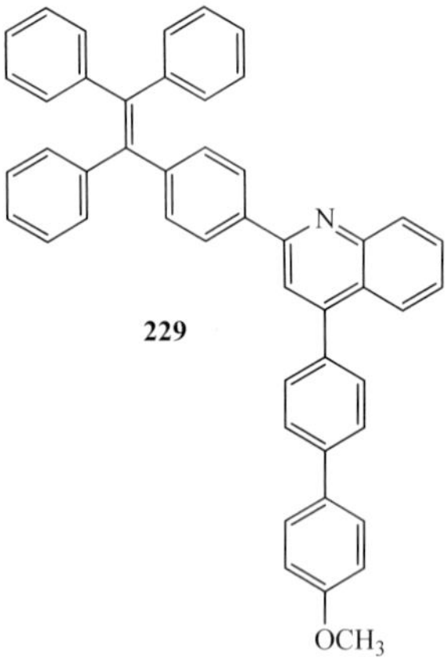 229

OCH_3

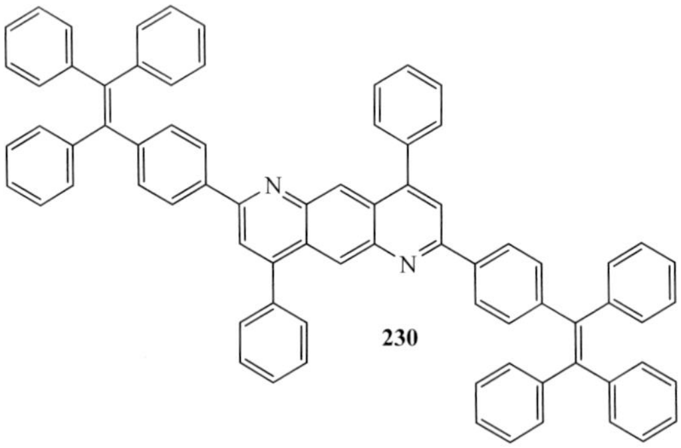

230

5.2.3 TPE 单元与其他聚集诱导发光单元结合

二芳基乙烯蒽、四苯乙烯、三苯乙烯、丙烯腈和六苯基噻咯是常用于制备 AIE 材料的典型单元。除了采用一种 AIE 活性单元来构建力刺激发光响应材料外，还有一些含有两个或两个以上 AIE 活性单元构建的力刺激发光响应材料。

大多数力刺激发光响应 AIE 材料在受到机械刺激并从晶态转变为非晶态时都会发生发光红移，这种现象被 Chi 和 Xu 等在初期研究 AIE 材料力致荧光变色（MFC）特性过程中认为是源于分子结构的构象平面化[106]。在进行 AIE 材料 MFC 特性研究的初期阶段，研究人员发现 AIE 化合物的结晶度能够直接影响其 MFC 性能。例如，2011 年，Chi 和 Xu 等报道的 AIE 材料 **231**～**233**[107]。与化合物 **232** 和 **233** 不同的是，化合物 **231** 表现出明显的 MFC 特性，尽管 **231** 的分子结构既不包含杂原子，也不包含 C—H…N 和 C—H…O 相互作用。这些差异可归因于发光材料的不同聚集态，粉末 XRD 结果表明，化合物 **232** 和 **233** 的形态为非晶态，而 **231** 则为晶态。当合成的晶态化合物 **231** 被研磨成非晶态时，PL 发射峰从 454 nm 红移到 482 nm。**231** 的单晶结构分析表明，由于分子高度扭曲的构象，分子间很难形成弱的 C—H…π 相互作用和分子间 π-π 堆积，从而形成相对松散的分子排列。由于这种松散排列，晶体中形成了几个空腔，而晶体结构的这一特征使化合物表现出明显的 MFC。

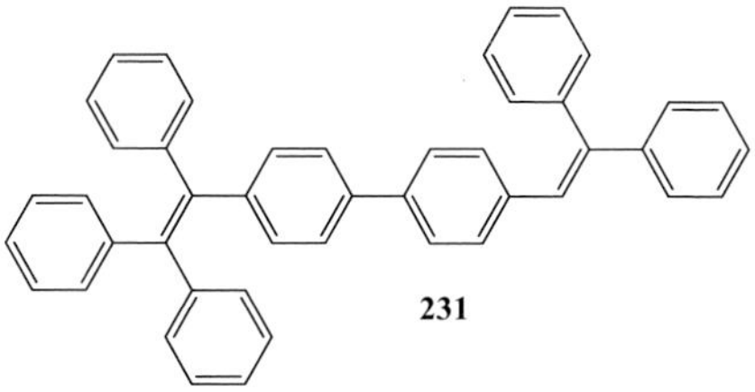

231

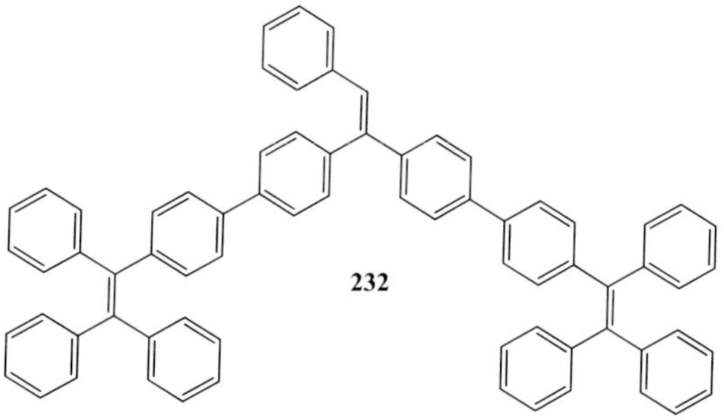

232

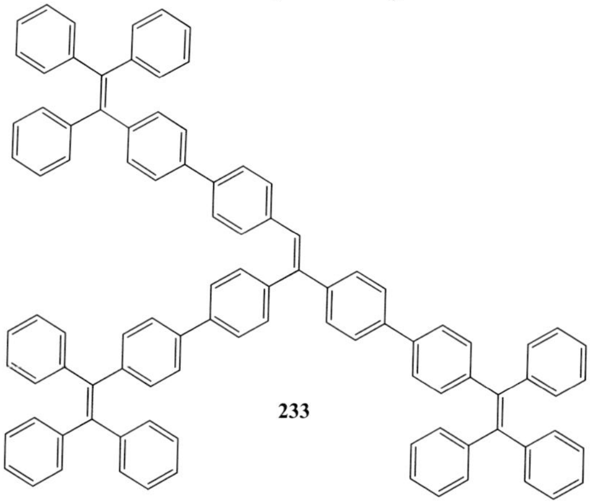

233

发光材料 **234** 具有 AIE 特性，并显示出显著的 MFC 特性。然而，它是一种碳氢化合物，不存在任何分子间的 C—H…N 和 C—H…O 相互作用，而这些相互作用以前被认为是构建 MFC 分子的必要条件[108]。研磨后，**234** 的发光波长从 506 nm 红移到 574 nm。紫外-可见吸收光谱显示退火样品和研磨样品之间存在显著差异，但分子的结构并没有发生改变。PXRD 结果显示晶态和非晶态之间的可逆形态变化是产生 MFC 的直接原因。DSC 结果显示，在 336℃左右，样品出现明显的冷结晶峰，表明存在亚稳态聚集，并通过退火转变为更稳定的状态。此外，他们将 **234** 的 MFC 性质的来源归因于构象平面化机理，研磨使分子共轭性增强，发光红移。2012 年，Chi 和 Xu 等[109]在 **234** 基础上合成了一系列发光化合物 **235**～**237**。虽然所有化合物都具有很强的 AIE 特性，但它们的 MFC 性质各不相同。注意到，只有末端带有 TPE 基团的化合物（**234** 和 **237**）具有显著的 MFC 性质，其中 **234** 和 **237** 的光谱在研磨后分别红移了 68 nm 和 44 nm。通过对研磨样品进行退火处理，它们的发光颜色可以恢复到初始的发光颜色，表明 MFC 具有很好的可逆性。另一方面，考虑到 **235** 和 **236** 的发光光谱在研磨后没有变化，因此具有三苯基外围基团的化合物 **235** 和 **236** 不具有 MFC 性质。

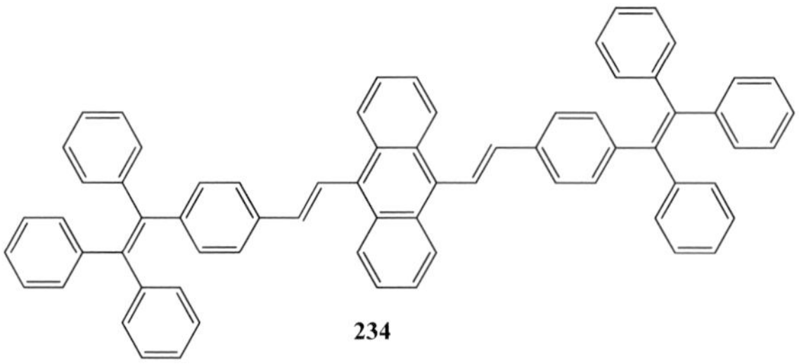

234

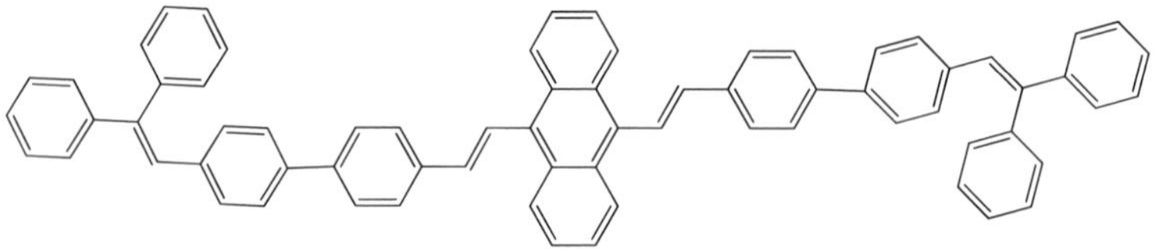

235

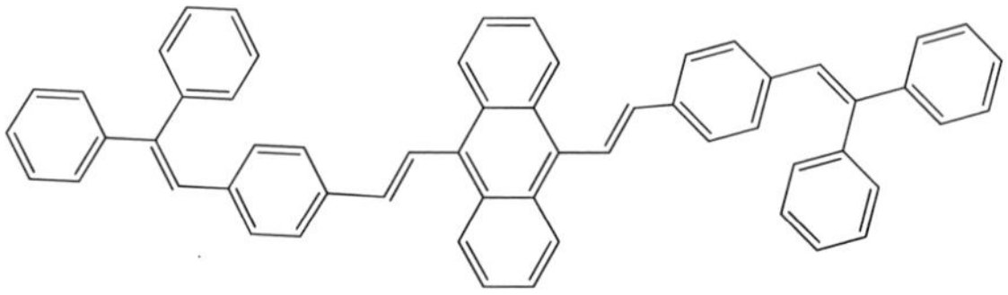

236

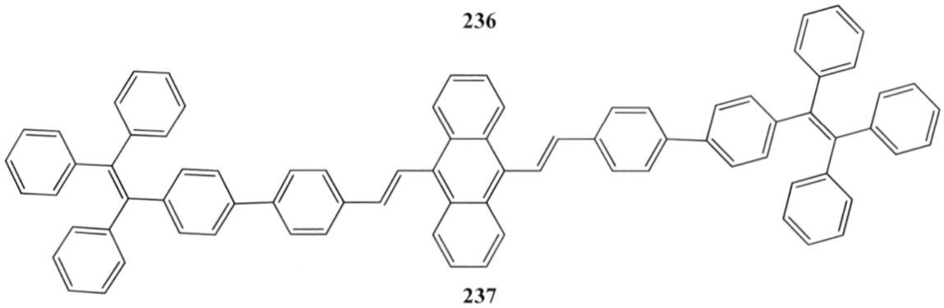

237

2011 年，Chi 和 Xu 等[110]报道了含有二芳基乙烯蒽和 TPE 单元的新型有机发光化合物 **238**～**240**。在 365 nm 紫外光激发下，**239** 样品表现为强烈的黄色发光（561 nm），用杵和研钵短暂研磨后，变为强烈的橙红色发光（583 nm），光谱红移了 22 nm，说明化合物 **239** 具有 MFC 现象。PXRD 测试表明，所合成的样品处于有序结晶状态，研磨后结晶被破坏并转变为非晶态。尽管这三种化合物具有相似的分子结构，但化合物的发光性质差别很大，**238** 和 **240** 样品研磨前后的发射光谱几乎没有变化，并不具备 MFC 性质。进一步研究发现，所合成的 **238** 和 **240** 样品的衍射曲线显示出扩散峰，表明样品为非晶态聚集结构，并没有发生由外部压力破坏有序结构的情况，因此化合物 **238** 和 **240** 不具有 MFC 活性。这些结果表明，材料的初始相态存在一定程度的结晶度是实现 MFC 的重要前提。

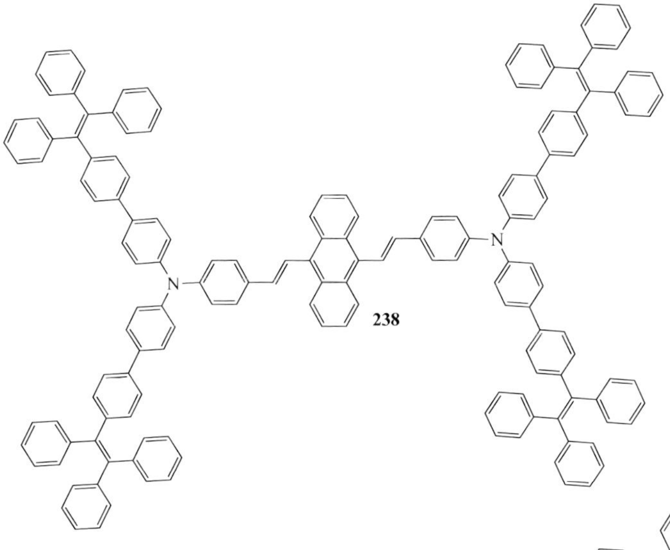

N N

238

N N

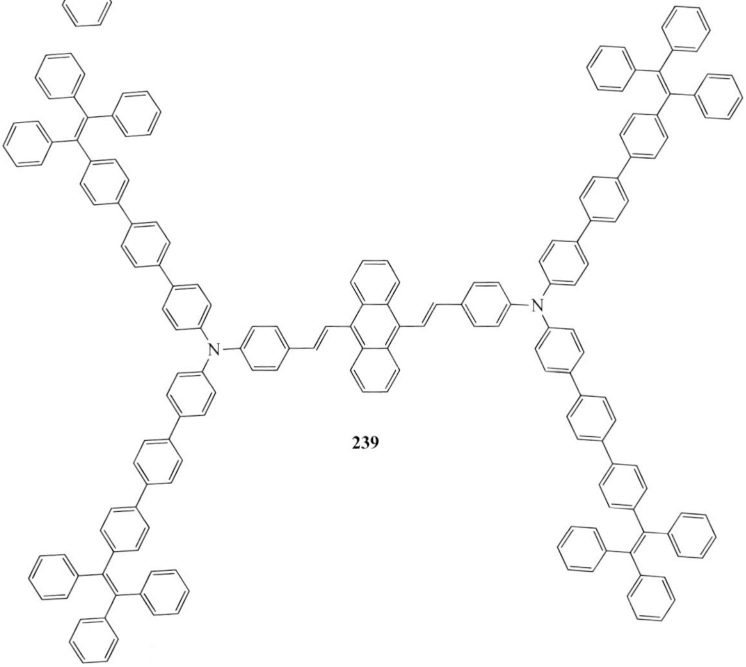

239

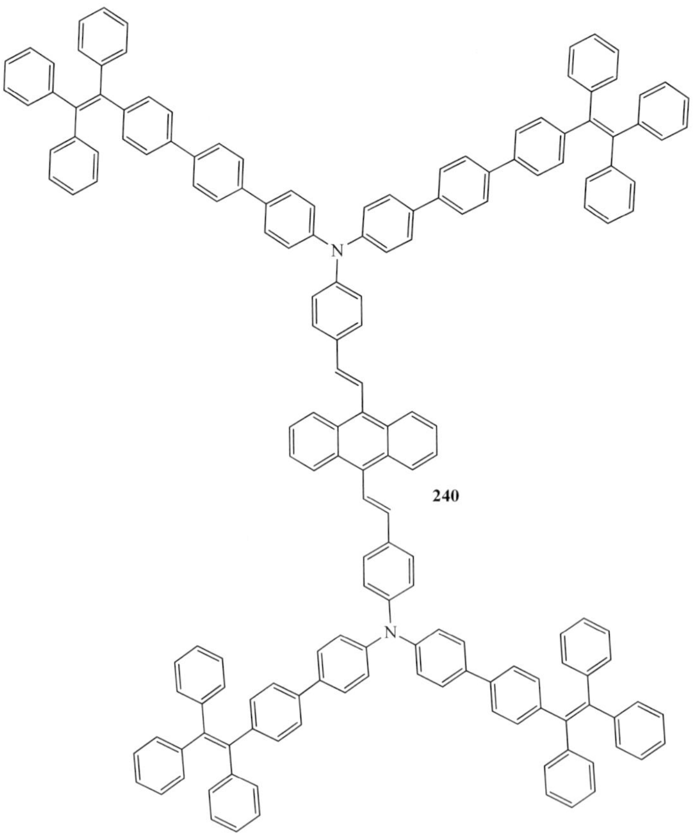

240

2013 年，Chi 和 Xu 等[111]利用 TPE 和丙烯腈单元构筑了一种新的 AIE 和 CIE 化合物 **241**，其具有很高的光致发光效率（$\Phi_{PL}=85\%$）。此外，该化合物还具有非常大的双光子吸收截面（σ），为 5548 GM，在固态中表现出显著的多刺激发光响应的单光子和双光子荧光开关，具有良好的可逆性。研磨后，样品的发光峰由 469 nm 红移到 513 nm。单晶结构分析表明，**241** 具有高度扭曲的分子构象，并在弱 C—H⋯π 相互作用的辅助下逐层结晶，每层中存在大量缺陷（空穴），结晶状态下的堆积十分松散。这些弱相互作用在外加压力下很容易被破坏，从而使分子构象平面化，分子共轭扩展，从而导致单光子和双光子荧光光谱的发光红移。双光子荧光（TPF）独特的可逆性使 **241** 成为一种有望用作三维光学数据存储和传感的材料。

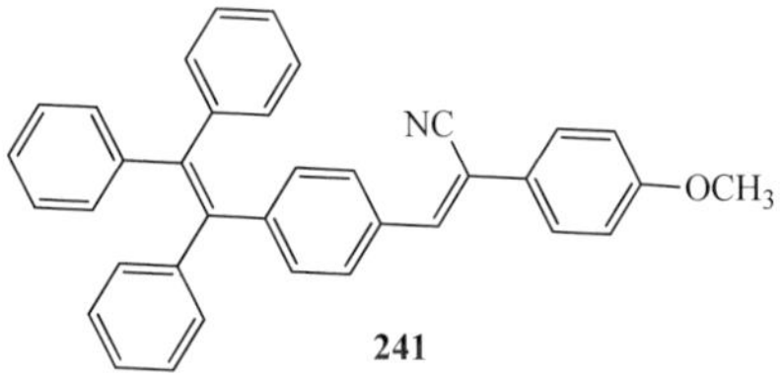

NC　OCH_3

241

为了研究给体和受体取代基的影响，2013 年，Tang 等[112]合成了含有多个 AIE 活性单元的化合物 **242**~**244**。化合物 **242** 的薄膜显示出高效的绿色荧光（$\lambda_{em}=494$ nm，$\Phi_{PL}=100\%$），明显的 AIE 特性（$\alpha_{AIE}=154$），并通过研磨-熏蒸能够实现从蓝色（$\lambda_{em} = 472$ nm）到绿色（$\lambda_{em} = 505$ nm）的可逆 MFC 特性。但是，这些发光变化经过研磨和热退火处理是不可逆的。化合物 **243** 含有两个中心氰基受体基团，在薄膜状态下为橙色发光（$\lambda_{em} = 575$ nm，$\Phi_{PL} = 100\%$），具有明显的 AIE 性质（$\alpha_{AIE} = 13$）。同时，通过研磨/熏蒸或研磨/退火工艺，在化合物 **243** 中观察到了可逆的 MFC，在黄色（$\lambda_{em} = 541$ nm）和橙色（$\lambda_{em} = 563$ nm）之间切换发光。根据 PXRD 测试结果，MFC 起源于非晶态和有序微晶态之间的形态转变。与化合物 **242** 相比，化合物 **243** 表现出更高的 MFC 可逆性，这表明引入氰基为开发更多具有可逆性 MFC 活性材料提供了一种有效的策略。由于在分子结构中引入了吸电子氰基，化合物 **243** 表现出 ICT 性质，通过调节溶剂极性（从正己烷到四氢呋喃），发光颜色由绿色变为橙红色。相比之下，**242** 表现出较低的溶剂极性依赖性发光。此外，氰基的引入使化合物 **243** 自组装，并在 THF/水混合溶液中获得了规则的微带结构，显示出明亮的绿色荧光。对于化合物 **242**，在 THF/水混合溶液中形成小且不规则的聚集体。在化合物 **243** 中进一步引入四个外周 *N*, *N*-二乙氨基给体基团，合成了具有较强推拉电子特性的发光材料 **244**。**244** 具有近红外荧光发光（$\lambda_{em} = 713$ nm）、明显的 ICT 性质和溶剂化荧光变色（从红光发射到近红外发射）。这项工作表明，可以通过对 TPE 衍生物的给体基团和受体基团进行修饰，从而有效调节其电子结构和材料性能。

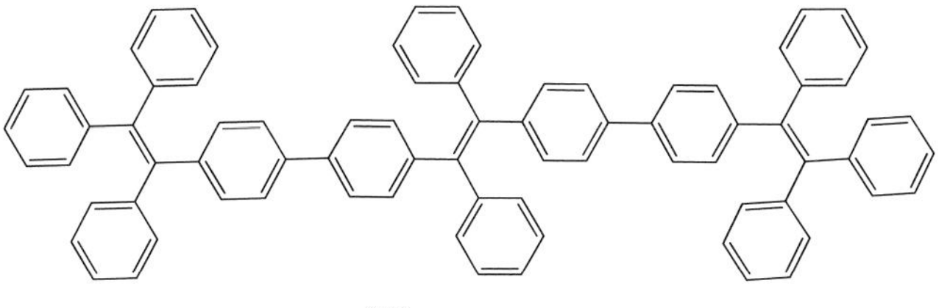

242

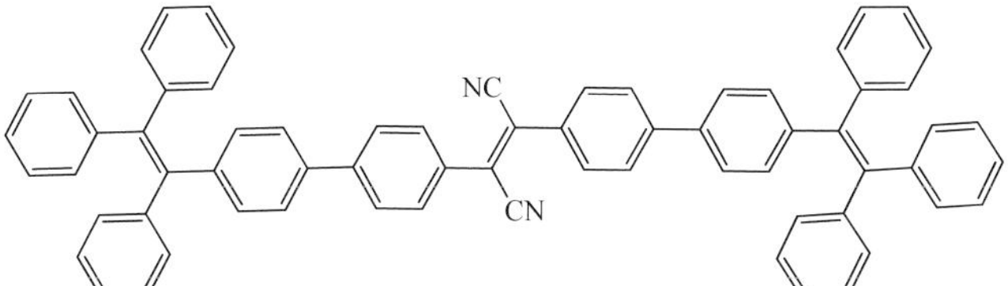

NC CN

243

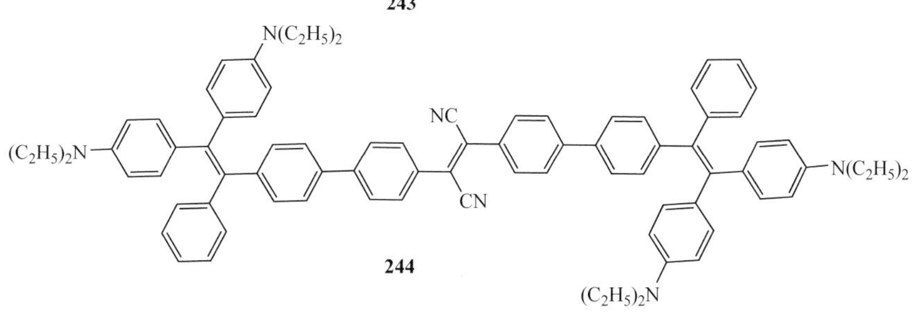

$N(C_2H_5)_2$ $(C_2H_5)_2N$ NC CN $N(C_2H_5)_2$ $(C_2H_5)_2N$

244

2014 年，Misra 等[113]报道了 TPE 取代的菲并咪唑衍生物 **131** 和 **245**，两者都具有可在天蓝色（结晶）和黄绿色（非晶）之间切换发光的 MFC 特征。当用杵研磨后，化合物 **131**（460 nm）和 **245**（450 nm）的原始天蓝色光转化为黄绿色光，发光峰分别红移至 509 nm 和 508 nm 左右。PXRD 研究表明，研磨过程中晶态被破坏而转变为非晶态是 MFC 产生的原因。他们还指出，**245** 中氰基的氢键相互作用有助于增强 AIE 和提高热稳定性。

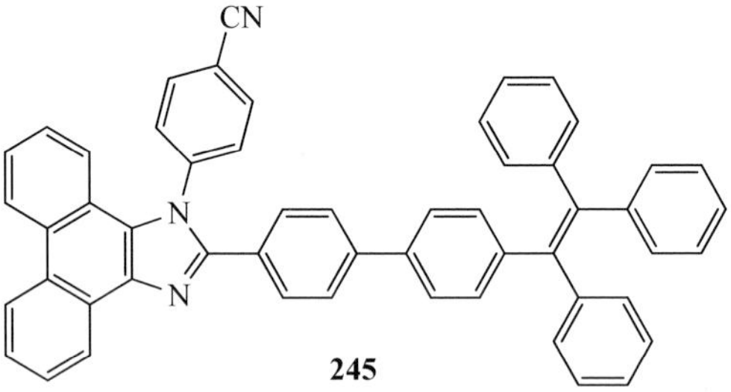

CN N N **245**

2015 年，Misra 等[114]通过将芘并咪唑和 TPE 或三苯基丙烯腈单元相结合，获得了两种含有芘基的固态发光化合物 **246** 和 **247**。这两种化合物均表现出高效的固态荧光和 MFC 特性，可实现蓝色和绿色之间可逆的发光变化。原始形态的 **246** 和 **247** 的发射峰分别位于 461 nm 和 473 nm 处，研磨后发射峰分别红移至 499 nm 和 510 nm。对研磨后的样品进行热退火或熏蒸处理，能够恢复原有的发光，表明具有良好的 MFC 可逆性。对于化合物 **246**，通过在 200℃退火 15 min 或用二氯甲烷蒸气熏蒸 2 min，可从其研磨后的淡黄色发光恢复至原始的蓝色发光。对于化合物 **247**，其原始发光状态可以通过对研磨样品在 220℃退火 15 min 得以恢复，而用溶剂熏蒸却不能完全恢复。为了了解芘并咪唑类化合物在不同刺激下的发光行为，研究了它们在固态下的紫外-可见吸收光谱。**246** 和 **247** 的原始样品分别在 417 nm 和 427 nm 处有吸收峰，经研磨后分别移到 446 nm 和 437 nm。因此，他们推断在 **246** 和 **247** 中观察到 MFC 的主要原因是扭曲晶态和更平面非晶态之间的转变。

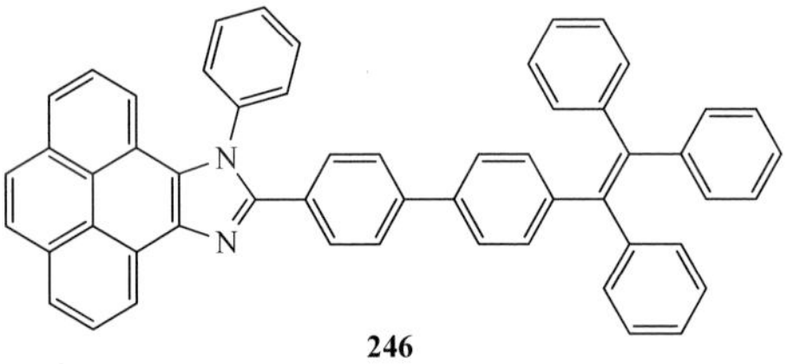

N N **246**　　N N CN **247**

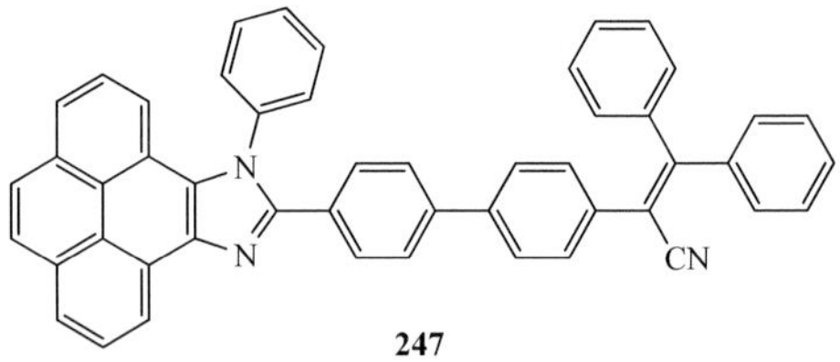

2015 年，Misra 等[115]通过 TPE 取代苯并噻二唑（BTD）合成了两种 D-A 型发光材料（**248** 和 **249**）。这两种化合物的分子设计考虑了以下四个方面：①TPE 部分同时用作给体单元和 AIE 活性单元；②TPE 使得分子在固态下具有大的自由体积；③用苯基芳基作为弱给体（**248**），4-氰基苯基作为中等受体（**249**）改变 BTD 单元的受体强度；④利用氰基增加 BTD 的受体强度。因此，通过结合 TPE、

BTD 和氰基，可以调节分子的 D-A 效应。结果表明，含有氰基的化合物 **249** 具有高效的 MFC，发光颜色在绿色和黄色之间切换，而 **248** 则没有 MFC。研磨后，**249** 原始固体的绿色发光（526 nm）变为黄色发光（565 nm），而原始 **248** 的绿色发光（521 nm）保持不变。研磨后的 **249** 样品经 80℃热退火 5 min（或溶剂熏蒸）后，其黄色发光可恢复到原来的绿色，显示出良好的力致发光变色可逆性。他们还研究了溶液和固态的光物理性质，并比较了 D-A 相互作用强度。溶液和固体的紫外-可见吸收光谱和发射光谱表明：①在所有溶剂中 **249** 都表现为波长更长的吸收和发射，说明 **249** 具有比 **248** 更强的 D-A 相互作用；②与 **248** 相比，**249** 初始粉末的吸收发生蓝移，表明在原始状态下 **249** 的 D-A 相互作用较弱，这与溶液状态下得到的结果相反（这可能是因为固态下分子骨架的排列和扭曲不同）；③**249** 粉末的吸收和发光在研磨后都发生了红移，而 **248** 的吸收蓝移，发光几乎不变，这表明研磨能够增强 **249** 中 D-A 相互作用，但却降低 **248** 中 D-A 相互作用。对 **248** 和 **249** 原始样品、研磨样品和退火样品进行了 PXRD 测试。结果发现，原始 **248** 和 **249** 具有尖锐衍射峰，反映了它们的结晶特性。对于研磨后的 **249**，尖锐衍射峰消失，并伴有扩散带，说明晶体已转变为非晶态。**249** 研磨样品经退火或熏蒸处理后，出现明显的衍射峰，表明形成了晶态。因此，化合物 **249** 中 MFC 的形成是由晶态和非晶态之间的形态转换引起的。分析化合物 **248** 的 PXRD 谱图可知，研磨后会出现新的峰，这说明它是从一种晶型转变成另一种晶型。研究表明，苯和苯甲腈可以调节BTD的受体强度，TPE和氰基的引入对材料的MFC特性有重要影响。

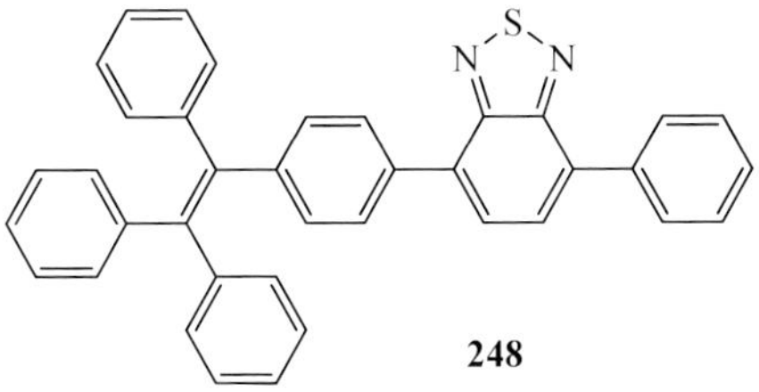

S N N CN

248 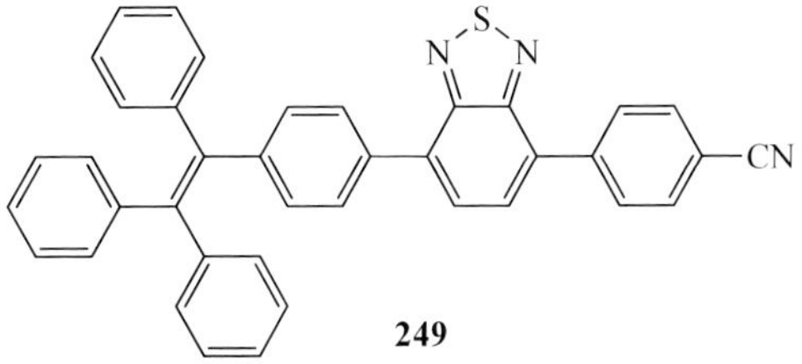　　**249**

2015 年，Chi 和 Xu 课题组报道了三种利用乙烯（**250**）、丙烯腈（**251**）和反丁烯二腈（**252**）桥接两个 TPE 单元的化合物[116]。这三种化合物均具有 AIEE 和 MFC 特性，其中 MFC 在研磨和熏蒸过程中表现出良好的可逆性。研磨后，**250**、**251** 和 **252** 样品的荧光发射光谱分别红移了 19 nm（从 457 nm 移到 476 nm）、24 nm（从 491 nm 移到 515 nm）和 50 nm（从 517 nm 移到 567 nm），这表明在分子结构中引入氰基可以显著提高衍生物的 MFC 活性。PXRD 分析结果表明，所合成的样品具有较高的有序度，研磨后有序排列被破坏并转化为非晶态，导致 PL 光谱红移。量子力学计算结果表明，由于空间位阻效应，氰基的引入可以提高分子的扭曲程度。因此，MFC 的性质可能与化合物的扭曲程度有关。此外，扭曲程度越高的分子在外力作用下更有可能表现出 MFC 特性。该研究提供了一种简单的方法，即通过在分子结构中引入氰基来有效改善化合物的 MFC 性质。

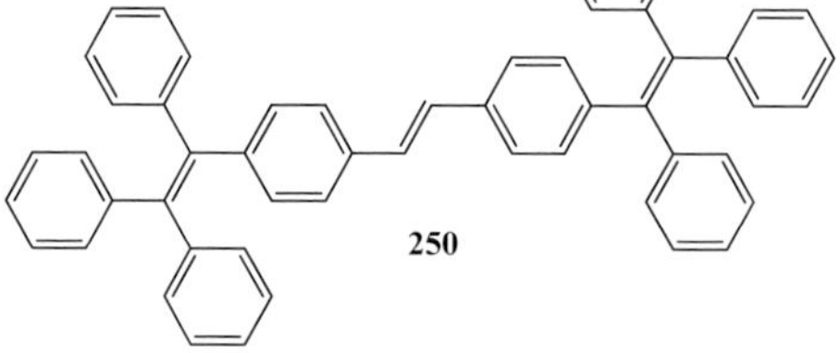

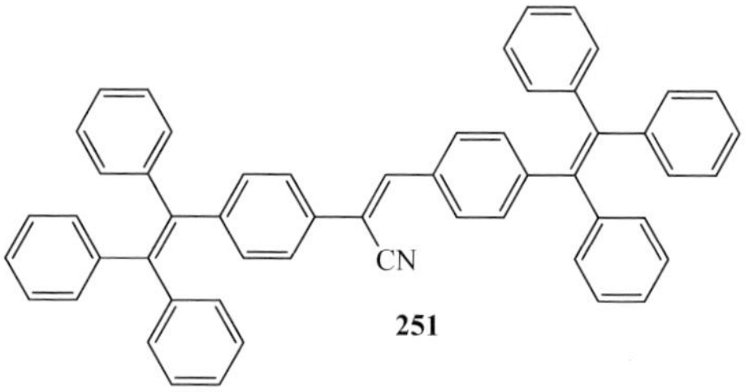

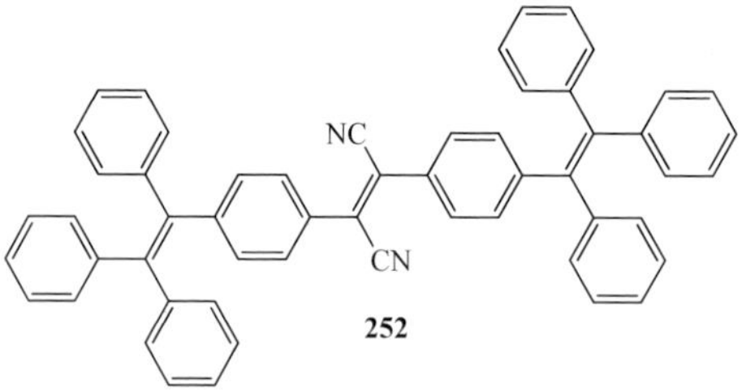

250　　**251**

252

2015 年，Yuan 等[117]报道了一组二乙氨基（DEA）功能化衍生物（**253**、**254** 和 **255**）。由于引入了 DEA 基团，**253** 表现出结晶诱导发光（CIE）而不是聚集诱导发光的特性。同时，这些发光材料还表现出高对比度的 MFC。值得注意的是，**253** 研磨样品具有明显的自恢复特性，可以在几秒内无需任何外部处理而迅速恢复原始发光。化合物 **253** 快速的自恢复 MFC 特性表明，研磨后样品具有高度活跃的分子运动，能够实现构象调整和分子重排，这些都能够猝灭激子能量，导致非晶态发光明显减弱。另一方面，**254** 研磨后样品微弱的黄光（490 nm）需要 5 min 完全恢复至原始的青色光（481 nm），这意味着化合物 **254** 的自恢复速度比 **253** 慢得多。这是由于 **254** 中较强的偶极-偶极相互作用限制了分子内旋转，一方面使其构象和发光恢复变慢，另一方面使其发光比化合物 **253** 的更强。结合以上结果，TPE 没有力致发光变色响应的原因可能是由于分子构象的恢复过程，以及由此产生的发光变化发生太快而无法检测。这是由于 TPE 的旋转势垒较小，分子内运动受限比其衍生物小得多。DEA 基团的修饰提供了额外的旋转单元来进一步消耗激子能量，并且旋转势垒增加，构象弛豫时间延长，从而使化合物 **253** 的非晶态发光变弱。在化合物 **255** 中引入了另一个具有更强电子接收能力的芳香单元，研磨后其发射从 588 nm 变为 598 nm，并在短时间内无法自我恢复。但溶剂熏蒸或加热能够实现可逆的发光转化。初始和熏蒸样品的 PXRD 谱图展示出相似的强烈、尖锐的衍射峰，这对应于晶体的规则分子堆积；然而，研磨粉末的 PXRD 谱图仅显示一个相当弱的包峰，这证实了非晶状态下的无序分子排列。因此，MFC 的可逆性与稳定晶态和亚稳非晶态之间的可逆相变有关。他们认为，研磨后 **254** 的粉末变为非晶，构象平面化，扭曲构象变少，同时可能形成准分子，从而产生发光红移。

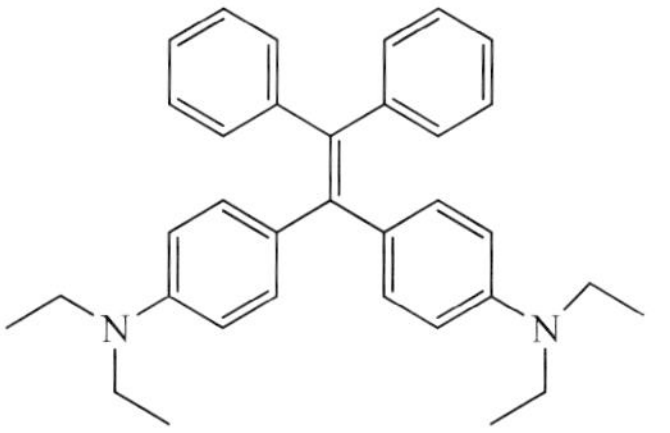

253 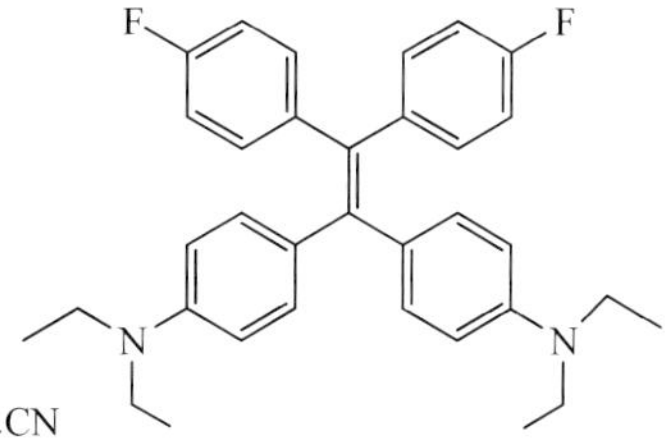　　254

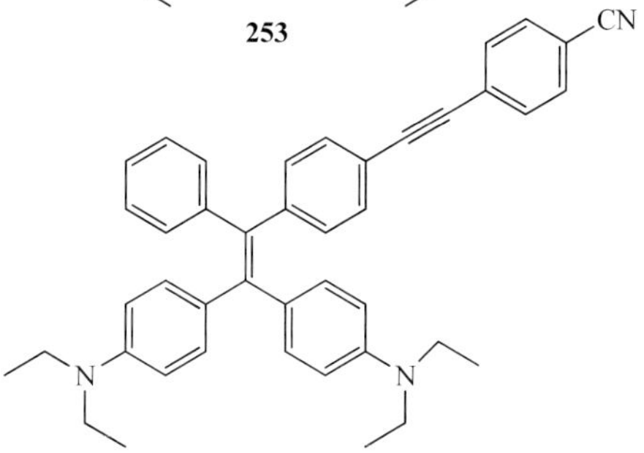

255

2017 年，Misra 等[118]报道了三种基于菲并咪唑和 TPE 不同取代位置的异构体（**245**、**256** 和 **257**），它们具有较强的 AIE 和可逆的 MFC 特性。邻位和间位取代的异构体 **256** 和 **257** 表现出 98 nm 的光谱偏移，而对位取代的异构体 **245** 的光谱偏移仅为 43 nm，这表明相较于对位取代，邻位和间位取代能够获得更加优异的 MFC 材料。研究表明，**256** 的大光谱位移可能与高度扭曲的几何结构有关，这可能是由 TPE 和菲并咪唑单元之间的空间位阻造成的。然而，对于间位异构体 **257**，研磨后产生的显著光谱偏移是由间位效应和强扭曲导致的较低共轭产生的。对于对位异构体 **245**，光谱位移较小可能是由其平面度高和有效共轭度增加所致。

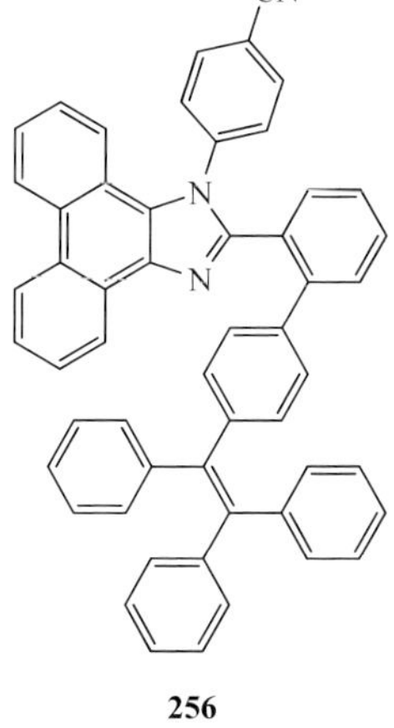

256 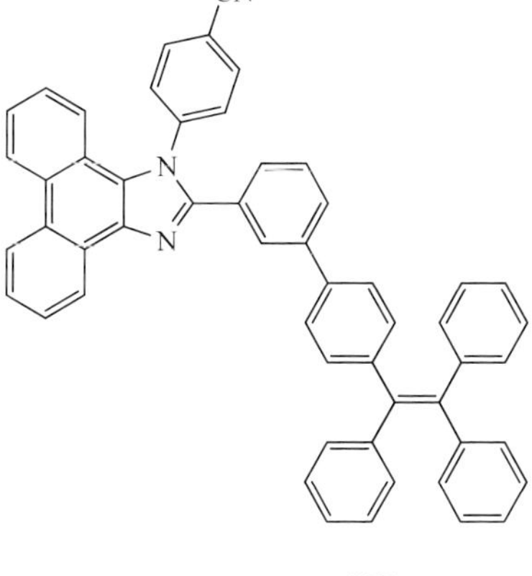　　257

2017 年，Chen 等[119]报道了基于 TPE 和氰基苯单元组成的异构体（**258** 和 **259**），这两种化合物具有明显的 AIE 特性。此外，MFC 研究表明，这两种发光化合物可以实现蓝色和蓝绿色之间切换的荧光发光，并且蓝绿色发光可以在 10 min 内自发恢复到最初的蓝光，表现出 MFC 的自可逆行为。

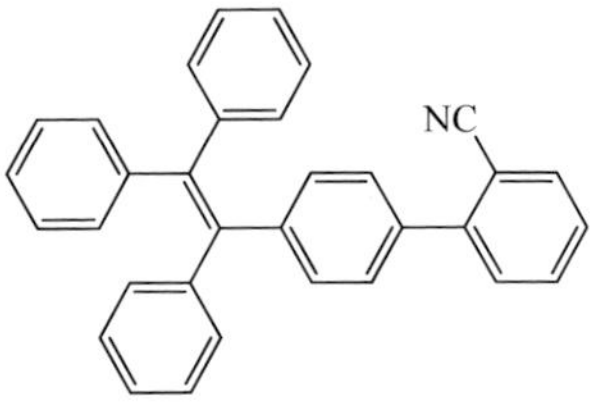

NC

CN

258

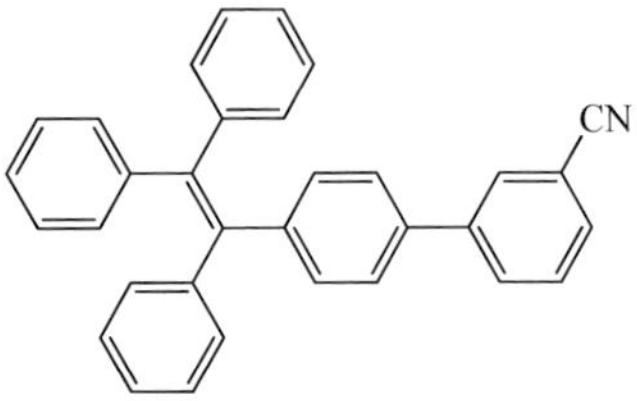

259

2019 年，Wang 等[120]设计并合成了三种 D-A 型的 AIE 分子，其都含有 TPE 和 1, 1-二氰基亚甲基-3-茚酮（IC）单元，但具有不同的间隔基团，即噻吩环（**260**）、苯环（**261**）和无间隔基团（TPE 与 IC 单元之间直接单键相连，**262**）。改变间隔基团，使得电子云分布、空间构象和分子堆积结构发生改变，从而导致光物理性质、对外部机械研磨的响应及对次氯酸盐的荧光传感等方面也产生差异。**262** 分子在 THF/H_2O 混合溶液中具有比其他两个化合物更高的相对发光强度（I/I_0），说明 **262** 分子具有更加优异的 AIE 性能。此外，在力刺激下，**262** 和 **261** 分别表现出 117 nm 的发光红移和 29 nm 的发光蓝移，说明 π 共轭间隔基的修饰会降低分子的力刺激发光变色响应行为。同时，在 ClO^-刺激下，IC 基团会转化为 1, 3-茚满二酮，因此三种 AIE 分子均能有效检测 ClO^-，具有明显的荧光增强和肉眼可见的颜色变化。基于 **262** 良好的生物选择性和更好的检测性能，在 HeLa 细胞中实现了内源性 ClO^-的生物传感。因此，**262** 有望作为一种具有 AIE 活性的 ClO^-荧光传感材料并应用于生物传感领域。这些结果证明了 IC 作为一种强缺电子单元的巨大潜力，可用于设计供体-受体型力刺激发光变色响应材料和用于检测活细胞中次氯酸盐的发光生物传感器。

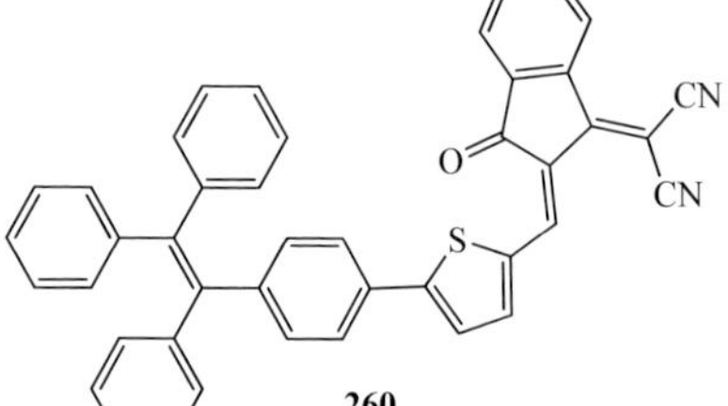

CN O CN S

O CN CN

260

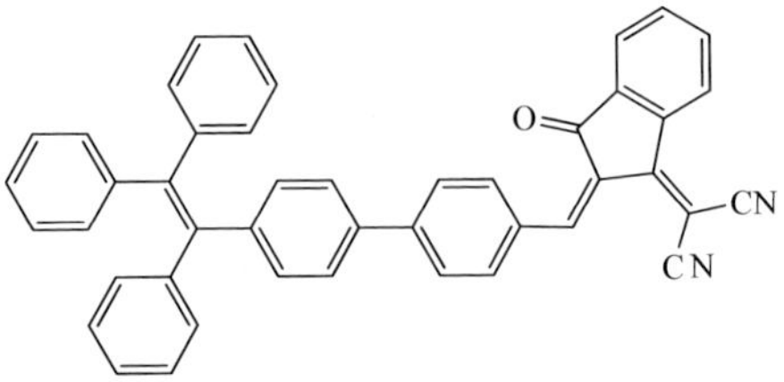

261

O CN CN

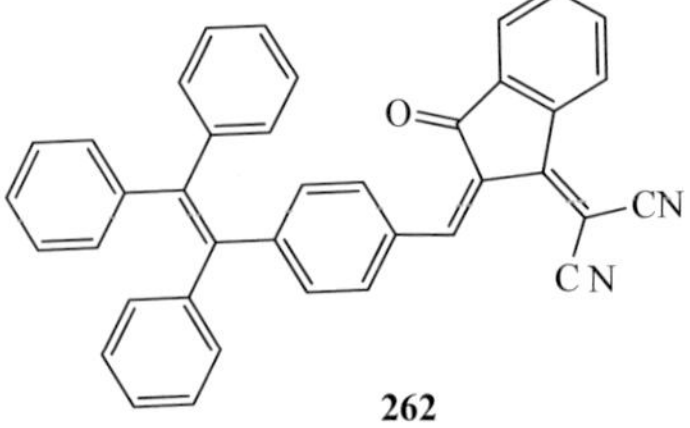

262

2020 年，Yang 等[121]报道了一种具有分子内电荷转移（ICT）特性和 AIE 性能的 D-A-D 型 TPE 衍生物（**263**）。在固态下，**263** 的 MFC 行为是由机械刺激（$\Delta\lambda = 29$ nm）引起的，粉末 XRD 和单晶结构分析证实了这一点。**263** 在传感器系统的另一个独特作用是提供色度和荧光双模式信号识别非质子溶剂中的氟离子，具有高灵敏度和高选择性，吸收和荧光的检测限分别为 1.09×10^{-7} mol/L 和 3.91×10^{-7} mol/L。该工作为多功能发光材料的研究提供了一种新的设计策略。

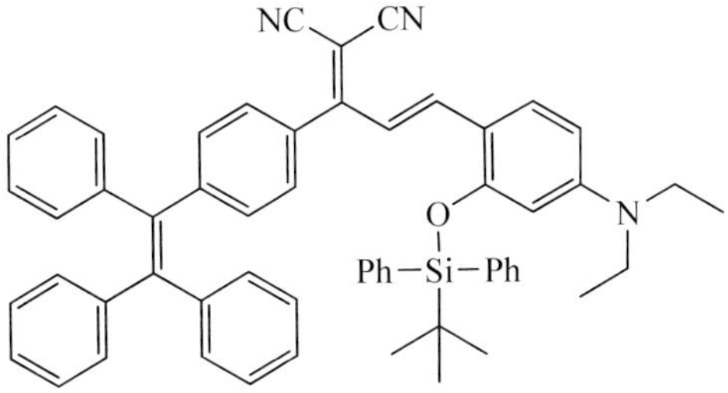

263

5.2.4　TPE 配合物

2015 年，Misra 等[122]通过在吡唑啉中心核上附加两个侧向 TPE 单元来合成新的 AIE 化合物 **264**，并探索其力刺激发光变色响应行为。**264** 在固态下表现出强烈的蓝光发射，其原始晶体发射蓝光（453 nm），研磨后为绿光发射（497 nm）。**264** 研磨后的粉末通过在 150℃下热退火 5 min 或用二氯甲烷蒸气熏蒸 4 min，绿色发光可以回到最初的蓝色发光，说明该化合物具有可逆的 MFC 特性。PXRD 结果表明，该化合物的 MFC 机理是晶态和非晶态之间的形态转变。

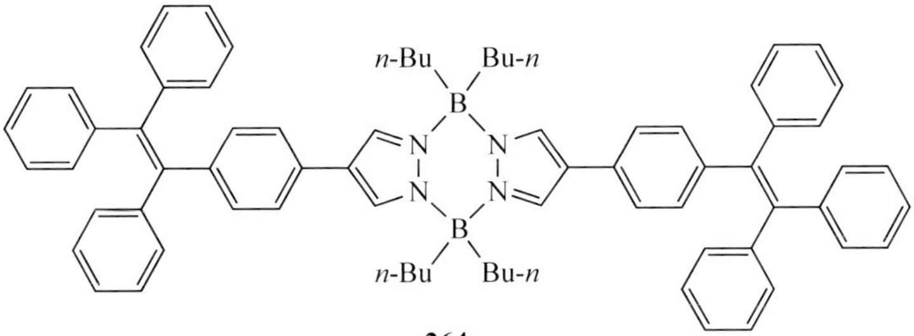

264

2017 年，Liu 等[123]报道了一种由 TPE 和 β-二酮二氟化硼组成的 D-A-D 型发光材料 **265**，它表现出典型的 AIE 和 ICT 特性，固态下的荧光量子产率高达 92.5%。经过简单的研磨后，**265** 的荧光发生了明显变化，从最初的黄光（544 nm）变到最终的橙红光（606 nm），产生了 62 nm 的光谱位移，并且可以通过有机蒸气熏蒸使发光回到初始的状态。以上结果说明，**265** 具有高对比度的可逆 MFC 行为。他们认为 **265** 的扭曲构象对其 MFC 和 AIE 活性起到关键作用。

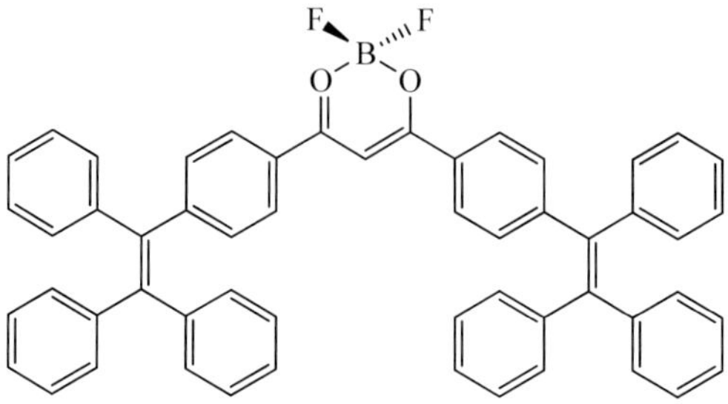

265

为了探索发光材料的多态发光特性和发光机理，获得罕见的机械力诱导发光增强和多色转换，Wang 等设计并合成了三种含 TPE 和不同芳胺单元的 D-A-D 型有机硼配合物（**266**、**267** 和 **268**）[124]。**266**、**267** 和 **268** 的发光性质差异很大，分别表现出 AIE、双态发光（MSE）和 ACQ 的荧光特性。单晶结构和理论计算分析表明，晶体的发光性质在很大程度上取决于分子的排列方式。反平行的头尾、头尾和平行的 J 型堆积模式依次显示出固态发射的减弱。特别是面对面二聚体不仅表现出红移发射，而且表现出高的量子产率。此外，对于不同的堆积模式、分子间弱相互作用与相变相结合，产生了有趣的刺激发光响应现象，如红移或蓝移，可逆或不可逆，以及通过研磨、烟熏和退火处理，发光增强或减弱。例如，**266** 的晶体（Oc）在 365 nm 光照下发射橙色荧光，发射峰位于 586 nm，Φ_{PL} 为 0.55；研磨后的 **266** 粉末变为红色发光，发射峰位于 616 nm，Φ_{PL} 为 0.566；研磨后的粉末经 DCM 熏蒸或在正己烷中超声处理或加热一定时间后，可顺利恢复其初始颜色。此外，还得到了 **266** 的另外一种晶体（Rc），为红光发射，发射波长为 624 nm，Φ_{PL} 为 0.485。研磨后，样品的发射峰蓝移 9 nm，当熏蒸或加热处理 Rc 研磨样品后，发射峰进一步蓝移至 583 nm，Φ_{PL} 为 0.55。这说明，Rc 的研磨样品转化为 Oc 晶体。为了验证力致发光变色现象是由形貌引起的，对 **266** 在不同固体状态下的粉末 XRD 进行了测试。结果表明，所制备的 Oc 和 Rc 晶体具有尖锐而强烈的峰，说明具有很好的结晶度。当两种类型的晶体被完全研磨时，衍射峰变得非常弱，这意味着它们转化为相同的非晶态。当用 DCM 熏蒸或加热粉末处理后，一些衍射峰又出现了，这意味着处于非晶态的分子可以重新排列成有序晶体，并转变成类似 Oc 晶体的堆积模式。通过对力致发光变色机理的研究表明，可旋转的刚性给体有助于获得形貌依赖的荧光材料和多色开关，而结合刚性末端的柔性给体容易导致松散的分子堆积，导致发射波长发生罕见的蓝移，研磨后荧光发射显著增强。相比之下，化合物 **268** 由于—$N(CH_3)_2$ 的空间构型较小，从晶态到非晶态产生的颜色对比度较低。因此，该研究将对荧光发射特性的内在机理有更深入的了解，并为 MSE 和力刺激发光变色响应材料的分子设计提供良好的设计思路。

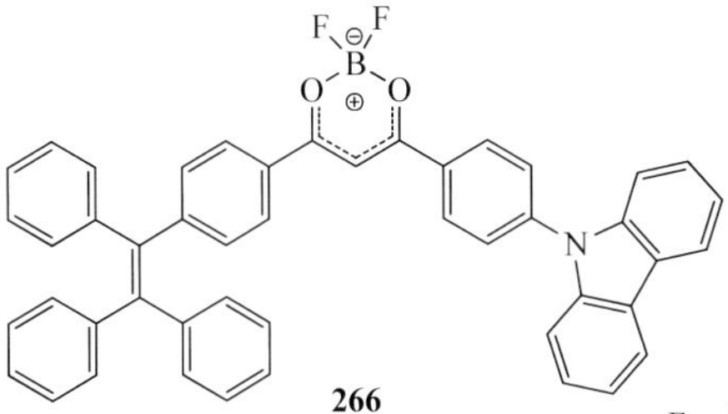

266

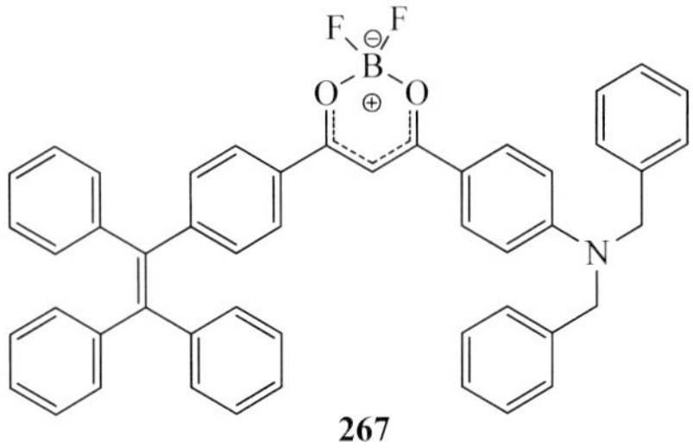

267

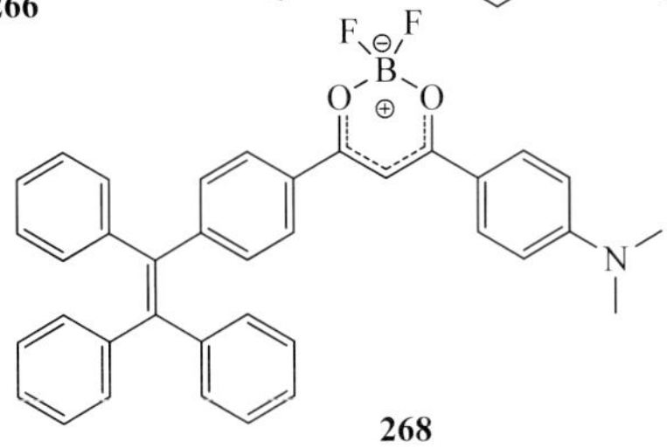

268

2018 年，Liu 等[125]设计并合成了两种 TPE 功能化 β-二酮酸硼配合物 **269** 和 **270**，它们由不同长度的咔唑烷基链桥接。这两个发光体表现出典型的扭曲分子内电荷转移（TICT）发光特性。同时，它们还表现出烷基依赖的 AIE、自组装和 MFC 特性。研究结果表明，**270** 具有长的十六烷基链，在一定的溶剂中形成凝胶，并表现出凝胶诱导的发射增强。在 π 堆积作用和范德瓦耳斯力的协同作用下，凝胶相形成了 H-聚集态。然而，具有短乙基链的 **269** 没有表现出自组装行为。简单的机械力可以使 **269** 和 **270** 粉末的发光颜色从最初的亮黄色（571 nm 和 558 nm）变为最终的红色（617 nm 和 610 nm），光谱波峰分别位移 46 nm 和 52 nm，说明这两个化合物均具有高对比度力刺激发光变色响应性能。粉末 XRD 研究表明，在外力刺激下可以发生 MFC 行为的主要原因是晶态-非晶态的相变。

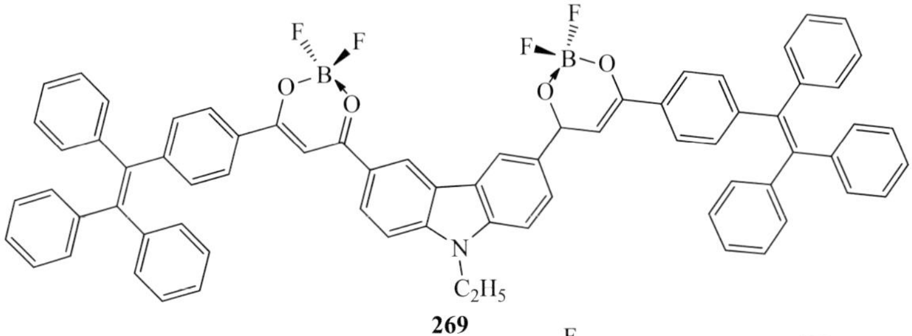

269

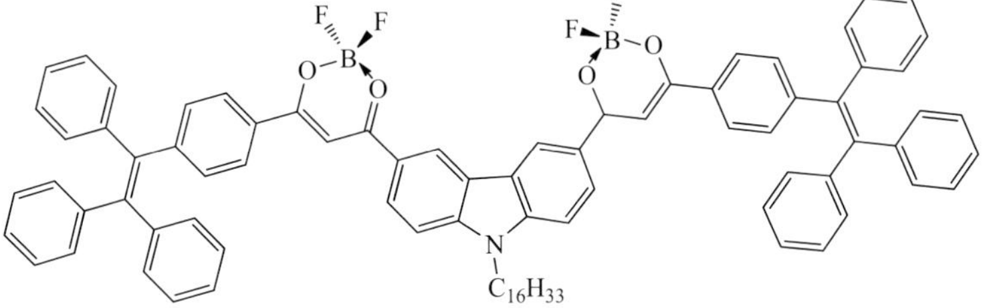

270

2018 年，Ma 等[126]合成了五个含有不同长度烷基链的 TPE 功能化 β-二酮二氟硼配合物（**271**～**275**），以揭示力致发光变色的关键影响因素。这些配合物都具有较强的固态荧光发光、显著的 AIE 特性［晶态和非晶态的最高荧光量子产率分别为 0.98（**275**）和 0.80（**274**）］和多色开关。研究发现，随着烷基链长度的增加，配合物表现出不规则的力致发光变色行为。研磨后，配合物初始晶体的发光发生明显红移，红移程度主要与 J 型分子堆积和电子云密度分布有关。与研磨后观察到的结果相比，超声和粉碎处理导致固态荧光发射蓝移，而且前者比后者具有更好的力致变色效果。通过详细的晶体分析，发现所有配合物都具有相似的 J 型堆积，但孔结构或头-头堆积方式不同，导致 **271**、**273** 和 **274** 在研磨前后有明显的光谱偏移。对于 **275**，柔性长链烷基链的堆积容易被破坏，使得头-头 J 型堆积不发生大的变化，从而防止荧光发射出现明显的光谱偏移。力致发光变色的内在机理可归因于超声处理和研磨作用下 J 型堆积的崩塌。

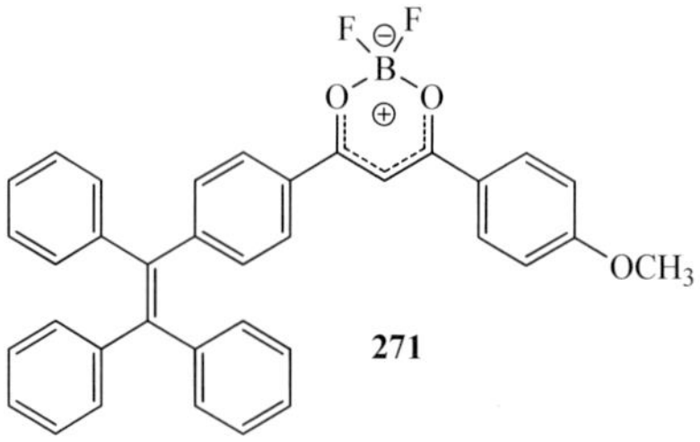

F B F O O OCH_3 **271**

F B F O O OC_2H_5 **272**

F B F O O OC_4H_9 **273**

F B F O O OC_6H_{13} **274**

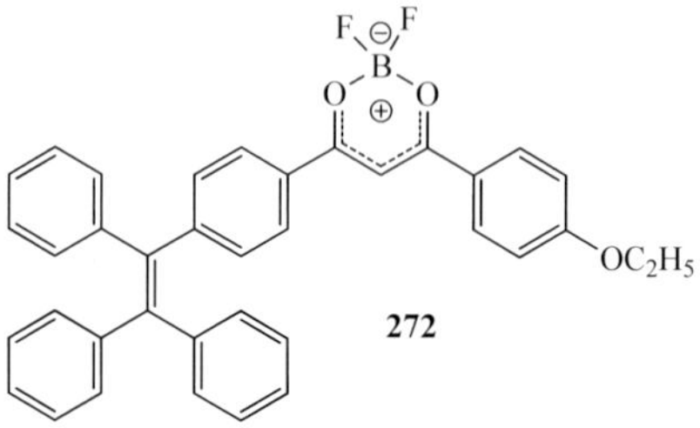

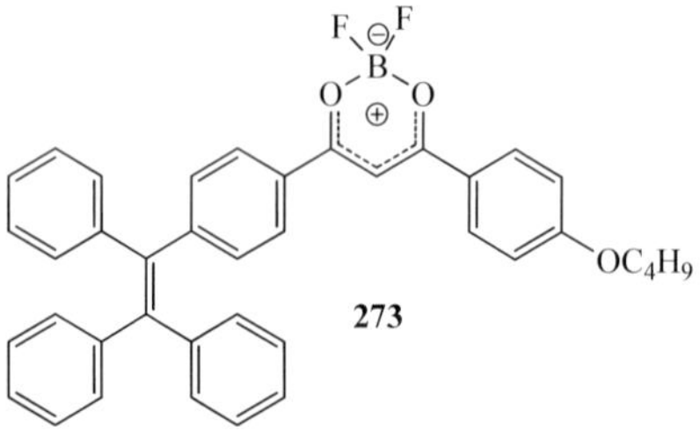

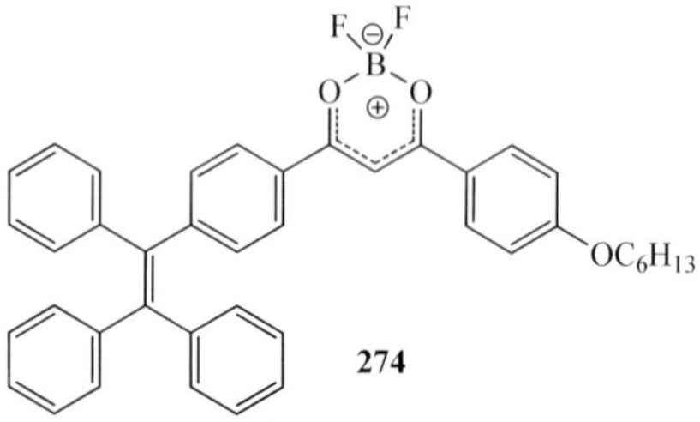

F B F O O OC_9H_{19} **275**

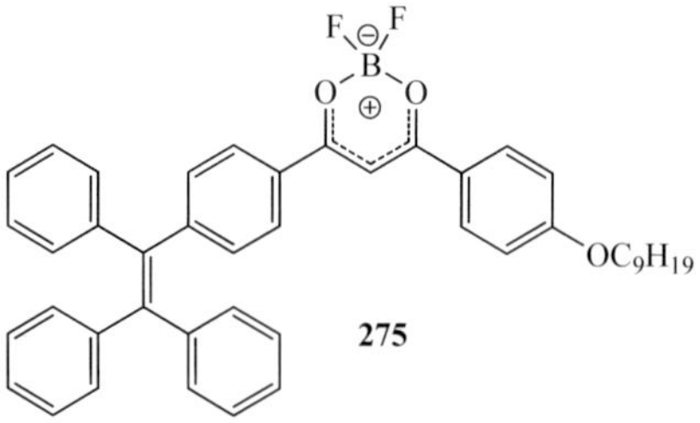

2018 年，Zhao 等[127]通过典型的克莱森缩合反应合成了 β-二酮二氟硼配合物 **276**。在研磨条件下，配合物 **276** 的发射波长由 535 nm（黄色）变为 550 nm（橙色）；加热研磨样品，发现样品的发光可以从橙色恢复回黄色。此外，还发现该材料在室温下 1 h 可获得可逆的力致发光变色性能，而无需溶剂熏蒸或其他刺激，

这与现有文献报道的力致发光变色材料有明显不同。DSC 测试结果表明，**276** 的可逆力致发光变色性能与自发结晶过程有关。

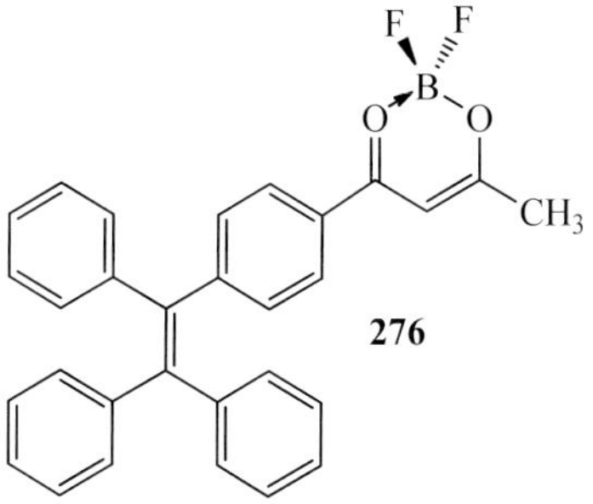

2019 年，Chen 等[128]合成了三个不同侧基的硼-吡啶基-异吲哚啉-1-酮发光化合物（**277**、**278** 和 **279**），侧基对化合物的发光影响很大，三个化合物的力致发光变色行为和固态发光均有很大差异。例如，研磨后，**277** 发光几乎没有变化，而观察到 **278** 和 **279** 具有明显颜色变化，表明这两个化合物具有可逆力致发光变色特性，其中具有三苯胺（TPA）基团的 **278** 展示了最为显著的力致发光变色效应（发光红移了 50 nm）。从实验和理论研究发现，它们的光电性质和力致发光变色行为与侧基的空间效应和电子效应有关，具有大空间位阻和高效 ICT 效应的分子在外界刺激下呈现出有序晶态和非晶态之间可逆的相变，从而产生可逆的力致发光变色。

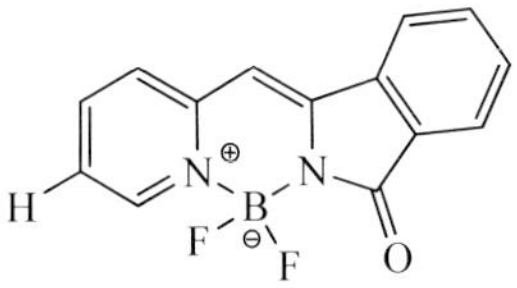

276

277

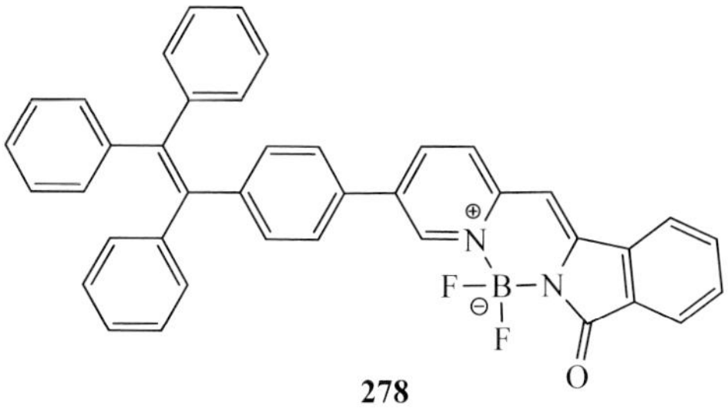

278

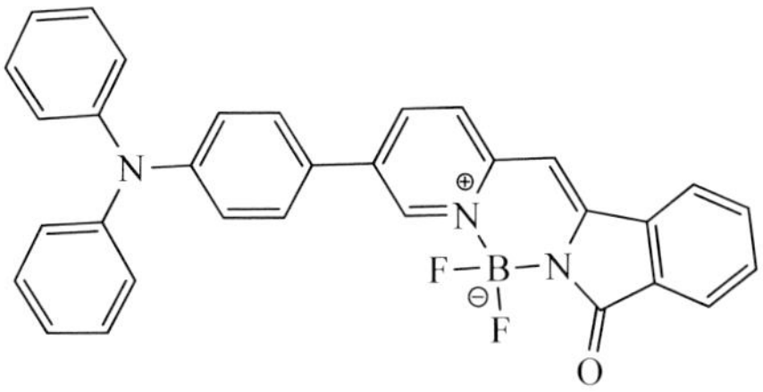

279

为了探讨多晶态和力致发光变色的内在机理，2019 年，Wang 等[129]基于异构效应和 AIE 理论设计合成了化合物 **280** 和 **281**。这两种化合物的光物理性质表明，它们都具有溶剂依赖性的荧光光谱和相似的 AIE 性质，但具有明显不同的力致发光变色特性和多晶态。将正己烷扩散到化合物的二氯甲烷溶液中，得到 **280** 晶体（**280** 橙）及 **281** 晶体（**281** 黄和 **281** 橙）。**280** 橙、**281** 黄和 **281** 橙的荧光发光波峰在研磨后分别出现 23 nm、40 nm 和 66 nm 红移，**281** 黄的荧光量子产率从 0.09 提高到 0.39，而 **280** 橙和 **281** 橙的荧光量子产率下降了 50%以上。单晶结构分析和理论计算表明，与 **280** 橙和 **281** 橙相比，**281** 黄晶体的高对比度力致发光变色特性和弱发光强度是由于分子间不同的头-头重叠，而不是硫的重原子效应。通过从晶体中提取分子对和构造基于硫、硼原子间分子异构化的假设分子对、最小能量和偶极矩计算结果表明，化合物形成多晶态主要取决于分子对的偶极矩和培养溶剂。

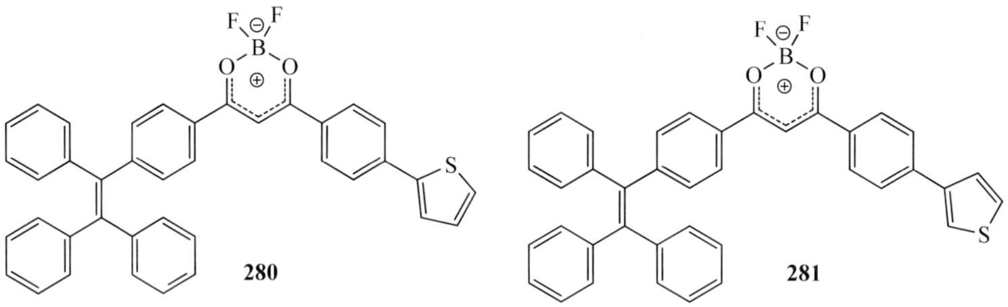

280　　**281**

2019 年，Ma 等[130]设计并合成了两种含 TPE 和 *N*-烷基吡咯单元的 β-二酮二氟硼配合物（**282** 和 **283**）。这两种发光材料表现出溶剂化荧光变色、AIE 和不可逆的力致发光变色性质。在各种溶剂中，**282** 比 **283** 表现出波长更长的荧光发射和较大的斯托克斯位移，这可能是由于烯丙基的供电子能力更强。与单分子性质相反，与 **283** 相比，**282** 在晶体和聚集状态下的荧光发射波长更短。单晶结构分析结果表明，**283** 和 **282** 分别形成头对头反平行堆积和交叉非平行堆积。反平行堆积导致 **283** 研磨后量子产率下降，而交叉非平行堆积的 **282** 研磨后量子产率从 0.24 提高到 0.34。此外，这两种硼配合物在非晶态和晶态之间的不完全转变，使得它们经研磨、溶剂熏蒸和加热后呈现出多态发光特性。最后，对吡咯进行微小的结构修饰可以显著调节发光材料的分子排列和光学性质，从而使发光材料具有更大的斯托克斯位移和更高的力致发光变色对比度，在生物成像和传感器等领域具有巨大的应用前景。

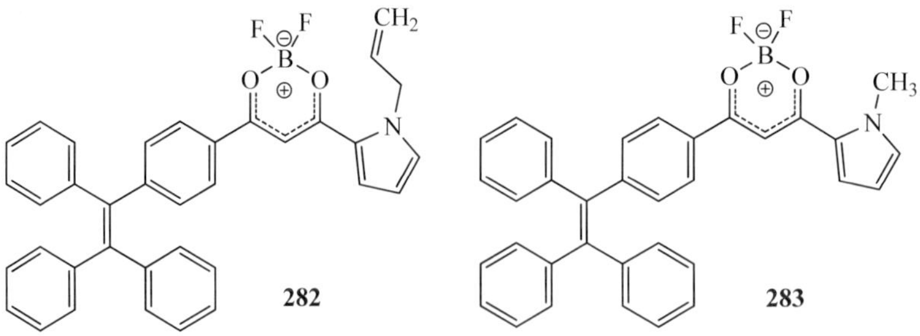

282　　**283**

2019 年，Zhao 等[131]设计并合成了一种基于 TPE 的席夫碱化合物（**284**）及其相应的硼化配合物（**285**）。这两个化合物都具有 AIE 特性，**285** 还表现出典型的 ICT 特征。研究表明，硼配合物能够抑制配体中 C═N 的异构化，导致其发射增强和红移，溶剂化发光变色更明显，AIE 性质更好，并且表现出高对比度可逆力致荧光变色（MFC）行为。制备的 **285** 样品经过研磨后，发射光由亮绿色（498 nm）变为橙色（595 nm），研磨后光谱红移了 97 nm。值得一提的是，在 MFC 过程中出现如此大的红移在有机化合物中是比较少见的。此外，研磨后的 **285** 粉末，经 DCM 熏蒸 2 min 后，可变为初始状态，发出明亮的绿光。该研究结果将有助于合理设计具有高对比度性能的新型 MFC 染料，并探索其在高科技领域的潜在应用。

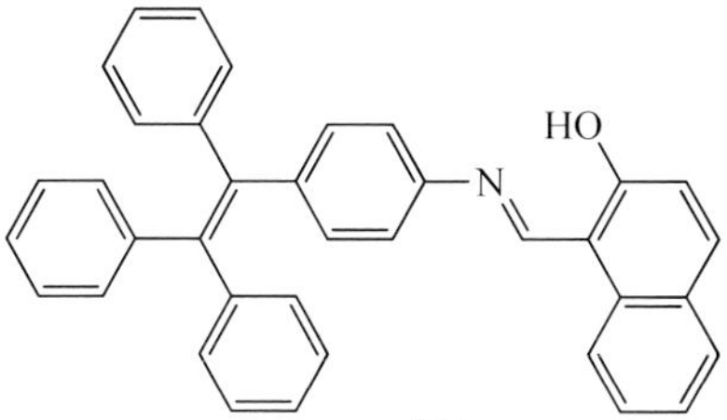

284

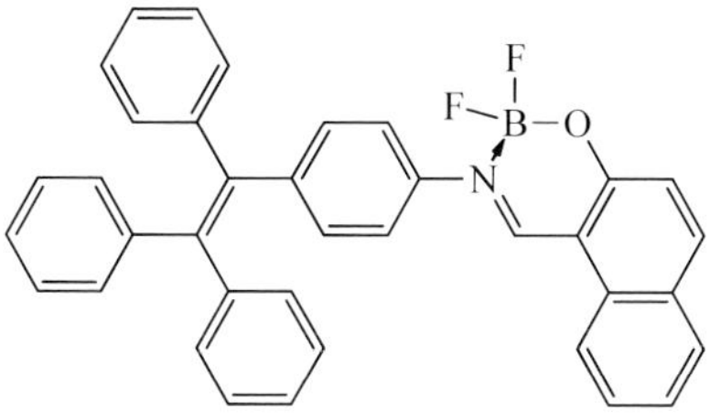

285

2019 年，Qiu 等[132]报道了一种扭曲的 D-A-D′型化合物（**286**），其中电子给体（D）分别是 TPE 和芘基团，电子受体（A）是 β-二酮二氟硼基团。光谱分析和理论计算证明，该化合物具有典型的分子内电荷转移（ICT）特性。重要的是，该化合物还具有明显的力刺激发光变色响应行为。研磨后，初始粉末样品显示出 62 nm 的发光红移，荧光颜色从黄色（562 nm）变成橙红色（624 nm）。通过重复的研磨-熏蒸或研磨-退火过程处理，其荧光颜色可以实现可逆切换。结果表明，力致发光变色是由非晶态与晶态之间的转变产生的。

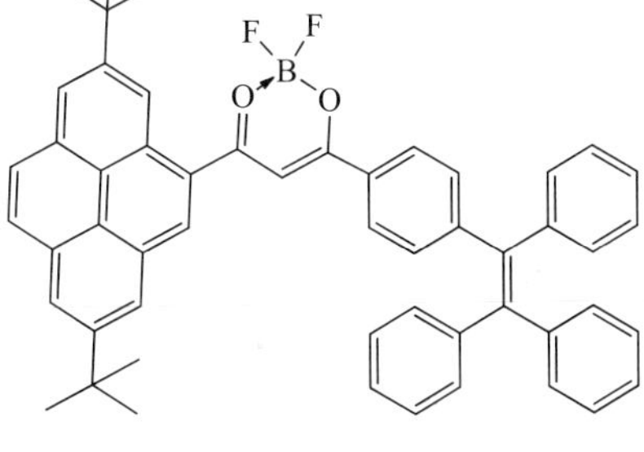

286

2019 年，Ge 等[133]基于 TPE 单元的 AIE 效应和呋喃的异构化效应，设计合成了两种有机硼配合物 **287** 和 **288**。这两种发光分子具有相似的溶剂化发光变色和 AIE 性质，但力致发光变色特性和多晶态不同。**287** 只得到 2R 晶体（λ_{em} = 586 nm），但在相同的溶剂环境中，**288** 存在四种不同的晶体 3Y（λ_{em} = 547 nm）、3R（λ_{em} = 580 nm）、3N（λ_{em} = 617 nm）和 3F（λ_{em} = 602 nm）。2R 晶体经充分研磨后荧光红移了 22 nm，量子产率由 9.27%提高到 36.67%，经加热和溶剂熏蒸后恢复到初始结晶状态，但对弱力不敏感。同时，化合物 **288** 的四种晶体都具有不可逆的力致发光变色性质。值得注意的是，3N 的荧光发射峰在轻微研磨后呈现出 48 nm 的显著蓝移，而由于晶体分子间的堆积和排列方式不同，因此 3Y 在研磨后表现出明显的发光红移（40 nm）。XRD 和 DSC 分析结果表明，力致发光变色的内在机理是由晶态与非晶态之间的转变引起的。单晶 X 射线衍射分析表明，力致发光变色不仅与分子间的堆积和排列有关，还与晶体体系、空间群和晶体密度有关。理论计算证实，多晶态取决于堆积分子对的偶极矩和培养溶剂，而不是堆积分子对的最小能量和单分子的偶极矩。

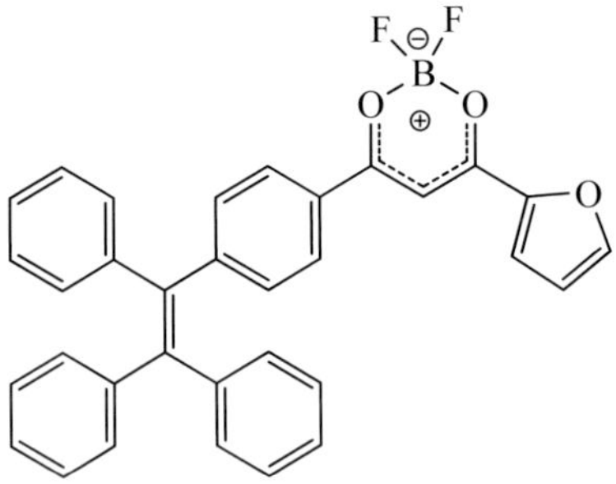

287 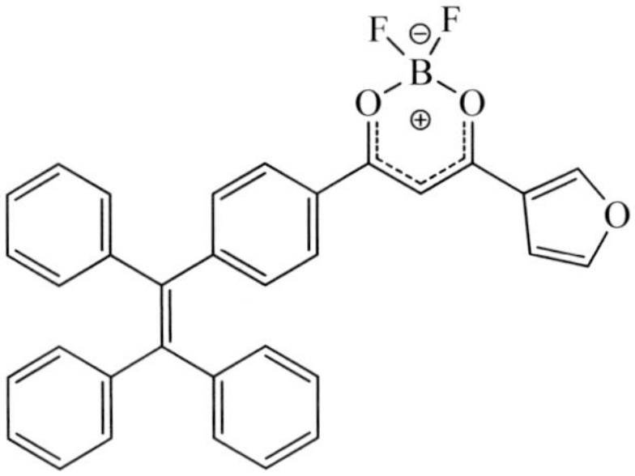　　**288**

2019 年，Zhao 等[134]合成了一系列不同烷基链长度的 TPE 取代的 β-二酮二氟硼配合物（**276**、**289**～**292**），研究烷基链长度对其荧光性质的影响。结果表明，虽然所制备的配合物均能发射荧光，但力致发光变色特性相差很大。只有 **276**、**290** 和 **292** 具有力致发光变色特性，研磨后配合物的荧光由黄色变为橙色，说明配合物的力致发光变色性能依赖于分子末端碳原子的数量。值得注意的是，**276** 和 **292** 研磨后粉末的荧光可以在室温下自发恢复回黄光，而不需要溶剂熏蒸或其他外界刺激。另外，通过聚己内酯（PCL）与配合物的共混制备了发光薄膜，以研究不同烷基链长度对配合物在聚合物中荧光性能的影响。结果表明，只有含 **292** 的 PCL 薄膜在室温下表现出力致发光变色特性，有望在光学器件和机械传感器领域得到应用。研究表明，烷基链结构可以调节 β-二酮二氟硼配合物的力致发光变色性能，为开发新型力致发光变色材料提供了良好的设计思路。

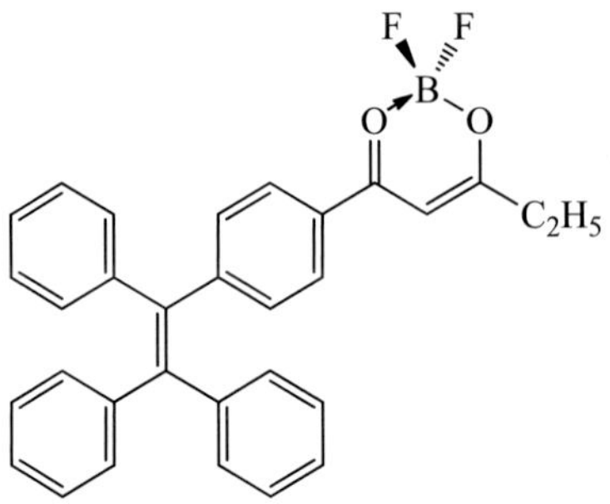

C_2H_5　　C_3H_7

289 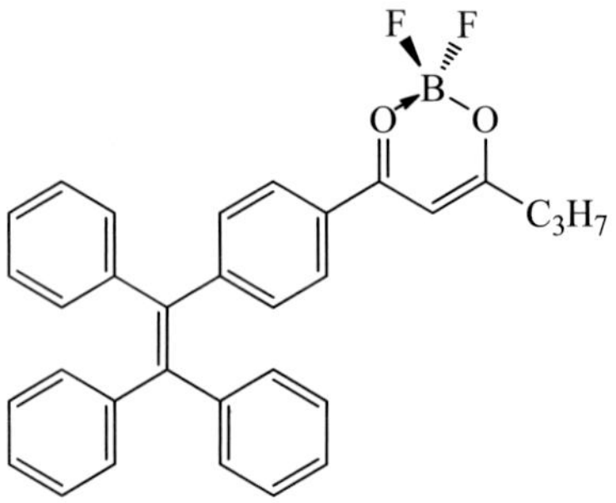　　**290**

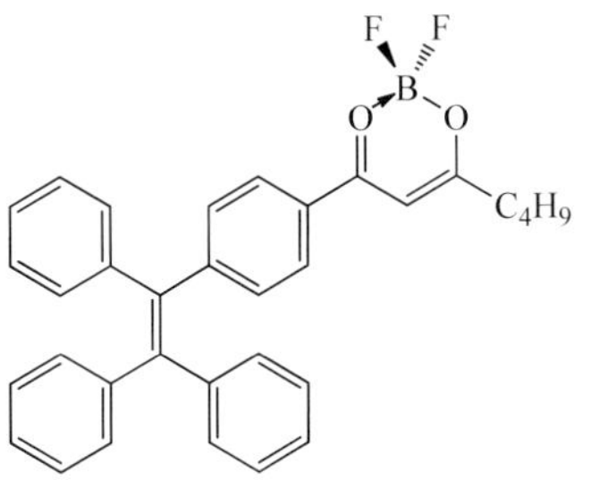

291 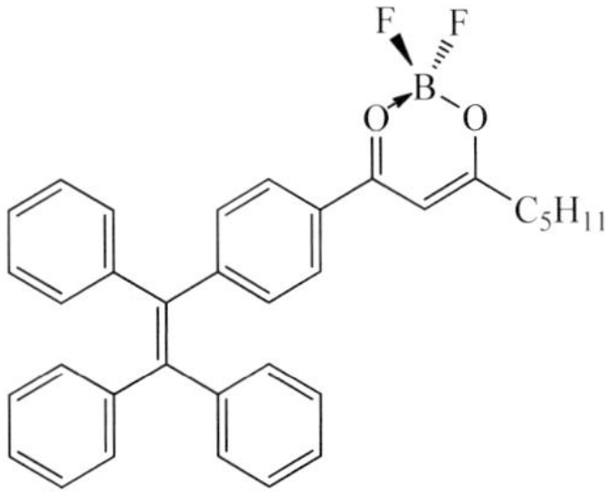 **292**

2019年，Yang等[135]报道了一种含有β-二酮二氟硼的TPE衍生物**293**。该化合物具有四种多晶态和一种非晶态固体（分别命名为G、G0、Y、O和R），呈现从绿色到红色的多种发光颜色。与晶体Y相比，晶体G和G0并不存在分子间π-π相互作用，因此G和G0表现出反常的发光蓝移现象。在单晶结构分析和理论计算的基础上，对这些新型发光现象的作用机理进行了探究。研究结果表明，分子构象和堆积模式对于调节荧光材料在聚集态下的发光颜色起到非常重要的作用。此外，还发现**293**的发光对分子排列非常敏感，使其能在机械研磨、加热、溶剂熏蒸和静水压等多种外界刺激下表现出高效稳定的可逆发光变化。化合物**293**优异的发光性能使其在光电子学、光学传感器和智能材料方面具有潜在的用途。

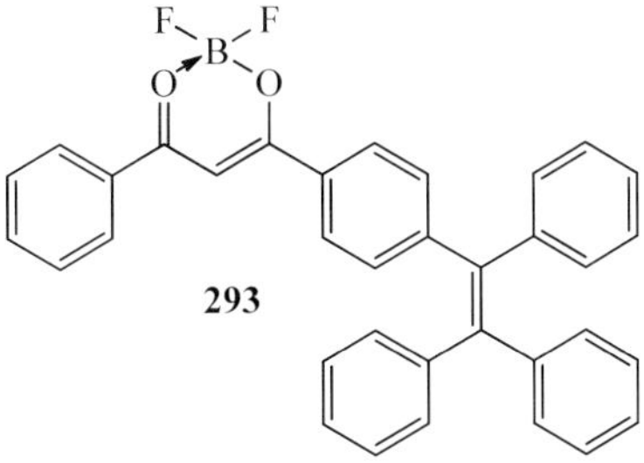

293

2017年，Zhang等[136]报道了一种基于TPE的高度扭曲的金(Ⅰ)异氰配合物（**294**）。该化合物具有显著的聚集诱导磷光（AIP）特性，在结晶状态下磷光效率高达21.4%。此外，它还具有可逆和明显的力致发光变色性能，具有较大的发射颜色/波长变化（发光从蓝色到绿色，光谱位移最高可达56 nm）。PXRD分析表明，研磨前后晶态与亚稳非晶态之间的相变是造成力致发光变色的主要原因。单晶结构数据证实该分子具有扭曲构象，并说明晶体中存在丰富的分子间相互作用。研磨后，虽然大多数分子间相互作用被破坏，但由于分子构象被平面化，其分子间π-π堆积得到增强，并且出现了亲金相互作用。值得注意的是，XPS首次被用于检测研磨后的非晶态粉末的亲金相互作用。因此，鉴于构象平面化、增强的π-π堆积和亲金相互作用的出现，可以很好地理解力致发光变色行为。该研究提出了一种替代方法，即AIE单元与金属片段的结合，以制造具有AIP特性和高对比度力致发光变色的扭曲分子。

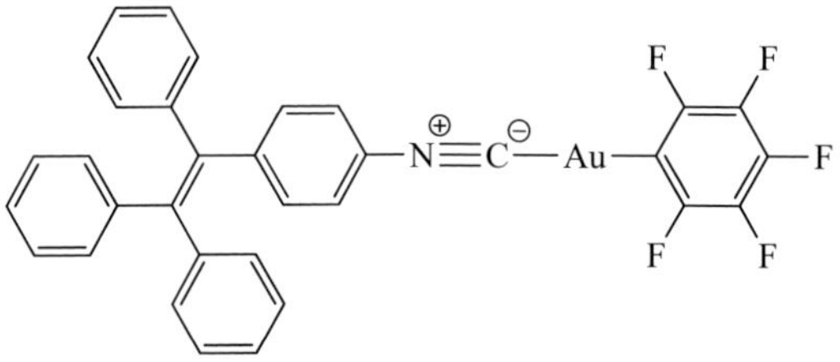

294

2019 年，Zhang 等[137]通过自组装工艺，以银离子与苯并咪唑取代的 TPE（**295**）为原料制备了一种具有四方形面-面结构的新型发光配合物 **296**。由于两个 TPE 单元都被锁住，在很大程度上抑制了分子的运动，大幅度降低了激发态分子的非辐射跃迁速率，使得它们在稀溶液和聚集态都具有稳定的发光和高荧光量子产率。此外，配合物 **296** 还表现出显著的力致变色行为，研磨后其发光颜色不变，但发光强度有所降低；而且其吸收在研磨后会发生明显红移，在日光灯下的颜色从黄色变成咖啡色。此外，研磨后样品的吸收和荧光在甲醇浸泡下能够回到初始状态，说明 **296** 具有可逆的力致变色特性。PXRD 实验说明，原始 **296** 粉末具有很多尖锐的衍射峰，说明原始粉末为晶态；研磨后样品尖锐的衍射峰消失，说明研磨后晶体粉末几乎完全转变为非晶态粉末；当研磨后的粉末在甲醇中浸泡后，样品重新结晶，强且尖锐的衍射峰重新出现。以上结果说明，有序晶态和无序非晶态之间的可逆转变是 **296** 具有可逆力致变色性质的根本原因。然而，配体 **295** 的发光性质在研磨前后并没有变化，这表明该化合物不具有力致变色特性，说明银离子的引入对产生力致变色性能非常重要。另外，通过将 **296** 涂覆到商用蓝光 LED 上，就可以获得白光 LED。

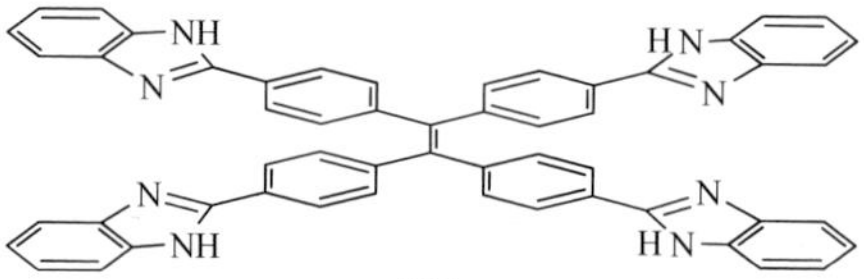

295

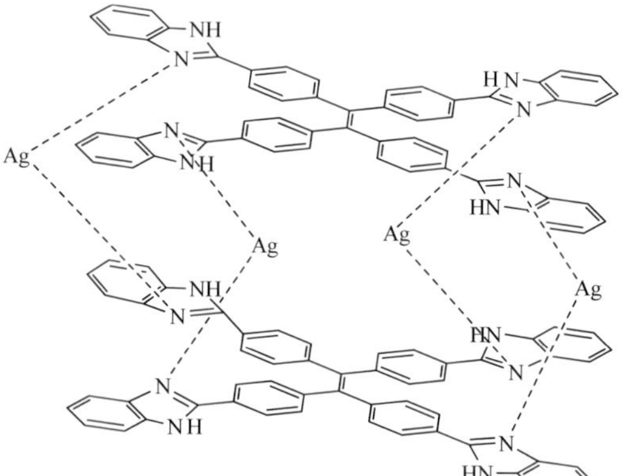

296

5.2.5 有机骨架

金属有机骨架（metal-organic framework，MOF）是一类具有高比表面积、高孔隙率和结构可设计的结晶性多孔材料，因能兼有无机材料的刚性和有机材料的柔性特征，被广泛应用于构造性能优异的力致发光变色材料。

2015 年，Zhou 等[138]利用发色团四羧基 TPE（**297**）与锆盐一起构建了一个发光 MOF。该材料在水和酸性或碱性条件下均具有很高的稳定性。有趣的是，该 MOF 材料显示出明显的力致发光变色特性，研磨后，其发光颜色由蓝色（λ_{em} = 470 nm）变为黄色（λ_{em} = 538 nm），并且研磨后的样品在 DMF 中经三氟乙酸（TFA）处理后，在高温条件下发光颜色能够恢复到原始状态。这项工作展示了一个非常罕见的 3D 可逆力致发光变色 MOF。

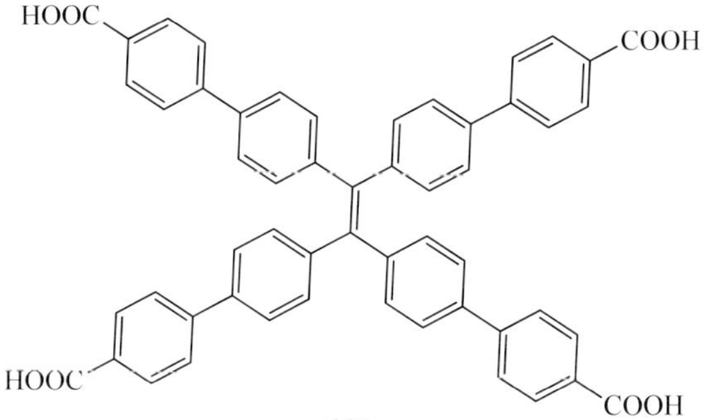

HOOC COOH HOOC COOH

297

2017 年，Xie 等[139]以 TPE 衍生物（**298**）为原料合成了两种不同结构的荧光 MOF。值得注意的是，这两种 MOF 都表现出力致发光变色行为，研磨后，荧光颜色从蓝色变为绿黄色，分别产生 49 nm 和 62 nm 的发射峰红移，并且研磨后的样品经过 DMF 浸泡处理后荧光可以转变成初始的蓝光，说明它们都具有可逆的力致发光变色特性。

2018 年，Su 等[140]提出了一种一锅两步法组装策略，在混合连接剂 MOF（LIFM-66W）的配位结构中巧妙地引入了两种具有不同柔性和光物理特性的生色团（**297** 和 **299**），以赋予其在外部应力刺激下单向形变特性，并实现单向压光致发光变色。更有趣的是，MOF 单晶能够可视化、积累和放大各向异性和逐步产生发光颜色变化，为在刺激响应型发光传感、条形码、信号切换、能量收集和放大微型器件中的应用提供了基本模型。2019 年，Su 等[141]还利用 **297** 设计了一个具有结构变形和聚集诱导发光属性的可以呼吸的 Zr-MOF。该 MOF 表现出前所未有的连续的溶剂（S）/热（H）/压（P）致发光变色的现象，并且可以直接与结构变形参数相关联。这使得可以通过不同的途径在 3D 光致发光颜色调谐（PLCT）坐标系的 *S*、*T* 和 *P* 轴上实现无限数量的发光状态，

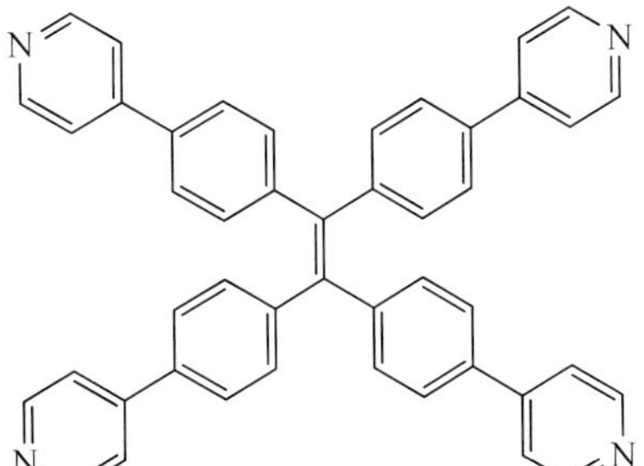

N N N N

298

以实现可预测和可控的发光调节。更重要的是，通过在 *S*、*T* 和 *P* 轴上执行可编程继电操作的多路复用方法，可以建立无数路径，基于中间状态的非易失性存储性质达到各种发光阶段。这项研究提出了 MOF 的发光调谐机理和实现路径的全新概念，为进一步设计多刺激发光变色响应材料和在先进的光电信号处理等领域的应用铺垫了道路。

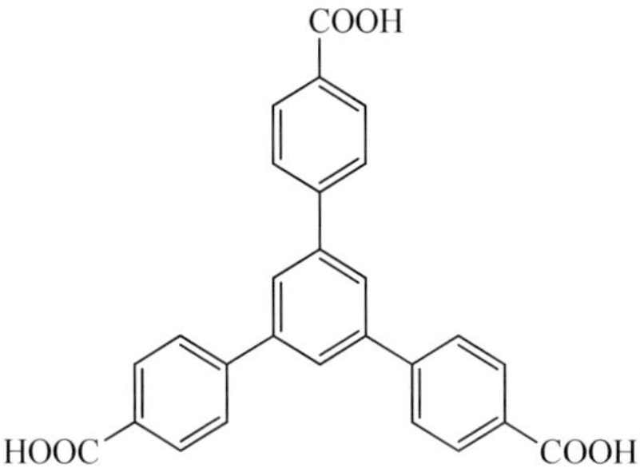

COOH

HOOC COOH

299

2019 年，Pan 等[142]系统地研究了来自同一连接体（**297**）的 5 种 Zr-MOF 在压力处理前后的压力诱导单光子激发荧光（1PEF）、双光子激发荧光（2PEF）和三光子激发荧光（3PEF）性能。此外，MOF 的 1PEF/2PEF/3PEF 和荧光性能与它们的结构特征和压力诱导的变形直接相关。研究发现，压力处理后样品的多光子激发荧光性能得到了改善，这是由于 MOF 中生色团（**297**）堆积变得更加致密和分子间/分子内相互作用得到大幅度增强。其中，压力处理后堆积密度最高的 MOF 样品具有最低的双光子吸收阈值（22.7 μJ）和最大的双光子吸收截面（2217 GM），相比原始样品增加了 10 倍以上。该研究为进一步设计和应用具有压力诱导荧光和多光子响应的多功能 MOF 打开了一条道路，并在复合光存储、体内压力感知和成像、机密防伪和条形码等领域找到了实际应用的可能性。

5.2.6 聚合物

2014 年，Wu 等[143]报道了一种兼具形状记忆和发光变色特性的聚合物。通过将四苯乙烯衍生物（**300**，0.1 wt%）共价连接到形状记忆聚氨酯的软段（PCL，$M_w = 4000$）上得到了此类智能材料。该材料表现出生物相容性，88%～93%的形状固定性和几乎 100%的形状恢复，并且还具有可逆的 MFC、溶剂化荧光变色和热致发光变色形状记忆效应。记忆变色现象表现为发光强度的可逆变化，与形状固定性、温度和溶剂存在负相关性。这可以解释为当软段熔化或溶解于溶剂中时，形状恢复开关打开，AIE 单元不受晶体晶格的束缚，可以轻松迁移到较大的区域，因此 AIE 单元/颗粒彼此之间距离较大，苯基旋转势垒降低，导致发射强度降低，反之亦然。由于开关是形状记忆聚合物的基本结构特征，形状记忆性能

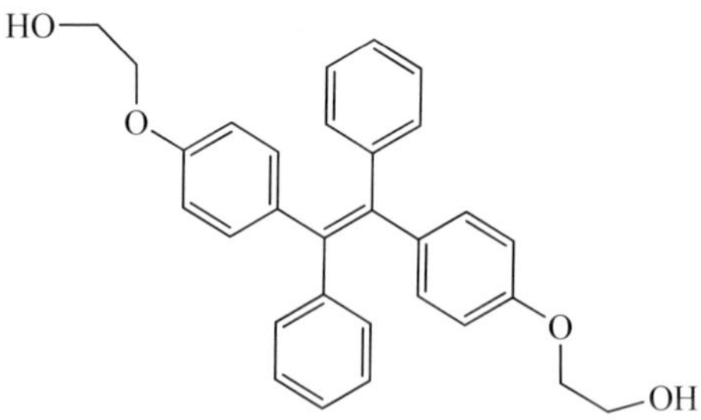

HO

O

O

OH

300

导致了这种变色效应，研究者将其称为“记忆变色”。

2017 年，Chi 等[144]以芴和 9, 10-二苯基乙烯为骨架，TPE 单元为侧链基团，采用维蒂希-霍纳反应合成了聚集诱导增强发光（AIEE）聚合物 **301**。值得注意的是，该聚合物还具有明显的力致发光变色特性。当聚合物样品在外加压力下研磨时，其荧光发射发生明显红移，最大发射波长从 541 nm 红移到 602 nm（从黄色到红色，$\Delta\lambda_{em} = 61$ nm）。结果表明，研磨后，聚合物有序结构被破坏，导致二苯乙烯基团分子构象平面化和链段中分子共轭性增加，是产生发光红移的主要原因。由于聚合物的链段运动受到限制，难以恢复被破坏的结晶（有序）结构，因此热退火或溶剂熏蒸处理不能使研磨后的聚合物恢复原始的荧光颜色，这是聚合物与小分子之间的主要区别。这些结果表明，力致发光变色特性是结晶型 AIEE 材料的一个共同特征，不仅包括小分子，而且包括聚合物。该研究建立的 **301** 聚合物的结构-性能关系为识别和合成具有 AIEE 性质的新型力致发光变色聚合物提供了思路。

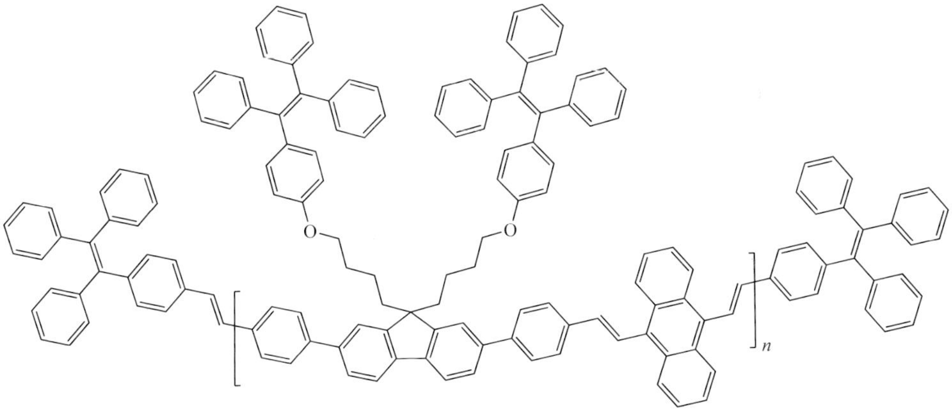

O O n

301

2018 年，Laskar 等[145]采用富电子的双硫菲单元作为电子给体，TPE 单元作为电子受体，双键作为 π 桥，通过叶立德反应构建出一种 D-π-A 型 AIE 共轭低聚物（**302**）。研究发现，该聚合物具有典型的分子内电荷转移或扭曲分子内电荷转移（ICT/TICT）特性，并且易溶于氯仿、二氯甲烷、四氢呋喃等常见有机溶剂中，在稀溶液表现出微弱的发光，在聚集态下由于分子内旋转受限（RIR）有较强的发光。这说明该聚合物具有 AIEE 特性。与传统的 TPE 衍生物力刺激发光变色响应红移相比，**302** 表现出异常的力刺激发光变色响应蓝移。从原始和研磨后低聚物样品的 PL 光谱中观察到光谱蓝移（10 nm），其中原始样品和研磨样品的最大发射波长分别为 575 nm 和 565 nm。研磨后的样品通过二氯甲烷处理，然后再沉淀，可以恢复到最初的橙色发光，说明该低聚物具有可逆的力致发光变色特性。PXRD 谱图表明，研磨前后的样品均为非晶态，但研磨后样品的峰值强度较低。

他们认为，低聚物链中给体和受体部分的扭曲构象与非晶态晶格相吻合，当外力作用后，该晶格可能崩塌。从 DSC 曲线可知，T_g 的变化表明在非晶态的原始低聚物中存在一些晶区，并在研磨时转变为完全非晶态。因此，原始低聚物晶区通过研磨后转变成非晶相是其具有力致发光变色性质的主要原因。并且他们认为力致荧光蓝移的原因是研磨会使得分子构象变得更加扭曲。

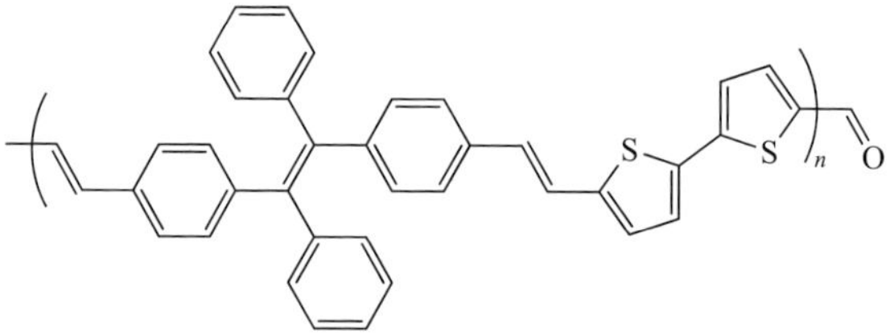

302

5.2.7 类 TPE 单元

2011 年，Dong 等报道了两种具有结晶诱导发光增强（CIEE）特性的化合物 **303** 和 **304**[8]。这两种化合物在晶态下都表现出高的发光效率，但在非晶状态下荧光强度大幅度降低。有趣的是，化合物 **304** 能够形成两种不同的晶体，分别发射绿光和黄光，Φ_{PL} 分别为 82.1%和 56.2%，并且黄色发光晶体经加热可转变为绿色发光晶体。此外，这两种化合物均能通过加热和冷却的方法来控制非晶态与晶体之间的反复相变，可以实现“暗”和“亮”之间的切换。不同的是，化合物 **304** 可以在大气环境下自发且快速地从非晶态（暗）恢复为绿色晶体（亮），而化合物 **303** 的非晶粉末则比较稳定，无法在大气环境下快速地恢复到晶态（保持暗态 24 h 以上）。他们认为产生上述现象的主要原因是两个分子柔韧性不同导致其在固态中分子运动的能力不同。随后，2013 年，Dong 等[146]发现化合物 **304** 类似物 **305** 也具有 CIEE 的性质，并且可以通过调节其分子堆积模式（利用研磨、熏蒸和退火等方式）实现了在四种不同发光颜色之间的切换。研究发现，CIEE 化合物的扭曲构象为依赖于形态的发射提供了条件，并有助于通过调节分子堆积模式来调节其发射。

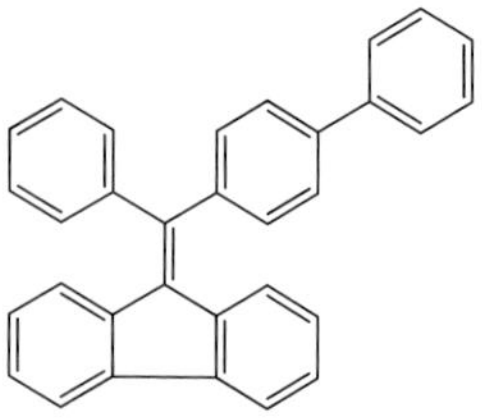

303 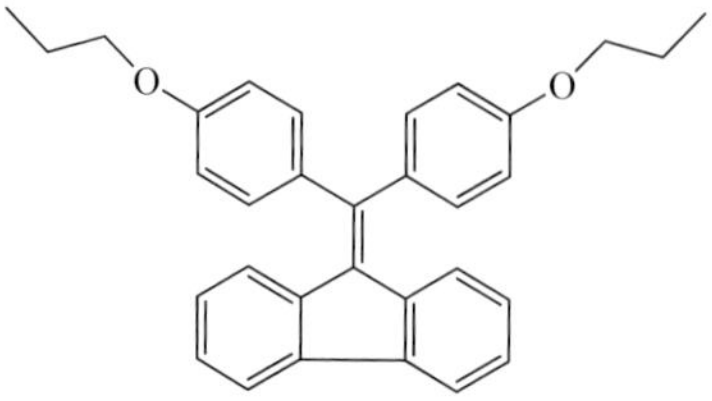 **304** 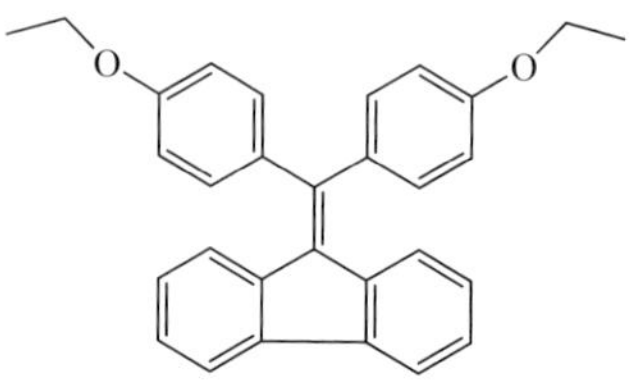 **305**

2015 年，Aldred 等[147]报道了一种具有力致荧光变色（MFC）特性的双蒽改性二苯并呋喃基衍生物（**306**）。研究发现，研磨之后，样品的荧光由原来的绿色（536 nm）变成红色（620 nm），并且 Φ_{PL} 从 63%急剧降低到 11%，荧光寿命由 1.6 ns 增长至 2.5 ns。研磨后的样品通过溶剂熏蒸，荧光颜色和效率均可以恢复到初始状态，表明该化合物具有可逆的 MFC 特性。PXRD 数据表明，原始样品为晶态，研磨后样品变成非晶态，但经过溶剂熏蒸后，样品又变成了晶态。此外，通过 ^{1}H 核磁共振（NMR）波谱图可以证明化合物在机械研磨前后化学结构没有发生变化。因此，化合物 **306** 的 MFC 机理是晶态和非晶态之间的转变，并伴随着分子内和分子间相互作用的变化。值得注意的是，从化合物 **306** 的单晶结构可以看出，该分子具有扭曲的分子构象，并且存在一些比较弱的分子间相互作用，如 C—H⋯π 和弱的 π-π 相互作用。因此他们认为，通过简单的研磨和熏蒸可以观察到有趣的 MFC 现象可能是由于晶体中的弱相互作用。另外，在化合物 **307** 和 **308** 中也观察到 MFC 现象，通过交替研磨和溶剂熏蒸过程，这两个化合物发射波长的改变约 20 nm。

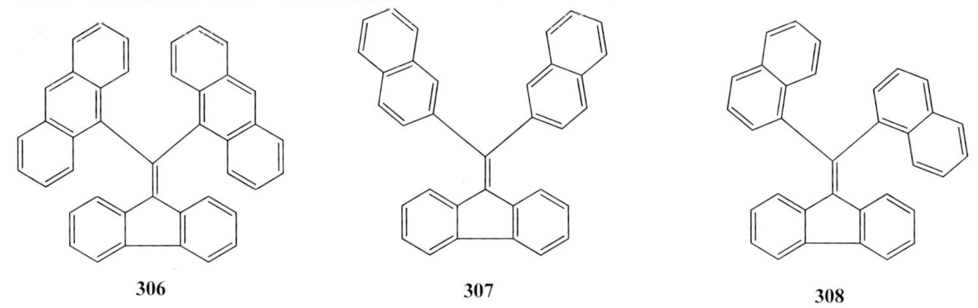

2019 年，Dong 等[148]通过大共轭核和外围苯环的结合得到了一种新型发光材料（**309**）。该化合物具有 AIE 特性，并且可以形成三种晶态和非晶态（共计四种形态），在发光颜色和发光效率上都具有较高的对比度。它的三个单晶在激发时发出蓝色、黄色和深橙色的光，最大发射波长分别为 461 nm、545 nm 和 586 nm，非晶态固体发射波长为 557 nm。四种聚集体在较低温度下都表现出增强的发光强度，但只有橙色发光晶体表现出发光蓝移。通过形态调节，化合物的发射可以在四种状态中的任意两种状态之间可逆切换。三种晶体经研磨后均能转变为深橙色发光固体，其 PL 光谱与化合物 **309** 非晶态粉末的 PL 光谱一致。并且研磨后粉末的 PXRD 谱图几乎没有衍射峰，进一步证明了其为非晶态粉末。最后，他们还探究了该化合物在光数据存储中的潜在应用。

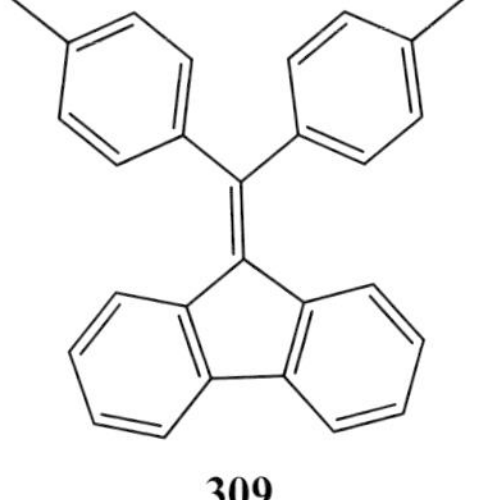

2014 年，Aldred 等[149]提出了一种设计和合成一系列具有 AIE 性质的双取代四芳基烯生色团（**310**～**317**）的方法。通过三个发光体（**310**、**311** 和 **312**）的 X 射线衍

射分析进一步确认了共轭结构和庞大的立体效应不仅对键长和二面角有影响，而且还会影响化合物的发光性质。此外，化合物 **312** 具有三种不同的单晶，与无溶剂的单晶相比，晶胞中含有溶剂二氯甲烷或者甲醇的两种晶体具有不一样的荧光性质，这是因为溶剂的存在导致了一些不可忽略的构象和排列变化。值得注意的是，这些化合物都具有明显的 MFC 特性。以化合物 **312** 为例，原始 **312** 固体为深蓝光发射（455 nm），研磨后发光红移变为天蓝光发射（480 nm），当用二氯甲烷进行熏蒸处理后，天蓝光发射的粉末可立即恢复为深蓝光发射。此外，通过反复研磨和溶剂处理过程，深蓝光和天蓝光发射之间可以进行多次的可逆荧光变化。PXRD 结果表明，由晶态到非晶态形态转变引起的分子构象变化可能是其产生 MFC 的原因。他们认为，上述双取代四芳基烯化合物具有有趣晶体结构、AIE 和压致荧光变色，表明它们在光电子器件、传感器和细胞跟踪等方面具有潜在应用。

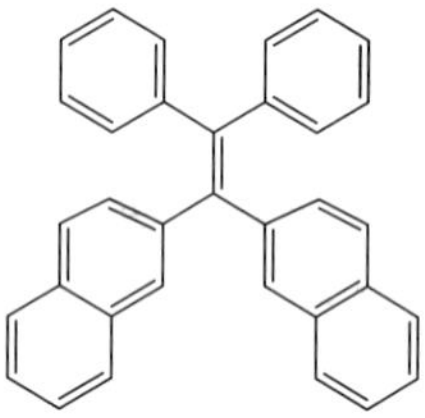

310 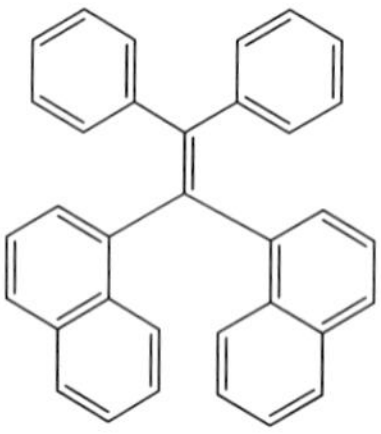 **311** 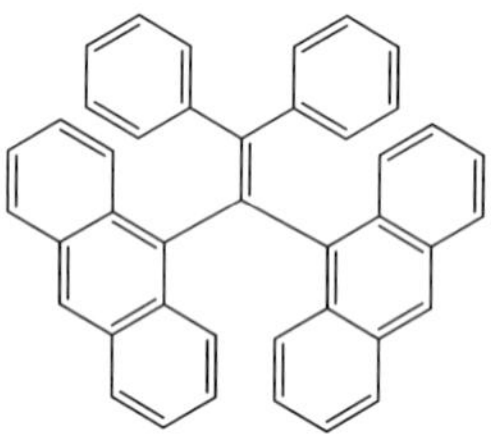 **312** 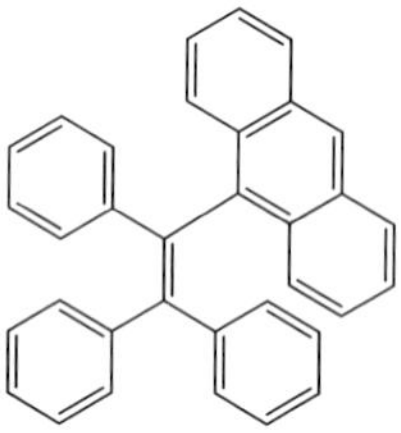 **313**

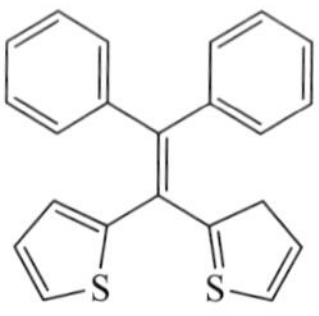

S S

314

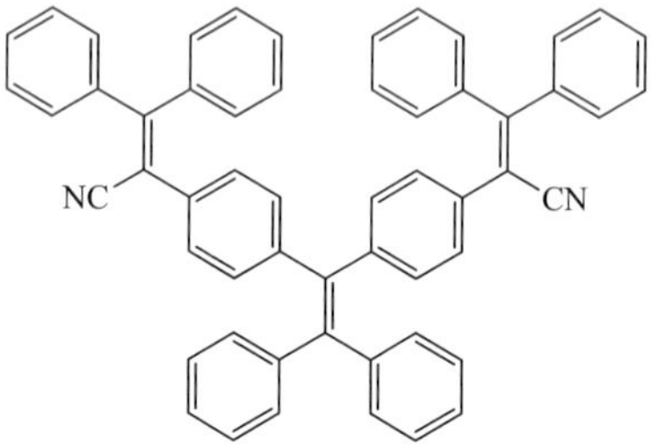

NC CN

315

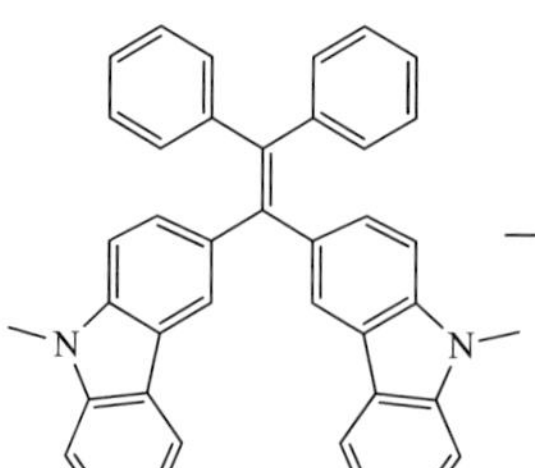

O O N N O O N N

316 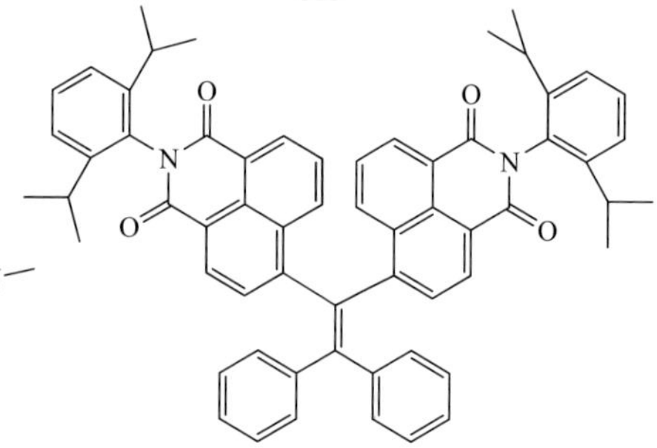 **317**

2014 年，Tang 等[61]设计并合成了咔唑和三苯胺取代的三苯基乙烯化合物 **318**～

320。研究发现，这三个化合物均具有 AIE 活性，它们的固体薄膜具有很高的 Φ_{PL}（最高达 97.6%），并且都表现出 MFC 特性。化合物 **318**～**320** 晶态均发射深蓝光，最大发射波长分别在 455 nm、454 nm 和 429 nm 处，研磨后发射红移到天蓝光区域，最大发射波长分别为 465 nm、490 nm 和 500 nm。通过简单的研磨-熏蒸或研磨-加热处理，可以可逆地切换深蓝光和天蓝光发射，这是由晶态和非晶态之间的可逆形态变化导致的。此外，采用材料 **320** 制备了天蓝色 OLED，其亮度、电流效率、功率效率和外量子效率分别达到 11700 cd/m^2、7.5 cd/A、7.9 lm/W 和 3.3%。

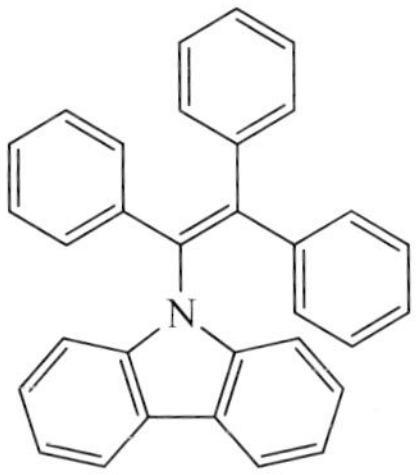

318 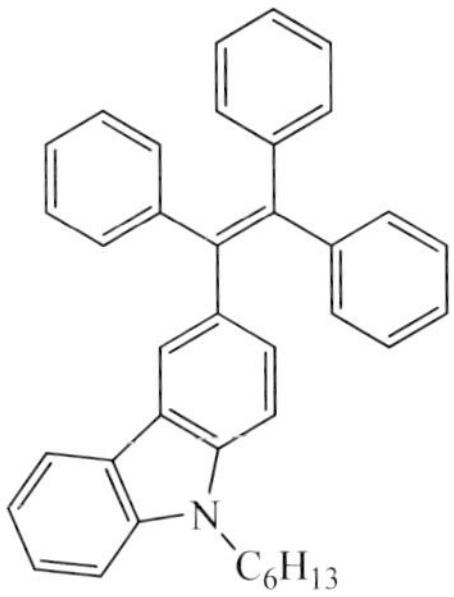　　**319** 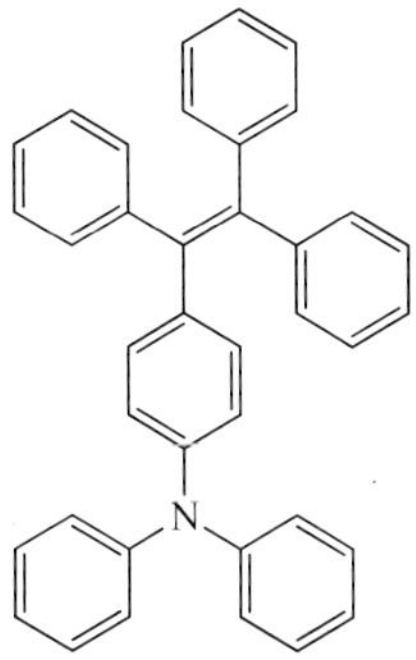　　**320**

2014 年，Tao 等[150]报道了一系列具有 AIE 活性的含芴的四取代乙烯衍生物（**321**～**323**），以制备高效且高对比度的 MFC 材料。这些发光材料的荧光颜色与其形貌具有很强的依赖性：在晶体中为深蓝色，在非晶状态下为绿色。通过机械研磨和溶剂熏蒸的手段，它们的形态在非晶和结晶之间转变，从而导致发射在绿色和蓝色之间切换。进一步研究发现，这三个化合物的 MFC 特性存在一定的差异。研磨后，**321** 的 PL 光谱从 459 nm 红移到 517 nm，**322** 的 PL 光谱从 473 nm 红移到 507 nm，**323** 的 PL 光谱从 464 nm 红移到 516 nm。因此，不同取代基对化合物光学性质和 MFC 特性有明显影响。XRD 晶体结构分析证实了该系列材料具有扭曲的分子构象、弱的分子间相互作用和松散的堆积等共同特征。因此，在机械压力的作用下，很容易将晶态转变为非晶态，并伴随着分子构象的平面化，导致发光变色，从而使这一系列化合物具有高对比度的 MFC 特性。

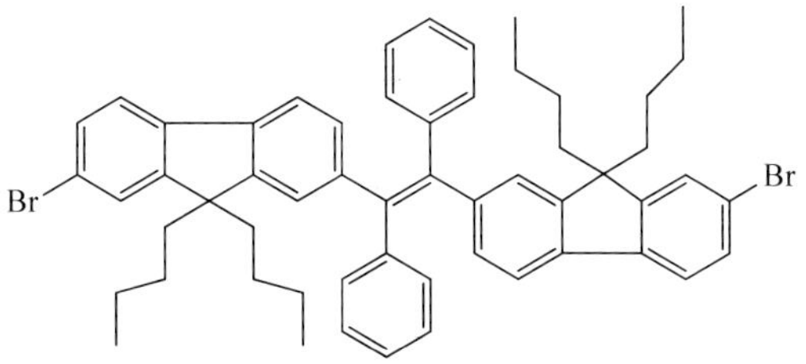

321 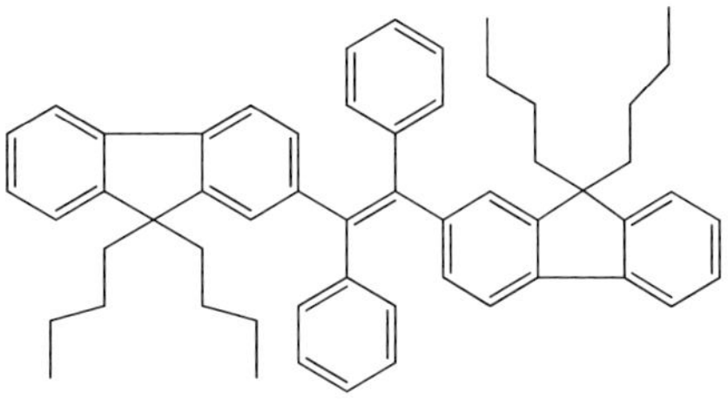　　**322**

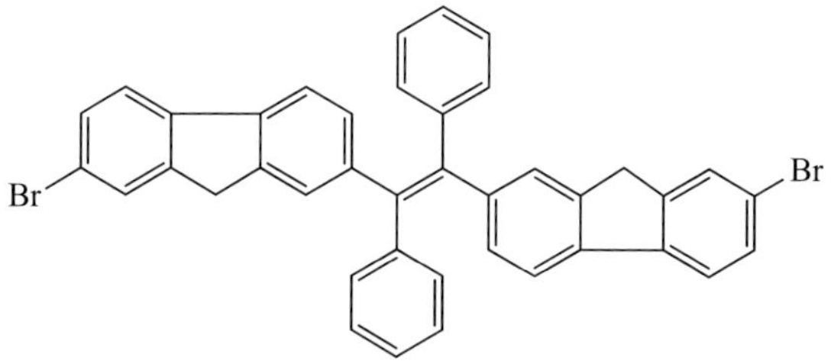

Br Br

323

2015 年，Tao 等[151]继续研究和讨论 **321**～**323** 的分子构象和 MFC 行为之间的关系，特别是机械力刺激在热退火诱导结晶过程中的作用。研究发现，机械力刺激不仅可以破坏晶体材料的结晶性，还可以显著影响非晶材料的非晶到结晶的转变。也就是说，只有在非晶材料经历机械力刺激后，才能通过热退火结晶来恢复其发射。通过实验和理论研究，他们认为由于分子内可旋转的结构，分子构象可以通过机械研磨进行调整：对晶体样品的研磨使其从高度扭曲的构象产生相对平面的构象，而对非晶样品的研磨使其从平面构象产生相对扭曲的构象。构象差异的减小有助于分子重新排列成结晶形式。这种机械力促进的退火结晶可能为调控有机半导体器件（如光伏和场效应晶体管）中的结晶提供新的策略，尤其是对结晶图案进行精确控制。

清晰地理解从非晶态到晶态的转变一直是一个长期的挑战，因为这种结晶发生在特定的环境下是难以直接观察到的。2015 年，Tao 等[152]开发了一种原位实时成像程序来记录分子非晶颗粒固态结晶过程中的界面演变。该方法利用了一种具有新型形态依赖荧光的四取代乙烯（**321**），可以通过荧光颜色区分晶态和非晶相之间的界面，是一种简单而实用的方法，用于探测分子微粒内部过程。结果清楚地记录了非晶微粒在不同情况下的结晶过程，其中完美微粒和缺陷微粒表现出不同的行为。非晶微粒的结晶过程显示在其中心有一个成核过程。然而，对于完美球形微粒，生长被限制在内部部分，最终形成核壳结构。在结晶之前表面的缺陷可能导致从非晶球体到带有条带状结晶的完全转变。由于自发光的响应，可以清晰地观察到微粒内部形成的晶相的外观和界面演变。这项研究展示了固-固相转变的微观动力学的真实图景，我们相信这将加深对许多在大气中或在外部刺激下自发发生的固态结晶过程的理解。

2015 年，Tang 等[153]报道了一类蝴蝶形的新型双（二芳基甲烯基）二氢蒽烯衍生物 **324**、**325** 和 **326**，这些衍生物的区别在于苯环上取代基不同。由于聚集态下分子内运动被限制，因此这些衍生物在聚集态下具有高的发光效率，表现出 AIE 特性。此外，**326** 具有多色荧光开关特性，其中非晶态的粉末（Am）为黄光发射，用 DCM 或 TCM 蒸气熏蒸 Am 将得到蓝光发射的粉末（B），用丙酮进一步熏蒸 B 得到绿光发射的粉末（G）。B 和 G 之间能够互相转变，通过在低于其熔点（180℃）的温度下对 G 进行热退火将变成 B；G 经 DCM 或 TCM 蒸气熏蒸后也可得到 B；

用丙酮蒸气熏蒸B可恢复为G。因此，**326**的发光可以通过溶剂熏蒸或热处理过程在三种颜色（蓝色、绿色和黄色）之间可逆切换。同样，**325**也具有明显的MFC特性，通过反复研磨/熏蒸循环处理，能够观察到其晶态粉末蓝光发射（425 nm）和非晶粉末黄光发射（535 nm）之间的可逆发光变化。通过对它们的晶体结构和理论计算的研究，发现分子结构扭曲的程度、堆积密度及激发态中分子内运动的自由度影响着它们在不同聚集态下产生不同发光颜色和效率。他们认为该工作不仅深入揭示了MFC过程，还为分析和解释其他系统中的结构-性能关系提供了实际方法。

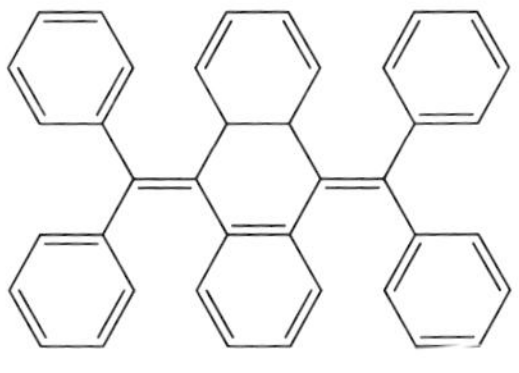

H_3CO OCH_3 H_3C CH_3

H_3CO OCH_3 H_3C CH_3

324 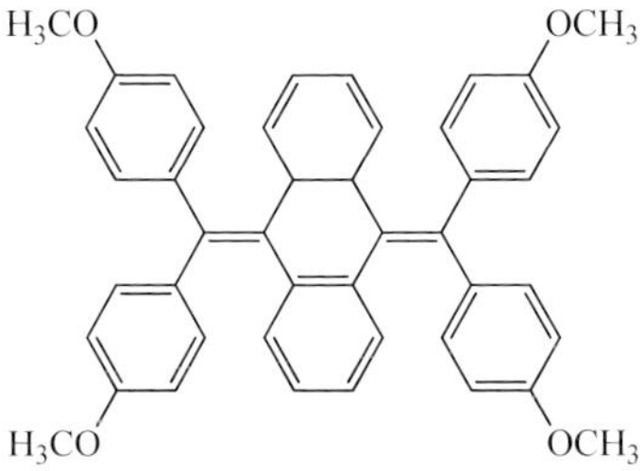 **325** 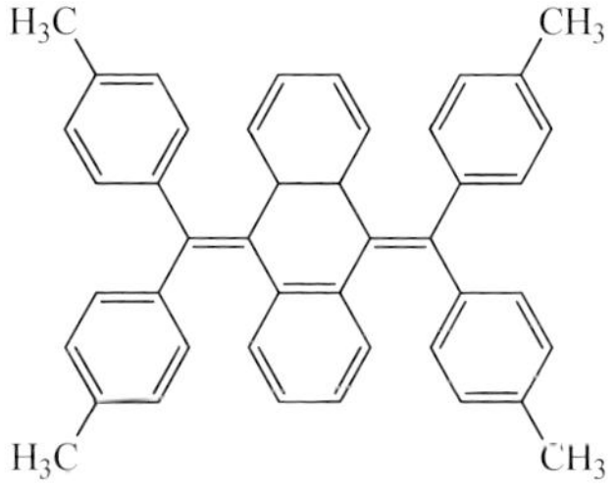 **326**

2015年，Dai等[154]设计并合成了三种基于*N*-苯基咔唑取代的四芳基苯乙烯的荧光团（**327**～**329**）。这三种化合物均具有AIE特性，其固态Φ_{PL}高达83%。然而，只有化合物**329**表现出明显的MFC现象，这表明通过在对位的一个苯环中引入甲氧基是一种获得MFC材料的简单策略。化合物**329**通过简单的研磨后，原始的天蓝色发光（441 nm）红移了64 nm，变成青色发光（505 nm）。与其他具有可逆MFC特性的发光材料不同的是，即使将研磨后的**329**粉末在60℃、80℃、100℃和120℃下加热超过5 h（甚至一夜），其发光颜色仍保持不变。这主要是因为化合物**329**的玻璃化转变温度（134.2℃）很高，其非晶相具有很好的热稳定性。不过用二氯甲烷或乙酸乙酯蒸气熏蒸3 min后，研磨后的**329**粉末仍能恢复原来的蓝光发射。值得注意的是，将这些荧光染料用作空穴传输和发光层材料制备的OLED表现出高的CE和EQE，分别高达7.87 cd/A和3.87%。

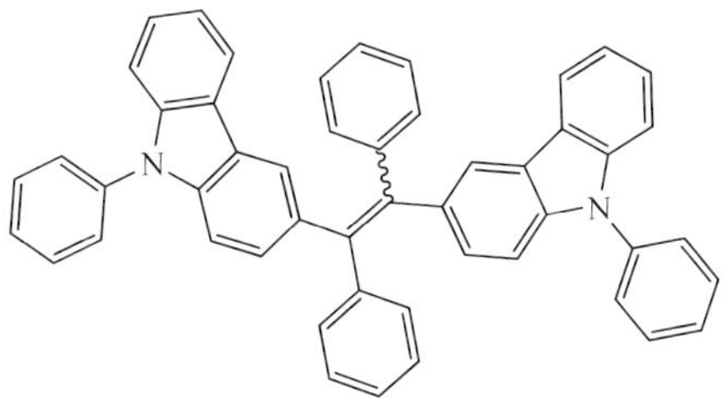

N N N N

327 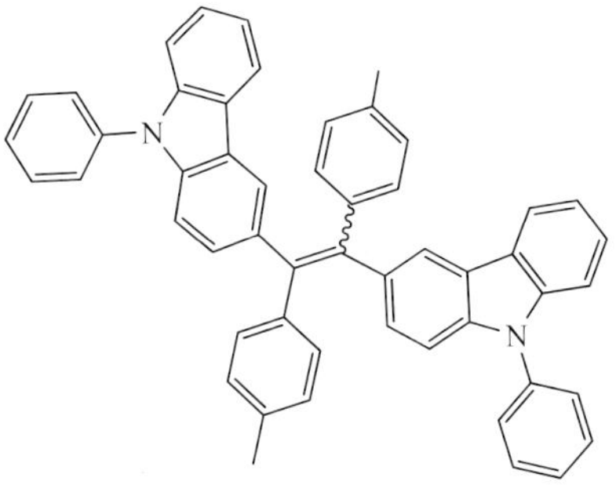 **328**

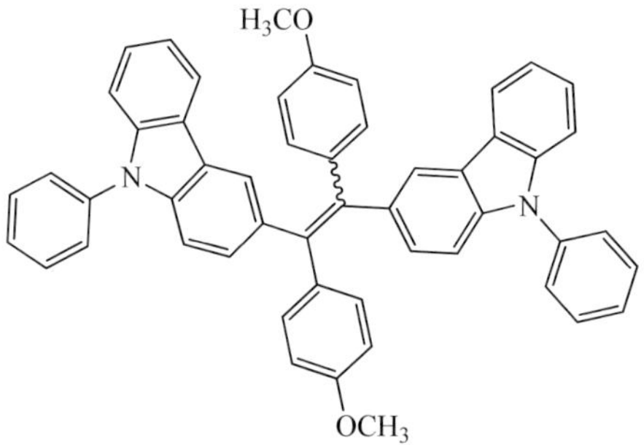

329

2013 年，Dong 等[155]设计并合成了一种类似 TPE 的发光化合物 4, 4′-[(*Z*, *Z*)-1, 4-二苯基丁烯-1, 3-二基]二苯甲酸（**330**），其具有高固态发光效率（69.60%）、AIE 特性和可逆的 MFC 特性。**330** 原始样品经过轻微研磨后，由原来的白色固体变为淡黄色固体，荧光由深蓝色（448 nm）变成天蓝色（478 nm），光谱红移了 30 nm，并伴随着发光效率的下降（由 69.60%变成 34.76%）。用极性溶剂（如甲醇、乙醇、四氢呋喃等）熏蒸，研磨样品完全恢复到初始状态。PXRD 结果表明，初始样品显示出强且尖锐的衍射峰，说明其为有序的晶态；研磨后样品尖锐的衍射峰的强度大幅度降低甚至消失，说明此时粉末的有序结构被大量破坏；但通过溶剂熏蒸后，强且尖锐的衍生物重新出现，表明粉末又重新形成了有序的晶态。更加有趣的是，在熏蒸后粉末的红外光谱图中观察到一个由氢键相互作用产生的宽吸收峰（3430 cm^{-1} 附近）。然而，在研磨后的粉末中仅观察到较低波数（3423 cm^{-1}）处的尖峰，这是由“自由”O—H 带造成的。此外，与研磨后粉末相比，熏蒸后粉末的 C—O 拉伸带从 1205 cm^{-1} 位移到 1267 cm^{-1}，并且出现了平面外 O—H 带（932 cm^{-1}）。这些结果表明，**330** 中的氢键相互作用是在熏蒸过程中产生的，并且在施加压力下遭受不同程度的变形。为了进一步验证分子间氢键的重要性，他们合成了甲基酯化产物 **331**。该化合物也具有 AIE 特性，但是 MFC 性能大幅度降低，发光颜色变化很小。以上结果进一步证明分子间氢键对开发高对比度的 MFC 材料至关重要。

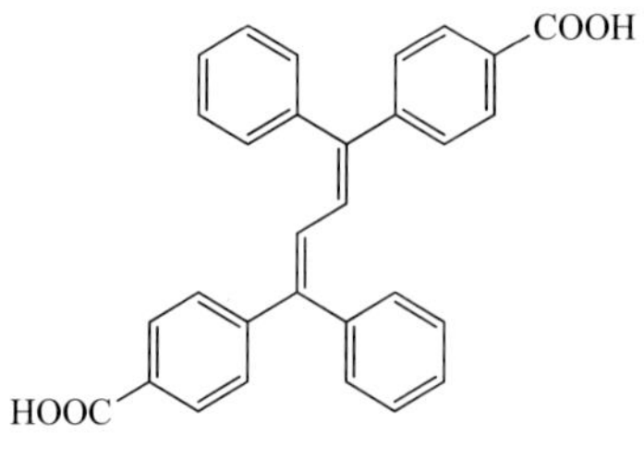

330 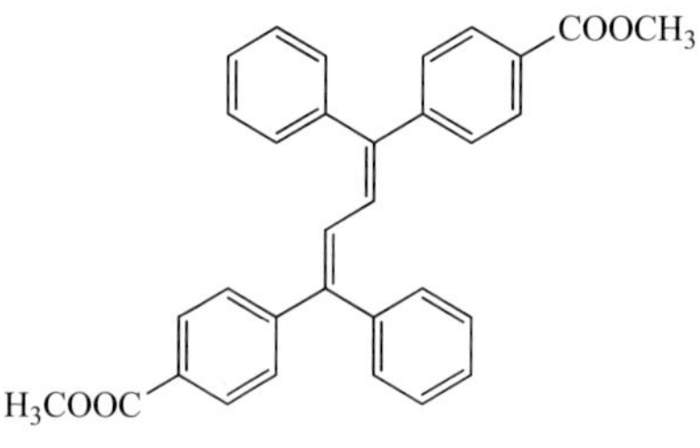　　　　331

2014 年，Dong 等[156]在化合物 **331** 的基础上继续在苯环上引入不同的取代基，合成了其他两种具有 AIEE 和可逆的 MFC 性能的发光分子 **332** 和 **333**，系统地研究了 D 和/或 A 取代对 MFC 性能的影响。研究发现，**331**、**332** 和 **333** 原始样品的光致发光波峰分别位于 455 nm、459 nm 和 520 nm，研磨后分别红移到 465 nm、465 nm 和 540 nm。因此，化合物 **333** 的 MFC 性能最佳，**331** 次之，**332** 最差。这主要归因于这三种化合物不同的分子极性，溶剂化实验和理论计算也证实了这一点，实验结果表明分子极性和 MFC 性能呈正相关。以上结果表明，通过利用具有大偶极矩的 AIE 荧光基团设计 MFC 材料是一种有效的分子策略。这也可能为开发新型 MFC 材料提供启示，并为调节固态材料的荧光提供分子层面的见解。

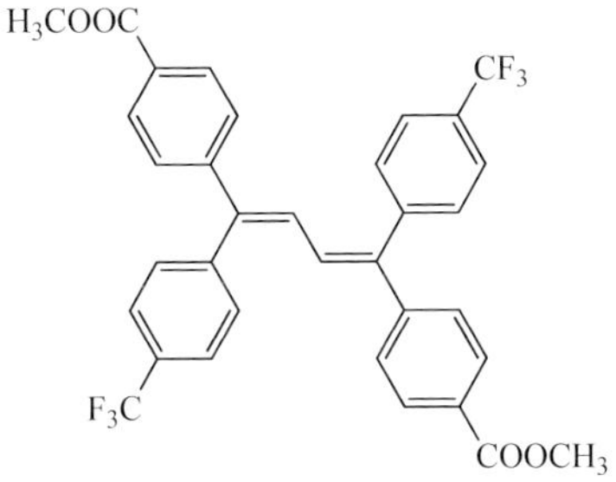

H_3COOC　CF_3　F_3C　$COOCH_3$

332

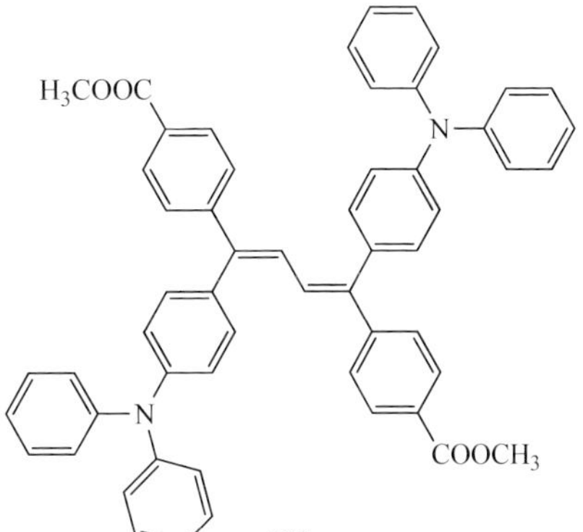

H_3COOC　N　N　$COOCH_3$

333

2018 年，Liu 等[157]设计并制备了两种由四苯基丁二烯修饰的苯并[*d*]噁唑和苯并[*d*]噻唑结构的 β-酮亚胺硼配合物 **334** 和 **335**。研究发现这两种化合物均具有分子内电荷转移（ICT）、AIE 和 MFC 性质。结果表明，这两种 D-π-A 型化合物具有典型的 ICT 发射、明显的 AIE 特性（α_{AIE} 分别为 89 和 33）和较高的固态发光强度（分别达到 0.445 和 0.367）。更重要的是，这两种化合物都表现出可逆的 MFC 行为，其发射颜色在研磨过程中从黄绿色（位于 528 nm 和 530 nm）分别变为黄色和橙色（位于 552 nm 和 572 nm），获得 24 nm 和 42 nm 的红移。PXRD 分析证实，**334** 和 **335** 的 MFC 性质应该来源于晶态和非晶态之间的转变。值得注意的是，相较于 **334**，**335** 表现出更显著的 MFC 行为。其原因是 **335** 中的硫原子可以导致激发态中更大程度的 ICT，使其在研磨后具有更大的平面分子内电荷转移（PICT），从而导致 PL 光谱产生更大的红移。

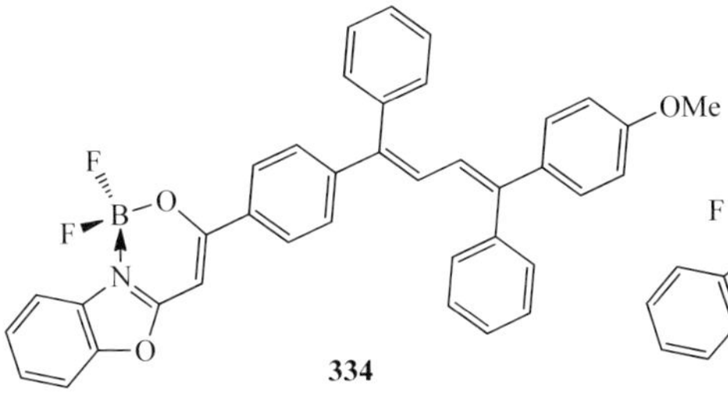

F　B　O　F　N　O　OMe

334

F　B　O　F　N　S　OMe

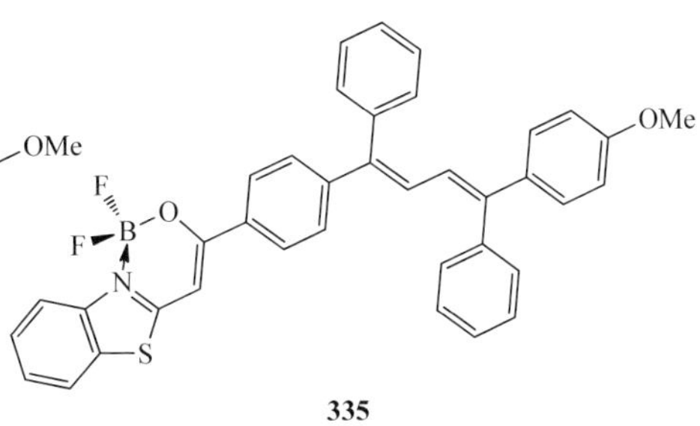

335

Ma 等[158]通过将罗丹明与 TPE 结合，设计了一种新分子 **336**，成功实现了发光变色和开关切换。与大多数已报道的荧光开关相比，这种独特的结构赋予了该化合物 AIE、甲醇响应、光致变色和 MFC 等多种特性，这归功于动态的环开闭异构化反应。**336** 对酸敏感，在酸的刺激下会开环形成新的化合物（**337**），经碱处理可恢复成环闭合形式。**336** 和三氟乙酸（TFA）处理的 **336** 都显示出 AIE 特性。值得注意的是，在 TFA 处理 **336** 的聚集过程中，由于聚集诱导的闭环反应，青色发光增强而红光发射消失。在筛选出的 12 种溶剂中，**336** 对甲醇有选择性响应，这可能是由于甲醇的 pK_a 值较低和极性较高。更有趣的是，**336** 在几种不同的有机溶剂中展示出激发波长依赖的光致变色特性，这在罗丹明体系中极少见。在固态中，**336** 具有青色、红色和深色三种明显高对比度的状态，可以通过酸/碱或机械力/有机试剂蒸气在任意两种状态之间实现可逆切换。

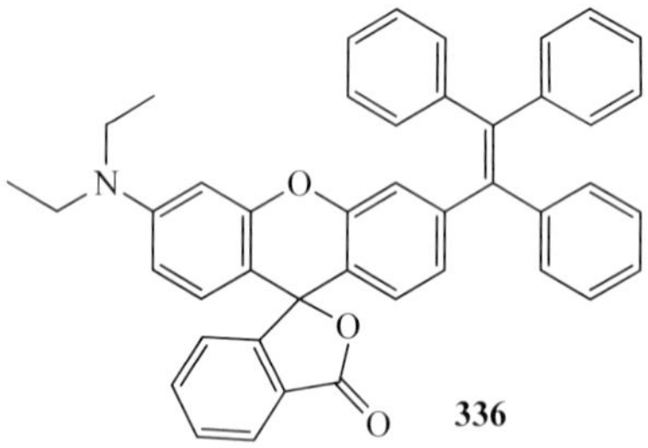

336 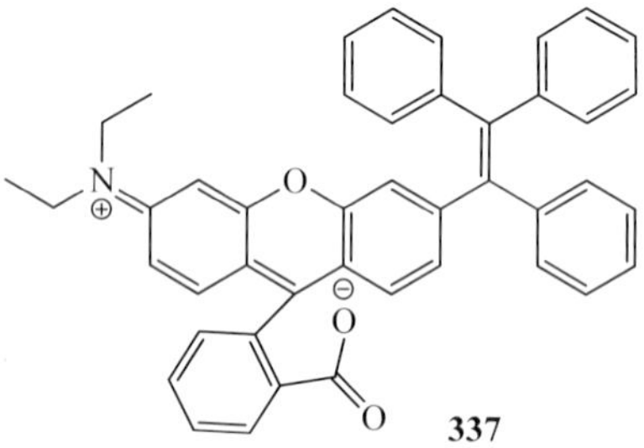 **337**

2018 年，Dai 等[159]合成了一系列具有聚集增强发光（AEE）特性的支化 π 共轭小分子红色荧光探针（**338**、**339** 和 **340**），并将其应用于力致发光变色探针和细胞成像。这些红色荧光探针具有相同的 1, 1, 2, 2-四（噻吩-2-基）乙烯（TTE）核心单元，但具有不同的分支末端基团[三苯胺（TPA）、*N*, *N*-二苯基噻吩-2-胺（DPT）和 *N*, *N*-二苯基-4-乙烯基苯胺（DTPA）]。对这三种红色荧光探针的光物理性质、MFC 性质和细胞成像行为进行了研究。与 **338** 相比，**339** 和 **340** 的吸收和发射光谱因为用 DPT 和 DTPA 末端基团替代 TPA 单元而发生明显红移，这归因于分子的 π 共轭性增强和骨架更长。然而，由于 **338** 的分子骨架最为拥挤，激发态分子的运动受到限制，**338** 在固态中表现出最高的荧光量子产率（约为 11%）和最佳的 AIE 性能。此外，**338** 在研磨后表现出剧烈的力致发光变色行为（从黄色到深红色粉末），荧光峰呈现出非同寻常的红移（约 110 nm）。相比之下，**339** 在研磨后表现出微弱的力致发光变色响应，呈轻微的红移。PXRD 和 DSC 实验证明力致发光变色机理与从 **338** 和 **339** 的较松散晶态到较紧凑非晶态的形态学变化有关。有趣的是，**340** 的非晶态是一种有前途的细胞膜特异性染色 AEE 探针，具有低细胞毒性和出色的光稳定性。通过彩虹成像和三维成像实验证明了 **340** 的细胞膜特异性染色性质。这些结果表明，通过采用 TTE 核心和支链 TPA 类似末端基团构建红色荧光探针的策略不仅实现了高荧光量子产率的 AEE 特性，还取得了出色的力致发光变色探针和高光稳定性的细胞膜特异性染色探针。

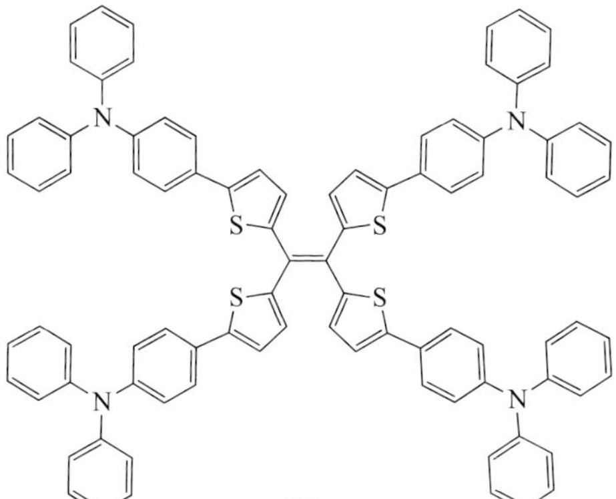

338

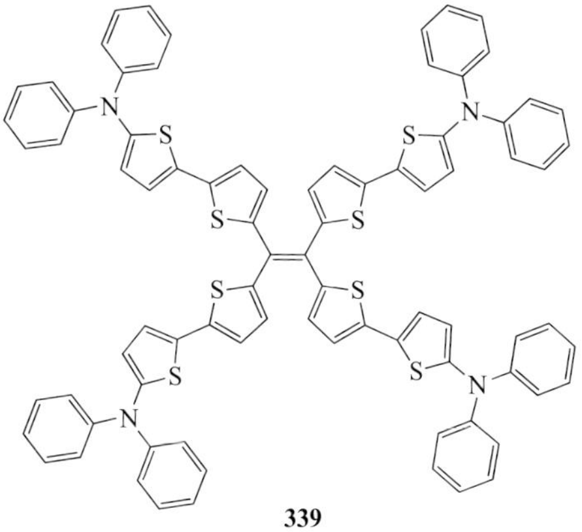

339

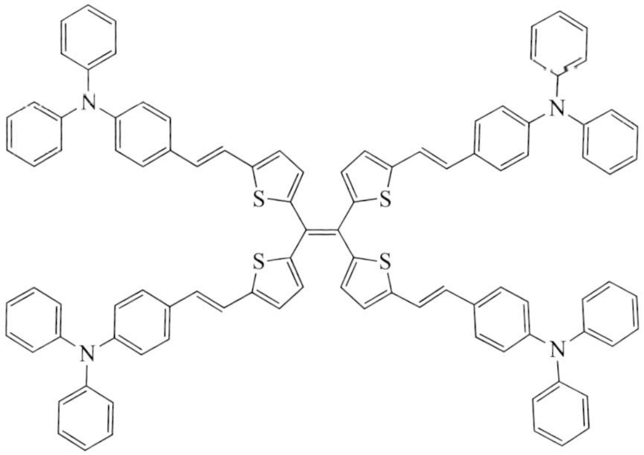

340

Wang 等[160]在中心 TTE 核上引入苯甲醛基团，通过改变醛基的取代位置得到了三个具有 AIE 特性的异构体 **341**～**343**。甲醛取代的位置可以有效调节它们的光物理性质、力刺激发光变色响应性质和对联苯肼的荧光响应。**341** 和 **342** 具有显著的 AIE 特性，而 **343** 表现出 AIEE 性能。由于 ICT 效应的逐步增强，它们的 α_{AIE} 按邻位、间位、对位异构体的顺序逐渐降低。它们表现出可逆的力致变色特性，具有较大的发射波长移动。化合物 **342** 在研磨后具有 164 nm 的发光红移，远大于其他两个异构体（**341**：104 nm；**343**：125 nm），这是因为 **342** 分子构象更扭曲，分子排列更松散。此外，具有较高对比度 MFC 性能的 **342** 可制作无墨可重写纸。值得注意的是，作为开关式荧光探针，**343** 可以选择性地检测联苯肼，其具有显著的肉眼可见的颜色变化。因此，官能团的位置依赖性将是调节分子排列的有效方法，也有望开发用于力刺激发光变色响应材料、无墨重写纸和化学传感器的 AIE 化合物。**342** 和 **343** 是溶液中联苯肼的开启型荧光探针，这是因为席夫碱的形成会影响分子的扭曲构象并阻止其 ICT 效应。然而，由于其较弱的 ICT 效应，**341** 是一种猝灭型传感器。**342** 涂覆的滤纸在暴露于联苯肼蒸气时呈现出肉眼可见的显著颜色变化。这项工作提供了一种调节光物理性质的策略，并为开发机械力传感器、无墨重写纸和光电子设备的潜在刺激响应材料提供了可能性。

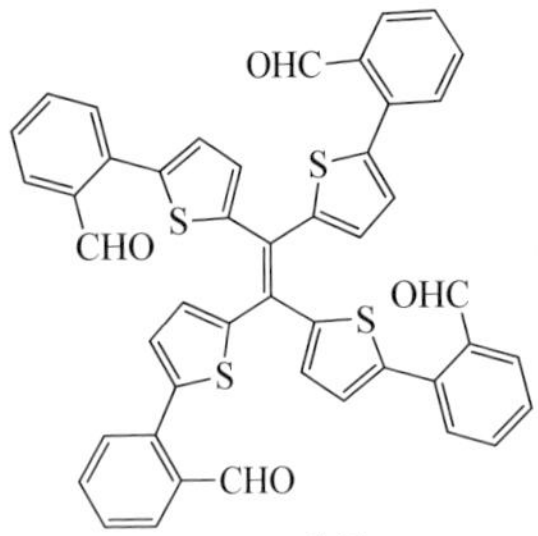

341 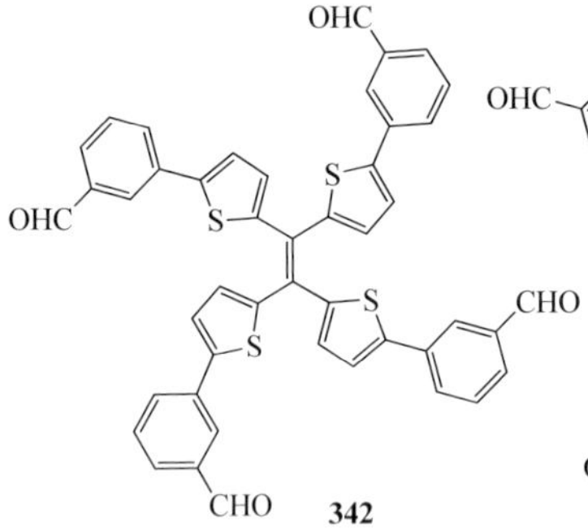 342 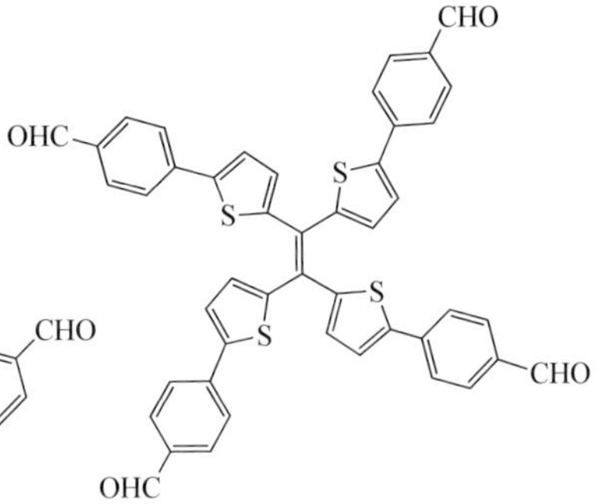 343

Wang 等[161]通过铃木反应设计并合成了一系列基于 TPE 单元的构型可控的 *E*/*Z* 异构体（**344**～**348**），研究了在紫外灯照射下 *E*/*Z* 异构体的光诱导构象变化和 AIE 效应。在 PL 发射光谱上观察到了从 **347**（*E* 异构体）到 **344**（*Z* 异构体）的 66 nm 的红移和从 **348**（*E* 异构体）到 **345**（*Z* 异构体）的 58 nm 的红移，并且 *Z* 异构体显示出比 *E* 异构体更长的荧光寿命。*Z* 异构体 **344** 和 **345** 在研磨时表现出力刺激发光变色响应行为，而 *E* 异构体 **347** 和 **348** 则没有这种行为。此外，*E* 异构体比 *Z* 异构体具有更好的热稳定性。另外，他们用 $FeCl_3/CH_3NO_2$ 体系合成了类石墨烯分子（**349**～**353**）。*E* 异构体和 *Z* 异构体的氧化产物在 PL 发射光谱上几乎没有差异，因为氧化后的 *E* 异构体和 *Z* 异构体的有效共轭长度得到了延长。有趣的是，通过肉眼可以看到，环闭合结构在氧化时间变化时发出不同颜色的光。换句话讲，通过 Scholl 反应成功设计并合成了具有发射可调的多色石墨烯分子。最后，制备并表征了基于 **350** 和 **351** 的 FET 器件。它们在低操作电压下的迁移率分别计算为 0.92 $cm^{-2}\cdot V^{-1}\cdot s^{-1}$ 和 1.14 $cm^{-2}\cdot V^{-1}\cdot s^{-1}$，显示出良好的电性能。

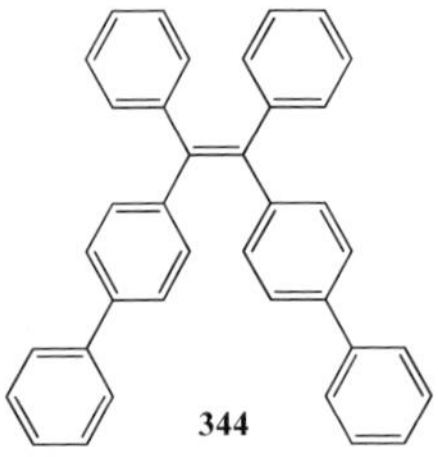

344 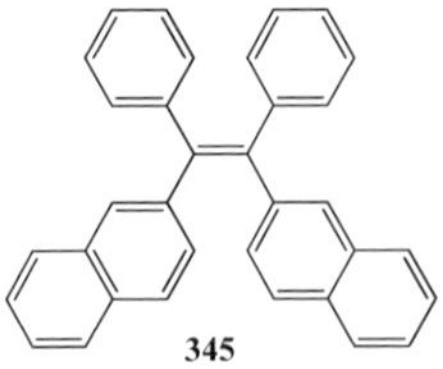 345  346 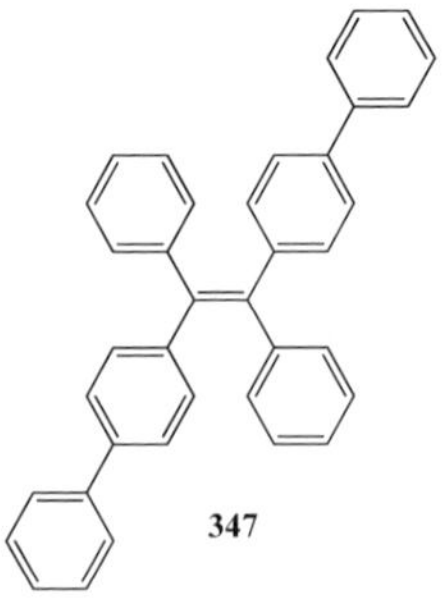 347

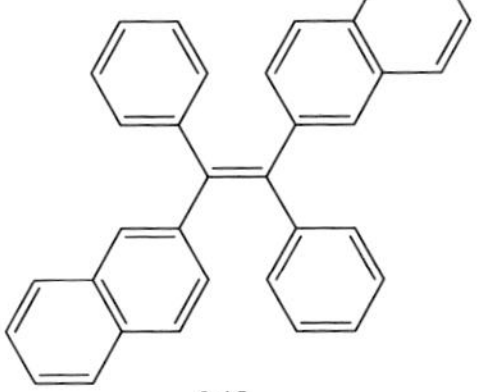

348 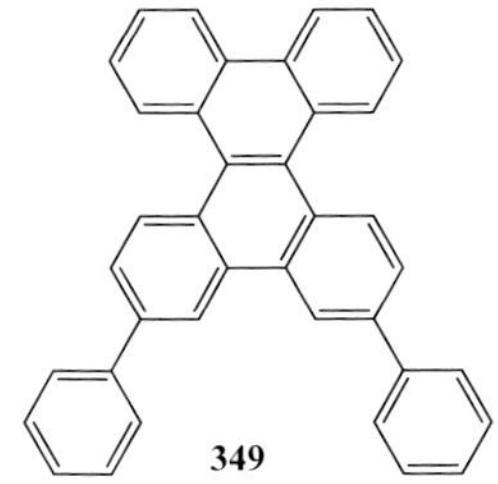　349 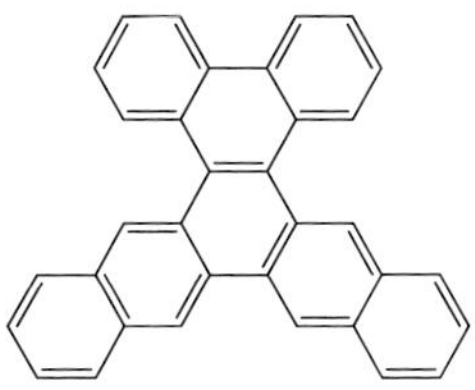　350

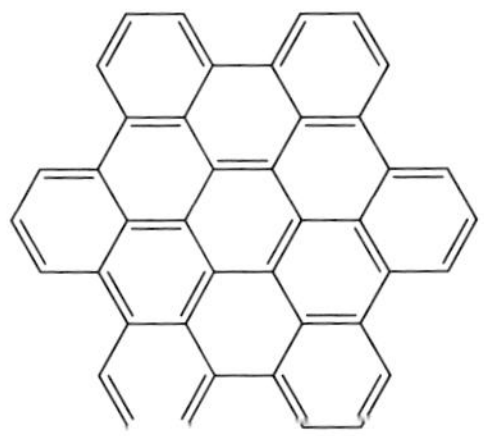

351 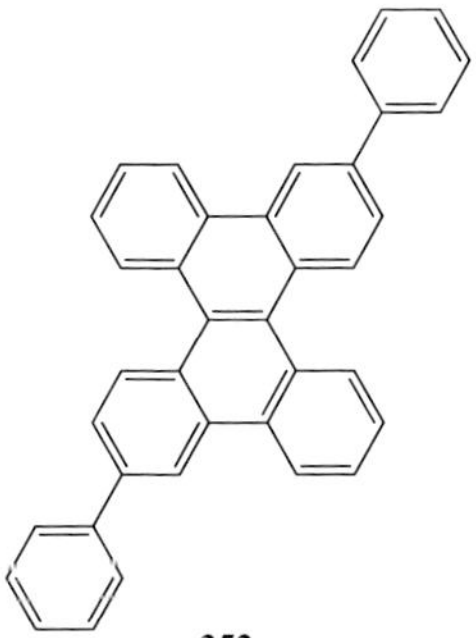　352 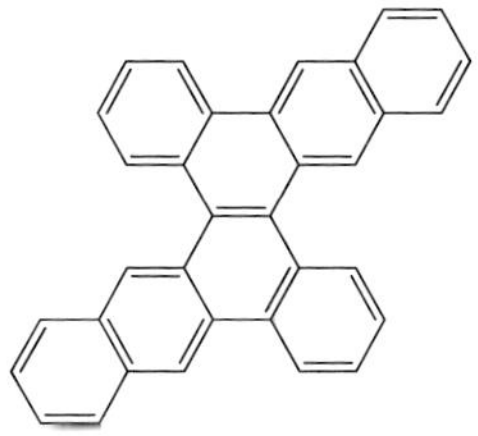　353

2019 年，Huang 等[162]通过巧妙地结合 TPE 和香豆素基团成功设计并合成了新型有机发光材料 **354**，其是一种新型的高对比度力刺激发光响应（MRL）开启材料。与对照化合物 **355** 相比，**354** 的结晶粉末在研磨前后显示出更高的荧光对比度（193 倍 *vs*. 47 倍）。此外，可通过交替研磨和熔融固化过程实现化合物 **354** 和 **355** 的可逆固态荧光开关循环。高荧光对比度和良好的可逆性使 **354** 成为一种理想的 MRL 开启材料。进一步，单晶 X 射线衍射分析数据表明，TPE 片段的存在确保了化合物 **354** 的 AIEE 特性，从而在保留平面苯并咪唑/香豆素单元的同时实现固态下强发光。同时，**354** 和 **355** 中不同的偶极-偶极、π-π 堆积和氢键相互作用导致了它们不同的 MRL 行为。在 **354** 中引入大空间位阻的 TPE 基团，可以减弱对外力敏感的超分子相互作用，从而提高发光对比度，这一点可由相应的 PXRD 进一步证实。他们对结构-性能关系的研究表明，在 **354** 中通过整合两种反作用力来构建一个亚稳态 HOF 的合成策略可用于实现高度可切换的固态发光开关，这将为一类高对比度 MRL 开启材料提供了一些新的启发。

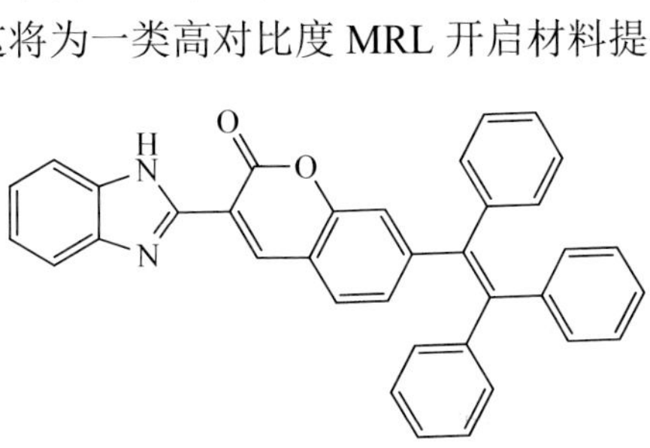

H N O O N　H N O O N N

354 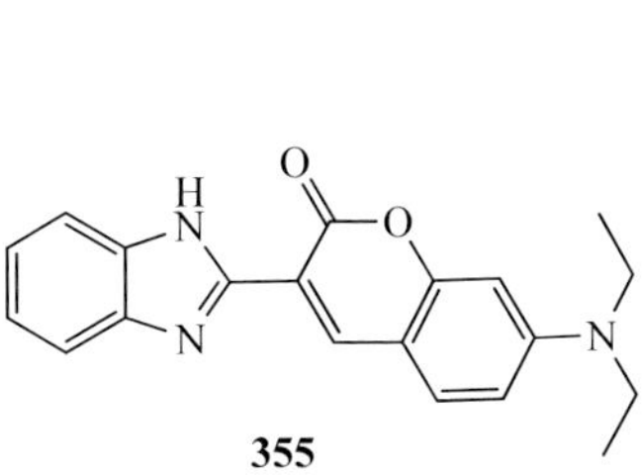　355

参考文献

[1] Sagara Y，Kato T. Mechanically induced luminescence changes in molecular assemblies. Nature Chemistry，2009，1：605-610.

[2] Sagara Y，Yamane S，Mitani M，et al. Mechanoresponsive luminescent molecular assemblies：an emerging class of materials. Advanced Materials，2016，28：1073-1095.

[3] Chi Z，Zhang X，Xu B，et al. Recent advances in organic mechanofluorochromic materials. Chemical Society Reviews，2012，41：3878-3896.

[4] Xu J，Chi Z. Mechanochromic Fluorescentmaterials：Phenomena，Materials and Applications. Cambridge：Royal Society of Chemistry，2014.

[5] Luo J，Xie Z，Lam J W Y，et al. Aggregation-induced emission of 1-methyl-1, 2, 3, 4, 5-pentaphenylsilole. Chemical Communications，2001（18）：1740-1741.

[6] Mei J，Leung N L，Kwok R T，et al. Aggregation-induced emission：together we shine，united we soar!. Chemical Reviews，2015，115：11718-11940.

[7] Xie Y，Li Z. Recent advances in the *Z*/*E* isomers of tetraphenylethene derivatives：stereoselective synthesis，AIE mechanism，photophysical properties，and application as chemical probes. Chemistry：An Asian Journal，2019，14：2524-2541.

[8] Luo X，Li J，Li C，et al. Reversible switching of the emission of diphenyldibenzofulvenes by thermal and mechanical stimuli. Advanced Materials，2011，23：3261-3265.

[9] Li C，Luo X，Zhao W，et al. Switching the emission of tetrakis(4-methoxyphenyl)ethylene among three colors in the solid state. New Journal of Chemistry，2013，37：1696-1699.

[10] Qi Q，Liu Y，Fang X，et al. AIE（AIEE）and mechanofluorochromic performances of TPE-methoxylates：effects of single molecular conformations. RSC Advances，2013，3：7996-8002.

[11] Wu J，Tang J，Wang H，et al. Reversible piezofluorochromic property and intrinsic structure changes of tetra(4-methoxyphenyl)ethylene under high pressure. Journal of Physical Chemistry A，2015，119：9218-9224.

[12] Yuan H，Wang K，Yang K，et al. Luminescence properties of compressed tetraphenylethene：the role of intermolecular interactions. Journal of Physical Chemistry Letters，2014，5：2968-2973.

[13] Zhou X，Li H，Chi Z，et al. Piezofluorochromism and morphology of a new aggregation-induced emission compound derived from tetraphenylethylene and carbazole. New Journal of Chemistry，2012，36：685-693.

[14] Aldred M P，Zhang G F，Li C，et al. Optical properties and red to near infrared piezo-responsive fluorescence of a tetraphenylethene-perylenebisimide-tetraphenylethene triad. Journal of Materials Chemistry C，2013，1：6709-6718.

[15] Tian H，Wang P，Liu J，et al. Construction of a tetraphenylethene derivative exhibiting high contrast and multicolored emission switching. Journal of Materials Chemistry C，2017，5：12785-12791.

[16] Hu R，Lam J W Y，Li M，et al. Homopolycyclotrimerization of A4-type tetrayne：a new approach for the creation of a soluble hyperbranched poly(tetraphenylethene)with multifunctionalities. Journal of Polymer Science Part A：Polymer Chemistry，2013，51：4752-4764.

[17] Qi Q，Zhang J，Xu B，et al. Mechanochromism and polymorphism-pependent emission of tetrakis(4-(dimethylamino)phenyl)ethylene. The Journal of Physical Chemistry C，2013，117：24997-25003.

[18] Wu H，Jiang Y，Ding Y，et al. Mechanofluorochromic and thermochromic properties of simple tetraphenylethylene derivatives with fused fluorine containing 1, 4-dioxocane rings. Dyes Pigments，2017，146：323-330.

[19] Huang G，Jiang Y，Wang J，et al. The influence of intermolecular interactions and molecular packings on mechanochromism and mechanoluminescence：a tetraphenylethylene derivative case. Journal of Materials Chemistry C，2019，7：12709-12716.

[20] Huang G，Jiang Y，Yang S，et al. Multistimuli response and polymorphism of a novel tetraphenylethylene derivative. Advanced Functional Materials，2019，29：1900516.

[21] Ramachandran E，Dhamodharan R. Tetrakis(trialkylsilylethynylphenyl)ethenes：mechanofluorochromism arising from steric considerations with an unusual crystal structure. Journal of Materials Chemistry C，2017，5：10469-10476.

[22] Yu T，Ou D，Yang Z，et al. The HOF structures of nitrotetraphenylethene derivatives provide new insights into the nature of AIE and a way to design mechanoluminescent materials. Chemical Science，2017，8：1163-1168.

[23] Qiu Z，Zhao W，Cao M，et al. Dynamic visualization of stress/strain distribution and fatigue crack propagation by an organic mechanoresponsive AIE luminogen. Advanced Materials，2018，30：1803924.

[24] Zhao W，He Z，Peng Q，et al. Highly sensitive switching of solid-state luminescence by controlling intersystem crossing. Nature Communications，2018，9：3044.

[25] Jiang Y，Wang J，Huang G，et al. Insight from the old：mechanochromism and mechanoluminescence of two amine-containing tetraphenylethylene isomers. Journal of Materials Chemistry C，2019，7：11790-11796.

[26] Xu P，Qiu Q，Ye X，et al. Halogenated tetraphenylethene with enhanced aggregation-induced emission：an anomalous anti-heavy-atom effect and self-reversible mechanochromism. Chemical Communications，2019，55：14938-14941.

[27] Zhang H，Nie Y，Miao J，et al. Fluorination of the tetraphenylethene core：synthesis，aggregation-induced emission，reversible mechanofluorochromism and thermofluorochromism of fluorinated tetraphenylethene derivatives. Journal of Materials Chemistry C，2019，7：3306-3314.

[28] Luo M，Zhou X，Chi Z，et al. Fluorescence-enhanced organogelators with mesomorphic and piezofluorochromic properties based on tetraphenylethylene and gallic acid derivatives. Dyes Pigments，2014，101：74-84.

[29] Huang G，Xia Q，Huang W，et al. Multiple anti-counterfeiting guarantees from a simple tetraphenylethylene derivative-high-contrasted and multi-state mechanochromism and photochromism. Angewandte Chemie International Edition，2019，58：17814-17819.

[30] Chen H，Zhou L，Shi X，et al. AIE fluorescent gelators with thermo-，mechano-，and vapochromic properties. Chemistry：An Asian Journal，2019，14：781-788.

[31] Wang Z，Cheng X，Qin A，et al. Multiple stimuli responses of stereo-isomers of AIE-active ethynylene-bridged and pyridyl-modified tetraphenylethene. Journal of Physical Chemistry B，2018，122：2165-2176.

[32] Ma X，Hu L，Han X，et al. Vinylpyridine- and vinylnitrobenzene-coating tetraphenylethenes：aggregation-induced emission（AIE）behavior and mechanochromic property. Chinese Chemical Letters，2018，29：1489-1492.

[33] Xiong J，Wang K，Yao Z，et al. Multi-stimuli-responsive fluorescence switching from a pyridine-functionalized tetraphenylethene AIEgen. ACS Applied Materials & Interfaces，2018，10：5819-5827.

[34] Chen W，Zhang C，Han X，et al. Fluorophore-labeling tetraphenylethene dyes ranging from visible to near-infrared region：AIE behavior，performance in solid state，and bioimaging in living cells. Journal of Organic Chemistry，2019，84：14498-14507.

[35] Han X，Liu Y，Liu G，et al. Versatile naphthalimide-sulfonamide-coated tetraphenylethene：aggregation-induced emission behavior，mechanochromism，and tracking glutathione in living cells. Chemistry：An Asian Journal，2019，14：890-895.

[36] Yang Q，Li D，Chi W，et al. Regulation of aggregation-induced emission behaviours and mechanofluorochromism of tetraphenylethene through different oxidation states of sulphur moieties. Journal of Materials Chemistry C，2019，7：8244-8249.

[37] Jia J，Zhao H. A multi-responsive AIE-active tetraphenylethylene-functioned salicylaldehyde-based Schiff base for reversible mechanofluorochromism and Zn^{2+} and CO_3^{2-} detection. Organic Electronics，2019，73：55-61.

[38] Jia J，Wu L. Stimuli-responsive fluorescence switching：aggregation-induced emission（ATE），protonation effect and reversible mechanofluochromism of tetraphenylethene hydrazone-based dyes. Organic Electronics，2020，76：105466.

[39] Ye F，Liu Y，Chen J，et al. Tetraphenylene-coated near-infrared benzoselenodiazole dye：AIE behavior，mechanochromism，and bioimaging. Organic Letters，2019，21：7213-7217.

[40] Yin Y，Chen Z，Fan C，et al. 1, 8-Naphthalimide-based highly emissive luminophors with various mechanofluorochromism and aggregation-induced characteristics. ACS Omega，2019，4：14324-14332.

[41] Tong J，Wang Y，Mei J，et al. A 1, 3-indandione-functionalized tetraphenylethene：aggregation-induced emission，solvatochromism，mechanochromism，and potential application as a multiresponsive fluorescent probe. Chemistry：A European Journal，2014，20：4661-4670.

[42] Zhang J，Yang Q，Zhu Y，et al. Tetraphenylethylene-based phosphine：tuneable emission and carbon dioxide fixation. Dalton Ttransactions，2014，43：15785-15790.

[43] Zhao L，Lin Y，Liu T，et al. Rational bridging affording luminogen with AIE features and high field effect mobility. Journal of Materials Chemistry C，2015，3：4903-4909.

[44] Qi Q，Qian J，Tan X，et al. Remarkable turn-on and color-tuned piezochromic luminescence：mechanically switching intramolecular charge transfer in molecular crystals. Advanced Functional Materials，2015，25：4005-4010.

[45] Xu B，He J，Mu Y，et al. Very bright mechanoluminescence and remarkable mechanochromism using a tetraphenylethene derivative with aggregation-induced emission. Chemical Science，2015，6：3236-3241.

[46] Shi J，Zhao W，Li C，et al. Switching emissions of two tetraphenylethene derivatives with solvent vapor，mechanical，and thermal stimuli. Chinese Science Bulletin，2013，58：2723-2727.

[47] Zhao F，Chen Z，Liu G，et al. Tetraphenylethene-based highly emissive fluorescent molecules with aggregation-induced emission(AIE)and various mechanofluorochromic characteristics. Tetrahedron Letters，2018，59：836-840.

[48] Wang H，Wang D E，Guan J，et al. Mercaptomethylphenyl-modified tetraphenylethene as a multifunctional luminophor：stimuli-responsive luminescence color switching and AIE-active chemdosimeter for sulfur mustard simulants. Journal of Materials Chemistry C，2017，5：11565-11572.

[49] Wang H，Wang W，Guan J，et al. *o*-Methylphenyl modified tetraphenylethene：crystalline-induced luminous blue-shift and stimuli-responsive luminescence color switching. Journal of Luminescence，2017，192：925-931.

[50] Li Y，Zhuang Z，Lin G，et al. A new blue AIEgen based on tetraphenylethene with multiple potential applications in fluorine ion sensors，mechanochromism，and organic light-emitting diodes. New of Journal Chemistry，2018，42：4089-4094.

[51] Jia J，Zhao H. Remarkable isomeric effects on the mechanofluorochromism of tetraphenylethylene-based D-A derivatives. New of Journal Chemistry，2019，43：2231-2237.

[52] Khan F，Ekbote A，Misra R. Reversible mechanochromism and aggregation induced enhanced emission in phenothiazine substituted tetraphenylethylene. New of Journal Chemistry，2019，43：16156-16163.

[53] Lu Z，Yang S，Liu X，et al. Facile synthesis and separation of *E*/*Z* isomers of aromatic-substituted tetraphenylethylene for investigating their fluorescent properties via single crystal analysis. Journal of Materials Chemistry C，2019，7：4155-4163.

[54] Shan S N，Jiang L，Jie L，et al. AIE-active positional isomers based on tetraphenylethylene attaching *o*-/*m*-/*p*-formylphenyl groups for reversible mechanochromism. IOP Conference Series：Earth and Environmental Science，2019，358：052055.

[55] Liu H，Gu Y，Dai Y，et al. Pressure-induced blue-shifted and enhanced emission：a cooperative effect between aggregation-induced emission and energy-transfer suppression. Journal of the American Chemical Society，2020，142：1153-1158.

[56] Tang A，Yin Y，Chen Z，et al. A multifunctional aggregation-induced emission（AIE）-active fluorescent chemosensor for detection of Zn^{2+} and Hg^{2+} Tetrahedron，2019，75：130489.

[57] Wang J，Mei J，Hu R，et al. Click synthesis，aggregation-induced emission，*E*/*Z* isomerization，self-organization，and multiple chromisms of pure stereoisomers of a tetraphenylethene-cored luminogen. Journal of the American Chemical Society，2012，134：9956-9966.

[58] Ma Z，Wang Z，Meng X，et al. A mechanochromic single crystal：turning two color changes into a tricolored switch. Angewandte Chemie International Edition，2016，55：519-522.

[59] Yin Y，Zhao F，Chen Z，et al. Aggregation-induced emission enhancement（AIEE）-active mechanofluorochromic tetraphenylethene derivative bearing a rhodamine unit. Tetrahedron Letters，2018，59：4416-4419.

[60] Liu X，Ma C，Li A，et al. Schiff base-bridged TPE-rhodamine dyad：facile synthesis，distinct response to shearing and hydrostatic pressure，and sequential multicolored acidichromism. Journal of Materials Chemistry C，2019，7：8398-8403.

[61] Ma C，Xu B，Xie G，et al. An AIE-active luminophore with tunable and remarkable fluorescence switching based on the piezo and protonation-deprotonation control. Chemical Communications，2014，50：7374-7377.

[62] Jadhav T，Dhokale B，Mobin S M，et al. Mechanochromism and aggregation induced emission in benzothiazole substituted tetraphenylethylenes：a structure function correlation. RSC Advances，2015，5：29878-29884.

[63] Ekbote A，Mobin S M，Misra R. Structure-property relationship in multi-stimuli responsive D-A-A0 benzothiazole functionalized isomers. Journal of Materials Chemistry C，2018，6：10888-10901.

[64] Sun H，Sun W H，Jiang Y，et al. Multi-stimuli-responsive tetraphenylethene-based thiazole compound：time-dependently enhanced blue-shift emission，reversible acidichromism and mechanochromism. Dyes and Pigments，2020，173：107938.

[65] Cui Y，Yin，Y M，Cao H T，et al. Efficient piezochromic luminescence from tetraphenylethene functionalized pyridine-azole derivatives exhibiting aggregation-induced emission. Dyes and Pigments，2015，119：62-69.

[66] Gao Z，Wang K，Liu F，et al. Enhanced sensitivity and piezochromic contrast through single-direction extension of molecular structure. Chemistry：A European Journal，2017，23：773-777.

[67] Ekbote A，Han S H，Jadhav T，et al. Stimuli responsive AIE active positional isomers of phenanthroimidazole as non-doped emitters in OLEDs. Journal of Materials Chemistry C，2018，6：2077-2087.

[68] Wang Z Y，Zhao J W，Li P，et al. Novel phenanthroimidazole-based blue AIEgens：reversible mechanochromism，bipolar transporting properties，and electroluminescence. New of Journal Chemistry，2018，42：8924-8932.

[69] Zhang T，Zhang R，Zhao Y，et al. A new series of *N*-substituted tetraphenylethene-based benzimidazoles：aggregation-induced emission，fast-reversible mechanochromism and blue electroluminescence. Dyes and Pigments，2018，148：276-285.

[70] Guo S，Zhang G，Kong L，et al. Molecular packing-controlled mechanical-induced emission enhancement of tetraphenylethene-functionalised pyrazoline perivatives. Chemistry：A European Journal，2020，26：3834-3842.

[71] Zhao N，Yang Z，Lam J W Y，et al. Benzothiazolium-functionalized tetraphenylethene：an AIE luminogen with tunable solid-state emission. Chemical Commununications，2012，48：8637-8639.

[72] Zhao N，Li M，Yan Y，et al. A tetraphenylethene-substituted pyridinium salt with multiple functionalities：synthesis，stimuli-responsive emission，optical waveguide and specific mitochondrion imaging. Journal of Materials Chemistry C，2013，1：4640-4646.

[73] Hu T，Yao B，Chen X，et al. Effect of ionic interaction on the mechanochromic properties of pyridinium modified tetraphenylethene. Chemical Commununications，2015，51：8849-8852.

[74] Qi Q，Fang X，Liu Y，et al. A TPE-oxazoline molecular switch with tunable multi-emission in both solution and solid state. RSC Advances，2013，3：16986-16989.

[75] Wang Y，Zhang I，Yu B，et al. Full-color tunable mechanofluorochromism and excitation-dependent emissions of single-arm extended tetraphenylethylenes. Journal of Materials Chemistry C，2015，3：12328-12334.

[76] Weng S，Si Z，Zhou Y，et al. Derivatives of 1-benzyl-4-(4-triphenylvinylphenyl)pyridinium bromide：synthesis，characterization，mechanofluorochromism/aggregation-induced emission（AIE）character and theoretical simulations. Journal of Luminescence，2018，195：14-23.

[77] La D D，Anuradha A，Hundal A K，et al. pH-dependent self-assembly of water-soluble sulfonate-tetraphenylethylene with aggregation-induced emission. Supramolecular Chemistry，2018，30：1-8.

[78] Wang Z，Gu Y，Liu J，et al. A novel pyridinium modified tetraphenylethene：AIE-activity，mechanochromism，DNA detection and mitochondrial imaging. Journal of Materials Chemistry B，2018，6：1279-1285.

[79] Liu L，Su X，Yu Q，et al. Photoacid-spiropyran exhibits different mechanofluorochromism before and after modification of tetraphenylethene under grinding and hydrostatic pressure. Journal of Physical Chemistry C，2019，123：25366-25372.

[80] Ma Y，Zhang Y，Kong L，et al. Alkyl chains length dependent fluorescence emission and reversible mechanofluorochromism of AIEE-based quinoline derivatives. Tetrahedron，2019，75：674-681.

[81] Nian H，Li A，Li Y，et al. Tetraphenylethene-based tetracationic dicyclophanes：synthesis，mechanochromic luminescence，and photochemical reactions. Chemical Communications，2020，56：3195-3198.

[82] Li J，Yang C，Peng X，et al. Stimuli-responsive solid-state emission from *o*-carborane-tetraphenylethene dyads induced by twisted intramolecular charge transfer in the crystalline state. Journal of Materials Chemistry C，2018，6：19-28.

[83] Nie Y，Zhang H，Miao J，et al. Synthesis，aggregation-induced emission and mechanochromism of a new carborane-tetraphenylethylene hybrid. Journal of Organometallic Chemistry，2018，865：200-205.

[84] Lei S N，Xiao H，Zeng Y，et al. BowtieArene：a dual macrocycle exhibiting stimuli-responsive fluorescence. Angewandte Chemie International Edition，2020，59：10059-10065.

[85] He B，Chang Z，Jiang Y，et al. Piezochromic luminescent and electroluminescent materials comprised of

tetraphenylethene plus spirobifluorene or 9, 9-diphenylfluorene. Dyes and Pigments，2014，106：87-93.

[86] Ma J，Lin T，Pan X，et al. Graphene-like molecules based on tetraphenylethene oligomers：synthesis，characterization，and applications. Chemistry of Materials，2014，26：4221-4229.

[87] 孙静波，张恭贺，贾小宇，等. 压力和酸响应的四苯乙烯修饰喹喔啉类荧光染料的合成与性质研究. 化学学报，2016，74：165-171.

[88] Hu R，Lam J W Y，Liu Y，et al. Aggregation-induced emission of tetraphenylethene-hexaphenylbenzene adducts：effects of twisting amplitude and steric hindrance on light emission of nonplanar fluorogens. Chemistry：A European Journal，2013，19：5617-5624.

[89] Chang Z F，Jing L M，Wei C，et al. Hexaphenylbenzene-based，π-conjugated snowflake-shaped luminophores：tunable aggregation-induced emission effect and piezofluorochromism. Chemistry：A European Journal，2015，21：8504-8510.

[90] Rananaware A，Duc La D，Bhosale S V. Aggregation-induced emission of a star-shape luminogen based on cyclohexanehexone substituted with AIE active tetraphenylethene functionality. RSC Advances，2015，5：56270-56273.

[91] Ekbote A，Jadhav T，Misra R. T-shaped donor-acceptor-donor type tetraphenylethylene substituted quinoxaline derivatives：aggregation-induced emission and mechanochromism. New of Journal Chemistry，2017，41：9346-9353.

[92] Ge C，Liu Y，Ye X，et al. Dicyanopyrazine capped with tetraphenylethylene：polymorphs with high contrast luminescence as organic volatile sensors. Materials Chemistry Frontiers，2017，1：530-537.

[93] Jie Y，Le L，Yun Y，et al. Blue pyrene-based AIEgens：inhibited intermolecular π-π stacking through the introduction of substituents with controllable intramolecular conjugation，and high external quantum efficiencies up to 3.46% in non-doped OLEDs. Materials Chemistry Frontiers，2017，1：91-99.

[94] Salimimarand M，Duc La D，Al Kobaisi M，et al. Flower-like superstructures of AIE-active tetraphenylethylene through solvophobic controlled self-assembly. Scientific Reports，2017，7：42898.

[95] Salimimarand M，Duc La D，Bhosale S V，et al. Influence of odd and even alkyl chains on supramolecular nanoarchitecture via self-assembly of tetraphenylethylene-based AIEgens. Applied Sciences，2017，7：1119.

[96] Shi Y，Cai Y，Wang Y J，et al. 3, 4, 5-Triphenyl-1, 2, 4-triazole-based multifunctional n-type AIEgen. Science China：Chemistry，2017，60：635-641.

[97] Biswas S，Jana D，Kumar G S，et al. Supramolecular aggregates of tetraphenylethene-cored AlEgen toward mechanoluminescent and electroluminescent devices. ACS Applied Materials & Interfaces，2018，10：17409-17418.

[98] Cao Y，Chen L，Xi Y，et al. Stimuli-responsive 2, 6-diarylethene-4*H*-pyran-4-one derivatives：aggregation induced emission enhancement，mechanochromism and solvatochromism. Materials Letters，2018，212：225-230.

[99] Dang D，Qiu Z，Han T，et al. 1 + 1 ≫ 2：dramatically enhancing the emission efficiency of TPE-based AIEgens but keeping their emission color through tailored alkyl linkages. Advanced Functional Materials，2018，28：1707210.

[100] Ruan Z，Shan Y，Gong Y，et al. Novel AIE-active ratiometric fluorescent probes for mercury(Ⅱ)based on the Hg^{2+}-promoted deprotection of thioketal，and good mechanochromic properties. Journal of Materials Chemistry C，2018，6：773-780.

[101] Yu C Y，Hsu C C，Weng H C. Synthesis，characterization，aggregation-induced emission，solvatochromism and

mechanochromism of fluorinated benzothiadiazole bonded to tetraphenylethenes. RSC Advances，2018，8：12619-12627.

[102] Liu Y，Lin F X，Feng Y，et al. Shape-persistent π-conjugated macrocycles with aggregation-induced emission property：synthesis，mechanofluorochromism，and mercury(Ⅱ)detection. ACS Applied Materials & Interfaces，2019，11：34232-34240.

[103] Zhao F，Chen Z，Fan C，et al. Aggregation-induced emission（AIE）-active highly emissive novel carbazole-based dyes with various solid-state fluorescence and reversible mechanofluorochromism characteristics. Dyes and Pigments，2019，164：390-397.

[104] Zheng X，Zhu W，Zhang C，et al. Self-assembly of a highly emissive pure organic imine-based stack for electroluminescence and cell imaging. Journal of the American Chemical Society，2019，141：4704-4710.

[105] Zhu X，Wang D，Huang H，et al. Design，synthesis，crystal structures，and photophysical properties of tetraphenylethene-based quinoline derivatives. Dyes and Pigments，2019，171：107657.

[106] Zhang X，Chi Z，Li H，et al. Piezofluorochromism of an aggregation-induced emission compound derived from tetraphenylethylene. Chemistry：An Asian Journal，2011，6：808-811.

[107] Xu B，Chi Z，Zhang J，et al. Piezofluorochromic and aggregation-induced-emission compounds containing triphenylethylene and tetraphenylethylene moieties. Chemistry：An Asian Journal，2011，6：1470-1478.

[108] Yoon S J，Chung J W，Gierschner J，et al. Multistimuli two-color luminescence switching via different slip-stacking of highly fluorescent molecular sheets. Journal of the American Chemical Society，2010，132：13675-13683.

[109] Zhang X，Chi Z，Xu B，et al. End-group effects of piezofluorochromic aggregation-induced enhanced emission compounds containing distyrylanthracene. Journal of Materials Chemistry，2012，22：18505-18513.

[110] Li H，Chi Z，Xu B，et al. Aggregation-induced emission enhancement compounds containing triphenylamine-anthrylenevinylene and tetraphenylethene moieties. Journal of Materials Chemistry，2011，21：3760-3767.

[111] Xu B，Xie M，He J，et al. An aggregation-induced emission luminophore with multi-stimuli single- and two-photon fluorescence switching and large two-photon absorption cross section. Chemical Communications，2013，49：273-275.

[112] Shen X Y，Wang Y J，Zhao E，et al. Effects of substitution with donor-acceptor groups on the properties of tetraphenylethene trimer：aggregation-induced emission，solvatochromism，and mechanochromism. The Journal of Physical Chemistry C，2013，117：7334-7347.

[113] Misra R，Jadhav T，Dhokale B，et al. Reversible mechanochromism and enhanced AIE in tetraphenylethene substituted phenanthroimidazoles. Chemical Communications，2014，50：9076-9078.

[114] Jadhav T，Dhokale B，Mobin S M，et al. Aggregation induced emission and mechanochromism in pyrenoimidazoles. Journal of Materials Chemistry C，2015，3：9981-9988.

[115] Jadhav T，Dhokale B，Misra R. Effect of the cyano group on solid state photophysical behavior of tetraphenylethene substituted benzothiadiazoles. Journal of Materials Chemistry C，2015，3：9063-9068.

[116] Lu Q，Li X，Li J，et al. Influence of cyano groups on the properties of piezofluorochromic aggregation-induced emission enhancement compounds derived from tetraphenylvinyl-capped ethane. Journal of Materials Chemistry C，2015，3：1225-1234.

[117] Lin Y，Chen G，Zhao L，et al. Diethylamino functionalized tetraphenylethenes：structural and electronic modulation of photophysical properties，implication for the CIE mechanism and application to cell imaging. Journal of

Materials Chemistry C，2015，3：112-120.

[118] Jadhav T，Choi J M，Shinde J，et al. Mechanochromism and electroluminescence in positional isomers of tetraphenylethylene substituted phenanthroimidazoles. Journal of Materials Chemistry C，2017，5：6014-6020.

[119] Zhao F，Fan C，Chen Z，et al. Cyanobenzene-containing tetraphenylethene derivatives with aggregation-induced emission and self-recovering mechanofluorochromic characteristics. RSC Advances，2017，7：43845-43848.

[120] Yu H X，Zhi J，Shen T，et al. Donor-acceptor type aggregation-induced emission luminophores based on the 1, 1-dicyanomethylene-3-indanone unit for bridge-dependent reversible mechanochromism and light-up biosensing of hypochlorites. Journal of Materials Chemistry C，2019，7：8888-8897.

[121] Chen P，Zhu H，Kong L，et al. Multifunctional behavior of a novel tetraphenylethylene derivative：mechanochromic luminescence，detection of fluoride ions and trace water in aprotic solvents. Dyes and Pigments，2020，172：107832.

[122] Jadhav T，Dhokale B，Patil Y，et al. Aggregation induced emission and mechanochromism in tetraphenylethene substituted pyrazabole. RSC Advances，2015，5：68187-68191.

[123] Gao H，Xu D，Liu X，et al. Tetraphenylethene-based β-diketonate boron complex：efficient aggregation-induced emission and high contrast mechanofluorochromism. Dyes and Pigments，2017，139：157-165.

[124] Qi Y，Wang Y，Ge G，et al. Multi-state emission properties and the inherent mechanism of D-A-D type asymmetric organic boron complexes. Journal of Materials Chemistry C，2017，5：11030-11038.

[125] Gao H，Xu D，Wang Y，et al. Effects of alkyl chain length on aggregation-induced emission，self-assembly and mechanofluorochromism of tetraphenylethene modified multifunctional β-diketonate boron complexes. Dyes and Pigments，2018，150：59-66.

[126] Qi Y，Liu W，Wang Y，et al. The inherent mechanism of mechanochromism under different stress：electron cloud density distribution，J-type stacking，pore structure and collapse of J-type stacking. New of Journal Chemistry，2018，42：11373-11380.

[127] Zhang L，Wang X，Zhao X Y. The reversible mechanofluorochromic property of an asymmetric diketonate boron complex at room temperature. Journal of Luminescence，2018，202：420-426.

[128] Liu M，Han Y，Yuan W，et al. Fluorescent BF_2 complexes of pyridyl-isoindoline-1-ones：synthesis，characterization and their distinct response to mechanical force. Dalton Transactions，2019，48：14626-14631.

[129] Liu W，Wang Y，Ge G，et al. Exploration the inherent mechanism of polymorphism and mechanochromism based on isomerism and AIE theory. Dyes and Pigments，2019，171：107663.

[130] Liu W，Wang Y，Ge G，et al. Design，synthesis，photophysical properties and intrinsic mechanism of two difluoroboron β-diketonate complexes with TPE and *N*-alkyl pyrrole units. Dyes and Pigments，2019，171：107704.

[131] Sun T，Cheng D，Chai Y，et al. High contrast mechanofluorochromic behavior of new tetraphenylethene-based Schiff base derivatives. Dyes and Pigments，2019，170：107619.

[132] Sun T，Zhao F，Xi G，et al. Efficient solid-state emission and reversible mechanofluorochromism of a tetraphenylethene-pyrene-based β-diketonate boron complex. RSC Advances，2019，9：19641-19647.

[133] Wang Y，Liu W，Ren L，et al. Deep insights into polymorphism initiated by exploring multicolor conversion materials. Materials Chemistry Frontiers，2019，3：1661-1670.

[134] Zhang L，Ma L L，Wang X，et al. Dependence of mechanofluorochromic property at room temperature on alkyl chain structure for β-diketone boron complex and its polymer blend film. Journal of Luminescence，2019，214：116560.

[135] Zhu J Y，Li C X，Chen P Z，et al. A polymorphic fluorescent material with strong solid state emission and multi-stimuli-responsive properties. Materials Chemistry Frontiers，2020，4：176-181.

[136] Li W B，Luo W J，Li K X，et al. Aggregation-induced phosphorescence and mechanochromic luminescence of a tetraphenylethene-based gold(Ⅰ)isocyanide complex. Chinese Chemical Letters，2017，28：1300-1305.

[137] Lu Z，Cheng Y，Fan W，et al. A stable silver metallacage with solvatochromic and mechanochromic behavior for white LED fabrication. Chemical Communications，2019，55：8474-8477.

[138] Zhang Q，Su J，Feng D，et al. Piezofluorochromic metal-organic framework：a microscissor lift. Journal of the American Chemical Society，2015，137：10064-10067.

[139] Zhao S S，Chen L，Wang L，et al. Two tetraphenylethene-containing coordination polymers for reversible mechanochromism. Chemical Communications，2017，53：7048-7051.

[140] Chen C X，Wei Z W，Fan Y N，et al. Visualization of anisotropic and stepwise piezofluorochromism in an MOF single crystal. Chem，2018，4：2658-2669.

[141] Chen C X，Wei Z W，Cao C C，et al. All roads lead to rome：tuning the luminescence of a breathing catenated Zr-MOF by programmable multiplexing pathways. Chemistry of Materials，2019，31：5550-5557.

[142] Chen C X，Yin S Y，Wei Z W，et al. Pressure-induced multiphoton excited fluorochromic metal-organic frameworks for improving MPEF properties. Angewandte Chemie International Edition，2019，58：14379-14385.

[143] Wu Y，Hu J，Huang H，et al. Memory chromic polyurethane with tetraphenylethylene. Journal of Polymer Science Part B：Polymer Physics，2014，52：104-110.

[144] Chen J，Zhao J，Xu B，et al. An AEE-active polymer containing tetraphenylethene and 9, 10-distyrylanthracene moieties with remarkable mechanochromism. Chinese Journal of Polymer Science，2017，35：282-292.

[145] Dineshkumar S，Laskar I R. Study of the mechanoluminescence and ‘aggregation-induced emission enhancement’ properties of a new conjugated oligomer containing tetraphenylethylene in the backbone：application in the selective and sensitive detection of explosive. Polymer Chemistry，2018，9：5123-5132.

[146] Li C，Luo X，Zhao W，et al. Switching the emission of di(4-ethoxyphenyl)dibenzofulvene among multiple colors in the solid state. Science China：Chemistry，2013，56：1173-1177.

[147] Zhang G F，Aldred M P，Chen Z Q，et al. Efficient green-red piezofluorochromism of bisanthracene-modified dibenzofulvene. RSC Advances，2015，5：1079-1082.

[148] Duan Y，Ma H，Tian H，et al. Construction of a luminogen exhibiting high contrast and multicolored emission switching through combination of a bulky conjugation core and tolyl groups. Chemistry：An Asian Journal，2019，14：864-870.

[149] Zhang G F，Wang H，Aldred M P，et al. General synthetic approach toward geminal-substituted tetraarylethene fluorophores with tunable emission properties：X-ray crystallography，aggregation-induced emission and piezofluorochromism. Chemistry of Materials，2014，26：4433-4446.

[150] Lv Y，Liu Y，Guo D，et al. Mechanochromic luminescence of fluorenyl-substituted ethylenes. Chemistry：An Asian Journal，2014，9：2885-2890.

[151] Lv Y，Liu Y，Ye X，et al. The effect of mechano-stimuli on the amorphous-to-crystalline transition of mechanochromic luminescent materials. CrystEngComm，2015，17：526-531.

[152] Ye X，Liu Y，Lv Y，et al. *In situ* microscopic observation of the crystallization process of molecular microparticles by fluorescence switching. Angewandte Chemie International Edition，2015，54：7976-7980.

[153] He Z，Zhang L，Mei J，et al. Polymorphism-dependent and switchable emission of butterfly-like

bis(diarylmethylene)dihydroanthracenes. Chemistry of Materials，2015，27：6601-6607.

[154] Zhao H，Wang Y，Wang Y，et al. AIE-active mechanochromic materials based *N*-phenylcarbazol-substituted tetraarylethene for OLED applications. RSC Advances，2015，5：19176-19181.

[155] Han T，Zhang Y，Feng X，et al. Reversible and hydrogen bonding-assisted piezochromic luminescence for solid-state tetraaryl-buta-1, 3-diene. Chemical Communications，2013，49：7049-7051.

[156] Zhang Y，Han T，Gu S，et al. Mechanochromic behavior of aryl-substituted buta-1, 3-diene derivatives with aggregation enhanced emission. Chemistry：A European Journal，2014，20：8856-8861.

[157] Gao H，Xu D，Wang Y，et al. Aggregation-induced emission and mechanofluorochromism of tetraphenylbutadiene modified β-ketoiminate boron complexes. Dyes and Pigments，2018，150：165-173.

[158] Huang L，Qiu Y，Wu C，et al. A multi-state fluorescent switch with multifunction of AIE，methanol-responsiveness，photochromism and mechanochromism. Journal of Materials Chemistry C，2018，6：10250-10255.

[159] Liu J J，Yang J，Wang J L，et al. Tetrathienylethene based red aggregation-enhanced emission probes：super red-shifted mechanochromic behavior and highly photostable cell membrane imaging. Materials Chemistry Frontiers，2018，2：1126-1136.

[160] Song W，Zhi J，Wang T，et al. Tetrathienylethene-based positional isomers with aggregation-induced emission enabling super red-shifted reversible mechanochromism and naked-eye sensing of hydrazine vapor. Chemistry：An Asian Journal，2019，14：3875-3882.

[161] Tian W，Lin T，Chen H，et al. Configuration-controllable *E*/*Z* isomers based on tetraphenylethene：synthesis，characterization，and applications. ACS Applied Materials & Interfaces，2019，11：6302-6314.

[162] Peng Y X，Liu H Q，Shi R G，et al. Tetraphenyethylene-fused coumarin compound showing highly switchable solid-state luminescence. The Journal of Physical Chemistry C，2019，123：6197-6204.

第6章 AIE配合物的力刺激发光变色响应

尽管目前有关AIE配合物的力致发光变色性能的相关研究还比较有限，但这些材料仍然具有相当的吸引力，这是因为由金属离子和有机配体组成的有机金属或配位化合物有望表现出更有趣和更丰富的力刺激发光变色响应性能。这种力致发光变色被认为是由于分子内构象折叠或扭曲以及分子间 π-π、金属-金属或氢键相互作用的变化。此外，AIE 配合物还可以将力致发光变色从荧光扩展到磷光领域，众所周知，许多金属配合物能够发射磷光。因此，近年来有关力刺激发光变色响应金属配合物的报道也显著增加。最近报道的 AIE 配合物可能是获得力刺激发光变色响应配合物的一个重要来源[1]。

2011 年，Chi 和 Xu 等[2]报道了含四苯乙烯和三吡啶配体的锌离子配合物 **1**。配合物 **1** 是当时报道的第一个力刺激发光变色响应的 AIE 配合物。配体和配合物均表现出 AIE 和力刺激发光变色响应效应，在研磨、加热、溶剂熏蒸、酸碱等多种外界刺激下，可以有效地转换颜色和发光。PXRD、DSC 和时间分辨荧光光谱测试结果表明，研磨、加热和溶剂熏蒸产生的荧光变化来源于固态下可调节的分子排列。配体和配合物在研磨后，发光波长分别产生 38 nm 和 81 nm 的变化。这表明络合作用可以扩大力刺激发光变色响应的光谱波长变化范围。在三氟乙酸（TFA）和三乙胺（TEA）等有机酸和碱蒸气作用下，配体和配合物的颜色及发光颜色表现出开关效应。

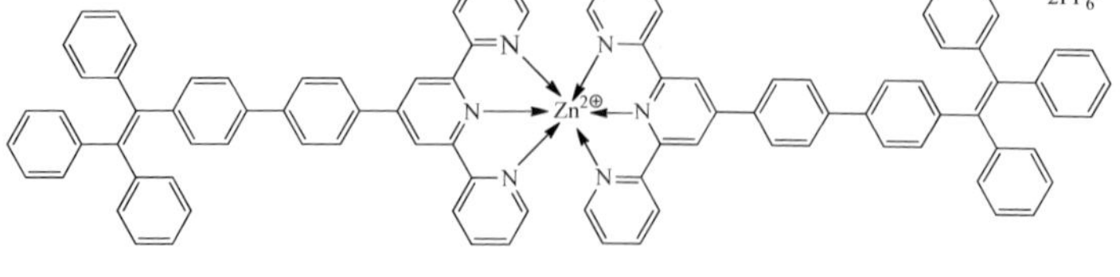

$2PF_6^{\ominus}$

$Zn^{2\oplus}$

1

2019 年，Zheng 等[3]报道了锌离子配合物 **2**，其具有研磨诱导的单晶到单晶转变（SCSCT）特性。在研磨条件下，配合物 **2** 的荧光颜色由红色（647 nm）变为橙红色（624 nm）。通过对研磨前后单晶结构的分析，该配合物的力刺激发光变色响应性能与配体的分子构象变化及其晶体分子排列有关。柔性取代基和可旋转的芳香环是制备力致发光变色锌离子配合物的关键。对于 THF/H_2O 溶液下的配合物 **2**，加入低比例的水会产生荧光猝灭，这是由电子驱动的质子转移造成的。然而，继续加入适量的水则会产生 AIE 效应，导致荧光增强。该研究认为配合物 **2** 在 THF/H_2O 中出现的 AIE 现象是由分子内旋转受限制产生的结果。

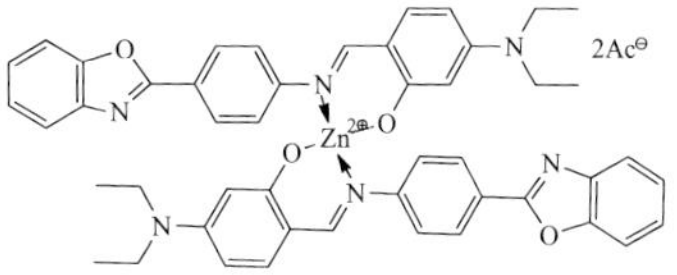

2

2012 年，Su 等[4]报道了一种利用树枝状辅助配体制备的阳离子 Ir(III)配合物 **3**。经研磨后，**3** 粉末的发射由绿色变为橙色，通过加热和/或再结晶可实现颜色的可逆转换。配合物 **3** 是第一个报道的阳离子 Ir(III)配合物的例子，它同时具有力致发光变色和 AIE 磷光特性，尽管分子结构中没有常见的 AIE 单元。对配合物进行单晶结构分析，进一步研究了其分子堆积结构，发现单晶结构中存在多个分子间的 C—H…π 相互作用。配合物的弱相互作用使其晶体结构很容易被破坏，当施加外压时可引起晶态到非晶态的转变，从而产生力致变色磷光。

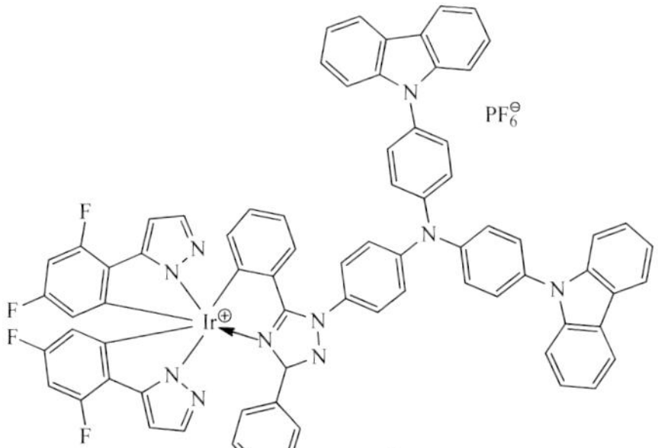

3

2013 年，Su 等[5]通过理论计算后合理设计并合成了具有 AIE 和力致变色性能的多功能阳离子 Ir(III)配合物 **4**～**6**。所有配合物均采用相同的环金属化配体 1-(2, 4-二氟苯基)-1*H*-吡唑，而通过引入不同取代基来调控配合物的光物理性质。配合物 **4** 和 **5** 的辅助配体分别用脂肪族链和咔唑端基修饰，在固态下研磨或加热后，发生了显著的可逆发光颜色变化。此外，具有 ^{3}ILCT 激发态特征的 **5** 同时表现出 AIE 行为，因为它的溶液几乎不发光，但在固态时发光强度很高。通过在配体上连接叔丁基对 **5** 进行进一步修饰，得到了配合物 **6**，它是一种只有 AIE 活性的非晶态材料。更重要的是，由于 Ir(III)配合物 **5** 具有可逆力致变色和 AIE 性质的优点，观察到 Ir(III)配合物罕见的多通道变色和温度依赖的发光行为。固体粉末 **4** 和 **5** 的发射峰分别位于 461 nm 和 462 nm，而研磨粉末 **4** 和 **5** 的发光峰分别位于 482 nm 和 478 nm，而

样品 **6** 的荧光光谱保持不变，发射峰为 512 nm。吸收光谱、激发态寿命、PXRD 和 DSC 分析表明，**4** 和 **5** 的力刺激响应变色行为是由于研磨后固态分子排列模式发生了改变，即晶态到非晶态的转变。叔丁基配合物 **6** 是完全非晶的，因此在研磨过程中不会发生相转变。此外，苦味酸能猝灭纳米聚集体 **5** 的发光，使其有望用于高灵敏检测炸药化学传感器，这在 Ir(III)发光材料中是首次报道。

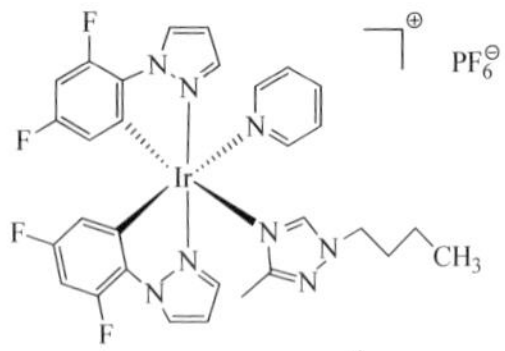

2015 年，Zhu 等[6]报道了两种新的双核阳离子 Ir(III)配合物 **7** 和 **8**，通过席夫碱配体进行桥联。配合物 **7** 和 **8** 均具有 AIE 活性，同时表现出力致变色和蒸气变色磷光。在紫外光照射下，所制备的粉末 **7** 发射波长 612 nm 的黄色磷光，而在石英板上研磨后红移到 635 nm；同时，**8** 的橙色（λ_{em} = 627 nm）磷光红移到 648 nm。通过利用配合物 **8** 的力刺激响应变色和蒸气变色响应，他们构建了一种可重写的磷光数据记录纸。其步骤如下：用瓷杵小心地将 **8** 的研磨粉末铺在滤纸上制成薄膜，在紫外光的激发下发出红光。然后在“纸”上用 CH_2Cl_2 蒸气作为“墨水”的“笔”（由玻璃吸管制成）写上字母“r”，并观察到一个具有较大颜色对比的橙色发光符号。字母“r”可以通过研磨去除，恢复原来的红色背景。同样，另外一个字母“I”也可以写在纸上，并用上述相同的方法擦除。写入和擦除过程可以重复多次（图 6-1）。核磁共振波谱、X 射线晶体学分析、时间分辨荧光光谱、PXRD 和 DSC 的结果表明，这种可逆的力刺激响应变色行为与反复研磨-加热（或蒸气暴露）过程中晶体和非晶态之间转换的物理过程有关。

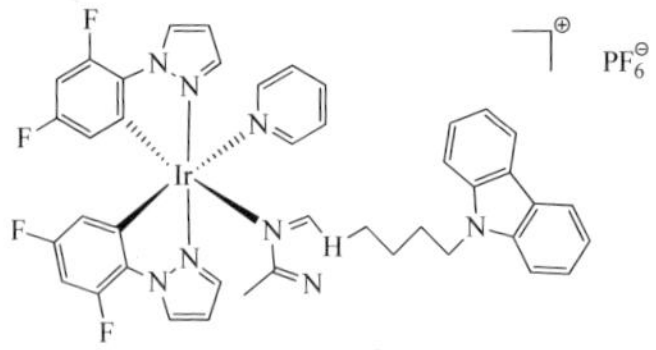

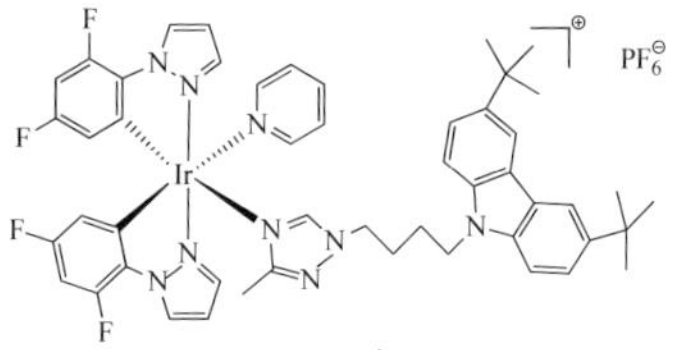

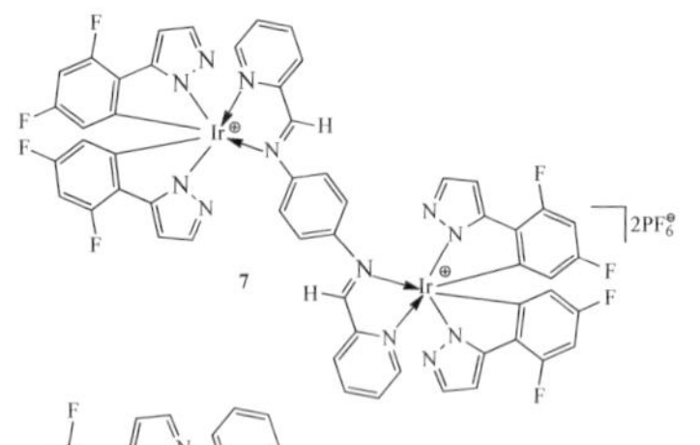

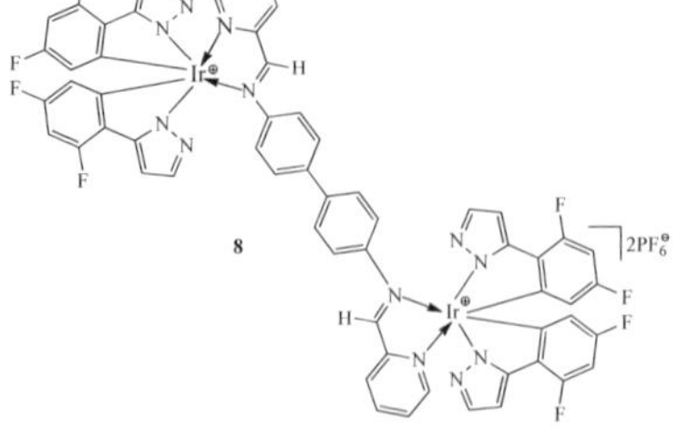

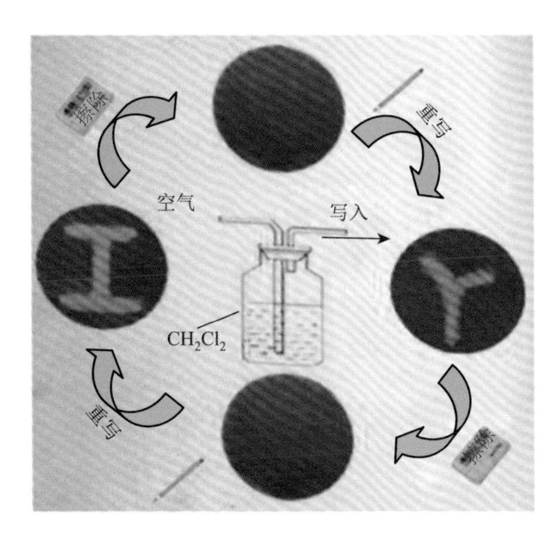

图 6-1　配合物 8 制备的可力致和溶剂致磷光变色实验过程示意图[6]

2016 年，Laskar 等[7]报道了一种新的阳离子 Ir(III)配合物 **9**，它具有 AIE 活性。该配合物的发射颜色会随阴离子［Cl^-、BF_4^-、PF_6^-、$N(CN)_2^-$］的不同而变化，并具有结晶诱导发光特性。由于分子间相互作用，膦配体中苯环内部旋转受到限制，从而导致了这些晶体中观察到 AIE 效应。将反阴离子 Cl^-的绿色发光固体配合物（λ_{max} = 519 nm）暴露于二氯甲烷（DCM）或氯仿中，生成一种微弱的黄色发光配合物（λ_{max} = 548 nm）。同时，在研磨后，黄色发光形态（Y）用丙酮或乙酸乙酯或苯进行熏蒸后，恢复为绿色发射形态（G），这归因于通过熏蒸（DCM/氯仿）和研磨而产生的非晶态与晶态之间的变化。

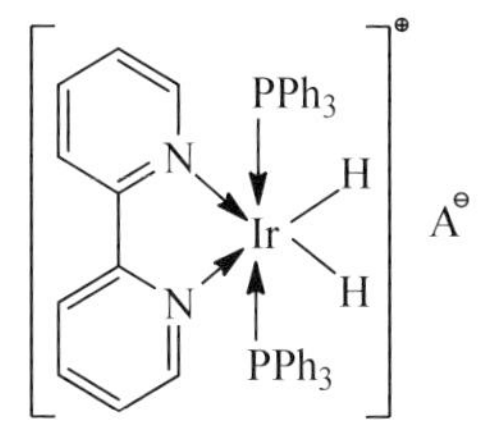

A = Cl, BF_4, PF_6, $N(CN)_2$

9

2016 年，Su 等[8]报道了一种设计策略，通过简单地调整辅助配体上给体/受体的强度来调节 AIE-Ir(III)配合物 **10**~**14** 的发光颜色。所有的 Ir(III)配合物均以 1-(2, 4-二氟苯基)-1*H*-吡唑为环金属化配体，而采用不同的 1, 2, 4-三唑基吡唑作为辅助配体，并用咔唑端基进行修饰，其中 1, 2, 4-三唑基吡唑部分和官能化咔唑分别作为给体单元和受体单元。结果表明，增强给体和/或受体的推/拉电子能力会导致发光红移，反之亦然。所制备配合物 **11** 的粉末呈强蓝光，最大发射波长为 452 nm，研磨 **11** 后，发光显著红移到绿光，表现出明显的力刺激发光变色响应行为。用乙醚处理研磨样品后，绿色发光可以完全恢复到原来的蓝光。PXRD 数据表明，**11** 的力致发光变色行为归因于晶态和非晶态之间的相互转化。

2016 年，Zhu 等[9]报道了四种异端基阳离子 Ir(III)配合物$[(X)_2Ir(L2)]^+PF_6^-$，其中 L2 = 3, 6-二叔丁基-9-[4-(4, 5-二甲基-2-吡啶基-1*H*-咪唑)丁基]-9*H*-咪唑，X = 二

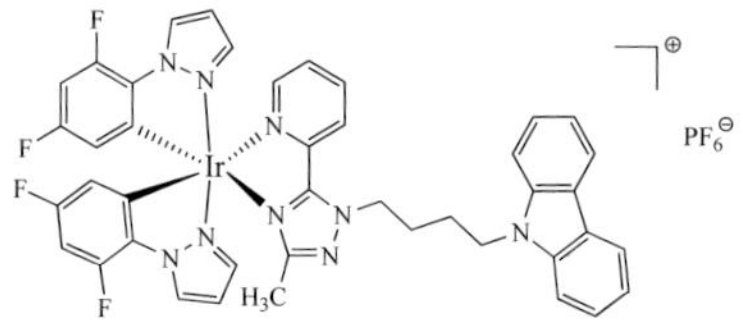

10 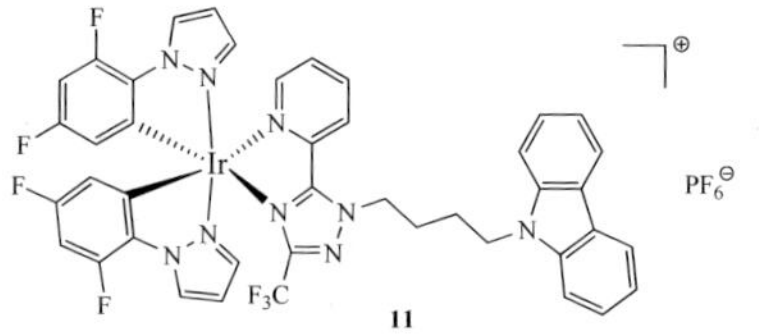 11 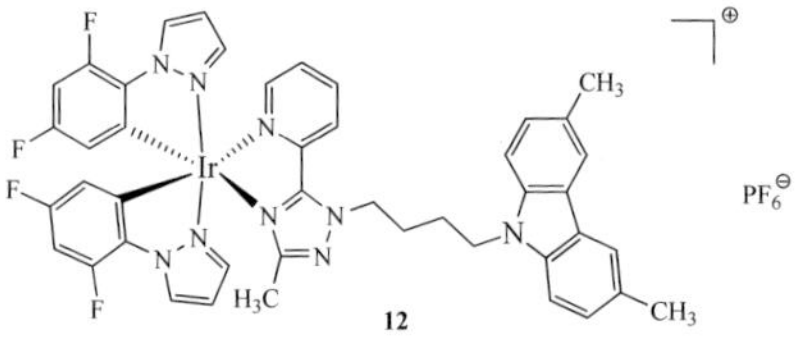 12 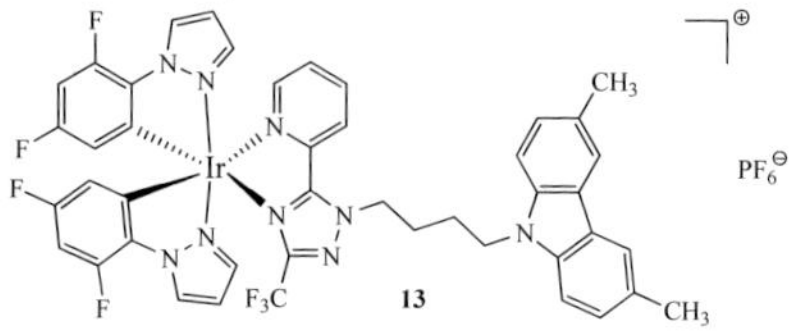 13 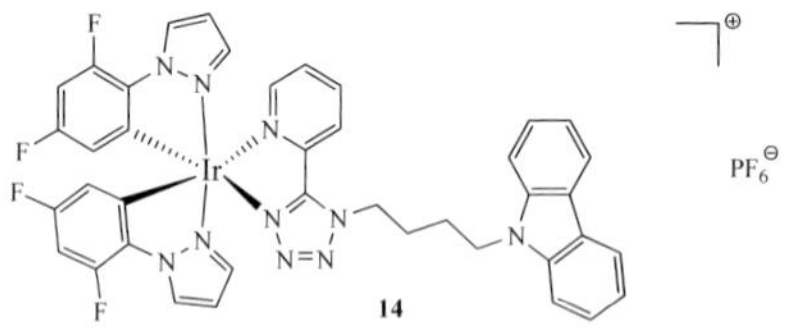 14

氟苯基吡啶(dfppy)(**15**)、二甲基苯基吡啶(dmppy)(**16**)、二氟苯基喹啉(dfpq)(**17**)、二甲基苯基喹啉(dmpq)(**18**)。所有配合物在溶剂中均表现出荧光-磷光双发射、聚集诱导荧光发光（AIFE）和聚集诱导磷光发光（AIPE）。在研磨前后，配合物**15**、**17**和**18**在固态下的发射光谱展现出微小的变化。与配合物**16**相比，配合物**15**、**17**和**18**的最大发射波长在研磨后仅红移 1～2 nm，表明它们没有力刺激发光变色响应性质。然而，配合物**17**中观察到明显不同的现象。在室温下，制备的配合物**17**样品在 365 nm 紫外光照射下呈现绿色发光。然后，当用瓷杵充分研磨时，样品的发光颜色由绿色变为黄色。此外，在二氯甲烷蒸气熏蒸 30 min 后，样品的发光颜色变为绿色，表明该配合物具有力刺激发光变色响应和蒸气发光变色特性。粉末 X 射线衍射分析表明，当有序分子堆积被破坏时，HOMO-LUMO 能隙发生变化，配合物**17**的发光性质随之发生改变。

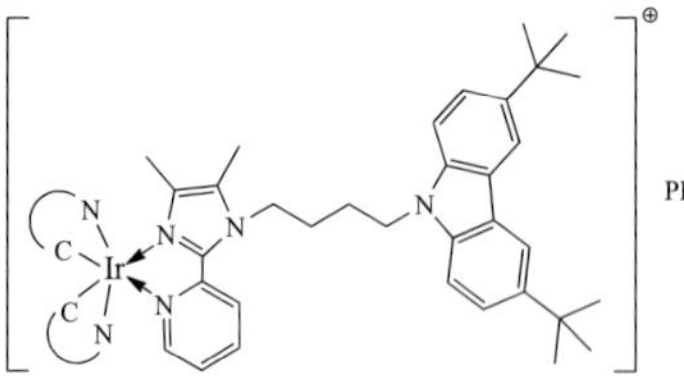

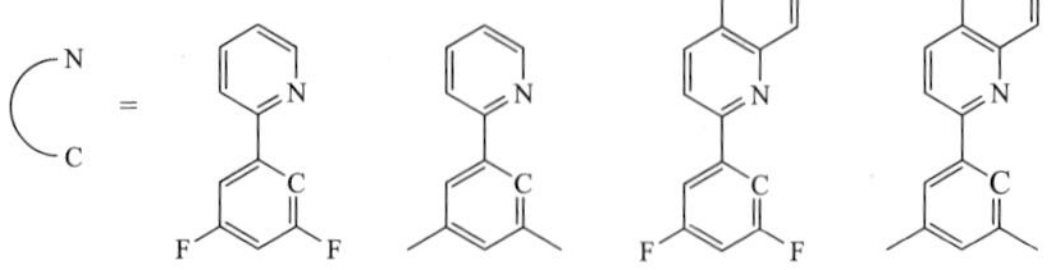

15 16 17 18

2017 年，Su 等[10]报道了一种中性双核 Ir(III)席夫碱配合物 **19**。该配合物既具有力刺激发光变色响应特性，又具有 AIE 特性。机械研磨后，固态样品发生了明显的发光红移，经二氯甲烷溶剂润湿后，新产生的发光恢复到原来的状态。利用配合物的力刺激发光变色响应和溶剂发光变色特性，将配合物与荧光掩模技术结合，成功地构建了反假冒商标和数据加密装置。

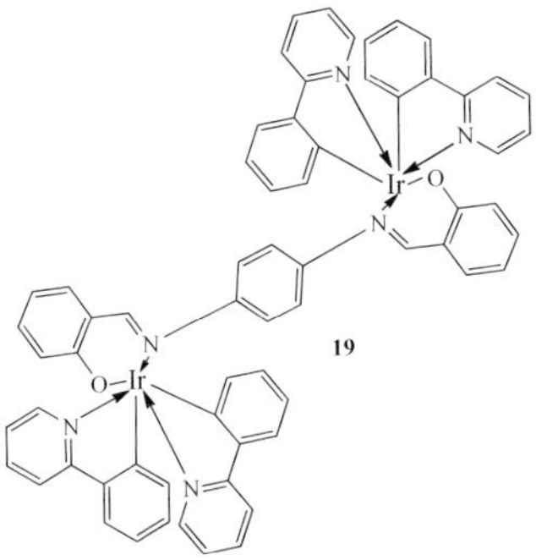

2018 年，Su 等[11]报道了两种带有相对刚性配体的阳离子 Ir(III)配合物（**20** 和 **21**）。它们表现出优良的力致发光变色特性。在固体状态下，它们的发光颜色通过研磨-熏蒸处理后，从黄绿色（529 nm）调节到橙色（578 nm），具有高对比度和良好的可逆性，肉眼可见。粉末 X 射线衍射研究表明，所观察到的力致发光变色行为源于机械刺激下晶态与非晶态之间的相变。由于分子内运动的限制，配合物 **20** 和 **21** 均表现出显著的 AIE 性质。与配合物 **21** 相比，由于氟取代基的吸电子特性，配合物 **20** 在固态下的发射蓝移了 49 nm。与许多已知的带有亚胺单元或树枝状大分子或柔性烷基链取代基的阳离子 Ir(III)配合物不同，在这个工作中，AIE 和力致发光变色特性是通过在其环金属化和辅助配体中构建不含“任何软取代基”的阳离子 Ir(III)配合物来同时实现的。

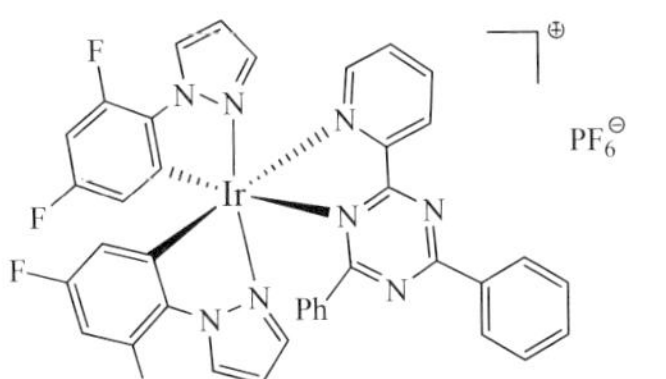

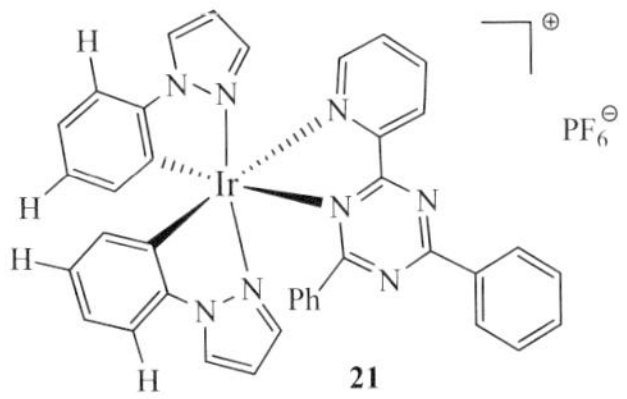

结构与性能之间的明确关系是进一步设计材料具有不同结构和性能优化的关键因素。2018 年，Su 等[12]报道了四种结构相似的 Ir(III)配合物 **22**～**25**，它们是通过精细配体修饰设计和合成的。通过简单地修饰辅助配体上的给体可以改变 Ir(III)配合物的偶极矩，并可以有效地调节其力刺激发光变色响应行为。与其他配合物相比，**24** 具有最显著的力刺激发光变色响应行为，这是由于其偶极矩较大。PXRD

研究表明，力致发光变色特性主要与晶态到非晶态的形态变化有关。他们利用配合物优异的力刺激发光变色响应特性和本身的 AIE 特性，成功地实现了一种用于 2, 4, 6-三硝基苯酚（TNP）检测的数据加密装置和高灵敏度磷光探针。

2019 年，Su 等[13]通过在辅助配体和环金属配体中分别引入羧基和 F 取代基，设计并合成了一种具有 AIE 活性的中性 Ir(III)配合物 **26**，以构建不同种类的分子间相互作用，从而获得优异的力刺激发光变色响应性能。通过研磨-熏蒸或研磨-加热处理，**26** 的发光颜色在橙色和黄色之间反复切换。研磨、熏蒸和加热过程分别耗时 20 s、2 min 和 5 min。并且实现了一种可逆和可重复的双色发光擦写过程。根据单晶结构分析、FTIR 和 XPS 数据，O—H…O 氢键、分子间 π-π 相互作用和弱分子内 C—H…F 相互作用被部分破坏，导致晶态和非晶态之间的相互转化，引起观察到的力刺激发光变色响应现象。他们提出，羧基和 F 取代基在获得力刺激发光变色响应性能方面起着重要作用。

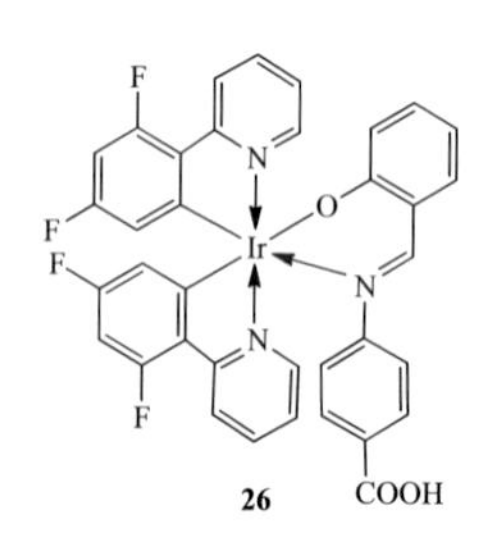

2020 年，Su 等[14]通过引入酰脲配体的策略，合成了两种新型的智能型阳离子双核 Ir(III)配合物 **27** 和 **28**，它们同时具有显著的 AIE 活性和高度可逆的力刺激发光变色响应行为。配合物 **28** 的发光颜色可由红色变到橙色，这是通过在环金属配体上增加了 F 取代基实现的。这种分子堆积转变伴随着分子间氢键从有序态到无序态的转变。在金属 Ir(III)配合物中引入酰脲配体以实现 AIE 和力刺激发光变色响应双重性质，加深了人们对合理分子设计及其性质之间关系的认识。

2014 年，Liu 等[15]报道了一系列基于二异腈的双核金(Ⅰ)配合物，它们的不同只是在连接两条臂的连接桥。金(Ⅰ)配合物 **29**、**30** 和 **31** 均表现出 AIE 特性和力刺激发光变色响应行为。在研磨后，它们的磷光显示出可逆的关-开绿色发光。

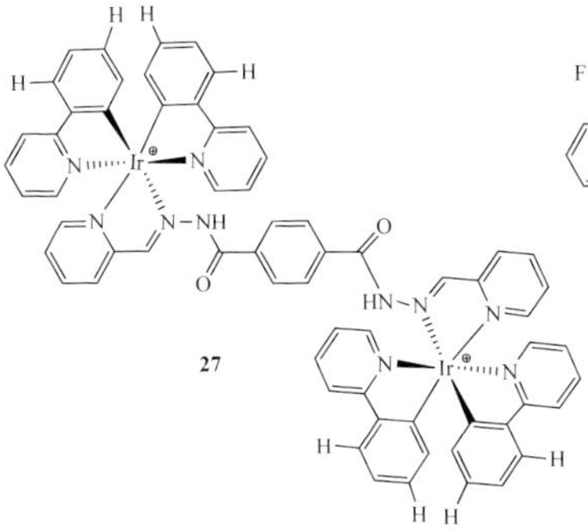

27

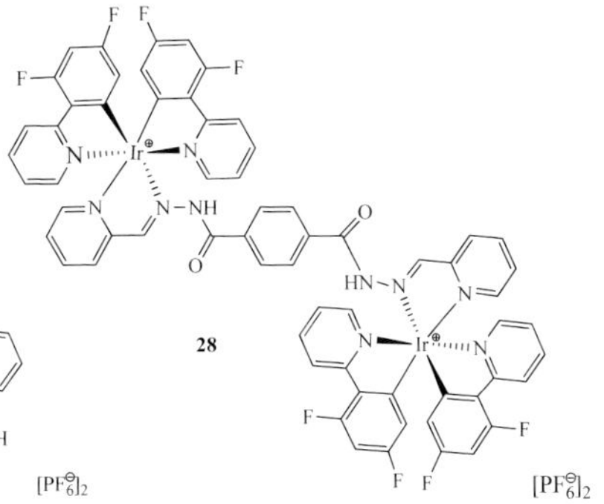

28

$[PF_6^{\ominus}]_2$

未研磨的配合物 **29** 在 485 nm 处表现出很弱的发光，磷光量子产率小于 1%。然而，在研磨后，可以清楚地观察到λ_{max}在 500 nm 处的明亮发光（磷光量子产率为 67.5%），发光强度增强了 100 倍。更有趣的是，研磨后配合物 **29** 的发光寿命从<0.01 ms 变为 0.77 ms，这表明未研磨和研磨样品发射磷光并且磷光寿命发生明显变化。PXRD 结果表明，力刺激发光变色响应是由晶态和亚稳态聚集体之间的形态转变导致的。这种现象的机理很可能是由于力作用后，多个分子间 C—H⋯F、C⋯F、弱π-π相互作用得到了改变。通过退火或二氯甲烷溶剂熏蒸，可以使 **29** 研磨样品的明亮发光变为未研磨时的暗态，这意味着亚稳态非晶相重新排列成稳定的晶态。同样，**31** 显示出类似的力刺激发光变色响应过程。未研磨的 **30** 和 **31** 也发射出相当微弱的蓝绿色发射光（λ_{max} = 480 nm），量子产率低于 1%；而研磨后都发射绿光（λ_{max} = 498 nm），**30** 的量子产率和寿命分别为 44.9%和 0.76 ms，**31** 的量子产率和寿命分别为 31.0%和 0.65 ms。

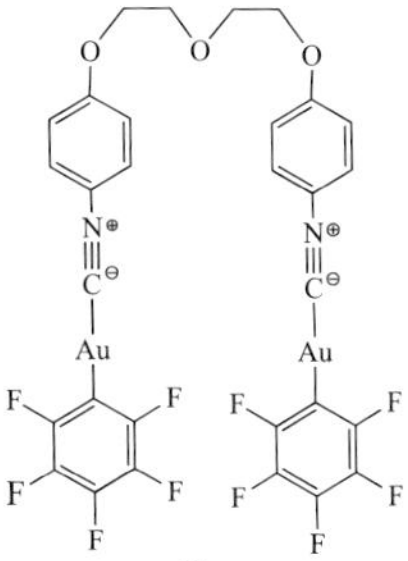

29 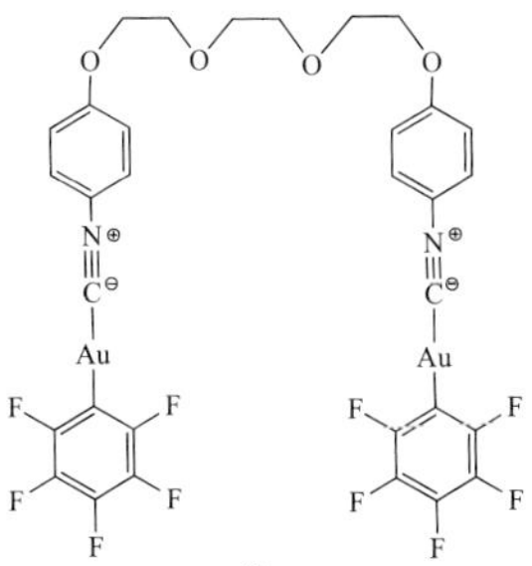　30 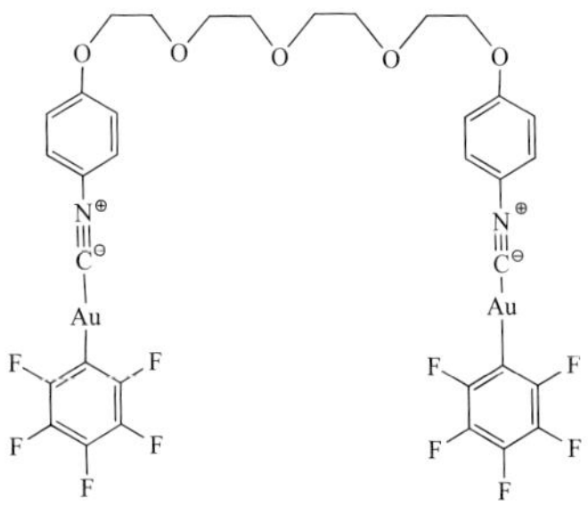　31

2015 年，Liu 等[16]设计并合成了三种具有 AIE 特性的三核金(Ⅰ)配合物。这些发光材料的光致发光特性可以经机械研磨而表现为开和关的状态。**32** 的固体粉末在研磨前几乎不发光，而研磨后可观察到强烈的绿色发光（λ_{max} = 496 nm）。然而，即使用二氯甲烷溶剂处理，绿色发光固体也不能还原为原来的黑色固体。PXRD 结果表明，**32** 的未研磨样品表现出清晰而强烈的衍射峰，很明显这是一种晶态，而研磨样品中尖锐的反射峰消失，因而认为其处于非晶态，这与用二氯甲烷溶剂处理样品的情况相同，表明机械刺激诱导的晶体向非晶态的相转变是一种不可逆的变化。此外，**33** 和 **34** 表现出与 **32** 类似的力刺激发光变色响应特性。弱的多分子间相互作用的改变，包括 C—H···F 或π-π的变化，或亲金相互作用的形成，可能是观察到力刺激发光变色响应现象的主要原因。

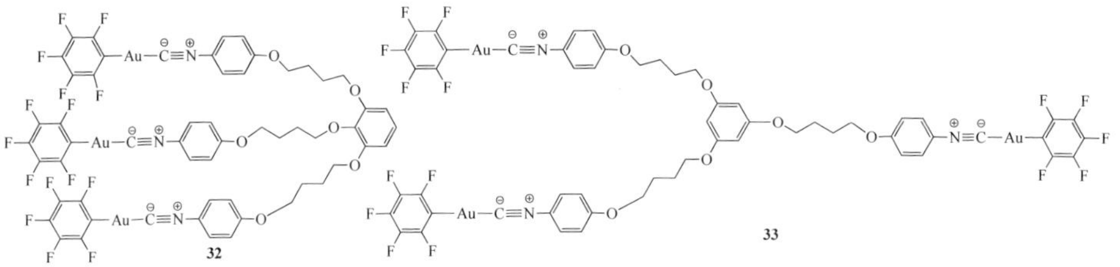

2015 年，Liu 等[17]设计并合成了一系列含有双核金(Ⅰ)单元的异构体。金(Ⅰ)配合物 **35**～**37** 表现出明显的 AIE 现象，但表现出不同的力刺激发光变色响应行为。邻位异构体 **35** 表现出可逆的力刺激发光变色响应；间位异构体 **36** 则表现出可切换的机械力诱导发光增强行为，而对位异构体 **37** 没有观察到力刺激发光变色响应行为。在 365 nm 紫外光照射下，**35** 固体粉末中的发射峰位 430 nm 处，对应蓝色发光，用抹刀或杵轻轻研磨 **35** 后，其发光变为以 502 nm 为中心的绿光。此外，用二氯甲烷蒸气熏蒸 1 min，可恢复原来的蓝色发光。这种可逆的力刺激发光变色响应转换可通过交替的研磨-二氯甲烷熏蒸处理重复多次。**35** 未研磨样品的 PXRD 谱图显示出多个清晰且强烈的衍射峰，表明其晶体性质，当明显的峰消失时，其在研磨时转变为非晶相。然而，经溶剂处理后，强烈的衍射峰又出现，表明恢复为初始结晶状态。稳定晶相和亚稳非晶相之间的可逆形态转变是 **35** 具有力刺激发光变色响应特性的主要原因。配合物 **37** 在不同状态下的发光对研磨没有反应，相应的 PXRD 谱图几乎没有变化，表明没有发生晶态到非晶态的转变，这可能是由于未能实现分子堆积相互作用的改变。**36** 的固体样品在 365 nm 紫外光下表现出极弱的绿色发光，这可能是配合物 **36** 与其他异构体分子排列的差异所致。研磨后，弱绿色发光的强度大大增加，将研磨后的样品暴露在二氯甲烷蒸气中，样品会恢复成弱绿色发光。这些发光的开关变化是完全可逆的，可以重复多次。**36** 的 PXRD 谱图也证明了机械力诱导的发光增强是由晶态到亚稳非晶态的转变产生的。

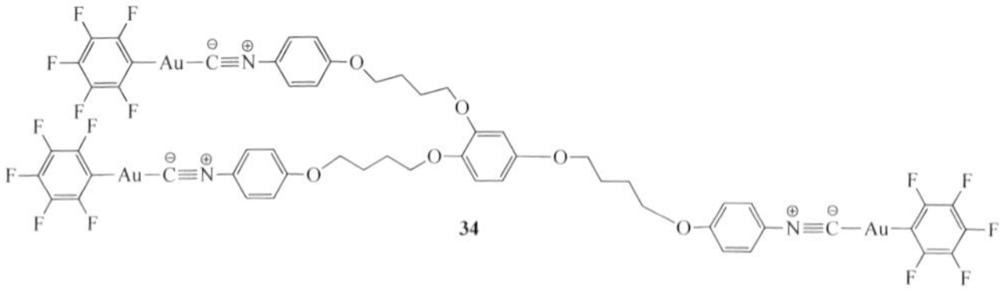

2015 年，Liu 等[18]报道了两个金(Ⅰ)配合物 **38** 和 **39**。研究表明，这两个配合物在纯有机溶剂(二甲基亚砜或 *N*, *N*-二甲基甲酰胺)中均表现出很弱的光致发光，

且加水后荧光增强，显示出配合物的 AIE 特性。研磨固体样品可显著提高配合物 **38** 和 **39** 的固态荧光强度，而将研磨后的粉末暴露于有机溶剂蒸气中可重现初始的荧光强度。这表明配合物 **38** 和 **39** 具有可逆的力刺激发光变色响应特性。PXRD 结果证实了样品在研磨前后发生晶态和非晶态之间的形态转变。

2015 年，Liu 等[19]合成了 7 个含不同长度烷基链的咔唑基单核金(Ⅰ)配合物 **40**～**46**。所有这些金(Ⅰ)配合物都具有显著的 AIE 特性，并都显著地显示出由机械力激发的可调谐固态发光性质。其中，配合物 **40**、**42** 和 **44** 表现出可逆的力刺激发光变色响应行为，包括荧光颜色从白色变为绿色。配合物 **41**、**43**、**45** 和 **46** 也表现出可切换的力刺激发光变色响应特性，包括荧光颜色从黄色到绿色的变化。支撑这些突出的 AIE 和力刺激发光变色响应特性的机理可能与弱分子间 C—H⋯F 和 π-π 相互作用的变化及亲金相互作用的形成或改变有关。这个研究结果有助于设计具有 AIE 特性的机械刺激响应金属功能荧光材料。

2016 年，Liu 等[20]报道了一系列具有不同烷基链长度的咔唑基单核和双核金(Ⅰ)配合物。这些咔唑基金(Ⅰ)配合物 **47**～**52** 均表现出优良的 AIE 性能。力刺激发光变色响应研究表明，烷基链长和 C_6F_5—Au—基团的数目对它们的力刺激发光变色响应现象有显著影响。配合物 **47** 和 **48** 表现出可逆的力刺激发光变色响应特性，包括从黄绿色到绿色的荧光颜色转换。配合物 **49** 和 **50** 表现出可切换的力刺

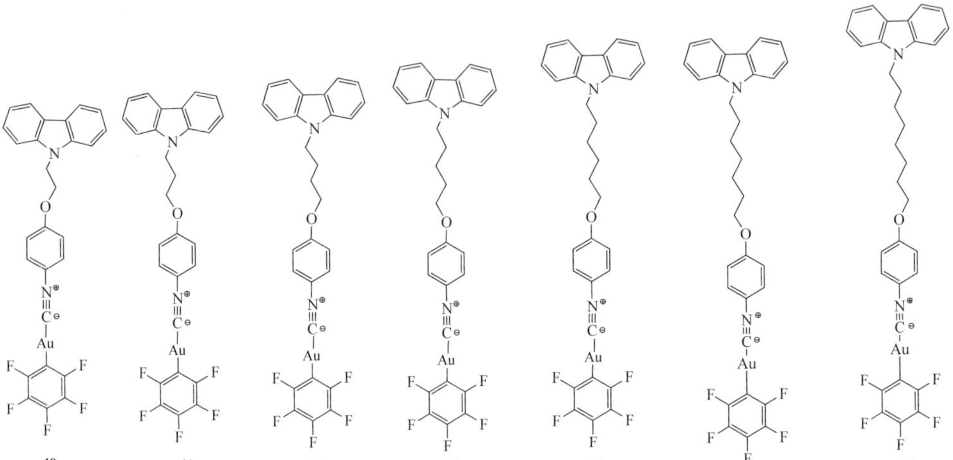

40 41 42 43 44 45 46

激发光变色响应行为，包括从无色到绿色的发光颜色转换。在配合物 **51** 和 **52** 中观察到不可逆的力刺激发光变色响应现象。根据配合物 **47**、**48** 和 **52** 的单晶结构和 PXRD 数据推测，晶态和非晶态之间的形态转换，弱多分子间 C—H…F 的变化，以及这些配合物的 PXRD 数据，π-π 相互作用和分子间亲金相互作用的形成或改变是产生这些性质的关键因素。

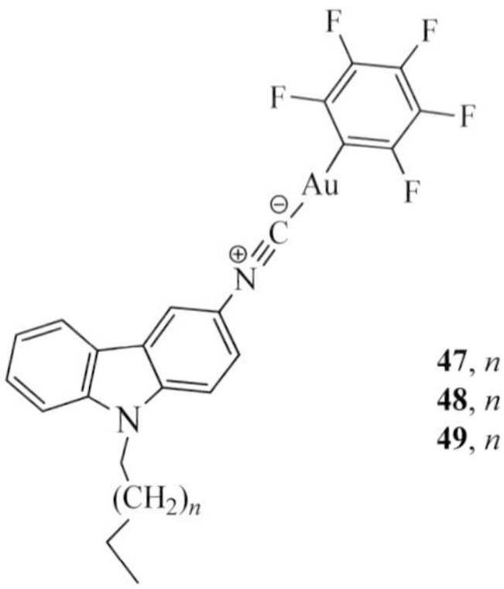

47, $n = 1$
48, $n = 2$
49, $n = 3$

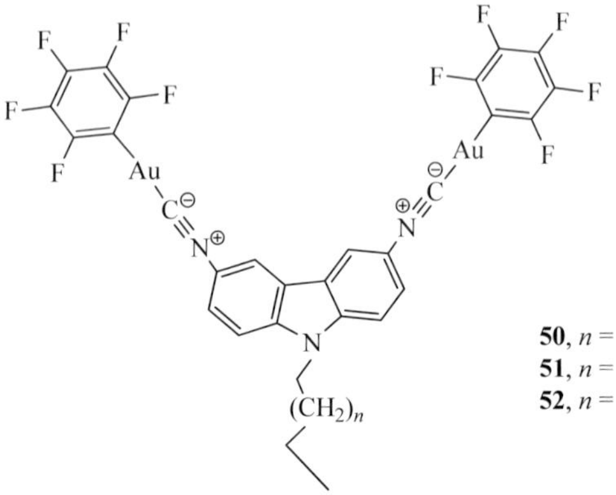

50, $n = 1$
51, $n = 2$
52, $n = 3$

2016 年，Liu 等[21]合成了三种芴基的金(Ⅰ)配合物 **53**～**55**。这些单核金(Ⅰ)配合物均表现出明显的 AIE 行为。配合物 **55** 具有可逆的力刺激发光变色响应行为，而含有不同长度烷基链的配合物 **53** 和 **54** 在研磨时没有表现出任何力刺激发光变色响应行为，说明烷基链的作用对配合物 **53**～**55** 的力致发光变色特性起着非常重要的作用。分子间弱 π-π 和 C—H…F 相互作用的改变及分子间金-金相互作用的产生可能是 **53**～**55** 具有 AIE 特性和 **55** 具有力刺激发光变色响应特性的主要原因。这个研究结果对设计具有 AIE 性质的机械刺激响应型金(Ⅰ)配合物具有一定的参考价值。

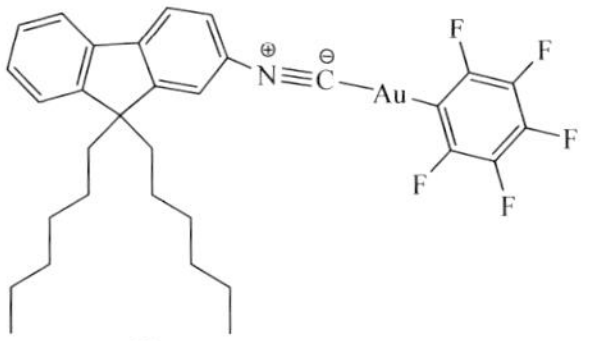

53 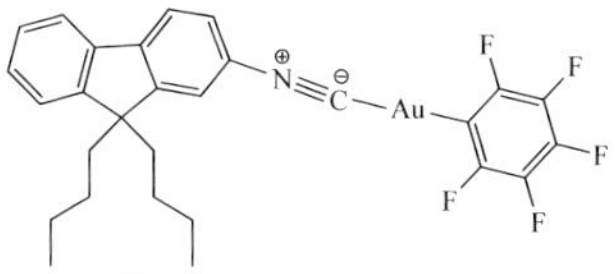 54 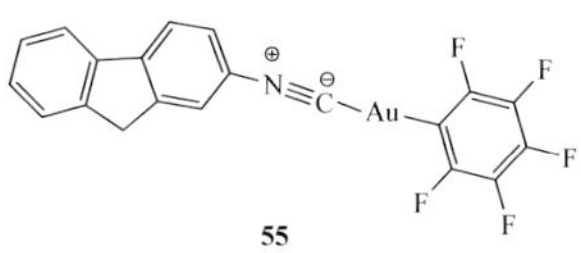 55

2016 年，Su 等[22]报道了将化学蚀刻金纳米团簇三羧基乙基膦（**56**）-Au(Ⅰ)-牛血清蛋白与 AIE 效应相结合来制备有机发光固体材料，用于开发紫外驱动荧光粉转换的白色发光二极管。制备的复合荧光粉具有力刺激发光响应变色性能。对制备的沉淀物（λ_{em} = 535 nm）进行彻底研磨，获得一种细粉末。这个粉末在可见光下呈淡黄色，在紫外光照射下发出黄绿光，发射峰位于 550 nm 处。

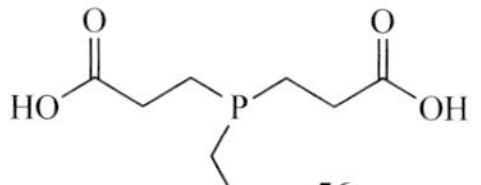

56

2017 年，Pu 等[23]继续报道了咔唑基的单核金(Ⅰ)配合物 **57**。该配合物表现出明显的 AIE 行为，固体样品能发射持久的室温磷光，发光寿命为 86.84 ms，是目前报道的金(Ⅰ)配合物中寿命最长的。该配合物还表现出可逆的高对比度力刺激发光变色响应和蒸气发光变色特性。用杵或刮刀轻轻研磨固体样品 **57** 后，出现 λ_{em} 为 538 nm 的新发射峰，形成黄绿色发光粉末。据知，这是第一个具有持久室温磷光、可逆力致发光变色和蒸气发光变色行为的 AIE 活性单核金(Ⅰ)配合物。这项工作也有助于设计具有多刺激响应特性和持久室温磷光特性的新型 AIE 活性金属发光材料。

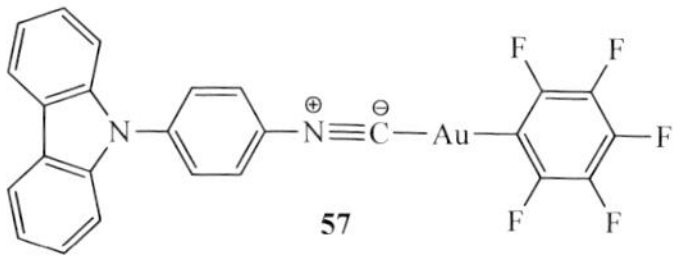

57

2017 年，Zhang 等[24]报道了一种基于四苯乙烯的扭曲金(Ⅰ)异腈络合物 **58**。它表现出聚集诱导磷光（AIP）的特性，这是由于金部分的掺入和聚集态构象的刚性化。**58** 晶体固体的发光颜色在研磨后从蓝色（454 nm）变为绿色（500 nm），这是由于研磨后分子构象平面化、π-π 堆积增强以及非晶状态中出现亲金相互作用。通过溶剂熏蒸可以恢复初始的发光颜色，这与晶体晶格的重建有关。AIP 和可逆力刺激发光变色响应特性使 **58** 在生物成像、传感和光电器件方面具有潜在的应用。

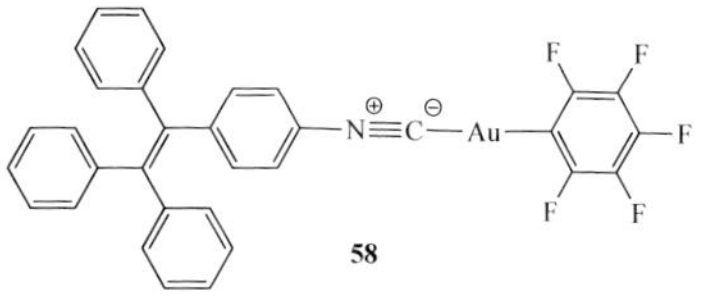

58

2020 年，Tang 等[25]合成了一系列具有 AIE 活性的 Au(Ⅰ)配合物 AuIB-C*n*（**59**，*n* = 5～10），采用不同长度的烷基链进行修饰。所有配合物在固态下均表现出独特的自恢复力刺激发光变色响应行为，与其晶态和非晶态之间的可逆转变有关。随着烷基链长度的增加，分子间重排速度加快，自恢复速度加快；降低温度，分子运动减慢，自恢复速度减慢。这些配合物在各向同性静水压力下也表现出相似的自恢复行为。此外，这些配合物还可以作为自擦除可擦写纸和柔性防伪无碳复写纸。这项工作为新型 AIE 活性自恢复材料的设计和合成开辟了一条新的途径，这些独特的体系在信息存储和防伪方面有着广阔的应用前景。

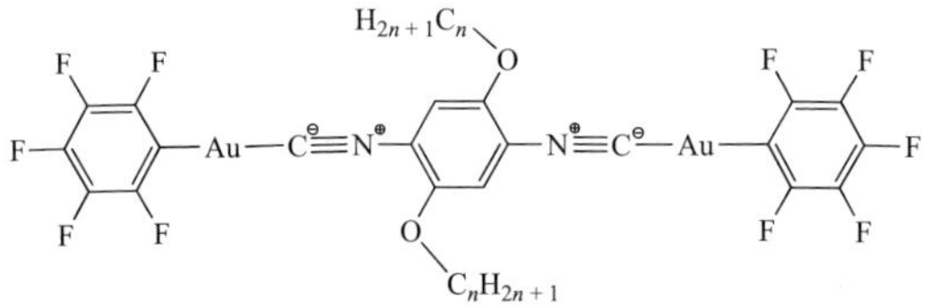

AuIB-C*n*（**59**）

$n = 5, 6, 7, 8, 9, 10$

众所周知，给电子基团在苯环中的邻位和对位键合时，对共轭体系π-离域的影响与间位不同。2014年，Šket等[26]报道了一个二氟硼（BF_2）配合物**60**，其在一个苯环的间位上具有两个甲氧基。配合物**60**得到两种晶型，两个甲氧基具有不同的相互取向：在晶型A中彼此远离（称为反向），而在晶型B中一个甲氧基朝向另一个（称为顺反）。在这两种晶体中，反平行的分子通过面对面π-π相互作用形成堆叠，而在晶型A中，晶体堆积通过分子间C（苯基）—H…F和C（甲氧基）—H…F氢键进一步稳定。通过外部刺激可控地改变其分子排列，同一荧光团显示出不同的固态发射。与固体B不同，固体A表现出力致荧光变色和显著的CIEE效应。固体A晶体发光强烈，发射波长λ_{em}为490 nm，而研磨后的固体A非晶粉末发光微弱（λ_{em} = 526 nm），发光效率降低了80%以上。用溶剂（CH_2Cl_2）滴加或加热（热致发光变色）处理后，固体A研磨粉末的黄色发光恢复到初始蓝色发光的晶体状态，并且在室温下部分自发地恢复到原始发光颜色（时间发光变色）。此外，通过反复的研磨-加热过程，可以无损、可逆地改变固体A的发光变化。相反，在玛瑙研钵中强烈研磨黄色固体B，然后用CH_2Cl_2处理或在DSC仪器中直接加热后，非晶相重新排列成更稳定的晶相A。此外，发现这两个结晶样品之间存在热诱导的相间转换。因此，晶相B在熔融前于162℃转化为热力学上更稳定的晶相A，伴随着37 nm的波峰位移和8.4倍的发光效率显著增强。值得注意的是，转化过程也可通过将所得固体A在各种溶剂中完全溶解并随后蒸发来实现。配合物**60**表现出溶剂发光变色效应，具有AIE活性，经过升华出现自组装的片状晶体微结构或微纤维，显示出明显的光波导效应。

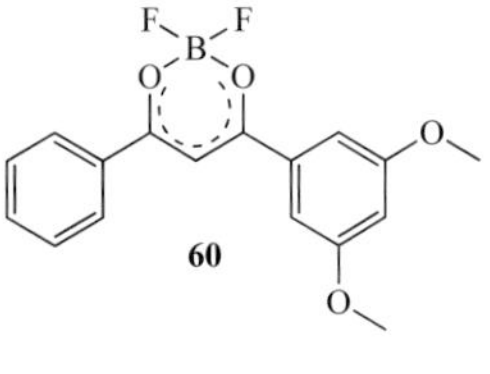

60

2015年，Chujo等[27]合成了多种硼酮亚胺化合物**61**～**66**，并通过改变化合物的端基来研究取代基对光学性质的影响。合成的硼酮亚胺化合物具有AIE性质和力刺激发光变色响应行为。有趣的是，由于端基化学结构的不同，在这些化合物中分别观察到发光的红移和蓝移。X射线衍射和差示扫描量热法分析证实，化合物的力刺激发光变色响应行为来源于晶态和非晶态之间的相变。一系列分析表明，分子中末端官能团的大小对发光变化起着至关重要的作用。此外，卤素取代的化合物对机械力刺激的反应表现出非常大的发光位移，表明卤素取代化合物具有卤素原子的分子间相互作用，如分子间卤素键。

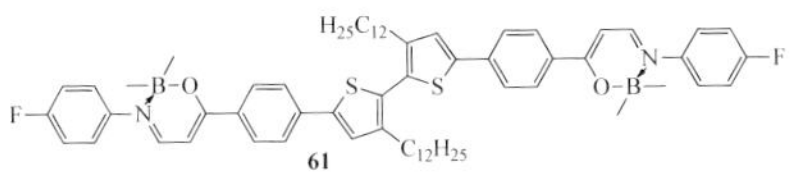
61

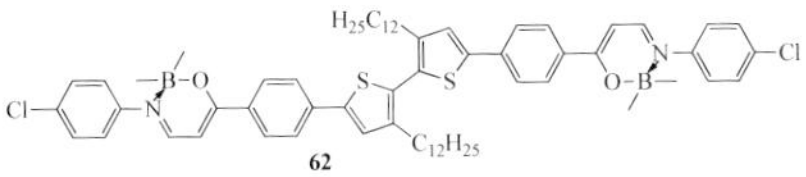
62

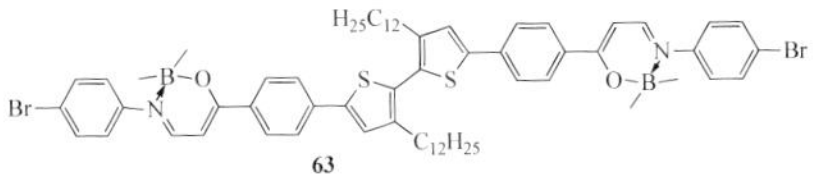
63

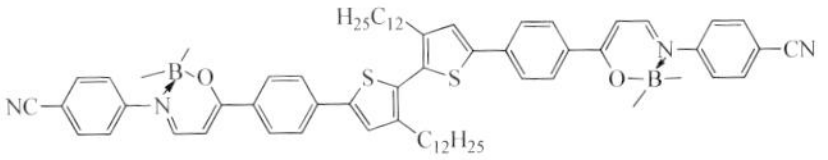
64

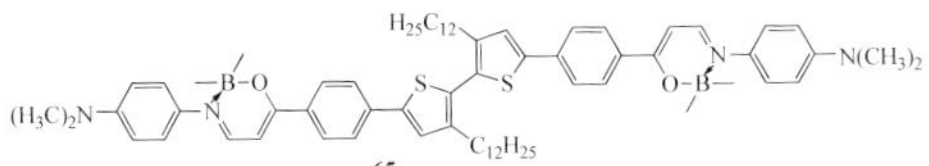
65

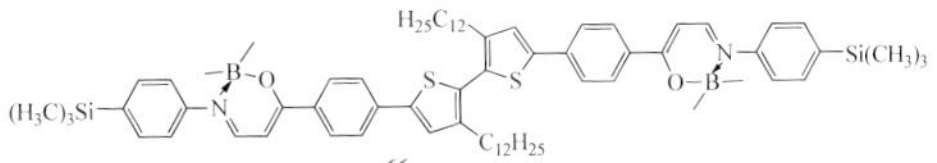
66

2017 年，Xie 等[28]合成了两种具有相同骨架式$[Cd(tppe)Cl_2] \cdot xH_2O$\{**67**，$x = 14$；**68**，$x = 10$；tppe = 1, 1, 2, 2-四［4-(甲基吡啶基)苯基］乙烯\}但结构不同的配位聚合物（coordination polymers，CPs）。**67** 具有一个典型的二维骨架和 ABAB 叠加序列。对于 **68**，它具有一个相互贯通的三维骨架。**67** 和 **68** 均表现出明显的力刺激发光变色响应行为，在紫外光照射下，肉眼观察到发光颜色从蓝色变为绿黄色，发射波长分别红移 49 nm 和 62 nm。在 *N*, *N*-二甲基甲酰胺（DMF）中浸泡，这些荧光恢复是可逆的，表明这些 CPs 可以用作化学传感器。

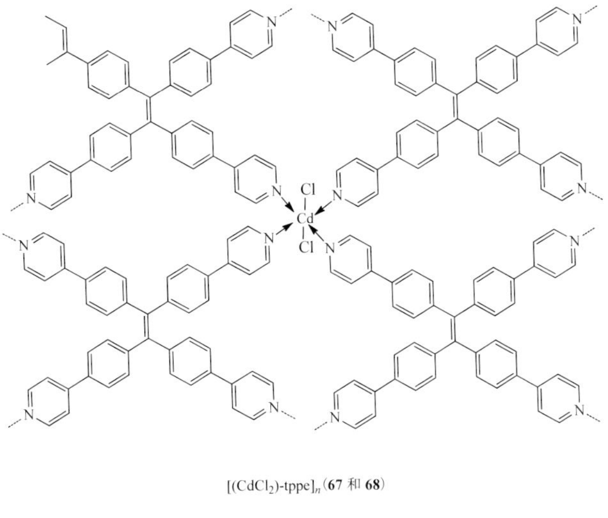

$[(CdCl_2)\text{-tppe}]_n$（**67** 和 **68**）

2017 年，Yang 等[29]报道了四种不同取代的席夫碱化合物 SB1～SB4，如

图 6-2 所示。它们表现出典型的 AIE 性质，在聚集状态下发光颜色因取代基不同而表现出黄色到绿色的荧光发射。SB1～SB4 通过 C—H⋯O 氢键相互作用连接，与镉(Ⅱ)构建超分子金属有机骨架（SMOF），即 SMOFSB1～SMOFSB4（**69**～**72**）。在这些 SMOF 中，观察到 SMOFSB3 三维超分子结构具有微孔，并且表现出力刺激响应性质（研磨）。在 SMOFSB3 中，通过研磨破坏微孔，阻止微孔中甲基和乙腈的分子内旋转，从而产生一种发光开启机理。单晶 X 射线衍射、粉末 X 射线衍射、室温发射光谱、随温度变化的发射光谱、DFT 计算等结果表明，随着微孔的破坏，甲基和乙腈的分子内旋转被阻断，利用具有力刺激响应性质的 SMOF 为研究 AIE 机理提供了一个新的视角。

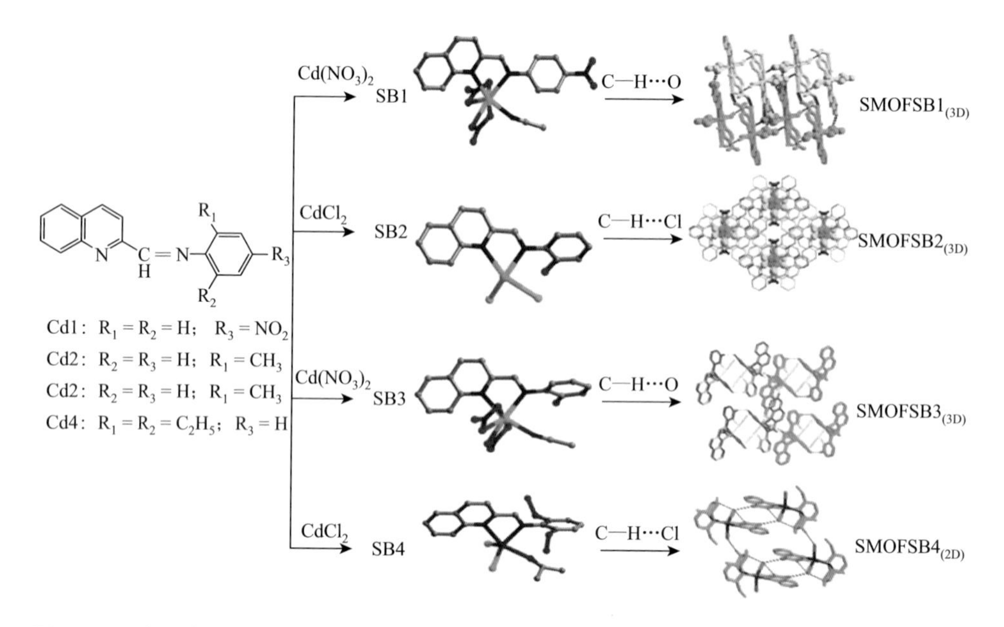

图 6-2　四个配合物 SB1～SB4 的合成路线及由它们形成的超分子金属有机骨架 SMOFSB1～SMOFSB4（69～72）

2019 年，Lu 等[30]报道了使用简单的二亚胺配体和三苯基膦合成的 $(CuX)_2(N\hat{}N)_2$（**73**）和 $(CuX)(N\hat{}N)(P)$（**74**）两种配位模式的发光 Cu(I)碘化物配合物。这两种配合物分别在玛瑙砂浆中充分研磨 5 min，研磨后的样品都显示出微弱的发光，而肉眼几乎观察不到配合物 **74** 的发光变化，其光谱变化也很小。对发光强度的定量分析表明，研磨后配合物 **74** 的光致发光量子产率从晶体粉末的 52.8%下降到 39.4%，研磨后配合物 **73** 的光致发光量子产率从 48.8%下降到 6.6%，并伴随着发射光谱的轻微红移。辐射衰减速率（k_r）和非辐射衰减速率（k_{nr}）也能反映出不同情况下配合物亮度的变化。研磨 **73** 后，不仅 k_r 降低，而且 k_{nr} 显著提高。

相比之下，研磨 **74** 后，k_{nr} 保持不变，但 k_r 降低了约 40%。粉末 XRD 结果表明，配合物 **73** 和 **74** 在研磨前结晶良好。研磨后，配合物 **73** 没有明显的峰，但出现了一个平凸点，表明研磨后的配合物 **73** 已完全变成非晶。与配合物 **73** 相比，配合物 **74** 没有表现出十分明显的变化。

2017 年，Tong 等[31]报道了一种 AIE 活性配体及热稳定好的双核镝(III)配合物（**75**，图 6-3）。配体和配合物经施加外力和溶剂熏蒸后，它们本身的颜色和发光光谱发生可逆的变化。磁学研究表明，配合物 **75** 是一种单分子磁体，在零场下的势垒为 168 K。压力对配合物 **75** 的机械刺激实际上影响了镝(III)中心的磁动力学，导致低温下可切换的弛豫时间。这项工作提供了一个前所未有的配合物，它表现为一个具有力刺激发光变色响应和缓慢释放磁化的双重功能材料，为设计多功能单分子磁体材料提供了一种新途径。

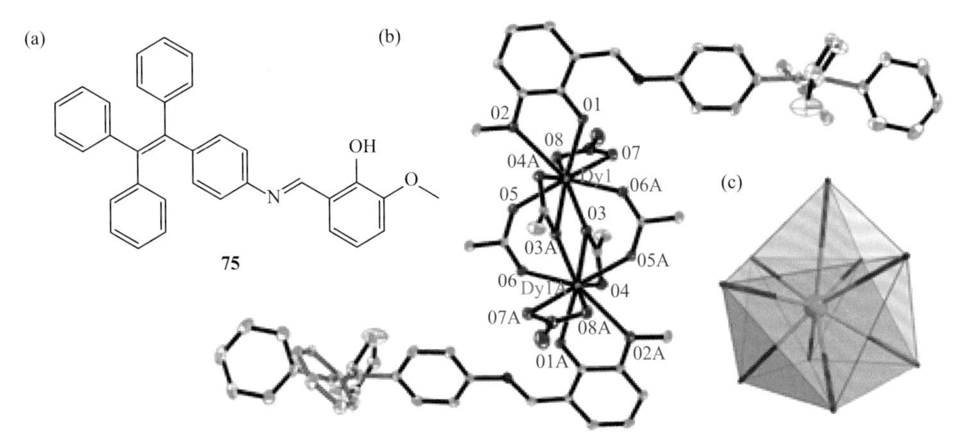

图 6-3 （a）配合物 75 的配体结构；（b）配合物 75 的晶体结构；（c）镝离子的配位空间几何结构

2017 年，Botta 等[32]报道了四种[PbX_2(bp4mo)]的配位聚合物 **76**～**79**，其中 bp4mo 为 4, 4′-联吡啶 *N*-氧化物。X = Cl 和 Br 对应的化合物 **76** 和 **77** 为多晶型，是无中心结构的二维配位聚合物。与之相反，化合物 **78**（X = I）表现出一种紧密的中心对称结构。化合物 **79**（X = NO_3^-）的结构由两个相互穿透的三维网络组成。它们都表现出磷光特性，在波峰 600 nm 左右有一个宽的发射带，发光寿命超过几十微秒；量子产率也较高，从 6%（**76**），27%（**78**）增加到 34%（**79**），对应于这些重卤素化合物中 ISC 效率的增加。它们还表现出力刺激发光变色响应特性：研磨样品 **76**～**79** 时，发光几乎完全消失，相应的样品也发生晶体到非晶态的转变。研磨后，样品的非晶化导致磷光强度急剧下降。这种现象可看作结晶增强发射过程，并通过加热、暴露于蒸气（H_2O、丙酮）或在几滴丙酮中重结晶处理能够实现可逆变化，但是会导致发射强度的降低。值得注意的是，**78** 的研磨/再结晶过程能够使得衍生结构 **78′**更加稳定，而衍生结构 **78′**不能直接通过合成或通过 **79** 的固态反应获得，也不能转化为 **78**。这些化合物是第一个基于 Pb^{2+}的力刺激发光变色响应材料。

X = Cl（**76**），Br（**77**），I（**78**），NO_3（**79**）

2016 年，Laskar 等[33]报道了一个具有 AIE 活性的 Pt(Ⅱ)配合物 **80**，以 2-苯基吡啶和三苯甲基乙烷-1, 2-乙二烷为配体。该配合物表现出力刺激发光变色响应性能，在研磨时转化为橙色发光配合物。用具有介孔结构的二氧化硅粉碎这个配合物，能够产生一种发光复合材料。具有 AIE 特性的 Pt(Ⅱ)配合物进入到二氧化硅的介孔中，并且该过程伴随着发光颜色的剧烈变化（黄色/绿色）。

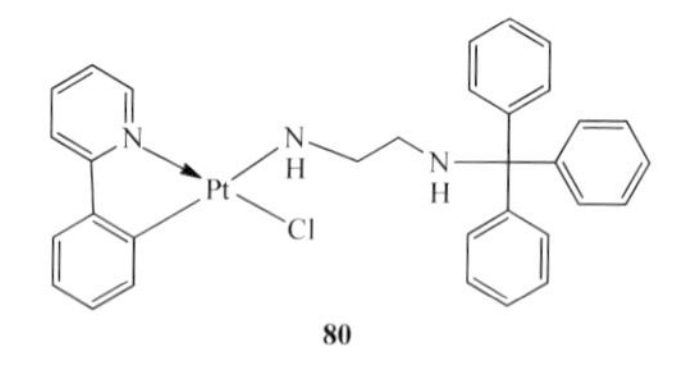

80

已经报道的配合物非常多，但是具有 AIE 性能的比较少，因此，到目前为止，报道的具有 AIE 性能的配合物的力刺激发光变色响应例子比较少。

参考文献

[1] Zhang X，Chi Z，Zhang Y，et al. Recent advances in mechanochromic luminescent metal complexes. Journal of Materials Chemistry C，2013，1：3376-3390.

[2] Xu B，Chi Z，Zhang X，et al. A new ligand and its complex with multi-stimuli-responsive and aggregation-induced emission effects. Chemical Communications，2011，47：11080-11082.

[3] Li S，Wu M，Kang Y，et al. Grinding-triggered single crystal-to-single crystal transformation of a zinc（Ⅱ）complex：mechanochromic luminescence and aggregation-induced emission properties. Inorganic Chemistry，2019，58：4626-4633.

[4] Shan G，Li H，Qin J，et al. Piezochromic luminescent（PCL）behavior and aggregation-induced emission（AIE）property of a new cationic iridium(III) complex. Dalton Transactions，2012，41：9590-9593.

[5] Shan G，Li H，Sun H，et al. Controllable synthesis of iridium(III)-based aggregation-induced emission and/or piezochromic luminescence phosphors by simply adjusting the substitution on ancillary ligands. Journal of Materials Chemistry C，2013，1：1440-1449.

[6] Li G，Ren X，Shan G，et al. New AIE-active dinuclear Ir(III) complexes with reversible piezochromic phosphorescence behaviour. Chemical Communications，2015，51：13036-13039.

[7] Alam P，Climent C，Kaur G，et al. Exploring the origin of “aggregation induced emission” activity and “crystallization induced emission” in organometallic iridium(III) cationic complexes：influence of counterions. Crystal Growth & Design，2016，16：5738-5752.

[8] Zhao K，Shan G，Fu Q，et al. Tuning emission of AIE-active organometallic Ir(III) complexes by simple modulation of strength of donor/acceptor on ancillary ligands. Organometallics，2016，35：3996-4001.

[9] Song Z，Liu R，Li Y，et al. AIE-active Ir(III) complexes with tunable emissions，mechanoluminescence and their application for data security protection. Journal of Materials Chemistry C，2016，4：2553-2559.

[10] Jiang Y，Li G，Che W，et al. A neutral dinuclear Ir(III) complex for anti-counterfeiting and data encryption. Chemical Communications，2017，53：3022-3025.

[11] Wang Y，Yang T，Liu X，et al. New cationic Ir(III) complexes without "any soft substituents"：aggregation-induced emission and piezochromic luminescence. Journal of Materials Chemistry C，2018，6：12217-12223.

[12] Zhao K，Mao H，Wen L，et al. A simple strategy to achieve remarkable mechanochromism of cationic Ir(III) phosphors through subtle ligand modification. Journal of Materials Chemistry C，2018，6：11686-11693.

[13] Li D，Li G，Xie J，et al. Strategic modification of ligands for remarkable piezochromic luminescence（PCL）based on a neutral Ir(III) phosphor. Journal of Materials Chemistry C，2019，7：10876-10880.

[14] Xie J，Li D，Duan Y，et al. Cationic dinuclear Ir(III) complexes based on acylhydrazine ligands：reversible piezochromic luminescence and AIE behaviours. Dyes and Pigments，2020，172：107855.

[15] Liang J，Chen Z，Xu L，et al. Aggregation-induced emission-active gold(Ⅰ) complexes with multi-stimuli luminescence switching. Journal of Materials Chemistry C，2014，2：2243-2250.

[16] Chen Z，Huang P，Li Z，et al. Triisocyano-based trinuclear gold(Ⅰ) complexes with aggregation-induced emission（AIE）and mechanochromic luminescence characteristics. Inorganica Chimica Acta，2015，432：192-197.

[17] Chen Z，Li Z，Yang L，et al. Novel diisocyano-based dinuclear gold(Ⅰ) complexes with aggregation-induced emission and mechanochromism characteristics. Dyes and Pigments，2015，121：170-177.

[18] Song M，Chen Z，Yu G，et al. Design, synthesis and characterization of gold(Ⅰ) compounds with aggregation-induced emission and reversible mechanochromism characteristics. Chinese Journal of Organic Chemistry，2015，35：681-687.

[19] Chen Z，Yang L，Hu Y，et al. Carbazole-based gold(Ⅰ) complexes with alkyl chains of different lengths：tunable solid-state fluorescence，aggregation-induced emission（AIE），and reversible mechanochromism characteristics. RSC Advances，2015，5：93757-93764.

[20] Chen Z，Li Z，Hu F，et al. Novel carbazole-based aggregation-induced emission-active gold(Ⅰ) complexes with various mechanofluorochromic behaviors. Dyes and Pigments，2016，125：169-178.

[21] Chen Z，Nie Y，Liu S. Fluorene-based mononuclear gold(Ⅰ) complexes：the effect of alkyl chain，aggregation-induced emission（AIE）and mechanochromism characteristics. RSC Advances，2016，6：73933-73938.

[22] Lu X，Wang T，Shu T，et al. Combination of chemical etching of gold nanoclusters with aggregation-induced emission for preparation of new phosphors for the development of UV-driven phosphor-converted white light-emitting diodes. Journal of Materials Chemistry C，2016，4：11482-11487.

[23] Chen Z，Liu G，Pu S，et al. Carbazole-based aggregation-induced emission（AIE）-active gold(Ⅰ) complex：persistent room-temperature phosphorescence，reversible mechanochromism and vapochromism characteristics. Dyes and Pigments，2017，143：409-415.

[24] Li W，Luo W，Li K，et al. Aggregation-induced phosphorescence and mechanochromic luminescence of a tetraphenylethene-based gold(Ⅰ) isocyanide complex. Chinese Chemical Letters，2017，28：1300-1305.

[25] Dong Y，Zhang J，Li A，et al. Structure-tuned and thermodynamically controlled mechanochromic self-recovery of AIE-active Au(Ⅰ) complexes. Journal of Materials Chemistry C，2020，8：894-899.

[26] Galer P，Korošec R，Vidmar M，et al. Crystal structures and emission properties of the BF_2 complex 1-phenyl-3-(3, 5-dimethoxyphenyl)-propane-1, 3-dione：multiple chromisms，aggregation- or crystallization-induced emission，and the self-assembly effect. Journal of the American Chemical Society，2014，136：7383-7394.

[27] Yoshii R，Suenaga K，Tanaka K，et al. Mechanofluorochromic materials based on aggregation-induced emission-active boron ketoiminates：regulation of the direction of the emission color changes. Chemistry：A European Journal，2015，21：7231-7237.

[28] Zhao S，Chen L，Wang L，et al. Two tetraphenylethene-containing coordination polymers for reversible mechanochromism. Chemical Communications，2017，53：7048-7051.

[29] Wang A，Fan R，Wang P，et al. Research on the mechanism of aggregation-induced emission through supramolecular metal-organic frameworks with mechanoluminescent properties and application in press-jet printing. Inorganic Chemistry，2017，56：12881-12892.

[30] Yang M，Chen X，Lu C D. Efficiently luminescent copper(Ⅰ) iodide complexes with crystallization-induced emission enhancement（CIEE）. Dalton Transactions，2019，48：10790-10794.

[31] Chen W，Chen Y，Liu J，et al. A piezochromic dysprosium(Ⅲ) single-molecule magnet based on an aggregation-induced-emission-active tetraphenylethene derivative ligand. Inorganic Chemistry，2017，56：8730-8734.

[32] Toma O，Mercier N，Allain M，et al. Lead(Ⅱ) 4, 4′-bipyridine *N*-oxide coordination polymers-highly phosphorescent materials with mechanochromic luminescence properties. European Journal of Inorganic Chemistry，2017，2017：844-850.

[33] Pasha S，Alam P，Sarmah A，et al. Encapsulation of multi-stimuli AIE active platinum(Ⅱ) complex：a facile and dry approach for luminescent mesoporous silica. RSC Advances，2016，6：87791-87795.

第7章 非典型 AIE 分子的力刺激发光变色响应

7.1 引言

自从 2001 年唐本忠院士课题组发现噻咯衍生物具有聚集诱导发光（AIE）性能以来，许多能够构建 AIE 分子的核心基团被陆续报道，如氰基苯乙烯、二苯乙烯基蒽、三苯乙烯、四苯乙烯等，常根据这些核心基团对 AIE 分子进行分类。因此，将含有这些核心基团的 AIE 分子称为典型 AIE 分子。但是，随着人们发现的 AIE 分子越来越多，许多不含这些核心基团的分子也具有明显 AIE 特征，将这些 AIE 分子称为非典型 AIE 分子，这些 AIE 分子在分子设计上没有典型 AIE 分子有规律。随着典型 AIE 分子具有力刺激发光变色响应共性的发现，人们发现大部分非典型 AIE 分子也具有力刺激发光变色响应的性能，说明无论是典型 AIE 分子还是非典型 AIE 分子，均具有力刺激发光变色响应的共性。

7.2 具有力刺激发光变色响应特性的非典型 AIE 材料

2014 年，Zhou 等[1]合成并表征了几种三苯胺衍生物 **1**～**4**。尽管分子结构非常简单，但除化合物 **4** 外，其余化合物均表现出良好的 AIE 活性。化合物 **1** 和 **3** 不具有典型 AIE 核心基团，因此可归类到非典型 AIE 分子。此外，化合物 **1**～**3** 对有机溶剂表现出可逆的开/关荧光切换特性，并表现出显著的力刺激发光变色响应性能，可通过研磨、退火和有机蒸气熏蒸等外界刺激进行切换。进一步研究表明，晶相到非晶相的形态变化是产生这种现象的原因。一般，高度扭曲的构象可以导致更短的有效共轭长度和更短波长的发射，而平面构象可以产生更长的有效长度和更长波长的发射。在 **1** 和 **3** 的单晶中可以观察到较为扭曲的分子构象。与化合物 **2** 相比，**3** 的晶体中分子的芳香环由于受到弱相互作用或氢键的限制，具有更多可扭曲和可压缩的空间。因此，化合物 **3** 在研磨后能够发生更大的发射波长红移（近 50 nm），而研磨后 **2** 的红移约 20 nm。

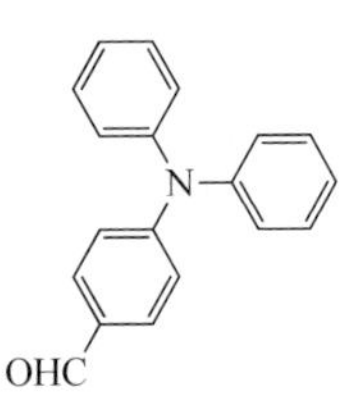

2014 年，Misra 等[2]报道了 D1-π-A-π-D2 和 D1-π-A-D2 型推拉式苯并噻二唑衍生物 **5** 和 **6** 的设计和合成。这两个化合物表现出很强的电荷转移相互作用。化合物 **6** 表现出可逆的力致发光变色行为，发光颜色可在黄色（晶态）和橙色（非晶态）之间转换。光物理和计算研究表明，**5** 中吡啶基和苯并噻二唑单元的平面取向不利于力致发光变色，而 **6** 中二吡啶胺和苯并噻二唑单元的非平面取向有利于产生有效的力致发光变色。该研究结果有助于促进对力致发光变色材料的设计原则和背后机理的研究。

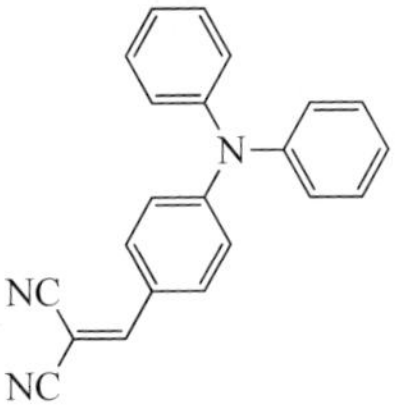

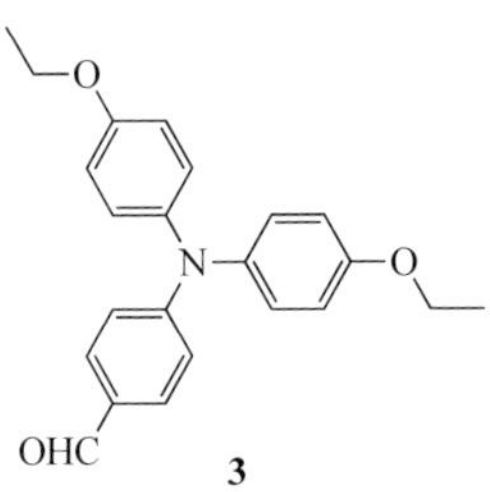

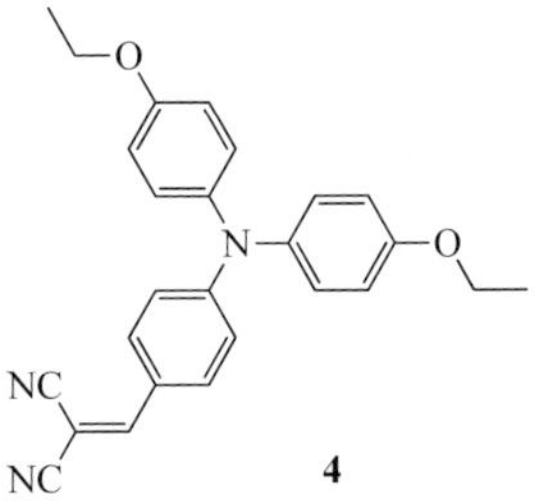

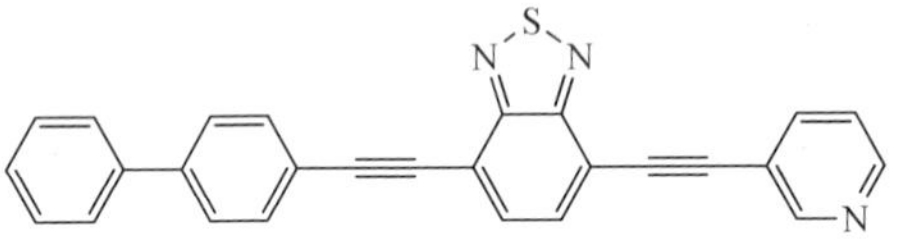

2014 年，Hong 等[3]合成了具有三臂的压致荧光变色分子 **7** 和 **8**，并发现它们对压力表现出强烈的荧光响应。分子 **7** 和 **8** 都具有扭曲的、金字塔形的三苯胺中心及三条与之相连的喹啉咔唑臂。喹啉咔唑臂更长的 **8** 在比较小的研磨力下即可表现出 112 nm 的发光红移，而臂更短的 **7** 在 10 MPa 压力下只有 32 nm 的红移。研究表明，构象转变及臂的平面化导致了 **7** 和 **8** 对压力的荧光响应的差异。外力

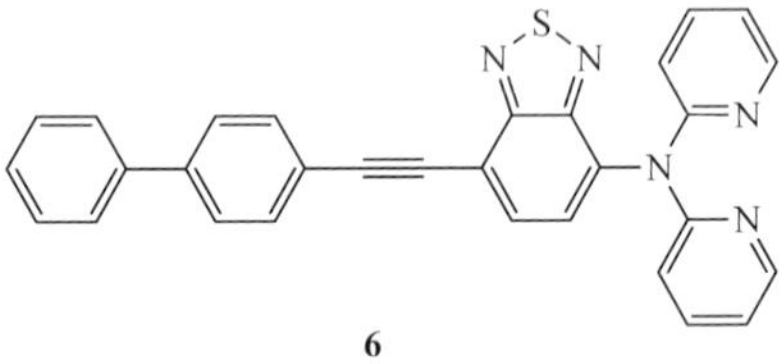

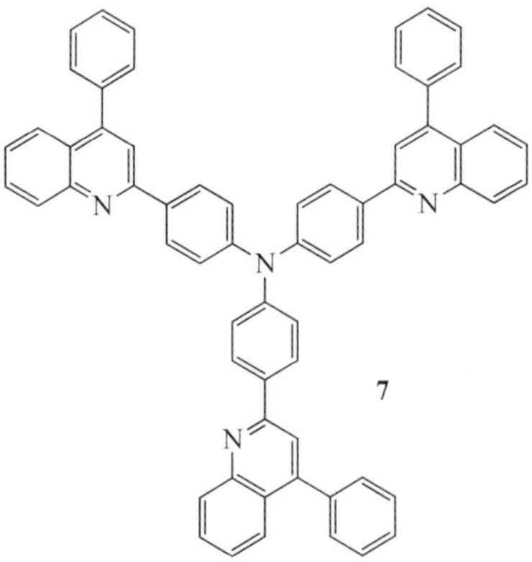

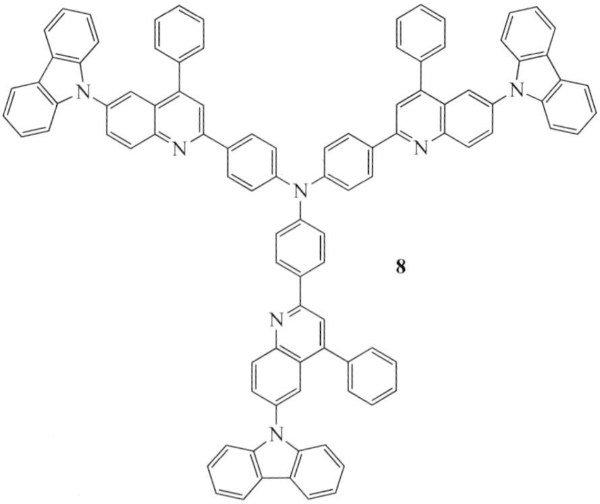

挤压会导致滑移变形，使得咔唑环垂直旋转到与其他臂单元更为共面的位置，从而延长了分子 **8** 的共轭长度，因此可以观察到更为明显的发光红移。

2014 年，Yi 等[4]发现了咪唑衍生物 **9** 的多晶型依赖荧光，并基于单晶结构分析详细研究了其结构与性质之间的关系。化合物 **9** 样品的发光可以通过机械力和热进行可逆调节，表现出典型的力致发光变色特性。基于 PXRD 研究发现，在力刺激发光变色响应过程中的不同荧光发射是由相邻蒽平面间 π-π 堆积和分子构象的不同所致。咪唑环间形成的氢键对分子的堆积也起着重要的作用。特别是，力刺激响应变色过程中的发光与晶体的发光具有很好的对应关系，这为揭示力刺激发光变色响应过程中分子堆积的变化提供了有意义的参考。

N　NH

9

2014 年，Ling 等[5]报道了一种人字形结构的马来酰亚胺衍生物 **10**。该化合物具有可逆的四种颜色变化和在外界刺激下的开/关荧光效应，包括热致发光变色、力刺激发光变色响应和溶剂蒸气发光变色的荧光性质。该化合物可形成发射强红色荧光的晶体（RC）、强橙色荧光的晶体（OC）和强黄色荧光的晶体（YC），以及弱橙色荧光的非晶棕色固体（BS）。热退火过程能够有效地将 RC 转变为 YC，同时提高了量子产率。并且通过压碎可将 OC 转化为 YC。此外，通过研磨 OC 或 YC 能得到荧光较弱的 BS。在晶体结构和光物理研究的基础上，作者发现热处理 RC 引起发射蓝移，同时分子偶极子的耦合由反平行耦合转变为头尾耦合；压碎 OC 破坏其表面结构，在不改变堆积方式的情况下生成 YC；而研磨 OC 或 YC 破坏有序的晶体结构，生成 BS，倾向于非晶的分子排列。掺杂在聚苯乙烯中的化合物 **10** 薄膜的发光可实现明/暗状态之间相互切换，在三乙胺（NEt_3）蒸气中熏蒸或退火，荧光猝灭；而加热至 90℃则可以恢复荧光。化合物 **10** 的这种多状态开关特性在多级存储器、热传感和压力传感方面有一定的应用潜力。

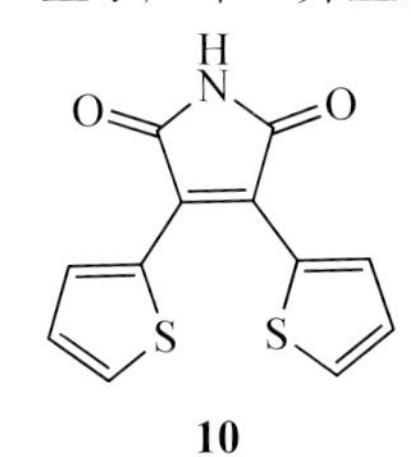

10

2014 年，Thomas III等[6]报道了一系列苯基乙炔衍生物。研究发现，非共轭侧链芳基与共轭主链芳基之间的相互作用控制着聚集态的分子构象。通过单晶 X 射线衍射分析，观察到苄基酯侧链与共轭主链之间的边-面相互作用。相反，全氟苯酯侧链与主链芳基共面相互作用，导致结晶化合物中相邻芳香环之间产生约 60°的扭转角。从溶液到固态变化时，全氟苯酯取代化合物的光谱发生了蓝移。化合物 **17** 具有与 **14** 近乎相同的共轭主链，区别是前者含有对辛氧基而后者含有对甲氧基，但它们在 CH_2Cl_2 溶液中的光谱几乎相同。以 CH_2Cl_2 为溶剂的 **17** 溶液通过滴涂制备的薄膜具有力刺激发光变色响应性能。刚制备的 **17** 薄膜的吸收光谱和荧光发射光谱与其溶液中的光谱相比，均相应地发生红移，并呈现绿色发光（483 nm）。在 110℃下加热 15 min 后，发光光谱蓝移 45～50 nm。用刮刀研磨加热后的薄膜，可完全恢复绿色发光，而随后再加热（<10 min，110℃）可使薄膜恢复蓝色发光状态。相比之下，化合物 **11**～**13** 和 **16** 没有表现出对压力响应的发光颜色的变化。化合物 **14** 和 **15** 对压力有响应，吸收光谱变宽，但没有新的发射峰。

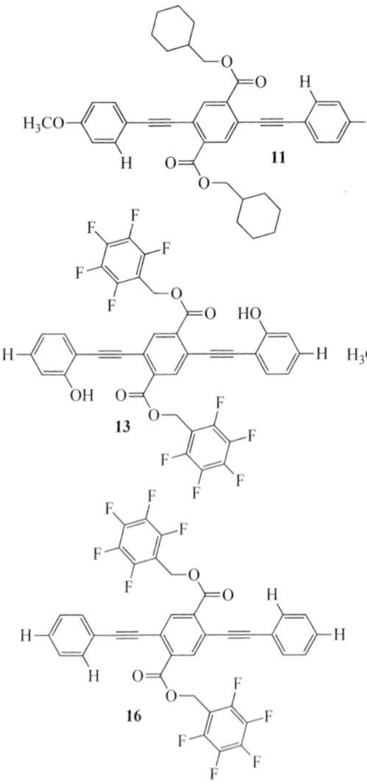

11 **12** **13** **14** **15** **16** **17**

2014 年，Jia 等[7]合成了一种结构中含有蒽基团的二肽分子 **18**，其表现出力诱导的可逆颜色变化（用刮刀轻轻研磨样品后由蓝色发光变为绿色发光）和光致变色。发光颜色的转换是由分子不同堆积方式和光诱导的光环加成反应所致。

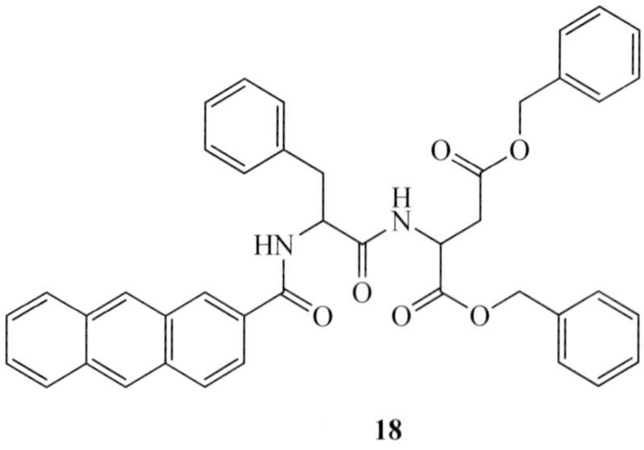

18

2014 年，Lu 等[8]设计并合成了一种非平面三苯胺基苯并噁唑衍生物 **19**。该化合物具有典型的 ICT 特性和力刺激发光变色响应特性。然而，在施加力刺激时仅观察到低对比度的荧光颜色变化（光谱偏移 29 nm）。当 **19** 与质子结合形成络合物 **20** 时，力刺激发光变色响应的对比度会显著提高，光谱变化为 75 nm。这一发现表明，额外的外部刺激可以显著影响和增强材料的力刺激发光变色响应性能。

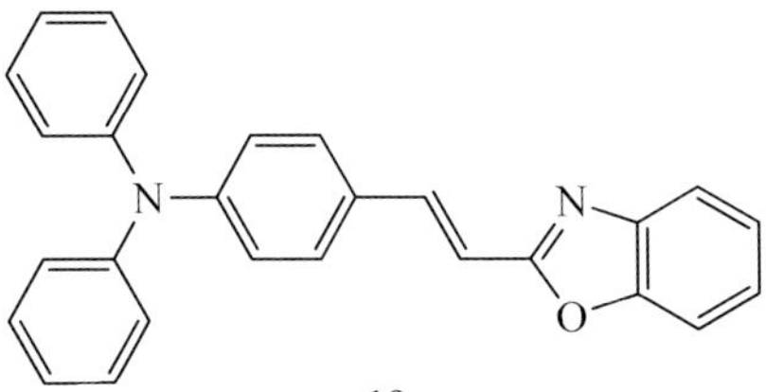

19 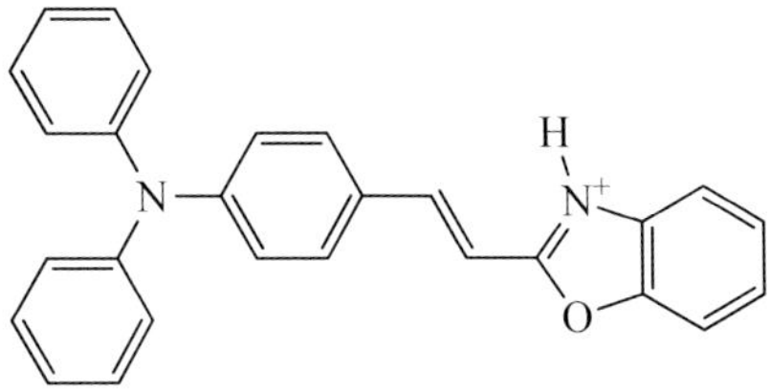　　**20**

2014 年，Lu 等[9]报道了两种基于吩噻嗪的苯并噁唑衍生物 **21** 和 **22**。结果表明，这两种化合物在溶液和固体下都能发出很强的荧光。它们的发射波长也受到溶剂极性的强烈影响，表明存在分子内电荷转移（ICT）跃迁。另外，这两种化合物表现出不同的力刺激发光变色响应。在室温下，不含溴的 **21** 薄膜研磨后能在 15 min 内自愈合并恢复成初始薄膜状态，而含溴的 **22** 薄膜研磨后的荧光在两周内保持不变。尽管 **21** 和 **22** 在研磨后表现出相似的光谱红移，但在研磨过程中含溴原子的 **22** 薄膜会发生高对比度的荧光变化。进一步的光谱结果和单晶结构分析表明，溴原子的引入可以显著改变力刺激发光变色响应的荧光对比度和热可逆性。

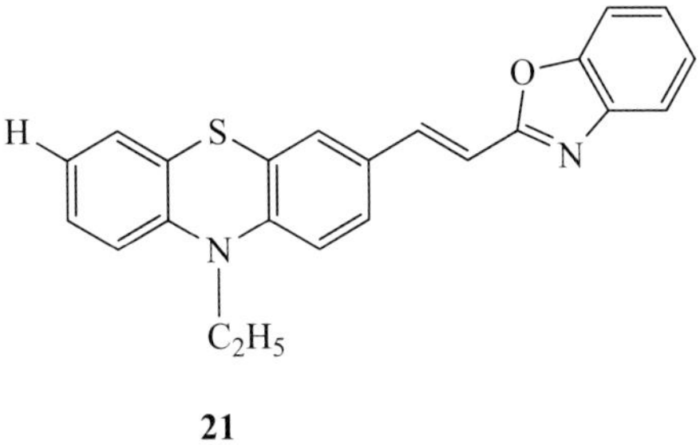

21 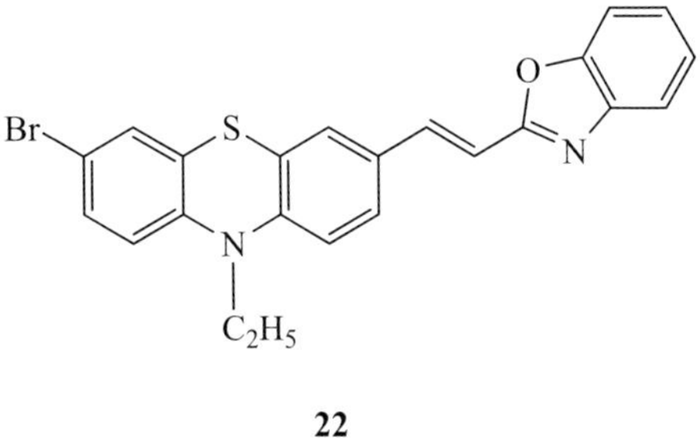　　**22**

2014 年，Lu 等[10]发现一种基于咔唑的 D-π-A 型苯并噁唑衍生物 **23**。化合物 **23** 在自组装形成长纤维时会产生 J-聚集体，导致发光增强。这些纤维对挥发性酸蒸气表现出独特的反应。强酸（如盐酸或三氟乙酸）的蒸气破坏了纤维内的分子堆积，产生荧光变色。然而，这些纤维对弱酸如乙酸（HOAc）的蒸气没有响应。此外，纤维膜表现出等温可逆的力刺激发光变色响应。在机械力作用下，其蓝色荧光会转变为蓝绿色，同时在室温下可自动恢复为蓝色。更重要的是，纤维膜对 HOAc 蒸气的响应可以通过机械刺激来控制。研磨前的薄膜对 HOAc 蒸气无响

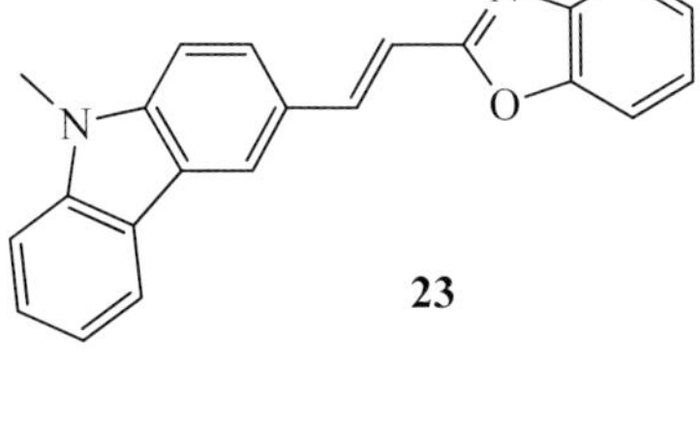

23

应，但研磨后的无色薄膜容易吸收 HOAc 蒸气并发出橙色荧光。此外，吸收 HOAc 蒸气后的薄膜的发光颜色不能自动恢复到无色，但加热后会恢复为无色并发出蓝光。因此，可以利用 HOAc 蒸气选择性地充当稳定剂和显影剂，以保留机械力传递的信息。这些结果表明，有机纳米纤维对刺激（如气体氛围）的响应可以通过机械刺激进行调节和控制。

2014 年，Wang 等[11]设计并合成了一系列 2, 7-二苯基芴酮衍生物 **24**～**29**，它们具有明显的 AIE 特性和高固态荧光量子产率（29%～65%）。其中，**25** 和 **29** 表现出可逆的刺激响应固态发光开关行为。在温度、压力或溶剂蒸气的刺激下，化合物 **25** 在红色和黄色晶体之间转变（发射波长在 601 nm 和 551 nm 之间切换）。类似地，化合物 **29** 也表现出固态发光开关行为，发光颜色在橙色（571 nm）和黄色（557 nm）之间转变。固态荧光行为的结构-性质关系研究表明，芴酮衍生物固态发光的变化归因于不同固相中不同的分子堆积方式。此外，化合物 **25** 和 **29** 的刺激响应可逆相变涉及 π-π 堆积定向排列和氢键定向排列之间的结构转变。该研究结果还表明在 AIE 结构中引入 π-π 堆积和氢键以获得亚稳态固体/晶体发光体系的可行性。

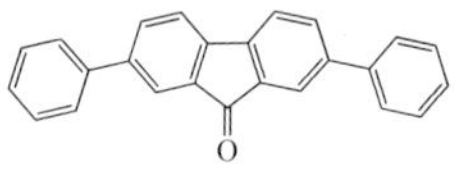

H_3CO OCH_3 H_3CO OCH_3 OCH_3 H_3CO H_3CH_2CO OCH_2CH_3 H_3CH_2C CH_2CH_3 O

24 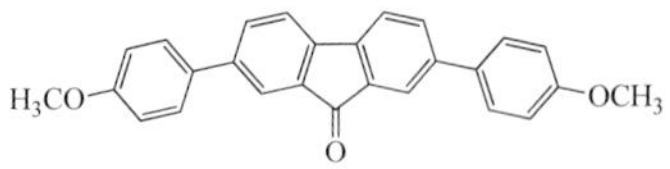 **25** 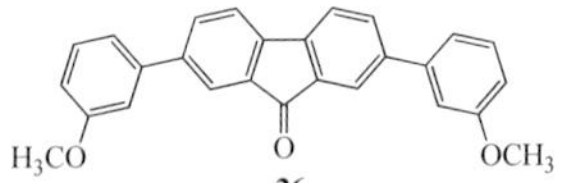 **26** 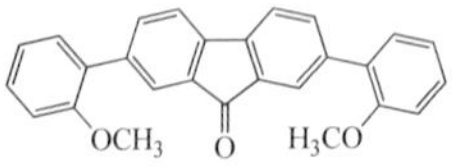 **27** 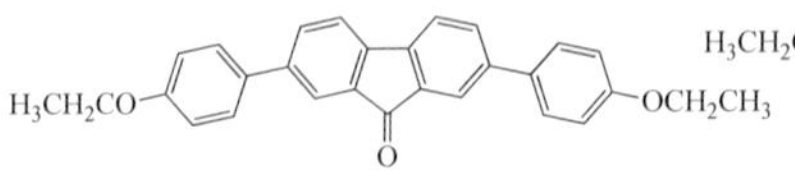 **28** 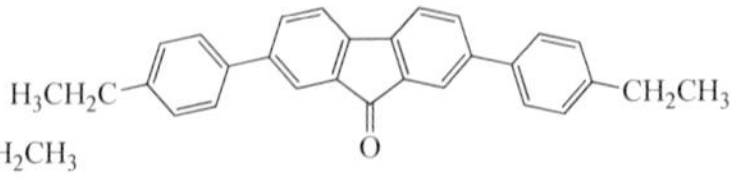 **29**

2014 年，Ma 等[12]设计了一种结构高度扭曲的基于三苯胺的有机发光化合物 **30**。通过简单的研磨-蒸气熏蒸循环，可以重复实现高对比度的发光开关（PLQY 在 0.4%和 12.3%之间转变）。通过调节熔融粉末的凝固速度，分别获得了“亮”态和“暗”态样品。此外，处于“亮”态的包括稳定性较差的薄膜和研磨粉末，在热退火处理后会变为“暗”态。该研究结果表明，化合物 **30** 的荧光“亮”态和“暗”态分别对应于非晶态和晶态。在结晶状态下，化合物 **30** 分子具有更扭曲的构象，表现出微弱发光。在受到外界刺激作用非晶化后，化合物 **30** 松弛为更平面化的构象，发出强烈荧光。该研究表明，外界刺激下的发射增强可能归因于在分子水平上的构象平面化和分子间的弱相互作用。

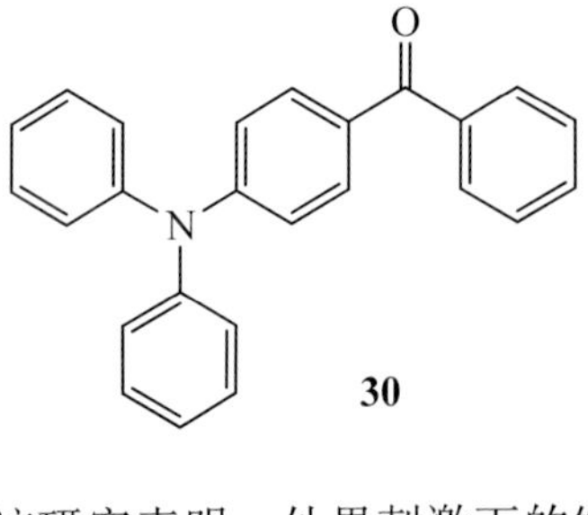

O N

30

2015 年，Anthony 等[13]报道了一种基于三苯胺的发光化合物 **31**，它表现

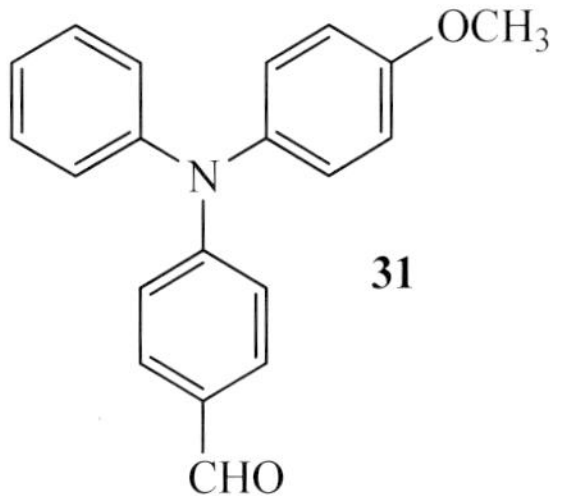

出外部刺激响应的自可逆固态荧光开关、可调节荧光和罕见的温度依赖荧光现象。机械研磨 **31** 的结晶粉末后，蓝色荧光（λ_{max} = 457 nm）转化为绿色荧光（λ_{max} = 502 nm）。单晶 X 射线衍射分析和理论研究表明，高度扭曲的分子构象和晶型转变为具有更多平面构象的非晶相是荧光转换的主要原因。自可逆荧光开关在几个周期的测量中，没有表现出显著的荧光变化。有趣的是，**31** 在甲苯中表现出罕见的荧光增强现象。这可能是随着温度升高，更多的振动带被激活，导致更强的扭曲分子内电荷转移（TICT）发射。此外，通过制备 **31** 的纳米颗粒，发现纳米颗粒形态变化也可以实现荧光调节。高度分散、形状不同的纳米颗粒在转化为几乎大小均匀的球形纳米颗粒（20～25 nm）时，荧光颜色会从绿色（λ_{max} = 502 nm）转换为蓝色（λ_{max} = 478 nm）。化合物 **31** 的自可逆多刺激响应荧光开关、多晶型特性及纳米加工介导的荧光调节性能，表明其在传感器，特别是荧光温度计领域具有潜在应用。

OCH₃ N CHO **31**

2015 年，Huo 等[14]合成了两种齐聚对称苯乙烯（OPV）衍生物 **32** 和 **33**。化合物 **32** 具有氰基乙烯典型 AIE 基团，而化合物 **33** 不含典型 AIE 结构，但是它们都具有力致荧光变色性能，并且化合物中的烷氧基取代基对其光学性质有显著影响。

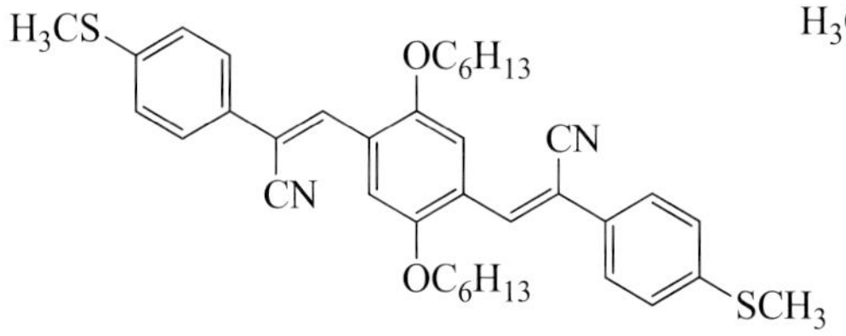

H_3CS　OC_6H_{13}　CN　CN　OC_6H_{13}　SCH_3

32

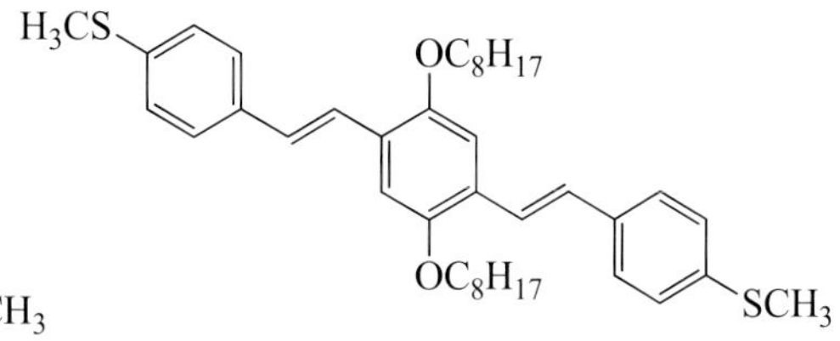

H_3CS　OC_8H_{17}　OC_8H_{17}　SCH_3

33

2015 年，Naka 等[15]报道了一种基于简单氨基马来酰亚胺骨架的力刺激发光变色响应染料 **34**，其与传统的力刺激发光变色响应染料不同，表现出依赖于外部刺激的开/关力致发光变色特性。通过在研钵中研磨产生绿色发光，而通过加热或二氯甲烷处理则发光关闭。研究表明，在结晶状态下，两个分子通过共面 π-π 相互作用堆积在一起，引起浓度自猝灭。研磨引起的晶态到非晶态的转变消除了共面 π-π 堆积，导致强烈的发光。结晶过程恢复了共面 π-π 堆积，使得发光又关闭。理论计算和 X 射线衍射分析表明，该染料分子在结晶状态下产生了无网状结构的共面 π-π 堆积，而机械刺激可以轻易地破坏这种结构，同时导致晶态到非晶态的转变和发光增强。

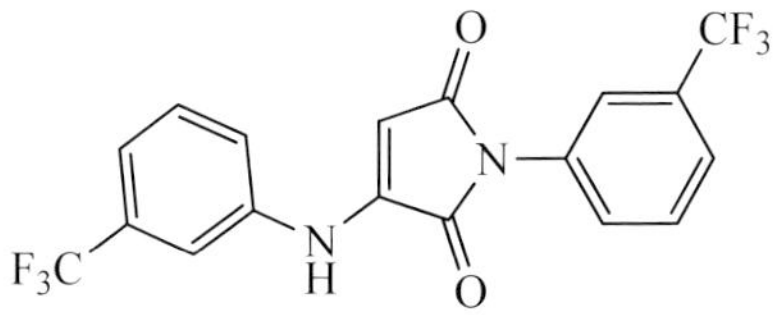

O　CF_3　N　F_3C　N H　O

34

2015 年，Naka 等[16]系统研究了 *N*-烷基对一系列氨基马来酰亚胺衍生物 **35** 发光性能的影响。紫外-可见吸收光谱和 CD 光谱表明，*N*-烷基对发光体的 π 共轭体系没有明显的直接作用。然而，链长、羟基和支化结构对固态发射起着非常重要的作用。这是因为 *N*-烷基决定了发光体周围占主导地位的堆积结构。有趣的是，只有带丙基的化合物表现出力刺激发光变色响应。该晶体的发射为绿光（502 nm），其研磨样品的发射为绿蓝光（489 nm）。单晶 X 射线衍射分析表明，丙基取代化合物与环己基取代化合物的分子堆积结构完全不同。机械刺激可能会使丙基取代化合物的氢键断裂，引起蓝移。

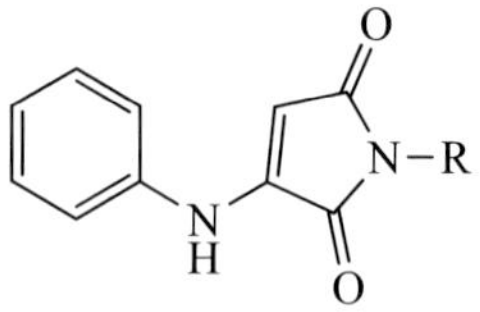

O N−R H O **35**

R = 甲基、乙基、丙基、丁基、戊基、己基、辛基、十二烷基、环己基

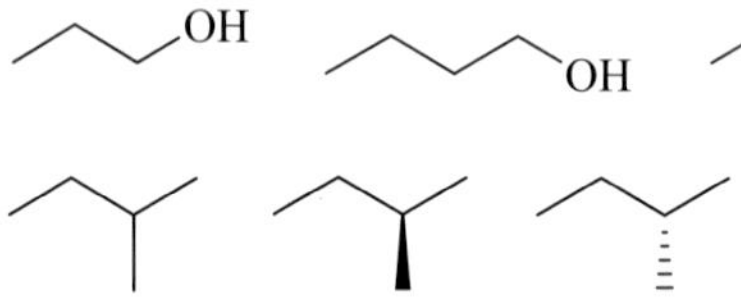

OH OH OH

2015 年，Kohmoto 等[17]制备了一系列蒽基双吡啶盐的力刺激响应溶剂化晶体 **36**。蒽基双吡啶氯化物的晶体结构分析表明，它们具有通道结构，其中荧光蒽部分被通道中的溶剂化分子隔离。Cl^-···H—C 相互作用是产生通道结构的主要原因。研磨可以消除溶剂化分子，导致晶体结构重排，使得发光红移，这种发光颜色的变化是可逆的。**36** 六氟磷酸盐的 DMSO 溶剂化物也能表现出刺激响应发光行为。此外，具有长烷氧基链的蒽基双吡啶盐具有液晶性，能够表现出矩形柱状相。通过快速冷却液晶相而制备的薄膜，表现出比相应固体更长的荧光发射波长。该研究结果表明，含芳香 π 面的有机盐的柔性晶体结构可用于制备刺激响应材料。

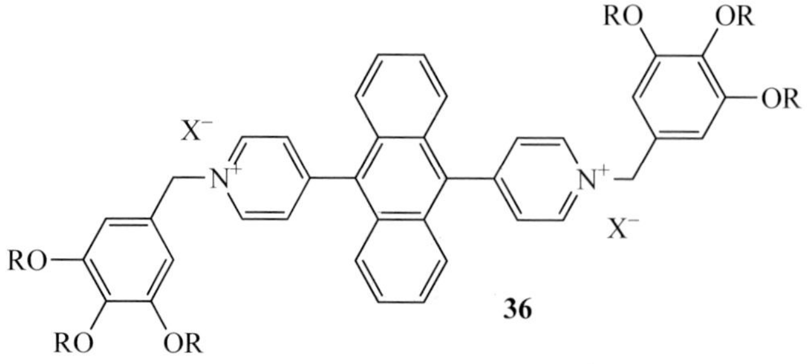

RO OR OR X^- N^+ N^+ X^- RO RO OR **36**

a: R=CH_3, X=Cl
b: R=CH_3, X=BF_4
c: R=CH_3, X=PF_6
d: R=C_8H_{17}, X=Br
e: R=C_8H_{17}, X=BF_4
f: R=C_8H_{17}, X=PF_6
g: R=$C_{12}H_{25}$, X=Br
h: R=$C_{12}H_{25}$, X=BF_4
i: R=$C_{12}H_{25}$, X=PF_6

2015 年，Wang 等[18]设计并合成了一种双芘衍生物 **37**，其中两个芘单元通过吡啶二羰基连接，表现出多重响应荧光开关行为。**37** 在 HCl 溶液中荧光会猝灭。而在溶液中加入 $NH_3 \cdot H_2O$，可以恢复猝灭的荧光。在固态下，**37** 表现出蒸气、机械力和热致荧光的变化：原始样品呈绿色荧光（G 型），最大发射波长为 483 nm，机械剪切后，G 型荧光通过破坏晶体结构转变为黄色荧光（Y 型），蒸气处理或加热使 Y 型重新转变为 G 型。粉末 X 射线衍射（PXRD）、差示扫描量热法（DSC）、时间分辨荧光光谱术（TRFS）和扫描电子显微术（SEM）分析结果证实了机械力作用后发生超分子结构和形貌的相应变化。**37** 固体也具有酸碱响应的荧光开关行为：HCl 可使 Y 型荧光猝灭为 DY（暗黄色），但在 $NH_3 \cdot H_2O$ 存在时可恢复为 Y 型荧光，经 $CHCl_3$ 溶剂蒸气处理后可转化为 DG（暗绿色）。此外，DG 经机械剪切后可转变为 DY 型，经 $NH_3 \cdot H_2O$ 蒸气处理后可转变为 G 型，这可能是因为 **37** 分子经酸处理后发生了质子化。质子化吡啶成为强电子受体，导致荧光猝灭。该研究表明 **37** 可构建多重响应、可循环利用的荧光开关系统。

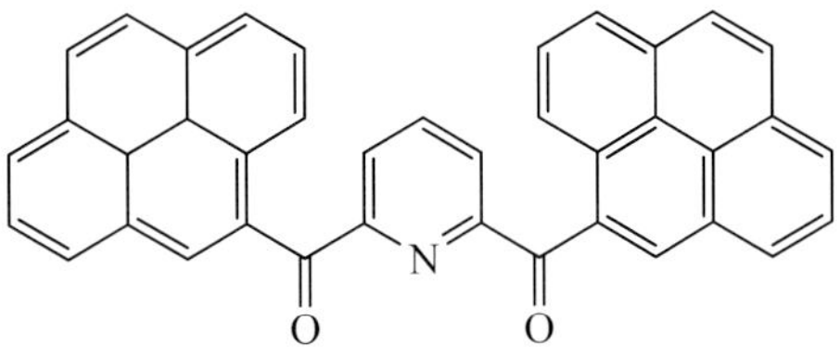

N O O

37

2015 年，Jia 等[19]报道了两种有机分子 **38** 和 **39**，它们具有相同的发色团（芘和罗丹明 B），但作为间隔单元的苯丙氨酸基团的数目不同。由 **38** 或 **39** 分子可以构建荧光凝胶。当通过去除溶剂将凝胶转变为干凝胶，然后通过研磨进一步转变为固体粉末时，**38** 凝胶显示出连续的多色荧光发光。然而，**39** 样品的深蓝光变化则需要更大的外力作用。连续研磨 **39** 样品后，观察到蓝绿色发光，然后继续研磨转变为红色粉末。**38** 或 **39** 的多色开关是通过自组装结构的变化实现的，它诱导芘基团从深蓝

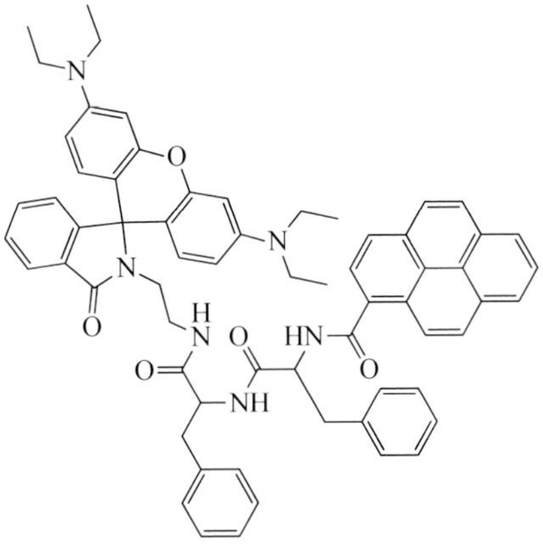

N O N O N O H N O NH O HN O NH

38

NH O HN O O HN O HN O NH O NH N O N O N N

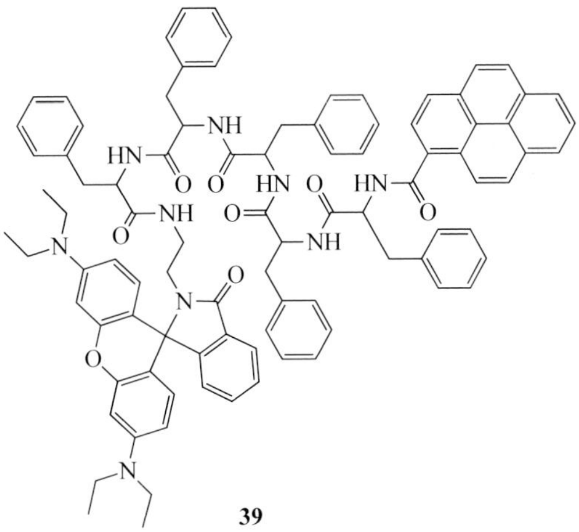

39

色的激基缔合物结构 E1 转变为蓝绿色发射的激基缔合物结构 E2（E1：在较短波长发射的深蓝色部分重叠的芘二聚体单元，量子产率低，寿命短，是一种不稳定的激基缔合物结构，通常存在于晶体和黏性液体等受限环境中；E2：由于具有增强 π-π 相互作用的三明治结构，芘的稳定激基缔合物结构发射波长较长，呈蓝绿色，量子产率较高，寿命较长）；再通过罗丹明 B 从螺旋环酰胺到开环酰胺的开环反应。为了控制该体系的三色开关，关键是控制分子结构或将芘的激基缔合物结构限制在一个受限的环境中，以重叠的方式压缩芘的激基缔合物结构。这些结果不仅揭示了超分子结构与光物理行为的关系，而且为新型多色机械变色材料的设计提供了广阔的前景。

2015 年，Jia 等[20]报道了一种在支化氨基间隔基两侧含有两个蒽基团和一个罗丹明 6G 基团的化合物 **40**，其表现出力刺激发光颜色变化行为。由于蒽的 π-π 堆积和罗丹明 6G 的开环反应，该化合物具有不同的发光颜色变化。

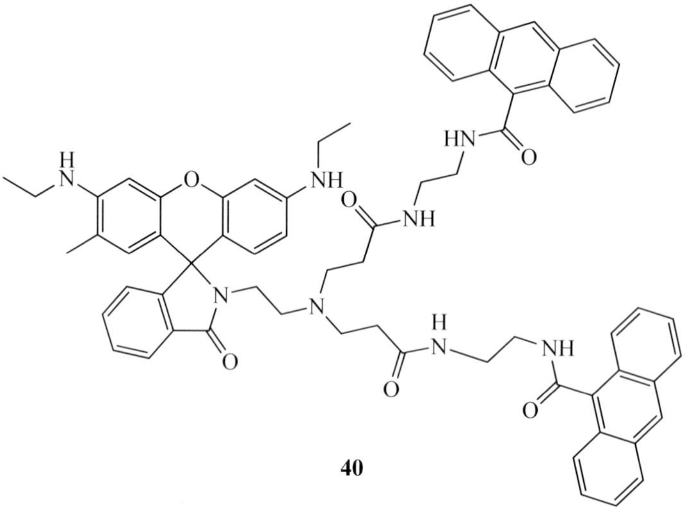

40

2015 年，Ling 等[21]基于马来酰亚胺电子受体（A）基团和两个咔唑电子给体（D）基团，合成了一种 L 形的 D-π-A-π-D 结构分子 **41**。**41** 在极性溶剂中表现出微弱发光或无荧光，但其聚集态（包括非晶态薄膜和晶态固体）表现出较强的荧光发射。三种不同结构的 **41** 晶体发出强烈的黄光和红光。黄色晶体 YC1、黄色晶体 YC2 和红色晶体 RC 的量子产率分别为 72%、80%和 23%。在热、压力和溶剂蒸气的刺激下，聚集态依赖的荧光可以可逆地变化。**41** 的强发光和多重刺激响应特性可用于构造五种简单的逻辑门和十余种时序组合逻辑系统。

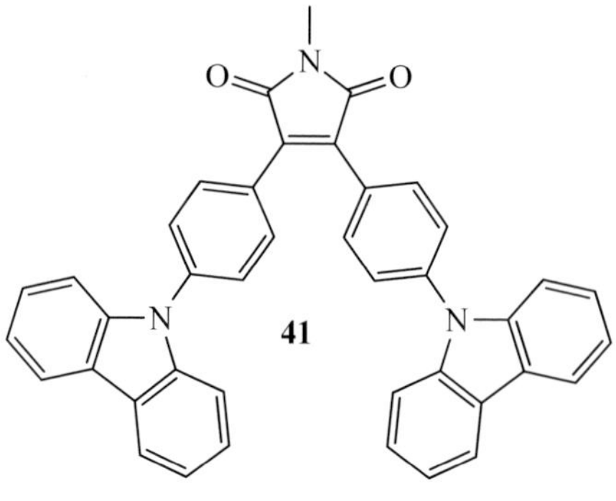

41

2015 年，Nakano 等[22]制备了三个芘胺衍生物，包括乙酰基芘胺（**42**）、辛酰基芘胺（**43**）和十八酰基芘胺（**44**），并研究了这些化合物的力刺激发光变色响应现象及机理。结果表明，这些材料的结晶样品具有力刺激发光变色响应特性，在机械研磨作用下，发光颜色由蓝紫色到黄绿色进行可逆变化。**42** 的晶体 X 射线衍射分析、电子吸收、荧光光谱、荧光寿命分析和粉末 X 射线衍射分析表明，观察到的力刺激发光变色响应是由形成的晶体缺陷所致。分子间氢键对力刺激发光变色响应行为产生重要作用，抑制芘基团的面对面重叠，从而在原始晶体中形成激基复合物。

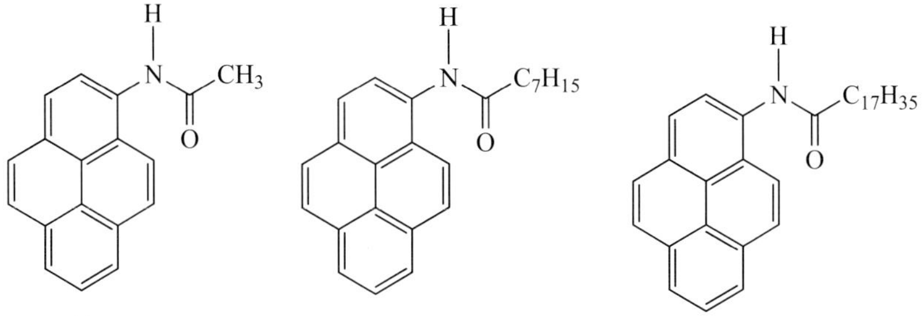

2015 年，Enomoto 等[23]报道了一种力刺激发光变色响应有机分子 **45**，它显示出可切换的近红外和蓝色荧光响应。分光光度分析和单晶 X 射线衍射研究表明，近红外荧光是由晶体中滑移堆积的二聚体结构引起的，而蓝色荧光是由单体的荧光产生的。在机械研磨和溶剂熏蒸的刺激下，两个分子排列方式相互转换，因此可以通过这种动态结构之间的转换实现近红外和蓝光之间的切换。

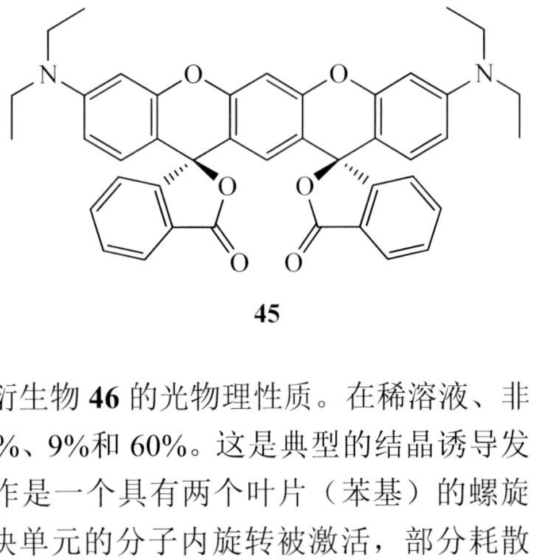

2015 年，Tang 等[24]研究了二苯乙炔衍生物 **46** 的光物理性质。在稀溶液、非晶固体和晶体中，**46** 的 PLQY 分别为 49%、9%和 60%。这是典型的结晶诱导发光增强（CIEE）现象。二苯乙炔可以看作是一个具有两个叶片（苯基）的螺旋桨状分子。在溶液中，两个叶片围绕乙炔单元的分子内旋转被激活，部分耗散了光激发态的能量，从而导致发光猝灭。因此，**46** 在溶液中表现出中等 PLQY。在非晶态固体中，分子内的旋转受到限制，有望提高 PLQY。但实际上，发光体之间的强 π-π 相互作用导致了较严重的发光猝灭，分子聚集体的 PLQY 低至 9%。在单晶中，晶体学数据显示，同一个二苯乙炔单元中的两个苯基高度共面，相邻两个二苯乙炔单元的共轭面相互正交。这种分子构象和生色团堆积消除了分

子间的 π-π 相互作用，从而大大减少了引起荧光猝灭的 π-π 相互作用，同时，正交堆积允许形成相邻苯基间的 C—H⋯π 键锁定分子内旋转而荧光发光得以保留，因此，**46** 单晶的发射强度明显增强。除了 CIEE 性能外，**46** 还表现出良好的液晶性能。二苯乙炔的介晶和溶剂化发光变色效应，以及通过引入电子供体和受体对二苯乙炔进行改性而产生的力致发光变色效应，使得化合物 **46** 具有一定的应用前景。

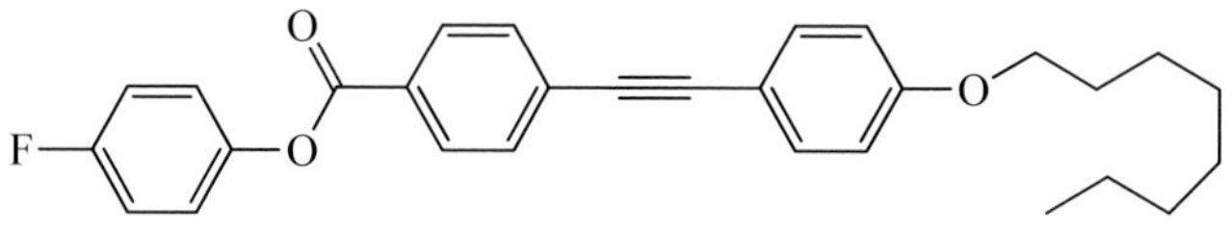

46

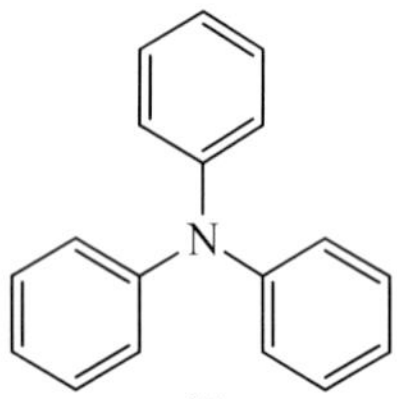

47

2015 年，Xu 等[25]选择三苯胺 **47** 作为模型分子，研究剪切力和静水压力下分子构象的变化。三苯胺是一种具有螺旋桨状结构、大共轭结构和单分子荧光特性的有机光电功能分子。在不同压力（0～1.9 GPa）下，用机械研磨或金刚石压砧（DAC）原位记录了三苯胺的荧光光谱和拉曼光谱。结果表明，三苯胺经研磨后晶相转变为非晶态，而在 1.9 GPa 的静水压力下没有明显的相变，说明了三苯胺的稳定性。通过 DAC 施加静水压力可以诱导分子构象变化，施压过程中可以观察到三苯胺的压力诱导发射增强现象。高压拉曼光谱的分析结果表明，压力下分子构象的变化是由苯与氮原子的扭曲二面角引起的，这与研磨剪切力引起的相变不同。

2015 年，Yi 等[26]研究了如何通过各种物理刺激对一系列萘酰亚胺衍生物（**48**～**54**）的发光进行调节，包括热、超声和研磨。对萘酰亚胺基有机凝胶剂（**50**～**54**）的有机液体进行超声可引发凝胶化，实现了对颜色和荧光发射的即时可切换控制。有机液体中凝胶剂的绿色发光悬浮液经超声和短时间照射后，转变为橙色发光凝胶，发射波长红移约 60 nm，荧光强度猝灭因子为 20，随后可通过加热逆转。当超声引发的凝胶蒸发成干凝胶后，固体干凝胶（**50**、**51**、**53**、**54**）表现出力刺激发光变色响应性能。随着研磨强度增加，其颜色由红色变为黄色，发光颜色则由橙色变为绿色。这种力致发光变色性质可以通过再胶化过程实现逆转。利用 **50** 的干凝胶的力刺激发光变色响应特性，通过荧光变化定量测量了 2～40 MPa 的力刺激发光变色响应范围，为此类凝胶的压力传感应用打下了基础。这些化合物在外力刺激下的荧光变化与分子结构和溶剂密切相关。不同的分子聚集模式和长程有序排列能够影响萘酰亚胺基团分子内电荷转移过程，从而导致凝胶剂光物理性能的可调性。

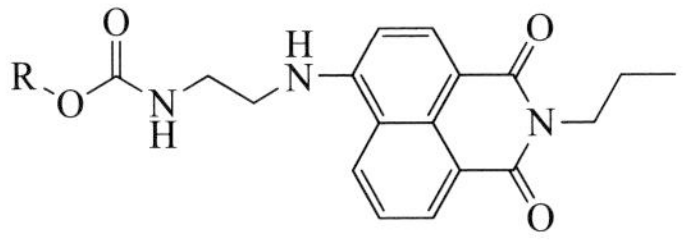

48

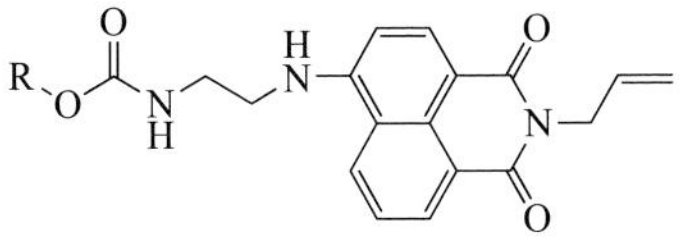

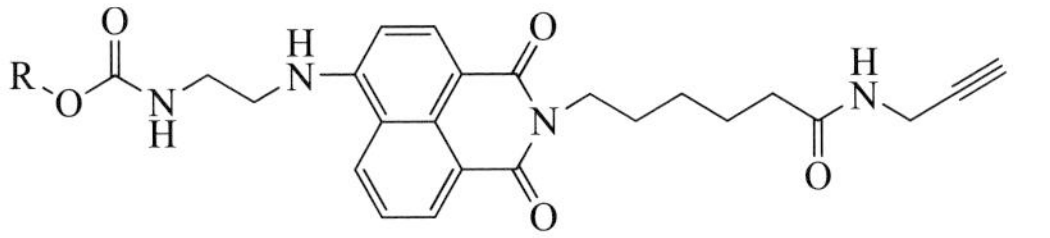

52

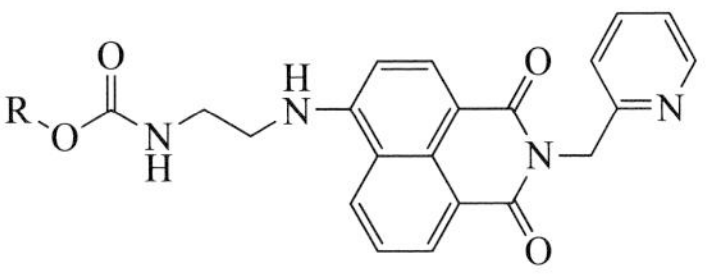

49

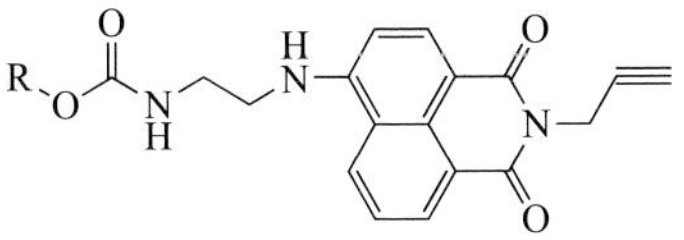

53

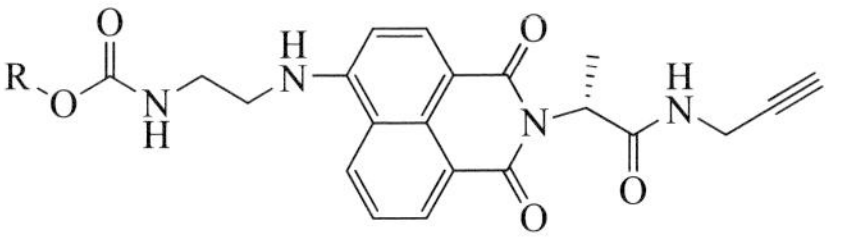

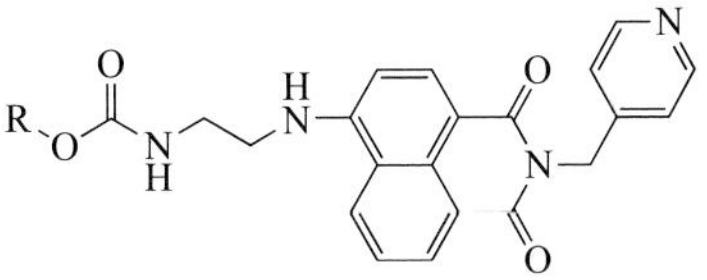

50

54

51

R=

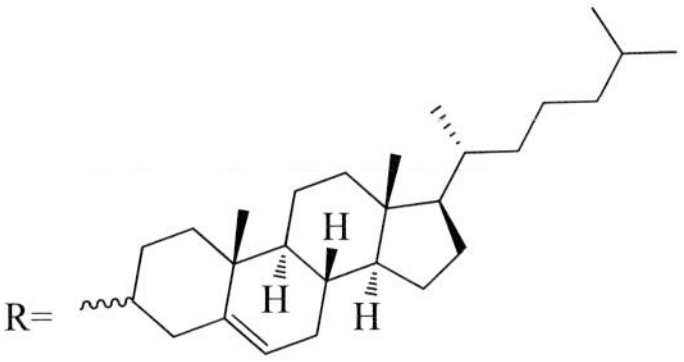

2015 年，Ling 等[27]合成并研究了一系列具有强结晶诱导发射（CIE）活性的苯甲酰胺基二苯基马来酰亚胺衍生物 **55**～**58**。这些化合物在溶液和非晶态薄膜中几乎不发光，但在晶态粉末和晶体中发光强烈且呈绿色，量子产率为 53%～80%。X 射线衍射分析和理论计算结果表明，这些化合物分子在激发态形成的 C═O 和 NH 基团之间的分子内氢键使荧光猝灭，这是由苯甲酰胺基团在溶液和非晶态中的旋转所致。然而，在构象锁定的结晶状态下，这种振动转动不会发生。因此，激发态氢键的形成和抑制可能与它们的 CIE 活性有关。利用研磨、加热、溶剂蒸

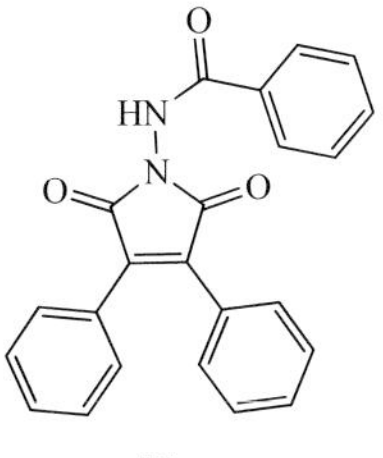

55 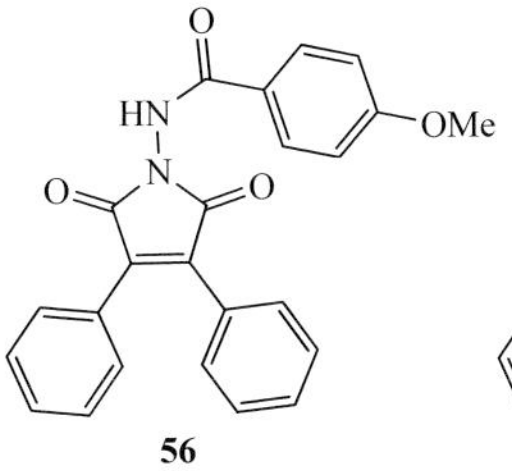 56 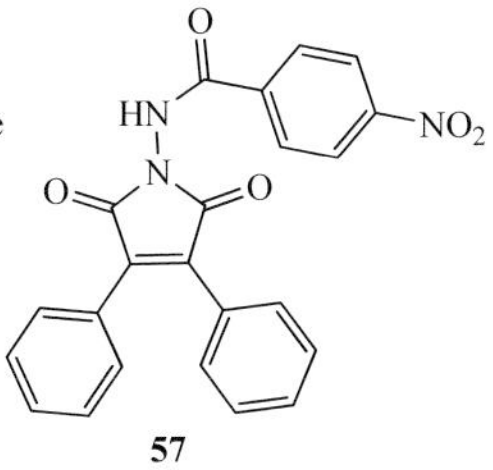 57 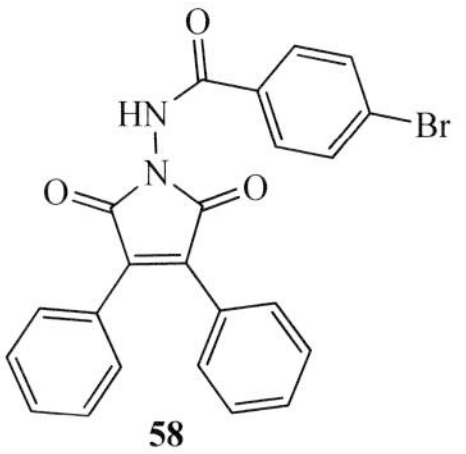 58

气和酸碱等外界刺激，可以使这些化合物固体的荧光在开/关状态之间切换，可用于开发可擦写信息存储和安全油墨的新技术。

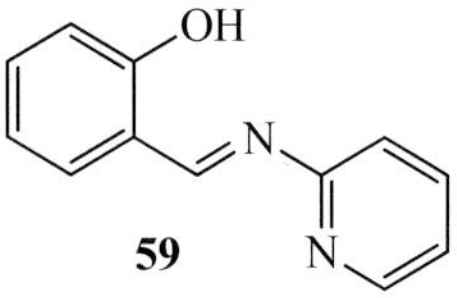

2016 年，Laskar 等[28]研究了一种席夫碱化合物 **59**。能够在固体状态下发出亮光的化合物 **59** 被认为是 AIE 活性化合物。而进一步的研究表明，这种 AIE 性质实际归因于 J-聚集介导的激发态分子内质子转移（ESIPT）。该化合物还具有力刺激发光变色响应性能，研磨后发光颜色由黄色变为黄绿色。此外，该化合物分子碰到 F^-溶液发光明显增强，可以用于敏感地检测 F^-，检测限为皮摩尔数量级的浓度（14.0 pmol/L）。氟化物的这种荧光开关检测归因于在“O”和“F”之间产生的激发态分子内质子转移反应机理。

OH N N **59**

2016 年，Zhou 等[29]通过在喹喔啉单元的 2, 3-位置连接不同的芳基，设计并合成了一系列交叉共轭发光化合物 **60**～**63**。值得注意的是，具有相同共轭主链的交叉共轭发光分子在电荷转移、力刺激发光变色响应和金属离子传感方面表现出不同的行为。分析表明，所有发光化合物都表现出显著的 ICT 发射，而不含芳基取代基的化合物 **60**，其基态和激发态之间的偶极矩差最大。此外，由于晶态和非晶态之间的相变，目标化合物呈现可逆的力刺激发光变色响应性质。吡啶基取代的化合物 **63** 具有最显著的力刺激发光变色响应作用。在研磨 **63** 原始样品时，可以观察到 40 nm 的波长位移，且可通过溶剂熏蒸或热退火处理得以恢复。此外，目标化合物还可以特异性且灵敏地识别 Fe^{3+}。另外，化合物 **63** 可以作为银离子的比色测定和荧光化学传感器。

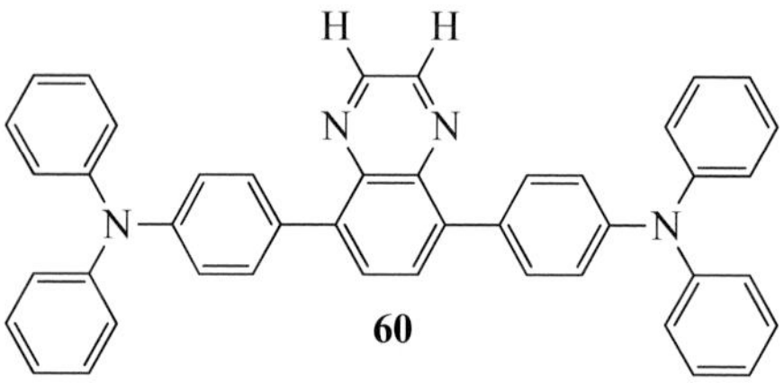

H H N N N N **60**

N N N N **61**

S S N N N N **62**

N N N N N N **63**

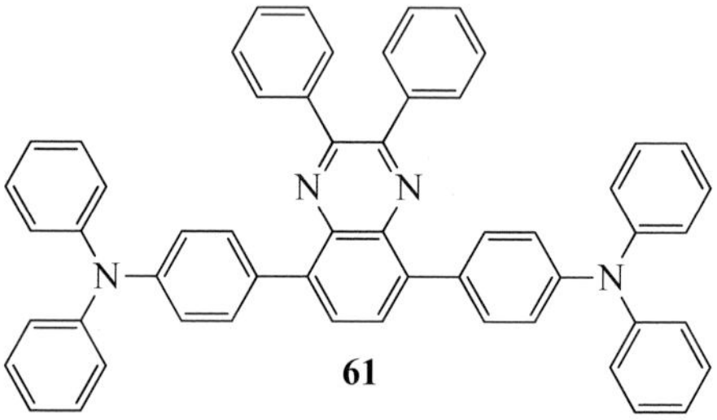

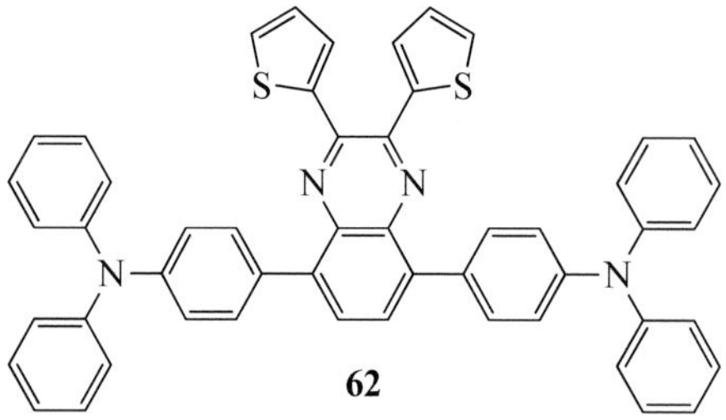

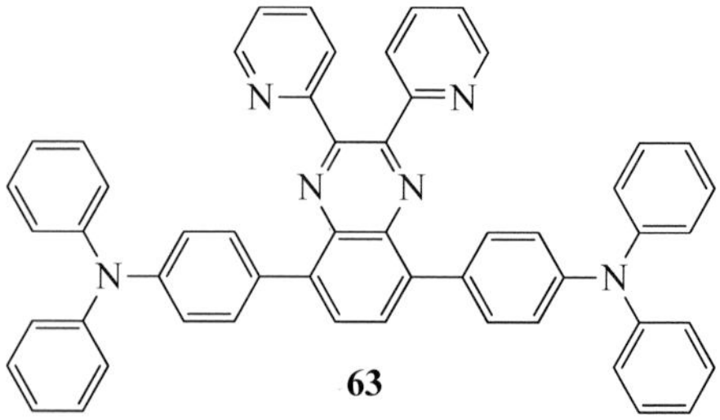

2016 年，Xiao 等[30]报道了一种具有刚性共轭结构的固体发光化合物 **64**。化合物

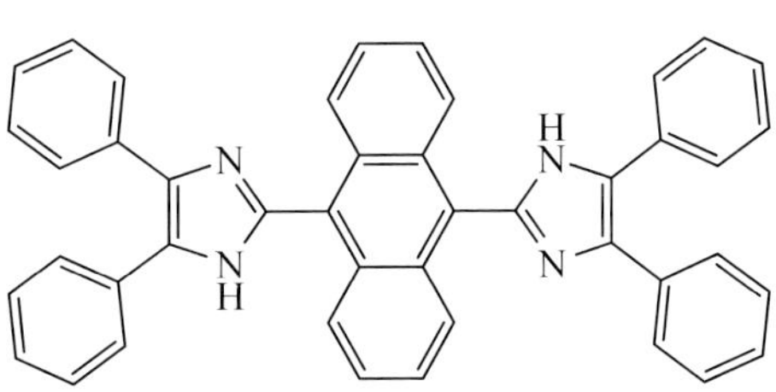

64 显示出高对比度的力刺激发光变色响应性能。研磨原始晶体时发光由蓝光变绿光，且发光效率比较高，蓝光发射和绿光发射可通过异丁醇熏蒸进行逆转。单晶结构分析和 PXRD 研究结果表明，在力刺激发光变色响应过程中观察到的不同荧光发射是由分子间 π-π 堆积改变产生的。

64

2016 年，Kato 等[31]设计并合成了以芘为中心核的 X 形柱状液晶，其可与双噻吩部分四臂共轭，并在末端拴有八个碳（**65**）或十二个碳（**66**）烷氧基链。这些 X 形分子在很宽的温度范围内呈现为六方、四方和矩形柱状液晶（LC）相。延

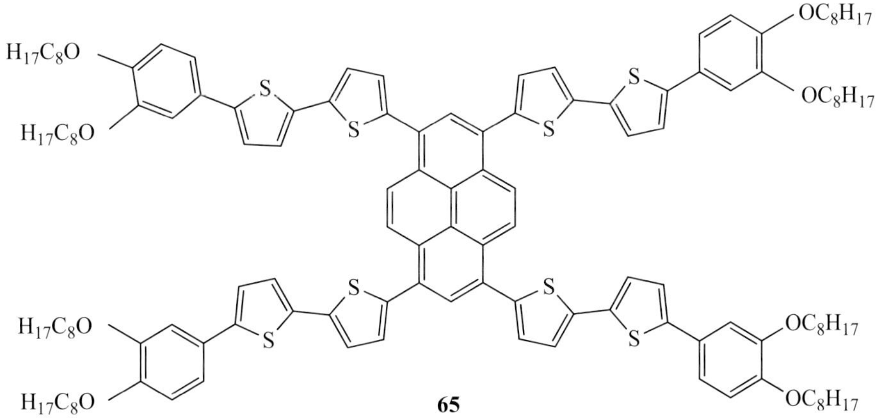

$H_{17}C_8O$ OC_8H_{17}

65

$H_{25}C_{12}O$ $OC_{12}H_{25}$

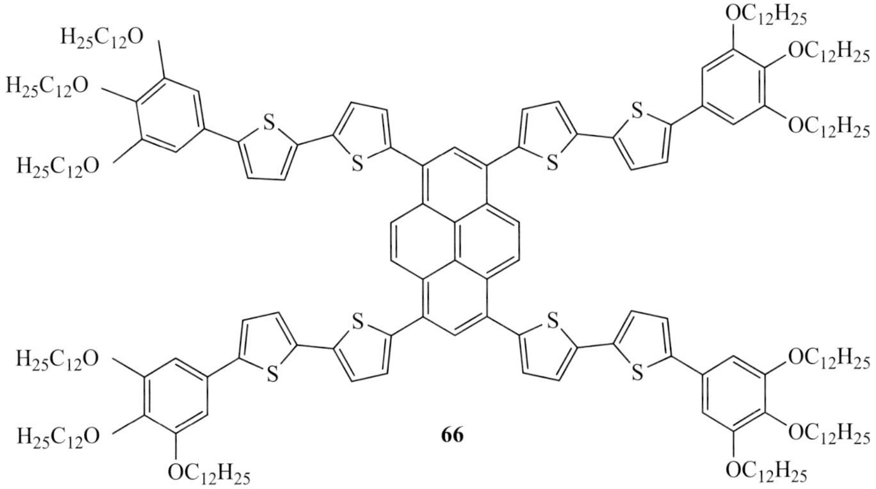

66

伸 π 共轭导致产生相对较低的带隙。利用时间飞行（TOF）光电导进行表征，结果表明，这两种分子在不同 LC 状态下的空穴迁移率为 10^{-5}～10^{-4} $cm^2/(V·s)$数量级。此外，还观察到化合物 **65** 的柱状相的力刺激响应光致发光变化，这可能与不同柱状相的分子间排列有关。在室温紫外光照射下，对有序柱状相样品施加机械剪切力，化合物 **65** 的发光颜色由红色变为橙色，形成新的无序柱状相。通过将剪切后样品加热到各向同性状态，然后冷却到室温，可以恢复 **65** 初始有序柱状相的红光。相比之下，化合物 **66** 在剪切前后的发光颜色没有明显变化。

2016 年，Han 等[32]报道了一种既具有 AIE 又具有扭曲分子内电荷转移(TICT)机理的席夫碱衍生物 **67**。在紫外光照射下，晶化粉末发出强烈的绿色荧光，而研磨后发射波长红移，发光强度也显著降低。荧光变化主要是由于晶体-非晶的转变，XRD 分析和显微技术证实了这一点。此外，再结晶过程可以很容易地将非晶相转化为其原始结晶状态，而这种再结晶过程可以通过在普通有机溶剂中浸泡或熏蒸来实现。重要的是，这两个状态之间的切换可以重复 25 个以上的循环而不产生疲劳。这种优良的抗疲劳性能得益于 **67** 简单的分子结构。简单的分子结构可以减少 π-π 堆积或者分子的链缠结，有利于分子内运动和分子构象变化。基于力刺激响应化合物的优良抗疲劳性能，研究者提出了一种实现可擦写光学数据存储的新策略。二进制数据可通过机械力编码在基板上，并通过熏蒸处理擦除，这种信息加密技术显示出良好的重复性和批量存储潜力。

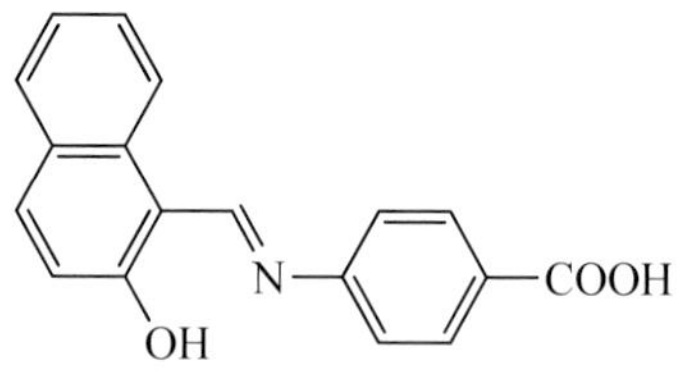

COOH
OH
N
67

2016 年，Moon 等[33]通过将异喹啉与力致发光变色三苯胺核连接，开发了智能荧光化合物 **68** 和 **69**，并展示了热/力刺激发光变色响应、可调节固态荧光，以及制备了可擦写和自擦写荧光平台。**68** 和 **69** 在溶液中表现出强烈的荧光，在固态中发出强度中等的荧光。在 DMF 溶液中，随着温度升高（0～100℃），**68** 和 **69** 均表现出罕见的荧光增强，这是由更多辐射振动跃迁被激活所致。然而，只有 **68** 显示出可调节的固态荧光和可逆的力刺激发光变色响应。不同溶剂制备 **68** 单晶的构象差异是导致固态荧光可调的原因。PXRD 研究表明，在压力和加热的作用下，晶体向非晶的相变是可逆的。利用 **68** 和 **69** 的异喹啉单元，通过暴露在酸［三氟乙酸（TFA）、盐酸］和 NH_3 中来实现荧光开/关。**69**-TFA 的单晶结构研究证实了异喹啉氮的质子化。此外，**69**-TFA 晶体在晶格中也显示出不寻常的水四聚体形成。**68**/**69** 分散在 PMMA 聚合物主体中，其荧光强度增强，且可以通过暴露在酸/碱氛围下实现荧光开/关。有趣的是，**68**/**69**-PMMA 薄膜在 TFA/HCl 和 NH_3 作用下表现出异常的荧光响应。荧光开启的 **68**/**69**-PMMA-TFA 在 NH_3 氛围下缓慢地自动变为荧光关闭状态。相比之下，**68**/**69**-PMMA-HCl 薄膜暴露于 NH_3 或 **68**/**69**-PMMA-TFA 经 KOH 处理则表现出稳定的蓝色荧光，且仅

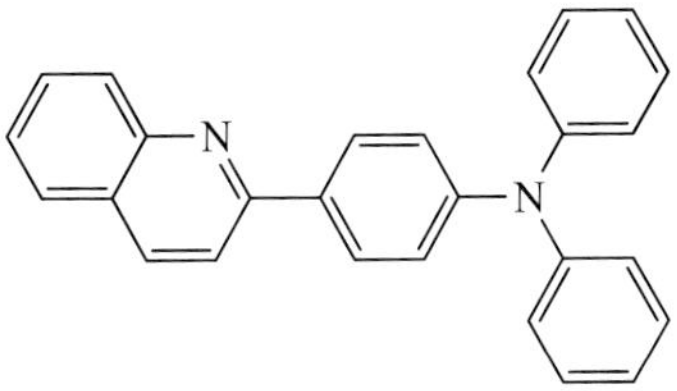

68

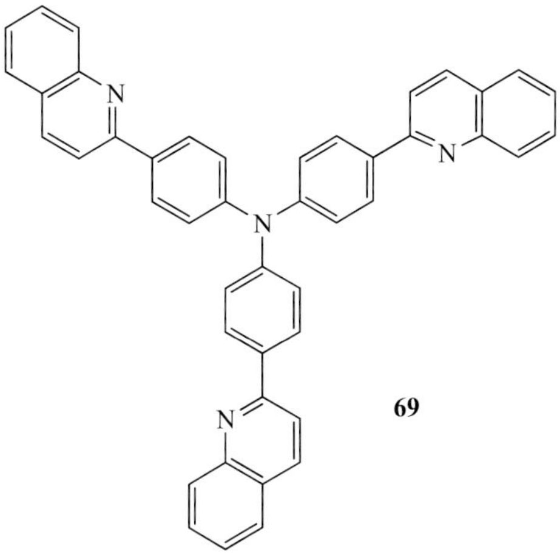

69

通过暴露在酸氛围中才能关闭荧光。利用**68**/**69**在PMMA聚合物主体中的自可逆和受激可逆荧光开关，在滤纸和载玻片上研制了可擦写、自擦除荧光平台。多重刺激响应特性，特别是自擦写和可擦写荧光平台表明了力刺激发光变色响应化合物**68**和**69**在智能器件开发中的应用潜力。

从结构变化和氧化稳定性的角度来看，砷唑优于传统研究的磷光体，非常适合实际应用。2016年，Naka等[34]报道了一系列砷唑衍生物**70**～**74**。化合物**70**～**74**在结晶状态下的分子排列几乎没有或只有很弱的分子间相互作用，因而表现出力刺激发光变色响应行为，经过研磨后，发射光谱发生蓝移，并伴随着长波长发射发光强度的减小。在这些化合物样品中，**72**在研磨前后的PL光谱变化最小，这是因为**72**晶体中分子间相互作用形成了一个稳定的晶体矩阵。**74**的颜色变化则非常明显。**74**晶体样品经研磨后，发射波长蓝移12 nm，且610 nm与580 nm处的相对峰值强度降低了41%。通过CH_2Cl_2蒸气熏蒸，这些研磨样品能够部分恢复其原始发光颜色，但是这种恢复不完全。为了研究**74**晶体中的分子排列，测试了**74**的XRD谱图。实验结果表明，**74**研磨后的样品仅有较宽的衍射峰，说明研磨过程产生了晶体向非晶的转变。在CH_2Cl_2蒸气熏蒸后，化合物**74**的XRD谱图上出现了晶体的信号，并与**74**单晶模拟出的粉末XRD谱图结果一致。

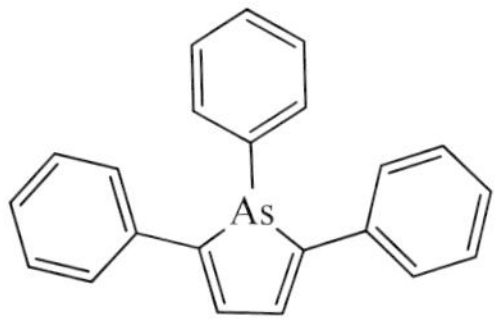

Br As Br OCH3 H3CO

70 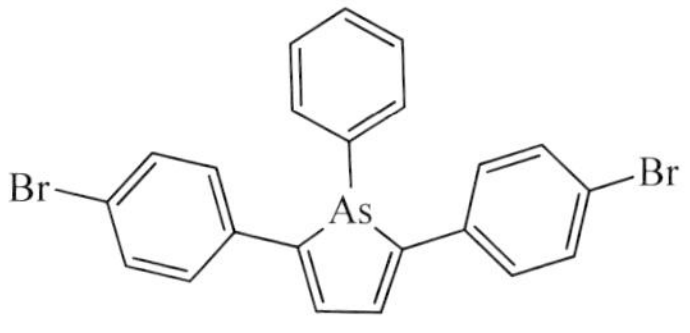 71 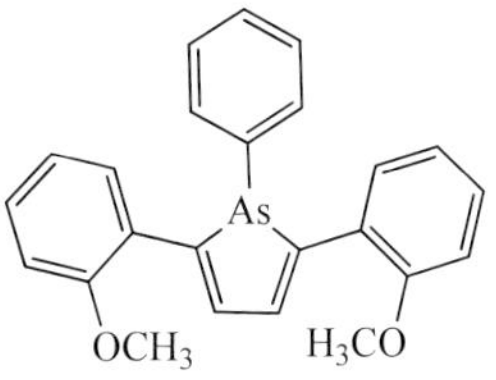 72

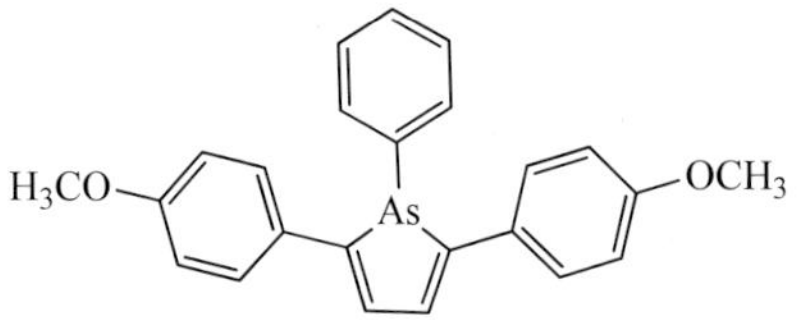

H_3CO As OCH_3 $(H_3C)_2N$ As $N(CH_3)_2$

73 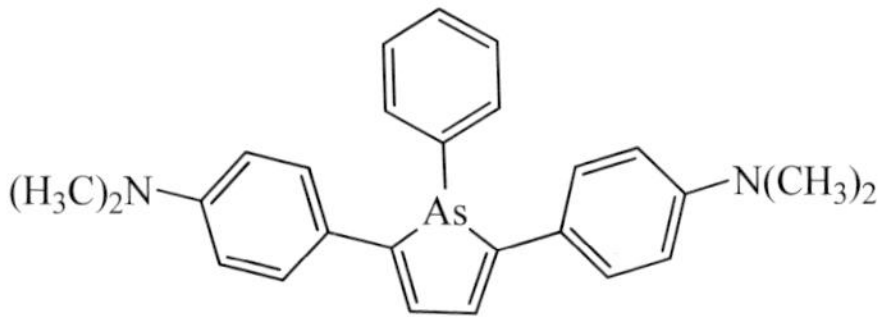 **74**

2016 年，Ito 等[35]报道了双吲哚衍生物 **75**～**77**。**75**～**77** 的 XRD 分析结果表明，双吲哚衍生物 **77** 中部分重叠的芘环形成分子内 π 堆积。值得注意的是，**77** 表现出两步力刺激发光变色响应：即 **77** 的发射颜色可以从蓝色（462 nm）可逆地转换为绿色（516 nm）和黄色（535 nm）。研究表明，基于螺环发光分子，引入分子内 π 堆积是一种有效地构筑力致发光变色分子的设计策略。这种设计策略也为获得具有多色发光变化的新型力刺激发光变色响应材料提供一种可行的途径。

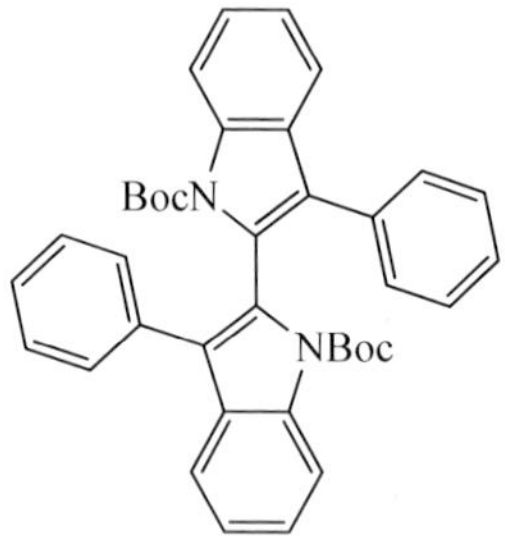

BocN NBoc BocN NBoc BocN NBoc

75 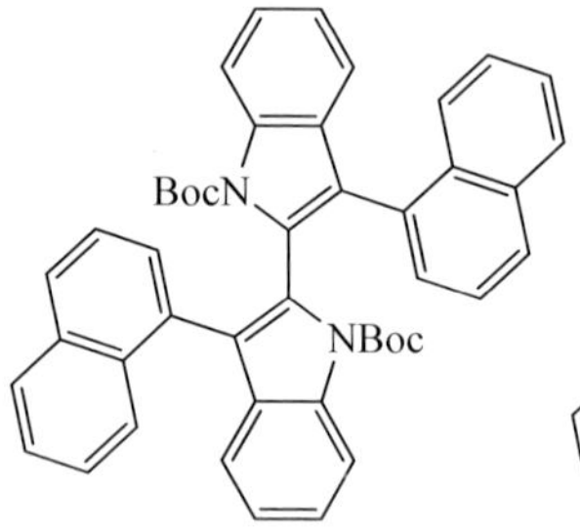 **76** 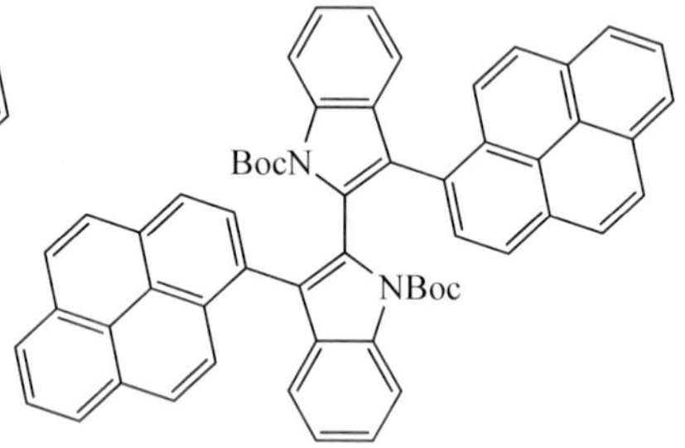 **77**

2016 年，Ito 等[36]报道了一系列苯并噻二唑衍生物（**78**～**87**）。**78**～**87** 固体的发光范围可涵盖蓝色（485 nm）到红色（654 nm），且具有较高的荧光量子产率。其中，3-甲基吲哚衍生物（**84**～**87**）具有自恢复的力刺激发光变色响应性能。这些化合物在受到机械力刺激时颜色会发生改变，并能在室温下自动恢复至原来的颜色。通过改变苯并噻二唑环上的取代基，可以调节发光颜色和变色恢复时间。通过单晶结构分析，研究者认为化合物 **84**～**87** 的自恢复力刺激发光变色响应的机理是：晶体在机械力刺激下发生部分非晶化，然后以再结晶的形式进行自恢复。

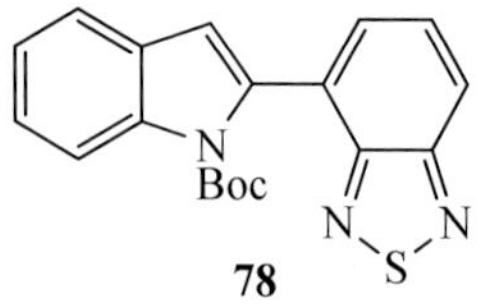

N Boc N S N CH_3 N Boc N S N CHO N Boc N S N

78 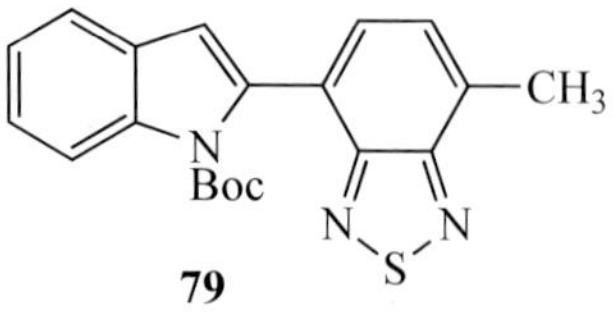 **79** 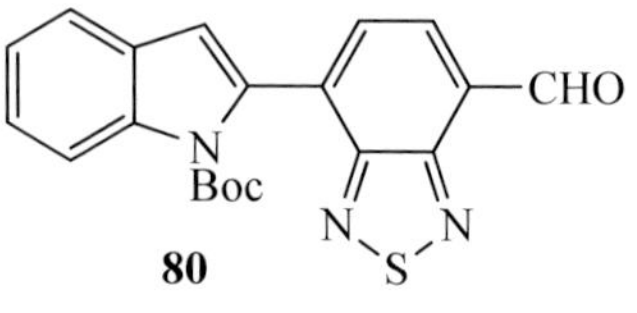 **80**

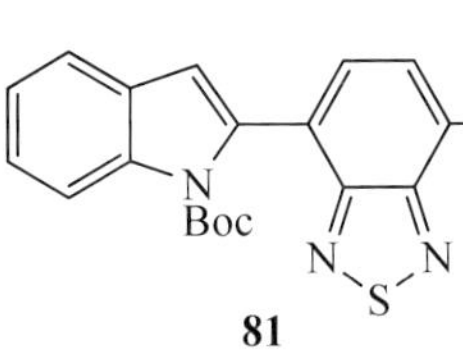

81 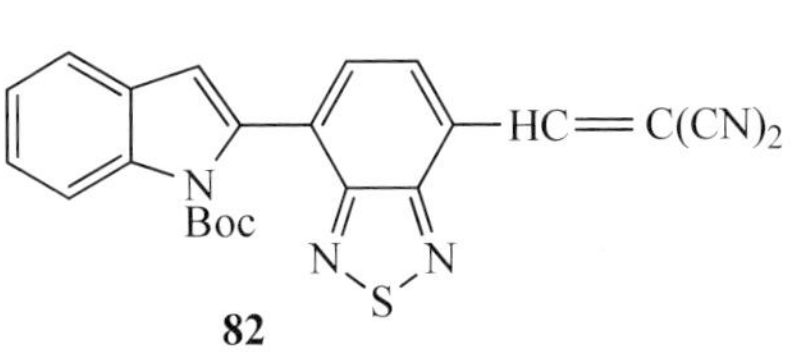 82

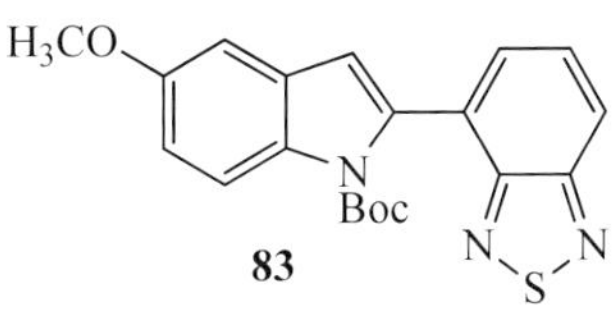

83 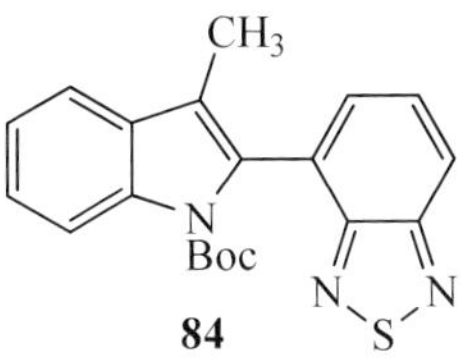 84 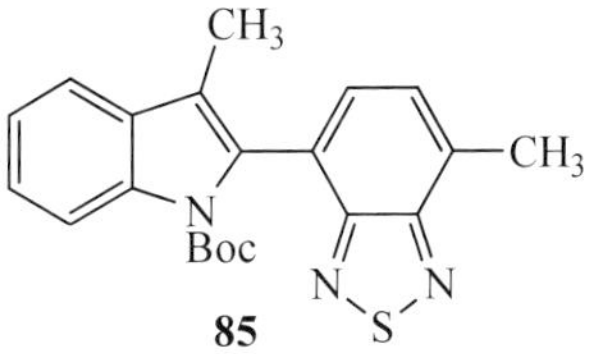 85

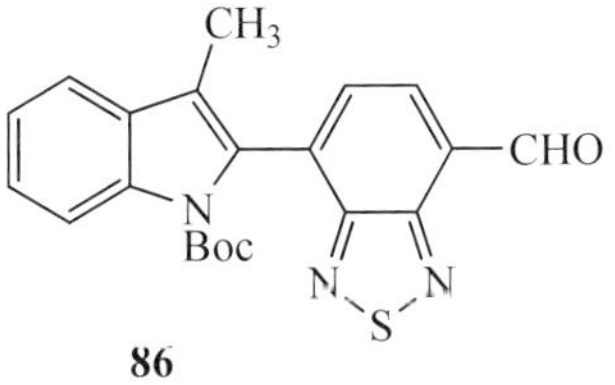

86 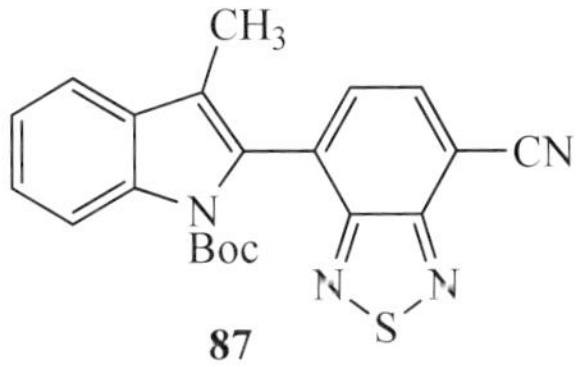 87

2016 年，Wu 等[37]设计并合成了三种具有不同吸电子能力末端基团的 D-π-A 型 1, 4-二氢吡啶衍生物，分别采用二氰基乙烯、氰乙酸乙烯酯和茚二酮作为电子受体。晶体学数据和理论计算表明，在二氢吡啶环上引入的长辛基侧链使目标化合物表现出扭曲的构象。此外，目标化合物因分子内旋转受限（RIR）过程，具有一定的 AIE 活性。进一步研究表明，由于吸电子末端取代基的不同，这些化合物在固态下表现出不同的刺激荧光响应性质。与含二氰基乙烯单元的 **88** 和含氰乙酸乙烯酯的 **89** 不同，基于茚二酮的 **90** 由于晶态和非晶态之间的转变，能够表现出可逆的力刺激发光变色响应和溶剂诱导发光变化。这种差异的产生是因为三种化合物在固态中具有

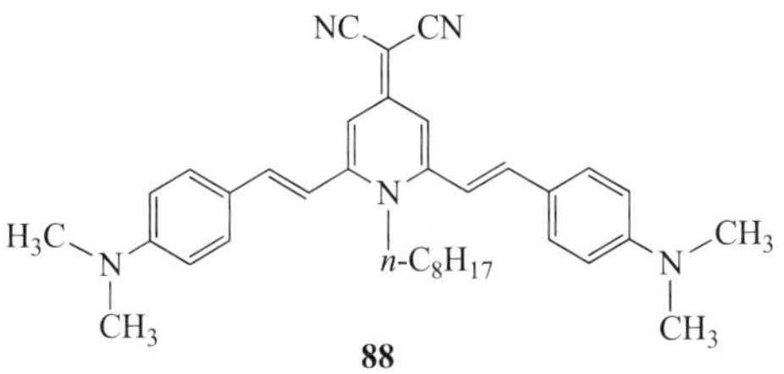

88 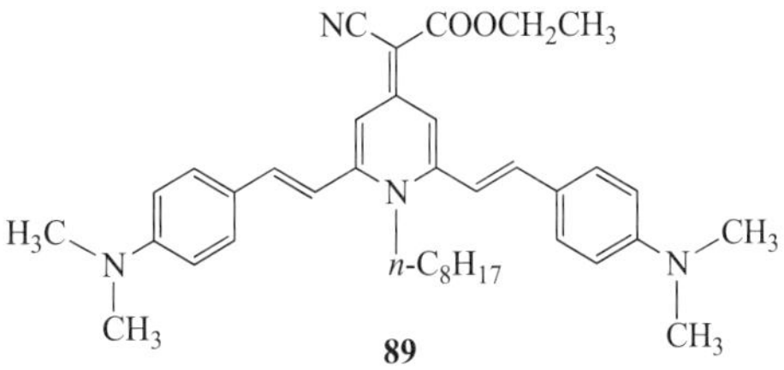 89

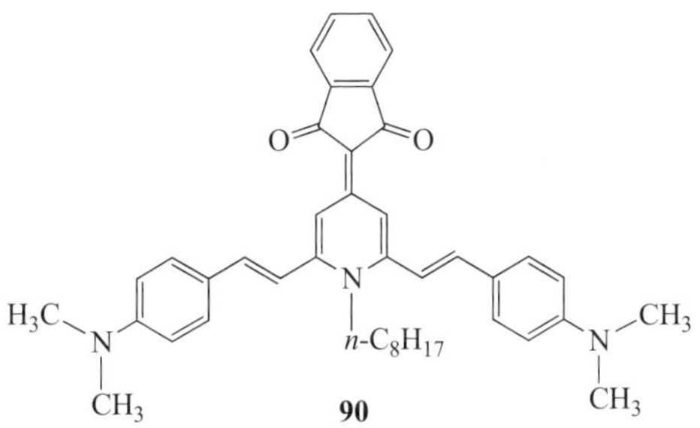

90

不同的分子堆积方式。尽管所有的二氢吡啶衍生物都表现出可逆的酸响应变色，但当它们的原始样品暴露在三氟乙酸（TFA）蒸气时，**88** 和 **89** 的发光颜色从橙色变为绿色，而 **90** 固体的荧光则被直接猝灭。研究者认为，化合物 **90** 在 TFA 氛围中除了 N—CH_3 基团发生了质子化外，羰基也发生了质子化，这导致 **90** 的 TFA 响应与 **88** 和 **89** 不同。此外，实验结果表明这些二氢吡啶衍生物都可以作为低浓度活细胞成像的安全荧光探针。这项研究将有助于研究人员通过对分子结构的微调，开发出更多具有 AIE 活性的荧光材料。

2016 年，Wang 等[38]利用一种简便的合成路线设计合成了具有简单结构的有机力刺激发光变色响应荧光材料，开发了一系列具有良好力刺激发光变色响应性能的芘基膦材料。其中，**91**-PF_6 是当时体积最小，发射波长红移幅度最大（λ_{em}：从 399 nm 移到 486 nm，PLQY：从 36%变到 71%）的含芘荧光分子。对 **91**-PF_6 的力致发光变色机理的研究表明，力致发光变色是晶态和非晶态之间可逆转换导致的。

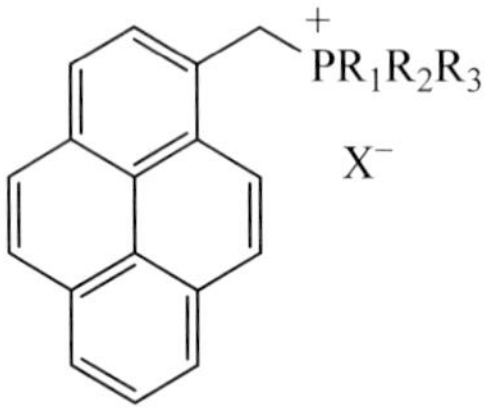

$\overset{+}{P}R_1R_2R_3$ X^-

91: $R_1 = R_2 = R_3 =$ 丁基;
92: $R_1 = R_2 = R_3 =$ 环己基;
93: $R_1 = R_2 = R_3 =$ 辛基;
94: $R_1 =$ 金刚烷基, $R_2 = R_3 =$ 丁基;
95: $R_1 = R_2 = R_3 =$ 苯基;
X=Br, NTf_2, PF_6, BF_4

2016 年，Cheng 等[39]报道了一系列 D-π-A 型茚二酮四氢吡喃衍生物 **96**～**102**，其中茚二酮片段为电子受体，含有不同长度烷氧基链的苯环为电子给体。它们具有聚集诱导发光增强的性能。随着烷氧基链长度的增加，化合物固体的荧光由红色变为黄色，呈现出明显的蓝移。其中一些化合物表现出明显的红移力刺激发光变色响应性能，烷氧基链越长，力刺激发光变色响应性能越明显。此外，这些化合物的荧光发射可以通过研磨、退火和溶剂熏蒸等多种外界刺激进行切换。特别是，在不

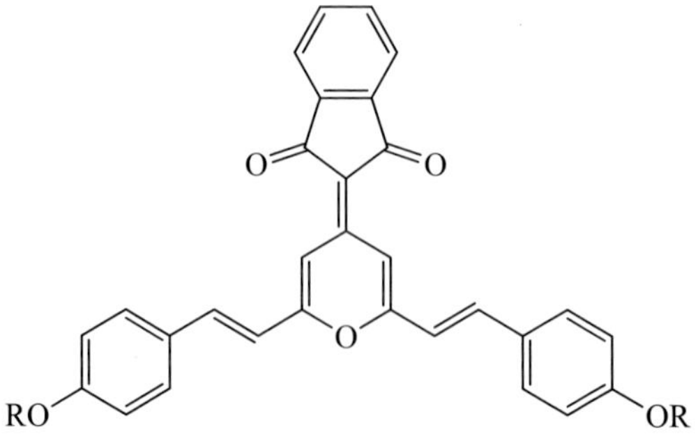

O O O RO OR

R=CH_3, C_2H_5, n-C_3H_7, n-C_4H_9, n-C_8H_{17}, n-$C_{12}H_{25}$, n-$C_{16}H_{33}$
96 **97** **98** **99** **100** **101** **102**

同的溶剂体系（如氯仿和四氢呋喃）中，通过简单的溶解-去溶剂化过程，可以实现与力刺激发光变色响应性能类似的溶剂诱导发光变化。XRD测试表明，力刺激发光变色响应性能和溶剂诱导发光性能的变化都可以认为是由于在各种外界刺激下，晶态-非晶态相变引起的聚集态结构诱导发光性能的改变。该研究表明，这类衍生物烷氧基链长度的精细调控，可以使其具有独特的、可调的固态光学性质。

2016年，Xia和Lu[40]合成了V形化合物**103**及其线型近似化合物**104**，并研究了它们的光物理性质。ICT对**103**的影响比对**104**的影响更显著，这意味着前者在高极性溶剂中的量子产率会大大降低。AIE效应对**103**有增强作用，但对**104**没有增强作用。线型**104**分子在晶体中呈线形排列，平面性较好，电子给受体间能够产生强π-π相互作用，导致固态发光非常微弱。V形**103**的强烈固态发光则得益于其松散扭曲的分子堆积。受到机械力或pH刺激时，**103**可以实现可逆的高对比度荧光颜色变化，而**104**则不能。X射线衍射分析表明，**103**扭曲构象引起的松散分子堆积是强固态发光和力刺激发光变色响应的原因。此外，研究者还利用化合物**103**和CF_3COOH制备了一种有机溶液。这种溶剂在安全油墨领域表现出巨大应用潜力。

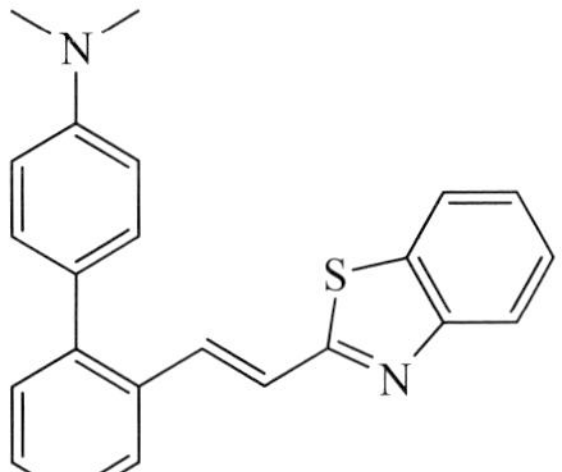

N S N **103**

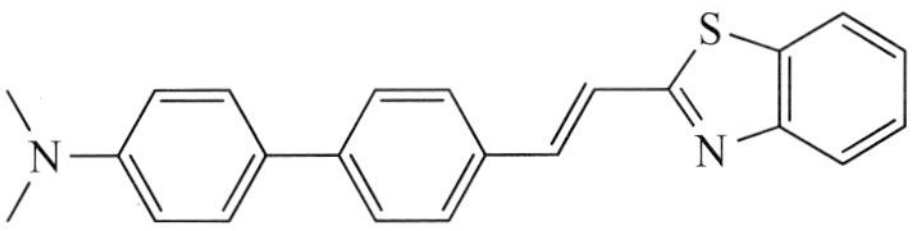

N S N **104**

2016年，Jia等[41]报道了具有机械力诱导可逆三色开关性能的有机分子**105**。该开关由四苯丙氨酸寡肽桥联罗丹明6G片段和蒽单元构建而成。这种分子的多色开关是由超分子结构变化和化学结构变化两种机理的协同作用产生的。相邻分子蒽环之间不同程度的π-π重叠作用和罗丹明6G的开环反应导致蓝绿色、蓝色和黄色三种颜色的转换。

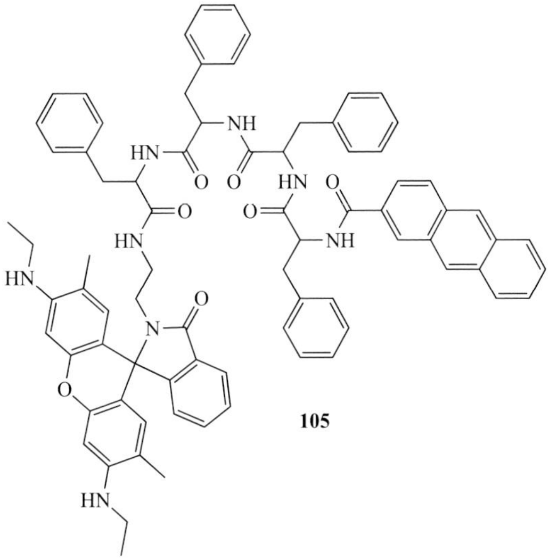

NH HN O O HN O O HN O NH HN HN N O O HN **105**

2016年，Ling等[42]报道了一系列基于咔唑基团的具有不同*N*-取代基的二苯基马来酰亚胺化合物，它们在固态下均表现出强烈发光。这些化合物晶体中的弱分子间作用力可以固定其扭曲的分子构象，而这种扭曲的分子构象则限制了分子内部的转动。因此，这些化合物在极性溶剂中都表现出显著的聚集诱导增强发光（AIEE）特性。由于 **106**～**109** 容易发生晶体与晶体或晶体向非晶相变，其固体发射波长和发光强度对外界刺激（如加热、压力和蒸气）敏感。此外，不同结晶速度的同一溶剂培养的 **109** 晶体分别显示出强烈的黄色荧光（Y）和红色荧光（R）。有趣的是，**109** 分子在热诱导下呈现出从 Y 晶型向 R 晶型的晶体相变。**106**～**109** 样品在研磨和溶剂蒸气熏蒸时，表现出力刺激发光变色响应和蒸气发光变色。研究者根据 **107** 显著的荧光开关特性，设计了两种可擦写的数据记录过程，分别采用溶剂写入或蒸气写入。此外，**107** 在低水压下独特的力刺激发光变色响应行为使其在压力传感器方面也具有一定的潜在应用。研究者还发现，当水溶液中的苦味酸（PA）浓度达到 15 ppm（1 ppm = 10^{-6}）时，**106** 从激发态到基态电子转移产生的荧光被猝灭。利用这一系列化合物分子在聚集态的强发光，其纳米颗粒可用于水溶液中爆炸物和 pH 的检测。**106** 纳米颗粒在 pH 为 1～11 的溶液中，发射 608 nm 的强烈橙光，而在 pH 为 12～14 的溶液中，表现出 475 nm 的弱蓝光发射。上述研究结果为设计多重刺激响应功能材料及其在信息存储及压力、pH 响应和爆炸物检测中的潜在应用提供了一种可靠参考。

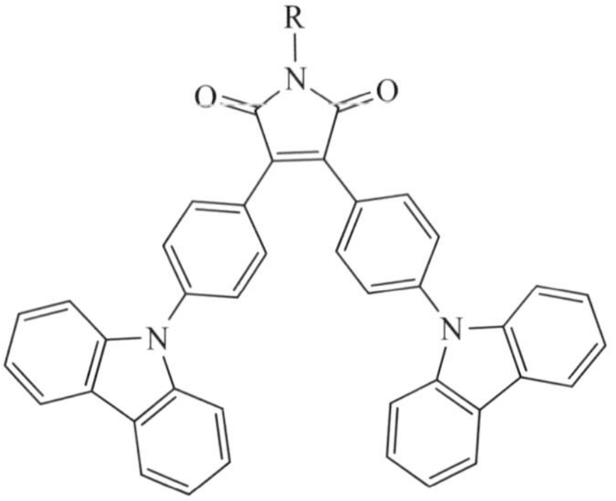

106: R=CH_3
107: R=$CH_2C_6H_5$
108: R=$CH_2C_6F_5$
109: R=CH_2COOBu-*t*

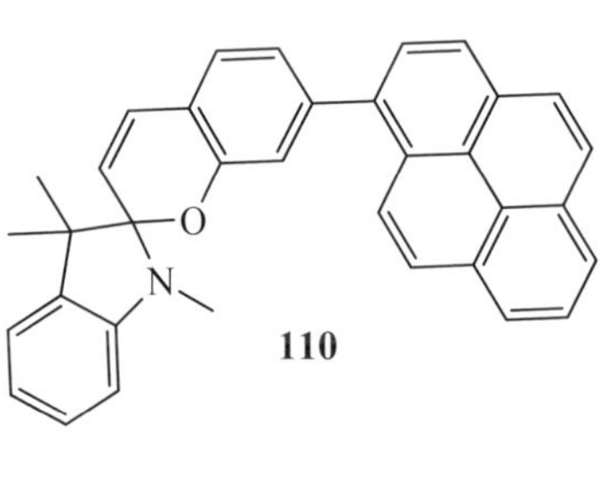

110

2016 年，Ma 等[43]报道了一种用于多模开关和多色力致发光变色材料的螺吡喃芘衍生物 **110**，它对各向异性研磨和各向同性压缩都有响应。压力可以诱导一个连续的力刺激发光变色响应过程，发光从蓝色变为红色，而通过轻磨和重磨可以实现三色转换。该分子展示了一种基于超分子变化和分子结构变化的多色开关分子设计策略和控制力刺激发光变色响应的新方法。

2016 年，Thilagar 和 Neena[44]首次发现了四种基于四苯乙烯的氨基硼烷衍生物

111～**114** 的 AIE 特性，其中四苯乙烯中的 C═C 片段被等电子 B—N 单元取代。含给体单元的化合物 **113** 和 **114** 与不含给体取代基的化合物 **111** 和 **112** 相比，显示出增强的 AIE 性能。这些化合物的溶剂黏度依赖荧光特性表明，聚集态下的 AIE 特性归因于氮上芳基取代基的分子内旋转受限。此外，化合物 **113** 和 **114** 均表现出力刺激发光变色响应行为，加热后能够恢复到原来的发光颜色。研究表明，研磨时从晶态到非晶态的相变导致了力刺激发光变色响应，PXRD 和 DSC 的测试结果进一步证实了这一点。研究者还探讨了发光纳米聚集体 **111**～**114** 对硝基芳香族化合物选择性检测的潜在应用。

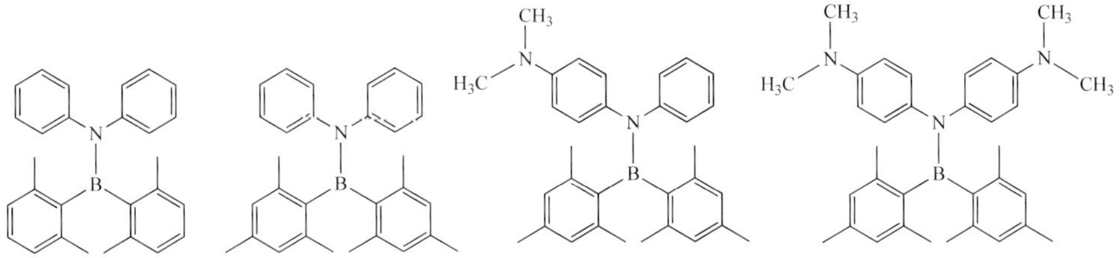

111　**112**　**113**　**114**

2016 年，Das 等[45]报道了一系列噁二唑衍生物 **115**～**119** 的设计合成、液晶性、凝胶性和力致发光变色行为。除 **115** 外，所有材料都表现出单变形液晶特性。对于 **116**，中间相为向列相；对于 **117** 和 **118**，中间相为近晶 A 相。尽管所有衍生物在溶液中表现出相似的光物理性质，但它们的固态和凝胶态的发光性质随烷氧基取代基长度的不同而不同。**115** 和 **116** 在薄膜和凝胶状态下表现出蓝色发光，这是来自单分子发射，而长烷氧基取代衍生物在薄膜和凝胶状态下表现出亮绿色发光，这是由于激基缔合物的形成。在长烷氧基取代衍生物的凝胶和薄膜中，π-π 堆积相互作用和烷基链有效嵌入的协同效应，使得相邻分子间形成较强的电子耦合，有利于激基缔合物的形成。在形成的凝胶中，**117** 凝胶表现独特，最初形成绿色发光凝胶，在老化时转变为蓝色发光凝胶。光物理研究表明，**117** 最初形成的凝胶具有热力学不稳定的分子堆积，有利于激发态下激基缔合物的形成，而老化后则松弛为更稳定的分子堆积，有利于激发态下的单体发射。研究还表明，通过研磨和退火处理，噁二唑衍生物 **116** 和 **117** 的荧光可以在单体和激基缔合物状态之间可逆的反复切换。这些材料在施加机械力的情况下，最大发射波长发生了大于 50 nm 的偏移，从而实现高效的高对比度发光。不同形态的 XRD 研究证实，这些材料的研磨和退火导致了晶态和非晶态之间的可逆相变。

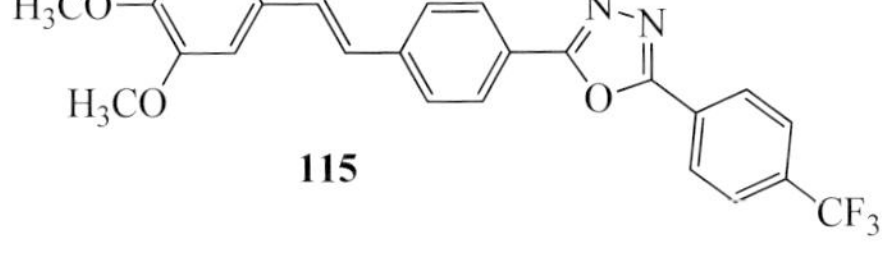

115 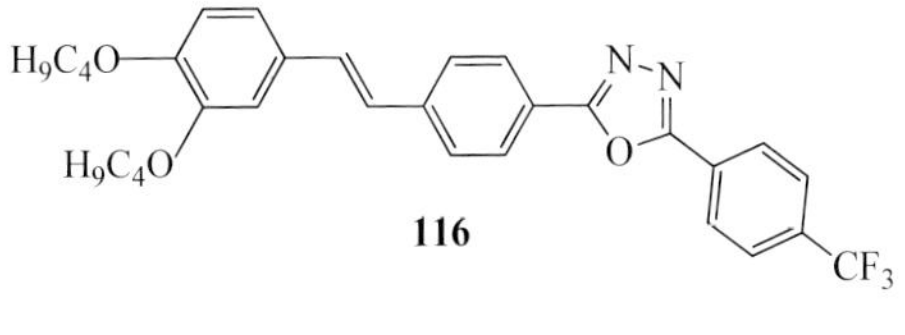　**116**

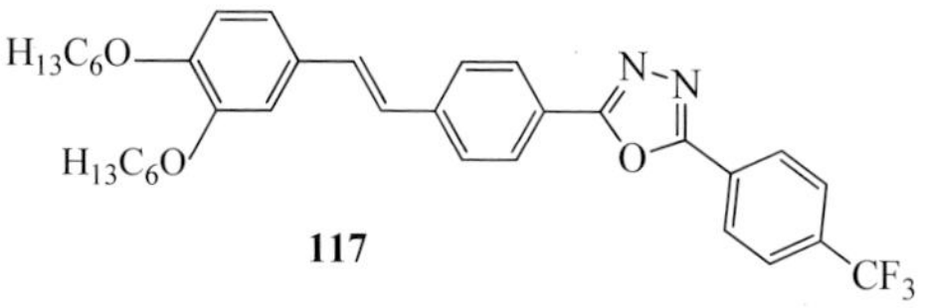

117

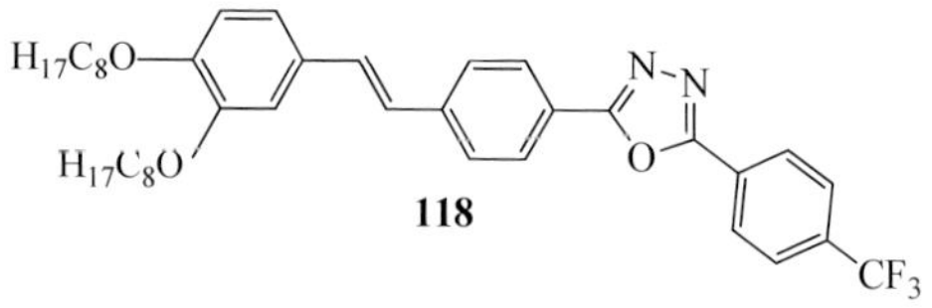

118

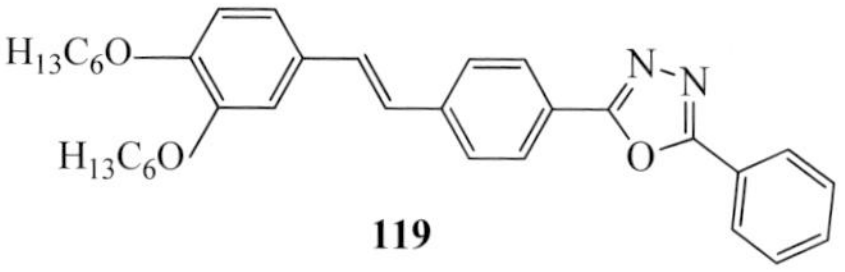

119

2016 年，Lei 等[46]报道了两种基于三苯胺和 1, 3-茚满二酮的共轭分子 **120** 和 **121**。这两种材料都表现出 AIE 行为和力刺激发光变色响应特性。相比之下，**121** 具有更明显的力刺激发光变色响应性能。对于 **121**，初始粉末和研磨后粉末的发射波长分别为 629 nm 和 677 nm。而研磨后 **120** 的发射波长仅红移了 21 nm（从 611 nm 移到 632 nm）。XRD 和循环测试表明，力刺激发光变色响应性能主要是由晶态向非晶态转变引起的。这些红色发光材料对 F^-和 I^-十分敏感。在 F^-和 I^-存在下，发射波长变化近 100 nm，在日光和紫外光下可以用肉眼观察到这种变化。

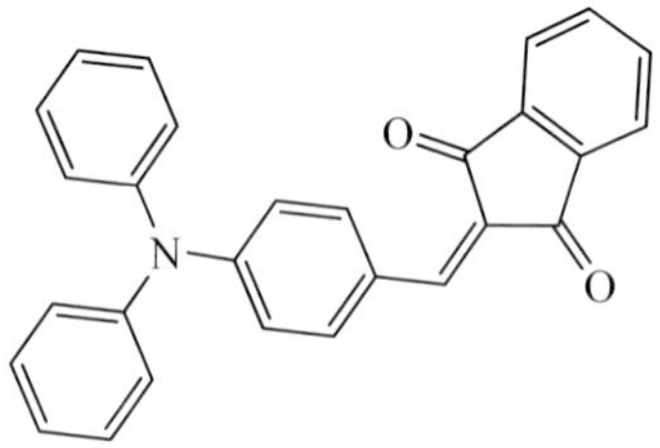

120

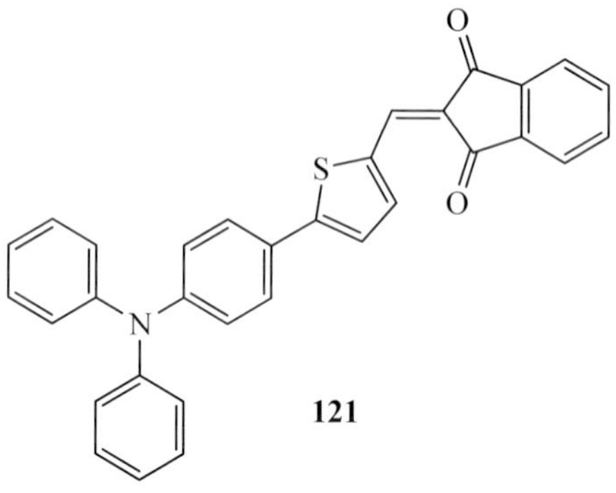

121

2016 年，Zhou 等[47]报道了三种以吡嗪衍生物为吸电子基团的对称 D-A-D 型发光体 **60**、**122** 和 **123**。为了便于比较，还合成了不含吡嗪部分的对比化合物 **124** 和 **125**。由于吡嗪单元中两个亚胺氮原子的吸电子性质和两个三苯胺单元中其他两个胺氮原子的给电子性质，所有 D-A-D 发光体都存在分子内电荷转移（ICT）。此外，在水/四氢呋喃混合溶液中，随着水含量的增加，发光体 **60**、**122** 和 **123** 均表现出“开-关-开”的发光开关特性，这与典型 ACQ 材料和传统 AIE 材料的开关不同。此外，在研磨原始样品时，发光体 **60**、**122** 和 **124** 显示出可通过溶剂熏蒸或热退火处理恢复的发射谱波长红移（分别为 28 nm、29 nm 和 29 nm），这种发光变化来源于晶体结构的破坏和晶态向非晶态的转变。与化合物 **124** 和 **125** 相比（仅分别发生 3 nm 和 5 nm 的微弱红移），含吡嗪的 D-A-D 分子（**60**、**122** 和 **123**）

的力刺激发光变色响应特性更为明显，这表明 D-A-D 分子的 ICT 过程可以放大力致发光变色效应。此外，目标发光体表现出酸响应的发光，在酸性条件下发光被猝灭，在碱性条件下发光可以恢复。这些结果表明，D-A-D 化合物具有多重刺激响应性荧光开关的潜在应用。

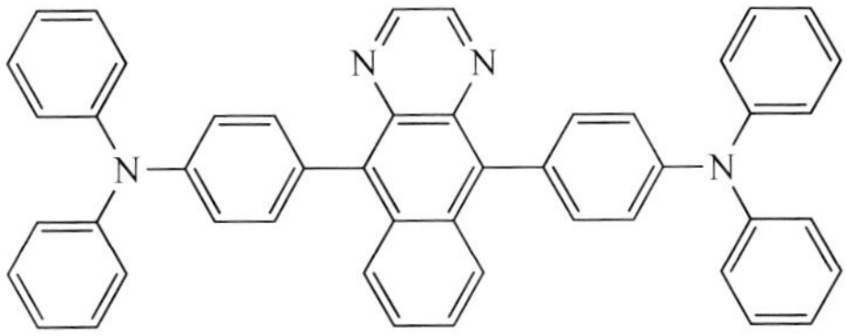

122

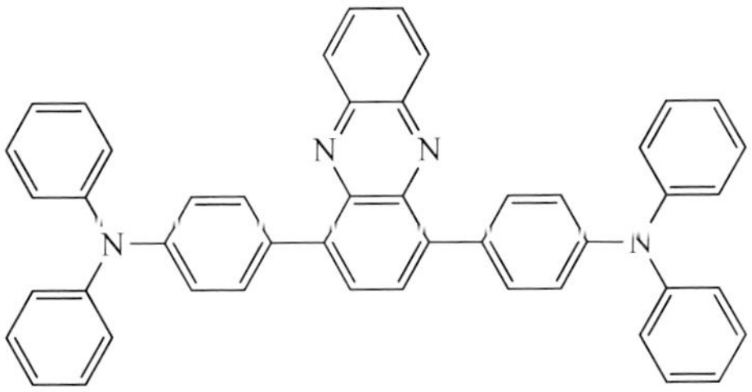

123

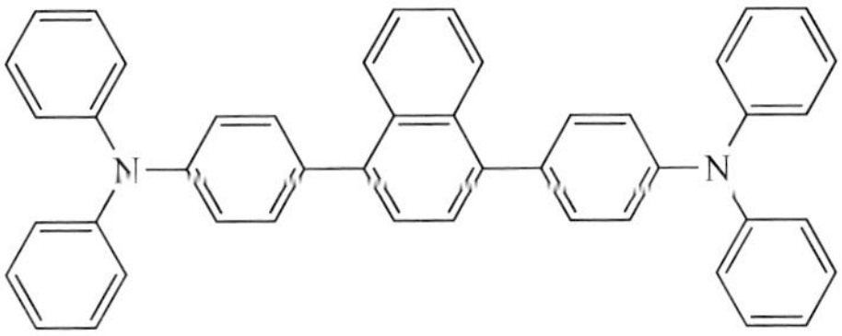

124

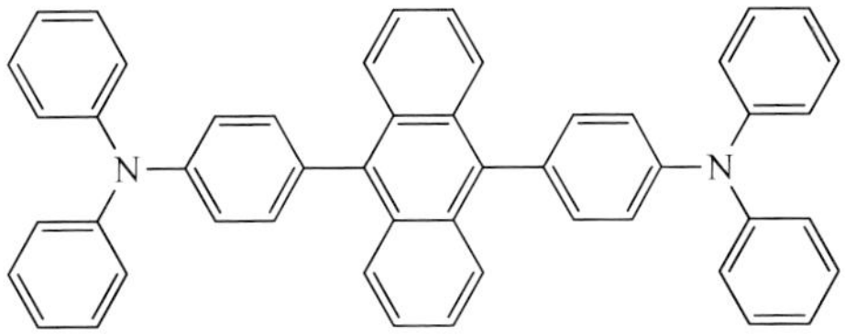

125

许多对环蕃的研究主要针对其稀溶液，在稀溶液中它们内部的腔体可以实现超分子相互作用。然而，对于它们在固态下光物理性质的研究则相对不足。2016 年，Tamaoki 等[48]报道了一种新的机械和热响应发光环蕃，由两个 9, 10-双苯乙炔基蒽组成，并具有两个六乙二醇桥。他们发现，该化合物在高温下表现为向列相液晶。XRD 测试证实热处理和机械力处理引起分子组装的变化，这是光致发光颜色变化的根本原因。环蕃化合物 **126** 在机械研磨和热处理时表现出明显的发光颜色变化，而线型对比化合物 **127** 则没有这种变化。**126** 的刺激响应行为与先前报道的结构相似但桥较短的 **128** 有很大不同，这表明仅仅改变环的大小就可以显著改变发光环蕃的刺激响应和相变行为。这一发现证实了将发光基团整合到环状结构是一种制备具有固态刺激响应特性发光化合物的有效可行的方法。

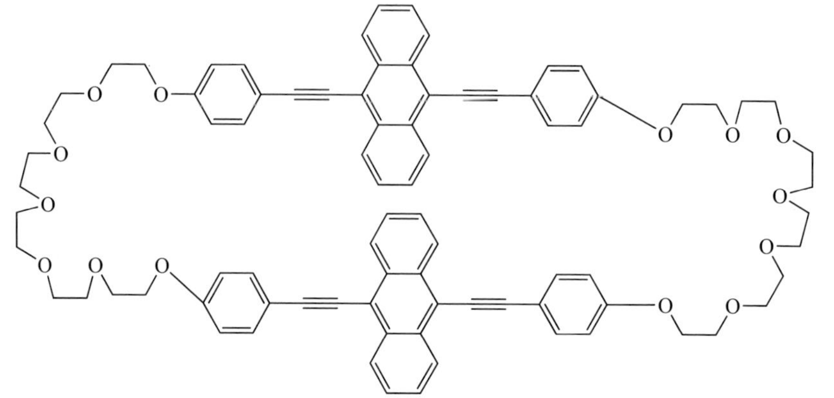

126

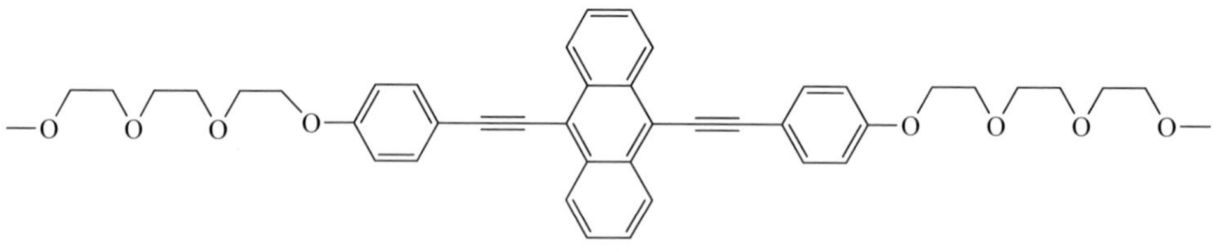

127

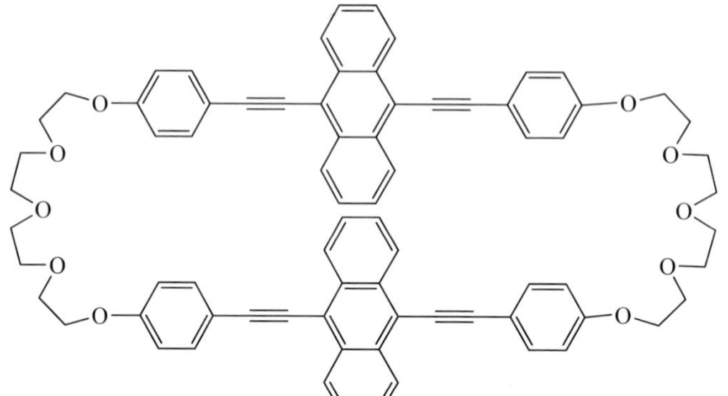

128

2016 年，Yuan 等[49]报道了一种新型的功能化席夫碱化合物 **129**，并研究其光致发光行为。扭曲的分子构象加上电子供体-受体对的结合赋予了该化合物 AIE 特性和扭曲的分子内电荷转移特性。晶态化合物 **129** 在 514 nm 处呈现出强烈的绿色发光，而研磨后其发光变为橙红色（562 nm），量子产率也随之降低。通过在有机溶剂中浸泡或熏蒸进行重结晶，研磨后样品的发光颜色可以很容易地转换回初始状态。该转换可进行 30 个以上的周期循环，显示出良好的重复性。

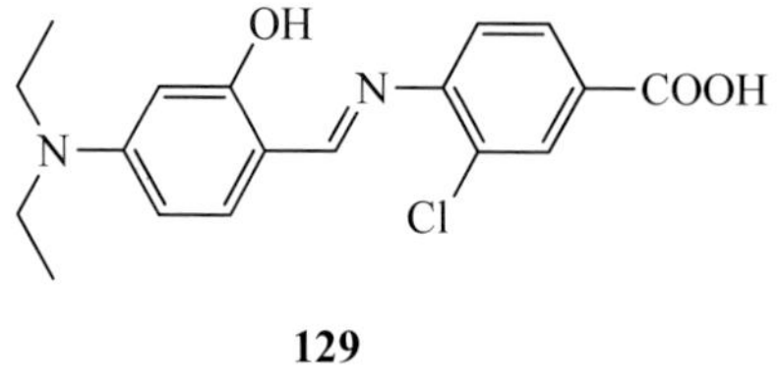

OH N COOH N Cl

129

由于 **129** 结构简单，分子构象易于恢复，不受空间位阻或链缠结的影响，因此具有很好的耐疲劳性。受这种力致发光变色的启发，他们开发了一种无墨可重写纸的原型器件。在手写实验中，研究者可以通过按压写下字母或者画出图案，之后通过熏蒸法擦除写下的信息。该化合物还具有合成简单、产率高、生物毒性低的优点，因此有可能发展成为一种制备环保可重写纸的技术，并满足可持续性、减少碳排放和森林保护方面日益增长的需求。

2016 年，Zhao 等[50]提出了一种通过亚稳态电荷转移实现自恢复力刺激发光变色响应的有效策略。研究表明，邻碳硼烷的独特结构和性质对于实现碳硼烷-蒽掺杂物的力刺激发光变色响应至关重要。通过对 AIE 和力刺激发光变色响应行为的比较，发现 **131** 在 THF/H_2O 混合溶液中呈现出 AIE 现象，并通过 TEM 证实了纳米颗粒的形成。但 **130** 没有显示出这些效应，这是因为 **130** 与 **131** 的分子结构存在微小的差异，而这种差异导致了不同的聚集结构。只有 **131** 的结晶粉末经研磨或压制后，呈现出从蓝色到红色的荧光颜色变化，显示出力刺激响应。这种固体中的红色发射与溶液中观察到的宽红移 CT 发射相对应。因此，敏感的 CT 发射在力刺激发光变色响应中起着关键作用。**130** 在溶液中也表现出类似的 CT 发射；但在固态中，它没有出现力刺激发光变色响应。为了明确聚集结构与力刺激发光变色响应之间的关系，研究者对 **130** 和 **131** 的单晶结构进行了深入分析。晶体学数据表明，这两种结构都显示出足够的空间，能够允许构象的改变。然而，在 **130** 中存在碳硼烷单元 C—H 键与蒽平面之间的分子间 Ccarb—H···π 相互作用。相反，由于甲基取代缺乏 C—H 键，**131** 中不能形成这种相互作用。因此，研究者认为蒽基与苯基单元的内在垂直排列导致了 **131** 的力刺激发光变色响应。这种构象可能被外力刺激破坏，导致两个单元的平面化，从而产生亚稳态，进而形成 CT 发射。此外，**131** 的红色力刺激响应在室温下能在 1 min 内自发地返回到原来的蓝色。研究者推测这种现象的发生是因为，在外力刺激停止后，高能量亚稳态自发地返回到原来的稳定状态。

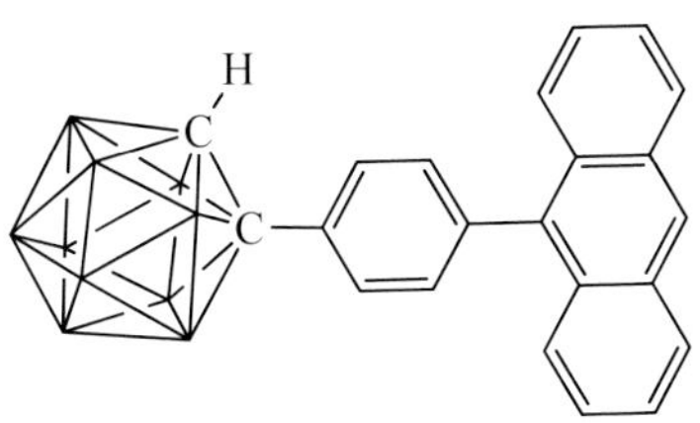

H C C **130**　　CH3 C C **131**

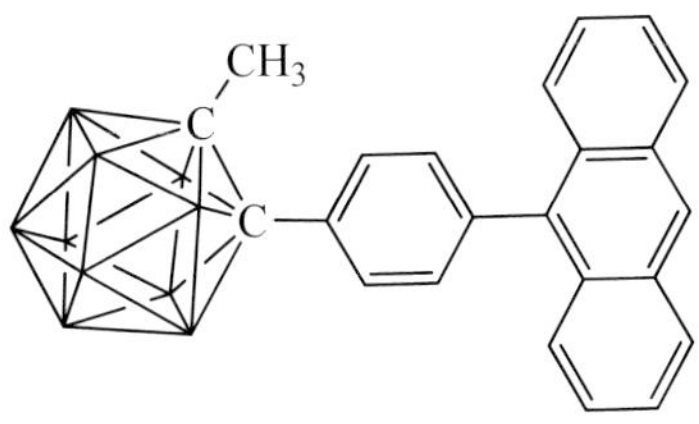

2016 年，Bai 等[51]报道了两种芘硼酸环酯 **132** 和 **133**，并研究了它们的固态荧光性质。有趣的是，尽管 **132** 和 **133** 具有相似的化学结构，但只有含五元环的 **132** 在室温下具有可逆的力刺激响应和自恢复能力，而六元环的 **133** 则没有。纳

米压痕测量和单晶 XRD 结果表明，**132** 和 **133** 的机械响应荧光性质与固态中的分子堆积密切相关，由于滑移面的存在，**132** 晶体更加柔软，有利于形成可恢复的低能缺陷。该研究为自恢复机械响应荧光材料的设计和制备提供了一种可行的策略。

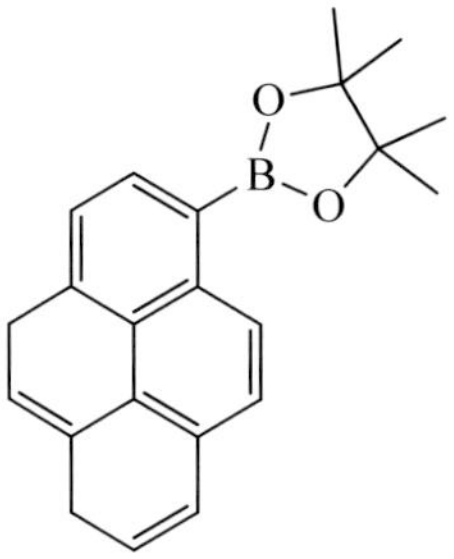

132 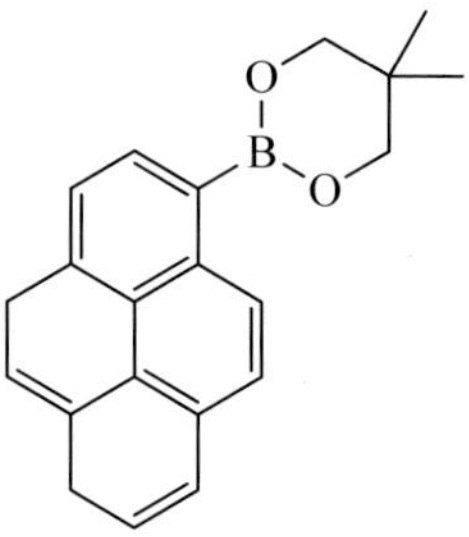 **133**

2016 年，You 等[52]提出了一种基于 D-A 分子偶极矩的力刺激发光变色响应化合物的设计策略。通过程序化的 C—H 芳基化，合成了基于化合物 **134** 的一系列衍生物，为快速开发一个研究力刺激发光变色响应规律性的荧光分子库提供了理论基础。通过研究分子偶极矩可以解释和进一步预测力致发光变色的趋势。**134** 的 2-芳基上有给电子基团，7-芳基上有吸电子基团，具有较小的偶极矩，表现出红移的力致发光变色。当两个芳基互换时，所得化合物具有较大的偶极矩，并表现出蓝移的力致发光变色。研究者设计合成了七对具有相反力致发光变色趋势的同分异构体（**134**～**147**）。此外，当使用硅油作为传压介质时，**136** 的发射波长表现出 152 nm 的显著红移。这项研究提出的力致发光变色材料的设计原理，对新型力致发光变色材料的开发具有一定的启发意义。

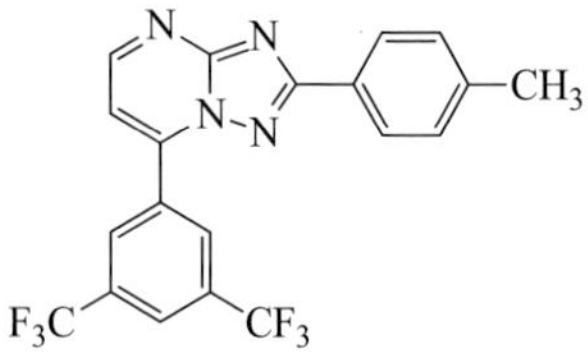

134 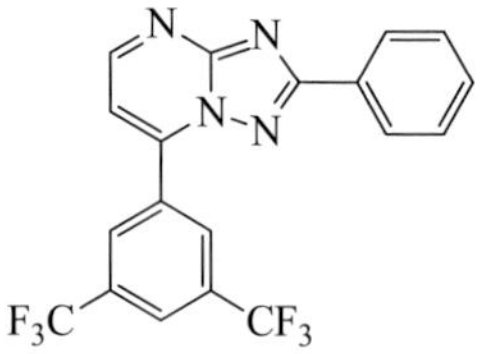 **135** 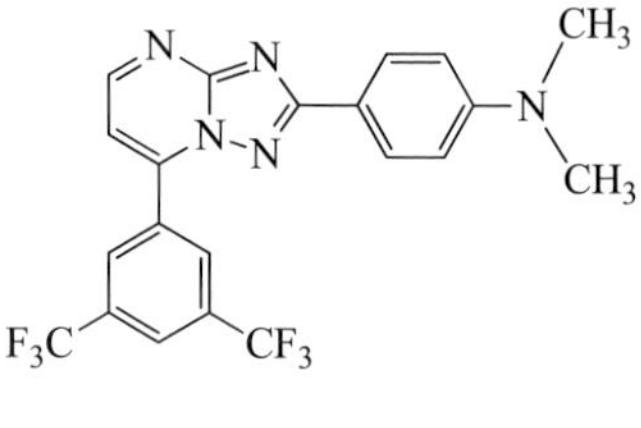 **136**

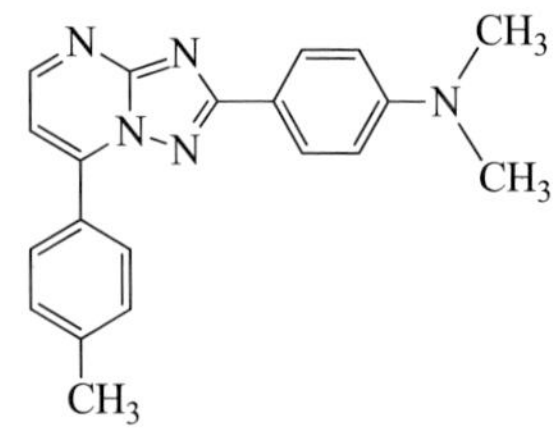

137 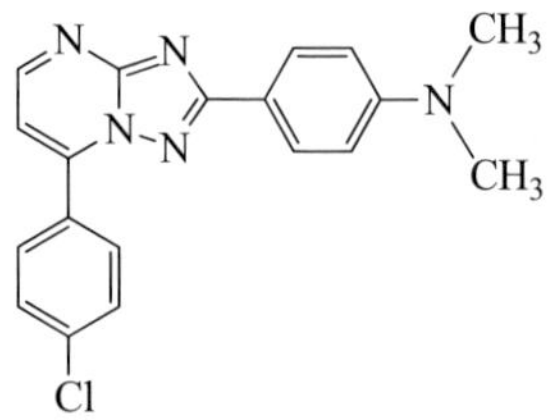 **138** 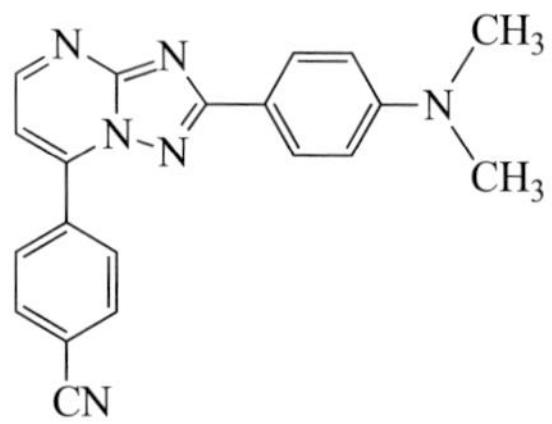 **139**

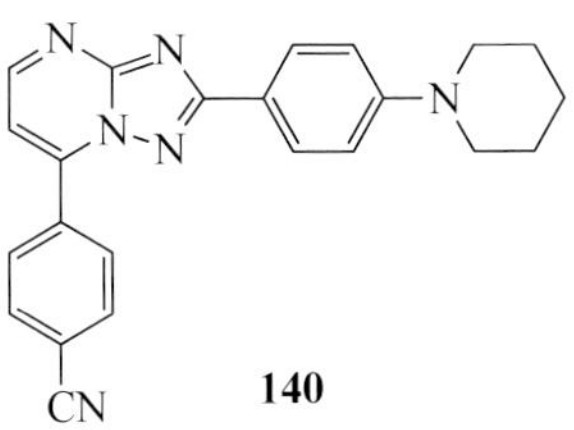

140 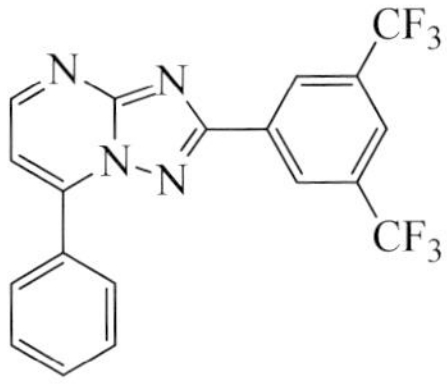 **141** 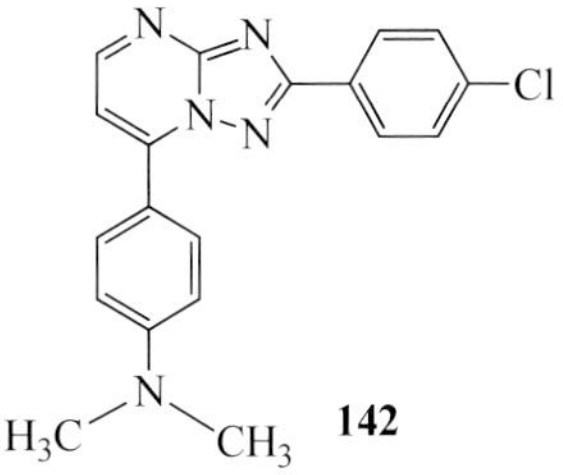 **142**

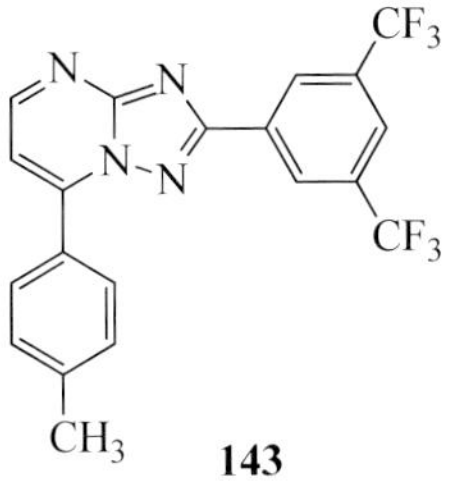

143 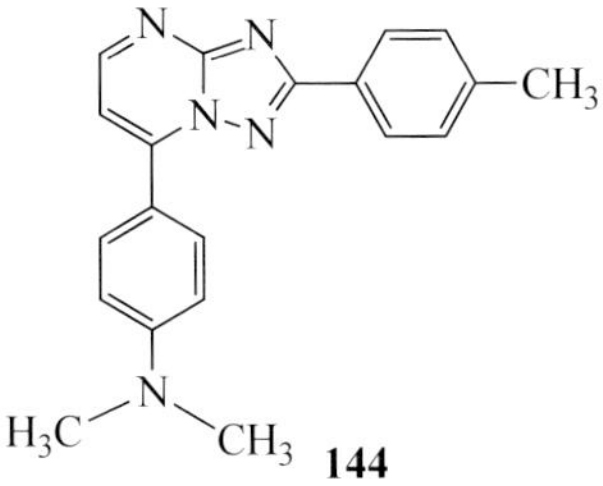 **144** 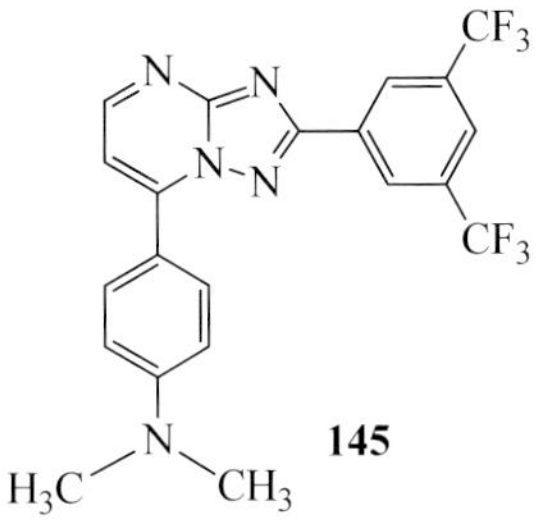 **145**

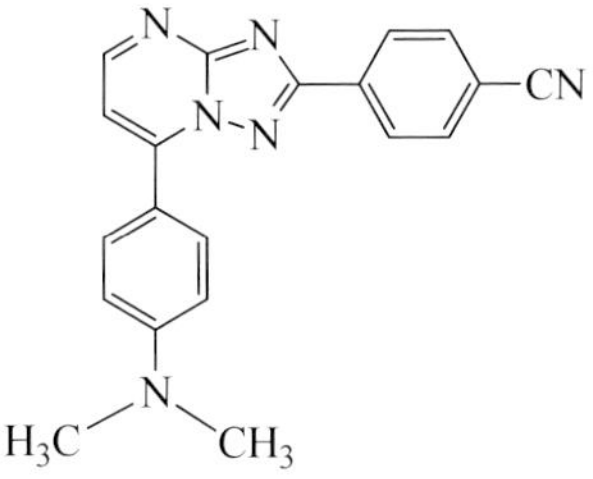

146 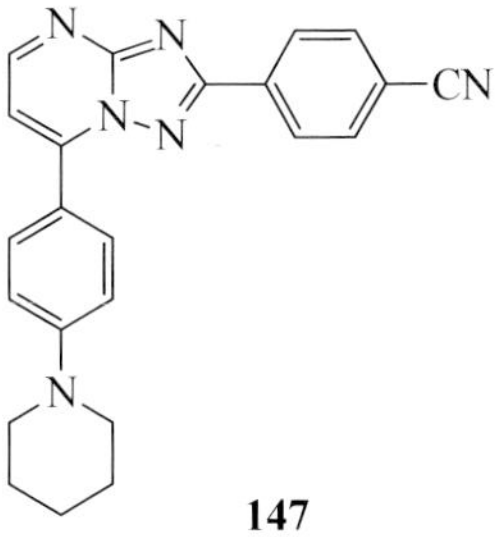 **147**

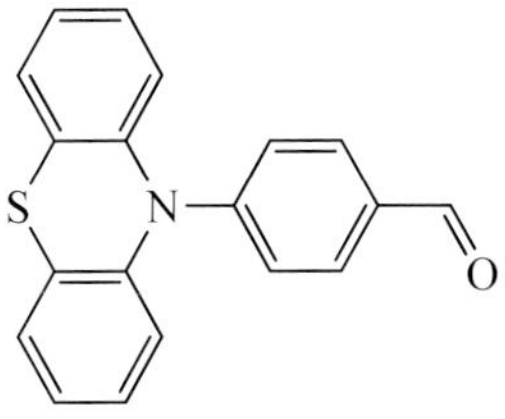

148

2016 年，Lu 等[53]设计并合成了一种非平面 D-A 型吩噻嗪衍生物 **148**，其中吩噻嗪和苯甲醛分别作为给体和受体。**148** 在溶液中发射微弱荧光；在紫外光照射下，由于 n-π^*的 S_1 和 S_1 到 T_1 的系间穿越，其晶体呈现弱蓝绿色发射，发光效率为 7.5%。在力刺激下，蓝绿色发射变为黄绿色，发光效率提高了 6 倍以上。研究者认为 **148** 的这种可逆力刺激发光变色响应行为是因为分子堆积发生了由晶态到非晶态的可逆相变。而热激活延迟荧光的增强导致了样品的发光效率提高。此外，分子在剪切力的作用下趋向平面化，使得 n-π^*的 S_1 转变为 π-π^*的 S_1。

2016 年，Chen 等[54]设计并合成了两种结构简单的红光 AIE 发光体 **149** 和 **150**。与 **150** 相比，**149** 的热稳定性更好，AIE 特性也更明显。紫外吸收光谱和理论计算分析表明，**149** 和 **150** 中可能存在 ICT 过程。此外，这两种发光物质对刺激有不同的反应：通过反复加热处理和重结晶，化合物 **149** 可以表现出可逆的颜色变化（橙色到红色）和荧光变化（发射峰位移 36 nm）。进一步研究表明，溶剂分子辅助的分子堆积变化导致了化合物 **149** 的颜色变化和荧光变化。研究者认为，利用扭曲 π 平面来桥接电子给体和受体基团是一种开发 AIE 活性红光分子的有效策略。这项工作为开发红光材料开辟了一条不同寻常的道路，同时也表明 **149** 具有作为传感器和有机发光材料的应用前景。

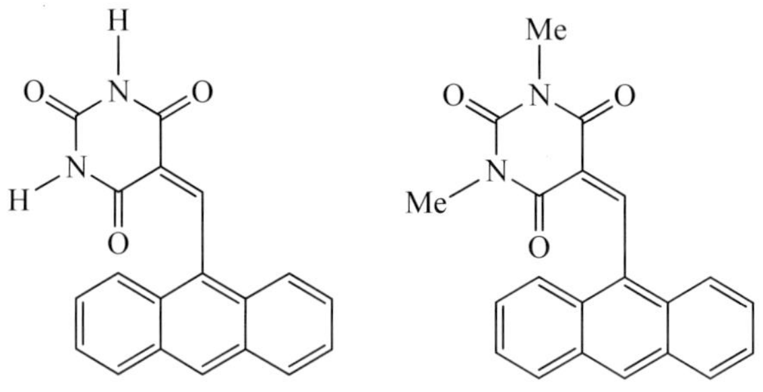

149　　**150**

2016 年，Yang 等[55]设计了两种具有不同扭曲结构的新型荧光分子（**151** 和 **152**）。结果表明，**151** 和 **152** 在溶液中分别发出弱荧光和强荧光，但在晶态均表现出强荧光，这意味着尽管这两种化合物均采用相同的扭曲的共轭主链，但只有 **151** 表现出聚集增强发光（AEE）效应。有趣的是，研磨和压制只能使 **152** 晶体的荧光颜色由黄色变为红色，说明 **152** 是一种具有力刺激发光变色响应的非 AEE 化合物。DSC 和粉末 XRD 分析证实，在施加外部刺激时，晶态和非晶态之间的相变是产生可逆颜色变化的原因。这项工作再次证明了对分子结构单元的精细操作可以显著地调节和改变共轭有机材料的光学性质。

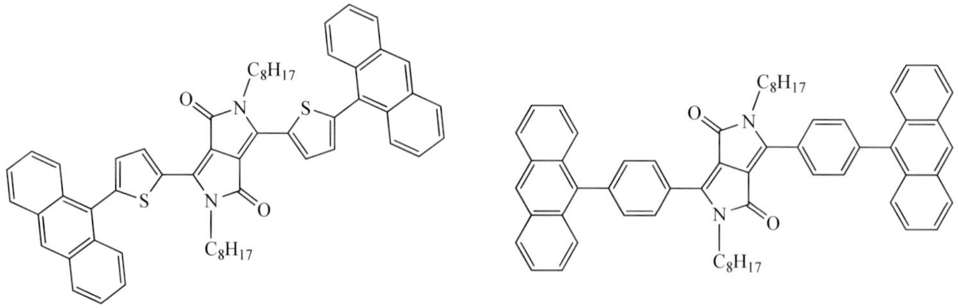

151　　**152**

2016 年，Wang 等[56]制备了一种香豆素腙化合物 **153**，其具有压致发光变色性能。在磨削、熏蒸或加热过程中，**153** 固体的发光颜色变化是可逆的。原始样品经研磨后，发光颜色由亮黄色变为橙红色，之后用 DCM 蒸气熏蒸研磨粉末，可以恢复初始状态。**153** 在 170℃下热退火也表现出相似的发光颜色转变。再次研磨熏蒸样品，其发光颜色由亮黄色变为橙红色，加热后恢复亮黄色发光。相应样品的荧光量子产率分别为14%（原始样品）、47%（研磨样品）、10%（熏蒸样品）、36%（再次研磨样品）和8%（加热样品）。机械研磨引起氢键定向结构的轻微无序，但可以通过熏蒸或加热恢复这种结构。这项发现为利用新型氢键开发力致发光变色材料提供了一种设计方法。

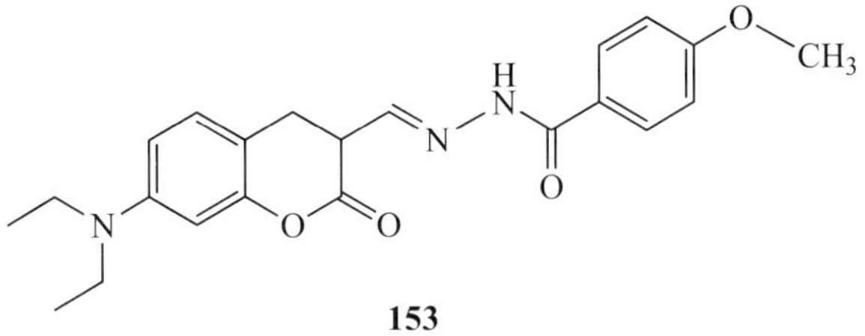

153

2016年，Zhan等[57]设计并合成了一种新型D-π-A吩噻嗪修饰的苯并噻唑衍生物**154**，其中吩噻嗪和噻唑基团分别为给体和受体。**154**在溶液和固体中均表现出较强的黄色荧光。结果表明，**154**的ICT发射光谱随溶剂极性的增加而显著红移，并表现出较强的溶剂化发光变色，发射光谱范围为483 nm（正己烷）到580 nm（DMF）。此外，**154**表现出显著的力致发光变色性能，在紫外光照射下，**154** 晶体能发出强烈的黄色荧光。研磨后**154**的发光变为橙光，用THF蒸气对研磨后**154**粉体进行熏蒸处理，发光得到恢复。这表明在研磨和THF蒸气熏蒸处理下，力致发光变色是可逆的。XRD分析表明，力致发光变色是由晶态和非晶态之间的转变引起的。此外，**154**还表现出酸致发光变色行为，TFA可使**154**在溶液中由于质子化苯并噻唑的形成而发生溶液颜色和发光颜色的变化。有趣的是，当**154**膜暴露于饱和TFA蒸气时，其颜色迅速从橙色变为暗红色，荧光也发生猝灭。例如，当TFA蒸气浓度为1530 ppm时，猝灭效率达到97%。薄膜对气态TFA的检测限约为2.3 ppm。此外，**154**膜还可以作为检测HCl和HNO_3等挥发性酸的荧光传感材料。该工作对设计新型多重刺激响应荧光材料和制备高性能荧光化学传感器具有一定的指导意义。

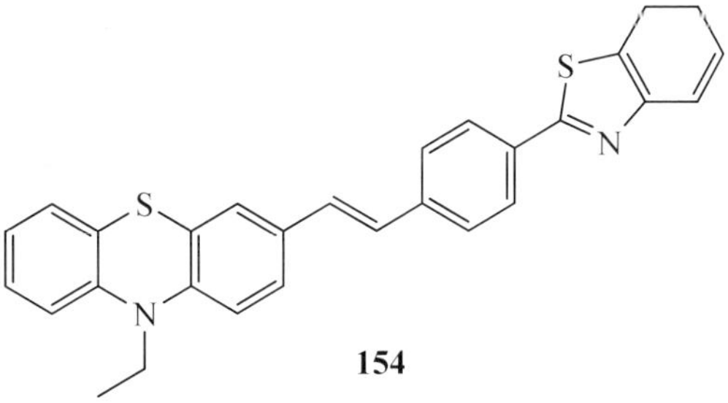

154

2017年，Ayyanar和Arockiam[58]报道了含有苯并噻唑和乙烯基吡啶的三苯胺基荧光团**155**。**155**表现出良好的固态发光，并能够对机械力、加热和酸蒸气（酸致发光变色）等外界刺激做出反应。通过施加外力刺激，**155** 的绿色荧光变为黄绿色，发射波长由521 nm移到538 nm，量子产率由7%变为18%。这种荧光变化是稳定的，但通过二氯甲烷蒸气处理后，荧光变化可以发生逆转。此外，Fe^{3+}会

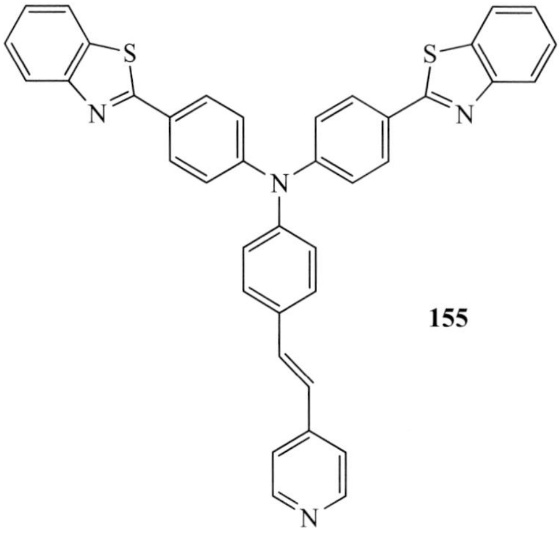

155

猝灭 **155** 溶液的荧光，因此可将其用于 Fe^{3+}的比色测定。在酸性条件下，吡啶氮会发生质子化，导致 **155** 荧光强度下降。而苦味酸（picric acid）作为一种酸，再加上苦味酸的酚羟基能与吡啶氮产生氢键，因此用定量法和比色法均能有效地检测苦味酸，检测限为 23 ppm。

为了让发光涵盖更广的波长范围，2017 年，Fraser 等[59]通过改变给电子和吸电子取代基，合成了一系列二甲氨基（DMA）取代的 β-二酮衍生物 **156**～**163**。他们研究了溶剂化发光变色、AIE、ML 和热致发光变色。大多数化合物表现出正的溶剂化发光变色位移，并对机械力和热刺激有反应。固体发射波长与对位取代基的吸电子能力有关，发光颜色范围从蓝色到橙色（488～578 nm）。结构表征和热性能分析表明，这种刺激响应特性是晶体到非晶相转变的结果。此外，还测定了碘取代 **160** 和氰基取代 **163** 化合物在 THF/H_2O 混合溶液中的 AIE 特性。两者都表现出聚集导致的强烈发射。为了进一步研究化合物 **160** 和 **163** 对主体极性的敏感度，分别将 **160** 和 **163** 掺入聚苯乙烯薄膜制备了聚合物薄膜。为了调节主体极性，制备薄膜时还加入了樟脑酸酐（一种不发光的极性掺杂剂）来提高主体的极性。随着樟脑酸酐掺杂浓度的提高，这些薄膜的发光出现明显红移，这表明主体极性效应可以用来调节 DMA 取代二酮的发光颜色。

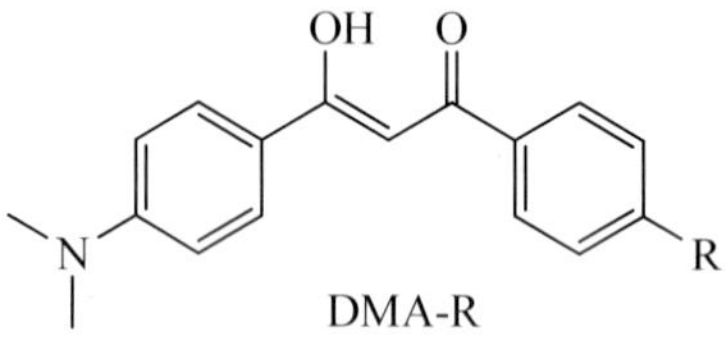

DMA-R

156: R = H
157: R = OMe
158: R = F
159: R = Br
160: R = I
161: R = CF_3
162: R = COOMe
163: R = CN

2017 年，Chen 等[60]设计合成了一系列以 D-π-A 型带烷氧基链吡喃酮为核心的衍生物 **164**～**173**。光谱分析表明，所有化合物均表现出聚集诱导增强发光（AIEE）效应和溶剂化发光变色。实验结果表明，产生 AIEE 现象的关键因素是分子内旋转受限。这些化合物均表现出红移的力致发光变色性质，其中 **170** 表现出最大的力致发光变色光谱位移（$\Delta\lambda = 23$ nm）。研究结果表明，其力致发光变色性能明显依赖于取代位置和烷基长度。对于 PASPs 系列和 ANPs 系列，烷基链越长，其力致发光变色性能越显著。OASPs 系列的力致发光变色特性呈倒 U 形趋势。所有研磨态都可以通过退火过程全部或部分地恢复到初始状态。PXRD 和 DSC 分析表明，力致发光变色的机理是研磨过程中发生了晶态和非晶态的转变。

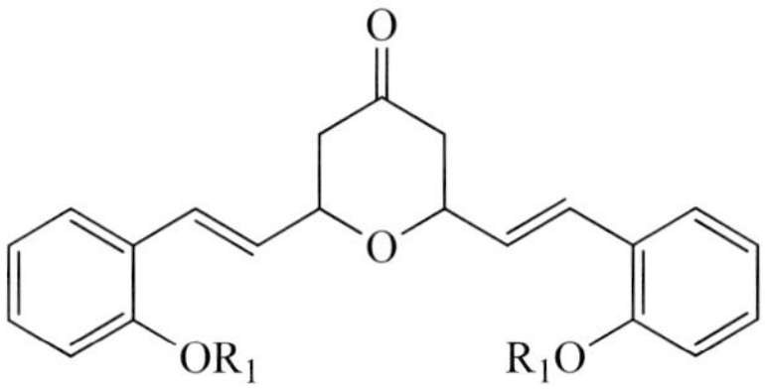

OASPs

164: $R_1 = C_4H_9$
165: $R_1 = C_8H_{17}$
166: $R_1 = C_{12}H_{25}$
167: $R_1 = C_{16}H_{33}$

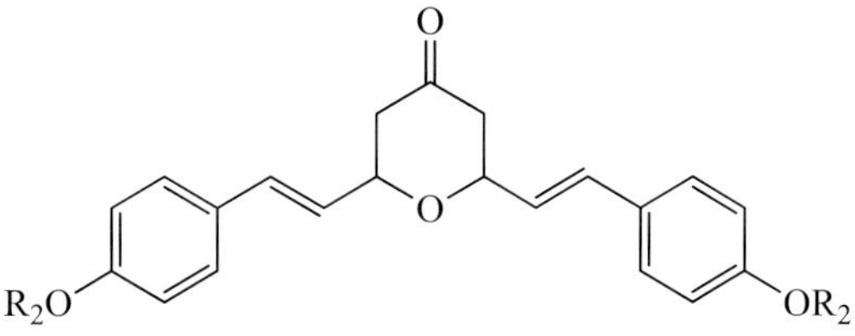

PASPs

168: $R_2 = C_4H_9$
169: $R_2 = C_8H_{17}$
170: $R_2 = C_{12}H_{25}$

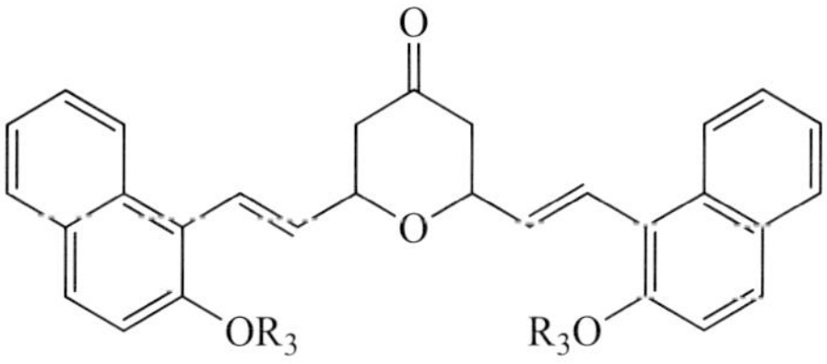

ANPs

171: $R_3 = H$
172: $R_3 = C_4H_9$
173: $R_3 = C_8H_{17}$

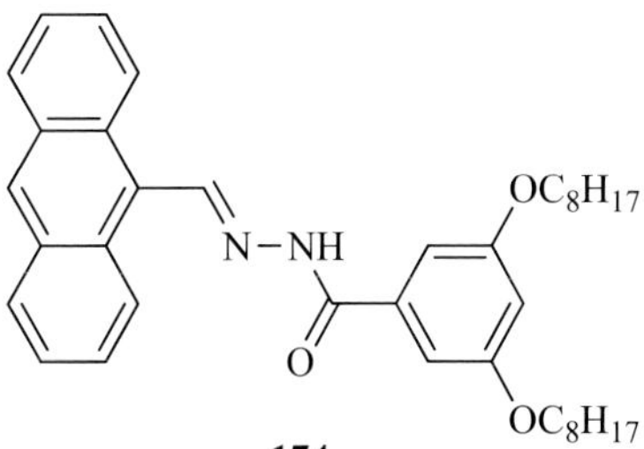

174

2017 年，Li 等[61]报道蒽基酰腙衍生物 **174** 的发光可以通过物理刺激如加热和研磨进行调节。通过加入环己烷制备的 **174** 干凝胶在研磨过程中表现出明显的力致发光变色行为，其发光颜色由蓝色变为绿色，而乙醇干凝胶则表现出黄绿色发光，研磨后几乎没有变化。此外，**174** 乙醇干凝胶具有热荧光特性，加热后发光颜色由黄绿色变为蓝色。研究者通过 XRD、DSC 和 FTIR 测试发现，热荧光变色是由结晶性差的干凝胶向排列整齐的六方柱状结构转变的结果。

2017 年，Sarma 和 Deri[62]合成并表征了同分异构体邻位、间位、对位萘酰亚胺衍生物 **175**～**177**。在温和的机械力刺激下，弱发光的邻位异构体样品 **175** 会转化为黄绿色发光材料（$\lambda_{em} = 500$ nm），$\Delta\lambda \approx 125$ nm。而在溶剂熏蒸时，这种黄绿色发光会被猝灭。研究表明，化合物中 1, 8-萘酰亚胺单元可变的堆积方式导致了 **175** 可恢复的力致发光变色。此外，**175** 可对溶液中的氟离子产生响应，与氟离子结合后在 $\lambda = 446$ nm 处的荧光显著增强。

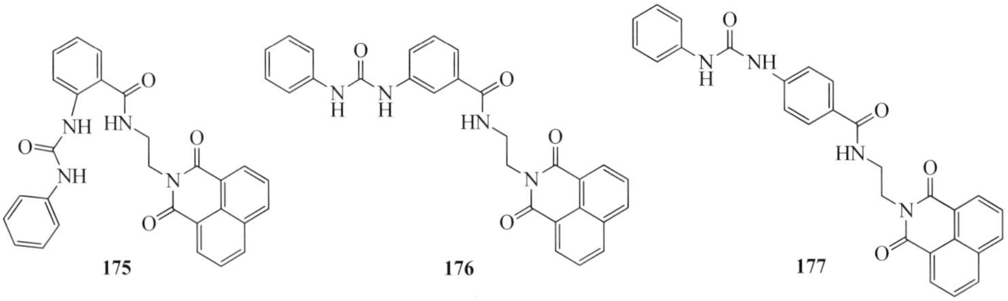

175 **176** **177**

2017 年，Li 等[63]首次基于三苯胺的非 AIE 单元开发了机械力刺激下发射亮绿光的 ML 化合物 **178**。通过对其晶体的详细分析，并与类似物进行比较，研究者认为分子的非中心对称排列和较高的晶格稳定性是其产生 ML 效应的主要原因。对于其类似物 **179** 和 **180**，由于晶体硬度较低，在研磨过程中会发生分子滑移，非辐射跃迁加剧，能量损耗增加，导致 ML 特性消失。对于 **178**，由于三苯胺和苯甲醛之间具有较大扭转角（29°～35°），呈现出高对比度的力致发光变色效应，研磨后的发光红移高达 25 nm。

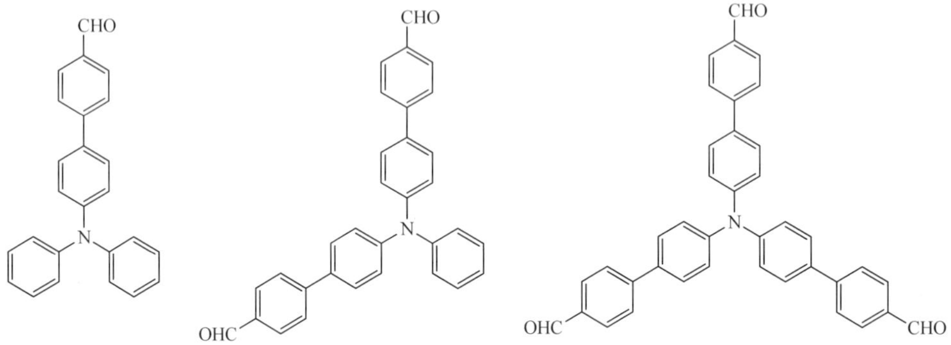

178 **179** **180**

2017 年，Xia 等[64]合理设计了一系列 V 形噻唑衍生物 **181**～**184**，利用这些荧光材料，可以在力刺激前后获得大范围和近似连续的固态发射波长。这些化合物具有强烈发光和显著的力致发光变色特性。此外，化合物 **181**～**184** 的许多物理性质，如发射波长、量子产率、分子内电荷转移（ICT）程度、溶剂化发光变色、AIE 活性和从非晶相恢复所需时间都受分子内乙烯基数目和位置的影响。然而，在力刺激下，发射波长的变化似乎与乙烯基的数量和位置无关。此外，化合物 **183** 表现出同质多晶现象。X 射线衍射结果表明，当这两种多晶型在溶剂蒸气中熏蒸一定时间后，会产生一个不规则的自组装晶体，并且发光与形状相关。研究者认为，这些 V 形化合物制备的薄膜有望应用在擦写介质和信息存储领域。

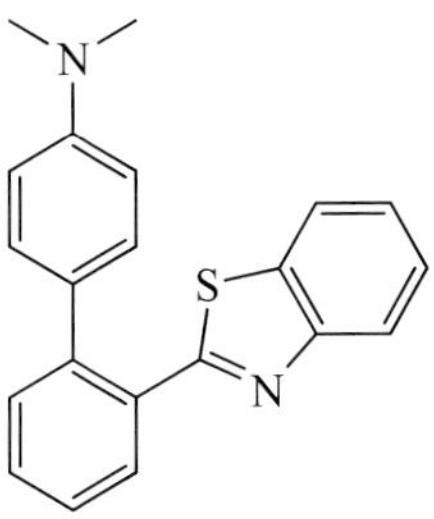

N S N
181

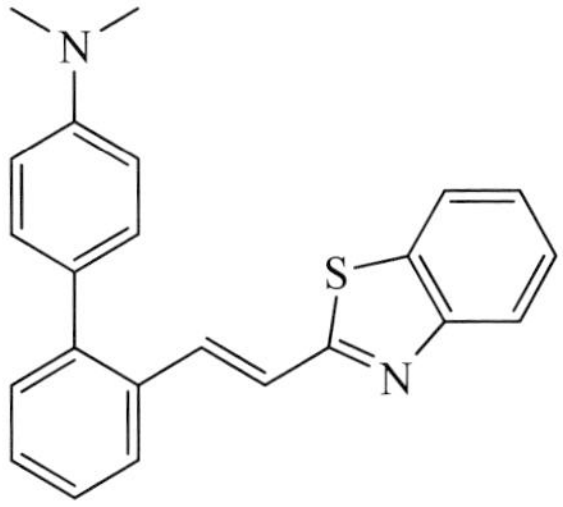

N S N
182

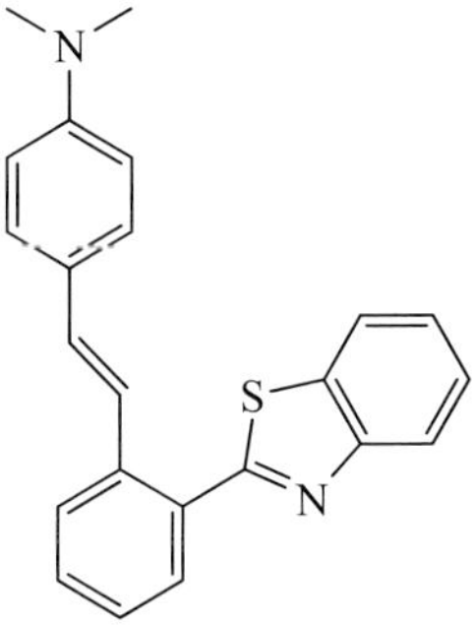

N S N
183

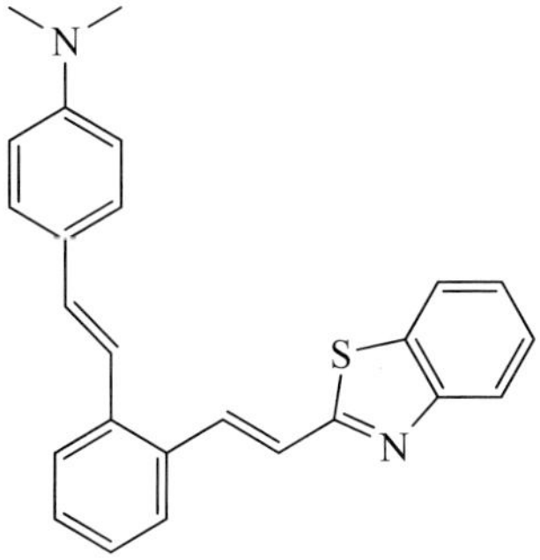

N S N
184

2017 年，Xia 等[65]设计并制备了一系列具有 V 形（**185**～**187**）和 X 形（**188** 和 **189**）骨架的荧光材料。由于 X 形晶体中具有交叉的 π 共轭，它们在溶液和固体中的发射波长与 V 形晶体相比都有明显的发光红移。结果表明，分子内电荷转移（ICT）效应是该系列化合物具有力刺激发光变色响应的主要因素，适当的结晶度也是力刺激发光变色响应的必要条件。此外，该系列中的大多数化合物对 pH 刺激有反应，并表现出发光颜色多样性和发光可逆的特征。研究者还发现，V 形化合物表现出独特的尺寸依赖发光行为，使其成为一种独特的三色发光材料。

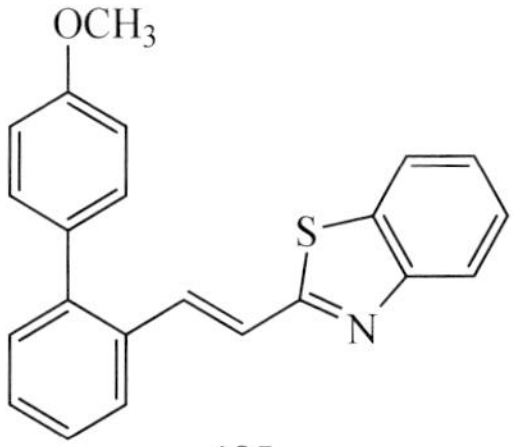

OCH_3 S N
185

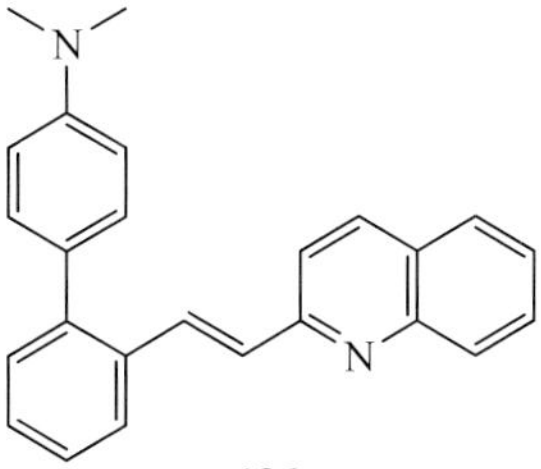

N N
186

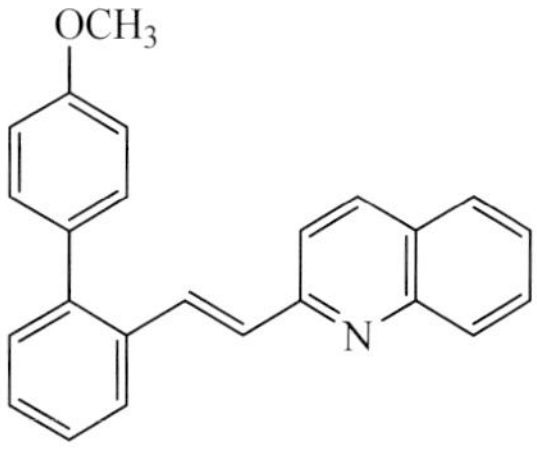

OCH_3 N
187

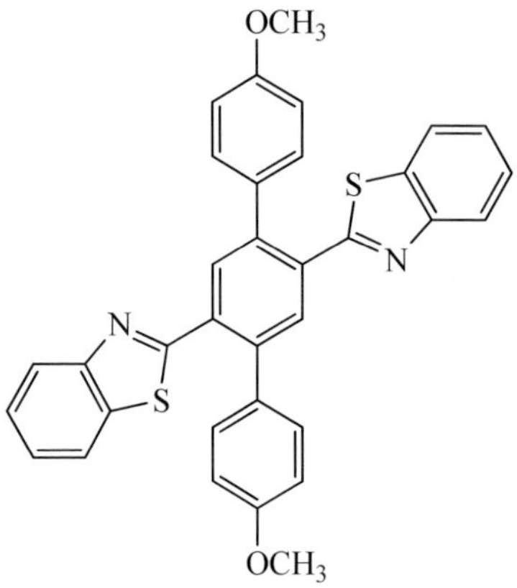

188

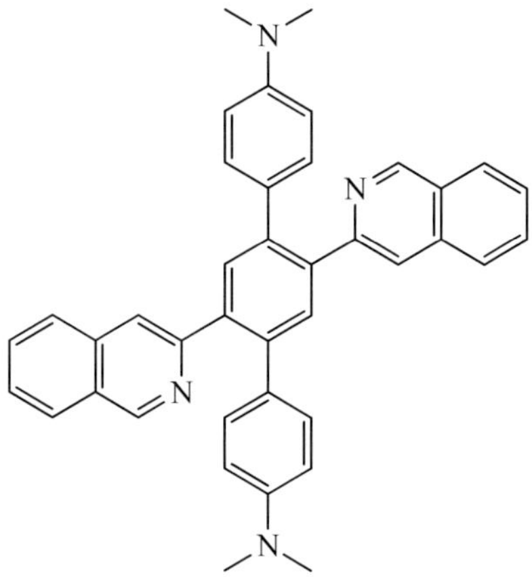

189

2017 年，Chan 等[66]合成了一类新的含五氟化苯基硫（SF_5）电子受体的 D-A 型荧光化合物 **190**～**197**。这类化合物能够表现出大斯托克斯位移（＞100 nm）和显著的溶剂化效应，在溶液和薄膜状态下也表现出较高的荧光量子产率。XRD 分析表明，这类化合物在晶态下存在大量的超分子 C—H···F 相互作用，有望应用于晶体工程。除此外，化合物 **194** 表现出力刺激发光变色响应特性，研磨后粉末的发光会产生蓝移。进一步研究表明，这种力致发光变色是可逆的，可以通过研磨-熏蒸循环处理实现。

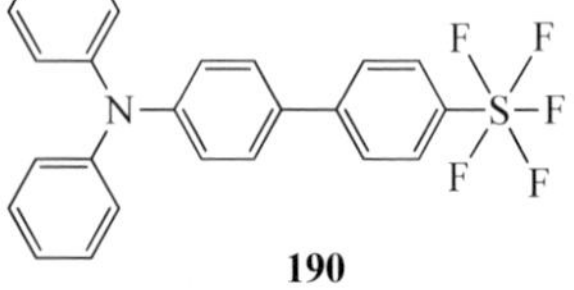

190

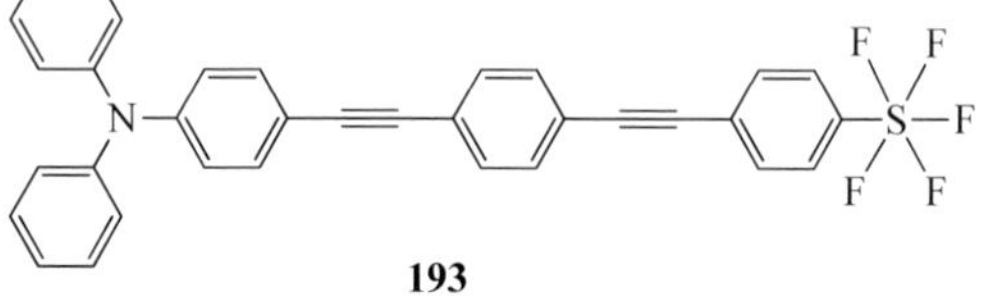

193

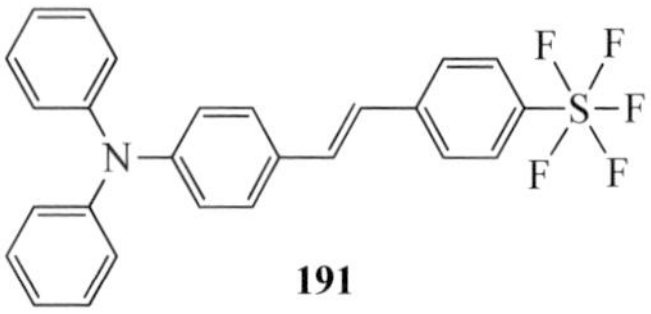

191

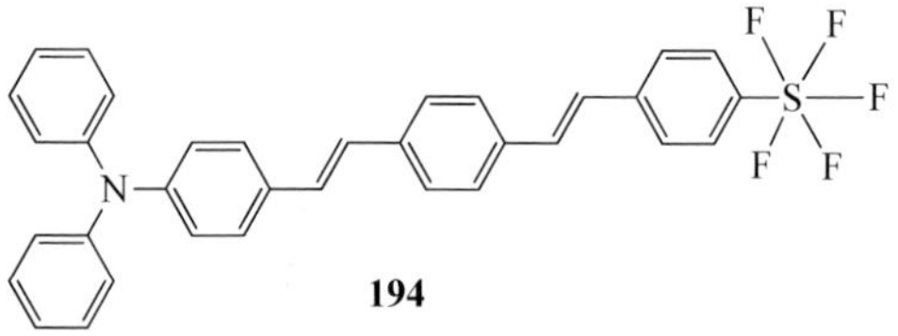

194

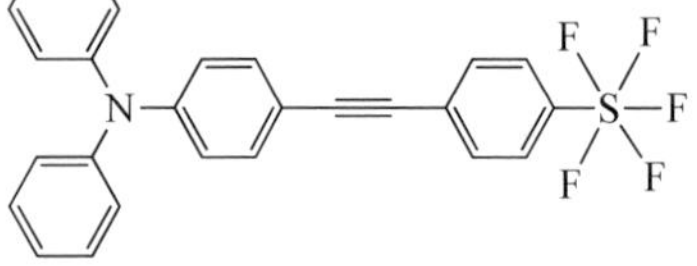

192

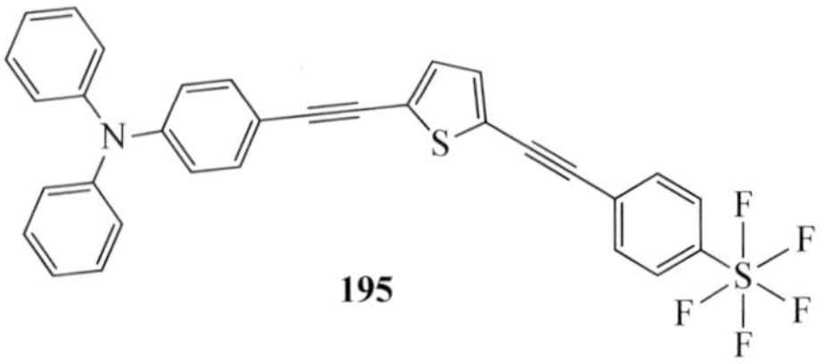

195

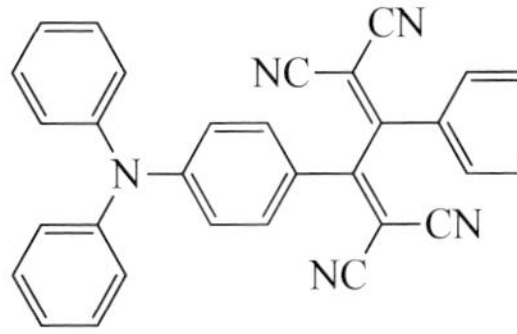

196

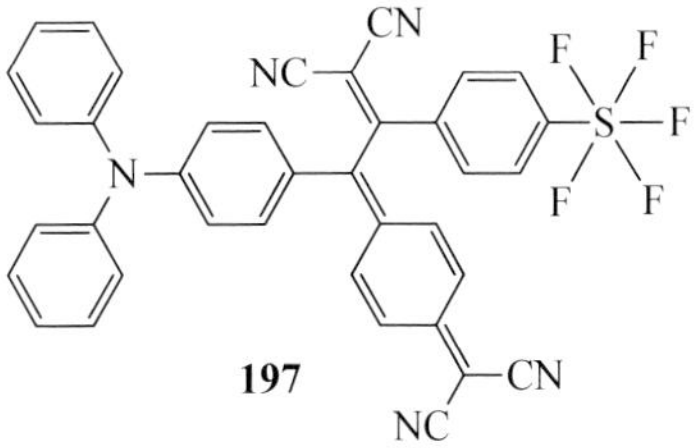

197

2017 年，Zhao 等[67]制备了两个分子结构略微扭曲的 A-π-D-π-A 分子 **198** 和 **199**，证明通过机械干扰其弱/非发射亚稳态纳米结构，可以实现红色/近红外机械响应发光。化合物 **198** 在乙醇中重结晶可以获得发明亮红光的纤维状晶体，发射波长为 640 nm，荧光量子产率可达 39.2%。而通过真空旋转蒸发 **198** 的 DCM 溶液获得的固体粉末呈暗红色，发射波长为 737 nm，发光很弱，荧光量子产率仅为 0.8%。暗红色粉末经研磨后转变为橙红色的蜡状样品，在 620 nm 处呈现强烈的红色发光，荧光量子产率值为 12%，比原始状态粉末高 15 倍。这表明化合物 **198** 可以实现对机械力刺激敏感的高对比度红色发光开关。类似地，化合物 **199** 通过旋蒸制备的颗粒状粉末在 700 nm 处也表现出强烈的 NIR-MRL 开关，荧光量子产率高达 10%。因此，**198** 和 **199** 的这种红/近红外 MRL 开启行为有望实现高对比度、高灵敏度光学记录，在机械传感领域有潜在的应用价值。例如，**198** 和 **199** 在滤纸上的固体粉末几乎不发光。用刮刀的尖端研磨后，出现红色/近红外发光，在紫外光照射下研磨过的区域很容易与背景区分开来。

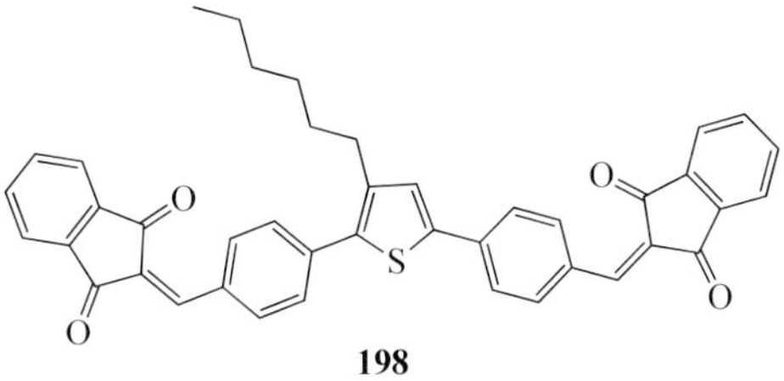

198

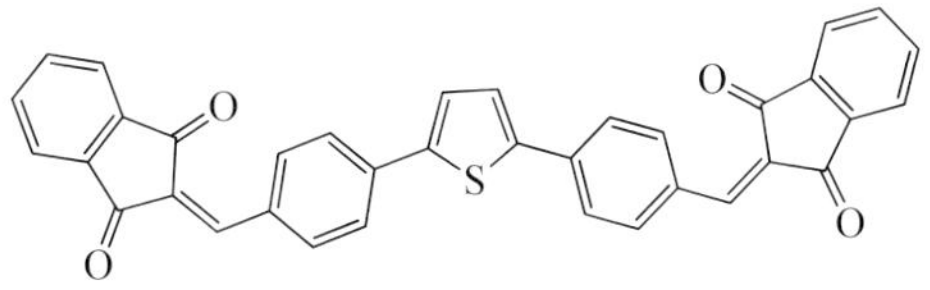

199

2017 年，Ito 等[68]通过在含吲哚单元苯并噻二唑衍生物的吲哚环上引入不同取代基，制备了一系列自恢复的力刺激发光变色响应化合物 **200**～**204**。尽管 **200**～**204** 的力致发光变色都在蓝绿色区域，但恢复原始颜色所需的时间各不相同，从 20 s 到 1.5 h 不等。此外，**200**～**204** 的固体粉末发光波长比 **205**～**207** 的更短。研究表明，酰基的引入使发光颜色恢复时间延长，*N*-甲基的引入使恢复时间缩短。对恢复时间较长的化合物固体进行 PXRD 分析，结果表明研磨后固体粉末的结晶度有所下降。此外，**201** 和 **203**～**207** 样品经研磨后的荧光光谱与熔融非晶态的荧光光谱一致。这些结果表明，化合物 **200**～**204** 的自恢复力致发光变色机理是：样品研磨后晶体部分转变为非晶相，以及非晶相的自发再结晶。自恢复的力致发光变色化合物可应用于机械传感器或防伪油墨中。该研究为进一步开发此类智能材料提供了设计策略和理论指导。

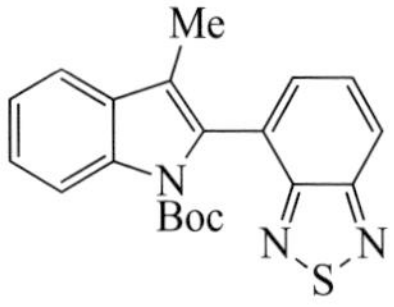

200 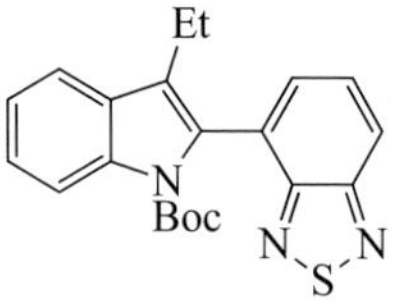 201 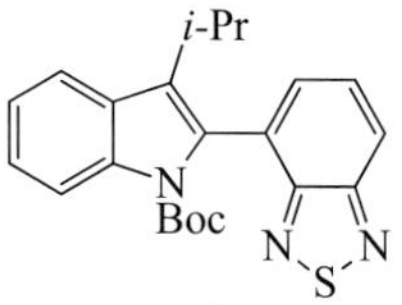 202 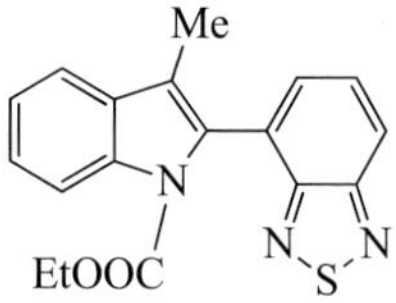 203

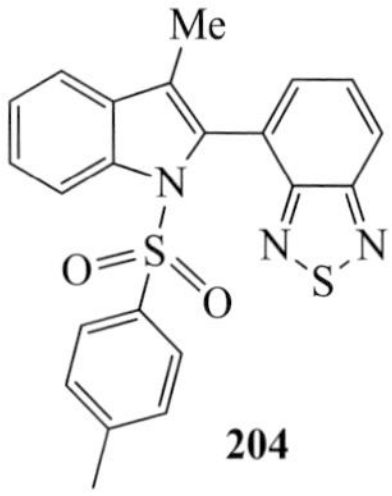

204 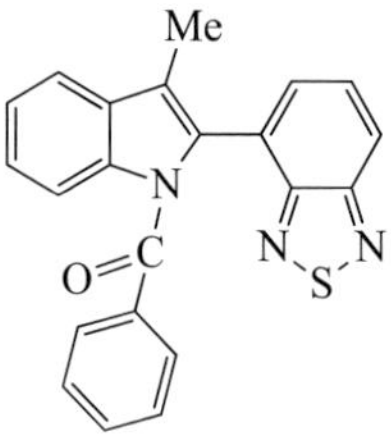 205 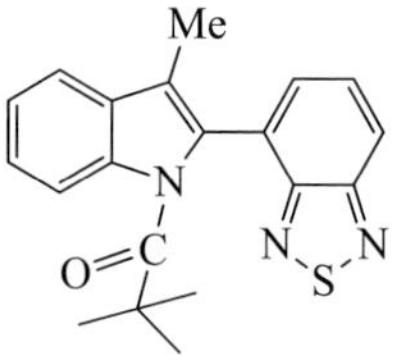 206 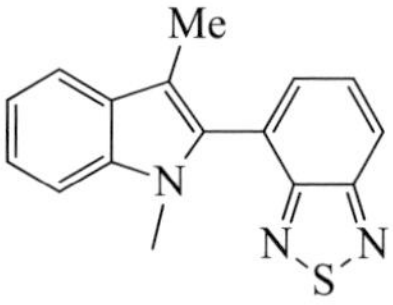 207

2017 年，Jia 团队[69]设计并合成了一系列具有不同长度 *N*-烷基链的甲酰基功能化 D-A 型吩噻嗪衍生物 **208**～**211**，系统研究了链长对其固态荧光性能的影响。结果表明，这些化合物在溶液和固态下均发出较强的荧光，绝对荧光量子产率分别为 52%、42%、49%和 45%。它们的发射波长受溶剂极性的强烈影响，表现出分子内电荷转移（ICT）跃迁特征。化合物 **208**～**211** 固体均表现出肉眼可见的可逆力致发光变色行为，而且荧光变化程度与链长有关。**208** 在机械力刺激下表现出较小的荧光光谱位移（22 nm）。烷基链较长的同系物表现出相似的力致发光变色行为，但研磨后的荧光光谱位移更大（**211** 除外）。此外，**208** 和 **210** 的力刺激发光变色响应在室温下可以恢复，而 **209** 需要高温才能恢复。XRD 和 DSC 表明，在各种外界刺激下，晶态和非晶态之间的转变是产生力致发光变色行为的主要原因。这项工作表明，通过精细调控甲酰基官能化吩噻嗪的烷基长度，可以赋予这些化合物独特可调的固态光学性质。

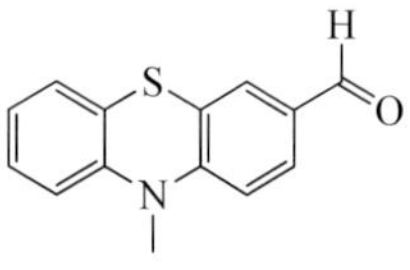

208 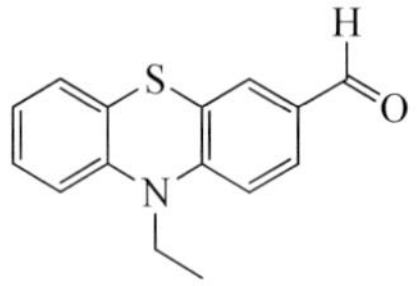 209 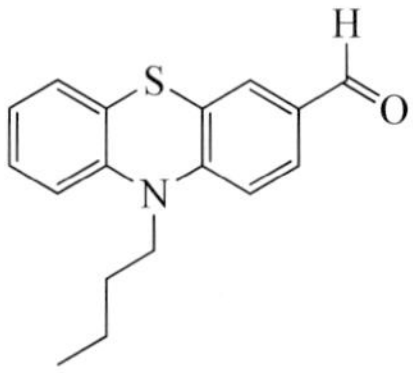 210 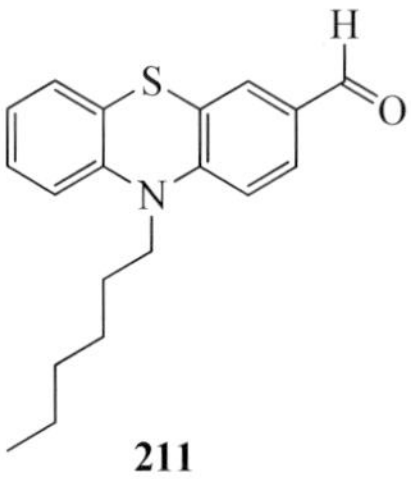 211

2017 年，Jia 等[70]报道了一种含有两个苯甲酰基的吩噻嗪衍生物 **212**。化合物 **212** 在溶液和固体中都有很强的荧光发射，固体荧光量子产率高达 63%。**212** 单晶结构中的 C—H⋯C（2.864 Å）、C—H⋯C（2.850 Å）和 C—H⋯O（2.652 Å）氢键会固定扭曲的分子构象，而扭曲的分子构象则导致较为松散的分子堆积，从而使其晶体产生很强的发光行为。此外，**212** 在研磨/熏蒸或退火过程中可以实现可逆的力致发光变色。**212** 固体经研磨后，其发光颜色由绿色变为黄色，可通过 CH_2Cl_2 熏蒸或加热得以还原。XRD 结果表明，**212** 的力致发光变色特性是由外压作用下晶态-非晶态相变产生的。

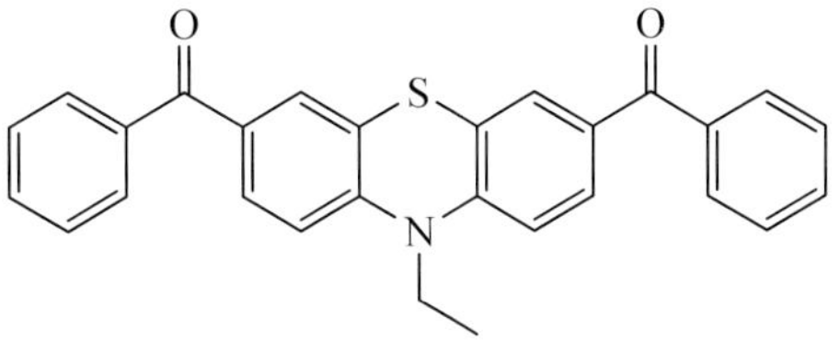

212

2017 年，Jia 和 Wu[71]通过将芘单元和罗丹明 B 部分连接在一起，制备了一种高产率的化合物 **213**。**213** 单晶具有 AIE、低损耗光波导和三色力致发光变色等多种特性。制备这种多功能单晶的关键是选择 C═N 基团作为间隔基团，这不仅简化了合成过程，还能限制分子构象而生长晶体，使人们能够原位动态地观察颜色变化，定量分析外加压力的影响。初始 **213** 粉体在 400～700 nm 范围内有很宽的发光，发光波峰位于 492 nm，这可能是由快速冷却反应过程中初始 **213** 的复杂聚集态所致。然而，生长出来的大尺寸晶体在 447 nm 处呈现出窄的荧光发射，为深蓝色，对应于芘的部分重叠激基缔合物 Ⅰ。用刮刀研磨后，深蓝色变为亮绿色，发射红移到 507 nm，与芘的三明治状激基缔合物Ⅱ一致。相应地，在研磨前后，量子产率从 3.52%提高到 9.80%，平均寿命从 6.73 ns 变化到 20.30 ns。这些结果表明，各向异性研磨扰乱了高度有序结构，导致芘基团滑移，形成稳定的激基缔合物Ⅱ。进一步原位研磨得到的红色粉末在 578 nm 处有新的荧光发射，这归因于具有更平面和更大共轭结构的罗丹明 B 的开环异构体。通过简单的退火和溶剂处理可以完全恢复力致发光变色开关。通过在 150℃下加热样品 2 min，红色粉末快速转化为绿色，并在乙醇的帮助下完全恢复到原始的深蓝色。相应地，荧光发射分别在 492 nm 和 445 nm 处重现，表明晶体结构热力学稳定，可以简单地恢复。作为比较，还研究了对照化合物 **214** 的机械力响应行为。无论采用哪种溶剂和方法，都不能形成单晶，只观察到两种颜色变化，一种为蓝色（460 nm），另一种为红色（581 nm）。原始粉体和研磨粉体在 WAXD 谱中均表现出非晶态相，信号宽泛。因此，实验证明 **213** 中的 C═N 基团对分子构象的控制起着关键作用，使其具有更强的结晶能力和可逆的三色开关。

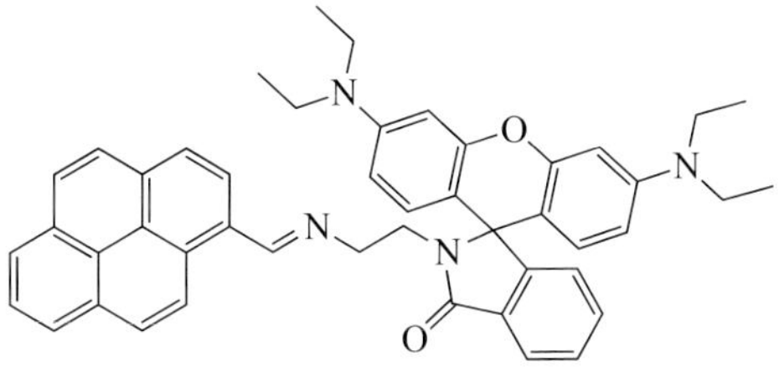

213 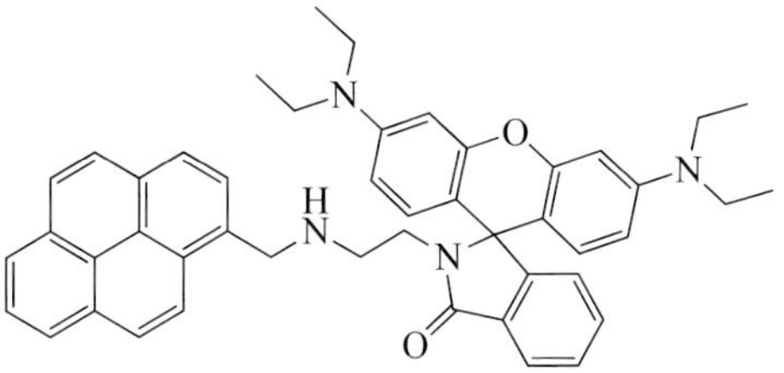 **214**

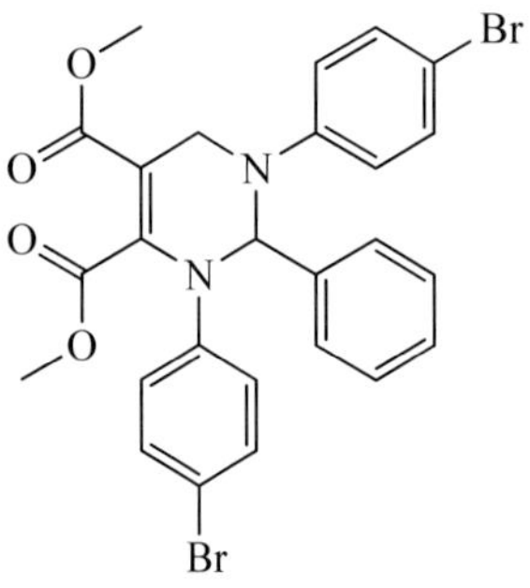

215

2017 年，Zhu 等[72]报道了一种四氢嘧啶衍生物 **215** 并提出了一种实现高度灵敏力致发光变色特性的新机理。**215** 具有优异的 AIE 特性，即溶液中无发光，但聚集后发光很强。它能形成四种稳定的固体形态，包括三种分别发出紫色、蓝色和青色荧光的多晶，以及一种荧光量子产率为 18%～52%的非晶状态。结果发现，所有这些固体被研磨成粉末时都能发出相同的绿色荧光（490 nm），在熏蒸/加热时恢复为蓝色荧光（425 nm）。通过研磨-熏蒸/加热过程可以实现绿色和蓝色发光的可逆切换。研究还发现，对映体的成对 *RS* 排列和非成对 *RR*/*SS* 排列之间的相互转换是导致不同固态发光的主要原因。研磨后，*R*-对映体和 *S*-对映体的有序 *RS* 或 *RR*/*SS* 堆积模式被破坏，伴随着分子构象平面化，从而导致发光红移。磨细的粉体会排列成短程有序的 *RR*/*SS* 非配对堆积，这种动态亚稳状态在熏蒸或加热时会转变为热力学稳定的 *RS* 堆积模式，遵循晶体的紧密堆积规律，从而导致发光的逆转。擦写实验表明，化合物 **215** 可以作为一种智能材料，在光学器件、信息存储、安全纸等高科技领域具有巨大的应用潜力。

2017 年，Ling 等[73]开发了几种被两个芳香环对称取代的马来酸酐衍生物。**216**～**218** 表现出截然不同的荧光特性：**216** 发蓝光，具有 AIE 特性；**217** 发绿光，具有双态发光（DSE）特性；**218** 发红光，具有 ACQ 特性。理论计算和晶体结构分析表明，分子内和分子间相互作用的不同导致了它们不同的发光行为。此外，由于存在两个竞争性的光环化反应，化合物 **217** 在二氯甲烷和氯仿溶液中会表现

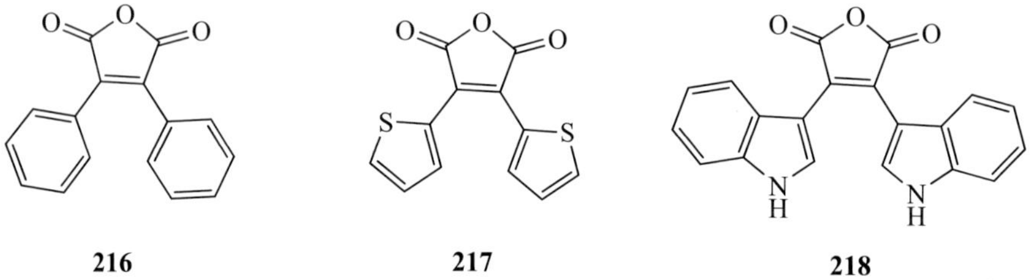

216 **217** **218**

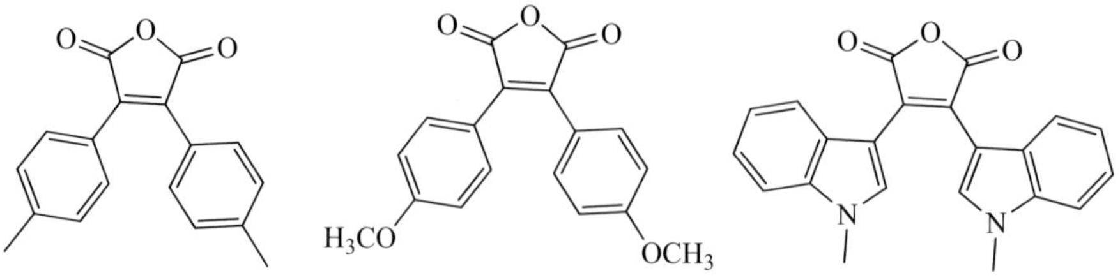

219 **220** **221**

出有趣的光致发光变色及光漂白现象。利用这种光致发光变色现象可以制备两种分子逻辑器件。研究者通过对 **216** 和 **218** 的结构进行修饰，进一步设计合成了一系列具有全色发光的 DSE 活性分子 **219**、**220** 和 **221**。

大多数机械力响应材料都具有由机械力诱导的晶相到非晶相的结构转变，而有关晶相到晶相转变的报道很少。2017 年，Yin 等[74]利用酰胺桥联螺吡喃和萘酰亚胺两个发光团，设计合成了一种新型力刺激发光变色响应分子 **222**。它对紫外光照射和外力都有可逆的响应，伴随明显的颜色和荧光发射变化。由于分子间的 π-π 堆积和氢键作用，**222** 也能自组装成纤维状结构。机械力可以通过增强 π-π 堆积、破坏氢键及改变 π 共轭基团的排列来诱导 **222** 的形态变化。这项工作实现了一种具有光致发光变色和力致发光变色双重灵敏度的可调节机械响应自组装，不仅为力致发光变色材料的分子结构设计和分子间相互作用的调控提供了新的指导，而且为多色转化材料的发展指明了方向。

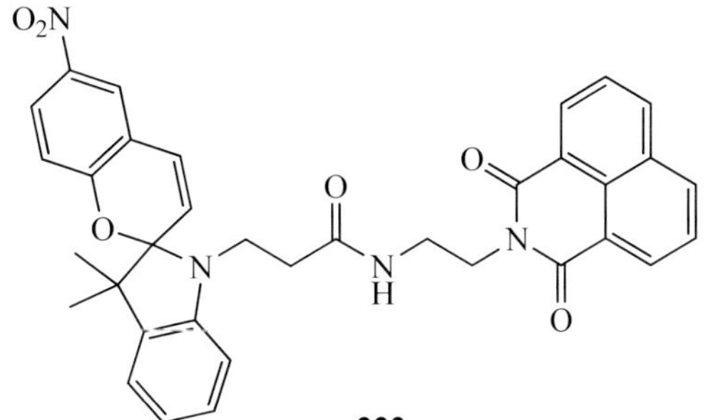

222

超分子自组装是调控发光分子光学和电学性质的一个很好的工具。2017 年，Nair 等[75]研究了不同自组装是如何影响基于芴-苯并噻二唑衍生物的机械响应发光。他们以芴为供体，苯并噻二唑为受体，合成了两个 D-A-D 型的共轭低聚物 **223** 和 **224**。为了便于自组装，这两个分子都用酰胺基进行端基功能化。将不同长度的烷基链如己基（**223**）和十二烷基（**224**）连接到芴部分，可以诱导不同的自组装。分子在非极性溶剂中可以自组装形成明确的纳米结构。虽然它们在溶液中的光学性质不受烷基链长度的影响，但在自组装状态下光物理特性会受烷基链长度显著影响，特别是在激发能迁移特性上。结果表明，这些分子的力致发光变色性质存在显著差异。从冷甲苯中沉淀得到的 **223** 和 **224** 的原始粉末样品呈黄色，前者表现为黄色荧光（561 nm），而后者在紫外光（365 nm）照射下为黄绿色荧光（538 nm）。与十二烷基取代的 **224** 相比，己基取代的 **223** 具有更大的发光红移。C_6 链的空间位阻小于 C_{12} 链，因此 C_6 链比 C_{12} 链具有更多的平面堆积，所以 **223** 的发光红移更大。**223** 的固态荧光量子产率为 56%，**224** 的为 55%。虽然在原始状态下两种化合物表现出不同的发光颜色，但研磨后颜色变得相同（黄橙色）（**223** 和 **224** 的发光波峰分别移到 583 nm 和 585 nm），并且这两种样品的荧光量子产率都略有降低。有趣的是，通过溶剂（甲苯）熏蒸，它们的发光特征可以恢复到初始状态。

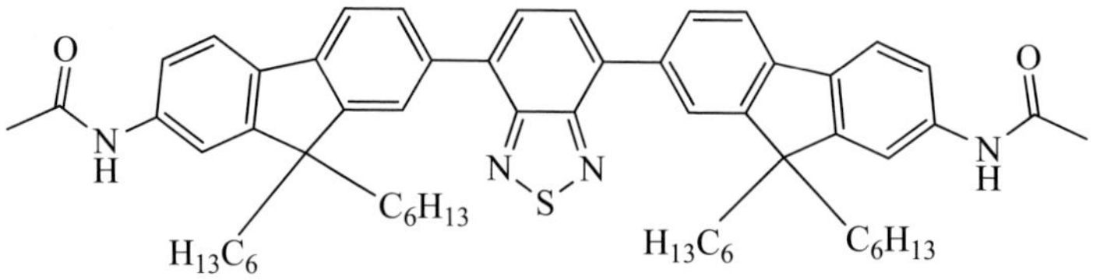

O N H C_6H_{13} $H_{13}C_6$ N S N $H_{13}C_6$ C_6H_{13} H N O

223

O N H $C_{12}H_{25}$ $H_{25}C_{12}$ N S N $H_{25}C_{12}$ $C_{12}H_{25}$ H N O

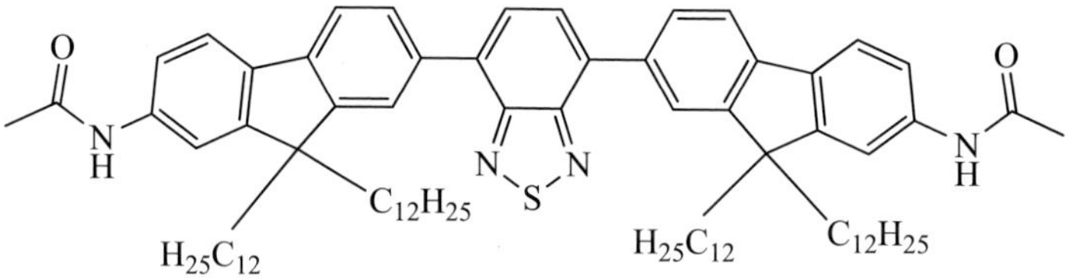

224

2017 年，Thilagar 等[76]报道了吩噻嗪衍生物 **225** 和 **226** 的合成、结构表征和光学性质。化合物 **225** 和 **226** 表现出 AIE 特性，**225** 的发光纳米聚集体对温度敏感，明亮的发光颜色变化使其在温度传感领域具有较大的应用前景。化合物 **225** 在机械应力作用下发光颜色发生变化。化合物 **226** 则表现出强烈的黄绿色可逆摩擦发光（TL），这可能是由晶体中分子采取非中心对称排列所致。

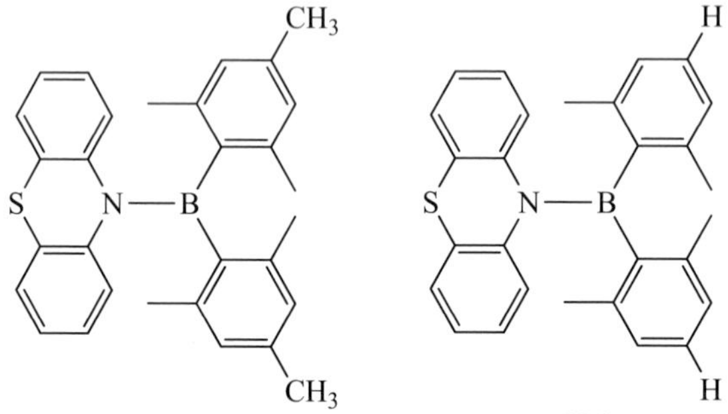

CH_3 S N—B CH_3　　H S N—B H

225　　226

Nakano 课题组报道了醛基修饰的三苯胺衍生物（**228**）和乙酰基修饰的三苯胺衍生物（**229**）表现出溶剂化荧光变色、力致荧光变色[77, 78]、AIE[79, 80]和蒸气荧光变色[81]。2017 年，Nakano 课题组[82]为了构筑一种新的蒸气荧光变色非晶分子材料，合成了一种新型化合物 **227**。他们发现 **227** 具有溶剂化荧光变色，而且在固态下表现出荧光，光谱取决于形貌。在研磨结晶样品时，化合物 **227** 发生晶态-玻璃态相变，从而表现出力致荧光变色。另外，**227** 薄膜还表现出蒸气荧光变色。**227** 分子中两个结构不同的三苯胺可能对溶液和固态发光性能的差异产生重要影响。对于溶液中的荧光性质，三苯胺 A 起主要作用；对于固体中的荧光性质，三苯胺 B 则主导了非晶态的发光特性。

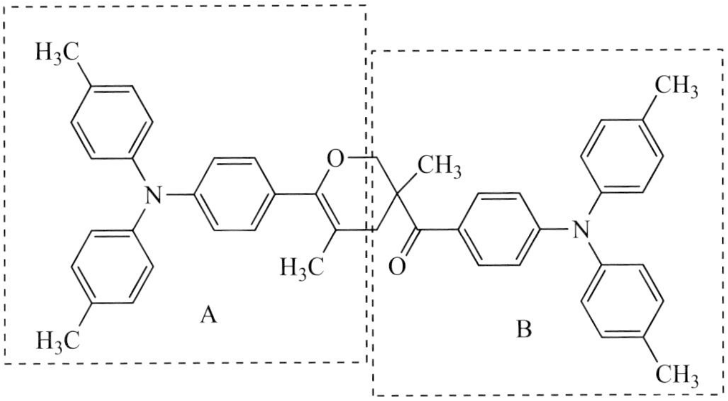

227

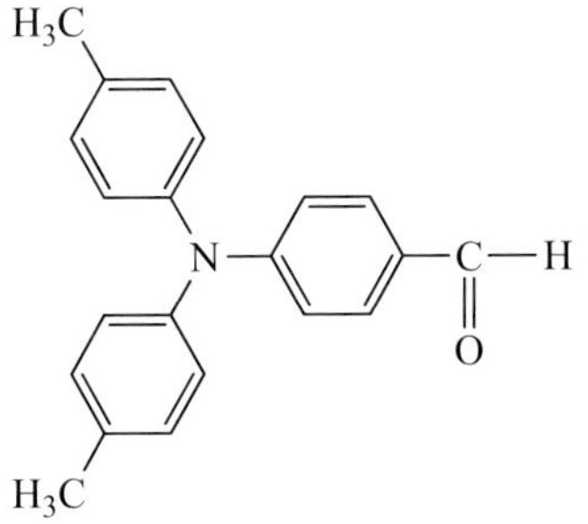

228 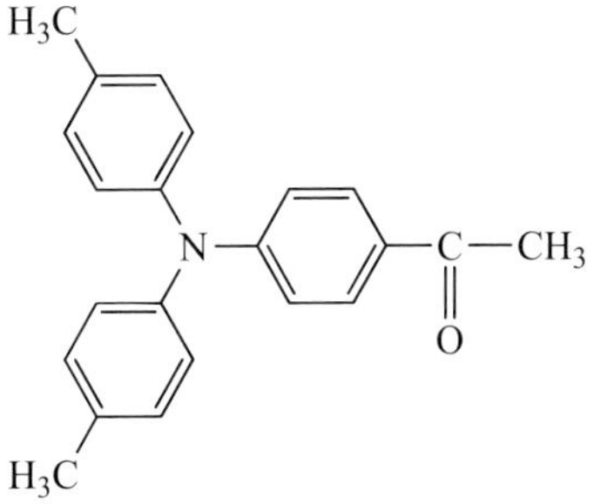　　**229**

2017 年，Cheng 等[83]合成了一系列两亲性 α-氰基二苯乙烯衍生物，以 α-氰基二苯乙烯为棒状核心，一端为亲油柔性烷基链，另一端为极性甘油基。这些化合物在块体状态下可以自组装成液晶相，在有机溶剂中可以形成多重刺激响应有机凝胶。它们在溶液、液晶和凝胶状态下具有可逆的光响应特性。它们还表现出聚集诱导增强发射特性，同时表现出优异的力致发光变色性能，且荧光变化在研磨-熏蒸过程中展现出较好的可逆性。例如，化合物 **230** 在用刮刀研磨 3 min 后发出绿光，发光波峰从 437 nm 明显红移到 455 nm。当用乙醇蒸气熏蒸 5 min 后，发光波峰几乎恢复到原来的荧光波峰。对不同状态下 **230** 的紫外-可见吸收光谱进行了研究，发现其固态下的最大吸收峰与稀溶液相比有明显的红移，这主要是由于固态中分子间相互作用增加了有效共轭。同时，研磨后吸收峰出现红移（从 345 nm 移到 358 nm），表明分子构象变得更加平面化，共轭度进一步提高。结果表明，研磨压力不仅改变了吸收光谱，而且还改变了发射光谱。由于外界刺激的非破坏性，绿色和蓝色发光之间的转换可以重复多次而不会产生疲劳。

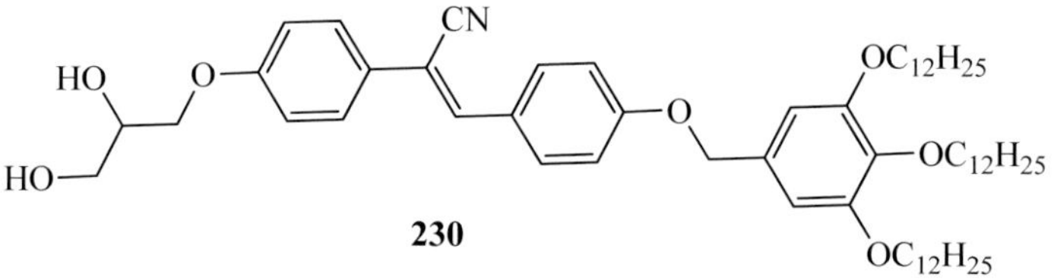

230

2017 年，Milton 等[84]合成了四种多重刺激响应的非平面 D-π-A 腙衍生物，其中非平面吩噻嗪为给体（D），苯并噻唑和二硝基苯环为受体（A）。为了提高腙衍生物的非平面性，在吩噻嗪上引入悬挂的苯环，并研究了苯环对含吩噻嗪腙衍生物的力致发光变色和热致发光变色行为的影响。含苯并噻唑环的腙衍生物（**231** 和 **233**）表现出 AIEE 特性，以及在 TFA 等挥发性酸存在下的酸响应变色性。研磨后 **233** 的颜色由浅绿色变为黄色，表现出压致发光变色特性。研磨后，**231** 几乎没有发生颜色变化。此外，**232** 在研磨时显示从红色到棕色的颜色变化，而 **234** 显示从红棕色到黑色的颜色变化。因此，与 **231** 和 **232** 相比，**233** 和 **234** 的研磨样品中观察到了更高对比度的颜色变化。这可能是苯环的空间效应导致 **233** 和 **234** 中分子堆积更扭曲，这可以通过发射波长的蓝移得以证实。用 DCM 蒸气熏含吩噻嗪的腙衍生物（**232** 和 **233**）时，表现出可逆的力致发光变色。用单晶 XRD 谱图研究了结构-性质关系，表明晶体中存在扭曲的分子构象及 π-π、C—H⋯π 和 S—S 的弱分子间相互作用。它们对机械应力下晶态向非晶态的相变过程起着重要作用。研磨前后的粉末 XRD 谱图变化也可以证实这一点。

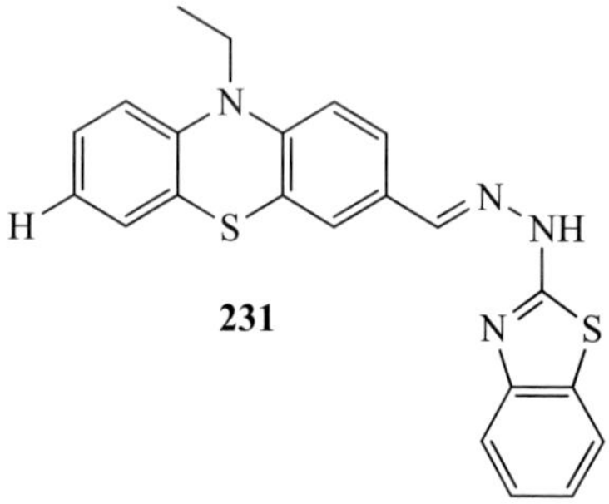

231 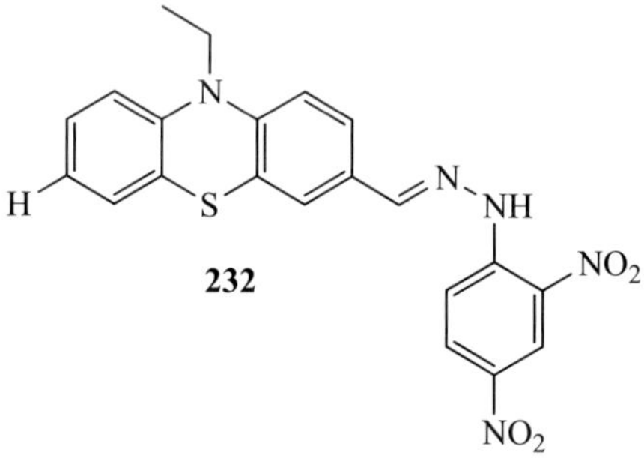　　232

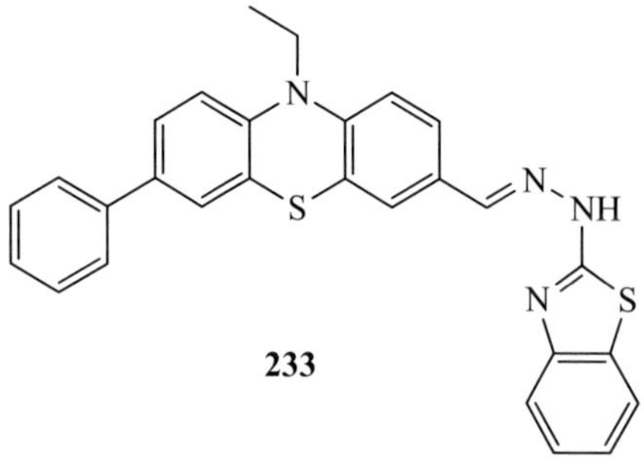

233 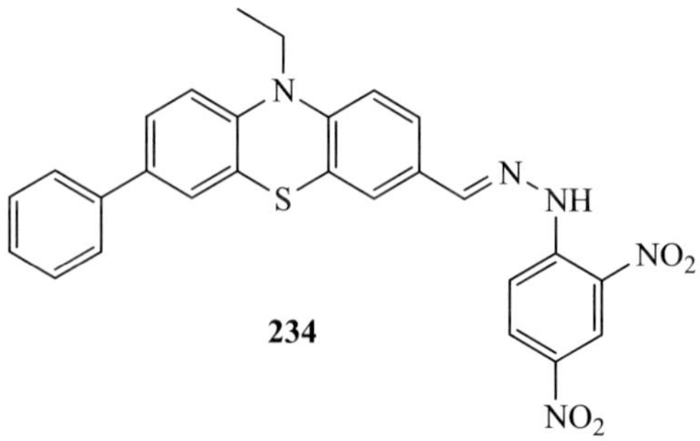　　234

2017 年，Thilagar 等[85]报道了含硼的苯胺衍生物 **235**～**240**，其中 Mes 表示均

三甲苯。化合物 **235** 和 **237** 对外界应力的响应表现为发光的改变。实验表明，非共价分子间氢键（N—H···N 和 N—H···π）对实现力刺激发光变色响应性能有着关键作用。**235** 和 **237** 研磨后样品的发光分别从 445 nm 红移到 465 nm（蓝色到青蓝）和 468 nm 红移到 493 nm（青蓝色到绿色）。化合物 **237** 结晶可以形成两种不同的晶型，由于这两种晶型在固态中存在不同的超分子相互作用，表现出的发光特性也大不相同。

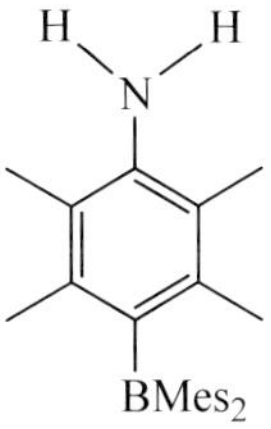

$BMes_2$ **235** 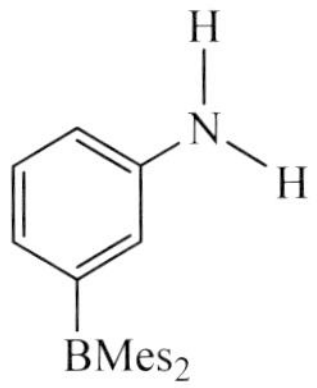 **236** 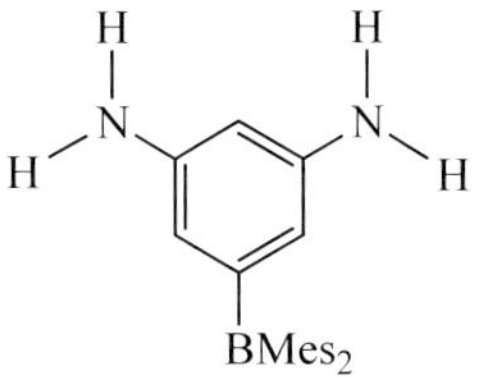 **237** 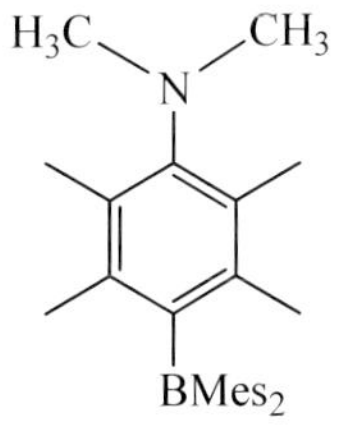 **238** 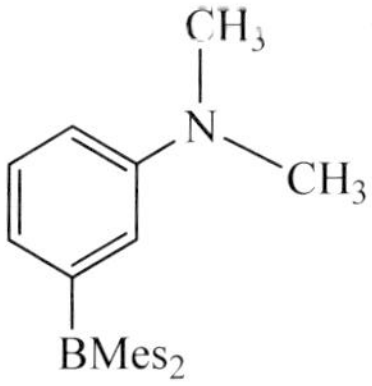 **239** 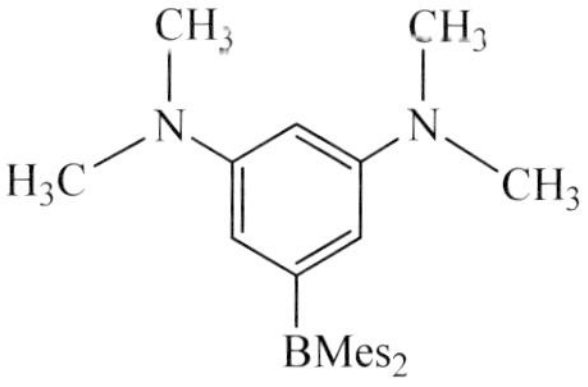 **240**

2017 年，Otsuka 等[86]研究发现所设计的四芳基取代的丁二氰衍生物 **241** 和 **242** 是在机械应力下能够发生变色和发黄光的力致发光变色材料。分子中心动态 C—C 共价键的可逆均裂可以形成亚稳态的有机发光碳自由基。生成的碳自由基在紫外光照射下发出粉红色及黄色光。此外，含 **242** 分子的聚合物体系在机械应力

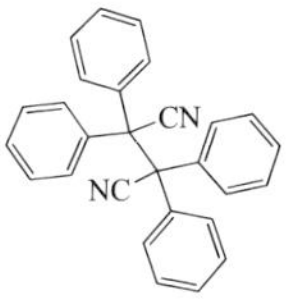

241 **243** **242**

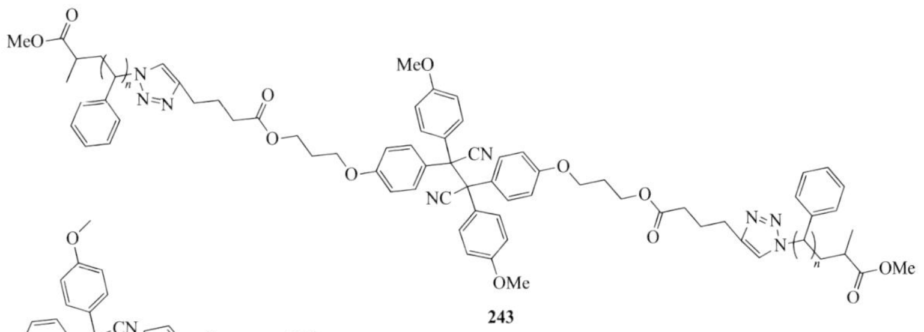

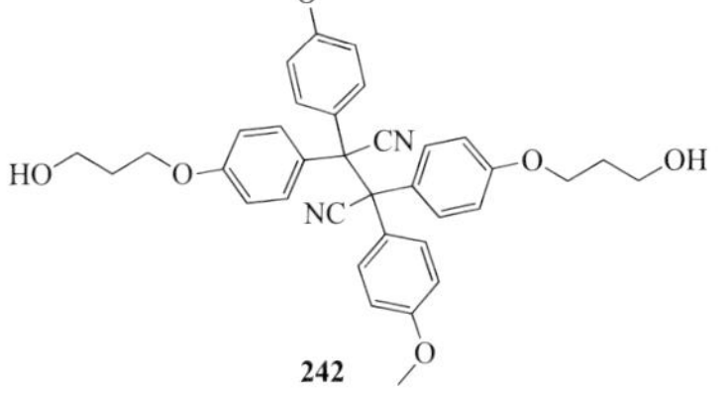

作用下也能表现出粉红色和黄色的光致发光，与聚合物链相连后的分子（如 **243**）的力致发光变色响应特性还会显著增强。

2017 年，Lu 等[87]合成了一系列叔丁基取代的水杨醛类席夫碱衍生物 **244**～**246**。结果表明，在超声波作用下，**244** 和 **246** 在甲苯、邻二氯苯等溶剂中均能形成有机凝胶。平面 π 骨架和叔丁基的大空间位阻效应，导致产生合适的 π-π 相互作用并诱导凝胶的形成。有趣的是，**244** 形成的纳米纤维在紫外光照射下可以发出强烈的黄绿光。**245** 中非平面芳香单元的二氟硼配合物由于 π-π 相互作用较弱，自组装能力较差，不能使所选溶剂凝胶化，但非平面 π 骨架能使分子松散地堆积在晶体中，在外力作用下，这种松散的堆积很容易发生变化，有利于实现可逆的力致发光变色。实验结果表明，所制备的 **245** 的确具有力刺激发光变色响应性能，晶体发出强烈的黄光，研磨后可转变为发橙红光的粉末，加热研磨粉末后荧光恢复。这种由研磨和加热引起的 **245** 发光颜色的可逆变化归因于晶态和非晶态之间的转变。通过引入非平面 π 骨架可以调控 π-π 相互作用，这为设计新型非传统 π 凝胶剂和新型力致发光变色材料提供了一种策略。

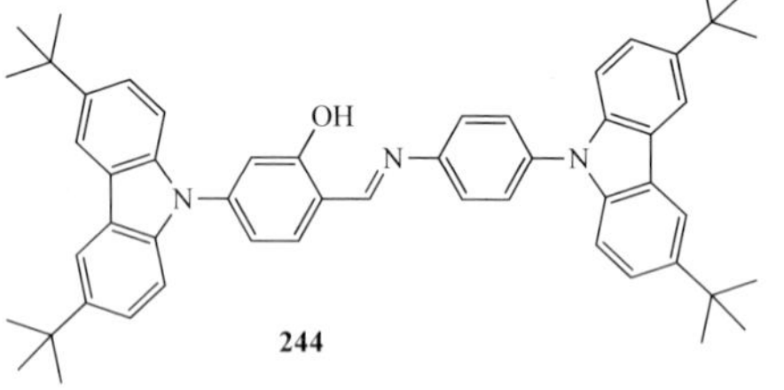

244

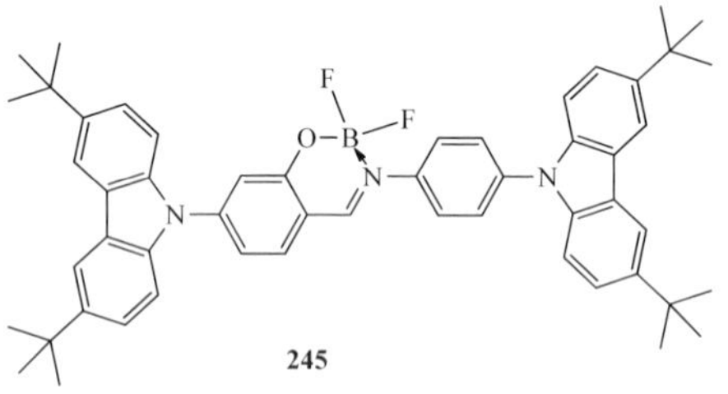

245

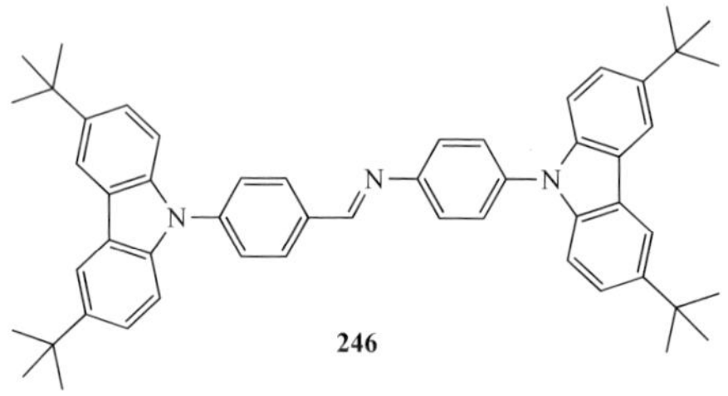

246

2017 年，Zhang 等[88]设计了一个星形分子 **247**，并表明超分子手性可以用来切换该星形分子中的单线态和三线态发光。基于硫醚衍生物，并用手性 α-硫辛酰胺侧基对其进行功能化，设计合成了化合物 **247**。研究发现，**247** 在 DMF/H_2O 混合溶液中可以形成螺旋状纳米结构。在此基础上，通过螺旋自组装和解离可以实现材料荧光和磷光的转换。这种现象可以归因于化合物 **247** 的系间穿越过程具有螺旋构象依赖性，自组装和解离过程会改变化合物 **247** 的系间穿越过程。此外，固体样品的可逆力刺激响应也与这种分子自组装和解离有关。

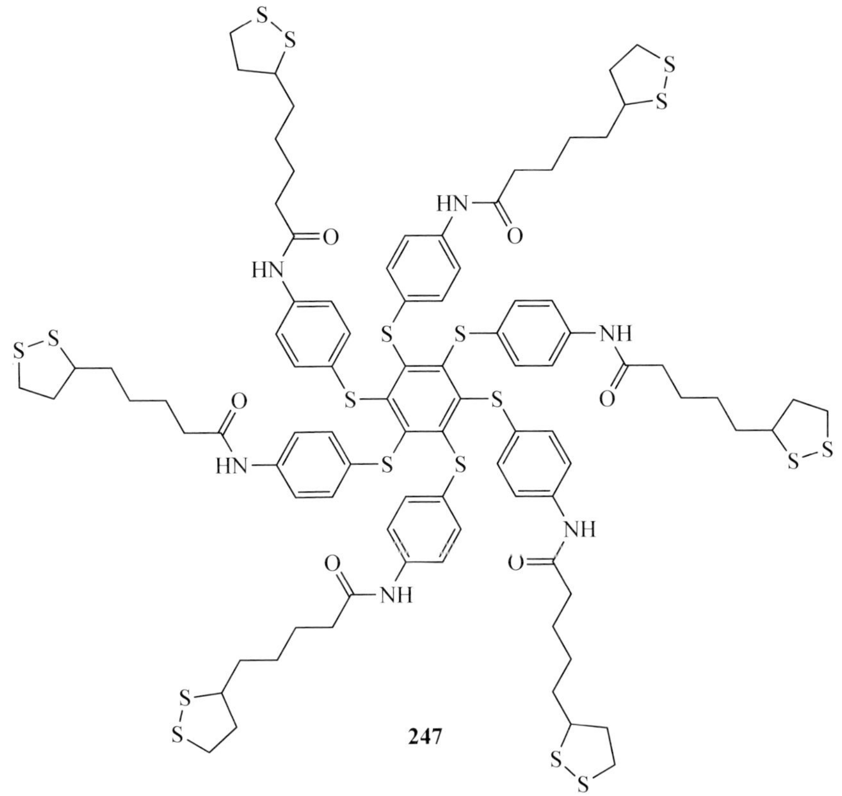

247

2017 年，Song 等[89]合成了一系列席夫碱基凝胶剂 **248** 和 **249**，并对这些化合物在不同溶剂中的凝胶行为及机械力对这些智能凝胶剂的影响进行了深入研究。结果表明，这些化合物的凝胶化能力取决于溶剂类型和凝胶剂烷基链的长度。值得一提的是，具有较短烷基链的化合物 **249** 能够表现出独特的力致发光变色行为。SEM 和 XRD 结果表明，这种有趣的现象可能是由于化合物 **249** 在晶态和非晶态之间发生了转变。

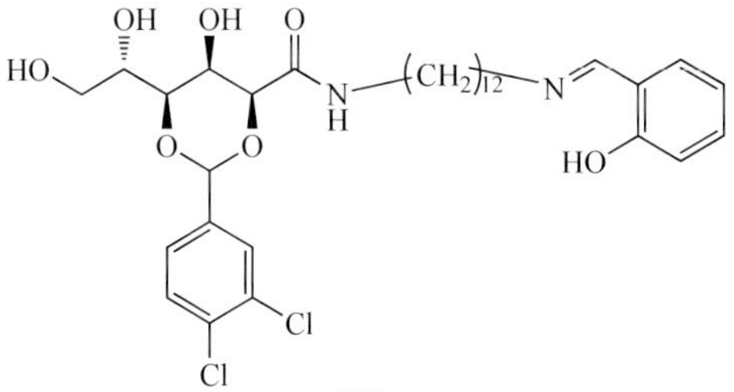

248

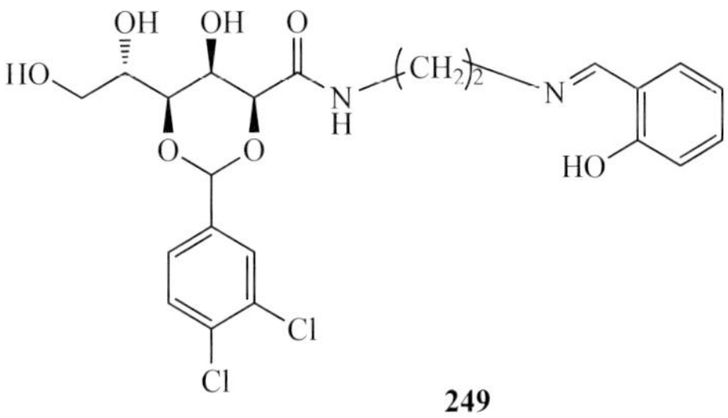

249

2017 年，Li 等[90]报道了六种 AIE 分子 **252**～**257**，它们具有优异的热稳定性和良好的 AIE 性能。通过修改 AIE 单元的体积大小和改变连接模式，它们的发射可以从天蓝色（484 nm）调整到深蓝色（444 nm）。当采用这些发光材料制备 OLED 器件时，它们均表现出蓝光发射和良好的电致发光性能。中间体 **250** 和 **251** 具有力致发光变色效应。用 **250** 和 **251** 修饰芘分别得到 **252** 和 **253** 时，力致发光变色效应能够“遗传”。其中，**252** 表现出更好的力致发光变色性能，发光波峰位移高达 33 nm。当研磨 **252** 固体时，PL 发光红移为约 499 nm 的绿光，而在经过气相处理后呈现出高颜色对比度的天蓝色发光（466 nm）。

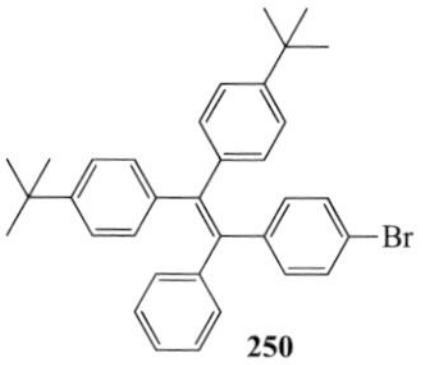

250 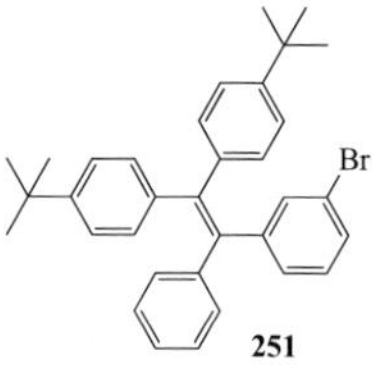 **251**

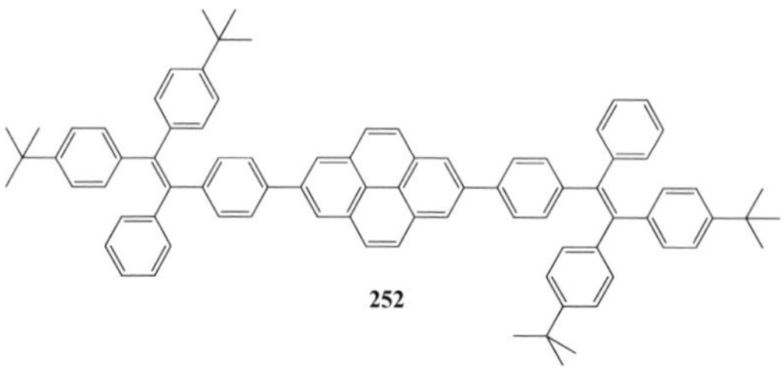

252 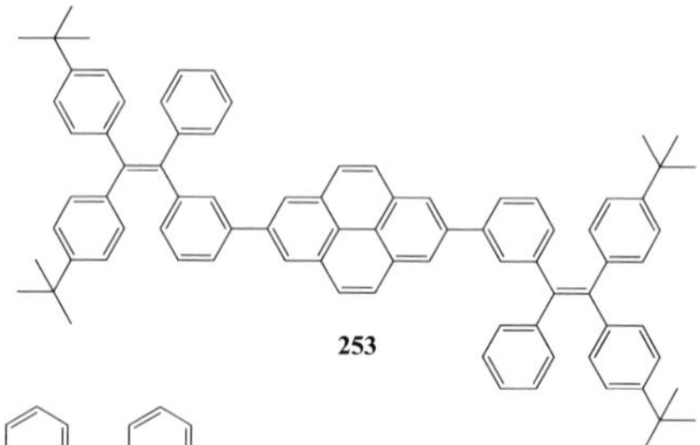 **253**

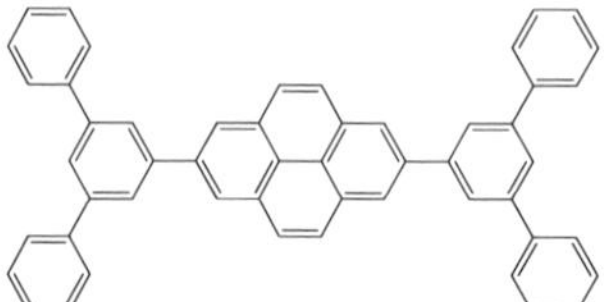

254 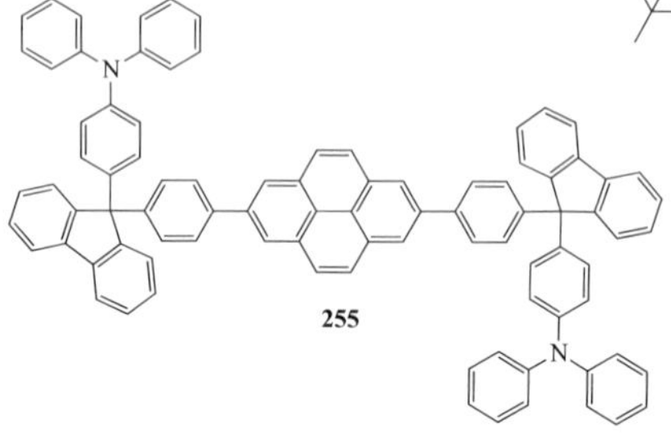 **255**

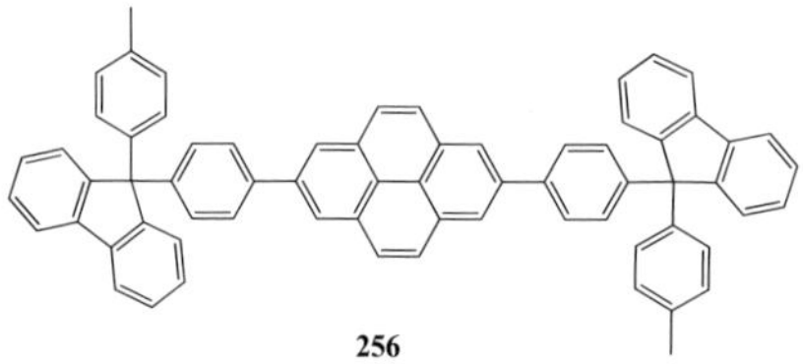

256 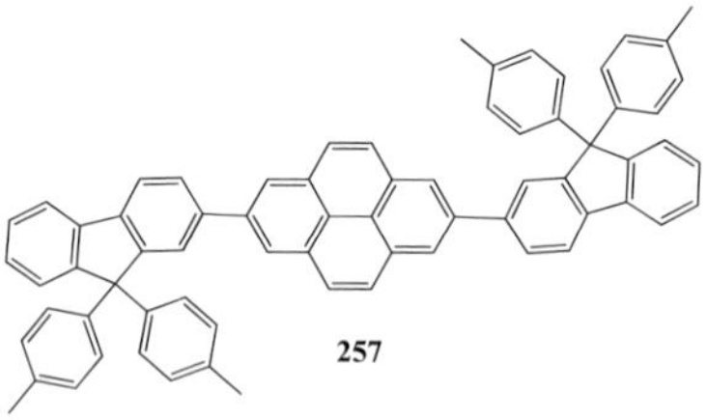 **257**

2017 年，Yang 等[91]报道了一种近红外发光花菁染料分子 **258**。在 DMSO/H_2O 混合溶液中，当水含量高于 70%时，**258** 表现出显著的尺寸依赖的 AIE 特性。纳米颗粒的形成有利于荧光发射，而较大尺寸的团聚使得荧光减弱。在固体中，化合物 **258** 表现出结晶诱导发光增强（CIEE），且近红外发光行为与其形貌有关。在研磨过程中，亮发射晶体粉末（λ_{em} = 687 nm）（开状态）转变为非发射

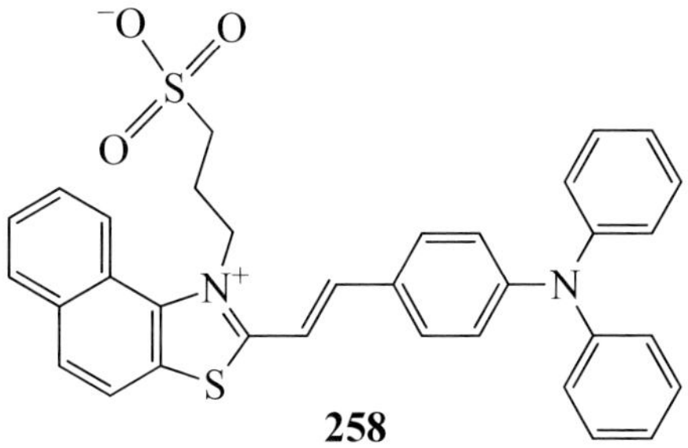

非晶状态（关状态）。通过研磨和加热或溶剂熏蒸，可以可逆地调节荧光的开关。该研究结果将有助于设计合成更多的新型 AIE/CIEE 及可切换多重刺激响应近红外发光材料。

258

2017 年，Yang 等[92]合成了三种基于半花菁染料的智能荧光材料（**259**～**261**）。它们都显示出红色或近红外（NIR）发光和多重刺激响应固态发光开关特性。**259** 和 **260** 表现为可逆的开-关-开发光，并可分别通过研磨和 CH_2Cl_2 熏蒸处理实现。它们的力致发光变色特性归因于在外界刺激下发光微弱的非晶态和发光明亮的晶态之间的转变。此外，**260** 和 **261** 暴露在酸和碱蒸气中时，也表现出可逆的固态荧光开关特性。末端—OH 单元的可逆去质子化是化合物发光猝灭的原因，因为它几乎不影响晶体的堆积方式，但会破坏分子的共轭。在多重刺激响应的基础上，研究者以适当的外刺激通道为输入，荧光颜色为输出数据，建立了双分子级的基本逻辑门。

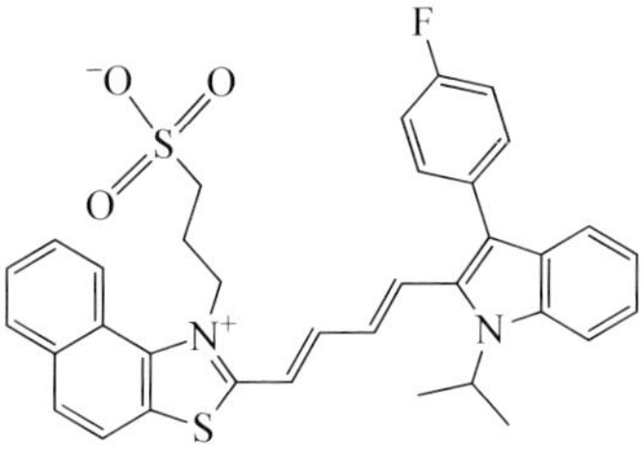

259 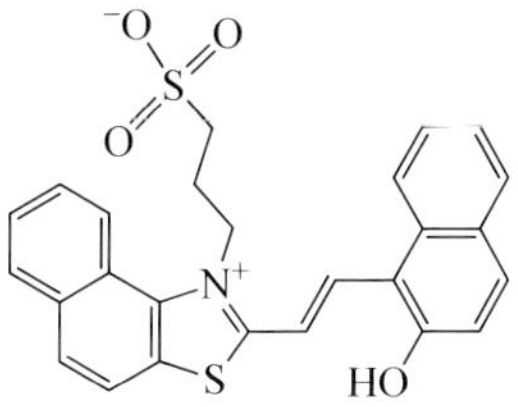 **260** 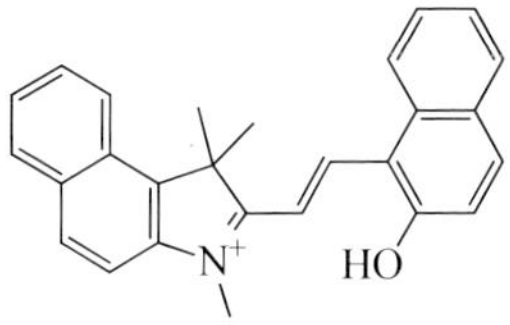 **261**

研究表明，通过烷基化“侧链工程”可以制备多功能荧光染料。2017 年，Yang 等[93]发现，只有长烷基化的吡咯衍生物才可能呈现出不同寻常的力致发光变色和独特的热致变色多色发光，强调了长烷基链在调节 π-π 和烷基链相互作用及获得多晶型和多种多样光学性能方面的重要作用。这一发现对有机光电材料的设计、合成和结构性能研究具有重要意义。长烷基化 **262** 的固体粉末是一种红色发光晶体（645 nm，R 态），通过机械研磨或溶液旋涂可转变为黄色非晶状态（544 nm，Y 态）。Y 态在 60℃以下退火或溶剂熏蒸后可恢复到 R 态。但是，Y 态在 70℃以上退火则产生一种新的绿色晶态（523 nm，G 态）。此外，在研磨和溶剂熏蒸过程中，G 态可分别转化为 Y 态和 R 态。相反，短烷基化 **263** 中没有发现这些现象，说明有机荧光团外周烷基链长度对固相聚集行为和荧光性质可能具有调控作用。研究者还对这一系列的刺激响应材料进行改进，开发了烷基化吡咯衍生物的光学性能。

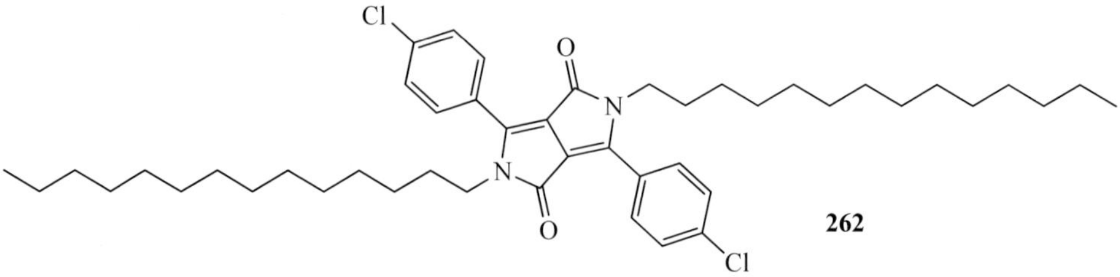

262

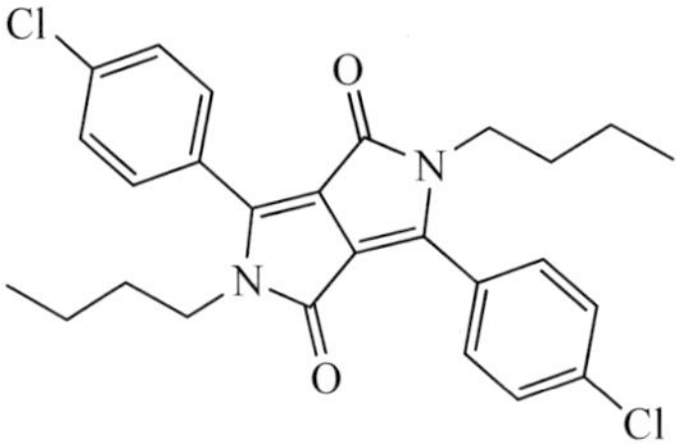

263

2017 年，Xiao 等[94]报道了两种基于烷氧基取代喹啉衍生物的固体荧光发光材料 **264** 和 **265**，其具有 D-π-A 结构，在质子化和去质子化时表现出可逆的荧光响应。中性态在机械力作用下表现出轻微的荧光变化，但质子化后可以获得显著发光变化的力致发光变色行为，这为调控力致发光变色特性提供了一种新的策略。

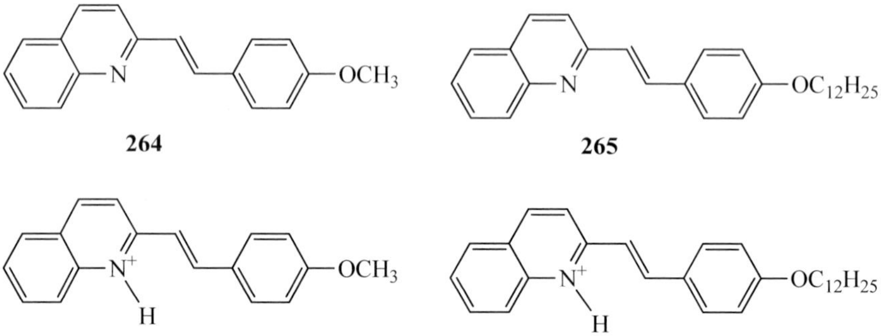

264 **265**

264-H **265**-H

2017 年，Zhan 等[95]合成了两个含吩噻嗪取代基的菲并咪唑衍生物，它们在溶液和固体中都表现出强烈的荧光发光。此外，菲并咪唑衍生物还能表现出可逆的力致发光变色行为，研磨后，**266** 和 **267** 的光谱位移分别为 33 nm 和 14 nm。具体而言，化合物 **266** 在研磨前发射强烈的天蓝色光，在研磨后变为绿色发光。当研磨后的粉末被有机蒸气熏蒸或加热时，可以恢复为初始荧光状态。单晶 XRD 分析表明，这种可逆压致荧光变色是由晶态和非晶态转变产生的结果。**266** 分子的构象比较扭曲，晶体结构中存在较弱的 C—H…π 相互作用，分子堆积较为松散，这有利于产生力致发光变色。

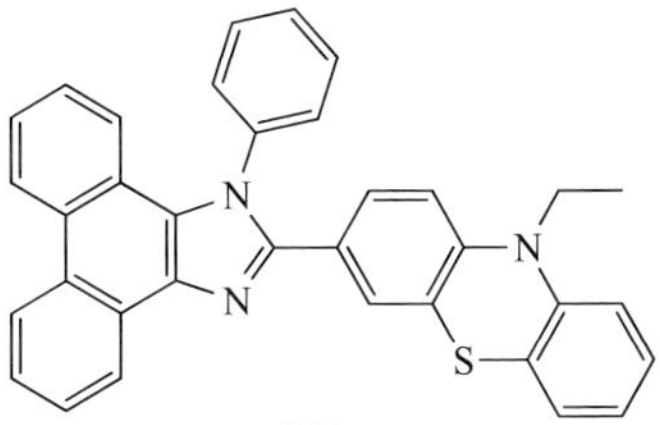

266

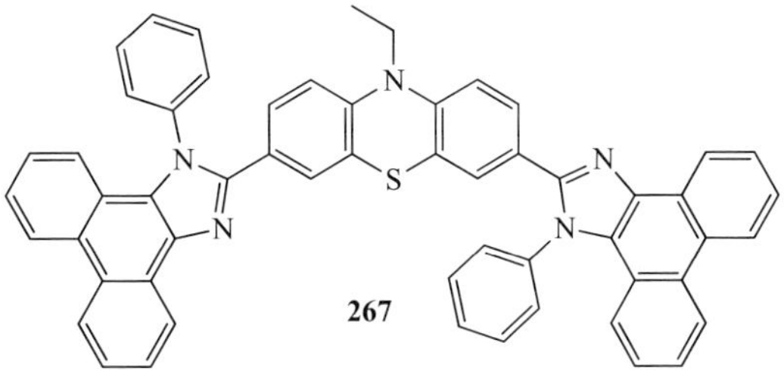

267

2017 年，Zhan 等[96]报道了一种 D-π-A 型三苯胺修饰的苯并噻唑衍生物 **268**，其在溶液和固体中均能发出强荧光。值得注意的是，由于晶态和非晶态之间的可逆转变，**268** 在研磨和 DCM 熏蒸/加热处理过程中表现出可逆的力致发光变色行为。单晶 XRD 数据表明，C—H⋯N（2.54 Å、2.68 Å）、C—H⋯S（2.58 Å、2.74 Å）和 C—H⋯π（2.83 Å、2.88 Å）的分子间相互作用会增加分子骨架的刚性，产生松散的分子堆积，有利于实现力致发光变色。**268** 在溶液和固体中均表现出可逆的、显著的酸碱诱导荧光开关特性。特别是，研磨的 **268** 薄膜对 TFA 蒸气的反应迅速。例如，随着 TFA 浓度的增加，荧光逐渐猝灭。当 TFA 蒸气浓度为 459 ppm 时，猝灭效率达到 95.3%。此外，**268** 研磨膜还可以检测其他挥发性酸蒸气，如 HCl 和 HNO_3。因此，**268** 研磨膜可以作为一种高性能的荧光化学传感器，通过颜色和发光变化来检测挥发性酸蒸气。

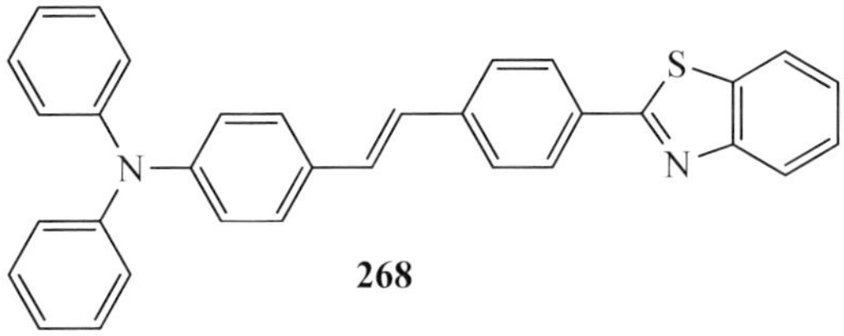

268

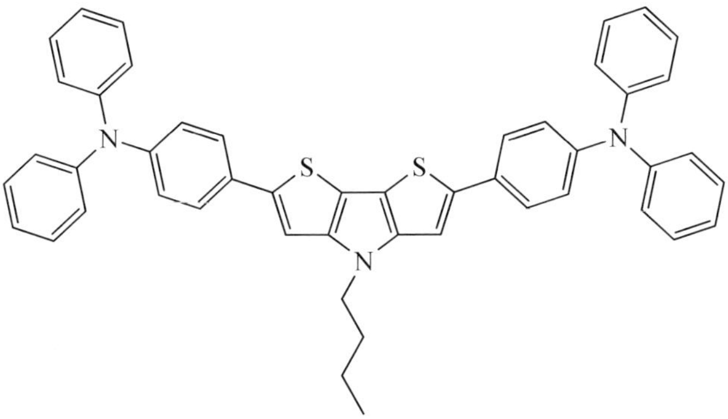

2017 年，Liu 等[97]开发了一种基于二噻吩并吡咯的发光材料 **269**，其在固态下表现出可逆的力致发光变色，在溶液中表现出近红外电致变色开关行为。力致发光变色研究表明，机械研磨使 **269** 固体粉末的荧光颜色由黄绿色变为绿色，这是由于机械研磨破坏了弱分子间 C—H⋯π 相互作用。XRD 分析表明，观察到的可逆荧光开关与晶态和非晶态之间的相互转换有关。二氯甲烷蒸气熏蒸使非晶相恢复为晶相，使得发光颜色恢复为原始状态。结果表明，该化合物是一种很有应用前景的电致变色和力致发光变色开关材料。

269

2017 年，Xiang 等[98]报道了一系列新颖简单的基于水杨醛的三席夫碱（TSB，**270**～**284**），它们具有非共轭三甲胺桥，但发射出强烈的蓝色、绿色和黄色 AIE 发光，并具有较大的斯托克斯位移（高达 167 nm）和较高的荧光量子产率（高达 18%）。在 TSB 固体中还发现了力致变色荧光增强和对映异构体。此外，这些柔性、三脚架状的分子笼可以作为理想的、通用的阴离子主体，用来检测特定阴离子（荧光量子产率高达 51%）。TSB 结合了 AIE 和生物相容性的优点，在活体细胞成像方面具有潜在的应用前景。

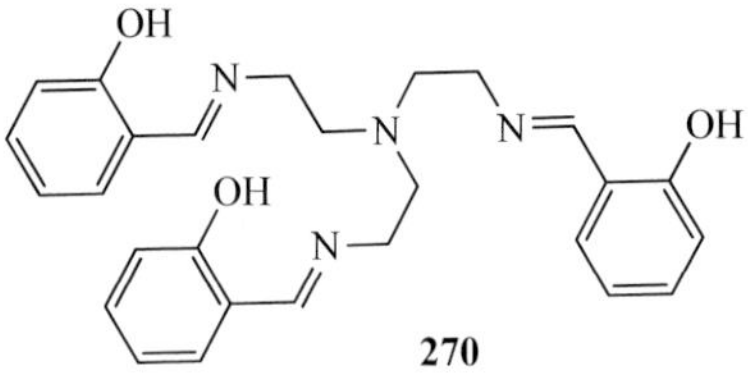

270

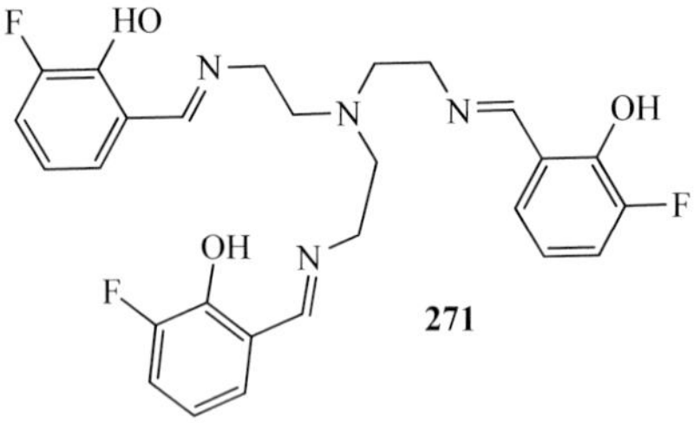

271

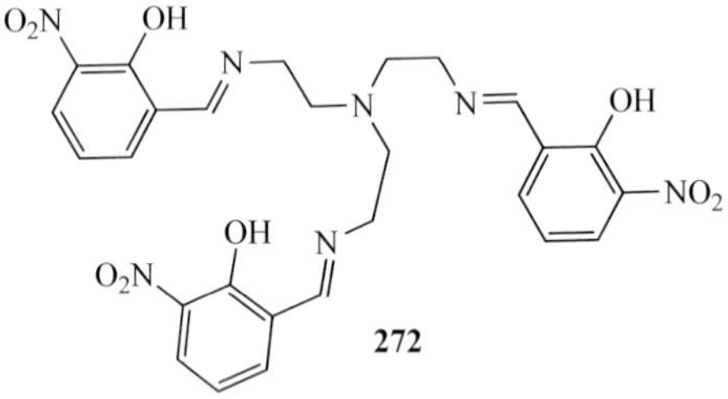

272

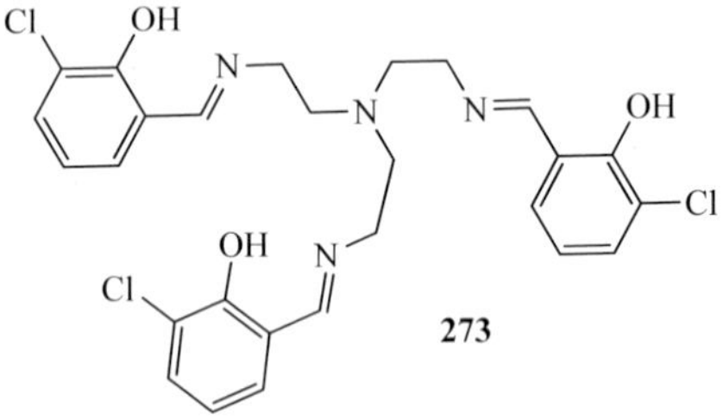

273

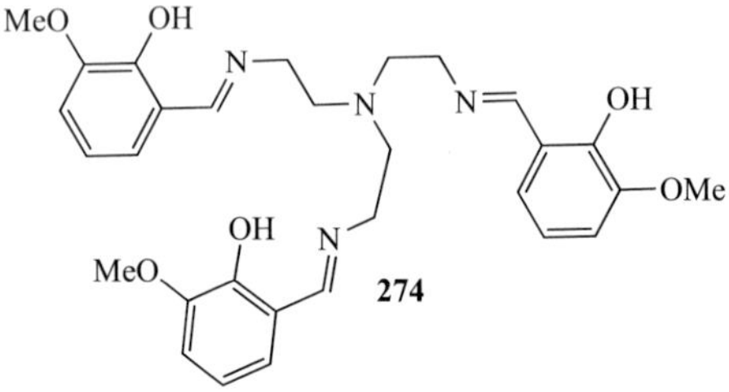

274

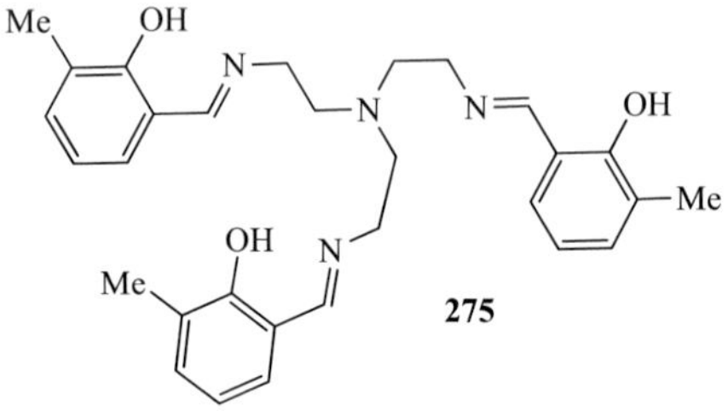

275

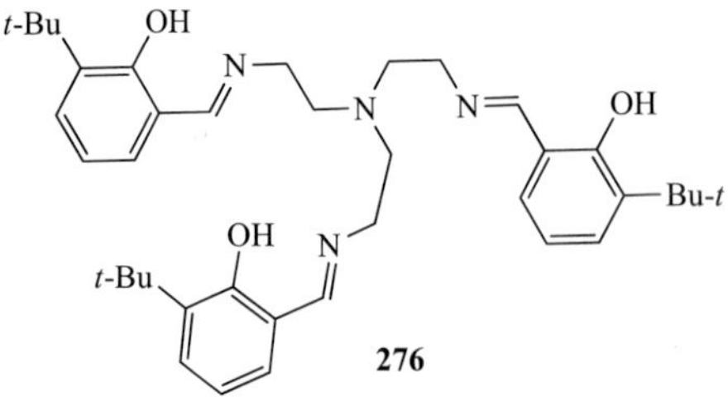

276

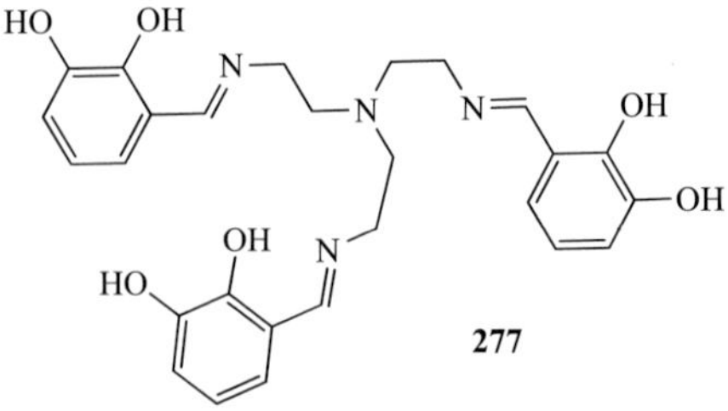

277

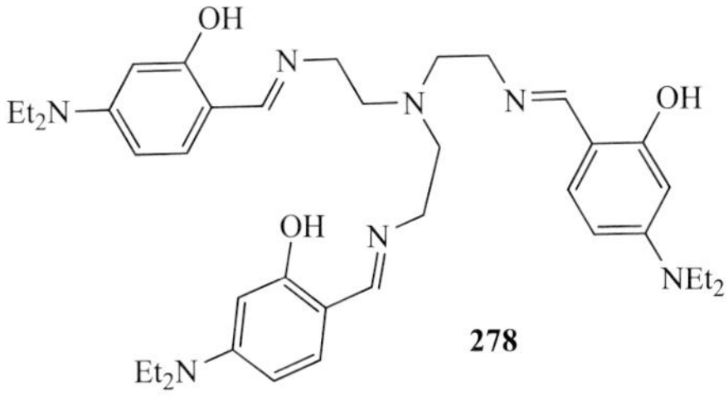

278

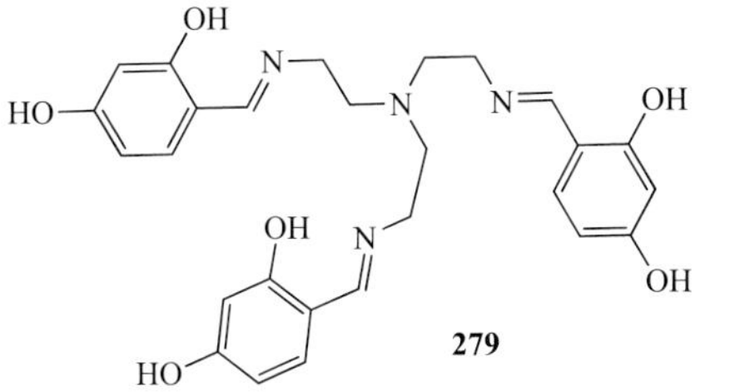

279

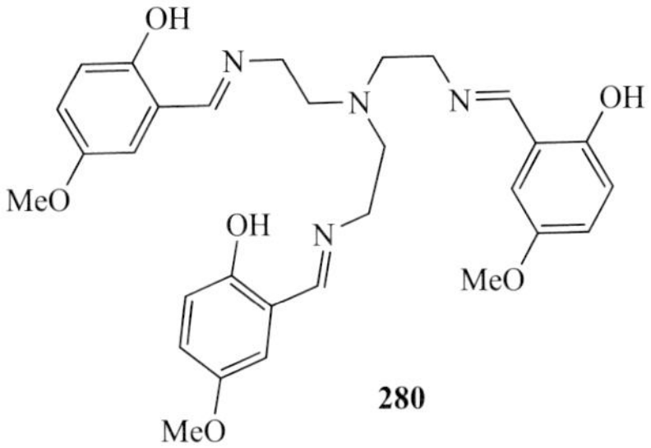

280

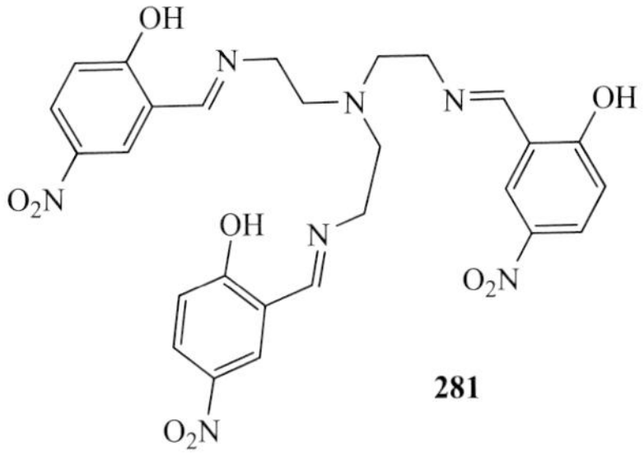

281

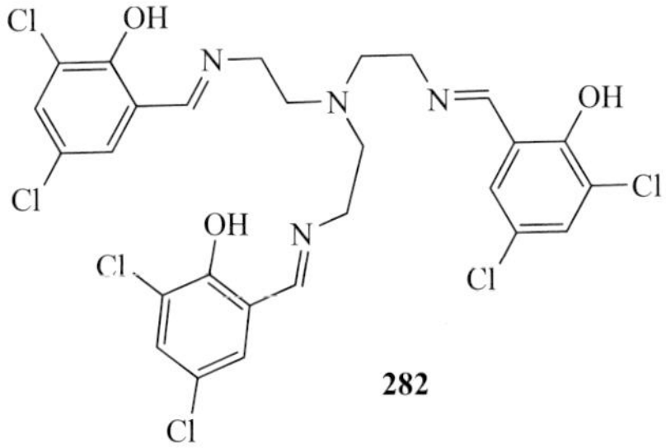

282

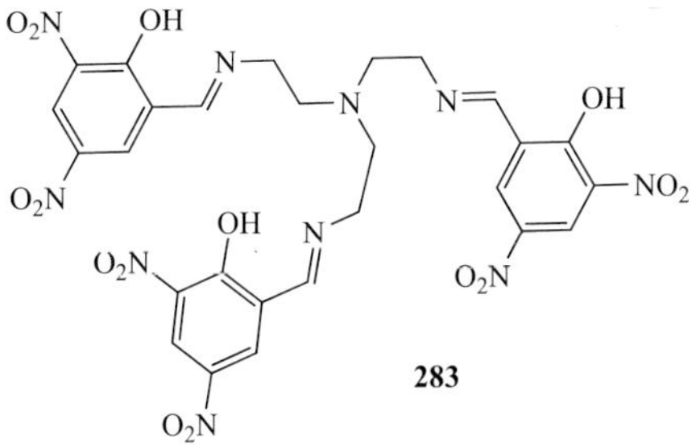

283

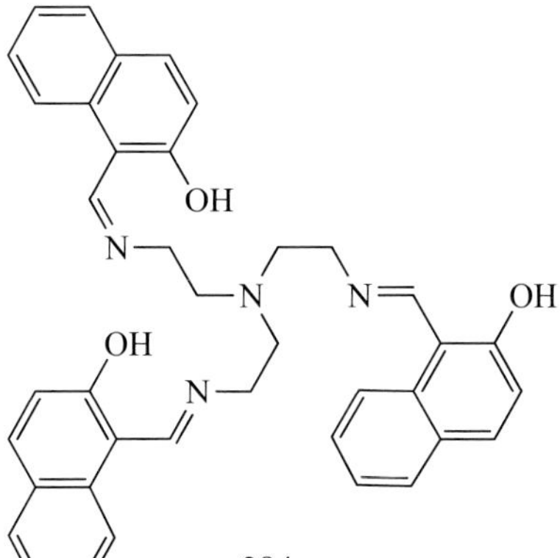

284

2017 年，Li 等[99]以三苯胺（TPA）为核，苯甲酸和苯甲酸甲酯为臂，设计合成了两种基于三苯胺的星形力致发光变色材料 **285** 和 **286**，并研究了修饰基团对材料发光性能的影响。它们都具有 D-π-A 型结构，容易发生三苯胺到苯甲酸或苯甲酸甲酯部分的分子内电荷转移（ICT），所以在不同极性溶剂中表现出相似的溶剂化发光变色效应。紫外-可见吸收光谱的一致性和在不同溶剂中的差异性，以及密度泛函理论的轨道分布分析证实了这一点。通过对荧光光谱、荧光量子产率和荧光寿命的分析，发现它们能够表现出不同的力致发光变色性能。连接苯甲酸的**286**在研磨后显示出明显的发光颜色变化，CIE坐标从(0.17, 0.35)变到(0.26, 0.49)，量子产率从14.53%下降到7.53%。与之相反，连接苯甲酸甲酯的**285**研磨后仅出现8 nm的红移，但量子产率从36.69%提高到45.90%。将DCM滴入研磨样品中，可以使发射恢复到原始状态。在不同比例的DCM/乙醇混合溶液中，可以得到具有不同发光颜色的**286**晶体（B晶体和G晶体）。此外，**286**对氨蒸气的响应具有发光蓝移和发射峰展宽的特点，由于去质子效应，其CIE坐标由(0.17, 0.35)变为(0.23, 0.32)。通过固态荧光、寿命测试、XRD和单晶结构分析发现，**286**的力致发光变色机理是由晶态向无序非晶态的转变。研磨后**285**的量子产率增加可能是由于研磨后分子平面化程度增加，相对平面的共轭构型有利于发光，可以降低非辐射跃迁速率。研磨后**286**量子产率的降低可能是分子间氢键的破坏导致了强的π-π相互作用，以及辐射跃迁速率的降低和非辐射跃迁的增加。

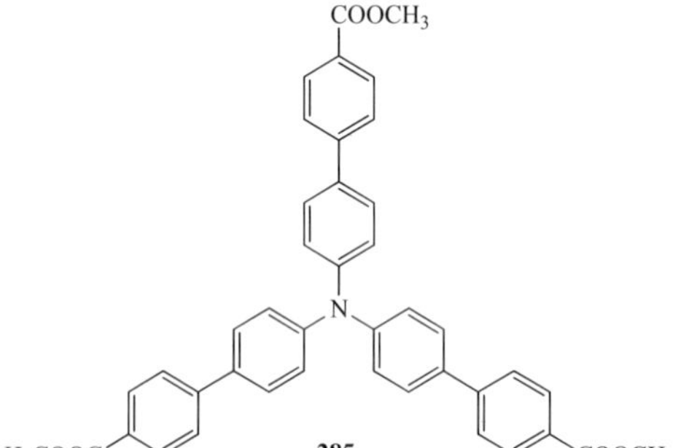

$COOCH_3$ H_3COOC $COOCH_3$ **285**

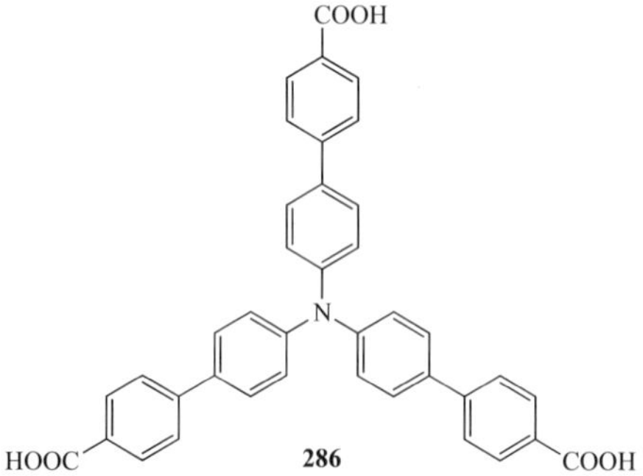

COOH HOOC COOH **286**

2017年，Wu等[100]报道了一种新型1, 4-二氢吡啶衍生物**287**。由于其高度扭曲的构象，该化合物表现出AIE特性，并且具有三种晶型，表现出黄色（**287**-y）、橙色（**287**-o）和红色（**287**-r）荧光。单晶结构分析表明，由于分子间相互作用较弱，多晶型的不同发光主要取决于它们的分子构象。更重要的是，这三种晶型在不同压力下表现出不同的力致变色现象。轻微研磨时**287**-o和**287**-r的荧光颜色变化归因于晶态到晶态的转变及分子构象发生了改变；而强力研磨时**287**-y和**287**-o的荧光颜色变化归因于从晶态到非晶态的转变。此外，**287**-y和**287**-o还能表现出热致发光变色性质。

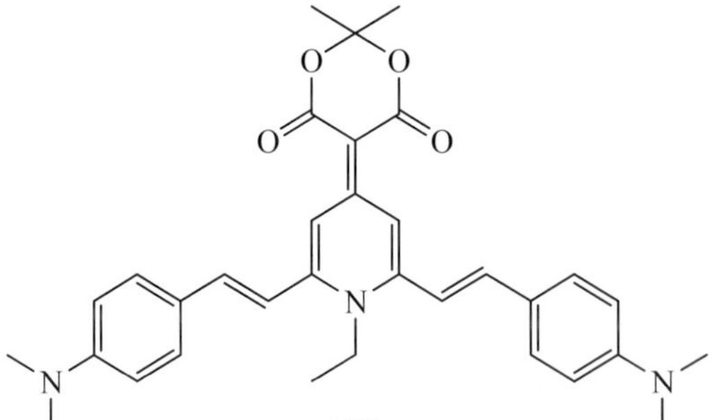

287

2017 年，Wu 等[101]合成了四个结构简单的扭曲 1, 4-二氢吡啶衍生物（**288**～**291**），以研究 *N*-取代基对力致发光变色特性的影响。含有 2-苯乙基的化合物 **291** 具有可逆的高对比度力致发光变色性质，而含有一个乙基的 **288** 和含有 1-苯乙基基团的 **290** 没有力致发光变色性质。此外，含有苄基的 **289** 有两种不同的晶型，蓝色发光的 **289**-B 具有力致发光变色性能，而绿色发光的 **289**-G 则没有。结果表明，*N*-取代基对这些化合物是否具有力致发光变色活性起着决定性的作用。XRD 测试表明，研磨处理对 **288**、**289**-G、**290** 原始样品的结晶度影响不大，XRD 曲线在研磨前后没有出现明显变化。但研磨会在一定程度上破坏 **289**-B、**291** 原始样品的晶体结构，从而改变其形貌，使得固态荧光颜色发生变化。此外，这些化合物的单晶结构分析表明，不同 *N*-取代基的引入对这些化合物的晶体堆积模式有重要影响。**288**、**289**-G 和 **290** 的分子在晶体中具有紧密的堆积方式，可以一定程度抵御外力的影响，而 **289**-B 和 **291** 的分子则采用松散的堆积方式，研磨后晶体结构容易破坏。这项工作表明，扭曲的分子构象的确有利于力致发光变色现象的形成，但易被破坏的晶体结构及可变的分子构象对实现力致发光变色也同样重要。

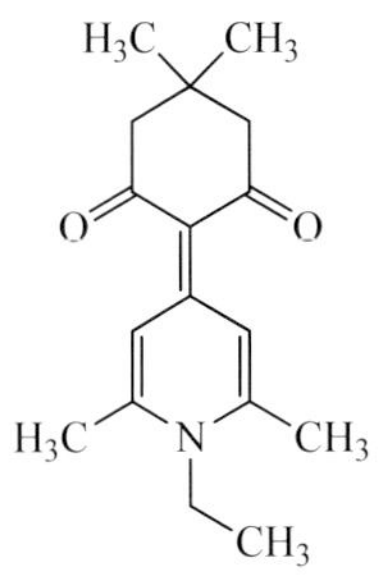

H_3C CH_3 O O H_3C N CH_3 CH_3

288 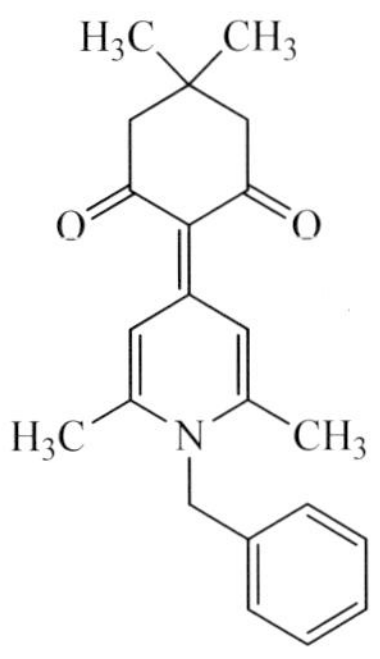 **289** 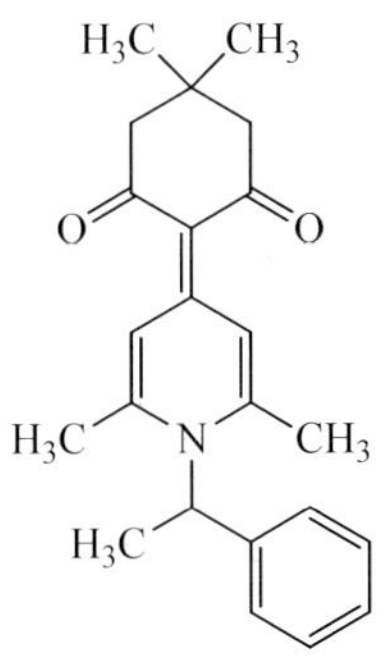 **290** 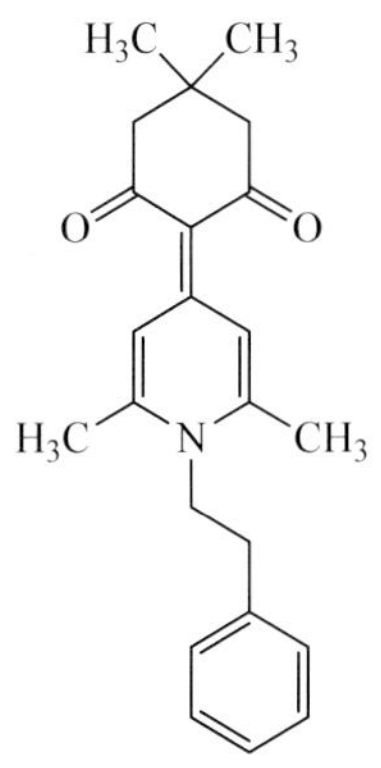 **291**

2018 年，Li 等[102]报道了芘基酰腙衍生物 **292** 的多重发光开关性质。首先，**292** 能够表现出 AIE 现象。其次，DMSO 溶液中的 **292** 干凝胶表现出力刺激发光变色响应行为，其 458 nm 处的最大发射峰在研磨后红移到 514 nm。最后，**292** 在 THF 溶液中的析出物也表现出力刺激发光变色响应行为，而由 **292** 的 THF 溶液旋涂得到的薄膜没有观察到力致发光变色行为。此外，**292** 干凝胶表现出光致荧光变色行为。研究者认为，**292** 的不同发光性能归因于自组装结构的切换。

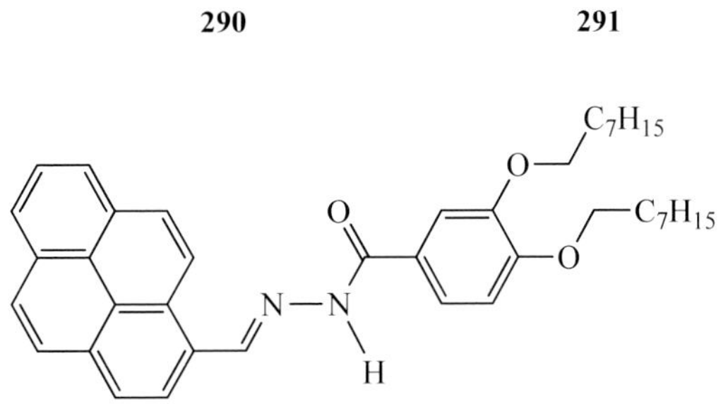

C_7H_{15} O O C_7H_{15} O N N H

292

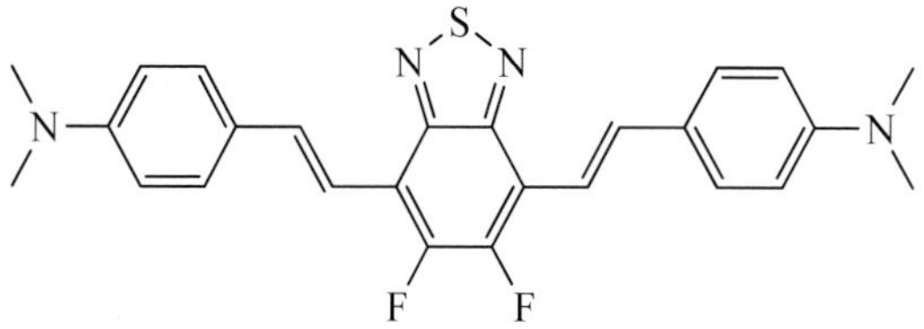

293

2018 年，Yin 等[103]设计合成了具有 D-π-A-π-D 结构的苯并噻二唑类荧光分子 **293**。**293** 在不同极性的有机溶剂中表现出明显的溶剂化发光变色性质。在固态下，它具有高度可逆的力刺激发光变色响应特性，在机械力刺激下，发光由深红色转变为近红外区。PXRD 测试证实了 **293** 的光谱位移是由晶态向非晶态的形态转变引起的。

2018 年，Hu 等[104]报道了三种二甲胺取代的香豆素衍生物（DBC*n*，**294**～**296**），它们表现出 AIE、溶剂化发光变色和力致发光变色特性。结果表明，烷基取代基的长度对原始固体和研磨后固体的最大发射波长有影响。当烷基长度增加时，荧光发射波长变短，初始固体的颜色由橙色变为黄色。与短烷基取代 **294**（587 nm）相比，长烷基取代的 **295** 和 **296** 初始固体的荧光发射波长更短，分别为 565 nm 和 566 nm。研磨后，**294**、**295** 和 **296** 的发射峰分别红移到 607 nm、585 nm 和 586 nm。加入 DCM 溶剂熏蒸可以恢复初始状态的荧光发射。粉末广角 XRD 谱图和 DSC 曲线表明，在各种外界刺激下，晶态和非晶态之间的转变是产生力致发光变色行为的主要原因。单晶 XRD 分析表明，晶体堆积结构的破坏和分子间 π-π 堆积模式的改变是发光红移的主要原因。

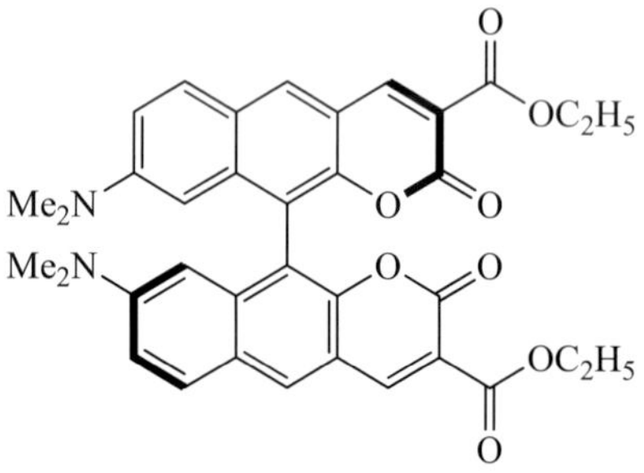

294

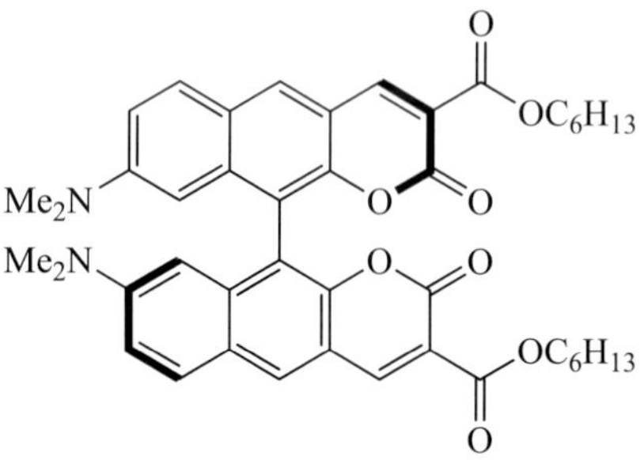

295

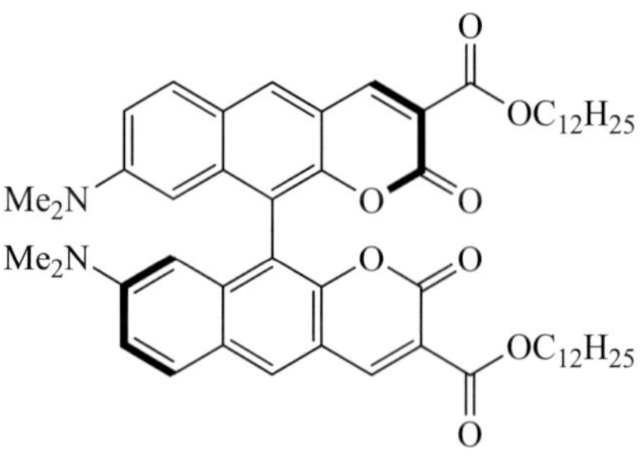

296

2018 年，Tang 等[105]报道了两种结构简单的查耳酮衍生物 **297** 和 **298**。通过精细控制化合物 **297** 的结晶条件，构建了两种发光行为截然不同的晶型，包括发绿光的 **297-**G 和发橙光的 **297-**O。**297-**G 表现出典型的放大自发发射行为，而 **297-**O 则没有，这是由它们的分子堆积结构不同所致。在 **297-**G 中，分子排列成有序的阶梯状，而 **297-**O 则表现出特殊的“二聚体”排列结构。这些“二聚体”在 **297-**O 中存在较强的偶极-偶极相互作用。因此，与 **297-**G 相比，**297-**O 表现出更大的发光红移。此外，在 **297-**O 内观察到一个有趣的“粉碎效应”。被粉碎后，**297-**O 的蓝色发光变为黄色。此外，在羰基的对位引入一个氟取代基后得到化合物 **298**，晶体表现为红光发射。结果表明，晶体结构决定了不同晶型的光物理性质。

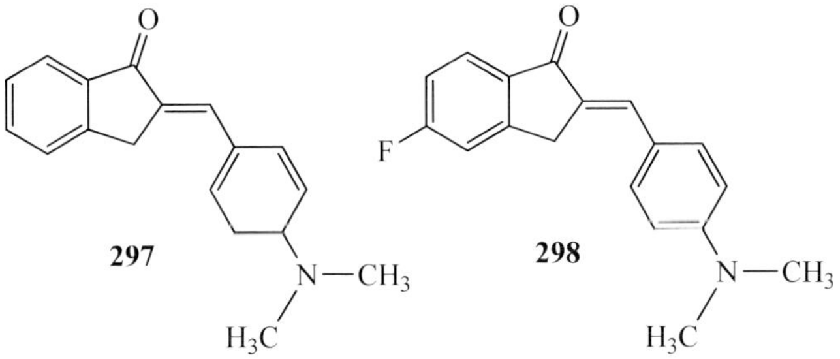

297　　**298**

2018 年，Chakkumkumarath 等[106]合成了三种三芳基甲烷染料衍生物 **299**～**301**，它们具有共同的结构为 $R'R''_2CH$，其中 R′ 为菲、芘或苝，R″ 为 *N*, *N*′-二甲基苯胺。这三种分子即使在极性较小的溶剂中也存在分子内激基复合物。在这三种分子中，**301** 表现了高对比度和自发可逆的力致发光变色行为，在研磨时光谱发生 74 nm 的位移，并能通过退火 17 h 内自发恢复到初始发光状态。另外，**301** 在固态下还能表现出时间依赖的多重酸致发光变色。化合物 **300** 和 **301** 都具有 AIE 活性，且三种分子的发光强度都会随着介质黏度增大而增强。这些化合物的发光与溶剂极性密切相关，有机溶剂中少量的水就可以猝灭它们的荧光。

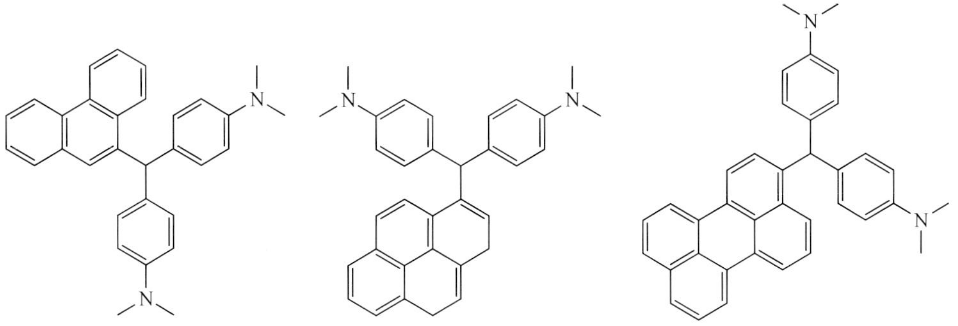

299　　**300**　　**301**

关于具有AIE性质和扭曲分子结构的高亮度有机力刺激响应材料已经有许多报道，但是具有平面结构的高亮度力刺激响应材料及其有效分子设计策略的报道较少。2018年，Li等[107]报道了一系列对机械刺激响应且具有平面结构的芘衍生物（**302**～**304**）。这三个发光材料在稀溶液中表现相似的光学性质，而在固态下由于不同的分子排列方式而表现出不同的发光行为。芘既没有力刺激发光变色（MLC），也没有力刺激发光（ML）；**302**只有MLC；**303**既有MLC又有ML；而**304**只有ML。值得注意的是，**303**在紫外光照射下可以表现出高对比度、可逆的MLC性质，在机械力刺激下无需紫外光而表现出明亮的ML。平面重叠程度和分子间相互作用的协同作用导致了这三个化合物的发光性能有显著差异。研究者分别在**303**和**304**中观察到明亮的双重单分子-激基缔合物-ML和激基缔合物-ML。这项工作促进了对MLC和ML机理的进一步认识，为设计用于压力传感和显示领域的高效有机MLC材料提供了设计策略和理论依据。

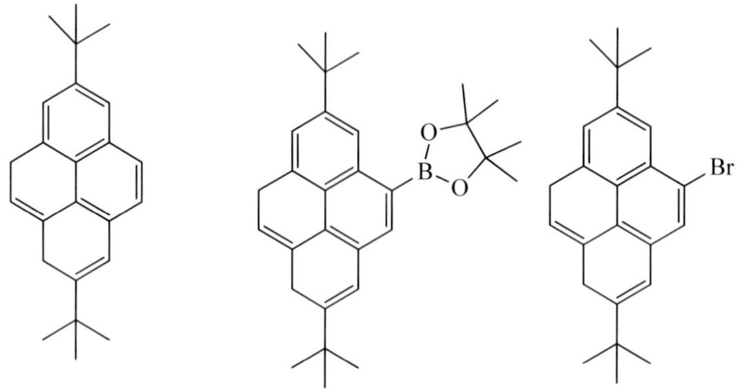

302 **303** **304**

2018年，Anthony等[108]合成了基于三苯胺和巴比妥酸/茚二酮的D-A衍生物**305**～**310**。这些化合物的荧光发射可从黄光到红光，而且与分子构象和分子堆积方式密切相关。**305**表现出明亮的黄色荧光（λ_{max} = 550 nm，Φ_{PL} = 22.8%），而**306**和**307**则分别发出强烈红光（λ_{max} = 602 nm，Φ_{PL} = 41.1%）和橙光（λ_{max} = 582 nm，Φ_{PL} = 19.1%）。**308**在固态下的发光为604 nm（Φ_{PL} = 17.7%）的红色荧光，而**309**和**310**分别为611 nm（Φ_{PL} = 19.4%）和636 nm（Φ_{PL} = 14.1%）。晶体结构分析表明，—OCH_3取代基改变了分子构象和排列，从而引起荧光变化。**305**～**310**化合物被强力研磨时，荧光开关关闭，荧光强度显著降低（Φ_{PL}为1.2%～3.1%）。有趣的是，当加热研磨的**305**～**310**粉末时，荧光开关关闭，荧光强度大大增强（Φ_{PL}为5.6%～22.5%）。PXRD研究表明，在研磨和加热处理过程中，分别发生了晶相到非晶相和非晶相到晶相的转变。这种晶相到非晶相的可逆转变是**305**～**310**具有荧光开关行为的主要原因。

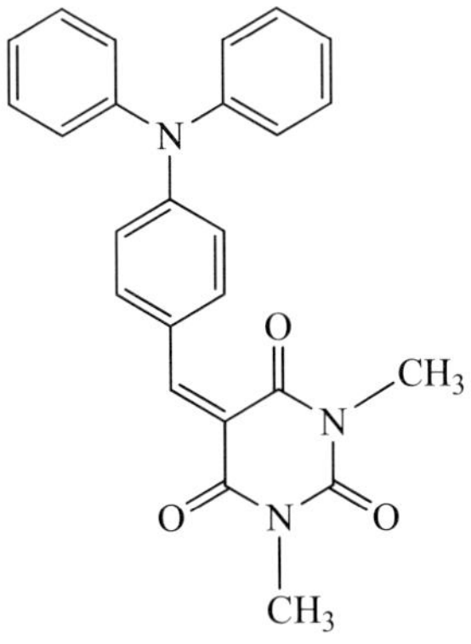

305 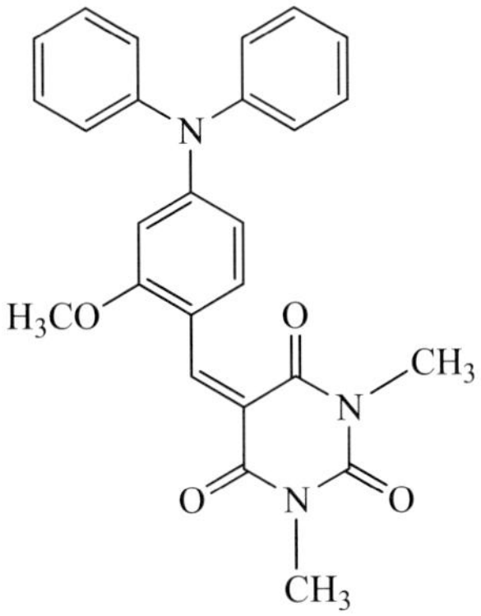 306 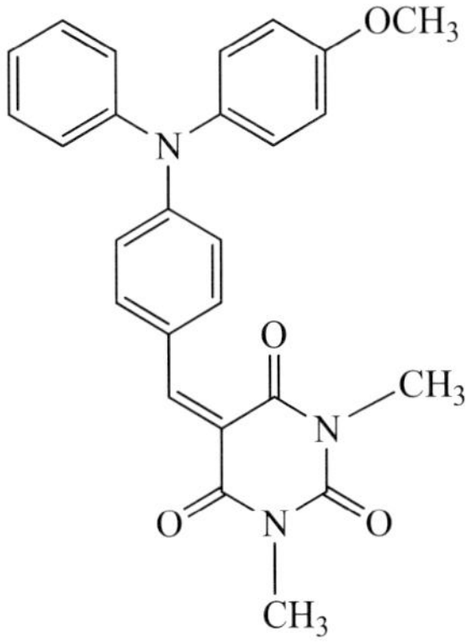 307

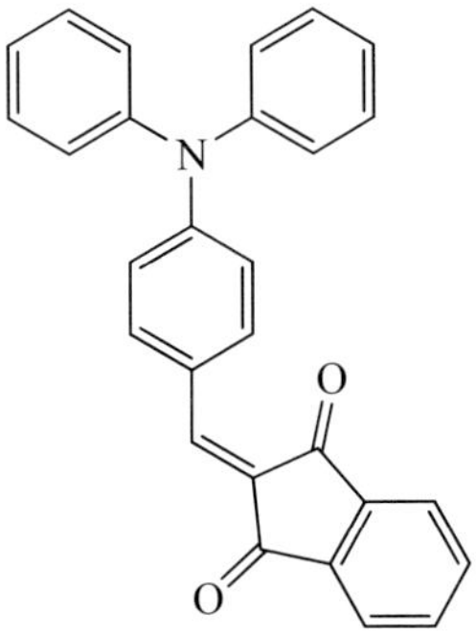

308 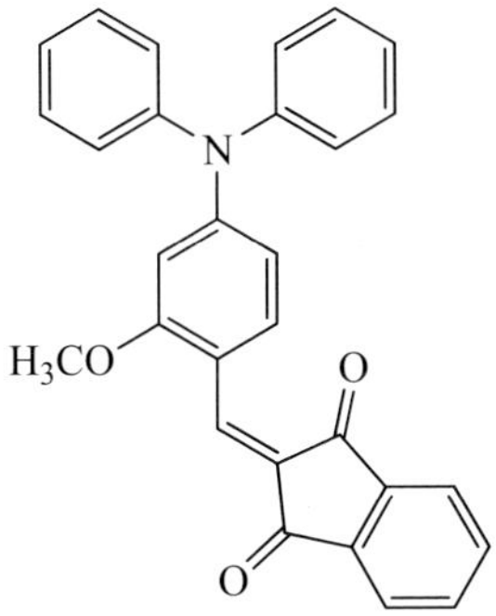 309 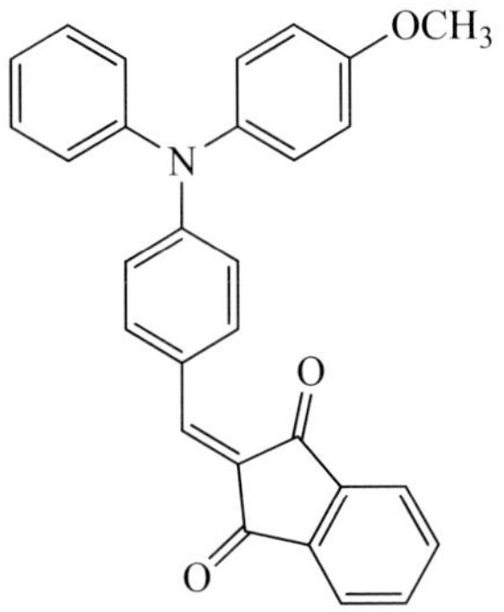 310

2018 年，Anthony 等[109]合成了聚集增强发射荧光材料 **311**～**313**，并证明了可以通过细微改变分子结构来调控具有刺激响应的荧光发射。**311** 能表现出可逆的热致发光变色，在室温和液氮冷冻条件下能发出颜色不同的光。**312** 具有两种发光颜色不同的晶型（**312**-a：550 nm，**312**-b：610 nm）。当在 80℃和 180℃下加热时，被研磨的 **312**-b 晶型可以表现出独特的双重力致荧光变色（MFC），以及从 **312**-b 到 **312**-a 的拓扑化学转化。PXRD 研究证实，**312**-b 在 80℃加热时，部分非

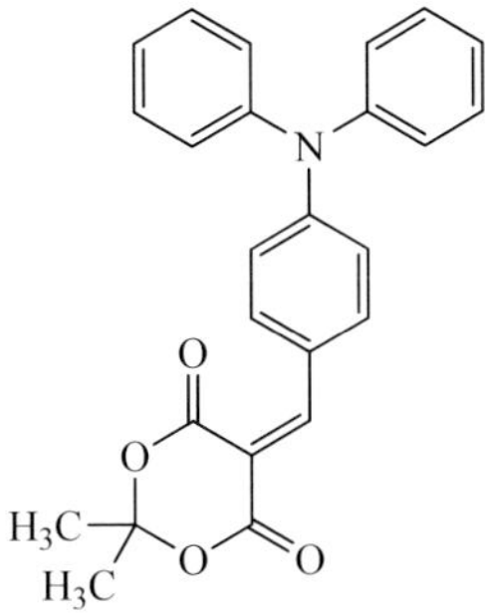

311 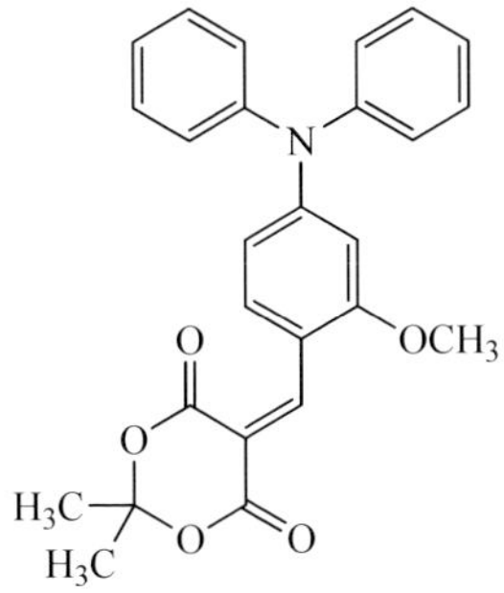 312 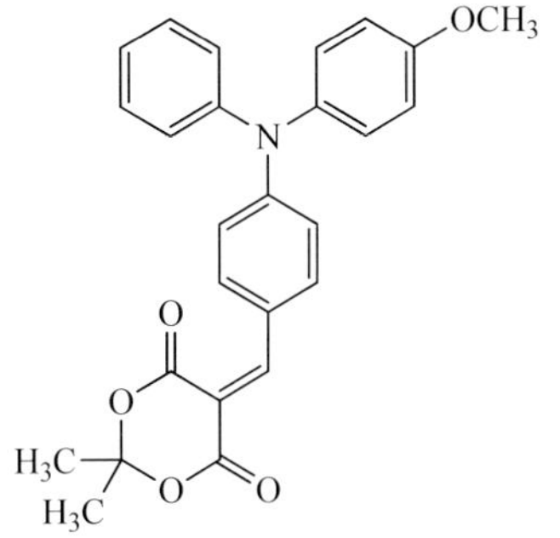 313

晶态转化为晶态，而在较高温度加热时，**312**-b 转化为 **312**-a。相比之下，**312**-a 和 **313** 表现出常规的 MFC。此项研究表明，具有构象柔性的三苯胺，特别是在受体的邻位具有—OCH_3 取代基的三苯胺，在开发多晶型、拓扑化学及多重刺激响应智能荧光材料方面具有很大的潜力。

2018 年，Zhu 等[110]设计并合成了五种带有不同芳基取代物的 1, 5-二氮杂戊二烯盐 **314**～**318**，并通过一系列光谱分析和理论方法研究了它们的光物理性质。所有化合物在 300～450 nm 区域内均表现出强烈的 $^1\pi$-π^*分子内电荷转移（^{1}ICT）吸收带。除 **318** 外，所有化合物在 DMSO/CH_2Cl_2 混合溶液中均表现出聚集诱导的发射增强行为，在固态中表现出相对较高的量子产率（6%～22%）。分别发射黄色和橙色固体荧光的化合物 **314** 和 **316** 表现出机械变色和蒸气变色反应。研磨后，**314** 和 **316** 的发光颜色可分别转化为绿黄色和黄色，并可通过甲醇蒸气熏蒸研磨后的粉末恢复初始颜色。PXRD 结果表明，可逆的力致发光变色归因于晶态向非晶态的转变。这项工作有望应用在信息加密与数据安全领域，为设计开发更多的智能发光材料提供了可靠的设计策略。

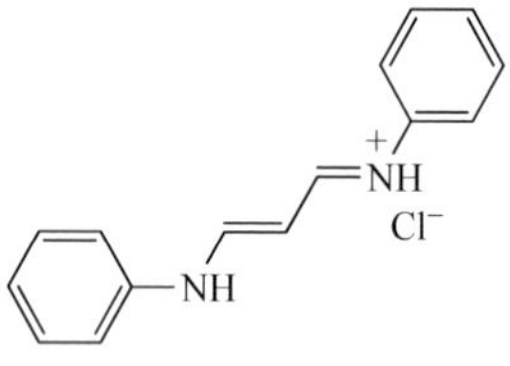

314 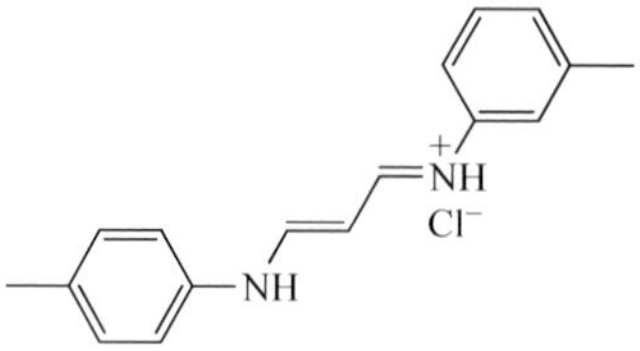 **315** 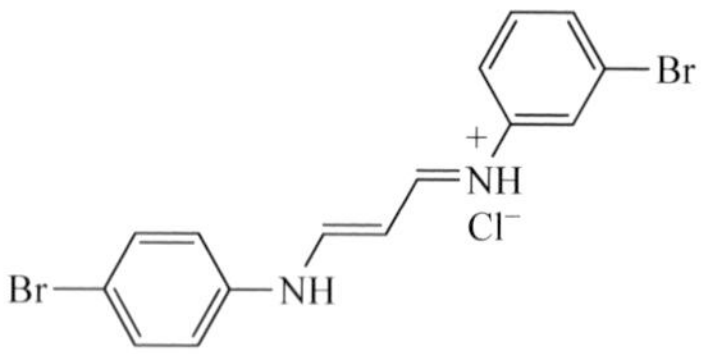 **316**

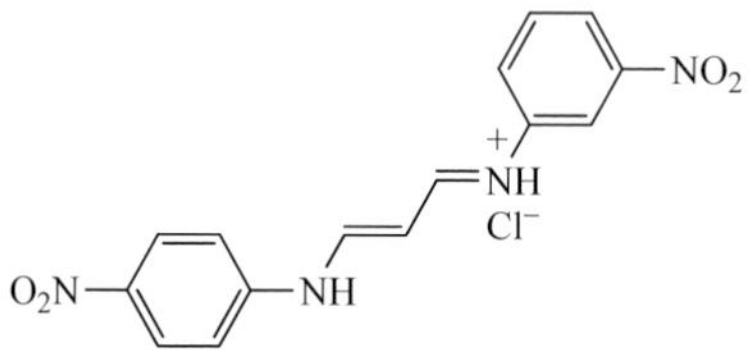

317 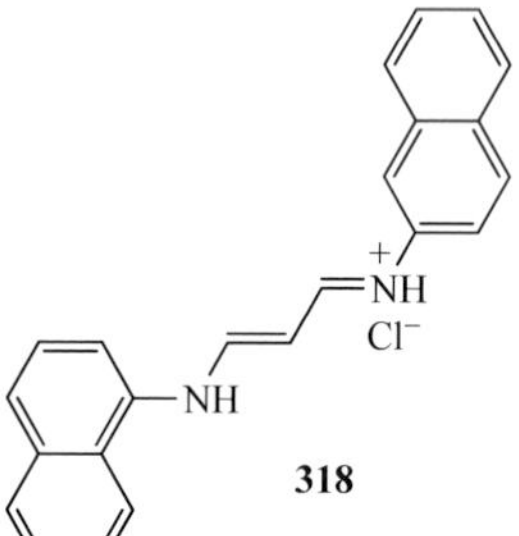 **318**

2018 年，Liu 等[111]制备并比较系统地研究了一系列硝基取代的 D-π-A 型咔唑衍生物 **319**～**324**：化合物 **319**、**320**、**323** 和 **324** 在 DMF/水混合溶液中表现出明显的 AIE 特性，聚集产生明亮发光。*N*-取代烷基链的伸长导致化合物 **321**～**324** 的固态荧光发生明显的红移。化合物 **324** 表现出独特的力致发光变色行为，通过机械研磨和二氯甲烷蒸气熏蒸，发光颜色可在结晶状态的黄色和非晶态的橙色之间进行可逆转换。研究证实，通过引入不同长度的烷基链或不同数量的受体，可以灵活调节化合物的光学性质。

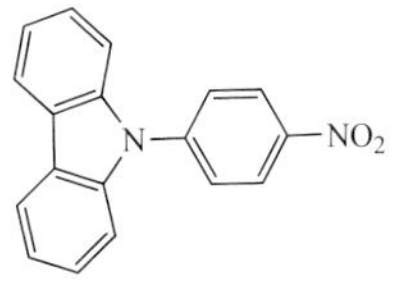

319 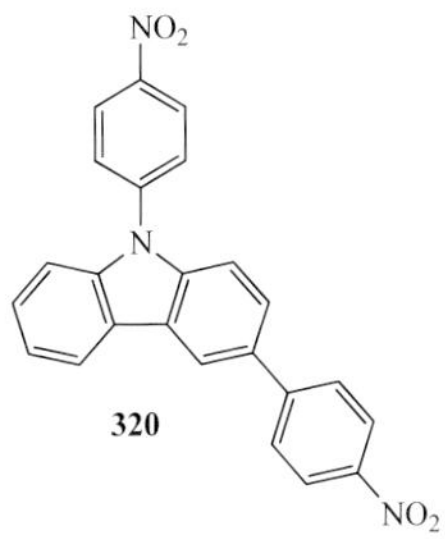 320 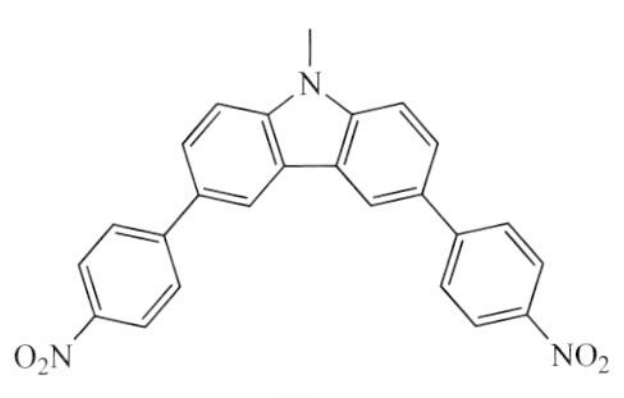 321

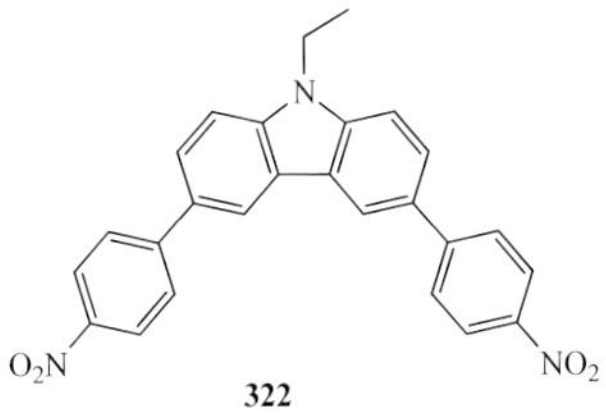

322 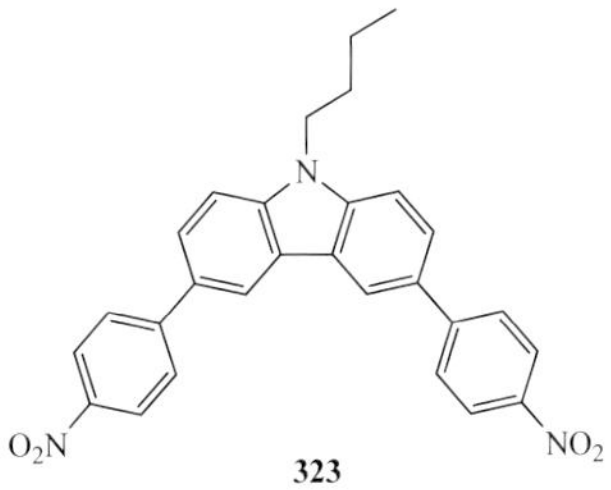 323 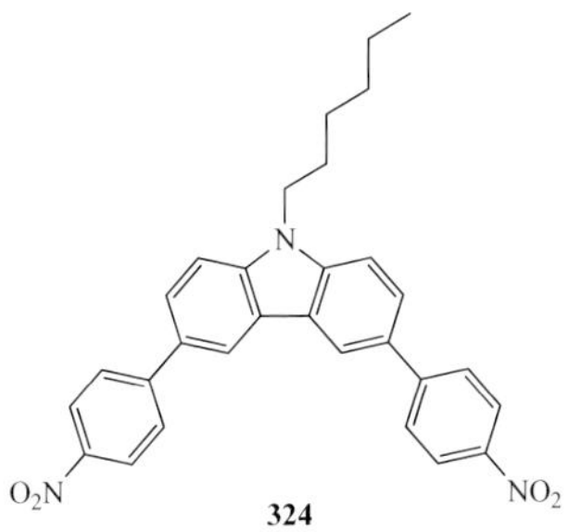 324

2018 年，Ma 等[112]报道了两种独特的共组装体，它们具有相同的树枝状二肽主体，一种含有芘（**325**）而另一种含螺吡喃（**326**）。其中树枝状二肽为共聚集（coaggregation）提供了驱动力。研究者制备了一系列不同质量比的共组装体有机凝胶，并对其形貌进行了调整。TEM 显示，在干凝胶中，**326** 形成了刚性的棒状纤维，而这些纤维组成了一个相对刚性的骨架。**325** 则在这个骨架上长出柔性的交织纤维。此外，这种共组装体有机凝胶具有力致变色和光致变色双重响应。进一步研究表明，干凝胶的这种力致变色和光致变色行为主要是由芘的不同激基缔合物的跃迁和螺吡喃的力/光致开环反应所致。这项工作为智能软体材料在传感器、显示器件及分子开关的应用找到了发展路径。

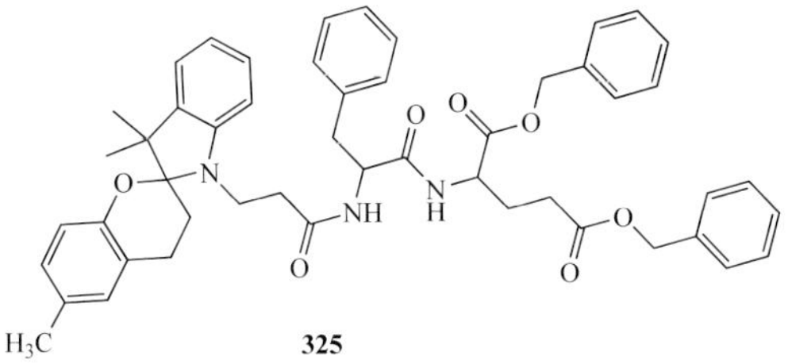

325 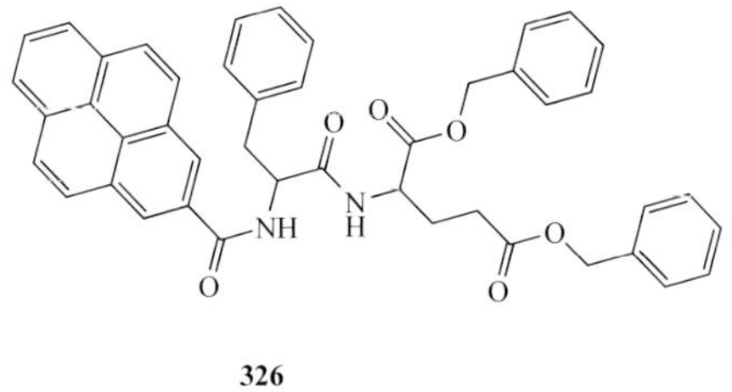 326

2018 年，Naka 等[113]通过简单路线合成了马来酰亚胺衍生物 **327**～**332**。化合物 **329** 和 **330** 在固态下表现出强烈的发射，而在溶液中的发射则弱得多，表现出明显的 AIEE 现象。尽管它们仅由 C、H、N 和 O 组成，且芳香环很少，但发射波长明显长于先前报道的化合物 **332**。此外，**329**～**331** 的固体发光量子产率也明显高于化合物 **332**。研究者发现，化合物 **329** 还具有一定的力致发光变色性能，研磨后发光颜色会发生变化。X 射线衍射和理论计算结果表明，由分子间氢键作用形成的二聚体对实现这种力致发光变色现象有重要作用。

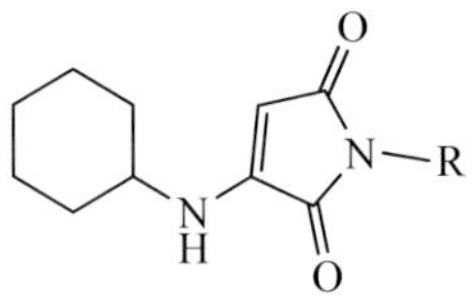

327 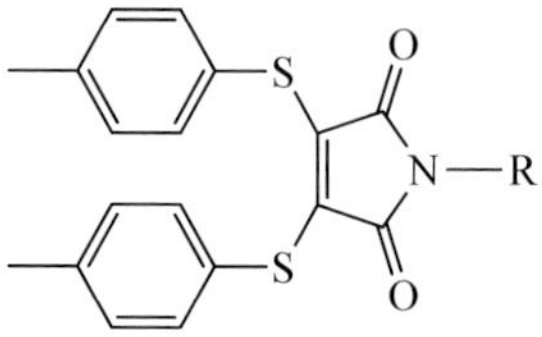 **328** 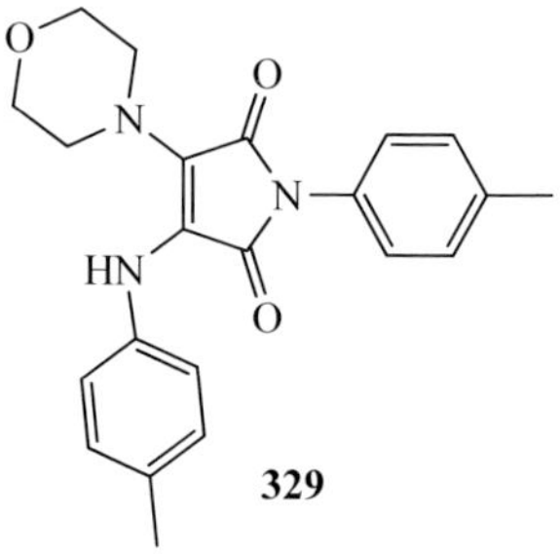 **329**

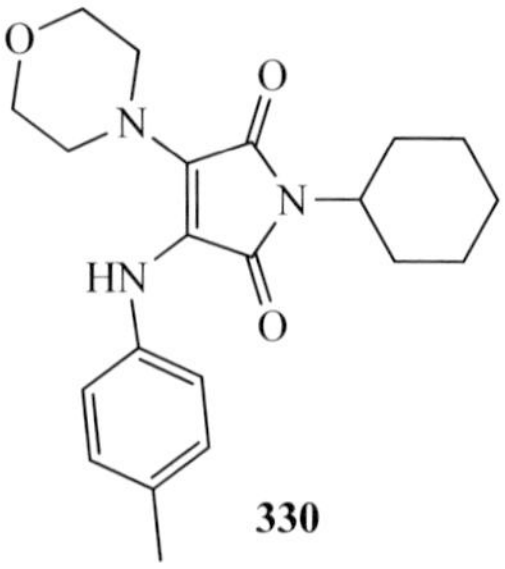

330 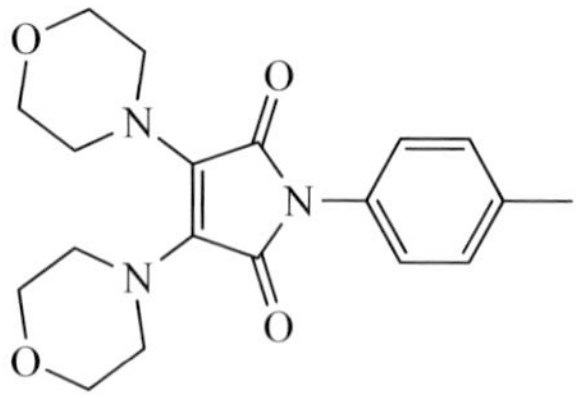 **331** 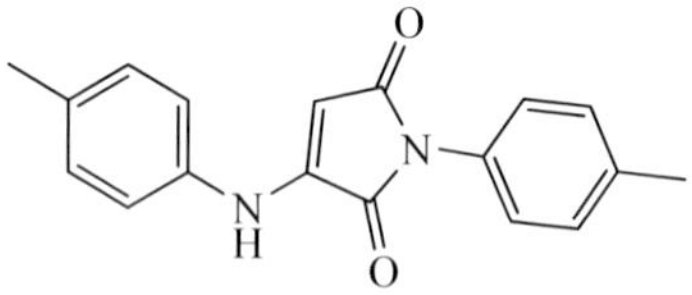 **332**

2018 年，Jia 课题组[114]设计并合成了一种含有两个苯甲酰基的 D-A 型吩噻嗪衍生物 **333**。结果表明，**333** 在溶液和固体中都有很强的发射，固体荧光量子产率高达 60%。此外，尽管 **333** 分子结构非常简单，但通过研磨/CH_2Cl_2 熏蒸或加热处理，能够实现显著的可逆力致发光变色行为。研磨后 **333** 的发光颜色从绿色变为橙黄色，可通过 CH_2Cl_2 熏蒸或加热恢复，光谱偏移约为 63 nm。光物理、XRD、DSC 研究表明，**333** 的力致发光变色性能来源于晶相和非晶相之间的转变，而不是化学变化。

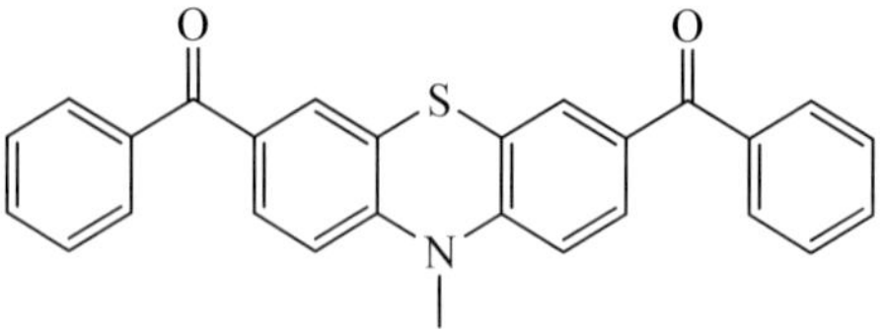

333

2018 年，Jia 课题组[115]设计并合成了两种新的非平面咔唑衍生物 **319** 和 **334**。二者在固态下均表现出明显的 AIE 特性，荧光量子产率分别为 33%和 37%。研究发现，具有两个叔丁基的 **334** 表现出可逆的力致荧光变色，能在晶体和非晶状态下表现出不同的荧光性质。经研磨、熏蒸或加热后，**334** 表现出高灵敏度和可逆的固态荧光颜色切换，波长变化约 50 nm（从 513 nm 到 563 nm）。在光物理、XRD、

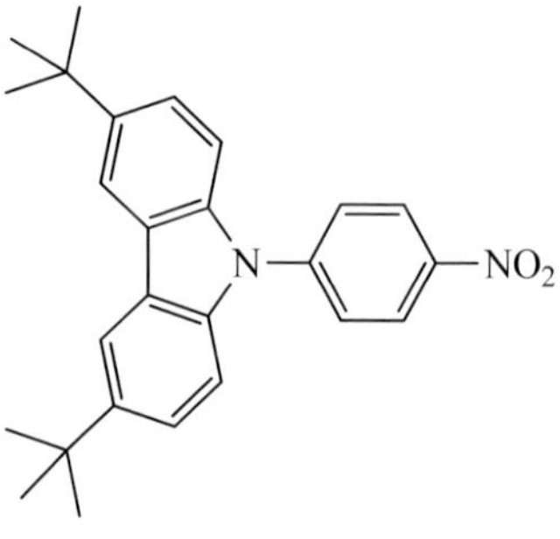

334

DSC 研究和理论计算的基础上，研究者认为，这种可逆的力致发光变色现象并不是由化学变化引起的，而是由晶相和非晶相之间的可逆转变导致的。

2018 年，Tang 等[116]报道了三种基于二苯基异喹啉衍生物的 AIE 分子 **335**～**337**。这些分子具有高稳定性和多功能性。通过将不同的电子给体基团连接到缺电子的异喹啉核上，可以调控分子的发光颜色及实现双光子吸收。理论计算和晶体结构分析表明，可旋转的苯基和扭曲的分子构象共同导致了 AIE 现象。此外，这些 AIE 分子能表现出力致发光变色，在玻片上研磨初始粉末时，表观颜色和荧光发射逐渐红移并减弱，发射波长位移最高可达 78 nm。PL 光谱表明，研磨后，**335**～**337** 的原始发射波长分别从 469 nm、520 nm 和 563 nm 红移至 547 nm、559 nm 和 623 nm。研磨前后粉末样品的 XRD 分析表明，所制备的化合物为晶态，而研磨后的样品为非晶态，表现出典型的形貌依赖发光现象。在结晶状态下，这些分子有序且紧密排列，分子构象被多重弱相互作用固定，导致相对较高的量子产率。研磨后，这种弱相互作用在一定程度上被破坏，分子的外围芳香环发生旋转或振动，从而减弱了非晶态的发射。在晶体中观察到的蓝色发光可能归因于扭曲的分子构象。而在非晶态，分子构象平面化，因此显示出波长更长的发射。此外，它们还可以作为优良的线粒体探针，具有良好的细胞通透性、生物相容性和光稳定性以及高亮度。

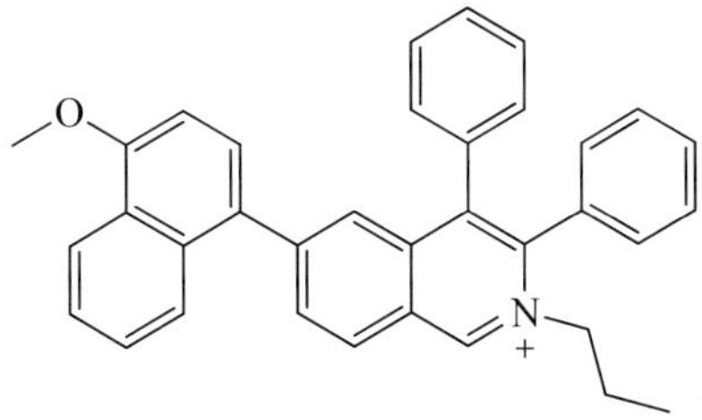

335 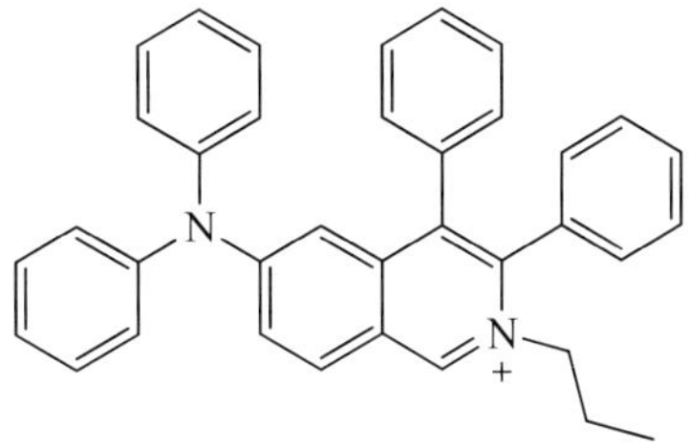 **336**

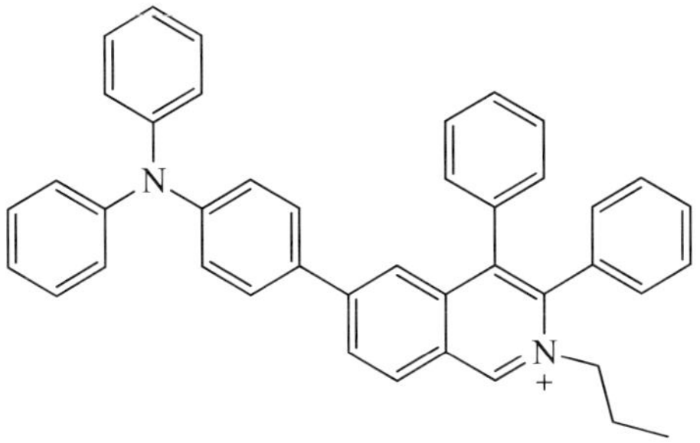

337

2018 年，Moon 等[117]合成了基于三苯胺的席夫碱分子（**338**～**341**），并探索了在溶液和固态下分子结构和构象对激发态分子内质子转移（excited state intramolecular proton transfer，ESIPT）诱导荧光的作用。基于三苯胺席夫碱的化合物 **340** 在溶液和固态下均表现出强荧光，这是由于羟基促进了分子内氢键形成。通过结构比较可知，**338** 和 **339** 中缺少分子内氢键位点，因此它们不具有荧光发射特性。溶剂极性和温度依赖性荧光实验表明 ESIPT 对 **340** 的荧光性质起着重要作用。晶体结构分析也证实了羟基和亚胺上的氮形成了强的分子内氢键。与此不同，结构相似的席夫碱 **341** 在固态下也表现出强分子内氢键，但没有荧光。这可能是固态下非共面的分子构象及光诱导电子转移效应共同导致的。此外，研究者还对化合物在固态下的可逆力刺激发光变色进行了研究。PXRD 结果表明，在研磨和加热时，材料可以发生晶态和非晶态之间的可逆转变，这是 **340** 发生可逆力刺激发光变色的原因。

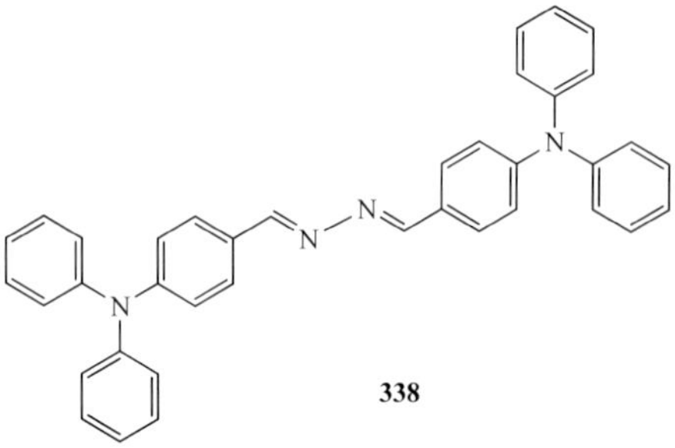

N N N N

338

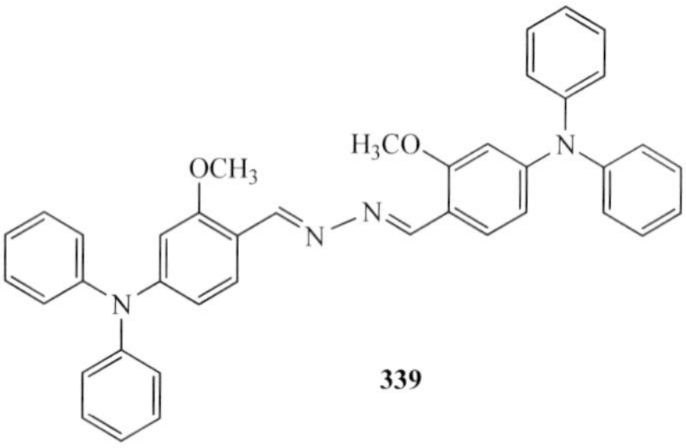

OCH_3 H_3CO N N N N

339

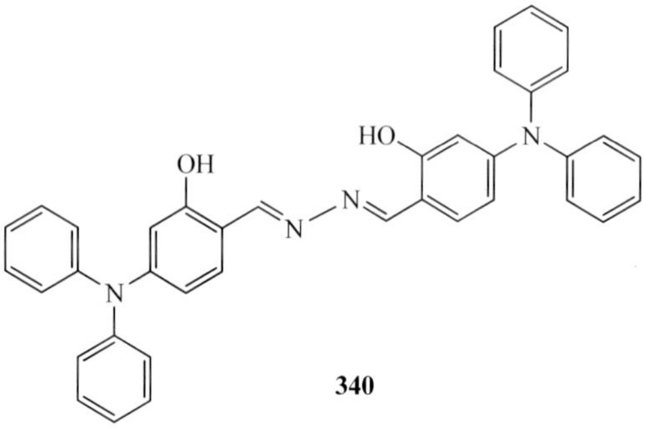

OH HO N N N N

340

OH H N N N

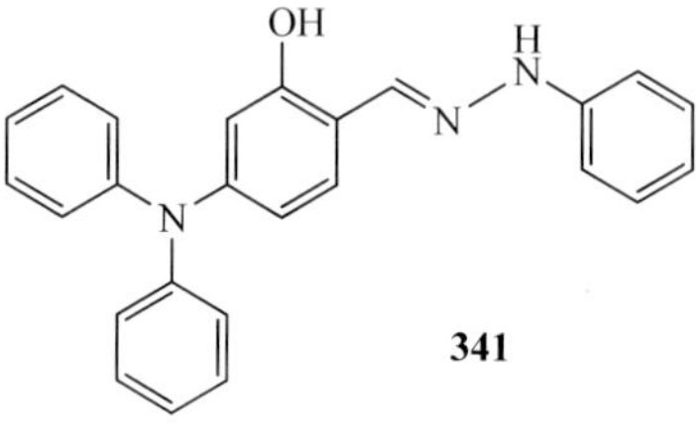

341

2018 年，Anthony 等[118]合成了咔唑基席夫碱分子（**342**～**345**），并证明了分子构象和堆积对 ESIPT 诱导固态荧光的作用。**342**～**344** 的固态结构研究证实强分子内氢键的形成是发生 ESIPT 的基础，结构相似的分子 **345** 也有望表现出分子内氢键。但只有 **343** 和 **345** 显示 ESIPT 诱导的固态荧光，**342** 和 **344** 则没有表现出荧光。研究表明，**342** 和 **344** 中羟基和亚胺不在一个平面，而在 **343** 中更接近共面。**343** 的共面构象导致在晶格中形成强烈的 π-π 相互作用和完美的反平行分子堆积，而 **342** 和 **344** 则表现出大部分弱的 C—H…π 相互作用和扭曲的分子构象。**343** 晶体中紧密的分子堆积和强相互作用可使晶格中的荧光团刚性化，从而导致固态 AEE。因此，随着分子内氢键的形成，分子的构象和排列方式也会显著影响席夫碱分子的固态荧光。此外，具有非平面扭曲分子构象的 **343** 和 **345** 能够表现出可逆的力致发光变色行为。PXRD 研究表明，通过研磨和加热 **343** 和 **345** 可以实现可逆的相变，这导致了 **343** 和 **345** 的可逆力致发光变色行为。

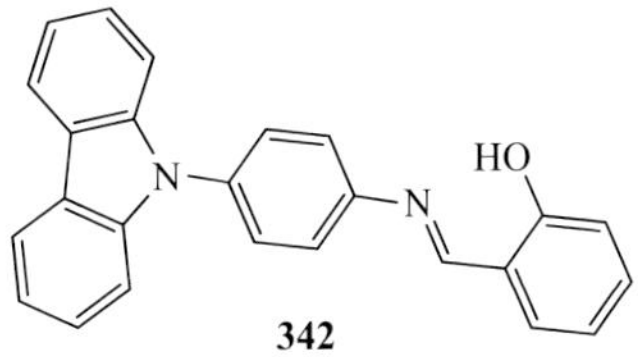

342 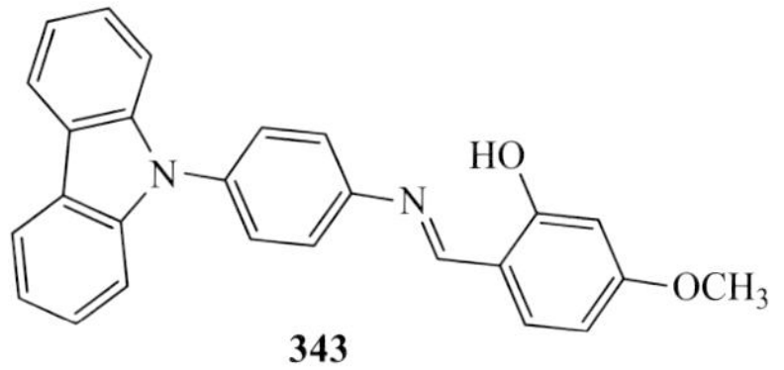 **343** 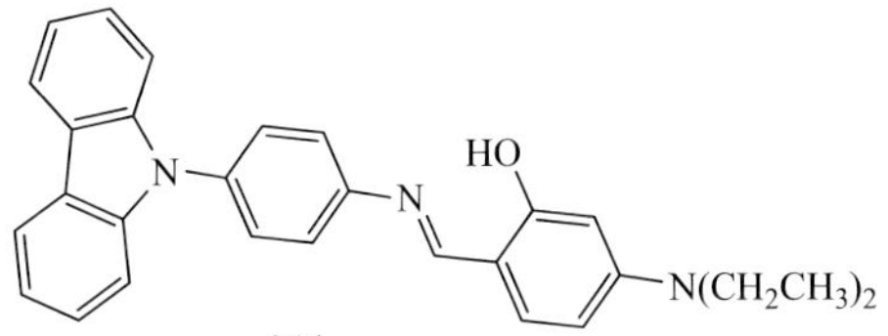 **344** 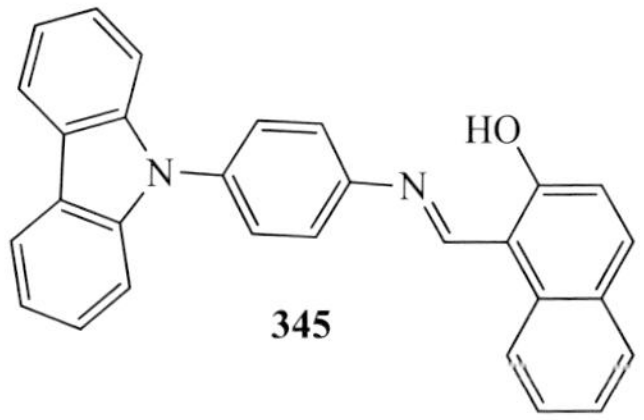 **345**

2018 年，Dong 等[119]合成了八个 D-π-A 型三苯基吡咯（triphenylpyrrole，TPP）异构体 **346**～**353**，以 TPP-1, 2, 5 和 TPP-1, 3, 4 为给体，丙二腈（CN）和茚二酮（CO）为受体，吡啶酮（P）和 2*H*-苯并吡喃（B）为 π 连接单元。与具有 ACQ 特性的 TPP-1, 2, 5 相比，具有 AIE 特性的 TPP-1, 3, 4 表现出更大的空间体积和更扭曲的分子结构。然而，这八个化合物都表现出 AIE 特性和力致发光变色特性。此外，所有化合物都具有较长的发射波长（最长为 680 nm）和较强的荧光强度（最高 PLQY 为 22.1%）。其中，以 TPP-1, 2, 5 为给体的 P 衍生物（**350** 和 **352**）表现出更强的荧光强度、更短的发射波长和更明显的力致发光变色性质，这归因于 TPP-1, 2, 5 促进了有序的分子间堆积。对于 B 衍生物 **346**～**349**，以 TPP-1, 3, 4 为给体时，分子同样能够表现出力致发光变色。此外，不同的受体也会影响化合物的发光性质。具体来讲，以 CN 作为受体有利于化合物产生较强的荧光，而 CO 则诱导产生相对较长的发射波长。

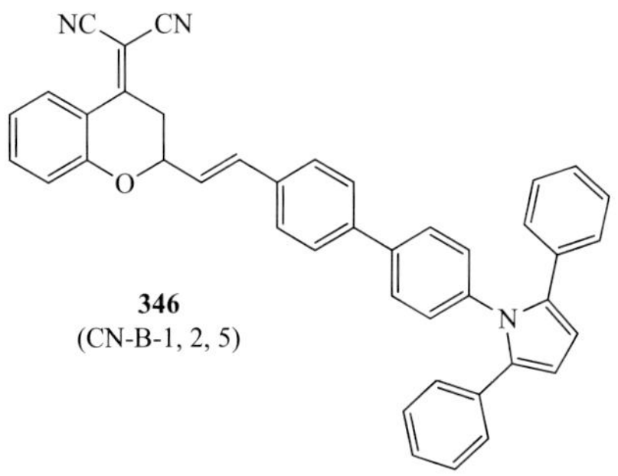

346
(CN-B-1, 2, 5)

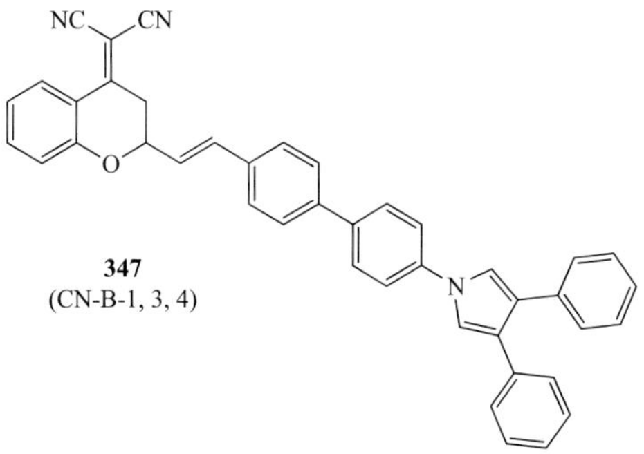

347
(CN-B-1, 3, 4)

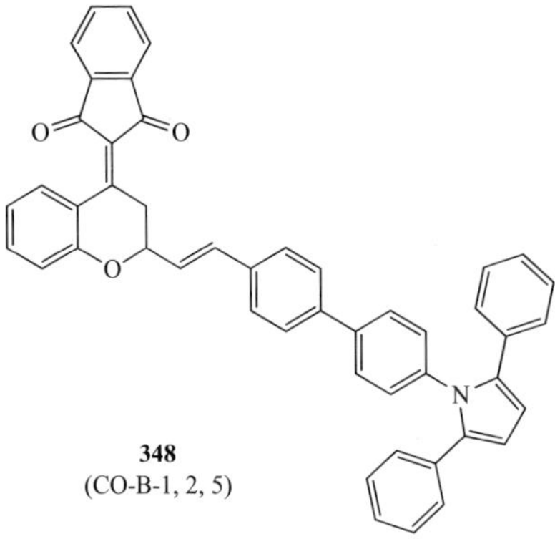

O O O

348
(CO-B-1, 2, 5)

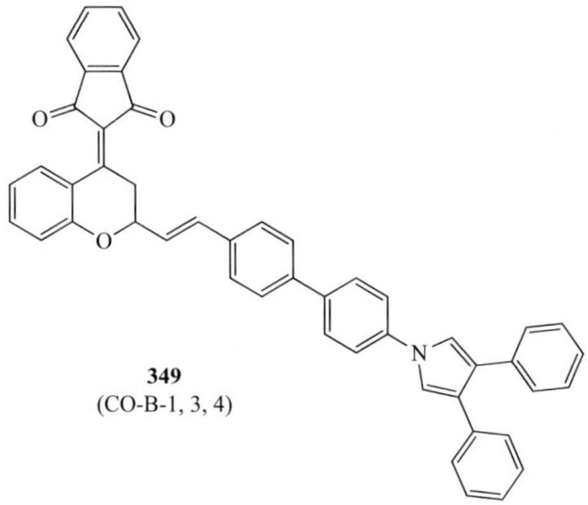

349
(CO-B-1, 3, 4)

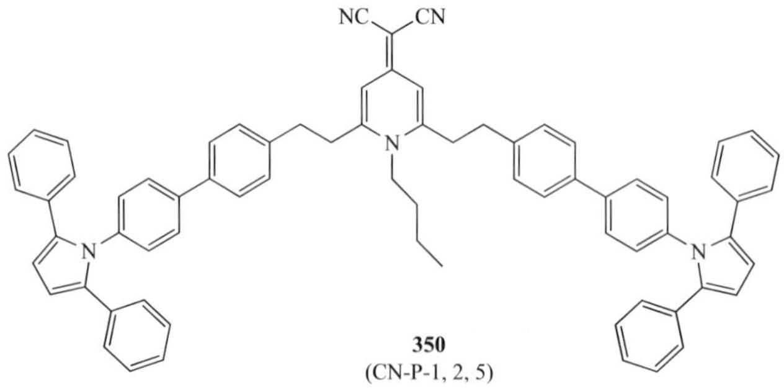

NC CN N

350
(CN-P-1, 2, 5)

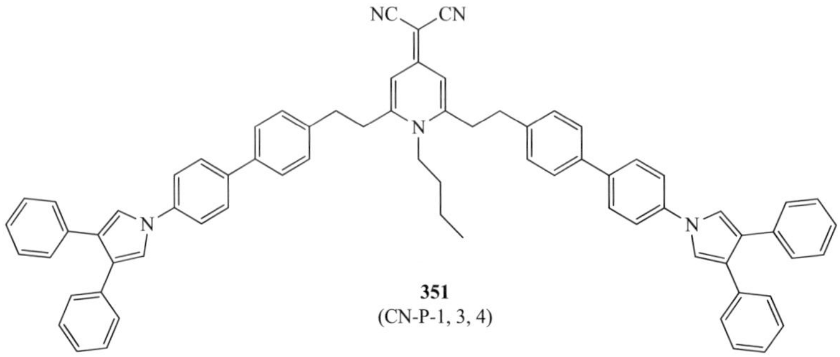

351
(CN-P-1, 3, 4)

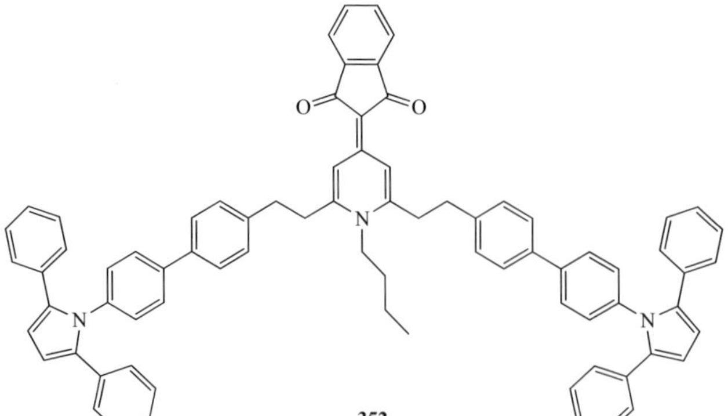

352
(CO-P-1, 2, 5)

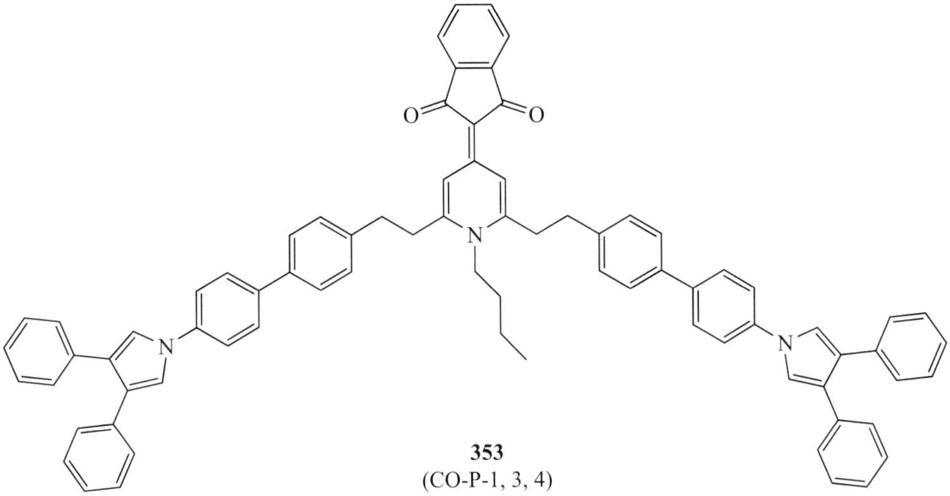

353
(CO-P-1, 3, 4)

2018 年，Wu 等[120]报道了一系列含芘的腙衍生物（354～356），它们均表现出明显的 AIE 和力刺激发光变色。对于化合物 **356**，当 DMF/水混合溶液中的水含量从 0%增加到 98%时，荧光强度增加 8.9 倍，波长红移 130 nm。基于此，研究者提出了一种新的策略，通过在水介质中引入分子间氢键来增强 π 共轭结构，从而开发基于芘基的 AIE 分子。DMF 溶液中的弱发射源于芘基单体，水存在时的强发射主要归因于分子间氢键系统的形成，从而阻止了分子内腙单元的旋转。受到机械研磨时，激基缔合物的结构会被轻微破坏，但可以通过熏蒸或加热恢复到原始状态。研究者认为，这项工作有助于对非典型 AIE 机理的研究，而且这种可逆的力致发光变色特性在传感领域有着重要应用前景。

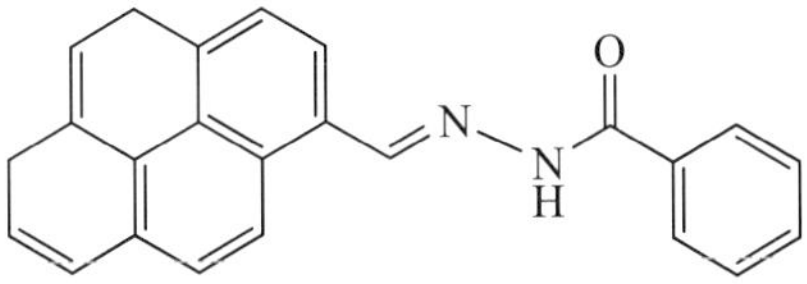

354

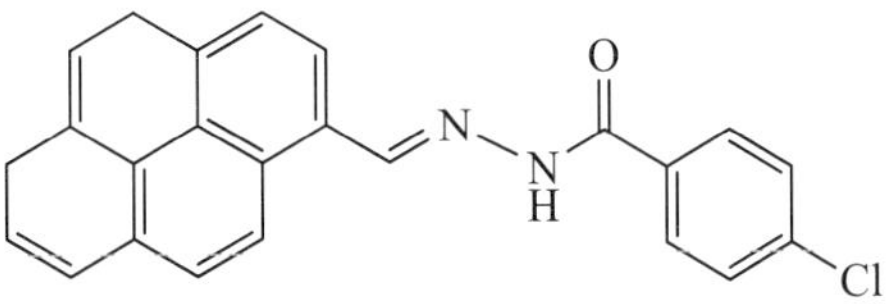

355

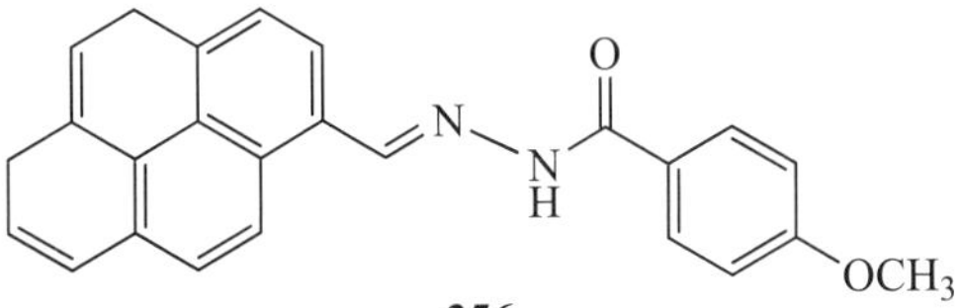

356

2018 年，Wang 等[121]报道了四种苯甲酰腙香豆素衍生物 **357**～**360**，它们在苯基部分具有不同的取代基，分别为甲氧基、氢原子、溴原子和三氟甲基。结果表明，这些化合物表现出熏蒸或加热后可逆的力致发光变色性质。研磨后荧光发射峰出现红移，通过引入不同的取代基来调节氢键二聚体中的 ICT 过程，**357**、**358**、**359** 和 **360** 对应的波长红移分别为 63 nm、71 nm、39 nm 和 22 nm。

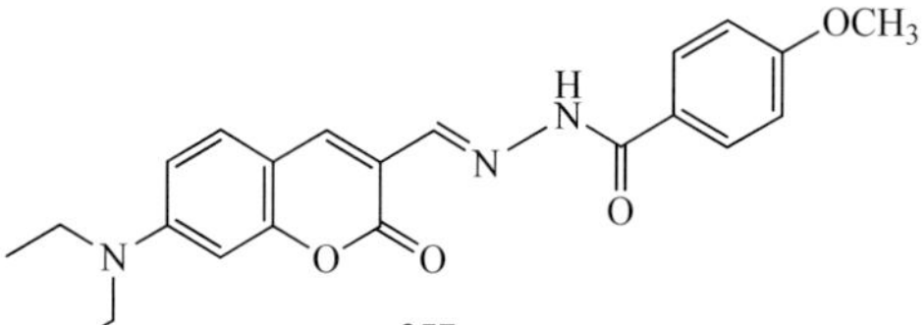

357 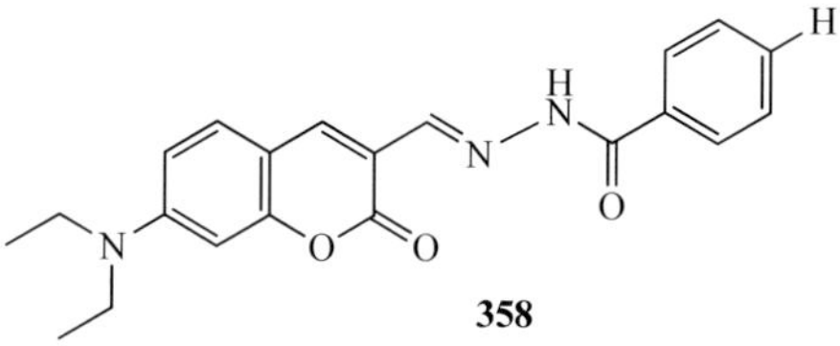 **358**

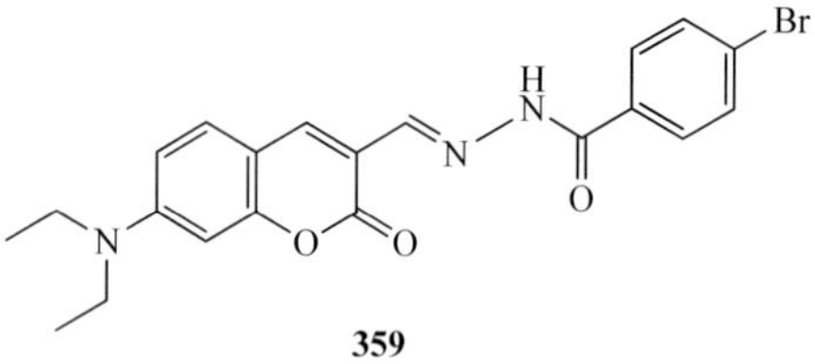

359 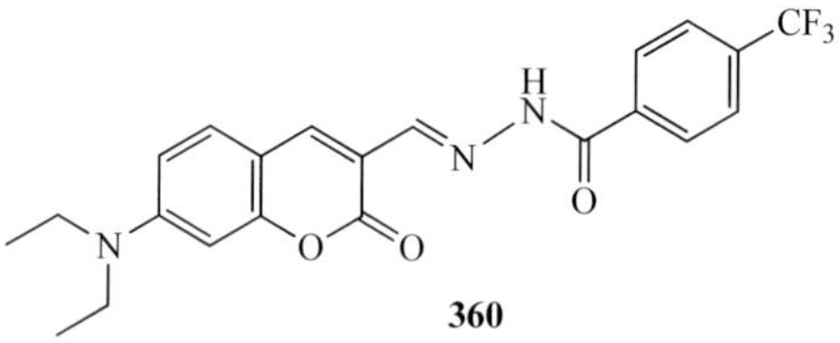 **360**

2018 年，Wang 等[122]通过改变周边 9-苯基-9*H*-咔唑单元的连接位置，设计并合成了三种蒽基异构体 **361**～**363**。9-苯基-9*H*-咔唑的连接位置对 **361**、**362** 和 **363** 的力致发光变色性能产生明显的影响作用。实验结果表明，由于相对松散的分子堆积、弱分子间 C—H⋯π 相互作用和更扭曲的构象，**361** 显示出很大的光谱位移（$\Delta\lambda = 66$ nm）。当这三种化合物用作非掺杂发光层制备天蓝色 OLED 时，这些器件表现出优异的电致发光性能，**361**～**363** 实现的最大电流效率、功率效率和 EQE 分别为：13.34 cd/A，11.59 lm/W，5.44%；11.19 cd/A，9.25 lm/W，5.54%和 8.74 cd/A，6.44 lm/W，

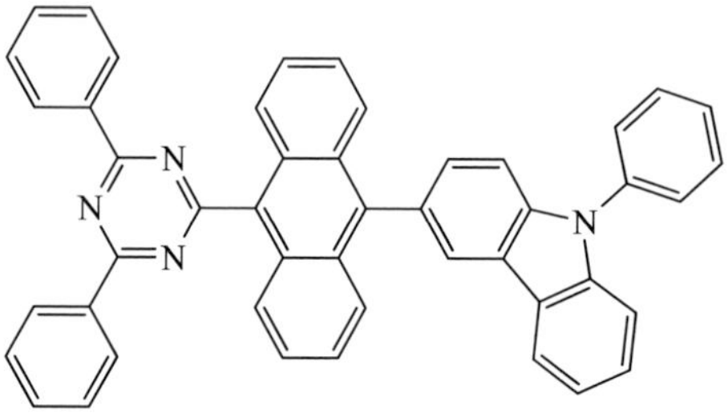

361 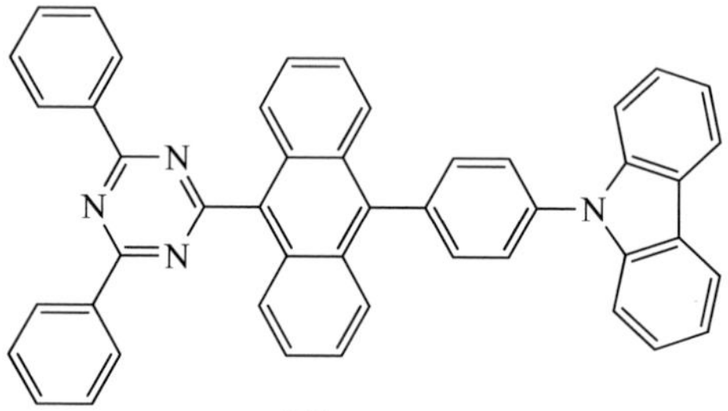 **362**

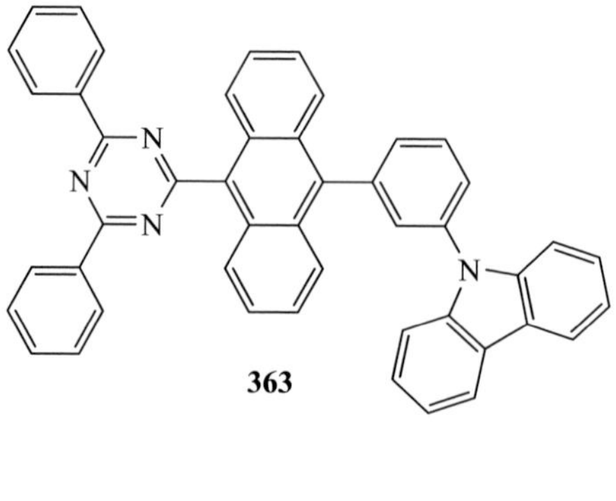

363

4.71%。即使在 10000 cd/m^2 的高亮度下，这些器件也表现出很低的效率滚降。

2018 年，Kuang 等[123]报道了两种结构差异较小的罗丹明分子，它们表现出截然不同的刺激响应行为。**364** 显示出力致变色和光致变色双重响应特性，而 **365** 显示出力诱导的三色变化。研磨时，**364** 的双色变化源于罗丹明的开环反应，其光致变色行为归因于开环两性离子相对较高的稳定性。相比之下，**365** 没有表现出光响应，但表现出机械诱导的多色变化，这种力诱导的多色变化是由蒽的不同物理堆积模式之间的转变和力诱导的化学反应所致。该研究结果可能有助于深入理解机械和光响应有机分子的结构和性质之间的关系。

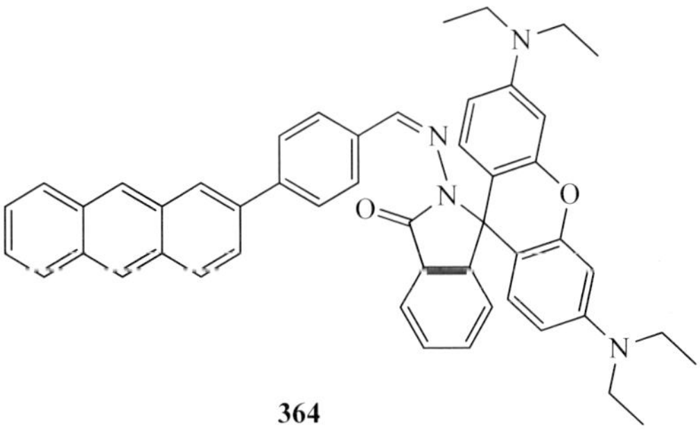

364 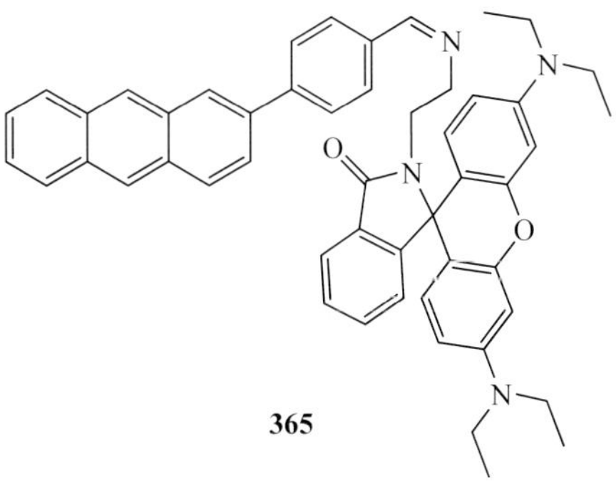　　**365**

2018 年，Yin 等[124]设计并合成了一种分子 **366**，以二肽为间隔基团连接罗丹明 B 和螺吡喃基团。研究发现，**366** 对紫外光照射和外力都有可逆的响应，表现出明显的颜色和荧光变化。此外，在外力刺激下，可以实现独立的两级荧光开关。两步开环反应和两个发色团之间的 FRET 在机械控制发光颜色切换过程中起着至关重要的作用。此外，他们还开发了一种由附在锡箔上的 PLA 膜制成的可重写材

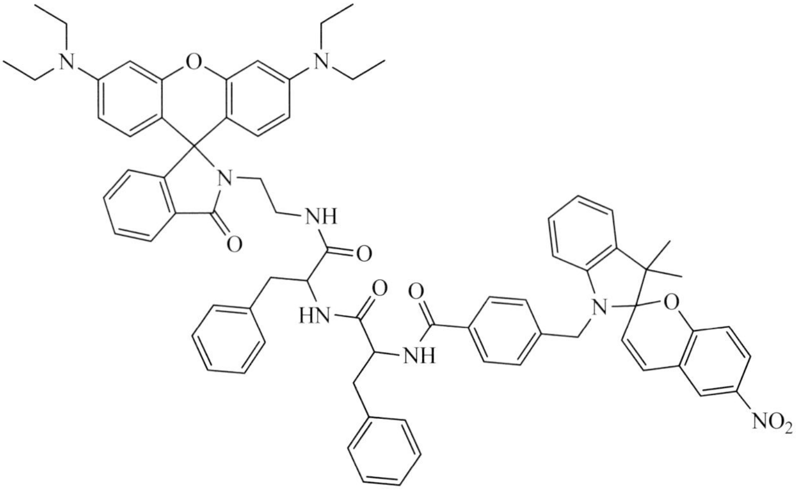

366

料。使用紫外光和可见光，可以在这种可重写材料上高效可逆地打印，而不会显著降低对比度和分辨率。因此，**366** 的这种特性使其有望用于高对比度、高灵敏度的光记录和机械传感系统。

2018 年，Chujo 等[125]认为邻碳硼烷单元中的甲基取代基能够显著影响邻碳硼烷衍生物的光学性质，包括发光颜色、发光强度和对外部刺激的敏感性及环境变化的响应性。邻碳硼烷取代的分子 **367** 在溶液中同时表现出局域激发（LE）态和扭曲分子内电荷转移（TICT）态的双重发射。这两种发射的发射峰相对强度会随溶剂极性及温度变化而改变，使得材料表现出明显的溶剂化发光变色和热致发光变色行为。令人惊讶的是，即使在固态下也能观察到 **367** 的 TICT 发射。**367** 也表现出聚集和结晶诱导的发射增强。这些固态发射增强可能源于大体积笼状结构和球形邻碳硼烷对 ACQ 的抑制作用。带甲基邻碳硼烷取代衍生物 **368** 在溶液和固体状态下均具有对环境变化不敏感的高效发射。此外，**368** 在固态下能呈现出力刺激响应变色。

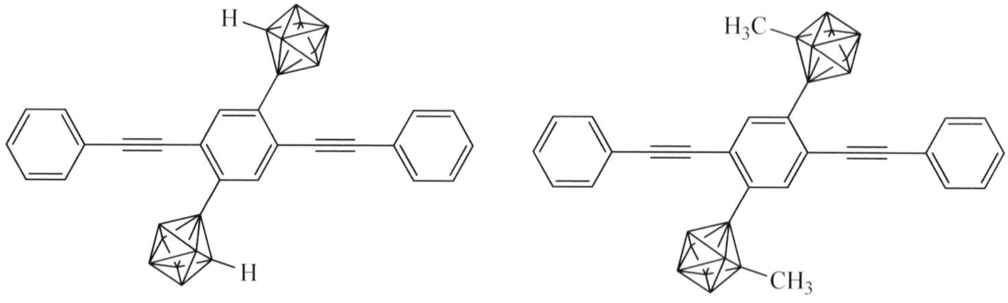

367 **368**

2018 年，Nair 和 Naeem[126]合成并表征了两种苯并噁唑 DBBO（**369**）或苯并噻唑 DBBT（**370**）取代的二乙烯基苯衍生物，显示出优异的固态发光和热致发光变色特性。DSC 和 XRD 分析证实，加热这些材料能够产生两种具有不同分子堆积模式的结晶状态之间的相变。每种衍生物的多晶型晶体都具有可逆和高对比度、视觉可分辨的荧光变化（$\Delta\lambda$>90 nm）。原始样品经研磨后的发光红移和寿命增长表明，近距离相互作用导致有效的能量迁移，相邻分子之间存在强激发态耦合。加热导致分子重新排列而产生另一种晶型，并发射绿黄光，寿命变短，这意味着弱激发态分子耦合和减少的能量迁移。虽然 **370** 表现出与 **369** 类似的热响应和能量迁移特性，但机械响应性质不同。与 **369** 显示的 72 nm 红移相比，**370** 中仅观察到 37 nm 的红移。

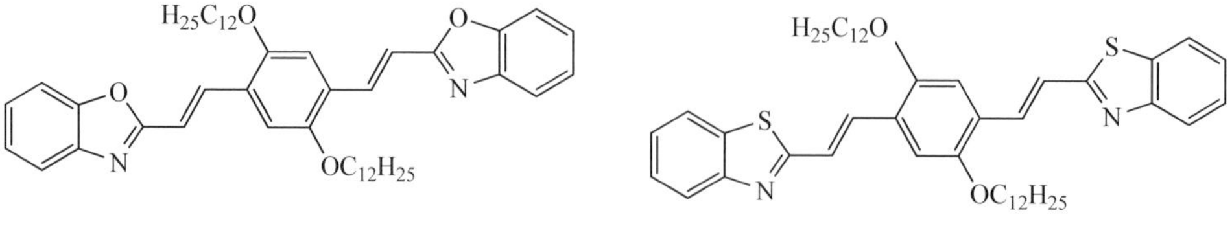

369 **370**

2018年，Chujo等[127]比较了邻碳硼烷和巢状碳硼烷对类螺烯苯并噻吩电子性能的锚定效应。研究表明，作为锚定点的巢状碳硼烷虽然结构扭曲，但是依然能够作为构建π共轭的吸电子单元，含巢状碳硼烷的化合物**372**可以产生具有CT特征的明亮发射。另外，含邻碳硼烷的化合物**371**在固态下不发光，表现为ACQ现象；而**372**则表现为AIE特性，其呈现出明亮的固态发光和力致发光变色，这是因为巢状碳硼不仅可以锚定类螺烯，拓宽共轭平面，还可以抑制ACQ。**372**原始晶体样品呈现出强烈的黄光发射，最大波长为556 nm。当刮划**372**晶体后，发射峰位移到547 nm处。这一发现不仅可以提供一种构建扭曲π共轭结构的有效设计策略，也有助于制备具有刺激响应变色特性的固态发光分子。

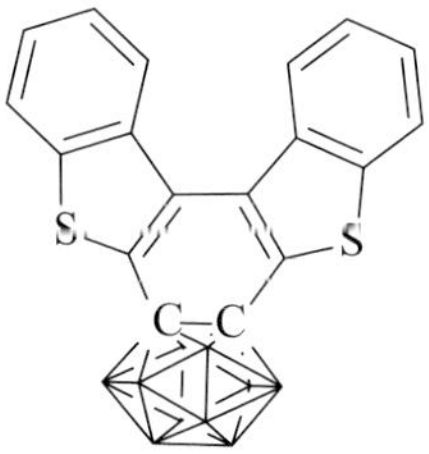

371 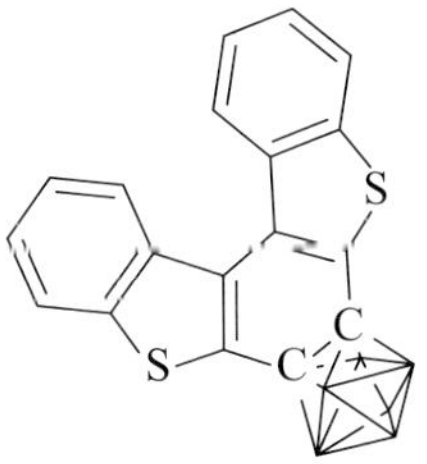 **372**

2018年，Tang等[128]通过改变有效共轭和D-A单元，报道了六种基于四苯基吡嗪的发光材料**373**～**378**。它们的薄膜在紫外光照射下表现出蓝色、绿色、黄色和红色发光，几乎覆盖了整个可见光范围，首次实现了基于四苯基吡嗪核心的全彩发光。在设计合成的分子中，没有分子内电荷转移（ICT）过程的化合物表现出AEE特征，而具有ICT过程的化合物表现出ACQ效应，而分子内旋转受限（RIR）和ICT过程的平衡使得化合物**375**在溶液和薄膜状态下都具有高发光效率。此外，**375**具有可逆的力致发光变色效应，可以用于指示OLED中的激子复合区域。

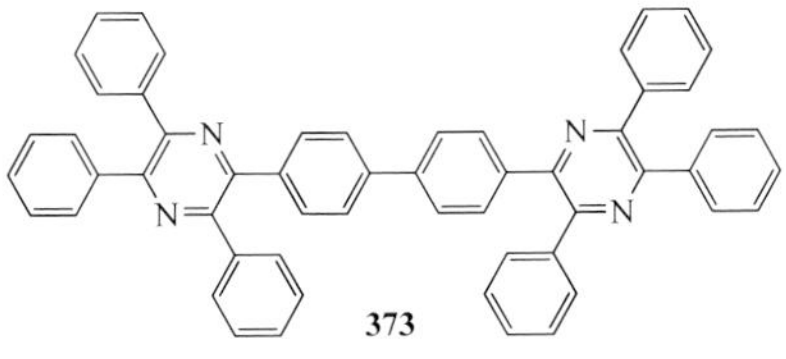

373 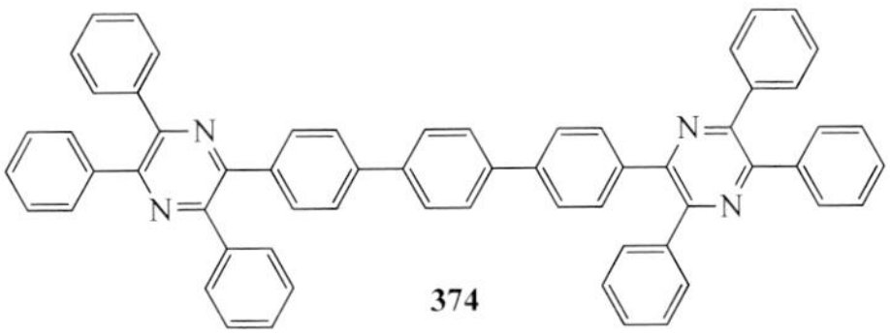 **374**

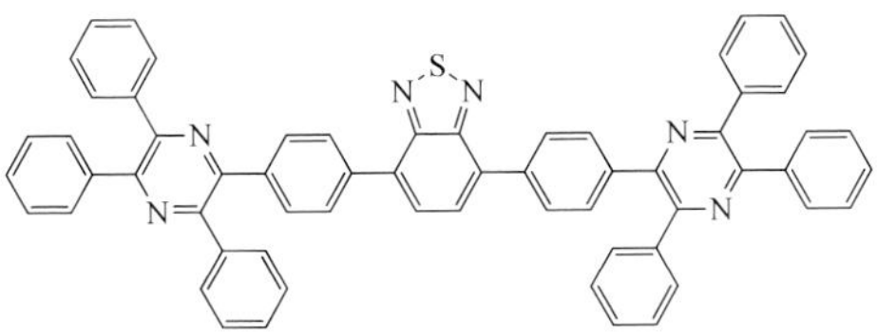

375 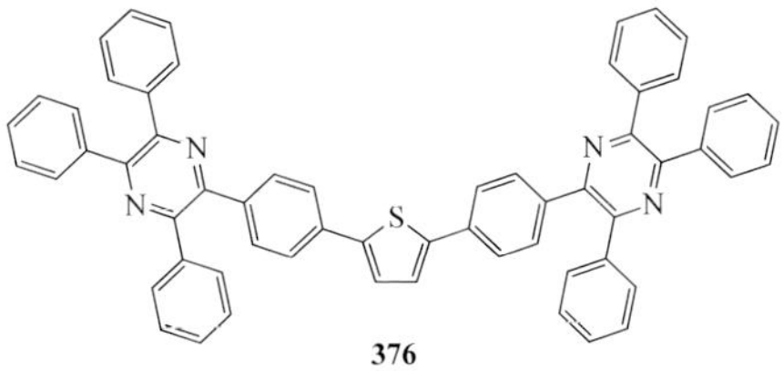 **376**

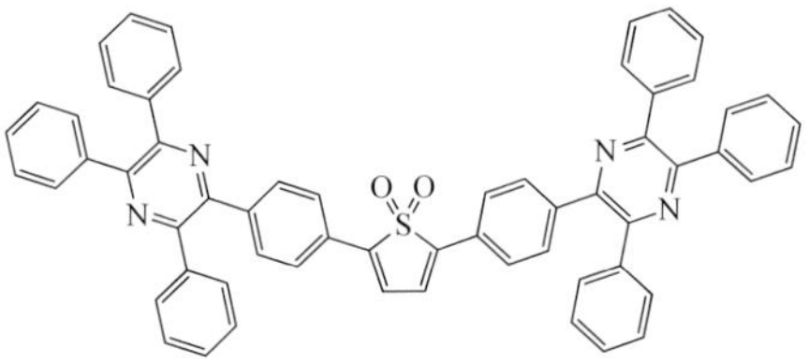

377

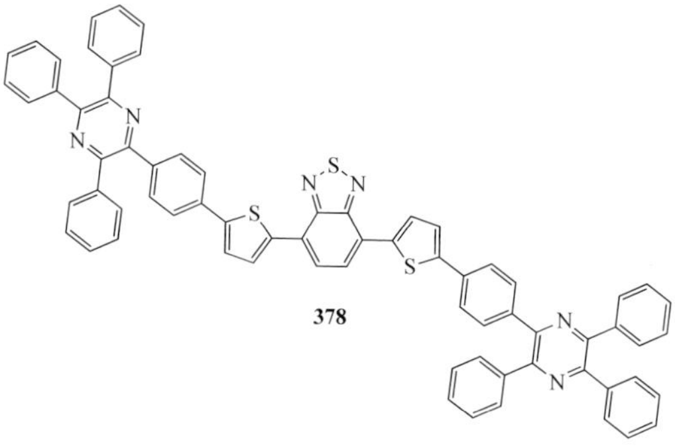

378

2018 年，Hazra 等[129]采用一锅法合成了一系列新的 D-A 型异吲哚啉酮衍生物 **379**～**382**。研究发现，对给体 D 单元的微调可以有效地控制分子堆积，从而控制固态光学和力致发光变色性质。结晶诱导发光增强（CIEE）效应导致了化合物 **380** 和 **381** 在固态下具有高量子产率。被二苯胺取代的 **380** 中，多重非共价相互作用和柔性给体单元导致了较为松散的分子排列，使其能够在多种刺激下进行可逆转化。被咔唑取代的 **381** 则采取了完全不同的分子堆积方式，导致其难以表现出力致发光变色活性。被二甲胺取代的 **382** 具有与 **380** 类似的分子堆积方式和分子间作用力，但也没有表现出力致发光变色活性。此外，从 Hirshfeld 表面分析结果可以推断，非共价相互作用（C—H···π 和 π-π）也是导致具有力致发光变色性质的原因。考虑到这些方面，研究者认为松散的分子堆积、扭曲的构象、相对柔性的给体及大量的非共价相互作用（特别是 C—H···π 和 π-π）是设计高效电荷转移（CT）力致发光变色材料的关键。此外，这些结果证实了柔性螺旋桨状给体单元在 CT 发光材料的自发可逆力致变色中的特别作用。

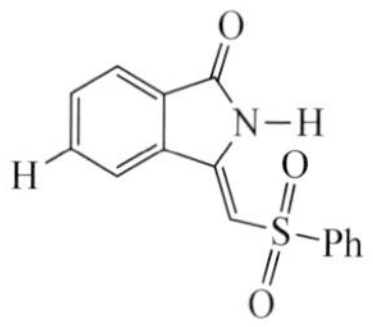

379 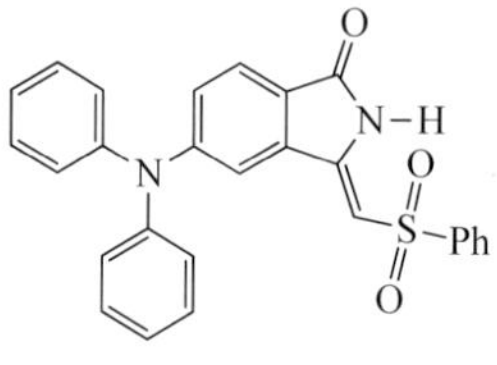 380 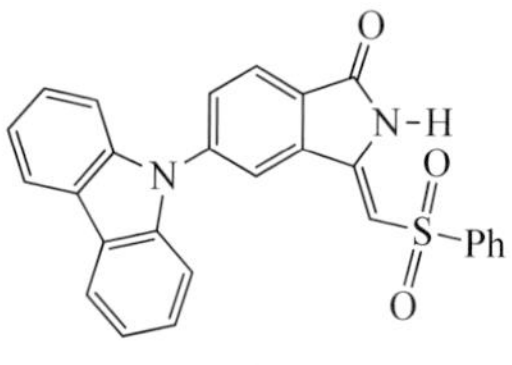 381 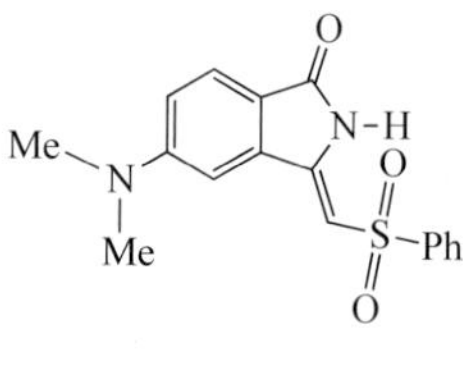 382

2018 年，Murugesapandian 等[130]设计并合成了一种多功能化 D-A-D 型酰腙衍生物 **383**，它具有电荷耦合质子转移发光、聚集诱导发光和力致发光变色性质。在研钵中研磨原始样品可以得到具有明亮荧光的黄绿色固体，研磨样品的发射光谱波峰位于 545 nm 处，其波长红移幅度为 30 nm（从 515 nm 到 545 nm），研磨后量子产率也从 1.2%提高到 18.5%。此外，该化合物还能作为高效的 Al(III)的荧光开启传感器。

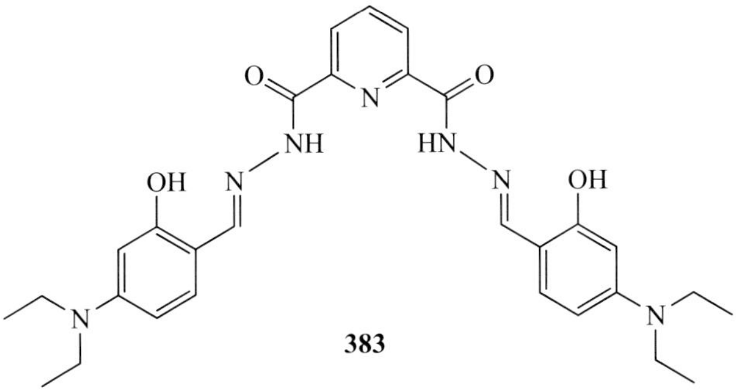

383

2018 年，Xue 等[131]制备了两种以吩噻嗪（**384**）和三苯胺（**385**）为电子给体的苯并噻唑衍生物，并对它们的固体发光和力致荧光变色（MFC）机理进行了研究和比较。溶剂依赖荧光光谱和量子化学计算表明，这两种化合物的发光都来源于分子内的电荷转移跃迁。虽然这两种化合物在溶液中具有相似的吸收光谱，但与 **385** 相比，**384** 具有波长更长的荧光发射。与溶液中类似，晶体状态下，**384** 具有比 **385** 更长的发射波长。晶体结构表明这两种化合物具有不同的 π 堆积相互作用。**385** 晶体中同时存在 J-聚集和 H-聚集，而 **384** 晶体中仅观察到 H-聚集。此外，在机械力刺激下，**384** 比 **385** 具有更大的颜色对比度。**384** 表现出从黄色到橙红色的可逆发光颜色变化，光谱位移为 36 nm，而 **385** 的光谱位移仅为 20 nm。紫外-可见吸收光谱表明，机械力导致 **385** 晶体中 H-聚集消失，并导致 **384** 体系中 H-聚集向 J-聚集的堆积模式转变。这项工作表明，相对于三苯胺，非平面吩噻嗪基团可能是构建力致发光变色材料的有效结构修饰基团。此外，不同的电子给体可能会对分子晶体中的堆积模式和力致发光变色性质产生显著影响。

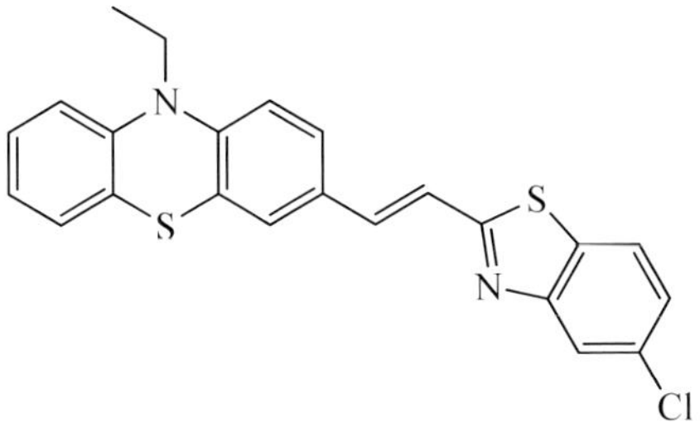

384 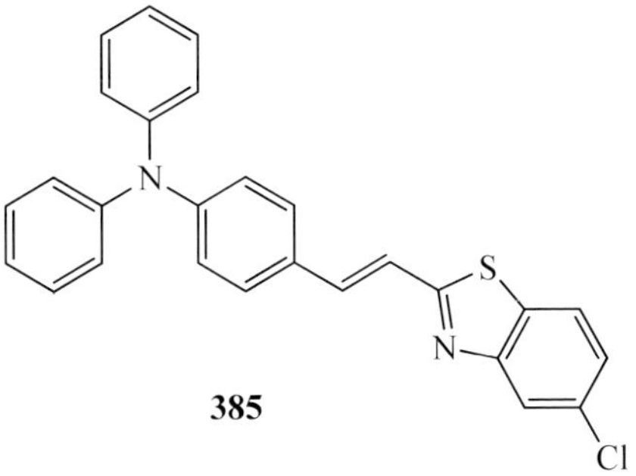　　385

2018 年，Liu 等[132]报道了芘修饰的螺吡喃化合物 **386**。**386** 在溶液下表现出与溶液极性有关的发光，从蓝色（418 nm）到绿色（502 nm），而其固态表现为蓝色发光。这些发光来源于 LE-CT 杂化态，而不是激基缔合物。在溶液中加入酸后，**386** 转变为质子化的开环形式，同时由于分子内旋转而失去了发光特性。**386** 的纳米聚集晶体和非晶态都表现出相对稳定的发光，且不具有力致发光变色。相比之下，质子化开环的 **387** 在研磨时表现出红/暗发光转换，伴随着晶态到非晶态的相变。由于加热可以加速酸挥发，**387** 的红色发光可以通过加热消除。此外，利用 **386** 在酸性氛围中连续的结构和发光变化，研究者制备了掺杂 **386** 的聚乙烯吡咯烷酮（PVP）电纺纳米纤维，并将其用作酸传感器。因此，固体薄膜可作为酸/热刺激触发的可控发光开关。这种荧光分子开关有望应用于传感和可重写荧光显示。

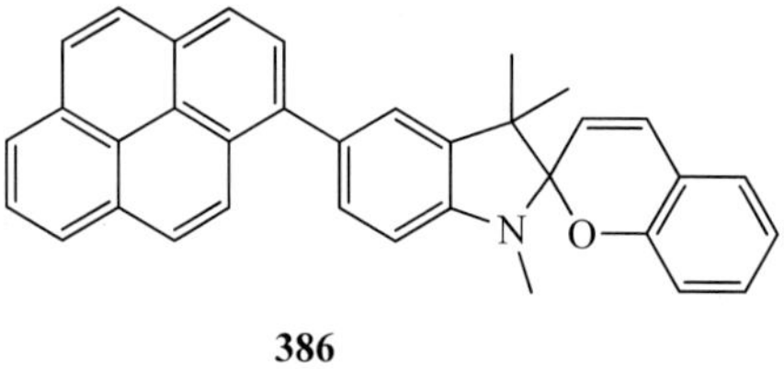

386

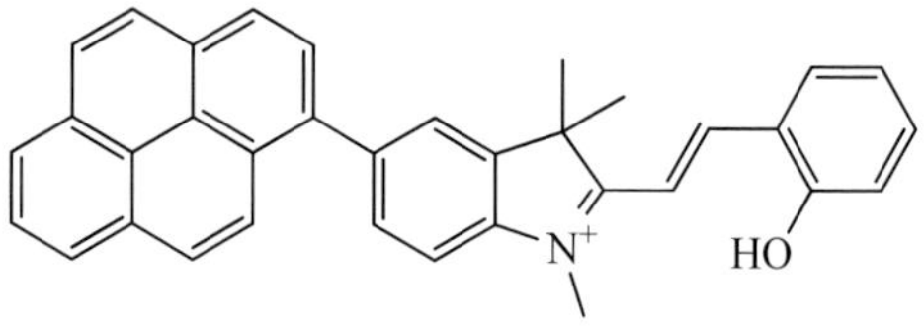

387

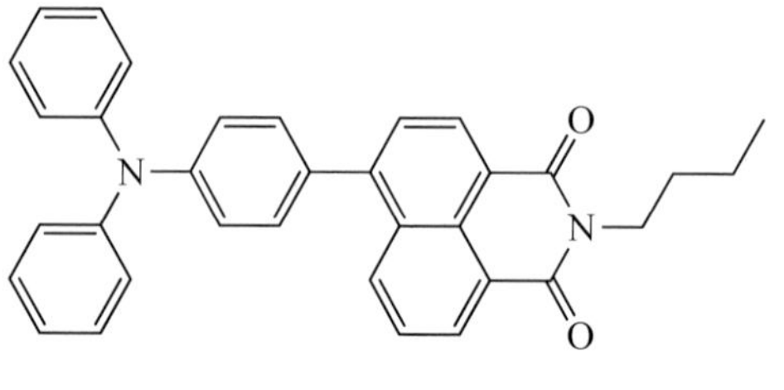

388

2018 年，Pu 等[133]报道了一种基于 1, 8-萘二甲酰亚胺单元和三苯胺单元的有机发光化合物 **388**。该化合物具有 AIE 和可逆力致发光变色特性。PXRD 结果表明，力致发光变色现象可归因于晶相和非晶相之间的形态转变。此外，该化合物显示出优异的细胞成像性能，具有低细胞毒性和良好的生物相容性。

2018 年，Ling 等[134]报道了四种基于苯并噻吩（**389** 和 **391**）或苯并呋喃（**390** 和 **392**）取代的马来酰亚胺衍生物，它们表现出非常独特的发光特性。在固体状态下，**389** 表现为 ACQ，**391** 表现为 AIE，**390** 和 **392** 表现为双态强发光（DSE）。它们在固态下的发光颜色可以从绿黄色变为红色。**392** 在 630 nm 处发射强烈的红光，量子产率为 46.3%。单晶 XRD 分析证实，这些化合物在固态下的发光差异归因于不同的堆积结构：**389** 的氢键有机骨架（HOF）、**390** 的交错结构、**391** 的 J-聚集和 **392** 的弱 H-聚集。**389** 的 HOF 和 **392** 的弱 H-聚集使其产生可逆力致变色荧光：**389** 被研磨后发光蓝移，荧光强度增强，荧光开关开启；**392** 被研磨后发光红移，荧光强度下降，荧光开关关闭。这项研究提供了一种简单有效的方法来调控荧光性能，特别是具有独特性质的固态荧光。

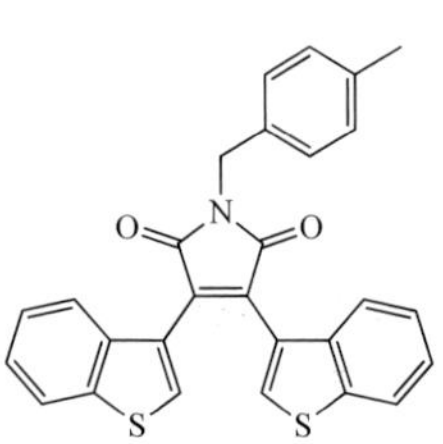

389 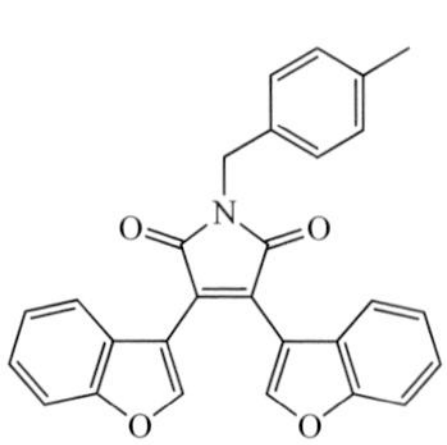 **390** 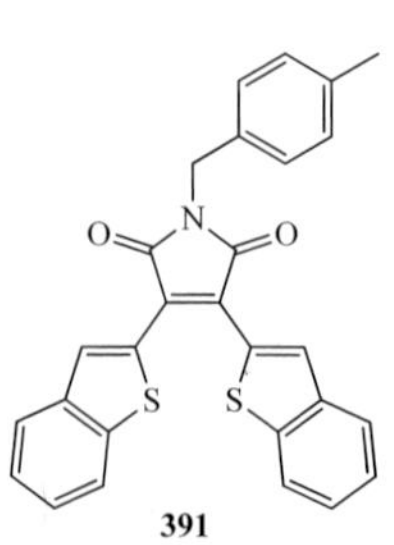 **391** 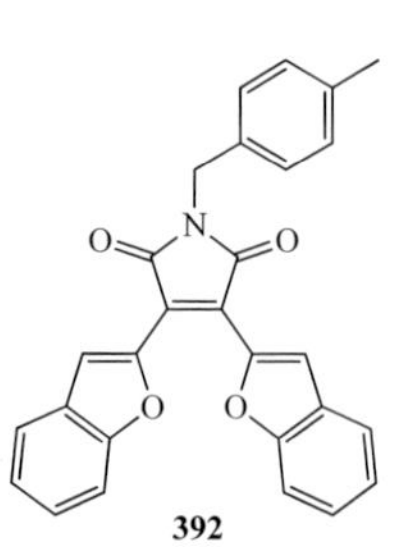 **392**

2018年，Liu等[135]报道了一系列简单且发光强的酰腙衍生物**393**，它们具有独特的多重氢键促进的ESIPT、AIE、力致发光变色、通用探针、手性识别和细胞成像特性。它们的分子结构、π共轭体系和非共价分子间相互作用依赖于分子间和分子内氢键。由于氢键也容易受到环境变化的影响，它们可以用作许多常见化学品的通用探针。这项工作为设计多重响应有机材料提供了一个简单而有效的方法。

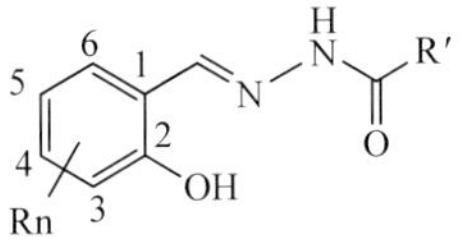

Rn: H、3-Cl、3,5-Cl、3-F、3-OMe、3-NO_2、4-NEt_2、5-NO_2

R′: C_1、C_3、C_5、Ph、OH、F、CN、BnOH

$C_n = -(CH_2)_{n-1}CH_3$

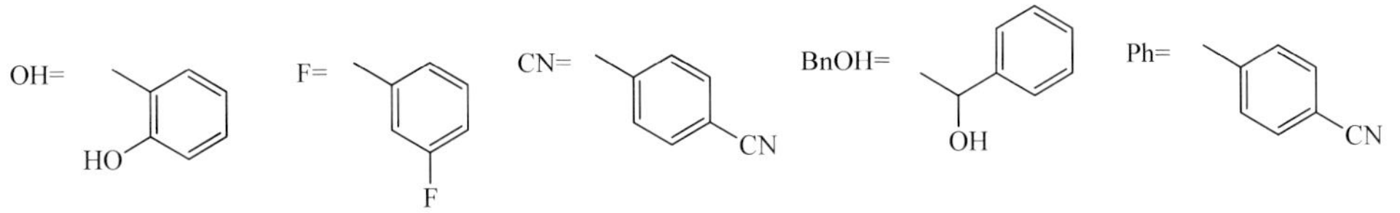

393

2018年，Yin等[136]合成并表征了一个AIEE分子**394**，它具有两个相同的萘酰亚胺发色团，位于酰胺基胺的两侧。通过合适的溶剂条件，**394**和甲醇可以形成具有强分子间作用力的共晶。共晶的荧光效率没有受到ACQ效应的影响，反而提高了5倍，表现出结晶诱导发光增强现象。此外，固态发光颜色相对于非晶态发光发生蓝移，所以形成共晶时能保持理想的深蓝色发光。由于萘酰亚胺衍生物在固态中的这种独特发光，其共晶材料在力刺激下表现出明显的力致发光变色行为和约60 nm的光谱位移。另一方面，共晶的发光颜色也可以通过加热和溶剂熏蒸来调节。研究发现，共晶这种高对比度、不寻常的加热"关闭"荧光的热致发光变色与加热时从晶体粉末中去除的溶剂分子密切相关。在甲醇蒸气熏蒸后，加热退火样品可以完全恢复至其初始状态。这项工作展示了一种具有高对比度、高稳定性和良好可恢复性的可重写热致变色荧光记录介质。研究者认为，这是首例显示出多重刺激响应的含甲醇的双组分共晶材料。

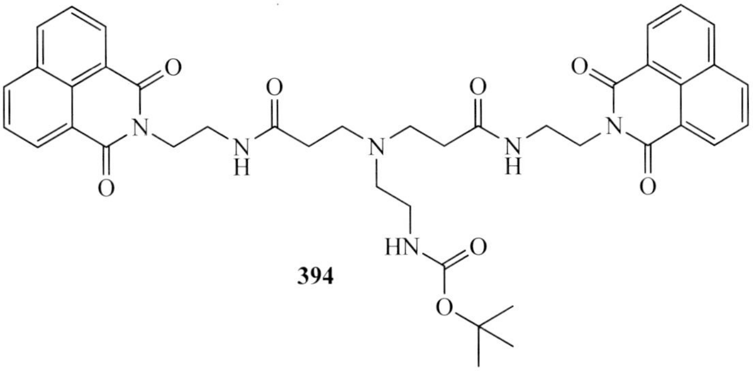

394

2018年，Wang等[137]报道了两种D-A型吩噻嗪衍生物。光谱研究表明它们具

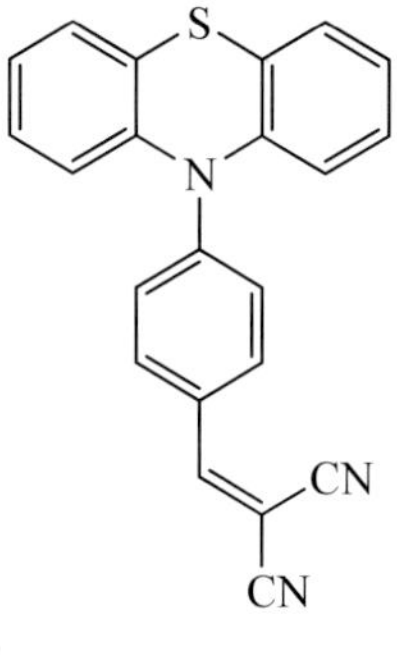

395 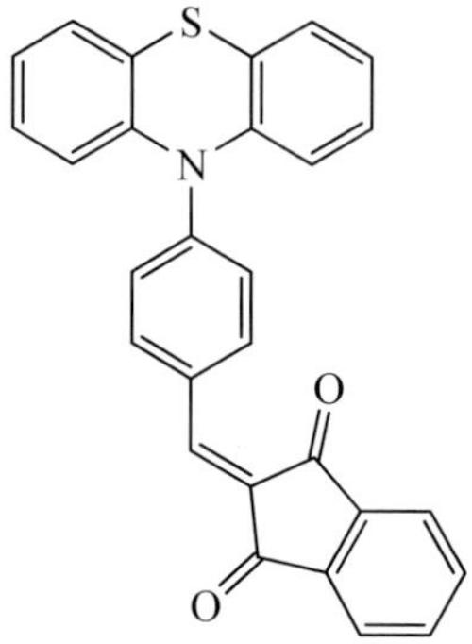　　396

有典型的溶剂化效应。实验结果还表明，**395** 和 **396** 的 AIE 效应可能与分子内旋转受限（RIR）有关。研磨后观察到发光蓝移，其中 **395** 和 **396** 的荧光发射波长分别发生 11 nm 和 13 nm 的位移，**395** 和 **396** 的固体荧光量子产率分别从 12%下降到 2%和从 7%下降到 3%。这一现象可能是外部应力作用导致其结构更加无序。此外，PXRD 和 DSC 结果表明，**395** 和 **396** 的力致发光变色来源于晶态和非晶态之间的转变。

2018 年，Xue 等[138]报道了一种咔唑取代的对苯二甲酸衍生物 **397**，并研究了酸性和碱性蒸气对其力致变色行为的影响。紫外-可见吸收光谱、光致发光光谱和量子化学计算表明，该分子具有推拉电子结构和非平面几何结构，导致了其力致变色行为。在机械力作用下，白色固体变为黄色固体，青色荧光变为黄绿色荧光。固体的颜色和荧光可以通过溶剂或热退火恢复。当暴露在 NH_3 蒸气中，原始固体和研磨固体都发出蓝色荧光，并且荧光颜色可以通过甲酸蒸气熏蒸恢复到原来的青色和黄绿色。因此，作为一种智能多重刺激响应材料，该分子可用于数据保护：通过力产生的写入信息可以使用 NH_3 蒸气隐藏，使用甲酸显示，然后通过热退火再次擦除。

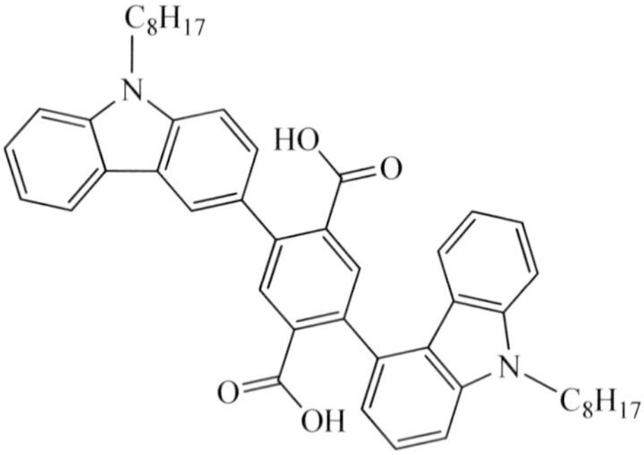

397

2018 年，Li 等[139]报道了一种吩噻嗪衍生物 **398**，其具有可变的力刺激响应行为。在持续的机械刺激下，**398** 表现出从蓝色到白色再到黄色的力刺激响应。实验结果分析表明，吩噻嗪基团从翘曲构象向平面构象的分子构象转变是产生动态力刺激响应的主要原因。同时，他们还研究了吩噁嗪衍生物 **399**，发现该化合物

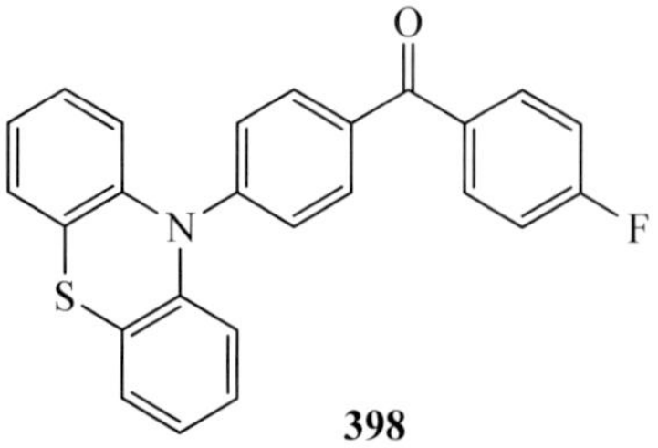

398 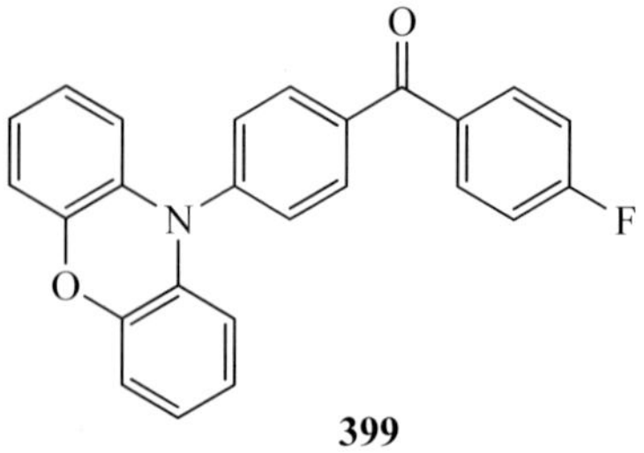　　399

不具备力致发光变色效应，这是因为吩噁嗪基团的构象为平面型，在力刺激下无法发生构象转变。上述结果进一步证明了扭曲的吩噻嗪构象是材料获得高效力致发光变色的关键。

2018 年，Yang 等[140]开发了一系列基于硝基苯乙烯单元的新型智能发光化合物 **400**～**404**。**400**、**402**、**403** 和 **404** 均表现出 AIE 特性，在聚集状态下分别表现为红色、橙色、黄色和绿色发光。其中，**401** 和 **402** 表现出可逆的、三色变化的力致发光变色行为。研究者基于亮黄色和橙色的两种晶型 **402**-y 和 **402**-o 的不同分子堆积模式，解释了三色变化的力致发光变色机理。此外，**400** 和 **403** 能表现出双色开关力致发光变色现象，**403** 还可用作无墨可擦写纸。

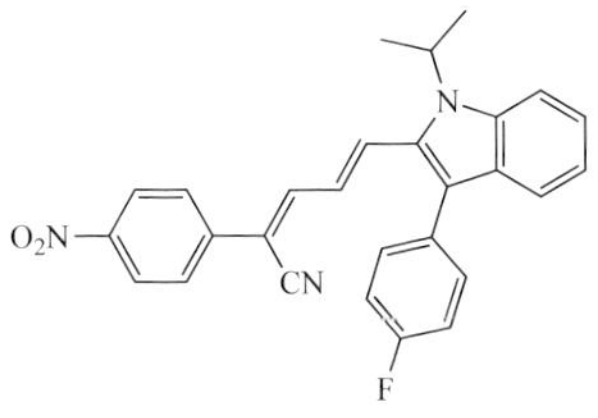

400 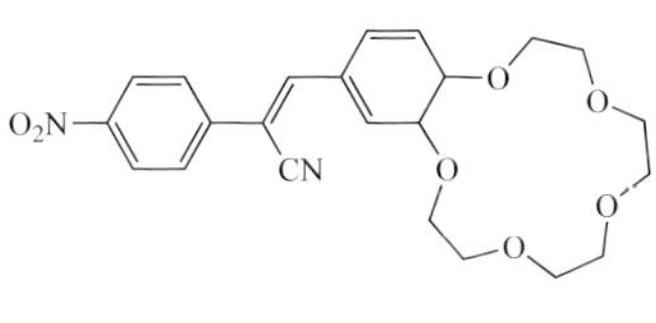　**401** 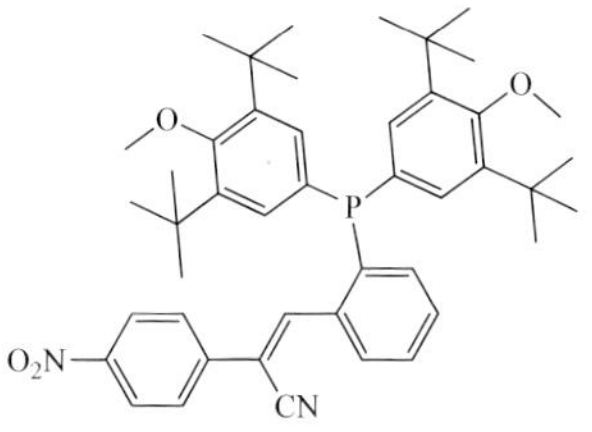　**402**

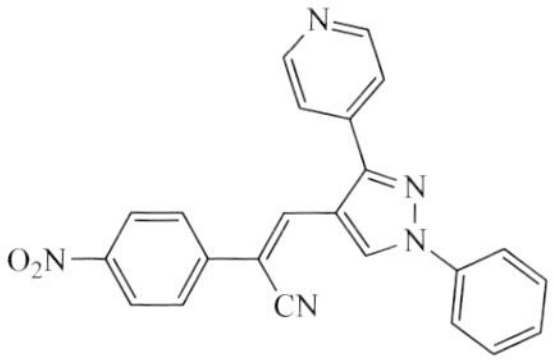

403 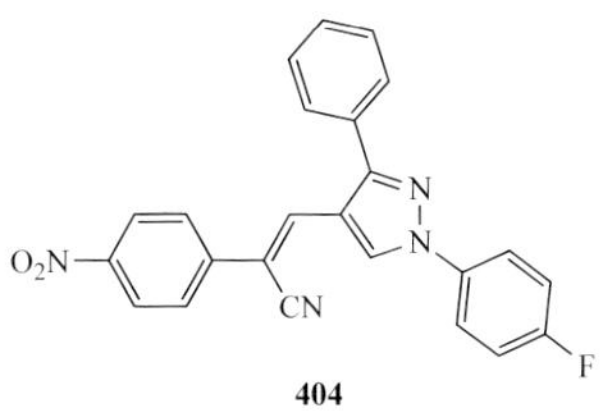　**404**

2018 年，Li 等[141]设计并合成了一系列基于 1, 3-茚满二酮受体的 A-π-D-π-A 型芴衍生物 **405**～**407**。这些分子含有相同的芴给体，但芴单元上的烷基取代基不同。由于电子给体和受体部分的强度相当，这些化合物表现出显著的溶剂化发光变色效应，随着溶剂极性的增加，发光红移并增强。从非极性的己烷到极性的 DMSO，最大发射峰位移达到 130 nm 以上，PLQY 增加超过 35 倍。因此，这些化合物可以用作荧光探针进行溶液的极性检测。有趣的是，通过将化合物 THF 溶液加入 H_2O 或在真空下蒸发化合物的 DCM 溶液，可以得到两种具有不同荧光性质和纳米结构形貌的聚集体。其中无序的纳米结构表现出 AIE 特征，而有序 0D 粒子表现出明显相反的发光猝灭。此外，非发光的 0D 粒子表现出显著的力致变色“开启”行为，研磨后发光增强。这归因于 π-π 相互作用的破坏和发光路径的激活。借助烷基效应，**406** 的 0D 粒子研磨后发出 556 nm 亮黄色发光，PLQY 值为 19.6%，比原始 0D 粒子高 163 倍。结果表明，将分子的 ICT 效应与聚集体的形态控制相结合是获得多功能荧光材料的一种有效策略。

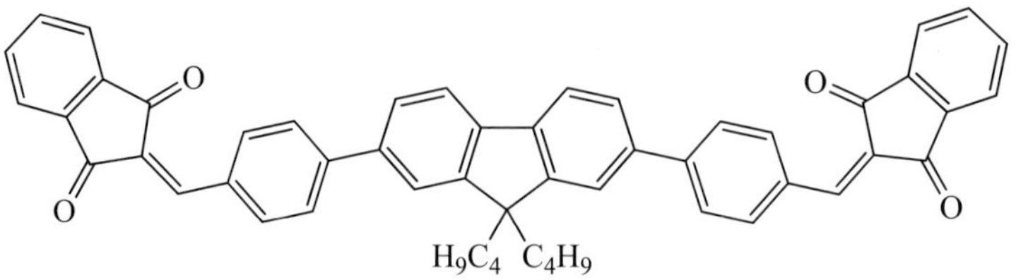

O O O O

H_9C_4 C_4H_9

405

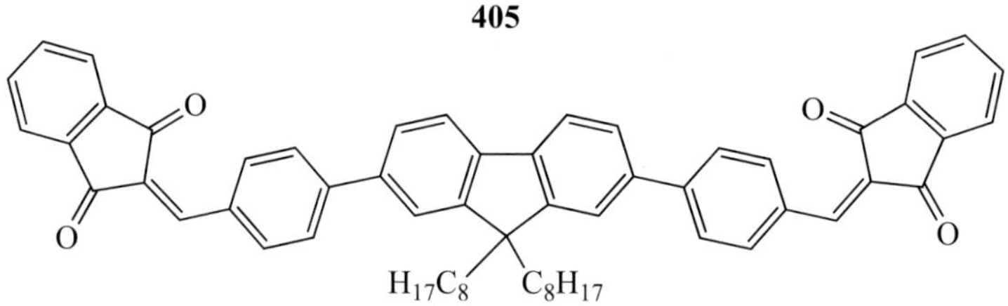

O O O O

$H_{17}C_8$ C_8H_{17}

406

O O O O

$H_{25}C_{12}$ $C_{12}H_{25}$

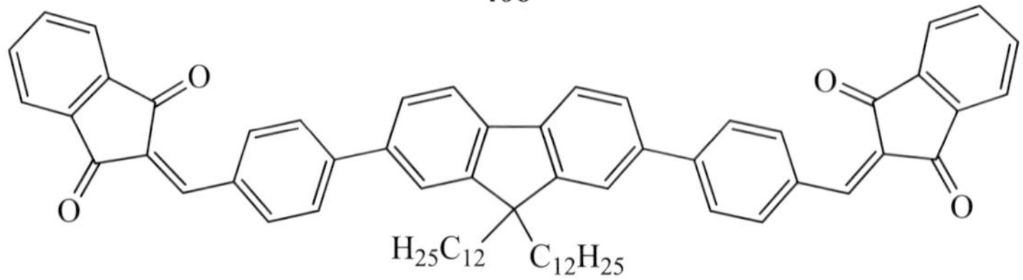

407

2018 年，Yang 等[142]合成了一种基于咔唑取代吡咯的荧光化合物 **408**。D-π-A-π-D 型的 **408** 表现出大的、依赖于溶剂的双光子吸收截面（δ），并发射出强的双光子激发荧光。在 $CHCl_3$、THF、DMF 和甲苯中测得的最大 δ 值分别为 750 GM、610 GM、600 GM 和 460 GM。虽然 **408** 水分散体在一定程度上表现出聚集猝灭发光，但原始粉末、单晶和乳胶仍能发射相对较强的荧光，产率分别为 21%、9.5% 和 24%。**408** 可呈现一种黄色晶体状态和另一种再结晶状态，且荧光量子产率因制备条件而异。这两种晶体固体都可以研磨成相同的非晶状态，并发出微弱的橙红光。经过热退火或溶剂熏蒸后，橙红色状态可以变回原始的黄色发光状态。PXRD 和 DSC 分析表明，在外界刺激下，晶态和非晶态之间的相变是产生力致发光变色行为的主要原因。

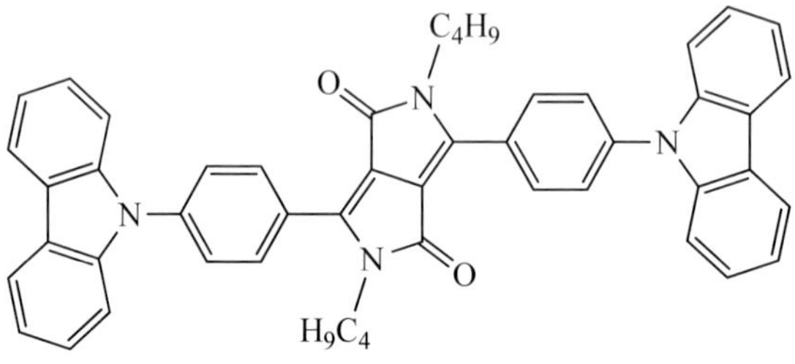

C_4H_9 O N N N N O H_9C_4

408

2018 年，Yang 等[143]利用咪唑作为电子受体并桥接四个外围给体（三苯胺）构建了支化 DPP 衍生物，所得 D-A-D 型化合物（**409**）具有多态发光特性。**409**

在溶液中发黄光，荧光量子产率约为 70%，其结晶和非晶状态及水悬浮液也表现出较高的荧光量子产率（40%～50%）。此外，聚集可以令发射光谱产生较大的红移，显著增强水悬浮液中的双光子吸收截面和激发荧光。**409** 固体还显示出独特的力致变色发光蓝移和较好的 OFET 性能，表明 **409** 分子聚集可以在一定程度诱导分子平面化。这项工作表明，合理的支化效应可以调控聚集发光行为，有助于多功能材料的开发。

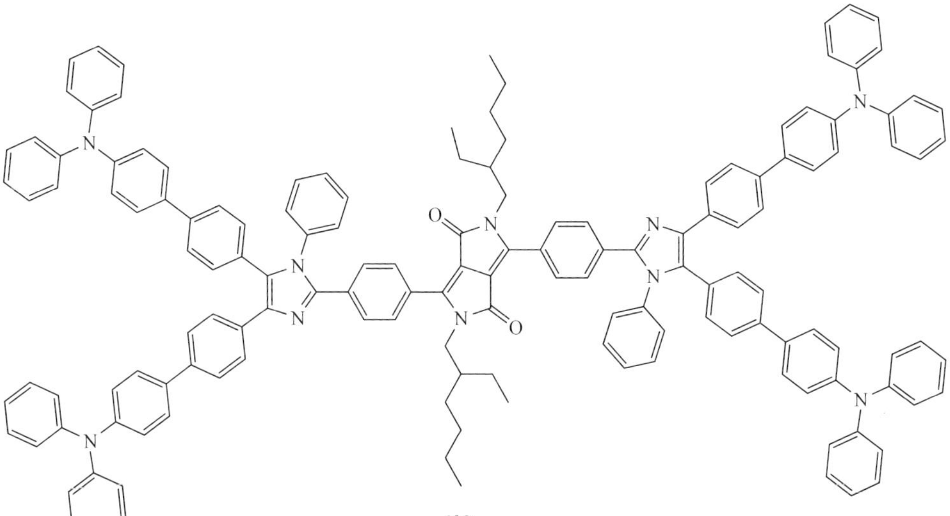

409

2018 年，Li 等[144]报道了具有多重刺激响应特征的 AIE 型化合物 **410**。**410** 在不同比例的 THF/水混合溶液中显示出从蓝色到绿色的发光转变。**410** 的力致发光变色可通过交替的研磨、退火（或 DCM 熏蒸）进行可逆调节。XRD 和 DSC 实验表明，具有结晶特征的干凝胶和非晶态之间的转变是造成机械荧光变色行为的原因。质子化-脱质子化对前线分子轨道有重要影响，导致 **410** 在有机凝胶和固态中均表现出显著且可逆的酸/碱激发荧光开关特性。多重刺激响应荧光特性表明 **410** 可能在传感、安全标签和酸碱荧光指示剂等方面具有潜在的应用。

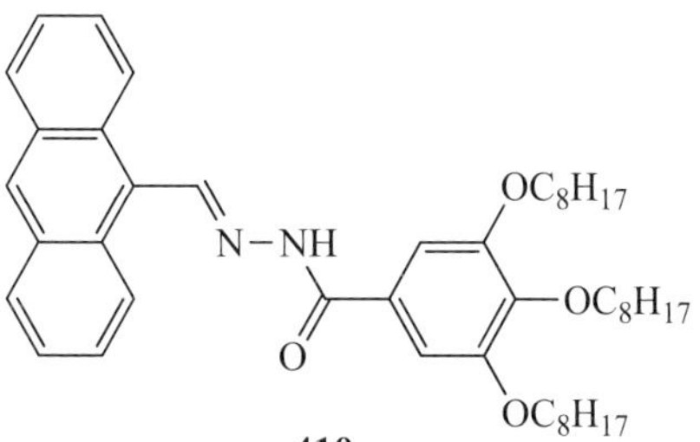

OC_8H_{17} N−NH O OC_8H_{17} OC_8H_{17}

410

苯并噻二唑（BTD）已被广泛用于光学材料的设计合成。2019 年，Yin 等[145]通过改变给体单元设计了一类基于 π 共轭 BTD 的发光材料 **293**、**411**～**415**。研究发现，它们在固态下的荧光覆盖了从橙光、红光到近红外的区域。光物理特性研究表明，除化合物 **415** 外，其他化合物具有明显的溶剂化发光变色行为。晶体 XRD 分析表明，它们中具有多个弱分子间相互作用。松散的分子堆积意味着它们在外力刺激下很容易重新排列。事实上，所有化合物在固态下都表现出可逆的机械响应行为。有趣的是，**415** 表现出发光蓝移的力致发光变色行为，而其他化合物表现出发光红移的力致发光变色行为。值得一提的是，**413** 在研磨后可以实现自恢复。PXRD 研究表明，这些变色过程可能主要归因于研磨或熏蒸后晶相和非晶相之间可逆的形态变化。这项研究表明，乙烯基官能化苯并噻二唑可用于制备机械响应变色材料。

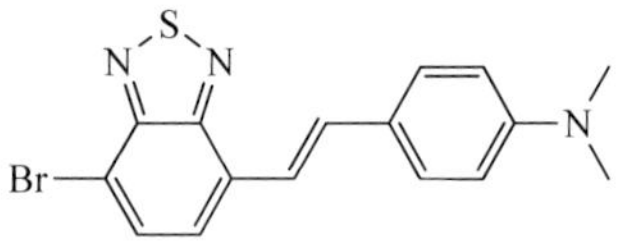

411

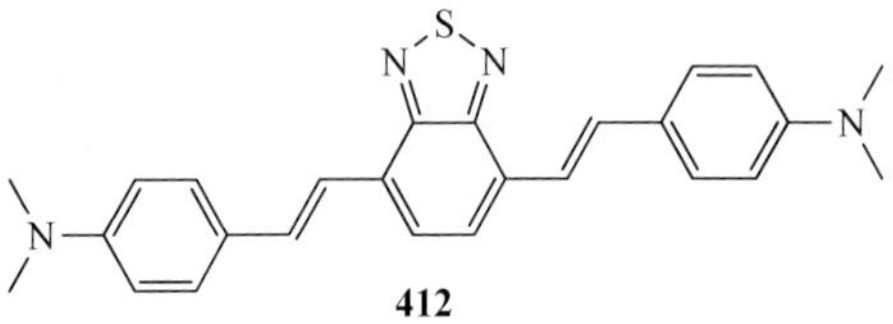

412 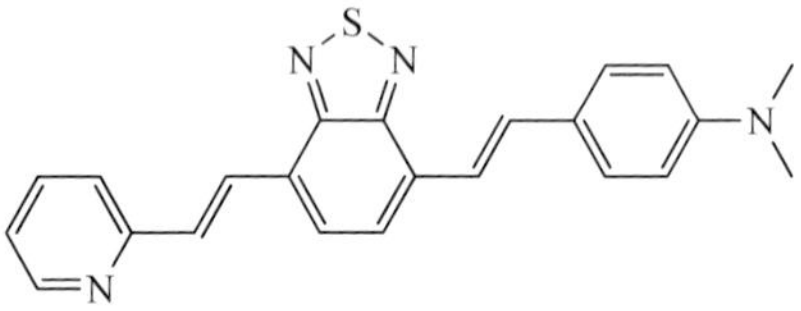 **413**

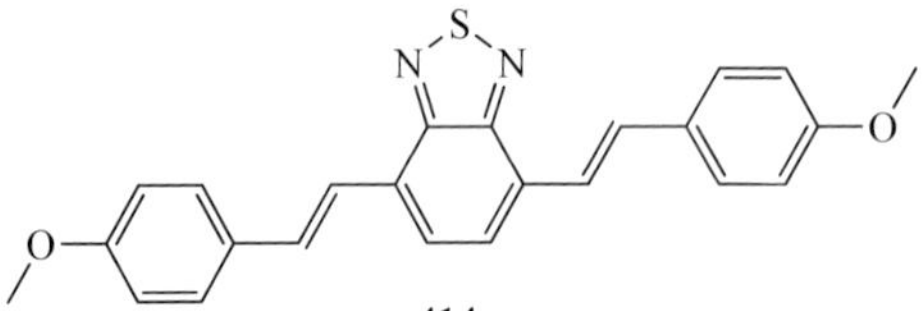

414 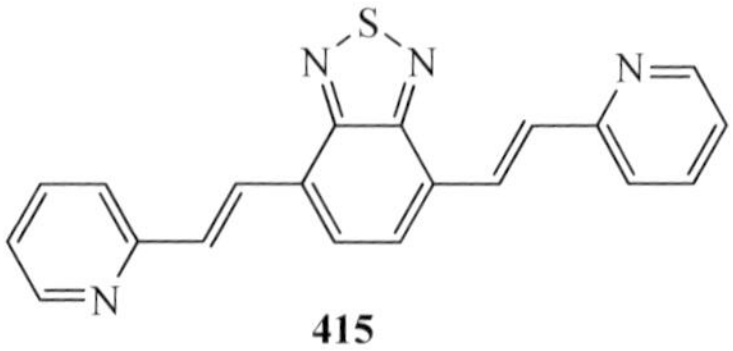 **415**

2019 年，Hu 等[146]报道了两种二甲胺取代的双苯并香豆素酰胺衍生物（**416** 和 **417**），它们表现出正的溶剂化发光变色性质。在固态下，**416** 的发光颜色在研磨后发生蓝移，再结晶后可以恢复原始颜色。粉末广角 XRD 和 DSC 实验表明，在外界刺激下，从晶态到非晶态的转变是力致发光变色性质的主要原因。

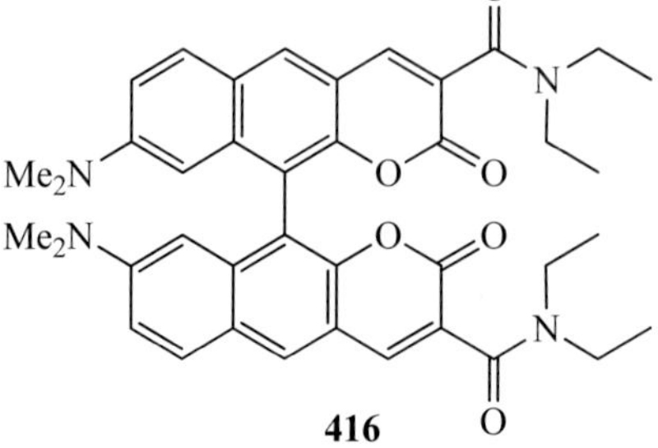

416 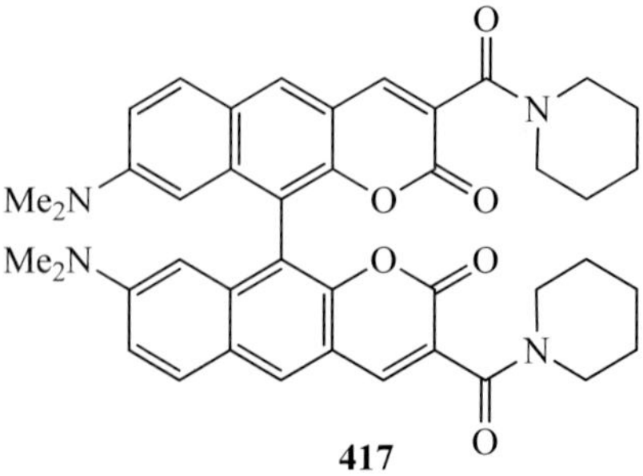 **417**

2019 年，Chen 等[147]开发了一系列具有不同卤素（X = F、Cl、Br、I）取代基的对称方酸发光材料（SQD，**418**～**422**），其具有 AIE 和荧光变色特性。其中，**419** 表现出独特的力刺激发光变色性质，而 **420** 和 **421** 表现出明显的力致发光变色现象，具有很高的对比度和可逆性。然而，**422** 不具有力致发光变色特性，但具有蒸气变色特性。相比之下，无卤素取代的 **418** 不展现任何荧光变色性质。光物理和荧光性质研究表明，不同的卤素取代基对这些 SQD 的最终性质有很大影响。这项工作在 AIE 材料中加入卤素取代基，为探索新型力致发光变色材料提供了新的途径。

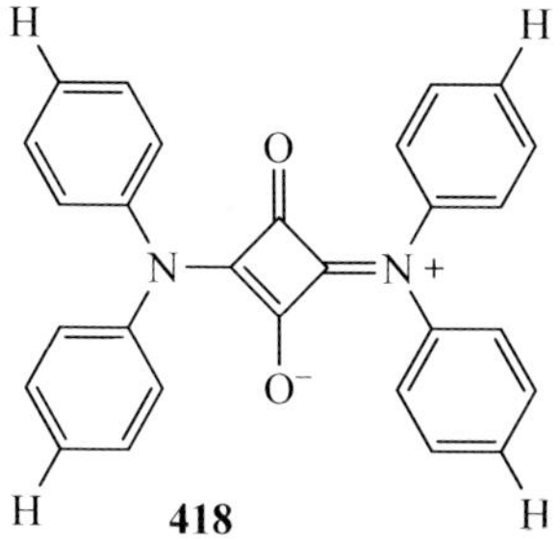

418 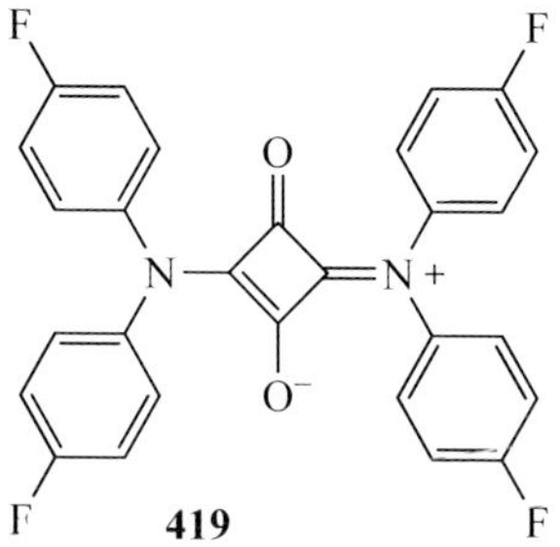 **419** 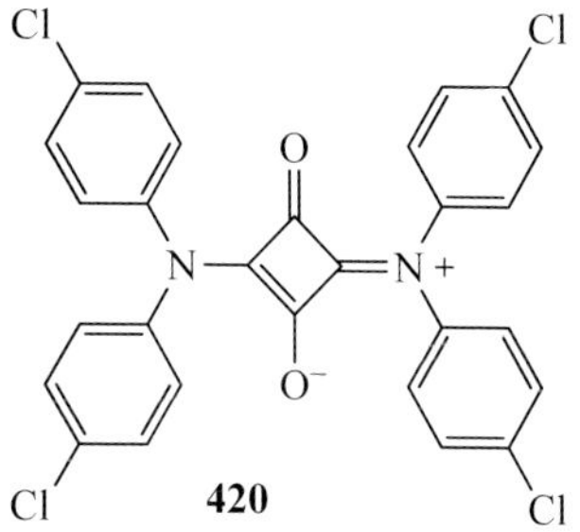 **420**

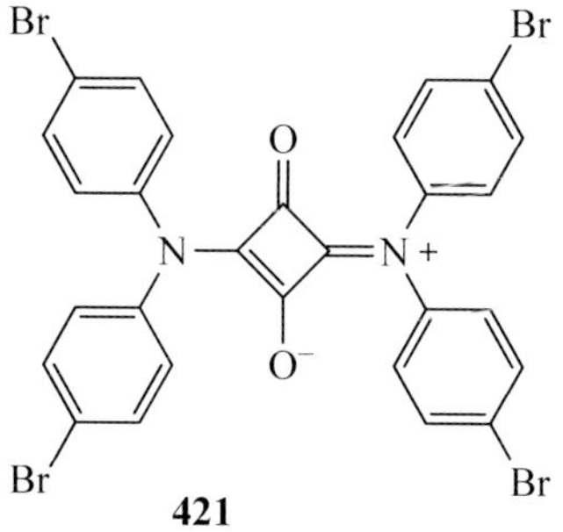

421 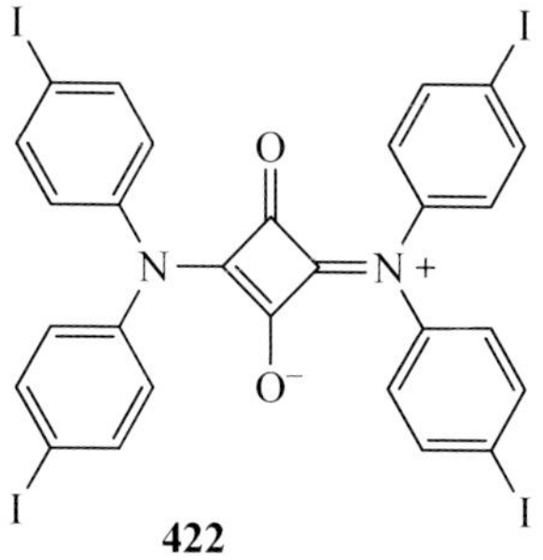 **422**

2019 年，Wu 等[148]报道了两种分别使用三苯胺和 9-苯基-9*H*-咔唑作为电子给体的 D-π-A 型异喹啉衍生物 **423** 和 **424**。这两种具有高度扭曲构象的化合物都有两种晶型，其中 1-哌啶基位于异喹啉中心核的不同侧边。实验表明，多晶型的不同发光归因于不同的分子构象。对于 **423**，黄光发射的 **423**-y 可以转化为绿光发射的 **423**-g，并通过不同晶态之间的转换表现出蓝移的 MFC 特性和热致发光变色特性。对于 **424**，由于结晶状态下的强分子间相互作用，两种晶型都没有 MFC 活性，而通过退火处理可以实现从绿光发射的 **424**-g 到黄光发射的 **424**-y 的转变。这表明不同的给电子基团导致不同的固态荧光刺激响应特性。

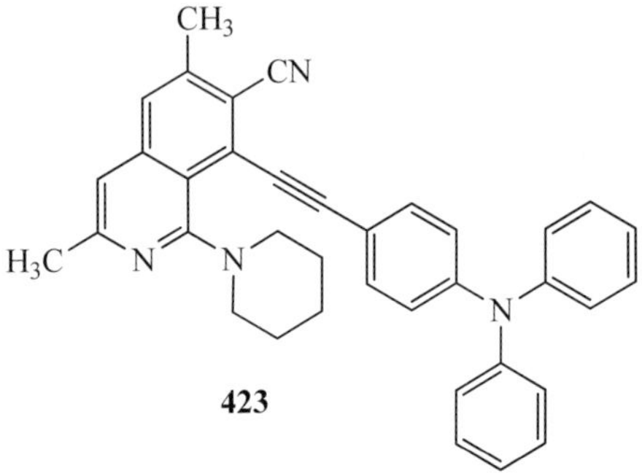

423

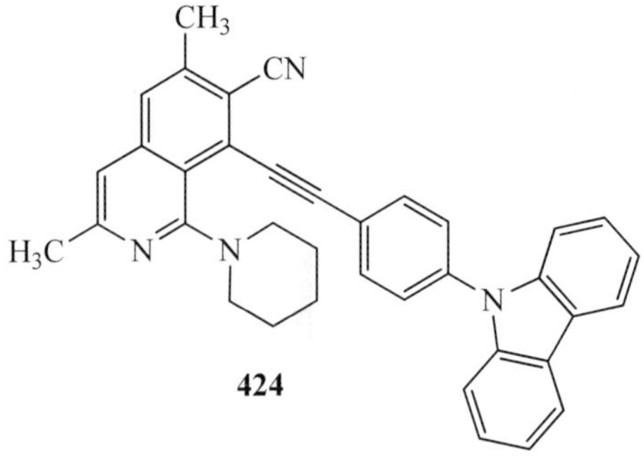

424

2019 年，Stang 等[149]通过配位驱动自组装合成了一种基于联蒽的超分子菱形金属环 **425**。超分子有机铂(Ⅱ)金属环 **425** 同时具有温度响应荧光和高对比度力致荧光变色特性。具体而言，自组装金属环 **425** 表现出温度依赖的荧光现象，在 77～297 K 温度范围内，荧光从青色逐渐红移至黄色。在 77～137 K 的低温区，发射波长最大值与温度呈线性关系，这表明菱形金属环是一种很有前途的低温荧光温度计。菱形金属环 **425** 还表现出力致发光变色效应，具有良好的可逆性。这些发现可能为合理设计具有多重刺激响应发光特性的超分子配合物提供指导依据。

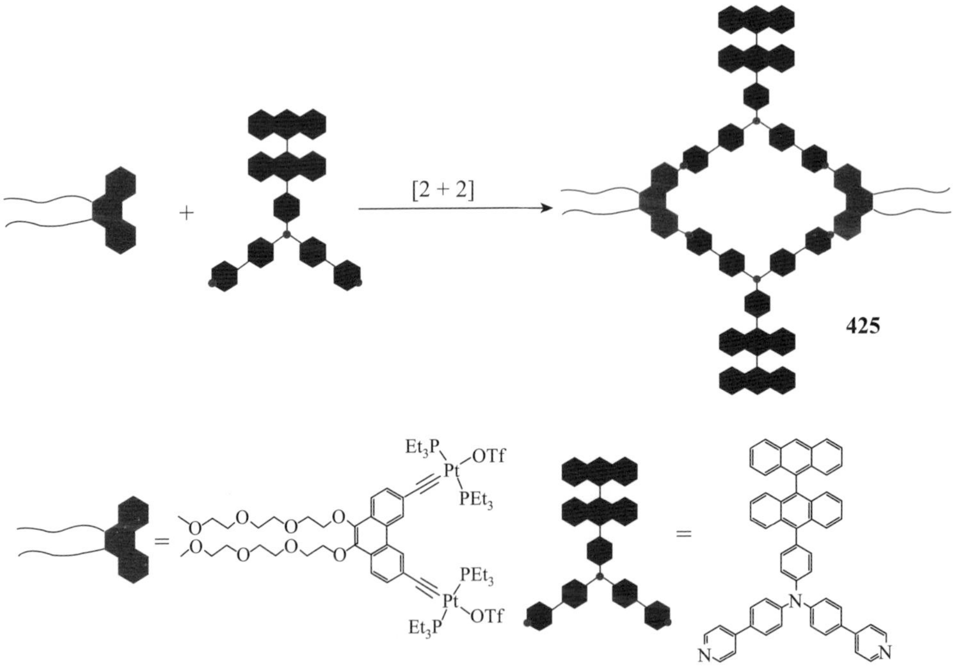

[2 + 2]

425

2019 年，Devi 和 Sarma[150]从化合物 2-羟基萘醛缩氨基脲（**426**）中获得了三种具有不同固态发光的多晶型。初始状态下，**426** 显示出明亮的绿色发光，而从

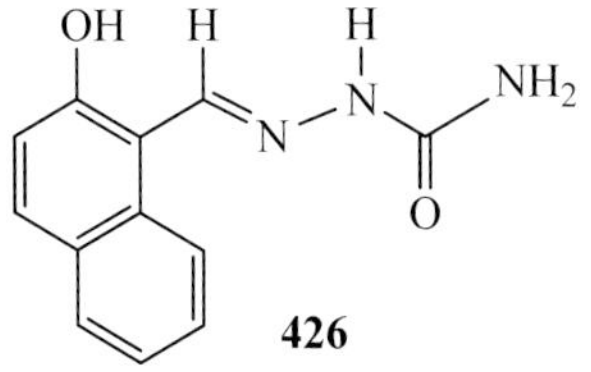

甲醇获得的 C-M 形态是不发光的，从四氢呋喃获得的 C-T 形态显示出微弱的黄色发光。研究表明，C-M 或 C-T 形态在机械研磨下产生亮绿色发光，发光波长分别为 492 nm 和 527 nm。荧光光谱、PXRD 和红外光谱研究表明，C-M 或 C-T 形态在机械研磨后转变为初始状态的晶型。浆料转化实验揭示了 **426** 的三种多晶型之间的单向关系，其中初始型最稳定。PXRD 和红外光谱研究表明，相变伴随着分子堆积结构的变化和弱分子间相互作用的重组，特别是芳香族相互作用。基于这些结果，研究者认为 C-M 和 C-T 的力刺激响应蓝移是分子间芳香堆积相互作用被破坏的结果。

OH H H NH$_2$ N N O

426

2019 年，Niu 等[151]通过简单的两步合成，获得固态发光甲基取代系列化合物 BODIPYs（**427**～**429**）。有趣的是，**427**～**429** 表现出明亮的双态发光（DSE），在 THF 中为绿色荧光（512～520 nm，PLQY 高达 85%），在结晶状态下表现出固态红色发光（601～632 nm，PLQY 高达 32.2%）。结晶状态下的高强度荧光被证明是因为形成了 J-聚集。**427**～**429** 的单晶表现出不同寻常的高对比度力致发光变色特性，由于从单晶到微晶的转变，在温和研磨时，表现出从红色到黄色的显著荧光颜色变化。此外，强研磨完全破坏了 J-聚集，导致微晶转变为无 J-聚集堆积的自由态，因此强研磨后荧光颜色变绿。这项工作为开发具有优异力致发光变色性能的其他材料开辟了新的途径。此外，由于 J-聚集，这些荧光团具有明亮的固态发光，在生物医学成像等其他应用中具有巨大潜力。

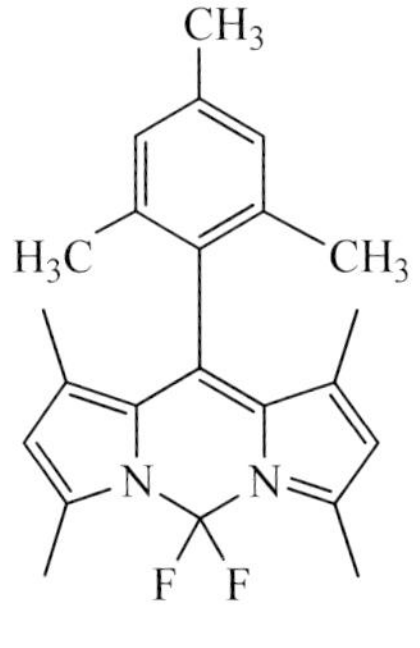

CH$_3$ H$_3$C CH$_3$ N N F F　　H$_3$C N N F F　　N N F F

427 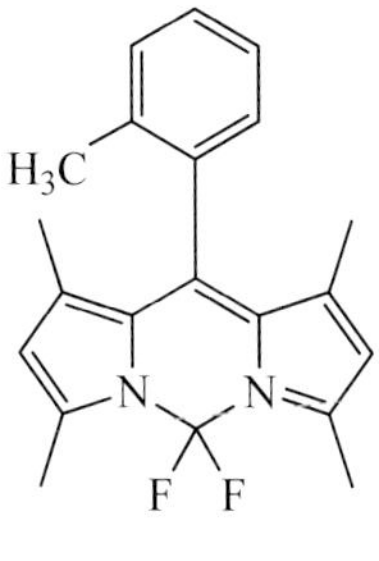　　**428** 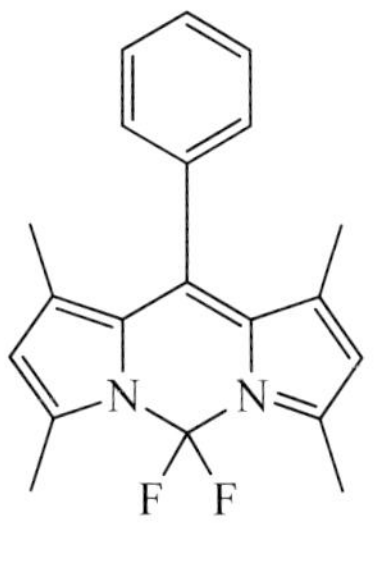　　**429**

2019 年，Xia 等[152]在 **181** 的基础上报道了一系列通过在 V 形母体的不同位置（邻位、间位和对位）引入苯基合成的异构化衍生物（**430**～**434**）。与母体相比，这些衍生物在溶液中表现出独特的溶剂依赖性双发射，这是由于二甲氨基苯基和苯基对 2-苯基-苯并[*d*]噻唑基之间的异步旋转引发能垒增加，从而导致 LE 态和 TICT 态之间的竞争跃迁。这种异步旋转也解释了当衍生样品受到力刺激时非晶相冷结晶温度升高和发射波长红移减少的原因。此外，由分子对形成的特别排列模式也导致了某些异构体的发光红移特别小。实际上，由基团位置异构化引起的差异化 π 共轭效应及扭曲的分子构象，共同导致了邻位和间位异构体的固态发射几乎完全猝灭，但在力刺激下，发射强度可以显著增强。因此，这种位置异构化诱导的电子效应差异和扭曲构象应该是一种有效、实用和通用的设计策略，有助于获得具有独特光物理特征的新型分子。

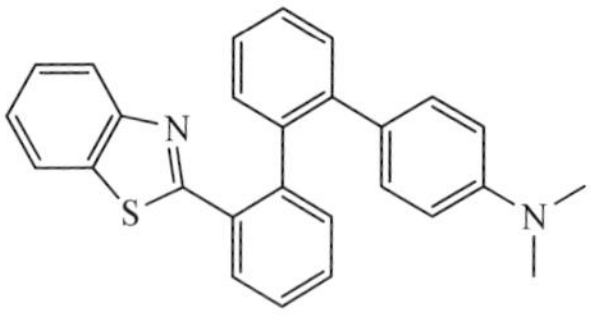

430 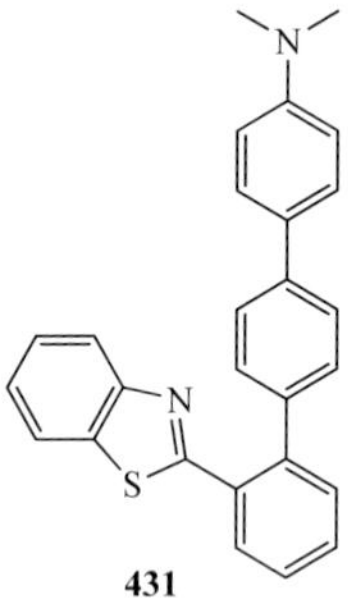 **431**

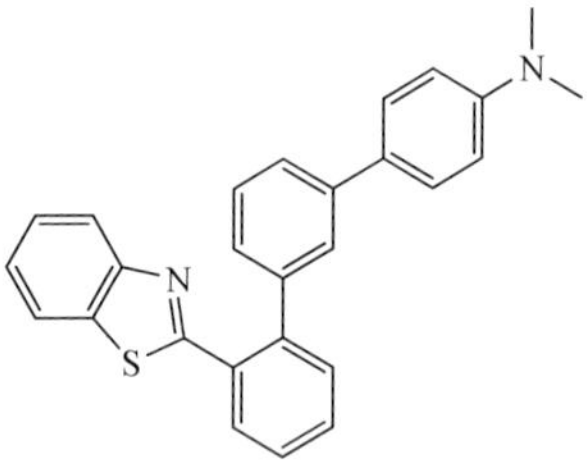

432 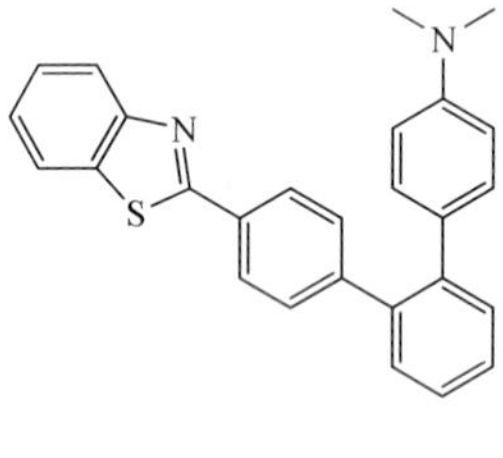 **433** 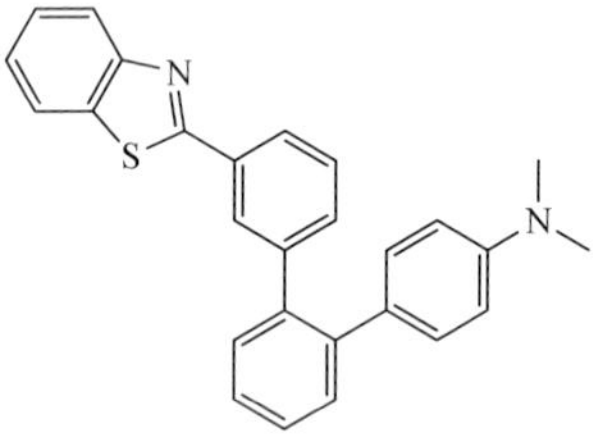 **434**

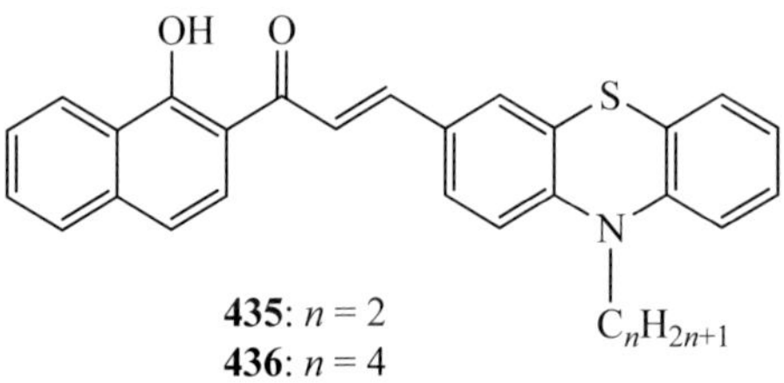

435: $n = 2$
436: $n = 4$
437: $n = 8$
438: $n = 12$
439: $n = 16$

2019 年，Lu 等[153]报道了 D-π-A 型吩噻嗪修饰的 2-羟基查耳酮类似物 PTN*n*（**435**～**439**），它们表现出可逆的力致荧光变色性质。PTN*n* 在不同固体状态下的发射光谱范围为 600～800 nm，而红色发光的 MFC 材料鲜有报道。合成的 **439** 晶体在 667 nm 处发出红光，经研磨后变成深红色粉末。对研磨粉末用 DCM 蒸气进行熏蒸或加热，荧光发射能恢复到初始状态。MFC 过程伴随着晶态和非晶态之间的转变，这可以通过不同固态下的 XRD 谱图结果得到证实。此外，他们还发现烷基链的长度能够影响 PTN*n* 的力致荧光变色性能。与长碳链化合物相比，短碳链化合物表现出高对比度的 MFC 行为。此外，含长碳链的 **438** 和 **439** 可以在一定量的有机溶剂中自组装成有机凝胶，并且在有机凝胶化过程中观察到凝胶诱导的发光增强。

2019 年，Wang 等[154]报道了一种含吡啶的芴衍生物 **440**，其表现出具有不同发光颜色的三种不同晶型（**440**-V、**440**-B 和 **440**-G）。此外，这三种晶型在物理刺激下表现出可逆的三色荧光，从紫色到蓝色再到绿色。三种晶型的单晶结构分析表明，**440**-V 和 **440**-B 的紫色和蓝色发光分别来自不同的二聚体，**440**-G 的绿色发光来自基于弱 π-π 堆积相互作用的超分子链。三种晶型的相变伴随着发光变换，这与 **440** 的三个结构特征相关，即芴片段的适当 π 共轭面、弱氢键和扭曲分子构型，这将促进在外部物理刺激下弱 π-π 堆积和弱氢键之间的相互竞争。

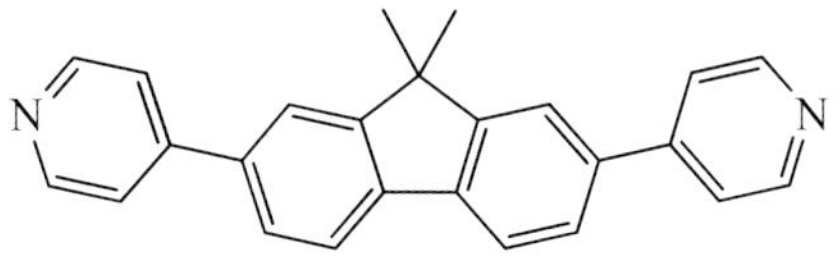

N N

440

压力是一种通过增强分子间相互作用和/或生成新的多晶型来调节有机固态发光材料光学性质的有效方法。2019 年，Zheng 等[155]发现二苯基芴酮 **24** 的有机分子晶体在高压条件下，紫外-可见吸收光谱和光致发光（PL）光谱在整个可见光区域发生很大且连续的红移。值得注意的是，当压力为 13.32 GPa 时，观察到 PL 波长红移约 300 nm，从绿黄色（575 nm）到近红外（NIR，875 nm）区域。通过监测高压下红外光谱和同步辐射 XRD 谱图的演变，发现 α 相到 γ 相的相变是造成这种剧烈红移的原因。与 α 相中的 C—H…π 相互作用相比，高压下 γ 相中 **24** 分子面对面构象更密集的堆积模式在能量上是更有利的。TD-DFT 计算结果进一步表明，γ 相中分子间 π-π 相互作用的增强导致 HOMO 和 LUMO 之间的能隙减小，从而导致吸收光谱和发射光谱的移动。通过测量不同压力下晶体结构的演化，他们发现了强有力的证据来证明 π-π 重叠度和 π-π 距离与光学性质有着密切的关系。这为多色发光材料的构建和开发提供了宝贵的见解。

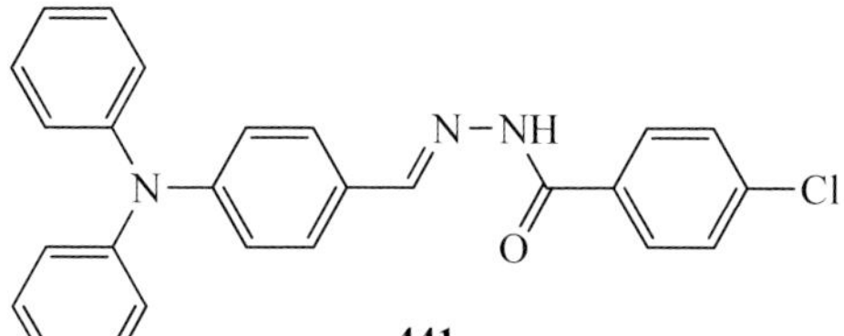

N N–NH O Cl

441

2019 年，Mei 等[156]设计并合成了一种基于三苯胺取代的酰腙衍生物 **441**。在不同极性溶剂中，**441** 由于分子内 CT 表现出显著的溶剂化发光变色现象。在 THF/水混合溶液中，随着水含量的变化，观察到 AIE 现象。在固态下，当样品在不同条件下受到应力时，会观察到力致发光变色。基于结构分析和理论计算，发现分子内和分子间 CT 过程在荧光特性的多样性中发挥着关键作用。

2019 年，Zhao 等[157]报道了由三苯胺或苯咔唑作为电子给体和苯并噻二唑作为电子受体组成的 D-A-D 型化合物 **442** 和 **443**，二者均表现出显著的溶剂化发光变色荧光性质，波长范围很宽。此外，化合物 **442** 和 **443** 表现出不同的力致发光变色现象。**442** 表现出黄光和红光之间的可逆力致发光变色现象，而 **443** 表现出黄光和黄绿光之间的可逆力致发光变色现象。PXRD 实验表明，晶态和非晶态之

间的转变是化合物 **442** 和 **443** 具有力致荧光变色的主要原因。该研究对于开发具有不同力致荧光变色特性的相似结构的有机发光材料具有重要价值。

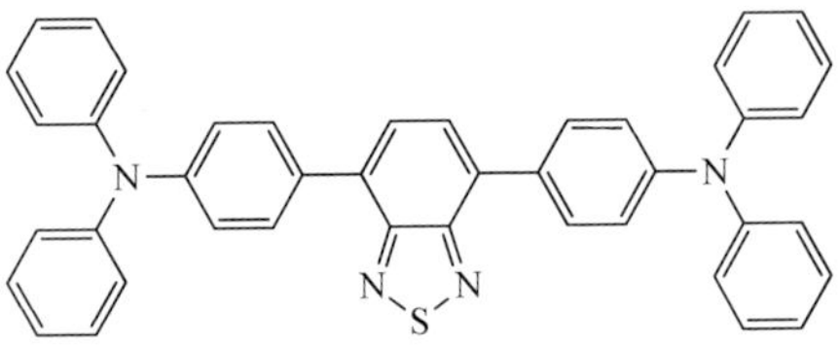

442

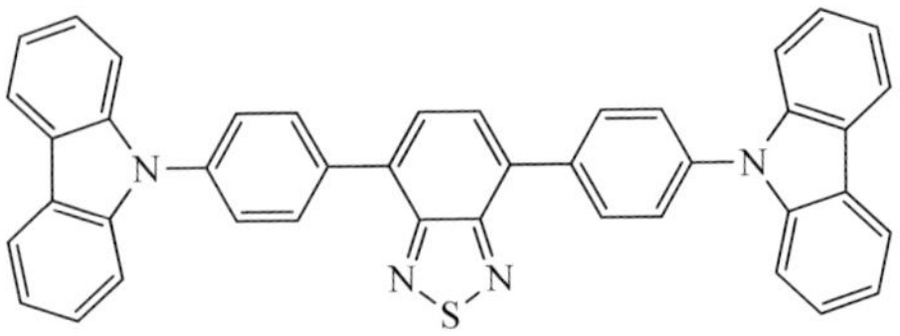

443

2019 年，Horak 等[158]对五种基于 AIE 和 ESIPT 的苯并咪唑（BI）衍生物（**444**～**448**）的光物理性质进行了系统研究。所有化合物均为 D-π-A 结构，具有大量的芳香基团，可发生扭曲的分子构象变化。研究发现—OH 的存在导致 ESIPT，而 π 共轭主链上的不同取代基可以调节固态发光颜色从蓝色到红色的变化。这些化合物倾向于在水中聚集，呈现出新的红移发射带。化合物 **444**～**448** 在溶液中表现出非常微弱的发光，而在固态中，由于 AIE 现象，发光强度表现出不同程度的增强。由于 AIE 性质的敏感性，固态化合物的发光性质对外界刺激很敏感，如机械或化学刺激（如研磨、暴露于有机溶剂蒸气）。通过机械研磨及随后的熏蒸和再结晶，观察到化合物 **445**～**448** 的可逆力致发光变色，其波长位移分别为 16 nm、19 nm、26 nm 和 48 nm。

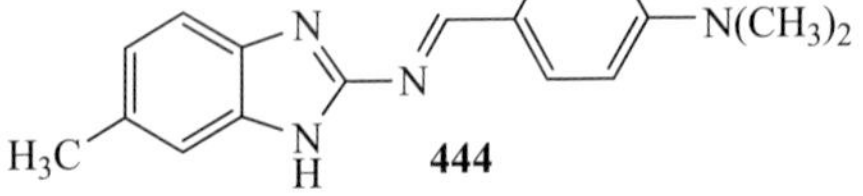

444

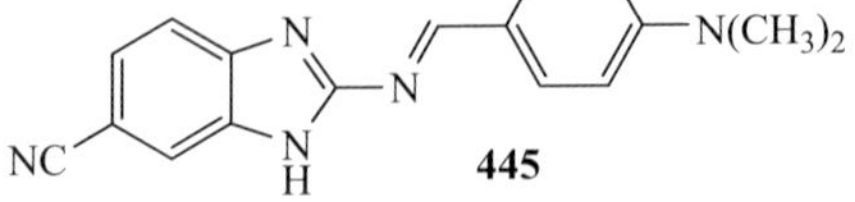

445

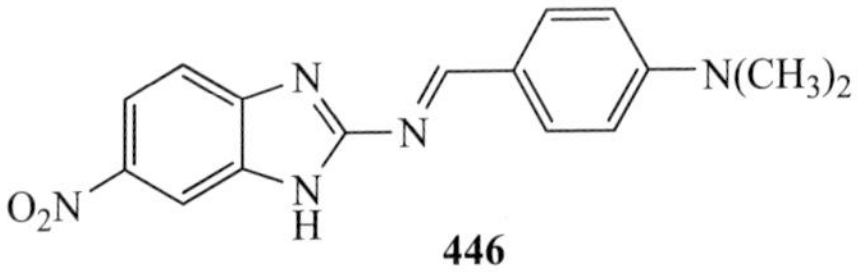

446

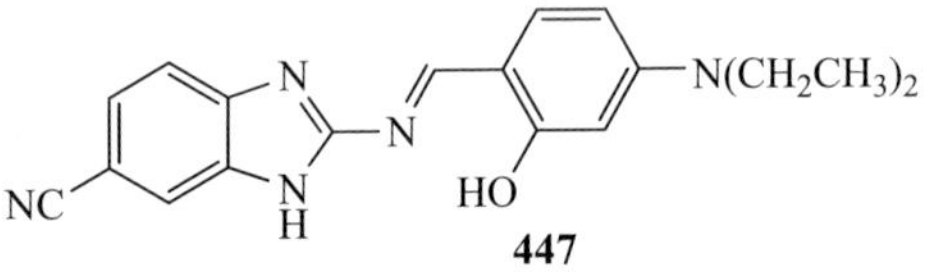

447

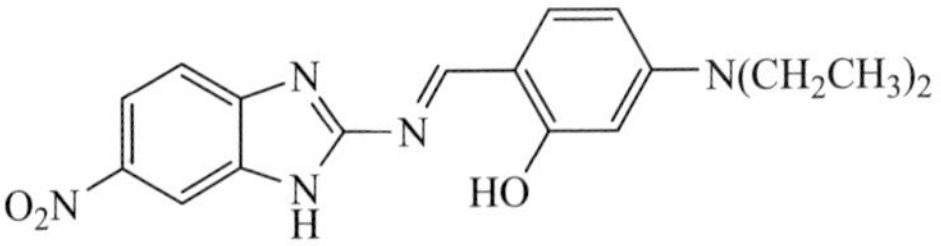

448

2019 年，Li 等[159]介绍了一种新化合物 **449** 的合成和光致发光行为。分子设计包括基于扭曲构象和引入电子给体与受体对的策略，这赋予了化合物扭曲的分子内电荷转移（ICT）和 AIE 特性。重要的是，该化合物显示出力致发光变色：结晶粉末显示出强烈的绿色发射，但研磨后变为橙红色，具有明显的猝灭效应，

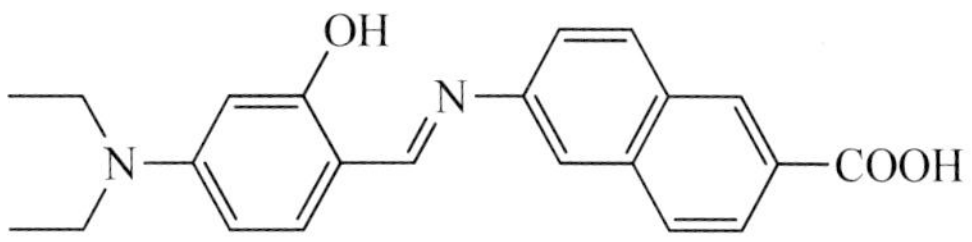

显示出高对比度。在普通有机溶剂中浸泡或熏蒸，通过重结晶，可使研磨样品的发光恢复初始状态。该化合物的发光可在两种状态之间可逆切换超过 10 个循环，显示出抗疲劳性。在定量力学实验中，当外力高达 67.9 MPa 时，**449** 薄膜的发光显著降低，显示出较高的灵敏度。他们认为这种独特 MLC 的来源是，非晶相中松散的分子堆积会导致额外的自由体积，从而使分子运动更加容易。此外，外加压力可以使分子平面化，增强了分子间的 π-π 堆积和分子轨道的重叠。基于这种 MLC 材料，研究者设计了一种新的信息存储模型，字母和卡通图片可以用这种材料反复书写和擦除。它具有合成容易、对比度高、灵敏度高、可逆性好等优点。

OH N COOH

449

2019 年，Han 等[160]报道了一种具有 AIE 性能的新分子体系 **450**～**452**。该体系是通过在不同位置连接甲氧基而形成的三个位置异构体，研究了异构体对 AIE 性质和分子内电荷转移（ICT）过程的影响。在这三种异构体中，**452** 表现出最显著的 MFC 性能，在机械刺激下发射强度降低，波长红移。PXRD 分析表明发光变化是由晶态-非晶态转变引起的。通过溶剂熏蒸或浸泡可以使材料发生重结晶从而恢复为初始状态。此外，两种发光状态之间的转换表现出良好的可逆性。基于这种 MFC 材料，研制了一种新型可擦写光学数据存储（ODS）。由“0”和“1”状态组成的二进制数据可以分别与两种发射状态匹配。因此，数据可以在 ODS 设备上写入或擦除，证明了可行性和实用性。

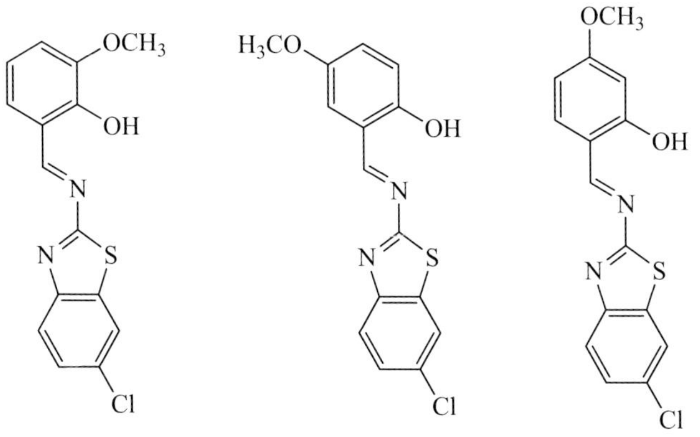

OCH_3 OH N N S Cl　　H_3CO OH N N S Cl　　OCH_3 OH N N S Cl

450　　**451**　　**452**

2019 年，Zhou 等[161]设计并合成了一种典型的荧光染料 **453**。**453** 具有很强的 AIEE 效应，在聚集态下相对 PLQY 高达 63.4%。**453** 表现出 MFC 性质，可以在蓝紫光（非晶态）和绿光（晶态）之间切换，对应的 PLQY 分别为 56.2%和 21.9%。

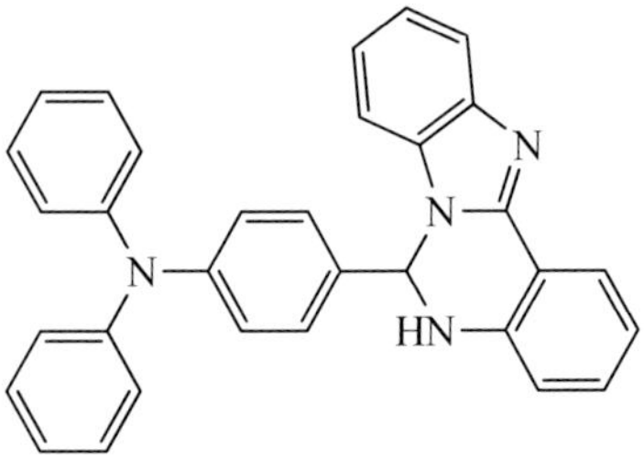

453

同时，pH 滴定实验表明，在不同 pH 溶液中，**453** 的荧光颜色不同。因此，基于其对固态挥发性酸性和碱性有机化合物的反复响应，**453** 也可以用作从绿色到蓝紫色的荧光开关，在紫外光照射下不会疲劳和破坏，这是因为质子化和去质子化的转变是可逆的。

2019 年，Kusukawa 等[162]报道了几种类型的 1, 8-二苯基蒽衍生物 **454**～**461**。在固态下，**459** 具有相对较高的 PLQY，达到 83%。观察到 1, 8-二苯基蒽衍生物的力致荧光变色现象，并根据苯环上的取代基观察到三种力致发光变色行为（即力致变色、快速部分自恢复和室温下非力致变色）。对于 **454**（R = H）和 **455**（R = CF_3），在室温下观察到发光颜色的快速部分自恢复。对于 **456**（R = CN），通过 CH_2Cl_2 蒸气熏蒸或加热，观察到非常缓慢的恢复。

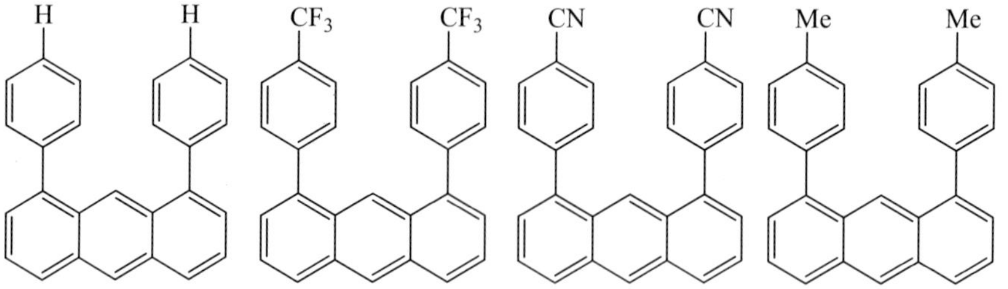

454 455 456 457

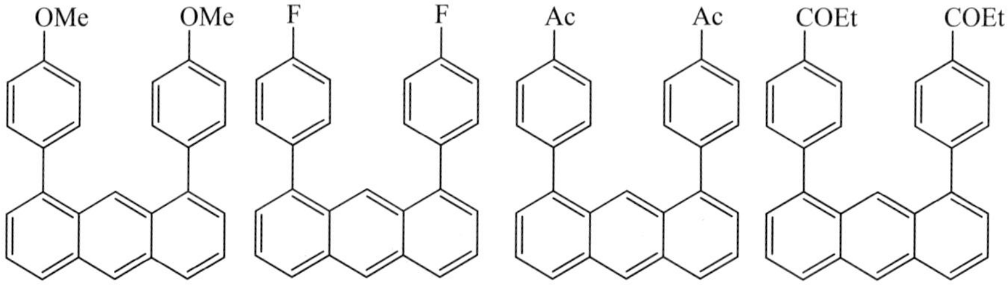

458 459 460 461

为了实现具有绿色/黄色发光的生物抑制性发光材料，2019 年 Song 等[163]设计并合成了一类新的三氮唑衍生物 **462**～**483**。它们在溶液（PLQY 最高可达 96%）和固态（PLQY 最高可达 43%）中均表现出优异的荧光发射。此外，这些新化合物还表现出 AIE 特性和可逆力致发光变色特性。例如，研磨前后，**468**、**472**、**474**、**476** 和 **482** 的荧光发射峰分别改变了 35 nm、10 nm、23 nm、21 nm 和 33 nm。

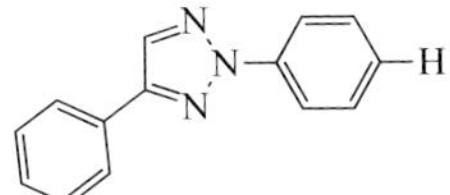

462 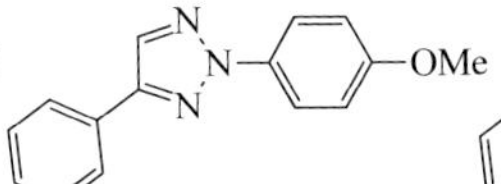　463 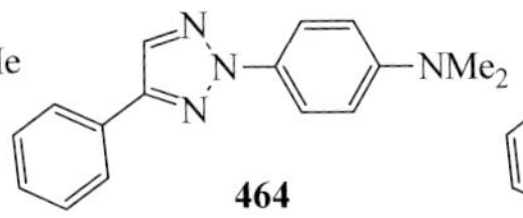　464 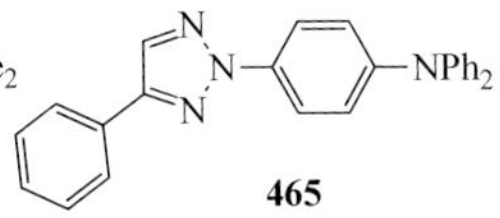　465

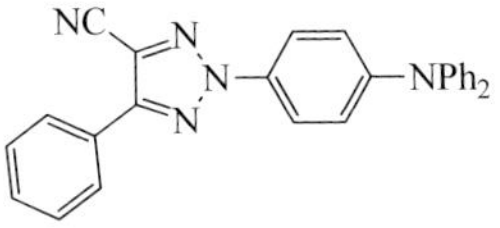

466 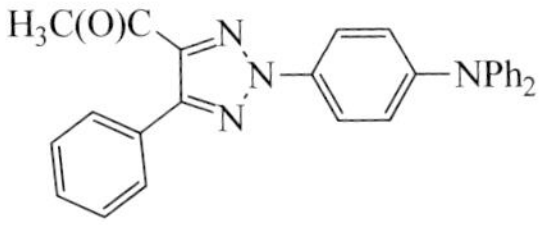　467 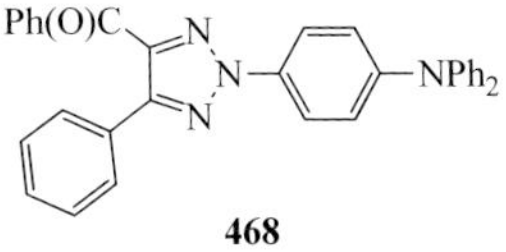　468

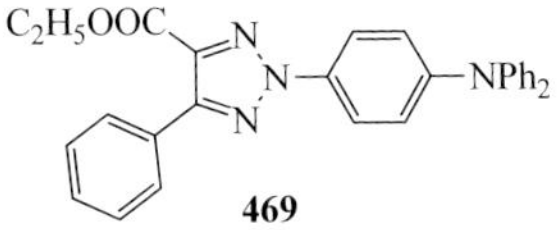

469 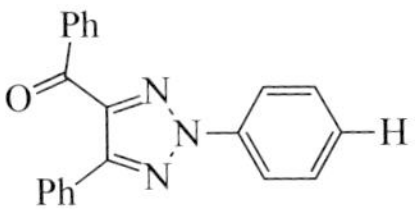　470 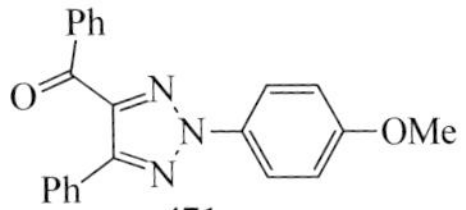　471

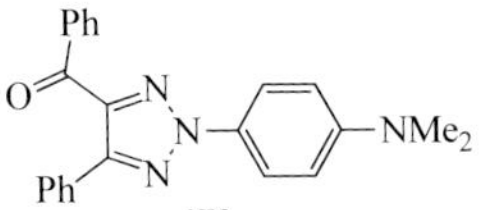

472 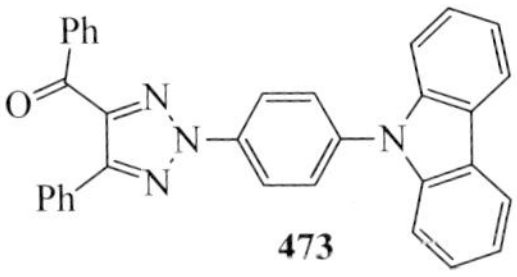　473 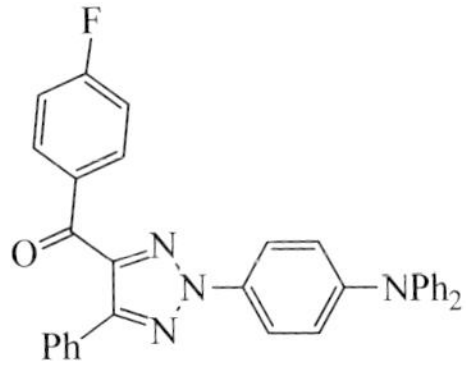　474

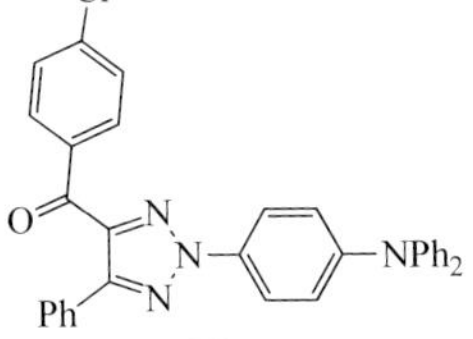

475 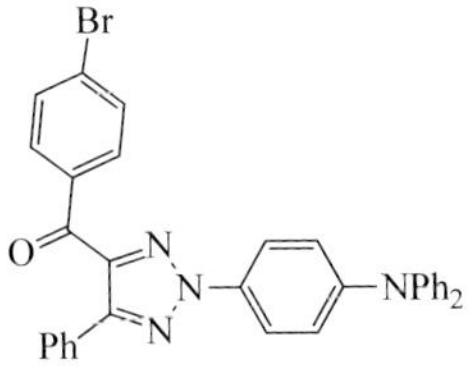　476 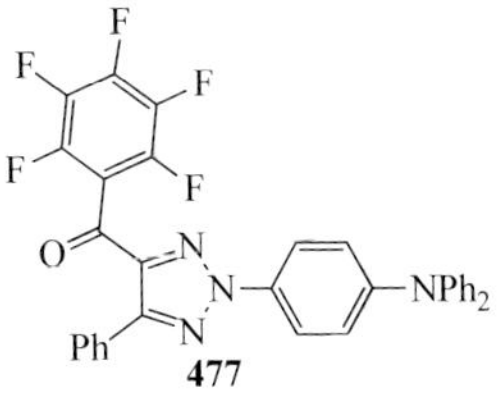　477

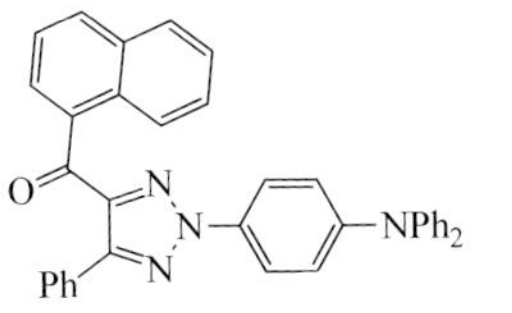

478 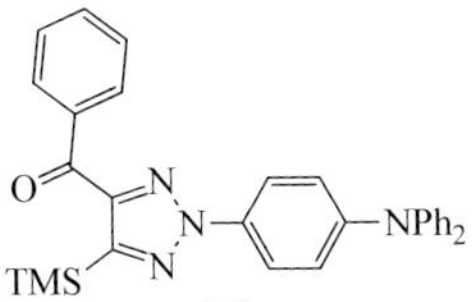　479 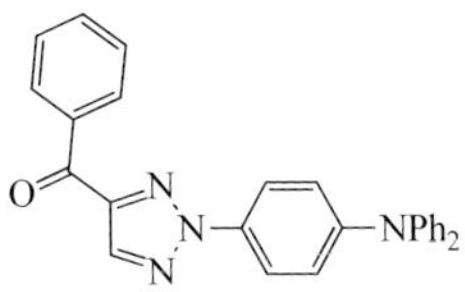　480

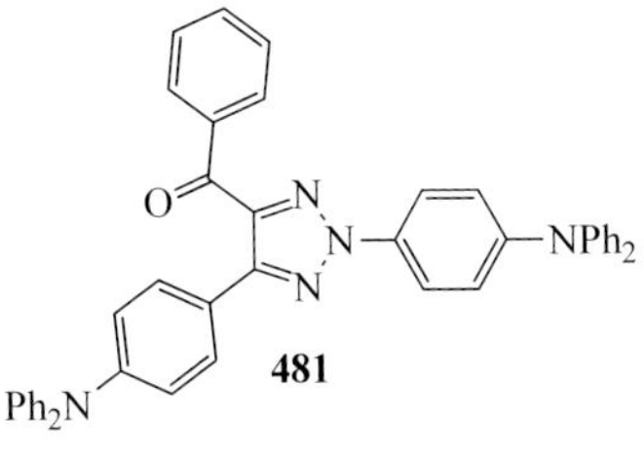

481 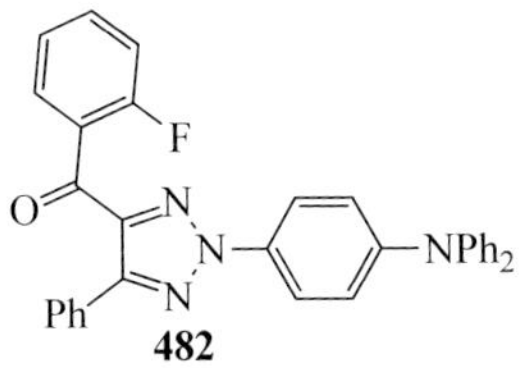　482 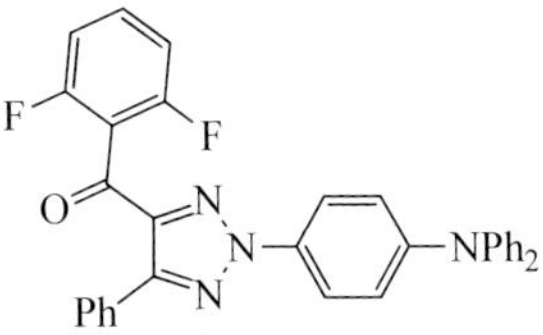　483

2019 年，Liu 等[164]通过简单的四组分反应，设计并合成了七种四取代四氢嘧啶衍生物（TTHPs，**484**～**490**）。研究表明，TTHPs 在溶液中不发光，但在固态下发光很强且 PLQY 高达 80%，表现出 AIE 特性。研磨-熏蒸/加热实验表明，TTHPs 具有可逆的力致荧光变色现象，λ_{em}变化可达 46 nm，并且在外界刺激下可重复实现可逆的荧光颜色切换。在室温下，**487**～**489** 研磨样品的荧光在 1～24 h 内可自发恢复到初始晶体的荧光颜色。XRD 和 DSC 结果表明，研磨破坏了初始 TTHPs 的有序晶体结构，研磨后的粉末处于热力学亚稳态，在熏蒸或加热后再次恢复为热力学更稳定的晶体状态。

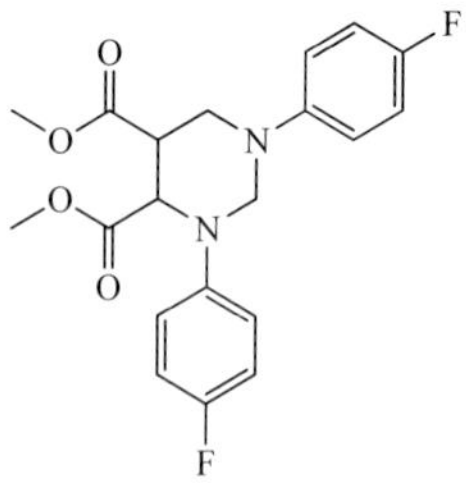

F F Cl Cl Br Br

484 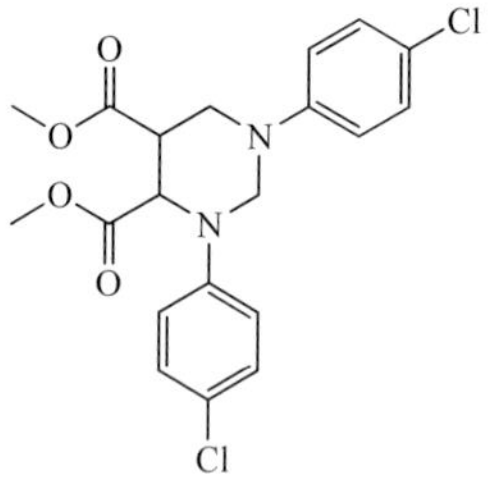 **485** 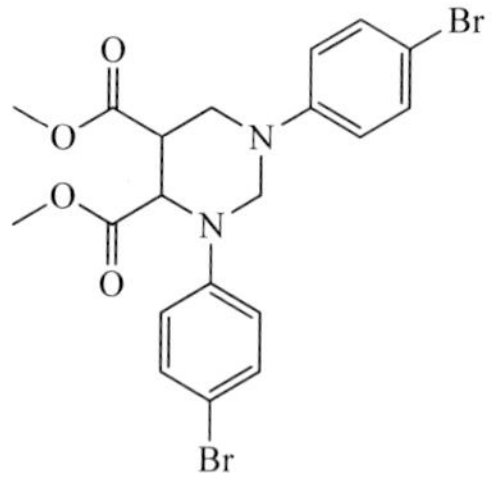 **486**

F F F F F F Cl

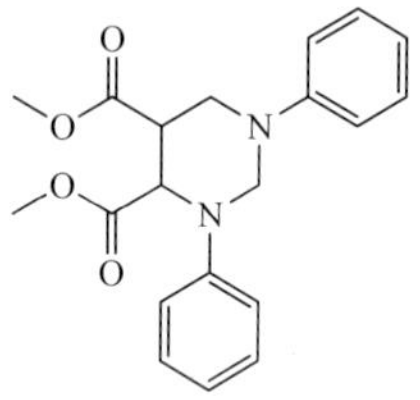

487 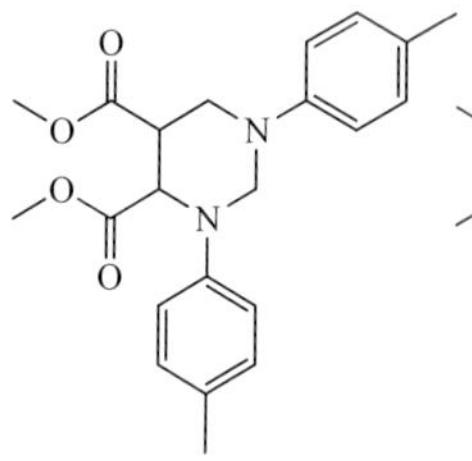 **488** 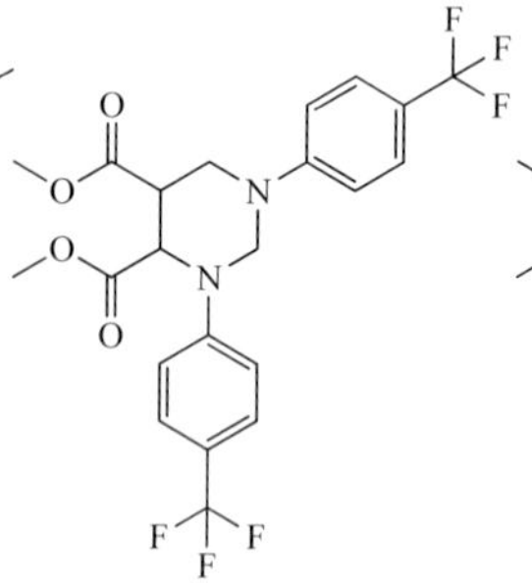 **489** 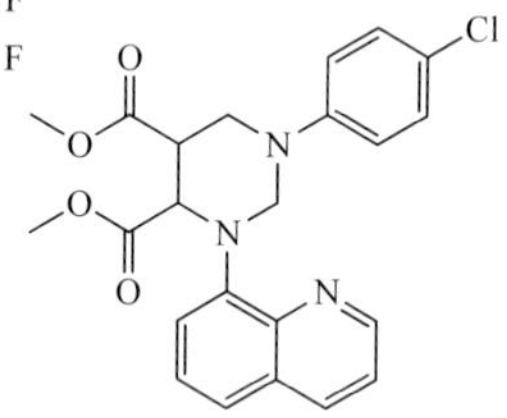 **490**

为了研究取代基数目对 β-二元酮发光材料的光学和力刺激发光（ML）性质的影响，2019 年 Chen 等[165]合成了一系列 β-二元酮及其相应的硼配合物，包括单取代、二取代和三取代化合物（**491**～**496**）。所有样品在溶液和固体中都有发光，并且观察到二取代和三取代样品的可逆 ML 过程。与三种 β-二元酮相比，它们的硼配合物表现出更高效的荧光发射和更高对比度的 ML。研究发现，这六个分子的刺激响应性能与其结构有关。对于双取代分子（**492** 和 **495**），无论其热处理过程及聚集状态如何，均表现出显著的 ML 行为，而单取代分子对力无响应。高度对称的三取代化合物 **493** 具有更高的共轭性，红移的发光及高荧光量子产率。然而，与 **492** 和 **495** 相反，**493** 和 **496** 的 ML 性能有限。与单取代和双取代化合物相比，三取代化合物的快速自擦除特性主要来源于空间位阻效应，表明它们在自擦除、自愈器件或高时间分辨率的光学力传感器方面具有一定的应用前景。该研究不仅首次在分子水平上通过调节取代基数目来调节发光材料的光学性质、ML 性能和恢复时间，而且有助于深入理解 β-二元酮材料的结构-性能关系。

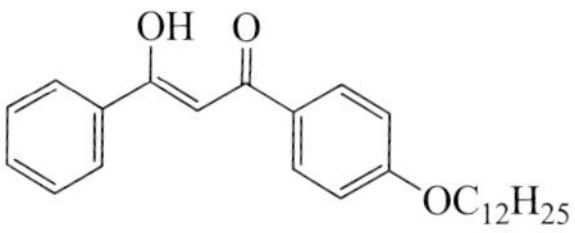

491 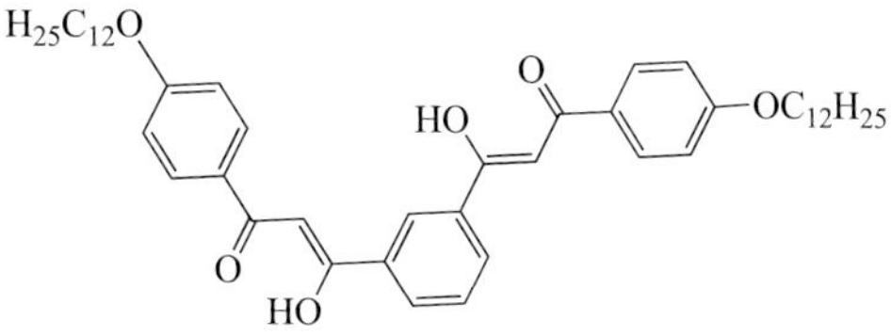　492

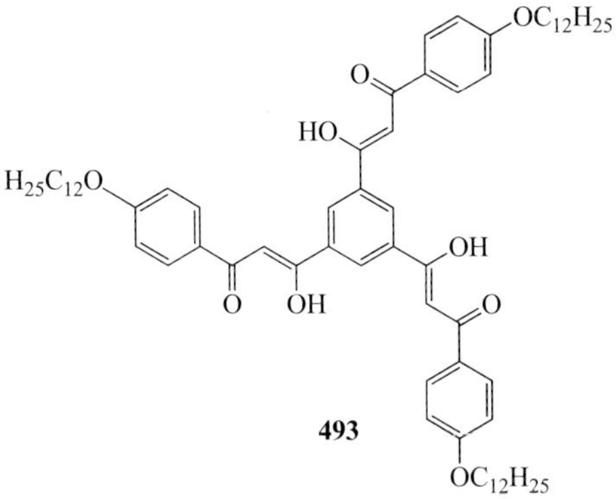

493 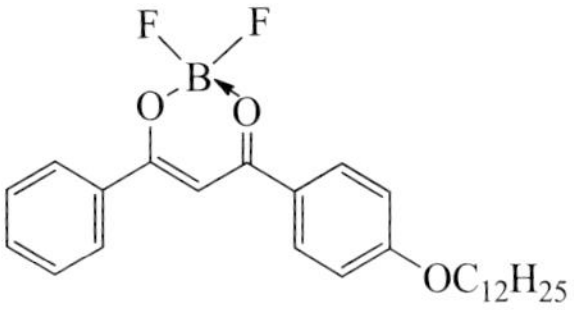　494

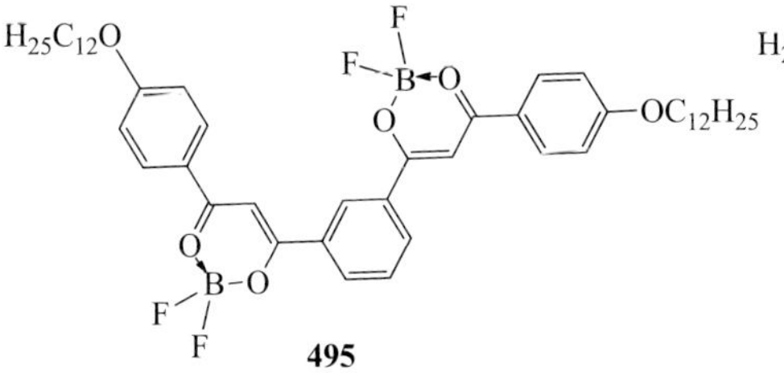

495 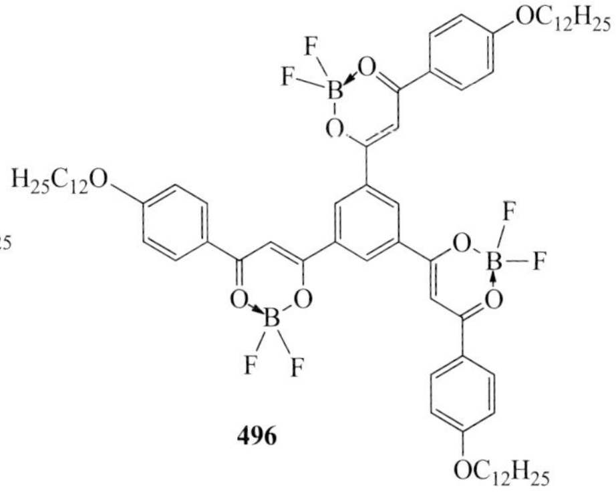　496

2019 年，Wang 等[166]利用 2, 6-二甲基-4-吡喃酮和咔唑化合物，设计并合成了两种 D-A 型化合物（**497** 和 **498**），它们在聚集态下都表现出独特的荧光性质。将溶剂从正己烷变为 DMF，**497** 和 **498** 的光谱分别出现 102 nm 和 130 nm 的红移，表现出明显的溶剂化效应。DFT 计算证实了分子内电荷转移（ICT）效应是引起这一现象的主要原因。同时，**497** 和 **498** 化合物都表现出发光蓝移的力致发光变色行为。PXRD 分析揭示了 MFC 特性与分子排列模式之间的关系，MFC 机理可归因于晶态和非晶态之间的转变。

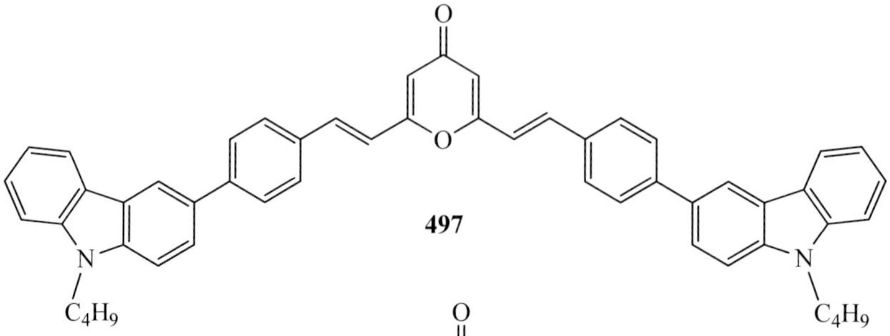

497

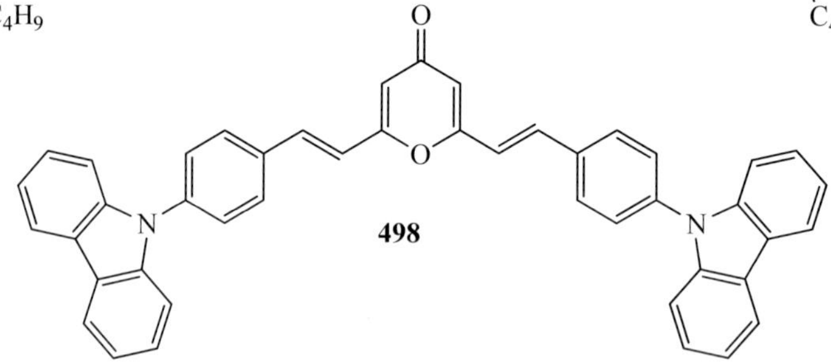

498

2019 年，Li 等[167]设计并合成了一种棒状水杨醛型席夫碱 AIE 分子 **499**，它表现出从半有序结构到有序结构的自恢复特性，并在研磨前后表现出显著的荧光变化。通过对 **499** 荧光变化的检测，获得了分子自发运动过程的动力学信息，包括动力学顺序、速率常数、半衰期和表观活化能。此外，DFT 计算和非共价相互作用（NCI）分析表明，相邻分子间的 C—H⋯π 相互作用是 **499** 自发分子定向运动的主要驱动力。与仪器分析方法（如 PXRD 和 AFM）仅提供有关样品稳定状态的信息不同的是，他们所提出的荧光方法提供了一种实时显示固态中自发分子定向运动的新策略。

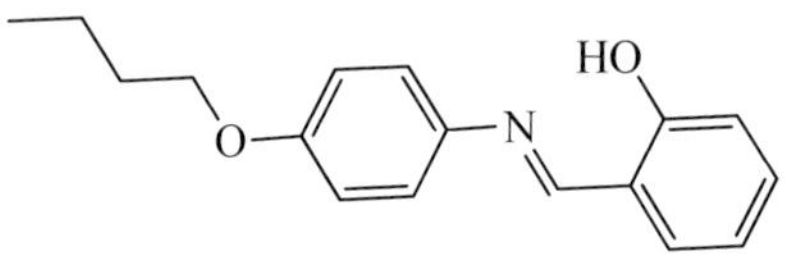

499

2019 年，Xia 等[168]报道了一种苯并咪唑衍生物 **500** 的两种晶型 **500**-B 和 **500**-G，它们分别表现出强烈的深蓝色荧光（435 nm）和绿色荧光（505 nm）。在力刺激下，这两种晶型都转变为具有青色荧光（457 nm）的非晶相。研磨后的样品通过溶剂蒸气熏蒸或退火处理，只有 **500**-B 能完全恢复到原来的晶体结构，**500**-G 则转变为 **500**-B 晶体。研究表明，**500**-G 晶体中更致密的堆积所引起的势垒增加使其从非晶态到晶态的转化在动力学上不可行。单晶 XRD 测试表明，与 **500**-B 晶体相比，**500**-G 晶体中的三苯胺部分较少受到分子间相互作用的抑制，这导致 **500**-G 的长波长 TICT 发光和 **500**-B 的

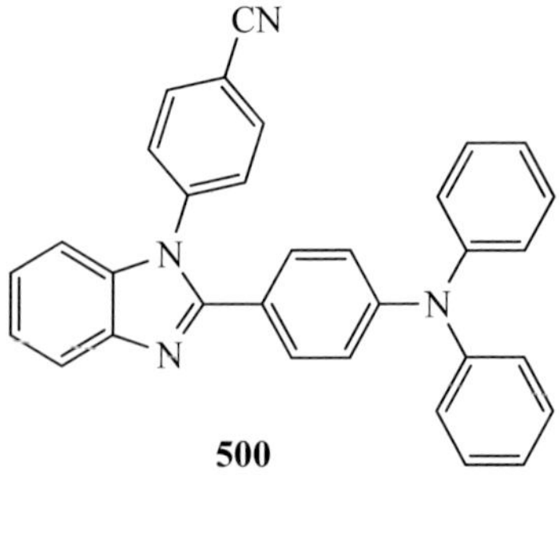

500

短波长 LE 发光。在力刺激下，**500**-B 和 **500**-G 晶体分别发出蓝色（432 nm）和绿色（500 nm）闪光。结晶学表明，这两种晶型都具有中心对称的空间群。基于强分子间相互作用分子对的 DFT 计算表明，这些分子对的净偶极矩接近零。由于两种晶体通过特定链状堆积容易发生力诱导的分裂，分裂面之间的相对运动引起内生摩擦放电并激发这些面上的分子，这可能是两种晶体产生力刺激响应活性的作用机理。

2019 年，Ma 等[169]报道了一种苯并噻唑与罗丹明连接而成的新分子 **501**，该分子表现出在溶液中的 AIEE、独特的酸性显色性和溶剂化发光变色，在聚合物基质中的光致变色，在固态中的力致发光变色和在晶体中的压致发光变色。**501** 是一种鲜有报道的有机分子，由于其独特的分子内氢键和螺旋结构，对酸/碱、力、静水压、光和溶剂极性等多种刺激敏感。**501** 在 THF/H_2O 体系中表现出 AIEE 性质，因为水诱导聚集，进而抑制激发态的非辐射弛豫。**501** 在非极性溶剂中呈现 520 nm 的黄绿色发光（酮式结构发光），在极性溶剂中呈现 447 nm 的蓝色发光（烯醇式结构发光）。在用酸或碱处理的 DCM 溶液中观察到发射峰的蓝移，这与传统的罗丹明非常不同。在固态下，由于力诱导的开环反应，研磨或施加静水压力时，**501** 的发光颜色从黄绿色变为红色。在聚合物基质中，**501** 表现出可逆的光致变色行为，可以作为一种良好的光打印材料。这项研究为开发多重刺激响应荧光开关提供了一种新的设计策略。

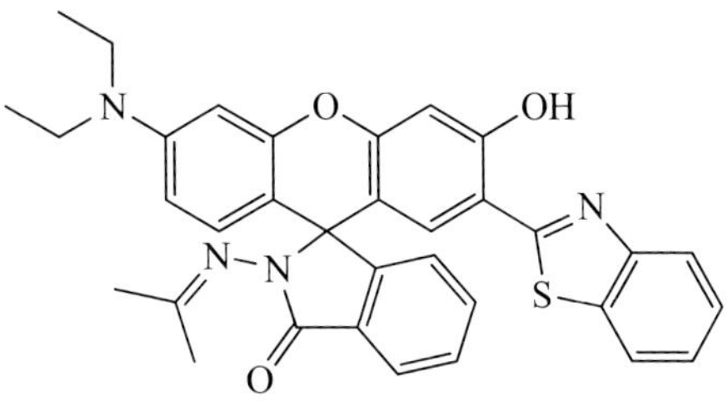

501

2019 年，Kobatake 等[170]合成了一系列二芳基乙烯类化合物 **502**～**505**，在苯环的对位分别接上甲基、乙基、正丙基和正丁基，并研究了它们在固态下的荧光性质。与非晶相（PLQY = 6.4%～6.9%）相比，这些化合物的晶相表现出更强的荧光，PLQY 相对较高（12%～20%），这表明二芳基乙烯具有结晶诱导发光（CIE）特性。在 **502**～**505** 中，甲基取代的化合物 **502** 具有最高的 PLQY。研究发现，该化合物的非晶固体在机械刮划后再以 90℃加热会结晶，而这种结晶是由划痕产生的微晶结构进一步生长形成的。这种现象证明了二芳基乙烯类化合物可以实现机械刮划和加热诱导结晶的可逆荧光转换。

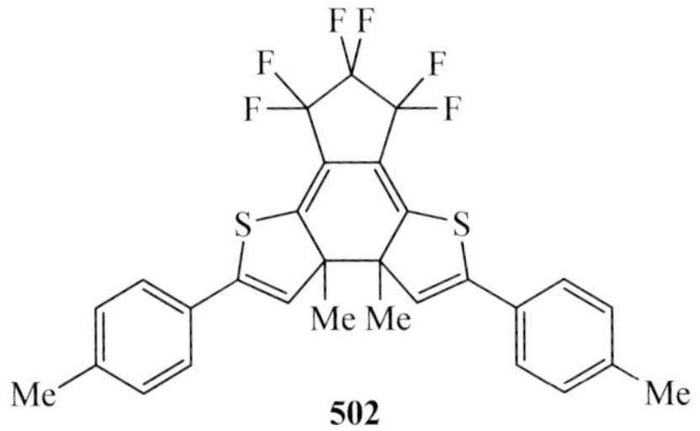

502 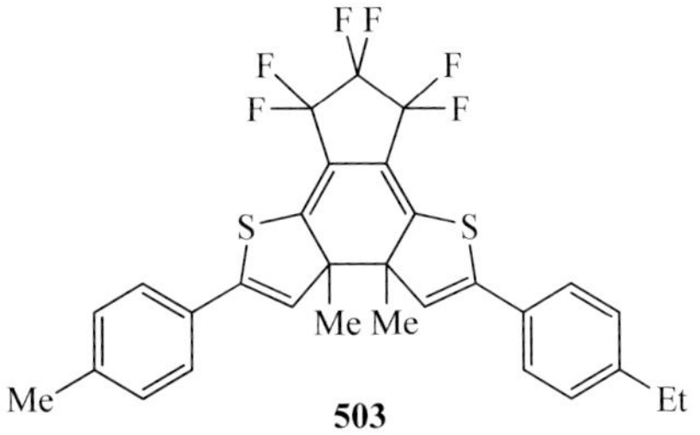　　**503**

504

505

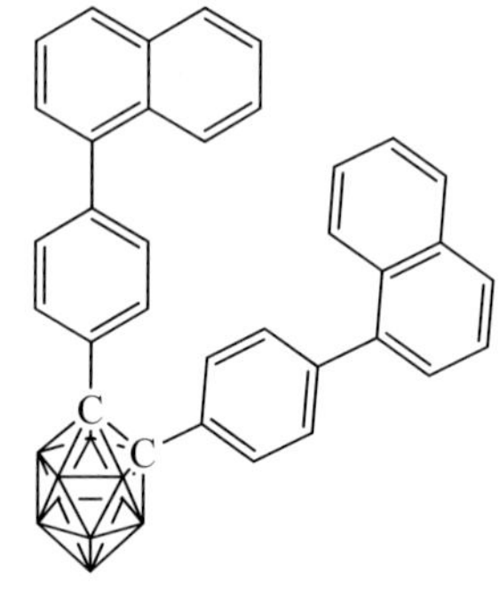

506

2019 年，Jiang 等[171]报道了一种邻位二萘基苯取代的邻碳硼烷 **506**，该化合物具有高效的刺激响应荧光变色。XRD 分析表明，晶体内存在多重弱相互作用（分子间 C—H…π、分子内 C—H…H—B 和分子间 B—H…π 氢键相互作用）。邻碳硼烷的独特结构加上固态中分子间和分子内的相互作用力的协同作用，共同导致了刚性的分子结构。因此，化合物 **506** 显示出独特的 AIE 和高达 99%的固态发光效率。化合物 **506** 在机械力、溶剂蒸气和温度刺激下能够表现出多重荧光变色特性，有望应用于传感和信息加密防伪领域。

2019 年，Nagabhushana 等[172]设计了一种具有 AIE 活性的咪唑衍生物（**507**）荧光标记（FTs）。**507** 荧光标记物在固态下也表现出很强的蓝绿色发光，具有很高的荧光量子产率。利用 **507** 可以实现指纹显影，被手指按压后的 **507** 荧光标记物上会出现清晰的指纹纹路，甚至能观察到指纹纹路上的汗孔。这种汗孔的可视化为法医学领域开辟了新的途径。为了探究 **507** 荧光标记物的 MFC 性质，研究了研磨前后标记物的固态 PL 光谱。实验结果表明，研磨前后光谱的发射强度变化很小，而研磨后 452 nm 处的最大发射峰出现蓝移，这表明所制备样品具有 MFC 特性。单晶 XRD 及粉末 XRD 结果表明，**507** 的力致发光变色性能在外力作用下具有可逆性。

507

2019 年，Lu 等[173]报道了含有咔唑和三苯胺的新型 D-π-A 型喹啉衍生物 **508** 和 **509**，它们具有显著的 MFC 特性。例如，**508** 的蓝色发光固体在研磨时可以转变为具有灰绿色荧光的粉末，最大发射波长从 449 nm 红移到 578 nm。用 CH_2Cl_2 熏蒸研磨后的粉末，发光颜色可恢复为蓝色。值得注意的是，在 MFC 过程中出现长达 129 nm 的波长位移鲜有报道。不同固态下 **508** 的 XRD 谱图表明，分子堆积有序度的变化是产生 MFC 行为的原因。此外，三氟乙酸（TFA）蒸气会导致 **508** 膜的发光颜色迅速从蓝色变为红色，用三乙胺（TEA）蒸气熏蒸后可以恢复。由于三苯胺的强给电子能力，**509** 对 TFA 蒸气的检测性能优于 **508**。**509** 薄膜对 TFA 的检出限为 163 ppb，衰减时间为 0.22 s。

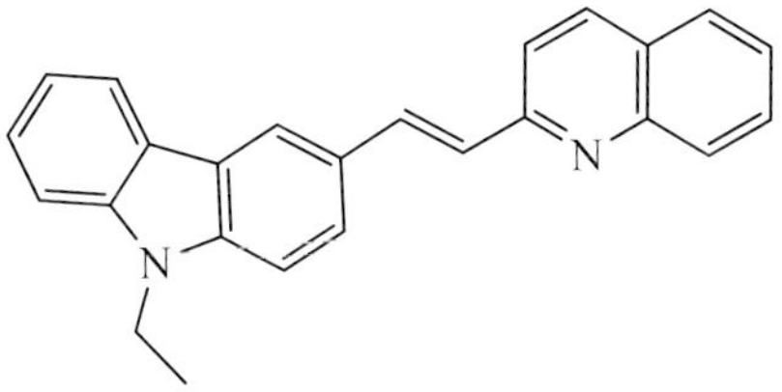

N N

508 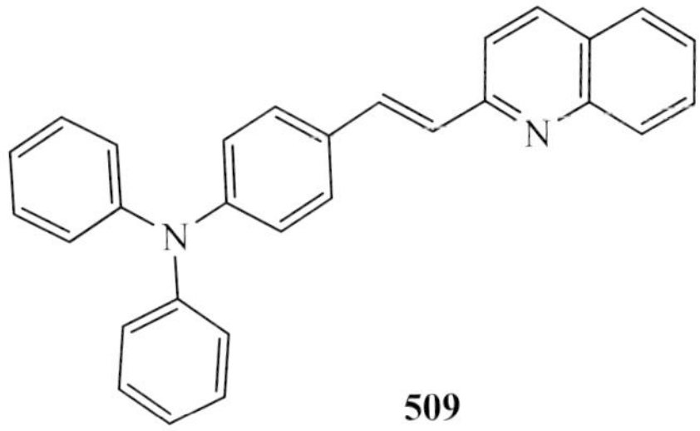　　**509**

2019 年，Yu 等[174]报道了三种非平面巴比妥酸衍生物 **510**～**512**。理论计算和光谱分析表明，D-π-A 型共轭化合物具有明显的分子内电荷转移（ICT）性质。当形成纳米聚集体时，它们都表现出 AIE 特性。这些纳米聚集体还表现出可逆的 MFC 行为。其红光发射在研磨后变为深红色，可通过二氯甲烷熏蒸后恢复。其中，**510** 具有最大的 MFC 光谱位移（26 nm），颜色变化十分显著。实验表明，通过纳米聚集体在晶体和非晶态之间切换，这些化合物的发射谱带及其强度会发生显著变化。因此，他们提出了一种通过非平面 π 骨架和空间效应制备力刺激发光变色响应纳米聚集荧光粉的策略，这些纳米荧光粉在机械传感器和防伪技术方面具有应用的潜力。

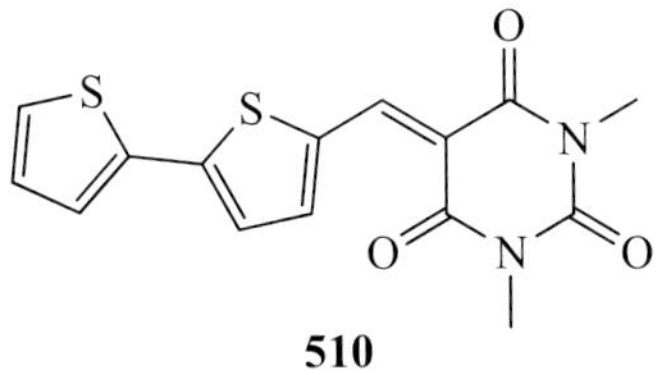

510 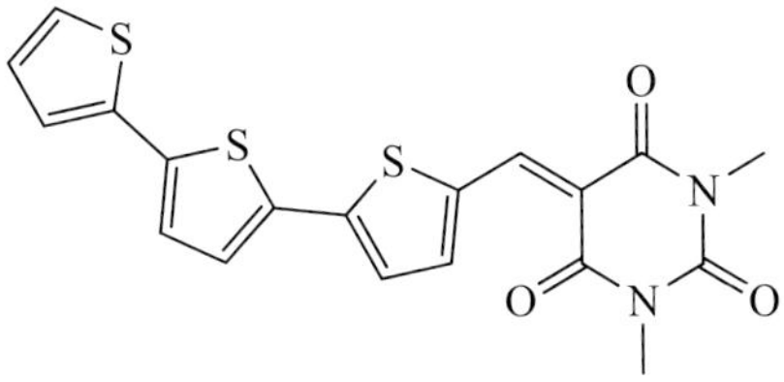　　**511**

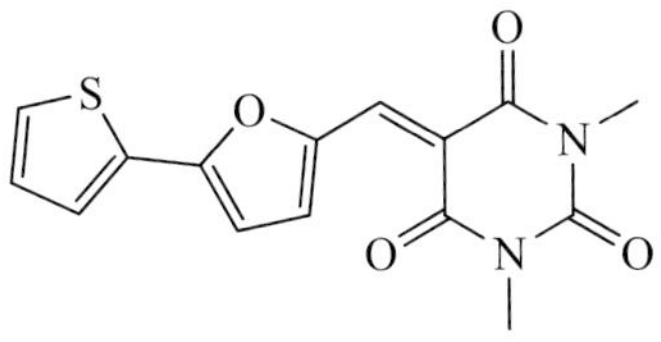

512

2019 年，Lu 等[175]合成了新的含咔唑吡唑衍生物 **513**～**518**。研究发现，含叔丁基咔唑衍生物 **513**～**516** 在研磨/CH_2Cl_2 熏蒸处理下表现出可逆的 MFC 行为。**513** 合成晶体的发射较弱，出现在紫外区域，而研磨导致发射显著红移到可见光区域，同时由于 J-聚集体的形成，荧光显著增强。因此，在 MFC 过程中，**513** 能够在可见光区域表现出荧光开关，且颜色变化十分显著。此外，这四种叔丁基咔唑衍生物可以在某些特定溶剂中形成有机凝胶。**515** 和 **516** 形成凝胶时表现出 AIE 现象，因此实现了在溶液-有机凝胶之间的荧光转变。

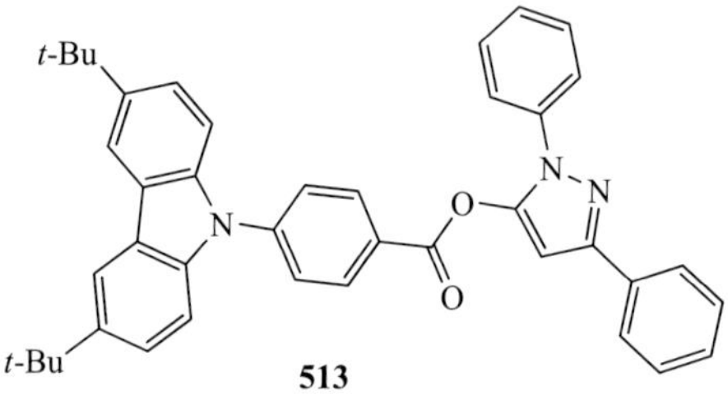

513

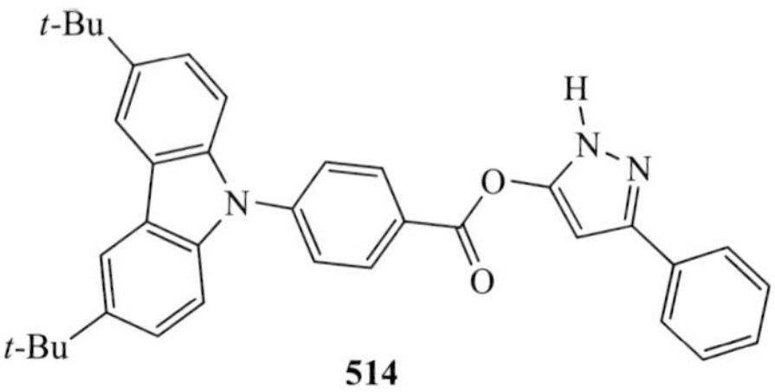

514

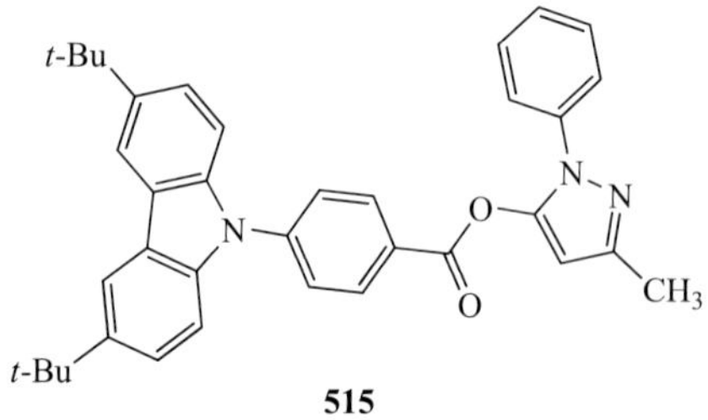

515

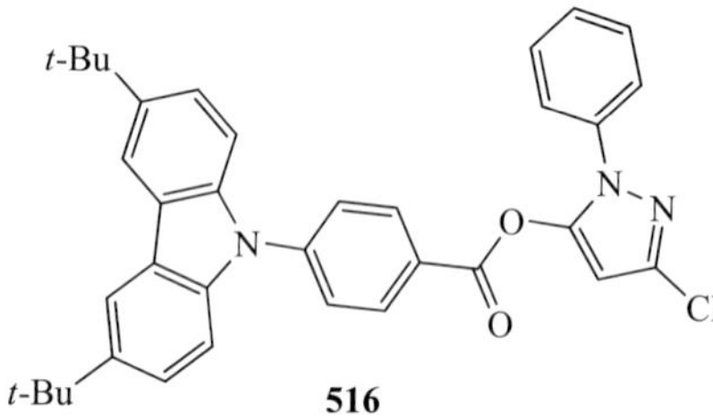

516

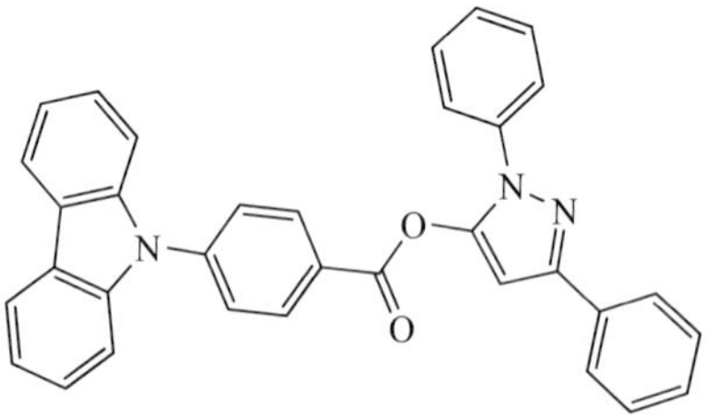

517

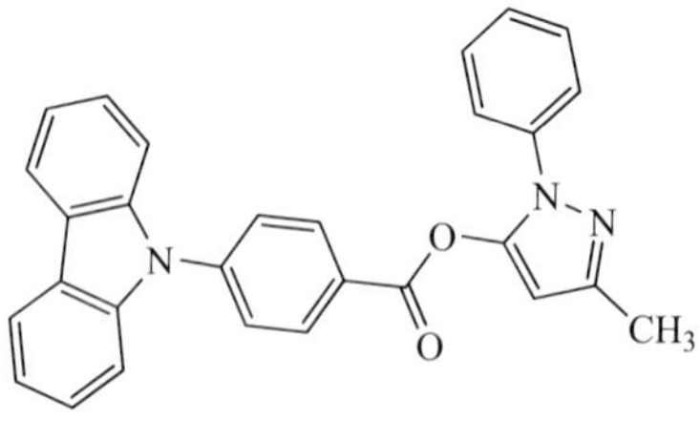

518

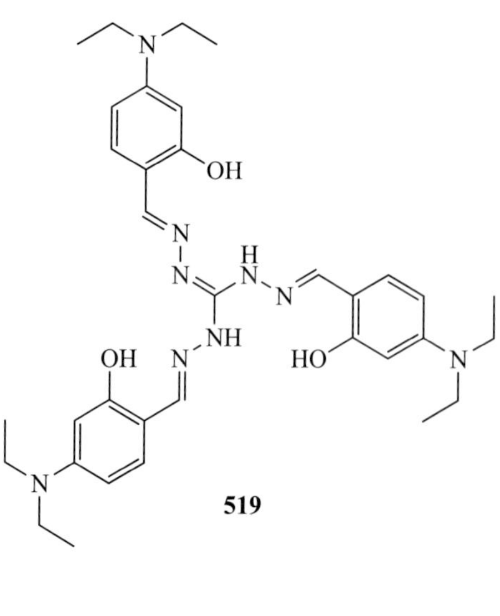

519

2019 年，Murugesapandian 等[176]报道了一种多功能星形分子 **519**。它具有分子内电荷转移（ICT）和激发态分子内质子转移（ESIPT）特性，并且表现出机械刺激响应和 AIE 性质。**519** 在溶液中表现出溶剂极性依赖的双发射特性，这意味着激发态中存在 ICT 耦合 ESIPT 特征。在 CH_3CN/水混合溶液中的 AIE 测试证明了 **519** 的聚集增强发光特征。此外，该化合物在外界研磨时表现出力致荧光变色行为。原始样品、晶体和研磨后的晶体的荧光显微镜图像证实了 **519** 具有肉眼可见的机械响应特征。此外，通过变色和荧光“关闭”，**519** 可以选择性地检测 Cu^{2+}。随后，通过金属置换法“开启”荧光的方式，**519**-Cu^{2+}系统可作为 S^{2-}的选择性灵敏传感器。利用 **519** 对 Cu^{2+}/S^{2-}的可逆“关闭-开启”功能，构造了逻辑门函数。通过实验证实了 **519** 对 Cu^{2+}/S^{2-}的响应传感行为，在日光下或者紫外光（$\lambda = 365$ nm）下均能观察到显著的发光颜色变化。

2019 年，Huang 等[177]利用茚二酮作为吸电子基团，报道了两个系列的 D-π-A 型吡喃衍生物，即对称 **520**～**522** 和不对称 **523**～**525**，并研究了分子对称性对其 MFC 性能的影响。所有化合物都表现出明显的 AIE 特性，这是由聚集态中分子内旋转受限所致。尽管 **520** 和 **523** 不具有 MFC 活性，但对称性较低的甲基取代 **524** 和三氟甲基取代 **525** 显示出可逆的 MFC 活性，而具有高对称性的相应化合物 **521** 和 **522** 在研磨时没有发生明显的固态发光颜色变化。结果表明，甲基和三氟甲基的引入对这些化合物 MFC 性质的影响受分子对称性的控制。XRD 和 DSC 实验表明，**524** 和 **525** 的 MFC 特性分别归因于晶型转变和晶态-非晶态相变。这项工作通过调节分子对称性实现了 MFC 性能的调控，将无 MFC 活性材料转变为具有高对比度 MFC 活性材料，为开发新型 MFC 材料提供了独特的设计策略。

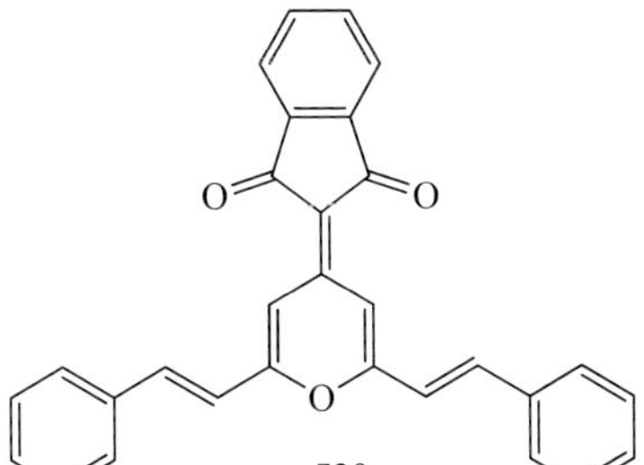

520 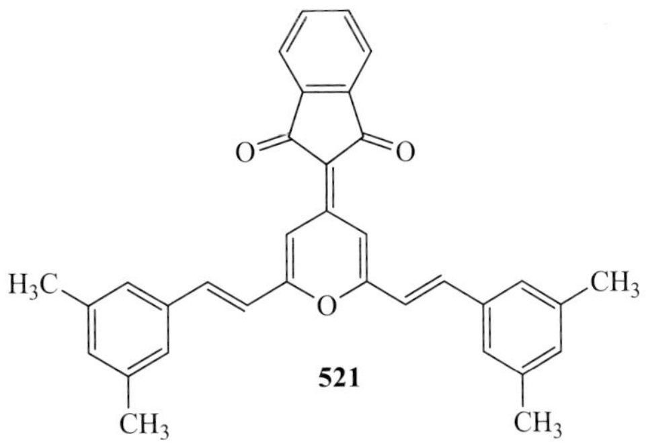　　**521**

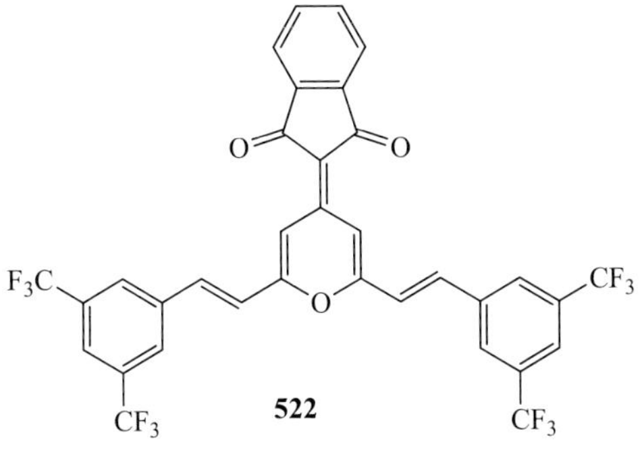

522 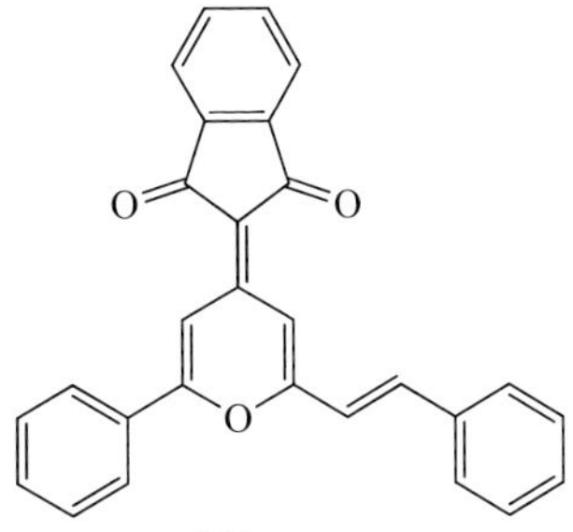　　**523**

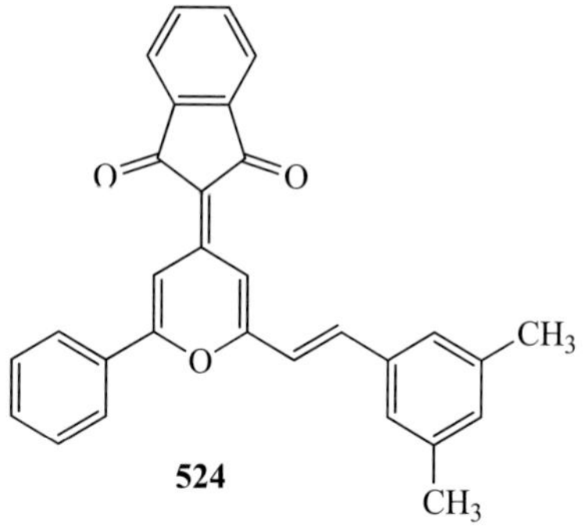

524

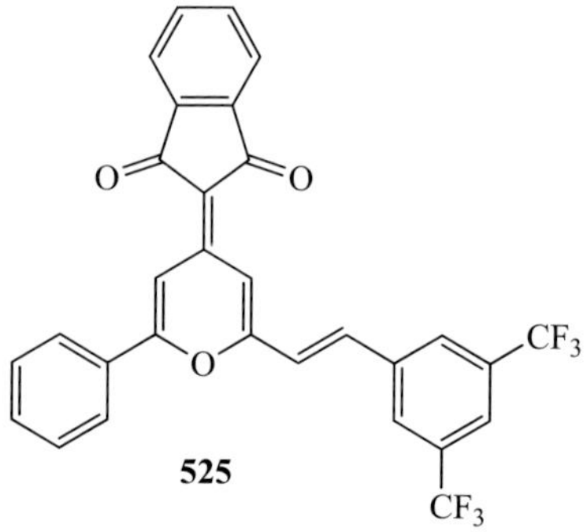

525

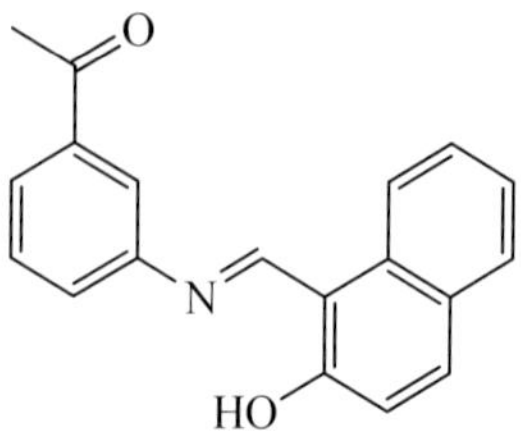

526

2019 年，Singh 等[178]报道了一种基于萘甲醛的席夫碱 **526**。**526** 在乙腈中不发光，但加水后其发射强度显著增强（68 倍），表现出典型的 AIE 行为。聚集后荧光量子产率从 0.3%（水含量为 0%）大幅增加至 8.1%（水含量为 99%）。研究者还进行了寿命衰减测试来进一步证实 AIE 特性。单晶 XRD 和 DFT 模拟计算结果表明，从苯型到醌型的构象转变导致分子内旋转受限（RIR），从而产生 AIE。**526** 在固态下表现出强烈的发光和力致发光变色。结晶 **526** 的暗黄色发光会随研磨而变为浅绿色，并观察到从 544 nm 到 531 nm 的发光蓝移。此外，**526** 在研磨过程中表现出良好的晶体维持能力。

2019 年，Mishra 等[179]报道了一种不对称吖嗪衍生物 **527**。它可以选择性地检测甲醇水溶液中的 Al^{3+}和 Cu^{2+}。反过来，**527** + Al^{3+}和 **527** + Cu^{2+}分别对 F^-和 $EDTA^{2-}$产生可逆响应。**527** 与 Al^{3+}或 Cu^{2+}的选择性结合分别产生“开启”或“关闭”发光的效果，显示出即时和显著的荧光响应。这意味着 **527** 可以作为一种高灵敏度和选择性的变色/荧光传感器来检测 Al^{3+}和 Cu^{2+}。研究者将 **527** 制备成探针，发现无论在溶液状态或者在试纸中，**527** 都能检测出这两种离子，在遇到这两种离子后产生肉眼可见的颜色变化。这说明 **527** 具有应用于实际样品分析的巨大潜力。此外，**527** 还显示了在活细胞中检测 Al^{3+}和 Cu^{2+}的能力，特别是在大鼠胶质瘤细胞系（C6glioma）中。

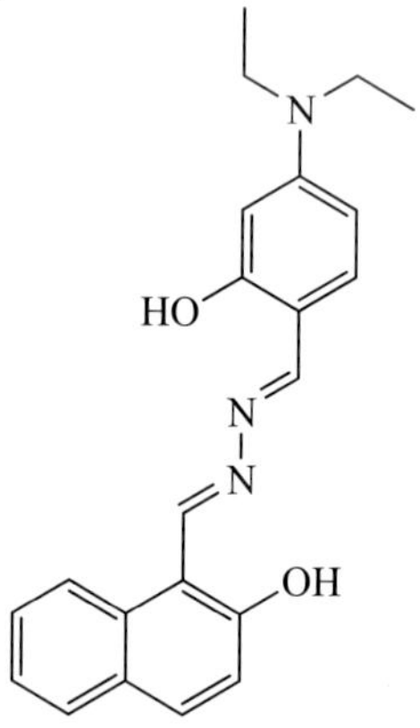

527

2019 年，Xiao 等[180]报道了两种基于菲醌腙的化合物 **528** 和 **529**，它们表现出聚集诱导荧光增强的特性。XRD 分析表明，**529** 分子具有高度的平面性，分子间存在强烈的 π-π 相互作用，促进了二聚体结构的形成，可以显著地猝灭荧光。这两种化合物对机械力都有响应，通过研磨和溶剂熏蒸（或加热)，它们的发光可以可逆地“关闭”和“打开”，实现发光和不发光的可逆循环。PXRD 结果表明，在研磨和熏蒸过程中，化合物 **528** 和 **529** 会发生结晶和非晶状态之间的转换，这导致了它们具有力致发光变色活性。

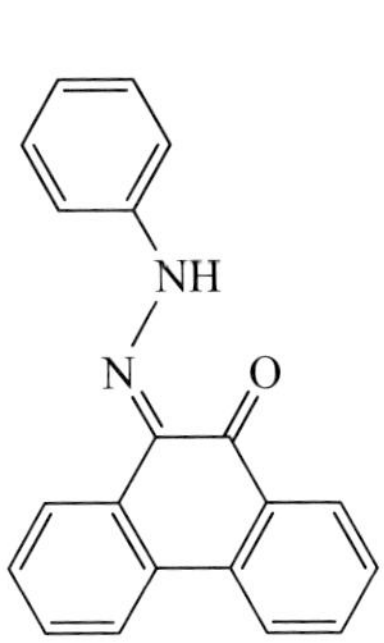

NH N O NH N O

528 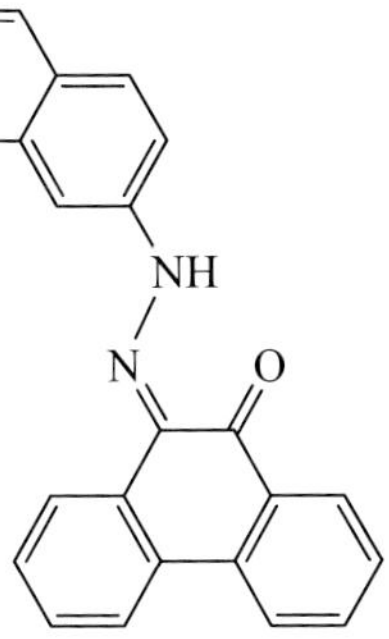　　**529**

2019 年，Yan 等[181]报道了四种基于二甲基喹喔啉的多重响应荧光材料（**530**～**533**）。研究发现，随着溶剂极性增加，所有这些荧光材料都表现出显著的、发光红移的溶剂化发光变色行为，其中 **531** 从环己烷到 DCM 的红移为 117 nm。这四种化合物都表现出高对比度的力致荧光变色，**530**～**533** 的最大发射峰在研磨时分别发生 42 nm、84 nm、30 nm 和 37 nm 红移，其中 **531** 的 MFC 光谱位移远大于其他化合物。PXRD 和 DSC 实验研究了研磨过程中晶态和非晶态之间的转变。这项工作进一步丰富了具有 AIE 活性的 MFC 材料体系。

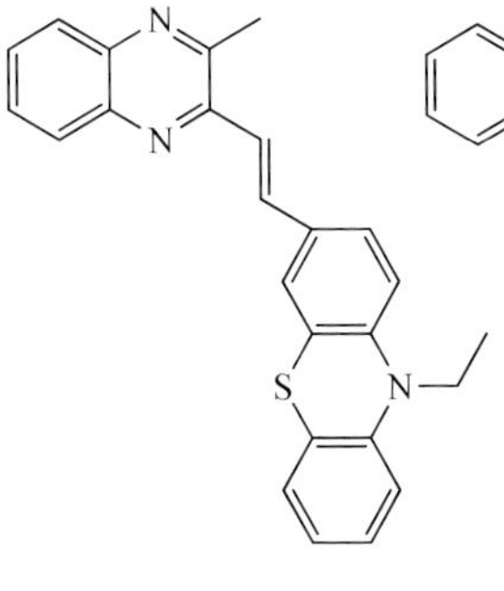

530 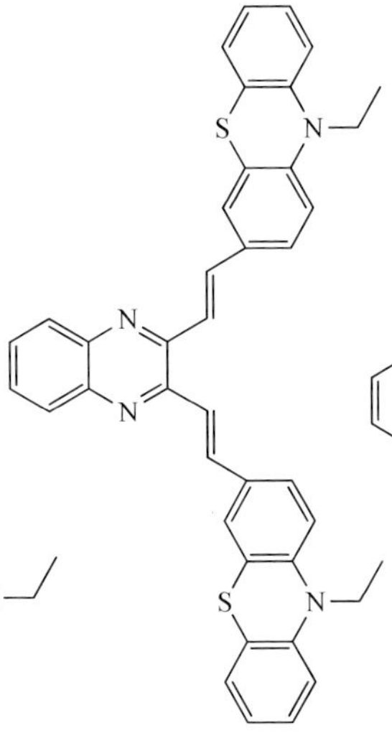　　**531** 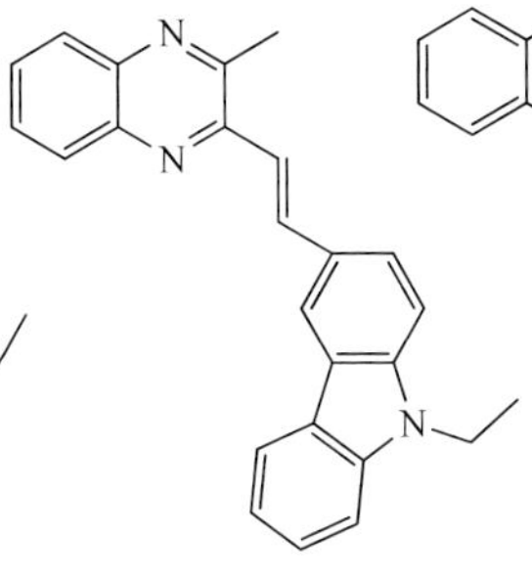　　**532** 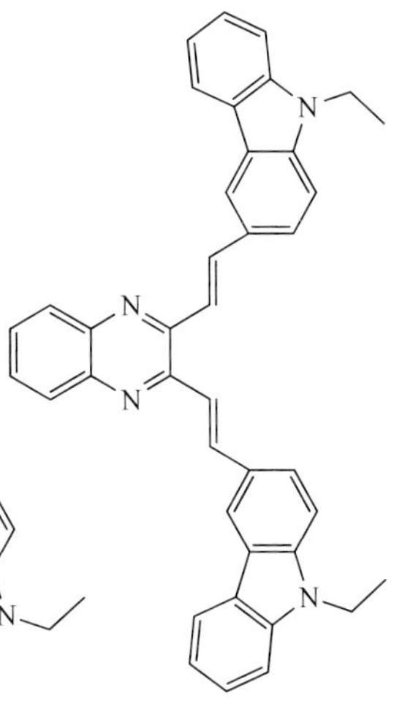　　**533**

2019 年，Zhan 课题组[182]报道了以咔唑（**534**）、三苯胺（**535**）和吩噻嗪（**536**）

为给电子基团的 D-π-A 型喹喔啉衍生物，并比较和研究了它们在溶液和固体中的荧光发光光谱及 MFC 行为。结果表明，这些 D-π-A 型分子具有独特的分子内电荷转移（ICT）性质，ICT 程度为 **534**＜**535**＜**536**。有趣的是，**535** 和 **536** 在研磨和熏蒸处理后表现出可逆的力致变色。**535** 显示小的发光颜色变化（12 nm 的光谱位移），**536** 显示高对比度的 MFC（光谱变化为 53 nm），这种差异可能是由 **536** 吩噻嗪基团的扭曲构象和高效 ICT 过程所致。与此形成鲜明对比的是，**534** 并没有表现出 MFC 行为。研究者进一步研究了喹喔啉衍生物的结构-性能关系，认为喹喔啉衍生物的高效 ICT 过程是影响其 MFC 行为的关键因素。结果表明，在喹喔啉衍生物的分子结构中，使用不同的给电子基团修饰，可以控制固态发光颜色和 MFC 性能。

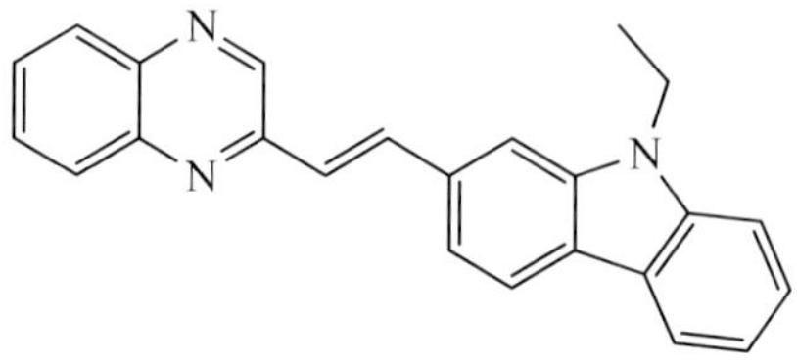

534 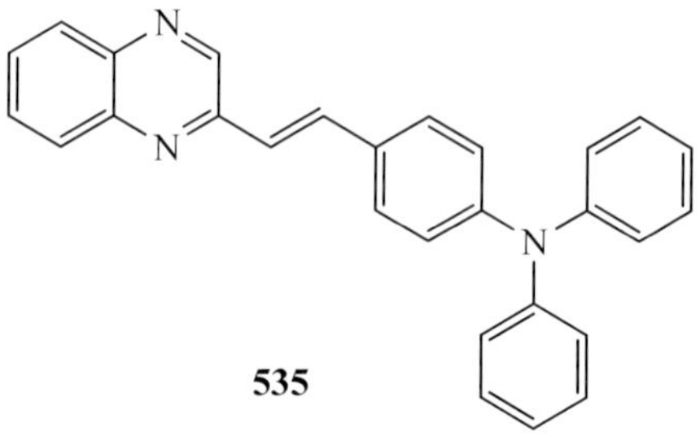 **535**

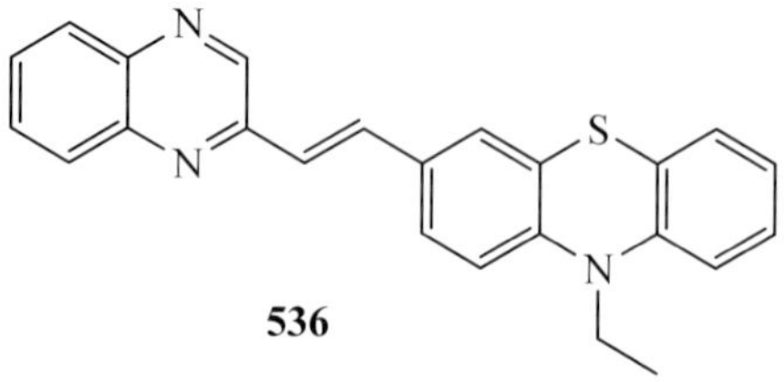

536

2019 年，Li 等[183]报道了一系列简单芳香醛 **537**～**540**。他们将不同的杂环核对称地与苯甲醛结合起来，设计合成了一系列结构扭曲的分子。杂环的引入使得目标化合物无论在固态或者初始晶体的亚稳态都能够发光。这些特征使得化合物在外力刺激下能够发生相态和多色变化。单晶结构分析表明，将杂环核从五元环改为六元环并添加杂原子来减少非共价相互作用，有利于形成对外力敏感的化合物，并使 MLC 对比度从 $\Delta\lambda = 10$ nm 大幅增加到 $\Delta\lambda = 53$ nm。随着分子扭曲程度的适当增强，**540** 表现出从黄色到蓝色的显著荧光颜色变化及最高的 MLC 对比度（53 nm 的光谱位移），发光强度也有所增强。这项工作为高对比度刺激响应发光材料的设计合成提供了新思路。

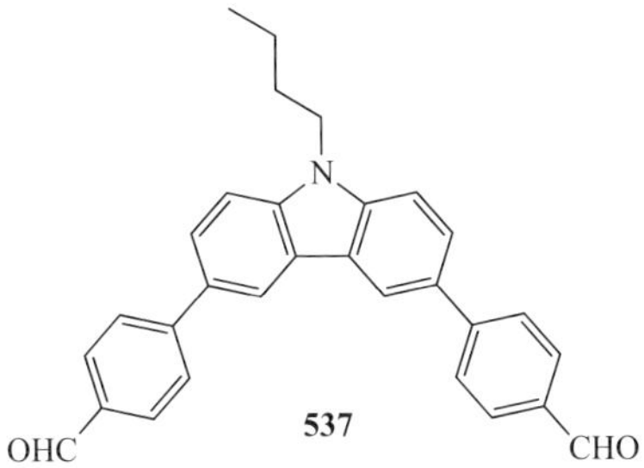

537 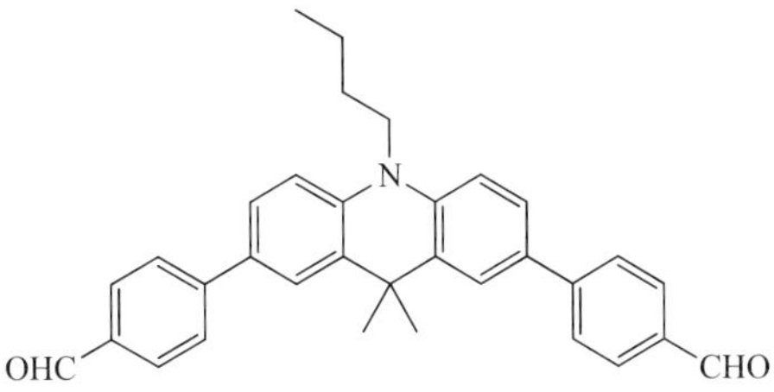 538 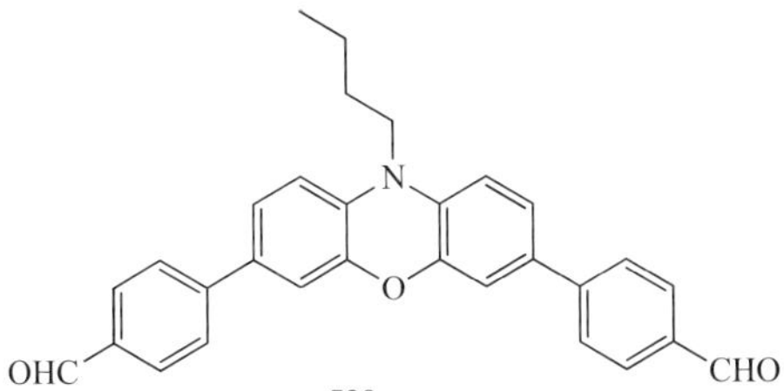 539 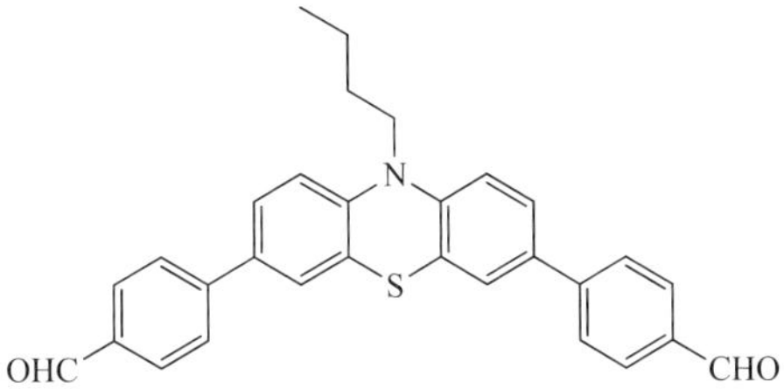 540

2019 年，Xu 等[184]报道了三种具有简单结构和分子内电荷转移（ICT）机理的 D-π-A 型巴比妥酸类衍生物 **541**～**543**。分子动力学模拟表明，**541** 表现出最佳的 AIE 活性，这是由于巴比妥酸单元是缺电子的，与富电子咔唑表现出类似于 π-π 堆积的构象，分子之间产生了强烈的静电吸引；同时咔唑上 *N*-取代基为烷基链，具有疏水作用，烷基链的疏水相互作用和分子间的静电吸引共同作用，使该分子在水介质中能够紧密聚集。进一步研究发现，**541** 和 **543** 在聚集态下表现出比 **542** 更好的荧光稳定性，可用于检测水介质中的硝基芳香族炸药。

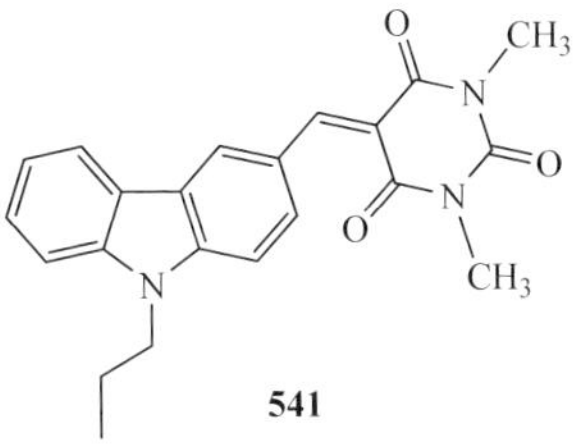

541 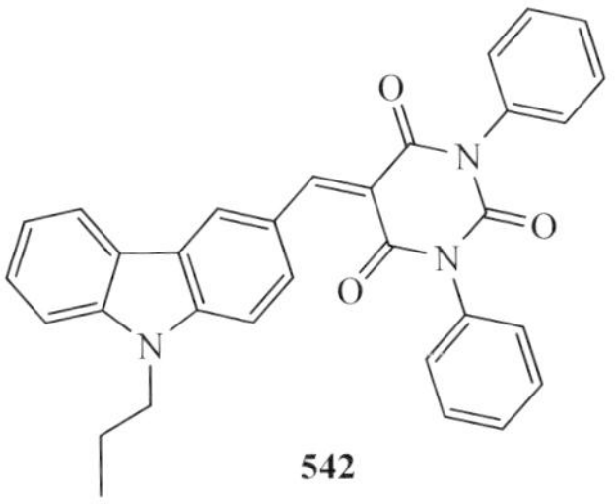 542 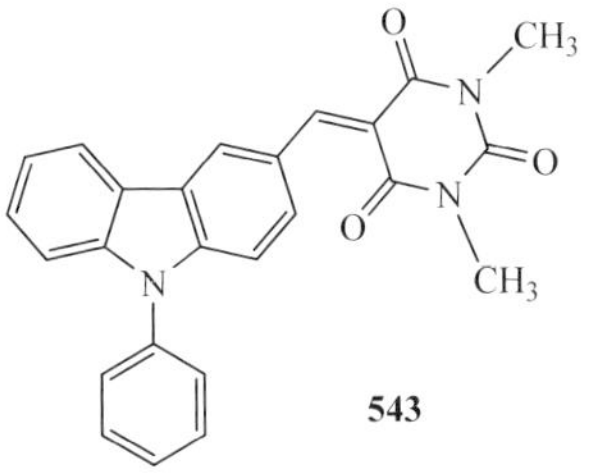 543

2019 年，Han 等[185]报道了一种席夫碱衍生物 **544**，该化合物具有 AIE 特性及分子内电荷转移（ICT）性质。此外，它还表现出独特的力刺激发光变色（MLC）特性。**544** 固体粉末发射出强烈光，但在研磨后表现出猝灭效应和发光红移，其对比度高达 14.2 倍。经单晶结构解析，该研究探讨了 MLC 性质与分子堆积方式的关系：晶相中，分子间的 D 与 A 采用了重叠面积较小的 π-π 堆积，进而诱导了 J 型耦合，且分子间相互作用，如 C—H⋯π、C—H⋯O 和氢键稳定了这种堆积方式。当这些相互作用被机械力破坏时，排列方式将被分

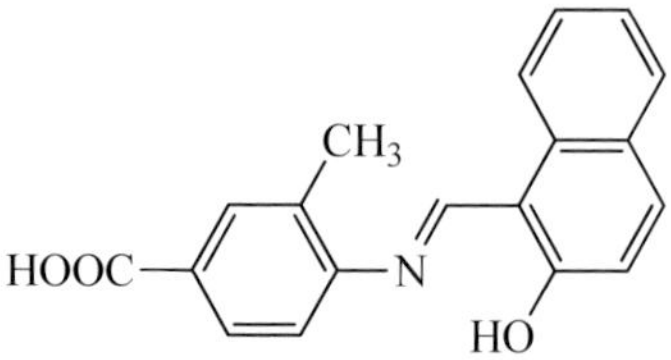

散，从而激活 MLC 行为，因此该材料对压力高度敏感。作为实际应用，他们设计了一种基于 **544** 的压力检测薄膜传感器，在较低范围内给出了发射强度与外部压力之间的线性关系。薄膜传感器的检测限为 27.24 MPa，表现出高灵敏度。此外，该研究得到了具有高对比度的压力图像，表明该压力传感器在各种应用方面的潜力。

544

2019 年，Xue 等[186]合成了四种取代基不同的吩噻嗪衍生物 **545**～**548**，并研究了不同取代基对溶液和晶体状态下光物理性质的影响。结果表明，化合物在溶液中的吸收和发射波长随取代基吸电子能力增强而红移，它们的晶体依次发出蓝色、绿色、黄色和橙红色荧光。单晶结构分析表明，**545** 和 **547** 晶体采用反向平行的 π 堆积，而 **548** 采用 T 形排列，π 堆积作用较弱。这四种化合物都具有力致荧光变色（MFC）性质。研磨后，**547** 的光谱位移最大，为 46 nm；**546** 的光谱位移最小，为 27 nm。在室温下，**546** 和 **547** 可在 1 h 内自发恢复初始状态，而 **545** 和 **548** 则能将机械写入的信息保留较长时间。

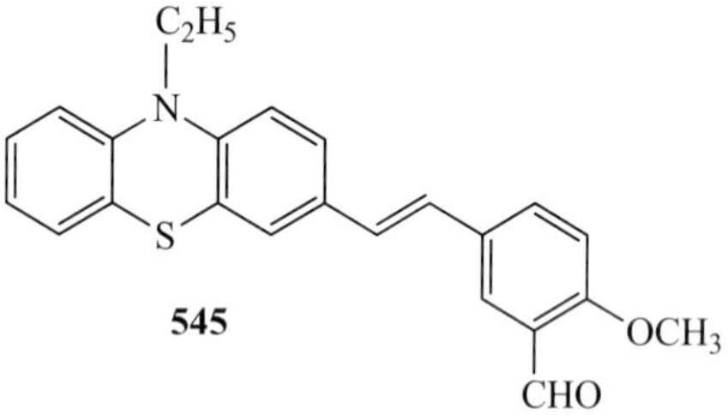

545 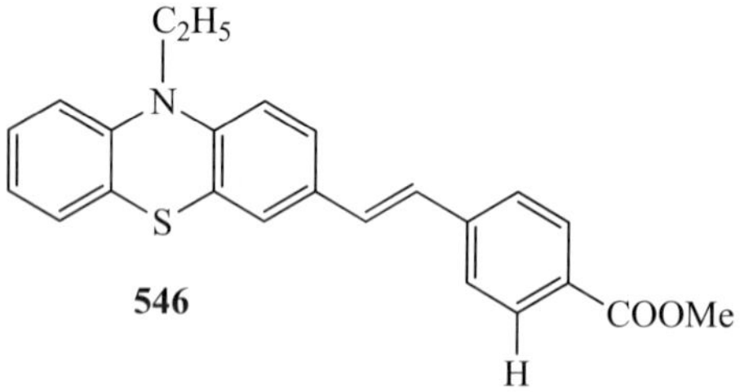 **546**

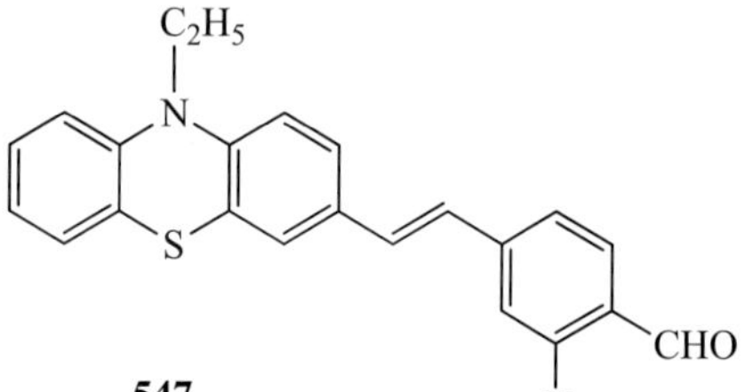

547 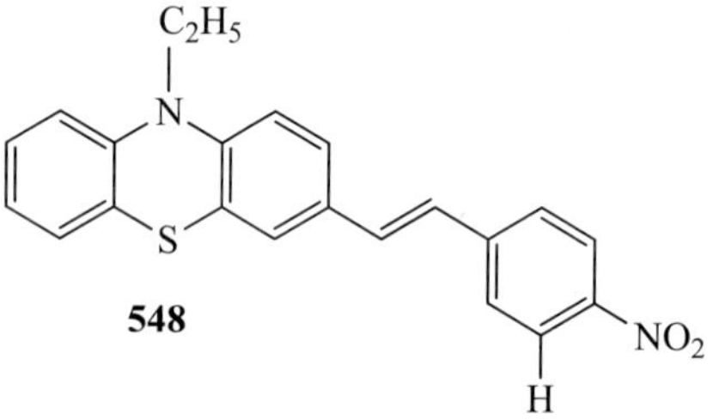 **548**

2019 年，Xue 等[187]报道了两种十字形 D-π-A-π-D 型吩噻嗪衍生物 **549** 和 **550**，其中两个酯基作为吸电子基团。研究发现 **549** 具有两种晶型，即 **549**-Y 和 **549**-R，分别具有黄色和橙红色荧光。单晶结构分析表明，**549**-Y 晶体中存在 2.98 Å 的短面间距，表明具有强的 π 堆积，且分子间伴有 48.4°的滑移角，表现为 J-聚集，这导致了吸收光谱产生 72 nm 的红移。但在 **549**-R 晶体中，尽管 π 堆积距离达到 3.74 Å，但因相邻分子间的酯基和吩噻嗪基团存在静电吸引，产生了一个较低能量的激发态，使得其发射相较于 **549**-Y 晶体红移。光谱结果表明，**549**-R 和 **549**-Y 研磨粉末具有类似的 π 堆积，并且与 **549**-R 晶体中的 π 堆积相同。而 **550** 晶体只存在距离为 4.15 Å 的弱 π 堆积，发出绿色荧光，但有趣的是，其研磨后的固体粉末存在类似于 **549**-R 研磨固体的 π 堆积，荧光也转变为红光，实现了较高的对比度。这项工作为进一步了解有机发光材料对机械力刺激的响应机理提供了参考价值。

549

550

2019 年，Tang 等[188]发现环辛酸噻吩衍生物 **551** 尽管没有转子结构，但仍表现出典型的 AIE 现象。研究发现，从基态到激发态的芳香性反转是诱导激发态分子内振动的驱动力，导致了 AIE 现象。因此，芳香性反转被证明是开发振动 AIE 系统的可靠策略。由于发光材料的分子变形与其发光行为相关，研究者利用金刚石压砧（diamond anvil cell，DAC）装置研究了 **551** 在静水压力下的发光。随着外部压力从 0 atm 逐渐增加到 7 GPa，晶体的发光颜色和光谱发生蓝移，发射强度减弱。当释放压力到初始状态时，发光几乎可以完全恢复到初始状态，与分子变形和恢复相对应。不同压力下的构型优化（geometry optimization）表明，在高压下，分子间距变小，分子构象趋于扭曲。分子间距越小，分子间相互作用越强，导致高压下的发光猝灭，而更扭曲的结构导致发光蓝移。

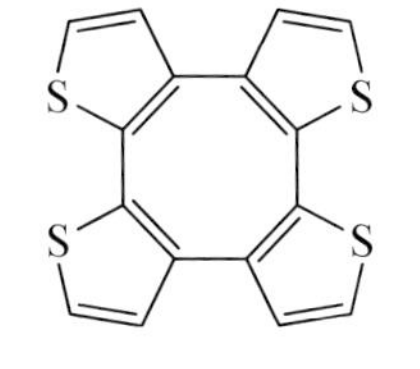

551

2019 年，Wu 等[189]报道了一种二氢吡啶衍生物 **552**。**552** 是一种双相多功能荧光传感器。晶体结构分析证实 **552** 分子具有高度扭曲的构象，而扭曲构象限制了聚集态或固态下分子内的自由旋转，因此具有 AIE 性质。在固态下，**552** 可以

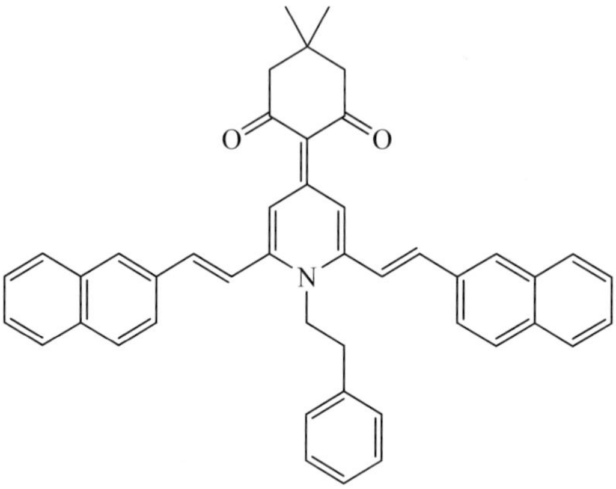

552

通过研磨和溶剂熏蒸来实现非晶态和晶态之间的转变，且表现出可逆的力致发光变色特性。**552** 还表现出一种罕见的酸熏发射增强现象。这是由于暴露在酸性氛围时，分子排列模式从锯齿状排列转变为 J-聚集。

2020 年，Xia 等[190]报道了两种位置异构体 **553** 和 **554** 及其 *N*-辛基同系物 **555**。研究发现，苯并咪唑 C1 和 N1 位置上的 *N*-乙基咔唑基和 4-氰苯基的位置异构化起到了开关作用，能够开启/关闭这两种异构体的 MFC 和 ML 特性。该工作认为，ICT 效应和净偶极矩是具备 MFC/ML 活性的关键。DFT 计算推测认为，力诱导的构象平面化使得 **553** 分子的 ICT 效应显著减弱，这是其不具有 MFC 特性的原因；而具有 MFC 活性的 **554** 和 **555** 分子，在力刺激前后保持几乎相同程度的 ICT 效应。由于咪唑环上 C1 和 N1 的取代基位置交换，**554** 和 **555** 分子的偶极矩比 **553** 分子大得多，这对于形成具有大净偶极矩的晶体至关重要。对具有强分子间相互作用的分子对的理论计算也表明，**554** 和 **555** 晶体中具有较大的净偶极矩，而 **553** 晶体中则没有，这使得前者具有 ML 活性，而后者不具有 ML 活性。

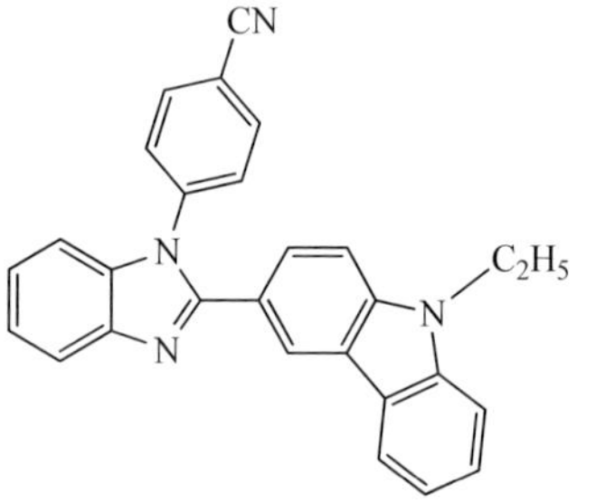

553 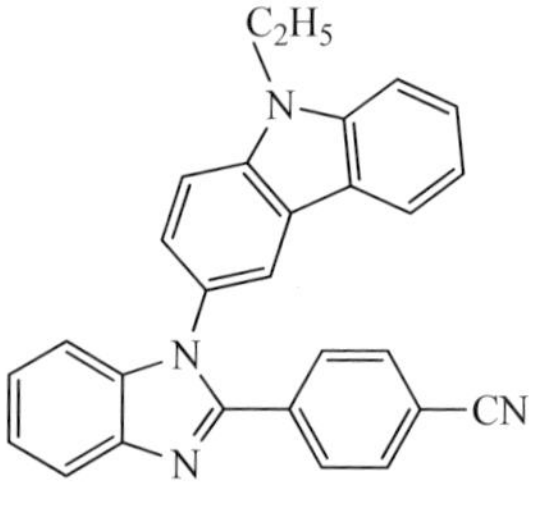　　554 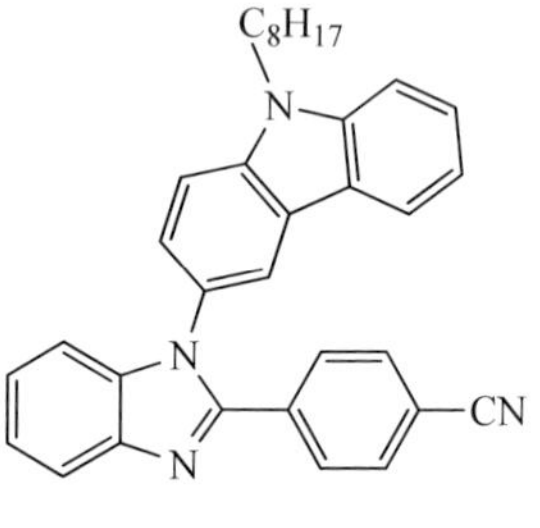　　555

2020 年，Nikookar 和 Rashidi-Ranjbar[191]设计了具有 AIEE 和多重刺激响应特性的分子主体 **556**。该主体表现出力致发光变色行为，研磨后荧光发射波长红移了 8 nm，且受乙腈熏蒸后能够恢复至初始状态。此外，主体 **556** 对温度刺激也有响应，当其被加热到 120℃时，颜色变为深橙色，且荧光猝灭，但在冷却到室温后又恢复到初始颜色。另外，通过简单的混合研磨，该工作还研究了固态条件下主客体复合物的性质。在与不同的客体混合研磨之后，复合物的 PL 光谱在 542～

582 nm 范围内实现了颜色可调。进一步研究表明，主客体间强烈的 CT 作用会导致光谱红移和绝对量子产率显著降低。

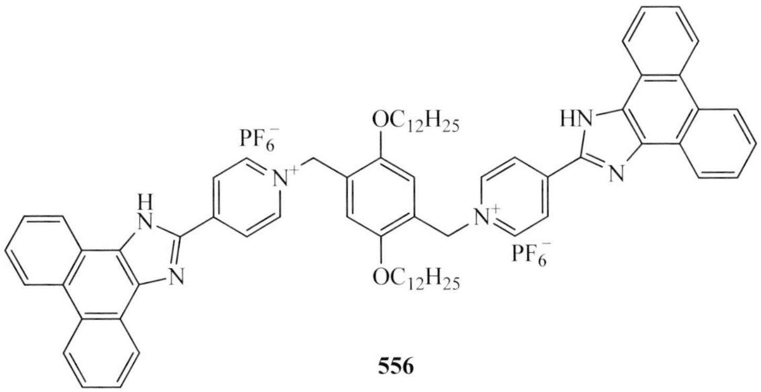

556

2020 年，Huang 等[192]报道了三种二氢吡啶衍生物 **557**～**559**。经 X 射线衍射分析可知，这些化合物表现出扭曲的分子构象，且荧光光谱和吸收光谱表明分子内旋转受限，因此具有 AIE 活性。它们的晶体呈现橙色或黄色荧光，由于晶体内松散的堆积模式，经研磨处理后它们的晶体结构会被破坏，并全部转化为非晶态。这些化合物晶态到非晶态的转变会造成固态荧光颜色的变化，表现出 MLC 特性。经研究，红移的 MLC 活性也被证实是分子构象平面化增加了分子共轭所导致的。同时，与 **557** 相比，**558** 和 **559** 显示出更高对比度的 MLC 活性，这是因为相较于能在晶体内形成 π-π 堆积的 **557**，**558** 和 **559** 的结构单元比 **557** 的结构单元具有更大的空间位阻效应，在晶体内仅存在弱的相互作用力，经研磨后，分子间距离缩短，也能形成 π-π 相互作用，分子共轭增加的程度更大，因此具有更高对比度的 MLC 活性。这项工作拓宽了 1, 4-二氢吡啶衍生物的结构类型，并为开发含有炔基单元且具有优良固态发光刺激响应特性的新型 1, 4-二氢吡啶荧光材料提供了指导依据。

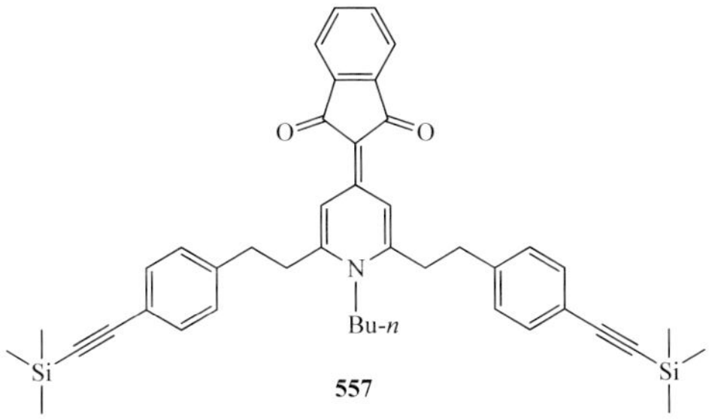

557

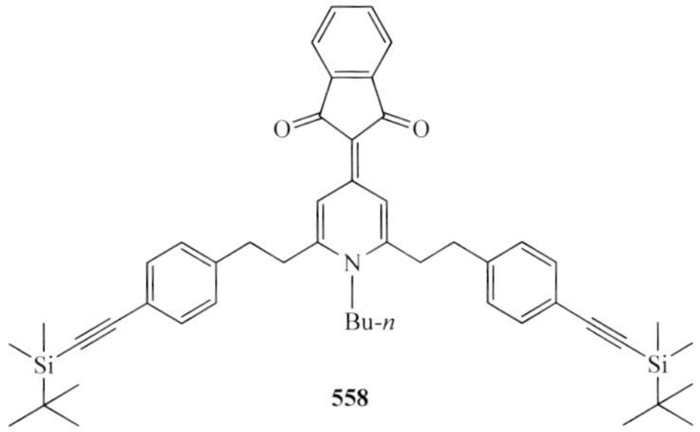

558

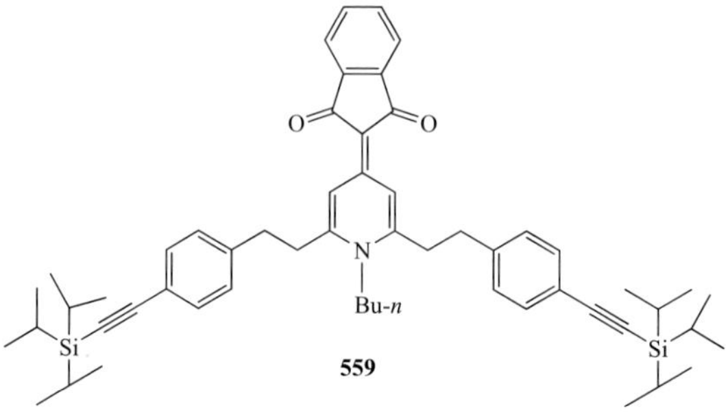

559

2020 年，Zheng 等[193]报道了两种传统的 D-π-A 型分子 **560** 和 **561**，以探索其 MLC 特性。它们都表现出明显的溶剂化发光变色效应，随着溶剂极性的增加，发射颜色由蓝色变为黄色。DFT 计算表明，两个溴原子的引入降低了 HOMO 和 LUMO 能级，但更明显地降低了前者的能级，导致 **561** 的能隙更大。当进行交替研磨和加热时，**560** 和 **561** 能表现出可循环且肉眼可辨的发光变化，PXRD 也能监测到其中晶体和非晶状态之间的可逆转变。进一步的单晶结构分析表明，**560** 和 **561** 采用高度扭曲的分子构象，相邻分子间通过多个分子间氢键连接，无明显 π-π 相互作用，从而形成松散的堆积结构，而这种松散堆积结构易被外界机械力破坏，因此这类苯胺-噻吩甲醛衍生物的力致发光变色活性对外界扰动比较敏感。这项工作为从带有极性氢键受体的传统有机发光材料开发可切换力致发光变色材料提供了指导意义。

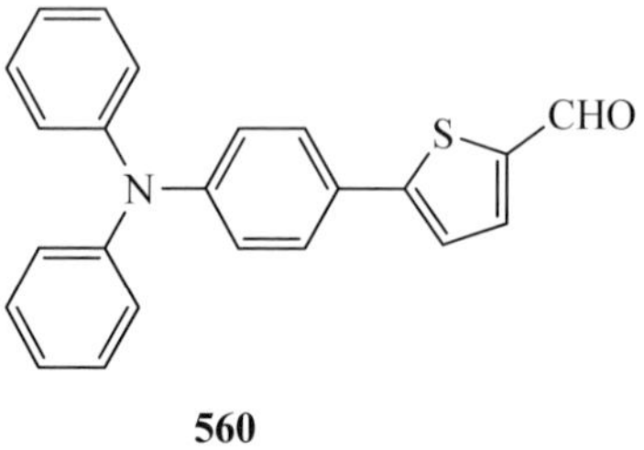

560 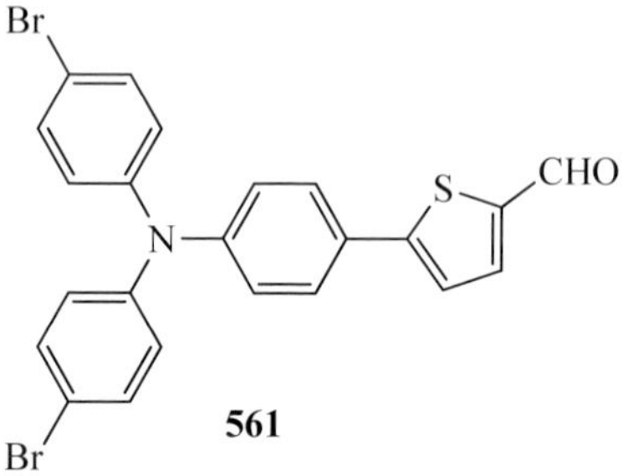　　561

2020 年，Han 等[194]合成了 AIE 化合物 **562** 并研究了其发光行为。D-A 型的扭曲分子构象赋予该化合物多重刺激响应发光特性，表现为可逆的力致发光变色-气相发光变色-热致发光变色。这种多重刺激响应材料归因于三种发光状态的切换，且具有高对比度和抗疲劳性的优点。研究者进一步分析并提出了可逆力致发光变色的机理：D 态分子采用 D-A 耦合排列，不利于发光，而研磨和热处理将破坏 D-A 耦合，分别促进 R 态和 Y 态发光。基于 D-A 的解耦合-重耦合，三种状态之间的发光切换可以多次重复。此外，研究者还基于化合物 **562**

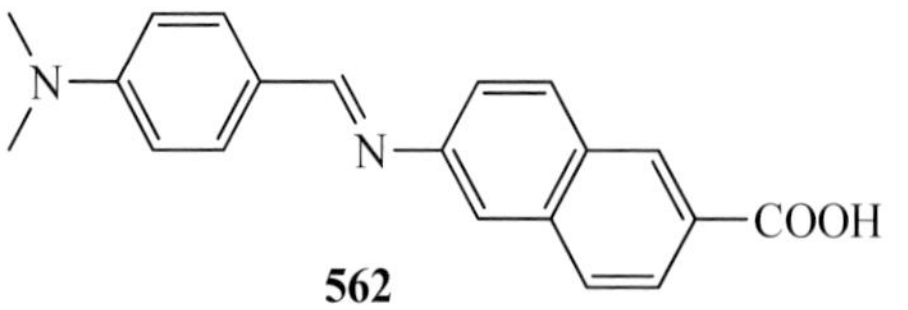

562

开发了一种利用热压写入信息，利用压力擦除数据的新技术。这种擦写技术还显示出高对比度和抗疲劳性。

2020 年，Tanaka 等[195]认为，通过改变硼络合物的连接点，能够改变聚合物链的形状并以此调节分子相互作用的程度。为此，他们设计了线型和之字形聚合物 **563** 和 **564**。这些聚合物在溶液和薄膜状态下都能发出明亮的光。研究者发现，一些线型聚合物在溶液中能表现出热致发光变色。进一步实验结果表明，线型聚合物在溶液状态下的自组装对这种热致发光变色起关键作用。而之字形聚合物在固体状态下可以表现出力致发光变色特性。这种力致发光变色特性源于研磨过程中共轭聚合物的形貌变化。这项工作有望应用于非晶智能薄膜和传感技术领域。

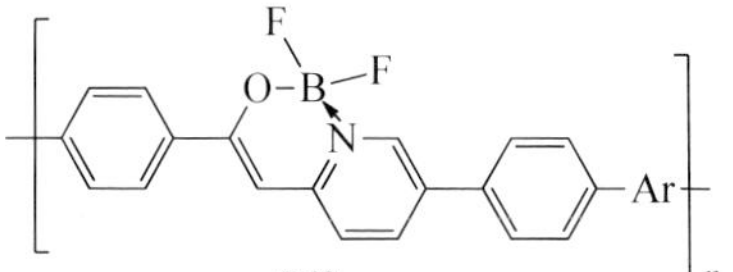

563 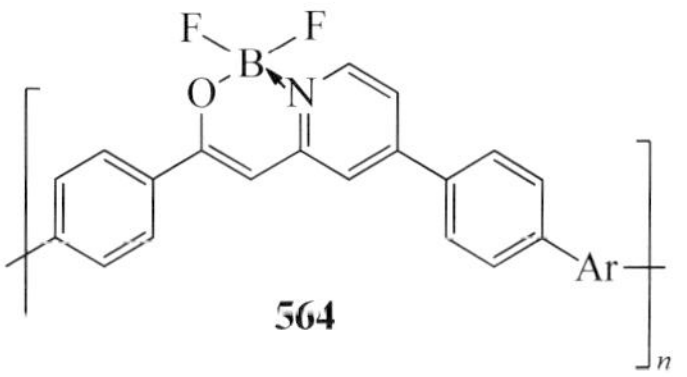　**564**

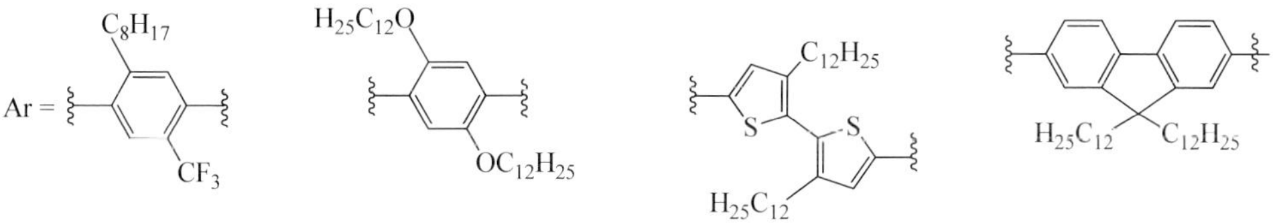

Ar =

2020 年，Zhu 等[196]合成了三种结构简单的智能芳烃材料 **565～567**。它们在固态下表现出强烈的三色发光（分别为蓝色、绿色和红色），量子产率高达 40%（比相应溶液中的量子产率高 5～10 倍）。这种独特的发光性质归因于荧光-磷光-磷光三通道的发光效应。该效应受 S 和 Se 的重原子效应及 Se-Se 原子相互作用导致的能级分裂影响。通过在薄膜中添加这些三色发光材料，可以实现全色发光，包括典型的白光发光，CIE 色坐标为(0.30, 0.35)。此外，这些化合物还具有力致发光变色特性，可通过研磨实现发光颜色的微调。该设计策略通过同一分子骨架实现了全色发光，可以弥补传统全色发光工程需要多发光团参与的不足，为设计合

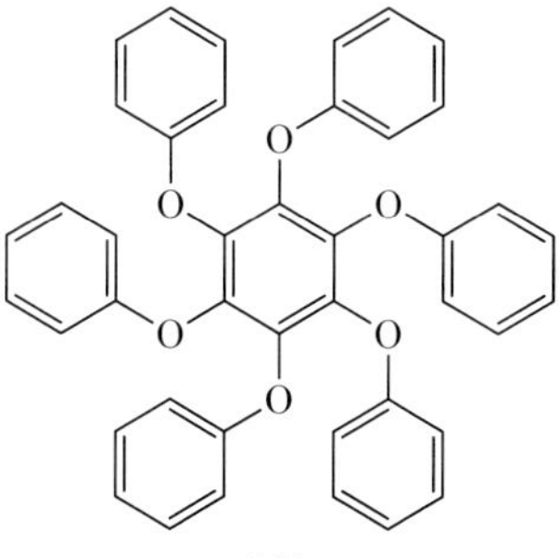

565 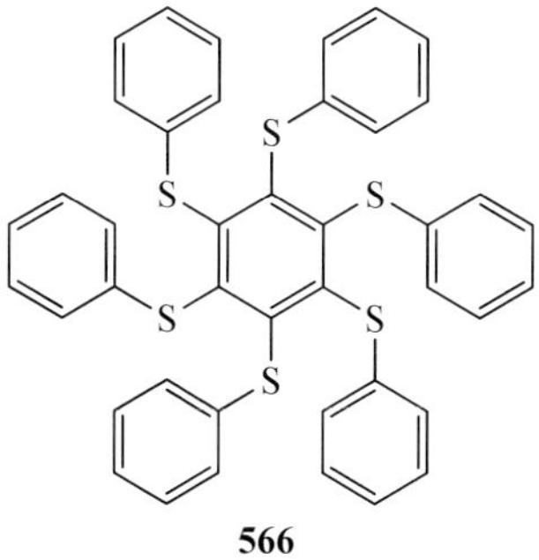　**566** 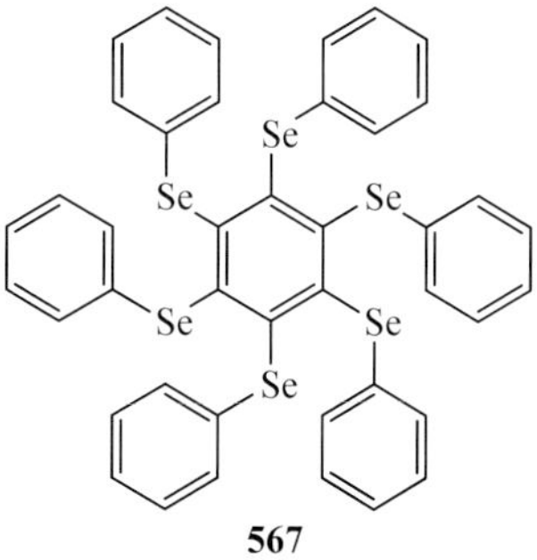　**567**

成全色发射分子提供了理论指导。这种策略可以有效地解决同一分子骨架上的全色发光问题，显示出更好的材料兼容性，有望替代传统多重发光体系。

2020 年，Zhan 和 Wang[197]进一步研究了基于吩噻嗪的喹喔啉衍生物 **530** 和 **531**。光学分析和理论化学计算表明，它们表现出从富电子吩噻嗪单元到吸电子喹喔啉单元的典型分子内电荷转移（ICT）过程。有趣的是，**530** 表现出多态性特征和高对比度的力致发光变色。采用溶剂蒸发法从二氯甲烷/石油醚和四氢呋喃溶液中分别得到了 **530** 的绿色针状晶体（G 型）和黄色带状晶体（Y 型）。原始粉末 G 型和 Y 型的发射峰分别位于 501 nm 和 549 nm 处，研磨后分别红移到 570 nm 和 594 nm，光谱位移分别为 69 nm 和 45 nm。此外，**531** 也能够表现出自主恢复的力致发光变色。XRD 实验表明，力致发光变色机理归因于晶态和非晶态之间的可逆相变。研究者发现，**530** 和 **531** 的稀溶液和膜对酸刺激也有反应。**531** 薄膜中的红色发光在暴露于饱和 TFA 蒸气后迅速消失，响应时间为 2.8 s，TFA 的检测限低至 0.4 ppm。该项工作为开发多重刺激响应材料提供了一种新型设计策略。

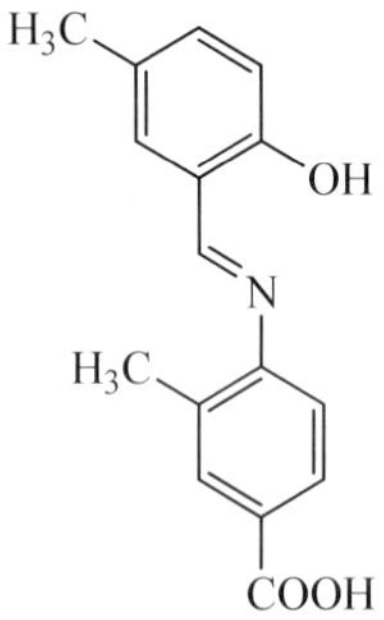

568

2020 年，Han 等[198]通过将适当的 D-A 单元整合到扭曲共轭核中设计了一种开启型力致发光变色材料 **568**。**568** 同时具有 AIE 和分子内电荷转移（ICT）特性。它在固体时发光微弱，但在机械刺激下表现出显著的发射增强，并且通过研磨-熏蒸处理可以重复切换这两种发射状态。与基于晶态-非晶态相变的力致发光变色材料不同，晶体结构数据表明，力致发光变色开启机理是基于 D-A 单元的耦合/去耦合：**568** 分子中给受体基团之间存在一定程度的耦合，这种耦合抑制了分子的发光，而机械力可以通过破坏分子间的相互作用来破坏 D-A 耦合，从而激活 ML 发射。这种新机理使 **568** 对机械力高度敏感，可应用于低检测限的压力传感器。此外，他们使用 **568** 制作了一种记录介质，其中数据可以通过施加力写入和熏蒸擦除，制备了可擦写的光学数据存储器件。

2020 年，Li 等[199]通过比较一系列芘衍生物 **569**～**576**，提出了一种基于空间和电子效应调节芘衍生物分子排列的策略。引入两个叔丁基作为隔离基团，从而扩大分子间距离，以适应类似单体排列的趋势。通过提高取代基的吸电子能力，可以降低芘环的电子密度，从而实现可调节且更紧密的排列。这八个芘衍生物在高水含量（≥80%）的 AIE 过程和高浓度（≥10^{-1} mol/L）的浓度依赖发光光谱中都观察到相似的发光红移，属于激基缔合物发光。叔丁基取代芘衍生物在类单分子状态时发光微弱，在类二聚体排列时发光增强。机械力研磨可以使分子在单分子状态和类二聚体排列之间进行切换。因此，化合物 **572** 研磨后发光强度剧增，表现出高对比度的力致发光变色性能（对比度达到 400 倍，而常规值＜100 倍），这证明了分子设计的有效性。基于 **572** 独特的关-开力致发光变色特性，研究者实现了具有良好灵敏度和可逆性的信息加密应用。

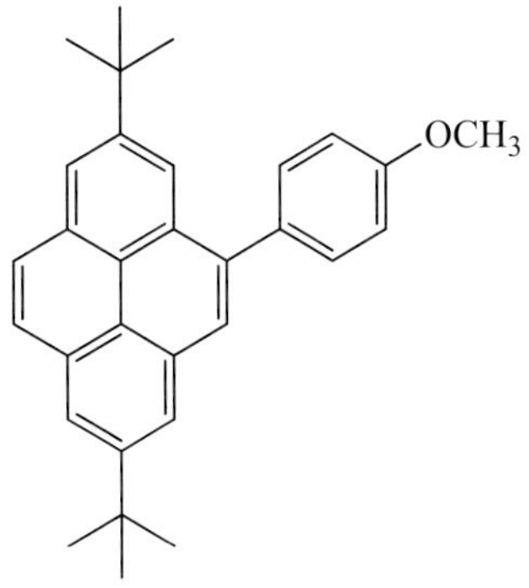

OCH$_3$　F　CN

569 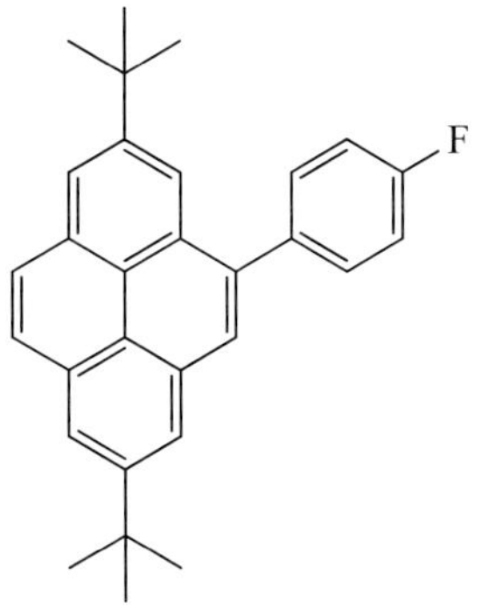　**570** 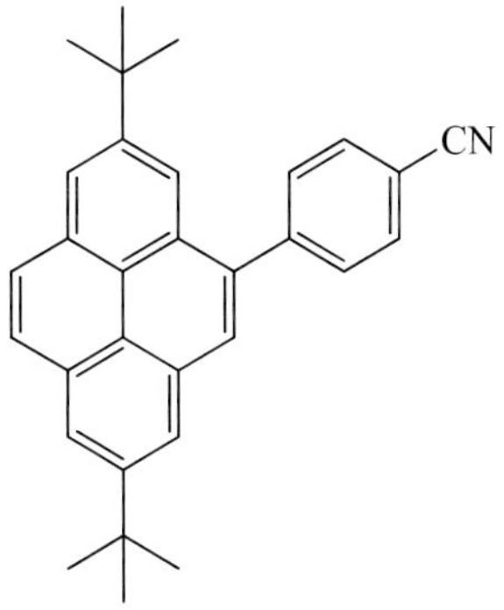　**571**

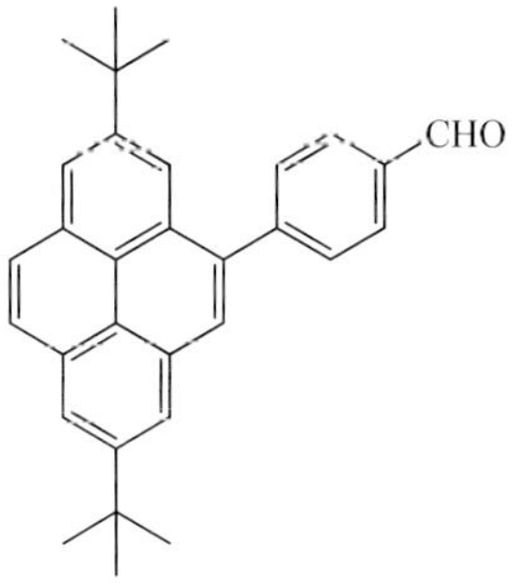

CHO　CF$_3$

572 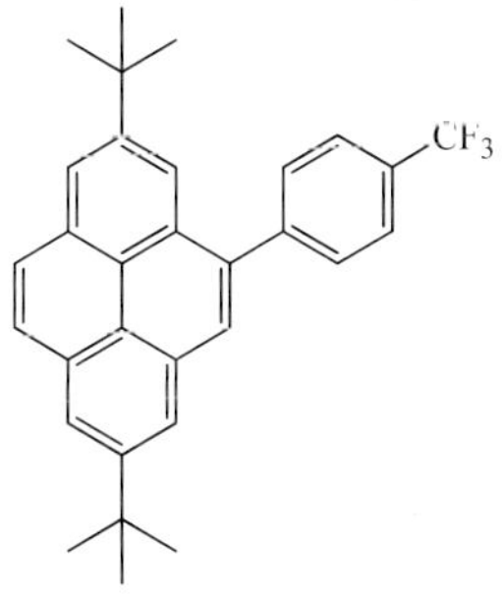　**573**

CHO　S　NC　CN　S　CN　CN

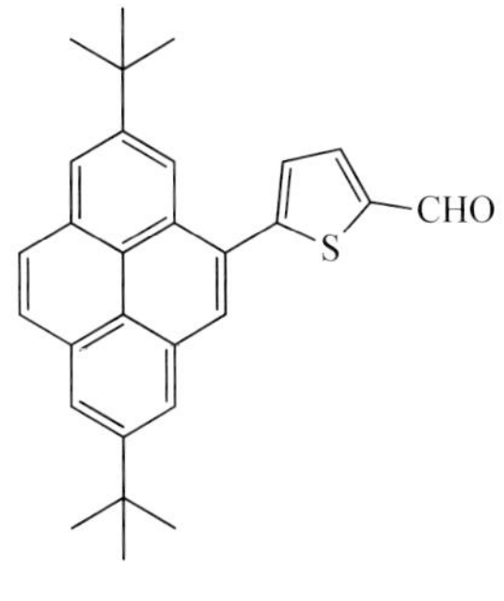

574 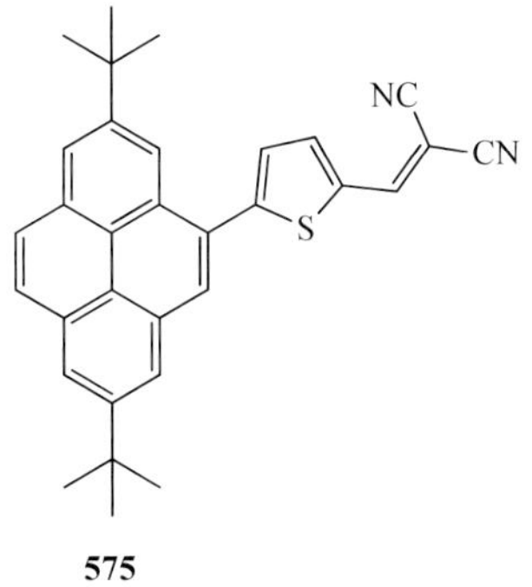　**575** 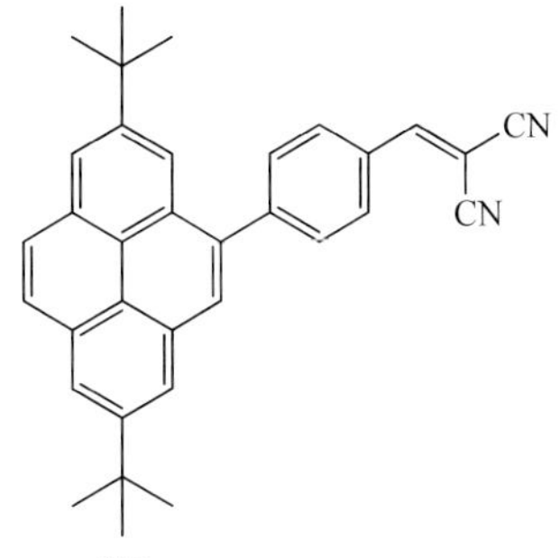　**576**

2017 年，Matsumoto 等[200]研究了 D-π-A 型化合物 **577**～**580** 的力致发光变色行为。每种化合物都表现出力致发光变色，但力致发光变色行为的方向不同。具有类似于 H-聚集分子堆积的 **577** 在研磨过程中发生了红移，而沿着分子长轴排列的 **578**～**580** 研磨后则产生蓝移。此外，通过比较溶液和固体中的吸收峰，研究者发现固体中的吸收波长比溶液中的吸收波长要长，这可能是固体中存在 J-聚集所致。

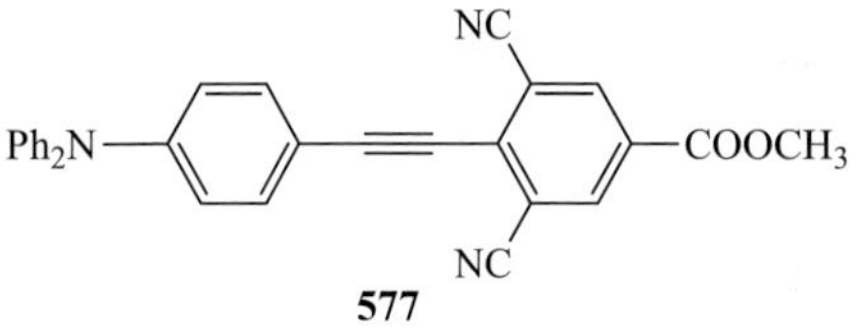

577 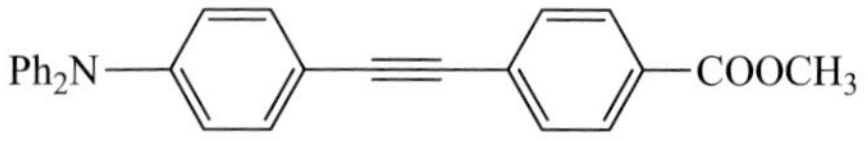 578

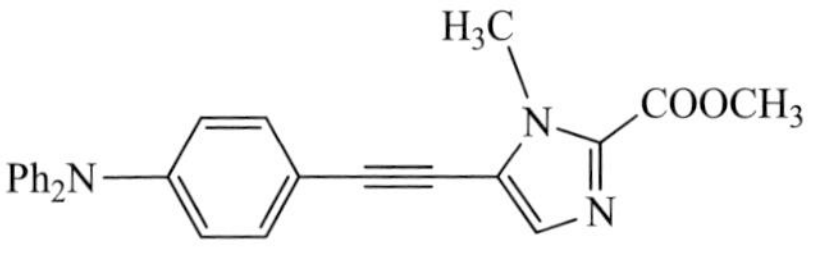

579 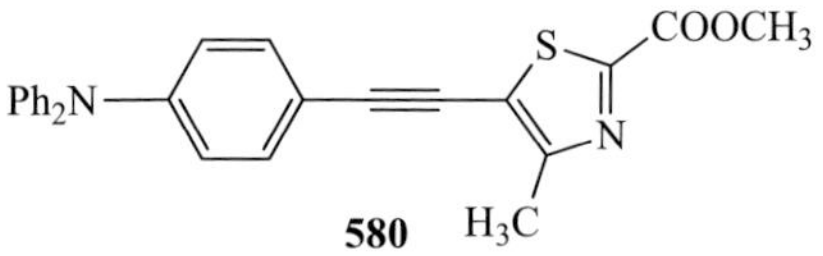 580

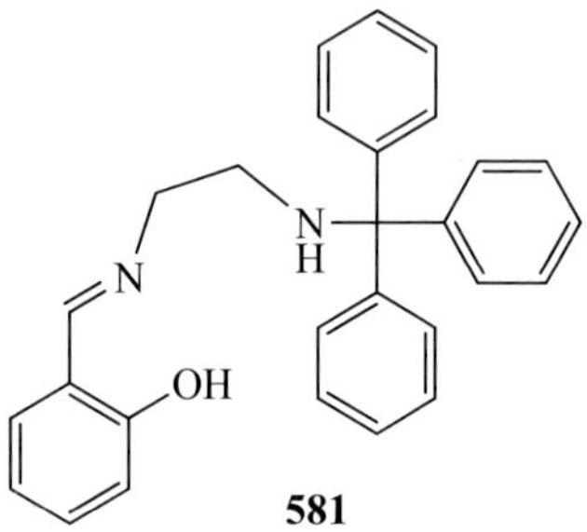

581

2017 年，Laskar 等[201]合成了一种具有 AIE 活性的水杨醛席夫碱衍生物 **581**，而这种 AIE 活性源于聚集时的分子内旋转受限（RIR）。晶体数据表明，**581** 采取 J-聚集的分子堆积方式。进行研磨后，**581** 表现出不可逆的力致发光变色，发光颜色从蓝色（445 nm）变为绿色（512 nm）。但通过液压机施加轴向压力时，**581** 表现出可逆的力致发光变色，发光颜色同样从蓝色变为绿色，撤去压力后恢复至初始状态。液氮降温也可以令 **581** 表现出可逆的力致发光变色。此外，研究者发现可以利用 **581** 对 Zn^{2+}进行检测，检测限为 0.064 ppm。

2019 年，Patel 等[202]开发了一系列含季铵盐的多功能 AIE 配合物。季铵盐 **582** 的单晶结构分析表明，晶体中存在多重非共价的分子间相互作用及弱 π-π 相互作用，这有利于 **582** 在晶体和固体状态下的发光。研究表明，**582** 在 DMF/水混合溶液中的聚集增强发射是由于在聚集状态下分子内运动受到限制及分子间电荷转移被抑制所致。此外，**582** 具有可逆的力致发光变色行为：经过研磨，**582** 的发光从绿色变为黄绿色，固体状态也从结晶状态变为非晶态。DCM 熏蒸可以将研磨后的 **582** 恢复为结晶状态，发光也恢复至初始状态。此外，部分季铵盐还表现出对海拉细胞生长的抑制作用。因此，这些 AEE 发光材料不仅能够作为细胞成像的“发光”探针，而且可以作为抗癌剂。

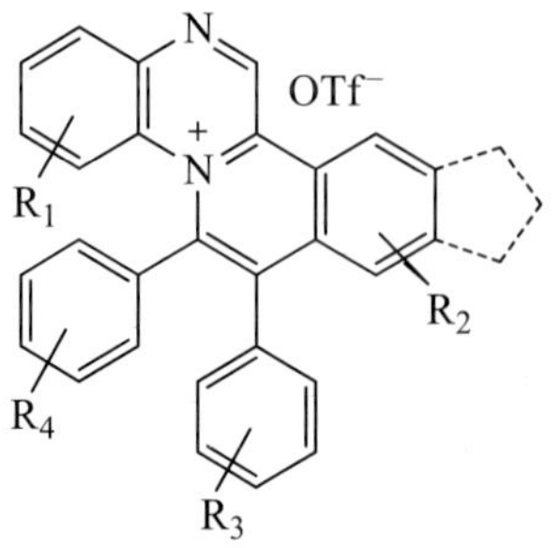

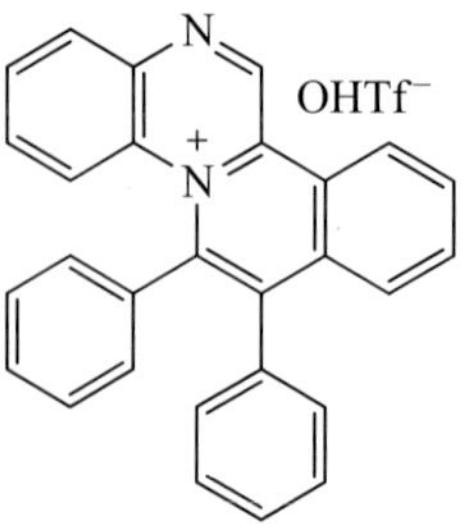

582

2017 年，Hao 等[203]设计并合成了三种具有 AIE 活性的席夫碱衍生物 **583**～**585**，它们在固态下具有相对较高的荧光量子产率（Φ_{PL} = 15%～21%）。晶体数据表明，**585** 的分子内氢键相互作用限制了分子内旋转。在 CH_3CN/H_2O 混合溶液中，**585** 可作为一种 Cu^{2+}的荧光探针。这种探针能够对 Cu^{2+}快速响应，灵敏度高，检测限为 2.3×10^{-7} mol/L。此外，**585** 还表现出可逆的力致发光变色，机械应力诱导的光谱位移为 21 nm（从 573 nm 红移到 594 nm）。在室温下，将研磨后固体暴露于 CH_2Cl_2 蒸气中，研磨样品的荧光颜色能够恢复到原始状态的颜色。在研磨过程中固体粉末的发光红移可能归因于分子堆积的破坏和构象的平面化。晶体数据表明，晶态和非晶态之间的转换是在外部刺激下产生可逆力致发光变色行为的主要原因。研磨对室温下的荧光量子产率也有较大影响：原始样品的荧光量子产率为 15%，研磨后样品的荧光量子产率降低为 7%。这项工作为具有 AIE 活性的席夫碱和 Cu^{2+}检测材料的设计提供了科学依据。

H_9C_4 N OH N **583**

H_9C_4 C_4H_9 N OH N **584**

O H_9C_4—N O N OH N **585**

参 考 文 献

[1] Cao Y，Xi W，Wang L，et al. Reversible piezofluorochromic nature and mechanism of aggregation-induced emission-active compounds based on simple modification. RSC Advances，2014，4：24649-24652.

[2] Gautam P，Maragani R，Mobin S，et al. Reversible mechanochromism in dipyridylamine-substituted unsymmetrical benzothiadiazoles. RSC Advances，2014，4：52526-52529.

[3] Hsiao T S，Chen T L，Chien W L，et al. Molecular design for the highly-sensitive piezochromic fluorophores with tri-armed framework containing triphenyl-quinoline moiety. Dyes and Pigments，2014，103：161-167.

[4] Li R，Xiao S，Li Y，et al. Polymorphism-dependent and piezochromic luminescence based on molecular packing of a conjugated molecule. Chemical Science，2014，5：3922-3928.

[5] Lin Z，Mei X，Yang E，et al. Polymorphism-dependent fluorescence of bisthienylmaleimide with different

responses to mechanical crushing and grinding pressure. CrystEngComm，2014，16：11018-11026.

[6] Pawle R H，Haas T E，Müeller P，et al. Twisting and piezochromism of phenylene-ethynylenes with aromatic interactions between side chains and main chains. Chemical Science，2014，5：4184-4188.

[7] Teng M，Wang Z，Ma Z，et al. Mechanochromic and photochromic dual-responsive properties of an amino acid based molecule in polymorphic phase. RSC Advances，2014，4：20239-20241.

[8] Xue P，Chen P，Jia J，et al. A triphenylamine-based benzoxazole derivative as a high-contrast piezofluorochromic material induced by protonation. Chemical Communications，2014，50：2569-2571.

[9] Xue P，Yao B，Sun J，et al. Phenothiazine-based benzoxazole derivates exhibiting mechanochromic luminescence：the effect of a bromine atom. Journal of Materials Chemistry C，2014，2：3942-3950.

[10] Xue P，Yao B，Wang P，et al. Response of strongly fluorescent carbazole-based benzoxazole derivatives to external force and acidic vapors. RSC Advances，2014，4：58732-58739.

[11] Yuan M S，Wang D E，Xue P，et al. Fluorenone organic crystals：two-color luminescence switching and reversible phase transformations between π-π stacking-drected packing and hydrogen bond-directed packing. Chemistry of Materials，2014，26：2467-2477.

[12] Zhang Y，Sun J，Zhuang G，et al. Heating and mechanical force-induced luminescence on-off switching of arylamine derivatives with highly distorted structures. Journal of Materials Chemistry C，2014，2：195-200.

[13] Hariharan P S，Venkataramanan N S，Moon D，et al. Self-reversible mechanochromism and thermochromism of a triphenylamine-based molecule：tunable fluorescence and nanofabrication studies. Journal of Physical Chemistry C，2015，119：9460-9469.

[14] Huo J，Yan S，Hou X，et al. Shape and size effects on the optical properties of piezochromic organic nanoparticles. Journal of Molecular Structure，2015，1099：239-245.

[15] Imoto H，Kizaki K，Naka K，et al. A mechanochromic luminescent dye exhibiting on/off switching by crystalline-amorphous transitions. Chemistry：An Asian Journal，2015，10：1698-1702.

[16] Imoto H，Nohmi K，Kizaki K，et al. Effect of alkyl groups on emission properties of aggregation induced emission active *N*-alkyl arylaminomaleimide dyes. RSC Advances，2015，5：94344-94350.

[17] Kohmoto S，Chuko T，Hisamatsu S，et al. Piezoluminescence and liquid crystallinity of 4, 4′-(9, 10-anthracenediyl) bispyridinium salts. Crystal Growth & Design，2015，15：2723-2731.

[18] Li W，Yang P P，Wang L，et al. Bis-pyrene based reversibly multi-responsive fluorescence switches. Journal of Materials Chemistry C，2015，3：3783-3789.

[19] Ma Z，Wang Z，Xu Z，et al. Controllable multicolor switching of oligopeptide-based mechanochromic molecules：from gel phase to solid powder. Journal of Materials Chemistry C，2015，3：3399-3405.

[20] Ma Z，Yang F，Wang Z，et al. Mechanically induced color change based on the chromophores of anthracene and rhodamine 6G. Tetrahedron Letters，2015，56：393-396.

[21] Mei X，Wen G，Wang J，et al. A lambda-shaped donor-π-acceptor-π-donor molecule with AIEE and CIEE activity and sequential logic gate behaviour. Journal of Materials Chemistry C，2015，3：7267-7271.

[22] Nagata E，Takeuchi S，Nakanishi T，et al. Mechanofluorochromism of 1-alkanoylaminopyrenes. ChemPhysChem，2015，16：3038-3043.

[23] Tanioka M，Kamino S，Muranaka A，et al. Reversible near-infrared/blue mechanofluorochromism of aminobenzopyranoxanthene. Journal of the American Chemical Society，2015，137：6436-6439.

[24] Tong J，Wang Y J，Wang Z，et al. Crystallization-induced emission enhancement of a simple tolane-based

mesogenic luminogen. Journal of Physical Chemistry C，2015，119：21875-21881.

[25] Wu J，Wang H，Xu S，et al. Comparison of shearing force and hydrostatic pressure on molecular structures of triphenylamine by fluorescence and Raman spectroscopies. Journal of Physical Chemistry A，2015，119：1303-1308.

[26] Yu X，Ge X，Lan H，et al. Tunable and switchable control of luminescence through multiple physical stimulations in aggregation-based monocomponent systems. ACS Applied Materials & Interfaces，2015，7：24312-24321.

[27] Zheng R，Mei X，Lin Z，et al. Strong CIE activity，multi-stimuli-responsive fluorescence and data storage application of new diphenyl maleimide derivatives. Journal of Materials Chemistry C，2015，3：10242-10248.

[28] Alam P，Kachwal V，Laskar I R. A multi-stimuli responsive "AIE" active salicylaldehyde-based Schiff base for sensitive detection of fluoride. Sensors and Actuators Sensors and Actuators B：Chemical，2016，228：539-550.

[29] Chen Y，Ling Y，Ding L，et al. Quinoxaline-based cross-conjugated luminophores：charge transfer，piezofluorochromic，and sensing properties. Journal of Materials Chemistry C，2016，4：8496-8505.

[30] Dai Q，Zhang J，Tan R，et al. High-contrast reversible mechanochromic luminescence of a conjugated anthracene-based molecule. Materials Letters，2016，164：239-242.

[31] Gan K P，Yoshio M，Kato T. Columnar liquid-crystalline assemblies of X-shaped pyrene-oligothiophene conjugates：photoconductivities and mechanochromic functions. Journal of Materials Chemistry C，2016，4：5073-5080.

[32] Han J，Sun J，Li Y，et al. One-pot synthesis of a mechanochromic AIE luminogen：implication for rewritable optical data storage. Journal of Materials Chemistry C，2016，4：9287-9293.

[33] Hariharan P S，Mothi E M，Moon D，et al. Halochromic isoquinoline with mechanochromic triphenylamine：smart fluorescent material for rewritable and self-erasable fluorescent platform. ACS Applied Materials & Interfaces，2016，8：33034-33042.

[34] Ishidoshiro M，Imoto H，Tanaka S，et al. An experimental study on arsoles：structural variation，optical and electronic properties，and emission behavior. Dalton Transactions，2016，45：8717-8723.

[35] Ito S，Yamada T，Asami M. Two-step mechanochromic luminescence of *N*, *N'*-bis-boc-3, 3'-di(pyren-1-yl)-2, 2'-biindole. ChemPlusChem，2016，81：1272-1275.

[36] Ito S，Yamada T，Taguchi T，et al. *N*-boc-indolylbenzothiadiazole derivatives：efficient full-color solid-state fluorescence and self-recovering mechanochromic luminescence. Chemistry：An Asian Journal，2016，11：1963-1970.

[37] Lei Y，Yang D，Hua H，et al. Piezochromism，acidochromism，solvent-induced emission changes and cell imaging of D-π-A 1, 4-dihydropyridine derivatives with aggregation-induced emission properties. Dyes and Pigments，2016，133：261-272.

[38] Li G，Xu Y，Zhuang W，et al. Preparation of organic mechanochromic fluorophores with simple structures and promising mechanochromic luminescence properties. RSC Advances，2016，6：84787-84793.

[39] Liu Y，Lei Y，Li F，et al. Indene-1, 3-dionemethylene-4*H*-pyran derivatives containing alkoxy chains of various lengths：aggregation-induced emission enhancement，mechanofluorochromic properties and solvent-induced emission changes. Journal of Materials Chemistry C，2016，4：2862-2870.

[40] Lu X L，Xia M. Multi-stimuli response of a novel half-cut cruciform and its application as a security ink. Journal of Materials Chemistry C，2016，4：9350-9358.

[41] Ma Z，Wang Z，Li Y，et al. A mechano-responsive molecule with tricolored switch. Tetrahedron Letters，2016，

57：5377-5380.

[42] Mei X，Wei K，Wen G，et al. Carbazole-based diphenyl maleimides：multi-functional smart fluorescent materials for data process and sensing for pressure，explosive and pH. Dyes and Pigments，2016，133：345-353.

[43] Meng X，Qi G，Li X，et al. Spiropyran-based multi-colored switching tuned by pressure and mechanical grinding. Journal of Materials Chemistry C，2016，4：7584-7588.

[44] Neena K K，Thilagar P. Replacing the non-polarized C═C bond with an isoelectronic polarized B—N unit for the design and development of smart materials. Journal of Materials Chemistry C，2016，4：11465-11473.

[45] Ongungal R M，Sivadas A P，Kumar N S S，et al. Self-assembly and mechanochromic luminescence switching of trifluoromethyl substituted 1, 3, 4-oxadiazole derivatives. Journal of Materials Chemistry C，2016，4：9588-9597.

[46] Qi C，Ma H，Fan H，et al. Study of red-emission piezochromic materials based on triphenylamine. ChemPlusChem，2016，81：637-645.

[47] Qin Z，Wang Y，Lu X，et al. Multistimuli-responsive luminescence switching of pyrazine derivative based donor-acceptor-donor luminophores. Chemistry：An Asian Journal，2016，11：285-293.

[48] Sagara Y，Weder C，Tamaoki N. Tuning the thermo- and mechanoresponsive behavior of luminescent cyclophanes. RSC Advances，2016，6：80408-80414.

[49] Sun J，Han J，Liu Y，et al. Mechanochromic luminogen with aggregation-induced emission：implications for ink-free rewritable paper with high fatigue resistance and low toxicity. Journal of Materials Chemistry C，2016，4：8276-8283.

[50] Tu D，Leong P，Li Z，et al. A carborane-triggered metastable charge transfer state leading to spontaneous recovery of mechanochromic luminescence. Chemical Communications，2016，52：12494-12497.

[51] Wang T，Zhang N，Zhang K，et al. Pyrene boronic acid cyclic ester：a new fast self-recovering mechanoluminescent material at room temperature. Chemical Communications，2016，52：9679-9682.

[52] Wu J，Cheng Y，Lan J，et al. Molecular engineering of mechanochromic materials by programmed C—Harylation：making a counterpoint in the chromism trend. Journal of the American Chemical Society，2016，138：12803-12812.

[53] Xue P，Ding J，Chen P，et al. Mechanical force-induced luminescence enhancement and chromism of a nonplanar D-A phenothiazine derivative. Journal of Materials Chemistry C，2016，4：5275-5280.

[54] Yin G，Ma Y，Xiong Y，et al. Enhanced AIE and different stimuli-responses in red fluorescent (1, 3-dimethyl) barbituric acid-functionalized anthracenes. Journal of Materials Chemistry C，2016，4：751-757.

[55] Ying S，Chen M，Liu Z，et al. 9-Anthryl-capped DPP-based dyes：aryl spacing induced differential optical properties. Journal of Materials Chemistry C，2016，4：8006-8013.

[56] Yu H，Ren W，Lu H，et al. Synthesis and piezochromic luminescence study of a coumarin hydrozone compound. Chemical Communications，2016，52：7387-7389.

[57] Zhan Y，Zhao J，Yang P，et al. Multi-stimuli responsive fluorescent behaviors of a donor-π e-acceptor phenothiazine modified benzothiazole derivative. RSC Advances，2016，6：92144-92151.

[58] Arockiam J B，Ayyanar S. Benzothiazole，pyridine functionalized triphenylamine based fluorophore for solid state fluorescence switching，$Fe^{3+}$and picric acid sensing. Sensors and Actuators Sensors and Actuators B：Chemical，2017，242：535-544.

[59] Butler T，Wang F，Sabat M，et al. Controlling solid-state optical properties of stimuli responsive dimethylamino-substituted dibenzoylmethane materials. Materials Chemistry Frontiers，2017，1：1804-1817.

[60] Cao Y，Xi Y，Teng X，et al. Alkoxy substituted D-π-A dimethyl-4-pyrone derivatives：aggregation induced

emission enhancement，mechanochromic and solvatochromic properties. Dyes and Pigments，2017，137：75-83.

[61] Chai Q，Wei J，Zhang M，et al. Mechano- and thermo-responsive fluorescent xerogel based on anthracene-substituted acylhydrazone derivatives. Dyes and Pigments，2017，146：112-118.

[62] Devi K，Sarma R J. Naphthalimide-containing isomeric urea derivatives：mechanoluminescence and fluoride recognition. ChemPhotoChem，2017，1：524-531.

[63] Fang M，Yang J，Liao Q，et al. Triphenylamine derivatives：different molecular packing and the corresponding mechanoluminescent or mechanochromism property. Journal of Materials Chemistry C，2017，5：9879-9885.

[64] Fu H Y，Liu X J，Xia M. Tunable solid state emission of novel V-shaped fluorophores by subtle structure modification：polymorphism，mechanofluoro-chromism and micro-fabrication. RSC Advances，2017，7：50720-50728.

[65] Fu H Y，Xu N，Pan Y M，et al. Emission behaviours of novel V- and X-shaped fluorophores in response to pH and force stimuli. Physical Chemistry Chemical Physics，2017，19：11563-11570.

[66] Gautam P，Yu C P，Zhang G，et al. Pulling with the pentafluorosulfanyl acceptor in push pull dyes. Journal of Organic Chemistry，2017，82：11008-11020.

[67] Guo K，Zhang F，Guo S，et al. Achieving red/near-infrared mechanoresponsive luminescence turn-on：mechanically disturbed metastable nanostructures in organic solids. Chemical Communications，2017，53：1309-1312.

[68] Ito S，Taguchi T，Yamada T，et al. Indolylbenzothiadiazoles with varying substituents on the indole ring：a systematic study on the self-recovering mechanochromic luminescence. RSC Advances，2017，7：16953-16962.

[69] Jia J，Wu Y. Alkyl length dependent reversible mechanofluorochromism of phenothiazine derivatives functionalized with formyl group. Dyes and Pigments，2017，147：537-543.

[70] Jia J，Wu Y. Synthesis，crystal structure and reversible mechanofluorochromic properties of a novel phenothiazine derivative. Dyes and Pigments，2017，136：657-662.

[71] Li Y，Ma Z，Li A，et al. A single crystal with multiple functions of optical waveguide，aggregation-induced emission，and mechanochromism. ACS Applied Materials & Interfaces，2017，9：8910-8918.

[72] Liu Y，Ye Z，Zhao M，et al. Sensitive mechanofluorochromism based on conversion of paired and unpaired enantiomer packing modes. Dyes and Pigments，2017，145：391-398.

[73] Mei X，Wang J，Zhou Z，et al. Diarylmaleic anhydrides：unusual organic luminescence，multi-stimuli response and photochromism. Journal of Materials Chemistry C，2017，5：2135-2141.

[74] Mo S，Meng Q，Wan S，et al. Tunable mechanoresponsive self-assembly of an amide-linked dyad with dual sensitivity of photochromism and mechanochromism. Advanced Functional Materials，2017，27：1701210.

[75] Naeem K C，Neenu K，Nair V C. Effect of differential self-assembly on mechanochromic luminescence of fluorene-benzothiadiazole-based fluorophores. ACS Omega，2017，2：9118-9126.

[76] Neena K K，Sudhakar P，Dipak K，et al. Diarylboryl-phenothiazine based multifunctional molecular siblings. Chemical Communications，2017，53：3641-3644.

[77] Mizuguchi K，Kageyama H，Nakano H. Mechanochromic luminescence of 4-[bis(4-methylphenyl)amino] benzaldehyde. Materials Letters，2011，65：2658-2661.

[78] Okoshi K，Nakano H. Synthesis and mechanofluorochromism of 4-[bis(4-methylphenyl)amino]acetophenone. Journal of Photopolymer Science and Technology，2014，27：535-538.

[79] Kurita M，Momma M，Mizuguchi K，et al. Fluorescence color change of aggregation-induced emission of

4-[bis(4-methylphenyl) amino]benzaldehyde. ChemPhysChem，2013，14：3898-3901.

[80] Shishido K，Nakano H. Aggregation induced emission of 4-[bis(4-methylphenyl) amino]acetophenone. Journal of Photopolymer Science and Technology，2016，29：369-372.

[81] Ogura K，Nakano H. Vapochromic fluoresccence of amorphous molecular materials based on diarylbenzaldehyde. Kobunshi Ronbunshu，2017，74：199-202.

[82] Ogura K，Nakano H. Vapochromic fluorescence observed for emitting amorphous molecular materials：synthesis and emitting properties of 3-{4-[bis(4-methylphenyl) amino]phenylcarbonyl}-6-{4-[bis(4-methylphenyl) amino]phenyl}-3, 5-dimethyl-3, 4-dihydro-2*H*-pyran. Journal of Photopolymer Science and Technology，2017，30：431-435.

[83] Ren Y，Zhang R，Yan C，et al. Self-assembly，AIEE and mechanochromic properties of amphiphilic α-cyanostilbene derivatives. Tetrahedron，2017，73：5253-5259.

[84] Sachdeva T，Bishnoi S，Milton M D. Multi-stimuli response displaying novel phenothiazine-based non-π-planar D-π-A hydrazones：synthesis，characterization，photophysical and thermal studies. ChemistrySelect，2017，2：11307-11313.

[85] Sudhakar P，Neena K K，Thilagar P. H-bond assisted mechanoluminescence of borylated aryl amines：tunable emission and polymorphism. Journal of Materials Chemistry C，2017，5：6537-6546.

[86] Sumi T，Goseki R，Otsuka H. Tetraarylsuccinonitriles as mechanochromophores to generate highly stable luminescent carbon-centered radicals. Chemical Communications，2017，53：11885-11888.

[87] Sun J，Sun J，Mi W，et al. Self-assembling and piezofluorochromic properties of tert-butylcarbazole-based Schiff bases and the difluoroboron complex. Dyes and Pigments，2017，136：633-640.

[88] Wu H，Zhou Y，Yin L，et al. Helical self-assembly-induced singlet-triplet emissive switching in a mechanically sensitive system. Journal of the American Chemical Society，2017，139：785-791.

[89] Yang J，Feng R，Guan X，et al. Synthesis and mechanochromic properties of salicylaldimine gelators. Chemical Industry and Engineering，2017，34：43-48.

[90] Yang J，Li L，Yu Y，et al. Blue pyrene-based AIEgens：inhibited intermolecular π-π stacking through the introduction of substituents with controllable intramolecular conjugation，and high external quantum efficiencies up to 3.46% in non-doped OLEDs. Materials Chemistry Frontiers，2017，1：91-99.

[91] Yang W，Liu C，Gao Q，et al. A morphology and size-dependent on-off switchable NIR-emitting naphthothiazolium cyanine dye：AIE-active CIEE effect. Optical Materials，2017，66：623-629.

[92] Yang W，Liu C，Lu S，et al. Smart on-off switching luminescence materials with reversible piezochromism and basichromism. ChemistrySelect，2017，2：9215-9221.

[93] Ying S，Chen M，Liu Z，et al. Unusual mechanohypsochromic luminescence and unique bidirectional thermofluorochromism of long-alkylated simple DPP dyes. Journal of Materials Chemistry C，2017，5：5994-5998.

[94] Yuan S，Tan R，Lan H，et al. Remarkable piezochromism of alkoxy-substituted D-π-A quinoline derivatives induced by protonation. Chemistry Letters，2017，46：1130-1132.

[95] Zhan Y，Xu Y，Jin Z，et al. Phenothiazine substituted phenanthroimidazole derivatives：synthesis，photophysical properties and efficient piezochromic luminescence. Dyes and Pigments，2017，140：452-459.

[96] Zhan Y，Yang P，Li G，et al. Reversible piezofluorochromism of a triphenylamine-based benzothiazole derivative with a strong fluorescence response to volatile acid vapors. New Journal of Chemistry，2017，41：263-270.

[97] Zhang J，Chen Z，Yang L，et al. Dithienopyrrole compound with twisted triphenylamine termini：reversible near-infrared electrochromic and mechanochromic dual-responsive characteristics. Dyes and Pigments，2017，136：

168-174.

[98] Zhang X，Shi J，Shen G，et al. Non-conjugated fluorescent molecular cages of salicylaldehyde-based tri-Schiff bases：AIE，enantiomers，mechanochromism，anion hosts/probes，and cell imaging properties. Materials Chemistry Frontiers，2017，1：1041-1050.

[99] Zhang Y，Feng Y Q，Wang J H，et al. Moiety effect on the luminescent property of starshaped triphenylamine（TPA）derivatives as mechanochromic materials. RSC Advances，2017，7：35672-35680.

[100] Zhou Y，Qian L，Liu M，et al. 5-(2, 6-Bis((*E*)-4-(dimethylamino)styryl)-1ethylpyridin-4(1*H*)-ylidene)-2, 2-dimethyl-1, 3dioxane-4, 6-dione：aggregation-induced emission，polymorphism，mechanochromism，and thermochromism. Journal of Materials Chemistry C，2017，5：9264-9272.

[101] Zhou Y，Qian L，Liu M，et al. The influence of different *N*-substituted groups on the mechanochromic properties of 1, 4-dihydropyridine derivatives with simple structures. RSC Advances，2017，7：51444-51451.

[102] Chai Q，Wei J，Bai B，et al. Multiple luminescent switching of pyrenyl-substituted acylhydrazone derivative. Dyes and Pigments，2018，152：93-99.

[103] Chen J，Li D，Chi W，et al. A highly reversible mechanochromic difluorobenzothiadiazole dye with near-infrared emission. Chemistry：A European Journal，2018，24：3671-3676.

[104] Chen S，Liu W，Ge Z，et al. Dimethylamine substituted bisbenzocoumarins：solvatochromic，mechanochromic and acidochromic properties. CrystEngComm，2018，20：5432-5441.

[105] Cheng X，Wang Z，Tang B，et al. Diversified photo/electronic functions based on a simple chalcone skeleton：effects of substitution pattern and molecular packing. Advanced Functional Materials，2018，28：1706506.

[106] Divya T T，Ramshad K，Saheer V C，et al. Self-reversible mechanochromism and aggregation induced emission in neutral triarylmethanes and their application in water sensing. New Journal of Chemistry，2018，42：20227-20238.

[107] Gong Y B，Zhang P，Gu Y R，et al. The influence of molecular packing on the emissive behavior of pyrene derivatives：mechanoluminescence and mechanochromism. Advanced Optical Materials，2018，6：1800198.

[108] Hariharan P S，Gayathri P，Kundu A，et al. Synthesis of tunable red fluorescent aggregation-enhanced emissive organic fluorophores：stimuli-responsive high contrast off-on fluorescence switching. CrystEngComm，2018，20：643-651.

[109] Hariharan P S，Parthasarathy G，Kundu A，et al. Drastic modulation of stimuli-responsive fluorescence by a subtle structural change of organic fluorophore and polymorphism controlled mechanofluorochromism. Crystal Growth & Design，2018，18：3971-3979.

[110] Hu J，Wang J，Liu R，et al. Aggregation-induced-emission-active vinamidinium salts with tunable emissions，reversible mechanochromic response and the application in data-security protection. Dyes and Pigments，2018，153：84-91.

[111] Hu Y，Zhang J，Li Z，et al. Novel scorpion-like carbazole derivatives：synthesis，characterization，mechanochromism and aggregation-induced emission. Dyes and Pigments，2018，151：165-172.

[112] Huang L，Wu C，Zhang L，et al. A mechanochromic and photochromic dual-responsive co-assembly with multicolored switch：a peptide-based dendron strategy. ACS Applied Materials & Interfaces，2018，10：34475-34484.

[113] Imoto H，Fujii R，Naka K. 3, 4-Diaminomaleimide dyes-simple luminophores with efficient orange-red emission in the solid state. European Journal of Organic Chemistry，2018，2018：837-843.

[114] Jia J，Zhang H. Mechanofluorochromism of D-A typed phenothiazine derivative. Journal of Photochemistry and

Photobiology A：Chemistry，2018，361：112-116.

[115] Jia J，Zhang H. Mechanofluorochromic properties of tert-butylcarbazole-based AIE-active D-π-A fluorescent dye. Journal of Photochemistry and Photobiology A：Chemistry，2018，353：521-526.

[116] Jiang M，Gu X，Kwok R T K，et al. Multifunctional AIEgens：ready synthesis，tunable emission，mechanochromism，mitochondrial，and bacterial imaging. Advanced Functional Materials，2018，28：1704589.

[117] Kundu A，Karthikeyan S，Moon D，et al. Excited state intramolecular proton transfer induced fluorescence in triphenylamine molecule：role of structural conformation and reversible mechanofluorochromism. Journal of Molecular Structure，2018，1169：1-8.

[118] Kundu A，Karthikeyan S，Moon D，et al. Molecular conformation- and packing-controlled excited state intramolecular proton transfer induced solid-state fluorescence and reversible mechanofluorochromism. ChemistrySelect，2018，3：7340-7345.

[119] Lei Y，Lai Y，Dong L，et al. The synergistic effect between triphenylpyrrole isomers as donors，linking groups，and acceptors on the fluorescence properties of D-π-A compounds in the solid state. Chemistry：A European Journal，2018，24：434-442.

[120] Li Y，Huang W，Yong J，et al. Aggregation-induced ratiometric emission and mechanochromic luminescence in a pyrene-benzohydrazonate conjugate. New Journal of Chemistry，2018，42：12644-12648.

[121] Liang Y，Wang P，Lu H，et al. Reversible piezochromic luminescence of coumarin hydrozone derivatives and the influence of substituents. Journal of Luminescence，2018，195：126-133.

[122] Liu W，Ying S，Zhang Q，et al. New multifunctional aggregation-induced emission fluorophores for reversible piezofluorochromic and nondoped sky-blue organic light-emitting diodes. Dyes and Pigments，2018，158：204-212.

[123] Ma Z，Ji Y，Lan Y，et al. Two novel rhodamine-based molecules with different mechanochromic and photochromic properties in solid state. Journal of Materials Chemistry C，2018，6：2270-2274.

[124] Mo S，Tan L，Fang B，et al. Mechanically controlled FRET to achieve high-contrast fluorescence switching. Science China：Chemistry，2018，61：1587-1593.

[125] Mori H，Nishino K，Wada K，et al. Modulation of luminescence chromic behaviors and environment-responsive intensity changes by substituents in bis-*o*-carborane-substituted conjugated molecules. Materials Chemistry Frontiers，2018，2：573-579.

[126] Naeem K C，Nair V C. Reversible switching of solid-state luminescence by heat-induced interconversion of molecular packing. Molecular Systems Design & Engineering，2018，3：142-149.

[127] Nishino K，Hashimoto K，Tanaka K，et al. Comparison of luminescent properties of helicene-like bibenzothiophenes with *o*-carborane and 5, 6-dicarba-nido-decaborane. Science China：Chemistry，2018，61：940-946.

[128] Pan L，Cai Y，Wu H，et al. Tetraphenylpyrazine-based luminogens with full-colour emission. Materials Chemistry Frontiers，2018，2：1310-1316.

[129] Roy B，Reddy M C，Hazra P. Developing the structure-property relationship to design solid state multi-stimuli responsive materials and their potential applications in different fields. Chemical Science，2018，9：3592-3606.

[130] Santhiya K，Sen S K，Natarajan R，et al. D-A-D structured bis-acylhydrazone exhibiting aggregation-induced emission，mechanochromic luminescence，and Al(III) detection. Journal of Organic Chemistry，2018，83：10770-10775.

[131] Shen Y，Chen P，Liu J，et al. Effects of electron donor on luminescence and mechanochromism of D-π-A

benzothiazole derivatives. Dyes and Pigments，2018，150：354-362.

[132] Su X，Ji Y，Pan W，et al. Pyrene spiropyran dyad：solvato-，acido- and mechanofluorochromic properties and its application in acid sensing and reversible fluorescent display. Journal of Materials Chemistry C，2018，6：6940-6948.

[133] Tang A，Chen Z，Liu G，et al. 1, 8-Naphthalimide-based highly emissive luminogen with reversible mechanofluorochromism and good cell imaging characteristics. Tetrahedron Letters，2018，59：3600-3604.

[134] Wang J，Liu Z，Yang S，et al. Large changes in fluorescent color and intensity of symmetrically substituted arylmaleimides caused by subtle structure modifications. Chemistry：A European Journal，2018，24：322-326.

[135] Wang M，Cheng C，Song J，et al. Multiple hydrogen bonds promoted ESIPT and AIE-active chiral salicylaldehyde hydrazide. Chinese Journal of Chemistry，2018，36：698-707.

[136] Wu Z，Mo S，Tan L，et al. Crystallization-induced emission enhancement of a deep-blue luminescence material with tunable mechano- and thermochromism. Small，2018，14：e1802524.

[137] Xi Y，Cao Y，Zhu Y，et al. Mechanical stimuli induced emission spectra blue shift of two D-A type phenothiazine derivatives. Chemistry Letters，2018，47：650-653.

[138] Xue P，Yang Z，Chen P. Hiding and revealing information using the mechanochromic system of a 2, 5-dicarbazole-substituted terephthalate derivative. Journal of Materials Chemistry C，2018，6：4994-5000.

[139] Yang J，Qin J，Geng P，et al. Molecular conformation-dependent mechanoluminescence：same mechanical stimulus but different emissive color over time. Angewandte Chemie International Edition，2018，57：14174-14178.

[140] Yang W，Liu C，Lu S，et al. AIE-active smart cyanostyrene luminogens：polymorphism-dependent multicolor mechanochromism. Journal of Materials Chemistry C，2018，6：290-298.

[141] Zhang F，Zhang R，Liang X，et al. 1, 3-Indanedione functionalized fluorene luminophores：negative solvatochromism，nanostructure-morphology determined AIE and mechanoresponsive luminescence turn-on. Dyes and Pigments，2018，155：225-232.

[142] Zhang K，Chen M，Liu Z，et al. Two-photon absorption and mechanofluorochromic properties of 1, 4-diketo-2, 5-dibutyl-3, 6-bis(4-(carbazol-*N*-yl)phenyl)pyrrolo 3, 4-*c* pyrrole. Journal of Luminescence，2018，194：588-593.

[143] Zhang K，Zhang Z，Fan X，et al. Enabling DPP derivatives to show multistate emission and developing the multifunctional materials by rational branching effect. Dyes and Pigments，2018，159：290-297.

[144] Zhang M，Wei J，Zhang Y，et al. Multi-stimuli-responsive fluorescent switching properties of anthracene-substituted acylhydrazone derivative. Sensors and Actuators Sensors and Actuators B：Chemical，2018，273：552-558.

[145] Chen J，Ye F，Lin Y，et al. Vinyl-functionalized multicolor benzothiadiazoles：design，synthesis，crystal structures and mechanically-responsive performance. Science China：Chemistry，2019，62：440-450.

[146] Chen S，Liu W，Zhang W，et al. Dimethylamine substituted bisbenzocoumarin amides with solvatochromic and mechanochromic properties. Tetrahedron，2019，75：3504-3509.

[147] Chen W，Zhang S，Dai G，et al. Tuning the photophysical properties of symmetric squarylium dyes：investigation on the halogen modulation effects. Chemistry：A European Journal，2019，25：469-473.

[148] Chen Y，Zhang X，Wang M，et al. Mechanofluorochromism，polymorphism and thermochromism of novel D-π-A piperidin-1-yl-substitued isoquinoline derivatives. Journal of Materials Chemistry C，2019，7：12580-12587.

[149] Chen Z，Tang J H，Chen W，et al. Temperature- and mechanical-force-responsive self-assembled rhomboidal metallacycle. Organometallics，2019，38：4244-4249.

[150] Devi K, Sarma R J. Mechano-responsive luminescent emissions of an organic molecular crystal: effects of aromatic stacking interactions and solid state packing. CrystEngComm, 2019, 21: 4811-4819.

[151] Duan C, Zhou Y, Shan G G, et al. Bright solid-state red-emissive BODIPYs: facile synthesis and their high-contrast mechanochromic properties. Journal of Materials Chemistry C, 2019, 7: 3471-3478.

[152] Fu H Y, Liu X J, Zha H, et al. Position -and region-isomerized derivatives of a V-shaped fluorophore: the unique solution-state dual emission and the unusual force-induced solid-state turn-on emission. Physical Chemistry Chemical Physics, 2019, 21: 1399-1407.

[153] Gao H, Xue P, Peng J, et al. Red-emitting dyes based on phenothiazine-modified 2-hydroxychalcone analogues: mechanofluorochromism and gelation-induced emission enhancement. New Journal of Chemistry, 2019, 43: 77-84.

[154] Guan J, Xu F, Tian C, et al. Tricolor luminescence switching by thermal and mechanical stimuli in the crystal polymorphs of pyridyl-substituted fluorene. Chemistry: An Asian Journal, 2019, 14: 216-222.

[155] Guan J, Zhang C, Gao D, et al. Drastic photoluminescence modulation of an organic molecular crystal with high pressure. Materials Chemistry Frontiers, 2019, 3: 1510-1517.

[156] Guo C, Zhang Q, Zhu B, et al. Solvatochromism and mechanochromism observed in a triphenylamine derivative. Acta Crystallographica Section B: Structural Science, Crystal Engineering and Materials, 2019, 75: 839-844.

[157] He H F, Shao X T, Deng L L, et al. Triphenylamine or carbazole-based benzothiadiazole luminophors with remarkable solvatochromism and different mechanofluorochromic behaviors. Tetrahedron Letters, 2019, 60: 150968.

[158] Horak E, Robic M, Simanovic A, et al. Tuneable solid-state emitters based on benzimidazole derivatives: aggregation induced red emission and mechanochromism of D-π-A fluorophores. Dyes and Pigments, 2019, 162: 688-696.

[159] Hou J, Wu X, Sun W, et al. Toward a simple way for a mechanochromic luminescent material with high contrast ratio and fatigue resistance: implication for information storage. Spectrochimica Acta Part A: Molecular and Biomolecular Spectroscopy, 2019, 214: 348-354.

[160] Hou Y, Du J, Hou J, et al. Rewritable optical data storage based on mechanochromic fluorescence materials with aggregation-induced emission. Dyes and Pigments, 2019, 160: 830-838.

[161] Hu W, Yang W, Gong T, et al. Multi-stimuli responsive properties switch by intra- and inter-molecular charge transfer constructed from triphenylamine derivative. CrystEngComm, 2019, 21: 6630-6640.

[162] Kusukawa T, Kojima Y, Kannen F. Mechanofluorochromic properties of 1, 8-diphenylanthracene derivatives. Chemistry Letters, 2019, 48: 1213-1216.

[163] Lai Q, Liu Q, Zhao K, et al. Rational design and synthesis of yellow-light emitting triazole fluorophores with AIE and mechanochromic properties. Chemical Communications, 2019, 55: 4603-4606.

[164] Lai Y, Huang J, Wu S, et al. Aggregation-induced emission and reversible mechanofluorochromic characteristics of tetra-substituted tetrahydropyrimidine derivatives. Dyes and Pigments, 2019, 166: 8-14.

[165] Li M, Han Y, Zhang Z, et al. The effect of substituent number on mechanochromic luminescence of β-diketones and the corresponding boron complexes. Dyes and Pigments, 2019, 166: 159-167.

[166] Liu D, Cao Y, Yan X, et al. Two stimulus-responsive carbazole-substituted D-π-A pyrone compounds exhibiting mechanochromism and solvatochromism. Research on Chemical Intermediates, 2019, 45: 2429-2439.

[167] Liu J, Xing C, Wei D, et al. Utilizing the aggregation-induced emission phenomenon to visualize spontaneous molecular directed motion in the solid state. Materials Chemistry Frontiers, 2019, 3: 2746-2750.

[168] Liu X, Jia Y, Jiang H, et al. Two polymorphs of triphenylamine-substituted benzo *d* imidazole: mechanoluminescence with different colors and mechanofluorochromism with emission shifts in opposite direction.

Acta Chimica Sinica，2019，77：1194-1202.

[169] Liu X，Li A，Xu W，et al. An ESIPT-based fluorescent switch with AIEE，solvatochromism，mechanochromism and photochromism. Materials Chemistry Frontiers，2019，3：620-625.

[170] Nakahama T，Kitagawa D，Sotome H，et al. Crystallization-induced emission of 1,2-bis(3-methyl-5-(4-alkylphenyl)-2-thienyl) perfluorocyclopentenes：a mechanical and thermal recording system. Dyes and Pigments，2019，160：450-456.

[171] Nie Y，Zhang H，Miao J，et al. Highly efficient aggregation-induced emission and stimuli-responsive fluorochromism triggered by carborane-induced charge transfer state. Inorganic Chemistry Communications，2019，106：1-5.

[172] Ravindra M K，Mahadevan K M，Basavaraj R B，et al. New design of highly sensitive AIE based fluorescent imidazole derivatives：probing of sweat pores and anti-counterfeiting applications. Materials Science & Engineering C：Materials for Biological Applications，2019，101：564-574.

[173] Shen Y，Xue P，Liu J，et al. High-contrast mechanofluorochromism and acidochromism of D-π-A type quinoline derivatives. Dyes and Pigments，2019，163：71-77.

[174] Su X，Zhang H，You K，et al. Barbituric derivative nanoaggregates with aggregation-induced emission and mechanofluorochromism. Journal of Nanomaterials，2019，2019：7635756.

[175] Sun M，Zhai L，Sun J，et al. Switching in visible-light emission of carbazole-modified pyrazole derivatives induced by mechanical forces and solution-organogel transition. Dyes and Pigments，2019，162：67-74.

[176] Tharmalingam B，Mathivanan M，Dhamodiran G，et al. Star-shaped ESIPT-active mechanoresponsive luminescent AIEgen and its on-off-on emissive response to Cu^{2+}/S^{2-}. ACS Omega，2019，4：12459-12469.

[177] Wang Z，Li Y，Yuan D，et al. The effect of molecular symmetry on the mechanofluorochromic properties of 4*H*-pyran derivatives. Dyes and Pigments，2019，162：203-213.

[178] Yadav P，Singh A K，Upadhyay C，et al. Photoluminescence behaviour of a stimuli responsive Schiff base：aggregation induced emission and piezochromism. Dyes and Pigments，2019，160：731-739.

[179] Yadav R，Rai A，Sonkar A K，et al. A viscochromic，mechanochromic，and unsymmetrical azine for selective detection of Al^{3+} and Cu^{2+} ions and its mitotracking studies. New Journal of Chemistry，2019，43：7109-7119.

[180] Yan X，Zhu P，Li Y，et al. Aggregation-induced emission（AIE）-active phenanthrenequinone hydrazone-based dyes with reversible mechanofluochromism. Materials Today Communications，2019，20：100565.

[181] Yu J，Liu Z，Wang B，et al. Aminostyrylquinoxalines derived organic materials with remarkable solvatochromic and mechanofluorochromic properties. Dyes and Pigments，2019，170：107578.

[182] Zhan Y，Hu H. Modulation of the emission behavior and mechanofluorochromism by electron-donating moiety of D-π-A type quinoxaline derivatives. Dyes and Pigments，2019，167：127-134.

[183] Zhang F，Liang X，Li D，et al. Utilizing the heterocyclic effect towards high contrast ratios of mechanoresponsive luminescence based on aromatic aldehydes. Journal of Materials Chemistry C，2019，7：12328-12335.

[184] Zhang H，Cui Y，Tao F，et al. Multi-purpose barbituric acid derivatives with aggregation induced emission. Spectrochimica Acta Part A：Molecular and Biomolecular Spectroscopy，2019，223：117320.

[185] Zhang M，Zhao L，Zhao R，et al. A mechanochromic luminescent material with aggregation-induced emission：application for pressure sensing and mapping. Spectrochimica Acta Part A：Molecular and Biomolecular Spectroscopy，2019，220：117125.

[186] Zhang T，Han Y，Liang M，et al. Substituent effect on photophysical properties，crystal structures and

mechanochromism of D-π-A phenothiazine derivatives. Dyes and Pigments，2019，171：107692.

[187] Zhang T，Zhang C，Li X，et al. Fluorescence response of cruciform D-π-A-π-D phenothiazine derivatives to mechanical force. CrystEngComm，2019，21：4192-4199.

[188] Zhao Z，Zheng X，Du L，et al. Non-aromatic annulene-based aggregation-induced emission system via aromaticity reversal process. Nature Communications，2019，10：2952.

[189] Zhou Y，Chen Y，Duan C，et al. Aggregation-induced emission-active 1, 4-dihydropyridine-based dual-phase fluorescent sensor with multiple functions. Chemistry：An Asian Journal，2019，14：2242-2250.

[190] Liu X J，Jiang H，Jia Y R，et al. Position-isomerization-induced switch effect of mechanofluorochromism and mechanoluminescence on carbazolylbenzo *d* imidazoles. Dyes and Pigments，2020，172：107845.

[191] Nikookar H，Rashidi-Ranjbar P. A photoluminescent molecular host with aggregation-induced emission enhancement，multi-stimuli responsive properties and tunable photoluminescence host-guest interaction in the solid state. Journal of Photochemistry and Photobiology A：Chemistry，2020，386：112106.

[192] Peng J，Liu Y，Wang M，et al. Synthesis，crystal structures，and mechanochromic properties of bulky trialkylsilylacetylene-substituted aggregation-induced-emission-active 1, 4-dihydropyridine derivatives. Dyes and Pigments，2020，174：108094.

[193] Peng Y X，Feng F D，Liu H Q，et al. Switchable mechanoresponsive luminescence from traditional triphenylamine-thiophene carbaldehyde luminogens. Dyes and Pigments，2020，174：108110.

[194] Shi P，Zhang X，Liu Y，et al. A multi-stimuli-responsive AIE material switching among three emission states. Materials Letters，2020，263：127214.

[195] Suenaga K，Uemura K，Tanaka K，et al. Stimuli-responsive luminochromic polymers consisting of multi-state emissive fused boron ketoiminate. Polymer Chemistry，2020，11：1127-1133.

[196] Weng T，Baryshnikov G，Deng C，et al. A fluorescence-phosphorescence-phosphorescence triple-channel emission strategy for full-color luminescence. Small，2020，16：e1906475.

[197] Zhan Y，Wang Y. Donor-acceptor π-conjugated quinoxaline derivatives exhibiting multi-stimuli-responsive behaviors and polymorphism-dependent multicolor solid-state emission. Dyes and Pigments，2020，173：107971.

[198] Zhang M，Li Y，Gao K，et al. A turn-on mechanochromic luminescent material serving as pressure sensor and rewritable optical data storage. Dyes and Pigments，2020，173：107928.

[199] Gong Y，He S，Li Y，et al. Partially controlling molecular packing to achieve off-on mechanochromism through ingenious molecular design. Advanced Optical Materials，2020，8：1902036.

[200] Matsumoto S，Moteki J，Ito Y，et al. Relationship between mechanochromic behavior and crystal structures in donor-π-acceptor compounds consisted of aromatic rings with ester moiety as an acceptor. Tetrahedron Letters，2017，58：3512-3516.

[201] Pasha S S，Yadav H R，Choudhury A R，et al. Synthesis of an aggregation-induced emission（AIE）active salicylaldehyde based Schiff base：study of mechanoluminescence and sensitive Zn(Ⅱ) sensing. Journal of Materials Chemistry C，2017，5：9651-9658.

[202] Ghosh S，Pal S，Rajamanickam S，et al. Access to multifunctional AEEgens via Ru(Ⅱ) -catalyzed quinoxaline-directed oxidative annulation. ACS Omega，2019，4：5565-5577.

[203] Yang X，Zhang W，Yi Z，et al. Highly sensitive and selective fluorescent sensor for copper(Ⅱ) based on salicylaldehyde Schiff-base derivatives with aggregation induced emission and mechanoluminescence. New Journal of Chemistry，2017，41：11079-11088.

关键词索引

M

N

P

Q

R

S

T

X

Y